马钢炼铁技术与管理

高海潮　黄发元　等编著

北　京
冶　金　工　业　出　版　社
2019

内 容 提 要

马钢通过创新“以高炉为中心”的铁前管理模式、构建高炉体检预警应对量化管理体系，实现了高炉长周期稳定顺行。本书全面总结了马钢高炉炼铁技术与管理经验，详细介绍了马钢在入炉原燃料、高炉操作、固废利用、自动控制等方面所做的工作。

本书可供高炉炼铁技术管理、生产操作、工程设计以及科研、教学人员阅读。

图书在版编目(CIP)数据

马钢炼铁技术与管理/高海潮等编著.—北京：冶金工业出版社，2018.1（2019.7 重印）

ISBN 978-7-5024-7712-7

Ⅰ.①马…　Ⅱ.①高…　Ⅲ.①高炉炼铁　Ⅳ.①TF53

中国版本图书馆 CIP 数据核字（2017）第 293235 号

出 版 人　谭学余

地　　址　北京市东城区嵩祝院北巷 39 号　邮编　100009　电话　(010)64027926

网　　址　www.cnmip.com.cn　电子信箱　yjcbs@cnmip.com.cn

责任编辑　刘小峰　曾　媛　美术编辑　彭子赫　版式设计　孙跃红

责任校对　王永欣　责任印制　牛晓波

ISBN 978-7-5024-7712-7

冶金工业出版社出版发行；各地新华书店经销；北京建宏印刷有限公司印刷

2018 年 1 月第 1 版，2019 年 7 月第 2 次印刷

169mm×239mm；44.25 印张；866 千字；690 页

160.00 元

冶金工业出版社　投稿电话　(010)64027932　投稿信箱　tougao@cnmip.com.cn

冶金工业出版社营销中心　电话　(010)64044283　传真　(010)64027893

冶金工业出版社天猫旗舰店　yjgycbs.tmall.com

（本书如有印装质量问题，本社营销中心负责退换）

《马钢炼铁技术与管理》

编委会成员名单

高海潮　黄发元　伏明　黄龙　丁晖　邱全山　殷光华

王文潇　梁晓乾　李帮平　杜轶峰　方啸震　何诗兴　孙社生

张晓宁　杨胜义　周江虹　刘自民　程旺生

各章撰稿人

第1章　李嘉　夏征宇　杨进勇　李冠军　高军　孙保东　华静

第2章　周化兵　孙林　杨福东　李东风　吴龙升　王超刚　朱展宇

第3章　吴峻　鲍玲　田路生　桂道伟　李葆祺　高婷　周琨

第4章　刘山平　武轶　宋灿阳　张晓萍　万利军　李小静　唐锋刿

第5章　朱梦伟　张道军　刘晓力　程从山　宫建军　鞠亚华　邓士勇

第6章　戚义龙　王军　张群山　刘益勇　杨业　王文　于敬

第7章　黄世来　吴祚银　陈连发　段再基　倪晋权　李紫苇　李丙午

第8章　汪开保　钱虎林　夏鹏飞　吴宏杰　甘恢玉　方兴　张增兰

第9章　殷欢　吴宏亮　聂长果　程静波　彭鹏　王锡涛　高鹏

陈生根　赵军　赵淑文　张明　李华军　任鑫鑫　徐川

第10章　饶磊　刘风超　邵华　周功烈　帅冬平　黄权　桂满城

第11章　任文田　冯志刚　钱士湖　陈能革　王章　郎永忠　程斌

第12章　裴秋平　陈志虎　王光友　李海龙　王锬　李彤　后盾

第13章　陈义信　张继成　安吉南　李明　蒋裕　陈光伟　朱伟君

前　言

钢铁工业是国民经济的基础产业，是国家经济水平和综合国力的重要标志。近年来，我国高炉炼铁工业处于高速发展阶段。按照国务院发布的《钢铁产业调整和振兴规划》，我国炼铁行业正加快联合重组，淘汰落后产能，大力推动各项炼铁先进技术装备的发展，加强技术进步和自主创新，使我国钢铁工业走可持续发展的道路。

高炉作为主要的炼铁设备，是我国目前炼铁的主要方式。高炉具有一次性产出生铁量大、生产效率高、生产成本低、设备使用寿命较长等优点，一般的高炉都可以使用10年以上。虽然随着科学技术的进一步发展，出现了直接还原、熔融还原等冶炼新技术，但是高炉炼铁在冶金行业中的主导地位依然没有发生改变。目前，高炉炼铁技术也在逐渐完善，高炉正在向大型化、自动化和高效化发展。

马钢炼铁厂拥有大、中、小不同类型高炉；自产矿占使用量的25%，品位低、有害元素高；自有焦化厂配置4.3~7.63m规格焦炉，自产焦炭量不能满足高炉生产，外购焦炭占高炉总焦炭量的35%；料厂为露天敞开作业，受雨季影响大；因地处内陆地区，煤、焦等受铁路运输影响。总体而言，马钢高炉原燃料品种复杂，原燃料基础条件不佳，对高炉操作管理提出了更大的挑战。近些年，马钢以系统性思维、以技术与管理新举措，系统策划、联动运行、风险防控，实现了马钢高炉长期保持稳定顺行。

众所周知，高炉顺行维护是一个系统工程，“七分原料、三分操作”。高炉的稳定运行离不开稳定质优的原燃料条件支撑。为了彻底解决长期以来原料因管理不善导致诸多质、量问题，马钢优化顶层设计，坚决遵循铁前系统综合降本的理念，改变原先单一原燃料的采购降本和中间品的降本，明确料厂、烧结、球团、焦化等单位降本的目标和核心在于高炉的稳定顺产，通过高炉的长周期稳定顺产以及指标提升来实现系统成本的优化，真正建立高炉长周期的铁水成本最优才是铁前系统和公司整体效益追求的目标。

2014 年马钢创新铁前系统管理平台，以预防高炉风险思维进行系统运行顶层设计、流程再造，变“事后应对”为“事前策划管控”，以铁前系统稳定保高炉稳顺高效。重点围绕构建高炉长周期稳定顺行管理体制，整合了铁前生产、技术、质量专业管理职能，建立了系统设计的管理平台，从组织架构上进行变革，系统管控铁前从采购、配煤、配矿到高炉全流程工艺技术和质量管理。建立系统性“以高炉为中心”、从采购到生产的全系统联动的运行管理模式。以提供稳定的原料为首要目标，实现了“买高炉所需”，为高炉稳定提供系统保障。通过严格的计划值管理，资源由分散管控走向了充分利用和集中管控，形成了流程化管控铁前的模式，实现了铁前系统“一盘棋”。

2014 年马钢创造性构建实施了高炉体检预警应对运行体系。在技术上运用统计分析原理，建立了数字化、系统化高炉顺行指数评价分析模型，用量化分级的方式准确地反映了高炉运行状态。

通过对失分项的有效管控，消除了盲目依靠经验调整炉况的管理模式；创新四级运行维护管理体系，形成了从高炉工长到公司技术专家组的多层级炉况管理体系。用量化的诊断结果，为炉况研判、应对调整、系统维护提供可靠依据；通过高炉体检预警应对运行体系的运行改善，操作管理人员能对高炉进行系统的科学研判与应对，提高及时发现问题、解决问题和预防问题的能力。

2014 年马钢以问题为导向，解决系统短板，针对历次炉况失常的原因进行分析，总结出铁前系统不配套也是造成炉况波动的一个重要因素。针对干湿焦转换对高炉带来波动的影响，策划新区投用 6 号干熄焦，实现了 4000m^3高炉全干熄焦冶炼，彻底告别干湿焦转换影响；针对块矿筛分困难、大量粉末入炉的难题，策划投用块矿烘干系统，杜绝了高含粉料入炉；针对落地焦炭含水大幅变化对高炉操作的影响，策划一焦库大棚改造，提升了落地焦质量。通过一系列系统性优化，铁前系统配套能力得到逐步提升，为高炉实现稳定顺行创造了条件。

通过系统创新与持续运行改善，马钢铁前系统消除了高炉炉况的大幅波动。至 2017 年底，马钢高炉已实现连续 1372 天以上稳定顺行，生铁产量及消耗指标得到显著改善。

我们愿将马钢通过多年来不断探索而形成的炼铁操作技术及管理经验，与广大炼铁工作者交流分享。

本书以马钢炼铁实绩为基础，全书共分 13 章，第 1~3 章介绍“精料”管理，包括原燃辅料计量、质量及采购与物流管理；第 4 章介绍配矿技术与管理；第 5~9 章介绍混匀、烧结、球团、炼焦、高炉工艺与技术管理；第 10 章介绍固废综合利用技术；第

11 章介绍自产矿质量控制与管理；第 12 章介绍自动控制与信息化技术；第 13 章为各工序典型案例。

本书编写人员均为马钢炼铁的主要技术骨干，都有非常丰富的实践经验。全书由总工程师高海潮总体策划，由副总工程师黄发元负责修改及定稿等工作。

在本书编写过程中，得到了马钢领导及相关人员的大力支持和帮助，在此表示诚挚的感谢。

2017 年 12 月于马鞍山

目　　录

绪　论

马钢是具有悠久历史的钢铁企业。1911 年“裕繁铁矿股份有限公司”在马鞍山开采铁矿，1924 年采矿量达到 34.88 万吨，占当年全国铁矿石产量的三分之一。1953 年 2 月 19 日成立马鞍山铁矿厂，同年 9 月 16 日 $74m^3$高炉炼出华东第一炉铁水。1958 年 8 月马鞍山钢铁公司成立。1993 年马钢进行股份改制，中国钢铁“第一股”上市。

从 1970 年起将 50 年代建成的 74~$200m^3$的高炉逐步扩容至 9 座 $300m^3$级高炉，马钢由年产 60 万吨钢跨上 200 万吨规模配套台阶，始终坚持走技术创新道路，采用当时国内外一系列炼铁新技术，有 7 项技术改造属国内首创，其中高炉喷吹烟煤获国家发明三等奖；从 1984 年起，率先采用“高炉硅偏差控制”等系列技术，9 座 $300m^3$高炉连续 7 年获国家冶金部“红旗高炉”“特级高炉”称号。

1994 年 4 月 26 日马钢 $2500m^3$高炉系统工程建成投产，炼铁生产能力登上了 400 万吨发展新台阶，标志着马钢高炉跨上了大型化、现代化发展道路。其中配套建成投产的 $300m^2$ 1 号烧结机是当时国内自行设计、机械设备全部国产化的第一台大型烧结机，同时配套建成大型原料混匀料场。从 $300m^3$高炉到 $2500m^3$高炉，这一步跨得并不容易，尽管经历了一些问题和困难，马钢人始终坚持努力创新，从管理到操作，对大型化系统工程技术与管理进行不断摸索，初步形成了对大型高炉的驾驭能力。此后建成的马钢 $2500m^3$ 2 号高炉等，使马钢炼铁产能连续跨上 600 万吨、800 万吨的台阶。

2007 年 2 月 8 日、5 月 24 日两座 $4000m^3$高炉相继投产，是继宝钢、太钢之后国内建成投产的第 6、7 座 $4000m^3$级高炉，自此马钢形成 1500 万吨钢的生产规模。两座大高炉开炉，实现 25 小时喷煤，4 天快速达产，次月月均煤比达到 180kg/t，燃料比 494kg/t，各项技术经济指标达到同类型高炉的先进水平，炼铁技术装备和操作水平向前迈了一大步。两台 $380m^2$烧结机分别于 2006 年 10 月、2007 年 2 月先后投产，2010 年实现了 900mm 超厚料层烧结，具备 850 万吨/年以上的烧结矿生产能力。

从 2000 年在 $2500m^3$ 1 号高炉上试用铜冷却壁，到 2003 年在 $2500m^3$ 2 号高炉上炉腹、炉腰采用铜冷却壁和炉缸采用陶瓷杯+炭砖技术，2 号高炉一代炉龄达到 13 年 7 个月，一代炉役产铁 $11282t/m^3$。2007 年马钢 $4000m^3$ 高炉采用软水密闭循环、冷却壁、炉缸耐火材料等改进，目前炉役已达10年多无中修，马钢高炉长寿技术也取得明显进步。在高炉操作上，率先在2500m^{3}高炉上采用小粒烧（3~5mm）回收利用技术，在高炉上部气流控制和降低冶炼成本方面取得了良好的效果。马钢高炉操作者始终秉持开放的理念，不断加深与行业先进企业的技术交流，大型高炉形成“稳定中心，疏导边缘”的合理两道煤气流分布操作理念。近年来，采用高炉体检评价与风险预警应对机制，建立高炉顺行指数评价模型，完善配套的原燃料系统保障预警应对机制，构建高炉长周期稳定顺行管理体系，形成马钢特色的炼铁技术与管理模式，从而实现高炉长周期稳定顺行。

马钢较早采用烧结余热发电技术和高炉余压发电技术。在广泛应用新工艺、新技术、新设备的同时，马钢不断强化资源综合利用，强化“三废”的回收利用与治理。2009年7月，国内首套20万吨/年含锌尘泥转底炉脱锌装置建成投产，提供了冶金尘泥资源化利用新途径。依靠自身技术和力量，成功地实施了我国第一个干熄焦技术和装备国产化示范工程。逐步实现全干熄，解决了干熄炉故障或检修期间使用水熄焦，消除了干、湿焦转换对高炉的影响。

目前马钢公司本部拥有8座高炉、总有效容积18040m^3，高炉铁水产能达1500万吨/年。配置7台烧结机，烧结机总面积达1920m^2，具备1880万吨/年的烧结矿生产能力；拥有4座总焙烧面积52.2m^{2}竖炉、1座ϕ6.1m×40m链箅机—回转窑，年产球团矿520万吨；配置焦炉8座，年产焦炭500万吨，配套6套干熄焦装置、3套大型机械化备煤系统。

近年来，马钢牢固树立科学发展观，创造出“科技马钢、人文马钢、绿色马钢”的特色氛围，不断优化工艺流程及工艺参数，减少资源浪费，在构建高炉长周期稳定顺行管理体系、精料入炉、提高煤比、降低燃料消耗等方面取得进展。自2014年4月至今，马钢高炉克服了大幅波动，大、中、小型高炉已全部实现连续稳定运行，经济技术指标达到同类型高炉的先进水平。马钢实现了清洁生产和绿色制造，环境友好已成为马钢与城市融合发展的典型时代特征。

1 原燃料技术与质量管理

随着马钢高炉大型化，“精料”是高炉稳定、顺行、优质、低耗、长寿的前提。近年来，马钢原料管理方式由“分散多头”逐步向“集中统一”转变。针对不同高炉炉型，优化原料结构配置，是改善高炉技术经济指标、提升经济效益的重要措施。大宗原燃料以主流品种为主，辅料以基地供应为主，为高炉提供稳定、安全、绿色、可持续、高效的品种。

1.1 原料管理

1.1.1 性能要求

炼铁含铁原料包括进口、国产、自产的粉矿、精矿和块矿等，其性能要求是以“精料入炉”为目标，要求成分稳定、粒度均匀、冶金性能良好、有害元素（锌、碱金属等）含量低。主要性能要求结合原料资源条件而制定。

马钢炼铁原料主要性能要求见表 1-1～表 1-3。

表 1-1 进口铁矿石性能要求

原料名称	TFe/%	SiO_2/%	Al_2O_3/%	H_2O/%	0～6.3mm 比例/%	>6.3mm 比例/%
BF1	≥64.50	≤2.80	≤1.65	≤9.00	≥82.0	≤18.0
BF2	≥62.50	≤6.80	≤1.60	≤7.00	≥86.0	≤14.0
BF3	≥60.00	≤11.00	≤1.00	≤6.00	≥83.0	≤17.0
AF2	≥60.00	≤4.50	≤2.60	≤8.00	≥88.0（0～8.0mm）	≤12.0（>8.0mm）
AL1	≥61.00	≤4.00	≤2.00	≤4.00	≤13.0	≥87.0
AF4-1	≥58.00	≤5.00	≤1.60	≤8.00	≥90.0（0～9.5mm）	≤10.0（>9.5mm）
AF1	≥60.00	≤4.50	≤2.30	≤8.00	≥90.0	≤10.0
AF3	≥61.50	≤5.00	≤2.80	≤6.00	≥92.0	≤8.0
AF4-2	≥57.00	≤5.75	≤1.85	≤8.00	≥90.0（0～9.5mm）	≤10.0（>9.5mm）
AL2	≥63.20	≤3.45	≤1.35	≤4.20	≤5.0	≥95.0

注：有害元素含量要求：Zn≤0.05%，K_2O≤0.05%，Na_2O≤0.05%。

表 1-2 南非铁矿石性能要求

原料名称	TFe/%	SiO_2/%	Al_2O_3/%	H_2O/%	0～6.3mm 比例/%	>6.3mm 比例/%	Zn/%	K_2O/%	Na_2O/%
SF1	≥63.00	≤6.00	≤1.80	≤2.80	≥87.0	≤13.0	≤0.05	≤0.30	≤0.20
SL1	≥63.50	≤6.50	≤1.50	≤3.00	≤7.0	≥93.0			

表 1-3　马钢自产铁矿性能要求

原料名称	TFe/%	SiO_2/%	S/%	P/%	Al_2O_3/%	Zn/%	K_2O+Na_2O/%	-0.075mm 比例/%
张庄精矿	≥65.00	≤8.00	≤0.050	≤0.015	≤1.00	≤0.07	≤0.100	≥75.0
凹精	≥64.00	≤5.50	≤0.200	≤0.100	≤2.00	≤0.030	≤0.650	≥75.0
东精	≥62.50	≤6.00	≤0.200	≤0.100	≤2.20	≤0.030	≤0.650	≥75.0
和精	≥64.00	≤4.50	≤0.300	≤0.150	≤1.30	≤0.030	≤0.350	≥75.0
白精	≥63.50	≤5.50	≤0.300	≤0.150	≤1.50	≤0.010	≤0.350	≥75.0
姑精	≥56.00	≤9~13	≤0.200	≤0.400	≤2.00	≤0.030	≤0.100	—
桃精	≥54.00	≤8.50	≤0.150	≤0.020	≤0.50	≤0.010	≤0.080	—
桃粉	≥48.00	≤10.50	≤0.500	≤0.050	≤1.00	≤0.010	≤0.080	0~8mm，其中+10mm 为 0；8~10mm≤8.0%
姑块	≥48.00	≤21.50	≤0.100	≤0.700	≤3.00	≤0.030	≤0.120	7~50mm，其中+60mm 为 0；50~60mm≤8.0%；-7mm≤8.0%
大山块	≥47.00	≤10.50	≤0.500	≤0.050	≤1.20	≤0.010	≤0.080	10~60mm，其中+60mm 为 0；-10mm≤8.0%

1.1.2　原料库存管理

我国钢铁企业库存成本占产品总成本的 32%~36%，原料库存管理不仅对高炉稳定顺行产生影响，也对铁水成本产生影响。合理的库存可以降低原料采购的成本，减少原料库存资金占用，避免原料的减值损失。

目前马钢炼铁原料进口粉矿、精矿、块矿占 75%左右，其余为自产矿。自产矿因运距短，大部分直接进入原料仓。因此原料库存管理重点为进口矿库存管理。

1.1.2.1　库存控制标准

进口矿是指马钢炼铁使用的进口含铁原料。进口矿库存是指外港（国内港）、在途、锚地（含泊位）、仓配公司江边库料场、港务原料总厂一次料场的进口矿库存和二铁、三铁总厂使用的混匀矿库存。

进口矿库存均为干基可用库存（不含外港进口矿损耗、运输途耗及料场损耗和沉降料）。

根据进口矿产地、运距等因素，确定可用天数：巴西粉矿 20~24 天，澳洲粉矿 14~16 天，进口块矿 14~16 天，混匀矿 10~12 天。以可用天数核定进口矿库存。

进口矿库存标准按铁水产能和季节进行分段制定。

在铁水月产能 115 万吨水平时，进口矿库存控制范围为 125~135 万吨。3~5

月和9~11月进口矿库存按不超过125万吨控制；雨季（6~8月）和冬季（12~2月）进口矿库存按不超过135万吨控制。

在铁水月产能130万吨水平时，进口矿库存控制范围为140~150万吨。3~5月和9~11月进口矿库存按不超过140万吨控制；雨季（6~8月）和冬季（12~2月）进口矿库存按不超过150万吨控制。

进口矿关键品种安全库存标准的控制。为确保混匀矿质量和高炉炉料结构不发生大的波动，对巴西粉1和进口块矿安全库存的规定见表1-4。

表1-4 进口矿分品种安全库存控制标准 （干基，万吨）

产能	巴西粉1	进口块矿
115	10	8
130	12	10

1.1.2.2 *库存预警机制*

为了保证高炉生产平衡有序运行，保持原料库存合理，避免因外购原料到达不及时，造成生产的波动，制定炼铁关键品种库存预警值相关规定。

对将要造堆的单品种，预计不能按时间节点到达，采购部门应提前10天预报，并提交应对方案；预计5天内不能按期到达的品种，影响混匀造堆配比，料厂提出预警，技术部门做好调整混匀造堆配比的应急预案。

进口矿总库存（含混匀矿）或单品种低于预警值，启动应对预案。

1.1.2.3 *库存控制原则*

对进口矿库存进行动态控制。以混匀造堆计划节点进行反推，安排进口矿分品种到达节点及回运时间。

统筹优化配置公司内部料场，优化混匀作业时间，降低一次料场备料量。

1.2 燃料管理

1.2.1 性能要求

炼铁、炼焦固体燃料包括炼焦煤、无烟精煤、喷吹烟煤、外购焦炭、自产焦炭和动力煤等，其要求是以满足马钢各级别高炉生产需要。性能要求结合国内采购煤炭、焦炭资源特点而制定。

评价焦炭指标采用常温性能的工业分析、抗碎强度、抗磨强度、高温性能的CRI、CSR。

马钢各级别高炉对焦炭性能的要求：3200m^{3}及以上高炉使用自产的三炼焦、二炼焦或外购的特一类焦，2500m^{3}高炉使用自产的二炼焦、一炼焦或外购的特一类焦、一类焦，1000m^{3}及以下高炉使用自产的一炼焦或外购的二类焦、三类焦。

马钢炼铁燃料性能要求见表 1-5~表 1-8。

表 1-5　自产焦炭性能要求（统焦）

指标名称		一炼焦	二炼焦	三炼焦
灰分 A_d/%		≤13.00	≤12.80	≤12.70
硫分 $S_{t,d}$/%		≤0.82	≤0.80	≤0.78
挥发分 V_{daf}/%		≤1.8	≤1.7	≤1.6
抗碎强度 M_{40}/%		≥88（湿焦≥85）	≥88（湿焦≥86）	≥89（湿焦≥87）
抗磨强度 M_{10}/%		≤6.0（湿焦≤6.5）	≤6.0（湿焦≤6.5）	≤5.9（湿焦≤6.2）
反应后强度 CSR/%		≥68（湿焦≥67）	≥68（湿焦≥67）	≥69（湿焦≥68）
水分（M_t）/%	干熄焦	≤0.3		
	湿熄焦	≤8.0	≤7.5	≤8.0
平均粒度（统焦）/mm		≥45.9	≥45.2	≥45.9
焦末含量/%		≤13.9	≤14.5	≤13.5

表 1-6　外购焦炭性能要求

指标名称	特一类	一类	二类	三类
灰分 A_d/%	≤12.00	≤12.50	≤13.00	≤13.50
硫分 $S_{t,d}$/%	≤0.65	≤0.75	≤0.82	≤0.85
抗碎强度 M_{40}/%	≥89	≥86	≥83	≥80
耐磨强度 M_{10}/%	≤5.9	≤7.0	≤8.0	≤8.0
反应后强度 CSR/%	≥68	≥67	≥59	≥52
挥发分 V_{daf}/%	≤1.6	≤1.8	≤1.8	≤1.8
水分/%	≤7.0	≤7.0	≤7.0	
粒度范围/mm	40~80	40~80	25~80	
平均粒度/mm	47~59	47~59	46~58	
焦末含量/%	≤8.0	≤8.0	≤8.0	

表 1-7　冶金焦用煤性能要求

煤种	指标名称					
	M_t/%	A_d/%	V_{daf}/%	$S_{t,d}$/%	Y/mm	G
1/3 焦煤Ⅰ	≤13.0	≤9.00	>28.00~37.00	≤0.30	—	>65.0
1/3 焦煤Ⅱ	≤13.5	≤10.50	>28.00~37.00	≤0.70	—	>65.0
1/3 焦煤Ⅲ	≤14.0	≤11.00	>28.00~37.00	≤0.80	—	>65.0
1/3 焦煤Ⅳ	≤10.5	≤9.50	>28.00~39.00	≤0.90	—	>65.0
气肥煤	≤11.5	≤10.00	>37.00	≤2.00	>25.0	>85.0

续表 1-7

煤 种	指 标 名 称					
	M_t/%	A_d/%	V_{daf}/%	$S_{t,d}$/%	Y/mm	G
肥煤 Ⅰ	≤13.0	≤11.00	>20.00~37.00	≤1.50	>25.0	>85.0
肥煤 Ⅱ	≤14.5	≤10.50	>20.00~37.00	≤2.50	>25.0	>85.0
肥煤 Ⅲ	≤11.5	≤11.00	>20.00~37.00	≤0.75	>25.0	>85.0
肥煤 Ⅳ	≤11.5	≤8.50	>20.00~37.00	≤0.80	>25.0	>85.0
进口澳煤	≤13.0	≤10.50	>18.00~28.00	≤0.60	>17.0	>65.0
焦煤 Ⅰ	≤12.5	≤11.00	>18.00~28.00	≤0.80	>16.0	>65.0
焦煤 Ⅱ	≤12.5	≤11.00	>18.00~28.00	≤1.30	>16.0	>65.0
焦煤 Ⅲ	≤11.5	≤11.00	>18.00~28.00	≤0.80	>16.0	>65.0
焦煤 Ⅳ	≤12.0	≤11.00	>18.00~28.00	≤2.00	>16.0	>65.0
焦煤 Ⅴ	≤12.5	≤10.50	>18.00~28.00	≤1.50	>16.0	>65.0
焦煤 Ⅵ	≤13.0	≤10.50	>18.00~28.00	≤2.80	>16.0	>65.0
瘦煤 Ⅰ	≤13.0	≤11.50	>10.00~20.00	≤0.60	—	>20.0
瘦煤 Ⅱ	≤12.0	≤10.00	>10.00~20.00	≤0.60	—	>10.0~20.0
贫瘦煤	≤12.5	≤11.50	>10.00~20.00	≤0.60	—	>10.0~20.0

表 1-8 高炉及烧结用煤性能要求

指标名称	无烟精煤		贫瘦煤	喷吹用烟煤
	烧结用	喷吹用		
挥发分 V_{daf}/%	≤10.00	≤13.00	13.00~18.00	20.00~39.00
灰分 A_d/%	≤12.50	≤11.00	≤11.50	≤10.00
硫分 $S_{t,d}$/%	≤0.70	≤0.70	≤0.70	≤0.70
哈氏可磨指数 HGI	—	≥50（软煤）	≥70	≥50
		40~50（硬煤）		
粒度	>13mm 的比例≤10.0%		≤50mm	≤50mm

1.2.2 燃料库存管理

马钢燃料库存场地（煤、焦库）布局较分散，场地紧张，管理难度大。

1.2.2.1 燃料库存标准

受燃料品种、质量、生产、市场、季节、气候、运输、接卸、场地等诸多环节影响，考虑燃料产地、运距等因素，确定可用天数：国内炼焦煤 10~13 天、进口焦煤 20~35 天（外港交货），喷吹用烟煤 20~25 天、无烟精煤 10~13 天、动力煤 8~10 天，外购一类焦 8~10 天、二类焦 5~7 天，以可用天数核定燃料库存。

燃料库存标准见表1-9。

表1-9 燃料库存标准

品名		库存标准/万吨（干基）	使用天数/天	波动范围/万吨（干基）
炼焦煤	国产	16	10~13	14~20
	进口	7.5	20~35	5~9
无烟精煤		5.5	10~13	3.5~8
喷吹用烟煤		6.5	20~25	3.0~8
动力煤		2.3	8~10	2~4
外购二类焦炭		1.5	5~7	1~2
外购定制焦		2.9	8~10	1.3~3.0

1.2.2.2 冬季、雨季燃料库存管理

针对季节、内外部运输条件等变化情况，制定燃料冬季、雨季内部库存标准，见表1-10。

表1-10 燃料冬季、雨季内部库存标准

品名	冬季/万吨（干基）	雨季/万吨（干基）
国产炼焦煤	18.0	15.0
进口焦煤（厂内）	2.0	1.5
其中焦煤Ⅰ	2.0~4.0	2.0~3.0
其中山西地区焦煤	2.0~6.0	3.0~6.0
无烟煤	6.0	5.0
喷吹烟煤	6.5	6.0
外购二类焦炭	2.0	1.3
外购定制焦	3.2	2.5
动力煤	3	2.1

1.2.2.3 燃料库存预警机制

为避免因外购燃料到达不及时，造成生产的波动，制定炼铁燃料库存预警机制。原则上炼铁各种燃料库存低于5天用量，使用或储存单位预警。低于3天用量且3天内不能按期到达，技术部门报警并做好调整配比的应急预案。燃料关键品种具体预警、报警要求见表1-11。

表1-11 燃料关键品种具体预警、报警要求

品名	预警库存/万吨（干基）	报警库存/万吨（干基）
炼焦煤	15	10
其中进口焦煤	5（含外港）	3（含外港）

续表 1-11

品　名	预警库存/万吨（干基）	报警库存/万吨（干基）
其中焦煤 I	低于配比 5 天	低于配比 3 天
其中山西地区焦煤		
无烟精煤	3.5	2.5
喷吹用烟煤	2.5（场地）	2（场地）
动力煤	1.5	1.0
外购二类焦炭	1（含待卸）	0.6（含待卸）
外购定制焦	1.5	1

1.2.2.4 库存燃料置换管理

为防止库存燃料时间长，造成煤质变差，规定了炼焦煤置换周期，见表 1-12。

表 1-12 炼焦煤置换周期表

煤　种	最长储存时间/天
气煤、1/3 焦煤	150
气肥煤、肥煤	150
焦煤	210
进口焦煤	210
瘦煤、贫瘦煤	210

1.2.2.5 外港燃料库存管理

山西地区主焦煤、进口焦煤及喷吹用烟煤等关键品种，可根据需求、物流、场地和市场情况在外港储存。

外港炼焦煤清场地时，需提前预警，并安排专人现场监督装船整个过程，待检验数据出来后方可处置使用。

1.2.2.6 燃料库存控制机制和过程控制

燃料库存由相关单位每日提供数据并输入炼铁信息化 LES 系统，形成燃料库存日报表。每周根据燃料场库存和品种消耗情况，合理安排燃料回运时间，控制燃料分品种到达节点，及时对燃料采购计划进行调整。特殊情况下采用相近品种互相替代，避免对生产和焦炭质量产生影响。

1.3 辅料管理

1.3.1 管理原则

炼铁辅料质量的稳定，必须从源头抓起。采用计划到达管理和分堆、分档管理，尽量减少供方数量，减少料堆数量，提高堆存量。

对熔剂推行按计划到达分品种集中使用，减少外部因素变化所引起的波动。

根据熔剂质量、采购数量、对供应商熔剂实行单品种混堆、单品种封堆、单品种单堆三档管理。第一档优先保证炼钢使用，第二档、第三档以供应铁厂为主。

1.3.2 性能要求

主要炼铁辅料包括熔剂（灰片、灰小、石灰石粉、冶金石灰粉、云粉）和膨润土等。根据资源状况和实际技术指标，结合烧结、球团的生产要求制定性能要求，见表 1-13～表 1-17。

表 1-13 石灰石性能要求

品 种	CaO/%	MgO/%	SiO_2/%	P/%	S/%
石灰石（灰片）	≥53.20	≤3.00	≤1.50	≤0.010	≤0.150
	粒度：0～30mm≤7.0%；>30～40mm≤18.0%；+85mm 为 0				

表 1-14 烧结用石灰石粉性能要求

CaO/%	MgO/%	SiO_2/%	Al_2O_3/%	P/%	S/%
≥52.00	≤2.00	≤2.50	≤0.80	≤0.010	≤0.150
粒度：0～4mm≥90.0%，+5mm≤0.5%					

注：烧结用石灰石粉水分要求不大于 4.0%，暂不作为质量判定依据。

表 1-15 自产冶金石灰粉性能要求

CaO/%	SiO_2/%	S/%	活性度/mL	灼减/%
≥84.00	≤3.00	≤0.100	≥230	≤12.00
粒度：0～3mm，其中+5mm 为 0；0～3mm≥95.0%				

注：烧结用自产冶金石灰粉 MgO 含量要求不大于 3.00%，暂不作为质量判定依据。

表 1-16 白云石粉性能要求

CaO/%	MgO/%	Al_2O_3/%	SiO_2/%
≥29.50	≥19.50	≤0.60	≤2.50
粒度：0～3mm≥89.0%，+5mm≤0.5%			

表 1-17 球团用膨润土性能要求

级别	蒙脱石含量/% 不小于	膨胀容/mL·g^{-1} 不小于	吸水率（30min）/% 不小于	粒度（-200 目）/% 不小于	水分/% 不大于
一级品	58.0	15.0	280.0	98.0	10.0
二级品	55.0	10.0	220.0	98.0	10.0

1.3.3 辅料库存管理

根据辅料的用途、特点和运输方式不同对辅料库存进行分类管理。冶金石灰粉、膨润土为罐车汽运直供进仓，由各所属铁厂进行管理；石灰石（灰片）、烧结用石灰石粉、云粉等通过水运、铁运进入料场堆存管理。

1.3.3.1 炼铁辅料库存控制

根据主要辅料采购计划和实际使用进度安排月度节点运输计划。

辅料库存控制标准见表 1-18。

表 1-18 炼铁辅料分品种库存控制标准 （干基，万吨）

品种	灰片	灰小	烧结用石灰石粉	云粉
数量	8	1.5	1	7.5

炼铁辅料可用天数：灰片 7~15 天，灰小 12~18 天，烧结用石灰石粉 12~18 天，云粉 12~18 天。烧结用石灰石粉月使用量 1.8 万吨左右，云粉月使用量约 12 万吨，灰小月使用量约 2.4 万吨，灰片月使用量约 15 万吨。

1.3.3.2 库存预警机制

为保证烧结、球团和炼铁生产平衡有序运行，减少和避免因主要辅料到达不及时而调整用料结构、影响生产，制定了炼铁辅料库存预警规定。

预警原则：库存低于安全库存时，进入一级预警状态。库存低于警戒库存时，进入二级预警状态。管理部门跟踪后续资源及到达情况，做好替代、减产应对预案。

炼铁主要辅料安全和警戒库存见表 1-19。

表 1-19 主要辅料安全和警戒库存

品 名	安全库存/万吨	警戒库存/万吨
石灰石（灰片）	5	3
云粉	3	2

1.3.3.3 辅料料场管理

江边料场为公司熔剂专用料场，以疏港大道为界分为东西两个料条，每个料条长 410m。西侧以 70m 为起点自南向北分别存储烧结用石灰石粉、单堆云粉、大堆云粉、灰片、灰小，西料条场地较为固定。东侧以 40m 为起点自南向北分别为：单堆灰片、大堆云粉。东侧灰片场地会随着灰片品种及到达量的变化而作调整。

1.3.3.4 落地料场管理

落地料场存放的烧结矿和焦炭主要为了调整高炉、烧结机以及焦炉之间的生产平衡。落地料场包括：二铁总厂落地料场（烧结矿、球团矿），三铁总厂落地料场（烧结矿、焦炭）。落地烧结矿置换周期为2个月。

二铁总厂落地料场正常储存2.5万吨烧结矿，配置了一台堆料能力1000t/h、取料能力600t/h的堆取料机。

三铁总厂落地料场正常储存2.0万吨烧结矿、0.7万吨焦炭。配置了一台堆料能力1500t/h、取料能力1500t/h的堆取料机。

进入落地料场的烧结矿堆重达5000t后，即实行封堆管理；焦炭不封堆管理。

落地堆场实行最低库存量管理，二铁烧结矿不低于5000t，三铁烧结矿不低于15000t，焦炭不低于2000t。

对堆取料机无法取到的边角料，采用装载机归堆。料堆取完后，对场地进行平整，便于重新堆料，同时保证有一定的堆间距（3~5m），确保通道畅通。

1.4 检验管理

原燃料质量检验的目的在于防止原燃料采购出现不合格品无序流入公司生产制造环节。通过不断规范原燃料分类检验、验证、仓储配送、不合格品处置、信息传递等方面的管理，提升公司的生产和产品质量。

1.4.1 分类检验原则

为加强和规范炼铁原燃料的质量控制管理，提高检验效率，对原燃料实行分类检验，自产矿、供货质量以供方为准的国有大矿煤炭供方供应的原燃料以经过公司评审采取抽检方式，其他原燃料均列入全检范围。

1.4.2 取样标准

1.4.2.1 定义

取样：用人力操作取样工具或使用机械辅助工具来采集份样以组成副样和大样的操作过程。

检验批：为评定品质特性所构成一定物料的量。

样品：从待评定品质特性的一个检验批采取有代表性的相对少量的物料。

份样（子样）：1个取样器械一次操作采集取得的物料量。

副样：由构成一个大样的部分份样组成的样品。

大样：由全部份样组成，代表一个检验批所有品质特性的样品。

样本：按一定程序从总体中抽取的一组（一个或多个）个体。

试样：为满足全部规定的试验条件制备的样品。

随机取样：检验批中的所有物料都有相同被抽取和检验的概率。

定量取样：以相等的质量间隔采取份样，份样的质量尽可能一致。

定时取样：从自由落下的料流或从输送机上，以相同的时间间隔采取份样，每个份样的质量与采取份样时的质量单位流量成比例。

1.4.2.2 取样要求

根据进料方式和交货批的重量，结合马钢的实际情况，确定一个检验批批量、份样或副样数，以及组成大样的方式。根据进料的最大粒度决定份样的基准质量。

按照原辅料的运输到达方式，分为水运进料取样、铁运进料取样、汽运进料取样等，在卸料过程中采取试样。取样部位按照卸料小料堆、皮带、车皮内等不同取样部位，规定了相应的取样方法。

1.4.2.3 检验的份样、副样组成方式

份样、副样组成方式按表1-20的规定执行。

表1-20 检验批份样或副样组成方式

<table>
<tr><th>进料方式</th><th>检验批质量/t</th><th>副样数/个</th><th>副样份样数/个</th><th>备 注</th></tr>
<tr><td rowspan="4">水运</td><td>≤1000</td><td>≥2</td><td>≥10</td><td rowspan="4">1. 一船（或一个收付单号）为一个检验批；
2. 各副样按等重量间隔采取</td></tr>
<tr><td>1000~3000</td><td>≥3</td><td>≥10</td></tr>
<tr><td>3000~5000</td><td>≥4</td><td>≥10</td></tr>
<tr><td>≥5000</td><td>≥5</td><td>≥10</td></tr>
<tr><td rowspan="3">水运转汽运</td><td>品种</td><td>每个副样/车</td><td>每车份样数/个</td><td rowspan="3">一船为一个检验批</td></tr>
<tr><td>外购物料</td><td>≤30</td><td>≥2</td></tr>
<tr><td>自产物料</td><td>≤50</td><td>≥1</td></tr>
<tr><td rowspan="3">汽运</td><td>品种</td><td>检验批/车</td><td>每车份样数/个</td><td rowspan="3"></td></tr>
<tr><td>外购物料</td><td>≤30</td><td>≥2</td></tr>
<tr><td>自产物料</td><td>≤50</td><td>≥1</td></tr>
<tr><td rowspan="4">铁运</td><td>品种</td><td>检验批/车</td><td>每车份样数/个</td><td rowspan="4"></td></tr>
<tr><td rowspan="2">外购物料</td><td>1</td><td>≥5</td></tr>
<tr><td>≥2</td><td>≥2</td></tr>
<tr><td>自产物料</td><td>同品种同车次的</td><td>≥2</td></tr>
</table>

1.4.2.4 份样量

每个份样的基准重量按表1-21的规定执行。

表1-21 份样量

原料规格/mm	份样基准重量/kg
精粉	0.5
≤10	1.0

续表 1-21

原料规格/mm	份样基准重量/kg
10~40	1.5
40~85	2.0
≥85	3.0

1.4.2.5　最小筛分用量

粒度筛分时所需的最小用样量按表 1-22 的规定执行。当大样总量不能满足粒度测定要求时，适当增加份样数，满足粒度测定要求。

表 1-22　最小筛分用量

物料规格/mm	筛分用样量/kg
≤0.1	≥0.1
0.1~1	≥5
1~5	≥10
5~10	≥20
10~20	≥30
20~30	≥40
30~40	≥50
>40	≥60

1.4.2.6　水运进料取样方法

（1）检验批的确定：以一船或以一个收付单作为一个检验批。

（2）份样数、份样量：按照表 1-20、表 1-21 执行。

（3）取样位置：港口集团 1~3 号码头在皮带接口处，7 号码头熔剂、8 号码头进口矿手工取样位置在抓斗内进行；港务原料总厂进口矿手工取样位置在 A103、A203、A401、A501 皮带运转头部。

（4）皮带机接口处（头部）取样：在原料正常开卸 10~30min 时取第一个副样，副样由份样组成，一个份样间隔 1min；以后副样按等重量原则均匀取得，全部副样合成一个大样。

（5）抓斗内取样：在原料正常开卸 10~30min 时取第一个副样，副样由份样组成，份样在抓斗内均匀布点，每个抓斗内采集 5 个份样；以后副样按等重量原则均匀取得，全部副样合成一个大样。

（6）水运进料江边库取样：在逐车卸下的对应小料堆上取样，沿料堆横断面“之字形”循环分布在上、中、下各部位，去除表面 0.2m，下部位点距底面不少于 0.2m。

（7）水运转汽运取样：港务原料总厂地下料仓位置，每 4 车取样 1 车；其他港口码头卸料落地，大矿类按检验批料堆取样规则执行，市场类按照料堆每2000t采取一个副样，份样数20个。

（8）国内铁精矿采取机械自动取样。

1.4.3 制样标准

1.4.3.1 定义

制样：使样品达到分析或试验状态的过程，通常包括样品的预先干燥、破碎、混合、缩分。

试样缩分：将试样分成有代表性的、分离的部分的制样过程。

定比缩分：以一定的缩分比，即保留的试样量和被缩分的试样量成一定比例的缩分方法。

定质量缩分：保留的试样质量一定，并与被缩分试样质量无关的缩分方法。

1.4.3.2 制样要求

（1）制样按以下三个操作流程进行一次即组成制样的一个阶段。

破碎：经破碎或研磨以减小样品的粒度。

混合：为使样品更均匀，从而减少样品缩分时的偏差。

缩分：缩分样品为两份或多份，以减少样品的质量。

（2）制样阶段应选择既缩小制样误差又不保留过多的样品量，制样误差大致和每阶段保留的样品量成反比。为降低制样误差，则要求减少制样阶段；增加制样阶段则制样误差也相应增大，对此宜增大每阶段的保留样品量。

（3）样品的预先干燥：样品过湿过黏不能筛分、破碎、缩分时，可在低于品质变化的温度进行干燥（空气干燥或干燥箱干燥），达到样品可自由通过破碎机和缩分器的程度。

（4）水分试样的制备不得对样品干燥，经第一次缩分即取出水分样品。

（5）精矿粉粒度试样量缩分为100g，膨润土粒度试样量缩分为20g，其他物料粒度试样量为取得的所有样品。

（6）制样前用本批物料（不得使用样品）先在破碎机、粉碎机、分样器中通过，再清扫干净。制样后残留在设备内部的样品，必须全部取出防止损失。在制样过程中，应防止样品的成分发生变化和污染。

1.4.3.3 制样一般程序

（1）样品的破碎：应使用机械设备，手工破碎只限于破碎个别大块样品至第一阶段破碎机的最大给料粒度。在制备成分分析样品过程中因难于破碎的部分往往在成分上有差异，所以必须使全部样品破碎至规定粒度。根据物料硬度、粒度大小和样品用途选用适宜的破碎机和研磨机。应定期校核破碎机性能，并调节至排料粒度小于规定粒度（用分样筛校核）。制样时破碎机应均匀给料，避免填满破碎机，以致改变破碎机的运行速度和排料的粒度分布。

（2）样品的混合和缩分：样品一般用二分器进行混合，混合三次后进行缩分，为保证缩分样的代表性，需满足最小缩分留量（见表1-23）。

常见缩分方法有机械缩分法、手工缩分法（二分器缩分、份样缩分）、圆锥四分法、联合制样机的破碎混合。

表1-23　最小缩分留量

最大粒度/m	缩分大样的最小留量/kg	缩分副样的最小留量/kg
22.4	60	30
10	10	7.5
1	1	0.5

（3）化学试样研磨和备样留存：成分样用二分器混合三次后，缩分出不少于1kg的大备样和不少于80g的化学试样。若成分样的水分大，影响混匀效果，应事先置于干燥箱内（50℃以下）鼓风干燥。将化学试样放于试样盘中摊平，置入干燥箱中（温度105℃以下）连续鼓风干燥，干燥后研磨过标准筛，过筛后装袋送检。

（4）水分样用二分器混合三次后，缩分出水分测定量，并立即称量，进行水分测定；同时缩分出水分备样。

1.4.3.4　样品的送检

将制好的成分试样装入样袋中送达化验室。试样袋应注明物料品名、试样编号、制样时间、分析项目、制样者等内容。送达相关化验室后将试样分成两份，一份供化验分析用，另一份由化验员签封后带回留作小备样。交接过程要有详细记录。

1.4.4　原燃料检测标准

炼铁原燃料检验项目包括水分、粒度分布、化学成分等。近年来由过去的人工手工分析改进为仪器分析，自动化程度提高，如水分测定、含铁料和熔剂的成分测定等，检测精度和速度都得到了很大的提高，同时也降低了人为因素对检验的干扰。

1.4.4.1　原燃料的主要检测方法

原燃料的主要检测方法见表1-24。

表1-24　原燃料的主要检测方法

检验品种	检验项目	检测方法	相关标准	主要仪器
含铁原料、炼铁辅料	水分	重量法	GB/T 6730.2	水分测定仪、空气干燥箱
	粒度分布	重量法	GB/T 2007.7	标准筛

续表 1-24

检验品种	检验项目	检测方法	相关标准	主要仪器
含铁原料	TFe	滴定法	GB/T 6730.65、QSO/132 Ⅱ 0021、1010、1042、1085 等	天平、滴定管
	FeO	滴定法	GB/T 6730.71、QSO/132 Ⅱ MH0025、0029、1050 等	天平、滴定管
	Ca、Si、Mg、Ti、P、Mn、Al、Ba	X 射线荧光光谱法	GB/T 6730.62、QSO/132 Ⅱ MH1058 等	X 射线荧光光谱仪
	Al、Ca、Mg、Mn、P、Si、Ti、K、Na、Zn、Cu、Pb、As 等	ICP-AES 法	GB/T 6730.63、Q/MGB 759 等	电感耦合等离子体原子发射光谱仪
	C、S	高频燃烧红外吸收法	GB/T 6730.61	红外碳硫仪
	铁矿石冶金性能	—	GB/T 13241、GB/T 13242	还原炉、转鼓
熔剂（云粉、灰片）	SiO_2、CaO、MgO、P	X 射线荧光光谱法	Q/MGB 751	X 射线荧光光谱仪
膨润土	膨胀容、蒙脱石、吸水率	—	QSO/132 Ⅱ MH1057、1054、1056	天平、滴定管
煤炭	全水分	重量法	GB/T 211	空气干燥箱
	工业分析	重量法	GB/T 212、GB/T 2001、GB/T 30732	鼓风干燥箱、马弗炉、自动工业分析仪等
	S	红外光谱法	GB/T 25214	红外碳硫仪
	发热量	—	GB/T 213	量热仪
	可磨性指数	哈德格罗夫法	GB/T 2565	哈氏可磨性指数测定仪
	焦炭机械强度	—	GB/T 2006	转鼓试验装置
	焦炭热态性能	—	GB/T 4000	电炉、反应器、反应后强度实验设备

1.4.4.2 炼铁工序产品理化检验

为使烧结、焦炭和生铁等工序产品符合生产工艺要求，生产厂需要实验室及时、准确地提供检测数据。随着检测技术的进步，炼铁工序产品的检验已逐渐由过去手工湿法检验改进为大型仪器自动分析，分析精度、速度也在不断提高。如铁水、高炉渣全自动分析系统由风动送样装置、制样设备、X 射线荧光光谱仪、机械手等设备构成，可实现样品自风送后的制备、分析、数据传输过程无人化操作。近年来实验室已在开展烧结矿、球团矿等的化学成分全自动分析。实验室通过加强检测质量过程控制，定期开展比对试验、测量系统分析、SPC 控制图分析等质控手段，来确保检测数据的准确性。

炼铁工序产品的主要检测方法见表 1-25。

表 1-25　工序产品的主要检测方法

检验品种	检 验 项 目	检验方法	相关标准编号	主要仪器
烧结矿	TFe、SiO_2、CaO、Al_2O_3、MgO、MnO、TiO_2、V_2O_5、P	X 射线荧光光谱法	Q/MGB 720. 12	X 射线荧光光谱仪
球团矿	TFe、CaO、MgO、MnO、SiO_2、TiO_2、Al_2O_3、V_2O_5、P	X 射线荧光光谱法	QSO/132 Ⅱ MH0017	X 射线荧光光谱仪
生铁	C、S	高频感应燃烧红外法	Q/MGB 711. 14	红外碳硫仪
	C、S、Si、Mn、P、V、Ti	X 射线荧光光谱法	Q/MGB 711. 15、QSO/132 Ⅱ MH0057	X 射线荧光光谱仪
	Si、Mn、P、V、Ti、As	ICP-AES 法	Q/MGB 739	电感耦合等离子体原子发射光谱仪
高炉渣	Si、Ca、Al、Mg、Mn、Ti、FeO	X 射线荧光光谱法	Q/MGB 750	X 射线荧光光谱仪

1.4.5　原燃料检验预警机制

原燃料质量检验的及时、准确有利于降低公司的采购成本，支撑公司稳定高效生产。为了保证质量检验数据准确，对出现的非正常（异常）数据做出预警与响应（见图 1-1），以及时采取措施，发布准确的质量数据。

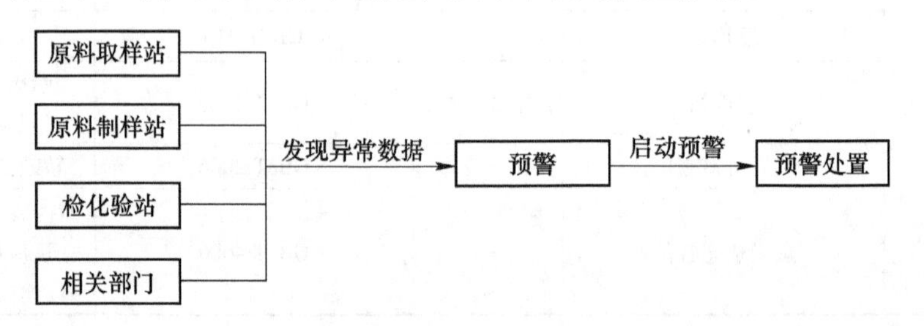

图 1-1　异常数据处理流程图

异常值数据指的是外购原燃料检验数据中有一项或多项指标明显偏离该品种物料检测指标历史数据区域（追溯期 12 个月），或该品种不同批次检测值雷同数据（追溯期 3 批次），或同品种不同批次检测值雷同数据（追溯期 3 天）。

原燃料质量检验过程中应加强数据审核功能，提高相关岗位人员（QS 系统数据发送、LES 系统数据上传、SAP 系统质量判定）对异常数据的敏感度，准确判断数据的有效性。在检验质量数据流经相关环节时，第一时间发现非正常检验数据的单位通报各相关部门，及时冻结数据流状态（即数据录入、上传、判定、发布工作），启动预警程序，根据实际情况实施内外部双向预警。

内部预警、查疑纠错：发现异常数据，及时内部预警，相关接警岗位查找检验过程规范性，分析造成数据异常的原因。若为检验工作质量造成，及时纠错、整改，避免错误数据报出；若非检验过程引起数据异常，则启动外部预警。

外部预警、提醒示警：来料实物质量异常时，及时上传、发布异常数据，并通报公司相关部门，做好生产保供的“提前量”，支撑公司生产稳定顺行。

1.5 质量管理

质量管理是指在质量方面指挥和控制组织的协调活动，通常包括制定质量方针和质量目标及质量策划、质量控制、质量保证和质量改进。

1.5.1 质量标准制定

根据生产需求、原燃料质量实绩，结合国内外供应商的生产、质量情况，组织制定、修订炼铁原燃料质量标准，控制原燃料的主要理化性能、质量水平在一定波动范围内保持稳定。相关单位根据质量标准进行采购、检验及指导生产。

1.5.2 质量控制

质量控制是一个设定标准、测量结果，判定是否达到了预期要求，对质量问题采取措施进行补救并防止再发生的过程。主要质量控制活动有：

（1）根据高炉需求和外部市场变化，强化技术、采购、发货、运输、码头接卸、质检及烧结、球团、高炉等九大环节的系统联动，减少原燃料保供、质量波动给高炉带来的不利影响。

（2）建立保持入炉原燃料结构相对稳定的配煤、配矿系统，在保持入炉原燃料稳定的前提下，不断优化配煤配矿结构，追求铁水成本最优。

（3）由事后被动调节转变为事先预警控制，强化质量信息快速传递，应对措施及时落实，形成快速解决问题的通道，达到减少炉况波动的目的。

1.5.3 消除质量控制短板

（1）解决低库存和高炉用料稳定矛盾。对进口矿、煤焦库存实绩进行评估，制定进口矿、炼焦煤库存标准和库存管理办法，在保证生产稳定的前提下，减少低库存运行风险。

（2）解决焦炭干湿转换难题。制定干湿转换管理办法和焦炭平衡方案，降低焦炭干湿转换带来的不利影响。

（3）减少入炉块矿粉末。新建块矿烘干系统，有效提升进口块矿筛分效果，减少粉末入炉。

（4）加强原燃料有害元素检测，及时网上发布数据，为配煤、配矿提供数据支撑，保证入炉原燃料中有害元素控制在合理范围内。

1.5.4　质量信息管理

建立统一的铁前信息化平台。通过 QS 系统数据发送、LES 系统数据上传、SAP 系统质量判定来加强数据审核功能，保证质量信息的有效传递。

1.5.5　动态监控、持续改进管理

对高炉入炉原燃料质量在线跟踪管理，第一时间获取高炉入炉原燃料质量信息，发现质量异常波动，及时采取应对措施，将不利影响减小到可控范围。

1.5.6　质量验证

1.5.6.1　原燃料质量验证管理

原燃料质量验证管理是指通过物理、化学和其他技术手段和方法进行观察、试验、测量后所提供的客观证据，证实规定要求已经得到满足的认定。原燃料放行、交付前要通过两个过程，第一是检验，提供能证实质量符合规定要求的客观证据；第二是对提供的客观证据进行规定要求是否得到满足的认定。

1.5.6.2　质量验证标准制定

管理部门组织编制原燃料技术标准、分类检验清单，检测中心和煤焦化公司分别编制检验计划，明确取制样和检验所依据的标准或作业文件。对原燃料分别实行抽检或全检的分类检验方式。单一物料检验项目执行相对应的技术条件；对于抽检项目，出现超让步接收的不合格品时，抽检项目实施全检，产品检验须连续 3 批检验合格后才能恢复原检验项目，实施动态管理。

1.5.6.3　质量检验

检测单元根据原燃料的进料和供应方式，按照相应检验计划，对来料进行质量检验，按规定时限完成原燃料检验及数据上传。

1.5.7　质量判定

（1）原燃料采购产品质量判定执行当期现行有效的标准、技术条件。检测中心根据相应的标准、技术条件在公司 SAP 系统内对原燃料质量进行判定，在 SAP 系统内对合格的检验批进行合格接收的判定，对不合格的检验批开出质量通知单，由采购部门做相应的处置操作。检测中心接到原燃料督查组督查的检验批应暂停系统内的判定，以原燃料督查组督查的结果作为最终检验结果进行判定。

（2）制造单元建立原燃料质量管理台账，实行动态管理，每月进行质量评价。

1.5.8　不合格品管理

1.5.8.1　不合格品的处置

为了防止不合格品非预期使用或交付，对不合格品进行有效的识别、控制和

管理，保证用户得到满足规定要求的产品。对符合让步接收的不合格品，使用单位做好全过程的跟踪预警，按操作规范做好生产过程控制，不合格品扣款返回使用单位。对超过让步接收的不合格品，原则上拒收退货，若退货有困难（如混堆），管理部门组织相关单位评审并签发评审报告，采购部门负责对外商务处理并提出整改报告。

1.5.8.2 不合格品的判定

检测中心负责对外购原燃料到货验证中的不合格品的判定和记录，外购原燃料在使用中发现的不合格品，相关使用单位应及时做好记录，将同批次外购产品进行标识、隔离，并向采购单元和管理部门报告。

1.5.8.3 不合格品的标识

收料单位负责对进入库房的不合格品进行标识和隔离，从库房、料场向使用单位发送不合格品时，应提供其质量信息。

1.5.8.4 不合格品的信息管理

采购部门（单位）、收料单位和检测中心应建立不合格品处置台账，及时沟通处置信息。

1.5.9 质量异议复验仲裁管理

1.5.9.1 质量异议

质量异议是指按合同规定的供货技术标准或技术协议交货并开具质量保证书的原燃料所产生的由于化学成分、物理性能等不符合合同条款而产生的质量问题。

1.5.9.2 复验

复验是指所供货物的备样送省一号检验站进行再次检验，复验方式为复大备样或小备样。仲裁：仲裁复验由公司原燃料督察组受理操作。采购部门（单位）在接到检测中心报出的复验结论与原检验结论不一致时，应向公司原燃料督查组提出仲裁复验申请。

1.5.9.3 复验仲裁管理

采购部门（单位）、收料单位和使用单位对验证结果或实物质量的异议，报公司督查组协调处理。

（1）对于备样复验需在检测中心、采购方、供方现场监督下，开启封存的大备样（小备样），进行制样（分样），共同将其送往省一号检验站检验；所有送往省一号检验站的试样必须经检测中心重新编码封签。对于仲裁复验过程，需督察组现场督察。检测中心将复验报告提交到原燃料督察组和采购部门（单位）。

（2）采购部门接到复验结论与原检验结论不一致时，应向原辅料督察组提出仲裁复验申请，原燃料督察组在接到仲裁复验申请后，组织对初检或复验的整个过程进行督察，提出仲裁结论并传递至相关单位。

（3）采购部门接到检测中心的复验结论与原检验结论一致时，通知供方。供方若对备样复验或重新取样复验结论有异议可提出委托第三方复验请求，由公司原燃料督察组决定受理与否。对第三方仲裁复验结论为合格的情形，督察组具有提出终裁的权利。

2 原燃料计量管理

本章介绍计量管理在马钢高炉稳定运行中的作用、任务和高炉系统测量设备配置的基本情况，以及对测量设备分类管理的总体思路。

2.1 概述

2.1.1 计量管理的作用

计量是指实现单位统一、量值准确可靠的活动。计量具有准确性、一致性、溯源性、法制性四大特点。

计量管理是指计量部门对所有测量手段和方法，以及获得、表示和测量结果的条件进行的管理。计量管理的职能就是保证计量装置准确、可靠、客观、正确的计量，使量值传递和量值溯源工作有序开展。

计量管理是马钢企业管理中最具量化的管理。计量管理的量化性可直接监控马钢炼铁系统生产装置、工艺流程和生产的各个环节，也可监管技术人员的操作水平，同时，也为马钢生产经营、财务管理、成本核算、产品认证等多方面提供有效的管理依据。

（1）计量检测是提高马钢炼铁产品质量的重要手段。

（2）计量数据是马钢实现物料核算、控制成本的重要手段。

（3）计量为马钢高炉系统安全生产和环境监测提供了必要保证。

（4）计量是科学生产的技术基础，马钢高炉炼铁系统必然依赖科学的计量与计量管理。

2.1.2 计量管理的任务

马钢计量管理工作已从以计量器具监督管理为重点向计量器具监督管理和测量结果监督管理并重转变。对于马钢高炉炼铁系统，为了实现计量管理的有效性，采取的具体做法如下：

（1）贯彻计量相关法律、法规，建立完善的企业计量管理制度。

（2）合理地设置计量机构，配备计量技术和管理人员，采用先进有效的计量管理方式建立高炉炼铁系统计量器具台账，保证计量管理器具受控。

（3）合理建立企业内部最高计量标准，做好高炉炼铁系统计量检测设备和计量标准装置的量值溯源工作。

（4）对高炉炼铁系统所有计量器具使用部门进行计量督察检查，确保计量器具经检定（校准）符合要求后使用。

(5) 做好高炉炼铁系统计量器具上线计量专业审核工作，在使用过程中进行首检和二方审核工作，保证采购的计量器具满足高炉炼铁系统工艺要求等技术要求。

2.1.3　高炉系统测量设备的配置与分类管理

马钢高炉系统是由高炉本体系统和供辅系统组成，在生产中各个系统互相联系，形成一个连续的生产过程，根据高炉生产工艺需求配备了测量设备。二铁总厂测量设备有 11370 台（件），重要测量过程有 38 个；三铁总厂测量设备有 8095 台（件），重要测量过程有 10 个。

2.1.3.1　测量设备配置

(1) 结算类测量设备配置。物资结算类测量设备配置见表 2-1，动力介质结算类测量设备配置见表 2-2。

表 2-1　物资结算计量点配置

测量设备名称	汽车衡	动态轨道衡	静态轨道衡	皮带秤
数量/台	17	10	6	16

表 2-2　动力介质结算计量点配置

单位	动力介质/套				
	水	蒸汽	氧气	氮气	氢气
二铁	28	6	8	14	不用
三铁	12	6	3	5	不用
港料	8	1	不用	不用	不用
焦化	19	8	不用	6	1

(2) 安全环境检测类测量设备。安全环境检测类测量设备配置见表 2-3。

表 2-3　安全环境检测计量点配置

单位	测量设备/台	
	有毒可燃气体报警仪	各类压力表
二铁	206	105
三铁	134	96
料厂	26	0
焦化	153	27

2.1.3.2 测量设备分类管理

为了对测量设备进行有效管理，保证测量结果的准确可靠，马钢高炉系统依据实际情况对配备和进行测量的所有测量设备都纳入测量管理，并建立台账。根据控制要求和风险进行分类管理，目的是说明分类管理中计量确认间隔和期间核查的应用，是降低冶炼成本和控制测量质量的有效方法，具体为A、B、C分类管理模式，见表2-4。

表2-4　高炉系统测量设备A、B、C分类统计

单位	A类							B类			C类	总计
	最高标准	工作标准	贸易结算	质量检验	安环监测	关键工艺	合计	内部核算	其他	合计	合计	
二铁		48		9	311	124	492	191	123	314		806
三铁					131	16	147	35	283	318		465
料场				1	26	22	49	16	75	91		140
焦化		43	29	42	180	65	359	28	2508	2536	2145	5040
技术中心	13	33		107	29		182	26	210	236		418
检测中心		7		555	27		589	1	651	652		1241
能源 南区	9			14	332		355	342	312	654	10	1019
能源 北区				83	159		242	301	74	375	352	969

A类测量设备：

（1）用于企业内部量值溯源的计量标准器具及其配套测量设备，包括标准物质。

（2）用于贸易结算、安全防护、环境监测等属于强制检定的工作计量器具。

（3）用于质量、工艺控制关键测量过程的测量设备。

B类测量设备：

（1）用于内部核算的能源、物资管理用的测量设备。

（2）用于生产工艺控制、质量检测有测量数据要求的测量设备。

（3）示值不易改变而使用不频繁的测量设备。

（4）固定安装在生产线或装置上，测量数据要求高，但生产中不允许拆装，实际确认间隔必须和设备检修同步的测量设备。

C类测量设备：

（1）测量设备性能稳定、准确度低、量值不易改变的测量设备。如生产工艺流程以及在流水线和装置上固定安装的不易拆卸而又无准确度要求的指示用的测量设备。

（2）使用环境恶劣、寿命短、低值易耗的测量设备。

（3）要作为工具用的计量器具。

测量设备管理的重点应放在A类和B类计量器具，是属于高度控制的测量设备，计量要求比较严格和明确，必须经过全部计量确认过程。属于A类的测量设备，不能延长计量确认间隔，对强制检定的计量器具要按检定规程的检定周期要求进行计量确认，在A、B类中稳定性较差的测量设备必须按计量确认的合格情况缩短确认间隔，减小使用不合格测量设备的风险，甚至因不准的测量结果而产生废品，造成经济损失。

对A类和B类的测量设备，合理地安排期间核查非常重要，对用于质量、工艺控制关键测量过程的测量设备，其准确度要求高，但稳定性差的测量设备、使用频繁的测量设备应当进行期间核查，它能提供两次确认期间测量设备可靠性的相关信息，及时发现测量设备计量性能变化的趋势，并能对确认计划的合理性提供指导。

在实际工作中，马钢主要从三方面加强计量管理工作支撑高炉稳定运行：一是原燃料计量管理；二是高炉能源计量管理；三是计量设备首检管理。

2.2 原燃料计量管理

马钢高炉系统原燃料运输分为水运、汽运及铁运三种，年进料3800万吨。

2.2.1 水尺的计量管理

水运年计量2300万吨，为主要运输方式，采用水尺检测计量。

2.2.1.1 前期准备

船舶首次载货进入马钢前，所属船务公司向马钢提出资质申报，由马钢组织相关单位对该船进行资质审核。

船舶审核结束，符合水尺计量要求，将船舶原始资料录入《马钢水尺计量系统》，供船舶检测调用。

2.2.1.2 工作流程

（1）物料与船舶信息读取。水尺计量人员通过《马钢物流支撑系统》了解待检测物料和即将到港船舶的相关信息，根据即将到港的船舶名称，登录船讯网，查询该船的即时位置、航线和航速等信息，依据以上资料，推算出船舶大致到港时间，制定水尺检测计划，保证船舶及时计量。

查询炉料库存表，能够清晰掌握每种物料的库存情况，当发现某种物料库存接近报警低库存量时，将优先安排装载该物料的船舶予以水尺检测。如某时段炉料库存见表2-5。

（2）建立与船务公司之间的微信平台。水尺检测人员通过平台了解待检船舶具体泊位及急需物料并做出相应安排。

（3）水尺检测。水尺计量人员对待检船舶的六面水尺读取数据，进行全程摄像及录音。登船查验《水运清单》和《货物交接清单》，并对压载舱进行数据检测，检测完毕后将水尺数据保存至《马钢水尺计量系统》。

表 2-5 炉料库存表

料堆编号	品名	天气	体积/m^3	密度/$t \cdot m^{-3}$	水分/%	库存重量/t
JB205	焦煤Ⅳ	雨	1254.98	0.819	10.45	920.421
JB208	进口焦煤	雨	822.31	0.786	8.41	591.979
JB207	张庄精矿	阴	3528.31	2.54	9.68	8094.395
JB204	张庄精矿	阴	12541.67	2.54	9.68	28772.196
JB210	喷吹用烟煤	雨	8175.14	0.87	15.99	5975.104
JB701	国内球团精矿	阴	863.85	2.7	9.6	2108.485
JB703	张庄精矿	阴	13.35	2.74	8.06	33.631
JB803	MAC 粉矿	阴	7833.98	2.45	7.59	17736.483
JB811	桃粉	阴	4553.97	2.68	3.63	11761.611
JB810	SFHT 粉矿	阴	3108.02	2.66	8.21	7588.585
JB812	纽曼粉矿	阴	3947.94	2.61	8.44	9434.455
JB805	FMG 混合粉	阴	8759.63	2.54	7.81	20511.777
JB814	澳洲块矿	阴	5737.81	2.41	4.2	13247.341
JB809	筛分纽曼粉矿	阴	7400.31	2.68	9.21	18006.227
JB815	张庄块矿	阴	534.8	2.17	0.59	1153.669
JB852	澳洲块矿	阴	4348.26	2.44	3.77	10209.767
JB853	澳洲块矿	阴	13090.22	2.41	4.66	30077.32
JB813	石灰石（灰小）	雨	8987.61	1.61	1.51	14251.554

2.2.1.3 水尺计量管理与监督

船舶水尺标记是否清晰、量取压载舱的数据和燃油数量及船舶常数是否真实准确，对检测结果都会产生影响，对高炉用料的计量至关重要。马钢通过三级复检制度，实现有效监管。

一级复检：现场进行一级复检。两名水测人员同时读取船舶水尺刻度，一人录入数据，另一人对数据进行复核与监督。

二级复检：水尺作业区进行二级复检。二级复检人员通过影像对一级复检数据进行复核，将复检结果保存至服务器。当结果与一级复检数据相差超过 2cm 的平均水尺时，系统将会自动报警，见表 2-6。

表 2-6　二级复检记录

船号	品　名	运单吨位/t	实测吨位/t	水检员	复检员
				平均水尺/m	平均水尺/m
1	石灰石（灰片）	3314	3331	5.283	5.281
2	石灰石（灰小）	3840	3833	5.526	5.524
3	纽曼粉矿	20211	20229.606	9.003	8.998
4	卡拉加斯粉矿	6166	6218	5.575	5.578
5	卡拉加斯粉矿	11415	11459	6.415	6.413
6	白云石（云粉）	3713	3707	5.193	5.188
7	石灰石（灰片）	1539	1534	3.86	3.86
8	进口焦煤	3583	3578	4.82	4.811
9	喷吹用烟煤	4411	4425	5.084	5.08
10	动力用煤	6883	6873	6.84	6.78
11	PB 粉矿	10000	10328	7.234	7.241
12	无烟精煤	9568	9569	5.715	5.715

三级复检：分厂组织水尺的三级复检。三级复检包括水尺数据确认、水尺计量过程监督、水测误差排除等方面，见表 2-7。复检人员对每一条船舶六面水尺刻度读取是否准确、水尺刻度是否清晰完整、船方提供压载舱数据是否真实、海船常数采用情况、新进船舶资料录入是否准确等情况进行审核并形成分析报告。数据无误，提交至“马钢物流支撑系统”，供其他部门查询使用；有异常情况，将数据回退，重新复核，确认无误后重新提交。针对水尺刻度模糊不清、脱落等现象，以工作联系函方式通报马钢物流公司和采购中心。物流公司对未能整改船舶，不安排其承运马钢水运原燃料。运单数与水测数超出允差范围的船舶以工作联系函方式通报马钢物流公司和采购中心，物流公司督促承运公司在装船港如实填写运单、交接单。

表 2-7　三级复检详单　（m）

<table>
<tr><td colspan="12">复核记录详单</td><td>2017 年 1月</td></tr>
<tr><td rowspan="2">日期</td><td rowspan="2">船名</td><td rowspan="2">品名</td><td rowspan="2"></td><td colspan="6">疑议情况</td><td rowspan="2">操作员</td><td>作业区审核</td><td rowspan="2">备注</td></tr>
<tr><td>艏左</td><td>舯左</td><td>艉左</td><td>艏右</td><td>舯右</td><td>艉右</td><td>分析原因</td></tr>
<tr><td rowspan="4">1.1</td><td rowspan="4">×××（空）</td><td rowspan="4">云粉</td><td>水测</td><td></td><td></td><td>1.26</td><td></td><td></td><td></td><td>甲 1、甲 2</td><td rowspan="4">船舶马克不完整</td><td rowspan="4">已通知船务公司整改</td></tr>
<tr><td>复核</td><td></td><td></td><td>1.22</td><td></td><td></td><td></td><td>甲 5</td></tr>
<tr><td>作业区</td><td></td><td></td><td>1.23</td><td></td><td></td><td></td><td>乙</td></tr>
<tr><td>分厂</td><td></td><td></td><td>1.26</td><td></td><td></td><td></td><td>丙</td></tr>
</table>

续表 2-7

复核记录详单												2017年1月
日期	船名	品名		疑议情况						操作员	作业区审核	备注
				艏左	舯左	艉左	艏右	舯右	艉右		分析原因	
1.1	×××（空）	卡粉	水测	0.45						甲1、甲2	船舶马克不清楚	已通知船务公司整改
			复核	0.49						甲2		
			作业区	0.48						乙		
			分厂	0.48						丙		
1.2	×××（空）	澳块	水测				0.65			甲3、甲4	船舶马克不清楚	已通知船务公司整改
			复核				0.61			甲5		
			作业区				0.61			乙		
			分厂				0.62			丙		
1.2	×××（空）	无烟精煤	水测	0.67						甲3、甲4	船舶马克不完整	已通知船务公司整改
			复核	0.63						甲5		
			作业区	0.65						乙		
			分厂	0.66						丙		
1.2	×××	杨迪粉	水测	6.41						甲3、甲4	已记录，当月考核	建议考核
			复核	6.53						甲5		
			作业区	6.52						乙		
			分厂	6.52						丙		
1.2	×××（空）	喷吹煤	水测						1.49	甲3、甲4	已记录，当月考核	建议考核
			复核						1.59	甲5		
			作业区						1.50	乙		
			分厂						1.49	丙		
1.2	×××（空）	灰片	水测	0.40						甲3、甲4	马克不完整	已通知船务公司整改
			复核	0.34						甲5		
			作业区	0.38						乙		
			分厂	0.38						丙		
1.2	×××	卡粉	水测	6.97						甲3、甲4	稍有风浪	
			复核	6.93						甲5		
			作业区	6.95						乙		
			分厂	6.96						丙		

续表 2-7

复核记录详单												2017年1月
日期	船名	品名		疑议情况						操作员	作业区审核	备注
				艏左	舯左	艉左	艏右	舯右	艉右		分析原因	
1.2	×××	云粉	水测			6.08			6.13	甲3、甲4	复检员船艉左右输反	已记录，当月考核
			复核			6.13			6.08	甲5		
			作业区			6.08			6.13	乙		
			分厂			6.08			6.13	丙		
1.3	×××（空）	喷吹煤	水测			1.47	0.60		1.38	甲3、甲4	船舶马克不完整	已通知船务公司整改
			复核			1.54	0.50		1.50	甲5		
			作业区			1.54	0.50		1.42	乙		
			分厂			1.54	0.50		1.40	丙		

通过对水尺计量过程进行影像拍摄，将所有资料保存至服务器等一系列工作，实现对计量过程的复现与监督，实现公平、公正计量；对重船的检测、空船数据的确认、压载舱数据的审核、水尺刻度的实时监管、与相关部门之间的沟通协调，使水尺计量全过程处于受控状态，规避人为操作失误带来的风险，保证高炉用料计量数据的准确可靠，为高炉稳定顺行提供支撑。

2.2.2 汽车磅的计量管理

马钢高炉所需原燃料的汽运计量分为外购直供、库供及自产部分三种。为保证汽车磅计量数据的准确、及时，采取以下措施：

（1）合理安排不同类型货物的计量点。

（2）用于外购直供原燃料计量的商贸汽车磅由市计量监督局进行每年两次周期检定；用于库供及自产部分原燃料计量的汽车磅，由马钢进行每年两次周期检定。

（3）对外购商贸直供物料的计量，为防止计量作弊，规定过磅时间（8:00~17:00），特殊情况需事先通知计量处。

（4）所有汽车磅的计量数据信号通过实施的远程计量引入计量大厅进行集中管理。计量任务系统随机分配到计量大厅坐席，杜绝了计量作弊。计量数据及时上传到“马钢物流支撑系统”；对所有汽车磅计量的全过程进行录像，便于事后的追溯。

（5）定期采用磅与磅之间的比对以及期间核查的方式来及时查明秤的稳定

性和准确性。

（6）采用红外光栅定位的技术手段，实现车辆上磅的快速定位，防止车辆压磅产生的计量失准。

（7）系统增加超载报警功能，防止超载引起的计量失准。

（8）建立车辆历史皮重库，增加车辆皮重异常报警功能。对皮重异常车辆，系统自动报警。

（9）对商贸汽运计量点安排计量督查人员对计量现场进行督查。

2.2.3　火车磅的计量管理

马钢高炉所需原燃料的铁运计量分为外购直供、库供及自产部分三种。为保证火车磅计量数据的准确、及时，采取以下措施：

（1）合理安排不同类型货物的计量点。

（2）用于外购直供原燃料计量的商贸火车磅由国家轨道衡检衡站进行每年一次周期检定；用于库供及自产部分原燃料计量的火车磅由马钢进行每年一次周期检定。

（3）所有火车磅的计量数据信号通过实施的远程计量引入计量大厅进行集中管理。铁水磅的过磅数据上传到“马钢铁水调度系统”，其他火车磅的计量数据上传到“马钢物流支撑系统”；对所有火车磅计量的全过程进行录像，便于事后的追溯。

（4）定期采用磅与磅之间、动态与静态磅之间、轨道衡与汽车衡的比对以及期间核查的方式来及时查明秤的稳定性和准确性。

（5）对静态铁水磅采用红外光栅定位的技术手段，实现了车辆上磅的快速定位，防止车辆压磅产生的计量失准。

（6）建立车辆历史皮重库，增加车辆皮重异常报警功能。对未卸空车辆，系统自动报警，防止公司资源流失。

（7）严禁火车超速上磅，系统对超速上磅车辆进行提示，不予计量。

2.2.4　高炉槽下秤的计量管理

高炉槽下电子料斗秤承担高炉炼铁原燃料入炉前配料计量。作为关键工艺检测设备，其计量特性是否稳定、准确，对高炉铁水质量产生影响。高炉槽下秤管理措施如下：

（1）建立每座高炉槽下电子料斗秤管理台账。按体系管理的要求，实施对在线测量设备的动态管理。对每台槽下电子料斗秤按照使用单位、设备类型、安装地点进行编号；对使用状态、运行状态进行动态跟踪；对计划检期、检定周期及检定日期进行明确。

(2) 由马钢对每台测量设备实施安装前的首检，检定合格方可同意安装使用。

(3) 马钢通过内审、计量监督并结合外审等方式对设备校准、期间核查情况进行监督检查，及时查明设备的稳定性、准确性是否满足预期使用要求。

(4) 对设备生产方进行资质、能力等方面的二方审核。

2.3 高炉能源计量管理

能源计量管理是高炉管理中的基础管理，对于减少能源消耗、保护环境、降低成本、增加效益具有十分重要的意义。

企业能源计量分三级管理：

(1) 进出企业进行结算的能源计量为一级，即用能单位。

(2) 企业内部（二级）单位间成本或消耗核算计量为二级，即次级用能单位。

(3) 车间（工序）内核算的能源计量为三级，即用能单位和主要用能设备。

2.3.1 高炉使用能源

高炉生产涉及的能源有一次能源、二次能源、载能工质、可回收余能。

一次能源是指直接获得未经转换的能源。高炉区域的一次能源为固态能源，如焦炭、喷吹烟煤。

二次能源是指经过加工或转换获得其他形式的能源。高炉区域的二次能源为自产动力能源，如电、焦炉煤气、混合煤气、氧气、冷风、氮气。

载能工质是指提供能量的含能物质。高炉区域的载能工质，如水、蒸汽、压缩空气。

高炉区域的可回收余能，如 TRT 发电、高炉煤气。

2.3.2 高炉能源计量分级管理

一级计量，以企业为单位的能源计量；二级计量，以高炉区域为单位，监测生产成本、能源消耗、能源结算；三级计量，监测高炉生产工序、单座高炉能耗、主要用能设备能耗。

能源计量器具配备目的：计量准确，满足需求。

能源计量器具配备原则：依法规范，科学合理，技术先进，成熟实用。

高炉需计量的能源包括：固态物料能源、自产动力能源、载能工质、可回收余能。

一级、二级、三级能源计量器具配备率计算公式如下：

$$R_p = \frac{N_s}{N_1} \times 100\%$$

式中 R_p——能源计量器具配备率,%;

N_s——能源计量器具实际的安装配备数量;

N_1——能源计量器具理论需要量。

一级、二级、三级能源计量器具配备率要求见表 2-8。

表 2-8 能源计量器具配备率 (%)

能源种类		进出用能单位	马钢铁前配置率	进出主要次级用能单位	马钢铁前配置率	主要用能设备	马钢铁前配置率
电力		100	100	100	100	95	100
固态能源	煤炭	100	100	100	100	90	95
	焦炭	100		100		90	
液态能源	原油	100	—	100	—	90	—
	成品油	100	—	100	—	95	—
	重油	100	—	100	—	90	—
气态能源	天然气	100	—	100	—	90	—
	液化气	100	—	100	—	90	—
	煤气	100	100	90	100	80	100
载能工质	蒸汽	100	100	80	90	70	80
	水	100	100	95	100	80	90
可回收利用的余能		90	90	80	90	—	—

2.3.3 建立高炉能源计量管理

高炉能源计量管理依据《主要用能设备核定表》《基本用能单元核定表》《能源计量测量点一览表》《能源计量器具一览表》《高炉能源流向图》《能源计量检测点配备及计量点采集网络图》进行管理。

2.3.4 新建高炉项目中厂际计量全过程控制管理实践

马钢新建 3 号烧结机、4 号高炉项目中涉及厂际计量共 81 套,其中煤气 15 套、蒸汽 3 套、氧气 2 套、氮气 5 套、压缩空气 6 套、水 28 套、冷风 1 套、电 21 套。

2.3.4.1 项目初始阶段厂际动力计量管理

新建高炉厂际动力计量设备是按照工艺需求和国家标准规范进行设备选型,进行科学的选型配置。高炉厂际动力计量设备选型、配置见表 2-9;高炉 81 套厂际计量所选一次检测件汇总见表 2-10。

表 2-9　高炉厂际动力计量设备的选型、配置

介 质	测量方式	选 型 依 据	设 备 配 置	准确度等级要求
焦炉煤气	孔板和毕托巴	孔板测量准确规范；毕托巴压损小	孔板（毕托巴）+差压变送器+温压补正	1.0 级
混合煤气	孔板和毕托巴	孔板测量准确规范；毕托巴压损小	孔板（毕托巴）+差压变送器+温压补正	1.0 级
高炉煤气	孔板和毕托巴	孔板测量准确规范；毕托巴压损小	孔板（毕托巴）+差压变送器+温压补正	1.0 级
氮气	孔板	测量准确规范	孔板+差压变送器+压力补正	2.5 级
压缩空气	孔板	测量准确规范	孔板+差压变送器+压力补正	2.5%
冷风	毕托巴	毕托巴压损小	孔板+差压变送器+温压补正	2.5%
水	电磁和超声波	测量准确规范，根据工况应用	电磁流量计和夹持式超声波流量计	2.5 级
蒸汽	喷嘴	测量蒸汽质量，方便结算	喷嘴孔板+差压变送器+温压补正	2.5 级
氧气	孔板	测量准确规范	孔板+差压变送器+压力补正	2.5 级
电	电子电能表	可以上传测量数据	电子式电能表，带 485 数据接口	2.0 级
压力补正	压力表	工艺需求、测量规范	压力变送器	2.5
温度补正	热电阻	工艺需求、测量规范	Pt100 热电阻	2.0

表 2-10　3 号烧结机、4 号高炉厂际计量一次检测件的选择

计量装置名称	喷嘴/套	孔板/套	毕托巴/套	超声波流量计/套	电磁流量计/套	电能表
煤气		5	10			
蒸汽	3					
冷风			1			
氧气		2				
压缩空气		6				
氮气		5				
电						21
水		1		2	25	

2.3.4.2　高炉项目实施阶段厂际动力计量管理

高炉项目实施阶段厂际动力计量执行首检确认，见表 2-11。结果确认合格产品才能安装。

表 2-11 计量器具首检确认

计量器具	数量	首检确认方式
孔板	19 个	量传测试
差压变送器	33 台	量传检定
电磁流量计	25 台	标准设备比对
超声波	2 台	标准设备比对
温度变送器	19 台	量传检定
压力变送器	33 台	量传检定
电度表	21 只	量传检定

在高炉建设中的施工阶段、调试阶段、试运行阶段进行计量督查管理。高炉施工中计量督查情况见表 2-12。

表 2-12 高炉施工中计量督查情况

计量督查	发现的问题	原因分析	解决方案
施工阶段	高炉区域富氧氧气孔板安装位置错误	现场管网实际长度不满足测量需求，严重影响测量准确性	勘查现场，重新定位，变更设计移位安装
	冷风流量安装位置错误	安装位置错误	重新选址安装，在管径改变后，及时修正管径参数
	转供二硅钢生产水超声波流量计选型错误	测量精度低，后期维护故障高	立即纠正设计错误，并在设备采购前落实
调试阶段	煤气测量取压管堵、漏气	没有保护好取压管，管道吹扫中灰尘堵住取压管	更换取压管
	冷风流量测量值大	原设计依据的工艺参数不准确	重新设计制作，更换原测量器具
试运行阶段	系统数据和表计数据不一致	计算公式错误	修正流量计算公式

2.3.4.3 高炉投产运行后的动力计量管理

高炉投产运行后的动力计量管理执行计量过程管理，见表 2-13。

表 2-13 高炉投产运行后的计量过程管理

计量过程管理	方式、方法	作 用
运行跟踪	现场实际操作，确认运行结果，记录运行参数； 对比测量参数和高炉的设计参数； 测量数据和工艺运行操作理论数据； 实际累计量值和理论计算量值	判断计量测量参数的准确性，验证厂际计量系统运行的可靠性
工程验收		达到设计要求，符合工艺控制、生产监控、能源管理等计量需求

续表 2-13

计量过程管理	方式、方法	作　用
计量验收	计量处负责组织； 现场打表确认，记录参数； 供、用双方，维护方，管理方参加确认； 计量处下发厂际计量运行通知； 维护单位收到通知后，按要求进行维护	对厂际计量系统的最终计量确认，在过程上验证了计量设施的准确性，量值传递的溯源性，是对测量数据准确的重要保证

高炉厂际计量数据管理包括：

（1）高炉计量数据采集。高炉厂际动力计量各种流量测量数据，就近进入 3 个区域的 EMS 子站环网，经隔离配电后传输至 PLC 模块，在运算处理后在各用户画面上显示，如图 2-1 所示。

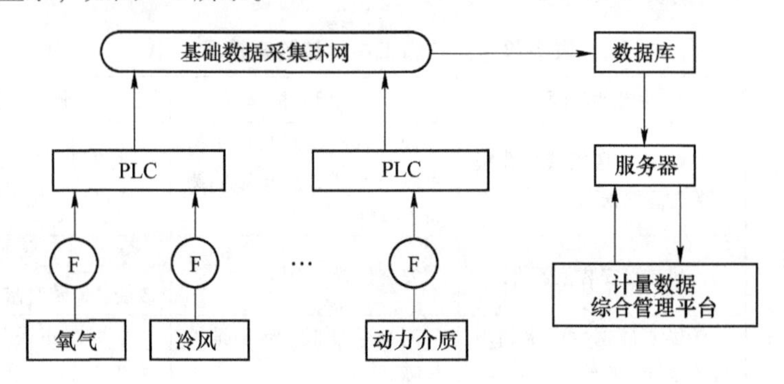

图 2-1　计量数据采集示意图

（2）高炉计量数据统计。执行厂际量值统计、上报制度，保证量值传输的及时性、准确性。

（3）定期计量监督。定期进行现场计量监督，抽检计量设施是否按计量管理体系要求实现受控管理。

2.3.4.4　新建高炉项目中厂际计量全过程控制管理效果

在高炉新建项目中，通过实施厂际动力计量全过程管理，避免项目施工中常见问题的发生，减少施工周期，降低施工成本，保证测量数据的准确性、可靠性，为高炉项目的顺利点火、投产、达产以及达产后长期的工艺操作、运行操作、成本管理提供计量保障。

2.4　计量设备首检管理

铁前测量设备首检工作是从源头进行风险管控的有力手段。体系管理的目的是控制各环节可能出现的风险。因此，在测量设备上线进行首检工作极为重要。某新炉机首检情况见表 2-14。

表 2-14 某系统不合格首检情况

序号	器具名称	设定值/kPa	器具编号	检定结果	不合格原因
1	压力变送器	-0.6~0.2	6898555	不合格	泄漏
2	压力变送器	0~4	6898560	不合格	示值超差
3	压力变送器	0~4	6898562	不合格	示值超差
4	压力变送器	0~0.3653	6901784	不合格	泄漏
5	压力变送器	0~0.3805	6901758	不合格	泄漏
6	压力变送器	0~0.4359	6901756	不合格	泄漏
7	压力变送器	0~0.4379	6901785	不合格	泄漏

按照工程建设，对设计总包院设计的测量设备清单，马钢按照内部能力表进行筛选，主要分为三种方式：内部校准实验室、外部实验室、无法溯源的采用比对方式，见表 2-15。在首检控制的实施过程中，紧跟设计建设的节奏，避免出现返工的现象。

表 2-15 测量设备首检溯源途径

序号	设备类型	溯源途径
1	常规测量设备（热电偶等）	公司内部实验室（含现场校准）
2	特殊测量设备（煤气报警仪）	外部实验室
3	暂不有效溯源的途径测量设备（巴类流量计）	采用比对、测试等形式进行有效控制

首检过程中针对不同点的测量设备进行分类管理，所有的重要测量设备必须进行有效的溯源首检，对现场产线量大且不参与控制管理测量的设备进行抽样首检工作，见表 2-16。

表 2-16 测量设备首检溯源方式

序号	测量类型	溯源方式
1	重要测量点	全部首检
2	监视测量点（非控制）	按比例抽样首检

3 原燃料采购与物流管理

原燃料采购与物流管理涵盖了公司铁前生产所需各类含铁原料、燃料、熔剂、耐火材料和炼铁辅料采购、运输、仓储及配送等相关业务。

3.1 管理目标

持续打造安全、高效、经济、具有竞争力的供应链。

3.2 原燃料采购管理

3.2.1 采购供应服务一体化

为了聚焦现场，贴近生产，实现“采购实施、仓储配送、计量监督、检验验收”等业务一体化高效运作、过程监控有效，确保采购计划兑现、采购质量合格，为降本增效、稳定顺行提供强力支撑，马钢实施采购供应服务一体化管理，采购部门是“采购供应服务一体化”管理过程拥有者，负责“采购供应服务”工作的“组织、指挥、协调、控制”。

为保证“一体化工作”的有效开展，建立“配矿与配煤、材料供应、炼钢辅料、设备备件供应、检化验与计量保障”5个管理工作平台，明确主要职责和工作内容。平台实行月度例会制度，相关部门收集5个管理平台运行、监测数据，支撑采购供应服务一体化工作。

3.2.2 采购业务管理

采购部门根据公司采购计划落实资源，依据合格供方名单编制采购方案，经审批形成采购合同，安排供方及时供货。根据生产需求的变化及变更计划，调整采购合同。采购流程如图3-1所示。

3.2.2.1 采购计划制定

铁前制造单元将次月原料需求计划上报计划管理部门，计划管理部门组织相关部门进行采购需求评审后，形成采购计划并下发；采购部门按照采购计划在SAP系统中录入，据此签订或变更合同。

3.2.2.2 采购合同签订

采购合同是与供应商谈判协商一致同意而签订“供需关系”的法律性文件，

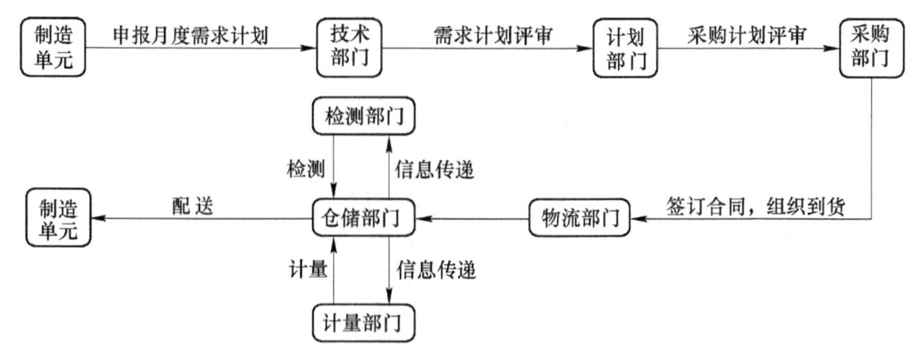

图 3-1　采购流程图

合同双方都应遵守和履行。采购合同是经济合同，双方受“经济合同法”保护和承担责任。采购部门根据采购计划，制定采购合同，并及时传递至供方，经双方签字、盖章后的纸质合同，方可作为结算依据。

3.2.2.3　采购验收

外购原燃料到达公司后，计量部门在不同计量点对铁运、水运、汽运实施计量管理，由采购部门委托外包单位负责收货、仓储和配送。煤焦化公司负责炼焦煤的质量检验工作，检测部门负责炼焦煤除外的其他外购原燃料的质量检验工作。

3.2.2.4　原燃辅料供方评价

马钢在招标网站上设立“原燃料采购”窗口，发布原燃料供方的资质要求，社会供应商对照准入条件，在招标中心的“供应商/客户申请”栏进行注册操作。通过资质审核和试用评审的供方，成为马钢供应商。

为实现公司低库存低成本优质保供的目标，从源头提高保供稳定性和控制到货质量，定期开展原燃辅料供方评价，评价内容主要有供方的日常动态评价、年度评价和分级评价。

采购部门牵头对原燃辅料供方进行分级评价管理。以采购评审、质量评审为主要评价指标，通过分值评价，将供方分为 A 级、B 级、C 级供方，并从 A 级供方中评价出战略供方。

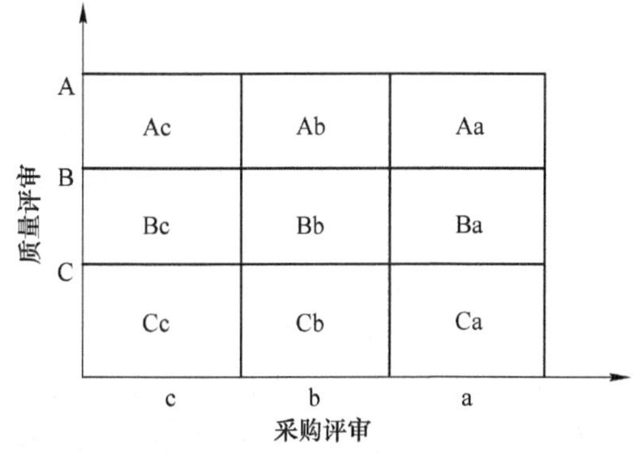

图 3-2　九格模型图

供方分级评价采用综合评审方法——九格模型图，见图 3-2。采购评审、质量评审满分均为 100 分。

根据供方分类管理要求，对评价出的“A、B、C”级供方，按“集中控制、分类管理”原则，实施差异化管理。

3.2.3　采购供应服务一体化管理模式

3.2.3.1　优化资源渠道，实施低库存运行战略

根据高炉生产目标、资源情况，配矿与配煤平台策划每月配煤、配矿计划，完善公司料场配置和优化进口矿安全库存标准。根据市场资源，评估建立关键品种的战略库存。以大矿为主渠道采购，稳定和提高资源集中度，与煤炭企业签订中长期战略合作协议，巩固煤钢战略合作关系。推动产运需三方协同运作，固化运作模式，保证计划兑现。长协进口矿以长期合作为原则，现货进口矿以现货长协化为原则。

3.2.3.2　调整采购策略，推进系统联动，降低采购成本

依托系统联动，“避峰就谷”采购；在物流运输方面，加大车船结合、江海联运、内河运输等方式，降低采购成本和物流费用。

3.2.3.3　全面推行EVI服务模式，拓展合作空间

坚持以供应链建设为抓手，紧扣打造“安全、稳定、高效、可持续、有竞争力的供应链”工作理念，持续推动供应链多层次、多领域合作，从供需合作提升到工序合作水平，在关键领域实施EVI深度合作。

创新定制焦的生产供应和工序紧密合作。马钢参股投资异地焦化厂建设，为高炉配套生产定制焦。与焦化厂、物流公司、上海路局签订定制焦保供协议，采用集装箱运输定制焦，实现绿色采购。

3.2.4　采购预警管理

针对原燃料到达不及时、质量不符合标准、使用过程出现质量异常等情况建立三级预警机制，采购、物流、计量、检测、制造单元及管理部门根据预警方案各司其职，快速反应，确保生产用料需求。

（1）进口铁矿石、煤炭保供预警机制。公司对进口矿、煤炭各品种设置了库存管理机制，分最高库存、标准库存、预警库存、危险库存四档，当库存低于预警库存时，及时启动应急预案。

（2）水运物流、生产组织前后环节对接。根据公司生产用料需求和采购计划，采购部门和物流部门每月底编制物流回运计划。

计划、采购、物流、生产、技术等部门每周召开物料平衡会，根据内外部情况动态调整物流计划，对出现的问题及时解决。当用料节点发生变化时，及时调整采购计划；当物料到达满足不了用料需求时，启动应急预案。

3.3 进口原燃料采购物流

3.3.1 主要供应商

马钢采购的进口原燃料主要来自必和必拓公司、力拓公司、淡水河谷公司和FMG公司。

3.3.1.1 **必和必拓公司**（BHP Billiton）

供应铁矿品种主要包括纽曼粉矿、纽曼混合块矿、MAC粉矿、扬迪粉矿。其矿山位于澳大利亚西部皮尔巴拉地区，分别是纽曼、扬迪和戈德沃斯。通过一条478km的主干线铁路把铁矿石运输到出运港口。

马钢采购的进口焦煤主要来自必和必拓公司，其供应炼焦煤品种主要包括峰景焦煤、萨阿吉焦煤和贡业拉焦煤等。

3.3.1.2 **力拓公司**（RIO TINTO）

主要供应铁矿品种为PB粉矿、PB块矿和扬迪粉矿等。PB粉、块矿是混合矿，由澳大利亚西部8个矿区的矿混合而成；扬迪粉矿产自扬迪库吉娜矿区。力拓铁矿全资拥有和运营1700km铁路网。

3.3.1.3 **淡水河谷公司**（VALE）

铁矿生产主要分为北部系统和南部系统。北部系统位于巴西的亚马逊雨林卡拉加斯地区，主要出产卡拉加斯粉矿。南部系统产品主要有SSFT和SSFG粉矿等。该公司的其他产品有巴西混合粉（BRBF）、高硅巴粗、球团矿和精粉等。

3.3.1.4 **FMG公司**

铁矿主要产自西澳所罗门矿山、断云矿山、圣诞溪矿山。其中超特粉产自断云矿区；混合粉是由产自圣诞溪和所罗门矿区内的火尾矿两种矿粉混合而成。（国王粉内容，共4个品种）该公司拥有的铁路线路总长620km，连接4个矿区。

3.3.2 主产地及出运港情况

进口原燃料主产地及出运港情况见表3-1和表3-2。

表3-1 进口原燃料主产地及出运港情况

类别	产地	品种	英文缩写	矿区	供应商	出运港口
粉矿	澳大利亚	纽曼粉	NHGF	皮尔巴拉	BHPB	HEDLAND
		麦克粉	MACF			
		扬迪粉	YDF			
		PB粉	PBF	皮尔巴拉	RIO TINTO	DAMPIER或PORT WALCOTT
		扬迪粉	HIY			

续表 3-1

类别	产地	品种	英文缩写	矿区	供应商	出运港口
粉矿	巴西	卡拉加斯粉	IOCJ	卡拉加斯	VALE	PDM
		SSFT 粉	SSFT	“铁四角”矿区		TUBARAO
		SSFG 粉	SSFG			GIT
		巴西混合粉	BRBF	混合矿		马来西亚或中国港口混矿
块矿	澳大利亚	纽曼混合块	NBL	混合矿	BHPB	HEDLAND
		PB 块	PBL	混合矿	RIO TINTO	DAMPIER 或 PORT WALCOTT
焦煤	澳大利亚	萨阿吉	SRC	博文盆地	BHPB	HAY POINT、DBCT 或 ABBOT POINT
		峰景	PDC			
	加拿大	加拿大焦煤	ELKVIEW	鹿景矿区	TECK	VANCOUVER

表 3-2　进口原燃料海外装运港情况

货物	港口	主要发货人	距北仑港（海里）	泊 位 情 况	平均装船效率	2016 年发运量
澳大利亚铁矿石	黑德兰（HEDLAND）	BHP、FMG、ROYHILL	3127	17 个铁矿石发运泊位，最大吃水约 19m，最大可靠泊 DWT32 万吨好望角型散货船	6000t/h	4.54 亿吨
	丹皮尔（DAMPIER）	Rio Tinto	3137	5 个铁矿石发运泊位。泊位吃水约 19.5m，最大可靠泊 DWT32 万吨好望角型散货船	6500t/h	1.42 亿吨
	沃尔考特（PORT WALCOTT）	Rio Tinto	3138	力拓自有铁矿石码头泊位 8 个，泊位吃水约 19.4m，最大可靠泊 DWT32 万吨好望角型散货船	5500t/h	1.79 亿吨
巴西铁矿石	马德拉（PONTA DA MADEIRA or PDM）	VALE	11575	3 个码头 5 个泊位，1 号码头泊位前沿水深约 25m，最大可靠泊 DWT42 万吨 VLOC。3 号码头有南、北 2 个泊位，最大可靠泊 DWT20 万吨散货船；4 号码头有南、北 2 个泊位，最大可靠泊 DWT42 万吨 VLOC	1 号、4 号 16000t/h；3 号 8000t/h	1.32 亿吨
	图巴朗（TUBARAO）	VALE	10718	2 个码头 3 个泊位，1 号码头南泊位前沿水深约 17m，最大可靠泊 DWT17 万吨大船，北泊位前沿水深约 18m，最大可靠泊 DWT20 万吨大船；2 号码头前沿水深 24m，最大可靠泊 DWT42 万吨好望角型散货船	16000t/h	0.91 亿吨

续表 3-2

货物	港口	主要发货人	距北仑港（海里）	泊位情况	平均装船效率	2016 年发运量
巴西铁矿石	瓜艾巴岛（GUAIBA ISLAND TERMINAL or GIT）	VALE	10827	1 个码头，南北 2 个泊位，北泊位前沿水深约 19m，南泊位前沿水深约 24m。DWT18 万吨以下散货船两个泊位均可靠，南泊位最大可靠泊 DWT35 万吨好望角型散货船	6000t/h	0.42 亿吨
	伊塔瓜伊（ITAGUAI）	VALE、CSN	10841	2 个码头，2 个泊位，CPBS 码头前沿水深约 18m，最大可靠泊 DWT20 万吨大船，主要发运 SSFG。CSN 码头前沿水深约 19.8m，最大可靠泊 DWT20.7 万吨好望角型散货船，主要发运 CSN	6000t/h	0.49 亿吨
澳大利亚焦煤	海波因特（HAY POINT）	BHP	3715	2 个码头，3 个泊位。CQCA 码头 2 个泊位，前沿水深约 17m，CBCT 码头 1 个泊位，前沿水深 20m。最大可靠 20 万载重吨的好望角型散货船	6000t/h	4400 万吨/年
	达灵坡湾（Dalrymple Bay Coal Terminal or DBCT）	BHP	3717	码头 4 个泊位。延伸至深海 3.8km 处，最大可靠泊 22 万载重吨的好望角型散货船	6000t/h	8500 万吨/年
加拿大焦煤	温哥华（Vancouver）	TECK	5124	煤炭泊位 3 个，可靠泊巴拿马型散货船	6000t/h	2360 万吨/年

3.3.3 承运船舶

进口原燃料承运船型为散货船（BULK CARRIER），从四大矿山采购的铁矿石通常以好望角型散货船（Capesize）承运，进口焦煤通常以巴拿马型散货船（Panamax）承运。对承运船龄的要求通常是不高于 18 年。对满载吃水、船长船宽等指标的要求视装卸港口情况而定。

好望角型散货船（Capesize）指载重吨（DEADWEIGHT）在 10 万吨以上的散货船。常见的 18 万吨船型满载吃水约 17~18m。由于早期无法通过苏伊士运河，只能绕行好望角，故称为好望角型。

巴拿马型散货船（Panamax）：该船型载重吨一般在 6 万~8 万吨之间，满载吃水 14m 左右，可以通过巴拿马运河，故称为巴拿马型。

3.3.4 远洋运输航线

3.3.4.1 澳洲铁矿石

3 个主要装运港均在澳大利亚西海岸。承运船型主要为 18 万~20 万载重吨的好望角型船。对应 BCI 指数程租航线为 C5，期租航线为 C10_14。

3.3.4.2 巴西铁矿石

4 个主要装运港中，PDM 位于东北部沿海，其余位于东南部沿海。承运船型包括普通好望角型船、VLOC 及 VALEMAX。对应 BCI 指数程租航线为 C3，期租航线为 C9_14 或 C14。

因吃水限制，满载进口矿大船不能直接进长江。卸货安排通常为海港一港卸或海港减载后进江。

3.3.4.3 进口焦煤

BHP 焦煤的主要装运港均位于澳大利亚东海岸，装运船型主要为巴拿马型。从加拿大 TECK 公司进口的 Elkview（鹿景）炼焦煤，装港为加拿大的 Vancouver 港和 Prince Rupert 港。装运船型为巴拿马型。

因吃水限制，满载进口煤大船不能直接进长江。卸货安排通常为北仑减载后进江。常用江港为镇江和南京。

3.3.5 海关申报和进口检验检疫申报

进口人须就进口原燃料向进口人所在地海关或入境口岸海关申报。海关审单征税，办理放行手续。在海关放行之前，货物不能回运，只能卸载至海关指定的监管场所。

根据我国法律规定，进口矿石、煤炭必须由入境口岸的出入境检验检疫局（CIQ）实施检验检疫。CIQ 证书包括品质证书和重量证书，分别记录化学元素和水尺重量的检测结果。

3.3.6 原燃料进口各阶段所需时间及影响因素

商务准备：如发货人未收到信用证，通常不会安排货物装船。

港口等泊：等泊时间弹性极大，主要看港口是否拥堵，影响因素有：集中到达、恶劣天气、自然灾害、设备故障、政府禁令、罢工，等等。

航行时间：按经济航速，铁矿石从西澳运至中国东部海港航程通常为 12~14 天；铁矿石从巴西北部港口至中国东部海港航程通常为 48~50 天，巴西南部至中国港口的航程多在 44~46 天。遇天气恶劣时，可能增加 1~8 天。如中途加油，增加 1~2 天。焦煤从东澳至中国东部海港航程通常为 13~16 天，从加拿大西海岸至中国航程通常为 19~25 天。航行途中影响航行时间的因素主要有海上天气和洋流，以及船舶故障等。

装卸时间：铁矿石装船（好望角型）通常耗时 1.5~2 天；焦煤装船（巴拿马型）通常耗时 1 天。铁矿石一港卸货通常 2.5~3.5 天，两港卸货通常第一港 1 天，第二港 2 天；焦煤卸货通常第一港 1 天，第二港 2.5 天。

海关放行：通常在靠泊后 2 个工作日内海关放行，如遇布控查验可能增加 1 个工作日左右。

商检放行：按当前政策要求，进口煤炭在 CIQ 商检结果出具后放行。

3.3.7 国内卸货港口布局情况

进口矿卸港按“一体两翼”格局实施，“一体”是指宁波、上海作为战略合作港口，辅以马迹山作为后备，长江中延伸至太仓、南通；“两翼”为北方青岛，南方可门，作为当主要港口拥堵严重时的补充。

进口焦煤以北仑等海港为减载港口，减载后母船至镇江、南京等江内港口进行中转和回运。

3.3.8 远洋、国内物流交接界面及一程、二程物流衔接

远洋物流与国内物流的交接界面为一程船舱底。进口原燃料从国外装港装出后，采购部门即向物流部门出具报船单，载明船名、品种、提单量、ETA 卸港时间等信息，到达国内一程卸港后，采购部门向物流部门出具交接单，载明每一卸港卸货品种和报关量等信息。

3.3.9 二程运输航线情况

进口矿：北仑/双峰海/马迹山—马钢、罗泾/南通/太仓—马钢、青岛/日照—马钢、可门—马钢。

进口焦煤：北仑—马钢，南京/镇江—马钢。

3.3.10 二程航运运力组织

3.3.10.1 定义

一程运输：进口原燃料从国外一程到达中国海港或江港。

二程运输：进口原燃料从一程海港接运至长江港口或马钢。

三程运输：进口原燃料在二程港存储中转后接运至马钢。

一船两港卸：进口原燃料一程到达中国海港后先卸载一部分货物，剩余货物

在符合长江口吃水条件下随母船至第二港（长江港口）卸载。

绿华山减载：进口矿一程到达上海绿华山锚地后过驳一部分货物，剩余货物在符合长江口吃水条件下随母船至第二港（长江港口）卸载。

海江直达：指二程接运船舶从一程海港装运货物直接运至马钢。由于马钢地处长江沿线，从航道情况看，适合2万吨级以下船舶直达。

3.3.10.2　进口矿二程运力组织

（1）从经济快捷角度，具有海江直达船型的船公司是运力选择的重要因素。

（2）为满足马钢料场码头作业的安全，适应海事部门的监管要求，对承运船舶建立准入审核程序，由公司相关单位共同实施。

（3）从公司料场码头的卸船能力考虑，主要选择8000～12000吨级船舶为主。

3.3.10.3　进口焦煤二程运力组织

（1）北仑减载部分安排8000吨级以下海船直达回运，或安排较大海船进江后过驳至江船回运。

（2）在镇江、南京港口中转的进口焦煤，按照生产消耗，安排8000吨级以下江船回运。

3.3.11　主要国内大船卸港二程中转回运方案

进口矿：包括四种方式，即在绿华山锚地减载后回运；通过一程海港中转后直达回运；通过一船两港卸载中转后回运；通过二程分流进江后回运至马钢。各方式具体情况如图3-3～图3-6所示。

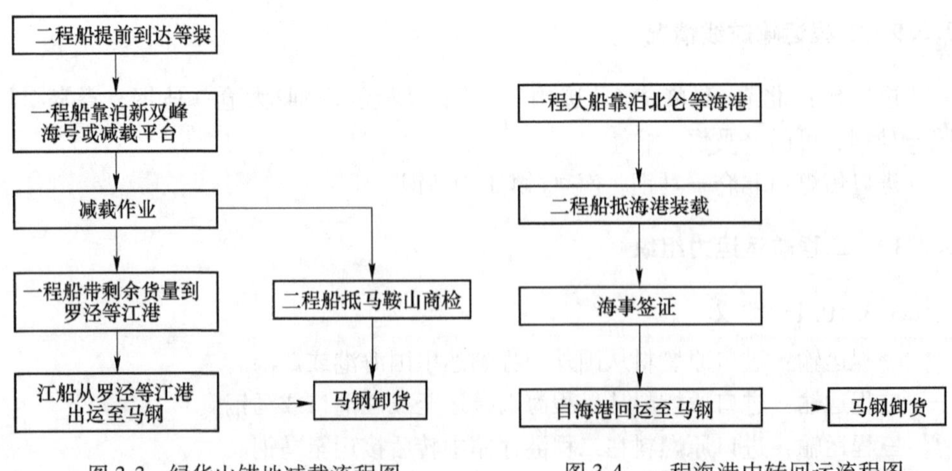

图3-3　绿华山锚地减载流程图　　图3-4　一程海港中转回运流程图

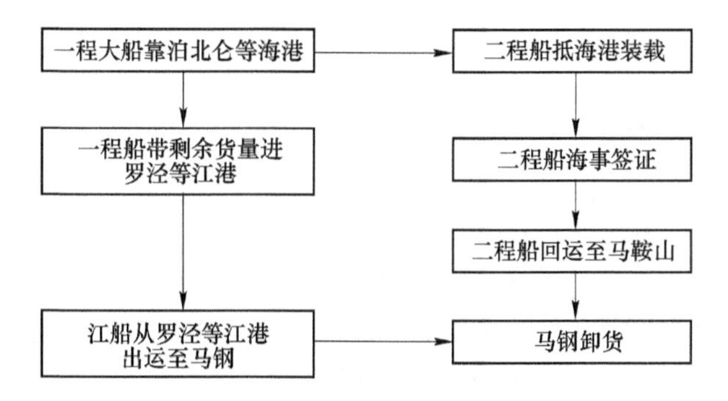

图 3-5　一船两港卸中转回运流程图

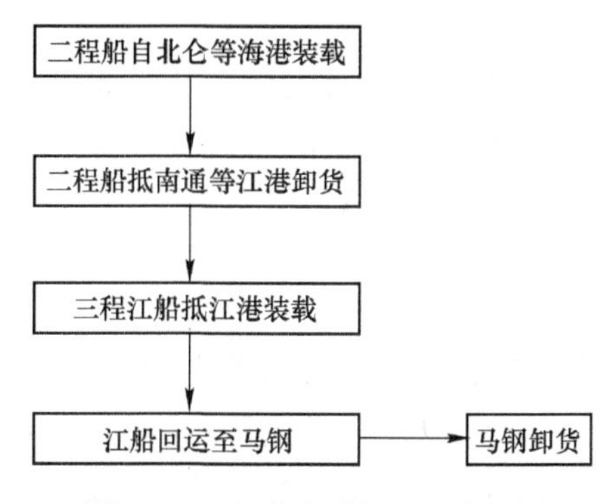

图 3-6　二程分流进江回运流程图

3.4　国内原燃料采购物流

3.4.1　国内煤炭采购

主要品种包括焦煤、肥煤、气肥煤、烟煤、无烟煤、瘦煤等，主要是铁运到达。目前马钢采购的国内煤炭，涉及安徽省内 4 家，山东、山西、河南等地共计 12 家矿务局，常规采购煤种 20 余个。

3.4.2　国内煤炭水运

3.4.2.1　主要港口

国内水运煤焦品种包括：喷吹烟煤、无烟煤、动力煤，以及现货主焦煤。

国内水运煤焦发运港包括：天津/黄骅港（喷吹烟煤、动力煤）、日照（无烟煤、动力煤）、裕溪口（动力煤）。中转江港为镇江、南京。

3.4.2.2　主要航线

喷吹烟煤：天津/黄骅—马钢，天津/黄骅—南京—马钢。

无烟煤：日照—马钢。

动力煤：天津/黄骅—马钢，天津/黄骅—南京—马钢，裕溪口—马钢。

3.4.3 国内熔剂水运

（1）采取总包模式，由总包方统一管理各分承运方，按照计划安排接运，马钢、总包方和各熔剂供方签订三方协议进行相关事宜约定。

（2）熔剂的发货点主要在安徽、湖北、江西地区，航线包括：巢湖/荻港/坝埂头/镇江/铜陵/童埠（青通河）/牛头山/安庆/池州/东流/东至/香口/彭泽/九江/码头镇/武穴/阳新/嘉鱼/赤壁—马鞍山等。

（3）交货点马钢卸船码头，以马钢水尺、质检数据为准，采购价格为总包价。

（4）卸货码头情况。马钢卸货码头主要包括两部分：马钢港务原料总厂自备码头和马鞍山港口集团码头（含中心港区码头和人头矶码头）。特殊情况下，还使用马鞍山长江港口等其他码头卸货。

3.4.4 国内原燃料铁运

3.4.4.1 矿山矿点、品种及对应发站基本情况

马钢铁路采购原燃料铁运到达主要煤焦品种及发运站点，主要涉及上海、济南、太原、郑州、武汉5个路局，其中上海路局运输量占铁路到达总量的比例约为45%~50%。

3.4.4.2 大宗原燃料铁路运输到货占比情况

根据2014年、2015年、2016年三年大宗原燃料到达情况，铁运到达占比在31%~35%。2014年铁运1412万吨，占比35%；2015年铁运1339万吨，占比34%；2016年铁运1301万吨，占比31%。

3.4.4.3 国内铁运原燃辅料业务流程

公司局车管理职能由路企联办领导小组负责，小组由铁运公司牵头，路企相关单位共同组成。领导小组下设联办办公室，负责局车运行的日常协调、管理等具体事务。

3.4.4.4 马钢内部专用线情况（表3-3）

表3-3 马钢内部铁路专用线情况

名　称	允许发出品种	允许到达品种
马鞍山钢铁公司材料公司专用线	钢材	钢铁
马鞍山钢铁股份有限公司铁路运输公司专用铁路	钢铁、矿件、金属、工机	煤、焦炭、精矿、钢铁、非矿、金属、工机

续表 3-3

名　称	允许发出品种	允许到达品种
马钢股份有限公司煤焦化公司专用线	焦炭、化工（含危险品）	化工（含危险品）
马钢（集团）控股有限公司南山矿业有限公司专用线		钢铁、木材、化工（含危险品）

3.4.4.5　马钢内部各铁路卸车点卸车能力及设备情况

马钢内部的卸车组织由铁运公司负责，铁运公司下设6站4段，分别承担运输保产和路局装卸车工作。共有铁路线路总延长265km，信号楼15座，各种型号的内燃机车55台，运用机车34台，主要局车卸车点共有18处，卸车设备主要有翻车机2台，螺旋卸车机10台，行车和其他卸车机械设备若干，每日正常卸车500车左右，日卸车最大能力可达650车。

3.5　原燃料仓储配送

原燃料仓储配送是保证高炉稳定顺行的基础，做好铁前原燃料的科学仓储和优质配送是满足高炉生产效益最大化的保证。

原燃料的接收、仓储、加工、配送全过程控制和管理，直接关系到铁前生产。原燃料接收时严格按计划、合同收料，规范到货计量、质量验收；原燃料仓储、加工时强化库存管理，合理堆存，科学防护；原燃料配送时遵循“先进先出”的原则。原燃料接收、仓储、配送业务流程见图3-7。

3.5.1　计划管理

3.5.1.1　月度计划

根据公司下达的月度出入库炉料供应计划、原燃料库存情况，制订各料场原燃料入库计划、月度生产供应计划、汽运直供炉料月度计划。

3.5.1.2　日供应计划

用料单位当日在ERP系统中申报次日需求计划，包括品种、数量、用料单位、发货单位、发货料场等。管理部门根据库存、生产、运力等情况审批计划，审批后的计划在ERP系统中自动转化为供应计划至各个发货料场，各发货料场根据计划组织装车发料。供应计划产生的同时，运输单位根据计划组织相应的运力至各个发货料场。

3.5.2　原燃料接收

3.5.2.1　水运接收

根据公司安排和ERP系统信息、水尺检测、质检及场地情况，在ERP系统

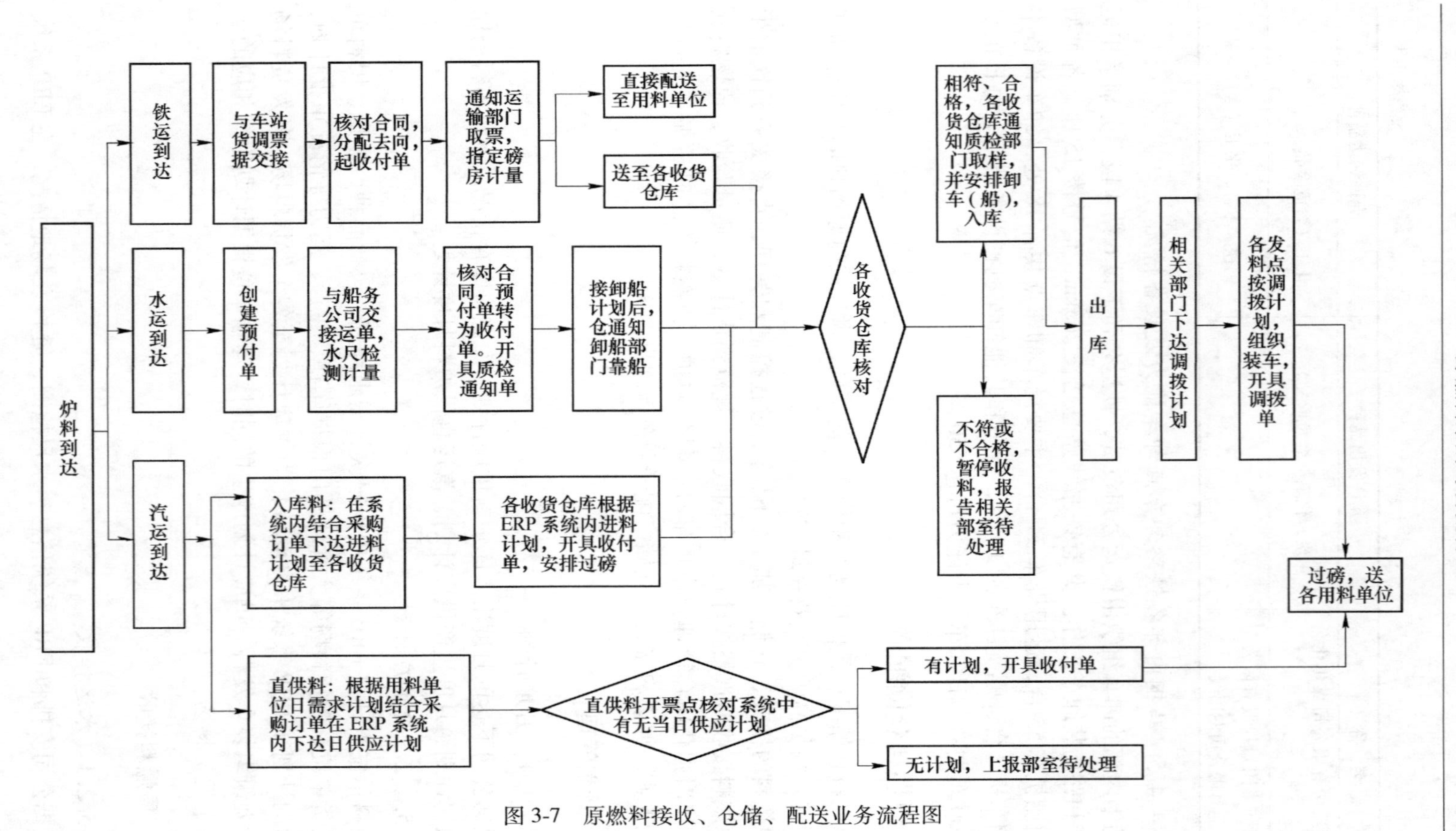

图 3-7　原燃料接收、仓储、配送业务流程图

中确认是否可卸；待船舶靠进卸载码头后，与承运方进行运单交接及货物外观验证，未见异常情况，同意开卸，做好卸船必要的组织工作并创建正式收付单。

3.5.2.2　**汽运接收**

（1）汽运原燃料：根据ERP系统下达的采购订单、月度外购汽运物料入库计划、具体到达日期，收货料场核对来料信息无误后，创建汽运收付单，并通知质检部门取样。

（2）汽运直供料：根据ERP系统下达的采购订单、用料单位日需求计划、供应商送货计划，在核对来料信息无误后，创建汽运收付单。

3.5.2.3　**铁运接收**

接到铁运原燃料货运单后，在ERP系统中核对运单信息。按原燃料到达的品种依据使用计划分配流向，创建铁运收付单，与铁运部门进行票据交接。

3.5.3　原燃料入库验收

收货料场依据原燃料合同中相关信息对外购原燃料进行验收并安排场地卸车，全过程监卸。收货料场在监卸过程中如发现有外观质量（颜色、杂物、粒度等）不符合合同要求的，及时采取措施，对已卸下部分进行隔离、标识、上报。针对整船单堆的原燃料，对于水尺和最终过磅数据有差额，进行调整。

原燃料的扣杂、扣重严格按照非标的物扣除标准操作。非标的物及杂质的重量，在办理入库验收时予以扣除。

3.5.4　原燃料仓储管理

为保证原燃料仓储满足铁前生产质量要求，根据料场条件和储存原燃料的重要性，对料场储存的原燃料进行分类、堆放、标识、防护和库存数量的管理。

3.5.4.1　**原燃料ABC分类**

依据各类原燃料的储存要求，分别采取不同的管理方式，即采用ABC分类法。

A类：明确规定有置换周期的动力煤、喷吹用烟煤、无烟精煤等。

B类：没有明确规定置换周期，但对产品质量可能产生间接影响的原燃料，主要有石灰石、白云石、萤石等辅料。

C类：除上述两类以外的其他原燃料，主要有焦炭、含铁料等。

3.5.4.2　**原燃料堆放和标识**

原燃料堆积采用三种方式：

（1）按品种堆放存放，主要是成分变化不大、用量大、周转速度快的品种，如进口块矿、进口粉矿、烟煤等。原燃料堆放时，每一料堆都标识有编号、品名、库存数量。此种存放方式的优点是周转速度快，堆存量大；缺点是物料无法追溯到供方和批次。

(2) 同品种物料分供方堆放，主要是成分变化不大、用量大、周转速度快的品种，主要是焦炭。原燃料堆放时，每一料堆都标识有编号、品名、供方名称、库存数量。此种存放方式的优点是周转速度快，堆存量大；缺点是物料无法追溯到批次。

(3) 同品种物料分供方、分批次单堆单放，主要是成分变化大，对烧结、炼铁影响较大的品种，如灰片、云粉等。原燃料堆放时，每一料堆都标识有唯一的一个编号、品名、检验批次、供方名称、库存数量、入库时间。此种存放方式的优点是可以准确追溯质量问题，能够很好地保证入炉原料的质量；缺点是按供方、按批次单堆单放需要较大的场地，周转时间慢。

3.5.4.3 原燃料防护

为确保原燃料的仓储质量，料场现场工作人员应定期检查外观质量、防自燃、防水等堆储状态，发现异常情况，立即采取纠正措施，确保质量符合生产要求。为减少水分对铁前生产的影响，做好对露天原燃料的覆盖工作，例如焦炭、固废。

A类原燃料在储存期限内组织好收发料工作，遵循“先进先出”原则。对库存即将达到储存期限的原燃料进行置换。在原燃料进行置换时，料场的底积料清理干净后方可堆放新料。如喷吹烟煤的仓储：有收发料、堆存时间的标识和记录，储存量不超过1万吨，堆放时间不超过60天，每天对煤堆温度进行测量，大于70℃时进行置换。

3.5.4.4 原燃料库存数据管理

A 库存数据管理

库存数据的管理分为调度日报数据管理和ERP大堆图数据管理。

调度日报数据：调度根据品种，每日录入调度日报。即：每月1日录入期初库存，数据来源为上月月末库存。每日夜班查询ERP系统单个物料收料总量(湿基量) 作为入库量，查询ERP系统单个品种发料总量作为出库量，当前库存公式自动计算得出。

ERP大堆图数据：各料场根据现场堆放情况，按堆号录入物料品种和库存，系统内的出入库量自动增减，实时反应库存、堆放情况。

B 库存数据调整

为保证数据与料场实物量相符，适时对库存数据进行调整。数据调整分为日常数据调整和筛分数据调整。

日常数据调整：原燃料受库耗、水分、磅差、扣杂等因素影响，导致数据和料场实物量不一致，规定每周原燃料料场根据现场的库存情况，调整物料分堆卡，真实反映库存量。

筛分数据调整：对日常生产中的筛分原燃料，依据多年的筛分数据，得出这部分原燃料筛分率，按照筛分率对原燃料的筛下物进行物料转换；对临时性安排的原燃料筛分，以筛下物预估扣杂进行拨出。

3.5.4.5 库存预警

依据安全库存标准，在调度日报中，对相应的库存数据予以关注，设定上下线预警，并及时提醒相关部门。

3.5.4.6 库存盘库

盘库的目的：通过库存盘点掌握料场内原燃料的实际库存和损耗情况，根据盘库结果对原燃料台账进行调整，使实际库存与账面库存一致；通过盘库提高原燃料库存控制监管水平，为采购、生产等经营活动提供参考，为决策提供依据。

盘库的时间：通常情况是每季度进行盘点一次，特殊情况可增减盘库次数，年末盘库必须进行。

盘库的方法：散装料盘库的方法主要是利用 GPS 和全站仪进行散装料的堆体积测量、利用堆密度测量箱及磅秤，或者堆密度测量装置进行散装料的水分、堆密度测量；根据堆密度（t/m^3）、堆体积（m^3）、水分（%）的数据，得到盘点实存量（干基）。

计算公式为：

$$实存量=堆密度\times堆体积\times(1-水分)$$

3.5.5 原燃料加工

为满足炼铁生产对原燃料理化性能的要求，需要对不符合要求的原燃料进行加工。主要有块矿、焦炭筛分和回收含铁料加工等。

3.5.5.1 块矿筛分

块矿筛分采取卸船过程筛分和入炉前烘干筛分。块矿从船上经皮带传输至料场前，经过振动筛进行筛分，筛分过的块矿进入料场大堆。经过烘干系统二次筛分供铁厂入炉使用，筛下粉进入料场堆存。

3.5.5.2 焦炭筛分

焦炭筛分采用箱体式筛分。焦炭经皮带传输至高炉前，经过振动筛进行筛分。筛分后的合格块状焦炭通过皮带供铁厂入炉使用，筛下的焦丁与焦粉进入料场堆存。

3.5.5.3 回收含铁料加工

回收含铁料包括瓦斯灰和氧化铁皮。瓦斯灰来源于公司多个收集点，其特点是块度不稳定、成分不稳定、杂物不稳定；氧化铁皮来自各个钢轧总厂，含杂多，需筛分以保证生产物流系统的稳定顺行。

瓦斯灰的加工：清理表面杂物，配合混匀加工，把干料和潮料搭配均匀，混匀后的瓦斯灰倒运到加工区域进行筛分。

氧化铁皮的加工：通过筛网筛分。筛下物作为合格料供铁厂使用，筛上物由相关部门对外销售。

3.5.6　原燃料配送

依据月度原燃料供应计划及 ERP 系统日调拨计划进行原燃料配送。配送方式分为直接配送和料场配送。

3.5.6.1　直接配送

将到达厂界的原燃料利用已有运输工具直接送达生产使用场所。

（1）铁运直接配送：根据铁运到达原燃料的票据，核对采购订单、到达计划，安排去向，开具《物料铁运收付单》，随同货物直接配送收料单位。

（2）汽运直接配送：根据供方填写的发货通知单，核对 ERP 系统中的外购汽运物料调拨计划，开具《物料汽运收付单》，随同货物直接配送收料单位。

3.5.6.2　料场配送

将原燃料从堆存料场送达生产使用场所。目前料场配送方式有铁运、汽运、皮带配送。

（1）铁运配送：发料点与铁路运输部门联系，将 ERP 系统的装车计划同铁路运输部门装车计划进行核对，按计划组织装车，同时开具《质量检验通知单》给质量检测部门。装车完毕，铁路运输部门按计划配送。

（2）汽运配送：发料点在运输车辆到位后，根据 ERP 系统内计划组织装车。装车完毕开具《质量检验通知单》交汽车运输部门按计划配送。

（3）皮带配送：发料点根据用料单位需求，根据皮带配送计划，按品种数量组织皮带供料。

4 配矿技术与管理

炼铁配矿包括高炉炉料、烧结用料、球团用料的结构整体设计与成本优化。

炼铁配矿管理主要包括配矿基础技术和配矿实施管理，配矿基础技术主要是指以炼铁实验平台为技术支撑的各种含铁原料高温特性、原料性价比评价技术，这是炼铁配矿实施的技术基础。

4.1 配矿基础技术

4.1.1 炼铁实验平台

马钢建立了较为完善的炼铁实验平台，拥有与配矿相关的烧结杯、球团、高温特性、冶金性能、炉渣性能、岩矿相等六个实验室，部分实验设备具有自主知识产权。烧结杯、球团实验系统最早建于1977年和1986年，为马钢进行了大量的配料、工艺优化实验和生产检验。2005年以后，对实验系统不断进行升级改造，实现了机械化、自动化，提高了系统的可靠性和数据的重现性。

4.1.1.1 烧结杯实验室

A 设备配置

烧结杯实验室主要设备配置见表4-1，实验装置见图4-1。

表4-1 烧结杯实验室主要设备配置

主要设备名称	规格/型号
混合机	圆筒式，ϕ700mm×1450mm、ϕ600mm×700mm
烧结杯	ϕ300mm×800mm、ϕ200mm×800mm（高度可调）
落下装置	旋转式，落下高度：2m
撞筛	水平往复振动式，五段筛：40.0mm、25.0mm、16.0mm、10.0mm、6.3mm或5.0mm
转鼓	ISO标准转鼓：ϕ1000mm×500mm，1/2转鼓：ϕ1000mm×250mm
摇筛	摆动式，摆动速度：20次/min，筛分时间：1.5min（可调），筛孔：6.3mm

B 检测项目

烧结杯实验检测项目主要有：原料粒度组成、透气性指数、混合料水分、堆密度、生产率、垂直烧结速度、固体燃耗、成品率、转鼓指数、耐磨指数、烧结矿粒度组成、平均粒度。

图 4-1　烧结杯实验装置

C　功能

烧结杯实验系统主要用于模拟烧结工艺过程，以不同生产工艺参数进行铁矿粉烧结实验研究。实验结果用于指导工业生产，为烧结生产管理提供参考。

烧结杯实验系统在以下几个方面为烧结生产提供技术支撑：

(1) 单种矿的制粒性能评价、烧结混合料制粒效果评价及工艺参数优化；

(2) 单种矿烧结性能评价及烧结配用新矿种效果评价；

(3) 烧结配矿结构及生产主要工艺技术参数的优化；

(4) 烧结过程在线透气性评价；

(5) 烧结增产提质的相关技术研究；

(6) 烧结过程尾气排放规律及节能减排研究。

D　主要特点

(1) 整体自动化程度高，实验再现性强；

(2) 拥有大型原料混匀缩分机，实验用单种矿理化性能均匀稳定；

(3) 拥有马钢自主研发的多功能烧结实验用物料混合装置，在一个装置里可完成物料混匀、加水、制粒等多项功能，数据准确可靠；

(4) 拥有马钢自主研发的旋转式物料落下实验装置，实验数据准确性高，操作方便，实验工作环境良好；

(5) 具有在线检测烧结过程料层透气性和废气成分变化趋势功能。

4.1.1.2　球团实验室

A　设备配置

球团实验室主要设备配置见表 4-2，实验装置见图 4-2。

表 4-2 球团实验室主要设备配置

主要设备名称	规格/型号
润磨机	ϕ1000mm×500mm，转速：35~40r/min
高压辊磨机	ϕ250mm×120mm，工作压力：0~5t（可调）
圆盘造球机	ϕ1000mm×200mm，倾角：45°，转速：17~18r/min
爆裂炉	ϕ50mm×200mm，最高温度：850℃
卧式管状电炉	CWG-55 型，二段额定温度分别为 950℃和 1350℃ FT-3-13 型，二段额定温度分别为 950℃和 1300℃
马弗炉	R×2-14-13 型，额定温度：1300℃
压力实验机	YSD-10B 型，最大压力：10kN，精度：0.5%，最小单位：1N

图 4-2 球团实验装置

B 检测项目

球团实验检测项目主要有：单种铁精矿粒度组成、自然成球性能（水分、球径、碎裂强度）、生球含水量、生球抗压强度、生球落下强度、生球干燥爆裂率、干燥球强度、烘干球抗压强度、烘烤球抗压强度、焙烧球抗压强度。

C 功能

球团实验系统主要用于模拟各种球团工艺过程，对球团用原料进行预处理，以不同造球工艺参数以及预热、焙烧热制度参数进行铁精矿球团实验研究，实验结果用于指导生产。

球团实验系统在以下几个方面为生产提供技术支撑：

（1）单种铁精矿的自然成球性能、造球性能评价；

（2）单种黏结剂造球性能评价及球团黏结剂品种、配比优化；

（3）原料预处理后造球性能评价；

（4）球团热制度参数评价及优化；

(5) 球团配用新矿种效果评价；

(6) 球团配矿结构优化；

(7) 球团增产提质（如赤铁矿球团、MgO 球团、自熔性球团等）的相关技术研究。

D 主要特点

(1) 具备球磨、润磨、高压辊磨、碾磨等多种原料预处理手段；

(2) 拥有圆盘造球和压球机压球两种造块手段；

(3) 拥有马弗炉、卧式管状电炉、高温等梯度炉等多种焙烧手段；

(4) 具有原料、生球、干燥球、成品球团等多种项目检测手段。

4.1.1.3 铁矿石高温特性实验室

A 设备配置

铁矿石高温特性实验室主要设备配置见表 4-3，实验装置见图 4-3。

表 4-3 铁矿石高温特性实验室主要设备配置

主要设备名称	规格/型号
点状聚焦炉	MR-39H/D，温度可控范围：室温~1400℃
温度控制器	MR-H5500，控制精度：±0.1℃
高温电阻炉	SJLQ-12-16 气氛升降炉，温度可控范围：室温~1400℃
温度控制器	日本岛电 FP93 型，控制精度：±0.1℃
压样机	最大压力：50MPa；配备 $\phi_{内}$8mm、$\phi_{内}$10mm、$\phi_{内}$12mm、$\phi_{内}$20mm 的压样模具

B 检测项目

铁矿石高温特性实验检测项目主要有同化温度、同化层厚度、连晶固结强度、黏结相强度、液相流动性。

图 4-3 高温特性实验装置

C 功能

铁矿石高温特性实验模拟烧结过程温度和气氛变化规律，研究铁矿石在烧结过程中与熔剂开始固相反应、形成液相、液相冷凝固结成烧结矿的变化规律，从微观角度对铁矿石在烧结过程中的高温特性进行研究。

高温特性实验系统在以下几个方面为烧结系统生产提供技术支撑：

(1) 单种、混合铁矿石的同化性能、液相流动性、黏结相强度、连晶固结强度评价；

（2）铁矿石搭配方案的高温特性评价；

（3）熔剂的同化性能、液相流动性评价。

D 主要特点

拥有马钢自主研发的气氛升降炉实验装置和实验方法，改变了传统升降电炉的整体进料方式，升温降温速度快，炉膛内温度不易散失，一次可检测多个试样，且检测结果可靠。

（1）温度控制精确、可调且分布均匀；

（2）实验操作简单、易于控制；

（3）更贴近烧结生产的烧结高温特性检测。

4.1.1.4 铁矿石冶金性能实验室

A 设备配置

铁矿石冶金性能实验室主要设备配置见表 4-4，实验装置见图 4-4。

表 4-4 铁矿石冶金性能实验室主要设备配置

主要设备名称	规格/型号
铁矿石还原粉化实验装置	自制哈夫加热炉，功率：9kW，最高温度：1000℃，炉膛温差：±1℃ 双筒还原反应罐：$\phi_{外}$100mm×2mm，L=800mm；$\phi_{内}$75mm×2mm，L=780mm
RDL-2015 系列铁矿石高温荷重还原软熔滴落测定仪	硅钼棒加热段长度：600mm，（1500±5）℃，长度：>300mm；温度范围：室温～1600℃；石墨坩埚：$\phi_{内}$75mm×180mm；试料重量：500g；压力测量范围：0～0.08MPa，压力检测精度：0.5%；位移测量范围：150mm，位移检测精度：0.1%

B 执行标准

GB/T 13242《铁矿石低温粉化试验静态还原后使用冷转鼓的方法》

GB/T 13241《铁矿石还原性的测定方法》

GB/T 13240《铁矿球团相对自由膨胀指数的测定方法》

图 4-4 铁矿石冶金性能实验装置

C 检测项目

铁矿石冶金性能实验检测项目主要有：还原粉化指数 RDI（$RDI_{+6.3}$、$RDI_{+3.15}$、$RDI_{-0.5}$）、还原度指数 RI、还原速率指数 RVI、还原膨胀指数 RSI、软化开始温度、熔化开始温度、滴下开始温度、软化区间、熔滴区间、压差、滴下量。

D 功能

铁矿石还原粉化实验装置和铁矿石高温荷重还原软熔滴落测定仪用于研究高

炉冶炼过程中铁矿石低温还原粉化、铁矿石还原度及还原速率、铁矿石荷重还原软化，模拟高炉软熔带、滴落带状态，了解各种因素对铁矿石还原软化熔滴、透气性的影响。

铁矿石冶金性能实验系统在以下几个方面为高炉系统生产提供技术支撑：

（1）进行单种炉料（烧结矿、球团矿、块矿）和不同炉料结构下综合炉料的冶金性能试验与研究；

（2）开展不同炉型高炉的炉料结构优化试验研究；

（3）开展原燃料质量对炉料冶金性能影响的试验研究，如未燃煤粉、锌碱等含量。

E 主要特点

（1）高温荷重还原软熔滴落全部测试过程自动完成；

（2）超长加热区，恒温区大于300mm；

（3）还原气体采用质量流量控制器自动配气和控制；

（4）高温炉机械升降，装料、出料、维修简单方便；

（5）坩埚与石墨底座之间密封性好，最高压差可达50kPa以上。

4.1.1.5 高炉渣性能实验室

A 设备配置

高炉渣性能实验室主要设备配置见表4-5，实验装置见图4-5。

表4-5 高炉渣性能实验室主要设备配置

主要设备名称	规格及主要技术指标
高炉渣性能实验炉（SJLQ-9-17型）	（1）设计温度：1700℃，正常工作温度：1300~1650℃，设备尺寸：800mm×870mm×3600mm； （2）采用“岛电FP93”+“铂铑-铂铑”热电偶+计算机进行手动或自动控温，温度控制精度：±1℃； （3）炉膛尺寸：ϕ220mm×350mm，等温区：250mm；石墨坩埚：$\phi_{内}$40mm； （4）黏度测量范围：200~2500mPa · s

图4-5 高炉渣性能实验装置

B　检测项目

高炉渣性能实验主要检测项目有高炉渣黏度、高炉渣脱硫系数。

C　功能

在实验室通过不同渣系性能的实验研究，指导高炉调整造渣制度。高炉渣性能实验炉可以进行炉渣黏度性能和脱硫性能测试和研究，对高炉渣系结构的合理性进行评价，为高炉生产提供服务。

D　主要特点

（1）SJLQ-9-17 型高炉渣性能实验炉是马钢自主研发的高炉渣性能测试和实验研究设备，实现了一台设备可进行高炉渣黏度性能和脱硫性能两种实验的功能；

（2）实验炉采用升降式试样平台，操作简易和安全，可连续进行多个试样试验，提高了工作效率；

（3）SJLQ-9-17 型高炉渣性能实验炉的高炉渣脱硫实验通过升降平台将装铁样、装渣样石墨坩埚控制在炉膛不同温度区内，可模拟高炉冶炼实际过程。

4.1.1.6　岩矿相实验室

A　设备配置

岩矿相实验室拥有一台研究级反透射偏光显微镜、一台反射率测定仪，以及与之配套的制备样附属设备和图像分析系统，主要设备配置见表 4-6，实验装置见图 4-6。

表 4-6　岩矿相实验室主要设备配置

设备系统		型号	规格/参数
制样设备	切割机	QG-1	最大切割截面：35mm×35mm；砂轮片：ϕ250mm×2mm×32mm；转速：2800r/min；电动机 Y802-2：1.2kW，380V，50Hz
	预磨机	YM-2	磨盘：ϕ250mm；转速：500r/min；电动机 YS7146：0.55kW，380V，50Hz；砂纸：ϕ230mm
	磨抛机	MP-1A	磨抛盘：ϕ220mm；砂纸：ϕ230mm；转速：50～1400r/min（无级）；电动机 BY806：变频电机，0.55kW，三相 220V，0～70Hz
	抛光机	GPV-2A	磨抛盘：ϕ200mm；转速：50～1400r/min（无级）
反射率测定仪		MSP2000	检测器 2048-element linear silicon CI array，检测器范围：200～1100nm，灵敏度：3 photons /count　2.9×10^{-17} joule/count 2.9×10^{-17} watts/coun（for 1-second integration），分辨率：0.38nm（FWHM），散射光：$<0.05\%$ at 600nm $<0.10\%$ at 435nm $<0.10\%$ at 250nm，光导纤维接口：MA 900　测量光栅孔径：0.3mm×0.6mm
研究级反透射偏光显微镜		Axioskop 40 A Pol	目镜：10×，物镜：5×、10×、20×、50×、100×，中间变倍器：1.0×、1.25×、1.6×、2.0×、2.5×，自动扫描载物台范围：130mm×85mm，步进尺寸：0.25μm

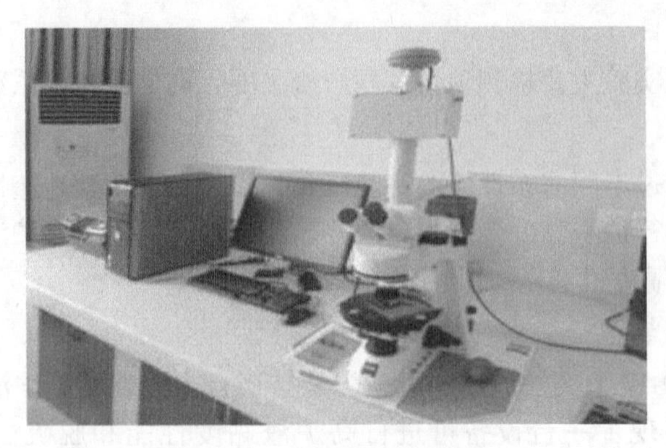

图 4-6 岩矿相实验装置

B 检测样品

天然金属矿物、非金属矿物、人工合成矿物（烧结矿、球团矿及高炉渣）、烟煤和无烟煤之单煤层煤或混配煤。

C 功能

可将块状或散状样品磨制成光片或薄片，在光学显微镜下定性鉴定矿物的显微组织结构、矿物组成和晶粒大小，定性分析矿石原料及其冶金产品的质量（或冶金性能）与其矿物组成、含量、显微结构及工艺条件之间的关系。

4.1.2 含铁原料性能评价

烧结用进口矿粉主要来自巴西、澳大利亚等地，自产矿粉主要来自马钢自有矿山的姑山、桃冲等。其中，大部分为赤铁矿，少部分为褐铁矿，其物化性能相差甚远。

球团用精粉主要来自马钢自有矿山，市场采购少部分高品质精矿。

高炉用块矿主要来自澳大利亚，少部分为自有矿山的姑块、大山块与张庄块等。

主要含铁原料性能评价见表 4-7。

表 4-7 主要含铁原料性能评价

物料名称		用途	性能评价
巴西粉	BF1	烧结	（1）属高铁低硅低铝赤铁矿，在进口粉矿中其 TFe 高，SiO_2 含量低，有害元素少； （2）粒度组成偏粗，粗粒级（>6.3mm）含量达 14.84%； （3）同化性中等、液相流动性差、黏结相强度上等； （4）烧结性能较好，是烧结降硅、降铝的主要品种，配用后有利于提高烧结矿强度和成品率、降低返粉

续表 4-7

物料名称		用途	性 能 评 价
巴西粉	BF2	烧结	（1）属中等铁中高硅低铝赤铁矿，在进口粉矿中其 Al_2O_3 低，SiO_2 含量 7.01%，有害元素少； （2）粒度组成分布不均，呈两极分化； （3）不同化、液相流动性中等、黏结相强度中等； （4）烧结性能尚可，是烧结降铝的主要品种
	BF5	烧结	（1）属低铁高硅低铝赤铁矿，在进口粉矿中其 TFe 低，SiO_2 含量高，Al_2O_3 低，有害元素少； （2）粗粒级（>6.3mm）含量高达 15.70%； （3）同化性中等偏下、液相流动性上等、黏结相强度中等； （4）烧结性能略差，因粗粒级较多，易造成硅偏析，影响烧结矿成品率
	BF6	烧结	（1）属中等铁中高硅低铝赤铁矿，与 SSFT 粉相近，但 TFe 和 SiO_2 低于 SSFT 粉，Al_2O_3 略高，有害元素少； （2）粒度组成偏粗于 SSFT 粉； （3）微同化、液相流动性中等偏下、黏结相强度中等偏上； （4）烧结性能偏差，是烧结降铝的主要品种，配用后影响烧结矿强度、成品率和固体燃耗
澳粉	AF1	烧结	（1）属中低铁中硅高铝赤铁矿，含 1/3 褐铁矿，其 TFe 偏低，SiO_2 含量偏高，Al_2O_3 最高，P 含量略高，其他有害元素少； （2）粒度组成偏细； （3）同化性中等、液相流动性中等、黏结相强度中等偏下； （4）烧结性能略差，其结晶水含量较高，易吸水，大量配用时需适当增加混合料水分，配用后影响烧结矿成品率、固体燃耗
	AF2	烧结	（1）属中等铁硅高铝赤铁矿，含部分褐铁矿，在澳粉中 SiO_2 含量最低，Al_2O_3 含量高，P 含量偏高，其他有害元素少； （2）粒度组成略粗； （3）同化性上等、液相流动性中等偏下、黏结相强度中等； （4）烧结性能较好，且化学成分稳定性较好
	AF3	烧结	（1）属中等铁硅高铝赤铁矿，TFe 在澳粉中最高，SiO_2、Al_2O_3 含量介于 PB 粉与 MAC 粉之间，P 含量略高，其他有害元素少； （2）粗粒级（>6.3mm）含量仅 8.15%； （3）同化性中等、液相流动性上等、黏结相强度中等偏上； （4）在澳粉中其烧结性能较好，配用后有利于改善烧结矿强度，但化学成分稳定性略差

续表 4-7

物料名称		用途	性能评价
澳粉	AF4	烧结	（1）属低铁中高硅中铝豆状褐铁矿，TFe 最低，Al_2O_3 在澳矿中最低，有害元素少； （2）粒度组成偏粗； （3）同化性上等、液相流动性中等、黏结相强度中等偏下； （4）可与同化性较差的铁矿粉搭配使用，烧结性能略差，其结晶水含量高，易吸水，大量配用时需适当增加混合料水分，配用过多会影响烧结矿成品率、固体燃耗
进口精矿	CJ1	烧结	（1）属高铁中硅低铝镜铁矿，含部分磁铁矿，TFe 较高，Al_2O_3 仅 0.27%，有害元素少； （2）粒度组成偏细； （3）不同化、液相流动性中等、黏结相强度中等偏下； （4）亲水性差，制粒性能差，配用后可改善烧结矿化学成分，但影响烧结料层透气性及烧结液相生成，烧结性能偏差，需控制其配加量
	PJ1	烧结	（1）属高铁中低硅低铝磁铁矿，TFe 高，SiO_2 含量 3.55%，Al_2O_3 低，有害元素 S、碱金属含量高； （2）粒度组成偏细； （3）微同化，液相流动性差、黏结相强度中等偏下； （4）受有害元素 S、碱金属含量高影响，烧结配用比例有限，配用后磁铁矿烧结氧化放热，有利于降低烧结矿固体燃耗、提高成品率，但影响烧结料层透气性
国内精	国内球团精	球团	（1）属高铁中硅低铝磁铁矿，有害元素 S 含量高； （2）粒度组成较粗，-0.075mm 仅为 75.18%； （3）造球性能略差，配用后有利于提高球团矿 TFe，但增加了烟气脱硫负荷
	高品质精	球团	（1）属高铁低硅低铝赤铁矿，在球团精矿中其 TFe 高，SiO_2 含量低，Al_2O_3 低，有害元素少； （2）粒度组成较粗，-0.075mm 仅为 75.77%； （3）造球性能略差，配用后有利于提高球团矿 TFe、降低 SiO_2、Al_2O_3 及有害元素含量
自产矿	姑精	烧结	（1）属低铁高硅中铝赤铁矿，TFe 较低，SiO_2 含量高，Al_2O_3 含量 1.38%，P、TiO_2 含量较高； （2）粒度组成：用于烧结偏细，用于球团偏粗； （3）同化性中等、液相流动性中等偏上、黏结相强度上等； （4）烧结性能尚可，因粒度较细，配用后影响烧结料层透气性和烧结速度

续表 4-7

<table>
<tr><th colspan="2">物料名称</th><th>用途</th><th>性 能 评 价</th></tr>
<tr><td rowspan="7">自产矿</td><td>桃精</td><td>烧结</td><td>（1）属低铁中硅低铝赤铁矿，并含大量磁铁矿及部分 CaO、MgO，有害元素少；
（2）粒度组成略细；
（3）同化性中等、液相流动性上等、黏结相强度中等偏下；
（4）烧结性能尚可，配用后磁铁矿氧化放热，有利于降低烧结矿固体燃耗</td></tr>
<tr><td>桃粉</td><td>烧结</td><td>（1）属低铁高硅低铝赤铁矿，TFe 最低，仅 49.37%，Al_2O_3 仅 0.29%，有害元素少；
（2）粒度组成略粗；
（3）同化性上等、液相流动性中等偏上、黏结相强度上等；
（4）烧结性能较好，配用后有利于改善烧结矿成品率</td></tr>
<tr><td>凹精</td><td>烧结、球团</td><td>（1）属中等铁中硅高铝磁铁矿，有害元素 S、TiO_2、Na_2O 含量高；
（2）粒度组成：用于烧结偏细，用于球团略粗；
（3）烧结性能略差，配用后有利于降低烧结矿固体燃耗、提高成品率，但影响烧结料层透气性和烧结速度；
（4）造球性能好，球团配用后球团矿的 SiO_2 含量升高，但增加了烟气脱硫以及高炉碱金属负荷</td></tr>
<tr><td>东精</td><td>球团</td><td>（1）属中等铁中硅高铝磁铁矿，有害元素 S、Na_2O 含量高；
（2）同化性中等、液相流动性中等偏下、黏结相强度差；
（3）造球性能好，配用后球团矿的 SiO_2 含量升高，并增加烟气脱硫及高炉碱负荷</td></tr>
<tr><td>和睦山精</td><td>球团</td><td>（1）属中等铁中硅低铝磁铁矿，SiO_2 含量在自产球团精中最低，有害元素 S、K_2O 含量高；
（2）粒度组成略粗；
（3）造球性能好，配用后增加脱硫及高炉碱负荷</td></tr>
<tr><td>白象山精</td><td>球团</td><td>（1）属中等铁中硅低铝磁铁矿，有害元素 S、P、K_2O 含量高；
（2）粒度组成较细；
（3）造球性能较好，配用后增加烟气脱硫及高炉碱负荷、铁水中 P</td></tr>
<tr><td>张庄精</td><td>烧结、球团</td><td>（1）属高铁高硅低铝赤铁矿，TFe 高达 65.92%，SiO_2 高，Al_2O_3 低，有害元素少；
（2）粒度组成：用于烧结偏细，用于球团略粗；
（3）不同化、液相流动性中等偏上、黏结相强度中等；
（4）烧结配用后有利于降低烧结矿固体燃耗、提高成品率，但影响烧结料层透气性和烧结速度；
（5）球团配用后球团矿的 SiO_2 含量升高</td></tr>
</table>

续表 4-7

物料名称		用途	性能评价
块矿	AL	高炉	（1）属高含铁铁块石，TFe 约 63%，SiO_2、Al_2O_3 较低，有害元素少； （2）质地较软，倒运过程中易产生粉料，到马钢的澳块<6.3mm 的比例约 25%； （3）热裂指数较高，可达到 7%左右，还原性较好，还原度达 86%，熔滴性能一般
	姑块	高炉	（1）属高硅矿，TFe 约 50%，SiO_2 含量 18%~21%，主要用于高炉调节炉渣成分； （2）P 含量较高，达到 0.6%左右，对铁水 P 含量要求较高的高炉要限制使用； （3）Al_2O_3 含量较高，达到 2%以上
	大山矿	高炉	（1）中等含铁和硅，TFe 约 51%，SiO_2 含量约 8%，也主要用于高炉调节炉渣成分； （2）CaO 含量较高，达到 10%；Al_2O_3 含量较低，约为 0.25%，对高炉调渣的作用较好
	张庄块	高炉	（1）为低铁高硅块矿，TFe 约 31%，SiO_2 含量约 54%，也主要用于高炉调节炉渣成分； （2）S 含量较高，约 0.56%

4.1.3　原料性价比评价

4.1.3.1　基于铁矿石高温基础特性的烧结配矿技术

传统配矿方法是基于铁矿石常温下的化学成分、粒度组成、铁矿石类型等特性，烧结工艺只能通过调整操作制度（配碳量、机速、负压、料层高度等）被动迎合烧结原料，易造成生产波动，增加生产操作难度。

马钢自主开发了以同化层厚度为核心、基于铁矿石高温基础特性的烧结配矿技术。在满足对烧结矿品位、碱度、Al_2O_3、MgO 等目标化学成分要求的基础上，根据不同铁矿石的高温特性差异性（见图 4-7~图 4-9），在烧结配矿中采用铁矿石高温特性互补理论，使烧结混匀矿各项高温特性指标处于一个适宜的范围。铁矿石高温基础特性指标及对生产的影响见表 4-8。

表 4-8　铁矿石高温基础特性指标及对生产的影响

名　称	作　用	过低的影响	过高的影响
同化层厚度	反映铁矿石液相生成的能力	烧结矿成品率及强度下降	烧结矿易过熔，烧结过程热态透气性差

续表 4-8

名 称	作 用	过低的影响	过高的影响
液相流动性指数	反映生成液相的流动能力	烧结矿强度下降	烧结矿强度下降
黏结相强度	反映液相的强度	烧结矿强度下降	配矿成本升高，烧结矿强度过剩
液相量	反映烧结矿的液相量	烧结矿成品率下降	烧结过程热态透气性差

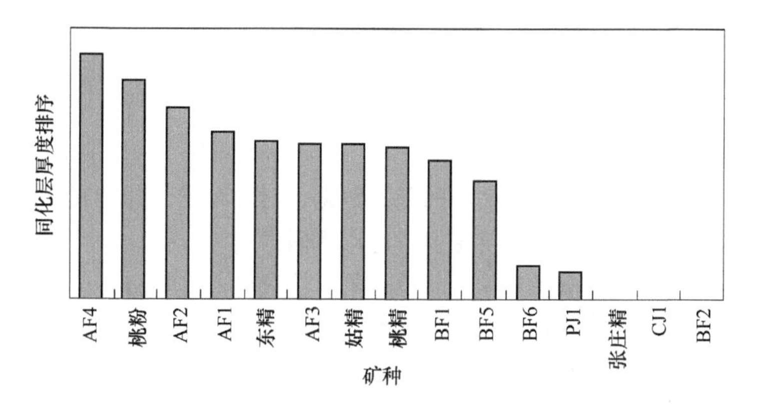

图 4-7 马钢烧结用主要含铁原料同化层厚度排序

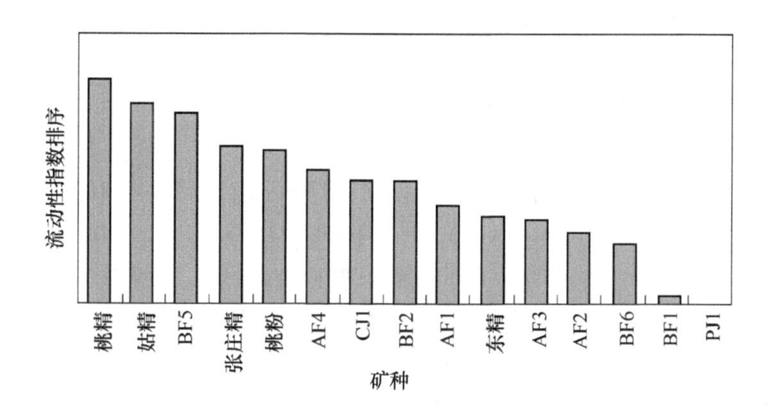

图 4-8 马钢烧结用主要含铁原料液相流动性指数排序

4.1.3.2 含铁原料性价比评价

A 评价原则

在原料主要性能参数基础上，通过配矿计算，以最终铁水成本变化为评价依据。

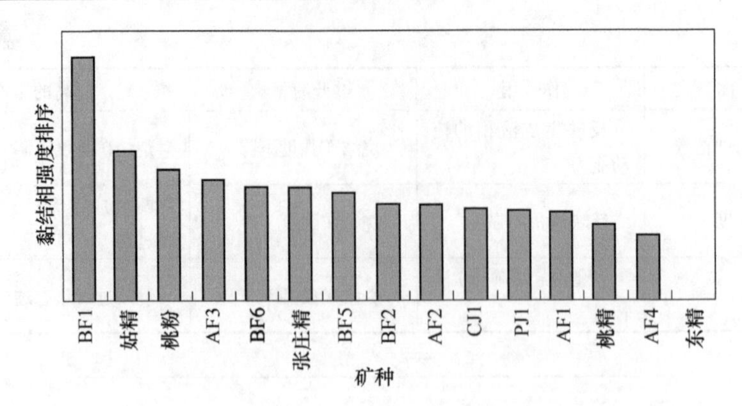

图 4-9　马钢烧结用主要含铁原料黏结相强度排序

B　评价方法

根据高炉实际生产建立相适应的基准数据，对烧结矿、球团矿、炉渣物料的计算成分进行校正。性价比评价主要考虑以下因素：

（1）入炉品位对矿耗的影响（按 6~12 个月铁素平均值）；

（2）入炉品位对焦比的影响（按高炉操作规程取值）、熟料率对焦比的影响（按高炉操作规程取值）；

（3）高炉的喷煤比水平；

（4）平衡炉渣 R_2 和 R_4。通过调整烧结矿的碱度平衡炉渣碱度；通过调整烧结矿的 MgO 含量，平衡炉渣的 R_4；

（5）铁水的硅含量、返粉率与灰铁比；

（6）原料、焦炭单价与成分；

（7）各炉料的加工费用；

（8）有害元素对铁矿石和焦炭的影响：$TFe_{扣有害元素}=TFe\times[100+1.5\times(S+P+5\times K_2O+Na_2O+PbO+ZnO+CuO+As_2O_3)]^{-1}\times100\%$，碱金属增加 0.01 个百分点，焦炭反应性上升 0.1~0.15 个百分点（马钢试验研究数据），相应影响冶炼焦比；

（9）原燃料热效应的影响：精矿 FeO 放热，数值 1.973MJ/kg；褐铁矿比例增加 1 个百分点，烧结固体燃耗上升 0.2~0.3kg/t 烧；焦炭热值 30MJ/kg。

在考虑上述因素后，测算不同物料或不同炉料结构条件下的铁水成本，根据铁水成本变化情况，分析相应条件下的含铁原料性价比或炉料的经济性。

烧结、球团用铁矿粉的评价采用待评价矿替代部分基准混匀矿的方法，对替代后的铁水成本进行测算，由此比较每种待评价矿的铁水成本与基准值的变化情况，确定各种待评价矿的性价比。

C　评价实绩

2015~2016 年不同价格水平（55 美元、50 美元、40 美元）下的铁矿石性价比排序见图 4-10。随着铁矿石价格水平的降低，高品质铁矿石性价比上升，低品质铁矿石性价比下降，各铁矿石的性价比排序指导矿石采购和炼铁配矿。

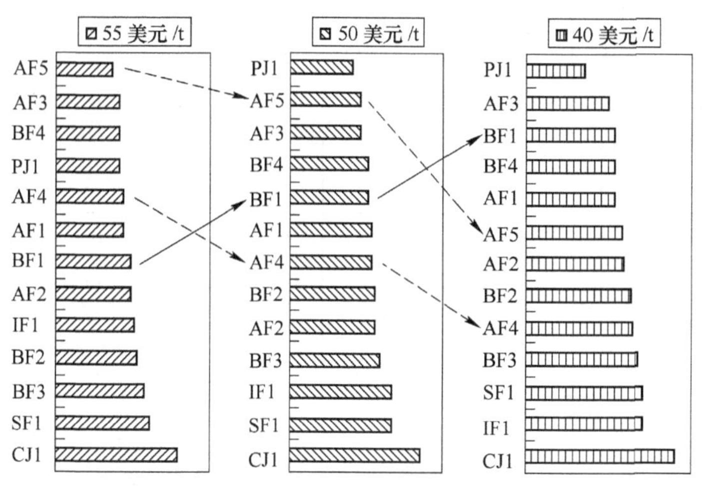

图 4-10 不同价格水平下各铁矿石性价比排序
（图中排序越靠下，性价比越差）

2016 年 7 月~2017 年 6 月烧结与球团用铁矿石的性价比排序对比情况见表 4-9。2017 年 5~6 月，随着铁矿石市场价格的升高，高品质铁矿石的性价比有所下降。

表 4-9 烧结与球团用铁矿石的性价比排序对比

项目	名称	2016 年 7 月	8 月	9 月	10 月	11 月	12 月	2017 年 1 月	2 月	3 月	4 月	5 月	6 月
烧结用矿	AF1	8	9	12	10	13	1	11	13	10	9	14	13
	AF2	7	8	8	8	4	4	8	7	9	7	11	9
	AF3	5	3	4	2	5	2	7	9	8	8	13	12
	AF4-1	1	4	6	3	6	5	4	3	6	6	10	7
	AF4-2	4	13	11	7	8	9	9	12	7	10	16	11
	AF5	2	1	5	5	7	6	3	1	1	4	5	3
	BF1	14	5	9	4	1	7	10	14	15	11	12	18
	BF2	12	16	13	13	10	13	14	15	13	14	18	17
	BF5	16	12	10	11	12	11	1	2	2	3	4	5
	BF6	11	10		9	9	10	13	11	11	12	8	10
	BF4	10	17	7	6	2	3	2	4	1	13	15	14
	CJ1	15	14	16		16	15	15	18	17		9	15
	PJ1	6		3				5	6	5		6	6

续表 4-9

项目	名称	2016年7月	8月	9月	10月	11月	12月	2017年1月	2月	3月	4月	5月	6月
烧结用矿	桃粉	18	19	14	14	19	16	17	17	14	5	3	4
	桃精	9	7	1	12	11	8	12	10	4	1	1	1
	姑精	13	6	15	15	14	12	6	8	3	2	2	2
	凹精	20	18	19	18	18	17	18	19	19	17	20	19
	东精	19	15	18	16	17	18	19	5	18	16	19	20
	张庄精	17	11	17	17	15	14	16	16	16	15	17	16
球团用矿	凹精	5	7	6	6	7	6	6	6	7	6	6	6
	东精	6	6	7	7	6	7	7	7	6	7	7	7
	和睦山精	1	3	3	3	3	4	3	4	3	4	2	4
	白象山精	3	5	5	4	5	5	5	5	5	5	4	5
	张庄精	4	4	4	5	4	3	4	3	4	3	3	3
	国内球团精	2	1	2	1	2	2	2	2	2	2	5	2
	高品质精		2	1	2	1	1	1	1	1	1	1	1

马钢某阶段不同炉料结构条件下的铁水成本变化见表 4-10。五种炉料性价比排序为：炉料 3>炉料 2>炉料 1>炉料 5>炉料 4。根据高炉用炉料性价比分析结果，指导高炉生产。

表 4-10　不同炉料结构条件下的铁水成本变化

项　目	基　准	炉料 2 替代炉料 1	炉料 3 替代炉料 1	炉料 4 替代炉料 1	炉料 5 替代炉料 1
		3 个百分点	3 个百分点	3 个百分点	3 个百分点
炉料 1/%	72	69	69	69	69
炉料 2/%	19	22	19	19	19
炉料 3/%	9	9	12	9	9
炉料 4/%				3	
炉料 5/%					3
铁水成本对比/元·吨$^{-1}$	0.00	−1.28	−4.54	4.85	3.44

4.2 配矿管理实施

4.2.1 配矿原则

以高炉稳定顺行为中心，统筹配矿，系统联动，实现铁水成本最优。

（1）混匀矿品种结构合理、烧结矿质量稳定，保证工序生产环保排放达标。

（2）根据不同容积的高炉，区别高炉、烧结、球团的用料结构。

（3）按照市场导向、工序服从、集团效益最大化原则优先使用自产矿。

（4）坚持进口矿经济库存运行。

4.2.2 配矿计算

配矿计算是指依据铁水生产计划、资源特点、工序产品产质量、技术经济指标、成本、环保排放、节能降耗等，经过资源平衡、化学成分、环保排放、高炉有害元素负荷、各工序原料成本等计算，确定混匀配矿、烧结辅料配矿、球团配矿以及高炉用料结构，制定铁前工序产品组产计划，实现高炉稳定顺行和铁水成本最优。

4.2.2.1 配料计算的基本数据准备

（1）铁水生产计划以公司计划为基准。

（2）成本测算以公司发布的月度原燃料价格为基准。

（3）自产矿资源以矿业公司月度生产预测为基准。

（4）进口矿资源以采购部门提供的数据为基准。

（5）配料计算成分以月度各物料实际检测成分结合进口矿大船成分综合为基准。

4.2.2.2 配料计算的边界条件

（1）各矿石资源量。

（2）烧结矿化学成分要求：TFe、SiO_2、Al_2O_3、MgO、二元碱度、FeO。

（3）球团矿化学成分要求：TFe、SiO_2、Al_2O_3。

（4）烧结用各矿种的烧结高温特性。

（5）高炉综合入炉品位、铁水 P 含量、炉渣 Al_2O_3 含量、炉渣碱度。

（6）烧结、球团工序烟气排放标准（硫排放、氮排放）。

（7）高炉入炉有害元素负荷控制标准（碱金属负荷、锌负荷）。

4.2.2.3 配料计算的步骤

（1）根据高炉稳定顺行的需要，确定高炉炉料结构，计算烧结矿、球团矿、块矿等炉料需求量。

（2）根据烧结矿需求量、铁料矿耗，计算混匀矿需求量。

（3）根据混匀矿需求量、各矿粉资源情况，按混匀矿技术要求（化学成分、烧结性能、烟气排放达标、高炉入炉有害元素负荷），计算混匀矿配料结构。

（4）根据球团矿需求量、各造球精粉资源情况，按球团矿技术要求（化学成分、焙烧性能、烟气排放达标、高炉入炉有害元素负荷），计算球团矿配料结构。

（5）根据烧结矿需求量，按烧结矿技术要求（化学成分、烧结性能、烟气排放达标、高炉入炉有害元素负荷），计算在烧结工序配入的各种熔剂辅料、固废回收料的需求量。

4.2.2.4 配矿过程的优化

配矿过程中将铁水成本最优作为目标进行各工序的配矿优化，主要包括烧结混匀矿原料结构优化和高炉用料结构优化。烧结矿性能的优化，主要是基于铁矿石烧结高温性能的互补配矿及铁矿石的性价比。高炉用料结构的优化，主要是基于炉料经济性的炉料成本优化。

4.2.3 工作流程管理

4.2.3.1 新矿种引入

新矿种引入的条件：可获得性较好，资源量稳定。

（1）新矿种化学成分要满足配矿的基本需求。

（2）结合实验室技术分析新矿种基本物理性能和烧结高温性能、安排配矿搭配实验，确定新矿种配矿特性、矿种替代方案和最大配用量。

（3）开展工业性试验，根据配用情况调整优化，并决定是否推广应用。

4.2.3.2 炼铁配矿平台

（1）依托炼铁配矿平台，统一策划公司高炉、烧结、球团各工序用料结构和成本目标，确定年度、季度、月度配矿计划。

（2）技术部门按照年度预算、季度配矿、月度调整的方针灵活配矿。

4.2.3.3 工作流程图

马钢配矿工作流程图见图 4-11。

4.2.4 配矿实绩

2014 年以来，公司调整了配矿思路，确定了以稳定为中心的配矿思想，形成了以铁矿石高温烧结性能、性价比、铁水成本最优为基本技术支撑的系统联动统筹配矿的操作模式。经过三年多运行，取得了良好效果，为高炉长周期稳定顺行和铁水技术指标、成本的进步提供了支撑。近几年来马钢配矿实绩见图 4-12~图 4-15。

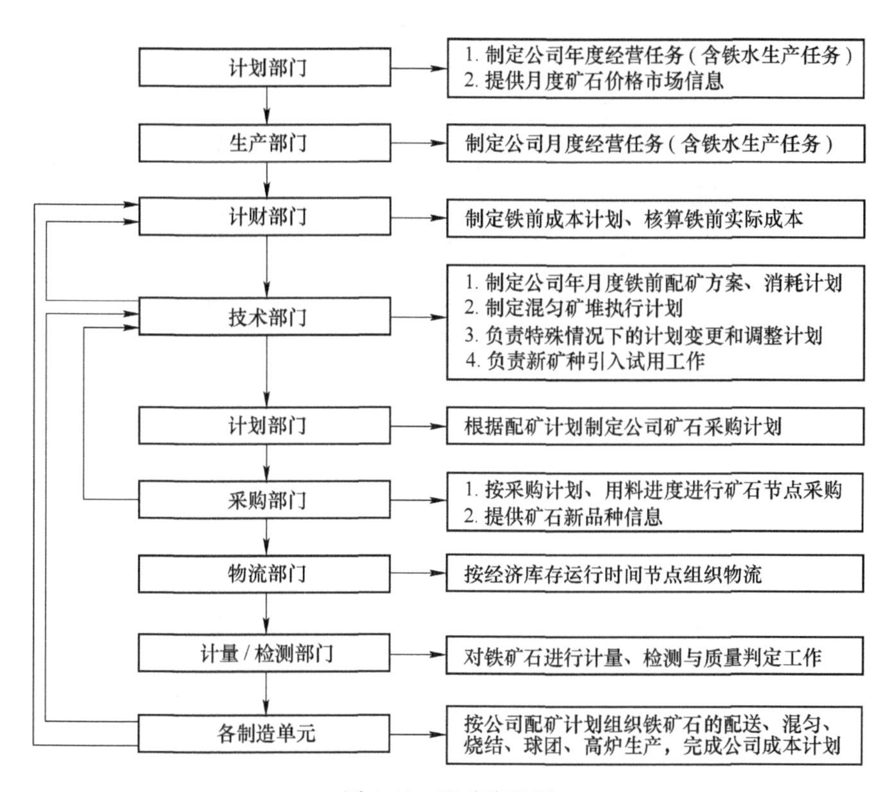
计划部门
1. 制定公司年度经营任务（含铁水生产任务）
2. 提供月度矿石价格市场信息
生产部门
制定公司月度经营任务（含铁水生产任务）
计财部门
制定铁前成本计划、核算铁前实际成本
技术部门
1. 制定公司年月度铁前配矿方案、消耗计划
2. 制定混匀矿堆执行计划
3. 负责特殊情况下的计划变更和调整计划
4. 负责新矿种引入试用工作
计划部门
根据配矿计划制定公司矿石采购计划
采购部门
1. 按采购计划、用料进度进行矿石节点采购
2. 提供矿石新品种信息
物流部门
按经济库存运行时间节点组织物流
计量/检测部门
对铁矿石进行计量、检测与质量判定工作
各制造单元
按公司配矿计划组织铁矿石的配送、混匀、烧结、球团、高炉生产，完成公司成本计划

图 4-11 配矿流程图

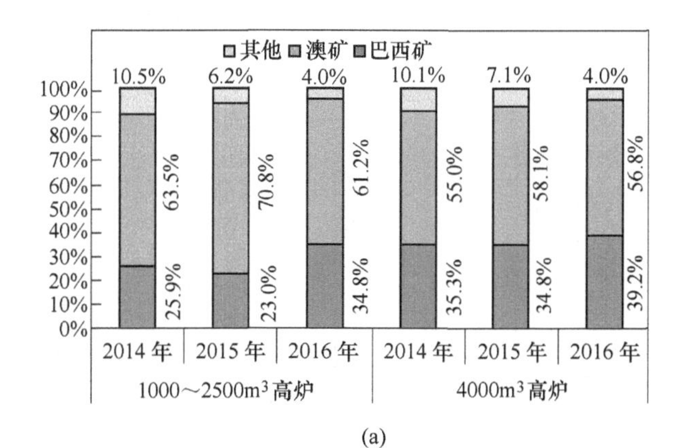
其他 澳矿 巴西矿
10.5%
6.2%
4.0%
10.1%
7.1%
4.0%
100%
90%
80%
70%
60%
50%
40%
30%
20%
10%
0%
63.5%
70.8%
61.2%
55.0%
58.1%
56.8%
25.9%
23.0%
34.8%
35.3%
34.8%
39.2%
2014 年
2015 年
2016 年
2014 年
2015 年
2016 年
1000～2500m³高炉
4000m³高炉

(a)

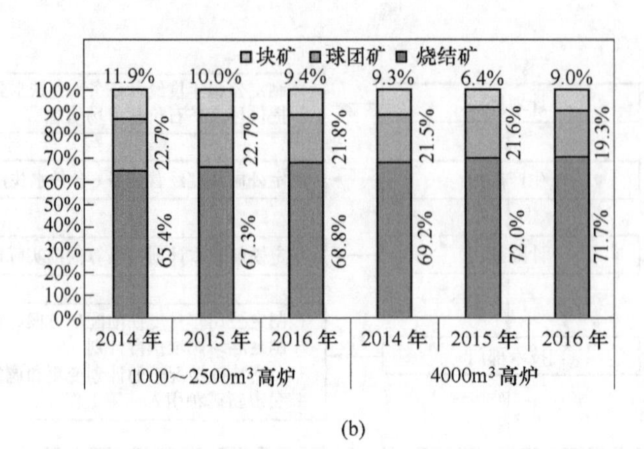

(b)

图 4-12　2014~2016 年烧结混匀矿配矿、高炉炉料结构

（a）烧结混匀矿配料结构；（b）高炉炉料结构

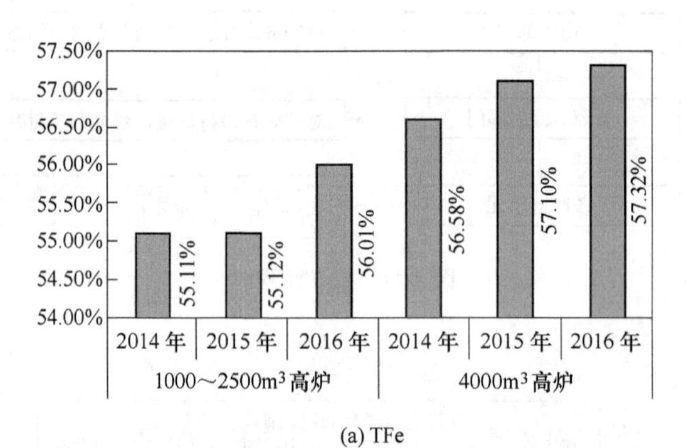

(a) TFe

(b) R

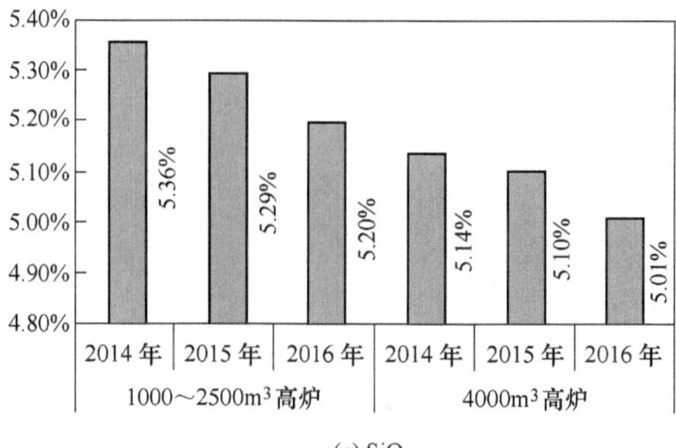

(c) SiO_2

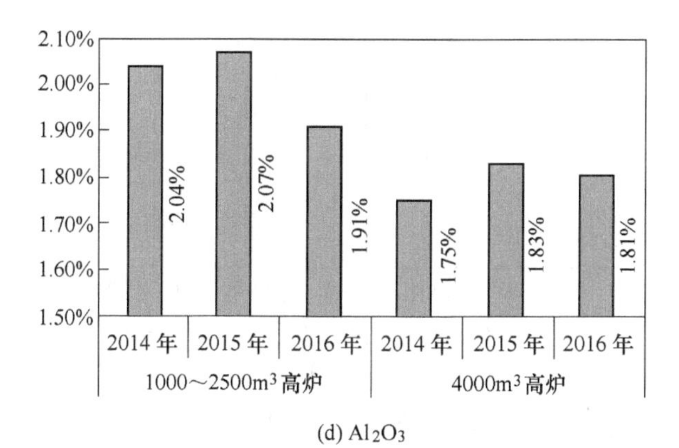

(d) Al_2O_3

图 4-13　2014~2016 年烧结矿化学成分控制

(a) 烧结矿 TFe 趋势；(b) 烧结矿二元碱度趋势；
(c) 烧结矿 SiO_2 趋势；(d) 烧结矿 Al_2O_3 趋势

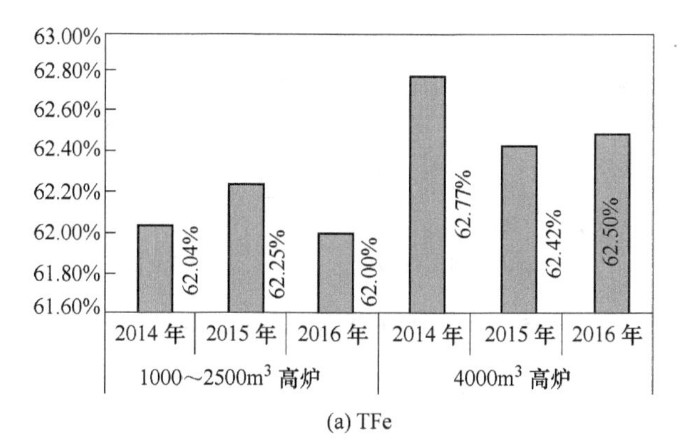

(a) TFe

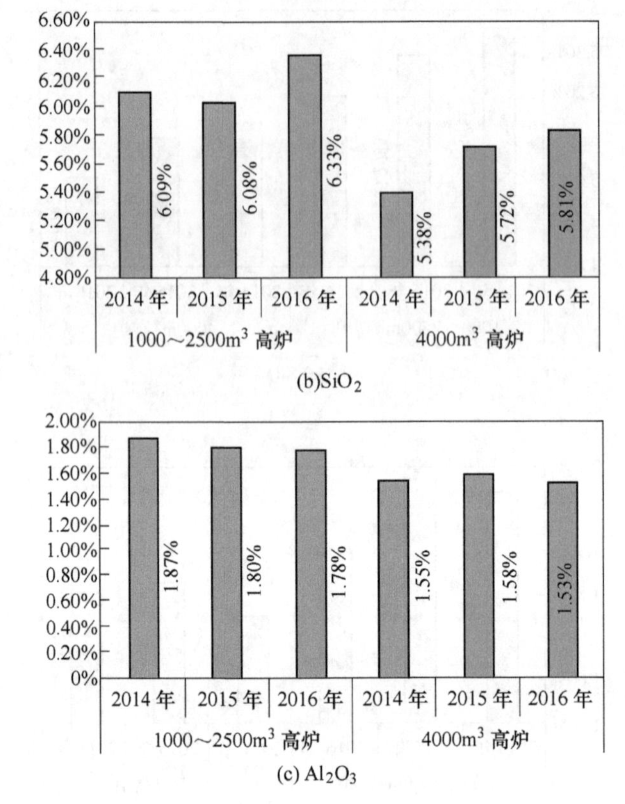

图 4-14　2014~2016 年球团矿化学成分控制

（a）球团矿 TFe 趋势；（b）球团矿 SiO_2 趋势；（c）球团矿 Al_2O_3 趋势

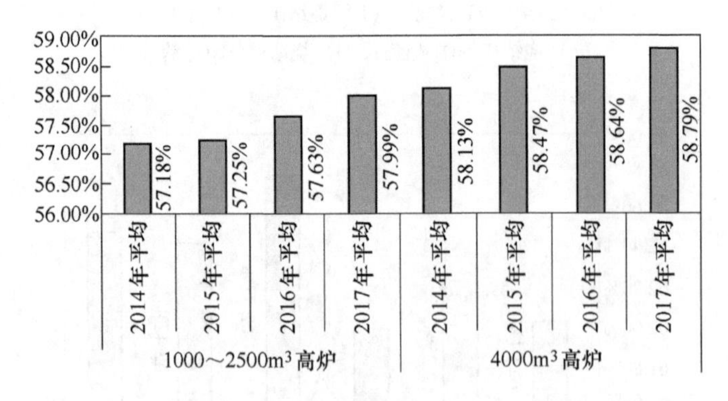

图 4-15　2014~2016 年高炉综合入炉品位控制

5 料场工艺与技术管理

5.1 工艺设备概况

5.1.1 工艺概况

港务原料总厂是马钢炼铁用原燃料的主要供应单位，年处理能力 6976 万吨（2016 年实绩）。主要功能分为原料受入、原料储存、混匀矿加工、块矿烘干筛分、原料外供、污矿综合利用等六大系统。工厂主要设置：港口分厂为原料受入和块矿烘干筛分单位，混匀一、二分厂为混匀矿生产单位，外供一、二分厂为原燃料供料单位，综合利用分厂为污泥、污水处理单位。其中混匀一分厂、外供一分厂向第二炼铁总厂（以下简称二铁）供料，混匀二分厂、外供二分厂向第三炼铁总厂（以下简称三铁）供料，生产工艺见图 5-1。

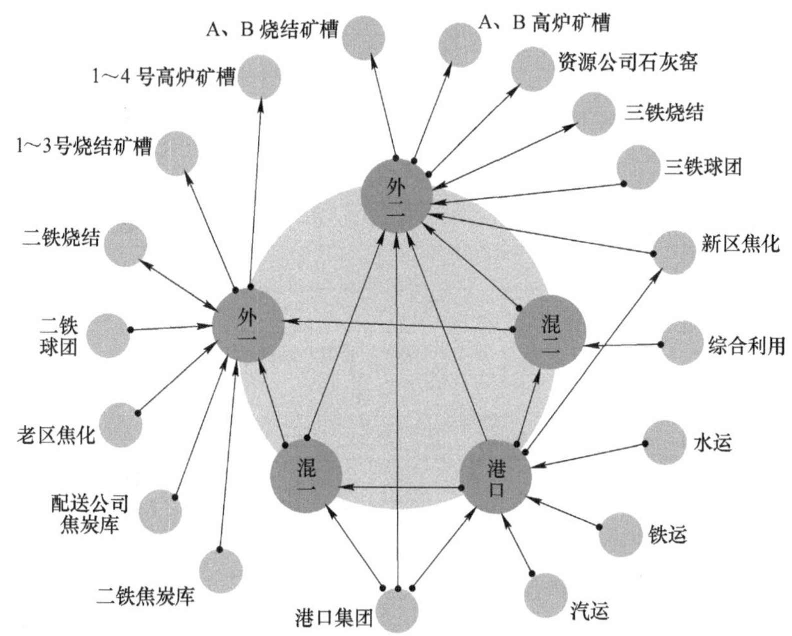

图 5-1　港务原料总厂料场生产工艺示意图

主要工艺流程如下：

（1）受入系统：自备码头卸料和马鞍山港口集团码头卸料（以下简称协作

进料）→一次料场堆存；自备码头/协作进料卸船→煤焦化公司煤堆场；陆运翻车机/卸车机卸车→一次料场堆存；陆运汽车来料→一次料场堆存。

（2）混匀系统：一次料场堆存的各种原料通过取料机取送至配矿槽，通过定量圆盘给料装置按计划切出量送至混匀堆料机，在混匀料场堆积。

（3）外供系统：混匀料场匀矿→烧结匀矿槽；一次料场高炉用原料→高炉矿槽；一次料场烧结燃料→烧结燃料槽；马鞍山港口集团堆场（以下简称港口集团堆场）→烧结熔剂槽/石灰窑矿槽；港口集团堆场→高炉矿槽；高炉用直供原燃料→高炉矿槽；烧结机/焦炉→落地堆场；落地堆场→高炉矿槽。

（4）块矿烘干筛分系统：港口集团堆场块矿经港务原料总厂烘干系统烘干筛分，供应至高炉矿槽。

5.1.2　设备概况

港务原料总厂主要设备见表5-1。

表5-1　主要设备及能力一览表

系统名称	设备名称	数量	设备性能
受入系统	自备码头岸线	1条	288m
	桥式卸船机	6台	650t/h
	堆料机	2台	2000t/h
		2台	2400t/h
	双支座转子式翻车机	1台	1000～1250t/h
	链斗卸车机	2台	450t/h
	料条	8条	$300000m^2$
	取料机	5台	1500t/h
	配套胶带输送系统		
混匀系统	混匀料条	4条	
	定量圆盘给料装置	25个	
	混匀堆料机	1台	2500t/h
		2台	2000t/h
	混匀取料机	4台	1500t/h
		2台	1800t/h
	配套胶带输送系统		
外供系统	高炉矿槽	114个	
	烧结匀矿槽	29个	
	烧结熔燃槽	26个	

续表 5-1

系统名称	设备名称	数量	设备性能
外供系统	碎焦中间槽	4 个	
	石灰窑矿槽	10 个	
	落地料场	2 处	
	堆取料机	1 台	堆 1200t/h，取 1000t/h
		1 台	堆 1500t/h，取 1500t/h
	配套胶带输送系统		
综合利用系统	调节池	1 座	有效容积 628m³
	浓缩池	4 座	容积 190.5m³，有效沉积 63.5m³
	加药设施	2 台	配料能力 8.5m³，流量 1386L/h
	带式压滤机	5 台	660~2400kg · DS/(h · m)
	螺旋配料秤	8 台	1~50m³/h
	强力混合机	1 台	100t/h
	配料圆盘	4 台	30~150t/h
	配套胶带输送系统		
块矿烘干筛分系统	加热炉	1 座	最高炉温 900℃
	烘干筒	1 座	600t/h
	振动筛	1 台	800~1000t/h
	块矿仓	7 个	260m³
	配套胶带输送系统		
除尘系统	布袋除尘	33 台	
	电除尘	3 台	
	泡沫除尘	1 台	
供电系统	高压配电室	8 座	
	低压配电室	42 座	

5.2 原料受入及料场管理

5.2.1 生产工艺

受入系统主要包括水运和陆运两部分，分别通过卸船、卸车设备和后方胶带输送机及堆料机向一次料场 8 个料条接受原燃料，见图 5-2。

5.2.1.1 水运受入

水运受入系统包括自备码头卸船系统和港口集团协作卸船系统。自备码头岸线长 288m，按 3 个 5000 吨级泊位设计，2014 年码头升级改造后，已具备靠卸

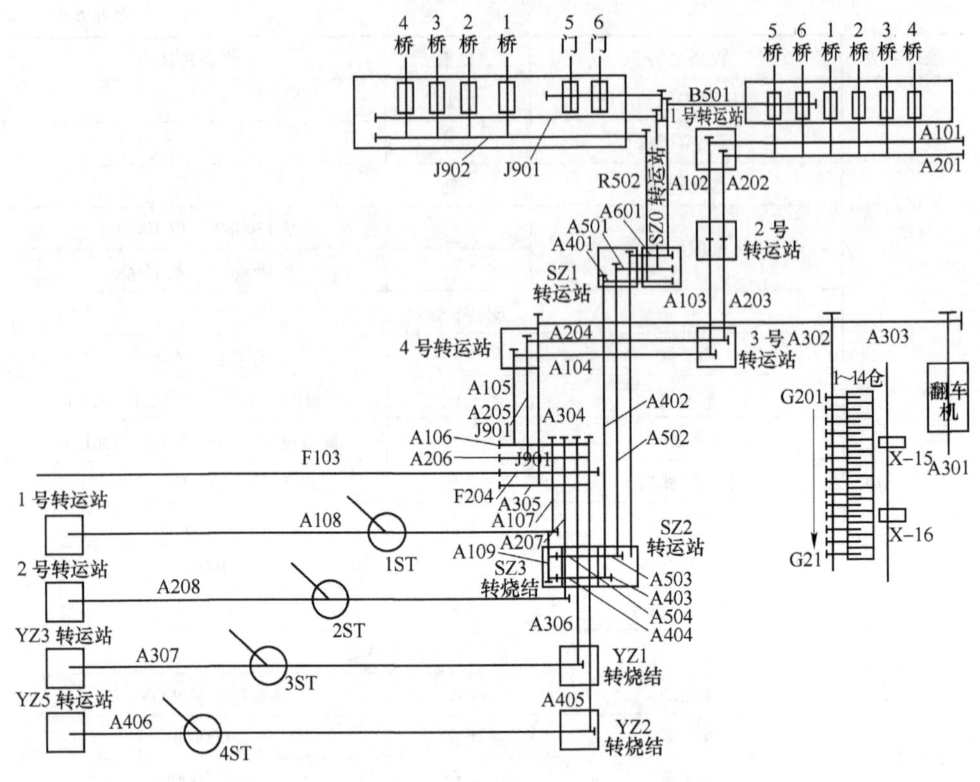

图 5-2　受入系统平面布置图

20000 吨级船舶条件。港口集团协作卸船系统码头岸线长 317m，分 3 个泊位，最大靠泊吨位 10055t。受入品种主要是含铁原料和煤炭等。

船型要求：含铁原料 5000~20000 吨级江轮和江海轮，煤炭 3000~8000 吨级江轮。

接泊要求：禁卸装载明显不平衡的船舶或船舱中有明显积水、原料存在表观质量问题的船舶。

卸船工艺：采用“定船移机”卸船工艺，即在卸载过程中，船舶固定不动，通过移动卸船机械完成卸载作业。为避免船体倾斜和料堆塌方，卸船机布点要均匀，严禁挖“井”留“山”。多台桥机同船作业时，各台桥机之间应均衡卸载，保持船体平衡。深舱驳船及江海轮卸载时应配备指挥手。

清舱作业：清舱作业由指挥手指挥。当船舱内物料见底时开始清舱作业。清舱分机械清舱和人工清舱两部分。卸船机停止作业后，清舱机械方可下舱作业。人工清舱是机械清舱的辅助，主要是清理船舱边角积料。

5.2.1.2　陆运受入

陆运受入系统主要分为翻车机作业、卸车机作业和汽车受入作业。

翻车机作业：重车对位后启动流程开始翻卸作业。为保证卸车干净，必要时可多次翻车。

卸车机作业：车皮对位后链斗卸车机卸车，卸完后由人工将车皮清理干净。

汽车受入作业：根据计划进入火车汽车受料槽或一次料场。

5.2.2 受入计划管理

受入计划包括月计划和日计划。

5.2.2.1 受入月计划

受入月计划是将总需求除去现有库存剩余部分，综合考虑需求时间节点、物流组织、受入能力等因素，使车船计划均衡，确保正常用料。

（1）计划剩余量=月计划-已兑现计划。

（2）月末库存=计划剩余量+料场库存(包括泊位原料量)-预计消耗量。

（3）下月计划量=下月计划-月末库存。

（4）由于料场地址受限，物流计划要与料场地址匹配。

（5）由于低库存需要，原料须在混匀投料前 5~7 天到达，便于卸载和成分检验。

5.2.2.2 受入日计划

受入日计划指导每天的受入生产，按以下步骤编制：

（1）信息收集：收集分析原料库存、用料需求节点、码头在泊卸载进度、锚地待卸船舶信息、在途船舶信息。

（2）品种选择：依据料场库存和后续混匀造堆推演，优先保障急需品种靠泊，其次可按照到港顺序靠泊。

（3）船舶选择：依据码头栈桥作业范围，选择合适长度的船舶搭配，既保障船舶安全靠泊，又确保码头桥机投入的最大化。

（4）流程配置：原则上保证一个泊位配置一个流程和一个地址，特殊情况下，可单流程双泊位作业。

（5）编制受入日计划时，要充分考虑陆运作业干扰和突发事件，应有调整及后备方案。

5.2.3 一次料场管理

5.2.3.1 堆料工艺

堆积方式包括定点步进堆积和鳞状堆积两种方式。使用量较小、成分较稳定的品种采用定点步进堆积，如燃料、球团矿、筛下混粉等。定点步进堆积分单列和多列两种。球团矿（2 列）、筛下混粉（2 列）等小宗含铁原料最大堆积高度为 9.5m，燃料最大堆积高度为 13m。主要工艺参数见表 5-2、图 5-3。

表 5-2　定点步进堆料主要工艺参数

项　目	单位	参　　数		
堆积高度	m	9.5	13	9.5
步进距离	m	3.0	3.0	3.0
列数	列	2	1	2
列间距	m	10	3.5	3.5
堆底宽度	m	40.2	41.5	39.2
适用品种		筛下混粉等小宗含铁原料	燃料	球团矿

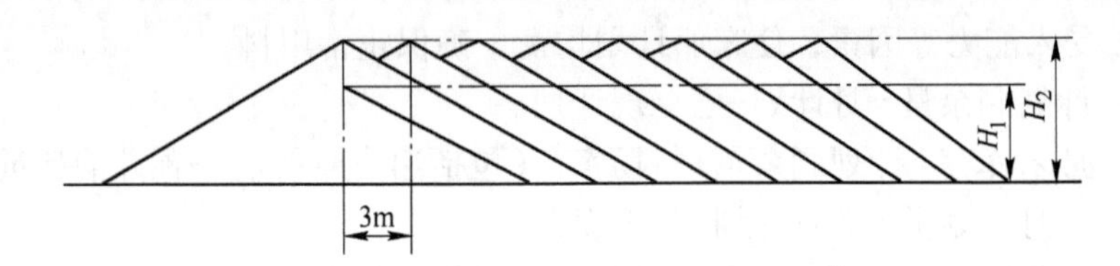

沿料堆长度方向截面示意图

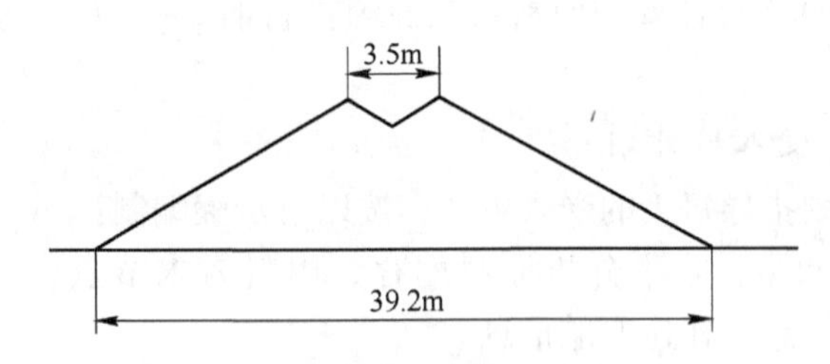

沿料堆宽度方向截面示意图

图 5-3　两列定点步进料堆示意图

大宗、成分波动大的含铁粉精矿采用鳞状堆积方式，以降低原料粒度和成分偏析。分为自动操作和手动操作两种。自动鳞状堆积方式主要工艺参数见表 5-3 和图 5-4、图 5-5。手动鳞状堆积方式主要工艺参数见表 5-4 和图 5-6、图 5-7。

表 5-3　自动鳞状堆积主要工艺参数

项　目	单位	参　　数		
堆积层数	层	1	2	3
每层列数	列	9	6	3
堆积序列		第 1~9 列	第 10~15 列	第 16~18 列
堆积高度	m	6.0	9.5	13.0
堆积间距	m	3.0		
堆料机悬臂高	m	8.1	11.6	15.1

注：堆料机悬臂高：料场地坪与堆料机悬臂皮带头部滚筒轴的中心距离。

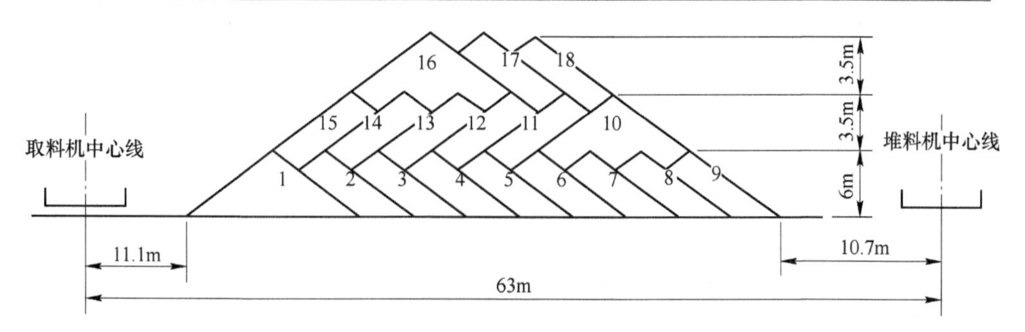

图 5-4 自动鳞状堆积料堆断面示意图

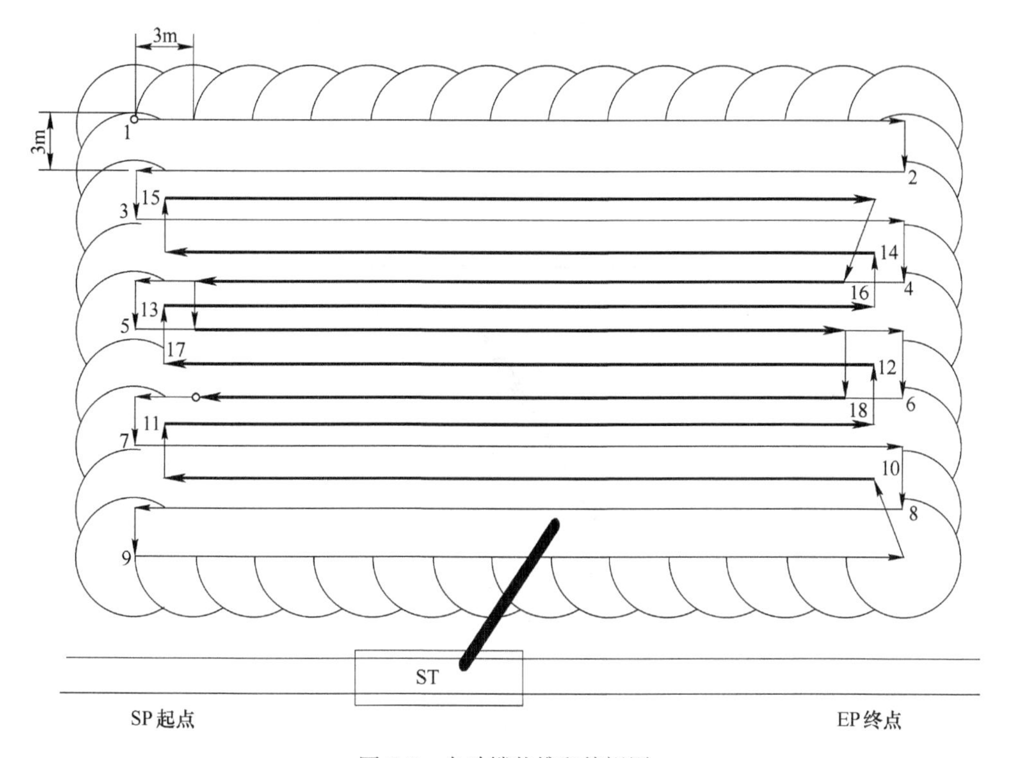

图 5-5 自动鳞状堆积俯视图

表 5-4 手动鳞状堆积工艺参数

项 目	单位	参 数		
堆积层数	层	第一层	第二层	第三层
堆积高度	m	0~6.0	6.0~9.5	9.5~13
堆积列数	列	6	4	2
行间距离	m	3.0		
列间距离	m	5.0		
料堆底宽	m	40.9	40.2	39.5

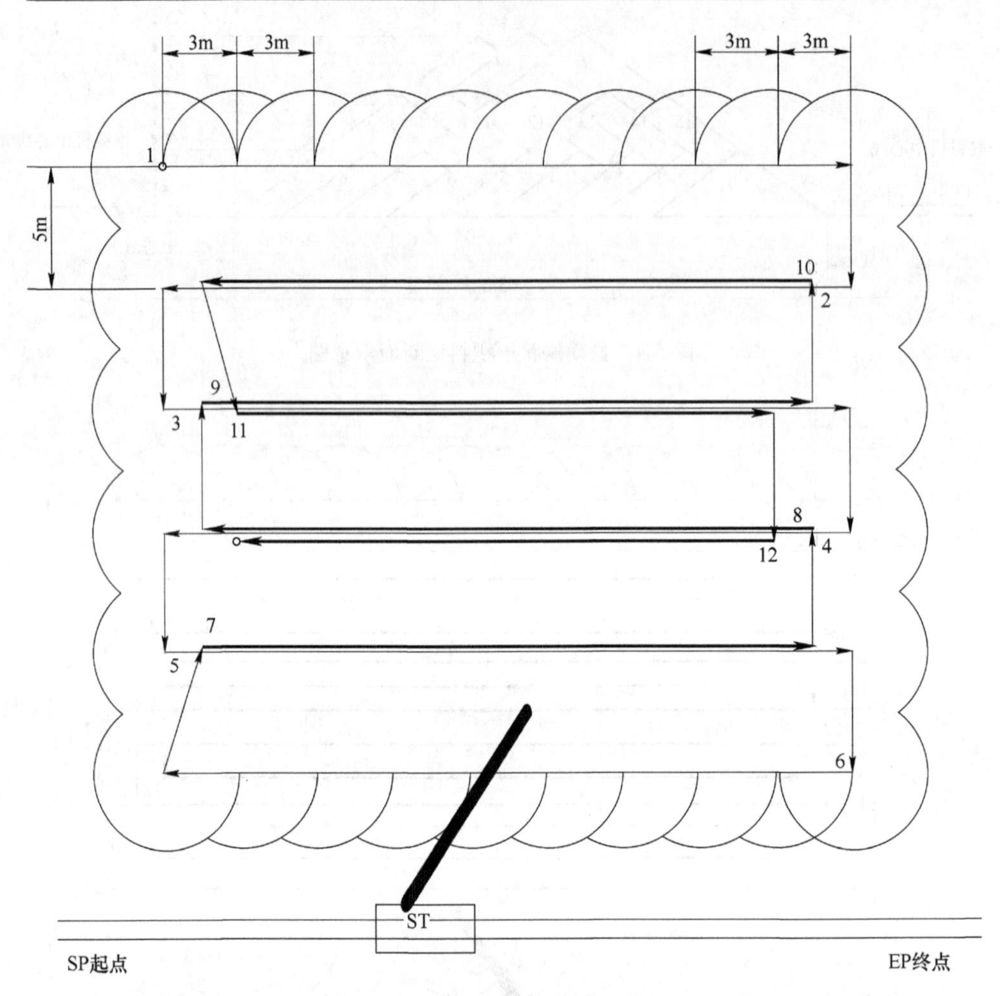

图 5-6　手动鳞状堆积料堆俯视图

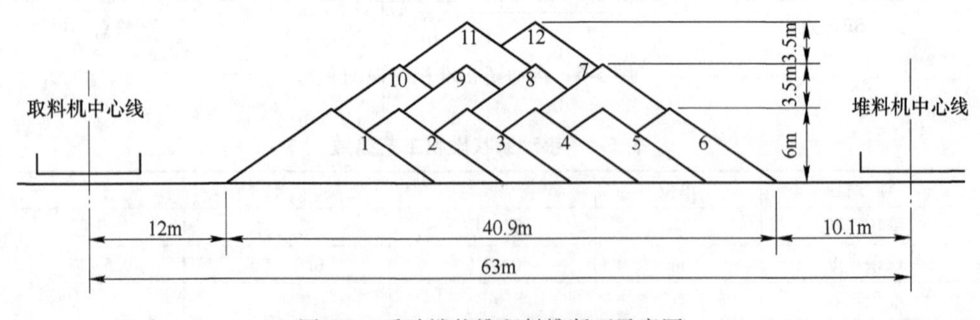

图 5-7　手动鳞状堆积料堆断面示意图

含水量大、粒度-200 目的特殊含铁原料，为防止塌方，采取特殊鳞状堆积方式堆积，料堆层数为2层，第一层堆高5m，第二层堆高3m。如图5-8和图5-9所示。另外，为保持雨季生产稳定，实行堆高控制，即减高减列堆积。

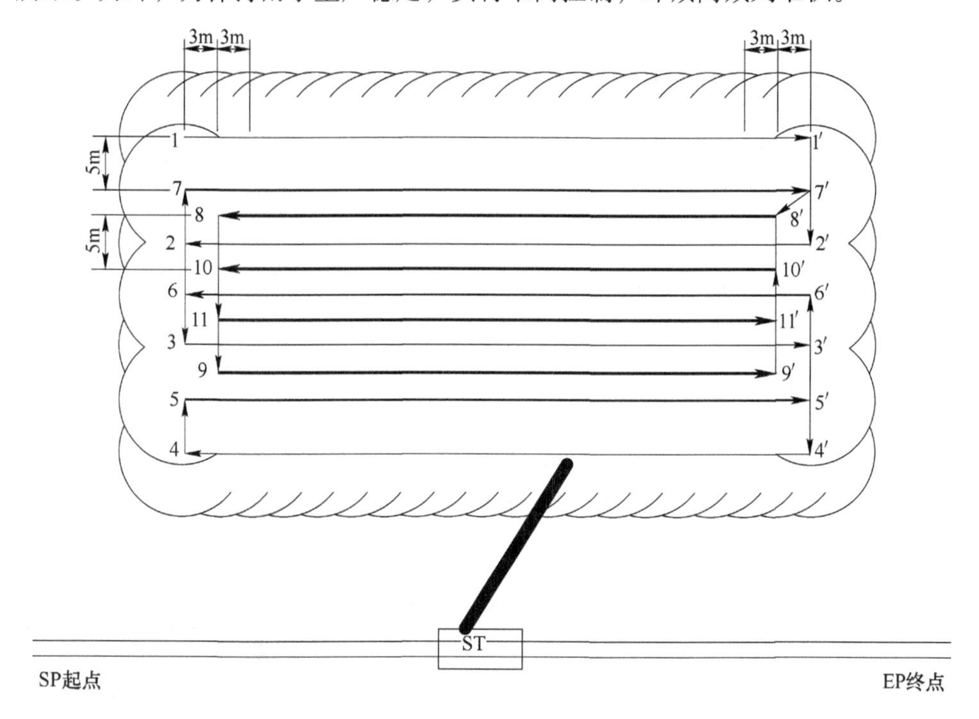

图5-8 特殊鳞状堆积工艺示意图

（堆积顺序：1-1′-2′-2-3-3′-4′-4-5-5′-6′-6-7-7′-8′-8-9-9′-10′-10-11-11′）

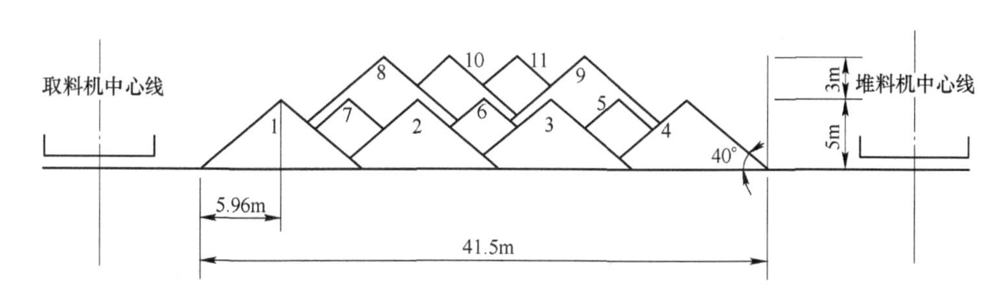

图5-9 特殊鳞状堆积料堆横切面示意图

5.2.3.2 取料工艺

根据斗轮取料机作业特点和取料工艺要求，分为分段旋转分层和全幅旋转分层两种取料方式。分段旋转分层取料适合较长、较高的料堆，取料方法见图5-10，主要工艺参数见表5-5。在人工操作情况下，每层取料作业可根据取料品种不同，分成若干个台阶来实现，每段距离可分成若干次寸动实现。

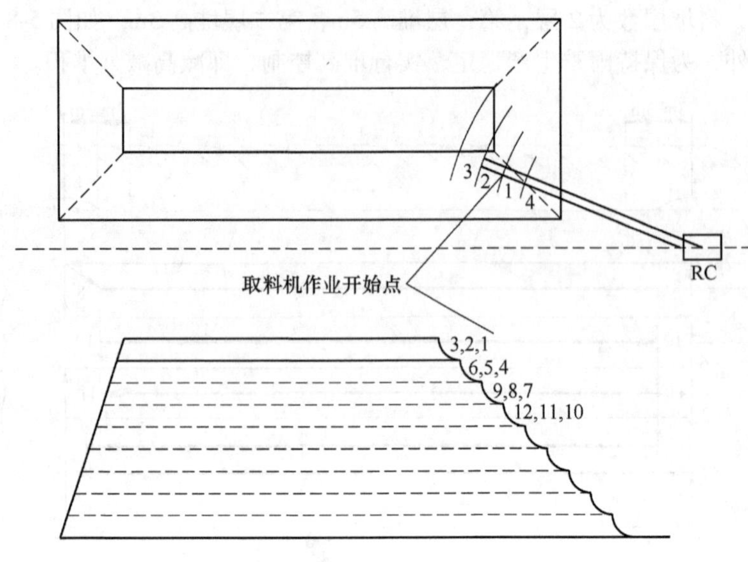

图 5-10 旋转分层分段取料示意图

表 5-5 旋转分层分段取料作业工艺参数

项 目	单位	参 数		
料堆高度	m	6.0	9.5	13.0
取料层数	层	3	4	5
每层高度	m	2~3		
每段距离	m	约 5		

旋转分层取料方式又称全层取料法，即根据料堆高度将料堆分成若干层，将料堆全长作为给定取料长度，每层取完后方可转向下一层取料。

5.2.3.3 原料堆存管理

原料按理化性能、产地、批次不同，实行堆别管理，编制相应的原料代码。堆积地址原则上采用固定区域配置，定期调整。成分接近的品种相邻配置，燃料、铁精粉分区域堆积。根据料场配置、来料情况及使用情况确定堆重，低库存条件下原则上按进口粉矿 2.5 万~8 万吨/堆、熔燃料 1 万~1.5 万吨/堆、易塌方品种 1.5 万~2.5 万吨/堆、其他小宗原料 2 万吨/堆控制。为做好堆重控制，采用适宜来料批量管理，即每批次来料量与该品种料堆堆重相匹配。堆数配置主要考虑堆、取料机作业平衡，原则上大宗原料采用双系统多堆配置。

原料代码由 10 位标示码组成，见图 5-11。

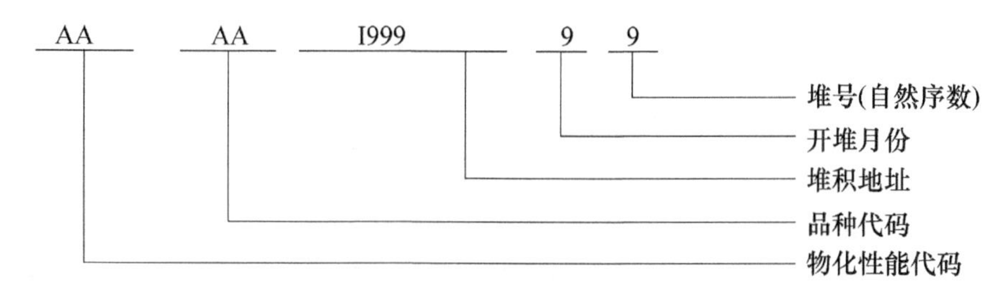

图 5-11 原料代码示意图

为稳定混匀矿成分，参与混匀的含铁原料实行封堆管理，即料堆在封堆后方可取用。不参与混匀造堆的原燃料可不实行封堆管理。

料场图用简明的图形、原料代码、符号和数字来说明料场中各类原料的库存量现状，用于指导生产操作，见图 5-12。

5.2.3.4 料堆塌方对策

料堆塌方分为四级：

A 级：料堆才开始塌方，塌方料局部盖在料场检修通道上。

B 级：塌方料局部盖过盲沟。

C 级：塌方料盖过移动机轨道基础，或料堆间通道已被两边两堆不同物料混合覆盖。

D 级：塌方料盖住移动机轨道。

对于 A、B 级塌方，要定期给予归堆；对于 C、D 级塌方，要及时归堆，先处理塌方，后取料。中间混合的塌方料作为杂矿处理。

为降低料堆塌方风险，每年雨季前对于定点堆积的料堆降低料堆高度 1~2m；对于自动鳞状堆积的料堆减掉第 1、15、16 列；对于手动鳞状堆积的料堆减少列间距 0.5~1.0m。此外还应保证堆料机侧有 2.5m 的通道、取料机侧有 3.5m 的通道，并适当增加堆间距。

5.3 混匀矿工艺与技术管理

5.3.1 工艺概况

混匀矿生产采用平铺直取工艺，依据大堆配比计划，将参与混匀的原料从一次料场取出送入混匀配矿槽，槽下定量圆盘给料装置按设定切出量定量给出，在槽下输送胶带上形成多品种层状混合料，经胶带机转运至混匀堆料机，由混匀堆料机沿混匀料场长度方向连续往复走行，将混合料平铺布入料场形成混匀矿大堆。封堆后，混匀取料机从料堆端部，沿料堆全断面连续往复截取送出。混匀工艺见图 5-13。

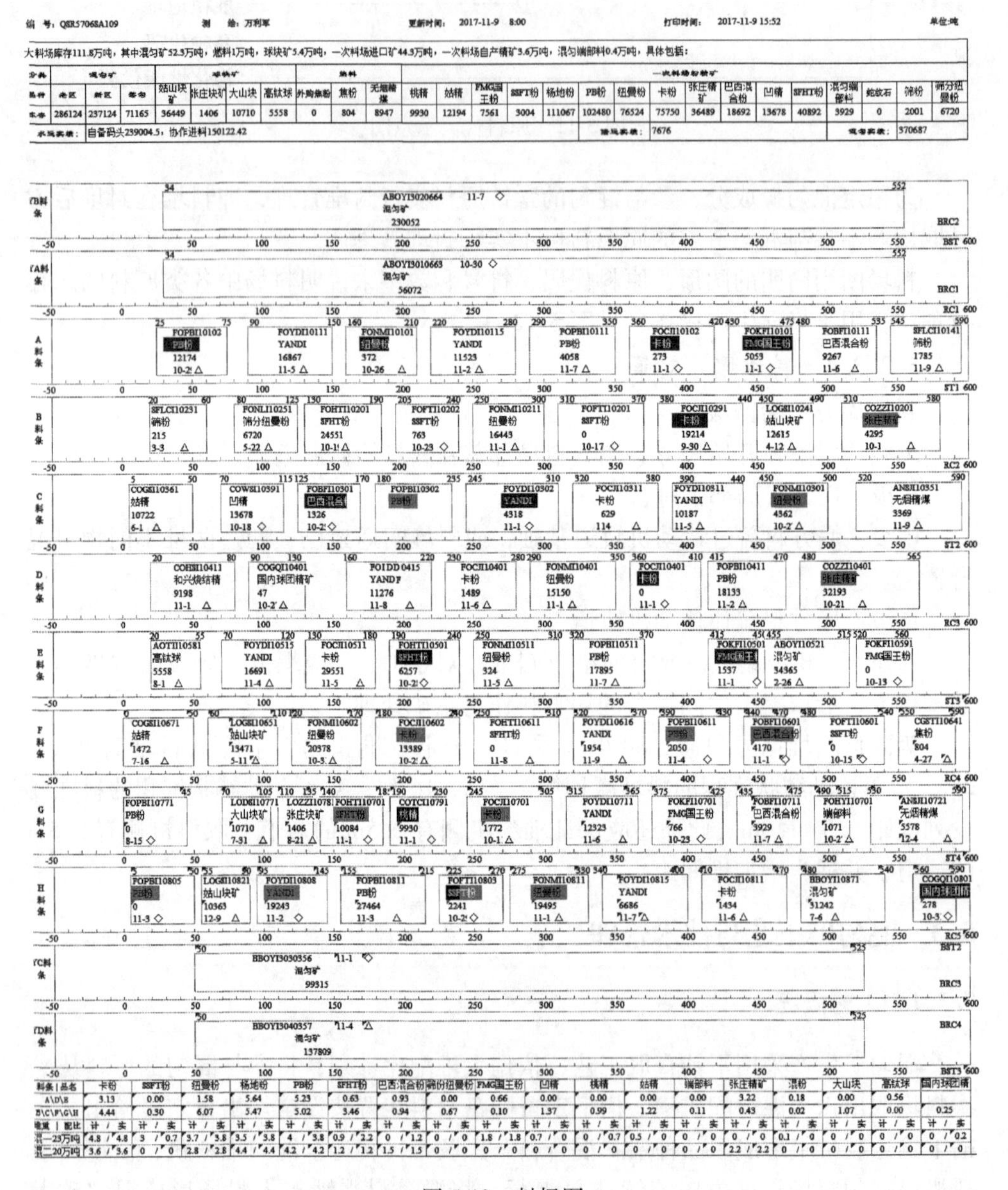

马钢港务原料总厂料场图
编　号：QSR57068A109
绘：万利军
更新时间：2017-11-9　8:00
打印时间：2017-11-9 15:52
单位:吨
大料场库存111.8万吨，其中混匀矿52.3万吨，燃料1万吨，球块矿5.4万吨，一次料场进口矿44.3万吨，一次料场自产精矿3.6万吨，混匀端部料0.4万吨，具体包括：
姑山块矿 36449
张庄块矿 1406
大山块 10710
高钛球 5558
焦粉 804
无烟精煤 8947
桃精 9930
姑精 12194
FMG国王粉 7561
SSFT粉 3004
杨地粉 111067
PB粉 102480
纽曼粉 76524
卡粉 75750
张庄精矿 36489
巴西混合粉 18692
凹精 13678
SFHT粉 40892
混匀端部料 3929
蛇纹石 0
筛粉 2001
筛分纽曼粉 6720
自备码头239004.5，协作进料150122.42
7676
370687

图 5-12　料场图

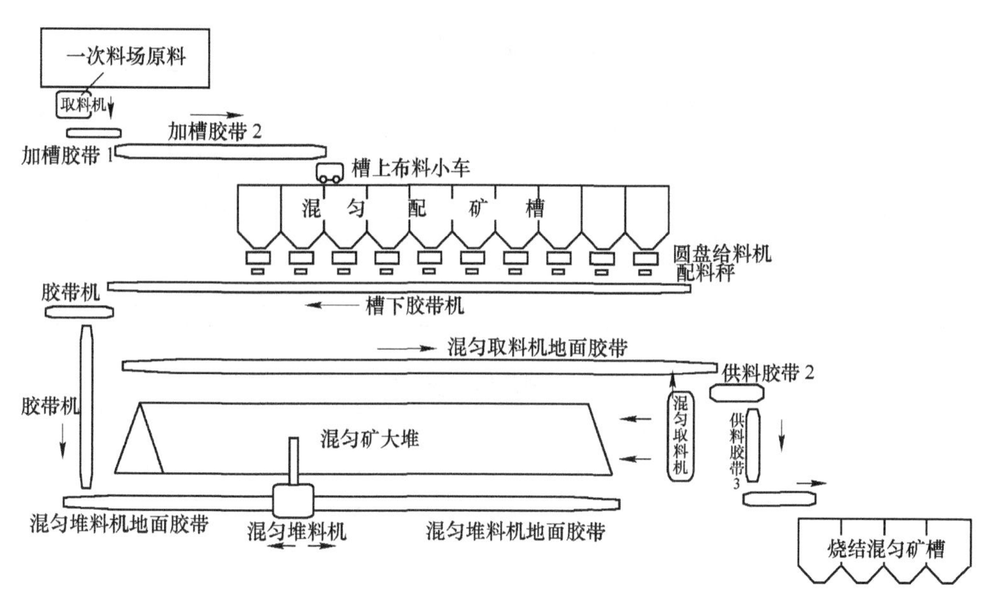

图 5-13 混匀工艺示意图

5.3.2 工艺配置

混匀造堆系统分为 1 号、2 号混匀系统，两套系统由对应的混匀配矿槽、定量圆盘给料装置、胶带输送系统、混匀堆料机及混匀料场组成，见表 5-6、表 5-7。

表 5-6 混匀系统主要参数

序号	项 目	单位	参数	备 注
1	料场条数	条	4	1 号、2 号混匀系统各 2 条
2	定量圆盘给料装置	台	15 10	1 号混匀系统 2 号混匀系统
3	混匀配矿槽容积	m^3	4800 4000	1 号混匀系统 2 号混匀系统
4	料堆层数	层	400~450	10~12.4m 堆高
5	料堆个数	个	4	1 号、2 号混匀系统各 2 堆
6	料场操作系数	%	50	
7	混匀矿堆密度	t/m^3	~2.5（湿）	取 2016 年 9 月 21 日实测值
8	混匀矿安息角	(°)	37~40	实测角度与配料品种有关
9	混匀矿水分值	%	~7.7	

1 号、2 号混匀系统单堆最大有效堆积量（湿量）分别是 24.4 万吨和 24 万吨。见表 5-8。

表 5-7　混匀料堆参数

堆高/m	底宽/m	安息角/(°)	堆长/m			
			系统编号	胴体长	两端锥半径之和	总长
12.4	30.6	39	1号	530.0	30.6	560.6
				499.4	30.6	530
			2号	510	30.6	540.6
				494.7	30.6	525.3

表 5-8　混匀矿料堆堆积量计算（湿量）

系统	堆高/m	胴体/m^3	端部/m^3	总体积/m^3	总堆积量/万吨	有效堆积量/万吨
1号	12.4	100552	3040	103592	25.89	25.5
		94746	3040	97786	24.44	24.44
2号	12.4	96757	3040	99797	24.94	24.5
		93854	3040	96894	24.22	24.0

每个混匀料条采取一列一堆配置，按堆积量 9～10 天用量、大堆层数 400～450 层、堆积高度 12.5m 左右组产。

5.3.3　混匀造堆管理

混匀矿大堆由若干个粉、精矿品种混匀而成，造堆布料实行“变起点，定终点”和“变起点，变终点”方式，通过计划管理和过程控制，保证混匀矿质量。

5.3.3.1　计划管理

混匀造堆计划主要包括大堆配比计划、堆积大致计划和第四 BLOCK（造堆过程划分为等时长的 4 个 BLOCK）调整计划。

（1）大堆配比计划。为减少混匀矿成分波动，满足 TFe、SiO_2、Al_2O_3 以及碱金属等有害元素的含量控制要求，由公司编制下达。

（2）堆积大致计划。根据大堆配比计划编制的具体实施计划，其目的是控制混匀矿大堆 TFe、SiO_2 标准偏差。根据大堆配比计划确定各品种切出量。

1）大致计划应包含大堆堆重、总时长、配矿槽号配置和各品种批号、计划取用量、切出量及其他要求。

2）堆积时间确定不仅要考虑大堆层数、定量圆盘给料装置切出量范围，还要考虑检修计划以及堆、取料机作业平衡等因素。

3）参混品种原则上采用单一品种固定料仓配料方式。

4）当需要两种或多种原料分别进入同一仓时，确定入仓顺序。上一品种槽存达到30%下限后，方可加入下一品种。

（3）第四BLOCK调整计划。为消除前三BLOCK出现的配料偏差，在第三BLOCK堆积结束后需进行第四BLOCK计划调整。它是保证混匀矿质量的关键点。

1）根据前三BLOCK各品种水分数据、实际配入量和剩余配入量计算大堆最终成分。

2）比对计算成分与大堆配比计划成分，微调各品种剩余配入量，使各品种实际配入量与配比计划偏差符合工艺要求。

3）根据各品种剩余配入量微调剩余造堆时间，维持各品种切出量基本稳定。

4）计算各品种切出量，公式如下：

$$\text{切出量}=\frac{\text{剩余配入量}}{\text{剩余造堆时间}} \tag{5-1}$$

5.3.3.2 过程控制

（1）混匀堆料机在料条往返走行堆料过程中，由于自然偏析导致端部大粒级原料较多，取料机在截取端部料时也不能一次截取到所有料层，因此端部料成分波动较大，每堆端部料约为料堆总量的1%。为确保混匀矿质量稳定，在大堆封堆后，将大堆端部料通过混匀取料机取出堆入一次料场，作为单独品种参与下一堆混匀造堆。

（2）混匀造堆采取“班班切出量调整”、“四班平均移动误差调整”、每班次按计算→调整→实施循环执行等过程控制措施。为保证各品种均衡配入、大堆成分受控，高硅（SiO_2>6%）品种造堆开始后、结束前3~5h不参与造堆，端部料在第一BLOCK以较大切出量配完，高硅且成分波动大的品种、回收利用原料（杂矿，固废等）在第二、三BLOCK配入，其他品种均全程参与造堆。

5.3.4 混匀计量管理

混匀造堆大堆累积重量通常可采用两种计量方式：一是以加槽秤累计量为依据（方式一）；二是以配料秤累计量为依据（方式二），原则上一堆只采取一种计量方式。

当采用方式一时，从造堆开始后的第二个班，均应根据各品种实际用量与计划进度用量的差异进行切出量的补偿修正，调整圆盘切出量。

$$Q=\frac{A-a+b}{t_{\text{计划}}-t}\times\frac{1}{1-r} \tag{5-2}$$

$$Q=\frac{A-a+b}{t_{\text{计划}}-t}\times\frac{1}{1+r} \tag{5-3}$$

式中 Q——某品种本班计划切出量，t/h；

A——某品种计划堆积总量，t；

a——某品种累计入槽量，t；

b——某品种上班槽存量，t；

$t_{计划}$——计划堆积时间，h；

t——某品种已堆积时间，h；

r——切出量补偿系数，%。

混匀堆积结束前3~4h，根据各仓的槽存量（扣除壁附料）和沿途胶带上的料量，修正切出量，使堆积结束时各品种能同时排空。

当采用方式二时，按“堆积大致计划”和“第四 BLOCK 调整计划”执行。在各品种圆盘累计排出量达到“第四 BLOCK 调整计划”的排出量时，混匀大堆即可封堆。

5.4　混匀矿质量管理与实绩

5.4.1　混匀矿质量控制标准

（1）化学成分波动值应符合企业标准《混匀矿》Q/MGB 113—2014，见表5-9。

表 5-9　混匀矿质量等级标准

项　目	化学成分波动标准偏差值 S_W		H_2O/%
	TFe/%	SiO_2/%	
一级品	≤0.30	≤0.25	<10
二级品	≤0.40	≤0.35	

（2）混匀矿的最大粒度应小于10mm。

（3）混匀矿内不得有泥土、杂石和其他外来杂物。

5.4.2　混匀预警管理

在大堆配比计划中，若参与造堆品种 $\sigma_{TFe}\geqslant 0.4\%$ 的原料所占配比总和超过40%，或参与造堆的高硅品种 $\sigma_{SiO_2}\geqslant 0.5\%$ 的原料所占配比总和超过7%时，启动“混匀矿造堆生产二级质量预警机制”。

在大堆配比计划中，若参与造堆品种 $\sigma_{TFe}\geqslant 0.4\%$ 的原料所占配比总和超过45%，或参与造堆的高硅品种 $\sigma_{SiO_2}\geqslant 0.5\%$ 的原料所占配比总和超过10%时，启动“混匀矿造堆生产一级质量预警机制”。

5.4.3　混匀矿质量检验

5.4.3.1　取样管理

（1）定义：

1）交货批：混匀矿以一个大堆为一交货批。

2）份样：取样机一次操作采集取得的矿石量，称为一个份样。

3）大样：由全部份样组成的样品，代表一交货批所有的品质特性。

4）副样：由构成一个大样的部分份样所组成的样品。

（2）取样代表性要求：取样点设在相关胶带机头部漏斗，以等重量间隔截取全流幅原料。

（3）取样间隔：1号、2号混匀系统均为全自动头部旋转取样设备，采用等重量间隔取样方式，每（1000±100）t为重量间隔。

5.4.3.2　**成分管理及品质判定**

混匀矿成分化验数据每日通过网络平台共享。根据检化验数据，以一个大堆为单位分别计算TFe和SiO_2标准偏差，并绘制成分波动图。依据TFe和SiO_2的标准偏差判定混匀矿质量等级。

5.4.4　混匀矿质量实绩（表5-10）

表5-10　混匀矿2012~2016年质量指标

年份	δ_{TFe}/%	δ_{SiO_2}/%	年产量/万吨	平均堆重/万吨	平均堆积层数/层
2012	0.204	0.135	1118.73	19.92	445
2013	0.215	0.185	1161.26	18.18	430
2014	0.190	0.152	1094.56	18.10	428
2015	0.145	0.136	1179.67	18.00	417
2016	0.134	0.138	1396.07	19.19	408

5.5　沉降料置换及使用

5.5.1　基本原则

（1）投入最小化原则。为减少回填料投入成本，选择回填料极为关键。最理想的填充物为碎石，但开采、运输、强夯费用及环保成本高。二是砼基础，但开挖至0.5~1.5m之间容易变形开裂，费用也较高。三是钢渣，新产生的钢渣$CaCO_3$含量高，易风化分解，遇水膨胀，故应选用露天放置多年的钢渣。

（2）对料场整体结构及轨道基础不能损坏。在料场长度范围内分段实施，避免新结构形成一个整体。离轨道1m内禁止开挖，确保轨道基础牢固。

（3）降低对生产的影响。事先调整料场配置，同一料条分段实施，但可使用移动机械，加强现场监护，防止原料污染、人员伤害、机械碰撞等。

5.5.2　置换步骤

（1）试验方案。以对生产影响最小的混匀料条约50m长度进行试验性开挖，期间只需降低混匀矿堆重即可调整出地址开挖。试验性开挖旨在采集置换实施的数据，为全面置换提供参考和支撑。具体方法是沿混匀料条南北和东西方向中心线挖出两条测试沟，得出可挖深度和相应的沉降料情况，见图 5-14。

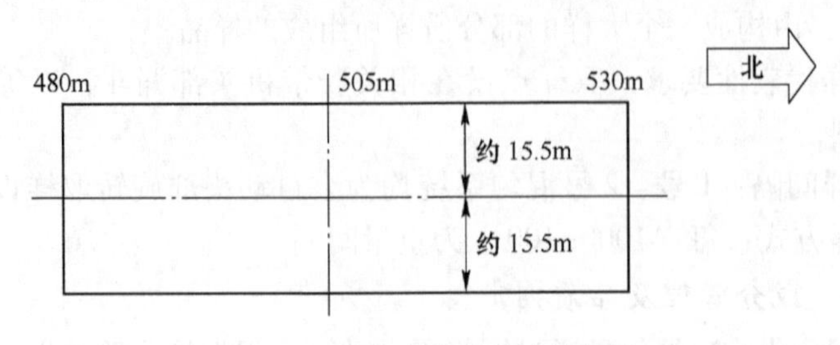

图 5-14　置换试验性开挖示意图

（2）开挖。使用机械在距轨道 1m 外开挖，沉降最深处为开挖极限深度。

（3）回填。回填料为放置多年的钢渣。为保证质量，将大粒度尾渣与小粒度风淬渣混合使用。回填采取分层回填方式，大于 0. 5m 时每 0. 5m 一层，小于 0. 5m 时将其作为一层。

（4）压密。采用分层压密方式，每层回填后振打压密 20 遍，压密后再进行上一层回填、再压密，循环进行。

（5）面层处理。回填压密至轨道面-10cm 后停止钢渣回填，采用前期挖出的较纯净粉矿作为面层，压实。

（6）沉降料使用。混匀料场沉降料成分较为稳定，可在一次料场集成大堆；因一次料场地址的周期性调整，各区域沉降料成分波动较大，故在一次料场配置 5~6 个小堆并采取封堆管理。

5. 6　原料受入、混匀生产解决方案

为应对国际铁矿石市场变化，提升经济运行水平，公司于 2011 年推行原燃料低库存战略。料场进口矿库存由 2011 年 10 月的 142 万吨（湿量，下同），逐步下降至 2012 年 10 月的不足 30 万吨，混匀生产保供模式受到巨大冲击。通过实施柔性化物流管理，优化原料受入和混匀组产模式，实现了混匀生产顺行和混匀矿质量稳定两大目标。

5. 6. 1　原料受入

港务原料总厂原料受入有水运、铁运和汽运三种方式，水运占受入总量 90%以上，进口矿又占水运总量的 95%，故保证进口矿及时到场的前置条件是提高水运进料能力。

按照公司新的生产格局，水运年进料能力要达到 1550 万吨。其中，自备码

头进料要稳定在950万吨/年的上限水平，协作进料要达到600万吨/年的下限水平。考虑到来船不均衡，协作进料须具备720万吨/年的生产能力。

二铁、三铁总共5台烧结机所需的混匀矿对应进口矿进料需求不小于4.3万吨/天，相对于水运物流平均2.5天的运输周期，在途及锚地待卸量应保持21.5万吨保有量，以保障水运进料连续性。结合自备码头岸线条件以及协作进料码头等级限制，重点通过提高船型与码头匹配提升卸载效率，避免出现大型船舶集中到港待卸而协作进料无船可卸的现象。具体船型吨位结构应将1.5万吨以上的船型运量控制在小于7%，且加强到港均衡度，按照每月不超过5个航次组织，1.25~1.49万吨船型运量小于23%，0.75~1.25万吨船型运量大于40%，0.75万吨以下船型运量小于30%。

进料系统按自备码头2个系统，协作进料1.5个系统，陆运0.5个系统配置。自备码头系统能力约600t/h，协作进料550t/h，陆运250t/h。考虑到来船不均衡，自备码头系统能力需要达到720t/h，协作进料需达到660t/h，陆运需达到400t/h。

5.6.2　混匀矿生产

2号混匀系统设备组成及工作原理如图5-15所示。

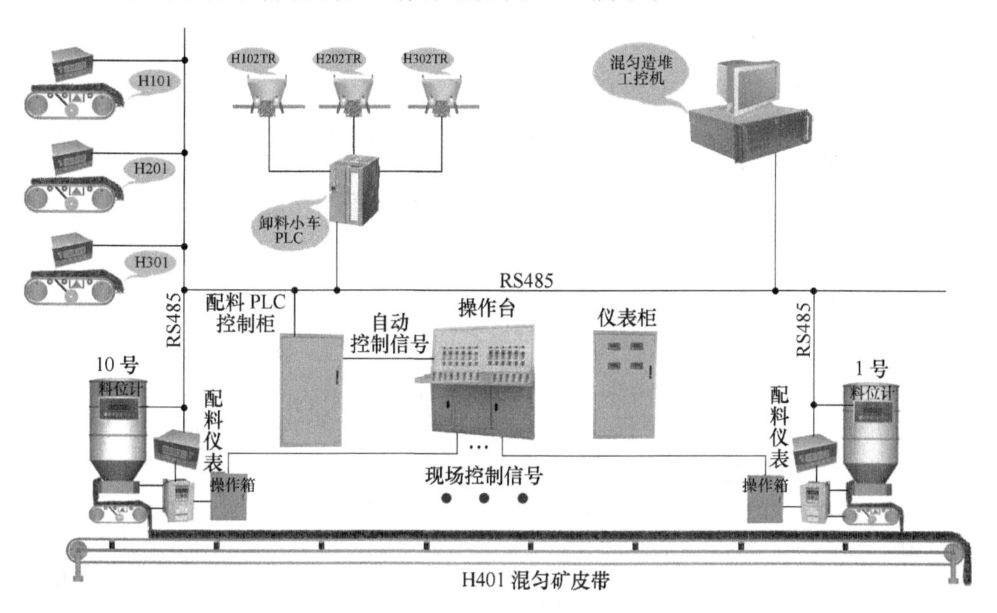

图5-15　2号混匀系统设备组成及工作原理示意图

当参与混匀造堆单品种可用量不足当期大堆配用量时要及时预警。预警分为7日预警和3日预警，其中7日预警指的是单品种物流在途、锚地、在泊及场存量不足下一堆配用量的预警，3日预警指的是单品种场内库存不足下一堆配用量的预警。

按混匀矿供二铁2.4万吨/天、供三铁2.1万吨/天计算，考虑到必要的封堆检修时间，相应的混匀矿堆重分别控制在23万吨和20万吨，造堆时间均为7天，取供时间均为9天，对应日产分别为3.3万吨和2.9万吨。考虑到取料机作业平衡以及外供无烟煤、块矿等因素，实际每天用于造堆加槽的时间只有20h，需要将切出量控制在1600t/h和1500t/h以上，并通过调整堆积地址长度和混匀堆料机走行速度来满足造堆层数要求。

（1）采用小堆化封堆制，提高配置柔性。

（2）为降低小堆化原料的粒度和成分偏析，采用人工鳞状堆积操作法和调整工艺参数等手段，提高原料预混匀效果，减小同一品种各批次间的成分差异。

（3）通过使用高精度、高稳定性的加槽秤，用“皮带秤计量准确度在线评估”方法比对加槽秤、配料秤、出槽秤之间的计量准确度，将原有配料秤、出槽秤的计量准确度和长期稳定性同步提升到加槽秤的水平，从而提高混匀系统计量准确度和长期稳定性。

5.7 原料外供及槽位管理

5.7.1 外供工艺概述

原料外供系统主要是向用户供应原燃辅料，共有27个工艺走向，包括向煤场供应焦煤，向高炉、烧结供应原燃料，向石灰窑矿槽供应石灰石，见图5-16。

（1）向煤焦化公司供应焦煤。通过自备码头、协作进料码头卸船，将焦煤经胶带输送系统供应到煤焦化公司煤场。

（2）向二铁、三铁供应烧结熔燃剂和混匀矿。熔剂在港口集团7号、8号码头后方料场堆积，通过港口集团取料机取出，经胶带输送系统供应烧结相应矿槽或石灰窑矿槽。燃料在一次料场堆积，通过取料机取出，经胶带输送系统供应至烧结燃料槽。混匀矿通过混匀取料机取出，经胶带输送系统供应至烧结匀矿槽。

（3）向二铁、三铁高炉供应落地球团、块矿。进口块矿经港口集团取料机取出，进入烘干筛分系统处理后，输送至块矿储料仓，再经胶带输送系统供应至高炉矿槽。自产球团、块矿经一次料场取料机取出后，经胶带输送系统供应至高炉矿槽。

（4）向二铁、三铁高炉供应烧结矿、自产球团和焦炭。烧结矿、自产球团和焦炭经胶带输送系统直供高炉矿槽。高炉用焦炭分为自产直供焦和库供外购焦（倒运焦）。自产直供焦由煤焦化公司生产，经港务原料总厂胶带输送系统供应至二铁、三铁高炉矿槽。库供外购焦（倒运焦）由火车运输至焦炭库，经港务原料总厂胶带输送系统供应至高炉矿槽。

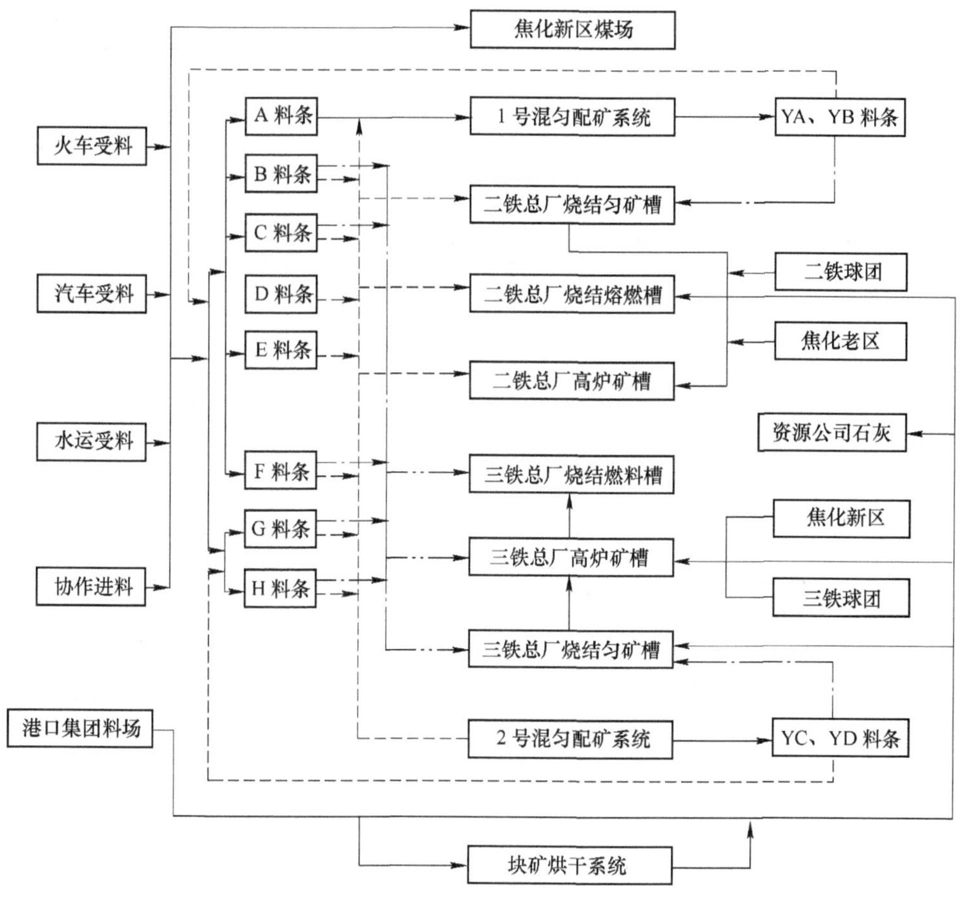

图 5-16 供料工艺流程

（5）向资源分公司石灰窑供石灰石。港口集团取料机取出经胶带输送系统供应至石灰窑矿槽。

5.7.2 供料品种及供料量

供料品种及供料量见表 5-11。

表 5-11 供料品种及供料量

分类	品种	二铁		三铁		资源分公司石灰窑		焦化煤场	
		日耗/t	年耗/万吨	日耗/t	年耗/万吨	日耗/t	年耗/万吨	日耗/t	年耗/万吨
高炉	烧结矿	28000	1022.00	23000	839.5				
	球团矿	8000	292.00	7500	273.75				
	块矿	4000	146.00	2500	91.25				
	焦炭	10000	365.00	8000	292.00				

续表 5-11

分类	品种	二铁		三铁		资源分公司石灰窑		焦化煤场	
		日耗/t	年耗/万吨	日耗/t	年耗/万吨	日耗/t	年耗/万吨	日耗/t	年耗/万吨
烧结	混匀矿	25000	912.50	20000	730.00				
	云粉	3000	109.50	3600	131.40				
	无烟煤	1500	54.75	300	10.95				
	焦粉								
	石灰石（粉）	1249	45.59						
	合计	80749	2947.34	64900	2368.85				
石灰窑	石灰石（粉）					3000	109.5		
煤场	焦煤							2301	84

5.7.3　外供生产组织原则及特点

（1）按照先高炉，后烧结；先焦炭，后烧结矿、球团矿、块矿的顺序组织。

（2）按照槽位管理要求组织加槽，不错料、不混料、不漫料、不亏料、不断料。

（3）优先采用“人”形或“Y”形系统切换流程，缩减供料系统的无效运转时间。

（4）依据接班槽位和用量安排加槽品种和时间节点，控制好流量，实现稳定均衡供料。

（5）在流程切换时，密切关注切换点胶带机运行状况，防止因料流叠加超负荷导致压停胶带机或发生大量撒落料。

5.7.4　槽位布置工艺

外供系统主要作业是将各种原燃料供应至用户相应矿槽，外供系统对应矿槽有 183 个，见表 5-12。

表 5-12　外供矿槽统计

所属单位	矿槽名称	矿槽数	备　注
港务原料总厂	焦粉中间仓 4	4	三铁高炉、新区煤焦化返焦
二铁	烧结熔燃槽	10	单排
	烧结匀矿槽	17	单排
	高炉配矿槽	66	双排（1 号炉 16、2 号炉 18、3 号炉 12、4 号炉 20）

续表 5-12

所属单位	矿槽名称	矿槽数	备注
三铁	烧结匀矿槽	12	双排
	烧结熔剂槽	12	双排
	烧结燃料槽	4	单排
	高炉配矿槽	48	双排（A、B 炉各 24）
资源分公司	烧结石灰窑槽	4	单排
	炼钢石灰窑槽	6	单排

5.7.4.1 二铁烧结矿槽工艺布置

烧结熔燃槽有 8 个矿仓，单排布局，见图 5-17。

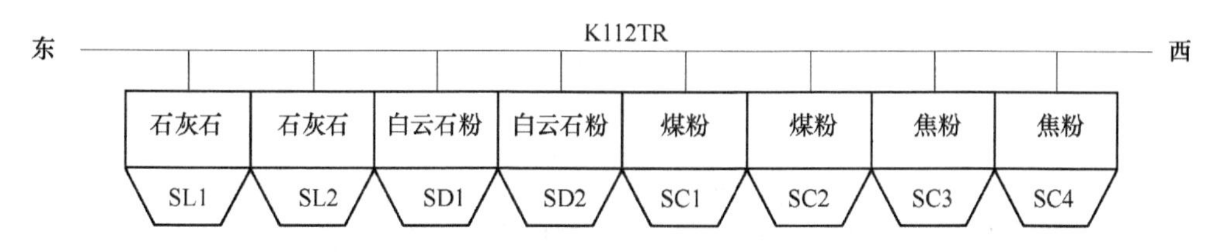

图 5-17 烧结熔燃槽布置示意图

二铁现有三座烧结匀矿槽，其中 1 号、2 号匀矿槽工艺布局及参数相同，以 1 号匀矿槽为例。1 号匀矿槽有 6 个矿仓，单排布局，见图 5-18。

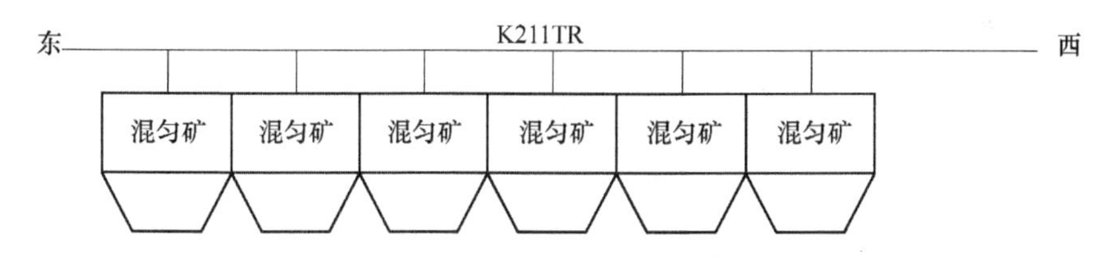

图 5-18 二铁 1 号烧结匀矿槽布置示意图

3 号匀矿槽有 7 个矿仓，单排布局，其中 1～5 号矿仓用以储存混匀矿，6 号、7 号仓用于储存熔剂，见图 5-19。

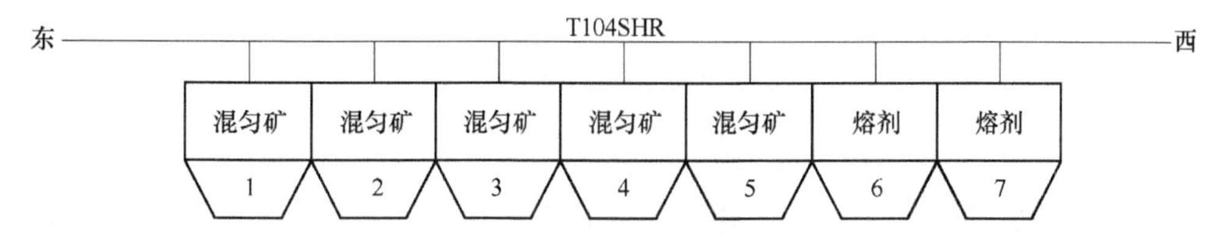

图 5-19 二铁 3 号烧结匀矿槽布置示意图

5.7.4.2　三铁烧结矿槽工艺布置

三铁烧结矿槽有 12 个熔剂仓，两排布局，见图 5-20；有 12 个匀矿仓，两排布局，见图 5-21；有 4 个燃料仓，单排布局，见图 5-22。

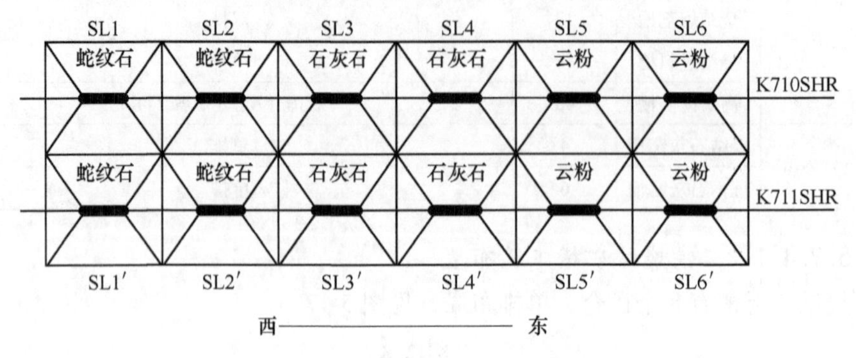

图 5-20　A、B 烧结熔剂槽布置示意图

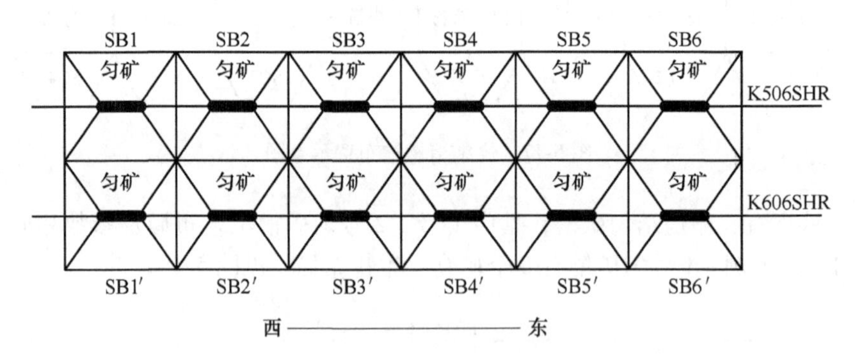

图 5-21　A、B 烧结匀矿槽布置示意图

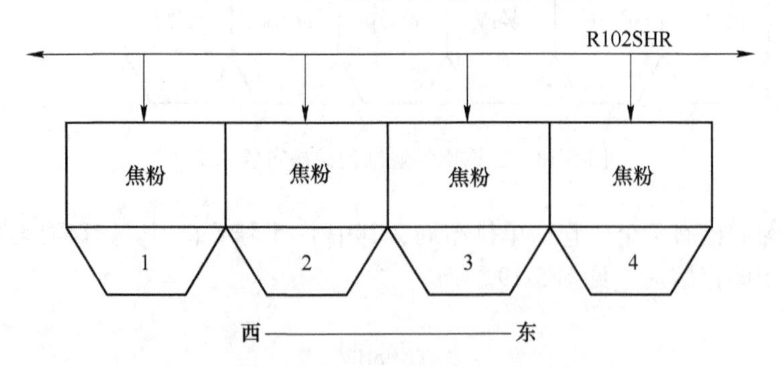

图 5-22　烧结燃料矿槽布置示意图

5.7.4.3　二铁高炉矿槽工艺布置

二铁高炉矿槽共有 66 个矿仓，其中 1 号高炉 16 个矿仓，2 号高炉 18 个矿仓，3 号高炉 12 个矿仓，4 号高炉 20 个矿仓，均双排布局。示意图分别见图 5-

23~图 5-26。卸料小车对位采用刻度标尺检测系统，可以实现精确对位和多点加槽作业。

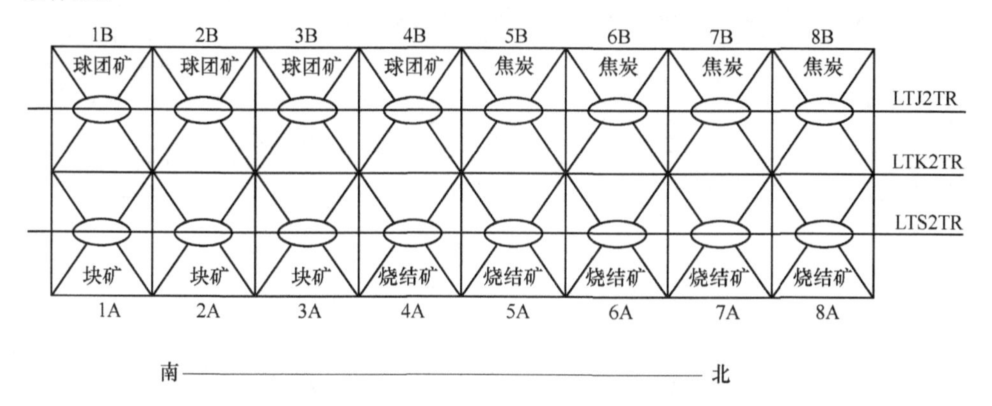

图 5-23　二铁 1 号高炉矿槽布置示意图

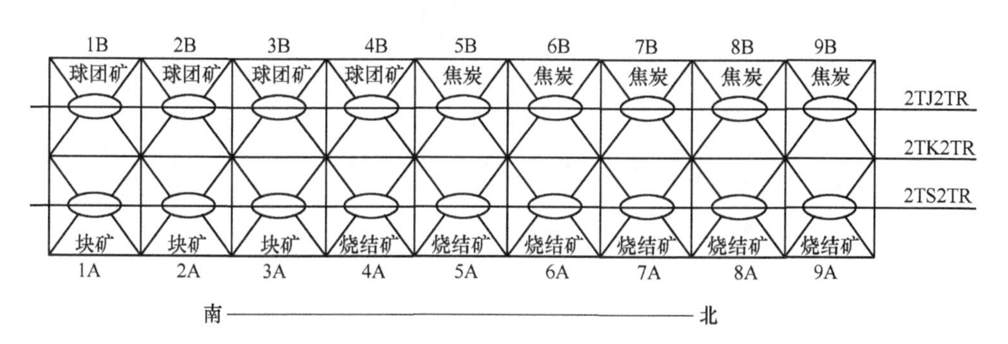

图 5-24　二铁 2 号高炉矿槽布置示意图

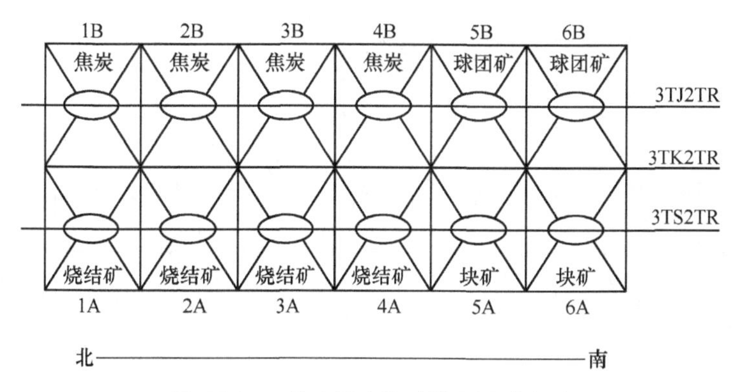

图 5-25　二铁 3 号高炉矿槽布置示意图

5.7.4.4　三铁高炉矿槽工艺布置

三铁 A、B 高炉矿槽各有 24 个矿仓，均双排布局，示意图分别见图 5-27、图 5-28。卸料小车对位采用格雷母线检测系统，可以实现精确对位和多点加槽作业。

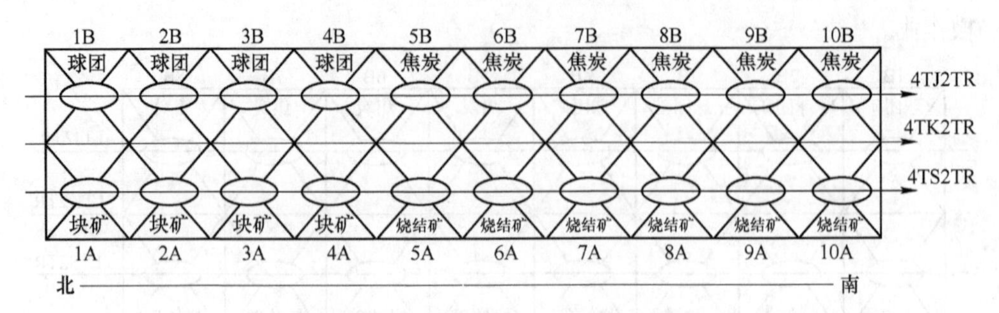

图 5-26　二铁 4 号高炉矿槽布置示意图

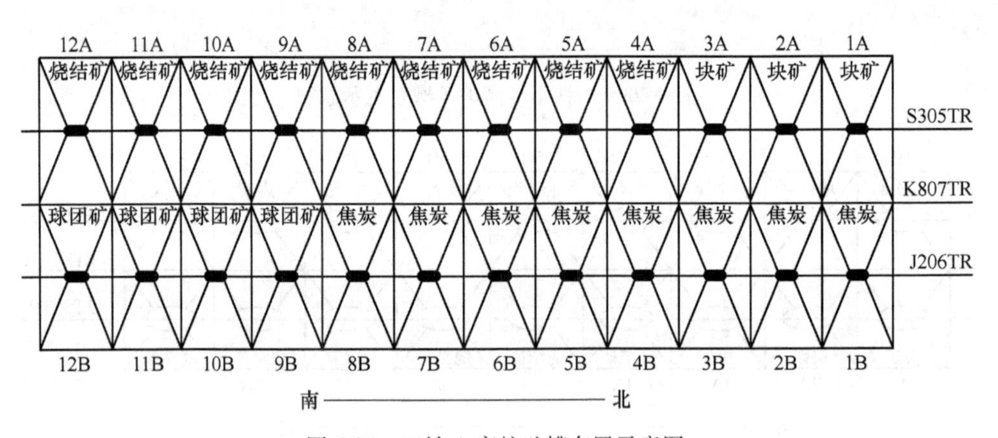

图 5-27　三铁 A 高炉矿槽布置示意图

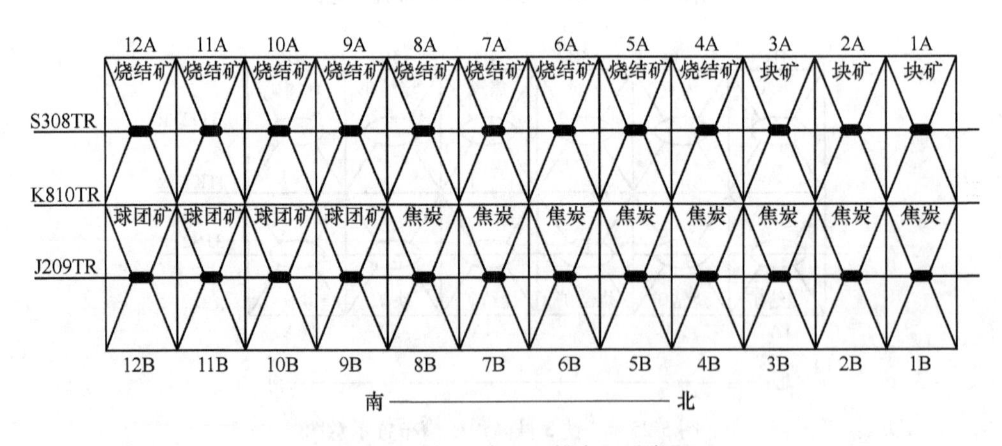

图 5-28　三铁 B 高炉矿槽布置示意图

5.7.4.5　资源分公司石灰窑矿槽工艺布置

资源分公司石灰窑包括烧结石灰窑和炼钢石灰窑，其中烧结石灰窑有 4 个矿仓，单排布局，见图 5-29。

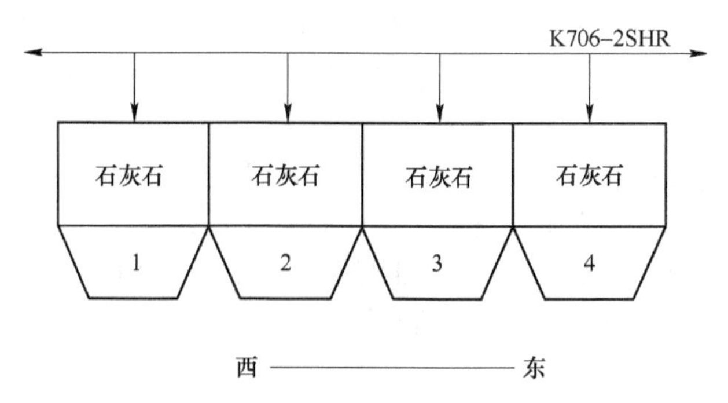

图 5-29 烧结石灰窑矿槽布置示意图

炼钢石灰窑矿槽有 6 个矿仓，单排布局，见图 5-30。

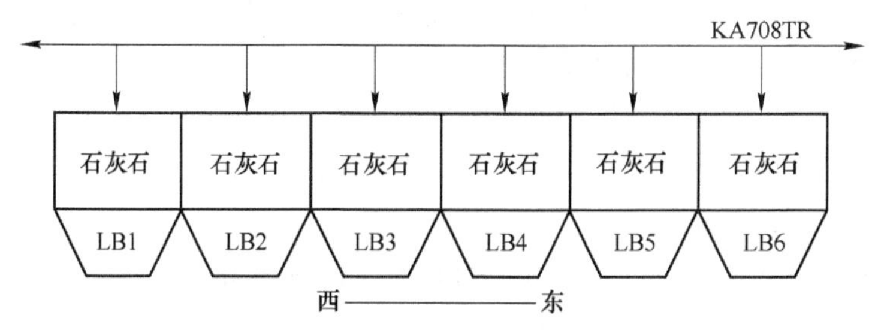

图 5-30 炼钢石灰窑矿槽布置示意图

5.7.4.6 焦粉中间仓矿槽工艺布置

焦粉中间矿槽有 4 个矿仓，单排布局，见图 5-31。

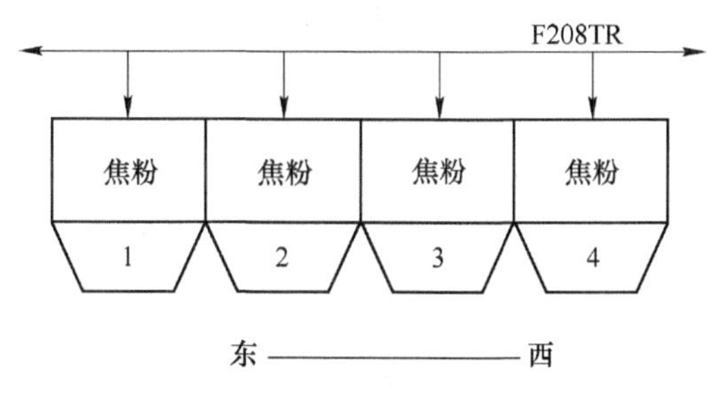

图 5-31 焦粉中间矿槽布置示意图

5.7.5 槽位管理

槽位管理分正常槽位管理和异常槽位管理。

5.7.5.1 正常槽位管理

正常情况下按“正常槽位管理基准表”规定的上下限控制槽位。槽位由供方、用户共同管理、共同监控。

如用料配比改变、槽下设备出现故障或生产发生异常，影响到原燃料供给平衡时，应及时协调解决方案。若设备故障等原因出现加槽困难应及时通报并采取相应对策。

当发生混料错料事故或异物入槽时应立即通知用户，沟通协商处理办法。

混匀矿加槽时，若改变混匀矿批号（即换堆）或因故改供一次料场落地匀矿时，及时通知用户，以便确定入槽批号和取用量，并通报成分。

为提高矿槽利用率，应定期清理壁附料。

5.7.5.2　异常槽位管理

出现低槽位时，应迅速查明原因，预计恢复时间，并通知相关单位协商保产方案。

当烧结矿、焦炭平均槽位降至40%以下且无改善趋势时，应及时向相关单位通报，并启动落烧、落焦取供保产方案。

当烧结矿、焦炭平均槽位接近90%，如果具备落地条件，应及时向相关单位通报，并启动落地生产方案；如果不具备落地条件，向公司汇报解决。

5.7.5.3　槽位基准

各高炉矿槽都是两列布置，用A列矿槽（简称A槽）和B列矿槽（简称B槽）表示，对应S、K、J三个胶带输送系统，各系统末端通过卸料小车向矿槽加料。卸料小车为双边下料设备，其中S系统卸料小车两个下料口在A槽，J系统卸料小车两个下料口在B槽，K系统卸料小车两个下料口分别在A槽和B槽，见图5-32。由于落料点不同，从S系统加A槽和从J系统加B槽，与从K系统加A槽或B槽比较，S或J系统加槽量较K系统多。

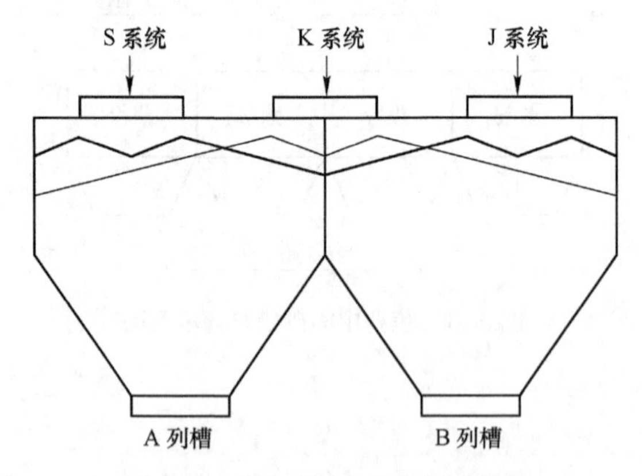

图5-32　高炉矿槽工艺切面示意图

(1) 1号高炉矿槽（从S系统和J系统加槽）的正常槽位管理基准见表5-13。

表 5-13 二铁 1 号高炉矿槽正常槽位管理基准

物料名称		堆密度/t·m^{-3}	槽数/个	槽号	单槽	总槽		单槽下限槽位/%	单槽上限槽位/%
					槽容/m^3	槽容/m^3	吨位/t		
姑块	设计槽容	2.1	1	1A	310	310	651	40	90
	双侧有效					233	488		
	单侧有效					177	371		
澳块	设计槽容	2.2	2	2~3A	2A/310 3A/560	870	1914	40	90
	双侧有效					653	1436		
	单侧有效					496	1091		
烧结矿	设计槽容	1.8	5	4~8A	4A/560 5~8A/650	3160	5688	40	90
	双侧有效					2370	4266		
	单侧有效					1801	3242		
球团矿	设计槽容	2.1	4	1~4B	1~2B/360 3~4B/520	1760	3696	40	90
	双侧有效					1320	2772		
	单侧有效					1003	2107		
焦炭	设计槽容	0.55	4	5~8B	680	2720	1496	40	90
	双侧有效					2040	1122		
	单侧有效					1550	853		

（2）2 号高炉矿槽的正常槽位管理基准见表 5-14。

表 5-14 二铁 2 号高炉矿槽正常槽位管理基准

物料名称		堆密度/t·m^{-3}	槽数/个	槽号	单槽	总槽		单槽下限槽位/%	单槽上限槽位/%
					槽容/m^3	槽容/m^3	吨位/t		
姑块	设计槽容	2.1	1	1A	520	520	1092	40	90
	双侧有效					390	819		
	单侧有效					296	622		
澳块	设计槽容	2.2	2	2~3A	520	1040	2288	40	90
	双侧有效					780	1716		
	单侧有效					593	1304		
烧结矿	设计槽容	1.8	6	4~9A	4A/600 5~9A/650	3850	6930	40	90
	双侧有效					2888	5198		
	单侧有效					2195	3950		

续表 5-14

物料名称		堆密度 /t·m⁻³	槽数 /个	槽号	单槽	总槽		单槽下限槽位 /%	单槽上限槽位 /%
					槽容 /m³	槽容 /m³	吨位 /t		
球团矿	设计槽容	2.1	4	1~4B	1~3B/520 4B/600	2160	4536	40	90
	双侧有效					1620	3402		
	单侧有效					1231	2586		
焦炭	设计槽容	0.53	5	5~9B	680	3400	1802	40	90
	双侧有效					2550	1352		
	单侧有效					1938	1027		

（3）3 号高炉矿槽的正常槽位管理基准见表 5-15。

表 5-15　二铁 3 号高炉矿槽正常槽位管理基准

物料名称		堆密度 /t·m⁻³	槽数 /个	槽号	单槽	总槽		单槽下限槽位 /%	单槽上限槽位 /%
					槽容 /m³	槽容 /m³	吨位 /t		
姑块	设计槽容	2.1	1	6A	425	425	893	40	90
	双侧有效					319	669		
	单侧有效					242	509		
澳块	设计槽容	2.2	1	5A	425	425	935	40	90
	双侧有效					319	701		
	单侧有效					242	533		
烧结矿	设计槽容	1.8	4	1~4A	425	1700	3060	40	90
	双侧有效					1275	2295		
	单侧有效					969	1744		
球团矿	设计槽容	2.1	2	5~6B	425	850	1785	40	90
	双侧有效					638	1339		
	单侧有效					485	1017		
焦炭	设计槽容	0.55	4	1~4B	425	1700	935	40	90
	双侧有效					1275	701		
	单侧有效					969	533		

（4）4 号高炉矿槽的正常槽位管理基准见表 5-16。

表 5-16　二铁 4 号高炉矿槽正常槽位管理基准

物料名称		堆密度/t·m^{-3}	槽数/个	槽号	单槽	总槽		单槽下限槽位/%	单槽上限槽位/%
					槽容/m^3	槽容/m^3	吨位/t		
姑块	设计槽容	2.1	1	1A	389	389	817	40	90
	双侧有效					292	613		
	单侧有效					222	466		
澳块	设计槽容	2.2	2	2~3A	2A/389 3A/596	985	2167	40	90
	双侧有效					739	1625		
	单侧有效					561	1235		
烧结矿	设计槽容	1.8	7	4~10A	596	4172	7510	40	90
	双侧有效					3129	5632		
	单侧有效					2378	4280		
球团矿	设计槽容	2.1	4	1~4B	1~2B/389 3~4B/596	1970	4137	40	90
	双侧有效					1478	3103		
	单侧有效					1123	2358		
焦炭	设计槽容	0.55	6	5~10B	596	3576	1967	40	90
	双侧有效					2682	1475		
	单侧有效					2038	1121		

（5）A、B 高炉矿槽的正常槽位管理基准见表 5-17。

表 5-17　三铁 A、B 高炉矿槽正常槽位管理基准

物料名称		堆密度/t·m^{-3}	槽数/个	槽号	单槽	总槽		单槽下限槽位/%	单槽上限槽位/%
					槽容/m^3	槽容/m^3	吨位/t		
姑块	设计槽容	2.1	1	1A	580	580	1218	40	90
	双侧有效					435	914		
	单侧有效					331	694		
澳块	设计槽容	2.2	2	2~3A	2A/580 3A/690	1270	2794	40	90
	双侧有效					953	2096		
	单侧有效					724	1593		
烧结矿	设计槽容	1.8	9	4~12A	4~10A/690 11~12A/580	6210	11178	40	90
	双侧有效					4658	8384		
	单侧有效					3540	6371		
球团矿	设计槽容	2.1	4	9~12B	9~10B/690 11~12B/580	2540	5334	40	90
	双侧有效					1905	4001		
	单侧有效					1448	3040		

续表 5-17

物料名称		堆密度/t·m⁻³	槽数/个	槽号	单槽	总槽		单槽下限槽位/%	单槽上限槽位/%
					槽容/m³	槽容/m³	吨位/t		
焦炭	设计槽容	0.55	8	1～8B	1～2B/610 3～8B/720	5540	3047	40	90
	双侧有效					4155	2285		
	单侧有效					3158	1737		

（6）二铁烧结熔燃槽、匀矿槽正常槽位管理基准见表 5-18。

表 5-18　二铁烧结熔燃槽、匀矿槽正常槽位管理基准

槽名	槽号	物料名称	槽数	堆密度/t·m⁻³	有效容积/m³·槽⁻¹	满槽总储量/t	上限		下限	
							槽位/%	总储量/t	槽位/%	总储量/t
熔剂槽	SL1、SL2	石灰石	2	1.6	561	1795	90	1616	40	718
	SD1、SD2	白云石粉	2	1.8	561	2020	90	1818	40	808
	3SD1、3SD2	白云石粉	2	1.6	360	1296	90	1166	40	518
燃料槽	SC1～SC4	无烟煤	4	0.9	561	2020	90	1818	40	808
1号匀矿槽	1SB1～1SB6	混匀矿	6	2.54	224	3414	90	3073	40	1366
2号匀矿槽	2SB1～2SB6	混匀矿	6	2.54	224	3414	90	3073	40	1366
3号匀矿槽	3SB1～2SB5	混匀矿	5	2.54	380	4826	90	4343	40	1930

（7）A、B 烧结机熔剂槽的正常槽位管理基准见表 5-19。

表 5-19　三铁 A、B 烧结机熔剂槽正常槽位管理基准

槽名	槽号	物料名称	槽数	堆密度/t·m⁻³	有效容积/m³·槽⁻¹	满槽总储量(100%)/t	上限		下限	
							槽位/%	总储量/t	槽位/%	总储量/t
A机匀矿槽	1～6A	混匀矿	6	2.54	330	5029	90	4526	40	2012
A机熔剂槽	7A	蛇纹石粉	1	1.6	330	528	90	475	40	211
	8A、11A、12A	白云石粉	3	1.8	330	1782	90	1604	40	713
	9A、10A	石灰石粉	2	1.6	330	1056	90	950	40	422
B机匀矿槽	1～6B	混匀矿	6	2.54	330	5029	90	4526	40	2012
B机熔剂槽	7B	蛇纹石粉	1	1.6	330	528	90	475	40	211
	8B、11B、12B	白云石粉	3	1.8	330	1782	90	1604	40	713
	9B、10B	石灰石粉	2	1.6	330	1056	90	950	40	422
燃料槽	1～4	焦粉		0.7	560	1176	90	1058	40	470
		无烟煤		0.9	560	504	90	454	40	202

(8) 资源分公司石灰窑矿槽槽位管理。资源分公司石灰窑矿槽的正常槽位管理基准见表5-20。

表5-20 资源分公司石灰窑矿槽正常槽位管理基准

槽 名	槽号	物料名称	槽数	堆密度 /t·m^{-3}	有效容积 /m^3·槽$^{-1}$	满槽总储量 /t	上限		下限	
							槽位 /%	总储量 /t	槽位 /%	总储量 /t
四钢轧石灰窑矿槽	1~6	石灰石	6	1.6	560	5376	90	4838	40	2150
三铁石灰窑矿槽	1~4		4	1.6	650	4160	90	3744	40	1664

(9) 焦粉中间仓槽位管理。焦粉中间仓正常槽位管理基准见表5-21。

表5-21 焦粉中间仓正常槽位管理基准

仓数	几何容积 /m^3·个$^{-1}$	有效容积 /m^3·个$^{-1}$	堆密度 /t·m^{-3}	上 限		下 限	
				槽位/%	总储量/t	槽位/%	总储量/t
4	350	280	1.0	90	1008	0	0

5.7.6 槽位管理操作特点

5.7.6.1 高槽位运行

坚持槽位在80%以上运行,为异常情况提供槽位缓冲,交班前根据生产、检修计划,选择性将部分品种加至上限槽位,为生产、检修创造条件。

5.7.6.2 槽位差控制

为防止烧结矿、焦炭高落差加槽造成的摔打碎裂,提高高炉用料安全性,应加强槽位扫描和流程的适时切换,各品种、矿槽均衡加槽,以控制槽位差。二铁高炉同品种平均槽位相差不大于2m(两座高炉槽位都大于正常槽位的情况除外),同炉同品种单仓槽位相差不大于3m。三铁高炉同品种平均槽位相差不大于3m(两座高炉槽位都大于正常槽位的情况除外),同炉同品种单仓槽位相差不大于4m。

5.7.6.3 单仓多点布料

提高单仓加槽小车移动频率,根据槽口大小将单仓分为3~4个布料点,通过多点加槽增加仓内料堆体积,提高实际加槽量,减少流程切换次数。

5.8 块矿烘干筛分系统

近年来,主流进口块矿粒度-6.3mm的比例达到25%以上,而且经过多次转运、露天堆存等物流环节,块矿含水量增加,表面附着、黏结矿粉增多,仅靠入炉前槽下筛分已不能满足高炉炼铁工艺要求。为了解决进口块矿含粉率高的问题，马钢于 2014 年建成投用了块矿烘干筛分系统。

5.8.1　设备概况

块矿烘干筛分系统主要设备设施包括一座加热炉、一座烘干筒、一台振动筛、7 个块矿仓和配套的胶带输送系统及除尘系统。

5.8.2　工艺概况

块矿烘干筛分系统生产工艺如图 5-33 所示。

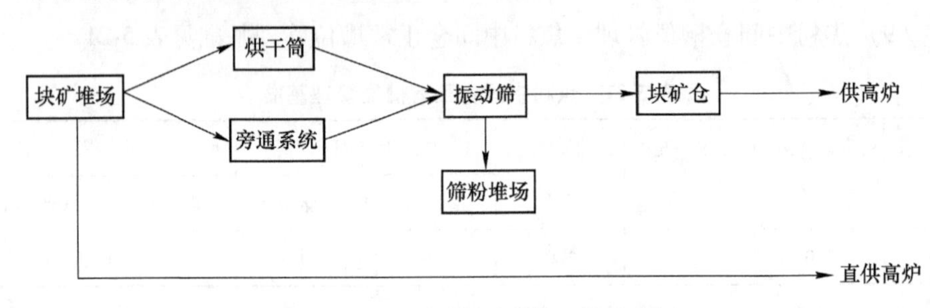

图 5-33　块矿烘干筛分系统工艺流程图

块矿供料可以根据含水、含粉情况，选择直供供料、筛分供料和烘干筛分供料三种方式。当含水量小时，可以不经过烘干筒烘干，由旁通系统送至振动筛筛分，筛上物进入块矿仓储存，需要时供高炉使用；当块矿含水量大时，需经烘干筒烘干，然后送至振动筛筛分，筛上物进入块矿仓储存，需要时供高炉使用；当振动筛故障时，可以通过直供系统供高炉使用。根据检验数据，经烘干筛分的块矿含粉率小于 4%、含水量小于 2.5%，满足了高炉用料要求。

6 烧结工艺与技术管理

6.1 烧结工艺及设备概况

6.1.1 马钢烧结基本概述

马钢二铁南区和三铁烧结工序由港务原料总厂将含铁原料混匀成单一的、化学成分稳定的混匀料直接送到烧结配料矿槽。二铁北区则拥有独立的混匀造堆及受料系统，公司烧结内部大工序可分为 8 个工序：受料、原料准备、配料、混合制粒、烧结、抽风、成品处理、环境除尘等。工艺流程见图 6-1。

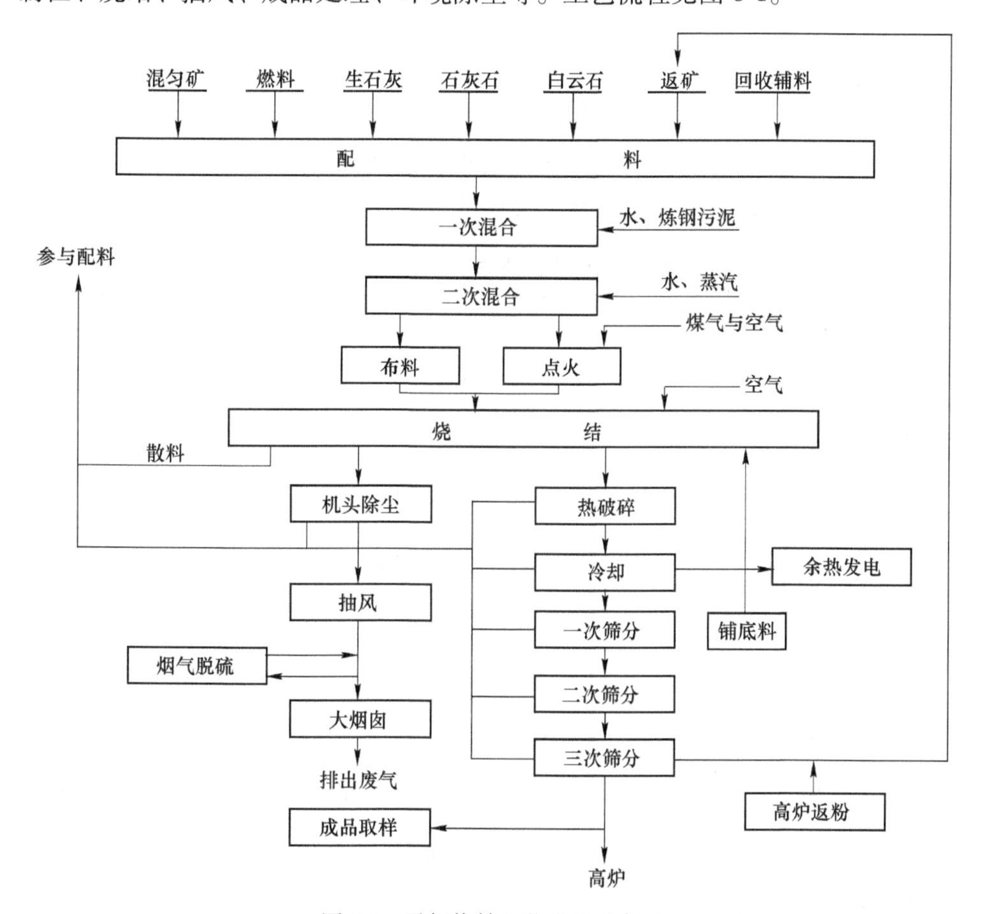

图 6-1 马钢烧结工艺流程示意图

马钢目前有7条烧结生产线，其中第二炼铁总厂南、北两区有5条生产线，第三炼铁总厂有2条生产线，基本情况见表6-1。

表6-1 马钢烧结机产线对应面积及投产时间

产线			面积/m^2	投产时间
第二炼铁总厂	南区	1号烧结机	300	1994年
		2号烧结机	300	2003年
		3号烧结机	360	2016年
	北区	1号烧结机	95	1968年
		2号烧结机	75	1970年
		3号烧结机	105	1977年
第三炼铁总厂	A烧结机		380	2006年
	B烧结机		380	2007年

注：2号烧结机2007年7月永久停产。

6.1.2 马钢烧结设备

6.1.2.1 马钢各烧结产线主要工艺设备及规格

马钢各烧结产线主要工艺设备及规格见表6-2。

表6-2 各烧结产线主要工艺设备及规格

设备名称	2×300m^2，360m^2	105m^2	2×380m^2
一、熔剂、燃料破碎系统			
液压式对辊破碎机	ϕ1200mm×1000mm四台		
液压式四辊破碎机	ϕ1200mm×1000mm四台	ϕ1200mm×1000mm两台	ϕ1200mm × 1000mm四台
锤式破碎机	ϕ1430mm×1300mm四台	ϕ1300mm×1600mm两台	ϕ1400mm × 1600mm两台
反击式破碎机		ϕ750mm×700mm两台	
二、配料系统			
圆盘给料机（带套筒）	1号机PDX32六台 2号机PDX32六台 3号机PDX32五台	1号、2号机ϕ2000mm五台 3号机ϕ2000mm六台	PDX32十台
电子皮带秤	1号机B=1000mm 2号机B=1000mm 3号机B=1200mm	1号、2号机B=800mm 3号机B=800mm	B=1200mm十台 B=650mm五台

续表 6-2

设备名称	2×300m², 360m²	105m²	2×380m²
二、配料系统			
拖拉式皮带机		1号、2号机 B=800mm 八台 3号机 B=800mm 五台	B=1200mm 十台 B=650mm 五台
双管螺旋输送机		1号、2号机 ϕ150mm×1500mm 两台 3号机 ϕ150mm×1500mm 两台	
三、混合系统			
一次圆筒混合机	1号机 ϕ4.0m×18m，混合时间 204s 2号机 ϕ3.8m×14m，混合时间 134s 3号机 ϕ4.0m×18m，混合时间 204s	1号、2号机 ϕ3.0m×10m，混合时间 114s 3号机 ϕ3.0m×14m，混合时间 196s	ϕ4.4m×18.0m，混合时间 162s
二次圆筒混合机	1号机 ϕ4.4m×22m，混合时间 246s 2号机 ϕ4.4m×18m，混合时间 186s 3号机 ϕ4.4m×22m，混合时间 246s	1号机 ϕ3m×9m，混合时间 273s 2号机 ϕ3m×9m，混合时间 273s 3号机 ϕ3m×12m，混合时间 202s	ϕ5.1m×24.5m，混合时间 204s
三次圆筒混合机		3号机 ϕ3m×9m，混合时间 273s	
四、烧结与冷却系统			
烧结机台车（长×宽×高）	1号机：1500m×4400m×800m 2号机：1500m×4000m×780m 3号机：1500m×4400m×900m	1号机：1000mm×2756mm×700mm 2号机：1000mm×2756mm×700mm 3号机：1000mm×2756mm×700mm	1500mm×4900mm×910mm
点火器	1号机：幕帘式点火炉 2号机：双斜式点火炉 3号机：幕帘式点火炉	1号机：多缝式点火炉 3号机：幕帘式点火炉	幕帘式点火炉
水冷式单辊破碎机	1号机：ϕ2300mm×4000mm 2号机：ϕ2300mm×4000mm 3号机：ϕ2300mm×4030mm	ϕ1500mm×2500mm	ϕ2300mm×4000mm
冷却机	1号机：336m²鼓风带式冷却机 2号机：336m²鼓风带式冷却机 3号机：415m² 水密封式鼓风环式冷却机	1号机：200m²抽风环式冷却机 3号机：145m²鼓风环式冷却机	432m² 鼓风带式冷却机

续表 6-2

设备名称	2×300m^2，360m^2	105m^2	2×380m^2
五、主抽风系统			
机头电除尘器	1号机：220m^{2}三电场双室 2号机：220m^{2}三电场双室 3号机：≥300m^{2}四电场双室	1号机720管旋风除尘器 3号机864管旋风除尘器	300m^{2}三电场双室
主抽风机	1号机：豪顿华风机 风量：17500m^3/min 全压：18.0kPa 2号机：陕鼓风机 风量：16000m^3/min 全压：17.5kPa 3号机：豪顿华风机 风量：18500m^3/min 全压：18.0kPa	1号机：陕鼓风机 风量：9000m^3/min 全压：15.5kPa 3号机：豪顿华风机 风量：10500m^3/min 全压：17.0kPa	豪顿风机 风量：20000m^3/min 全压：17.5kPa
六、成品筛分系统			
一次筛	1号机：2050型棒条筛2台 2号机：单层悬臂式棒条筛两台XBSFJ220×600 3号机：环保棒条筛两台LHBJ150×700	1号机：XBSFJ185×500型棒条筛1台 3号机2060型直线筛2台	LZS-3090型直线筛2台
二次筛	1号机：2050型棒条筛2台 2号机：两台XBSFJ220×520 3号机：2台LHBJ150×600	1号机DJSF200×500型棒条筛1台 3号机2060型直线筛2台	2050型棒条筛2台
三次筛		1号机XF-1800×3300型棒条筛1台	

6.1.2.2　马钢烧结主要设备技术改造与流程变迁

马钢烧结主要设备技术改造与流程变迁见表6-3。

表6-3　主要设备技术改造与流程变迁

时间	产线	项　目	内　容
1996~1997年	300m^2 1号机	成品冷破碎改造	取消板式给矿机、固定筛及双齿辊破碎机，缩短流程，降低落差，减少故障点
1998~2000年	75m^2	台车改造	台车由2500mm加宽至2756mm，栏板高度由400mm加高至550mm
1999年	75m^2、105m^2	小球烧结技术改造	延长混合机长度，降低倾角、提高转速，安装含油尼龙衬板，采用雾化喷水技术，烧结机生产效率提高8%

续表 6-3

时间	产线	项目	内容
2002 年	$95m^2$	扩容改造	取消热筛、烧结机延长 8m，有效面积从 $75m^2$ 增加到 $95m^2$，栏板提高到 650mm，主抽风机由 SJ7150 型改为 SJ9000 型
2002 年	$75m^2$、$105m^2$	新建 015 混匀料场	料场设有一条两堆（3.2 万吨），堆、取料机各一台
2004 年	$105m^2$	扩容改造	有效面积由 $75m^2$ 增加到 $105m^2$，台车栏板提高到 700mm；烧结矿冷却改为鼓风环冷，增加一段 3×14m 的三次混合机，主抽风机改为 SJ10500 型豪顿华风机
2009～2010 年	$300m^2$	布料设备改造	将原反射板布料器改为九辊布料器，将疏料器改为双排，尺寸和形状进行调整，解决粘料，改善布料
2012 年	$300m^2$ 1 号机	扩容改造	将原下进风式陕鼓风机（风量 $14700m^3/min$，风压 16.5kPa，电机功率 5600kW），改造为上进风式豪顿华风机（风量 $17500m^3/min$，风压 18kPa），在原机头除尘器前增设重力除尘，台车栏板宽度由 4m 增至 4.4m，高度由原 700mm 增至 800mm，增加烧结矿产量 20%
2013 年	$300m^2$ 2 号机	成品系统改造	将 6 台老式 XB-3090 型直线筛改造为 4 台 DJSF-200×500 棒条式双层振动筛，提高筛分效率，减少设备故障，节约电耗
2014 年	$300m^2$ 1 号机	成品系统改造	将原 4 个筛分室的布置合并到 1 个筛分室，将原 6 台冷矿筛改造为 2 台棒条筛，共减少了 4 台直线筛和 7 条胶带机
2014 年	$300m^2$ 2 号机	风箱支管改造	将原双烟道双抽风机系统设计的风箱断面均分式抽风改为纵向风箱间隔式抽风模式，具备了单台风机生产模式的能力。提高了生产和抽风系统稳定性
2016 年	$300m^2$ 1 号机	一、二次混合机改造	一混由 3.8m×14m 改为 4m×18m，二混由 4.4m×18m 改为 4.4m×22m。混合造球时间由原 320s 提高至 450s，改善制粒，提高混合料透气性
2007～2010 年	$380m^2$	烧结机改造	台车由 4.5m 加宽至 4.9m，栏板高度由 700mm 增至 900mm，增加了 4m 及 1.5m 风箱各一个
2012 年	$380m^2$	成品系统改造	将 6 台老式 XB-3090 型直线筛改造为 4 台 DJSF-200×500 棒条式双层振动筛，提高筛分效率，减少设备故障，节约电耗
2013 年	$380m^2$	点火炉掺烧转炉煤气	实现转炉煤气在烧结点火炉上的应用
2013 年	$380m^2$ B 机	布料设备改造	将原反射板布料器改为九辊布料器，尺寸和形状进行调整，解决粘料，改善布料
2014 年	$380m^2$ A 机	新增烟道余热回收系统	新增烟道换热器及余热锅炉，实现烟道高温废气的余热回收利用
2012～2016 年	$300m^2$、$380m^2$	点火炉改造	将双斜式点火炉改造为幕帘式点火炉，应用了气体幕墙隔离技术和点火空气预热箱等技术。煤气消耗量下降 17%以上
2016 年	$380m^2$	台车改造	对烧结机台车端体进行优化改造，解决台车断裂问题提高使用寿命
2016～2017 年	$380m^2$	主抽变频改造	节电率达 20%左右

6.1.2.3 马钢烧结新技术应用

（1）优化混匀造球。采用加雾化水、添加热水、内部加花纹衬板、工艺参数优化等技术。

（2）实施偏析布料、混合料预热、风量优化分配、低负压小风量、900mm以上超厚料层烧结、料面喷加可燃气体辅助烧结等技术。

（3）采用高效环保筛，减少转运环节，降低落差，改善环境。

（4）采用新型点火炉，应用气体幕墙隔离技术和点火空气预热技术，改善烧结矿烧结强度和降低煤气消耗。

（5）采用双电机全悬挂多柔性传动的新型结构烧结机，使用新型水密封式环冷机。

（6）采用双风机平衡生产技术，减小了两台抽风机间的相互干扰。

（7）环境除尘采用高效布袋除尘，布局多种工艺的烧结烟气脱硫处理方法。

（8）综合回收利用炼钢污泥。采用管道长距离低浓度输送，实现污泥在烧结中均匀使用。

6.1.2.4 烧结产品方案及主要经济技术指标

烧结产品方案及主要经济技术指标见表6-4、表6-5。

表6-4 烧结2010~2016年产品方案

时间	产线	TFe/%	SiO_2/%	R	FeO/%	MgO/%	Al_2O_3/%
2010年	$105m^2$	55.63	5.07	2.16	8.94	2.51	—
	$2\times300m^2$	56.02	4.21	2.19	8.01	2.22	2.00
	$2\times380m^2$	57.31	5.02	1.88	8.27	2.05	1.91
2011年	$105m^2$	55.37	5.20	2.13	8.89	2.57	—
	$2\times300m^2$	55.41	5.15	2.19	8.25	2.43	2.08
	$2\times380m^2$	56.80	5.18	1.94	8.27	2.17	1.90
2012年	$105m^2$	55.21	5.33	2.07	8.82	2.53	—
	$2\times300m^2$	55.06	5.19	2.24	8.23	2.56	2.03
	$2\times380m^2$	56.69	5.11	1.99	8.26	2.17	1.87
2013年	$105m^2$	54.33	5.65	2.11	8.50	2.60	—
	$2\times300m^2$	54.41	5.61	2.16	7.51	2.15	2.15
	$2\times380m^2$	56.46	5.15	2.03	8.32	2.14	1.82
2014年	$105m^2$	54.50	5.73	2.05	8.53	2.58	—
	$2\times300m^2$	55.11	5.36	2.17	7.71	2.4	2.04
	$2\times380m^2$	56.46	5.20	2.01	8.51	2.08	1.78

续表 6-4

时间	产线	TFe/%	SiO_2/%	*R*	FeO/%	MgO/%	Al_2O_3/%
2015 年	105m²	55.75	5.62	1.88	8.84	2.38	—
	2×300m²	55.11	5.39	2.18	7.76	2.3	2.00
	2×380m²	56.82	5.12	1.99	8.59	2.01	1.79
2016 年	105m²	55.78	5.58	1.86	9.28	2.28	—
	2×300m²	56.01	5.19	2.13	7.97	1.92	1.94
	2×380m²	57.18	5.06	1.98	8.54	1.91	1.81

表 6-5 烧结 2010~2016 年经济技术指标

时间	产线	利用系数 /t·$(m^2·h)^{-1}$	综合合格率 /%	日历作业率 /%	固体燃耗 /kg·t^{-1}	转鼓强度 /%	成品率 /%
2010 年	105m²	1.62	97.8	96.2	45	74.7	—
	2×300m²	1.29	91.3	93.1	59	81.3	64.6
	2×380m²	1.42	81	93.5	52.9	77.9	65.4
2011 年	105m²	1.6	98.7	95.8	48	75.1	—
	2×300m²	1.24	94.3	96.4	56.1	82.2	58.2
	2×380m²	1.41	96.7	93.3	53.2	78.5	70.2
2012 年	105m²	1.58	98.8	95.7	48	74.6	—
	2×300m²	1.29	95.1	93.8	59.6	82	61.4
	2×380m²	1.37	97.1	94.3	52.2	78.8	70.1
2013 年	105m²	1.64	97.3	96.8	49	74.6	—
	2×300m²	1.36	93.5	89.4	62	81.2	62.4
	2×380m²	1.35	97.3	96.5	54.1	78.8	70
2014 年	105m²	1.7	97.5	92.7	45	73.2	—
	2×300m²	1.36	95.7	93.3	58	81.5	65.6
	2×380m²	1.29	96.6	89.8	53.1	78.7	69.8
2015 年	105m²	1.68	97.6	93.3	41	72.4	—
	2×300m²	1.33	97.1	90.3	54.7	81.1	66
	2×380m²	1.29	97.4	97.3	53.1	78.9	70.9
2016 年	105m²	1.48	90.2	93.7	44	72	—
	2×300m²	1.3	97.7	71.1	56.1	81.9	68.8
	2×380m²	1.3	98.2	97	52.1	79.7	71.2

6.2 烧结操作技术与管理

6.2.1 原燃料技术管理

6.2.1.1 熔剂

熔剂在烧结中的作用：一是作为高炉冶炼脱除脉石的造渣剂；二是在烧结过程中与铁、硅等元素形成系列低熔点化合物，产生液相，冷凝后增加烧结矿强度，提高烧结矿质量。对熔剂的技术要求主要是化学成分和粒度要求。马钢烧结熔剂主要使用石灰石、生石灰、消石灰、白云石等。

熔剂质量及加工要求见表6-6。

表6-6 熔剂质量及加工要求

类别		质量要求
生石灰	质量要求	CaO≥84.0%；SiO_2≤3.0%，S≤0.10%，活性度≥230ml，灼减≤12.00%； 粒度：0~3mm≥95.0%，+5mm为0
	来源	外购
石灰石	质量要求	CaO≥52.0%；MgO ≥2.0%；Al_2O_3≤0.80%；SiO_2≤2.5%；P≤0.010%；S≤0.15%； 粒度：0~4mm≥90.0%，+5mm≤0.5%
	保证措施	调节锤头和箅条间隙；检查锤头磨损情况；雨季使用棒条筛；雨季破碎粒度大的灰片，暂停灰小
云粉	质量要求	CaO≥29.50%；MgO ≥19.50%；Al_2O_3≤0.60%；SiO_2≤2.50%； 粒度：0~3mm≥89.0%，+5mm≤0.5%
	来源	外购成品云粉

6.2.1.2 固体燃料

马钢烧结使用的固体燃料有焦粉和无烟煤两种。焦粉主要是焦炭的筛下物，经过破碎到3mm以下供烧结生产使用。煤粉则为外购无烟煤。

固体燃料在烧结过程当中的作用：烧结过程中，固体燃料燃烧所提供的热量占烧结总需热量的85%左右，通过燃料燃烧，使混合料软化、熔融并形成液相。燃料用量增加，烧结矿FeO也增加，还原性下降。燃料用量过低，则热量不足，烧结矿产量和质量均会下降。燃料粒度和粒度组成不同，则燃烧速率不同。粒度过大，则燃烧速率过慢，燃烧带厚度加宽，烧结速率下降，且会导致局部还原气氛过强，不利于针状铁酸钙的生成。粒度过小，烧结速率过快，高温保持时间短，烧结矿产质量下降。粒度分布范围宽，则燃烧带厚，热量分散。

固体燃料质量及加工要求见表6-7。

表 6-7 固体燃料质量及加工要求

类别		$300m^2$、$360m^2$	$105m^2$	$380m^2$
焦粉	质量要求	0～3mm 范围：72%～82%	0～3mm 范围：≥70%	0～3mm 范围：77%～83%，合格率达 85%
	来源	高炉和焦化焦炭的筛下物	仓配新料场	高炉返焦、外购无烟煤
煤粉	质量要求	无烟精煤：挥发分≤10.00%，灰分≤12.50%，硫分≤0.70%，发热值≥29.00MJ/kg，全水分≤10.0%；粒度：≥13mm 的比例≤10.0%		
	来源	外购	外购	外购
	保证措施	四辊间隙、压力调整；来料粒度控制及反应；煤焦混破		

6.2.2 配料技术管理

6.2.2.1 配料

马钢烧结配料采用的是集中式重量配料法。匀矿和返矿采用圆盘给料和电子皮带秤，石灰石、云粉和燃料配料采用直拖式电子皮带秤，生石灰配料采用给料机加电子皮带秤。$360m^2$ 烧结机的除尘灰采用管道风送，使用螺旋秤集中配用。

6.2.2.2 影响配料的因素

影响配料准确性的因素见表 6-8。

表 6-8 影响配料准确性的因素

分类		对应措施
原料条件	原料化学成分的变化	关注烧结矿质量信息的反馈；配料操作中观察物料的颜色、光泽、致密度和粒度是否有变化
	原料的含水量变化	加强对原料水分的监控，并根据其变化进行调整
设备状况	配料秤	应选用精度等级较高的配料秤，尤其是熔剂、燃料
	圆盘给料机盘面水平度	保证盘面平整
	圆盘给料机盘面粗糙度	定期检查盘面，避免出现圆盘与物料之间打滑
	其他设备完好状况	应保持完好，出现问题则应及时检修或更换设备
操作因素	矿槽料位	保持槽内料位的相对稳定，在矿槽料位较低时，应注意核对给料量，并及时进料
	大块物料及杂物	圆盘闸门局部被堵或刮刀下有杂物，应该及时检查处理
	配料仓闸门开度	应确定好适宜的给料开度，保持合适的皮带秤负荷率
	岗位工水平	及时掌握原料的变化情况，采取相应措施保证配比和给料量准确性

6.2.2.3　配料调整

配料调整见表6-9。

表6-9　配料调整

烧结矿化学成分存在偏差的原因	在配料计算过程中，可能因某种因素（如配料计算的原料成分和在用物料的成分不一致）的影响，造成计算结果失真
	原料化学成分发生变化，或因供料系统“混料”而造成原料成分较大波动
	给料量不准，误差超过允许值
	原料或烧结矿取样不具有代表性，或者是粉矿或熔剂的粒度过大，试样中含有粉矿或熔剂的颗粒
配料调整应该注意的问题	当烧结矿化学成分与配料计算出现较大偏差时，可以从分析烧结矿化学成分是否符合其变化的总趋势，或者从前后样化学成分是否呈现异常及横向序列对比等来判断分析批样是否具有代表性，以判断是否需要进行配料调整
	滞后现象。由于各种影响因素的存在，配料比或下料量经过调整以后往往不能在调整后的第一个成分样中反映出来，而是在第二个，甚至第三个样中才能看出调整后的结果
	配料调整时，要综合考虑其他成分的变化。当要调整烧结矿的某一化学成分时，要注意这一成分调整对其他成分带来的影响
	返矿的影响。应该关注当期返矿质量变化对配料影响，并提前进行相应的调整
	除尘灰的影响。若作为返矿料参与配料时，这些粉尘与返矿成分有一定差异，集中大量使用势必影响烧结矿成分。除尘灰最宜实施集中连续小配比稳定配加

6.2.2.4　马钢配料优化实践

A　提高配料原燃料的质量稳定性

（1）保持配矿结构相对稳定。近年来，公司以矿石的综合性价比指导配矿，铁前配矿以主流矿为主，保持较稳定的配矿结构。

（2）云粉进行分堆管理。针对多次出现因云粉来料质量波动造成多产线烧结矿质量波动问题，推行了云粉卸料、堆放规范管理，实现来料质量跟踪，消除云粉质量波动对烧结矿质量的影响。

（3）优化高炉槽下返粉和返焦物流。300m^2、360m^2、380m^2 产线通过新建或改造，先后实现了高炉槽下返粉和槽下焦粉的长距离胶带运输模式，实现返、焦来料稳定。

（4）稳定使用回收料。大量回收料（钢渣、高炉瓦斯灰、瓦斯泥、炼钢污泥、氧化铁皮、灰石筛下物等）质量波动大，挤占正常配料流程，对配料质量产生负面影响。通过工艺改进，增加回收料仓等措施，有效降低对配料质量的负面影响。

B　提高配料设备可靠性

（1）优化配料系统布局。配料系统优化是一个渐进过程。300m^2 生产线配料系统的内、外返矿及除尘灰混配，这种模式易对配料质量造成影响。2006 年投产的 380m^2 生产线、2016 年投产的 360m^2 生产线实现内、外返分开配料。2016 年两台 300m^2 生产线通过改造也实现了内、外返分开配料。

（2）改造配料生石灰仓计量设备。1 号 300m^2 生产线配料室生石灰仓设计是螺旋秤，存在校秤困难、计量稳定性较差等问题。2 号 300m^2 生产线和两条 380m^2 生产线配料室的生石灰仓设计的是失重秤，存在下料稳定性差、容易受中间仓压力影响出现瞬间大量“喷灰”情况，造成配料质量波动。针对这些问题，各产线先后进行改造，采用皮带秤方式，上述问题得到缓解。

（3）提高配料工艺设备参数的符合性。进行重点圆盘的配料设定纠错保护；提高稳定给料响应速度；基于稳定给料的仓壁振打模式；合理控制配料皮带的负荷率；配料给料量的全流程跟踪等。

C 持续进行操作改进

（1）推进回收料单独精确配加。105m^2 生产线充分发挥出 015 混匀料场功效，提高了混合料稳定性；300m^2 生产线在 2010 年建成了回收料接收系统，并在原有基础上新增 3 个配料仓，实现了入厂的瓦斯灰、除尘灰等回收料的均匀性配加；炼钢污泥从汽运改进为长距离管道输送模式，实现炼钢污泥环保、稳定回收利用。

（2）形成配料设备异常判断标准及处理。配料设备异常情况一般有两种情况：一种主要是由现场问题引起（如拉式皮带跑偏、尾轮粘料、称重压头位置、测速轮运行平稳性、闸门卡异物等）；另一种是现场无明显异常而存在质量波动。根据以上情况分别形成相应的标准化操作。

（3）进行配料技术小结，总结形成多个配料操作法。根据各产线经验，先后形成“碱度现场简易调整法”“配料秤实物静态跑盘核查法”“焦粉配比现场简易调整法”“配料计算控制系统优化”“返矿平衡控制操作法”及“失重秤生石灰配料装置消除喷灰法”等配料操作法。

通过以上三方面工作，碱度稳定率指标得到提升。

2010~2016 年马钢各产线碱度稳定率指标见表 6-10。

表 6-10 2010~2016 年马钢各产线碱度稳定率指标

时间	105m^2 产线		300m^2、360m^2 产线		380m^2 产线	
	碱度稳定率/%				碱度稳定率/%	
	≤±0.08	≤±0.12	≤±0.08	≤±0.12	≤±0.08	≤±0.12
2010 年	91.8	98.2	77.6	91.7	88.3	96.5
2011 年	94.8	99.1	80.1	93.1	91.6	97.2

续表 6-10

时间	105m² 产线		300m²、360m² 产线		380m² 产线	
	碱度稳定率/%				碱度稳定率/%	
	≤±0.08	≤±0.12	≤±0.08	≤±0.12	≤±0.08	≤±0.12
2012 年	94.7	99.1	84.8	95.6	93.2	97.9
2013 年	91.6	97.5	81.5	93.9	92.2	96.9
2014 年	91.7	97.9	85.3	96.0	93.3	96.9
2015 年	93.5	98.4	86.8	97.7	97.5	99.1
2016 年	96.3	98.8	93.0	98.5	96.7	98.5

6.2.2.5　马钢配料相关操作法

A　碱度现场简易调整法

本方法阐述了当烧结矿碱度异常时的现场简易调整法。

a　条件确认

（1）配料给料设备状态良好。

（2）配料计量秤状态良好。

（3）配料仓各物料块度、水分适宜。

（4）配料室各物料下料平稳。

（5）配料仓各物料料位在正常范围值内。

（6）原配料比计算无误。

（7）配料比录入操作计算机的数据准确无误。

b　技术内容

（1）烧结矿碱度调整计算：

1）在检测的邻近几批烧结矿成分的 SiO_2 变化不大（如在 5.0%～5.1%之间）时，调整烧结矿的 CaO 含量控制烧结矿二元碱度 R 在目标值范围。主要通过调整石灰石配比来调节烧结矿 CaO 含量：石灰石 CaO 含量为 A（石灰石 SiO_2 含量很低，故直接用石灰石 CaO 含量来替代有效 CaO），混匀矿配合熔剂、燃料等烧结出来的烧残量为 B（每堆混匀矿我们给出一个常量给配料工便于他们计算），烧结矿 SiO_2 含量为 C，烧结矿碱度目前的偏移量为 ΔR，需要调整的石灰石配比为 X，则：$X=\Delta R\times C\times B/A$。

2）在检测的邻近几批烧结矿成分的 SiO_2 变化较大时，有两种调整办法：

第一种：烧结矿 SiO_2 不做调整。通过调节石灰石配比来控制烧结矿碱度：A、B 意义同上，烧结矿前一批 SiO_2 含量为 C_1、碱度为 R_1，后一批为 C_2、碱度为 R。则烧结矿碱度偏移量为 $\Delta R=R-R_1$，设需要调整的石灰石配比为 X，则：$X=(R\times C_2-R_1\times C_1)\times B/A$。

第二种：烧结矿 SiO_2 调整到先前的水平以及碱度调整到目标值附近。一般通过调节钢渣、白云石和石灰石三种熔剂的配比来控制烧结矿碱度。比较熟练的配料工常用的方法，由前面介绍的简易快速计算原理，先计算出将烧结矿 SiO_2 调整到正常值需要调节的钢渣的配比，再根据钢渣配比变化带来的 MgO 的变化量，计算出需要调节的白云石的配比，最后根据钢渣和白云石配比变化引起的 CaO 的变化量，计算出需要调节的石灰石的配比。另外还可以借助配料计算 Excel 表来完成。

3）在进行以上所有配料调整时，我们都遵循“1/2~1/3 均值调整法”（针对烧结矿二元碱度）：当 1 批次偏离目标值 0.05，以本批次样与目标值为依据进行计算，作“1/2 调整”；当 1 批次偏离目标值 0.03，以本批次样与目标值为依据进行计算，作“1/3 调整”；当连续 3 批次同时大于或小于目标值 0.02 时，以近 3 批次样（含本批次样）的均值与目标值为依据进行计算，作“1/3 调整”。

4）当物种或者成分变化较大时，一般借助 Excel 表来辅助进行配料计算。

（2）生产中配料比调整实例：当烧结矿成分或者配比需要调整，特别是由于系统等原因需要大幅度调整时，必须要以快速的现场计算为依据来调整配比，现场配比调整实例如下：

例如，目前的返矿配比为 25%，近几批烧结矿的 SiO_2 含量在 5.0%左右，碱度在 1.90 附近（在后面不需要微调）。烧结矿碱度控制目标值从 1.90 提高到 2.05 的调整方法：

1）调整思路：第一步是计算后确定灰石调整的基础值，再根据前几批的成分上下微调确定真正的调整值；第二步经过计算确定 2h 后由于返矿原因须回调的灰石基础值，再根据前几批的成分上下微调确定真正的调整值。

2）调整方法：

第一步：碱度要从 1.90 调整到 2.05，提高 0.15，那么烧结矿中的 CaO 含量需要提高 0.15×5.0%=0.75%，折算到混合料中，则混合料中的 CaO 含量需要提高 0.75%×86%=0.645%（注：其中 86%为混合料烧残），那么灰石配比则需要提高：（0.645%/54%）/（1-1.2%）=1.21%（54%为灰石中 CaO 含量，1.2% 为水分），也就是说，如果前几批烧结矿的碱度在 1.90 左右，那么灰石则需上调 1.2%。

第二步：2~2.5h 后，配料室内返矿的 CaO 含量将上升约 0.75%（与烧结矿上升幅度大致相当），那么混合料中 CaO 含量将上升 0.75%×25%（25%为返矿配比），要想保持后面生产的烧结矿碱度仍在 2.05 倍左右，则必须保证混合料中 CaO 含量的变化为零，即灰石配比必须下降（0.75%×25%）/54%=0.35%（54%为灰石中 CaO 含量），考虑到外返矿中 CaO 含量还未发生较大变化，混合料中 CaO 含量上升小于 0.75%×25%，因此灰石配比下调 0.2%~0.3%即可（这里未考虑 2.5h 后出来的烧结矿实际碱度值），最后再根据返矿的循环影响和实际的烧结矿碱度值进行微调即可。

B 配料秤实物静态跑盘核查法

以实物静态跑盘的方法来校验配料秤的计量准确性。此方法简单、时间短（一般 2min 内能结束）、准确，能快速检查配料秤的计量偏离量。

a 条件确认

（1）秤架上无积料。

（2）称量皮带不跑偏。

（3）皮带称量段和测速辊运行平稳。

（4）称量皮带表面无结料。

（5）皮带秤的运行 Hz 数在合理范围。

（6）配料秤闸门开度（包括底板和竖板）无需调整。

b 技术内容

（1）确定需要静态跑盘校验的配料秤的物料参数：

1）联系中控室，运转需要校验的配料秤。在校验期间的该秤配料给料量、干基配料比、物料水分不得调整，此配料仓不得切换，此配料仓的出料闸门不得升降。

2）待此台配料秤运转平稳，记录此台配料秤的下料设定值及下料瞬时值，瞬时值应围绕设定值上下波动，且基本一致。若二者相差较远，或瞬时值一直偏于设定值一边，则这台秤需要仪表专业人员来进行校秤维护，或排查其他方面的问题。

（2）确定此配料秤皮带的运行速度 v(m/s)：

1）测量配料秤皮带的整圈长度 L(m)（在皮带运转状态下用长度测量工具进行精确测量，精确到 0.01m）。

2）用电子秒表记录配料秤皮带运行 3 圈的时间，从而计算出运行 1 圈的时长 t(s)。

3）计算配料秤皮带在当时承载重量下的运行速度 v(m/s)：$v=L/t$。

（3）确定配料秤皮带上的物料的流量 q(t/h)：

1）通知中控工停止运转此配料秤皮带机。

2）在配料秤皮带称量段上截取长度为 1m 的物料，转移至接料盘中。

3）通知中控工恢复运转此配料秤。

4）称量出接料盘中的物料重量 g(kg)。

5）计算物料的小时流量 q（以下简称“实测值”）：

$$q = g \times v \times 3.6 = 3.6gL/t \ (\mathrm{t/h})$$

（4）校验调整：

1）实测值与设定值对比，在配料秤精度范围内，配料秤准确。

2）实测值与设定值对比，若超出配料秤精度范围，则联系仪表工校验，之后再进行“静态跑盘”作业，直到符合设定误差为止。

3）配料秤校验后，相应调整配料比，做好相关记录。

4）注意事项：计算配料秤的物料载荷，即1m皮带秤上的物料重量g(kg/m)。

5）不在配料秤允许载荷的20%～80%范围内，则需调整配料仓出口闸门，然后再进行“静态跑盘”，直到符合20%～80%的这个条件为止。

C 配料计算机控制系统优化

烧结配料系统是烧结生产关键的系统，其计算机控制系统的进步直接关系到烧结矿成分的稳定性和烧结过程的顺畅。

a 条件确认

（1）配料矿槽、给料设备、计量设备完好。

（2）计算机及仪表正常。

b 技术内容

（1）用计算机程序防止配料比人为录入错误：

1）当某种原料需要同时运转多个配料仓时，操作工仅需录入此原料的总配比，计算机将自动平均分配该料比到各配料仓。

2）配比自动调整：手动修改熔剂或燃料配比后，计算机自动调整混匀矿配比，确保总配比100%。

3）燃料配比上下限设定：按混合料含碳3%～4.5%的范围，在计算机程序中设定，当中控工输入配比超过此范围时，输入无效。

4）熔剂总配比（灰石和生石灰）上下限设定：按烧结矿碱度控制范围，计算出配料需要的CaO量，折算出熔剂总配比的上下限，在计算机程序中设定，当中控工输入配比超过此范围时，输入无效。

（2）各配料仓给料生产和停产的计算机控制方式：

1）“顺序上料”方式：计算机上设置此功能键，当配料仓下承接物料的配混皮带空载时，使用此方式上料。点击此功能键后，按物料料头保持平齐的原则，第一个配料仓运转后，物料随配混皮带的运行，后续的配料仓按一定的时间间隔随第一个物料料头的到达而自动启动。例如，1号300m² 烧结机每个配料仓的时间间隔函数为：(X-最小圆盘号码)×8.8/1.6，X指所选圆盘号码、8.8为每个配料仓之间间隔距离，1.6为配混皮带速度。

2）“顺序停料”方式：计算机上设置此功能键，当需要正常停止配料生产时，使用此方式进行停料操作。点击此功能键后，按物料料尾保持平齐的原则，第一个配料仓停止下料后，随着配混皮带的运行，后续的各配料仓随第一个物料料尾的到达而自动停止下料，直到所有物料停止下料。

3）“齐起上料”方式：计算机上设置此功能键，当带料紧急停运的配混皮带需要正常上料生产时，使用此方式进行上料操作。点击“齐起上料”功能键后，按物料料头保持平齐的原则，所有配料仓同时自动启动。

（3）各配料仓下料不够（或称“缺料”）时的计算机自动控制：

1）当匀矿下料量波动时，按一定的规则（根据配料比计算出的为保证烧结矿 *R* 和 MgO 稳定不变时的匀矿与石灰石、云粉的配比比例值，此规则事先固化到计算机程序中），石灰石和云粉下料量自动做补偿调整。

2）配料矿槽振动器动作程序优化：

“人工远程手动振打”方式：由中控工手动远程控制振打。

“自动远程周期振打”方式：先由中控工设定好振打周期和振打时间，在计算机程序控制下进行自动振打。

“缺料自动振打”方式：第一情况，当配料仓料位小于 30%时，每间隔 5min 振打 10s。当料位小于 30%时，自动切换到同种物料设备状态处于完好备用且料位最高的配料仓，若换仓失败，则报警且停配混皮带。第二情况，当某配料仓配料秤（实际值-设定值）/设定值>10% 超过 1min 时，开始自动振打 10s 后停止，等待 10s 仍达不到要求，再振打 10s，连续 3 次仍达不到要求后，自动切换到同种物料设备状态处于完好备用且料位最高的配料仓，若换仓失败，则报警且停配混皮带。

c　注意事项

为防止在配料仓物料刚下料还没有达到设定值下料量时，波动太大，错误启动“缺料自动振打”，可在计算机上设定一功能键“连锁/解锁”，在投料生产之初将“缺料”与“配混皮带停止”解除连锁关系，待配料仓下料稳定后，再将二者关系进行连锁。

D　焦粉配比现场简易调整法

本方法介绍了在原料变化时的焦粉快速预调整，以及烧结矿 FeO 化验值波动时的现场调整。

a　条件确认

（1）配料给料设备状态良好。

（2）配料计量秤状态良好。

（3）配料仓各物料块度、水分适宜。

（4）配料室各物料下料平稳。

（5）配料仓各物料料位在正常范围值内。

（6）原配料比计算无误。

（7）配料比录入操作计算机的数据准确无误。

b　技术内容

（1）焦粉预调整：

1）由于混合料中的结晶水（结晶水所需的分解热 29.3MJ/kg）和 FeO 含量（FeO 氧化放热可按 2.03MJ/kg 计算）的波动，返矿和生石灰配加量的增、减，以及瓦斯灰的使用都会影响烧结过程的热量平衡，所以，在原料发生变化时，必须预先调整焦粉的配加量。

2）调整量：

当原料中每增加或减少 1%结晶水，焦粉调整量为增加或减少为 0.095%。

当原料中每增加或减少 0.5%的生石灰，焦粉调整量为减少或增加为 0.05%。

当原料中每增加或减少 4%的返矿，焦粉调整量为减少或增加 0.1%。

当原料中每增加或减少 1%的瓦斯灰，焦粉调整量为减少或增加 0.2%～0.3%。

当原料中每增加或减少 1%的 FeO，焦粉调整量为增加或减少 0.067%。

（2）烧结矿 FeO 化验值波动时的调整：

1）调整基准：

当连续 2 批同向偏离基准值 0.3%～0.5%，焦粉配比相应变动 0.05%～0.1%。

当连续 2 批同向偏离基准值 0.5%～1%，焦粉配比减或增 0.1%～0.2%。

当连续 2 批偏离基准值 1%，根据实际情况作调整。

2）调整后需见 FeO 分析样，结合过程参数及现场观察，再作下一次调整。

E 返矿平衡控制操作法

此操作法是以高炉失常时为例，根据返矿总量的情况以稳定烧结返矿配比为目的，此方法也适用于高炉炉况正常时的烧结返矿配比调整。

a 条件确认

（1）各槽位计量准确，可查。

（2）生产正常、组织顺畅。

b 技术内容（以 380m^2 烧结机为例）

（1）槽位定义：

高炉平均槽位 10.5m 时为高槽位；

高炉平均槽位 8.8m 时为低槽位；

高炉平均槽位 9.7m 时为中心槽位；

返矿总槽位 520%时为高槽位（C_1）；

返矿总槽位 280%时为低槽位（C_2）；

两台机生产时返矿中心总槽位为 350%（C_3）；

单台机停机时返矿中心总槽位为 450%（C_4）。

（2）返矿配比调整时间点：

当两台机生产后，高炉槽位从 9.7m 到 10.5m 时开始修正返矿配比；

当两台机生产后，高炉槽位从 8.8m 到 9.7m 时开始修正返矿配比；

当单台机停机后，高炉槽位从 10.5m 到 9.7m 时开始修正返矿配比；

当单台机停机后，高炉槽位从 9.7m 到 8.8m 时开始修正返矿配比。

（3）调整原则：

1）配比修正计算值<±0.5%，返矿配比不予调整；配比修正计算值±0.5%≤B_{Δ}<±1.5%，返矿配比作 1%调整；配比修正计算值±1.5%≤B_{Δ}<±2.5%，返矿配比作 2%调整；依此类推。

2）调整时，两台机同步调整。

3）调整时间间隔必须大于等于 4h（不足 4h，必须延时至 4h）。

4）修正时间根据高炉炉况进行修正，目前暂定为 8h。更改修正时间必须通报作业长。

（4）返矿配比修正方法：

C_0——返矿实际总槽位、T——修正时间（暂定为 8h）、P——平均每小时上料量、B_{Δ}——应调返矿配比。

当两台机生产后，高炉槽位从 8.8m 到 10.5m 时开始修正返矿配比。计算公式：$B_{\Delta} = (C_0 - C_{1/2}) \times 561 \times P \times 100\%/T$。

当单台机停机后，高炉槽位从 10.5m 到 9.7m 时开始修正返矿配比。计算公式：$B_{\Delta} = 2 \times (C_0 - C_3) \times 561 \times P \times 100\%/T$。

当单台机停机后，高炉槽位从 9.7m 到 8.8m 时开始修正返矿配比。计算公式：$B_{\Delta} = 2 \times (C_0 - C_4) \times P \times 100\%/T$。

例如，某日 3:00 时，高炉平均槽位为 9.7m，12:00 时，高炉平均槽位为 10.5m、返矿总槽位为 258%，3:00~12:00 时两台机平均上料量为 800t/h（计算值），在这种情况下，按上述公式 $B_{\Delta} = (C_0 - C_1/2) \times 561 \times P \times 100\%/T$ 计算返矿配比修正值为-1.93%，即返矿配比下调 2%。

F　失重秤生石灰配料装置消除喷灰法

380m² 产线生石灰失重秤，采用锁气器+缓冲仓的结构形式，辅以适宜的缓冲仓位与清灰程序控制，解决其喷灰的问题。

技术内容：

（1）缓冲仓正常料位为 40%~90%（缓冲仓几何容积 4.2m³，装满系数按 0.8 则满仓为 3.4m³，生石灰密度 1t/m³，则满仓约 3.4t）；锁气器以变频调速方式运转。

（2）缓冲仓称重压头校验。

（3）缓冲仓空仓吨位检测。

（4）缓冲仓满仓吨位校核。由人工在现场将缓冲仓放满，停止锁气器，打开观察人孔，目测确认满仓，记录料位值；启动配料皮带秤放料，同时称量累计，至放空记录累计量，与压头值比较，确定满仓吨位。

（5）锁气器转速与对应料流量关系测定。在缓冲仓空仓情况下，以固定转速开启锁气器并计时，至仓满停止计时，计算与转速对应的流量；反复以不同转速，重复以上步骤。最终可得出锁气器转速与对应料流量关系曲线。

（6）生石灰的正常配料量=混合料上料量（约750~850t/h）×生石灰配比（约2.8%~3.2%）=21~27.2t/h。

（7）设定锁气器的正常给料量应以24t/h为宜。

（8）当缓冲仓料位达到90%时，锁气器降低转速（较正常转速下降20%）；同时跟踪料位，20s后若料位上升，则再次降低锁气器转速（较前次转速下降20%）。

（9）当缓冲仓料位达到40%时，锁气器提高转速（较正常转速提高20%）；同时跟踪料位，20s后若料位下降，则再次提高锁气器转速（较前次转速提高20%）。若20s后料位下降，则再次提高锁气器转速（较前次转速提高20%），同时启动声波清灰器震仓，并在操作员站提醒“生石灰仓或缓冲仓可能堵仓不下料，建议现场检查”。

6.2.3 混合和制粒技术管理

6.2.3.1 混合

混合是烧结工艺的重要工序之一，将配好的烧结原料、熔剂、燃料和返矿进行混合并适当加水润湿以达到一定水分、粒度及各种成分均匀分布的目的。

6.2.3.2 混合料水分控制

为保证混合料的充分润湿和生石灰的充分消化，一般混合料所需水分的80%左右要求是在一次混合中加入的。混合料水分基数设定与原料品种、配比、烧结机料层厚度等参数有关，须根据试验或生产实践来确定。

在线水分仪自动检测是目前判断混合料水分稳定性的一重要手段，马钢目前采用有“红外测水仪”和“微波测水仪”。

添加水判断见表6-11。

表6-11 添加水判断

两段添加水	初 步 判 断
一次混合添加80%左右水量	色泽均匀，燃料的亮点少，返矿颗粒发白的现象少，布在皮带上基本成自然堆角，不黏不散，细粉较少，表面看不到未吸收的水分
二次混合对水分进行微调	水分适宜时，混合料捏在手中感到松散，而手松开后，稍微抖动，可出现裂纹且散开成小块。粒度均匀，粉末少

6.2.3.3 影响制粒的因素

影响混合料制粒效果主要有原料性质、添加水、生石灰、混合设备参数以及筒体粘料程度等因素，见表6-12。

表 6-12　影响混合料制粒因素

因　素	影　　响
原料性质影响	黏结性大的物料易于制粒。一般来说，铁矿中赤铁矿、褐铁矿比磁铁矿易于制粒
	粒度差别大，易产生偏析，难于混匀，也不易制粒。混合料中大粒级数量应尽量减少，利于提高均匀度和制粒
	混合料中各组分之密度相差大，不利于混匀和制粒
添加水影响	添加水大小及添加方式影响混合料制粒效果。实际生产中水分控制还应综合考虑烧结过湿层、热传导等诸多因素
生石灰的影响	添加一定生石灰可改善混合制粒过程，提高小球强度，增加混合料平均粒径。一般要求添加生石灰能在混合阶段消化，要确保一定的活性度和粒度要求
筒体粘料程度	混合筒体受内部衬板形式、加水方式、生灰消化等因素影响，尤其是一次混合筒体，运行一段时间后会出现不同程度的粘料现象。这相当于减少了设计筒径。主要对应措施有改进衬板结构和材质、加水方式添或高效清料装置等
工艺参数	混合机的倾角；混合机转速：混合机长度和直径；混合机填充系数

6. 2. 3. 4　马钢混合和制粒实践

A　不同混合料水分和雾化水方式对制粒的影响

（1）380m^2 产线在使用42号堆混匀矿条件下，进行了5. 5%~6. 5%不同混合料水分的实验。数据见表6-13。

表 6-13　不同水分的混合料粒度组成

混合料水分 /%	混合料粒度组成/%						平均粒度 /mm
	+8mm	8~5mm	5~3mm	3~1mm	1~0. 5mm	−0. 5mm	
5. 5	12. 99	21. 98	21. 43	21. 58	11. 21	10. 81	4. 1
5. 75	15. 48	21. 62	21. 79	22. 59	9. 63	8. 89	4. 34
6	18. 34	20. 24	22. 56	24. 33	8. 32	6. 21	4. 56
6. 25	15. 29	21. 37	21. 69	23. 75	9. 27	8. 63	4. 32
6. 5	13. 44	22. 55	22. 05	22. 03	10. 01	9. 92	4. 2

由表6-13可知，烧结混合料水分为6%时，制粒效果最好，混合料平均粒度达4. 56mm，+3mm粒级的比例达61. 14%。

考虑到混合料的影响因素，目前针对匀矿结构大幅度变化，首先实验室进行试验给出指导水分，生产中视实际情况进行调整。目前300m^2、360m^2 及380m^2 产线混合料水分基本按6. 0%±0. 3%左右进行控制。

（2）除加水量之外，混合料加水是否均匀，也会影响制粒效果，混合过程中采用雾化加水可以改善制粒效果。380m² 产线通过对加水喷嘴切向槽深度以及喷嘴孔径等关键结构参数进行摸索和适应性改进，在水压稳定的条件下雾化水初始流量由改进前的11t/h 降低至5.4t/h，雾化效果有效提高；在操作上，根据混合机添加水量进行了单、双管喷加管理，加水量低于5t/h 时进行单管喷加，确保雾化加水。

雾化试验数据见表6-14。

表6-14　雾化试验数据

加水方式	混合料粒度组成/%						平均粒度/mm
	+8mm	8~5mm	5~3mm	3~1mm	1~0.5mm	-0.5mm	
非雾化	17.18	19.15	14.13	39.21	6.17	4.15	4.32
雾化	18.95	19.98	14.57	37.04	5.68	3.78	4.51

在同样的原料结构和水分控制下，采用雾化加水后，混合料平均粒度较非雾化时增大0.19mm。目前马钢几条产线的混合机添加水基本实现了雾化添加技术。

B　返矿提前适度润湿，改善制粒效果

烧结返矿提前适度润湿，有利于混合制粒。返矿在提前润湿的过程中，可以形成部分“球核”而缩短球核形成进程，间接延长造球时间。混合料的成球速度和制粒效果明显改善，有利于提高料层的透气性。

马钢380m² 产线分别在内返和外返运输线上设置了提前润湿点，分别较一次混合润湿提前了14.2min 和20min。从开展的试验数据来看，随着返矿润湿水分升高，混合料中+8mm 粒级比例均有不同程度提高，-0.5mm 的比例则出现不同幅度的下降。当润湿水分为1%时，对应的混合料平均粒度较不润湿时增加0.36mm；当润湿水分为1.5%时，平均粒度增幅0.40mm；而进一步提高润湿水分时，混合料平均粒度增幅趋缓。目前380m² 产线润湿水分按1.5%左右进行控制，生产实际效果保持较好。

返矿提前润湿对混合料粒度的影响见表6-15及图6-2。

表6-15　返矿提前润湿对混合料粒度的影响

返矿润湿水分值/%	混合料粒级组成/%						平均粒度/mm
	+8mm	8~5mm	5~3mm	3~1mm	1~0.50mm	-0.5mm	
0	12.07	21.87	21.12	22.01	12.23	10.7	4.01
1.0	16.42	19.78	21.01	22.05	11.76	8.98	4.28
1.5	16.65	20.24	22.56	24.33	10.01	6.21	4.41
2.0	17.94	19.97	21.19	23.53	10.12	7.25	4.46

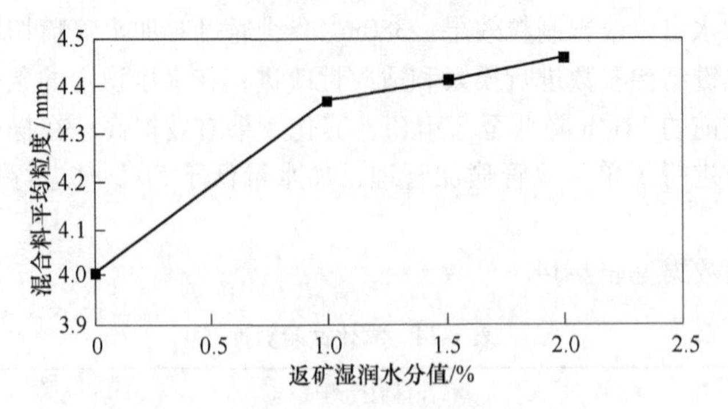

图 6-2　返矿提前润湿对混合料制粒效果的影响

C　炼钢污泥在线喷加及提前预消化生石灰

a　合理控制炼钢污泥喷加量

由于资源回收利用和环保需求，马钢炼钢污泥一直在烧结配料回收利用。从跟踪数据来看，在污泥流量为 0～25m^3/h 范围内，其中流量为 18m^3/h 时，混合料平均粒度最大，与不加污泥相比，该方式添加改善混合料制粒的效果十分明显，成球率上升。

不同污泥流量时物料混合后的粒级组成分布见表 6-16。

表 6-16　不同污泥流量时物料混合后的粒级组成分布

污泥流量 $/m^3 \cdot h^{-1}$	混合料粒度组成/%						平均粒度 /mm
	+8mm	8～5mm	5～3mm	3～1mm	1～0.5mm	-0.5mm	
0	14.93	18.76	14.12	39.87	7.98	4.34	4.1
18	20.42	19.01	14.37	36.51	6.01	3.68	4.57
25	19.13	18.87	14.13	37.02	6.78	4.07	4.45

不同污泥喷加流量的混合料平均粒度见图 6-3。

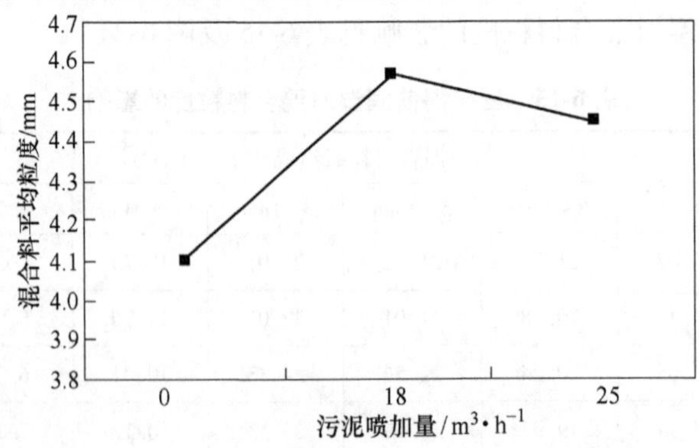

图 6-3　不同污泥喷加流量的混合料平均粒度

从表6-16及图6-3可以看出，在不考虑其他因素影响，单以混合料的粒度组成来看，随着污泥流量的加大，混合料中+8mm、8~5mm的粒级均有不同幅度的提高，污泥流量由0m³/h增加至18m³/h时，混合料中8~5mm部分上升0.25%，+8mm部分上升5.49%，混合料平均粒度上升0.47mm。污泥改善混合料的制粒效果明显，成球率上升。但污泥流量过高，混合机加水量减少、弱化加水的雾化效果。在污泥流量由18m³/h进一步增加至25m³/h时，混合料平均粒度反而有所降低。因此，污泥流量在18m³/h时，效果最佳。目前烧结各产线均实现炼钢污泥在线喷加。

b 炼钢污泥提前预消化生石灰

380m² 产线的炼钢污泥（污泥浓度25%左右）喷加位置设置生石灰下料点后，将生石灰消化提前了80s。消化引起的料温升高又促进生石灰的水化反应，减少了二混后“白点”现象，强化混合料制粒效果。

污泥促进生石灰消化前后混合料温度的变化见表6-17。

表6-17 污泥促进生石灰消化前后混合料温度的变化 （℃）

项目	原始物料	一混出料端	二混出料端	Z2-1头轮处
消化前	36.7	48.3	51.4	49.5
消化后	35.8	53.1	55.6	53.4
同比	-0.9	+4.8	+4.2	+3.9

注：环境温度32℃，生石灰配比为3.0%，返矿配比为30%。

D 圆筒混合机工艺参数对混匀制粒效果的影响

提高烧结混合料粒度是改善混合料透气性的重要因素，混合机工艺参数是决定混匀制粒效果的关键。同时，混合机内衬板是保持混合机工艺内型、稳定生产的重要环节。

a 1号300m² 产线混合机系统改造优化

2016年6月对1号300m² 产线的混合机系统进行了工艺性改造，一次混合机筒体由3.8m×14m改为4m×18m，二次混合筒体由4.4m×18m改为4.4m×22m。

通过混合系统改造前后的混合料制粒效果对比，平均粒度增加0.3mm左右（不同原料条件）；同期同步对比两台300m² 制粒效果，1号300m² 的为4.12mm，而未改造2号300m² 的仅为3.94mm，前者增加了0.18mm；与同样设备规格的360m² 烧结机混合料制粒效果对比，1号300m² 在较低上料情况下，其平均粒度改善幅度为0.67mm，比360m² 的高0.29mm。三个方面数据比较显示，此次的1号300m² 的混合机改造实现了改善制粒效果，达到了要求。

1号300m² 改造后和360m² 二混后混合料平均粒度见表6-18。

表 6-18　1 号 300m² 改造后和 360m² 二混后混合料平均粒度

二混后	现场检测平均粒度/mm					
	1	2	3	4	平均	增加
300m²（1 号）	3.99	4.32	4.18	4.38	4.22	0.67
360m²	4.10	3.94	4.46	4.08	4.15	0.29

b　混合机衬板选材与改进

圆筒混合机内表面易黏结，是长期困扰烧结的问题。理想的要求是，混合机内表面有一层较薄黏结料以防止磨损衬板，同时又不降低混匀制粒效果。因此，混合机衬板材质、结构形式尤为重要。

300m²、360m² 及 380m² 产线先后进行了橡胶、聚乙烯、含油尼龙、稀土含油尼龙、陶瓷等衬板材质应用，其中后两种能有效降低筒体粘料程度。

适宜的筋形与筋高，可延长混合料“螺旋”滚动运动的行程，延长有效混合制粒时间，提高混匀制粒效果，又不至于粘料过多。内衬的筋高由入料端至出料端需按一定的斜率变化，以促进混合料适当分级，实现大颗粒物料向外流动快、小颗粒相对滞留时间长的目的。另外，在入料端安装螺旋导料板，可以解决混合机根部积料问题，并改善制粒效果。

生产实践证明，380m² 产线的混合机衬板选型适宜，提高了混匀制粒效果。

E　适宜的生石灰配比

生石灰遇水被消化时，逐步形成一种极细的消石灰胶体颗粒，具有高分散性和大的比表面积。因而对于提高烧结混合料制粒效果有较大作用。

然而，生石灰配比需在适宜的范围内为宜，当烧结混合料中生石灰的配比过高时，烧结混合料的混合制粒效果反而有所下降。其主要原因是，由于烧结工艺配料混合的流程时间较短，部分生石灰难以充分消化，导致其不能发挥消石灰改善混匀造球的效果，部分被制粒过程包裹于混合料颗粒中的生石灰，在水分作用下继续消化反而会破坏已制成的混合料颗粒。

380m² 生产线进行了不同生石灰配比的生产试验，对烧结混合料粒级组成进行测定。

配加不同生石灰时物料混合后的粒级组成分布见表 6-19。

表 6-19　配加不同生石灰时物料混合后的粒级组成分布

生灰配比/%	混合料粒级组成/%						平均粒度/mm
	+8mm	8~5mm	5~3mm	3~1mm	1~0.50mm	-0.5mm	
0	13.34	15.71	15.98	23.48	12.37	19.12	3.59
1.5	12.62	19.71	24.68	21.38	8.76	12.85	4.03
2.0	13.92	20.38	26.87	21.02	6.57	11.24	4.26

续表 6-19

生灰配比/%	混合料粒级组成/%						平均粒度/mm
	+8mm	8~5mm	5~3mm	3~1mm	1~0.50mm	-0.5mm	
2.8	14.91	22.36	29.63	22.83	4.79	5.48	4.59
3.2	12.07	21.09	30.14	24.85	5.46	6.39	4.31
3.5	11.38	20.13	29.13	24.99	6.39	7.98	4.15

不同生石灰配比的混合料平均粒度见图 6-4。

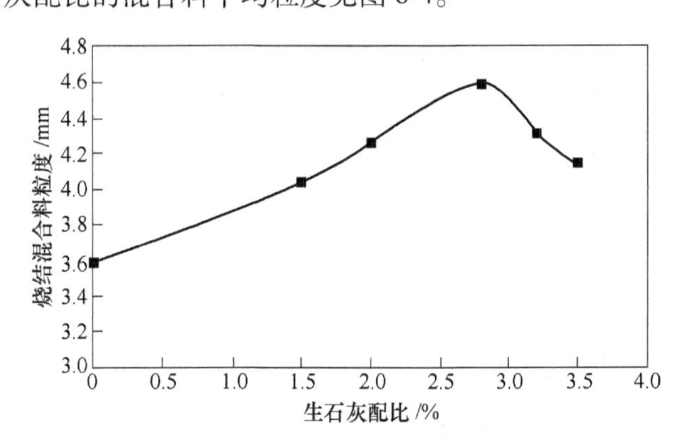

图 6-4 不同生石灰配比的混合料平均粒度

可以看出，生石灰配比为 2.8%时，混合料平均粒度最大，为 4.59mm，而且混合料中处于中间粒级的比例（1~8mm 含量达 74.82%）最高。因此，仅从混合料透气性角度考虑，生石灰配比为 2.8%时较为适宜，透气性最高。

目前在实际的正常厚料层生产中，结合降低燃料消耗和原料熔剂成本等因素，几条主要产线的生石灰配比基本设定在 3.0%的区间左右。

6.2.4 烧结技术管理

6.2.4.1 烧结点火技术

烧结点火的基本要求是使料层表面烧结料均匀着火，生成足够液相，使表层烧结料被良好黏结，实现自上而下的良好烧结。良好的点火质量对提高成品率、充分发挥烧结机生产能力、改善烧结矿质量、降低能耗均起着重要作用。大型烧结机高生产效率及优质低耗的特点对点火炉在烧嘴及耐火材料选择、炉型及热工设计和操作控制等方面提出一系列技术要求，以满足点火需要：适宜的点火温度、一定的点火时间、适宜的点火负压、充足的氧含量、沿台车宽度方向点火均匀。

A 马钢烧结点火煤气

煤气的组成决定了煤气的性质：易燃、易爆、易中毒并具有腐蚀性。马钢各类常见煤气性质见表 6-20、表 6-21。

表 6-20　马钢煤气的化学成分

名　称	化学符号	高炉煤气/%	焦炉煤气/%	转炉煤气/%
一氧化碳	CO	27~30	7	56.7~61.2
二氧化碳	CO_2	8~12	3~3.5	17.9~18.9
氮气	N_2	55~57	78	0.37~0.44
甲烷	CH_4		20~23	19.03~22.4
氢气	H_2	1.5~1.8	58~60	1.5
氧气	O_2	0.3	0.4	

表 6-21　马钢煤气的特性

性质、种类	高炉煤气	焦炉煤气	转炉煤气
发热值/$kJ \cdot m^{-3}$	3000~4400	16700~18800	
重量/$kg \cdot m^{-3}$	1.295	0.45~0.55	1.295~1.350
燃点温度/℃	700	650	700
理论燃烧温度/℃	1400	1880	1300~1400
爆炸范围（体积分数）/%	40~70	3~30	40~70
理论空气量/$m^3 \cdot m^{-3}$	0.75~0.85	3.6~4.0	0.70~0.85
特　性	无色无味、有剧毒、易燃易爆	无色有臭味、有剧毒、易燃易爆	无色无味、有剧毒、易燃易爆

B　马钢烧结点火炉炉型结构及特点

马钢 300m² 以上的烧结机多使用幕帘式点火炉。以 380m² 烧结机点火炉为例，其示意图如图 6-5 所示。

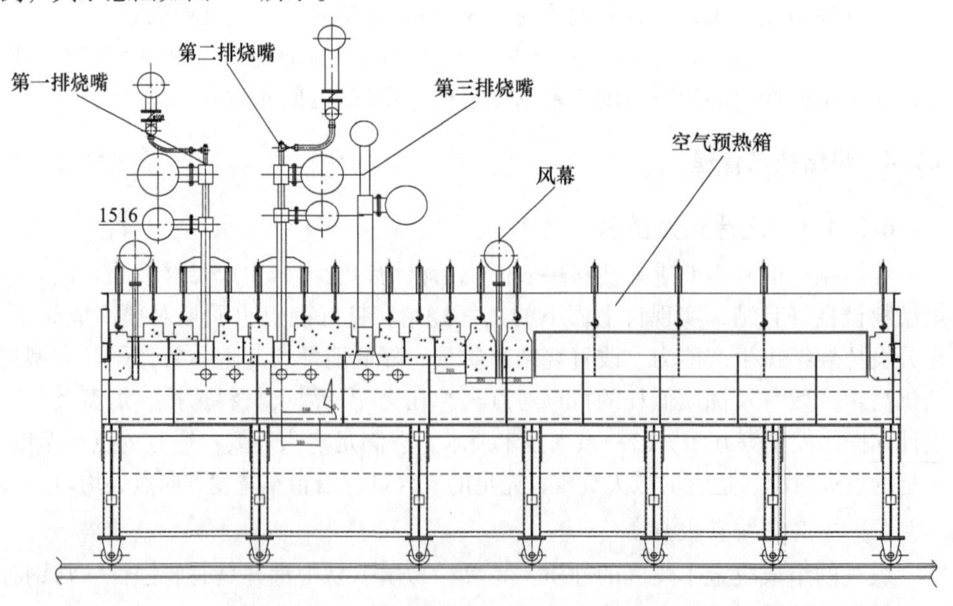

图 6-5　马钢 380m² 烧结机点火炉示意图

马钢 300m² 以上烧结机点火炉炉型结构及特点见表 6-22。

表 6-22　马钢 300m² 以上烧结机点火炉炉型结构及特点

产　线	形式	结　构	特　点	煤气消耗 /GJ · t(矿)$^{-1}$
300m² (2 号)	双斜式	两段式点火：采用焦炉煤气，双斜交叉烧嘴	混合型旋流烧嘴，燃烧稳定，调节比大	~0.056
300m² (1 号)	幕帘式	两段式点火：采用焦炉煤气，幕帘式烧嘴；点火炉的入、出口端设风幕；设置空气预热箱	符合厚料层烧结特点，具有横向点火更均匀、火焰短、炉膛高度降低、炉型小、更有利于节能的优点	~0.054
360m² (3 号)				~0.052
2×380m²				0.045~0.052

C　点火操作

适宜点火负压约为总管负压 50%~60%，点火温度控制在 1050~1150℃，点火时间 60s 左右。结合马钢烧结机生产实践，对点火参数进行合理控制，操作上提出以下具体要求：

(1) 台车宽度方向料面温度均匀。采用均匀布料、炉膛采用微负压的操作方法，通过烧嘴前阀门的良好调节，使宽度方向料面温度极差小于规定值，最高料面温度按规定的目标值调整。均匀点火的同时，不产生料面过熔现象，以提高料层透气性。

(2) 适宜的热工参数。在炉膛高度一定的情况下，通过煤气和空气的调整，使火焰最高温度落在料面附近。

(3) 足够的高温点火时间。保证 1min 左右料面温度高于 1050℃的持续时间。

(4) 加强边缘点火。围绕点火炉边部漏风，采取增加边缘烧嘴，以改善烧结点火。

(5) 低负压点火。低负压点火相较高负压点火的料层收缩少，混合料的原始透气性变差的幅度小，同时 1 号风箱向 2 号风箱"串风"少，有利于提高点火效果。

(6) 延长保温段。增强对表层烧结矿保温，提高表层烧结矿质量。

(7) 采用点火空气自预热技术。将助燃空气温度提高至 80℃以上，实现煤气点火能耗降低。

(8) 采用风幕隔热技术，减少点火段的热量损失。

马钢烧结机点火参数控制见表 6-23。

表 6-23　马钢烧结机点火参数控制

点火参数	控制范围	影　响　因　素
点火温度	(1100±50)℃	混合料水分低，含碳量大时可适当降低，反之则适当提高
点火时间	一般为 1min	机速的变动影响点火时间

续表 6-23

点火参数	控制范围	影响因素
点火强度	根据经验确定	受煤气品种和质量影响
点火深度	一般为 30~40mm	料层透气性好，抽风负压适当，点火深度增加，对烧结有利
点火器与料面距离	300~400mm	料层的厚度及煤气火焰的长度
空煤比	一般为 4：1~6：1	煤气发热值越高，要求空煤比越高

6.2.4.2 烧结布料技术

A 布料系统概述

烧结机布料系统由梭式布料器、混合料矿槽、辅门调整系统、圆辊给料机、九辊布料器（反射板)、松料器、平料板等设施组成。

烧结生产中影响布料的因素主要有：混合料水分、粒度组成变化、布料设备。烧结机布料，尤其是厚料层烧结布料，要求沿台车宽度方向混合料的粒度分布要合理，边缘效应要小；圆辊下料要均匀、稳定，防止“蹦料”；料层中，上中下各层混合料应具有各自合适的容积密度，即整个料层的偏析要适宜，以有效控制上中下部烧结速度，实现“均匀烧结”，在提高产量的同时获得良好的烧结矿质量。

B 布料操作

烧结机布料操作的技术要求见表 6-24。

表 6-24 烧结机布料操作的技术要求

布料的要求	布料的影响因素	布料作业的监控与操作
按规定的厚度布料，沿台车长度和宽度方向料面平整，无大的波浪和拉沟	混合料矿槽的料面、辅门开度、反射板和九辊的粘料及间隙、布料设施	布料和平料设施粘料及时清理；主辅门切出量稳定；矿槽料面平整、料位高度 60%~70%为宜，并合理控制梭式布料器在料仓两端的停留时间和行走时间；消除烧结机台车两侧“边缘效应”
沿台车的高度方向，混合料的粒度、成分分布合理，自上而下粒度逐渐变粗，含碳逐渐减少	混合料水分和粒度、反射板角度、九辊转速和辊距间隙	混合料水分控制在目标值；反射板角度 42°~45°，粒度合理偏析；九辊（反射板）磨损及时更换
布料具有一定的松散性，防止产生堆积和压紧。褐铁矿配比较高时，适当压料	布料设备的运行状况、粘料和卡料情况；布料、平料设备参数的匹配；铺底料厚度	平料和压料装置灵活，松料设施有效；辅门卡料及时清理；混合料水分稳定；平料器前宽度方向物料堆积均匀、适宜；铺底料料面平整

6.2.4.3 厚料层烧结技术

厚料层烧结技术有降低烧结能耗、改善烧结矿质量、促进烧结工艺过程良性循环等优点，是长期以来烧结生产的追求目标。

通过马钢多年来厚料层烧结的生产经验，厚料层烧结由于降低了机速和垂直烧结速度，延长了烧结料层在高温下的保持时间，有利于硅铝复合铁酸钙（SFCA）的生成，从而有利于提高烧结矿的强度和成品率，改善烧结矿质量。以此为切入点，进行设备优化改造、操作技术进步等，巩固和完善厚料层烧结生产的技术（表6-25）。

表6-25 2010~2016年马钢380m² 烧结机生产指标

年份	层厚 /mm	机速 /m·min⁻¹	入炉量 /万吨	烧结负压 /kPa	垂速 /mm·min⁻¹	转鼓 /%	返矿配比 /%	主轴电耗 /kW·h·t⁻¹
2010	885	2.05	736.77	-16.9	21.81	77.88	33.5	24.08
2011	892	1.93	726.72	-16.1	20.53	78.52	32.7	24.33
2012	901	1.83	710.53	-15.7	19.47	79.05	31.5	24.15
2013	898	1.75	735.37	-15.3	18.62	78.59	29.2	22.85
2014	893	1.67	665.16	-14.1	17.77	78.83	27.3	23.45
2015	897	1.63	732.54	-13.7	17.31	78.97	25.5	23.20
2016	910	1.59	740.97	-13.4	16.92	80.45	24.5	22.58

A 厚料层烧结工艺设备的优化改造

a 烧结台车加高加宽

烧结机台车栏板加高分两步进行。第一次由700mm增加至800mm（2007年3月），第二次由800mm增加至900mm（分别为2009年12月和2010年1月）。

改造前烧结机栏板正视图见图6-6。改造前烧结机栏板侧示图见图6-7。

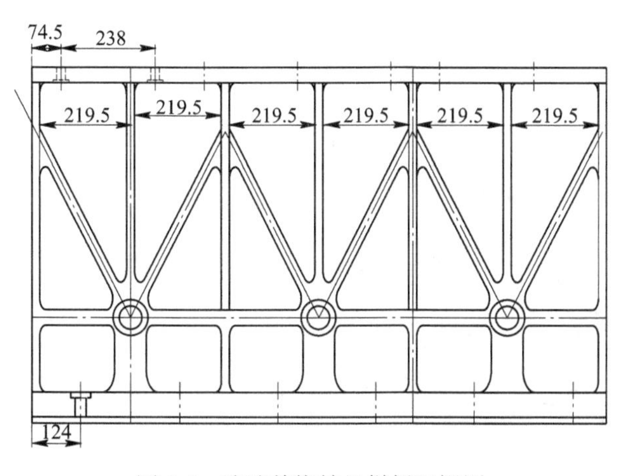

图6-6 改造前烧结机栏板正视图

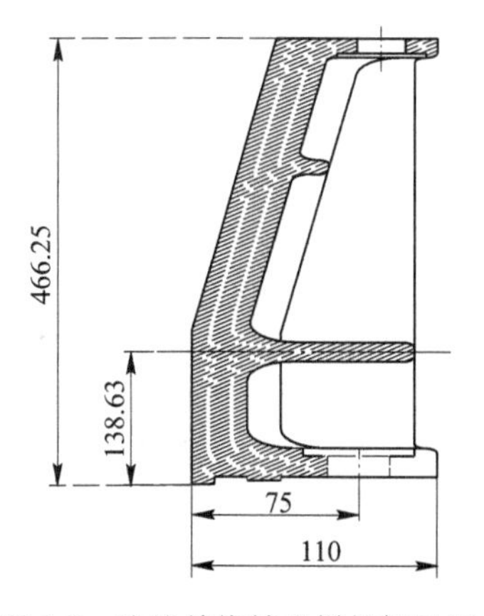

图6-7 改造前烧结机栏板侧示图

烧结机台车加宽是保持烧结机风箱、轨道及骨架不变，将烧结机台车两侧沿宽度方向向外分别扩宽 200mm，台车宽度由 4.5m 拓宽至 4.9m（未增加有效抽风烧结面积）。

改造后烧结机栏板示意图见图 6-8。

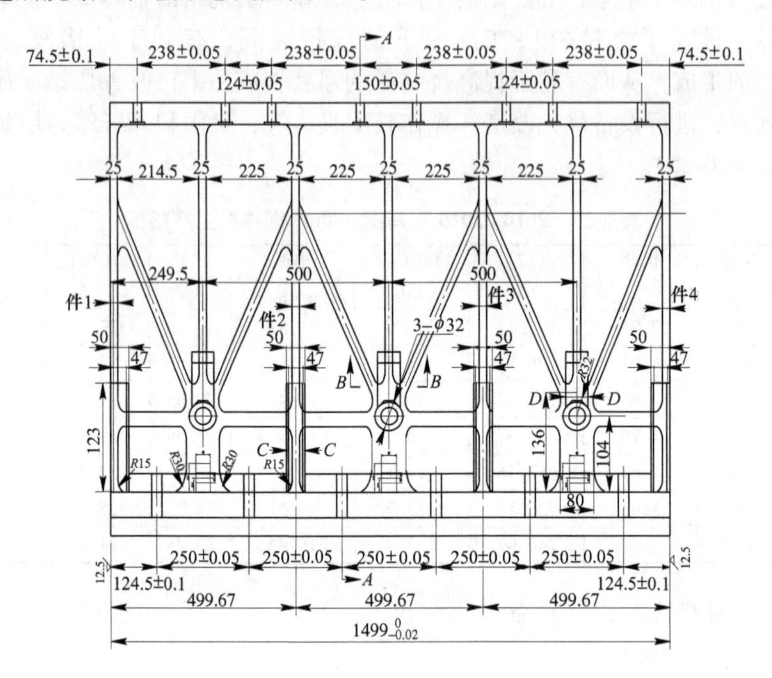

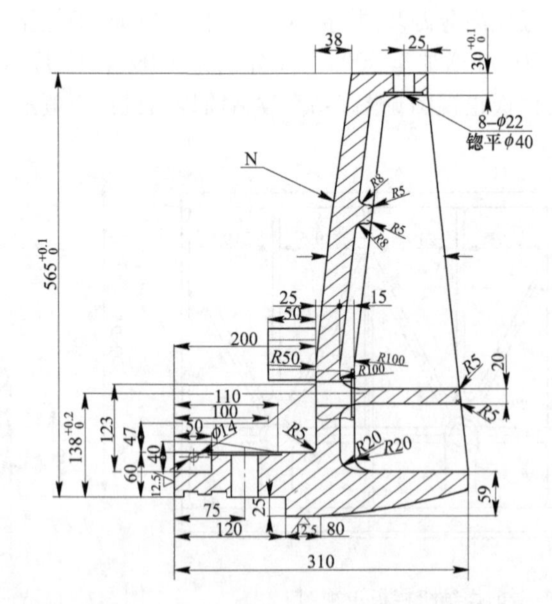

图 6-8　改造后烧结机栏板示意图

b　烧结机机头、机尾密封板改进

380m² 烧结机机头、机尾密封初期采用连杆重锤式结构，实际使用效果不佳，漏风严重。为此，在实施烧结机改造的同时，将烧结机机头、机尾密封改进为全金属弹性箱体密封装置。其中，尾部密封由原来的二道密封改为一道密封，密封盖板由原来的宽度方向 6 块改进为 5 块设计，对弹簧的弹性以及伸缩量进行了载荷模拟设计，并通过导杆进行行程限位控制；两端体与风箱进行对接焊接，侧面下箱体与基板之间采用波纹板挠性密封形式。总体上，减少了原密封装置的不足，密封效果明显改善。

烧结机机头、机尾原密封装置示意图见图 6-9。

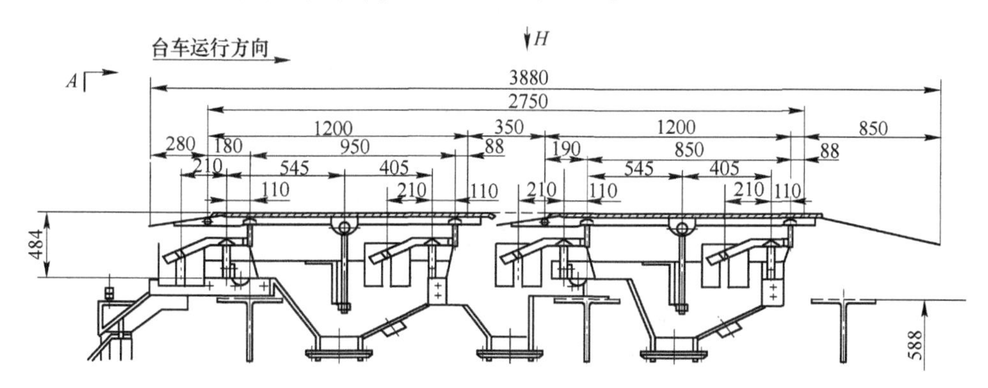

图 6-9　烧结机机头、机尾原密封装置示意图

改进后的烧结机机头、机尾全金属弹性箱体密封装置示意图见图 6-10。

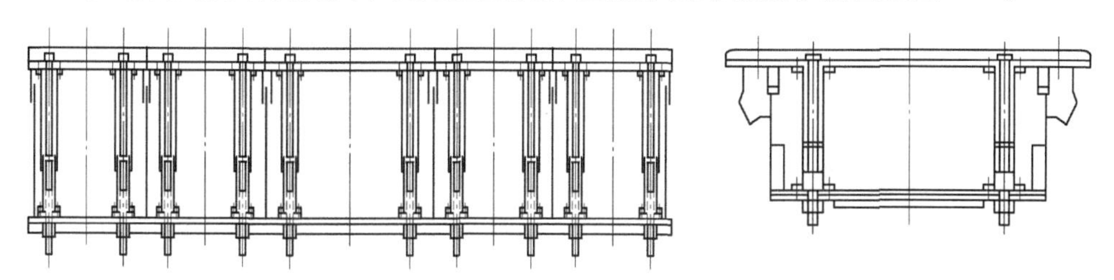

图 6-10　改进后的烧结机机头、机尾全金属弹性箱体密封装置示意图

c　点火炉改造升级

为了配合厚料层烧结，先后对两台点火炉进行了升级改造，由传统双斜式改为幕帘式，实现了 17%以上的煤气节能效果。

d　主抽变频改造

通过降低烧结机速和改善透气性等措施，烧结负压降低，烧结机两台主抽风机的风门开度长期处于 60%、40%，具备采用变频调节技术降低电耗的条件。2016 年先后对两台烧结机实施了主抽变频改造。采用变频调节后，通过变频调节电机转速实现节电效果20%以上，烧结负压相对降低1kPa左右，有效减少了烧结机漏风。

e　细粒物料配用设备的优化改造

生石灰配料存在配料装置喷灰导致配加不均匀的问题，降低了烧结混合料制粒效果和烧结矿碱度的稳定性。为了解决这一问题，自主设计了烧结干细粉料配料装置，有效改善了生石灰配料喷灰的问题；并将此技术推广运用到高炉瓦斯灰等细粒物料使用上，使烧结矿质量明显提升、环境明显改善。

生石灰配料装置的改造图见图6-11。

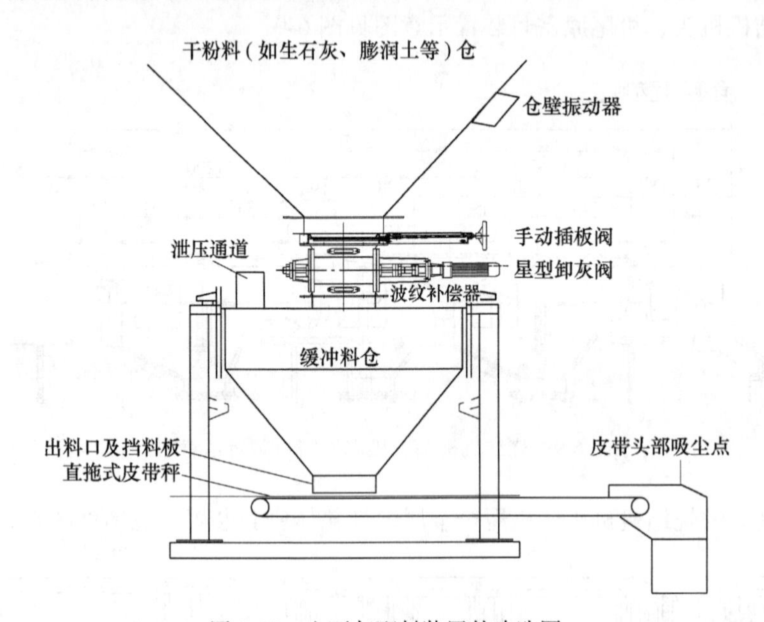

图6-11　生石灰配料装置的改造图

f　其他相关改造

通过优化铺底料摆动漏斗结构、改进松料器结构、原反射板改为九辊布料装置等，促进了厚料层条件下烧结均质性。

B　厚料层烧结的设备管理提升

重点围绕系统漏风治理，采取了以下措施。

a　建立烧结烟气含氧量在线监测系统

通过对烧结烟气含氧量在线监测系统进行数据统计分析，得出烧结主抽风机单位电耗（A）与烧结烟气含氧量（B）的对应关系：

$$A(\mathrm{kW\cdot h/t}) = 0.9032 \times B(\mathrm{O_2\%}) + 9.6689$$

烧结主抽风机单位电耗与漏风率（L_f）的对应关系：

$$A(\mathrm{kW\cdot h/t}) = 4.0523 \times L_f(\%) + 6.6541$$

根据以上关系，制定以烧结主风机单位电耗和烟气含氧量双数值预期干涉管理制度，当后 2 日的烟气含氧量数值比前 1 日上升持续超过 1.5%，进行状态跟踪；当后 2 日的烟气含氧量数值比前 1 日上升持续超过 1.5%，且主抽风机单位电耗上升超过 0.5kWh/t 时，安排专人查漏并对可在线堵漏的部位进行有效处理，无法在线处理的纳入定修。

b 建立相关设备的维修管理制度

通过优化烧结台车的合理维修周期，分别确定了台车箅条、隔热垫、栏板紧固、弹性滑板的检修更换标准；台车滑道、轨道进行周期调整或更换，适时分析干油润滑状况并及时调整；建立设备跟踪与维修档案，并以漏风状况作为检修与否的主要依据，对烧结系统的双层卸灰阀、风箱及烟道本体的漏风定期检查、跟踪，制定卸灰阀检修验收标准，强化检修质量管理。

理论和实践表明，厚料层烧结的工艺设备改造优化和管理进步，是实现厚料层烧结的基础支撑。

6.2.4.4 烧结风量分配技术

沿烧结机运行方向，烧结料层的透气性存在显著变化。如烧结机各风箱蝶阀开度不调整，沿烧结机运行长度方向的抽风动力基本一致，将会导致垂直烧结速度在整个烧结过程中随着烧结过程的逐步进行发生非常显著的变化。若能对烧结料面沿台车前进方向进行“风量再分配”，力求保证在烧结过程的不同阶段垂烧速度均在一个适宜的范围内，进而确保各个烧结段中料层有足够的高温保持时间和效率，将能使烧结生产得到深层次优化。

通过对马钢烧结机风量分配进行研究发现，烧结尾部及两侧风量过剩，一方面造成能源浪费，另一方面在实际生产操作中，主抽风门及风箱蝶阀开度调整频繁，对烧结过程稳定性产生影响。故采取“风量再分配”的技术措施。

A 依据和控制思路

在点火前，反映的是物料布料后的原始透气性；点火后一段时间，过程透气性稍变差，并维持一段时间相对不变；这段物料基本对应 1~4 号风箱，透气性属于中等水平；点火炉对应 1 号风箱，点火需要微负压。烧结料出点火炉后，随着烧结过程向料层下部的逐渐进行，热量逐渐富集、水分逐渐下移，烧结燃烧层和过湿层的影响将逐渐显著，过程透气性将逐渐恶化，直至过湿层最严重处，透气性最差导致烧结机中间段阻力最大，烧结速度受到抑制，不利于烧结效率的提升。在最严重的过湿层之后，过湿层逐渐变薄，透气性逐渐好转；过湿层消失后，透气性快速好转，直至烧结终点时，透气性达到最好。这段的快速烧结将使高温保持时间缩短，不利于烧结矿强度的提高。因此，风量合理分配控制思路是在透气性差的阶段采用较高抽风负压，而在过湿层消失后透气性较好阶段采用低负压烧结，以形成“低压、恒速、均风、超厚料层”烧结的操作模式。

B　具体控制方法

a　烧结机头部风箱控制

(1) 点火炉采取微负压控制。

(2) 1~4号风箱蝶阀开度分别控制在0%、20%、40%、60%。

(3) 1号、2号风箱蝶阀每隔2h远程打开一次（开度100%）再关闭，防止风箱集料。3号、4号风箱蝶阀每隔4h远程打开一次（开度100%）再关闭，防止风箱集料。

b　烧结机中部风箱控制

5号~14号风箱蝶阀开度均控制在100%。

c　烧结机中尾部风箱控制

(1) 15号~21号风箱蝶阀开度分别控制在80%、70%、60%、50%、40%、30%、0%。

(2) 最尾部21号风箱蝶阀每班每隔4h远程打开一次（开度100%）再关闭，防止风箱集料。

(3) 15号~20号风箱蝶阀每班班中远程打开一次（开度100%）再关闭，防止风箱集料。

(4) 当终点位置向后偏移时，将中后部15~21号风箱蝶阀远程全部打开，待终点位置向前移动到正常位置后，将调整的风箱蝶阀恢复到原开度；当终点位置向前偏移时，将中后部18号~21号风箱蝶阀远程全部关闭，待终点位置向后移动到正常位置后，将调整的风箱蝶阀恢复到原开度。

C　风量分配技术应用效果

以2×380m² 烧结机为例，通过对头尾部风箱蝶阀开度的合理控制，对烧结风量实现了风量再分配，实现宽度和长度方向的二维均风控制。对烧结风量进行优化后，烧结机前后段垂烧速度相对趋于靠拢，能达到一个比较良好的烧结效果：降慢了烧结机后半段垂烧速度，使烧结矿强度改善，转鼓指数比风量分配优化前上升了1.44%左右，烧结吨铁返粉降低32kg/t，烧结固耗及电耗均有所降低。并有效抑制了烧结机料面特别是后半段料面的严重工艺性漏风。风量分配前后生产数据对比见表6-26、图6-12、图6-13。

表6-26　380m² 烧结机风量优化前后生产指标

对比期	层厚 /mm	机速 /m·min⁻¹	烧结负压 /kPa	转鼓强度 /%	平均粒度 /mm	吨铁返粉 /kg·t⁻¹	固体燃耗 /kg·t⁻¹	电耗 /kW·h·t⁻¹
均风优化前	900	1.63	14.13	78.97	27.48	194	53.13	36.73
均风优化后	900	1.60	14.60	80.41	27.40	162	52.14	36.24
同比	0	-0.03	0.47	1.44	-0.08	-32	-0.99	-0.49

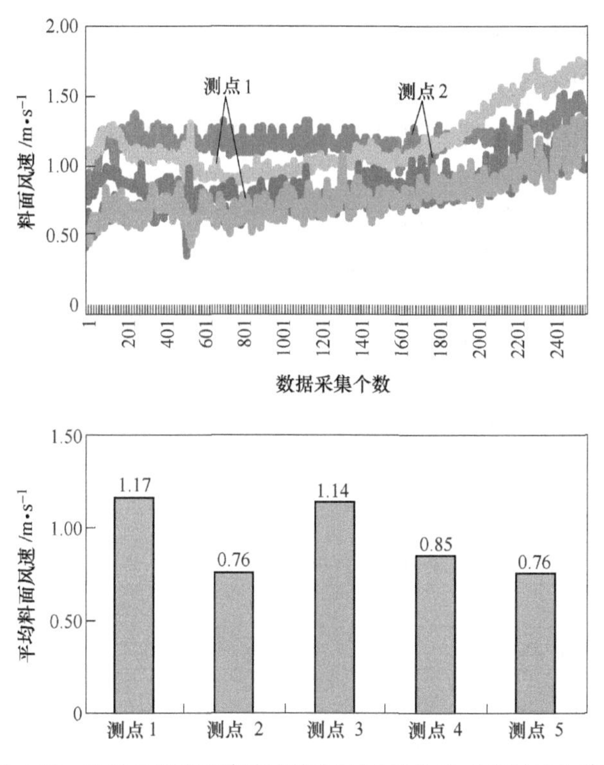

图 6-12 烧结机长度和宽度方向料面风速趋势（均风优化前）

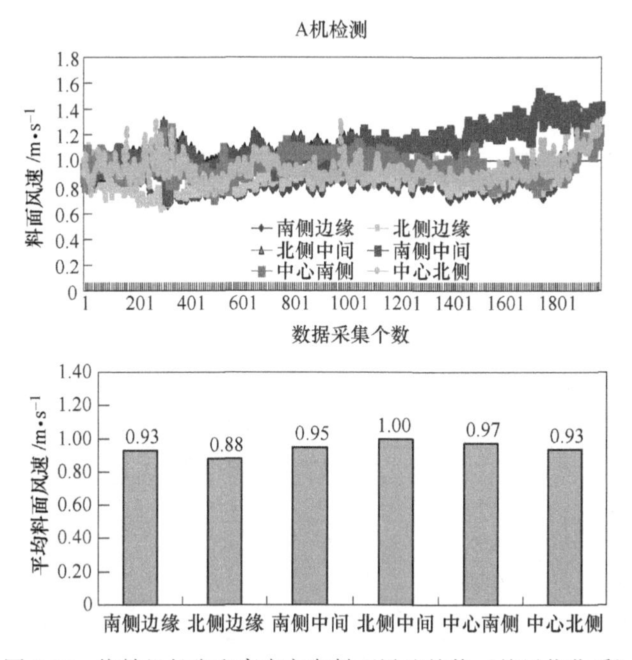

图 6-13 烧结机长度和宽度方向料面风速趋势（均风优化后）

6.2.4.5　均质烧结技术

A　均质烧结技术基础研究

马钢 380m² 烧结机在推广 900mm 厚料层烧结的基础上，进行了均质烧结技术基础研究。

a　混合料粒级与成分的分布

混合料上、中、下层粒度分布见表 6-27。

表 6-27　混合料上、中、下层粒度分布

序号	层次	混合料粒级/%								平均粒度/mm
		+6mm	6~5mm	5~3mm	3~1mm	1~0.5mm	0.5~0.26mm	0.26~0.1mm	-0.1mm	
1	上层	1.72	10.92	31.79	43.02	11.84	0.69	0.02	0	3.10
		12.64		74.81						
	中层	8.09	19.08	29.48	34.19	8.8	0.36	0	0	3.95
		27.17		63.67						
	下层	12.46	25.82	31.21	23.43	6.86	0.22	0	0	4.65
		38.28		54.64						
2	上层	7.19	19.64	31.07	31.63	10.06	0.33	0.07	0	3.92
		26.83		62.7						
	中层	13.26	22.8	29.45	27.77	6.5	0.18	0.04	0	4.55
		36.06		57.22						
	下层	12.4	23.98	31.66	25.99	5.67	0.23	0.07	0	4.59
		36.38		57.65						

可以看出，混合料中以 1~5mm 含量居多。其中+5mm 的含量中、下层高于上层。从平均粒度看，混合料的粒度呈：下层>中层>上层的分布，中、下层平均粒度较为接近。

b　化学成分与质量差异

混合料上、中、下层混合料化学成分见表 6-28。

表 6-28　混合料上、中、下层混合料化学成分

序号	层次	混合料化学成分/%				
		TFe	CaO	SiO_2	Al_2O_3	MgO
1	上层	48.66	10.66	4.5	1.56	2
	中层	48.74	10.26	4.65	1.59	1.91
	下层	50.87	9.21	5.21	1.61	1.56
	三层极差	2.21	1.45	0.71	0.05	0.44

续表 6-28

序号	层次	混合料化学成分/%				
		TFe	CaO	SiO_2	Al_2O_3	MgO
2	上层	48.39	11.08	4.33	1.47	1.84
	中层	48.9	9.87	4.34	1.4	1.58
	下层	48.9	9.93	4.85	1.48	1.6
	三层极差	0.51	1.21	0.52	0.08	0.26
3	上层	48.91	9.48	4.64	1.47	1.97
	中层	50.02	8.99	4.41	1.4	1.88
	下层	48.67	9.76	4.66	1.48	2.07
	三层极差	1.35	0.77	0.25	0.08	0.19

可见，由于混合料中的 SiO_2 在各层的极差（极差最大值仅 0.71%）小于 CaO（极差最大值为 1.45%），且总体上 SiO_2 呈自上而下逐渐增加的分布规律，CaO 遵循自上而下逐渐减少的分布规律。MgO 含量的分布规律与 CaO 相同。

混合料中 CaO、MgO 差异形成的主要原因：熔剂粒度相对（铁矿粉）偏细、堆密度较小，且部分未能成为黏附粒子与铁矿粉成球，易分布在上层；而在（反射板）偏析布料作用下，粒度相对较大、堆密度较大的大颗粒铁矿粉易于滚至料层下部，并使下层熔剂含量相对偏少。

c　烧结矿的粒级与转鼓强度的分布

台车上、中、下层烧结矿粒级组成及转鼓强度见表 6-29。

表 6-29　台车上、中、下层烧结矿粒级组成及转鼓强度

序号	层次	烧结矿粒级组成/%						平均粒度/mm	转鼓强度/%
		+40mm	40~25mm	25~16mm	16~10mm	10~6.3mm	-6.3mm		
1	上	15.73	17.09	19.27	19.37	12.12	16.41	21.12	68.80
	中	18.57	22.52	18.95	16.72	10.06	14.25	23.61	78.13
	下	25.72	18.5	16.92	15.6	9.7	13.55	25.14	78.93
	三层极差							4.02	10.13
2	上	19.25	16.11	20.14	18.2	10.56	15.74	22.38	68.53
	中	20.34	24.39	21.46	13.53	7.8	12.49	24.93	77.60
	下	26.27	31.89	18.24	10.43	5.58	7.59	28.84	78.93
	三层极差							6.46	10.40

注：烧结矿粒级组成为现场取样后实验室 2m 高落下 3 次后筛分测定，转鼓强度按 ISO 3271 标准测定。

可以看出，烧结矿平均粒度和转鼓强度呈下层>中层>上层的分布。其中，中下层转鼓强度比上层高10%左右，下层平均粒度较上层大4~6mm，较中层大1.5~3.9mm。下层烧结矿的大颗粒比上层多，细粒级（-6.3mm的粉末）比上层少，下层烧结矿粒级组成明显优于上层。上层烧结矿强度差的主要原因，与上层蓄热量少、热量不足、液相生成量少密切相关。

烧结矿粒级组成分布、平均粒级与转鼓强度在台车断面的上中下层的直观分布见图6-14。

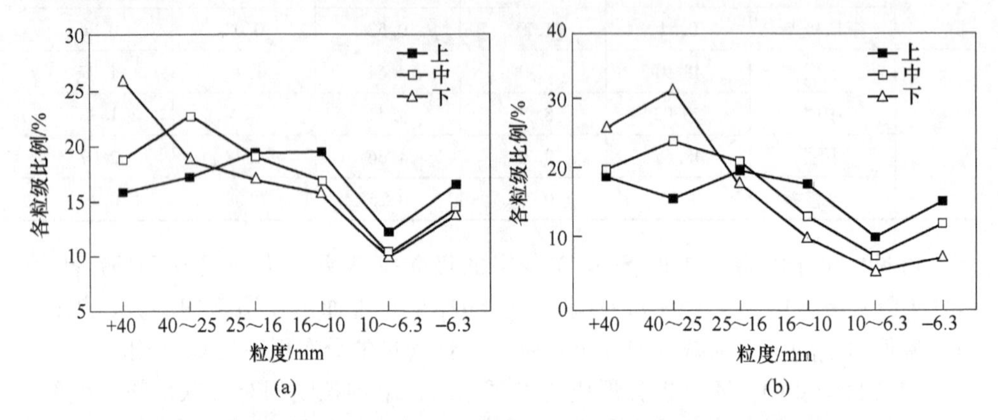

图6-14　烧结矿粒级组成分布、平均粒级与转鼓强度在台车断面的上中下层的直观分布
（a）第1次样各粒级比例；（b）第2次样粒级比例

烧结矿粒级比例、平均粒度与转鼓强度在上中下层的分布见图6-15。

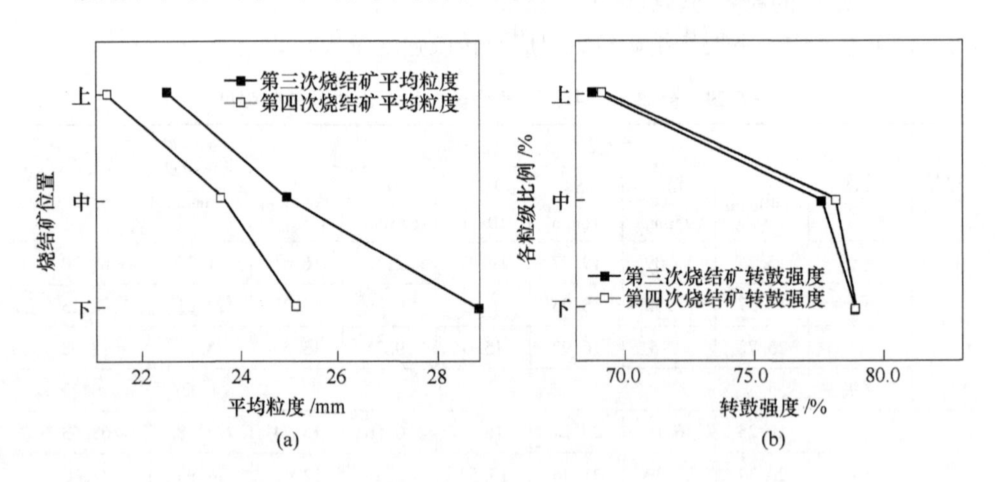

图6-15　烧结矿粒级比例、平均粒度与转鼓强度在上中下层的分布
（a）烧结矿平均粒度；（b）烧结矿转鼓强度

d　烧结矿化学成分

台车断面的上、中、下层烧结矿化学成分与R见表6-30。

表 6-30 台车断面的上、中、下层烧结矿化学成分与 *R*

序号	层次	化学成分/%						*R*
		TFe	FeO	CaO	SiO_2	Al_2O_3	MgO	
1	上	55.77	8.82	11.26	5.01	1.88	2.41	2.25
	中	56.16	9.90	10.57	5.04	2.00	2.35	2.10
	下	57.42	11.58	9.16	5.23	1.98	1.75	1.75
	三层极差	1.65	2.76	2.10	0.22	0.12	0.66	0.5
2	上	54.71	7.74	10.66	4.92	1.71	2.47	2.17
	中	57.77	7.43	10.26	5.09	2.08	2.41	2.02
	下	58.01	8.82	9.21	5.07	2.02	2.16	1.82
	三层极差	3.30	1.39	1.45	0.17	0.37	0.31	0.35
3	上	57.27	7.85	12.14	5.89	2.09	2.58	2.06
	中	57.79	6.77	10.90	5.50	2.28	2.45	1.98
	下	58.08	9.68	10.59	5.86	2.13	2.17	1.81
	三层极差	0.81	2.91	1.55	0.39	0.19	0.41	0.25
4	上	55.29	8.53	10.87	5.25	1.59	2.49	2.07
	中	55.97	7.05	10.42	5.25	1.41	2.44	1.98
	下	56.2	9.02	10.34	5.64	1.77	2.33	1.83
	三层极差	0.91	1.97	0.53	0.39	0.36	0.16	0.24

可以看出，各层烧结矿的成分有一定的偏析，其中 *R*、FeO 含量的层次变化呈现出一定的规律。

烧结矿 *R*、FeO 含量在台车断面的上、中、下层的直观分布见图 6-16。

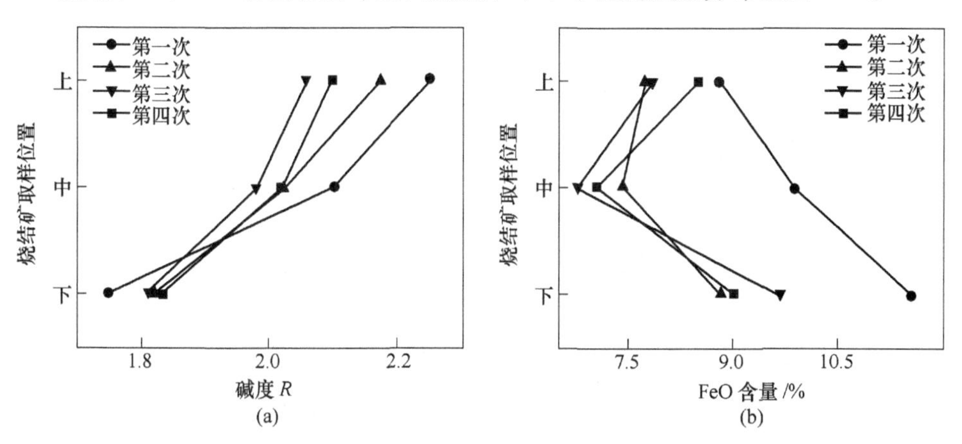

图 6-16 烧结矿 *R*、FeO 含量在台车断面的上、中、下层的直观分布

(a) 烧结矿 *R* 与位置关系；(b) 烧结矿中 FeO 含量与位置关系

综上可见，900mm 厚料层烧结时，台车断面烧结矿上、中、下层的 R、FeO 含量波动已超过正常生产的质量控制要求。分析其产生的原因主要为三个方面：布料器的偏析作用导致料层断面高度方向上产生粒度与成分偏析；烧结过程的蓄热作用导致料层断面高度方向上产生热量偏析而使 FeO 含量出现较大极差；物料中的大颗粒容易产生向下的偏析而导致产生粒度与成分偏析。因此，若对这三个方面实施改进，则有可能改变 900mm 厚料层断面的 R、FeO 含量分布，提高烧结矿的均质性能。

B　均质烧结技术的应用

通过研究表明，导致厚料层烧结矿上、中、下层质量差异的主要原因与混合料粒度以及布料引起的成分偏析、自动蓄热引起的热能分布不均密切相关。缩小质量差异、提高均质性需要从上述原因着手。

a　适宜的熔剂、燃料粒度

生产试验表明，在改变熔剂、燃料粒度后，各成分的三层极差均有缩小的趋势。其中，基准组 R 的极差为 0.21，而改变熔剂、燃料粒度后，R 极差最小值为 0.03；基准组 FeO 的极差为 2.51，而改变熔剂、燃料粒度后，FeO 极差最小值为 0.70。说明改变石灰石、固体燃料粒度，确有改善烧结矿均质性能的作用，且可以改善综合烧结指标。

烧结矿化学成分及各层极差见表 6-31。

表 6-31　烧结矿化学成分及各层极差

方　案	化学成分	化学成分/%						R
		TFe	FeO	SiO_2	CaO	Al_2O_3	MgO	
+3mm 比例：石灰石 20%、固体燃料 36%（基准）	上层	57.49	11.47	4.77	9.57	1.8	2.06	2.01
	中层	58.16	11.02	4.59	8.89	1.84	1.87	1.94
	下层	58.52	8.96	4.82	8.64	1.77	1.72	1.79
	三层极差	1.03	2.51	0.23	0.93	0.07	0.34	0.21
+3mm 比例：石灰石 20%、固体燃料 20%	上层	57.86	10.47	4.7	9.37	1.83	1.89	1.99
	中层	58.12	10.54	4.63	9.29	1.82	1.93	2.01
	下层	57.88	9.84	4.79	9.45	1.84	1.77	1.97
	三层极差	0.26	0.70	0.16	0.16	0.02	0.16	0.03
+3mm 比例：石灰石 25%、固体燃料 20%	上层	58.51	10.97	4.59	8.7	1.75	1.84	1.90
	中层	58.12	10.99	4.56	8.95	1.88	1.94	1.96
	下层	58.39	9.81	4.89	8.59	1.89	1.82	1.76
	三层极差	0.39	1.18	0.33	0.36	0.14	0.12	0.21
+3mm 比例：石灰石 30%、固体燃料 10%	上层	58.05	10.71	4.54	9.37	1.75	1.96	2.06
	中层	58.19	10.75	4.62	9.08	1.81	2.04	1.97
	下层	58.64	8.55	4.41	8.62	1.87	1.82	1.95
	三层极差	0.59	2.20	0.21	0.75	0.12	0.22	0.11

结合设备状况和工艺条件，马钢 380m² 烧结机厚料层烧结燃料粒度和灰石粒度控制目标要求：燃料-3mm 比例大于 80%；灰石-3mm 比例大于 85%。

b　适度优化九辊运行参数，实现有效偏析

根据 380m² 烧结机 900mm 厚料层原料原始物理特性，实时调整九辊布料装置的运行参数，促进厚料层条件下烧结均质性发展，进一步降低烧结固体燃耗、改善烧结矿质量。九辊通过较为长期的摸索，在九辊角度为 43°情况下，其运行赫兹数优化定为 34Hz，对比期较基准期的 δ_{nR}减小 0.0083，$\delta_{n\mathrm{FeO}}$减小 0.0303；运行实际效果分析比对来看，其降低固耗效果达到 0.2kg/t 左右，合理的偏析作用利于超厚料层烧结矿的均质性能的改善。

马钢 380m² 烧结机九辊优化运行赫兹数前后料层烧结矿 FeO 偏析情况见图 6-17。

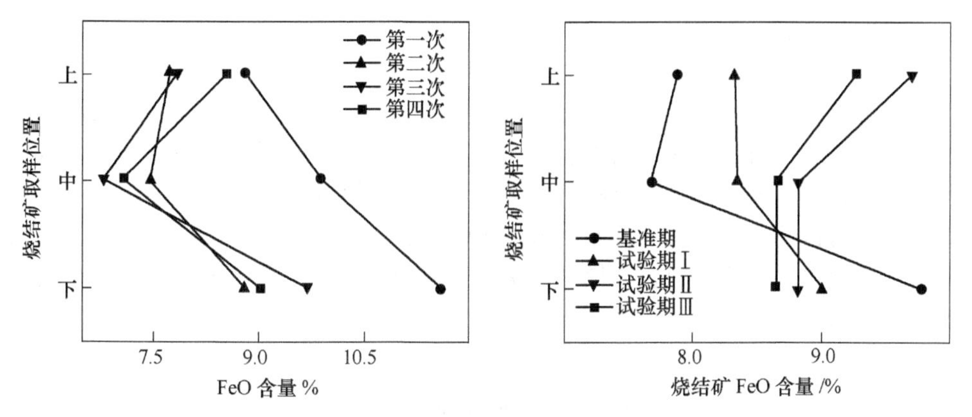

图 6-17　马钢 380m² 烧结机九辊优化运行赫兹数前后料层烧结矿 FeO 偏析情况

6.2.4.6　烧结终点稳定控制技术

烧结终点是烧结机操作的主要依据，是烧结过程的关键中间参数，直接关系到烧结矿各项物理、化学指标以及技术经济指标。烧结终点控制主要目标是将烧结终点有效地控制在最优设定位置附近，同时保证烧结终点的稳定和整个烧结面积的合理有效利用。烧结终点位置是由水平方向的台车运行速度和垂直方向的垂直燃烧速度共同决定。实际生产中烧结终点主要依靠烧结参数趋势结合人工经验进行控制，从现场或视频查看机尾矿层断面，辅以风箱温度棒条图，发现终点不正常时及时调节纠正，以正确控制烧结终点。

一般情况下，要保持烧结终点在设定位置附近，在垂直燃烧速度不变的情况下，可以通过调节烧结机机速来实现。然而，实际生产过程中往往要求物流的稳定性以及生产过程的平稳，烧结机操作尤其是大型烧结机在生产操作中应遵循“稳定”的原则，才能充分发挥其高产、优质和低耗的特点。因此要求烧结机速一段时间内稳定在某个水平，此时控制烧结终点位置只能依靠改变垂直烧结速度来实现。以 380m^2 烧结机操作为例，其终点温度控制思路及操作要点归纳如下：

（1）终点提前或滞后不大于 5min，判断为瞬时异常，不作处理，以免过度调节引发生产波动；终点提前或滞后不大于 5min，但原因明确不需处理（如暂时过度压料等）的，判断为一般异常，不作处理，以免过度调节引发生产波动；其他则判断为特殊异常。

（2）判断终点状态为特殊异常的处理原则：终点提前，关小主抽风门开度（主抽风机变频情况下则降低运转频率），提机速为最后手段；终点滞后，增大主抽风门开度（主抽风机变频情况下则提高运转频率），降机速为最后手段；仅靠调节机速难以控制终点时，则调整料层厚度及压入量。

（3）原则上机速、层厚不作调整（机速目标与高炉槽位进行匹配控制），仅作为特殊异常时的调整手段。机速调整时，调幅<0.10m/(min·次)，每次间隔时间 40min 以上。连续同向调整不超 2 次。

（4）针对操作中烧结终点的连续性变化不易察觉，以及反馈参数滞后，调整周期过长等难点，对混合料水分、料层厚度、风量、负压等异常引起的烧结终点变化，依据烧结机理变化情况，做到提前调整各项操作参数，缩短调整周期，及时扭转烧结过程的不利发展趋势，平衡水、碳、风等在烧结过程中的作用，争取在烧结物料发生变化的一开始就做到小幅度、提前性、多手段综合调整，从而避免发现异常后的长时间、大幅度调整，实现烧结过程的平稳过渡，使烧结终点维持在烧结终点风箱处。

烧结机操作调整要点归纳见表 6-32。

表 6-32　烧结机操作调整要点归纳

调整依据	调整手段
水分每波动±0.2%	以反方向调整主抽变频 1~3Hz
料层每波动±20mm	以同向调整主抽 1~3Hz
负压每波动±0.3~0.5kPa	正向调整主抽变频 1~3Hz、反向调整压入量 10mm
水分降低、料层上升、负压升高同时发生时	增大主抽变频 2~5Hz，同时降低机速 0.05~0.1m/min，及时恢复水分至目标值，并减慢泥辊转速，使压入量尽快恢复 20~30mm
水分升高、料层下降、负压降低同时发生时	减小主抽变频 2~5Hz，同时提高机速 0.05~0.1m/min，及时恢复水分至目标值，并加快泥辊转速，使压入量尽快恢复 20~30mm
负压连续 2h 以上大于 16.5kPa	降低机速 0.05~0.1m/min，生灰配比提高 0.2%，平料板不压料，同时根据情况将料层降至 880mm

以上操作应在各参数发生变化的初期便有针对性地做提前调整，在烧结过程未表现出恶化之前将各种不利趋势消除，实现烧结过程的平稳运行，达到烧结终点提前控制的目的。另外，以上操作调整也不可绝对化，应根据实际情况综合考虑、灵活应用。

6.2.4.7 负压匹配控制技术

烧结生产的核心是烧结机的抽风烧结过程，由烧结操作工（看火工和中控工）进行操作和控制，外在表现主要是烧结机表面布料平整度以及密实度、控制机速和抽风负压，使烧结过程正好在烧结机尾结束（即调节烧结终点）。烧结过程由于各种影响因素的不稳定性，操作工往往在布料层厚、机速、负压的控制和废气温度等重要参数的调整上掌握不住重点和操作的核心，有时盲目追求厚料层而导致烧结矿实物质量恶化。

结合长期积累的实际操作经验，进行分析总结，推行了一套能够直接指导操作者生产的标准操作法，将一些参数的适宜性标准值依据原燃料和装备工况等的变化进行量化，形成相关操作原则。

A 微负压点火

通过设置微负压装置，控制点火炉下方风箱负压，实现微负压点火（-10~0Pa），不出现火焰外喷和冷气吸入及火焰飘动的现象。烧结机微负压装置见图6-18。

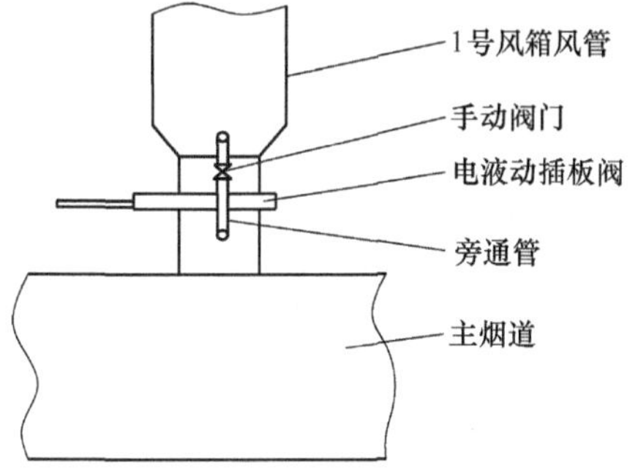

图 6-18 烧结机微负压装置

B 稳定点火炉炉膛压力

适宜的炉膛压力对烧结过程的稳定与否至关重要，物料的原始透气性和烧结过程将要发生变化时，都是最先通过膛压值反映出来。在实际生产操作中可以此指标来量化烧结料的原始透气性，并以此来判断水分和料层是否适宜。因此通过对膛压的预先控制，及时调整生产过程中的相关参数，可以减少烧结过程的波动。膛压波动的影响因素及对策见表6-33。

表 6-33 膛压波动的影响因素及对策

类别	原因	表 现	对 策
台面布料厚度波动	辅门卡大块或异物	大块造成台面压料时膛压上升，造成拉沟时膛压下降	联系看火工现场排除后将布料厚度调整至正常值，必要时停机进入混合料矿槽取出
	混合料水分波动	混合料水分偏大时，布料厚度相应自动变薄，膛压和点火温度下降，混合料矿槽料位缓涨；水分偏小时则相反	在其余操作参数一定且较为稳定的情况下，一般按水分控制目标值，并结合水分仪显示增减加水量2~3t/h
		在其余操作参数一定且较为稳定的情况下，混合料水分较大时，膛压下降；混合料水分较小时，膛压上升	查看混匀矿及混合料水分变化，一般按水分控制目标值增减加水量1~2t/h，遇雨季混匀矿水分过大时，减少污泥用量直至满足生产水分控制要求，必要时暂停混合机加水

续表 6-33

类别	原因	表现	对策
设备或系统流程故障、缺陷	台车炉箅条脱落或隔热垫缺损	膛压大幅下降	及时停机将炉箅条补齐或更换故障台车
	铺底料下料异常，铺底料变薄	膛压上升	检查铺底料矿槽料位变化、下料闸门处是否有大块，如有予以排除
	压料装置使用不当	压料过深或压料不足导致膛压超过目标控制范围	压料辊或平料板重新调整定位，直至膛压达到目标控制值
	微负压装置动作故障	长时间打开时，膛压大幅度下降	微负压装置正常打开时膛压会迅速下降，关闭后恢复正常值，过程控制可不做任何调整；因设备故障导致微负压装置打开后不能正常关闭，及时处理
其他	燃料下料异常	当燃料下料量超过设定值30%且持续时间在5min以上时，膛压迅速上升，甚至较长时间维持正压	切换燃料仓，关注机尾红火层厚度及大块情况，若大块黏附炉条且黏附面积在1/4以上，立即打水冷却；并关注至成品皮带矿温情况
	生石灰下料不稳定	膛压上升且持续高于目标控制值	调整布料厚度并对上料量、水分、机速等参数做匹配性调整，直至膛压达到目标控制值；及时排除生灰给料机故障使其正常运转
	数据显示失准	膛压无规则波动	现场及相关工序操作确认全部正常后，联系处理

C　以总管负压为核心，通过调节布料层厚保持负压基本稳定

（1）总管负压是烧结过程各种因素的综合反映。在以风为纲的烧结生产中，总管负压是操作的核心所在，在相对短的一个生产周期内，应保持负压基本稳定。

（2）生产过程中及时对操作参数进行动态调整，确保合适的风量和氧量满足生产，从而得到充分的氧化性气氛和合适的垂直烧结速度，依靠此二者来保证基本的烧结矿质量（气氛决定）和产量（速度决定）。当负压变高或变低时，要适时降低或提高布料层厚来保持负压基本稳定。总管负压会随着系统漏风逐渐加剧而下降，及时进行漏风治理。

（3）负压调整时应兼顾总管温度，使其保持在合理范围内。

（4）在保证层厚、负压和废气温度满足条件的前提下，寻找烧结机机速和配料上料量之间的一个平衡。烧结机速度在烧结过程中不随意调整。

6.2.4.8 烧结点火炉节能长寿技术

针对点火炉存在的能耗高、寿命短问题，马钢烧结机点火炉经过多年的持续攻关、改进，煤气消耗降低至最低 38MJ/t 的水平，同时点火炉实际应用寿命延长了 1 倍。

A 点火炉内采用气体幕墙隔离技术

在点火段与保温段之间通过鼓风形成一道气体幕墙将点火段与保温段隔离开来，确保点火段烟气不流失，同时为炉内补充空气，从而达到节约煤气的目的。

马钢 300m^2 烧结机点火炉原设计示意图见图 6-19。

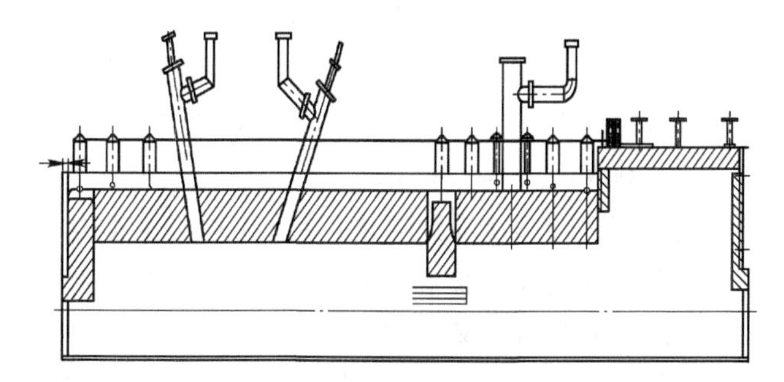

图 6-19 马钢 300m^2 烧结机点火炉原设计示意图

马钢 300m^2 烧结机点火炉改进后示意图见图 6-20。

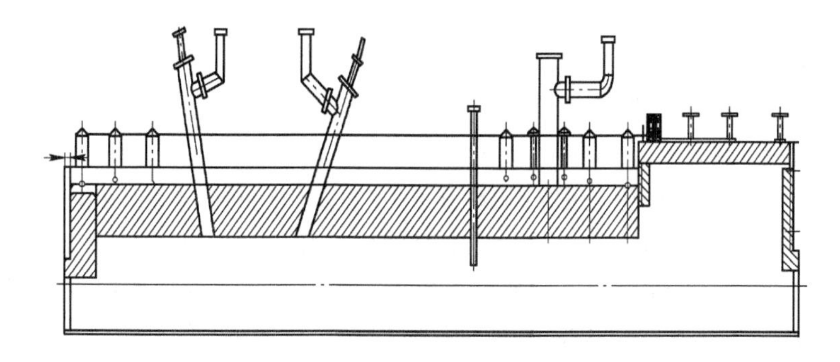

图 6-20 马钢 300m^2 烧结机点火炉改进后示意图

B 设置点火空气预热箱

在保温段设置点火空气预热箱，充分利用热能，提高点火空气温度，解决火嘴堵塞的问题。此技术从 2012 年 8 月 1 号 300m^2 点火炉改造开始实施，煤气流量由改造前 1900m^3/h 左右降低到 1100m^3/h 左右，同时很好地满足了料面点火要求。

1 号 300m^2 烧结机改造前后点火炉煤气消耗见表 6-34。

表 6-34 1 号 300m² 烧结机改造前后点火炉煤气消耗

煤气消耗	焦炉煤气/$m^3 \cdot t^{-1}$
改造前一年平均值	3.77
改造后一年平均值	2.60
两比	-1.17

C 选择适宜的喷补料和优化点火炉烘烤工艺，延长点火炉使用寿命

通过多年的工业生产试验，形成了马钢特有的点火炉喷补和烘烤工艺，提高了点火炉的使用寿命。具体做法是：彻底清除点火炉点火段的浸蚀料，特别是火嘴部分清理到见完好耐火材料为止，清理完全后，用喷补料在所有部位均匀喷补一遍，厚度控制在 50mm。喷好后由于涂层薄，只需在 150℃用引火棒烘烤 1h，300℃用火嘴烘烤 2h，600℃用火嘴烘烤 2h，然后正常投料生产 24h，将耐火材料烧结成型。通过此技术可进行多次喷涂烘烤，从而实现点火炉修复和长寿。

几条产线烧结机多次利用喷补长寿技术，已使用 5 年的 2 号 300m² 烧结机点火炉在 2008 年 11 月进行喷补后，又正常使用了 4 年时间。

2 号 300m² 烧结机点火炉炉顶温度检测见表 6-35。

表 6-35 2 号 300m² 烧结机点火炉炉顶温度检测

炉顶测温	1 号	2 号	3 号	4 号	5 号	6 号
喷补前温度/℃	114	188	240	130	140	130
喷补后温度/℃	120	125	110	128	130	110

6.2.4.9 混匀矿换堆控制技术

在混匀矿造堆过程中，堆头和堆尾料因偏析作用导致粒度及化学成分不稳定。加之匀矿成分检测的滞后性，烧结混匀矿换堆往往出现 R 以及 FeO 的波动，同时烧结过程的稳定性也较差。通过多年的摸索，改进了混匀矿换堆期间的生产组织和烧结操作，制定了《烧结混匀矿换堆操作预案》，严格按规范流程操作，特别是对适宜水碳的提前预判，在混匀矿质量没有改善的情况下，明显减少了混匀矿换堆过程的质量波动，促进了烧结过程的进一步稳定。

A 换堆控制技术

a 料头、料尾的生产组织

（1）当旧堆混匀矿余量接近 5000t 左右时，倒空 2 个选定的烧结匀矿配料矿槽（倒空过程停止进料），在倒空的同时，将剩余的匀矿矿槽料位控制在 50%左右。2 个矿槽倒空后及时联系进新料堆混匀矿，剩余正在切出的矿槽根据料位情况继续进老堆料。

（2）堆头过渡期匀矿圆盘（正常运转4个圆盘情况下）按2老带2新（或3老带1新）的方式运行，以减少新堆堆头料和老堆堆尾料的波动叠加。

（3）根据实际情况安排2台烧结机分开换堆，一个机先换，在换堆烧结矿成分出来后，另一烧结机再根据成分进行核料调整后进行换堆（换堆时间间隔3h左右）。

b 换堆期间的烧结操作

（1）依据新堆配矿性能制定适宜的配水配碳量。用统计分析的方法建立化学成分、粒度等参数与湿容量的关系，确定预测湿容量的数学表达式。采用偏最小二乘法统计分析软件，以化学成分、粒度等参数为自变量，湿容量为因变量，建立起配水配碳预测模型（定期根据历史生产数据公式进行回归更新分析）。

（2）混合料水分控制目标：

$$\text{混合料适宜水分}\ w=2.15+0.284\times s$$

$$\text{湿容量}\ s=8.197+0.049\times N_1+0.157\times N_2+1.128\times N_3-1.248\times N_4+0.489\times N_5$$

式中 N_1——匀矿<5mm所占比例，%；

N_2——匀矿0.5~1mm所占比例，%；

N_3——匀矿Al_2O_3含量，%；

N_4——匀矿MgO含量，%；

N_5——匀矿CaO含量，%。

（3）燃料配比控制目标：

$$\text{燃料配比}=2.093-0.0185\times N_6+0.0125\times N_1+0.1887\times IL+0.0647\times w$$

式中 N_6——匀矿FeO含量，%；

IL——匀矿烧损，%。

（4）混匀矿配料核算成分采用新、老堆成分配料重量的加权值进行核算。

（5）混匀矿换堆过程中，确保除尘灰、铁皮等小宗辅料小配比连续稳定配用，减少过程波动。

（6）根据换堆料的实际情况调整料层厚度和机速，保证烧结矿质量。料层厚度调整幅度在50mm以内。冬季生产时，生灰配比稳定在3.0%~3.5%范围内调整。

（7）内返矿、外返矿完成循环时应再进行配料复核。

（8）换堆过渡期间的烧结矿安排单独进仓。

B 换堆控制技术效果

预测和燃料比趋势见图6-21。堆前、堆中、堆尾烧结矿R控制偏差见图6-22。

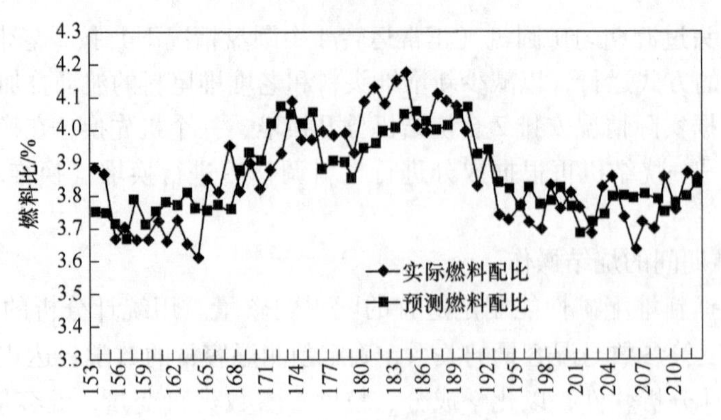

图 6-21 预测和燃料比趋势

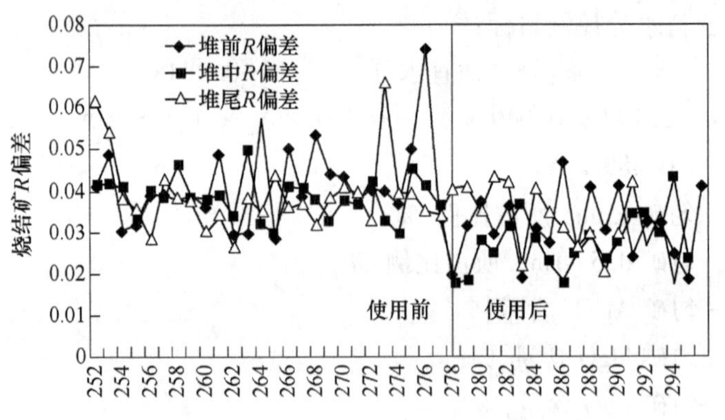

图 6-22 堆前、堆中、堆尾烧结矿 R 控制偏差

如图 6-23 所示，实施混匀矿换堆控制技术后，实际燃料配比与预测值较为吻合；从料头、料尾期间烧结终点温度、废气温度变化反映出烧结稳定性提高。

6.2.4.10 生产体检技术

烧结生产过程是一个时间短、速度快、影响因素多、变化快的复杂过程。烧结过程控制以及烧结矿质量的稳定与否直接影响高炉炉况的稳定顺行，为促进烧结过程控制水平和烧结矿质量的全面稳定提升，更好地服务高炉，烧结工序于 2014 年 7 月开始实行生产体检制度。总体对烧结工序的稳定性进行有效把控，同时对各体检参数的趋势进行判断分析，对波动因素进行研判和溯源，做到对问题的“对症下药”，强化预警以及预控调整，确保烧结过程的稳定和烧结矿实物质量的有效提升，为高炉炉况基本稳定顺行奠定基础。

A 烧结体检的主要内容

烧结过程的主要功能性参数可进行如下分类：第一类参数为烧结原料基础性能：配矿结构、各矿种的烧结常温及高温性能参数等，是烧结生产的基础；第二类参数为烧结与高炉的匹配要求：质量控制要求、入炉结构和用量、合理的机速等，是生产宏观控制的关键；第三类参数为烧结过程性参数：负压、终点及废气

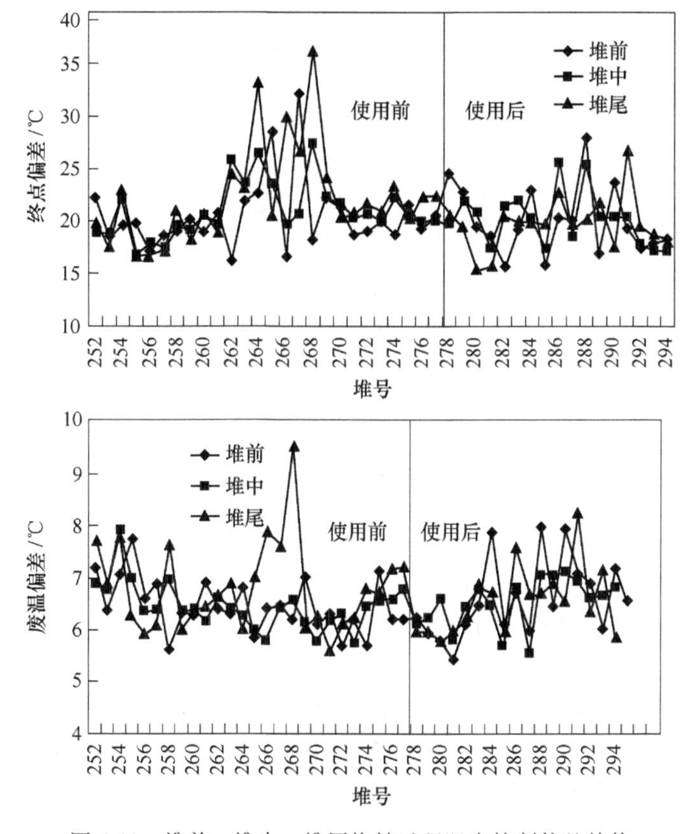

图 6-23 堆前、堆中、堆尾烧结过程温度控制偏差趋势

温度、温度控制的稳定性、水碳控制参数等，是烧结过程控制的核心。

根据上述三类参数设置 43 项体检指标并制定各项指标的上下限和预警范围，当指标超出预警范围进行预警，并进行干预和纠正。

B 烧结体检顺行指数设置

结合烧结经验和体检，设计烧结顺行指数，采取对标确定分值对经济技术指标、质量指标和烧结操作参数进行评价，并形成体检报告，同时采取相应措施形成闭环控制。

300m² 烧结机体检顺行指数评价见表 6-36。

表 6-36 300m² 烧结机体检顺行指数评价

序号	经济技术指标			质量指标		
	指标名称	单位	初始分值	指标名称	单位	初始分值
1	烧结矿产量	t	150	综合合格率	%	100
2	利用系数	$t/(m^2 \cdot h)$	50	综合一级品率	%	100
3	成品率	%	100	FeO±0.5	%	50

续表 6-36

序号	经济技术指标			质量指标		
	指标名称	单位	初始分值	指标名称	单位	初始分值
4	烧残率	%	50	FeO±1.0	%	100
5	作业率	%	150	FeO±1.5	%	100
6	内返率	%	50	转鼓指数	%	100
7	外返率	%	50	筛分指数	%	100
8	固体燃耗	kg/t	100	$R\pm0.08$	%	100
9	煤气单耗	MJ/t	50	$R\pm0.12$	%	100
10	生灰消耗	kg/t	50	SiO_2	%	50
11	电单耗	kWh/t	100	TFe	%	50
12	粉烧比	kg/t	100	$RDI_{-3.15}$	%	50
	合　计		1000	合　计		1000

C　烧结体检技术的要点

烧结体检方案的实行，与现行工艺纪律检查的实行有相似的地方，都是对实际生产过程一些参数指标进行查看评价，不同之处是体检评价更加全面、科学、直观和数据化。

一是在日体检基础上，开展周分析、月评价，形成烧结生产顺行评价长周期数据化体系。二是岗位自检与专业体检相结合，全员参与、全方位覆盖。三是重点细化关键工艺设备检查内容。

6.2.5　冷却技术管理

6.2.5.1　冷却

马钢冷却方式主要为鼓风冷却，料层厚度大于 1200mm，冷却时间长约 60min，冷却面积与烧结面积比为 0.9～1.2。冷却后热废气温度为 300～400℃，便于废气回收利用。

马钢冷却设备主要有两种，其中 300m^2 和 380m^2 烧结机采用带式冷却机，360m^2 和 90～105m^2 采用环式冷却机。带式冷却机和环式冷却机都是比较成熟的冷却设备，各有优缺点，环式冷机具有占地面积较小、厂房布置紧凑的优点；带式冷却机在冷却过程中能同时起到运输作用，对于多于两台烧结机的厂房，工艺便于布置，而且布料较均匀，密封结构简单。

6.2.5.2　影响冷却的因素

冷却风量按每吨烧结矿计，鼓风冷却为 2000～2200m^3，抽风冷却为 3500～4800m^3。图 6-24 所示为冷却风量与冷却时间关系，从图中可以看出，随着单位面积通过风量的增加，冷却速度加快，冷却时间缩短；另外，随着料层厚度增加，所需冷却时间延长。

从冷却风量、料层厚度与冷却时间的关系（见图 6-25）可以看出，冷却时间加长，每吨烧结矿冷却所需风量减少。因此，适当提高料层，扩大冷却面积，延长冷却时间，可以减少电费成本，排出废气的温度也有所提高，余热利用价值高，烧结矿的强度也能得到相应改善。

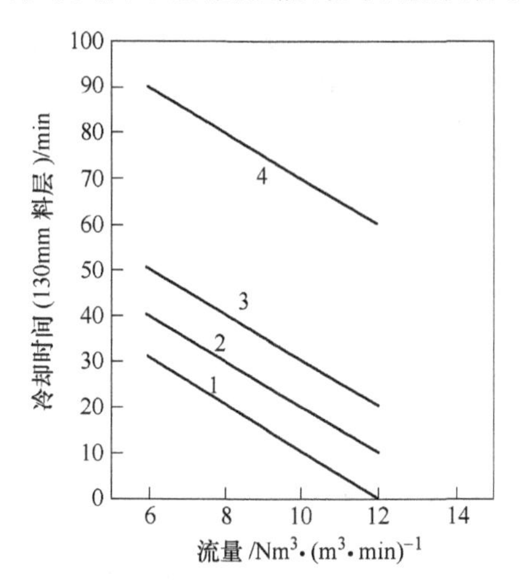

图 6-24 空气流量与冷却时间的关系

1—9.5mm 的烧结矿；2—>6.3mm 的烧结矿；3—>3.15mm 的烧结矿；4—未筛分的烧结矿

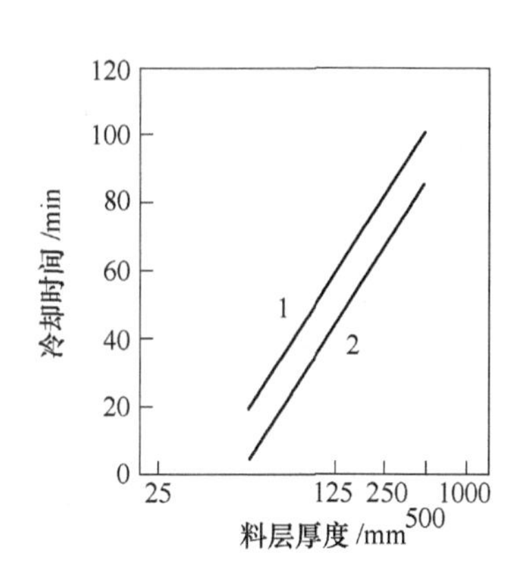

图 6-25 料层厚度与冷却时间的关系（>3mm 的烧结矿）

1—30.48m³/(m²·min)；2—60.96m³/(m²·min)

马钢烧结带冷机有 7 台鼓风机、环冷机有 5 台鼓风机。一般根据需要，带冷机考虑进料端两台鼓风机保持全开，并同发电引风机进行匹配控制风门开度；环冷机 1 号鼓风机与发电引风机进行风量匹配，控制风门开度。鼓风机开动台数根据成品烧结矿温度进行调整，一般温度低于 60℃ 考虑停一台鼓风机；高于 120℃ 增开一台鼓风机。

6.2.5.3 马钢带冷机的密封问题

A 带冷机上部密封

改进带冷机上部密封效果的方法有：

（1）在带冷机散热面上方，安装至少 3 个各自独立并带有烟囱的烟罩。

（2）在带冷机纵向方向，各个独立的烟罩之间覆盖柔性耐高温材料进行密封。

（3）在带冷机纵向方向的烟罩侧壁上，安装由柔性耐高温材料制成的挡片，该挡片的底部与带冷机侧壁接触形成柔性移动密封。

（4）在前部烟罩外部增加保温层，内部进行浇注料喷涂。

（5）通过上述方法，可使改善带冷机与烟罩之间密封效果，减少冷风从带冷机和烟罩之间的间隙进入烟罩，减少热损失，使烟气的热量得到充分利用，提高烧结余热发电量。

B　带冷机下部密封

传统的带冷机台车密封缺陷较多，台车与风箱间的密封形式一般都是单层密封，密封效果较差，台车侧面与风箱间隙过大，致使漏风严重，窜风也难以控制，且所用密封板弹力不足，密封效果不好，密封板寿命较短，更换不方便，结构相对复杂，成本也较高。通过改进后，采用双层密封板结构，直接将密封板与风箱箱体无缝接触配合，在台车两侧与风箱之间增设耐高温橡胶弹性体，依靠弹性体密封板的弹性变形达到密封效果，克服传统密封板的缺点，使其更加耐用和实用。同时产生机械迷宫密封效果，这种结构能极大地减少台车侧面漏风，密封效果较好。

6.2.5.4　新型环冷密封技术

重点介绍 360m² 烧结机采用的新型环冷密封技术——水密封。

目前国内外使用的环式冷却机主要采用橡胶件与环锥面接触密封，在制造及安装过程中，难以保证结构尺寸的精准，在长期运行过程中又不可避免地产生磨损和变形，导致密封效果下降，据统计，当前传统密封的环冷机漏风率平均为30%左右，导致配置的鼓风机装机容量偏大，且不利于冷却风余热利用。

马钢 2016 年 5 月投产的 360m² 烧结机，环冷机密封采用的是由水密封，降低了漏风率。

环冷机密封正视图见图 6-26。

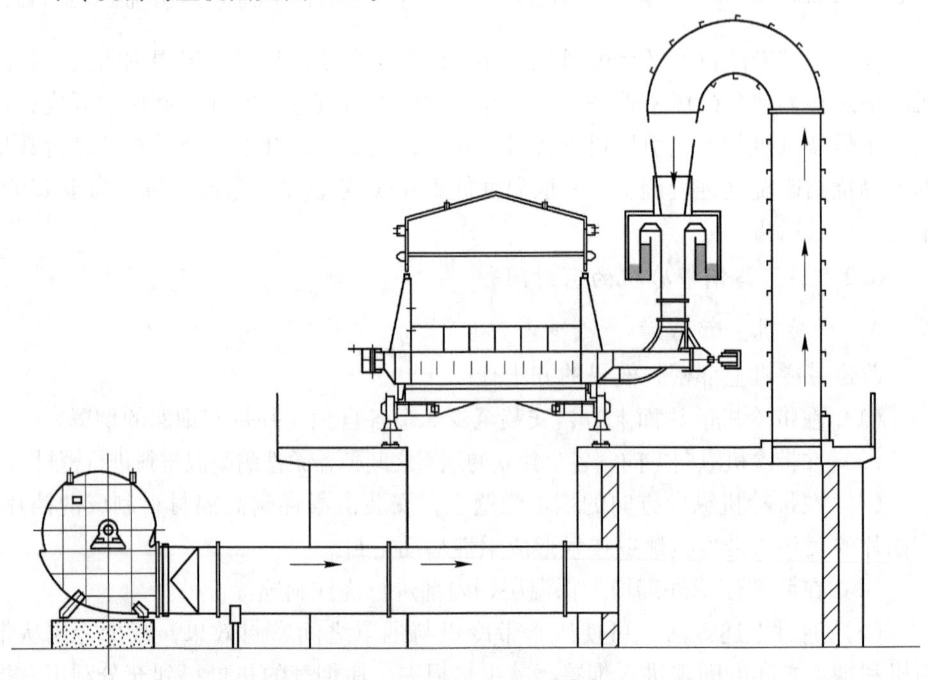

图 6-26　环冷机密封正视图

该台车密封为分体式结构，边角拐弯处采用一体成型，解决漏风散热的问题；与环冷机台车衔接采用钢板焊接或紧固螺纹连接，密封装置装在钢板外侧，钢板对密封装置起到一定的保护作用，密封装置对内起到密封的作用，现场安装维护方便，且具有密封效果好、寿命长等优点。

台车中间为高温的烧结矿，鼓风机产生的空气通过管道进入水密封装置，由于台车沿着轨道做圆周运动，鼓风机是固定不动的，通过水密封装置进行连接，进气风箱有连接板插入水密封的水箱，连接板在水箱里跟随台车运动，通过液压差来抵消内外气压差的平衡，同时起到密封作用。

以上两种密封形式组合应用于环冷机的台车上，使得该环冷机台车密封漏风率降低至5%以下，达到国内同行业领先水平，降低了风机能耗，对于节能降耗、减少大气污染有重要的意义。

6.2.6 整粒技术管理

6.2.6.1 马钢烧结整粒流程的发展

近年来，烧结各工艺环节变化最大的就是整粒，改变了原来长流程、设备多、皮带多的状况，设备上逐步替代为节能的棒条筛，趋向集中筛分。以 1 号 300m^2 烧结机为例，经过多次改造和优化，才形成相对合理的流程。1 号 300m^2 烧结机由于改造的场地问题和流程布置难度，与其他烧结机不同，筛分顺序依次为：5mm、20mm、10mm。

1 号 300m^2 烧结机投产初期为四道整粒工序（一次固定筛和双齿辊），3090 型偏心块式振动筛共 9 台（两用一备），单台功率达 90kW，在用 6 台设备总功率 540kW，整个系统存在能耗高、故障率高、战线长、管理不便等诸多缺陷，使用性能也不能满足工艺要求。后来经过短流程改造，选用 4 台 DJSF-200×530 型棒条振动筛，设备总功率 12.6×4＝50.4kW，大幅降低了电耗，改善了现场环境，设备故障率大大降低，筛分效率明显提高。

改造流程示意图见图 6-27。

目前 360m^2 烧结机和 380m^2 都采用了集中筛分模式，选用棒条筛实现双系列配置。在烧结铺底料的粒级组成方面，马钢也进行了一些研究和摸索。随着台车炉箅条状况好转，逐步降低大颗粒部分，现粒度组成为 10～16mm，部分产线改为 8～16mm，使粒度更加均匀，改进了铺底料效果，并能够改善烧结矿的粒级组成。

6.2.6.2 烧结矿粒级组成

近年来随着烧结技术进步，烧结矿粒级组成不断优化，特别是平均粒级组成增大，含粉降低。

5 台烧结机的粒级组成（2017 年 4 月）见表 6-37。

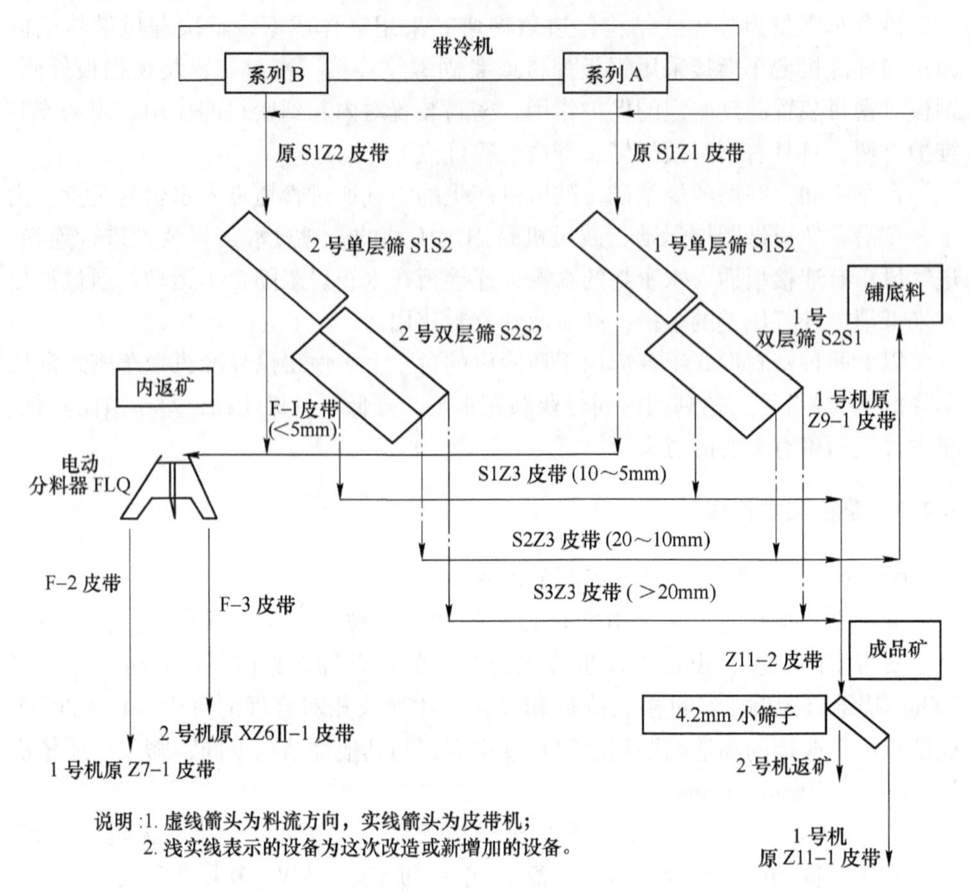

图 6-27　改造流程示意图

表 6-37　5 台烧结机的粒级组成（2017 年 4 月）

产　线	烧结矿粒级组成/%					平均粒径/mm
	<5mm	5~10mm	10~25mm	25~40mm	>40mm	
300m^{2}1 号机	4.08	17.91	51.83	18.22	7.95	19.00
300m^{2}2 号机	4.16	18.96	48.26	19.88	8.74	20.17
360m^2 机	2.56	17.79	45.62	22.07	11.96	21.76
380m^{2}A 机	2.1	11.08	40.03	16.95	29.85	27.81
380m^{2}B 机	2.09	10.91	40.12	16.98	29.9	27.85

6.2.6.3　烧结成品筛的管理实践

烧结成品整粒的效果，关键体现在烧结成品筛的管理上，以下为马钢成品筛管理要求。

（1）成品筛筛板使用周期为 6 个月以上。

（2）每月对内返筛下物进行筛分检测，特殊情况根据需要随时进行检测，并登记台账，作为更换筛子的重要依据。

（3）重点关注返矿筛，避免跑粗现象。一旦内返粒级大于5mm部分超过20%，考虑更换筛板。

（4）铺底料中大于20mm部分超过12%时考虑更换筛板。

（5）成品两个系列返矿筛板错开更换，避免烧结成品率出现大的波动。原则上相隔时间2个月以上（筛板质量问题除外）。

（6）每次检修，都要对筛板进行检查，并登记台账。

（7）每台筛子筛板建立台账，包括更换筛子时间、粒级检测记录、检修筛子检查情况、日常点检情况等。

（8）每次对筛板检查情况进行拍照、留档，作为成品筛管理的重要依据。

（9）筛板未达到使用周期，出现严重缺损、磨损严重等，造成返矿跑粗，向设备部门提出质量异议。

6.3 烧结工序产品质量管理

6.3.1 烧结矿质量管理技术要求

根据Q/MGB 231—2014《铁烧结矿》企业技术要求，马钢烧结矿技术要求见表6-38。

表6-38 马钢烧结矿技术要求

烧结机序列	品级	化学成分（质量分数）/%					物理性能		冶金性能	
		TFe	CaO/SiO_2	MgO	FeO	S	转鼓指数/%	筛分指数/%	$RDI_{+3.15mm}$/%	RI/%
		允许波动范围				≤	≥	<	≥	≥
$95m^2$ $105m^2$	一级品	±0.5	±0.08	±0.3	±1.0	0.06	73.0	6.5	60	65
	二级品	±1.0	±0.12	±0.5	±1.5	0.08	71.0	8.5	58	62
$300m^2$ $360m^2$	一级品	±0.5	±0.08	±0.3	±1.0	0.06	80.0	6.5	65	68
	二级品	±1.0	±0.12	±0.5	±1.5	0.08	78.0	8.5	60	65
$380m^2$	一级品	±0.5	±0.08	±0.3	±1.0	0.05	78.0	4.5	65	68
	二级品	±1.0	±0.12	±0.5	±1.5	0.06	77.5	5.0	60	65

6.3.2 烧结矿质量控制措施

6.3.2.1 烧结矿碱度的控制

不同的烧结矿碱度对烧结矿质量的影响：

低碱度条件下（<1.0），因 CaO 与 SiO_2 的亲和势大，易形成硅酸盐和钙铁橄榄石等黏结相，碱度小于 1.0 时，烧结矿中几乎不存在铁酸钙。

中低碱度时（~1.5），烧结矿矿物组成复杂，且易形成 $2CaO \cdot SiO_2$ 和玻璃质，冷却过程应力大，烧结矿强度低。

高碱度时（>1.8），形成强度良好的复合铁酸钙，烧结矿强度高、还原性好。

超高碱度时（>2.5），铁酸二钙增多，铁酸二钙强度低于铁酸一钙和复合铁酸钙，且矿化不完全的 CaO 影响烧结矿强度。

目前，马钢烧结矿碱度一般控制在 1.80~2.15。

2010~2016 年碱度趋势见图 6-28。

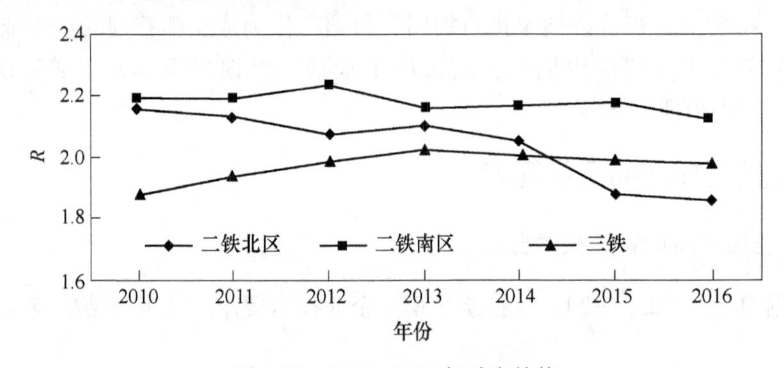

图 6-28　2010~2016 年碱度趋势

6.3.2.2　烧结矿 MgO 的控制

MgO 含量较高时，烧结矿中镁离子取代二价铁离子或进入磁铁矿晶格八面体中，有降低缺陷、稳定其存在的作用，使其难以氧化成赤铁矿，从而阻碍了铁酸盐矿物的生成。另外，云粉矿物熔点较高，反应性也较弱，不易反应完全，也将造成强度下降和燃耗升高。

低 MgO 烧结，一方面可以降低烧结熔剂消耗，降低熔剂采购的成本，提高转鼓强度和成品率，降低烧结固体燃耗；另一方面还可以提高炼铁综合入炉品位，减少渣铁比，促进炼铁降低燃料消耗，降低生产成本。

2017 年，$300m^2$ 产线烧结矿 MgO 为 1.9%，$105m^2$ 产线烧结矿 MgO 为 2.3%，$380m^2$ 产线烧结矿 MgO 为 1.85%。

$300m^2$ 产线低 MgO 烧结生产实例：2016 年进行了降低 MgO 烧结生产的攻关。通过高炉现场渣样试验分析可知，在炉渣 Al_2O_3 含量小于 18%的条件下，炉渣镁铝比降至 0.50 是能够满足高炉正常冶炼操作的。经过三次下调，3 月份烧结矿 MgO 由 2015 年的 2.3%降到了 1.90%，并一致稳定在这一水平。同时，通过下调烧结矿 R，增加烧结矿入炉比例；优化混匀矿配矿结构，降低烧结矿中的

Al_2O_3 至 2%以下等措施，高炉炉渣中的 Al_2O_3 基本稳定在 16%的目标值以下，镁铝比基本稳定在 0.50 以上的安全范围。

300m^2 产线烧结矿碱度、MgO 及高炉炉渣 MgO 变化趋势见图 6-29。

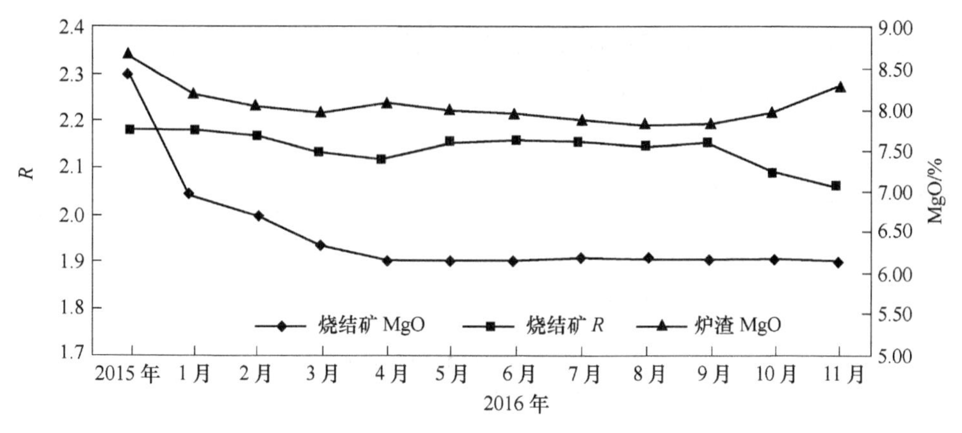

图 6-29 300m^2 产线烧结矿碱度、MgO 及高炉炉渣 MgO 变化趋势

6.3.2.3 烧结矿转鼓指数的控制

提高烧结矿转鼓指数的主要措施：

（1）提高料层厚度，降低烧结机机速，可使料层有足够的高温保持时间，混合料得以充分熔融，矿物结晶完整，烧结矿强度变好。

（2）生产高碱度烧结矿。由于高碱度烧结矿的特点是烧结矿的黏结相中以强度较好的铁酸钙为主，烧结矿质量得到明显改善。

（3）稳定水碳，合理控制烧结矿 FeO 的基准值和减小波动区间。

（4）优化配矿，通过不同的含铁原料合理搭配，使之具有良好的烧结性能。

（5）降低烧结矿 MgO 含量。据法国学者研究，氧化镁的含量每升高 1%，烧结矿转鼓强度将降低 2.5%。

（6）采用气体燃料强化烧结技术。在点火炉后的烧结料层表面吸入的空气中喷入气体燃料，气体燃料在烧结高温熔融层上部 600~750℃附近的位置氧化放热，减缓了烧结矿的冷却速度，提高了烧结高温区的保持时间，从而提高烧结矿强度。

6.3.2.4 烧结矿低温还原粉化指数的控制

如果烧结矿的低温还原粉化指数（RDI）指标差，会在高炉炉身上部严重粉化，造成高炉料柱的透气性恶化，从而影响高炉的顺行。$CaCl_2$ 溶液通过喷洒覆盖到烧结矿颗粒表面，并渗入烧结矿的孔隙或晶间裂纹中，水分蒸发后，$CaCl_2$ 晶体附着在烧结矿表面或填充于微观孔隙，形成薄膜，减缓了烧结矿在 450~

550℃的还原速度，有效改善了烧结矿低温还原粉化。

马钢300m² 以上烧结机均对烧结矿实施了 $CaCl_2$ 溶液喷洒，$RDI_{+3.15}$ 达到了75%以上，尤其是两条300m² 和360m² 产线的烧结矿经喷洒后，$RDI_{+3.15}$ 达到85%左右。

2015年以来，通过改善 $CaCl_2$ 溶液喷洒效果的攻关，取得了较好的效果：在固体 $CaCl_2$ 未增加的情况下，烧结矿RDI指标明显改善，$RDI_{+3.15}$ 由之前年平均73%以下，提高到85%以上。

6.3.3　烧结矿质量检验

6.3.3.1　烧结矿检验

马钢烧结矿检验项目与频次见表6-39。

表6-39　各产线检测项目及频次

产线	频度	检验或测定项目
95m² 105m²	1次/3h	化学成分：TFe、FeO、SiO_2、CaO、MgO、S、P等
	1次/8h	粒级组成：+40mm、40~25mm、25~10mm、10~5mm、-5mm
	1次/8h	转鼓指数TI
	1次/周	冶金性能：RI、RVI、$RDI_{+6.3}$、$RDI_{+3.15}$、$RDI_{-0.5}$
300m² 360m²	1次/2h	化学成分：TFe、FeO、SiO_2、CaO、MgO、S、P等
	1次/4h	粒级组成：+40mm、40~25mm、25~10mm、10~5mm、-5mm
	1次/4h	转鼓指数TI
	1次/(台·周)$^{-1}$	冶金性能：RI、RVI、$RDI_{+6.3}$、$RDI_{+3.15}$、$RDI_{-0.5}$
380m²	1次/3h	化学成分：TFe、FeO、SiO_2、CaO、MgO、S、P等
	1次/8h	粒级组成：+40mm、40~25mm、25~10mm、10~5mm、-5mm
	1次/8h	转鼓指数TI
	1次/(台·周)$^{-1}$	冶金性能：RI、RVI、$RDI_{+6.3}$、$RDI_{+3.15}$、$RDI_{-0.5}$

6.3.3.2　烧结矿取制样

300m² 产线、360m² 产线及380m² 产线烧结矿采用机械取样，105m² 产线采用人工取样。300m² 产线和360m² 产线区烧结矿取制样系统装备较为齐全、自动化程度较高。

烧结矿化学成分试样的取制样流程如图6-30所示。

烧结矿成分试样粒度要求小于120目，重量不少于150g，分装两个样袋（每个样袋重不少于75g），一份交检测中心化验，一份自留小备样。烧结矿冶金性能试样粒度要求10~12.5mm。

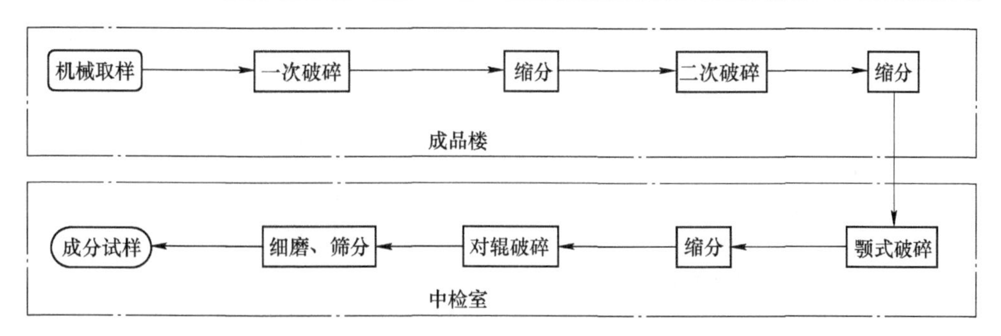

图 6-30　化学成分试样的机械取制样流程图

6.4　烧结预警预案管理

烧结预警指根据以往烧结生产的经验以及部分事故发生前的征兆，提前发出紧急信号，报告危险情况，以避免事故在不知情或准备不足的情况下发生，从而最大程度减轻危害所造成的损失的行为。烧结预案则是根据以往所发生的事故或经验，对潜在的或可能发生的突发事件的类别和影响程度事先制定应急处置方案。通过预警，然后采取相应的预案，能够避免事故的发生或把事故最小化，将损失降到最低。

烧结预警预案的管理主要是烧结矿质量预警、烧结矿保供预警以及雨季烧结生产组织管理等。

6.4.1　烧结矿质量预警管理

烧结矿占高炉入炉料的大部分，烧结矿质量对高炉生产影响很大，烧结矿质量预警管理对高炉生产相当重要。

烧结矿质量分为两部分——化学质量和物理质量，化学质量主要是碱度（R）、氧化亚铁（FeO）和氧化镁（MgO）等；物理质量则为转鼓指数和筛分指数（<5mm）等。

通过表 6-40 预警项目，根据烧结矿质量情况，及时采取相应措施，降低对高炉生产影响。

表 6-40　烧结矿质量预警项目和级别

产线	预 警 项 目	预警范围	预警级别
$105m^2$	1. 转鼓指数<71%； 2. 筛分指数>8.5%； 3. FeO 超过基准值±1.5%； 4. MgO 超过基准值±0.5%； 5. R 超过基准值±0.12； 6. 使用小粒烧时，高炉槽下返矿比>145kg/t；或停用时>215kg/t	单项指标出格	三级
		连续 3 批或 3 项指标出格	二级

续表 6-40

产线	预 警 项 目	预警范围	预警级别
$300m^2$、$360m^2$	1. 转鼓指数<79%； 2. 连续 2 批以上含粉率>5%； 3. <10mm 粒级含量>25%； 4. 粉烧比>200 kg/t； 5. FeO 超过基准值±1.5%； 6. 连续 2 批以上 *R* 超过基准值±0.12	单项出格	三级
		单项指标连续 2 批次（含粉率、*R* 连续 3 批次）出格	二级
		单项指标连续 3 批次（含粉率、*R* 连续 4 批次）出格	一级
$380m^2$	1. FeO 超过基准值±1.5%； 2. R 超过基准值±0.08； 3. 转鼓<78%	单机单批超限	三级
		单机连续两批超限	二级
		单机连续三批超限	一级
	吨铁含粉>220kg/tFe	单炉 1 日超限	三级
		单炉 2 日超限	二级
		单炉 3 日超限	一级

6.4.2　烧结矿保供预警管理（表 6-41）

表 6-41　烧结矿保供预警项目和级别

产线	预 警 项 目	预警范围	预警级别
$105m^2$	冷烧仓为 4～6 个，二道烧结矿 5～8 个仓/高炉。冷烧仓位处于 0～3 个为预警仓位	冷烧仓总量为 0～1 个	一级
		冷烧仓总量为 2～3 个	二级
$300m^2$、$360m^2$	高炉烧结矿总槽位处于 50%～70%之间为预警槽位区间：即 75～105m	75～85m	一级
		85～95m	二级
		95～105m	三级
$380m^2$	烧结矿单仓槽位	7～8m	三级
		6～7m	二级
		～6m	一级

6.4.3　雨季烧结生产组织管理

雨季对烧结生产影响较大，尤其是在连续的大雨天气情况下，匀矿含水量大，对进料及生产造成极大影响，为减少恶劣天气对生产影响，特制定了雨季进料组织与应急管理规定，见表 6-42。

表 6-42 雨季烧结生产组织内容

项目	作业内容
1	大雨前生产作业长与厂调联系，把配料匀矿仓全部打满
2	大雨前控制好返矿槽位及配比，下雨时尽量不要进汽运外返，防止返矿线因潮料堵漏斗
3	预排 2 个匀矿槽低料位备用进稀泥
4	进料时配混岗位工到矿槽顶观察来料情况，及时通报信息
5	配料工及中控、看火工密切关注混合料水分波动情况，及时调整
6	下大雨时，中控工适当控制减小上料量 20~40t/h
7	混合料矿槽保持低料位，发生异常停机，倒空烧结机上料皮带，防止皮带倒料发生
8	各岗位加强现场巡检频次，防止配混皮带打滑及倒料发生，皮带防雨罩要紧固好，对易打滑皮带全程监控
9	地下皮带，有潜水泵岗位要打开泵及时排水，防止被水淹没造成打滑停机
10	一旦出现喷料、打滑等事故，生产作业长根据等级启动抢修预案，及时汇报相关领导
11	当雨季时间较长，备用矿槽全部被稀泥装满，影响烧结生产时，必须有计划地放空一个矿槽内的稀泥，以便继续进料，保障生产

7 球团工艺与技术管理

7.1 球团工艺及设备

马钢现有链箅机—回转窑和竖炉两种酸性氧化球团生产方式。

马钢高炉于1999年开始使用自产球团矿，高炉配用自产球团矿前后的指标见表7-1[1]。目前高炉配用酸性球团矿的比例基本稳定在20%左右。

表7-1 配用自产球团矿前后高炉指标

时　间	利用系数 /t·(m²·d)⁻¹	入炉品位 /%	熟料率 /%	烧结占比 /%	球团占比 /%	毛焦比 /kg·t⁻¹
1999年1~12月	2.000	57.09	84.76	83.15	1.61	415
2000年1~12月	2.000	57.38	89.45	85.38	3.87	423
2001年1~6月	2.232	57.60	93.81	81.32	12.49	405
2001年10~11月	2.461	57.95	97.48	75.72	20.13	384

7.1.1 马钢球团技术的发展

1998年6月，原三铁厂因结构调整，淘汰落后产能，实施永久性停产；同时成立球团厂，筹建第一座8m^2竖炉生产线[2]，并于1999年8月中旬建成投产，同年10月达到了设计能力，球团矿质量满足2500m^3高炉的要求。2000年11月第二座8m^2竖炉生产线建成投产。2000年10月，公司对原第一烧结厂进行转产改造，改建两座8m^2竖炉球团生产线，于2001年7月建成投产。2004年5月原第一烧结厂3号（10m^2）竖炉投产。至此，马钢拥有5座竖炉，年产210万吨酸性氧化球团矿，主要经济技术指标达到国内同类炉型的先进水平。2005年3月，原第一烧结厂对1号、2号竖炉进行改造，有效焙烧面积由8m^2增加到10m^2。2007年对3号竖炉进行改造，有效焙烧面积由10m^2增加到16.2m^2，成为国内焙烧面积最大的竖炉。2014年再次对1号、2号竖炉进行第二次改造，有效焙烧面积由10m^2增加到14m^2。

2008年7月，原球团厂2号竖炉永久性停产。

链箅机—回转窑球团生产线是马钢新区两座4000m^3高炉的配套系统，于2007年8月建成投产。年设计产能150万吨，投产5个月后达到设计能力，2009年经过技术改造，年产能达200万吨。

7.1.2 竖炉、链箅机—回转窑工艺流程与特点

7.1.2.1 竖炉工艺流程

竖炉球团工艺流程，如图 7-1 所示。

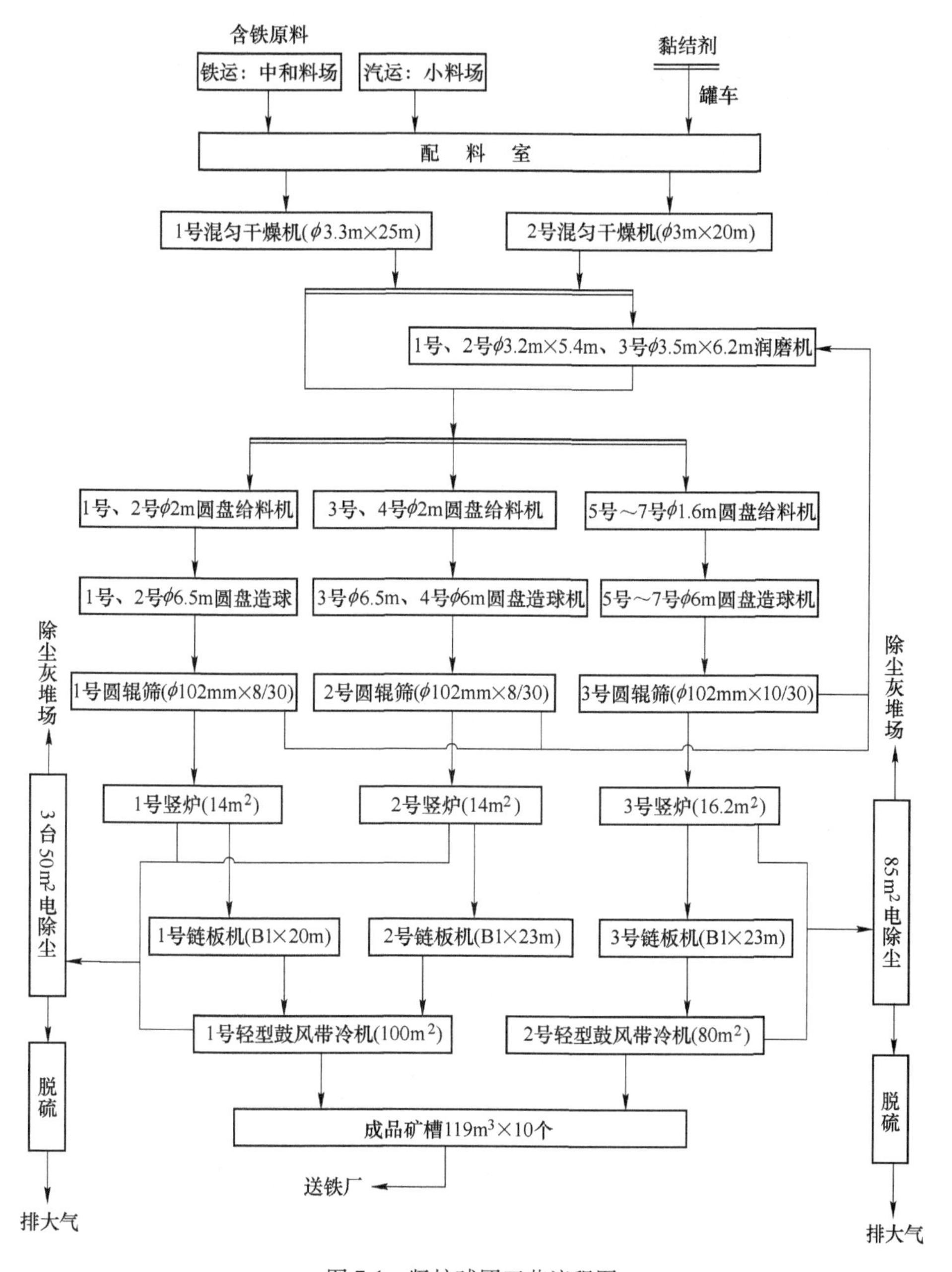

图 7-1 竖炉球团工艺流程图

7.1.2.2 竖炉工艺特点

工艺流程完善；配置了混合料润磨系统，润磨比约在55%；研制开发了新型生球圆辊筛，增设双道生球筛分工艺，使得圆辊筛能够筛除大块和大球，提高了圆辊筛的筛分效率，减少了入炉粉末，改善了竖炉透气性；自动化控制水平高，PLC系统实现全线电器设备的监控与数据管理；竖炉燃烧室煤气与空气的比例自动调节；计量上采用电子皮带秤，保证配料准确；配料精矿与黏结剂可自动控制；除尘、脱硫系统完善。

7.1.2.3 链算机—回转窑工艺流程

链算机—回转窑工艺流程，如图7-2所示。

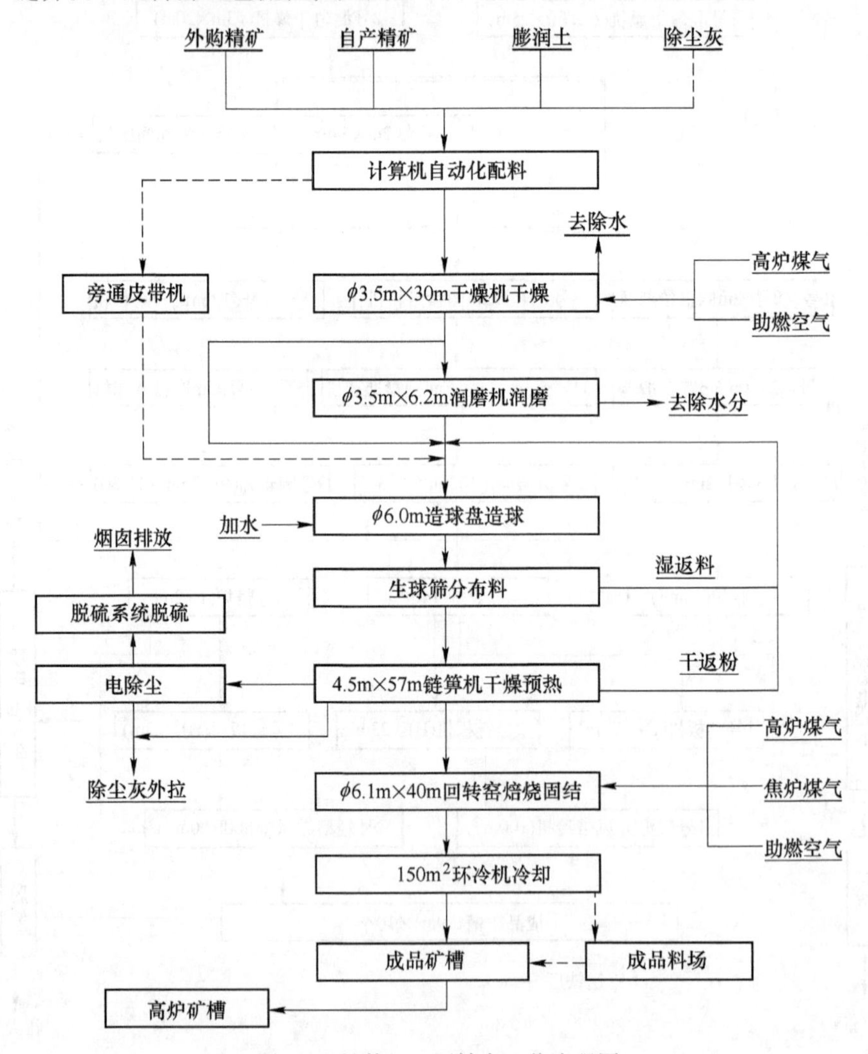

图7-2 链算机—回转窑工艺流程图

7.1.2.4 链箅机—回转窑工艺特点

混合料干燥混匀设有旁路系统；采用润磨工艺，润磨比约在55%；链箅机采用鼓风和抽风相结合的干燥工艺，改善干燥效果，减少生球在链箅机上的爆裂；摆动皮带采用周期变频技术，使得链箅机生球布料均匀；采用以PLC为核心的EIC系统控制，实现了分散控制和集中管理的分布式自动控制模式；气流循环系统与国内外先进流程相结合，并做相应改进，尽可能回收气体余热、降低能耗；除尘、脱硫系统完善。

7.1.3 竖炉、链箅机—回转窑工艺设备

7.1.3.1 竖炉设备规格

竖炉设备规格见表7-2。

表7-2 竖炉球团主要设备规格

工序	设备名称	规格型号	数量	设备最大能力	投产年月	备注
原料	卸车机	DXM	6台	500t/h	1号、3号机2015年，2号机2016年，4号机2005年，5号机2006年，6号机2007年	
	抓斗吊车	QZ-15	2台	400t/h	2号机2008年，4号机2011年	
		QD-5.5	3台	170t/h	1号机2004年，3号、5号机2005年	
配料	配料圆盘	1.6m	12台	80t/h	1~6号2001年，7~12号2004年	
烘润	烘干机	3.3m×25m	2台	250t/h	1号机2014年，2号机2017年	
	润磨机	RM3562	2台	90t/h	2号机2016年，3号机2006年	
		RM3254	1台	60t/h	1号机2003年	
造球	造球机	6.5m回转支承式	3台	80t/h	1号、3号机2014年	
		6m回转支承式	2台	70t/h	2号、6号机2016年	
		6m圆盘式	2台	56t/h	4号机2001年，5号机2004年，7号机2008年	
	圆辊筛	30辊筛	3台	140t/h	1号、2号筛2005年，3号筛2007年	

续表 7-2

工序	设备名称	规格型号	数量	设备最大能力	投产年月	备注
竖炉	布料车	梭式移动布料车	3 台	140t/h	1 号、2 号机 2014 年，3 号机 2015 年	
	小水梁	DN159×12 L=8320（3 号炉），DN159×12 L=7630（1 号、2 号炉）	27 根	—	更换周期 10 个月	
	大水梁	1048mm×1040mm×81800mm	3 组	—	1 号、2 号机 2016 年，3 号机 2015 年	
	齿辊	ϕ500mm×3m	3 台	60t/h	1 号、2 号机 2001 年，3 号机 2004 年	1 号、2 号机 9 辊，3 号机 10 辊
成品	链板机	链板机 B=1000	3 台	130t/h	1 号、2 号机 2014 年，3 号机 2007 年	
	带冷机	100m^2	1 台	250t/h	2014 年	
		60m^2	1 台	90t/h	2004 年	
	成品矿槽	119m^3	10 个	260t/个	2014 年	
除尘、脱硫	除尘器	30m^2	1 台	115000m^3/h	2003 年	
		50m^2	3 台	233000m^3/h	环境除尘 2001 年 1 号、2 号机 2014 年	
		85m^2	1 台	295000m^3/h	3 号机 2007 年	
	脱硫	SDA 旋转喷雾干燥半干法（F350 Niro），ϕ11.2m×12.5m，54 万 m^3/h	1 台	SO_2：6072t/a，粉尘：625.6t/a	1 号、2 号机 2015 年 10 月	
		SDA 旋转喷雾干燥半干法（F100）ϕ10m×12m，25 万 m^3/h	1 台	SO_2：2800t/a，粉尘：100t/a	3 号机 2015 年 5 月	
公辅	助燃风机	D700	3 台	2950r/m	1 号、2 号机 2001 年，3 号机 2005 年	
	冷却风机	D1200，D1400	3 台	2950r/m	1 号、2 号机 2014 年，3 号机 2005 年	1 号，2 号 D1200，3 号 D1400
	电气	6000V		74260kW · h/a	1 号、2 号机 2001 年，3 号机 2004 年	
	冷却水	ϕ500		工业净循环水：13.8998Mt/a，生活水：484.4kt/a	1 号、2 号机 2001 年，3 号机 2004 年	
	煤气	ϕ1600、ϕ700		高炉煤气：2453136GJ/a	1 号、2 号机 2001 年，3 号机 2004 年	

7.1.3.2 竖炉主要设备技术改进

竖炉球团设备技术改进见表 7-3~表 7-5。

表 7-3 1号、2号竖炉球团设备技术改进

主要装备	第一代	第二代	第三代
投产时间	2001 年	2005 年	2014 年
焙烧面积	$8m^2$	$10m^2$	$14m^2$
齿辊机	7 辊	8 辊	9 辊
大水梁	6080mm	6840mm	7600mm
造球机	造球盘 ϕ6000mm×600mm（4 台）	造球机 ϕ6000mm×680mm（4 台）	造球机 ϕ6000mm×680mm（4 台）
冷却风机	850 冷却风机 1 台	950 冷却风机 1 台	1200 冷却风机 1 台，950 冷却设备 1 台
助燃风机	700 助燃风机 1 台	700 助燃风机 1 台	850 助燃风机 1 台，950 助燃设备 1 台

表 7-4 3号竖炉球团设备技术改进

主要装备	第一代	第二代
投产时间	2004 年	2007 年
焙烧面积	$10m^2$	$16.2m^2$
齿辊机	8 辊	10 辊
大水梁	6840mm	8316mm
造球机	造球盘 ϕ6000mm×600mm（2 台）	造球机 ϕ6000mm×680mm（3 台）
冷却风机	850 冷却风机 1 台	1400 冷却风机 1 台，1200 冷却风机备用 1 台
助燃风机	750 助燃风机 1 台	850 助燃风机 1 台，750 助燃备用 1 台

表 7-5 球团公辅主要设备技术改进

主要装备	第一代	第二代	第三代
投产时间	2001 年	2004 年	2014~2017 年
烘干混匀机	3m×25m	3m×25m、3m×20m 各一台	3.3m×25m、3.3m×24.5m 各一台
润磨机	2 台 RM3254	2 台 RM3562、1 台 RM3254	2 台 RM3562、1 台 RM3254

7.1.3.3 链算机—回转窑设备概况

链算机—回转窑生产线主要有烘干机、润磨机、造球机、布料设施、链算机、回转窑、环冷机及其他一些附属设备。

7.1.3.4 链算机—回转窑设备规格

链算机—回转窑设备规格见表 7-6。

表 7-6 链箅机—回转窑主要设备参数

区域	设备名称	规格型号	数量	设备最大能力	投产年月
原料	卸车机	DXM	5 台	500t/h	4 号机 2015 年，5 号机 2016 年，1 号、2 号、3 号机均为 2007 年
	卸料机渡车	XD-00	1 台	100t	2007 年
	抓斗行车	QZ50	4 台	500t/h	2007 年
	仓顶除尘器	DMC-36-00	3 台	风量 $8000m^3/h$	2007 年
	配料圆盘	1.6m	6 台	80t/h	2007 年
	烘干机	3.5m×30m	1 台	330t/h，原设计 270 t/h	2007 年
	润磨机	RM3562	2 台	90t/h	2007 年
造球	造球机	6m 圆盘式	10 台	56t/h	2007 年
	圆辊筛	21 辊筛（ϕ119mm×10 根，ϕ127mm×11 根）	10 台	140t/h	2007 年
	摆动皮带机	B1400	1 台	395t/h	2007 年
	宽皮带机	B4750	1 条	395t/h	2007 年
	辊式布料器	ϕ142×4750，24 根筛辊	1 台	400t/h	2007 年
链回环	链箅机	4.5×57m	1 台	输出扭矩 240kN · m×2	2007 年
	回转窑	ϕ6100mm×40000mm	1 台	315t/h	2007 年
	环冷机	$150m^2$	1 台	310t/h	2007 年
成品	成品矿槽	$240m^3$	8 个	500t/个	2007 年
高压风机	回热风机	1 号：W6-2×29-No. 29F（左） 2 号：W6-2×29-No. 29F（右）	2 台	$6000m^3/min$，全压：6000Pa	2007 年
	鼓干风机	Y4-2×73-14No. 20. 2F	1 台	$420000m^3/h$，全压：3200Pa	2007 年
	环冷机 1 号冷却风机	G4-73-11No. 15. 5D	1 台	$3300m^3/min$，全压：6000Pa	2007 年
	环冷机 2 号冷却风机	G4-73-11No. 15. 0D	1 台	$2600m^3/min$，全压：5500Pa	2007 年
	环冷机 3 号冷却风机	G4-73-11No. 15. 5D	1 台	$2600m^3/min$，全压：5500Pa	2007 年
	环冷机 4 号冷却风机	G4-73-11No. 14. 0D	1 台	$2600m^3/min$，全压：4500Pa	2007 年
	主抽风机	Y4-2×80No. 28. 5F	1 台	$15000m^3/min$，全压：5500Pa	2007 年

续表 7-6

区域	设备名称	规格型号	数量	设备最大能力	投产年月
除尘器	主抽除尘器	$240m^2$	1台	$15000m^3/min$	2007年
	多管除尘器		2台	每台处理风量 $6000m^3/min$	2007年
	环境除尘器	$40m^2$	1台	$180000m^3/h$	2007年
公辅	冷却水	ϕ600mm		消耗工业净水：15956t/a，生活水：9250kt/a	
	高炉煤气	ϕ1000mm		1316607GJ/a	
	焦炉煤气	ϕ1200mm		110236GJ/a	
	电气	10kV		82.3GW·h/a	
脱硫	链箅机—回转窑脱硫	石灰石—石膏法脱硫	1条	$561836m^3/h$（标况）	2015年1月

7.1.3.5 链箅机—回转窑主要设备技术性能及参数

链箅机主要技术性能及参数见表 7-7。

表 7-7 链箅机主要技术性能及参数

序号	技 术 性 能	参 数
1	壁床宽度/m	4.5×57
2	有效宽度/m	4.5
3	堆积密度/$t \cdot m^{-3}$	2.1
4	料层厚度/mm	160~180
5	机速范围/$m \cdot min^{-1}$	1.23~3.7
6	正常机速/$m \cdot min^{-1}$	2.8~3.3
7	生产能力/$t \cdot h^{-1}$	350
8	物料停留时间/min	17~20
9	传动装置形式	双传动多点驱动
	传动装置型号	TSH800AH-830
	传动装置电机功率/kW	4×15
	传动装置调速范围/$r \cdot min^{-1}$	0.39~1.18
	传动装置正常转速/$r \cdot min^{-1}$	0.896
	传动装置输出扭矩/kN·m	240×2
10	三相变频调速电机	YPBF180L-6 15kW（4台）
11	一次减速机（A）	YZ290-12.32A
12	一次减速机（B）	YZ290-12.32B

链箅机示意图见图 7-3。

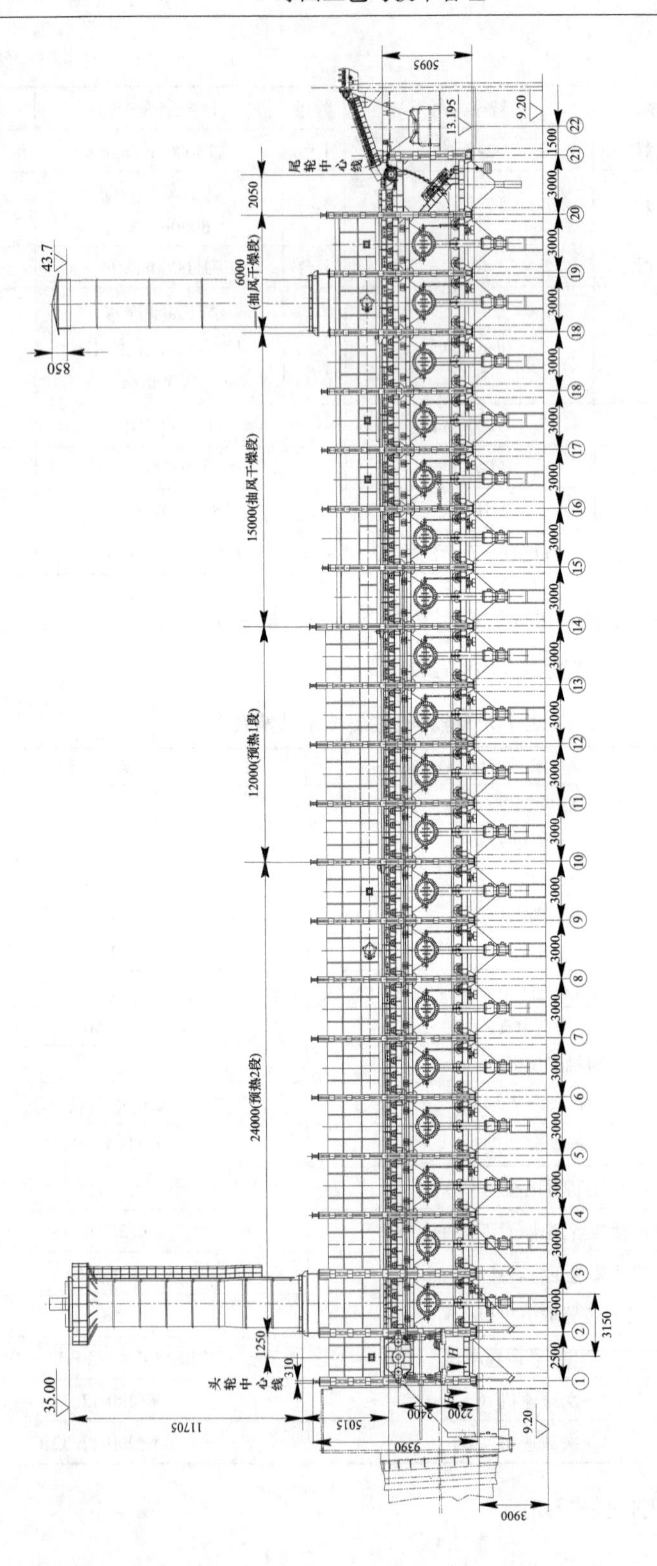

24000(预热2段)
12000(预热1段)
15000(抽风干燥段)
6000
(抽风干燥段)
尾轮中心线
头轮中心线
5095
13.195
9.20
43.7
850
35.00
11705
5015
9390
2400
2200
3900
3150
1250
310
2050
1500
2500
3000

图 7-3　链箅机示意图

7.1.3.6 回转窑主要技术性能及参数

回转窑主要技术性能及参数见表 7-8。

表 7-8 回转窑主要技术性能及参数

序号	技 术 性 能	参 数
1	规格/m	ϕ6.1×40
2	有效容积/m^3	964
3	填充率/%	8.2
4	生产能力/$t \cdot h^{-1}$	315
5	斜度/%	4.25
6	正常转数/$r \cdot min^{-1}$	0.6~1.0
7	慢动转数/$r \cdot min^{-1}$	0.07
8	物料在回转窑内停留时间/min	25~35
9	传动形式	四点驱动
10	窑头窑尾密封形式	弹性裙片式
11	回转窑液压站液压马达	CB840-640-C-N

回转窑示意图见图 7-4。

7.1.3.7 环冷机主要技术性能及参数

环冷机主要技术性能及参数见表 7-9。

表 7-9 环冷机主要技术性能及参数

序号	技 术 性 能	参 数
1	有效冷却面积/m^2	150
2	台车数量/个	45
3	给料温度/℃	1250
4	排料温度/℃	0~150
5	生产能力/$t \cdot h^{-1}$	正常：253，最大：310
6	正常冷却时间/min	50~60
7	料层厚度/mm	760
8	风箱数量/个	16
9	卸灰阀数量/个	16
10	环冷机中径/m	22
11	传动形式	销齿传动
12	主传动电机型号	YTSP180L-6
13	主传动电机功率	15kW
14	主传动电机转速/$r \cdot min^{-1}$	20~970 变频调速（编码器）

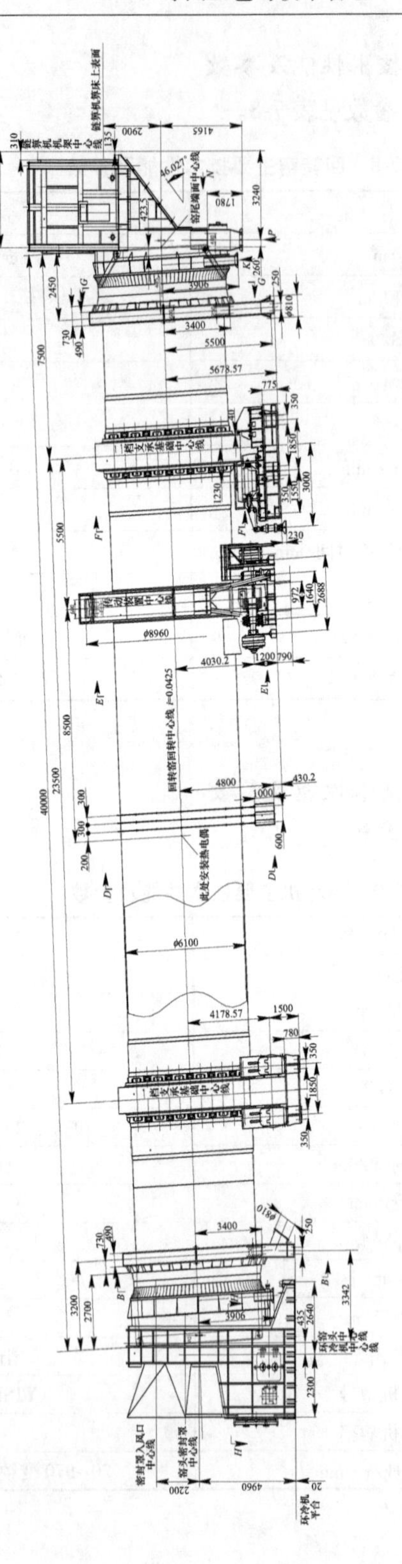

图 7-4　回转窑示意图

环冷机示意图见图 7-5。

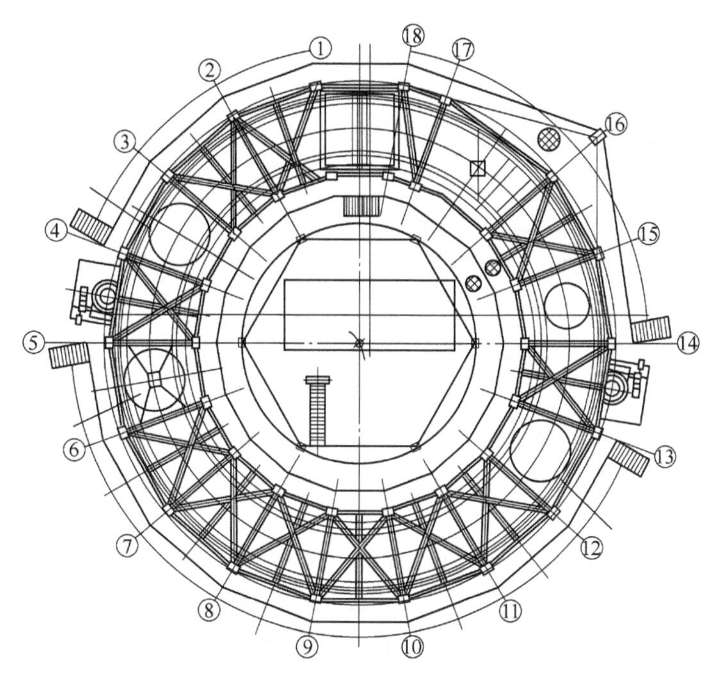

图 7-5 环冷机示意图

7.1.4 竖炉、链箅机—回转窑技术进步

7.1.4.1 竖炉大型化开发与应用

2007 年以前，国内竖炉焙烧面积以 8m^2、10m^2、12m^{2}居多，济钢、南钢、本钢分别有 2×14m^{2}竖炉、1×14m^{2}竖炉、1×16m^{2}竖炉。竖炉大型化存在焙烧带过宽、料柱高、透气性差等不利因素，球团矿很难得到均匀焙烧，抗压强度极差大。大型竖炉球团产、质量指标一直不是很理想。马钢认真总结了多年来竖炉生产实践和借鉴国内大型竖炉生产经验，成功实现了 3 号竖炉大型化，产品质量满足高炉需要。

A 球团竖炉大型化关键问题

竖炉大型化和高效化最为关键的是：焙烧带宽度、预热带和焙烧带高度以及流经料层的焙烧风流量的确定。

B 3 号竖炉炉型的优化设计

（1）增加焙烧带宽度。齿辊数量由现有的 8 根增加到 10 根，长度方向增加 25%。焙烧带长度、宽度分别由改造前的 5784mm×2006mm 增加到 7144mm×2500mm，竖炉实际有效焙烧面积由 11.60m^{2}增加到 17.86m^2。

（2）确定预热焙烧带高度。预热焙烧带高度确定为 2200mm。

（3）增大烘干床面积。烘干床面积由 17.04m^{2}增加到 35.17m^2。

（4）导风墙水梁采用不锈钢无缝钢管。宽度由764mm增加为1000mm，水梁钢管由五层增加为六层，导风墙通风面积由1.84m^{2}增加到3.64m^2。

（5）开发设计新型混匀干燥机烘干燃烧装置，以新型圆筒形燃烧室取代原有庞大的矩形燃烧室。

（6）研制开发新型生球圆辊筛（专利号ZL 2007 2 0040001.4），增设双道生球筛分工艺，提高圆辊筛的筛分效率。

（7）竖炉齿辊由“四动三不动”改为“十辊全动”。

（8）优化大型竖炉开炉与操作制度：采用定点装球开炉法、定点定时补料布料法、大风量-低温焙烧法。

3号竖炉实现大型化后，日产量由2000t提升至2900t以上，球团矿质量合格率稳定在98%以上。

7.1.4.2 马钢酸性镁质球团矿生产工艺的开发与应用

为改善球团矿的高温冶金性能，马钢首次工业化生产了酸性镁质球团矿。使用结果表明：

（1）配加轻烧氧化镁粉，生球质量、竖炉炉况、成品球质量稳定。

（2）球团矿冶金性能得到改善，球团矿MgO含量1%时，低温还原粉化+3.15mm含量提高9.62%，软化温度升高了18.25℃，熔融温度升高14.30℃，还原度提高3.73%。

（3）高炉配用镁质球团矿时，对应的烧结矿MgO含量降低0.18%，烧结生产稳定，转鼓指数提高0.27%，粉烧比下降3kg/t；综合成品率提高了0.69%，综合固体燃耗降低0.825kg/t。

（4）高炉配用镁质球团矿期间，炉况稳定、顺行，利用系数提高了0.014t/(m·d)，综合燃料比降低14kg/t。

7.1.4.3 润磨机新型倒磨技术

研发专用设备，进行倒磨操作，降低倒磨劳动强度，提高效率。该技术获国家专利：ZL：201320344984.6。

7.1.4.4 链箅机—回转窑无结圈技术

通过对链箅机—回转窑结圈机理的研究，结合生产实践，从“减少入窑粉末”出发，优化了三大机的风平衡和热平衡，形成了一种“厚料层、慢机速、高风量”的链箅机—回转窑操作法，实现了链箅机—回转窑无结圈。

7.1.4.5 减少链箅机—回转窑烟气NO_x排放技术

2016年初链箅机—回转窑出口烟气中NO_x的平均浓度为260mg/m^3，瞬时浓度经常超300mg/m^3，生产中被迫采取减产、减煤气量等措施，以保证NO_x排放达标。通过持续攻关，采取降低焙烧温度、均匀布料及调节火焰形状等措施，实现了NO_x排放达标。

7.1.4.6 降低并稳定链箅机—回转窑球团矿 FeO 含量

2016 年以前链箅机—回转窑球团矿 FeO 较高，波动较大，单批经常超 2.0%。通过攻关，具体采取的措施有：提高造球和焙烧参数的稳定性、优化链箅机烟罩和风箱温度的梯度、减少链箅机卸灰阀和气流管道的漏风率、提高环冷 I 段风门开度、增加回转窑二次回热风量等，将球团矿 FeO 月均值从 1.08%降到 0.60%。

7.1.4.7 链箅机—回转窑焙烧自动控制技术

链箅机—回转窑生产过程具有高度的非线性、多变量耦合性、不确定性和调整滞后性等特性，被控变量与控制变量存在着各种约束。为了实现链箅机—回转窑生产标准化操作，进一步稳定生产过程，稳定成品质量，降低能耗，减轻劳动强度。经大数据分析，寻找到各参数之间的对应关系，开发了链箅机—回转窑焙烧自动控制程序。

7.1.5 球团脱硫工艺及设备

7.1.5.1 竖炉脱硫-SDA 法

2015 年 5 月 3 号竖炉脱硫系统建成投运，10 月 1 号、2 号竖炉脱硫建成投运。均采用 SDA 旋转喷雾干燥半干法脱硫工艺。主要由预除尘器、脱硫塔、除尘器、脱硫剂（石灰粉）储存、浆液制备供给及脱硫灰外排等系统组成。

SDA 脱硫系统简易流程图见图 7-6 所示。

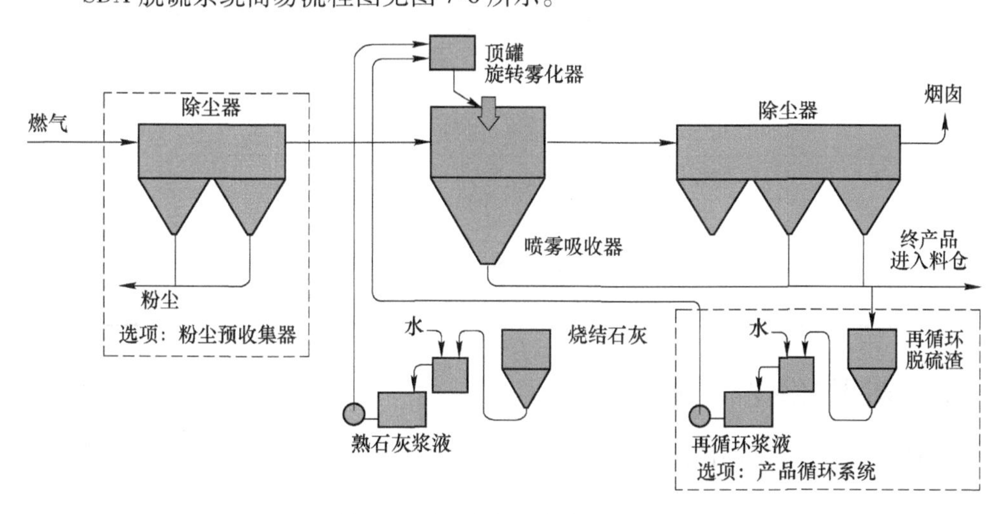

图 7-6 SDA 脱硫系统简易流程图

7.1.5.2 链箅机—回转窑脱硫-FGD 法

2015 年 3 月，链箅机—回转窑脱硫系统建成投用，采用石灰石-石膏湿法烟气脱硫工艺（FGD），对链箅机烟气进行处理。主要由石灰石浆液制备、烟气、脱硫塔、石膏脱水、浆液排空与回收、脱硫废水外排等系统组成。

链箅机—回转窑 FGD 脱硫系统简易流程图如图 7-7 所示。

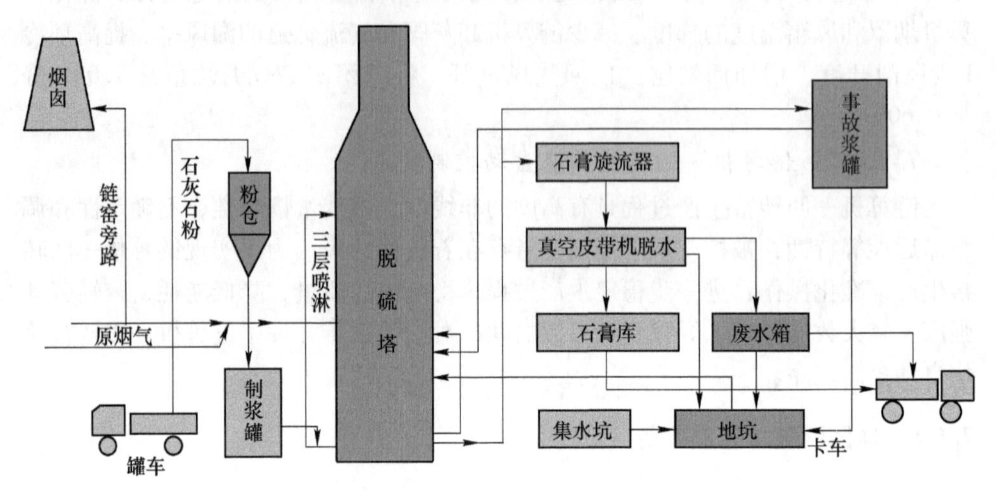

图 7-7　链箅机—回转窑 FGD 脱硫系统简易流程图

链箅机—回转窑脱硫主要设计数据见表 7-10。

表 7-10　链箅机—回转窑脱硫主要设计数据

序号	指 标 名 称	数 值
1	FGD 进口烟气量/$Nm^3 \cdot h^{-1}$（湿）	561836
2	FGD 进口 SO_2浓度/$mg \cdot Nm^{-3}$（湿）	≤3000
3	FGD 出口 SO_2浓度/$mg \cdot Nm^{-3}$（湿）	<200
4	FGD 出口含尘浓度/$mg \cdot Nm^{-3}$（干）	≤50
5	系统脱硫效率/%	≥97
6	钙硫比/$mol \cdot mol^{-1}$	≤1.03
7	液气比/$L \cdot m^{-3}$	约 14

7.2　球团操作技术与管理

球团生产工艺包括配料、烘干混匀、润磨、造球、焙烧、冷却、成品球储运等工序。

7.2.1　原燃料准备

球团原料包括含铁精矿粉和黏结剂，铁精矿粉进厂由火车（汽车）运输到原料卸车线。膨润土采用罐车运输并通过气力输送到配料仓。燃料主要为焦炉煤气、高炉煤气，通过管道输送。

7.2.2 配料技术与管理

球团采用的是重量配料法，配料技术与管理要求：TFe 波动范围：基数±1.0%；SiO_2含量不大于 6.5%。单仓设定下料量正常控制在最大量程的 50%~80%。除尘灰配加比例不大于 3%。配料仓单仓仓位应保持 1/3 以上，确保下料稳定。

7.2.3 烘干混匀技术与管理

烘干混匀作用：为造球提供适宜的水分，并对物料进行充分混合。烘干技术与管理要求：烘干进料水分小于 11.0%。烘干出料水分为 6.8%~7.8%。烘干制度见表 7-11。

表 7-11 烘干制度

燃烧室温度/℃	尾气温度/℃	煤气流量 /$m^3 \cdot h^{-1}$	煤气压力/kPa	助燃风量 /$m^3 \cdot h^{-1}$	助燃风压力 /kPa	空煤比
800~1000	60~80	3000~15000	12.0~28.0	5000~25000	10.0~22.0	1.2~1.5

7.2.4 润磨技术与管理

润磨的作用：提高混合料的细度，改善混合料的表面活性和成球性。润磨技术与管理要求：正常生产时，润磨比约在 55%。润磨机进料水分要求：6.8%~7.8%。润磨机每周补钢球 1~2 次。根据钢球损耗，润磨机每次补钢球量 2~5t。

7.2.5 造球技术与管理

合格生球必须具有适宜均匀的粒度、足够的抗压强度和落下强度。造球方式为圆盘造球机造球。

7.2.5.1 生球质量控制标准

生球质量标准见表 7-12。

表 7-12 生球质量标准

项　目	生球水分 /%	落下强度 /次·$(0.5m)^{-1}$	生球抗压强度 /N·个$^{-1}$	生球粒度组成 (10~18mm)/%
竖炉	7.8~8.8	6~9	≥12	≥90
链箅机—回转窑	7.8~8.8	4~6	≥10	≥90

7.2.5.2 造球管理

造球盘的倾角 46°~48°、给料量 50~60t/h、底料床厚度 30~40mm、球盘边高 600mm。根据来料水分、料量大小来控制加水量大小，保证生球强度、粒级。生球量应保持稳定，累计量波动不大于 20t/h，湿返率控制在 25%以下。

造球加水原则：滴水成球、雾水长大、无水紧密。

7.2.6 竖炉法焙烧球团

竖炉是一种按逆流原理工作的热交换设备，如图 7-8 所示。其特点是在炉顶通过布料设备将生球装入炉内，球以均匀的速度连续下降，燃烧室的热气体从喷火口进入炉内，热气体自下而上与自上而下的生球进行热交换，生球经过干燥、预热进入焙烧区，在焙烧带进行高温固结反应，然后在竖炉下部进行冷却和排出，整个过程在炉内一次完成。竖炉焙烧经过布料、干燥、预热、焙烧、均热和冷却等过程，其间发生一系列物理化学反应，最后将生球焙烧成成品球团矿。

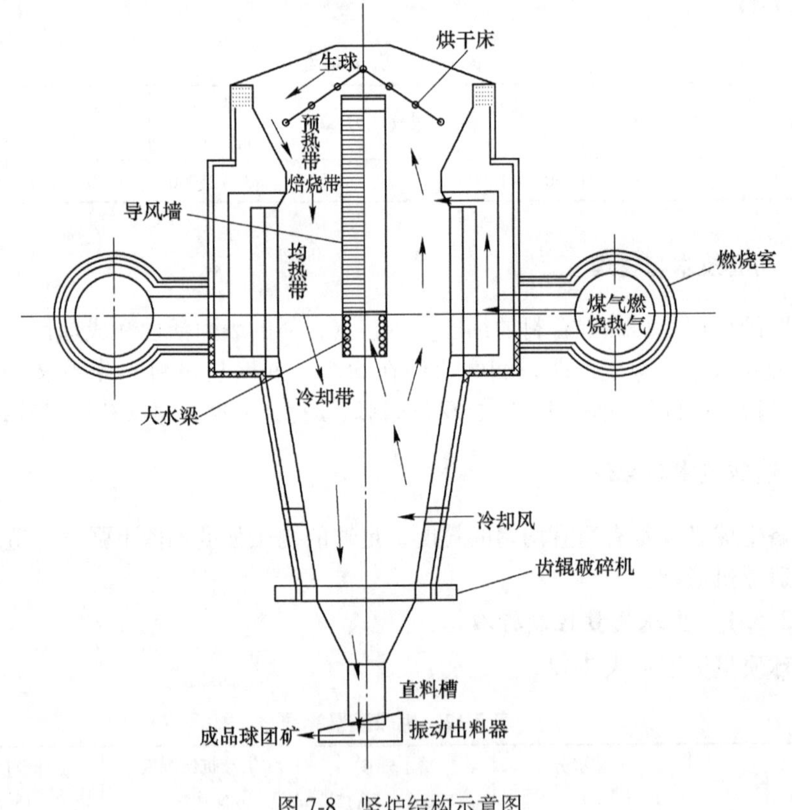

图 7-8 竖炉结构示意图

用磁铁矿生产酸性球团的焙烧温度一般控制在 1220~1280℃，如果配加部分赤铁精矿，焙烧温度应相应提高。

竖炉生产特点：（1）竖炉对原料的适应性比较差，一般只能用于焙烧磁铁精矿。（2）鉴于竖炉本身的料仓式结构，排料时，同一料面的球团矿下料速度不均匀，使球团矿在炉内停留时间不同，因而球团矿焙烧固结不均匀。

竖炉干燥采用的是屋脊形干燥床，生球料层厚度150~200mm。预热带上升的热废气与从导风墙出来的热废气在干燥床的下面混合，混合废气的温度450~600℃，穿过干燥床与生球进行热交换，达到生球干燥的目的。生球经过干燥床的时间约5~16min。

为了克服竖炉本身的料仓式结构缺陷，保证球团矿优质高产，在球团生产过程中采取的主要措施：一是布料、排料均匀，保证炉内物料均匀分布；二是通过大风量操作，确保炉内温度、气氛的均匀性；三是采用连续排料操作方法，料流在持续的运动中保持良好而且均匀的透气性。

7.2.6.1 竖炉焙烧过程的控制

A 布料控制

布料要求厚薄均匀，布料厚度在150~200mm。生球布料采取梭式皮带机进行。料面降至烘干床以下时，不得用生球填充，应补加熟球。

B 竖炉焙烧过程参数控制

（1）生球干燥温度。生球干燥在烘干床上完成。来自预热带和导风墙的热风穿过干燥床与自干燥床顶部向下运动的生球进行热交换，达到生球干燥的目的。干燥温度一般要求：(550±100)℃。

（2）煤气流量。在实际操作过程中，可以根据原料结构、燃烧室温度、煤气发热值和球团矿质量等因素的变化适当调整煤气量，以满足烘干和焙烧要求。

（3）助燃风量。助燃风量根据所需要的燃烧室温度、煤气发热值和球团矿质量情况来调节，一般保证空煤比为1.0~1.3。

（4）煤气和助燃风压力。在竖炉操作过程中，煤气和助燃风压力必须高于燃烧室压力，而助燃风压力应略低于煤气压力。

（5）冷却风量。竖炉冷却风量根据排矿温度、生球的干燥情况和上料量的大小进行调节。冷却风量一般控制在45000~65000m^3/h，冷却风压力一般控制在24~30kPa。

（6）燃烧室温度。燃烧室温度的高低取决于煤气发热值和空煤比；根据原料结构的不同，确定适宜的燃烧室温度控制水平。燃烧室温度一般控制：(1050±30)℃；当配加一定比例的赤铁精矿时，燃烧室温度应相应提高。

（7）燃烧室压力。燃烧室压力的高低与生球质量、煤气流量和压力、助燃风量和压力、冷却风量和压力等因素有关。燃烧室压力的高低是炉况顺行与否的直接反映。正常情况下，燃烧室压力控制在13~17kPa。当其他各工艺参数控制正常时，燃烧室压力升高，说明炉内料柱透气性变差，应及时从生球质量、烘干效果、生球爆裂情况等方面查找原因并采取相应措施。

7.2.6.2 竖炉炉况的判断与处理

正常炉况的特征：烘干床料面处于蠕动状态，下料均衡，透气性好，无黏结现象，烘干速度快，料面无陷落、停滞现象；燃烧室、助燃风、冷却风压力和煤气、助燃风、冷却风流量合适、稳定；燃烧室、炉箅各测温部位温度彼此一致，炉身各带温度稳定，排料温度稳定、均衡；成品球团矿理化性能稳定，颜色表里一致。

A 炉内下料不均

（1）征兆：烘干床料面下料不均，时有湿料层或烧红现象出现；炉身各带温度点波动幅度大；排出的球团矿常见生熟不均，伴随有黏块；两燃烧室压力相差较大（2kPa 以上），波动频繁，冷却风、废气量及压力也随之波动。

（2）处理措施：保证生球质量稳定，减少上料量，确保无湿球入炉；控制下料快一侧的排料，使烘干床两侧下料速度均衡；适当增加下料快一侧的废气量，使两侧烘干效果均匀。若上述措施不见效果，则采取间断排料；仍不见效果，需加熟球进行调整。

B 塌料、跑风

（1）征兆：炉口粉尘增多，局部时有尘雾现象。料面下榻，烘床局部或大部空料，塌料前燃烧室压力逐渐升高，废气量和冷却风量减少。塌料后其现象反之（尤其燃烧室压力下降更为明显）。出现这种炉况的原因有三种：一是生球质量大幅度下滑造成；二是大水梁或小水梁漏水所致；三是导风墙通洞引起。

（2）处理措施：若因生球质量大幅度下降导致跑风塌料，则采取以下措施：视塌料情况适当降低生球入炉量；稳定生球质量；杜绝湿球入炉。塌料较深时，不得以生球填补，应立即以熟球填补来调整炉况。若因大水梁或小水梁漏水所致，可采取以下措施：减少生球入炉量，判断漏水点所在位置。若小水梁漏水，则应立即停止上料，补充熟球约 50 吨后执行放风停炉操作，然后将料面排至烘床之下，焊补好漏水点，上熟球恢复正常生产；若大水梁漏水，首先排查出漏水的水管，关闭此管的冷却水，然后抽出内套管，以新管穿入后通水恢复正常生产。若因导风墙通洞引起，则采取以下措施：停止上料，补充熟球约 50 吨后执行放风停炉操作。将料面排至导风墙通洞处，做好防护措施，自炉口进入，修补好通洞，上熟球恢复生产。

C 结块、结瘤

结块是由于炉内发生粉末熔融，局部或整体过烧，导致炉内出现球团矿熔结成块。小块或较松散的结块可以通过齿辊破碎后从电振器排除，但严重时齿辊无法破碎，导致料流无法下行，电振器不能正常排料。结瘤则是由于炉墙或导风墙黏结粉末或球团矿引起，较轻的黏结一般不影响生产，但结瘤严重时将使局部排料截面显著减小，导致局部下料不畅从而影响炉况。

（1）征兆：有偏料、塌料、局部不下料，或大部不下料等现象；左右燃烧室压力偏差大于 2kPa；电振器排出成品球中有大块；出现严重结块、结瘤时，电振器排料困难，甚至完全不出料、冷却风下行。

（2）处理措施：

结块的处理：严格焙烧操作制度，减少温度波动，调整空煤比，保证炉内氧化气氛。加强布料操作，严禁湿球入炉，效果不好时，加熟球调整炉况。采取"坐料"操作：停转齿辊提高料面（一般为高出烘床脊梁 150~200mm，保证烘干面积），关闭冷却风；待齿辊下料槽有空间后，开启齿辊，相应加大排料量、送冷却风，三者同时进行，使料面短时间内降低，若空烘床，则应填补熟球。采取齿辊变换转向来破碎大块。若采取上述措施后仍无效时，停炉排空处理。

结瘤的处理：结瘤需要采取停炉排空处理。

7.2.6.3 竖炉开、停炉操作

A 竖炉烘炉操作

（1）烘炉前的准备：竖炉砌砖结束，电器、仪表、机械设备安装完毕，并经单机和联动试车，确认正常；烘炉前，竖炉所有水梁、水箱必须通上冷却水，保证进、出水畅通；准备木柴、柴油、破布等烘炉物品及开炉球团矿；竖炉内必须清理干净，特别是火道、冷风管、漏斗、溜槽及齿辊上的杂物。

（2）烘炉过程：烘炉按烘炉温度曲线图进行操作，烘炉过程温度控制要求见表 7-13。

木柴烘炉：木柴烘炉阶段，温度由常温升至 400℃。先用木柴填满燃烧室、混气室；通道、人孔不堵死，并在人孔周围木柴上浇柴油少许；烘炉过程中炉门关闭、烟罩盖板打开。

低压煤气烘炉：木柴烘炉结束后，保持炉膛内有明火，用低压煤气烘炉。

高压煤气烘炉：当烘炉温度达到 800℃左右时，用高压煤气烘炉，直至生产。

表 7-13 烘炉过程温度控制要求

烘炉温度/℃	升温速度/℃ · h^{-1}	烘炉时间/h	烘炉燃料
常温~400	40	24	木柴
400	恒温	16	低压煤气（4~10kPa）
400~600	40	5	低压煤气
600	恒温	16	低压煤气
600~800	40	5	低压煤气
800	恒温	16	高压煤气
800~1000	40	5	高压煤气
1050~生产	50	2~7	高压煤气

B　竖炉开、停炉操作

(1) 开炉操作：

1) 装开炉料。当低压煤气烘炉快要结束时，用筛净的球团矿装炉，当炉料加到齿辊人孔处时，排料一次，之后每半小时排料一次；在高压煤气烘炉开始前，开炉料装至火道口上沿 0.5m 处；烘炉结束后，将开炉料装满。

2) 竖炉装满炉料后，先开齿辊活动料面，并继续用熟球补充，调整炉料料面，待竖炉整个料面下料均匀，炉箅温度不低于 400℃，燃烧室温度达到 1050℃，停止加熟球，加生球生产。

(2) 停炉操作：停炉前 1h 停止加生球，并补加熟球 30~50t，按放风停烧操作。

7.2.7　链箅机—回转窑法焙烧球团

链箅机—回转窑球团法的主要特点是生球的干燥预热、焙烧固结、冷却分别在 3 个不同的设备中进行。生球布在链箅机箅板上，利用环冷机余热及回转窑排出的热气流对生球进行干燥、预热，脱除吸附水或结晶水，并达到足够的抗压强度（≥400N/个）后送入回转窑进行焙烧，随回转窑运转，沿轴向朝窑头移动，球团矿经过回转窑高温焙烧后通过固定筛进入环冷机，在环冷机内完成二次氧化和冷却。

7.2.7.1　生球筛分布料

生球布料采用摆动皮带+宽皮带+辊式布料机联合方式，生球均匀布到链箅机箅床上。辊式布料机筛出的小于 7mm 粉料与造球系统的生球返料一起作为湿返料进入湿返料系统。布料不均，会降低箅板使用寿命，造成两侧热气流不均，风机入口风温不稳定，降低风机使用寿命，同时厚料部位生球得不到充分干燥和预热，干球质量不均匀，导致入窑粉末量增加。

(1) 操作要求：摆动皮带采用变频控制，生球经摆动皮带、宽皮带、大辊筛，均匀布到链箅机上；料厚 160~180mm；辊式布料机筛辊和溜料板无粘料。

(2) 管理要求：每 2h 查看链箅机布料的均匀性，根据需要及时测定料厚；辊式布料机辊筛间隙 7~8mm。

7.2.7.2　生球干燥与预热

合格生球的干燥与预热在链箅机上完成。干燥预热分为鼓风干燥段、抽风干燥段、预热Ⅰ段和预热Ⅱ段。链箅机采用三室四段式工艺流程，链箅机—回转窑球团风流向图见图 7-9。

(1) 鼓风干燥段：生球在鼓风干燥段内采用 150~250℃ 的干燥气流进行干燥。干燥所用热气流来自环冷机第三冷却段，从料层出来带有水分的热废气，通过链箅机上部烟罩的烟囱直接排向大气。鼓风干燥段长 6.0m，设 2 个 3m 风箱。鼓风干燥段干燥时间约 2min。

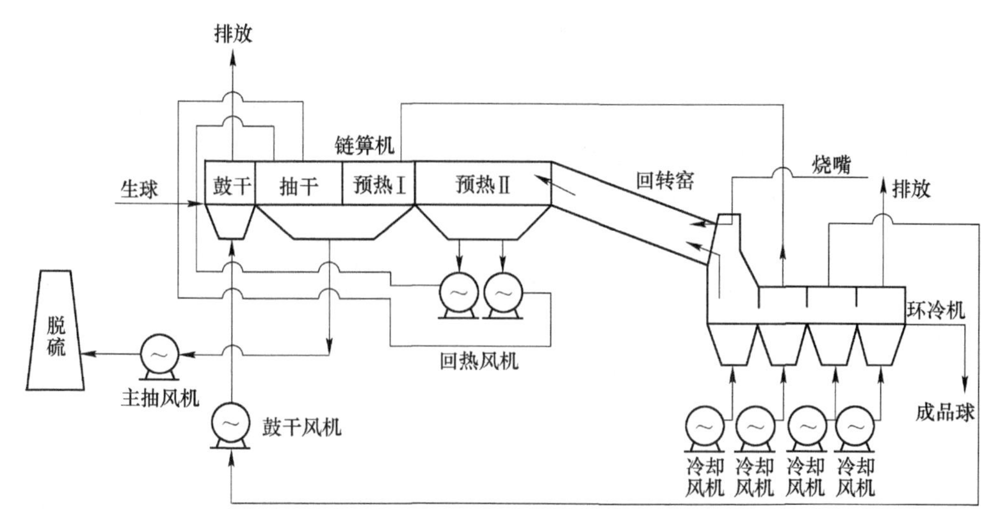

图 7-9　链箅机—回转窑球团风流向

（2）抽风干燥段：抽风干燥段热气流主要来自预热Ⅱ段，风温为 400℃左右，生球在此段进一步干燥和预热。抽风干燥段长 15.0m，设 5 个 3m 风箱。抽风干燥段干燥时间约为 5min。从抽风干燥段风箱抽出的热废气与从预热Ⅰ段风箱抽出的热废气一起，经主电除尘器除尘净化后由主抽风机送入脱硫系统，经烟气脱硫合格后排入大气。

（3）预热Ⅰ段：预热Ⅰ段热源主要为来自环冷机二冷段的热废气和部分来自预热Ⅱ段的热气流，对生球进行干燥、预热氧化。预热Ⅰ段段长 12.0m，设 4 个 3m 风箱。预热Ⅰ段预热时间约为 4min。从预热Ⅰ段风箱抽出的热废气与从抽风干燥段风箱抽出的热废气一起，经主电除尘器除尘净化后由主抽风机送入脱硫系统，经烟气脱硫合格后排入大气。

（4）预热Ⅱ段：在预热Ⅱ段球团进行氧化固结，使球团有一定强度。其热源来自窑尾热气流。预热Ⅱ段段长 24.0m，设 8 个 3m 风箱。预热Ⅱ段预热时间约为 8min。从预热Ⅱ段风箱抽出的热废气，经过多管除尘器除尘净化后，通过 2 台回热风机用热风管道送到抽风干燥段作为热源。生球在链箅机上干燥、预热共约 18min 左右，预热后球团矿获得足够入窑强度，经铲料板、溜槽进入回转窑。

（5）主抽风系统：链箅机预热Ⅰ段和抽风干燥段风箱的热废气汇集后，经主电除尘器将废气含尘浓度降至 $50mg/m^3$ 以下，由主抽风机、烟道进入脱硫系统进行烟气脱硫。主电除尘器捕集的灰尘由刮板输送机输送，采用汽车外运。主抽风机正常风量约为 $9.0\times10^5m^3/h$，主电除尘器规格为 $240m^2$，双室三电场。

（6）回热风系统：从预热Ⅱ段风箱抽出的热废气，经过多管除尘器除尘净化后，通过 2 台回热风机送到抽风干燥段作为热源。

多管除尘器捕集的灰尘由刮板输送机输送，采用罐车外运。回热风机正常风量约为 3.6×10^{5}m^3/h。

（7）返料系统：链箅机风箱的散料通过散料胶带机运至链箅机尾部，进入干返系统。链箅机头部 3 个灰箱散料和回转窑窑尾散料一起通过溜槽进入斗式提升机，再返回到回转窑焙烧。

7.2.7.3　氧化焙烧

球团矿的焙烧、固结过程主要是在回转窑中完成。回转窑进行微负压操作，严禁正压操作。

管理要求：窑头烧嘴焦炉煤气、高炉煤气的各调节阀调节灵活；回转窑窑头和窑尾密封罩无烧损、无漏风现象。

7.2.7.4　成品球团矿冷却

从回转窑排出的球团矿温度约 1250℃，经过窑头固定筛，均匀布到环冷机台车上，经过鼓风冷却，球团矿温度降至 150℃以下。

环冷机操作要求：环冷机台车料厚均匀，760mm 左右；环冷烟罩微负压操作。

环冷机管理要求：环冷机平料砣和后挡墙无缺损、无漏水、无漏料；台车箅条无缺损、台车复位良好；环冷风箱和灰箱无堵塞、无跑漏；环冷机运转平稳、无刮卡，变频调速装置完好。

7.2.7.5　成品球团矿储存与输出系统

成品球团矿冷却后，由皮带转运至成品仓。

7.2.7.6　热工制度

链箅机—回转窑球团热工制度见表 7-14。

表 7-14　链箅机—回转窑球团热工制度

链箅机		回转窑		环冷机	
部位	温度/℃	部位	温度/℃	部位	温度/℃
鼓干段烟罩	58~80	窑头温度	900~1100	环冷Ⅰ段	900~1100
抽干段烟罩	300~450	窑中温度	1100~1250	环冷Ⅱ段	650~900
预热Ⅰ段烟罩	450~780	窑尾温度	800~900	环冷Ⅲ段	≤400
预热Ⅱ段烟罩	890~1030	窑头压力	-5~-50 Pa	环冷Ⅳ段	≤150
鼓干段风箱	140~200				
抽干段风箱	100~200				
预热Ⅰ段风箱	200~350				
预热Ⅱ段风箱	400~550				
东、西风箱温差	≤50				

7.2.7.7 常见工艺事故分析及预防

A 回转窑结圈结块

回转窑结圈结块是链算机—回转窑球团生产中的常见故障之一，如果处理不及时，将造成生产减产或停产事故，处理时还会消耗大量劳动力，甚至损坏回转窑或环冷机的耐火材料。

（1）回转窑内结圈结块主要原因是大量粉末入窑。

（2）预防和处理措施：控制精矿粉和黏结剂的质量，稳定生球质量，保持布料均匀。控制链算机机速及料层厚度，保证链算机各段温度在工艺要求范围以内。

B 回转窑红窑处理

观察窑内燃烧焙烧状况，测量窑体表面温度，当窑体局部表面温度超过400℃时，增加检测频次，温度达到400～600℃，在夜间窑体出现局部暗红色，即为红窑。当温度超过650℃时，窑体变为亮红。处理方法：回转窑筒体出现大面积（大于$2m^2$）红窑时，立即降温排料等待处理。

7.2.7.8 链算机—回转窑大中修28h降温曲线图

链算机—回转窑大中修28h降温曲线图见图7-10，以链算机预热Ⅱ段温度为控制点。

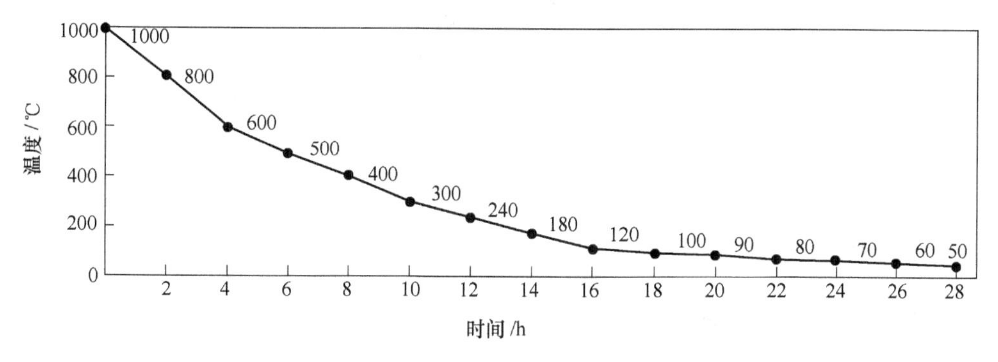

图7-10 链算机—回转窑大中修28h降温曲线

7.2.7.9 链算机—回转窑大中修168h升温曲线图

链算机—回转窑大中修168h升温曲线图见图7-11。

7.2.8 球团生产常用指标

7.2.8.1 利用系数

利用系数反映操作、管理、工艺技术水平和设备利用程度的综合指标，计算

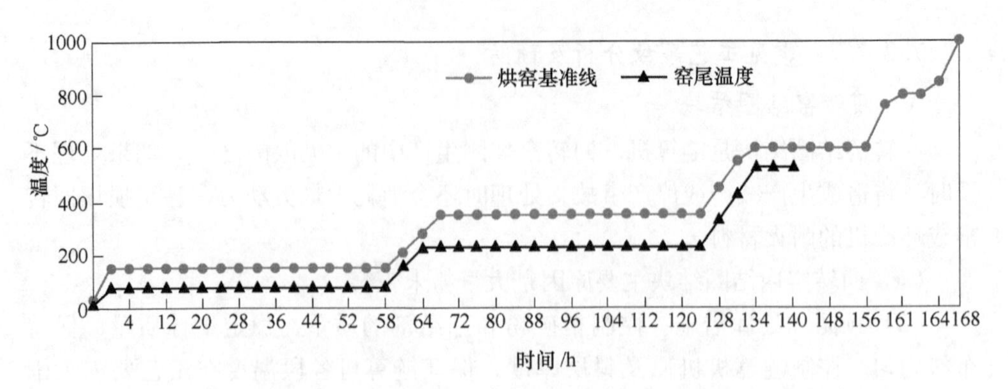

图 7-11　链箅机—回转窑大中修 168h 升温曲线

（1. 烘窑 600℃前，以窑中温度为基准（如窑中温度不准或缺失，用测温枪现场测窑内火焰末端正上方部位）；2. 现场温度超 600℃后，超测温枪量程，从 132h 起以窑尾温度为基准线；3. 严格按照烘窑曲线升温，误差范围±10℃）

公式如下：

$$\text{利用系数}(\text{t}/(\text{m}^2\cdot\text{h}))=\frac{\text{球团矿产出量}(\text{t})}{\text{有效面积}(\text{m}^2)\times\text{实际作业时间}(\text{h})} \tag{7-1}$$

式中，有效面积是指焙烧部位的横截面积。

7.2.8.2　**抗压强度**

球团矿以抗压强度来衡量焙烧质量。其测定方法：在 10～12mm 粒级的样品中随机取出 60 个球团，把一个球团放在压力机下部加压盘中间位置上，然后启动按钮，以 10mm/min 的加压速度向试样增加负荷，记下试样达到完全破碎后最高读数值，该值为该球团的抗压强度。连续测定 60 个球，求出抗压强度平均值，即为该批样品的抗压强度。

7.3　球团矿质量管理

7.3.1　球团矿质量要求

球团矿质量要求：铁品位高、化学成分稳定，还原性能好，合适的粒度组成，足够的抗压强度。

7.3.2　球团矿质量过程管理

链箅机—回转窑正常生产，每天 2:00、14:00 取样检测；竖炉 8:30、13:30 取样检测。

7.3.2.1　**球团矿 TFe 控制**

TFe 控制标准：基准±1.0%。单批波动超出范围，一般不作调整，连续出现二批波动超出范围，查找原因作相应调整。若原料成分波动，及时微调配比；若原料成分正常，查内部抓料、配料过程；若检测误差，联系复检。

7.3.2.2 **球团矿抗压强度控制**

链箅机—回转窑球团矿抗压强度控制标准：不小于2250N/个。生产过程中，通过调整焙烧温度来控制球团矿抗压强度。

7.3.2.3 **球团矿 FeO 控制**

球团矿 FeO 控制标准：不大于 2.00%。影响球团矿 FeO 偏高的主要原因：链箅机温度梯度不合理。控制措施有：提高链箅机料层的平整性；确保链箅机烟罩与风箱温度梯度的合理性；减少链箅机卸灰阀漏风率；减少环冷机漏风率。

7.4 球团体检技术

7.4.1 球团体检概述

2014 年 7 月开始实施球团生产过程稳定性技术体检。建立球团技术体检制度，标志着球团生产控制从“事后分析”转变为“事前预测”，从“粗放生产”转变为“精益生产”。其主要特点：以图表分析为主，描述球团生产的趋势变化；持续优化体检参数，提高技术分析精度；实行体检例会制。

7.4.2 球团体检的主要内容

链箅机—回转窑球团体检的主要内容：体检表、参数趋势图、生产过程稳定指数。

7.4.2.1 **体检表**

体检表的作用是对链箅机—回转窑生产线 39 项关键参数进行日常检查，判断是否在正常范围内，见表 7-15。

表 7-15 200 万吨/年链箅机—回转窑日体检表

项 目	序号	指 标 名 称	单位	下限值	上限值
生产指标	1	产量	t	*	*
	2	作业率	%	*	*
	3	非计划停配料时间	min	*	*
球团矿质量指标	4	综合合格率	%	*	*
	5	TFe 含量	%	*	*
	6	FeO 平均值	%	*	*
	7	FeO 极差	%	*	*
	8	SiO_2含量	%	*	*
	9	Al_2O_3含量	%	*	*
	10	抗压强度	N/P	*	*

续表 7-15

项　目	序号	指 标 名 称	单位	下限值	上限值
操作和过程控制指标	11	窑头焦炉煤气单耗	GJ/t	*	*
	12	窑尾烟罩温度	℃	*	*
	13	窑尾温度极差	℃	*	*
	14	抽干段烟罩温度	℃	*	*
	15	预热Ⅰ段烟罩温度	℃	*	*
	16	抽干与预热Ⅰ段温差	℃	*	*
	17	预热Ⅱ段最高点温度	℃	*	*
	18	主抽入口温度	℃	*	*
	19	东回热入口温度	℃	*	*
	20	西回热入口温度	℃	*	*
	21	主抽转速	r/min	*	*
	22	东回热转速	r/min	*	*
	23	西回热转速	r/min	*	*
	24	环冷Ⅰ段	℃	*	*
	25	环冷Ⅱ段	℃	*	*
	26	环冷Ⅲ段	℃	*	*
	27	窑头温度	℃	*	*
	28	环冷Ⅱ段负压	Pa	*	*
	29	鼓干风箱温度	℃	*	*
	30	吨球除尘灰	kg/t	*	*
	31	生球返料比	%	*	*
	32	环速	m/min	*	*
	33	环速极差	m/min	*	*
	34	生球流量波动	t/h	*	*
	35	链算机 4 号风箱温度	℃	*	*
	36	链算机 23 号风箱温度	℃	*	*
主要原料质量指标	37	凹精 TFe 含量	%	*	*
	38	凹精 SiO_2 含量	%	*	*
	39	凹精 Al_2O_3 含量	%	*	*

7.4.2.2　参数趋势图

参数趋势图的作用是为了快速判断生产参数是否异常，并判断其变化趋势，以产量趋势图为例，见图 7-12。

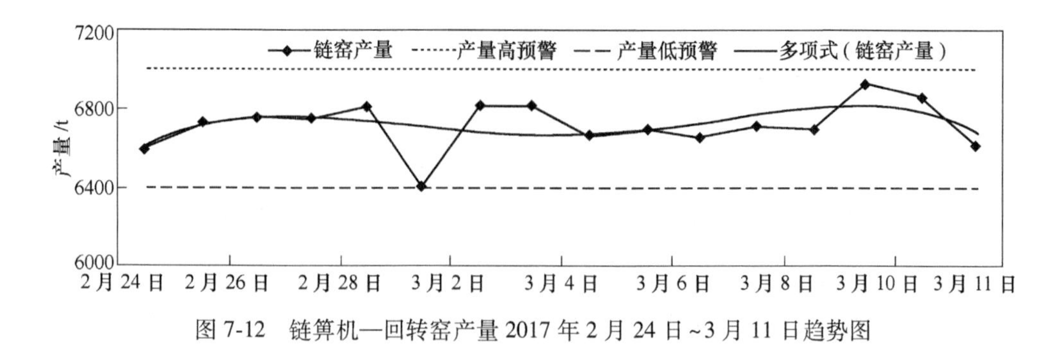

图 7-12 链箅机—回转窑产量 2017 年 2 月 24 日~3 月 11 日趋势图

7.4.2.3 生产过程稳定指数

在链箅机—回转窑体检表中提炼 6 个影响生产过程稳定性的关键参数，分别为环速、环速极差、球团矿 TFe 含量、球团矿 FeO 含量、窑尾温度和窑尾温度极差，每天对这些参数进行打分求和，得到生产过程稳定指数，打分规则见表 7-16。链箅机—回转窑生产过程稳定指数的作用是对生产线的产量、质量、生产过程控制进行综合评价。

表 7-16 200 万吨/年链箅机—回转窑稳定指数得分规则

指标		权重	得分规则
产量	环速	*	环速基数± * m/min，得 * 分；环速基数± * m/min，得 * 分；环速基数± * m/min，得 * 分；环速基数± * m/min 以外，得 * 分
	环速极差	*	环速极差≤ * m/min，得 * 分；环速极差 * m/min，得 * 分；环速极差 * m/min，得 * 分；环速极差> * m/min，得 * 分
质量	球团矿 TFe 含量	*	TFe≥ *，得 * 分；TFe≥ *，得 * 分；TFe≥ *，得 * 分；TFe≥ *，得 * 分；TFe≥ *，得 * 分；TFe< *，得 * 分
	球团矿 FeO 含量	*	FeO≤ *，得 * 分；FeO≤ *，得 * 分；FeO≤ *，得 * 分；FeO≤ *，得 * 分；FeO≤ *，得 * 分；FeO> *，得 * 分
过程控制	窑尾温度	*	温度基数± *，得 * 分；温度基数± *，得 * 分；温度基数± *，得 * 分；温度基数± *，得 * 分
	窑尾温度极差	*	温度极差≤ *，得 * 分；温度极差≤ *，得 * 分；温度极差≤ *，得 * 分；温度极差≤ *，得 * 分；温度极差> *，得 * 分

生产线稳定性评判标准如下：

90≤稳定指数≤100，稳定；

80≤稳定指数<90，基本稳定；

70≤稳定指数<80，略有波动；

稳定指数<70，不稳定。

如果当天稳定指数<90，要分析原因，采取措施，进行调整。以 2017 年 2 月 24 日~3 月 11 日链箅机—回转窑稳定指数趋势图为例，见图 7-13。

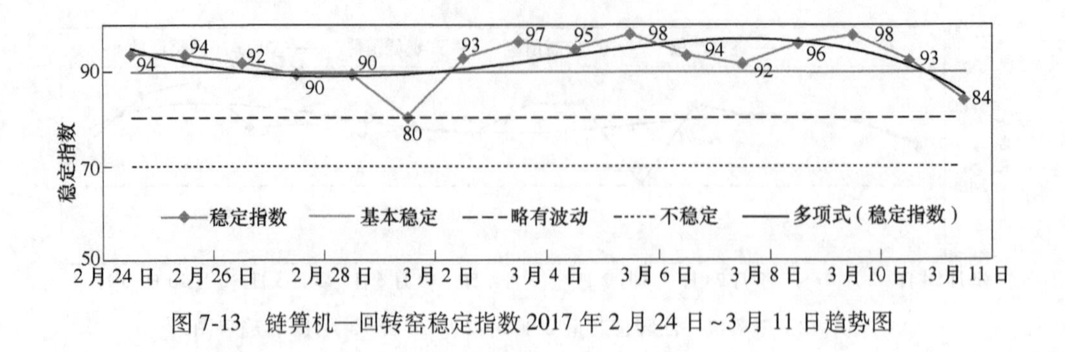

图 7-13　链算机—回转窑稳定指数 2017 年 2 月 24 日~3 月 11 日趋势图

7.4.3　球团体检的管理流程

链算机—回转窑球团生产线体检的管理流程见图 7-14。

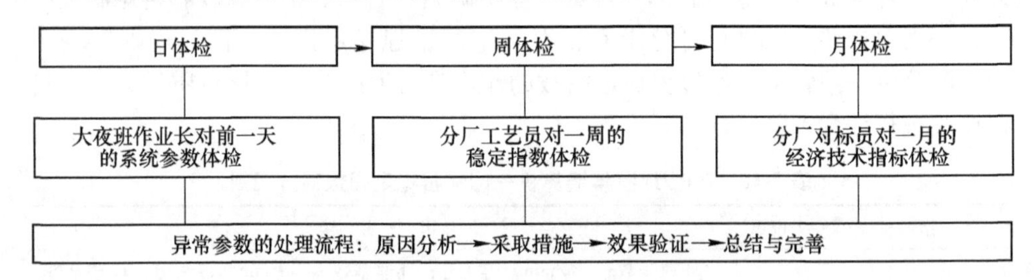

图 7-14　链算机—回转窑体检的管理流程

7.4.4　球团体检技术的运用

7.4.4.1　降低链算机-回转窑球团矿 FeO 含量

2016 年 6 月下旬链算机-回转窑体检过程中，球团矿 FeO 日均值预警 3 次，并出现上升趋势，见图 7-15。

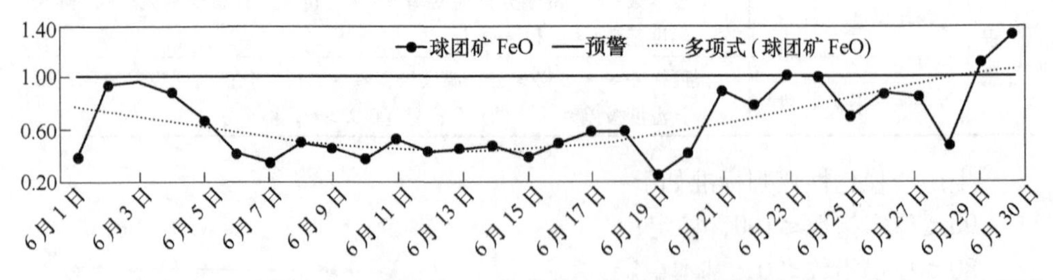

图 7-15　球团矿 FeO 日均值 2016 年 6 月趋势图

根据体检管理流程，对球团矿 FeO 上升进行原因分析（见图 7-16），通过调整和优化操作参数，球团矿 FeO 得到控制（见图 7-17）。

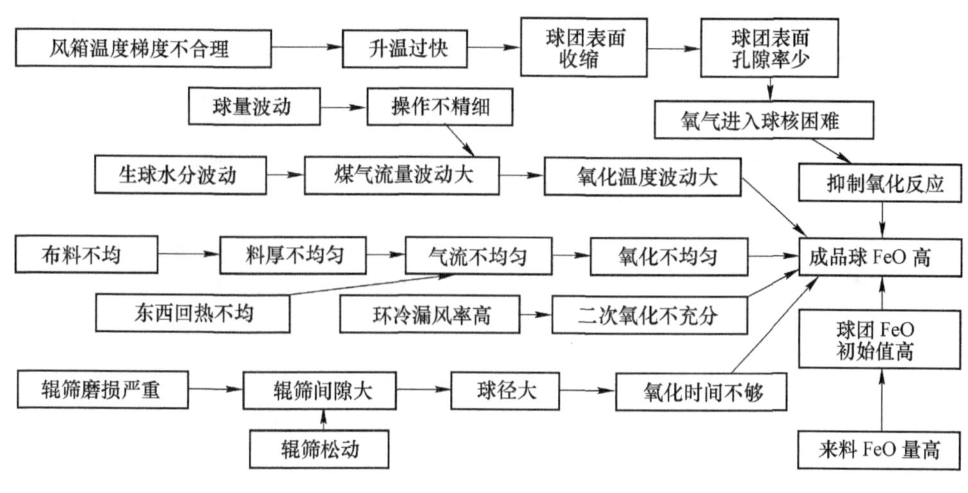

图 7-16 链算机—回转窑球团矿 FeO 原因分析

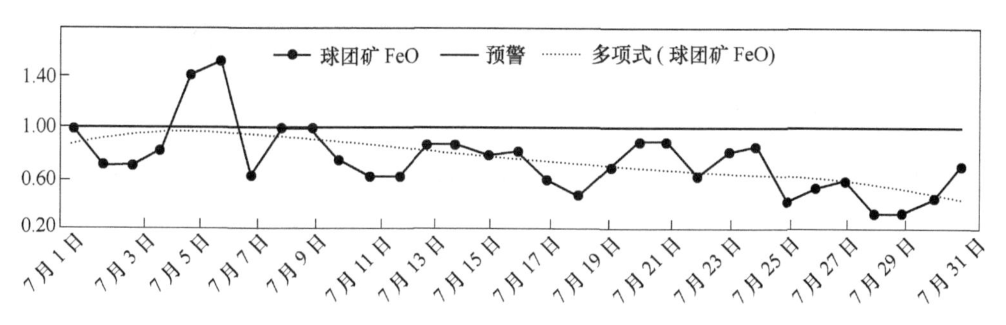

图 7-17 链算机—回转窑球团矿 FeO 日均值 2016 年 7 月趋势图

7.4.4.2 提高链算机—回转窑生产过程稳定性

为了消除影响链算机—回转窑生产过程稳定性的因素，采取对应的措施（见表 7-17），链算机—回转窑生产过程稳定性得到提高。

表 7-17 链算机—回转窑生产过程稳定的影响因素及对应措施

影响因素	末端因素	对 应 措 施
日均环速、环速极差	原料系统动态检修次数多	提高检修质量，加强设备维护，减少动态检修次数
	环速控制标准不明确	明确上料量与球量、机速、环速的匹配关系
	原料系统皮带卡烘干筒脱落的扬料板	利用检修机会更换磨损严重的扬料板，扬料板改型
	生球量波动	润磨、造球标准化操作
	环冷下料库卡窑皮，停环冷处理	优化处理卡窑皮程序

续表 7-17

影响因素	末端因素	对应措施
日均环速、环速极差	上料量与环速不匹配	明确上料量与球量、机速、环速的匹配关系
	环冷机更换台车曲臂轮	提高环冷机检修质量、加强设备维护
窑尾温度极差	原料系统动态检修	设备消缺，加强设备维护，减少动态检修次数
	生球量波动	润磨、造球标准化操作，加强设备维护
	环冷台车漏球	定修时提高环冷机检修力量，加强设备维护
	链算机—回转窑焙烧自动控制试用，煤气调整滞后	完善自动控制程序
球团矿 TFe 日平均值	凹精 TFe<63.5%	优化配料理论计算、及时查询来料成分、快速调整
	白象精 TFe<64.0%	
	张庄精 TFe<65.5%	
窑尾温度日平均值	原料系统动态检修	设备消缺，减少原料系统动态检修次数
	上料量变动	上料量调整后，窑尾温度基数微调

7.5　球团预警预案管理

球团预警预案：根据评估分析或经验教训，对潜在的或可能发生的突发事件的类别和影响程度事先制定应急处置方案。

7.5.1　球团预警预案流程

球团预警管理流程见图 7-18。

球团预警预案管理流程见图 7-19。

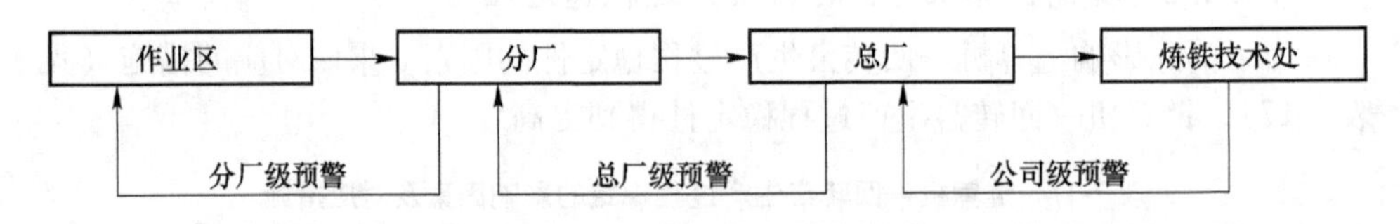

图 7-18　球团预警管理流程

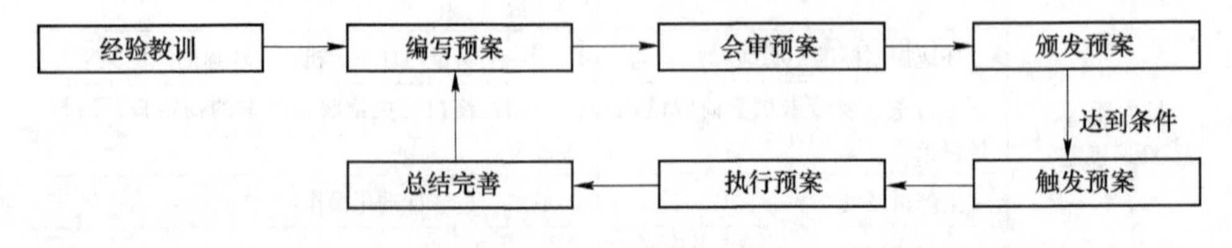

图 7-19　球团预案管理流程

7.5.2 球团预警预案

7.5.2.1 球团质量

当球团矿质量发生异常时，及时向高炉预警，高炉进行预判、调整，确保高炉稳定。球团矿质量预警程序见表7-18。

表7-18 球团矿质量预警程序

预警范围	预警级别	预警单位	预警责任人	接警单位
单批超限	3	球团分厂	当班作业长	球团分厂
连续2批超限	2	球团分厂	分厂工艺员	球团分厂、炼铁分厂、生产技术部
连续3批超限	1	球团分厂	分管厂长	球团分厂、炼铁分厂、生产技术部

7.5.2.2 球团保供预警预案

球团保供预警预案内容及程序见表7-19。

表7-19 球团保供预警预案内容及程序

突发事件预警内容	预警级别	预警单位	接警人员
不影响正常生产保供事件	3	当班作业区	当班作业长、管控中心
较轻影响正常生产保供事件	2	分厂、管控中心	分厂管理人员、管控中心
严重影响正常生产保供事件	1	分厂和生产技术部	相关分厂和总厂领导

7.5.2.3 球团雨季生产应急预案

球团雨季生产应急预案见表7-20。

表7-20 球团雨季生产应急预案

分类	措施
雨季原料的组织供应	落地球库存不低于3.0万吨
	日卸车量不少于50节车皮，不足部分由汽运补充
	原料仓位不低于1/3
	根据原料的到达和库存情况，调整原料使用计划
雨季生产操作管理	设备专检每日一次、巡检每两小时一次，对皮带易打滑的区域实行专人监控
	根据雨量和下雨时间长短，调整上料量
雨季设备管理预案	定期对排水沟进行清理和疏通
	泵坑排水泵定期维护，保证设备正常运行
	现场各类防雨、防汛设施、设备完好，另备ϕ50mm、ϕ100mm的排水泵各两台，彩条布100m
电气专业预案	室外电机接线盒、机旁操作箱、检修电源箱、现场控制柜、现场设备的限位开关、现场端子箱、仪表保护箱等，接线盒类的设备要进行防雨处理

7.5.2.4 球团冬季生产应急预案

球团冬季生产应急预案见表7-21。

表7-21 球团冬季生产应急预案

分 类	措 施	
操作预案	烘干筒跑正压严重	提高燃烧室温度至950℃，减少上料量，控制烘干筒内废气量
		以取干料组产为主
	当原料水分超13%时	每小时巡检一次原料供料系统，原料特别潮湿时，各下料口指派专人监控，防堵
		取原料仓内备用干料，并按30%比例使用
		生球水分按8.3%±0.5%控制
		若采取上述措施，生产仍然不稳定，减上料量
厂内精料组织预案	落地场管理	球团落地堆场成品球库存4万吨以上
	原料库存	3个膨润土仓位≥80%；原料库存≥2.0万吨
	极端天气下卸料	日卸车量不少于50节车皮，不足部分由汽运补充
		确保两台卸料机在线作业，一台备用

7.6 球团主要经济技术指标

链箅机—回转窑球团2012~2016年主要经济技术指标见表7-22。

表7-22 链箅机—回转窑球团2012~2016年主要经济技术指标

时间	2012年	2013年	2014年	2015年	2016年
产量/t	2361599	2332609	2093307	2305941	2114703
日历作业率/%	94.80	94.85	89.23	95.37	90.43
利用系数/$t \cdot m^{-2} \cdot h^{-1}$	1.11	1.09	1.04	1.08	1.04
膨润土单耗/$kg \cdot t^{-1}$	19	18	18	18	18
工序能耗/$kgce \cdot t^{-1}$	32.83	32.31	31.12	26.24	25.70
TFe/%	63.15	62.61	62.79	62.43	62.50
FeO/%	0.88	1.04	0.96	0.72	0.57
抗压强度/$N \cdot P^{-1}$	2267	2328	2399	2438	2434
粒度10~18mm/%	89.64	89.12	89.01	89.06	89.57
综合合格率/%	96.67	88.60	91.87	96.10	95.40

竖炉球团2012~2016年主要经济技术指标见表7-23。

表 7-23 竖炉球团 2012~2016 年主要经济技术指标

时间	2012 年	2013 年	2014 年	2015 年	2016 年
产量/t	2364843	2390191	2414201	2464527	2618316
日历作业率/%	92.32	95.75	91.89	88.06	91.61
利用系数/$t \cdot m^{-2} \cdot h^{-1}$	8.06	7.88	7.59	7.25	7.38
膨润土单耗/$kg \cdot t^{-1}$	16	22	20	17	18
工序能耗/$kgce \cdot t^{-1}$	41.06	41.03	41.23	35.06	35.76
TFe/%	62.02	61.53	62.04	62.23	61.99
FeO/%	0.61	0.78	0.83	0.47	0.39
抗压强度/$N \cdot P^{-1}$	2993	2987	2906	2858	2857
粒度 10~18mm/%	89.12	88.99	86.47	83.19	83.18
综合合格率/%	97.42	96.51	99.41	99.79	99.59

8 炼焦工艺与技术管理

8.1 马钢高炉用焦质量控制技术现状

8.1.1 焦炭主要指标及对高炉冶炼的影响

高炉主要关注焦炭指标如下：

（1）焦炭灰分（A_d）要求：灰分会增加高炉冶炼溶剂用量和渣量，恶化料柱透气性和透液性，使焦比升高。灰成分中碱金属对热态反应性具有催化作用。灰分每增加 0.1%，焦炭反应性增加 0.57%，反应后强度降低 0.46%。

（2）焦炭硫分（$S_{t,d}$）要求：焦炭硫分每增加 0.1%，高炉冶炼溶剂和焦炭消耗增加 1.0% ~2.0%，高炉生产能力降低 2%左右。

（3）焦炭强度与粒度要求：焦炭的强度高、粒度大，且稳定均匀，能有效提高高炉冶炼强度，提升焦炭负荷，提高喷煤指标。

8.1.2 影响焦炭关键指标的流程要素

影响焦炭灰硫主要因素包括单种煤灰硫指标、配比的选择、煤场管理以及配煤系统的准确性；影响焦炭强度指标的因素主要有配合煤细度和水分、结焦性能、焦炉热工、装煤操作、干熄焦操作等；影响焦炭粒度的因素主要包括筛焦系统的整粒工艺、焦炭输送流程摔打、焦仓和干熄焦高料位控制、焦炉结焦时间与炉温控制、焦炭抗碎强度等。

8.1.3 马钢自产焦控制技术

马钢焦化厂始建于 1958 年，1960 年 6 月 6 日第一座焦炉正式投产，经历了土窑、简易小焦炉到现代化大型焦炉的历程。目前，公司分为南、北区，将煤焦分为三个系统（1~4 号焦炉为一系统，5 号、6 号焦炉为二系统，7 号、8 号焦炉为三系统），配置焦炉 8 座（表 8-1），设计年产能达 500 万吨。2004 年 3 月第一套国产化干熄焦示范工程（5 号、6 号焦炉配套的 3 号干熄焦）投产，目前配套 6 套干熄焦装置。

表 8-1　马钢焦炉配置

炉号	1 号、2 号	3 号、4 号	5 号、6 号	7 号、8 号
孔数	2×65	2×65	2×50	2×70
炭化室高/m	5.0	4.3	6.0	7.63

续表 8-1

炉号	1号、2号	3号、4号	5号、6号	7号、8号
设计产能/万吨	100	85	100	215
配套高炉	1号（2500m^3） 4号（3200m^3）	1号（2500m^3） 4号（3200m^3）	A号（4000m^3） B号（4000m^3） 4号（3200m^3）	A号（4000m^3） B号（4000m^3）

8.1.3.1　马钢自产焦质量水平

A　国家标准 GB/T 1996—2016《冶金焦炭》的技术要求（表 8-2）

表 8-2　国家标准冶金焦炭的技术要求　（%）

级别	A_d	$S_{t,d}$	M_{40}	M_{10}	CRI	CSR
一级焦	≤12.00	≤0.60	≥86.0	≤6.5	≤25.0	≥65.0
二级焦	≤13.50	≤0.80	≥80.0	≤8.0	≤30.0	≥55.0

B　马钢自产干熄焦（统焦）质量控制（表 8-3）

表 8-3　马钢自产干熄焦（统焦）质量控制标准

焦炭系统分组	A_d/%	$S_{t,d}$/%	M_{40}/%	M_{10}/%	CSR/%	粒级/mm
1~4号焦炉	≤13.00	≤0.82	≥88.0	≤6.0	≥68.0	≥45.3
5号、6号焦炉	≤12.80	≤0.80	≥88.0	≤6.0	≥68.0	≥44.5
7号、8号焦炉	≤12.70	≤0.78	≥89.0	≤5.9	≥69.0	≥45.3

C　马钢外购焦炭采购指标控制（表 8-4）

表 8-4　马钢外购优质焦炭采购指标　（%）

级别	A_d	$S_{t,d}$	M_{40}	M_{10}	CSR
特一类焦	≤12.00	≤0.65	≥89.0	≤5.9	≥68.0
一类焦	≤12.50	≤0.75	≥86.0	≤7.0	≥67.0

D　马钢自产焦实际质量水平

统计 2016 年 1~8 月期间焦炭强度、灰分、硫分数据实测数据平均值（表 8-5）。

表 8-5　马钢自产干熄焦（统焦）质量实测数据

焦炭系统分组	A_d/%	$S_{t,d}$/%	M_{40}/%	M_{10}/%	CSR/%	粒级/mm
1~4号焦炉	12.17	0.76	88.7	5.6	68.4	45.66
5号、6号焦炉	12.21	0.74	89.4	5.4	68.7	45.04
7号、8号焦炉	12.27	0.70	90.8	5.2	69.6	45.66

8.1.3.2　马钢改善焦炭关键指标的控制技术

（1）原料精细管理技术。寻找低灰、低碱、黏结性好的煤种，降低焦炭灰分和提高焦炭热态强度；采用煤岩相分析技术，对单种煤精确编组；应用“拖料小皮带式”定量给料电子秤配料技术，运行精确度达到±0.3%，单种煤称量误差±0.5%；控制强黏结煤粒级中不大于 0.5mm 的比例不超过 30%、配合煤粉碎细度不大于 3mm 比例 68%~75%，使配煤处于最佳的黏结性和颗粒充填状态，提高装炉煤堆密度，改善煤的结焦性。

（2）采用焦炉温度预调控精细控制技术。焦炉实际温度与标准温度差值控制在±3℃，实现炉温自动化预调控。

（3）煤焦系统体检与流程管理控制技术。对过程关键要素技术管控，在煤炭资源不变的情况下，焦炭强度提高 0.3%~0.5%，焦炭出厂粒级提高 0.2~0.5mm。

（4）配合煤结焦性补强的重点研究，提高配合煤结焦性能，全焦平均粒级提高了 0.5mm，大焦率分布比例提高 2%，冶金焦率提高 0.3%。

（5）全焦出厂输送技术。采用全焦混合输送的方式，冶金焦比例提高 2%~4%，粒级提高 1~2mm。

8.1.3.3 **马钢焦炭质量与行业比较。**

马钢始终与行业标杆看齐、寻找差距，对比数据（表 8-6）。

表 8-6 马钢焦炭在 2016 年行业几大钢 7m 以上焦炉对标数据 （%）

单 位	A_d	V_{daf}	$S_{t,d}$	M_{40}	M_{10}	CRI	CSR
马钢	12.35	1.33	0.73	90.57	5.39	22.68	70.31
宝钢	11.74	1.07	0.60	89.32	5.33	25.44	67.70
武钢	12.17	1.27	0.76	88.60	5.82	21.92	69.16
京唐	11.74	1.20	0.64	90.39	5.32	20.91	71.73
太钢	11.69	1.18	0.62	90.26	5.11	21.62	71.20
沙钢	12.30	1.31	0.83	89.20	5.50	22.70	68.20

从表 8-6 数据可以看出马钢焦炭灰分较高，主要原因是炼焦煤资源来源于灰分偏高的两淮地区。

马钢通过一系列技术进步与创新，确保了焦炭质量不断稳定提升，满足了高炉大型化优质用焦需求。近十年来，为巴西 USIMINAS、临涣焦化焦炉和南钢干熄焦等 20 余个项目提供了技术服务。2016 年马钢焦化再次荣获中国炼焦行业“技术创新型焦化企业”称号。

8.2 配煤炼焦技术与管理

8.2.1 炼焦煤资源与配煤原理

8.2.1.1 **中国炼焦煤资源及煤质特性**

我国炼焦煤虽较丰富，但在地区和品种分布上明显存在两个不平衡。从总的分布来看，东部沿海地区煤的储量小，而产量较大；内陆及西部地区储量高，近几年的产量逐步加大。仅山西、河南、内蒙古、安徽四省区的炼焦煤储量就占全国炼焦煤储量的70%。从各大区的分布情况看，也是很不平衡，华北地区炼焦煤储量约占全国储量的2/3，其中山西一省就占50%以上。华东区炼焦煤储产量均集中在安徽、山东两省。安徽省炼焦煤储量占全国9%，该省90%以上的煤集中在淮南、淮北。

炼焦煤的特性主要包括煤的变质程度、煤岩组成、黏结性、化学成分以及煤的可选性等。

马钢用煤主要来源于淮南、淮北、山东、山西地区及部分进口煤炭。以2016年为例，两淮用量占43.6%，山东占21.9%，山西占14.7%，进口煤占14.5%，其他地区煤炭占5.3%。

两淮炼焦煤具有高灰、低硫的特点，其中淮北焦煤结焦性能属中等偏上。山东煤炭主要以1/3焦煤、肥煤以及气肥煤为主，其特点为低灰、高硫、高挥发分，肥煤、气肥煤黏结性能好，但结焦性能较差。山西主要供应焦煤，其特点为中灰、高硫、中挥发分，该地区焦煤的黏结性、结焦性均佳。澳大利亚进口焦煤属中灰、低硫、中挥发分，该煤黏结性、结焦性总体评价良好。马钢综合利用各煤种特点，冶炼出优质焦炭，冷热态强度在行业中处于领先水平，但由于资源区域化，导致自产焦炭灰硫指标仍较高。

8.2.1.2 配煤炼焦原理

多年来炼焦配煤理论发展较快，形成了多种配煤原理或配煤技术。

最直观的配煤原理是胶质层重叠原理，以烟煤的大分子结构及其热解过程中由于胶质状塑性体的形成，使固体煤粒黏结的塑性成焦，由于不同烟煤所形成胶质状塑性体的数量和质量不同，导致黏结的强弱差别，并随气体析出数量和速度的差异，得到不同质量的焦炭。

第二类是基于煤的岩相组成不同，决定煤粒有活性和非活性之分，煤粒之间的黏结是在其表面进行，则以活性组分为主的煤粒，相互间成流动状结合型，固化后不再存在粒子的原形，而以非活性组分为主的煤粒，相互间的黏结则呈接触结合型，固化后保留粒子的轮廓，从而决定最后形成焦炭的质量，即所谓的表面结合成焦原理。

第三类是20世纪60年代后期发展起来的中间相成焦原理，认为烟煤在热解过程中产生的各向同性液体中，随热解进行会形成由大分子的片状分子排列而成的聚合液晶，即新的各向异性流动相态——中间相，成焦过程就是中间相在各向同性胶质体基体中的长大、融并和固化过程，不同的烟煤表现为不同的中间相发展深度，是最后形成不同质量和不同光学组织的焦炭。

近年来由于计算机的发展和应用，煤的光学组织对焦炭质量的贡献，把模糊的配煤理论数值化，引入性能价格比、质量权重、炼焦专家经验等概念，为焦炭质量预测奠定了较好的基础。

围绕上述配煤理论形成了三类焦炭质量预测原理方法。

A　胶质层重叠原理

配煤炼焦时除了按加和方法根据单种煤的灰分、硫分控制配合煤的灰分、硫分以外，要求配合煤中各单种煤胶质体的软化熔融区间能较好地搭接，可使配合煤在炼焦过程中，能在较大的温度范围内使煤料处于塑性状态，从而改善黏结过程，并保证焦炭结构均匀性。不同牌号炼焦煤的塑性温度区间见表 8-7，各煤种的塑性温度区间不同，其中肥煤的开始软化温度较早，塑性温度区间最宽；瘦煤固化温度最晚，塑性温度区间最窄。气、1/3 焦、肥、焦、瘦煤适当配合可扩大配合煤的塑性温度范围。以多种煤互相搭配、胶质层彼此重叠的配煤原理，曾长期主导前苏联和我国的配煤技术。

表 8-7　不同煤化度煤的塑性温度范围

煤种	挥发分范围/%	最大胶质层厚度/mm	塑性温度范围/℃
气煤	>37.00	>25.0	290~420
肥煤	>20.00~37.00	>25.0	290~450
1/3 焦煤	>28.00~37.00	≤25.0	330~430
气肥煤	>37.00	>25.0	310~400
焦煤	>20.00~28.00	16.0~25.0	370~430
瘦煤	>10.00~20.00	—	420~480

注：表征煤化程度的参数——干燥无灰基挥发分（基础参数），符号为 V_{daf}，以质量分数表示；
表征工艺性能的参数——烟煤的胶质层最大厚度，符号为 Y，单位为 mm。

周师庸教授曾提出以两种煤炼成焦炭的界面结合指数来评价其界面结合的好坏；并认为各种煤的胶质体间实际上均有一定的重叠，只不过不同类型单种煤之间的结合情况差异很大。同样他认为配煤中一定要求有一定量的基础炼焦煤，既能够包容低挥发分的弱黏煤，也能够包容高挥发分的弱黏煤。

B　互换性配煤原理

根据煤岩学原理，煤的有机质可分为活性组分和非活性组分（惰性组分）两大类。活性组分标志煤黏结能力的大小，非活性组分起到骨架作用，它决定焦质的强度。评价炼焦配煤的指标，一是黏结组分（相当于活性组分）的数量；另一是纤维质组分（相当于非活性组分）的强度。要制得强度好的焦炭，配合煤的黏结组分和纤维质组分应有适宜的比例，而且纤维质组分应有足够的强度。当配合煤达不到相应要求时，可以用添加黏结剂或瘦化剂加以调整，据此习惯上称为互换性配煤原理。

对黏结组分多的炼焦煤，由于纤维质组分的强度低，要得到强度高的焦炭，需要添加瘦化组分或焦粉之类的补强材料。

一般的弱黏结煤，不仅黏结组分少，且纤维质组分的强度低，需同时增加黏结组分（或添加黏结剂）和瘦化组分（或焦粉之类的补强材料），才能得到强度好的焦炭。

高挥发非黏结性煤，由于黏结组分更少，纤维质组分强度更低，应在添加黏结剂和补强材料的同时，对煤料加压成型，才能得到强度好的焦炭。

瘦煤、无烟煤或焦粉只有强度较高的纤维质组分，需在有足够黏结性的前提下才能得到高强度的焦炭。

C 共炭化原理

炼焦煤和非炼焦煤料如沥青类有机物共同炭化时，如能得到结合较好的焦炭，称为不同煤料的共炭化。共炭化产物与单独炭化相比，焦炭的光学性质有很大差异，合适的配合煤料（包括添加物的存在）在炭化时，由于塑性系统具有足够的流动性，使中间相有适宜的生长条件，或在各种煤料之间的界面上，或使整体煤料炭化后形成新的连续的光学各向异性焦炭组织，它不同于各单种煤单独炭化时的焦炭光学组织。对不同性质的煤与各种沥青类物质进行的共炭化研究表明，沥青不仅作为黏结剂有助于煤的黏结性，而且可使煤的炭化性能发生变化，发展了炭化物的光学各向异性程度，称为改质作用，这类沥青黏结剂又被称为改质剂。

共炭化过程传氢对煤的改质有重要影响，沥青在共炭化时起着氢的传递介质作用，为描述氢的转移情况，可定量地用沥青与煤的供氢能力及受氢能力来描述。沥青的供氢能力远高于煤，为煤的 3~5 倍，气煤的受氢能力远高于其供氢能力，而沥青的受氢能力可忽略不计。因此煤与沥青共炭化时，沥青对煤有传氢作用，两者的受氢能力差别愈大，沥青对煤的改质活性愈强；此外煤的受氢能力愈大，共炭化时沥青对煤的改质活性也愈强。马钢曾经在采用配合煤加沥青方面做大量工作，并取得预期效果。

马钢目前主要依据胶质层重叠原理和互换性配煤原理，开展配煤技术的研究与应用。

8.2.2 配煤工艺

8.2.2.1 煤预处理工艺

炼焦煤在装入炭化室以前的各种加工和处理过程统称为原料煤的准备过程，又称为备煤或配煤工艺。一般包括入炉煤预处理、单种煤的配合以及煤的粉碎或成型等环节。常规的预处理基本流程如图 8-1 所示。

近年来随着炼焦过程机械化和自动化程度的提高，采取何种预处理技术，对

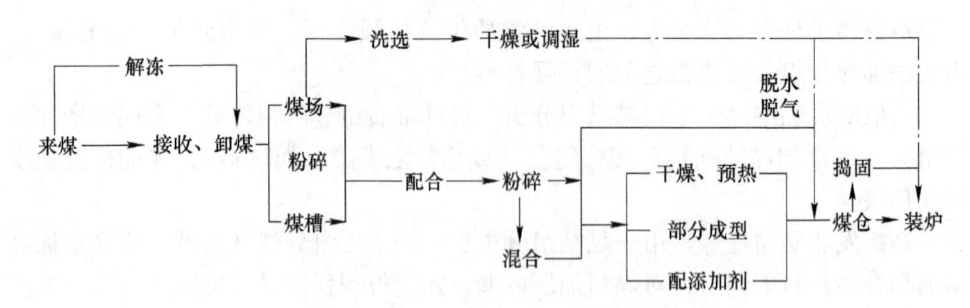

图 8-1　炼焦煤预处理工艺基本流程

节约优质炼焦煤资源，确保高炉焦炭质量具有重要意义。

A　大型机械化露天煤场

露天煤场的容量大小与多方面因素有关，如企业生产规模需要、离煤源的远近、煤矿生产情况、交通运输条件等。当离煤源较近，且煤矿生产稳定、运输条件较好时，可适当少储存一些。国内大中型焦化厂应提供 10～15 天的贮备量，小型焦化厂则更多些。一般来说，煤场实际操作容量仅为煤场总容量的 60%～70%，即煤场操作系数为 0.6～0.7。因此无论大、中、小型用煤企业的露天煤场，都应有考虑与生产相匹配，并预先考虑配套的机械化装备。

在原料煤接收和储存过程中，重要的进展是煤场设备大型化，广泛采用的有大型翻车机械、堆取料机。相对于其他类型的卸煤设备而言，翻车机具有效率高、生产能力大、运行可靠、操作人员少和劳动强度低等特点，适合于大型焦化厂使用。还应配套设计煤场喷雾抑尘、防尘网等环保设备。

B　原料煤（洗精煤）管理的自动化

原料煤管理的主要目的是均衡地提供质量稳定的炼焦用煤，管理任务包括来煤控制、质量确认与验收、堆放和取用规则、煤场环境保护四个方面。

a　来煤控制

为保证焦炭质量的稳定，必须加大对来煤计划的控制和管理，以保证来煤在煤场进行均匀化作业；也必须根据煤场容量、各类煤的配用量、煤场上各类煤的堆放和取用制度，向煤矿和运输部门提出各类煤的供煤计划，并及时组织调运。既要求尽量避免因煤场存量短缺，造成来煤直接使用，导致煤质波动；又要防止因煤场堆满，又继续来煤，造成煤场管理混乱。采用计算机管理与煤料储存预报系统，可以通过建立各类用煤的年、月、日进场和出场量化指标图，及时掌握库存和使用情况，并为组织调配提供决策依据。

b　来煤质量确认与验收

采用先进的计量和煤炭指标的准确检验方法，为合理配煤提供依据。煤质检验包括煤料的水分、灰分、硫分、黏结性和结焦性，以便掌握煤种和煤质，并考虑该煤的堆取和配用。马钢已应用自动取样设备、煤岩技术鉴定混煤程度。一般单一煤种的反射率分布如图 8-2~图 8-4 所示；当煤料中存在混煤现象时，反射率呈现锯齿形缺口如图 8-5~图 8-7 所示。

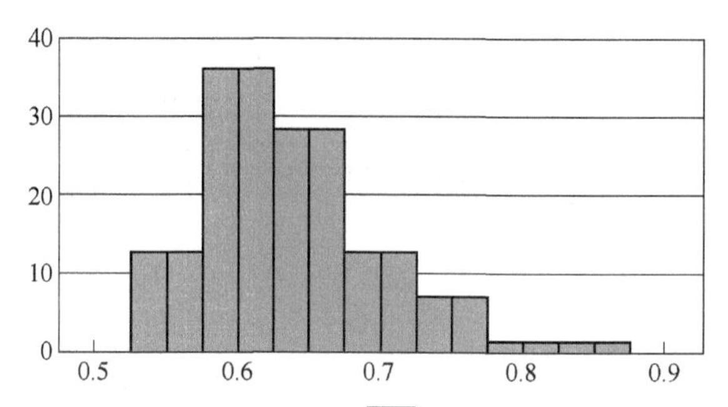

图 8-2 某气煤煤样反射率（$\overline{R_{max}}=0.663$，方差 $\sigma=0.063$）

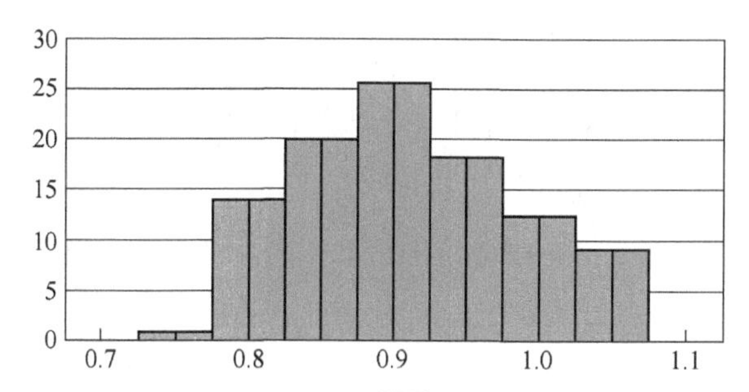

图 8-3 某肥煤煤样反射率（$\overline{R_{max}}=0.944$，方差 $\sigma=0.090$）

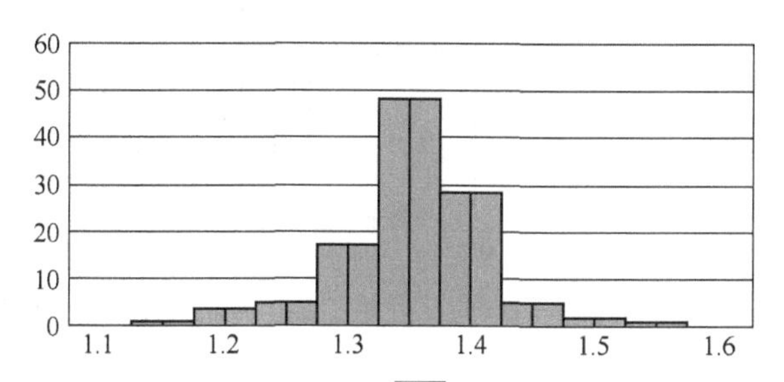

图 8-4 某焦煤煤样反射率（$\overline{R_{max}}=1.374$，方差 $\sigma=0.059$）

c 堆放和取用规则

科学的分堆原则是保证煤质均匀和稳定焦炭质量的重要前提条件；各种牌号的煤由于矿井成煤的地质条件、采煤和洗选工艺等不同，来煤质量出现波动，即使同一牌号的煤由于来煤批次的不同也会使质量差异较大，为了均匀化和防止煤的氧化，设计煤场时必须考虑每种煤尽可能有三堆，条件限制时，也应有两堆以

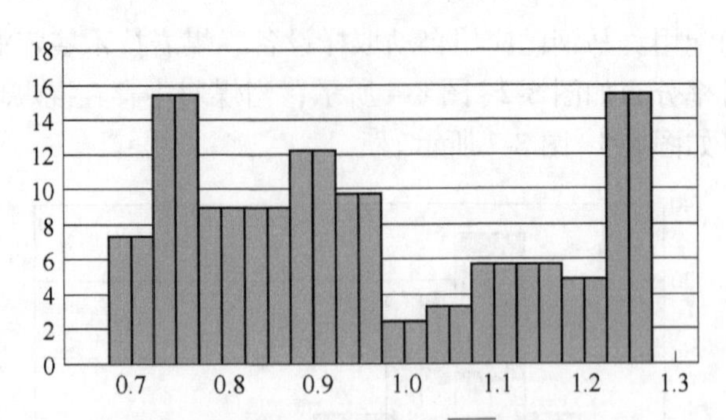

图 8-5 带有混煤特征的煤料的反射率（$\overline{R_{max}}$ =0.980，方差 σ=0.19）

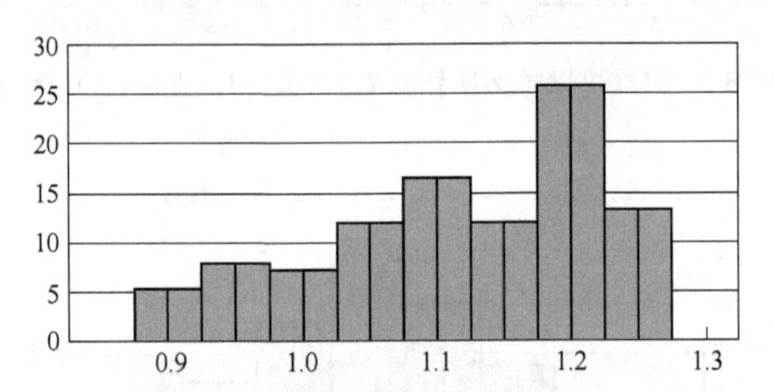

图 8-6 带有混煤特征的煤料的反射率（$\overline{R_{max}}$ =1.141，方差 σ=0.10）

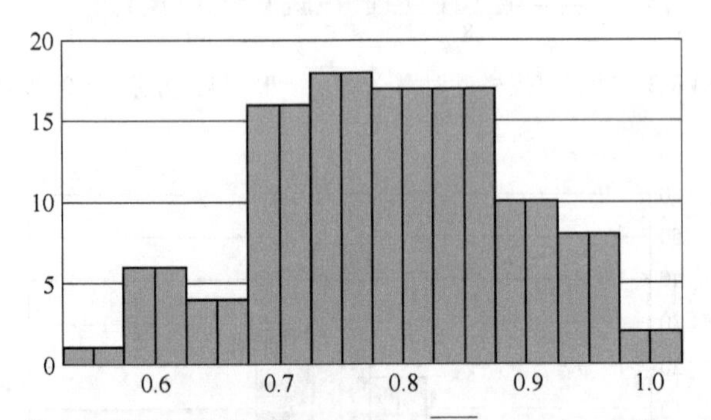

图 8-7 带有混煤特征的煤料的反射率（$\overline{R_{max}}$ =0.743，方差 σ=0.099）

便“用旧存新”。按煤场工艺管理的要求，各煤种应按组别划片固定堆放，不要轻易变动，每个煤堆都必须标明煤种和编码。不乱堆、不串堆、不相互挤占场地，堆间距保持在 2m 以上。

d 煤场信息化管理

煤场信息系统主要是对煤源、来煤煤堆、来煤质量、数量、使用与库存等基本信息进行管理和统计，查询和输出各种日报表、周报表、月报表以及年报表等。国内行业有煤场自动化软件，直接记录煤场作业全过程，便于跟踪分析。

8.2.2.2 装炉煤的配合与粉碎

A 装炉煤的配合

炼焦煤的配合通常采用配煤槽，靠其下部的定量给料设备进行配煤，系统精确度高，但设备多、投资高。

a 双曲线配煤槽配置

配煤槽个数一般应比采用的煤种多2~3个，主要考虑煤种更换、设备维护，配比大或煤质波动大的煤需要两个槽同时配煤，以提高配煤准确度。不同规模焦化厂的配煤槽配置可参见表8-8。

表8-8 配煤槽的数目和容量

规模（年产焦炭）/万吨	配煤槽直径/m	每个槽的容量/t	槽数/个	适用煤种数
90	8	500	7~8	5~6
120	8	500	10~12	5~6
180	8	500	12~14	6~7
200	10	800	10~12	5~6
300	10	800	8~15	8~10

马钢采用双曲线斗嘴配煤槽，堵料情况可以得到明显改善。配煤系统配煤槽配置见表8-9。

表8-9 马钢配煤系统配煤槽配置

系统	焦 炉	规模（年产焦炭）/万吨	每个槽的容量/t	槽的个数/个
南区	1~4号焦炉	165	400	15
	5号、6号焦炉	100	500	13
北区	7号、8号焦炉	220	800	16

b 自动配料系统

JRPL-P型为一条龙减差申克电子皮带秤配料系统（图8-8），该系统为集散型、模块化设计，计量部分采用德国申克电子皮带秤，系统控制部分采用西门子PLC，上位机采用主流监控工业组态软件iFax，系统操作简单、计量精度高，可确保系统控制精度稳定在±1%，电子秤的高可靠性将会降低整体系统的维护成本。

现场工业PC与PLC系统连接采用工业以太网并以TCP/IP协议相互连接构成PLC过程控制网络对各回路进行控制，系统还提供与生产管理系统互联的网络接口及OPC数据接口，OPC数据接口应能在系统内全部数据点中任选，支持双向数据传输。PLC实现圆盘给料机的连锁起动/停止、报警以及模拟量的输入/

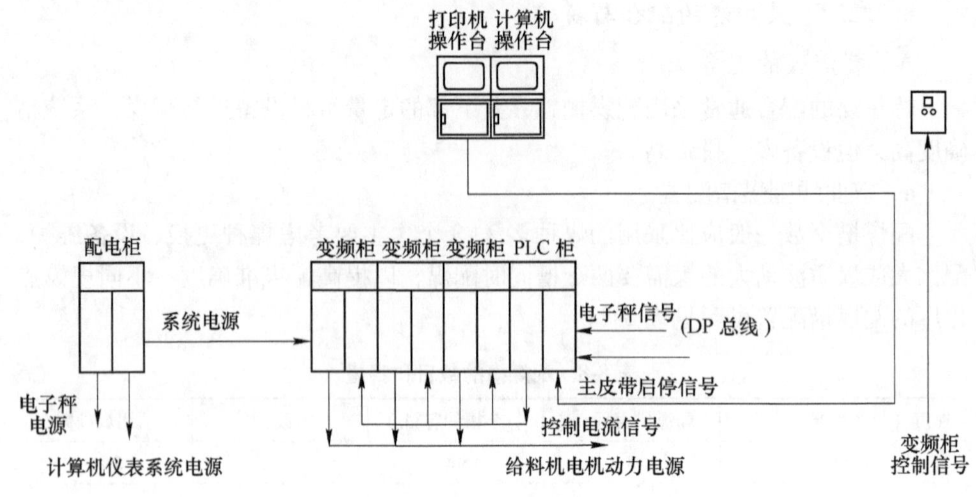

图 8-8　自动配煤控制系统构成

输出，实现系统自动/手动控制。

B　装炉煤的粉碎

装炉煤的粉碎工艺必须适应炼焦煤的粉碎特性，使入炉煤粒度达到或接近最佳粒度分布，由于煤的最佳粒度分布因煤种、岩相组成而异，因此不同的单种煤应采用不同的粉碎工艺。常见的主要包括先配后粉、先粉后配、部分硬质煤预粉碎、分组粉碎、选择粉碎等几种工艺。

8.2.3　马钢单种煤评价及新煤种开发应用技术

8.2.3.1　马钢单种煤评价

A　评价指标的确立

a　炼焦煤的化学特征

煤的化学特征评价主要从煤的工业分析入手，利用灰分、挥发分、硫分等主要煤质指标评价炼焦煤质量。

灰分是炼焦煤质量的控制指标，焦炭中的灰分主要来自煤中矿物质。

挥发分的析出会促使煤中胶质体流动和煤粒之间的相互融合，形成焦炭气孔。挥发分可间接反映气孔率大小，只有合适的气孔率，才有利于高炉生产。

煤中的硫通常以有机硫和无机硫的状态存在，有机硫的含量较低，但很难清除，无机硫存在于矿物质中，在炼焦时煤中硫分约有 60%～70%转入焦炭。因配合煤的成焦率为 70%～80%，故焦炭硫分约为配合煤硫分的 80%～90%。

b　炼焦煤的工艺性质

黏结性。烟煤黏结指数表征煤中黏结性组分的性质，通常以 G 值表示，其大小与煤的煤岩组成、变质程度、惰性物含量、煤的氧化还原程度及煤的成因等有关。除黏结指数外，烟煤的胶质层指数和奥-亚膨胀度从不同侧面反映了烟煤的黏结性。

结焦性。结焦性是炼焦煤在常规炼焦条件下炼制冶金焦炭的性质，通常用焦炭的机械强度、粒度分布、反应性等表示。焦炉炼焦试验以所得焦炭的冷热强度和粉焦率作为结焦性指标。

c 炼焦煤的煤岩特征

炼焦煤的煤岩特征主要从三方面评价炼焦煤：

（1）煤的镜质组平均最大反射率 R_{max} 及其分布。煤的变质程度越高，其反射率越大（图 8-9 和图 8-10）。通过煤岩反射率分布，可初步判断炼焦煤是单种煤还是混配煤，确定混煤种类和比例，图 8-11 显示该单种煤存在多种煤混煤。

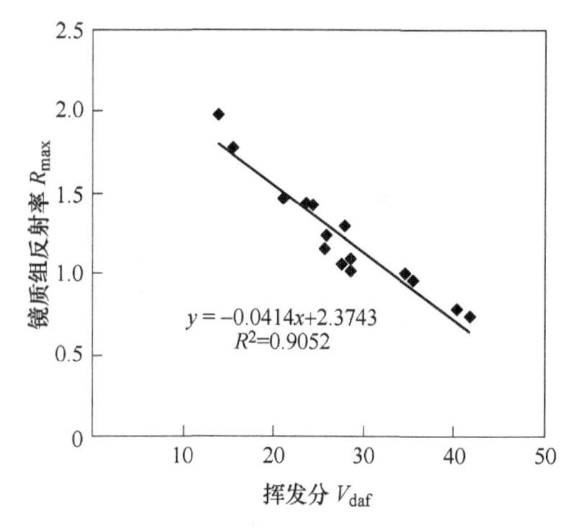

图 8-9 镜质组最大反射率与挥发分关系

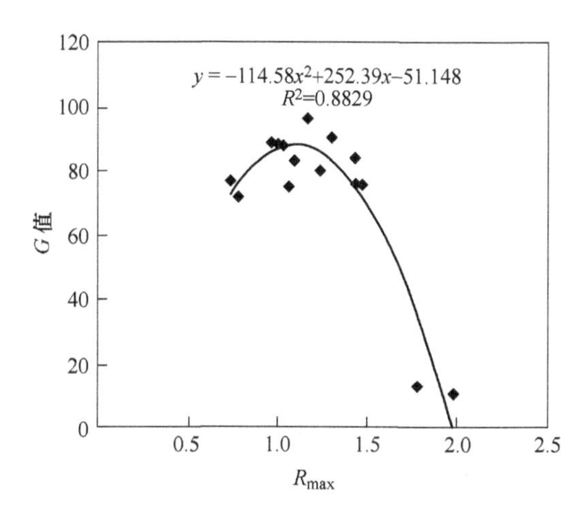

图 8-10 黏结指数与镜质组最大反射率关系

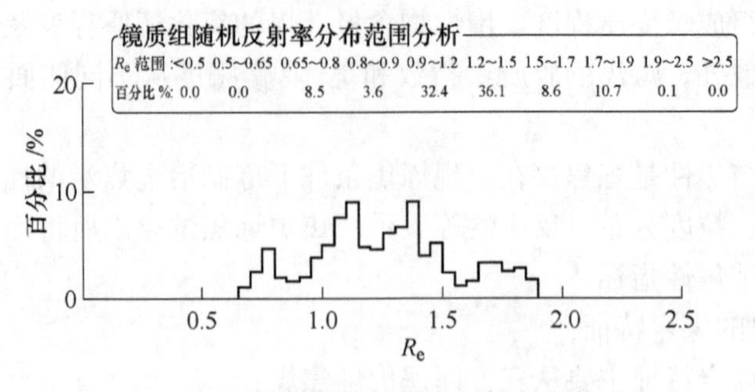

图 8-11　煤镜质组随机反射率分布

（2）煤岩镜质组反射率分布直方图和反射率测定中的标准方差 S。判别是否混煤及混煤的程度。

（3）通过测定煤岩组分定量和活惰比指导配煤。

B　评价方法

用煤的灰分、挥发分、硫分、胶质层厚度、黏结指数初步评价煤的变质程度、胶质体数量、黏结性能；用镜质组反射率进一步分析煤的变质程度和混煤程度。最后进行炼焦煤炼焦试验评价其结焦性。

对 1/3 焦煤、肥煤（气肥煤）、焦煤，重点考虑其黏结性能（G、Y 值以及膨胀度 TD）、变质程度、结焦性能（试验焦炉指标评价）及灰分、硫分指标。对气煤、瘦煤等单独结焦性能差的煤，重点考虑其黏结指数以及灰硫指标。

C　分组分堆

马钢按照上述评价方法将炼焦煤分为 20 组，其中 1/3 焦煤 3 组，气肥煤 1 组、肥煤 4 组，焦煤 9 组，瘦煤 2 组，贫瘦煤 1 组。

D　马钢外来煤质量控制

a　外来煤质量要求（表 8-10）

表 8-10　冶金焦用煤技术条件

煤种	指标					
	M_t/%	A_d/%	V_{daf}/%	$S_{t,d}$/%	Y/mm	G
101	≤13.0	≤9.00	>28.00~37.00	≤0.30	—	>65.0
102	≤13.5	≤8.50	>28.00~37.00	≤0.70	—	>65.0
103	≤14.0	≤11.00	>28.00~37.00	≤0.80	—	>65.0
104	≤8.5	≤9.50	>28.00~39.00	≤0.90	—	>65.0
202	≤11.5	≤10.00	>37.00	≤2.00	>25.0	>85.0
203	≤13.0	≤11.00	>20.00~37.00	≤1.50	>25.0	>85.0
204	≤14.5	≤8.50	>20.00~37.00	≤2.50	>25.0	>85.0
201	≤11.5	≤11.00	>20.00~37.00	≤0.75	>25.0	>85.0

续表 8-10

煤种	指　标					
	M_t/%	A_d/%	V_{daf}/%	$S_{t,d}$/%	Y/mm	G
201-1	≤11.5	≤8.50	>20.00~37.00	≤0.80	>25.0	>85.0
301	≤13.0	≤8.50	>18.00~28.00	≤0.60	>17.0	>65.0
301-1	≤13.5	≤10.00	>18.00~28.00	≤0.45	>16.0	>65.0
301-2	≤12.5	≤10.00	≤27.50	≤0.60	>17.0	>65.0
301-4	≤11.5	≤10.00	>18.00~28.00	≤0.45	>16.0	>65.0
302	≤12.5	≤11.00	>18.00~28.00	≤0.80	>16.0	>65.0
303	≤12.5	≤11.00	>18.00~28.00	≤1.30	>16.0	>65.0
304	≤11.5	≤11.00	>18.00~28.00	≤0.80	>16.0	>65.0
305	≤12.0	≤11.00	>18.00~28.00	≤2.00	>16.0	>65.0
305-1	≤14.0	≤11.50	>18.00~28.00	≤1.80	>16.0	>65.0
306	≤12.5	≤8.50	>18.00~28.00	≤1.50	>16.0	>65.0
307	≤13.0	≤8.50	>18.00~28.00	≤2.80	>16.0	>65.0
401	≤13.0	≤11.50	>10.00~20.00	≤0.60	—	>20.0
401-1	≤11.5	≤11.00	≤20.00	≤0.60	—	>60.0
402	≤12.0	≤10.00	>10.00~20.00	≤0.60	—	>10.0~20.0
501	≤12.5	≤11.50	>10.00~20.00	≤0.60	—	>10.0~20.0
shyj	≤11.0	≤1.00	≤14.00	≤2.00	—	—

冶金焦用煤让步接收条件：

（1）冶金焦用煤灰分不高于标准上限值 1.00%。

（2）冶金焦用煤硫分<1.5%不高于标准上限值 0.30%；硫分≥1.5%不高于标准上限值 0.50%。

（3）冶金焦用煤挥发分<28%不高于标准上限值 0.50%；挥发分>28%不高于标准上限值 1.00%。

（4）冶金焦用煤黏结指数 G≥18，不得超过标准下限值 4；G≤18 时，不得超过标准下限值 2。

（5）冶金焦用煤胶质层厚度 Y≤20mm，不得超过标准下限值 2mm；Y>20mm 不得超过标准下限值 3mm。

（6）实际到货煤种与合同煤种不符，可在实际到货煤种价格基础上再进行扣款，作为让步接受处理。

b　外来煤检验分析流程

外来煤检化验工作流程见图 8-12。

8.2.3.2　新煤种开发应用技术

A　小焦炉试验

为开拓炼焦煤资源市场，满足炼铁工序对焦炭质量以及优化配煤结构、降低

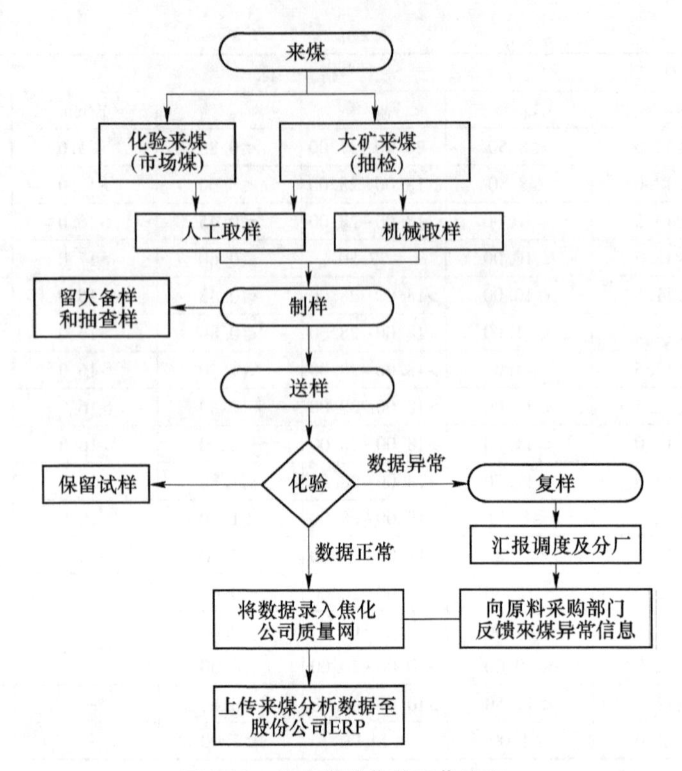

图 8-12　外来煤检化验工作流程

配煤成本的需求，马钢有 20kg、40kg、200kg 试验焦炉，日常采用 40kg 试验焦炉，开展新的煤炭资源开发与利用，以及配煤结构优化调整。

a　工作流程

试验焦炉主要工作流程见表 8-11。

表 8-11　40kg 试验焦炉配煤炼焦实验

程　序	具　体　工　作
新煤种接收程序	马钢采购部门寻找新煤炭资源，提交技术主管部门和焦化厂，筛选出需要试验煤种。焦化厂质检部门负责接收试验样品
试验任务确定	焦化厂编制实验方案和计划，内容包括任务名称、工作要求以及完成时间等。焦化厂质检部门及时组织小焦炉岗位人员实施试验任务
试样要求	新煤种试样应具有代表性，煤质分析一般要求不少于 5kg，单种煤试验不少于 60kg，配合煤试验不少于 80kg，配煤炼焦方案试验则需根据方案定量
检测项目说明	煤质分析：全水分、工业分析、全硫、胶质层指数、奥-亚膨胀度、镜质体随机反射率；炼焦试验：焦炭工业分析、全硫、热态性能检测等
试验时间要求	新煤种煤质分析在 3 个工作日内完成；新煤种单种煤炼焦试验在 5 个工作日内完成；新煤种配合煤炼焦试验的完成时间因方案不同而异

续表 8-11

程　序	具　体　工　作
试验报告的整理及评价	焦化厂质检部门根据试验任务要求，合理安排试验节点，及时提交试验数据；焦化厂技术部门整理试验报告，报告内容：新煤种供应商、品名、煤质分析数据、单种煤或配合煤炼焦数据，实验方案以及分析结论；向马钢技术主管部门汇报试验结果，由其组织相关人员进行评审，评审合格后方可采购、试用、推广使用

b　设备参数

40kg 试验焦炉主要设备参数见表 8-12。

表 8-12　相关技术参数

炭化室尺寸/mm	400（宽）×595（高）×500（长）			装箱容积/cm^3	64531.56
装箱煤饼尺寸/mm	344（宽）×412（高）×454（长）			装煤量	43kg/炉（常规干基），堆积密度为 0.67 t/m^3
煤细度	75%~80%	熄焦方法	湿法熄焦	装炉煤水分	10%
装煤时炭化室墙温度/℃	800			炉内温度/℃	常用 1050
饼中心温度/℃	980~1100			总炭化时间/h	16

c　炼焦试验

煤样的采集和制备：根据不同的试验目的采集不同的煤样，采样应保证煤样量有充分的代表性，既能满足试验要求，且煤样量不宜过大。采集的煤样应包装好，以免混入杂物，并加上明显标记，运输过程应避免漏失。收到的煤样应放在阴凉处，煤样保存期不宜过长，否则煤样会因氧化而失去代表性。

为准确控制配合比、配合煤细度，采用先粉后配，即每种煤单独粉碎，然后按比例配合工艺。

炼焦过程：利用液压升降机将装煤箱升到炭化室内完成装煤，将电偶插入煤料中心，保持插入深度为煤料的 1/2 高度；装炉后 0.5h 炉墙恢复到 800℃，按 0.5℃/min 升温到 1050℃并恒温，结焦时间 16h；结焦时间满足要求后，记下焦饼中心温度和焦饼达 950℃的时间，利用牵引车将炉门及红焦拉出平台，将出焦车推到熄焦区进行熄焦；熄焦半小时后即可进行焦炭强度测定。

焦炭机械强度测定：焦炭机械强度测定是评定焦炭质量的主要指标，是对各种方案的最终效果进性评定的主要依据。焦炭机械强度的评价是用焦炭的筛分组成、焦炭的抗碎强度（M_{40}）、耐磨强度（M_{10}）表示。

试验结果和误差：40kg 焦炉炼焦试验包括配煤、装炉、调温、熄焦、坠落、转鼓、筛分等环节，影响因素较多。40kg 焦炉重复试验允许误差如下：

$$M_{40} \leqslant 3.0\%,\ M_{10} \leqslant 1.5\%$$

B　新资源的替代试验

该试验以加拿大某公司 A、B、C、D 四个煤种为例（表 8-13），分析其替代情况（表 8-14）。

表 8-13　加拿大煤质数据

品名	工业分析/%			$S_{t,d}$/%	胶质层/mm			奥-亚/%		黏结指数
	M_{ad}	A_d	V_{daf}		X	Y	线　型	a	b	G
A	0.50	9.56	23.11	0.42	20.8	9.0	平滑下降	29.2	-5	76.4
B	0.55	9.57	25.71	0.53	22.5	11.8	波型	32.5	30	80.6
C	0.90	8.81	26.72	0.67	24.3	12.8	波型	28.3	60	83.6
D	0.73	8.70	29.53	0.72	20.0	13.5	山型	34.2	105	83.9

表 8-14　对应的 40kg 焦炉实验数据　　（%）

品名	工业分析			$S_{t,d}$	CRI	CSR	M_{40}	M_{10}	振动机筛分组成					
	M_{ad}	A_d	V_{daf}						>80mm	80~60mm	60~40mm	40~20mm	20~10mm	<10mm
A	1.19	11.64	0.43	0.36	25.4	57.3	85.0	11.3	43.5	32.0	12.3	3.0	1.1	8.1
B	1.77	11.96	0.6	0.47	28.6	54.1	85.8	9.3	49.3	26.0	15.7	3.1	0.9	5.0
C	1.44	11.67	0.71	0.59	28.9	53.1	85.2	8.2	30.3	40.3	19.5	3.5	1.0	5.4
D	0.86	10.94	0.83	0.63	20.5	61.1	84.1	9.8	49.6	33.2	10.7	2.4	0.8	3.4

实验结果分析：

（1）加拿大 A、B、C、D 四煤种从煤的镜质组反射率分布图来看，均为单一煤种，且变质程度依次降低。前三种为焦煤，D 煤种为 1/3 焦煤。

（2）从单种煤看，加拿大四煤种为中灰、低硫的炼焦煤。与 301 相比，Y 值略低、G 值相当，热态性能次于 301、冷态强度与其相当。

（3）替代试验中，D 煤种等比例替代 103，焦炭的冷态强度、热态性能没有显著差异，即 D 煤种替代 103 是可行的。

（4）A、B 煤种替代 301，焦炭冷、热态均略有下降；C 煤种替代 301 热态略有下降，冷态强度略有所改善。即三种焦煤与 301 存在差异，但相差不大，同条件等量替代会使得焦炭质量水平有所降低。宜综合考虑，通过其他煤种配比的调整予以弥补，或者在价格合适的时候，用以替代一些国内的焦煤品种。

C　马钢配煤炼焦技术研究

a　贫瘦煤在配煤炼焦中的应用

针对马钢瘦煤资源紧缺的情况，掺入适当比例、适当粉碎细度的贫瘦煤，可以降低配合煤的挥发分，减小结焦过程中半焦收缩系数，改善半焦气孔结构以提高半焦强度，减少相邻半焦层的收缩差，减少焦炭裂纹。

（1）贫瘦煤与瘦煤成焦的显微结构特征对比。将贫瘦煤和瘦煤分别粉碎至3mm以下单独结焦，观察焦炭的光学组织结构，见表8-15和图8-13、图8-14。贫瘦煤与瘦煤结焦光学组织结构属一种类型，均以纤维、片状和惰性结构为主，有少量的粗粒镶嵌。贫瘦煤中的片状结构和惰性结构更多一些，而且在纤维结构中，一部分是大量内裂隙的板片状，一部分是孔壁很薄而孔径大小不一的气孔组织单元，气孔孔径为0.1~3mm。在瘦煤结焦光学组织结构中，仍有内裂隙的板片状纤维结构，有孔壁很薄而孔径大小不一的气孔群组织单元，与贫瘦煤相似。内裂隙板片状和孔径较大而孔壁薄的纤维组织结构自身的强度较低，因而影响焦炭质量。多个气孔群形成的组织尺寸大，结焦过程中易形成焦炭裂纹中心，从而劣化焦炭质量。

表8-15 贫瘦煤和瘦煤成焦显微结构组成 （%）

试样名称	粗粒	细粒	纤维	片状	惰性	同性
贫瘦煤	6	0	28	34	32	0
瘦煤	4	0	46	22	28	0

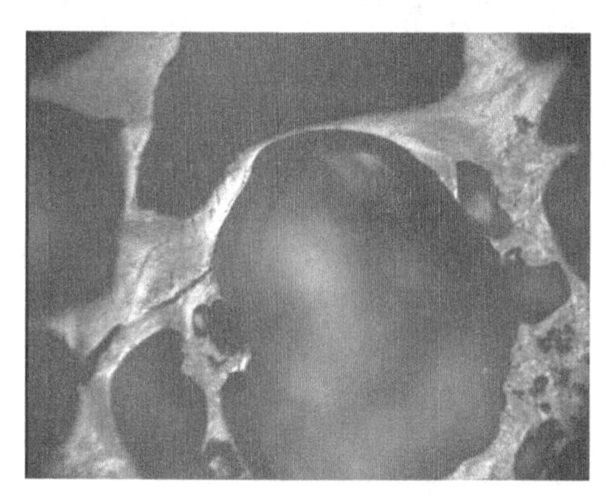
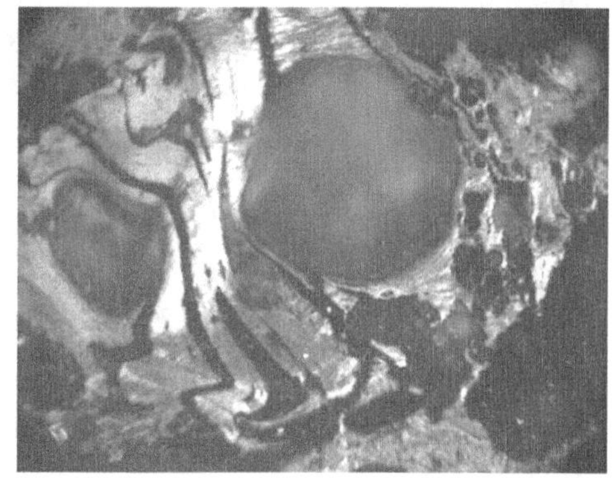

图8-13 贫瘦煤结焦显微结构

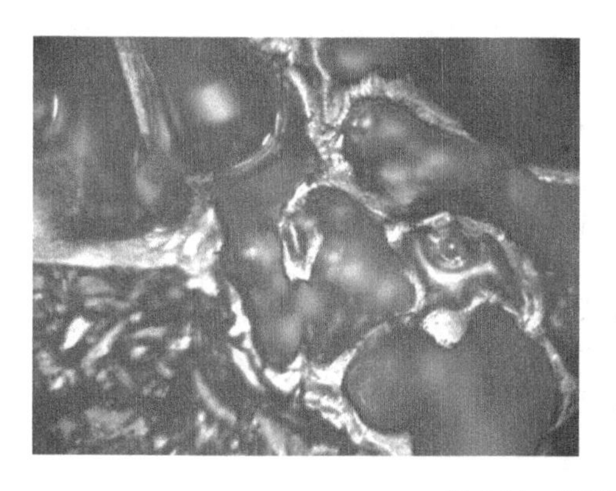
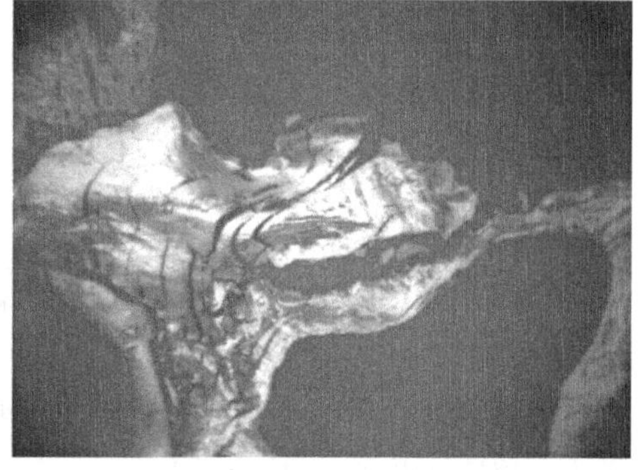

图8-14 瘦煤结焦显微结构

（2）合理粉碎贫瘦煤和瘦煤参与配煤成焦的显微结构特征比较。要使瘦煤和贫瘦煤充分发挥其结焦中心和骨架作用，又避免结构缺陷对焦炭质量的不利影响，必须破坏其结焦显微结构，进行合适的细粉碎，以形成尺寸大小合适的结构单元。通过适度地细粉碎，煤粒的比表面积增加，表面能也增加，与其他煤粒共焦时的界面结合力增强，有利于焦炭质量的提高。

将贫瘦煤合理细粉碎后发现，其在结焦过程中以合理的状态分布在焦炭中，如图 8-15 和图 8-16 所示，其中瘦煤、贫瘦煤细度为<1mm，85%。

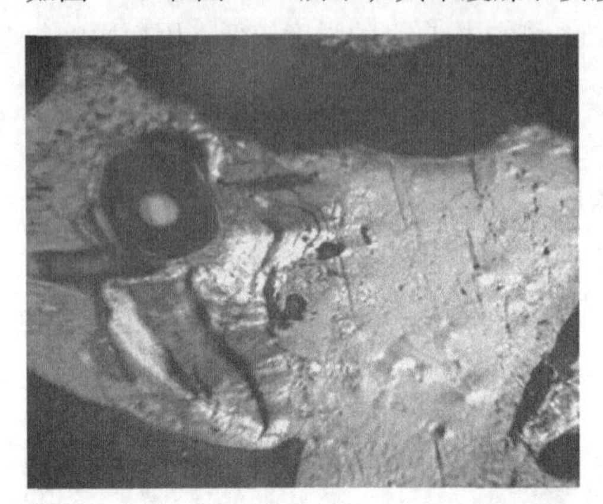
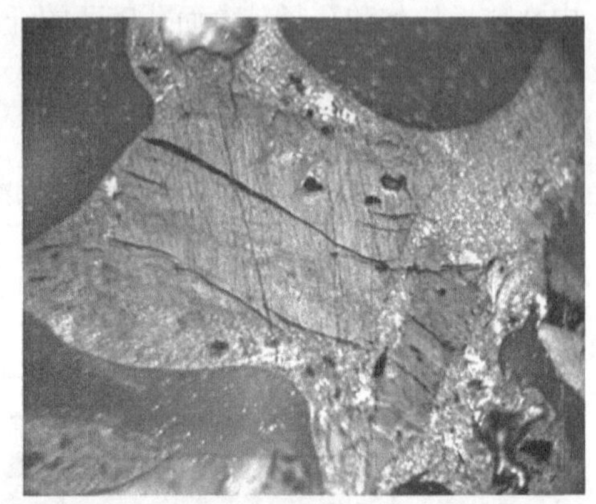

图 8-15　合理粉碎的贫瘦煤在配煤结焦中的赋存状态图

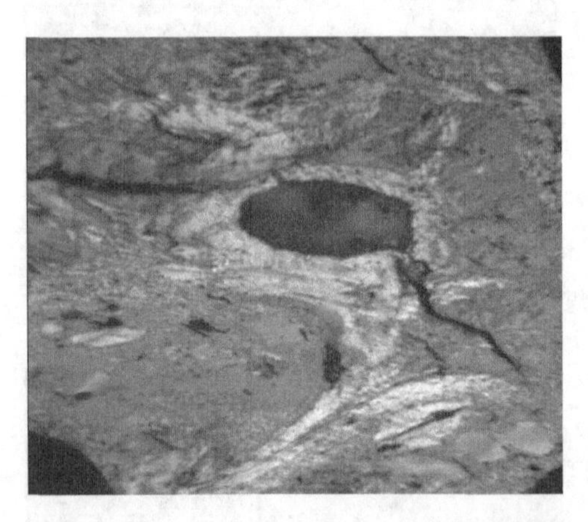
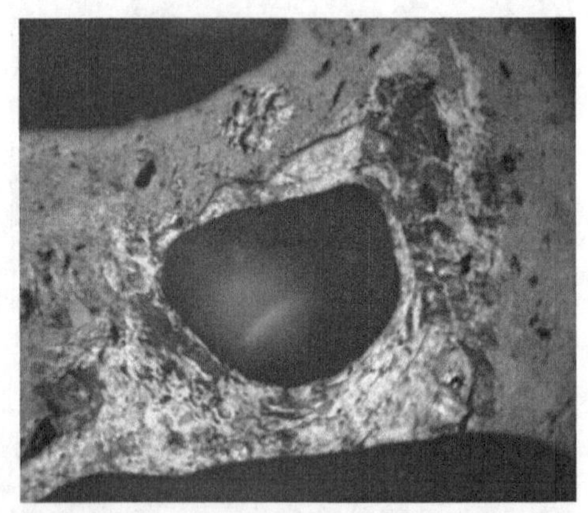

图 8-16　合理粉碎的瘦煤在配煤结焦中的赋存状态图

由图 8-15 和图 8-16 可看出，当瘦煤或贫瘦煤粉碎至合理粒度后，原来的结构缺陷消除，合理的片状和纤维结构均匀地分布在其他活性组分形成的粗粒镶嵌或细粒镶嵌结构中，不仅起到了结焦中心和骨架的作用，而且焦炭的气孔壁强度增加，改善了焦炭质量。

（3）微观结构分析。贫瘦煤和瘦煤在结焦过程中结焦行为基本相同，在结焦过程中胶质体很少，基本上不熔融流动，完全是其他活性组分的结焦中心。贫瘦煤与瘦煤结焦光学组织结构属于一种类型，均以纤维、片状和惰性结构为主，有少量的粗粒镶嵌。要使瘦煤和贫瘦煤充分发挥其结焦中心和骨架作用，又避免结构缺陷对焦炭质量的不利影响，对其进行合理的细粉碎，使煤粒的比表面积增加，表面能也增加，与其他煤粒共结焦时的界面结合力增强，使原有的结构缺陷被打破，并形成有利于焦炭质量的显微结构分布状态。

（4）试验焦炉试验及生产应用。在与贫瘦煤各类相关焦炭显微结构特征分析基础上，为更加系统地研究贫瘦煤的配加、破碎、炼焦，进行 40kg 试验焦炉试验，具体方案见表 8-16。方案主要内容是在典型的配煤比基础上，研究贫瘦煤的配入比例、配入方法、粉碎细度等，并确认出相关工业生产参数。

表 8-16　试验焦炉配贫瘦煤试验方案

方案号	配煤比/%				细 度	备 注
	其余	瘦煤	贫瘦煤Ⅰ	贫瘦煤Ⅱ		
N1	90	10	—	—	常规	混破常规
N2	90	—	10	—	常规	混破常规
N3	90	—	—	10	常规	混破常规
N4	90	10	5	—	常规	混破外加
N5	90	10	—	5	常规	混破外加
N6	90	10	—	5	细度 75%	单破外加
N7	90	10	—	5	细度 80%	单破外加
N8	90	10	—	5	细度 85%	单破外加

（5）试验结论（表 8-17）：

1）通过小焦炉试验进一步分析，得知贫瘦煤进行配煤炼焦在经济技术上是可行的。

2）马钢在常规用煤条件下，可配 5%的贫瘦煤进行炼焦工业试验。确定当贫瘦煤Ⅱ粒度为<1mm，85%时，焦炭性质较好；配入 5%的贫瘦煤炼焦，可稳定、改善焦炭热态性能，并能综合替代炼焦煤，进一步降低炼焦成本，同时扩展炼焦煤资源。

3）在合理配煤结构和比例下，贫瘦煤和瘦煤可互相替代。由于贫瘦煤可比瘦煤消耗更多的胶质体，使活性组分与惰性组分的比例适中。所以当配煤黏结指数较高时，可用 10%的贫瘦煤替代瘦煤改善焦炭质量。

此外，马钢曾开展无烟煤配煤炼焦专题研究，并成功应用于工业生产，最高月消耗 9000t。随着马钢高炉大型化，无烟煤暂停配用。

表 8-17　40kg 试验焦炉配贫瘦煤炼焦试验结果　　(%)

方案号	工业分析		$S_{t,d}$	机械强度		热态强度	
	A_d	V_{daf}		M_{40}	M_{10}	CRI	CSR
1	12.53	1.48	0.75	71.5	9.5	28.0	55.2
2	12.51	1.35	0.76	70.0	10.8	27.5	55.9
3	12.46	1.46	0.76	69.0	9.0	31.1	52.4
4	12.27	1.41	0.74	72.0	9.5	25.0	59.9
5	12.35	1.45	0.73	71.5	9.5	30.4	53.6
6	12.4	1.39	0.77	70.0	9.0	29.6	54.5
7	12.45	1.37	0.79	71.1	8.9	27.3	56.6
8	12.36	1.43	0.76	73.2	9.0	27.0	56.3

b　延迟石油焦在配煤炼焦中的应用

石油焦灰分低，且挥发分也很低。配加石油焦炼焦，将降低焦炭的灰分，有利于高炉冶炼生产，降低吨铁成本。

(1) 石油焦本体性质分析：石油焦（petroleum coke）全称延迟石油焦，又称生焦。是原油经蒸馏将轻重质油分离后，重质油再经热裂的过程转化而成的产品。从外观上看，石油焦为形状不规则、大小不一的黑色块状（或颗粒），有金属光泽，石油的颗粒具多孔隙结构，主要的元素组成为碳，占有80%以上，其余的为氢、氧、氮、硫和金属元素。石油焦目前还没有相应的国家标准。现国内生产企业主要依据原中国石化总公司制定的行业标准 SH 0527—92 生产。该标准主要根据石油焦硫含量分类，分类及质量要求见表 8-18。

表 8-18　石油焦分类及质量要求　　(%)

等级	1A	1B	2A	2B	3A	3B
$S_{t,d}$/%	≤0.5	≤0.8	≤1.0	≤1.5	≤2.0	≤3.0
V_{daf}/%	≤12	≤14	≤14	≤17	≤18	≤20
A_d/%	≤0.3	≤0.5	≤0.5	≤0.5	≤0.8	≤1.2

石油焦属于非炼焦煤，为掌握石油焦的性质，将从以下两方面进行分析。

按煤的常规分析检测其灰分、挥发分、硫分、X、Y、G。煅烧实验：模拟焦炉条件，取样品约 10g，马弗炉温度（1000±10）℃，煅烧时间为 30min。研究其失重率以及硫分转化率。

从表 8-19 可以看出，常规分析表明石油焦的灰分均很低且小于 1%；挥发分也处于较低水平且小于 15%；5 种样品中硫分不等，有大于 4.00%的硫，也有在 1.00%~2.00%之间的硫；石油焦没有黏结性，在炼焦过程中表现为完全惰性行为；从煅烧实验数据看，硫分转化率除D样品外，其他4种样品均相当，为75%左右；失重率与挥发分呈线性正相关。

表 8-19 石油焦本体性能数据

品名	常规分析							煅烧分析				
	$M_{ad}/\%$	$A_d/\%$	$V_{daf}/\%$	$S_{t,d}/\%$	X/mm	Y/mm	G	煅烧前重量/g	煅烧后重量/g	失重率/%	煅烧后$S_{t,d}/\%$	硫分转化率/%
A	0.70	0.31	8.96	4.71	12.8	0.0	0.0	7.17	6.33	11.72	3.95	74.04
B	0.74	0.30	12.77	1.49	16.2	0.0	0.7	6.63	5.60	15.56	1.33	75.37
C	0.80	0.15	11.64	1.60	12.0	0.0	0.1	6.41	5.52	13.88	1.41	75.90
D	0.48	0.16	9.76	4.99	8.5	0.0	0.1	6.99	6.12	12.54	4.15	72.74
E	0.81	0.67	14.67	1.35	34.0	5.8	11.4	5.38	4.42	17.93	1.25	75.99

（2）石油焦粉碎细度分析：以石油焦C为实验室研究对象。根据以上分析，由于石油焦的硫分转化率较高，而要控制焦炭的硫分，同时控制炼焦煤成本，只能选择硫分处于1.00%~2.00%之间的石油焦为研究对象。研究表明石油焦为惰性物质，由于惰性组分较多时粉碎有利于黏结，但过细粉碎由于惰性组分比表面增大，活性组分被过度地吸附，使胶质体变薄，反而不利于黏结，因此必须研究石油焦的粉碎细度对焦炭质量的影响。

（3）石油焦配入比例研究：石油焦为惰性物质，为不影响焦炭质量，配入比例不宜过大，本实验控制在7%以下。本方案设为4组（表8-20）。N4为基准方案，即不配石油焦。N5、N6、N7分别用石油焦3%、5%、7%部分替代瘦煤，其他配比不变。

表 8-20 石油焦配入小焦炉试验结果

方 案	配比/%		焦炭质量指标					
	瘦煤	石油焦	$A_d/\%$	$M_{40}/\%$	$M_{10}/\%$	CRI/%	CSR/%	粒级/mm
N4（基准）	10	0	12.76	77.9	11.9	29.7	52.2	78.73
N5（3%）	7	3	12.21	87.7	7.2	31.6	52.9	81.60
N6（5%）	5	5	12.19	87.0	9.8	32.3	52.0	79.06
N7（7%）	3	7	12.26	85.3	9.5	32.2	52.4	80.27

与N4基准组相比，配入石油焦后焦炭的灰分明显下降，N5、N6、N7所得焦炭的灰分与基准组比较分别下降0.55%、0.57%、0.50%（与取样、检验误差所致）。试验结果表明：配入石油焦使得焦炭灰分下降；焦炭热态强度基本无变化，但冷态强度有所改善；平均粒度较基准组比较，略有改善。

（4）结论：

1）石油焦具有低灰、低挥发分的性质，配加石油焦炼焦，可以降低焦炭灰分，提高全焦率，且焦炭质量略有改善。

2）石油焦的硫分转化率（转入焦炭）较高，因此从成本和焦炭硫分角度考虑，选择石油焦硫分为1.00%~2.00%为宜。

3）配加石油焦炼焦，石油焦的粉碎细度选择不大于3mm，75%±3%为最佳。

4）由于石油焦为惰性物质，配加石油焦比例控制在3%以内。

c 提高山东气煤、气肥煤配煤炼焦比例的研究

山东气煤、气肥煤、肥煤是马钢炼焦生产的重要资源之一，对于支撑、稳定焦炭质量起着重要作用。进一步科学、合理地利用此资源，对于降低配煤成本、优化资源组合，具有重要意义。

（1）配合煤反射率分布见表8-21。

表8-21 配合煤反射率分布区间

R_{max}区间/%	N2	N3	N4	N5	N6	N7	N8	N9	N10
0.9~1.2	21.4	14.5	23	19.1	20.6	16.8	18.4	12.3	16.7
1.2~1.5	22.9	22	23.2	22.9	23.2	22.9	23.2	22.9	22.9
0.8~1.5	55.2	51.8	59.2	53.7	57.6	52.2	56.2	49.2	51.6

配煤中各单种煤的分布范围重叠程度越大，适配性越好。适配性指参与配煤的各单种煤的活性组分软化熔融温度范围的重叠性。适配性差的配煤，其中的活性组分由于软化熔融温度范围重叠性小或无，而互起惰性作用。由于煤阶具有逐渐过渡性，因此相邻牌号煤（如气煤与1/3焦煤、1/3焦煤与肥煤等）之间适配性好，相间牌号煤或相隔牌号煤之间适配性差。在分布图上，相邻牌号煤的重叠大，相间牌号煤重叠小，相隔牌号煤基本不重叠。

由图8-17和图8-18可以看出：基准方案N2的反射率分布图与N6分布基本相当；根据煤岩学配煤，基准方案的适配性不是十分理想，但从成本角度考虑，综合其性价比，此方案为当前的主要配比。

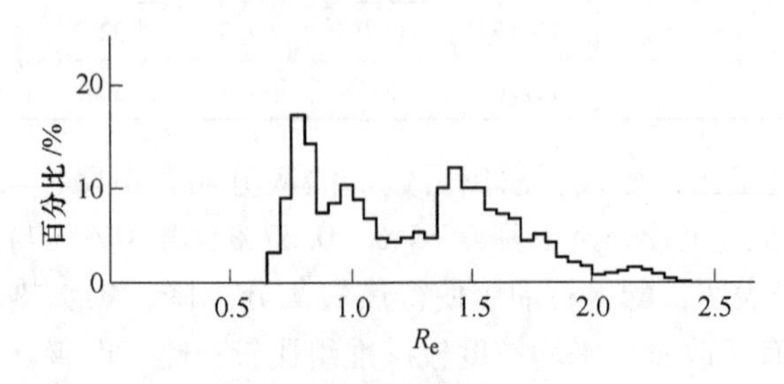

图8-17 N2反射率分布

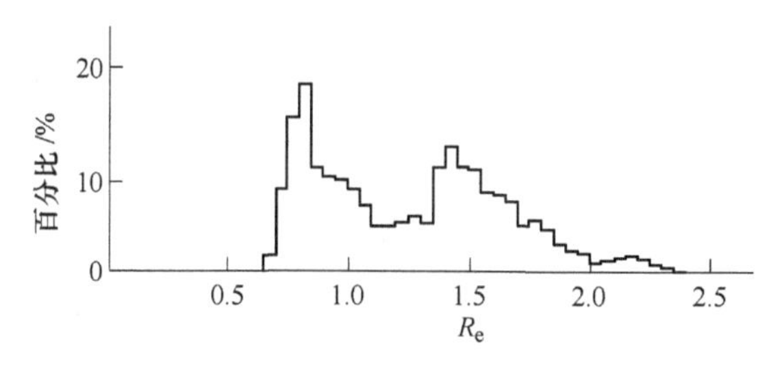

图 8-18　N6 反射率分布

（2）实验结果见表 8-22。

表 8-22　实验结果

方案	焦炭工分及全硫/%				焦炭强度/%				（振动机筛分组成/转鼓后筛分组成）/%						平均粒度/mm
	M_{ad}	A_d	V_{daf}	$S_{t,d}$	CRI	CSR	M_{40}	M_{10}	>80	80~60	60~40	40~20	20~10	<10	
N2	0.61	11.77	0.94	0.78	38.2	44.1	78.5	9.9	38.51	32.27	21.87	4.41	0.73	2.21	72.25
N6	0.64	12.00	1.19	0.75	36.7	45.2	80.0	8.8	38.30	30.94	22.80	5.63	0.79	1.54	71.92

（3）结论：

1）利用山东气煤代替 102，且气肥煤比例逐渐提高，其煤岩强黏比（反射率区间 0.8%~1.5%）较高，在 55%以上，焦炭质量有稳定改善的表现。

2）综合考虑，在保证马钢当前的焦炭质量前提下，山东的气煤与气肥煤的总比例维持在 27%较好。

3）配煤结构中，保证煤岩强黏比比例在一定程度，可保证焦炭质量。如利用结焦性较好的 1/3 焦煤，增加气肥煤比例，减少肥煤比例，也可以保证煤岩强黏比比例不会减少，可稳定或提高焦炭质量。

8.2.4　备煤工艺与设备技术

8.2.4.1　煤场进煤管理

备煤系统是炼焦前道工序，为焦炉提供数量充足、质量合格的煤料。卸车是备煤系统第一道工序，将从煤矿来的外来煤经过翻车机、皮带机运送到煤场储存，其中大矿煤由于质量稳定可以根据生产需要直接送到配煤槽配煤。洗精煤主要采用火车和汽车两种运输方式，其中火车来煤主要接卸方式采用翻车机和螺旋机卸车（表 8-23）。

翻车机具有卸车效率高、生产能力大、运行可靠、劳动强度低等特点。使用翻车机进行卸车，其系统主要包括重车拨车单元、翻车单元、移车台和空车拨车单元等。

表 8-23　卸煤机械设备概要

区域	设备名称	形式规格
南区	重车拨车机	前迁式　推拉式
	翻车机	1KFJ—3A 型转子式
	迁车台	左右移
	空车拨车机	后推式
	螺旋卸煤机	LX-13、LK13.5
北区	翻车机	FZ1-2A 型 C 形
	1 号、2 号螺旋卸煤机	QLX-8

螺旋卸车机具有结构简单、操作可靠、制造容易、维护方便、操作人员少、重量轻及对车辆的适应性强等特点，但是需要人工清理车底余煤量多，劳动强度大。

马钢濒临长江，部分外来煤采用水运方式运输，北区水运卸煤的机械主要为抓斗机及皮带输送机；南区经过汽车倒运方式进入南区煤场。

A　南区卸车工艺流程（图 8-19～图 8-21）

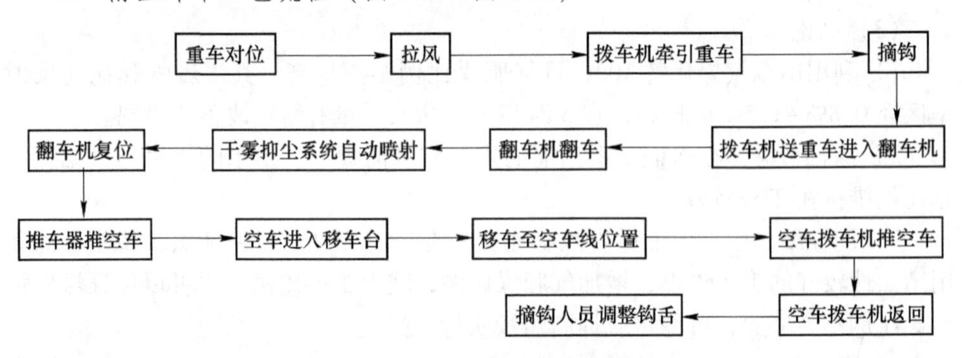

图 8-19　翻车机卸煤作业流程图

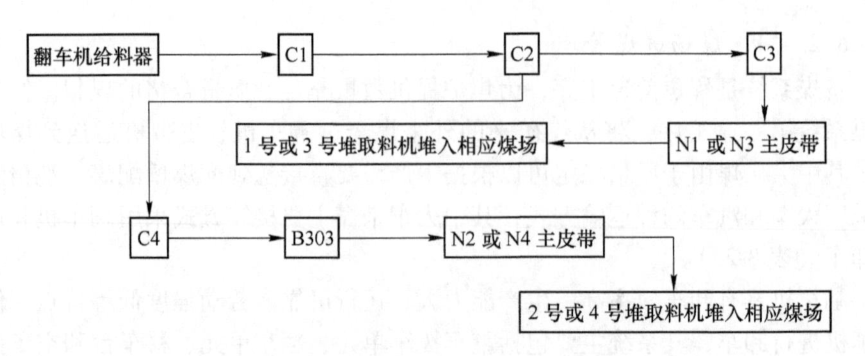

图 8-20　堆放到煤场的工艺流程图

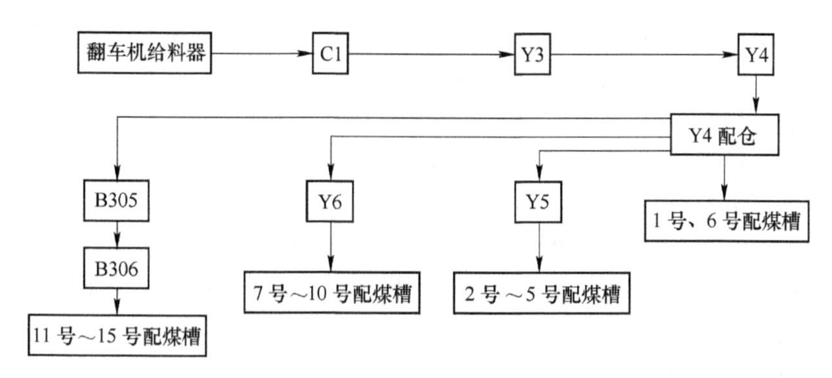

图 8-21 直送一系统配煤槽工艺流程图

B 北区卸车工艺流程（图 8-22 和图 8-23，翻车机卸煤作业流程同南区作业流程图 8-19）

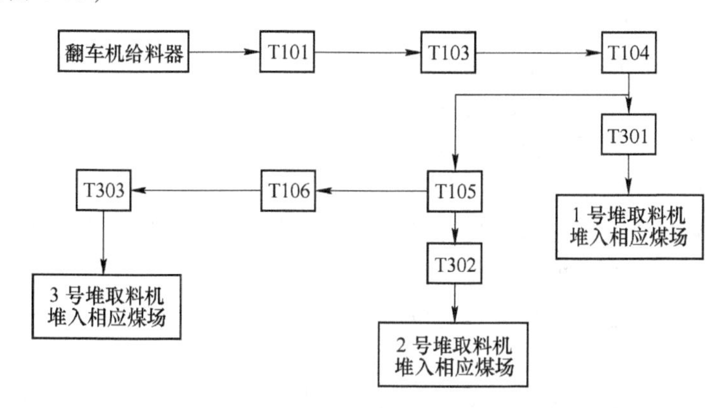

图 8-22 堆放到煤场的工艺流程图

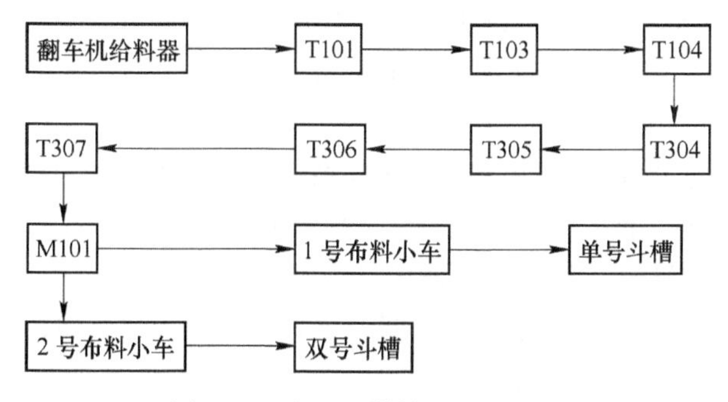

图 8-23 直送配煤槽工艺流程图

C 卸车日常管理

a 火车卸车

火车来煤卸车以铁运公司货票为依据，按煤的发站点或矿点确定其组别，并与马钢物流支撑系统信息核对无误后通知铁运公司二厂站（南区焦化站）对货位，每次对好货位卸车前及时通知检验车间取样组取样，并做好记录。每卸完一批货位，必须在马钢物流系统 ERP 上及时进行确认销号，并记录吨位。

b 水运卸船

北区备煤中控接到港原电话后，通过 ERP 信息确认吨位和煤种后，方可启动生产线进行生产。如水运生产线与翻车机卸煤或与动力煤卸车发生冲突，按调度要求执行。

c 汽车倒运煤卸车

南区备煤系统（北区备煤中控）从承运方接受运单号，由厂调度通知倒运煤煤种，备煤系统安排指定煤场，并安排装载车配合打堆，按照规定要求进行取样。

d 铁路道线作业程序

南区翻车机作业：拨车机将 4 道重车线上的重车送入翻车机内，翻车机将煤翻入给料器料仓，仓内煤料由皮带机输送到煤场或配煤槽；空车皮经翻车机上的推车器推入迁车台，迁车台移动到空车线，空车拨车机将空车皮推送到 2 道空车线，人工清扫干净内壁黏结的余煤。

南区螺旋机作业：卸车道线为 13 道和 14 道。螺旋卸至 13 道坑内的外来煤，可直送到配煤系统的配煤槽。

北区翻车机作业：翻车机对货位从 16 道对入，翻车机卸过的空车皮用推车机连续推放到 17 道空车线，再由铁运公司二厂站拉空车。

北区螺旋机作业：卸车道线为 15 道，该煤可直接送到中间仓或煤场。

D 卸车管理要点

（1）做好卸车确认工作，确保所卸煤炭的品种、数量、收货仓库正确。

（2）定期对卸煤后空车厢的清扫情况进行检查，要求车厢清扫干净，每车平均残留煤不超过 2kg。

（3）外来煤落地率大于 70%，以达到均匀煤质和脱水的目的。

（4）来煤质量指标波动大（可卸）、水分大于 14%以及容易黏堵的煤必须安排堆放到煤场，不准直接送往配煤槽。

（5）新煤种、市场采购煤及煤质波动较大的煤应先化验后卸车。

（6）更换煤场场地时，必须安排装载车彻底清理场地边角余煤，由堆取料机取尽后，再堆放新煤种，以防混煤。

（7）对位车皮与对位信息出现不一致，或对发站点或矿点不清的来煤应及时查清发站点、矿点，确认该煤的组别后再卸到指定的场地。

（8）根据来煤车数、品种、车号情况，按规范进行取样。

(9) 每次卸车前要确认受煤坑的箅条应按规定彻底清扫干净，以免在卸不同煤种时发生混质。

(10) 遇煤炭板结、带水多、冻结，以及煤中杂物过多、主要机械出故障或较长时间检修、车皮不规则，需安排人工卸煤。

E 冬季卸车管理

冬季寒冷，含有水分的煤往往在运输途中冻结，冻结现象一般发生在车辆的底部、侧帮和顶部，其冻层厚度视煤种、水分、粒度、运输时间和气温等因素而异。为了保证用煤和车辆周转，马钢制定了冬季保产措施，见表8-24。

表8-24 马钢冬季保产措施

<table>
<tr><th colspan="2">项 目</th><th>措 施</th></tr>
<tr><td colspan="2">物资准备</td><td>每年11月底前确认卸冻煤所需的铁锹、大锤、撬棍等工具准备到位</td></tr>
<tr><td colspan="2">生产组织与操作</td><td>(1) 合理安排翻车机和螺旋机的卸煤，发挥截齿型螺旋机卸冻煤和难卸煤的作用。
(2) 火车来煤卸车前先将上部的积雪清理掉，防止积雪黏结在煤坑内壁。
(3) 翻车机煤坑与螺旋机煤坑及时清空，防止存煤冻结。
(4) 根据需要增加翻车机给料器岗位人员，防止给料器堵料影响卸车速度。
(5) 保证清车皮人员数量，装卸人员应根据卸车需要增加清车皮人数。
(6) 翻车机、拨车机在作业前20min开动油泵，防止液压油因低温黏滞影响卸煤。
(7) 堆取料机取煤作业前，不开动斗轮，先来回摆动悬臂，将煤堆上的积雪拨开，减少积雪直接上配煤槽，防止积雪冻结在配煤槽内。
(8) 皮带机溜槽、堆取料机斗轮、翻车机及煤坑箅条上的积煤要及时清扫干净，防止冻结</td></tr>
<tr><td rowspan="2">冬季设备维护</td><td>翻车机</td><td>(1) 翻车机岗位要及时清扫迁车台、拨车机和迁车台轨道坑内的积雪，尤其是要保证各个接近开关不能被积雪覆盖。
(2) 翻车机岗位要经常开动迁车台和拨车机，防止冻结、卡阻。
(3) 检查翻车机煤坑箅条的牢固性，防止大煤块砸坏箅条。
(4) 2h暖机一次</td></tr>
<tr><td>螺旋机</td><td>下雪期间，要来回开动螺旋机，防止摩电道积雪、结冰影响受电和螺旋机走行</td></tr>
</table>

8.2.4.2 煤场作业管理

各煤种应按组别划片固定堆放，不要轻易变动，每个煤堆都必须标明煤种和编码。堆取料机主要型号见表8-25。

表8-25 堆取料机概要

区域	设备名称	型式规格
南区	1~3号堆取料机	DQ-3025
北区	1~3号堆取料机	DQL800/1000·30

A　煤场布局

煤场设计及其操作的好坏对保证后序生产过程的连续和稳定，加速铁路车辆周转，提高劳动生产率等均有关系，南区煤场共有 22 片场地，具体分布如图 8-24 所示。

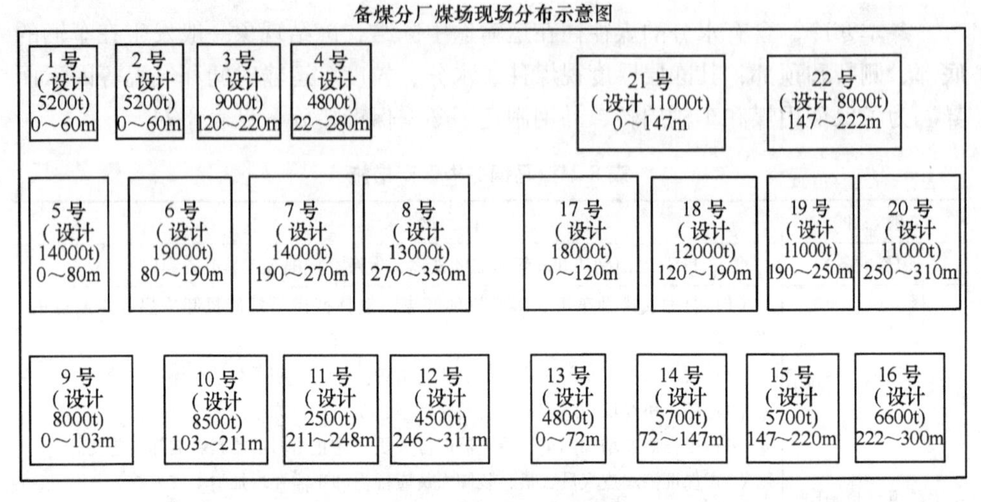

图 8-24　南区煤场平面图

北区煤场目前在用煤场 16 个，其中两个动力煤煤场，设计库容量洗煤 13. 1 万吨，动力煤 1. 4 万吨，具体分布如图 8-25 所示。

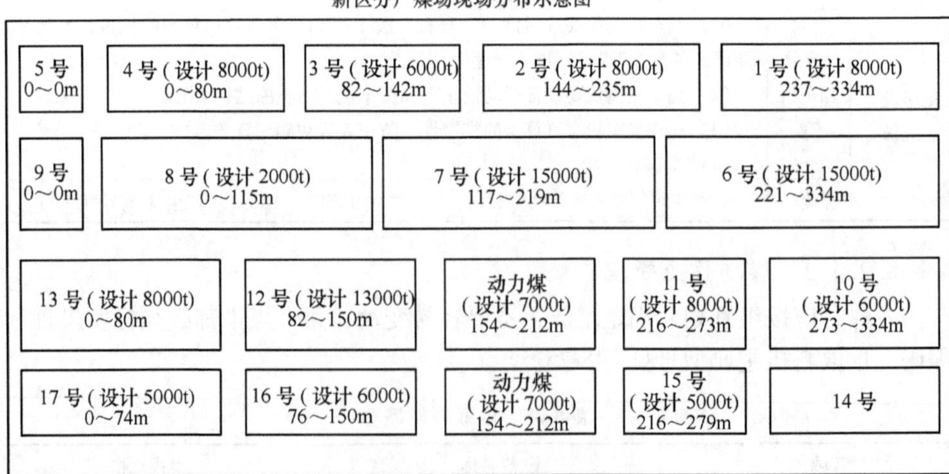

图 8-25　北区煤场平面图

B 煤场日常管理

（1）煤场堆煤按照炼焦用煤分组方案卸车堆放，来煤落地率大于70%。

（2）堆取料机在堆煤时，对主煤场采取定点走行堆料，南区煤场堆高不得超过9m；对副煤场采取回转走行堆料，南区煤场堆高不得超过8m；在雨水较多的夏季，副煤场堆高不得超过7.5m。

（3）堆煤要做到“平铺”，同一场地堆煤要在已取空的一端堆放，做到“用旧存新”。

（4）每个煤堆在煤场和质量记录中都必须标明煤种或代码。

（5）按取煤计划，保证所取煤的煤种、场号和数量准确。

（6）取煤时通常采用回转走行方式，即由上而下直取，做到层次分明，台阶清晰，取煤均匀，不超负荷，严禁在同一作业面上既取煤又堆煤。取煤时，煤堆底部和边缘的煤均要取净，既要不留孤岛、不留埂，又要使堆底部留煤不超过200mm。

（7）取煤过程中煤堆出现月牙形时，要采取“一快、二进、三提、四拉平”的操作方法进行操作。“一快”即操作动作要快，不断料；“二进”即取煤至50°往90°方向回转时，必须进档；“三提”即悬臂升高料层1/3高度；“四拉平”即从90°向0°方向回转取煤时再放下悬臂，循环往复。

8.2.4.3 配煤生产技术管理

A 配煤工艺

马钢采用先配后粉碎的混合粉碎方式，即按照预定配煤组合，将各单种煤从煤场取料通过皮带运输线送往各单种煤配煤槽，或由大矿来煤通过翻车机系统经皮带线直接上配煤槽，或由水运大矿煤炭直接送往配煤槽。配煤系统按照预定的各单种煤配比进行准确下料，经两条线混合后分别进入对应的粉碎机系统粉碎，粉碎后的煤料再一次混合，通过后续皮带系统送往焦炉煤塔。

各单种煤的优化组合需综合考虑各单种煤的结焦特性互补、合理利用煤炭资源。粉碎过程就是用机械力克服物质内部的结合力，把大块粉碎成小块的过程。粉碎作用按物料粉碎的方式可分为如图8-26所示的几种。

B 配煤系统日常管理

（1）根据预定的配煤方案将各单种煤装入到固定的配煤槽。

（2）为确保配煤量准确，经单个炼焦煤配煤圆盘的配煤比应不低于3%，最大不超过20%。

（3）每周进行配量准确性计算，每个单种煤进入配煤槽的比例与配煤比进行比较，偏差控制在±0.5%。

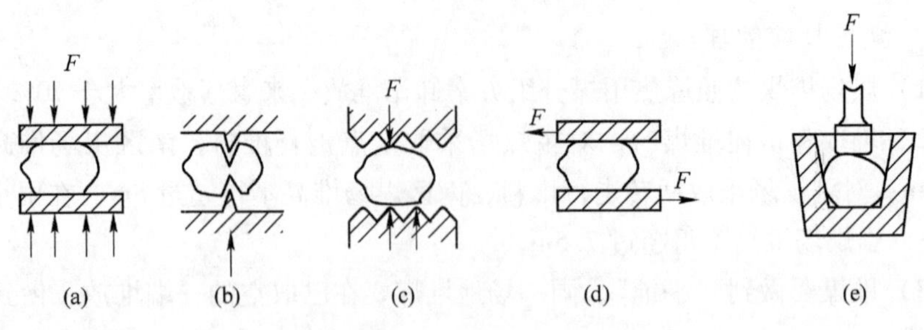

图 8-26 物料粉碎的方式

(a) 挤压；(b) 劈裂；(c) 折断；(d) 磨剥；(e) 冲击

(4) 对配合煤的灰分、硫分按照质量管理方法控制图的管理要求进行日常管理和控制。

(5) 发现相邻班次装炉煤质量稳定性连续 3 个班（北区 3 天）出现 2 次超标时，要及时分析原因、采取措施。

(6) 按规定的校准周期、方法和设计测量精度要求，安排对配煤皮带秤进行计量检定或校准。

(7) 配合煤送往粉碎机时应控制送入量在规定的粉碎机能力范围内，在粉碎操作的过程中，应按规定检测粉碎细度并及时调整。连续两次不达标时须及时分析原因，采取措施。

(8) 煤塔内储煤不少于煤塔总储量的 2/3，并且要均匀地送入煤塔的各个储煤仓内。

C 配煤设备

配煤系统主要工艺设备有配煤电子秤称量系统、锤式粉碎机系统、配料给料系统等，其规格见表 8-26。

表 8-26 配煤设备概要

区域	设备名称	型式规格
南区	锤式粉碎机	PFCK1618
	犁式卸料器	DYNF1200-S
	圆盘给料机	PDX30
北区	动力煤粉碎机	PFCK1618
	1~16 号圆盘给料机	PDXII22MJPA
	粉碎机	PFCK1618
	圆盘给料机	PHZ25

8.3 炼焦工序产品质量管理与实绩

8.3.1 炼焦工艺及设备概况

8.3.1.1 焦炉炉体及设备概况

目前马钢现有焦炉 8 座，基本情况见表 8-27，焦炉的基本特点是，1~8 号炉为双联火道、焦炉煤气下喷、贫煤气侧入、废气循环和复热式焦炉；7 号、8 号焦炉还具有蓄热室分隔、加热空气分三段、单侧供贫煤气和下废气等特点。焦炉炉体基本参数见表 8-28。

表 8-27 马钢焦炉概况

炉号	1 号、2 号	3 号、4 号	5 号	6 号	7 号、8 号
炉型	JN50-02	JN43-804	ZS6045D	JN60-82	伍德 7.63m
孔数	2×65	2×65	1×50	1×50	2×70
设计产量/万吨	100	84	48	48	220

表 8-28 马钢焦炉炉体基本参数

参数		1 号、2 号	3 号、4 号	5 号、6 号	7 号、8 号
规定每孔装煤量/t	干煤（设计）	20.1	17.9	28.8	57.2
	含水 8.5%湿煤	22.5	20.0	32.2	63.9
参考单孔出焦量/t		15.3	13.6	21.9	43.5
设计煤线空间高度/mm		300±50	300±50	350±50	450±50
焦线空间高度（收缩度 7%）/mm		630±50	580±50	750±50	950±100
炭化室尺寸/mm	全长	14080	14080	15980	18800
	有效长	13280	13280	15140	18000
	平均宽	430	450	450	590
	机侧宽	405	425	420	565
	焦侧宽	455	475	480	615
	锥度	50	50	60	50
	有效高	4700	4000	5650	7180
	全高	5000	4300	6000	7630
	中心距	1143	1143	1300	1650
	墙厚度	100	95	100	95
炭化室有效容积/m^3		26.84	23.9	38.5	76.25
立火道	个数	28×66	28×66	32×51	36×71
	中心距/mm	480	480	480	498
	隔墙/mm	130	131	151	—

续表 8-28

参 数		1号、2号	3号、4号	5号、6号	7号、8号
蓄热室尺寸/mm	高度	2375	2125	4100	4040
	宽度	321.5	321.5	390	550
	主墙厚度	300	300	290	320
	单墙厚度	200	200	230	230
炉顶厚度/mm		1248	1178	1250	1750
加热水平/mm		800	700	900	1210
烟囱高/m		110	110	120	165
投产时间		1号：2003年11月	3号：2007年12月	5号：2016年7月	7号：2007年1月
		2号：2004年12	4号：2008年1月	6号：1994年3月	8号：2007年4月
所在分厂		炼焦分厂			新区分厂

A 焦炉炉体、护炉设备维护概况及特点

焦炉是复杂而昂贵的热工窑炉，为延长焦炉使用年限，原冶金行业焦炉鉴定活动规定了焦炉状况等级鉴定标准，也是企业焦炉维护的基本依据（表 8-29）。焦炉自投产到停炉，必然存在损坏、衰老的发展过程。通过诊断或定期检查处理，意在抑制事故性损坏，延长自然衰老速度，达到焦炉稳产、优质、低耗、长寿。

表 8-29 焦炉维护标准要求

等 级		一级（行业等级鉴定标准）			
炉龄/年		2~10	11~18	19~25	>25
炉体状况	炉头火道	完整，有剥蚀	有剥蚀，曾有个别倒塌，深度不超过2火道	有倒塌，深度不超过2个火道	有倒塌，深度不超过3个火道
	燃烧室	正常工作，全炉不工作火道不超过0.2%	正常工作，全炉不工作火道不超过0.3%，但同一燃烧室不超过2个火道	正常工作，全炉不工作火道不超过0.5%，但同一燃烧室不超过2个火道	能正常工作，全炉不工作火道不超过0.7%，但同一燃烧室不超过4个火道
	炭化室墙面	平整，有少量剥蚀，一处最大面积不超过0.1m²，垂直裂纹宽度不超过5mm	剥蚀最大不超过0.2m²，垂直裂缝不超过10mm，个别炭化室宽度有变化，但不影响正常推焦	剥蚀最大处不超过0.5m²，垂直裂宽度缝不超过15mm，有错台，炭化室宽度有变化但不影响正常推焦	剥蚀最大处不超过1m²，垂直裂缝宽度不超过15mm，有错台，炭化室宽度有变化但不影响正常推焦
	炉体年伸长率/%	0.05	<0.05	<0.05	<0.05

续表 8-29

等级		一级（行业等级鉴定标准）			
炉龄/年		2~10	11~18	19~25	>25
护炉铁件	炉柱平均曲度/mm	<25	<30	<30	<35
	横拉条直径与设计比/%	平均>90 个别>85	平均>85 个别>80	平均>80 个别>80	平均>80 个别>80
	弹簧	负荷符合规定			
	保护板、炉门框	无大裂缝	无大裂缝	无大裂缝	无大裂缝

一般诊断的目的如下：

（1）摸清炼焦生产中存在的问题和成功经验。

（2）估计焦炉在近期（2~3 年）可以达到的生产能力，拟定加强焦炉管理和维护的措施。

（3）预测焦炉剩余炉龄，提出长期维护意见，为有计划进行焦炉大修提供意见或根据。

（4）其他特定的需要。

诊断项目就是焦炉诊断所需测定或搜集的项目与内容，因诊断的目的不同而有所差异。如根据行业标准，选择测定项目，根据结果，对照标准，划分焦炉等级，制定后期处理和维护措施。

B 焦炉损坏症状与原因

a 炉体伸长量

炉体伸长量是焦炉衰老的主要指标，它包括正常伸长量和不正常伸长量：

（1）正常伸长量是指烘炉及生产过程中砌体的热膨胀和晶形转化所产生的膨胀量之和，其总值约为设计炉长的 2.2%。它对炉体基本上没有破坏性，砌体能保持原来的完整性、严密性及结构强度。

（2）不正常伸长量是指炉体损伤带来的附加伸长量。它将导致砌体松弛，漏气率增加。

（3）焦炉投产 2 年后，年伸长率一般不应超过 0.035%，当超过 0.04%时应检查原因。

产生炉体伸长的主要原因有以下几点：

（1）烘炉时砖体热膨胀及砖体发生晶型转化，真密度变化所产生体积膨胀。

（2）装煤初期墙面裂缝收缩后被分解的石墨填充，在结焦末期，炉温升高，砌体膨胀，此时裂缝间隙已被石墨填充，砌体向两端延伸，炉体逐渐伸长。

（3）墙面裂缝产生使炉体伸长。

（4）频繁更换加热煤气种类，因不同加热煤气燃烧速度不同，火焰长短不同，造成炉体上下温度波动，加速炉体伸长。

（5）护炉设备损坏，如炉柱曲度过大、横拉条变细断裂、弹簧失去弹性等，从而削弱对炉体的保护作用。

b 机械力对炉体损坏

机械力对炉体的损坏主要有以下几点：

（1）机械力对炉体损坏症状有墙面变形、位移、倾斜、磨损、沟痕、裂缝和剥蚀等。

（2）机械力主要来自于正常推焦操作、难推焦、设备状态不良等。

（3）正常推焦时机侧焦饼头部向墙面的侧压力。

（4）难推焦将给炉体带来严重损坏，所以在诊断时要统计难推焦的次数。

c 温度急剧波动引起墙面裂缝与剥蚀

温度急剧波动引起墙面裂缝与剥蚀的主要原因有：

（1）由于出焦、装煤使墙面温度急剧变化，造成炉头部位裂缝与剥蚀。

（2）机侧小炉门部位因小炉门处散热大、温度波动大，易造成该部位剥蚀。

（3）炉头砖与保护板接触处，因金属散热快、炉头砖温度波动大，该部位极易产生剥蚀。

d 炭化室负压操作或向炉内扔尾焦造成墙面结焦及烧熔

炭化室负压操作，在结焦末期空气吸入炭化室，使焦炭燃烧产生局部高温，同时灰分与硅砖结合导致墙面结渣（麻面）、剥蚀及烧熔。

负压操作、装煤不满和氨水喷洒不足极易造成荒煤气导出通道不畅，甚至被迫停产，给炉体将带来更大损伤。

e 加热系统高温事故造成烧熔、结渣、堵塞等

加热系统高温事故造成烧熔、结渣、堵塞等的原因有：

（1）临时延长或缩短结焦时间，而加热煤气与吸力调节不当或调整不到位，又不及时测量炉温或检查燃烧情况。

（2）开工后未及时进行炉温调整，而快速缩短结焦时间，造成炉温不均、炉体串漏，极易出现高、低温号而损坏炉体。

（3）炉体老化后，由于墙面、隔墙、砖煤气道等部位的裂缝、位移等造成煤气串漏而出现高温号烧坏炉体。

（4）当焦炉强化生产时，未及时调整空气过剩系数，易造成蓄热室漏下火；结焦时间过长，热工调整不及时，使墙面石墨烧掉、漏气加剧等，均能造成斜道、格子砖烧坏。

（5）其他偶然因素，如烧嘴、喷嘴遗漏或误放；加热煤气调节设备失灵或煤气压力波动等均能造成高温事故。

f 护炉设备

护炉设备的作用是对炉体产生保护性压力，紧固砌体，使砌体具有一定的结构强度和严密性，而砌体损坏往往是以护炉设备的损坏为突破口，当护炉设备对砌体的挤压力不足时，焦炉砌体的完整性及严密性将受到损伤。砌体一旦有了垂直裂缝，裂缝只会扩大，不可能重新闭合，即具有不可逆转的特性。因此护炉设备加热焦炉砌体的保护性压力不准许中断。护炉设备主要有以下作用：

（1）炉柱是保护炉体的主要设备。保护板给炉体压力来自于炉柱，炉柱将保护性压力分配到沿焦炉高向的各个区域中。

（2）纵拉条是用来拉紧抵抗墙的，在安装弹簧后，才能发挥应有的作用。

g 焦炉炉体维护

（1）炉体日常热修与维护，由专门的热修班组分区固定专人负责。

（2）无法用抹补法修补时，或根据炉体不同损坏情况，酌情采用常规喷补、半干法、空压密封、陶瓷焊补或火焰焊补修补。补炉超时应对外露墙或炉口保温，补后立即清除杂物。

（3）修炉用的耐火材料及辅助材料，必须符合有关质量标准。

（4）制定和实施消除炉体缺陷的修理计划表，特别监视和维护病号炭化室。

（5）大面积热修炉室时必须留有不同结焦时间的缓冲炉，在推空炭化室的炉头和装煤孔对应部位均需安设临时挡墙，非热修部位要做好保温工作。

（6）本着以经常性的喷、抹为主，翻修为辅，热修为主、冷修为辅的原则组织修理工作。

（7）按要求测量蓄顶与交换开闭器间压差，计算蓄热室阻力，以判断蓄热室堵塞状况。

（8）建立焦炉档案，有计划地检查并记录炭化室墙砖裂缝孔洞、凹凸变形、麻面剥蚀烧熔及其他缺陷情况和数据。

h 护炉铁件管理

基本要求是每季度分析铁件状况及综合台账，制定和实施存在问题的处理计划。

（1）应保证横拉条处于完好状态。拉条沟应严密，杜绝装煤孔和上升管部位串漏煤气和热气，杜绝炉顶存煤着火烧坏拉条；更换拉条时须制定技术措施。

（2）保持焦炉大、小弹簧的负荷达到规定要求。

（3）炉柱曲度超过 50mm，应进行更换；炉柱曲度及大小弹簧按规定频次测量，调整并记录。

（4）保护板上下角（或靠上下端部的压块）应与炉柱贴靠；小弹簧应有足够大的压力传递给保护板；炉柱与保护板间隙每季度至少测量一次；遇异常应查找原因和处理。

（5）炉门框上磨板应低于炉底，炉门框侧面不超过炉砖边缘，按计划修理和更换炉门。

(6) 更换加热煤气种类或大幅度改变结焦时间时，弹簧负荷、炉柱曲度需重新测量和调节。

(7) 测量炉长及炉柱曲度的挂线位置，每两年至少校正一次，炉柱、弹簧、炉体伸长等测量点作好标记；抵抗墙顶面埋设的焦炉中心标志保持完好。

8.3.1.2　焦炉机械设备概况

焦炉机械包括装煤车、拦焦车、推焦车和熄焦车、电机车，用以完成炼焦炉的装煤出焦任务。除完成上述任务外，还要完成辅助性工作：装煤孔盖和炉门的开关；小炉门的开闭；炭化室装煤时的平煤操作；平煤时余煤的处理回收；炉门、炉门框、上升管的清扫；炉顶及机、焦侧操作平台的清扫等。

A　推焦车

推焦车按一定的工艺程序对焦炉进行操作，主要功能是取、装机侧炉门，将红焦从焦炉炭化室推出，炉门、小炉门、炉框清扫、头尾焦处理、推焦炭化室小炉门开闭、平煤、余煤处理等。马钢推焦车装备情况见表 8-30。

表 8-30　推焦车概况

区域	设 备 名 称	形 式 规 格
南区	1 号、2 号推焦车	YZR355M-10（双轴伸）
	3 号、4 号推焦车	22186
	5 号、6 号推焦车	YZR355LA
北区	7 号、8 号推焦车	SCHALKE

B　装煤车

装煤车功能是用煤斗从煤塔取煤，揭闭装煤孔盖，采用螺旋给料、顺序装煤。为实现无烟装煤操作，南区装煤车上设计与焦侧集尘干管对接的套筒，下煤导套；北区装煤车利用 PROven 系统实现负压装煤操作。马钢装煤车装备情况见表 8-31。

表 8-31　装煤车概况

区域	设 备 名 称	形 式 规 格
南区	1 号、2 号装煤车	JZ5-2
	3 号、4 号装煤车	21140
	5 号、6 号装煤车	JZ6-1
北区	7 号、8 号装煤车	SCHALKE

C　拦焦车

拦焦车功能是取装焦侧炉门和推焦时将焦炭导入熄焦车内，同时将推焦过程中产生的烟气通过集尘罩收集后经接口阀导入集尘干管中，减少焦炉烟气对大气的污染，同时具有清扫炉门、炉框和炉台清扫的功能。马钢拦焦车装备情况见表8-32。

表 8-32 拦焦车概况

区域	设备名称		形式规格
南区	1号、2号焦炉	1号拦焦车	JT5-2
		2号、3号拦焦车	JL5-2
	3号、4号焦炉	4号拦焦车	4.3m右型拦焦车
		5号拦焦车	23180
		6号拦焦车	23181
	5号、6号焦炉	1~3号拦焦车	悬持钢板通道式
北区	7号、8号焦炉	7号、8号拦焦车	SCHALKE

D 熄焦车和电机车

湿熄焦车的作用是接受由炭化室推出的红焦，送至熄焦塔下用水喷洒将其熄灭，然后把焦炭卸至焦台。干焦熄焦车的作用是接受由炭化室推出的红焦，送至干熄焦塔下通过提升机装入干熄炉内进行干法熄焦。马钢熄焦车装备情况见表8-33。

表 8-33 熄焦车概况

区域	设备名称		形式规格
南区	1号、2号焦炉	干熄焦电机车	两层结构、双轴固定式台车
		湿法熄焦电机车	行走变频电机型号：YTSZ315S-10
	3号、4号焦炉	干熄焦电机车	两层结构、双轴固定式台车
		湿法熄焦电机车	行走变频电机型号：YTSZ315S-10
	5号、6号焦炉	湿熄焦电机车	KD-11型
		干熄焦电机车	两层固定双轴台车式
北区	7号、8号焦炉	干熄焦电机车	SCHALKE

E 炉门服务车

炉门服务车主要用于新换炉门的调节和日常炉门跑烟、冒火的处理。马钢炉门服务车装备情况见表8-34。

表 8-34 炉门服务车主要参数

参数名称	数 值	备 注
炉门服务车自重/kg	约13000	—
操作室承载额定载荷/kg	200	露天作业
服务车外形尺寸（长×宽×高）/mm	8000×1080×10690	根据7.63m焦炉边界条件

8.3.2 炼焦操作技术与管理

8.3.2.1 炼焦工艺过程

第一阶段（室温~300℃），主要是煤干燥、脱吸阶段。煤的外形没有发生变化。120℃前是煤脱水干燥；120~200℃煤是放出吸附在毛细孔中的气体，如CH_4、CO_2、N_2等，是脱吸过程；近300℃褐煤开始热解，生成CO_2、CO、H_2S等，同时放出热解水及微量焦油，而烟煤、无烟煤此时变化不大。

第二阶段（300~600℃），该阶段以煤热分解、解聚为主，形成胶质体并固化而形成半焦。300~450℃时煤激烈分解、解聚，析出大量的焦油和气体，焦油几乎全部在此阶段析出。气体主要是CH_4及其同系物，还有H_2、CO_2、CO及不饱和烃等。这些气体称为热解一次气体。在450℃时析出的焦油量最大。在该阶段由于热解，生成气、液（焦油）、固（尚未分解的煤粒）三相为一体的胶质体，使煤发生软化、熔融、流动和膨胀。液相中有中间相存在。450~600℃胶质体分解、缩聚，固化形成半焦。

第三阶段（550~1000℃），该阶段以缩聚反应为主，由半焦转变成焦炭。550~750℃，半焦分解析出大量气体，主要是H_2，少量CH_4，称为热解的二次气体。一般在700℃时析出的氢气量最大。在此阶段基本上不产生焦油。半焦分解出气体收缩产生裂纹。750~1000℃半焦进一步分解，继续析出少量气体，主要是H_2，同时分解残留物进一步缩聚，芳香炭网不断增大，排列规则化，半焦转变成具有一定强度和块度的焦炭。

炼焦生产流程如下：由备煤工序送来的配合煤装入煤塔，装煤车按作业计划从煤塔取煤计量，煤料在炭化室内经过一个结焦周期的高温干馏制成焦炭并产生荒煤气。焦炭成熟后，用推焦车推出，经熄焦及筛运焦后直送炼铁高炉，或经筛分按级别储存，然后送往铁厂；产生的荒煤气经过上升管、桥管进入集气管，经循环氨水喷洒冷却至约80~100℃后送入煤气净化单元；焦炉加热系统主要分为焦炉煤气和高炉煤气加热。其中，焦炉煤气由外部总管架高引入分供两焦炉，经煤气预热器蒸汽预热后（冬季时约45℃），进入地下室主管。高炉煤气由外部总管引入，分供两焦炉；燃烧所用空气由开闭器进风口进入，经上升气流小烟道、蓄热室、斜道进入立火道与煤气燃烧；燃烧后的废气翻越立火道顶部跨越孔进入下降气流立火道，最终经分烟道和总烟道由烟囱排出。炼焦工艺流程见图8-27。

8.3.2.2 焦炉的加热控制

为确保焦炭在规定的结焦时间内沿炭化室高向、长向均匀成熟，并获得优质的冶金焦炭，必须制定和严格执行焦炉的加热制度，并根据结焦时间、装煤量、装煤水分、加热煤气和气候等条件的变化，对焦炉加热制度进行及时调节。

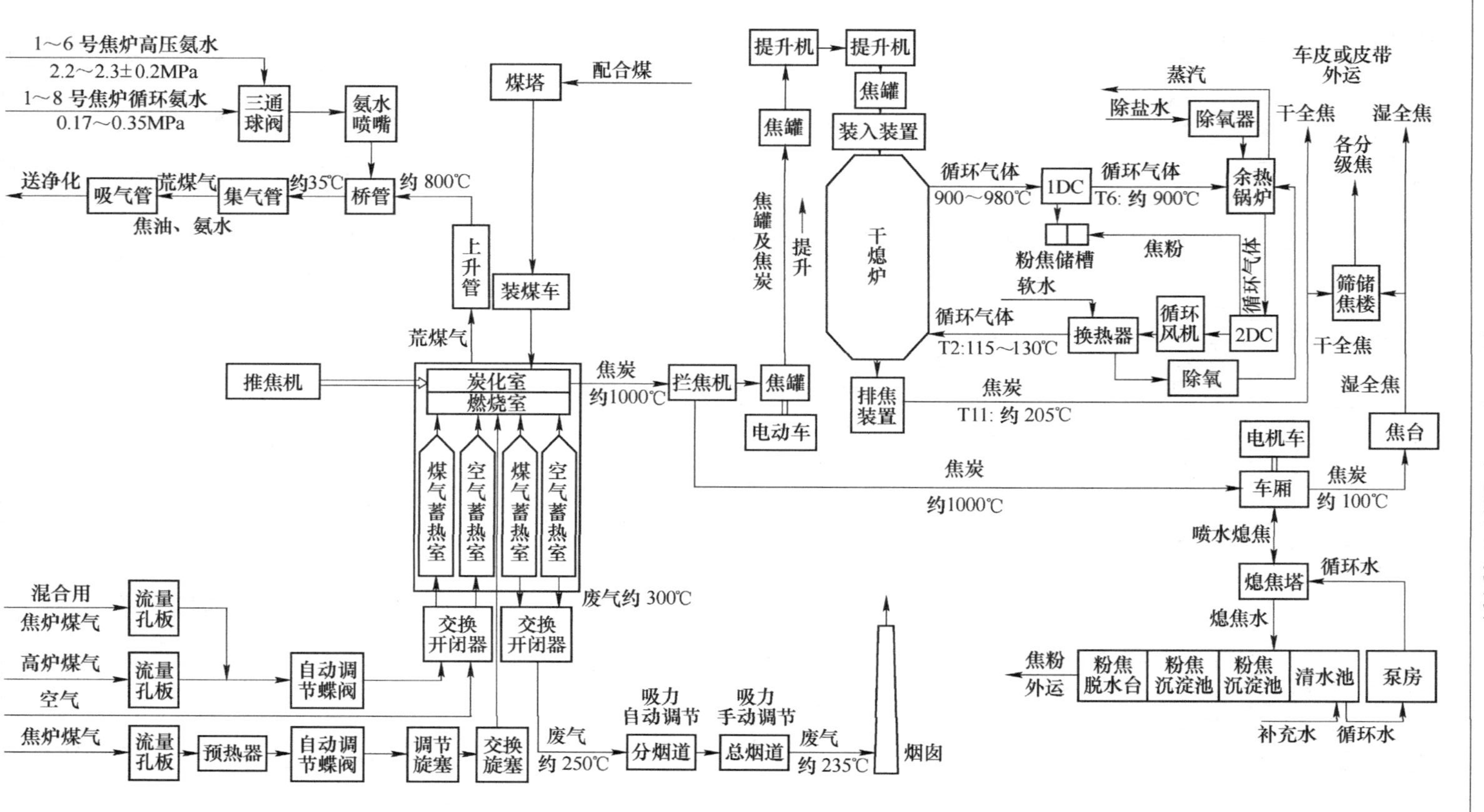

图 8-27　炼焦工艺流程示意图

焦炉加热制度包括温度制度和压力制度，以及煤气流量、孔板直径、空气过剩系数和进风口开度等热工参数。其中温度制度包括焦饼中心温度、直行温度、冷却温度、横排温度、炉头温度、炉顶空间温度、蓄热室顶部温度、小烟道温度及炉墙温度；压力制度包括炭化室压力、燃烧系统压力（看火孔压力、蓄热室顶部吸力、小烟道吸力及蓄热室阻力）。焦炉的温度制度、压力制度称为“九温五压”。而日常的主要调节项目是直行温度、横排温度、看火孔压力、蓄顶吸力和小烟道吸力。保持合适而稳定的加热制度，是实现均衡生产、提高产品的质量和产量、降低消耗、延长焦炉炉龄的保证。

根据每座焦炉在调整和生产期间所得的实际数据，按照不同的周转时间，并依据焦炭质量要求等确认加热制度（表 8-35）。

表 8-35　焦炉不同结焦时间下的热工参数

炉组	周转时间/h	标准火道温度/℃		单座焦炉加热煤气消耗量/$m^3 \cdot h^{-1}$		分烟道吸力/Pa		上升气流蓄热室顶部吸力/Pa		废气开闭器进风口尺寸/mm	
		机侧	焦侧	焦炉煤气（单烧）	高炉煤气（单烧）	机侧	焦侧	机侧	焦侧	机侧	焦侧
1号、2号焦炉	17	1250	1290	10600	53000	210	230	44	49	200	220
	18	1245	1285	10200	51000	205	225				
	19	1240	1280	9700	48500	200	220				
	20	1235	1275	9600	48000	198	215				
	21	1230	1270	9460	47300	196	213				
	22	1225	1265	9200	46000	191	209				
3号、4号焦炉	18	1250	1290	9900	49500	218	236	43	46	180	200
	19	1240	1280	9720	48600	214	233				
	20	1235	1275	9650	48250	210	230				
	21	1230	1270	9600	48000	204	225				
	22	1210	1260	9560	47800	200	220				
	23	1205	1255	9500	47500	196	215				

炉组	周转时间/h	标准火道温度/℃		加热煤气消耗量/万 $m^3 \cdot h^{-1}$	分烟道吸力/Pa		上升气流蓄热室顶部吸力/Pa		废气开闭器进风口尺寸/mm×mm	
		机侧	焦侧	高炉煤气	机侧	焦侧	机侧	焦侧	机侧	焦侧
5号、6号焦炉	20	1240	1285	6.11×2	220	255	55	60	180	190
	21	1230	1275	5.82×2	220	250	50	55	180	190
	22	1220	1265	5.55×2	210	245	50	55	170	180
	23	1210	1255	5.31×2	210	230	45	50	170	180

续表 8-35

<table>
<tr><td rowspan="2">炉组</td><td rowspan="2">周转时间/h</td><td colspan="2">标准火道温度/℃</td><td colspan="2">加热煤气消耗量/万 $m^3 \cdot h^{-1}$</td><td rowspan="2">废气开闭器处吸力/Pa</td><td>废气盘进风口尺寸/mm</td><td>—</td><td>—</td></tr>
<tr><td>机侧</td><td>焦侧</td><td>焦炉煤气</td><td>高炉煤气</td><td>焦侧</td><td>—</td><td>—</td></tr>
<tr><td rowspan="6">7 号、8 号焦炉</td><td>25</td><td>1260</td><td>1320</td><td>1.4~1.6</td><td>20~21</td><td rowspan="6">-480~-490</td><td rowspan="6">240~290</td><td>—</td><td>—</td></tr>
<tr><td>26</td><td>1250</td><td>1310</td><td>1.3~1.4</td><td>20~21</td><td>—</td><td>—</td></tr>
<tr><td>27</td><td>1240</td><td>1300</td><td>1.2~1.3</td><td>20~21</td><td>—</td><td>—</td></tr>
<tr><td>28</td><td>1230</td><td>1290</td><td>1.0~1.2</td><td>19~20</td><td>—</td><td>—</td></tr>
<tr><td>29</td><td>1220</td><td>1280</td><td>0.8~1.0</td><td>19~20</td><td>—</td><td>—</td></tr>
<tr><td>30</td><td>1210</td><td>1270</td><td>0.6~0.8</td><td>19~20</td><td>—</td><td>—</td></tr>
<tr><td rowspan="4">其他参数</td><td rowspan="3">装炉煤水分/%</td><td colspan="6">加热煤气热值/$MJ \cdot m^{-3}$</td><td>—</td><td>—</td></tr>
<tr><td colspan="4">1~6 号焦炉</td><td colspan="2">7 号、8 号焦炉</td><td>—</td><td>—</td></tr>
<tr><td colspan="2">焦炉煤气</td><td colspan="2">高炉煤气</td><td>焦炉煤气</td><td>高炉煤气</td><td>—</td><td>—</td></tr>
<tr><td>9.5~11.5</td><td colspan="2">15.5~16.5</td><td colspan="2">3.60~3.65</td><td>16.0~16.6</td><td>3.60~3.65</td><td>—</td><td>—</td></tr>
</table>

A 制定和控制合理的焦炉温度制度

结焦末期焦炉炭化室中心断面处焦炭的平均温度为焦饼中心温度，它是判断全炭化室焦炭成熟的一种指标，是焦炉的横向加热与高向加热的综合体现，也是确定燃烧室标准火道温度的依据。

焦炉标准火道温度是以焦饼中心温度为依据。焦饼中心温度规定为（1000±50)℃。装炉煤水分每变化 1%，标准温度应调整 6~8℃，实际操作中，应结合焦饼成熟度、天气等状况进行调整。

a 1~6 号焦炉结焦时间调整时的炉温控制

延长（或缩短）结焦时间的温度控制：与规定周转时间比较，当结焦时间在 21h 以内，每延长（或缩短）结焦时间 1h，以降低（或提高）20~25℃的标准温度来调控直行温度；当结焦时间在 21~24h，每延长（或缩短）结焦时间 1h，以降低（或升高）10~15℃的标准温度来调控直行温度；当结焦时间延长到 24h 以上时，标准温度保持基本不变，并保持机侧实测直行温度不得低于 1200℃，焦侧不低于 1250℃。在焦炉结焦时间特别长的情况下（结焦时间超过 32h 以上），在确保炉头温度不低于 1100℃的情况下，也可将机侧、焦侧标准温度分别控制在 1150℃、1200℃左右（表 8-36）。当结焦时间大于 24h 时，机侧、焦侧温差减小到 40℃。

表 8-36 标准温度随结焦时间的变化调控表

结焦时间范围/h	18~21	21~24	>24
结焦时间变动 1h 的炉温变化/$℃ \cdot h^{-1}$	20~25	8~15	基本不变

有计划延长（或缩短）结焦时间时的炉温控制：应控制延长（或缩短）时间的幅度，以保证操作稳定、炉温均匀和炉体安全。延长（或缩短）结焦时间的幅度规定见表 8-37。

表 8-37　延长（或缩短）结焦时间的幅度调整表

原有结焦时间/h	每昼夜允许延长时间/h	每昼夜允许缩短时间/h
≥24	4	3
20~24	3	2
≤20	2	1

炉体修补维护变动结焦时间时的炉温控制：一般用陶瓷焊补、半干法喷补炉墙完毕后，对上炉门自然升温，半小时后经清扫炉底后装煤；当用湿法喷补时，对好炉门自然升温 1h 后清扫、装煤；炉墙挖补后，先自然升温 2h，继而开煤气旋塞 1/2 升温 1h，然后全开煤气旋塞，达温后清扫装煤。

b　1~6 号焦炉因故或计划停产期间温度控制

（1）自停止生产时开始，每小时测量一次全炉直行温度。测量方法可以采取单向测量（正向或反向），两种向位交替测量，并计算出每次测量的全炉单向平均温度。

（2）当焦炉停止生产时间在 1h 以内，除特殊的已知高、低温号外，原则上可不进行温度调整。

（3）当焦炉停止生产在 1h 以上、3h 以内，对已达预定结焦时间的炉号，采取间断加热的方法进行温度控制，通常采取开 1h、关 1h 的方法，对温度超过标准温度 50℃以上的燃烧室，可采取开 2h、关 2h，或开 1h、关 2h 的方法。

（4）当焦炉停止生产超过 3h，除采取第（3）条间断加热的方法控制温度，同时可适当减少全炉加热煤气量，在降低加热煤气量时要注意配合降低进空气量和烟道吸力。焦炉煤气加热时，煤气支管压力变化 100Pa，烟道吸力相应变化 5Pa；高炉煤气加热时，煤气支管压力变化 100Pa，烟道吸力相应变化 10Pa，并保持看火孔微正压。

（5）停产期间，对已达预定结焦时间时的炉号，及时关闭相应的上升管翻板。

（6）停产时间超过 3h，要密切关注集气管压力的变化。

c　1~6 号焦炉恢复生产时的温度控制

（1）当恢复生产时，结焦时间的调整参照表 8-37。

（2）在缩短结焦时间的同时，逐步增加煤气压力，并调整进空气量和烟道吸力，同时保持标准温度在对应结焦时间的上限；若温度低于标准温度的下限，且一时温度难以升上来，应立即停止结焦时间的缩短，并加快升温。

（3）在缩短结焦时间的过程中，要密切关注推焦电流的变化情况，如发现平均电流异常增大，也应停止结焦时间的缩短，等温度调节合理、推焦电流稳定后再缩短。

（4）在缩短结焦时间的过程中，白班和三班调火对推焦异常和温度异常的炉号，检查煤气加热系统，发现异常情况及时处理，并做好记录。

d 7号、8号焦炉结焦时间调整时的炉温控制（表8-38）

表8-38 结焦时间和标准温度（平均值）的一般对应关系

结焦时间/h	标准温度/℃
36.5	1155
36.0	1160
35.0	1170
34.0	1180
33.0	1190
32.0	1200
31.0	1215
30.0	1230
29.0	1245
28.0	1260
27.5	1270
27.0	1275
26.5	1285
26.0	1290
25.6	1295
25.3	1300

注：加热制度调整时，暂停加热可作为微调手段，暂时时间宜为30~120s。

正常生产时，计划延长（或缩短）结焦时间，温度提前一个班次控制。

（1）在温度正常控制情况下，因四大机车等因素导致生产中断时的温度控制。由三班调火按焦炉停止生产时的控温方法操作。若影响时间不超过1h，可将出炉炉号的加减考克间断关闭，混合煤气加热时，关闭80min，打开40min；高炉煤气加热时，可将加减考克关闭40min，打开40min，最长只允许关闭80min。或将加减考克关闭1/2，出焦前20~30min全开。

（2）影响时间超过1h，首先关闭即将出炉炉号的加减考克（一般不超过6个），1h后延长30~120s的暂停加热时间，控制直行温度。受到影响后的目标温度，根据实际结焦时间对应的目标温度为参考依据，要比实际结焦对应的温度高10~20℃，有利于恢复缩短结焦时间。

（3）若加热系统停止加热导致生产中断时，首先由焦炉作业长安排停止焦炉出焦生产，在处理故障时，由焦炉调火同时进行相应的炉温控制。影响时间不超过 1h 的，及时由焦炉中控降低烟道吸力，降到-100Pa；恢复加热时，及时将烟道吸力恢复至正常状态，同时由焦炉作业长安排恢复生产。通过缩短暂停加热时间，快速恢复炉温，直到超过目标温度 5~10℃，保持 1h 左右，然后按正常控制。

（4）影响时间超过 1h 的，由焦炉中控降低烟道吸力，降到-100Pa，关闭废气开闭器处的空气风门盖板，并测量一向直行温度；问题处理完毕后，打开空气风门盖板，恢复烟道吸力，恢复正常加热，并及时测量一向直行温度，加大煤气压力，幅度 100~300Pa，配合暂停加热时间的调整，快速恢复炉温。若温度小于 1150℃时，焦炉暂停生产，等温度升到 1150℃以上时才能恢复生产；恢复正常加热后，若停止加热时间过长，根据温度情况逐步安排顺笺计划，在第一循环炉温快速升温的过程中，保持炉温比目标结焦时间相匹配的目标温度高 10~20℃，保持 2~4h，然后按正常控制。

e　直行温度和温差

直行温度是代表全炉的平均温度，是全炉机、焦侧测温火道（标准火道）所测的温度，是直接影响焦炭成熟的主要参数。直行温度的控制目标是达到制定的标准温度，标准温度机焦侧温差是由炭化室机焦侧锥度也即机焦侧装煤量不同决定的。测量直行温度是为了检查焦炉沿纵长方向各燃烧室温度的均匀性和全炉温度的稳定性。其测量的主要要求是：

（1）火道测温点的温度经冷却温度校正后，最高不得超过 1450℃。规定测量直行温度的标准火道 1~4 号焦炉为第 7、22 火道，5 号、6 号焦炉为第 7、26 火道，7 号、8 号焦炉为第 9、28 火道。

（2）每隔 4h 测一次直行温度，测温时间应固定，并由冷却温度换算成交换后 20s 的温度。

（3）测直行温度于交换后 5min 起由交换机室端焦侧开始，在两个交换时间内全部测完。

（4）全炉昼夜直行温度的（燃烧室）均匀性用直行昼夜平均温度均匀系数（$K_{均}$）来考核。

在保证焦炭质量的情况下，马钢在调整焦炉标准温度温差方面做了长时间的研究，取得了很好的效果，具体见表 8-39。

表 8-39　1~4 号焦炉降低机、焦侧标准温度温差情况

项　目	2014 年	2015 年上半年	2015 年下半年	2016 年
标准温度机焦侧温差/℃	50	45	40	40
平均炉顶空间温度/℃	831	—	830	826
全焦焦炭挥发分/%	1.17	1.18	1.20	1.19
M_{40}/%	88.2	88.7	88.2	88.6

续表 8-39

项 目	2014 年	2015 年上半年	2015 年下半年	2016 年
M_{10}/%	5.9	5.6	5.7	5.7
CRI/%	25.3	24.7	24.1	23.5
CSR/%	68.2	68.5	68.6	68.4
平均粒度/mm	46.32	46.28	46.19	45.89
湿焦检验数/个	84	22	126	52

f 横排温度

横排温度的测量与调节，是为了控制焦炉横向温度的合理性。

（1）计算横排温度系数（$K_{横排}$）以机侧第 3 火道至倒数第 3 火道各火道温度与其标准温度直线点相对应的温度正负差不超过 20℃ 为基准，且相邻火道温度差小于 20℃ 为合格。

（2）全炉测量每季不少于一次，焦炉煤气加热时，酌情增加测量次数，并编制单排、6~9 段区域及全炉同号火道的平均温度曲线和计算相应的温度系数。

（3）从第 2 火道至倒数第 2~4 火道的温度应均匀上升并接近一直线，即横排最高温度应在倒数第 2~4 火道。通常在横排上要求炉头温度比标准火道温度不低于 150℃。

g 炉头温度

（1）炉头温度，也称边火道温度，为保证中部焦饼和炉头焦炭同时成熟，用测量焦饼中心温度或其表面温度来判断。

（2）炉头温度与其平均温度差应不超过±50℃，并据此计算其合格率，即炉头温度系数，每半月至少测量一次。

（3）当推焦炉数减少降低燃烧室温度时，应保持边火道温度不低于 1100℃。当大幅度延长结焦时间时，边火道温度应保持 950℃ 以上。

h 炉顶空间温度

规定该温度在结焦时间达 2/3 时测量。要求范围是（800±30）℃，最高不超过 850℃。可通过调整炭化室装煤量、燃烧室高向加热或配合煤挥发分等手段调节。

i 蓄热室顶部温度

每月至少测量一次。硅砖蓄热室顶部温度要求不超过 1320℃。

j 焦饼表面温度

由于测量焦饼中心温度存在劳动强度大、操作环境恶劣、代表性较差，测量频次低，并在特大型焦炉上尤其困难，马钢目前采用红外测温仪测量焦饼表面温度，该表面温度比中心面温度高 20~40℃，对焦炉炉温控制起到了直观和快速有效的辅助判断作用。

k 制定和控制合理的焦炉压力制度

为焦炉加热正常和保证整个结焦时间内煤气只能由炭化室内流向加热系统及炭化室不吸入外界空气，制定压力制度：

（1）在任何条件下，结焦末期炭化室底部压力应大于空气蓄顶压力和大气压。

（2）确定集气管（PROven 上升管）煤气压力，以焦油盒下方炭化室机侧底部压力在结焦末期（PROven 自控压力的全程）不小于 5Pa 为原则。确定集气管的压力时，应考虑到冬夏季大气温度的不同而使煤气静压头有 10~20Pa 的变化。

（3）热工系统的压力根据空气过剩系数和看火孔压力 0~5Pa 确定。

（4）确保全炉蓄热室顶部吸力均匀。空气蓄热室顶部上升气流吸力应大致不变，且不低于 30Pa。

（5）确保小烟道（废气盘）吸力均匀，消除导致蓄热室阻力增大的操作或原因。

B 马钢焦炉炉温自动精确调节技术

焦炉加热自动控制具有节能减排、延长炉体寿命、改善焦炭质量和劳动环境等优点。马钢焦炉均配有加热自动控制系统。

a 技术难点

（1）传统焦炉采用人工测温和人工调节加热参数，温度测量、调整误差大，炉温均匀性（$K_{均}$）和安定性（$K_{安}$）不能达到理想的水平。为了保证炼焦炉焦饼足够成熟，需要采用较高的燃烧温度。一方面炼焦升温速度快，焦炭与焦饼的裂纹加大，焦炭粒级减小；另一方面增加了焦炉能耗。

（2）7m 以上的超大容积焦炉炉温的均匀性更难控制，为保证焦炭均匀成熟，燃烧室温度设定高，必然大幅提高燃烧室煤气燃烧强度，会导致氮气与氧气高温反应产物 NO_x 的大量产量和排放。

b 技术特点

（1）焦炉炉墙温度在线及时检测与监测。

（2）焦炉加热优化控制的智能化。

c 技术功能

将焦炉装煤到推焦之间的时间分为 A~F 六段。将每一段又分为 8 个小段，是根据焦炉温度状况划分，通过长期对炉温变化观察而确定。每一段的温度测定结果分为若干种情况；对每种情况建立相应控制调节方案。各段对暂停加热时间都有各自调节幅度，根据焦炉生产所处的时间段和该段所测温度，调整相应暂停时间。这样能同步反映炉温变化趋势，并及时调整加热煤气暂停时间，使各阶段炉温能控制均匀稳定，调整曲线如图 8-28 所示。

马钢焦炉自动加热和温度检测系统见图 8-29。

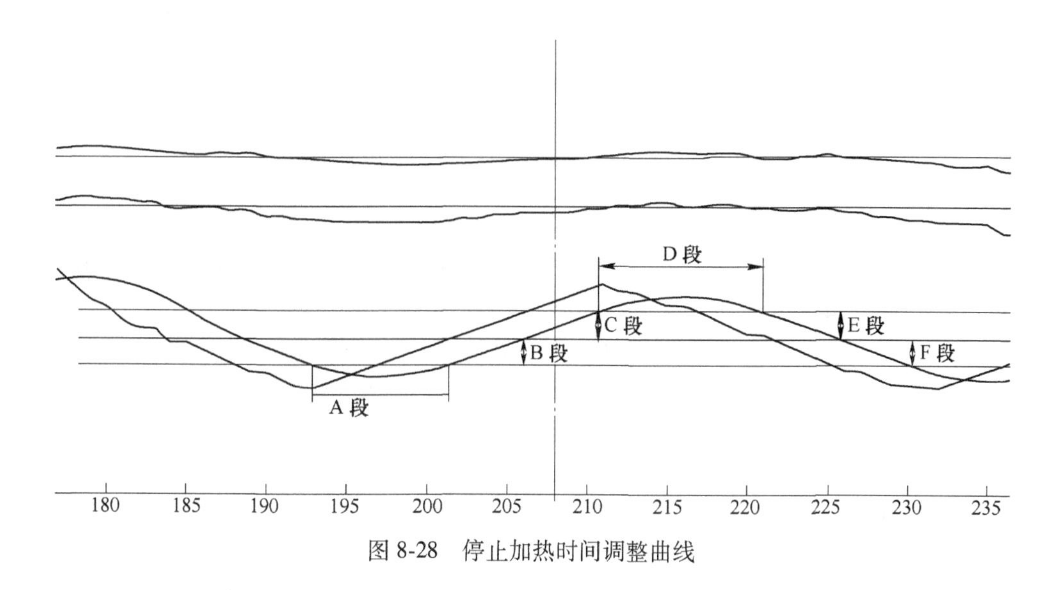

图 8-28 停止加热时间调整曲线

图 8-29 焦炉自动加热和温度检测系统

d 技术成果应用效果

（1）焦炉立火道温度连续全自动精确检测，焦炉立火道测温误差不大于±2℃；全炉平均温度波动小于±4℃。

（2）热工参数实时、直接进入计算机控制系统，并实现炼焦炉加热参数自动调控。

（3）实现焦炭生产优化控制的智能化：降低人工测量的劳动强度。

（4）降低焦炭生产中的3%能耗。炼焦耗热量由之前约2300kJ/kg降到目前约 2230kJ/kg。

（5）焦炉烟道气 NO_x 的含量由 800~1000mg/m^3 降低到 400mg/m^3 左右（焦炉煤气加热），减少污染物排放，达到了排放标准。

8.3.2.3　焦炉生产操作与技术管理

A　焦炉装煤操作

（1）为保证焦炉正常操作，稳定和提高焦炭质量，装炉煤质量需符合要求，同时关注相邻班次配煤质量稳定性情况。

（2）装煤前在除尘导套对接好、下煤套筒落严并打开高压氨水（PROven 切换好）后，炉内产生适当负压，实现无烟装煤；每炉装煤时间不大于 4min。

（3）煤车各煤斗卸煤顺序，以先两侧后中间为原则。要求装满、平好（不缺角、不堵眼）、不冒烟。

（4）平煤完毕，用泥料密封炉盖，推焦前应将装煤孔上的泥料等清扫干净。

（5）炉顶余煤只能在平煤时扫入炭化室内。

（6）每孔装炉煤均需称量，允许不大于 1%的偏差。炭化室装煤量小于规定值 1t（北区 1.5t）以上时，在该号装煤结束后半小时内补装。

B　焦炉推焦操作

（1）严格按循环推焦计划表推焦。按生产任务和炉体、设备维修方便原则编制推焦计划。

（2）在推焦车、拦焦车、熄焦车三者之间应有信号装置，推焦杆与焦侧机械应有连锁。推焦机司机在确实得到拦焦车和熄焦车已做好接焦准备的信号后才能推焦。

（3）结焦时间不得短于周转时间 15min；烧空炉时一般不短于周转时间 25min。炭化室炉门自开到关的敞开时间不应超过 7min，补炉时也不宜超过 10min，否则需保温。焦饼推出到装煤开始的空炉时间不宜超过 8min，烧空炉时不宜超过 15min。当推焦延迟 10min 以上时，必须将待出焦的炭化室炉门对上复位，或拧紧大螺丝。

（4）采用无撞击推焦法推焦，减少对墙面的压力，以保护炉墙。严禁用变形的推焦杆或杆头推焦。

（5）在一定结焦时间下，焦炭的成熟度是根据相应的温度制度、焦饼中心温度、焦饼表面温度或观察上升管煤气颜色来判断，焦炭不熟不准推焦。

（6）每次推焦均应清扫炉门、炉门框、磨板、小炉门的焦油和沉积炭等脏物或确认，应不影响装煤和严密。装煤后炉门应调节严密，及时消除炉门冒烟着火，严禁直接用水灭火。

（7）推焦时需准确记录每个炭化室的推焦时间（即推焦杆头接触焦饼面的开始时间）、装煤时间（即平煤杆伸入小炉门的开始时间）、推焦最大电流及一切不正常现象。

(8) 推焦系数 K_3：用以评价焦化厂在遵守规定的结焦时间方面的管理水平，计算公式为：$K_3 = K_1 \times K_2$。其中 K_1（推焦计划系数）：标志着推焦计划表中计划结焦时间与规定结焦时间相吻合的情况；K_2（推焦执行系数）：用以评定班按推焦计划实际执行情况。

(9) 1~6 号焦炉采用 5—2 串序推焦，7 号、8 号焦炉采用 2—1 串序推焦。

C 焦炉熄焦操作

a 干法熄焦操作

(1) 1~4 号焦炉干法熄焦使用方形焦罐，配备 1 号、2 号干熄焦；5 号、6 号焦炉干法熄焦使用圆形焦罐，配备 3 号干熄焦；7 号、8 号焦炉干法熄焦使用圆形焦罐，配备 4~6 号干熄焦，实现全干熄生产。

(2) 按推焦计划安排的时间，接到推焦车发出的准备生产的信号后，将干熄焦车开向要出焦的炉号，接近目标时减速到最低档前进，保证与拦焦车精确对位。

(3) 当开始推焦，焦炭从导焦栅落下时，应保持熄焦车走行速度与推焦速度相适应（方形焦罐），使红焦在车厢内均匀分布；启动旋转焦罐使焦罐开始旋转（圆形焦罐），使红焦在焦罐内均匀分布。

(4) 推焦车推完焦后，立即将熄焦车开往干熄炉，在距离 APS 对位装置 30m 时应减速前进，用最低速进行 APS 对位。对位时，根据指示灯的指示进行调整，准确完成送罐及走行操作。

b 湿法熄焦操作

(1) 在熄焦用方形车厢（1~6 号焦炉）接焦时，行车速度应与推焦速度相适应，使推出的焦炭能均匀分布在车厢内。

(2) 1~6 号焦炉熄焦时车体要做一些移动；熄焦后要离开熄焦塔沥水，沥水时间大于 25s。

(3) 必须保证熄焦塔内喷水装置喷水迅速、均匀。对喷水管、粉焦沉淀池、清水池和高置槽等设备，建立定期清扫制度，熄焦水不准外排。

(4) 焦台的受焦与放焦按顺序进行。焦炭在焦台上存放时间应大于 30min。焦台上的红焦必须用适量水及时熄灭，不许过量喷水。严禁将红焦放在皮带机上或把水管直接放在皮带上放水熄焦。皮带上焦层厚度不超过 300mm。

D 焦炉四车定位连锁操作技术

a 1~4 号焦炉

马钢在国内首次在 2×65 孔焦炉成功应用编码电缆感应定位控制技术。该技术采用成熟稳定的机车感应无线技术，所有硬件采用最新的 DSP 以及 FPGA 技术，实现四大车生产连锁、自动走行、自动对位、生产作业计划控制管理，同时满足湿法熄焦、干法熄焦地面站对电机车的操作要求。感应无线数据通信是介于有线通信和无线通信之间的新颖通信方式，它通过安装在移动机车上的感应天线和沿机车轨道安装的编码电缆之间（5~20cm）的电磁感应实现数据通信。其优点是避免了无线通信在焦炉及车辆上的反射、屏蔽、吸收和空间电离层的干扰，编码电缆位置检测技术的优点为地址检测的精度高（达到1mm）、稳定性好、可靠性高。根据马钢1~4号焦炉特点制定的四车定位系统如图8-30所示。

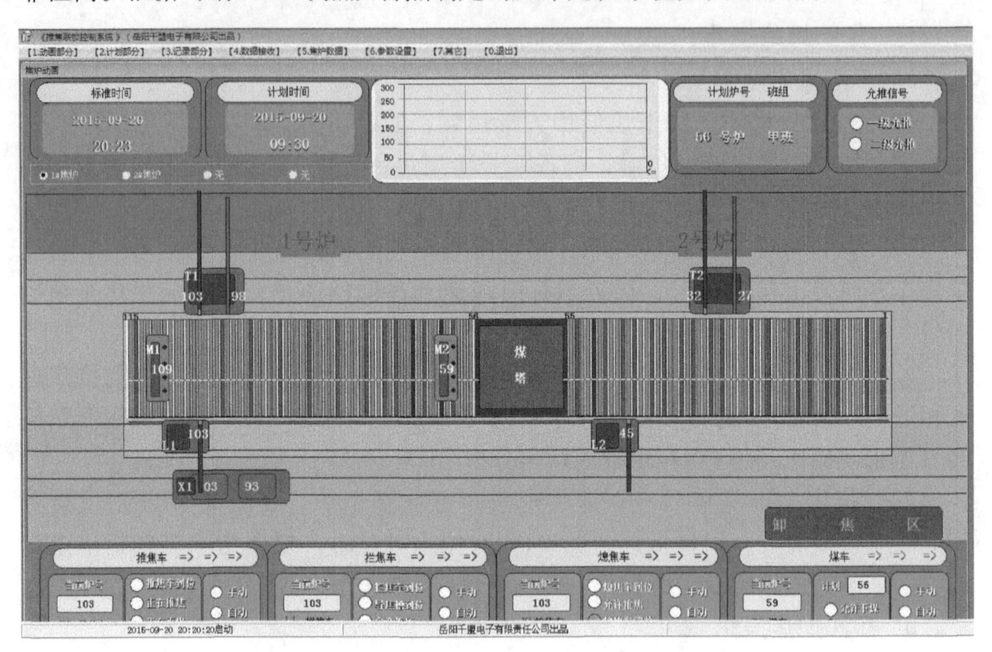

图8-30　马钢1号、2号焦炉四车定位系统主窗体

围绕焦炉四大机车推焦、装煤及熄焦等生产特点，制定如图8-31~图8-35所示的各大机车连锁关系，提升1~4号焦炉推焦、装煤及熄焦操作精确性，杜绝摘错炉门及接焦位置错误情况的发生，减少人身伤害及财产损失。

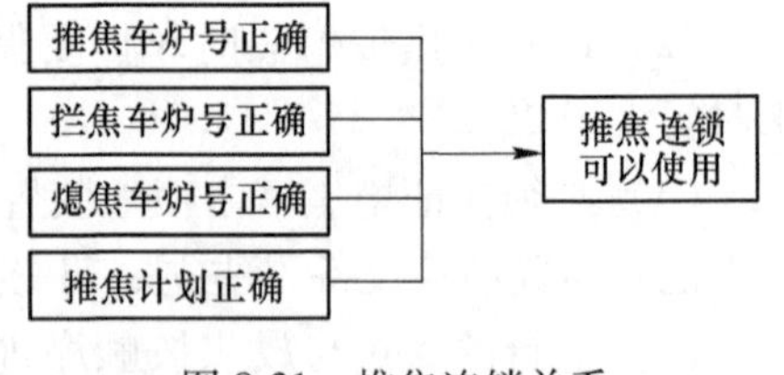

图8-31　推焦连锁关系

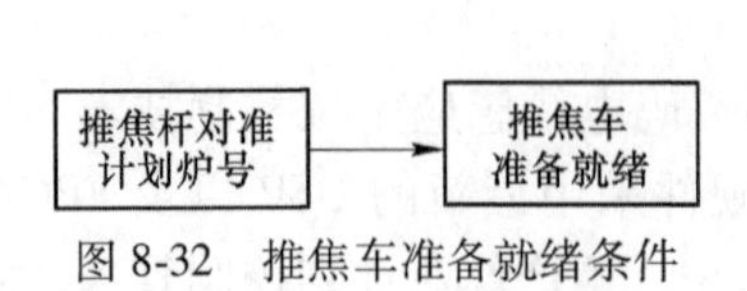

图8-32　推焦车准备就绪条件

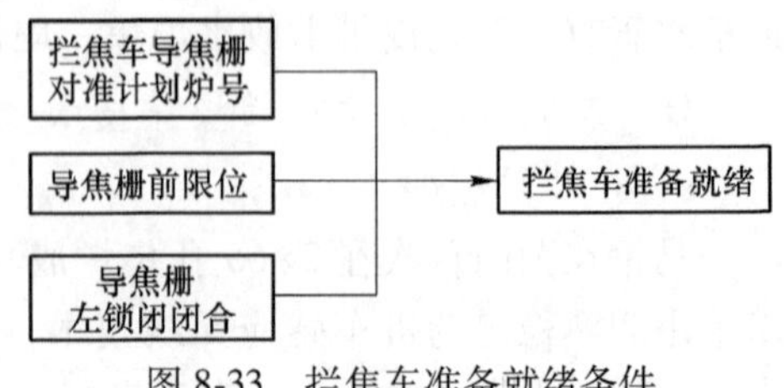

图8-33　拦焦车准备就绪条件

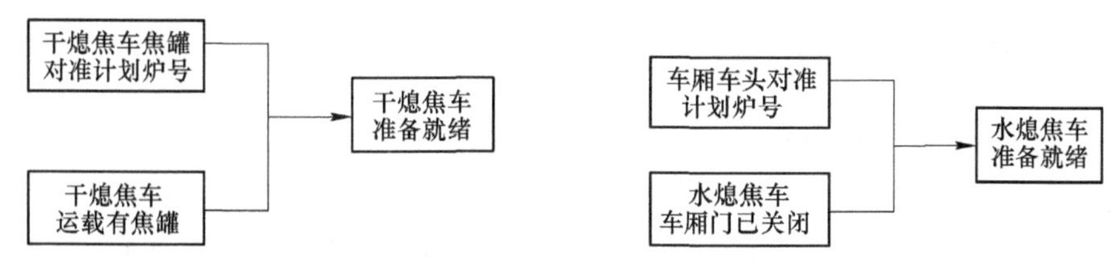

图 8-34 干熄焦车准备就绪条件　　图 8-35 水熄焦车准备就绪条件

马钢通过四车定位系统的应用，实现了 6m 以下焦炉推焦过程中机车连锁，提高了推焦装煤操作精确性，实现了干熄焦电机车防撞功能以及关键生产参数和计划的自动生成、传输。

b 7 号、8 号焦炉

马钢 7 号、8 号焦炉四大机车采用码牌读码技术，该技术的核心是自动定位功能能够可靠实现，本控制系统采用的是 SIEMENS S7 系列的 PLC，自动定位系统由编码器、读码头、码牌等基本部件组成。

E 荒煤气操作制度

（1）在桥管、集气管内喷洒氨水以确保煤气温度不超过 100℃。每吨装入煤所需氨水量应不少于 6m^3。确认喷洒氨水分配管最低压力，并保持不低于其规定最低压力。

（2）喷洒氨水装置的喷嘴和旋塞应保持良好状态。并定期检查与清扫集气管、焦油盒和直到气液分离器前的吸气管道，保持气液流通和积脏情况正常。

（3）必须自动调节和记录集气管煤气压力，确保压力符合要求。

（4）当确认鼓风机因故障无法保持吸气管吸力或集气管压力始终大于 250Pa 时，须打开集气管放散管放散煤气，并启动点火装置，必要时还可打开数个上升管盖放散。

（5）炉顶无烟装煤高压氨水压力按设计要求。制定高压氨水压力，以上升管底部吸力在对应炭化室打开炉盖、煤车落下导套（此时小炉门未打开）时保持 30～50Pa 为原则。

（6）在一座焦炉上打开上升管盖、装煤孔的炭化室数量原则上不得超过 3 个，清扫上升管、装煤口和烧空炉时可增加一个。

（7）低压氨水事故停供时，必须立即用工业水通入桥管；此时须关闭集气管上的喷洒阀门。

（8）炉顶、上升管、桥管、阀体到集气管之间的各连接处，应保持严密。上升管水封盖的上下水道须畅通，严禁上下水漏至炉顶上。

（9）禁止用打开高压氨水或长时打开上升管盖来消除炉门冒烟。

8.3.3 干熄焦技术

8.3.3.1 干熄焦工艺简介

A 干熄焦工艺

干熄焦生产过程中，装满红焦的焦罐车由电机车牵引至提升井架底部。提升机将焦罐直接提升并送至干熄炉炉顶，通过带布料器的装入装置将焦炭装入干熄炉内。在干熄炉中焦炭与惰性气体直接进行热交换，焦炭被冷却至205℃以下，经排焦装置卸到带式输送机上，然后送往运焦系统。

循环风机将冷却焦炭的惰性气体从干熄炉底部的供气装置鼓入干熄炉内，与红焦逆流换热。自干熄炉排出的热循环气体的温度约为900~980℃，经一次除尘器除尘后进入干熄焦锅炉换热，温度降至160~180℃。由锅炉出来的冷循环气体经二次除尘器除尘后，由循环风机加压，再经热管换热器冷却至130℃左右后进入干熄炉循环使用。经锅炉产生的蒸汽送到汽轮发电机组发电或者减温减压后并网使用。

干熄焦装置的装料、排料、预存室放散及风机后放散等处的烟尘均进入干熄焦地面站除尘系统，进行除尘后放散。

B 马钢干熄焦装置亮点

马钢3号干熄焦是国内第一套采用自主技术及主要设备皆国产化示范工程，设备国产化率达93%以上，于2004年3月31日建成投产。随后陆续又建成投产5套干熄焦，其主要工艺概况见表8-40和表8-41。

马钢北区年产约210万吨焦炭，直供两座4050m^{3}高炉，原配套两座130t/h处理量的干熄炉，2015年马钢新建140t/h的6号干熄焦于10月9日投产，在国内首次实现特大型焦炉炉组全干熄组产。

表8-40 马钢干熄焦规模及主要设计工艺参数

序号	项　目	1号、2号	3号	4号、5号	6号
1	干熄焦配置/t·h^{-1}	2×125	1×125	2×130	1×140
2	装入干熄炉红焦温度/℃	1000±50	1000±50	1000±50	1000±50
3	吨焦气料比/m^3·t（焦）$^{-1}$	1200~1400	1200~1400	1200~1400	1200~1400
4	锅炉入口循环气体流量/×10^{4}Nm^3·h^{-1}	约18	约17.8	约18.5	约18.5
5	循环风机全压/kPa	11.5	10	11.5	11.5
6	设备最大排焦量/t·h^{-1}	140	140	140	140
7	正常排焦量/t·h^{-1}	100±10	110±10	120±10	120±10
8	干熄焦产汽率/t·t（焦）$^{-1}$	≥0.55	≥0.55	≥0.55	≥0.55
9	排焦温度/℃	设计≤205，日常运行应≤180			

表 8-41 干熄焦工艺温度、压力指标

序号	名 称	1号、2号	3号	4号、5号	6号
1	锅炉入口循环气温度 T_6/℃	850~950	850~950	850~950	880~960
2	锅炉出口循环气温度 T_1/℃	160~180	160~180	160~180	160~180
3	干熄炉入口循环气温度 T_2/℃	115~130	115~130	115~135	115~135
4	风机入口气体温度 T_8/℃	150~170	150~170	150~170	150~170
5	干熄后排出冷焦温度 T_{11}/℃	≤200	≤200	≤200	≤200
6	二次除尘器差压/Pa	约 1100	约 1100	约 1100	约 1100
7	热管换热器入口水温度/℃	20	—	约 20，≤75	约 20，≤75
8	热管换热器出口水温度/℃	60~70	—	60~80	60~80
9	给水预热器入口水温度/℃	—	65±5，≤75	—	—
10	给水预热器出口水温度/℃	—	110±10	—	—

8.3.3.2 干熄焦炉体及耐火材料

A 总体情况简介

干熄炉为圆形截面的竖式槽体，外壳用钢板制作，内衬耐磨黏土砖及隔热砖等。干熄炉上部为预存室，中间是斜道区，下部为冷却室。在预存室外有环形气道，环形气道与斜道及一次除尘器连通。预存室设有料位检测装置、压力测量装置及放散装置；环形气道设有空气自动导入装置；冷却室设有温度、压力测量及人孔、烘炉孔等。

根据干熄炉各部位的工艺特点，选用不同的耐火材料（见图 8-36）。

a 预存室

预存室顶部因装焦操作温度波动较大，对该部位耐火砖的热稳定性要求较高；中部承受红焦装入后发生的热膨胀以及装焦时的冲击和磨损；下部环形烟道及内外墙两重环形砌体，要求承受装焦的冲击和磨损，且防止预存段与环形烟道压差产生的串漏现象。综上，一般预存室均选用高强耐磨，且热震稳定性好的带钩舌的 A 型莫来石砖。

b 斜道区

由于斜道区温度频繁波动，又要受到循环气体夹带焦粉对该部位的激烈冲刷，砖逐层悬挑上部预存室 300 多吨的荷重，而且逐层改变烟道的深度，该部位耐火砖易受损，又不易翻修。因此必须选用耐冲刷、耐磨损、热震稳定性好和抗折强度高的莫来石炭化硅砖，同时配以同材质的耐火泥砌筑。

c 冷却室

冷却室虽然结构简单，但它的内壁砖砌体由于要承受焦炭运动时的剧烈磨损，温度的频繁变化，极易受损，因此必须选用高强度耐磨、热震稳定性好的 B 型莫来石砖。

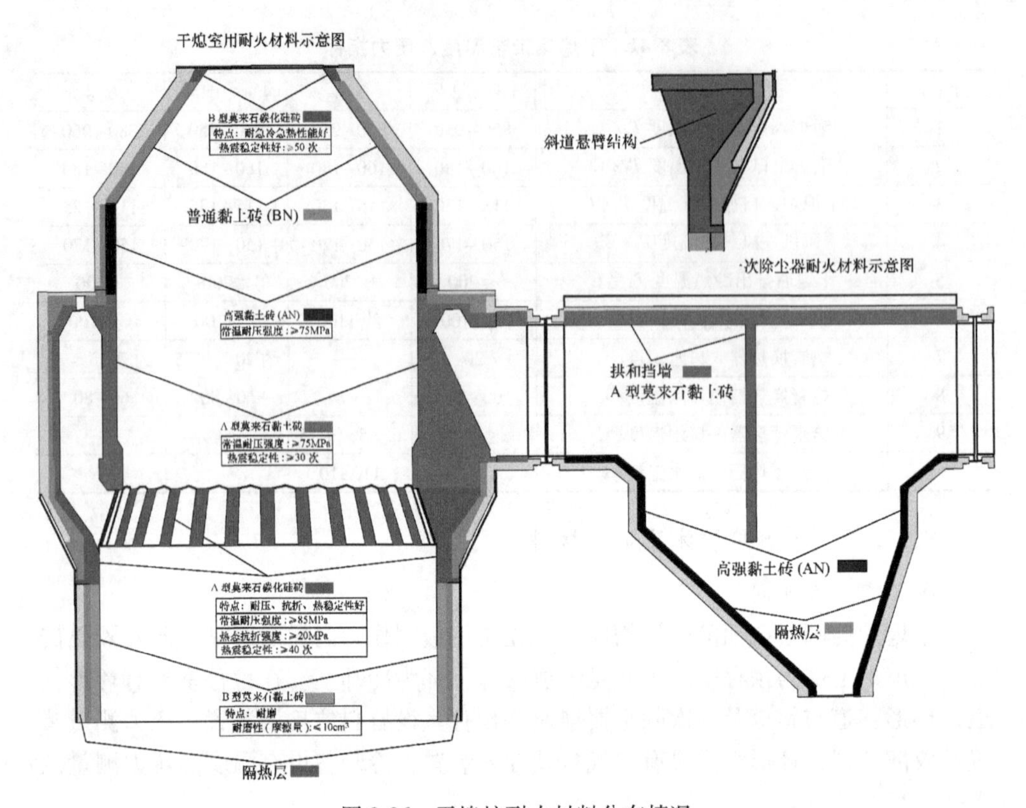

图 8-36　干熄炉耐火材料分布情况

d　一次除尘器

顶部采用拱形结构砌筑跨度和强度均较大，两侧墙及下部采用耐火砖锥斗形结构，承受着循环气体及焦粉的双重冲刷、磨损，特别是中间挡墙受磨损和冲击力度更大，因此必须选用高强耐磨、热震稳定性好的 A 型莫来石砖砌筑。

B　马钢对干熄炉耐火材料的主要改进与应用

为适应特大型高炉长周期稳定运行的需要，马钢在干熄炉耐火砌体结构及关键新型耐火材料技术创新方面取得了系列技术成果，将年修周期由设计 1～1.5 年延长至 3~4 年、中修周期由 4 年延长至 6 年以上。

环形气道砖型原先设计结构单一，砖与砖之间靠泥料连接，气道“鼓肚”现象严重，马钢对砖型进行了结构改进，增加了咬合和钩舌设计，提高了径向应力的承受力。

斜道支柱砖型原先为双砖结构，后改为单砖结构，发现单砖开裂较双砖严重，目前双砖结构增加了上下、左右砖的凹凸槽咬合，提高了砌体咬合强度；材质方面原先采用莫来石-炭化硅砖，后研究试用了莫来石-氮化硅砖，出现单方向、粉碎式折断，目前北区4号干熄焦斜道砖部分采用了最新研制的红柱石系列，热震稳定性及耐压强度有效提高；此外，近年来在斜道支柱砖表面涂抹了抗冲刷喷涂材料，进一步延长了牛腿砖的使用寿命。

冷却室原先采用B级莫来石黏土砖，耐磨性能差，后续自主研发了复合相抗剥落耐磨型新材料，并成功应用于马钢干熄焦，解决了冷却室砖易磨损的问题。

a 炉口砌体及新型水封装置技术开发

干熄炉炉口水封槽起到密封作用，在运行中，需要频繁开启装焦，受到1000℃左右的高温灼烧和焦炭冲刷磨损，易将裸露于该环境下的不锈钢材质水封槽损坏，使得工业用水漏入干熄炉，干熄炉炉衬会崩溃性损坏，并发生水煤气反应，导致可燃组分（CO和H_2）急剧上升造成严重的安全隐患。

针对这一问题，马钢发明了嵌入式砖槽和干熄炉炉口水封槽浇筑预制件两种解决途径。其中嵌入式砖槽包括设在炉口上的环形保护座，环形保护座内壁和炉口内壁构成装红焦入口，环形保护座外壁底端为环形凸台（见图8-37），水封槽安装在该环形凸台上，在干熄炉开启装红焦过程中，环形保护座为水封槽提供可靠保护，防止水封槽受高温灼烧和焦炭冲刷磨损。

干熄炉炉口水封槽浇筑预制件是在水封槽工作面内侧焊不锈钢爪钉，并预制耐热、耐磨浇注料，厚度约50mm，在干熄炉升温至正常生产状态下，采用半干法喷补工艺对间隙进行填充，从而有效解决水封槽与炉口安装间隙，使得水封槽寿命能够安全稳定运行2年以上（见图8-38）。

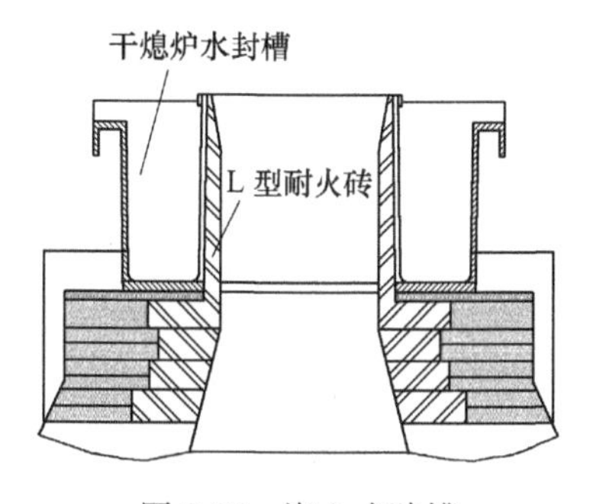

图8-37 嵌入式砖槽

图8-38 新型水封槽装置

b 环形气道砌体结构改进

140t/h以上的大型干熄炉，多数在使用2年后环形气道变形严重（见图8-39），甚至倒塌。

针对此问题，设计出一种特异砖型的耐火材料，增加环形气道砖垂直方向咬

图 8-39　环形气道鼓肚及环形气道倒塌

合，采用大钩舌砖型，从而提高径向应力的承受力，有效抵抗预存室储焦张力和低料位时装焦热冲击能力，解决环形气道原结构设计缺陷问题（见图 8-40）。为了解决环形气道“涨肚”问题，使用一种嵌合性好、连接牢固、使用寿命长、不易塌方的干熄炉环形风道链式结构组合型耐火砖（见图 8-41）。

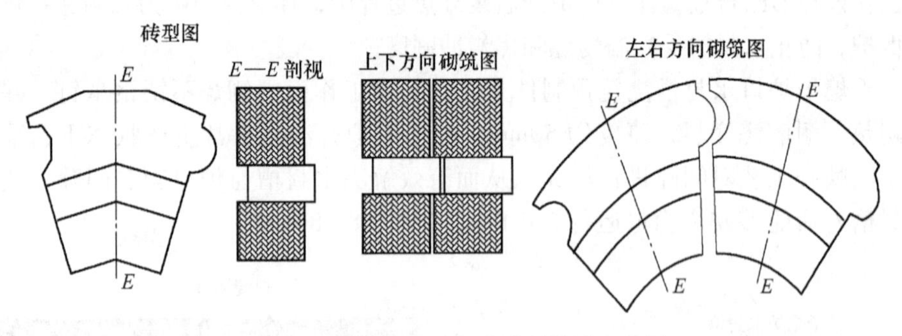

图 8-40　干熄炉环形气道砖型设计方案图

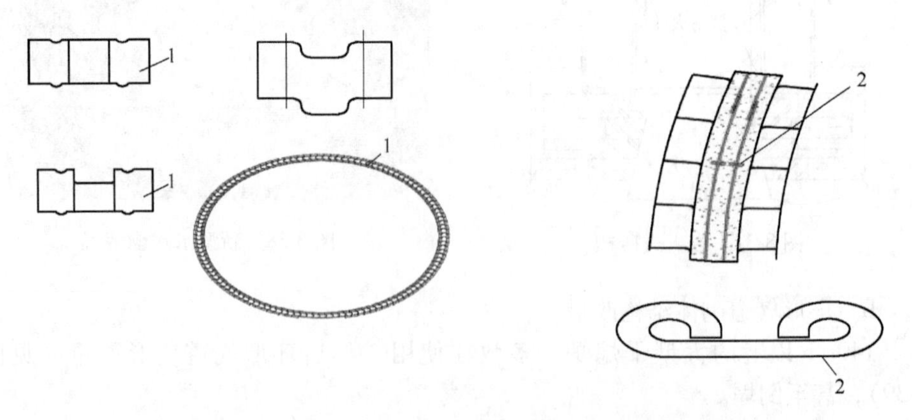

图 8-41　环形风道链式结构组合型耐火砖设计联接图

c　斜道牛腿耐火材料改进

主要改进包括砖型、砖的材质及涂抹料方面，主要如下：

砖型改进：针对双砖结构的单斜道斜道支柱开裂问题，采用一种左右相邻砖设有纵向舌槽咬合，上下相邻砖设置凹凸槽咬合，上下前后错缝搭扣式组合结构。通过改进砖型，提高砌体砖与砖间的咬合强度，提高牛腿结构的稳定性（见图 8-42）。

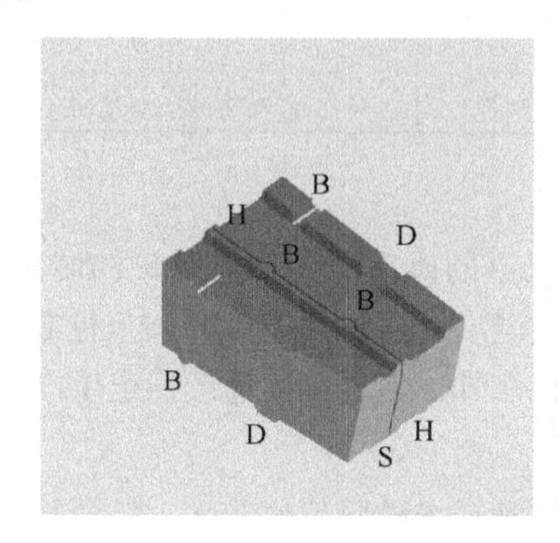

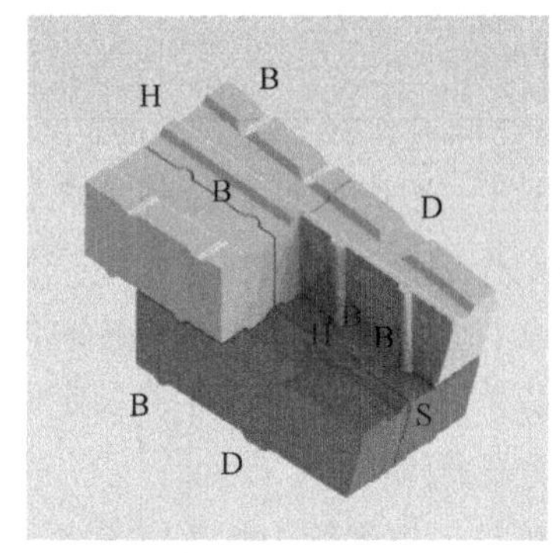

图 8-42　双砖垂直缝咬合效果图

砖的材质改进：采用红柱石、莫来石作为主配料制作新型红柱石斜道牛腿砖（表 8-42），热震稳定性及耐压强度有效提高。

斜道支柱抗冲刷喷涂材料开发：针对干熄焦斜道牛腿砖表面易被焦粉磨损，研究设计一种耐磨喷涂材料，新砌筑的牛腿及锅炉定检（1.5~2 年一次，每次 9 天左右）期间使用，有效缓解斜道支柱的磨损，牛腿使用寿命可提高 1 倍，斜道支柱可由原来 1.5~2 年提高至 3 年以上（见图 8-43）。

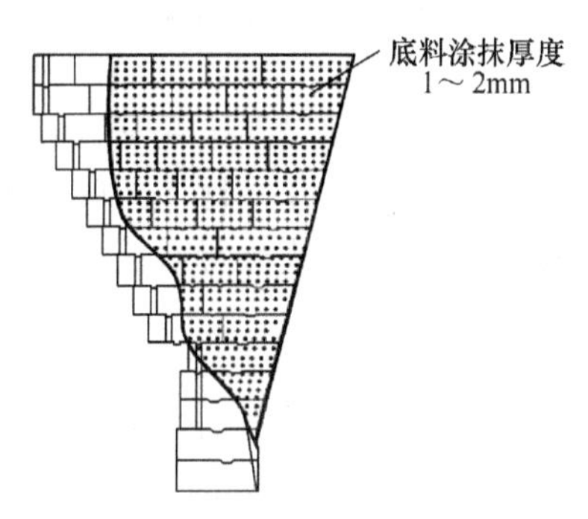

图 8-43　耐磨涂抹料使用示意图

表 8-42　红柱石斜道支柱砖理化性能设计表

常温耐压强度/MPa	热震稳定性（1100℃水冷）/次	高温抗折强度（1400℃×0.5h）/MPa	显气孔率/%	耐磨性 /g·cm^{-3}
≥70	≥80~100	≥25	≤23	≤6
Al_2O_3/%	Fe_2O_3/%	导热系数（1000℃）/W·m^{-1}·K^{-1}	荷软 $T_{0.6}$/℃	
≥60	≤1.2	≥10	≥1550	

d　冷却室新型耐磨材料技术开发与应用

研究复合相抗剥落耐磨型新材料，耐磨性高，表面光滑，解决了B级莫来石黏土砖快速磨损问题，同时也解决了碳化硅浇筑料浇注不均造成下焦不均问题，使用寿命在6年以上。主要技术指标设计见表8-43。

表8-43　塑性复合相抗剥落耐磨型新材料条件

体积密度 /g·cm^{-3}	耐压强度 /MPa	显气孔率 /%	荷软 $T_{0.2}$/℃	耐火度 /℃	热震1100℃水冷/次	耐磨性 /g·cm^{-3}	Al_2O_3 /%	Fe_2O_3 /%	高温抗折 1100℃×0.5h/MPa
≥2.65	≥110	≤15.0	≥1600	≥1770	≥20	≤4	≥55.00	≤1.30	≥15

8.3.3.3　干熄焦设备操作概况

一般操作是指干熄焦在正常生产情况下的操作。包括干熄炉的装焦及排焦、锅炉的给水、蒸汽的产生以及系统内各点温度、压力和流量的调节控制等方面的内容。干熄焦系统除计划的年修及定期检修外，应尽可能连续稳定生产。

A　提升机

提升机是运焦系统中的关键设备，提升系统的限位比较多，需要操作和维护人员熟知，以便快速应对出现的问题。

正常生产时提升机处于无人操作自动运行状态，为确保安全需密切关注，包括以下关键点：焦罐开始提升时，要确认熄焦车已被APS夹紧，当焦罐过了待机位，提升机的提升速度应当由低速转为高速。提升机在横移装焦时要观察对位标尺；炉盖已打开并且装入料斗到位后，提升机下降装焦。装焦完毕返回到提升塔上限时，要确认位置对正。当APS夹住熄焦车后，焦罐开始由待机位下降到台车上。

当提升机的提升电机或走行电机出现故障时，可以倒用备用电机将焦罐内的焦炭装入干熄炉内，即非常提升与非常走行。

为便于更换钢丝绳，在提升机的机械室内设置了换绳操作盘，换绳时根据检修人员的指令进行操作。

B　装入装置

装入装置的操作一般是中央操作，在自动状态下，装入装置是与提升机联动，即提升机到了提升塔上限开始横移时，装入装置自动打开。

通常在不装焦时，炉盖盖在干熄炉的炉口上，炉盖上的水封罩插入水封槽中，保持干熄炉内部的压力。接到装焦指令后，电动缸开始动作，通过摇杆与拉杆驱动装入装置，在导向模板的限制下先是提起炉盖，然后在炉盖提起的状态下，驱动整个台车走行，直到走行台车上的装入料斗对准干熄炉口为止。走行台车移动的最后阶段，安装在装入料斗下料口处的水封罩落入水封槽，防止装料时干熄炉口的粉尘向外部泄漏。在装入装置开始动作打开炉盖时，装入料斗集尘管道上的阀门自动打开。

装入料斗对位结束，向提升机发出可以装入的信号，提升机开始下移焦罐，焦罐下降到装入固定支座上。此时，焦罐底门打开放焦，由定时器和底门信号共同确认装焦完成。

装焦完成后，提升机开始返回，装入装置就开始与上述相反的动作，移开装入料斗，将炉盖覆盖在干熄炉口上，即完成一次循环动作。装入装置关闭炉盖后，装入料斗集尘管道上的阀门自动关闭。装入装置设有现场单独手动操作、中控室手动和联动操作。

C　循环风机

循环风机是干熄焦热交换的动力源，循环风机停机后，干熄焦系统内的循环气体失去动力，无法进行正常的热交换，焦炭不能被惰性气体冷却，所以循环风机的操作非常重要。

循环风机的操作分为现场操作与中央操作，干熄焦系统的一些重要连锁都与循环风机有关。正常生产时，不能随意停止循环风机运转。

循环风机启动前要确认入口挡板在关闭的位置，确保循环风机低负荷启动。根据不同配置情况，需确认轴封氮气压力、冷却水、液力耦合器油位等情况正常；循环风机启动时转速要避开 300 转，防止循环风机发生共振。循环风量一般可以通过入口挡板、液力耦合器和变频电机三种方式调节，马钢 1 号、2 号、4 号、5 号干熄焦循环风量的调节依靠入口挡板来调节，3 号干熄焦循环风量的调节依靠液力耦合器来调节，6 号干熄焦循环风机为变频调速，通过转速来调节循环风量。增减循环风量每次为 $3000\sim5000\text{Nm}^3/\text{h}$，两次加减循环风量时间间隔为 3~5min，以保证风量的平稳升降。

D　排出装置

排出装置位于干熄炉的下部，由平板闸门、电磁振动给料器、旋转密封阀、皮带系统组成。有现场和远程两种操作方式，正常生产期间排出装置的开停均为远程操作。

在启动排出系统前，需确认现场安全。先启动皮带系统，再启动旋转密封阀，最后启动振动给料器。调节振动给料器振幅控制排焦量，一般调节量不要过大，每次调节 10~15t，如果排焦变化较大，可分多次逐步调节。日常生产中要确保旋转密封阀的吹扫压力在 10kPa 左右，确保自动给脂正常。

E　泵的操作

干熄焦系统泵主要有强制循环泵、锅炉给水泵及除氧水泵等，泵的启动及检查按热力系统高压泵规范操作进行。特别注意的是，启动泵之前，要确认泵的油杯油位在中间油位线以上；泵的冷却水要正常；启动泵前要进行手动盘车，并且打开暖管阀，保证泵体内充满水。确认正常才可以启动水泵；泵启动后要确认其电机电流在额定电流范围之内。备用泵的暖泵阀要保持常开，确保其处于热备用状态。

8.3.3.4　干熄焦炉检修技术

A　炉体检修施工工程分类

干熄焦系统有连续生产的要求，除了采用陶瓷焊补外，均需要不同程度地停产冷态检修。一般根据停产时间长短以及检修部位的特性，分为定修、年修（小修）、中修、大修等四类检修（表 8-44）。

表 8-44　干熄焦炉体检修施工工程分类

干熄炉检修分类	检　修　内　容	时间	间隔
定修	根据生产工艺需求及设备运行情况按计划进行检修，周期为 3~4 个月一次，对系统设备进行修复或更换，消缺或改进。检修时间一般为 3 天以内	3 天	3~4 月
年修（小修）	主要处理定修难以完成的检修工作，对牛腿耐火材料进行检查及修补，一代炉龄内第 3~4 年年修一次，检修时间一般为 25 天左右	18~25 天	3~4 年
中修	耐火材料部分更换，主要指牛腿部分耐火材料更换等。一代炉龄内第 6~7 年中修一次，检修时间一般为 40 天左右	35~40 天	6~7 年
大修	耐火材料全部更换，更换金属结构的部分或全部等，一代炉龄结束（10 年左右），大修后达到安全高效运行的目的，检修时间一般为 80 天以上	80 天	10 年

B　年修和中修的炉体检修技术

a　多段立体式检修技术

多段立体式检修技术在干熄炉中修工作中实施，分四段同时开展网络化施工。其中，上段预存室检修（上托砖板以上）采用吊盘分隔；中段斜道（中托砖板以上）安装保护平台；冷却室检修（下托砖板以上）安装承重平台；下端中央风帽以下检修。

上段预存室吊盘安装：制作安装上料保护棚架，主要用于施工防雨措施和上段施工吊盘吊装承重钢构措施（图 8-44 和图 8-45）。

中段斜道（中托砖板以上）安装保护平台：为了保证在斜道支柱砖施工时，同时进行冷却段施工，在斜道托砖板上部搭设保护平台。采用钢管脚手架搭设，钢管脚手架上沿炉墙四周铺设 3mm 钢板，并进行焊接。以 130t/h 处理量干熄焦为例，如图 8-46 所示。

下托砖板以上承重平台安装：为保证在进行冷却段浇注料浇注施工时，下锥部位铸石板砌筑，在下锥部位托砖板处搭设保护平台。采用 36 号工字钢、24 号槽钢及 5mm 钢板制作。4 根 9m 的 36 号工字钢，24 号槽钢 100m，5mm 钢板 $60m^2$。

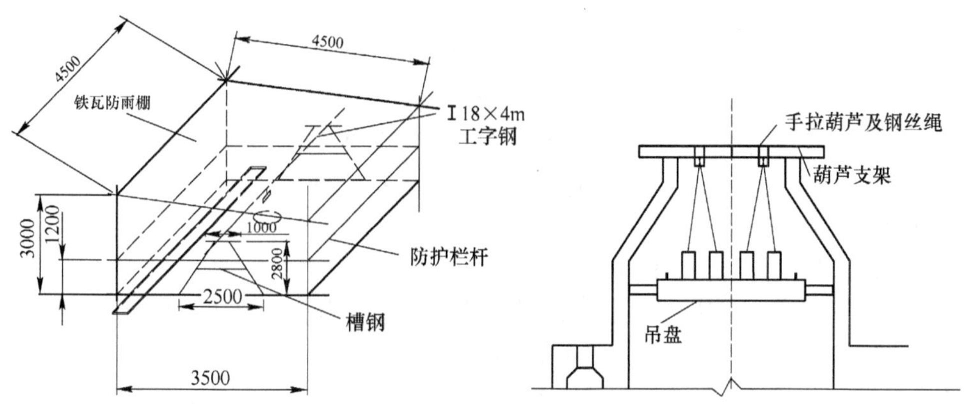

图 8-44 中栓部位托砖板处保护示意图　　图 8-45 中栓部位托砖板处保护示意图

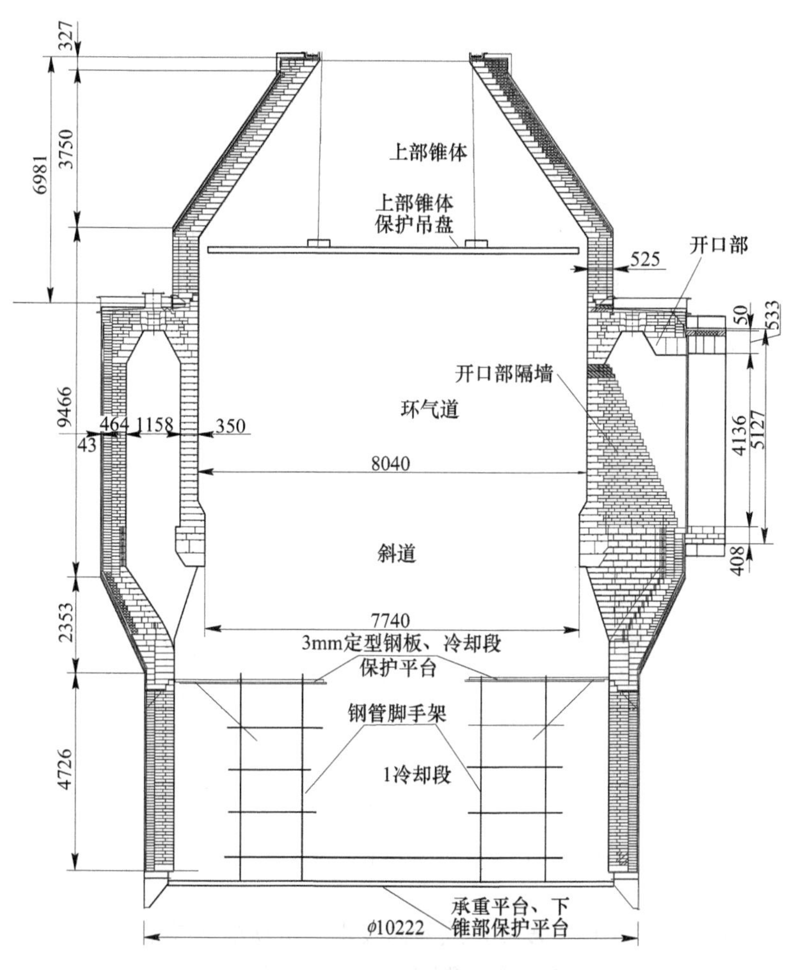

图 8-46 斜道托砖板处保护

b　吊顶维修技术

在干熄炉年修施工中采用吊顶和支撑的办法，卸去所修牛腿负荷，分别进行换砖。在一对斜道支柱之上环形气道圈梁部位，对损伤的牛腿两侧分别用千斤顶打上支撑，分配环形气道200t左右负荷；同时分别自对应的预存室看火孔和炉口加固梁位置，引钢绳锁进行吊顶，分担100t左右的负荷，并进行单个维修。

悬吊工装设备安装（以125t/h处理能力干熄炉为例）：采用对斜道过顶砖上部砌体用环状吊具拉升，安装悬吊设备就是对斜道牛腿上部环形砌体施加与自重方向相反的整体提拉预应力，防止牛腿解体施工时，引起上部砌体下沉、拉裂砖甚至酿成崩塌事故。同时，在过顶砖下部用千斤顶进行顶住保护，防护措施做好后，对斜道支柱砖对称逐一进行更换，如图8-47所示。

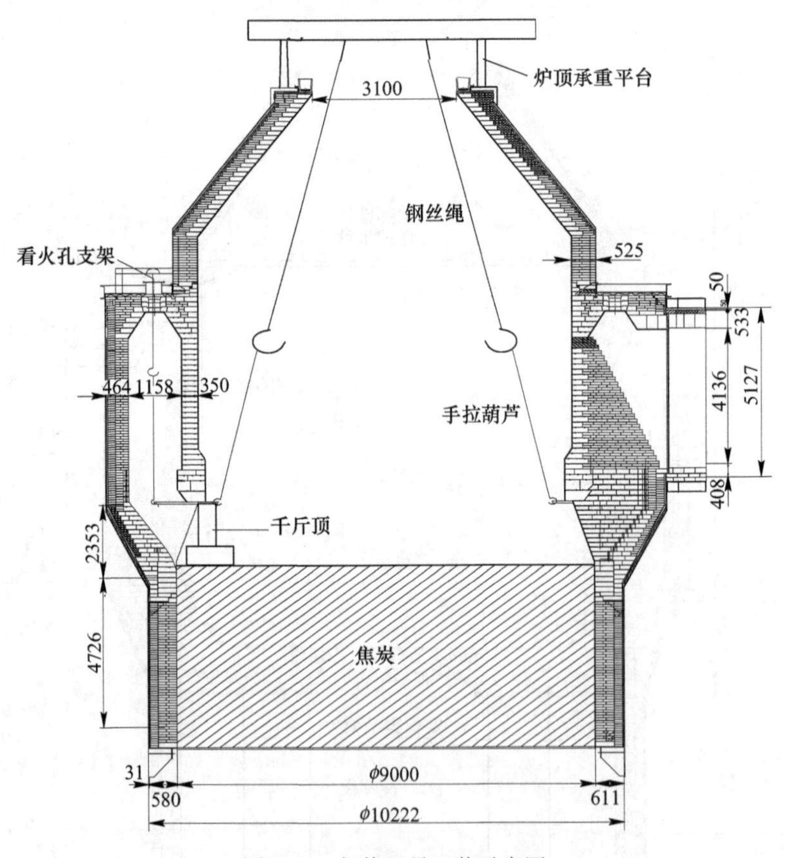

图8-47　年修悬吊工装示意图

马钢在干熄焦炉炉体多段立体式检修技术和吊顶维修技术方面持续研究、实践与改进，已经实现安全高效检修20余次，大幅度节约了干熄焦炉检修时间。

C 年修及中修后烘炉复产工作

干熄焦系统在中修或建设开工后，需要通过温风干燥和烘炉两个阶段，一方面要干燥去除耐火材料的内在水分；另一方面要将炉体耐火材料温度升至800℃左右，以接近正常工作温度。干燥是通过温风干燥及煤气或红焦烘炉的方法使干熄炉的温度保持均匀、稳定地上升，最后将干熄炉内耐火材料的温度逐步上升到与红焦温度相接近，直到转入正常生产。在年修或中修过程中，由于多数焦化厂不具备煤气烘炉实施条件，一般在温风干燥后直接采用先少量投红焦，后逐步提升负荷的红焦烘炉方法。

a 烘炉前应具备的条件

相关设备单体及联动试车完成，装冷干焦约85t（125～140t/h 干熄炉），需要对冷焦进行造型，原则是靠炉墙高、炉墙与中央风帽之间稍低一点，冷焦装完后直接封堵烘炉孔，进入温风干燥阶段。

b 烘炉过程控制

根据耐火材料砌筑量的不同，烘炉过程不同阶段控制的时间略有不同。以125t/h 的干熄焦中修为例，升温及达产情况如图8-48所示。烘炉前需温风干燥7天，温风干燥后期温度达到160℃，耐火材料中的水分基本蒸发完毕。此后进入红焦烘炉阶段。煤气烘炉期间以干熄炉预存段温度 T_5 为主管理温度，时间控制在9天。具体温度控制方法为：装红焦升温以 T_5 为主管理温度，T_6 为副管理温度，升温速度分别为 $T_5 = 5 \sim 12℃/h$，$T_6 \leqslant 40℃/h$。锅筒压力升压速度不高于0.3MPa/h。投入红焦初期，以控制装入红焦量的多少来调节温升速度，具体做法为，焦炉生产配合，初期每罐接焦量控制在3t以内，避免 T_5、T_6 的温度波动

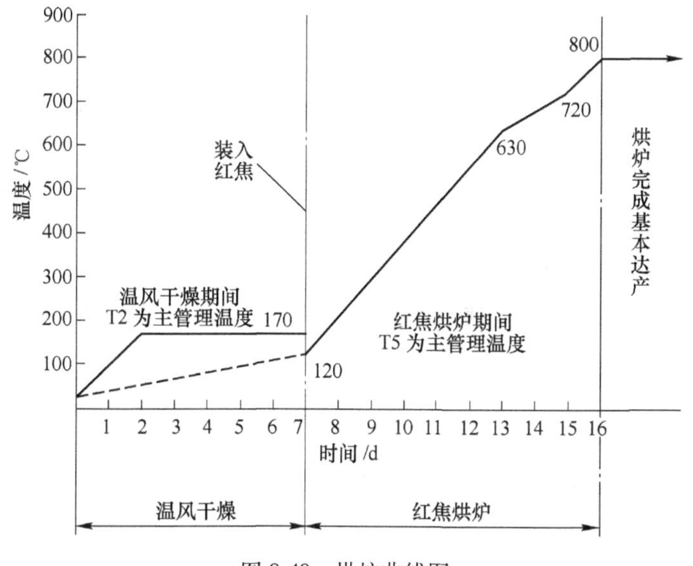

图8-48 烘炉曲线图

及红焦与炉墙的直接接触，后期会趋于稳定；烘炉中期视温度波动情况，适当增加单罐接焦装入量；中后期焦炭料位达到“牛腿”后，排焦时不得再将“牛腿”露出。当烘炉温度达到目标温度（T_6为 900℃）后，装置的生产水平已经接近处理的 80%，即烘炉完成。

8.3.3.5 干熄焦保温保压操作

当干熄焦系统出现大面积停电、锅炉爆管、装入和排出系统长时间故障等突发情况时，为保证干熄焦系统安全可靠，需要按以下规范进行保温保压操作。

（1）干熄焦锅炉的保温保压是指尽量维持干熄炉内温度和锅筒压力，或尽量延缓干熄炉温度及锅筒压力下降的速度。

（2）如确认在较短的时间内即可恢复生产，应对干熄焦在保证主蒸汽温度的情况下减少排焦量，并适当降低循环风量，减少连续排污量、关闭主蒸汽暖管放散阀、关闭旁通流量调节阀；尽量延缓干熄炉温度及锅炉压力的下降速度直到恢复正常装焦为止。

（3）计划停产检修时，在停止装焦前应减小排焦量直到将干熄炉内焦炭控制在上上限料位，以延长小量排焦的时间。

（4）当小幅排焦至干熄炉焦炭料位下下限时，装入和排焦系统故障仍长时间无法解决，应采取逐步降低蒸发量、循环风量，延缓干熄炉温度及锅筒压力下降的速度。

（5）当锅炉入口温度低于 600℃时，根据实际情况可停止循环风机的运行，并往气体循环系统内充入 N_2，控制循环气体中 H_2、CO 等可燃成分的浓度。

（6）若干熄焦锅炉入口温度下降过快，确认短时间内不能恢复装、排焦，根据蒸汽温度与压力来调整汽轮机的负荷，如果蒸汽的温度与压力不能维持汽轮机的正常运转，及时解列。

（7）干熄焦系统的保温保压过程中，当锅炉主蒸汽温度低于 420℃时，及时关闭减温水流量调节阀及手动阀，将一次过热器及二次过热器疏水微开，防止过热器内蒸汽凝结成水。

（8）发现干熄炉冷却段温度有上升的趋势，应立即启动循环风机对冷却段焦炭降温冷却。此时，干熄炉斜道观察孔的中栓要全部关闭，预存段压力调节阀要关闭，通过炉顶放散阀的开度来控制干熄焦预存段压力在 50~100Pa。

（9）当蒸气发生量较小或当循环风机停止运行后，可将锅炉汽包液位控制在 50~100mm，停止对锅炉给水，关闭锅炉连排及定排的电动阀和手动阀。根据情况关小或全关主蒸汽放散阀，尽量延缓锅炉压力下降速度。如果锅炉汽包液位达到下限值时，应对锅炉进行间歇性补水。

8.3.3.6 干熄焦主要设备及其控制技术

A 干熄炉压力控制

干熄炉压力控制是为了保证干熄炉内熄焦过程中压力及装焦时干熄炉炉口压

力稳定。由于在装焦过程中干熄炉顶部的装入装置被打开，干熄炉内的压力会产生剧烈的波动，采用常规的连续 PID 控制方式难以控制压力，因此本系统具有两种控制方式，即正常状态下的控制和焦炭装入时的控制。在此对装焦时的控制方法进行讨论，如图 8-49 所示。

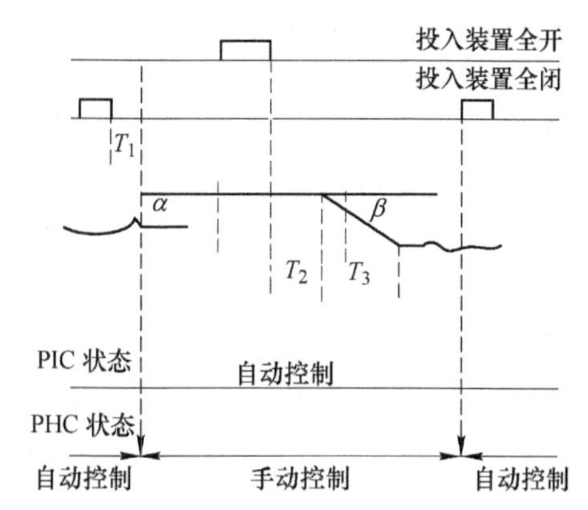

图 8-49　装入装置动作与 PIC. PHC 的状态关系

PIC（pressure insure control）—干熄炉压力调节器；
PHC（pressure hand control）—干熄炉压力手动操作器；
T_1—投入装置未全闭至 PHC 切为手动所经过的时间；
T_2—投入装置开始闭合至 PHC 开始动作的时间；
T_3—PHC 下降 s 值所经过的时间；
α—投入装置开启 PHC 的动作幅度；
β—投入装置闭合 PHC 的动作幅度

在正常状态下，即不装入焦炭时，PIC 和 PHC 均为自动状态，由 PIC 调节器进行 PID 控制，PHC 手操器处于随动状态，调节阀相当于由 PIC 调节器直接控制。干熄炉压力检测：在进行红焦装入时，即投入装置不是全闭时，经 T_1 延时后 PHC 手操器由外部信号切换为预置输出的手动状态，即在原自动状态输出的基础上再加大 α 值，并保持此值输出不动。当投入装置不是全开状态时，经 T_2 延时后 PHC 的输出，经 T_3 时间减少 0 值，此时依然为手动状态。当系统中投入装置全闭信号产生后，PHC 变为自动状态，即恢复正常状态。而 PIC 调节器在这一过程中的状态是 PHC 为自动时，PIC 也是自动；PHC 为手动时，PIC 为自动跟踪状态，使 PIC 的输出始终保持与 PHC 的输出一致，确保在状态切换时为无扰动切换，如图 8-50 所示。

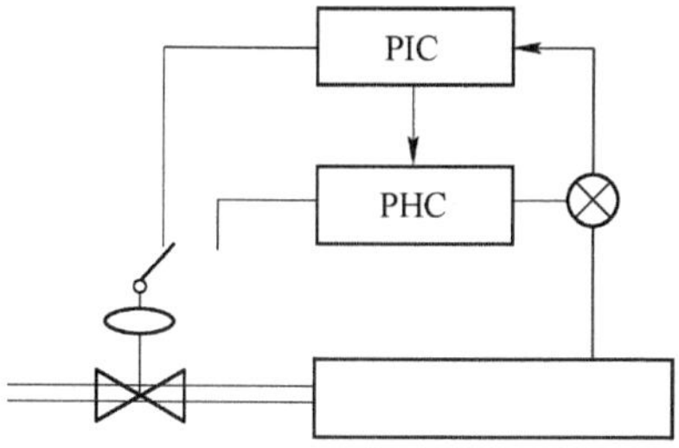

图 8-50　干熄炉压力控制原理图

B　排焦量与排焦温度的控制

排焦量控制的目的是根据熄焦处理量来掌握排焦量，以维持干熄炉内的储焦量。正常操作时，根据干熄炉料位及锅炉入口温度来控制排焦量。

正常排焦温度应在 200℃ 以下，当高于此温度时系统设置了喷水装置。检测温度在 200℃ 以上时，喷水阀打开进行喷水，降低排焦温度，当排焦温度低于 200℃ 时喷水阀关闭，其原理见图 8-51。

C　锅炉汽包液位测量与控制

汽包液位的控制主要是由三冲量调节阀进行调整（即汽包液位、主蒸汽流量、给水流量）。当汽包液位在自动调节情况下出现高报时，应将三冲量调节阀由自动状态调节到手动状态，关小甚至关闭三冲量调节阀门；如果汽包液位继续上升，还需调节锅炉给水泵的最小流量阀，适当开大最小流量调节阀，调节给水流量使汽包液位保持在正常的水平；如果汽包液位仍继续上升，就要开启紧急放水阀来降低汽包液位。

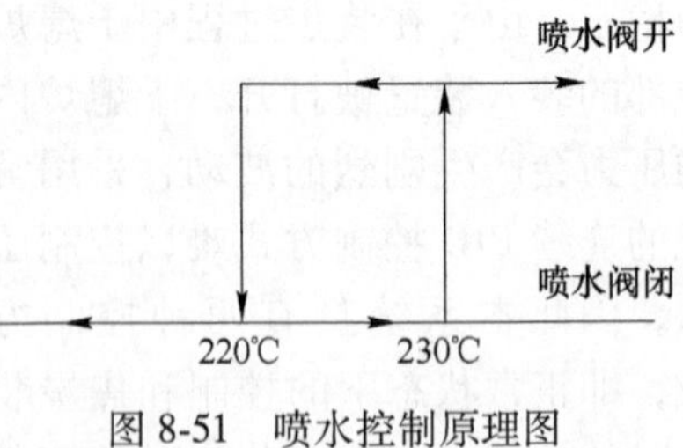

图 8-51 喷水控制原理图

在对液位进行调整前，要注意对虚假液位的判断，必要时通知现场有关人员对汽包液位计进行冲校，见图 8-52。

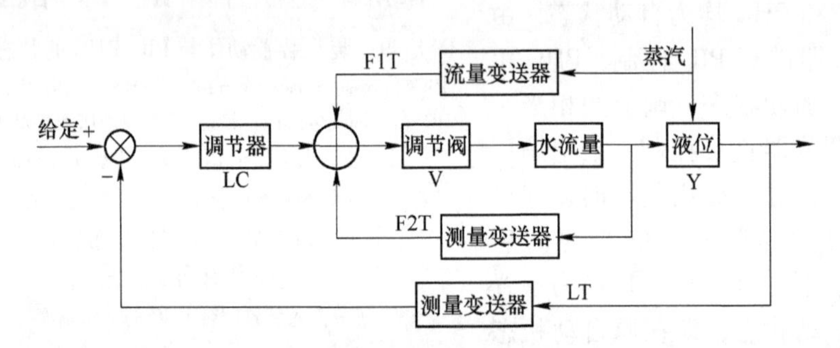

图 8-52 三冲量液位调节示意图

D 提升机控制与运行

a 提升机控制

提升机采用了西门子具有冗余的 S7-400PLC 控制加 VVVF 调速方式，其控制系统如图 8-53 所示。

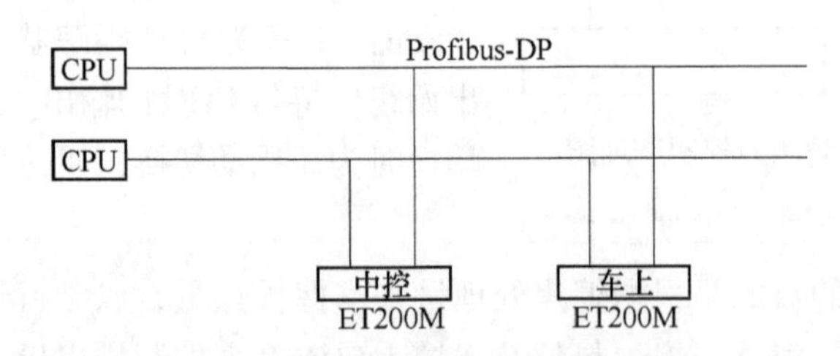

图 8-53 提升机控制系统简图

b 提升机的运行方式

车上单动方式：用于日常维护时的调试，其运行速度约为自动运行时速度的一半。

车上自动方式：运行速度等同于中央自动状态，是一种中央系统出现故障的状态下，能够满足生产工艺要求的工作方式，是一种半自动化控制。

中央自动方式：提升机的运行完全受控于干熄焦系统 PLC，是干熄焦生产的主要方式。

换绳方式：换钢丝绳时使用的操作方式，控制原理十分简单、安全，性能最低，但是速度是所有方式中最低的，无法适用于生产。

c 检测元件在提升机自动运行中的作用

提升机上安装很多的检测元件，在提升机自动运行中起着非常重要的作用，根据提升机速度曲线图，各种检测元件所起的作用不同。提升机运行曲线如图 8-54 所示，提升机常见故障见表 8-45。

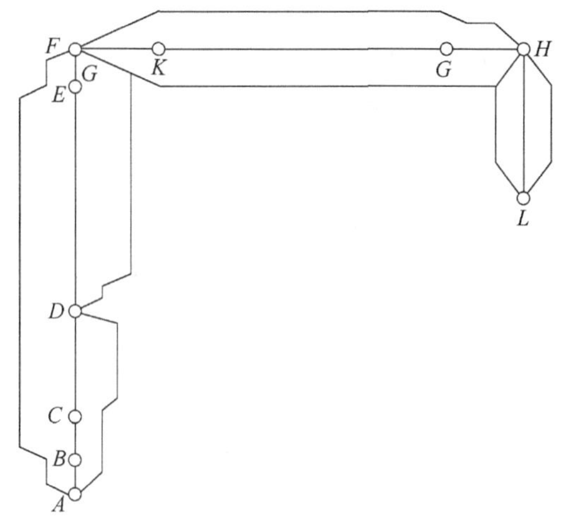

图 8-54 提升机运行曲线

表 8-45 提升机常见故障

现　象	原　因	对　策
提升机自动运行时，运行状态异常	光电限位受灰尘、油污的影响产生误信号、检测元件损坏、DC24V 电源故障	更改限位选型，加强维护
提升机自动下降时至待机位没有停下来，继续下降	待机位限位损坏或检测片偏离限位槽口	出现此现象时，中控室应按下紧急应急按钮，更换限位，对限位加装引向架
提升机在收到送满罐信号后，无法进行提升工作	（1）车上 PLC 模块 24V 电源线路接地。 （2）从提升机地面控制柜至车上模块交流电源在电缆拖链内破损短路	（1）使用应急系统，查找接地点。 （2）查找故障点，绝缘处理。在确保安全情况下，启动故障应急措施
提升机在走行过程中速度（高速、低速）不平稳，时走时停	走行变频电机内速度反馈编码器接手松动	拆开走行电机风扇端紧固编码器接手螺丝，进行处理
提升机下降到位后，焦罐着床后挂钩打开但钢丝绳出现松绳	（1）挂钩开限位损坏或没有检测到，松绳报警装置动作停机。 （2）偏载报警器动作。 （3）导向杆弯曲	（1）检查更换限位或调整限位挡片。 （2）检查焦罐内焦炭是否均匀分布，处理余焦。 （3）导向杆校正
提升机下降到位后，焦罐着床，但挂钩没有打开，提升机已经停止动作	在焦罐着床过程中由于焦罐变形或吊具原因造成偏载或松绳，连锁停机	调整焦罐或吊具，或调整负重传感器偏载报警值

续表 8-45

现　象	原　因	对　策
提升机装完红焦空焦罐返回到提升塔上限时，报走行故障，对中心失败	（1）限位损坏或 PLC 控制故障。 （2）走行轨道变形或磨损	（1）排查限位及 PLC 控制系统。 （2）调整或更换走行轨道

E　干熄焦电机车、旋转焦罐车及其控制

电机车采用 PLC 控制加 VVVF 调速方式，运行速度快，调速性能好，对位准确。

电机车及焦罐台车的电气控制，可由一套 PLC 系统来实现集中控制，也可以将电机车的走行部分和焦罐台车部分建立两个独立 PLC 系统分开实现控制，它是利用编码器实现走行反馈的闭环控制，将两套变频装置建立主从站，得到更优的调速特性，解决了两台电机车启动时不同步的问题，使得电机车走行时速度较为平滑，变速更稳定，如图 8-55 所示。

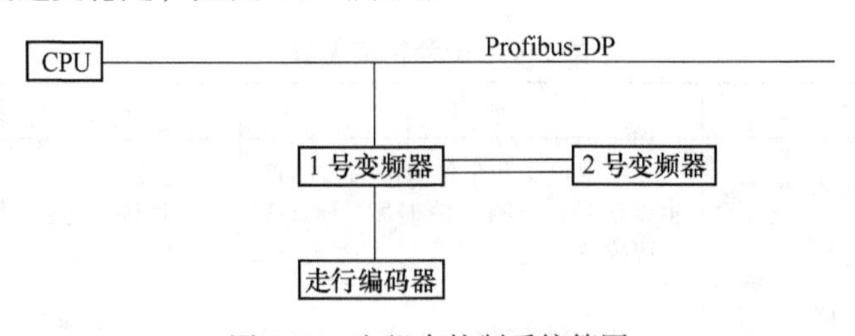

图 8-55　电机车控制系统简图

为了实现高精度的旋转对位，电机车旋转焦罐采用了编码器作为检测和控制元件，完成旋转焦罐的起动、停止中的加减速和精确对位功能。干熄焦电机车、旋转焦罐常见故障见表 8-46。

表 8-46　干熄焦电机车、旋转焦罐常见故障

现　象	原　因	对　策
焦罐在接红焦时突然不旋转	（1）焦罐没有收到旋转的信号。 （2）PLC 出现故障。 （3）变频器故障。 （4）旋转电机故障	（1）检查或更换焦罐信号元件。 （2）进行复位 PLC，检查故障源、网络源。 （3）复位、清除报警。 （4）检查主电路或更换旋转电机
焦罐在接完红焦后或在试车时旋转无法停止	（1）旋转编码器故障。 （2）焦罐对正检测元件损坏。 （3）停止指令 PLC 没有收到	（1）检查或更换编码器。 （2）更换检测元件。 （3）检查主令控制线路或强制信号

续表 8-46

现　象	原　因	对　策
焦罐在接红焦过程中或在试车时旋转突然停止	(1) PLC 出现故障。 (2) 变频器出现故障。 (3) 电源故障。 (4) 旋转电机故障	(1) 对 PLC 进行复位。 (2) 瞬时的报警可以面板复位。 (3) 消除电源的短路或接地故障。 (4) 更换电机
电机车在走行的过程中突然停止动作	(1) 焦罐没有对正。 (2) 锁车指令没有复位。 (3) 变频装置报警。 (4) 机械故障	(1) 重新旋转对位或给强制信号使焦罐处在对正的位置上。 (2) 急停使指令复位。 (3) 面板进行复位。 (4) 检查气动抱闸或气路
焦罐在对位后发出送满罐指令，提升机不工作	(1) 焦罐信号丢失。 (2) 焦罐没有对正。 (3) 提升机 EI 系统未收到信号。 (4) APS 动作信号继电器坏、电磁铁坏。 (5) 急停指令置位	(1) 检查或更换检测元件。 (2) 重新旋转使焦罐对正。 (3) 检查线路。 (4) 更换继电器、电磁铁。 (5) 复位急停按钮
电机车对位后，发出接空罐，APS 无反应	(1) 指令发错。 (2) 接空罐的指令线路故障。 (3) 焦罐选择有误。 (4) CDQ 对位信号收不到	(1) 重新发出正确指令（要求电机车司机发指令要清楚、正确）。 (2) 检查或更换线路。 (3) 选择正确的焦罐。 (4) 检查信号可靠或更换检测元件
焦罐在旋转接焦停止后或在试车中出现焦罐不在对正的位置上	(1) 编码器的齿轮传动机构故障。 (2) 编码器的通信故障。 (3) 焦罐对正检测元件故障	(1) 更换齿轮传动机构装置。 (2) 检查通信网络，可靠屏蔽。 (3) 更换检测元件
电机车在轨道上行走过程中速度无法提升	(1) 主令故障。 (2) PLC 集成模块输出故障。 (3) DC24V 电源接地	(1) 更换主令控制器。 (2) 更换集成输出模块。 (3) 检查接地或另取 DC24V 电源
电机车在轨道上行驶中，刹车突然出现失灵	(1) 刹车片磨损严重。 (2) 电机车气动刹用的压缩空气压力低。 (3) 空压机汽缸不动作	(1) 更换刹车片。 (2) 提高压缩空气压力。 (3) 检查各电磁阀、气动阀，检查各制动汽缸并进行处理

F　APS 对位装置及其控制

APS 主要由对位（夹紧）装置、液压站装置及液压缸组成，常见故障见表 8-47。

表 8-47 APS 常见故障

现 象	原 因	对 策
电机车发出接空罐或送满罐的指令后，APS 不动作，中控室手动操作 APS 也不动作	APS 控制柜主回路开关跳闸或接触器损坏	检查控制柜主回路并合上开关；更换接触器
APS 在夹紧或松开后，无法进行下一步动作	夹紧或松开限位没有检测到信号	调节油缸的夹紧或松开限位位置，使之与罐车定位挡块夹紧

G 装入装置及其控制

装入装置安装在干熄炉炉顶的操作平台上，装焦时能自动打开干熄炉水封盖，同时移动装入料斗至干熄炉口，配合提升机将红焦装入干熄炉内，装完焦后复位。装入装置上设有集尘管，确保装焦时无粉尘外逸。以 125t/h 干熄焦装入装置为例，主要技术参数见表 8-48。

表 8-48 干熄焦装入装置主要技术参数

参 数	数 值	参 数	数 值
形式	开闭炉盖和装入料斗连动式	处理能力/t · 次$^{-1}$	约 22
装料口直径/mm	2900	炉盖提升高度/mm	约 520
炉盖水封能力/Pa	1200~2000	水封罩直径/mm	约 3200
水封罩提升高度/mm	约 160	驱动装置	电动缸
电动缸功率（变频）/kW	7.5	电动缸推力/kN	60
电动缸速度/mm · min^{-1}	约 90	电动缸工作行程/mm	约 1474
装入台车行程/mm	3400	单程动作时间/s	≤20
设备总重/t	约 64	轨距/mm	4150

装入装置主要是由炉盖、装入料斗、台车、传动机构、轨道框架、焦罐支座、导向模板等组成。连锁要求、常见故障见表 8-49 和表 8-50。

表 8-49 连锁要求

动 作	连 锁 条 件
装入装置开	提升塔上上限动作； 干熄炉预存室上料位计未动作； 装入装置开始打开动作时发出集尘管道电动阀门打开指令； 连动操作：提升机从提升塔向干熄炉顶运行后延时发出装入打开指令
装入装置关	焦罐底门完全打开限位开关动作； 提升机塔上上限动作； 装入装置关闭后发出集尘管道电动阀门指令； 连动操作：提升机在干熄炉顶到达冷却塔上上限位后发出装入装置关闭指令

表 8-50 装入装置常见故障

现 象	原 因	对 策
装入装置开到位后，在焦罐坐落在装入装置上向干熄炉内装红焦时，中控室没有底门打开的信号显示	（1）限位或线路故障。 （2）机械传动部分变形	（1）更换限位或受损线路。 （2）调整或更换变形传动部分
提升机走行到冷却塔上限时，装入装置没动作，但中控室画面上装入装置打开和关闭信号同时出现，造成焦罐下降，焦炭装在干熄炉顶	（1）由于预存室的压力过于负值，造成装入装置打不开；大量的水吸入干熄炉内，H_2突然上升，连锁信号失灵。 （2）仪表 PC 调节控制卡件失灵，造成变频器报故障，同时出现两个相反的信号	（1）如预存段压力负压增大，应立即停止提升机工作，进行检修、查找原因。 （2）加强对预存室压力的控制，在装入的轨道上加装实际打开到位信号
提升机走行到冷却塔上限，但装入装置打不开，中控室手动也无法将其打开	（1）各机械传动部位损坏，走行轮轴承坏。 （2）预存室负压过大。 （3）电动缸异常。 （4）电器电动缸变频参数异常，电器电路短路	（1）恢复机械传动部位，更换走行轮轴承。 （2）调整好预存室压力。 （3）检查电动缸，排除故障。 （4）恢复变频器参数，恢复线路

H 干熄焦 E&I 系统

a 干熄焦除尘系统

干熄焦除尘系统远程站由干熄焦 PLC 系统对其进行监控。除尘地面站为干熄焦环境除尘所用。主要设备有除尘风机、刮板输灰机、斗式提升机、卸灰阀、仓壁振动器、电动阀门等。

b 干熄焦计算机控制系统组成

马钢干熄焦本体控制系统采用 PLC 控制装置，实现三电一体。CDQ 本体的控制系统配置为：1 个控制站和 3 个操作站（含 2 个工程师、操作一体站）。其中，控制站为双重化 CPU，3 个操作站的监控范围相同，负责 CDQ 及环境除尘地面站设备。

c 干熄焦本体计算机控制系统的操作员站和工程师站

操作员站和工程师站是基本控制器（PLC）与操作人员和工程师之间的接口，操作人员和工程师通过它对生产过程进行监视和操作。用户可以根据不同的权限（密码）进行操作。操作员站功能是工艺监视和运行操作，包括 DDC 标准三画面、图形显示功能、趋势画面、操作画面、报警画面。工程师站功能包括系统组态、控制、维护、管理等。

8.4 煤焦系统体检技术

马钢将焦化结合自身特点，采用类似于人体健康体检的模式进行流程管理，运用数据分析软件确定过程要素与产品质量之间的相关性，进行全系统流程关键因素的管理控制。通过体检制度与流程管控制度有效结合，形成简洁有效的“焦炭质量管理控制模式”。

8.4.1 质量流程管控体检的主要评价板块

一系统：一配煤，1~4 号焦炉，1 号、2 号干熄焦，运储焦系统；

二系统：二配煤，5 号、6 号焦炉，3 号干熄焦，运储焦系统；

三系统：北区配煤，7 号、8 号焦炉，4~6 号干熄焦，运储焦系统。

8.4.2 评价分值设定

系统的关键要素及评价满分值为 100 分，其中产品质量体检评分 30 分，系统运行控制 50 分，事故控制体检评分 20 分。

8.4.2.1 产品质量体检评分原则

马钢自产焦质量控制分三个系统管控，质量控制打分标准参照前述表 8-3。

体检指标确定。焦炭强度（主要监控 M_{40}、M_{10}、CSR），平均粒级（一系统 ≥45.3mm，二系统 ≥44.5mm，三系统 ≥45.3mm），焦末含量（一系统 ≤13.9%，二系统≤14.5%，三系统≤13.5%），其他（A_d、$S_{t,d}$、M_t等）。

8.4.2.2 系统运行控制评分原则

（1）配煤系统运行体检指标确定：A_d/V_{daf}准确性，≤3mm 比例按 68%~75% 控制，G、Y、X 值控制，水分 M_t控制。

（2）焦炉系统运行体检指标确定：K_3系数，炉温系数（$K_{均}$、$K_{安}$），焦饼成熟度（中心温度=焦饼表面温度折算后的均值），推焦电流及炉体，装煤系数。

（3）干熄焦系统运行体检指标确定：干熄炉料位、锅炉入口温度、排焦温度、故障停产时间。

（4）运焦系统运行指标确定：直送焦物流稳定水平、焦仓料位控制。

8.4.2.3 事故控制体检评分原则

事故控制运行指标确定：安全、环保、设备、质量严重事故、重大事故控制。

8.4.3 建立月度体检评价系统及分档管控模型

对焦炉、干熄炉等关键指标建管控目标值，按行业标准分三档进行打分：90 分以上为稳定顺行；80 分以上为基本稳定；80 分以下为系统失常。每月汇总扣分关键要素、分析原因并制定整改措施。

采用统计工具 Minitab 软件，对确定的重点要素目标保证值过程能力分析。保证能力指数 C_{pk} 是指过程平均值与产品标准规格发生偏移（ε）的大小，C_{pk} 越高，表示控制过程越稳定。$C_{pk}<1.0$，表示过程能力不足；$C_{pk}\geqslant 1.0$ 表示过程能力基本满足；$C_{pk}\geqslant 1.33$ 表示过程能力充足。

8.4.4 体检与流程管理控制技术的应用实绩

以 2017 年 3 月三系统评价为例。

8.4.4.1 系统关键要素评价（表 8-51）

表 8-51 三系统关键要素评价表

系统	扣分项目			得分情况			评价
				单元得分	百分制评分	单元评价	
三系统	配煤	配合煤全月合格		10	100	稳定顺行	三系统评价综合得 96 分，稳定顺行
	焦炉	7 号	出现推焦大电流 1 次，扣 0.5 分	24.5	98	稳定顺行	
		8 号	出现推焦大电流 3 次，扣 1.5 分	23.5	94	稳定顺行	
	干熄焦	4 号	锅炉入口温度不达标 10 个以上，扣 2 分	8	80	基本稳定	
		5 号	锅炉入口温度不达标 10 个以上，扣 2 分	8	80	基本稳定	
		6 号	锅炉入口温度不达标 10 个以上，扣 2 分	8	80	基本稳定	
	运焦	经焦仓转运时间 1h 之内，扣 1 分		4	80	基本稳定	
	产品质量	焦炭全月合格		30	100	稳定顺行	

8.4.4.2 扣分关键要素汇总及原因分析与整改措施（表 8-52）

表 8-52 三系统扣分关键要素汇总及原因分析与整改措施

系统	扣分关键要素	原因分析	责任人	整改措施	整改效果跟踪
三系统	7 号、8 号焦炉推焦大电流分别为 1 次、3 次	二次推焦造成	区域工程师	推焦过程中控制系统报警原因分析，炉墙情况检查	推焦大电流次数下降
	4～6 号干熄焦锅炉入口温度不达标 10 次以上	因三座干熄焦生产，负荷较低，造成锅炉入口温度不达标	区域工程师	合理分配三座干熄焦负荷	干熄焦锅炉入口温度不达标次数有所降低
	焦仓转运时间长	料场皮带检修	区域工程师	上报相关部门	统筹协调

8.4.4.3 重要参数专题管控

对2017年1月25日~2月20日北区焦炉关键因K_3、$K_均$数据统计作图（见图8-56），异常分析汇总（见表8-53），形成关键因子异常整改措施（见表8-54）。

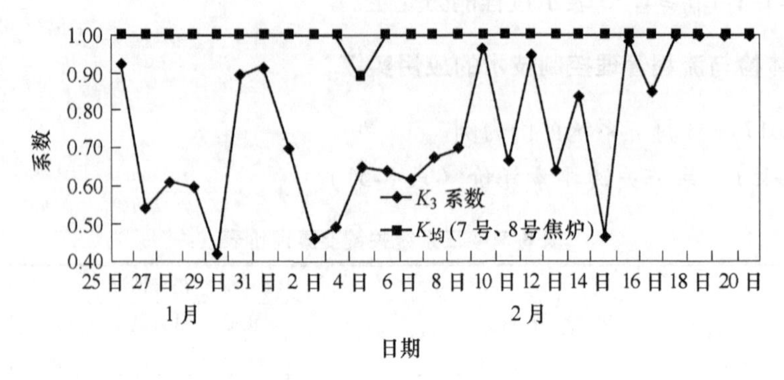

图8-56 2017年1月25日~2月20日北区焦炉关键因K_3、$K_均$数据统计图

表8-53 北区炼焦K_3、$K_均$异常分析汇总

指标	异常数据	日期	影响原因
K_3	0.42	1月29日	28日生产计划调整、设备故障造成结焦时间顺延，造成K_3系数偏低
	0.46	2月2日	白班13:21~13:46，31号机房新炉门衬砖卡炉门难对，影响时间
	0.49	2月3日	干熄焦定修、焦炉焦侧轨道检修影响K_1系数，造成K_3系数偏低
	0.47	2月14日	配合6号干熄焦装冷焦及倒运焦罐，影响小夜班K_1系数，造成K_3系数偏低
$K_均$	0.89	2月4日	小夜班暴雨影响测温准确性，造成温度均匀系数偏低

表8-54 关键因子异常整改措施

流程	能力不足因子	原因分析	措施	责任人
炼焦	K_3	(1) 结石墨情况严重，石墨清扫难度大，影响装煤时间，因此影响K_2系数	加强炉体维护和石墨清扫，减少烧空炉等延长结焦时间情况的发生	设备副厂长
		(2) 炉墙剥蚀严重，容易发生二次焦，炉体维护情况多		电气技术员
		(3) 生产设备老化，设备故障率高，影响生产较多		工艺技术员
	$K_均$	天气原因影响测温准确性，造成温度均匀系数偏低	加强自动测温系统的管理，提高其精度，实现自动调节	工艺技术员

C_{pk}=0.69<1.33，过程能力仍不足，7号、8号炉K_3系数仍有改善空间（图8-57）。原因：北区倒焦和设备故障，影响生产操作较多。

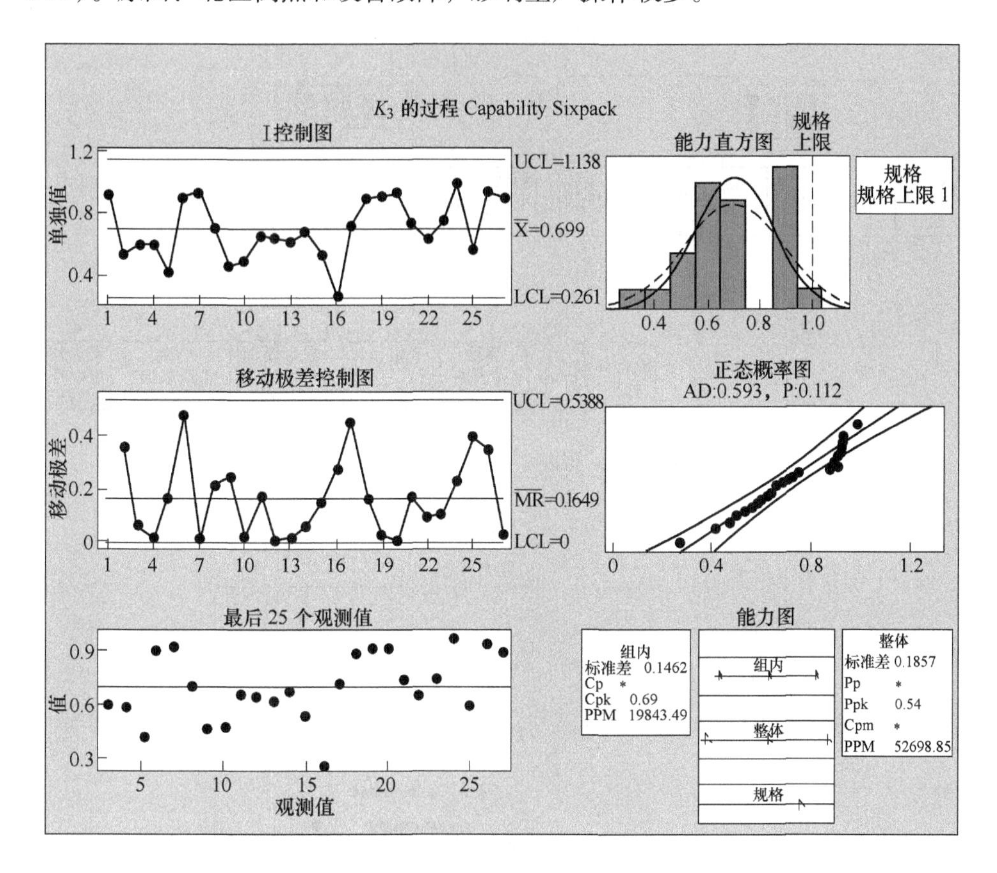

图 8-57 北区炼焦K_3系数管控后过程能力分析

8.4.5 难点问题专项管控：高炉槽下返粉率影响因素管控

8.4.5.1 影响因素确定

影响槽下返粉率主要因素分为焦化内部因素和焦化外部因素，如图8-58所示。

通过焦炭平均粒级与槽下返粉数据之间相关性分析得出了焦炭平均粒级与高炉槽下返粉有很强的相关性（$P=-0.426<0.05$），如图8-59所示。对于焦化厂来说，主要是要稳定控制焦炭出厂平均粒级。运用统计方法研究各因素与焦炭平均粒级之间的相关性，从而确定影响入炉焦炭平均粒级的关键因素，并以此作为焦炭粒级控制的依据。

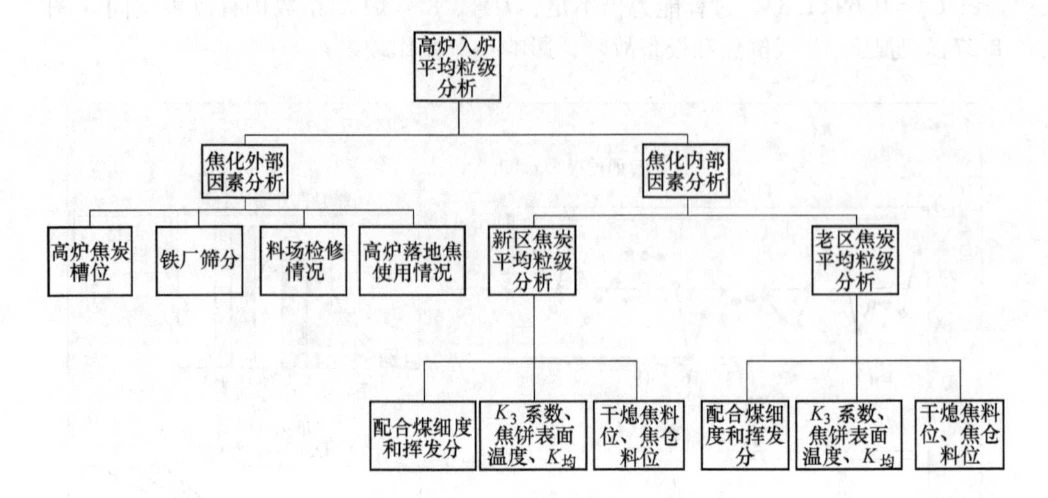

图 8-58　影响槽下返粉率主要因素

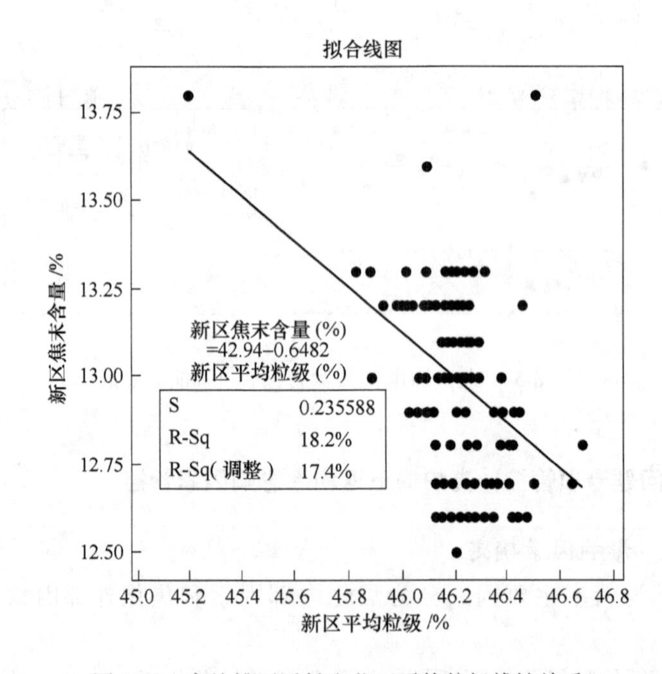

图 8-59　高炉槽下返粉和北区平均粒级线性关系

8.4.5.2　管控效果

对焦炭生产、熄焦、储存、运输、筛分等全流程关键要素开展流程管控 10 个月。高炉槽下返粉能力指数呈现逐步上升趋势，显示管控效果（图 8-60）。

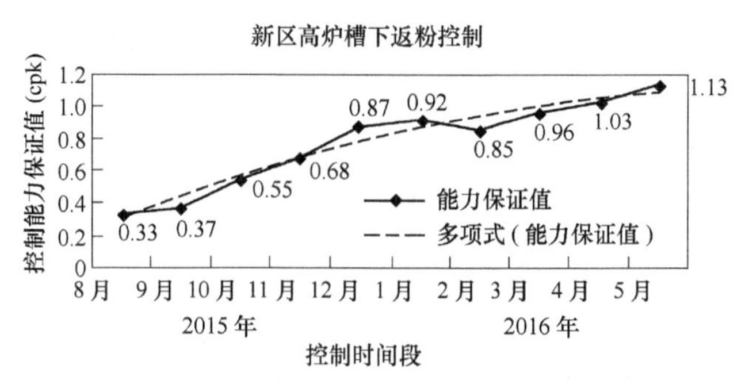

图 8-60 北区高炉槽下返粉控制图

8.5 焦化预警预案管理

按照马钢《铁前系统外部保供预警方案》，煤焦化公司建立了焦炭质量预警机制。

8.5.1 自产焦炭生产、工艺质量异常预警

8.5.1.1 预警对象

原料煤（外来煤、单种煤、配合煤）质量；过程控制；焦炉炉体状况；焦炉热工制度的稳定性；干熄炉运行稳定性；焦炭质量。

8.5.1.2 预警内容

A 原料煤质量与库存预警

原料质量预警界限设定：依据《炼焦煤分组技术条件》判定为错煤、混煤情况的；部分指标超出让步接收条件规定的。灰分、硫分让步接收条件，参照表 8-10。

焦化厂质检部门及时向焦化厂调度汇报预警信息，焦化厂技术部门核实后向马钢原燃料采购中心、马钢马钢技术部门汇报。

配合煤质量指标依据《煤焦化公司焦化产品质量考核指标》判定，见表 8-55。

表 8-55 配合煤预警界线

配合煤质量指标	预 警 界 线
A_d/%	≥8.30
V_{daf}/%	相邻班次差≥2.00
$S_{t,d}$/%	≥1.00
Y/mm	<14
G	<80

煤场库存预警：煤场总库存低于 9 天用量或高于 15 天用量；煤场库存单品种低于 7 天用量或高于 18 天，须预警。

B 过程控制

焦炉炉体状况：同一座焦炉 1 天内有 3 个以上炭化室维修。

焦炉热工制度：焦炉加热影响生产 1h 以上。

生产操作运行如下：

(1) 因恶劣环境因素、设备故障、安全与环保事故等影响生产 1h 以上。

(2) 焦炉或干熄焦系统计划检修，同一炉组，南区影响 6 炉以上，北区影响 3 炉以上。

(3) 焦炭输送系统非计划检修、焦仓腾空、焦炭进焦仓等。

C 焦炭质量

焦化厂质检部门依据高炉用焦炭技术条件进行判定，及时向焦化厂调度汇报预警信息，焦化厂技术部门核实后向马钢技术部门汇报，并向铁厂预警。

8.5.1.3 **预警方式**

微信群通报、电话通知、早调会通报、专题会报告、书面报告等方式预警。

8.5.2 焦炭产量保供预警

焦化厂炼焦车间向调度汇报生产异常信息，调度核实后向公司制造部和马钢技术部门汇报，并向铁厂发出预警。

8.5.3 焦化预警预案管理实绩

以 2016 年为例，马钢煤焦化公司全年预警 16 次（表 8-56），未发生因焦化异常因素导致高炉失常。

表 8-56 2016 年预警信息

2016 年煤焦化公司铁前预警管理台账						
时间	预警人	预警品种、信息	预警方式	预警信息接收人	纠正预防措施	跟踪验证
2016 年 4 月 25 日	生产技术室主任	南区焦煤Ⅵ、肥煤Ⅱ库存偏低（仅有 3 天用量）	早调会	股份公司相关单位	采购部门积极组织采购	正常
2016 年 5 月 24 日	生产技术室主任	北区焦煤Ⅴ库存低，没有到达预报	早调会	股份公司相关单位	5 月 29 日焦煤Ⅴ断料，调整配比	更改配比，焦炭质量正常
2016 年 5 月 3 日	生产技术室主任	5 月 3 日直送皮带检修 7h，检修期间通过焦仓供焦	微信群	三铁、马钢技术部门	皮带正常检修，提前向三铁预警	正常检修

续表 8-56

2016 年煤焦化公司铁前预警管理台账						
时间	预警人	预警品种、信息	预警方式	预警信息接收人	纠正预防措施	跟踪验证
2016 年 5 月 5 日	生产技术室主任	5 月 5～9 日，三铁计划配用湿焦	微信群	三铁、马钢技术部门	根据三铁要求输送湿焦	正常使用
2016 年 5 月 11 日	生产技术室主任	11 日直送皮带检修 5h	微信群	三铁、马钢技术部门	皮带正常检修，提前向三铁预警	正常检修
2016 年 5 月 26 日	生产技术室主任	26 日 1 号煤气风机电缆接地，跳停，影响 4 炉	微信群	三铁、马钢技术部门	1 号煤气风机电缆接地、跳电，抢修	抢修结束，恢复生产
2016 年 5 月 26 日	生产技术室主任	26 日 23:50～2:50，1 号干熄焦旋转密封阀出现异物卡塞，期间 2 号干熄焦双罐生产	早调会	二铁、马钢技术部门	组织抢修	抢修结束，恢复生产
2016 年 6 月 1 日	生产技术室主任	6 月 1 日凌晨，北区向煤塔供煤的 M111 皮带着火	电话、早会、微信群	公司领导、制造部、马钢技术部门、三铁等相关单位	立即组织人员灭火、抢修，调整焦炉生产计划，做好炉温控制等操作	M111 皮带机于当天下午 14:30 恢复供煤
2016 年 6 月 1 日	生产副厂长	夜间暴雨，期间焦炉部分炉号压炉，且后期入炉煤水分偏大，关注焦炭质量	微信群	二铁、马钢技术部门	调整焦炉操作，控制好炉温	焦炭质量正常
2016 年 6 月 6 日	生产技术室主任	17:30 2 号熄焦车 1 号走行变频器控制线路故障，不能准确预计恢复时间预警，可能会影响出炉数	微信群	三铁、马钢技术部门	组织抢修；根据三铁需要，安排合流放焦，保高炉生产	19:10 故障已排除，恢复生产，未影响出炉数
2016 年 6 月 7 日	生产副厂长	直送焦皮带计划检修 5h，更换钢格栅，检修期间通过 J201 送焦	微信群	三铁、马钢技术部门	关注高炉返粉情况	返粉正常

续表 8-56

2016 年煤焦化公司铁前预警管理台账						
时间	预警人	预警品种、信息	预警方式	预警信息接收人	纠正预防措施	跟踪验证
2016 年 6 月 16 日	生产技术室区域工程师	北区焦炭焦末含量 13.7%，超标	电话	三铁、马钢技术部门	排查原因：焦炉炉温正常，7、8 号焦炉分别为 1278/1278℃，干熄焦及炉前焦库料位正常，$K_3=0.82$，炼焦过程控制基本稳定，15 日大夜班变更配比，可能对焦炭质量有所影响，持续关注	次日跟踪焦炭质量正常
2016 年 6 月 20 日	生产技术室区域工程师	北区焦炭焦末含量 13.7 超标	电话	三铁、马钢技术部门	排查原因：焦炉炉温正常，7、8 号焦炉分别为 1280/1279℃，干熄焦及炉前焦库料位正常，$K_3=0.93$，炼焦过程控制稳定，炼焦过程未发现异常	次日跟踪焦炭质量正常
2016 年 6 月 27 日	生产副厂长	17:00~22:00，91 号炭化室炉墙通洞空炉挖补，影响相邻炉号，总计影响出炉 2 炉	微信群	三铁、马钢技术部门	关注焦炭质量	22:00 挖补结束，生产逐步恢复，焦炭质量正常
2016 年 6 月 28 日	生产技术室主任	南区二系统过渡仓计划检修 15 天，期间一系统焦炭由临时通道输送；为保证 1 号、2 号焦仓检修作业安全，3 号焦仓空仓，4 号焦仓半仓运行，对焦炭粒级及含粉会有影响	微信群	三铁、马钢技术部门	关注焦炭粒度及高炉返粉	焦炭粒度及高炉返粉均正常
2016 年 7 月 1 日	生产技术室主任	连续暴雨，煤炭水分大，入炉困难，炉顶积水，为保护炉体，停止生产数次	微信群	二铁、马钢技术部门	持续做好煤场防汛工作，组织人员扫水，控制好炉温	暴雨持续，防汛工作持续

8.6 外购焦工序产品质量管理与实绩

高炉越大，使用外购焦炭带来的炉况波动风险就越大。因此，外购焦炭除了严格控制质量管理指标外，还需要将外购焦炭的生产过程纳入高炉工序产品质量管理，全过程跟踪、管理和协调外购焦炭的生产，以满足高炉工序保障的要求。

8.6.1 外购焦质量管理标准

马钢外购焦炭针对不同的高炉将外购焦炭分为四类，即特一类焦、一类焦、二类焦和三类焦。质量指标见表 8-57。

表 8-57 马钢高炉用外购焦炭技术要求

指标名称	特一类	一类	二类	三类
灰分 A_d/%	≤12.00	≤12.50	≤13.00	≤13.50
硫分 $S_{t,d}$/%	≤0.65	≤0.75	≤0.82	≤0.85
抗碎强度 M_{40}/%	≥89.0	≥86.0	≥83.0	≥80.0
耐磨强度 M_{10}/%	≤5.9	≤7.0	≤8.0	≤8.0
反应后强度 CSR/%	≥68.0	≥67.0	≥59.0	≥52.0
挥发分 V_{daf}/%	≤1.60	≤1.80	≤1.80	≤1.80
水分/%	≤7.0	≤7.0	≤7.0	
粒度范围/mm	40~80	40~80	25~80	
平均粒度/mm	47~59	47~59	46~58	
焦末含量/%	≤8.0	≤8.0	≤8.0	

注：外购焦水分、焦末含量、平均粒度只作为结算依据（参考指标），不作为焦炭质量判定依据。$4000m^3$高炉用特一类焦，$2500m^3$高炉用一类焦或特一类焦，$1000m^3$及$500m^3$高炉用二类焦或三类焦。

8.6.2 外购焦质量控制措施

马钢外购焦的质量控制措施主要从两个方面进行：一是外购焦炭的质量检验；二是外购焦炭的生产过程控制。

8.6.2.1 外购焦炭的质量检验

（1）针对不同的高炉制定焦炭的使用技术条件。

（2）买卖双方共同确定外购焦炭的指标检验方法，并根据实际情况及时协商修订，减少检验误差，避免商务纠纷。

（3）外购焦炭应附有质量证明书，证明书内容包括：供方名称、产品名称、质量等级、批号、毛重、净重、车号、发货日期和标准规定的各项检验结果等。

（4）马钢高炉用焦炭的质量检验由公司质量监督部门负责执行。异常信息及时反馈到采购、使用和生产相关的各个环节，便于及时分析原因，采取纠正与预防措施，稳定焦炭质量，稳定高炉生产。

8.6.2.2 外购焦炭的生产异常信息反馈与应对

外购焦的生产过程控制，以流程管控为手段（包括备煤、炼焦、干熄焦、筛运焦、焦炭装车和运输及卸车等生产与物流过程），核实计划与执行的符合性，查找生产过程中存在影响焦炭产量与质量稳定的不利环节，及时督促纠正和处理。

驻厂人员密切关注外购焦生产过程控制，发生生产和质量异常情况时，及时将信息反馈采购中心和马钢技术部门，采购中心和马钢技术部门及时采取应对措施，确保高炉用焦平衡。

8.6.3 外购焦质量管理实绩

马钢先后使用过河南济源、淮北临涣等多地的焦炭。通过协调沟通与过程控制的深入合作，满足高炉长周期稳定运行的工序保障要求。马钢近年来外购焦的主要质量管理实绩数据见表 8-58～表 8-60。

表 8-58 2017 年二类（济源）焦质量检测数据

日期	成分/%				机械强度/%		热态性能/%		平均粒度/mm	焦末/%
	M_t	A_d	V_{daf}	$S_{t,d}$	M_{40}	M_{10}	CRI	CSR		
1.2	5.4	12.78	1.64	0.77	86.6	6.2	28.5	61.8	41.0	8.1
1.5	7.2	12.71	1.54	0.77	86.8	6.2	28.2	62.2	44.0	6.1
1.17	5.7	12.46	1.60	0.80	85.8	6.4	28.6	61.8	41.0	9.8
2.1	3.4	12.79	1.61	0.78	87.4	5.8	28.3	62.2	42.0	8.6
2.17	3.7	12.31	1.55	0.79	87.8	5.4	28.5	62.0	44.0	6.7
3.6	3.3	12.48	1.44	0.77	87.2	5.6	—	—	41.0	7.9
3.16	2.4	12.60	1.30	0.68	86.8	5.8	27.8	62.5	42.0	8.1

表 8-59 2016 年二类（临涣）焦质量检测数据

日期	成分/%			机械强度/%		热态性能/%	平均粒度/mm	焦末/%
	A_d	V_{daf}	$S_{t,d}$	M_{40}	M_{10}	CSR		
7月	13.01	1.49	0.63	83.8	7.8	62.8	47.0	8.9
9月	12.66	1.53	0.72	89.6	5.6	63.2	48.0	7.5
平均值	12.76	1.47	0.64	86.7	6.7	63	47.5	8.2

表 8-60 2016 年一类（临涣）焦质量检测数据 （%）

日期	M_t	A_d	V_{daf}	$S_{t,d}$	M_{40}	M_{10}	CSR	CRI	焦末
1 月	1.7	12.47	1.30	0.66	92.0	4.7	69.6	22.3	3.10
2 月	1.4	12.53	1.33	0.63	91.0	4.7	68.5	—	3.17
3 月	1.5	12.55	1.32	0.66	91.6	5.1	69.0	—	3.10
4 月	2.6	12.58	1.43	0.68	91.3	5.0	68.7	23.3	—
5 月	3.4	12.71	1.38	0.68	91.3	5.1	67.3	24.5	3.40
6 月	4.2	12.70	1.39	0.73	91.1	4.5	67.2	23.5	2.38
7 月	2.8	12.62	1.43	0.75	91.6	4.3	69.1	22.1	2.13
8 月	0.8	12.71	1.24	0.675	90.8	5.4	69.1	22.5	2.60
9 月	1.3	12.46	1.41	0.67	91.0	4.6	69.1	22.6	2.98
10 月	2.6	12.55	1.43	0.70	91.1	4.6	68.9	22.9	3.10
11 月	1.9	12.64	1.48	0.74	90.8	4.3	69.1	22.8	3.03
12 月	1.6	12.68	1.43	0.73	90.7	4.5	69.0	22.7	3.17
2016 年平均	2.2	12.60	1.38	0.69	91.2	4.7	68.7	22.9	2.92

9 高炉工艺与技术管理

9.1 高炉工艺与装备

9.1.1 高炉炼铁工艺概述

马钢本部现有 8 座高炉，其中 4000m^3 级高炉 2 座、3200m^3 级高炉 1 座、2500m^3 级高炉 2 座、1000m^3 级高炉 1 座和 500m^3 级高炉 2 座，总有效容积 18040m^3，年产生铁 1450 万吨左右。

马钢高炉主要生产工艺流程如图 9-1 所示。

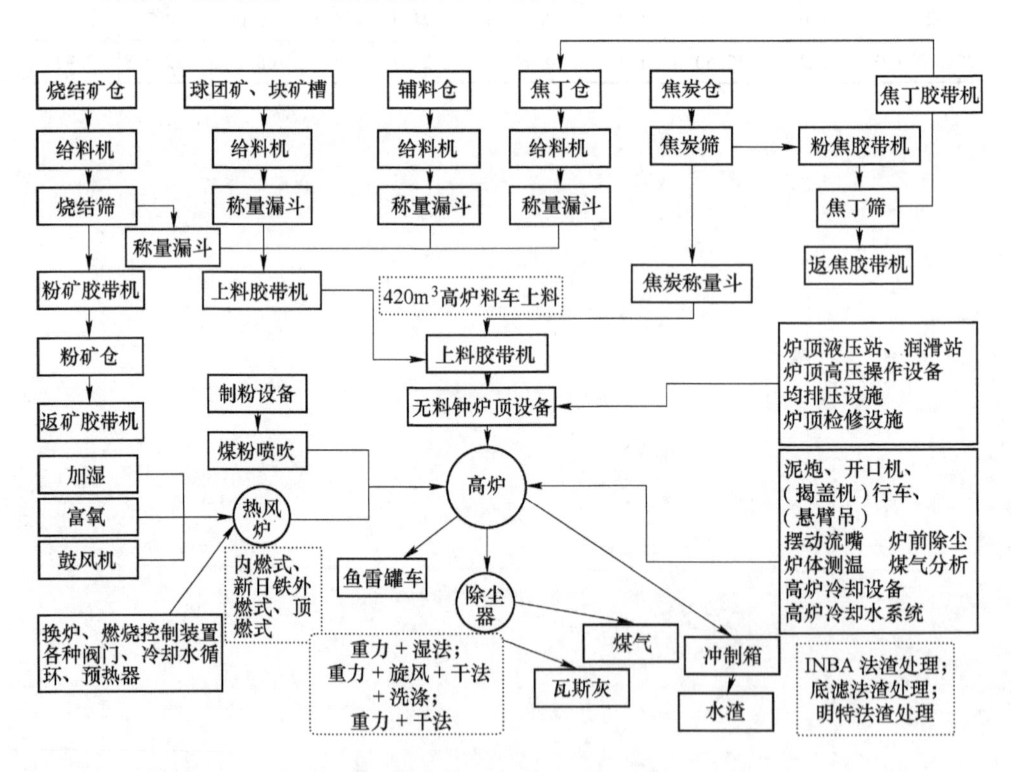

图 9-1 马钢高炉工艺流程图

9.1.1.1 高炉演变与发展

马钢本部原有 9 座 300m^3 高炉，2004 年其中 4 座扩容至 400~500m^3，同时由钟式炉顶改成无料钟炉顶，这些中型高炉一代炉役基本在8年左右。2007年1~4号及12号5座高炉永久性停炉，2015年10月1日11号高炉永久性停炉，2017年1月24日10号高炉永久性停炉。

1994年4月25日2500m³ 1号高炉建成投产，标志着马钢高炉开启了大型化、现代化进程。随着进程的深入推进，相继于2003年10月13日建成2500m³ 2号高炉，2004年4月28日建成1000m³级3号高炉，2007年2月8日建成4000m³级A高炉，2007年5月24日建成4000m³级B高炉，2016年9月6日建成3200m³ 4号高炉。至此，形成了目前8座高炉的生产格局。

马钢2座4000m³级高炉是继宝钢、太钢之后国内第6、7座4000m³级高炉，设计中本着经济、环保的原则，集成了当时国内外各类先进实用的新技术。

马钢3200m³高炉是置换落后产能的新建项目。设计采用了当时国内外新技术、新装备，环保设施配置也属国内一流。高炉采用平坦式出铁场，铁沟、渣沟全封闭设计；高炉本体采用联合密闭软水循环冷却系统；煤气处理系统采用“重力除尘+旋风除尘+布袋除尘”；三座卡鲁金顶燃式热风炉单烧高炉煤气，热风温度可达1200℃以上。

2座500m³级高炉因响应淘汰落后产能政策已规划逐步退出生产线。

9.1.1.2 高炉各系统情况简介

多年来马钢高炉工艺技术和装备水平逐步改造升级。表9-1、表9-2为目前8座高炉简要情况和设计内型参数。

9.1.2 高炉装备

高炉装备主要包括高炉槽下称量及筛分系统、无料钟炉顶装料系统、热风炉系统、煤气处理系统、高炉本体系统、高炉冷却系统、渣处理系统、喷煤系统及环境除尘系统等。

9.1.2.1 原燃料筛分系统

A 高炉槽下供料工艺

高炉所使用的原燃料包括烧结矿、球团矿、块矿、辅料和焦炭，各种物料分别由焦化、烧结、原燃料场经胶带机或火车运送到高炉储料槽。马钢500m³级高炉采用料车上料；其他高炉均采用不设中间料斗的皮带上料，优点是占地小、投资少；缺点是上料能力不足。

采用皮带上料工艺的高炉，矿、焦储料槽为双排布置，数量及容积根据高炉大小、使用的原燃料品种数量而有所区别。槽下各种物料采用分散筛分称量，原燃料经称量后按程序排到槽下2号主皮带，再转运至1号主皮带送至高炉炉顶。槽下矿、焦一次筛下粉经各自胶带机运送到碎矿、碎焦系统后，可经二次筛分系统回收10~25mm焦丁和3~5mm小粒烧，也可经旁通直接进入粉矿仓、粉焦仓，

表 9-1　马钢 8 座高炉的各系统情况简介

项目		500m³ 高炉	1 号高炉 2500m³	1 号高炉 2500m³	2 号高炉 2500m³	3 号高炉 1000m³	3 号高炉 1000m³	4 号高炉 3200m³	A 高炉 4000m³	B 高炉 4000m³
			一代	二代	一代	一代	二代		一代	一代
一代炉役寿命			12 年零 10 个月		13 年零 7 个月	12 年零 9 个月				
外围主要装备及工艺情况	炉前设备	全液压设备、异侧布置	气动	液压	全液压设备、异侧布置	全液压设备、异侧布置		全液压设备，同侧布置	全液压设备、异侧布置	
	煤气处理	重力除尘器+布袋除尘	重力除尘器+双文氏洗涤器	重力除尘器+双文氏洗涤器	重力除尘器+双文氏洗涤器	重力+旋风+布袋除尘器+除盐喷淋塔		重力+旋风+布袋除尘器+除盐喷淋塔	重力除尘器+单锥环缝洗涤塔	
	热风炉	内燃室热风炉	新日铁外燃式	新日铁外燃式	新日铁外燃式	内燃式	卡鲁金顶燃式	卡鲁金顶燃式	新日铁外燃式	
	炉顶系统	串罐式无料钟	串罐式无料钟	串罐式无料钟	串罐式无料钟	串罐式无料钟		串罐式无料钟	PW 串罐式无料钟	
	槽下系统	皮带供料，称量车集中称量；料车式供炉顶	无中间料斗的皮带供料到炉顶							
	渣处理	明特法	MG 法	MG 法	MG 法	明特法		环保底滤法	MG 法	
	铁沟系统	半储铁式主沟	半储铁式主沟	半储铁式主沟	半储铁式主沟	半储铁式主沟		半储铁式主沟	半储铁式主沟	
	喷煤	双罐并列式喷吹	双罐并列式喷吹	双罐并列式喷吹	双罐并列式喷吹	双罐并列式喷吹		三罐并列式喷吹	三罐并列式喷吹	
	制粉	两台中速磨	两台中速磨	两台中速磨	两台中速磨	两台中速磨	两台中速磨	两台中速磨	三台中速磨	

续表 9-1

项目		500m³ 高炉	1号高炉 2500m³	1号高炉 2500m³	2号高炉 2500m³	3号高炉 1000m³	3号高炉 1000m³	4号高炉 3200m³	A高炉 4000m³	B高炉 4000m³
			一代	二代	一代	一代	二代		一代	一代
本体配置	耐火材料配置	炉腹及以上部位喷涂不定型材料	炉体：高铝砖、氮化硅-碳化硅砖；炉缸：7层炭砖；1层高铝砖；2层黏土砖	炉体：氮化硅-碳化硅砖、黏土砖；炉缸：半石墨、石墨、微孔炭砖；侧壁：大块微孔炭砖6层；陶瓷杯	炉底第1～4层满铺大块国产半石墨炭砖，第5层满铺进口微孔炭砖，第6层进口陶瓷杯垫，陶瓷杯壁为刚玉质大块砖，杯壁外侧为进口微孔炭砖。炉腹、炉腰及炉身下部氮化硅+碳化硅，炉身上部磷酸盐浸渍的致密黏土砖	炉体：高砖；炉缸：大块半石墨、石墨、微孔炭砖各2层，高铝保护砖1层；侧壁：大块微孔炭砖10层	炉体：薄衬镶 Si_3N_4-SiC 砖；炉缸：微孔炭砖3层，超微孔炭砖2层；侧壁：大块超微孔炭砖11层	炉体：薄壁镶砖；炉缸：国产石墨砖1层，国产微孔炭砖5层，进口超微孔炭砖11层	炉体：薄壁镶 Si_3N_4-SiC 砖；炉缸：第1层满铺大块高导热炭砖；第2～4层满铺国产大块半石墨质炭砖；第5～14层BC-7S大块微孔；第15～19层：国产半石墨炭砖，进口大块陶瓷杯	
	冷却系统配置	工业水开路冷却；炉缸灰口铸铁；炉体：铸钢冷却壁	工业水开路冷却；1～5层光面铸铁冷却壁；6~16层镶砖铸铁冷却壁	工业水开路冷却；1～5层光面铸铁冷却壁；6~8层镶砖铜冷却壁；9~18层镶砖铸铁冷却壁	工业水开路冷却；1～5层光面冷却壁；6~9层铜镶砖冷却壁，10～14层球墨铸铁镶砖冷却壁（9～11段加铜冷却板板壁结合）；15～19层灰口铸铁镶砖冷却壁（19段C型光面）	工业水开路冷却；1~5层光面铸铁冷却壁；6~9层镶砖铸钢冷却壁；10～16层镶砖铸铁冷却壁	工业水开路冷却；1~5层光面铸铁冷却壁；6～16层镶砖铸铁冷却壁	联合密闭软水系统；1~4层光面铸铁冷却壁，5~9层铜冷却壁，10～15层镶砖冷却壁	联合密闭软水系统；炉缸1～5层灰口铁光面冷却壁，6层球铁光面冷却壁；炉体：7～12层铜冷却壁，13~16层球铁冷却壁，17~19层灰口铁光面冷却壁	
	风口数	14	30	30	30	18		32	36	36
	铁口数	1	3	3	3	2		4	4	4

表 9-2　马钢各类高炉内型参数

炉别	$420m^3$ 高炉，九代	$500m^3$ 高炉，八代	1 号高炉 $2500m^3$，一代	1 号高炉 $2500m^3$，二代	2 号高炉 $2500m^3$，一代	2 号高炉 $2500m^3$，二代	3 号高炉 $1000m^3$，一代	3 号高炉 $1000m^3$，二代	4 号高炉 $3200m^3$，一代	A 高炉 $4000m^3$，一代	B 高炉 $4000m^3$，一代
炉喉直径/m	4.3	4.7	8.3	8.3	8.3	8.3	5.80	5.60	9	10.1	10.1
炉腰直径/m	6.1	6.8	12	12	12.2	13.0	8.40	8.94	13.9	14.66	14.66
炉缸直径/m	5.3	5.8	11.1	11.1	11.1	11.3	7.20	7.40	12.4	13.5	13.5
炉喉高度/m	1.6	1.6	2.0	2.0	2.0	2.0	1.80	1.80	2.4	2.0	2.0
炉身高度/m	9.4	9.5	18	18	17.7	17.7	12.20	12.20	17.9	18	18
炉腰高度/m	1.2	1.5	1.7	1.7	1.8	1.8	1.60	1.60	2	2.2	2.2
炉腹高度/m	3	3	3.4	3.4	3.4	3.4	3.10	3.10	3.5	3.9	3.9
炉缸高度/m	3	3.2	4.3	4.3	4.5	4.5	3.30	3.60	5	5.1	5.1
死铁层/m	0.994	1.185	1.6	2.4	2.3	2.4	1.5	1.6	2.5	3.1	3.1
炉身角/（°）	82.41	83.69	84.13	84.13	83.71	82.44	79.04	82.21	82.21	82.077	82.077
炉腹角/（°）	84.53	80.54	82.46	82.46	80.81	75.96	83.92	76.05	77.91	78.337	78.337
有效高/m	18.2	18.4	29.4	29.4	29.4	29.4	22.00	22.0	30.8	31.2	31.2
高径比	2.98	2.88	2.45	2.24	2.41	2.26	2.619	2.46	2.216	2.13	2.13
有效容积/m^3	403	510	2545	2545	2595	2795	907	965	3407	4060	4060

采用汽运或筒式皮带外运到烧结工序。小粒烧、焦丁进入小粒烧仓、焦丁仓经各自称量斗称量后，可单独作为一批或随矿批一起入炉。筛下的砂粉、焦粉储存在粉矿仓、粉焦仓后由皮带或汽车外运。

马钢是国内较早掌握在大型高炉上回收使用小粒烧技术的企业。小粒烧指筛下物中大于3mm的烧结矿，经测定，高炉烧结矿筛下物中大于3mm的烧结矿在50%以上，高炉使用小粒烧是降成本及调整煤气流分布的重要手段。小粒烧回收系统包括两道筛，既能保证最大程度地回收可利用的小粒度烧结矿，又能保证小粒烧中大于3mm的比例符合要求。其流程图见图9-2。小粒烧回收使用必须保证小粒烧中大于3mm比例大于8%，因此，对小粒度的烧结矿筛要常点检、清理，以防筛网堵塞；二是控制好仓嘴流量。

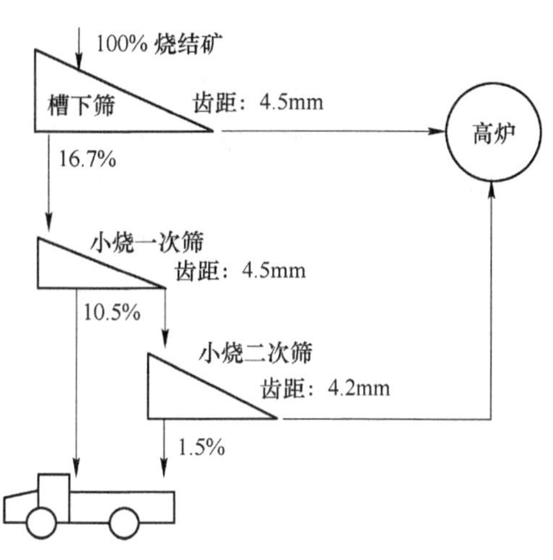

图9-2 马钢2500m^{3}高炉槽下小粒烧回收系统工艺流程图

3200m^{3}高炉槽下供料工艺流程图见图9-3。

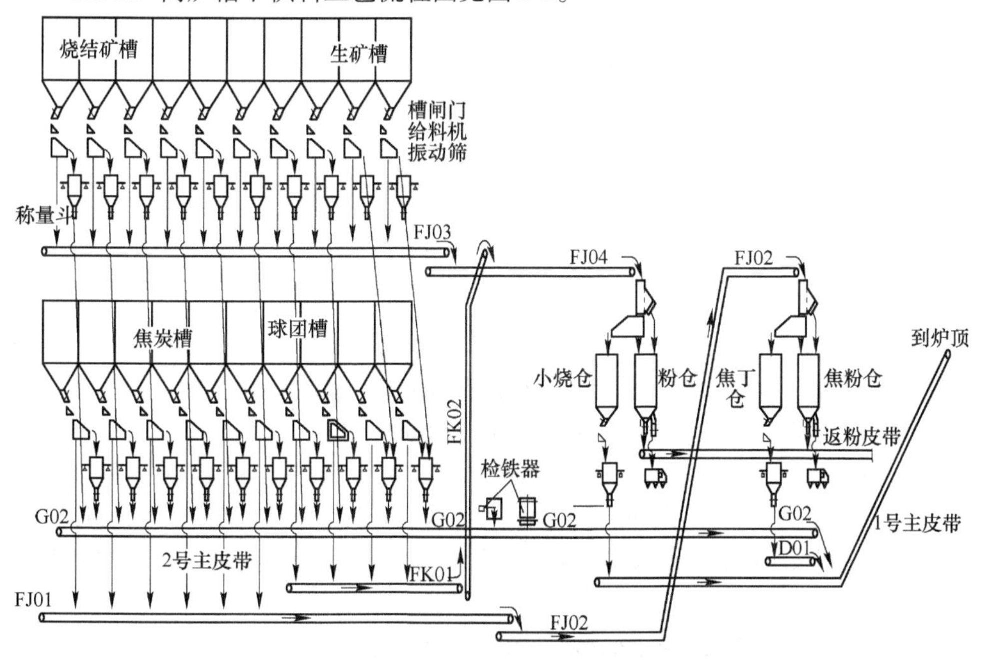

图9-3 马钢3200m^{3}高炉槽下供料工艺流程图

B　槽下系统主要设备

高炉槽下供料是由槽下原料筛分、称量、胶带机运输三个步骤来实现的。槽下设备由料仓闸门、振动给料机、振动筛、称量斗及胶带机、电子秤等设备组成。

振动筛是槽下关键设备。马钢高炉振动筛筛网为了满足高炉精料入炉的要求，经历了由圆孔筛、梳齿筛向棒条筛，由双层筛向单层筛的改型过程。目前采用的悬臂自清理式棒条筛，提高了筛分效率，可满足生产工艺要求。表 9-3 为马钢 3200m^3 高炉的槽下振动筛技术性能参数。

表 9-3　马钢 3200m^3 高炉的槽下各类振动筛技术性能参数

项　目	焦炭筛	烧结矿筛	球团、块矿筛	焦丁筛	小粒烧筛
筛板尺寸/mm	2000×3000	2000×3000	2000×3000	1800×2300	1800×2300
棒条间距/mm	22	4.5	4.5	10	4.5
重量/t	7.6	7.6	7.2	4.6	4.6
筛分能力/t · h^{-1}	150	450	300	100	300
筛分效率/%	≥85	≥85			
分级粒度/mm	25	5	5	10	5
筛分精度（未筛下物比）/%	<2	<5			
筛条形式	ϕ8 棒条式，单层筛				
振动筛倾角/（°）	28	28	28	28	28
筛板寿命	大于 4 个月	大于 2 个月	大于 6 个月		

高炉 1 号上料主胶带机是将高炉生产用的原燃料从槽下输送到无料钟炉顶装料系统的运输设备，它是高炉上料系统的生命线。

上料主胶带主要由滚筒、托辊、驱动装置、拉紧装置、清扫装置、机架等组成。其驱动装置主要由两个传动滚筒、四台电机和四台减速器组成，动力传递由电机—限矩型液力耦合器—减速器—链式联轴器—传动滚筒组成，高炉槽下皮带结构见图 9-4。

9.1.2.2　高炉无料钟炉顶装料工艺及设备系统

马钢高炉全部采用紧凑型串罐无料钟炉顶，其中 500m^3 和 1000m^3 高炉是西

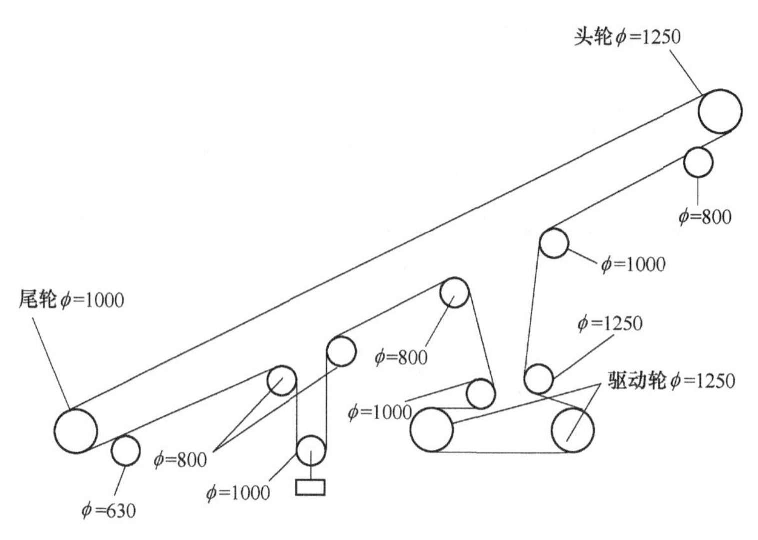

图 9-4 高炉槽下皮带结构示意图

安冶金机械厂的产品，2500m³、3200m³ 和 4000m³ 高炉是引进卢森堡 PW 型无料钟炉顶。

串罐式无料钟炉顶的优点是布料偏析小，缺点是赶料能力受限。其特点如下：

（1）炉顶为串罐式，上有固定式受料罐（上罐），上罐顶部装有固定式料流分配器，上、下罐内均设有石箱和插入件，上、下罐下部均设有半球形料闸（上、下料闸）；

（2）炉顶上料主皮带机头部设有集尘罩，内设可人工调节的料流挡板；

（3）上、下密封阀座及旋风除尘器设有加热装置；

（4）采用进口的水冷齿轮箱；

（5）采用双线集中智能润滑系统；

（6）采用液压比例调节阀控制料流调节阀（下料闸）的开度，使其开度精度可达到±0.2°；

（7）设有半净煤气一次均压系统，氮气二次均压系统，增设旁通排压系统，确保了生产的连续性；

（8）布料灵活，旋转溜槽在炉内可进行旋转和倾动两个动作，根据这两个动作的组合，可实现螺旋、扇形、环形、定点等多种布料形式。

A 无料钟炉顶装料工艺

马钢高炉无料钟炉顶装料工艺见图 9-5。

B 无料钟炉顶装料设备

高炉串罐无料钟炉顶设备组成主要有：单点除尘器、头轮罩、受料罐、上料

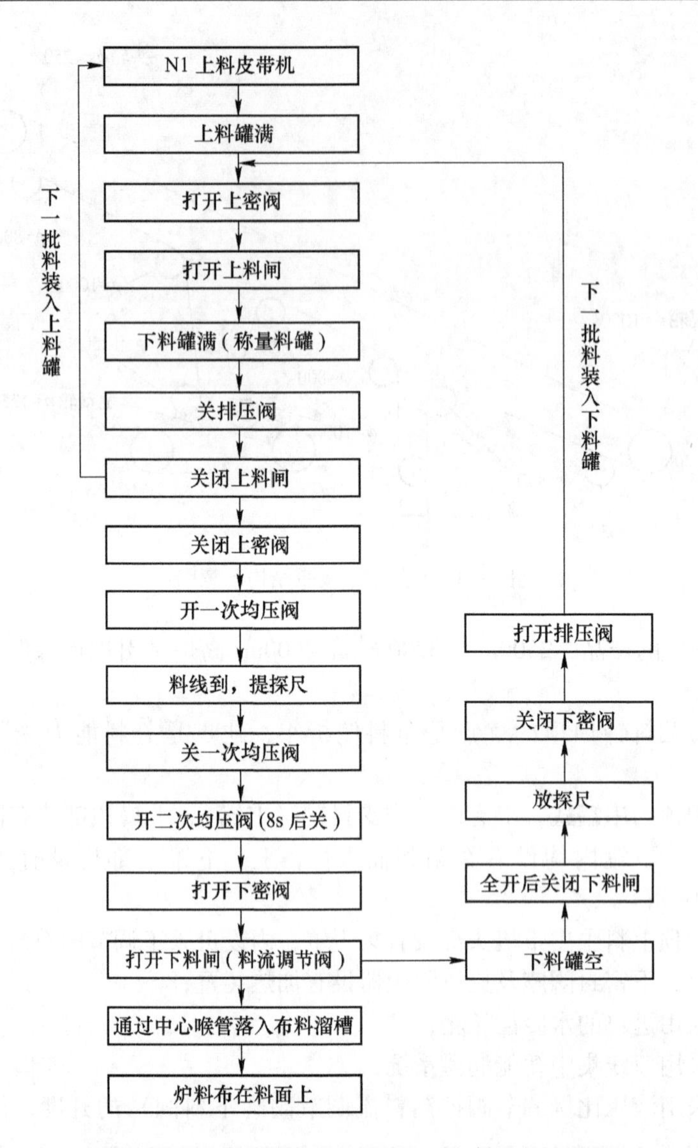

图 9-5 马钢高炉串罐式无料钟炉顶上料工艺流程图

闸、上密封阀、称量料罐、阀箱（含下密封阀及料流调节阀）、波纹管装置、齿轮箱、布料溜槽及其更换装置、炉顶钢圈等组成，见图 9-6。

料流调节阀用以控制和调节原燃料的流量。料流调节阀系统精度要求为 ±0. 20°。

齿轮箱在规定条件下工作，不发生意外事故，可保证使用寿命 10~15 年。

旋转布料溜槽目前在用有圆形和方形两种形式。从生产实践看，圆形溜槽布料宽度偏大，炉料易从槽身侧面滑出，布料偏析较大，稳定性差；与圆形溜槽相

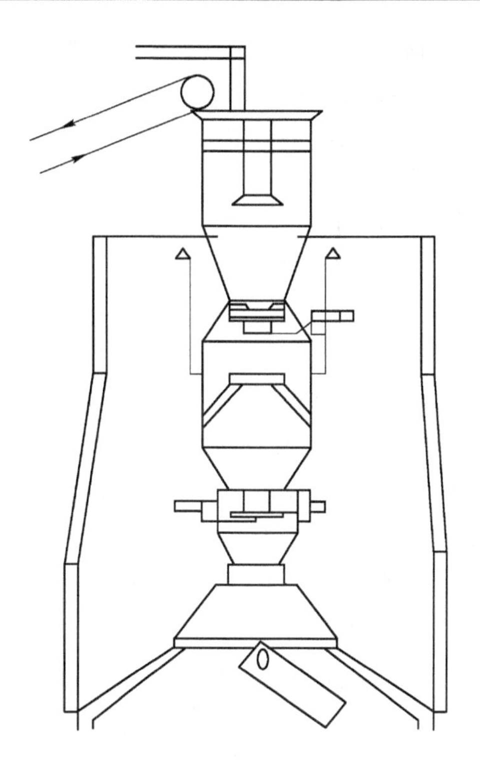

图 9-6 马钢高炉串罐式无料钟炉顶结构示意图

比，方形溜槽优点是受柯氏力影响较小，由于颗粒在矩形溜槽内不能做切向运动，布料过程中的料流宽度比圆形溜槽小（一般小于 600mm），布料精度高，稳定性好；缺点是耐磨性差，使用寿命短（一般 6~8 个月），在耐磨材料的选择上有待于改进。马钢在 1000m^3 高炉上首次使用方形溜槽，3200m^3 高炉和 2500m^3 2 号高炉第二代炉役相继使用。

高炉采用的探尺装置，有直接接触式机械探尺和免维护雷达探尺。正常情况下机械探尺作为主探尺，雷达探尺作为参考、备用。机械探尺由于滑尺、陷尺和高温使链条拉长等原因，会产生误差，因此需要定期（一般每周一次）进行人工校对。雷达探尺在停炉降料线等操作中可发挥重要作用。

9.1.2.3 高炉本体

高炉本体结构包括五个部分：炉体钢结构、炉体冷却结构、炉体砌体结构、炉体内型和炉体附属设备。

A 高炉本体结构

马钢高炉本体主要采用自立式框架结构。炉体框架与高炉本体完全脱离，它与炉顶框架、煤气上升管连成一体，这部分荷载和热风围管、各层平台以及其上面的设备和管道的所有荷载全部通过四根支柱传给基础，炉壳只承受炉顶设备和炉料的垂直负荷及炉内工作状态时的径向力，减轻了炉壳负荷。在需要更换下部炉壳时，在相对标高的炉壳处有环形框架，可将环形框架支承在相对标高的框架平台上。

炉底冷却水管的布置有两种方式，3200m³ 高炉炉底冷却水管铺设在炉底封板之上，更有利于冷却，其他高炉炉底冷却水管铺设在炉底封板下的工字钢梁之间。

B 高炉内衬

根据高炉各部位不同的工作条件和侵蚀机理，有针对性地选用耐火材料，并在结构上加强耐火砖衬的稳定性。马钢 500m³ 级高炉炉缸、炉底采用高铝质材料，1000m³ 级以上高炉均采用大块炭砖+陶瓷杯（高铝质）复合结构，炉腹、炉腰及炉身逐步从传统的砌砖结构演变为砖壁结合的薄壁内衬结构（可选喷涂不定型材料）。马钢各高炉的主要高炉内衬见表 9-4~表 9-8。

a 4000m³ 高炉内衬（见表 9-4）

表 9-4 马钢 4000m³ 高炉炉底炉缸结构和材料选用统计

序号	部位		马钢 4000m³ 高炉
1	炉底炉缸结构形式		国产炭砖+进口炭砖+进口陶瓷杯复合结构
2	炉底结构	第 1 层	国产大块高导热石墨炭砖，400mm
		第 2~4 层	国产大块半石墨质微孔炭砖，400mm×3 层
		第 5 层	进口微孔炭块 BC-7S，600mm
		陶瓷杯	第 6、7 层陶瓷垫，进口 MS4R，总高度 800mm
			第 8~14 层采用进口大块 MONOCORAL 砖，壁厚 350mm
		炉底	炉底封板下 64 根 $\phi76\times10$ 的水冷管；水冷管中心线以下 YCN-120 浇注料；水冷管中心线以上捣打炭素耐火材料 BFD-S10；封板与炭素捣打料之间压力灌浆（泥浆为 TBR-2）
		炉底厚度	3000mm
3	炉缸结构	第 6~15 层	进口微孔炭砖 BC-7S，总高度 4800mm
		第 16~18 层	国产微孔炭砖，总高度 1400mm
4	铁口区域		超微孔大块炭砖 BC-8SR，铁口框部位采用刚玉浇注料浇注
5	风口区域		风口采用 MONOCORAL 砖和刚玉莫来石组合砖，砌筑采用 GN-85B高铝质耐火泥浆；在风口组合砖与黄刚玉质盖砖之间设一层进口膨胀垫，盖砖与陶瓷杯上沿再设一层进口膨胀垫

续表 9-4

序号	部　位	马钢 4000m³ 高炉
6	炉腹到炉身下部，7~12 段冷却壁	铜冷却壁，冷镶 Si_3N_4-SiC 砖，砖厚 80mm，燕尾槽深 40mm
7	炉身中部，13~16 段冷却壁	双层水管球墨铸铁（QT400-20A）镶砖冷却壁，镶高碳化硅结合氮化硅砖，镶砖厚 120mm，燕尾槽深 80mm
8	炉身上部，17~19 段冷却壁	“C”型光面灰口铸铁冷却壁，内镶 180mm 深的磷酸盐浸渍黏土砖，再喷涂约 150mm 厚的 RL-80 喷涂料
9	炉喉	72 块 ZG35 的钢砖，每块保留型砂约 16.8t；炉喉炉壳喷涂不定型耐火材料 CN-120
10	封罩	喷涂层锚固件采用龟甲板的形式，喷涂料采用抗折强度高、耐 CO 侵蚀性能优良的喷涂料

b　3200m³ 高炉内衬（见表 9-5）

表 9-5　马钢 3200m³ 高炉炉底炉缸结构和材料选用统计

序号	部　位		马钢 3200m³ 高炉
1	炉底炉缸结构形式		国产炭砖+进口炭砖+国产小块陶瓷杯复合结构
2	炉底结构	第 1 层	国产石墨砖，400mm
		第 2~3 层	国产微孔炭砖，400mm×2 层
		第 4~5 层	进口超微孔炭砖 9RD-N，400mm×2 层
		陶瓷杯	第 6、7 层立砌刚玉莫来石砖，总高度 800mm
			第 8~14 层采用国产小块刚玉莫来石砖陶瓷杯结构
			第 15~18 层采用高铝砖
		炉底厚度	2800mm
3	炉缸结构	第 6~15 层	进口超微孔炭砖 9RD-N，总高度 4800mm
		第 16~18 层	国产微孔炭砖，总高度 1400mm
4	铁口区域		进口超微孔炭砖 9RD-N，铁口框部位采用刚玉浇注料浇注
5	风口区域		全部采用大块刚玉莫来石组合砖砌筑，同时增加风口冷却壁与炉腹铜冷却壁交接处组合砖厚度。风口组合砖材质为刚玉莫来石

续表 9-5

序号	部　位	马钢 $3200m^3$ 高炉
6	炉腹、炉腰及炉身中部 5~11 段冷却壁	第 5~9 段铜冷却壁和炉身中部第 10、11 段双层水冷铸铁冷却壁区域，镶砖采用 Si_3N_4-SiC 砖
7	炉身上部 11~15 段冷却壁	第 12~15 段单层水冷铸铁冷却壁，镶砖采用浸磷酸盐黏土砖
8	炉喉	60 块无水冷条形钢砖，钢砖与炉壳间采用高强度黏土浇注料
9	封罩	

c　$2500m^3$ 高炉内衬

马钢 $2500m^3$ 1 号高炉炉底炉缸结构和材料见表 9-6。

表 9-6　马钢 $2500m^3$ 1 号高炉（二代）炉底炉缸结构和材料选用统计

序号	部　位		马钢 $2500m^3$ 高炉
1	炉底炉缸结构形式		国产炭砖+进口炭砖+进口陶瓷杯复合结构
2	炉底结构	第 1 层	国产高导热石墨炭砖，400mm
		第 2 层	国产大块半石墨炭砖，400mm
		第 3 层	国产大块半石墨炭砖，400mm
		第 4 层	满铺进口微孔炭砖 7RD-N
		陶瓷杯	第 5~6 层立砌两层进口莫来石陶瓷垫，总高度 815mm
			杯壁内侧为进口棕刚玉组合砖，杯壁外侧环砌 6 层进口微孔炭砖
		炉底	炉底封板下 63 根 $\phi76\times10$ 的水冷管；中心一根为单独给排水，两侧为两根串联给排水，总数为 32 组
3	炉缸结构	第 7~14 层	进口微孔炭砖和国产炭砖组合
4	铁口区域		优质微孔大块炭砖 8RD-N，铁口框部位采用刚玉浇注料浇注
5	风口区域		风口采用塑性相结合刚玉质组合砖，砌筑采用 GP-80 磷酸盐刚玉质耐火泥浆；在风口组合砖与刚玉质盖砖之间设 20mm 膨胀缝，使用碳化硅质缓冲泥浆 FHCN-SiC 填充
6	炉腹，6~8 段冷却壁		铜冷却壁，冷镶 Si_3N_4-SiC 砖，砖厚 75mm，燕尾槽深 41mm
7	炉身下、中上部 9~15 段冷却壁		镶砖冷却壁，镶高碳化硅结合氮化硅砖，镶砖厚 120mm，燕尾槽深 80mm
8	炉身上部 16~18 段冷却壁		镶砖冷却壁，其中 18 段为“C”型光面灰口铸铁冷却壁，内镶 180mm 深的磷酸盐浸渍黏土砖，再喷涂约 150mm 厚的 RL-80 喷涂料。最上部光面“C”型冷却壁内侧不砌任何耐火材料

续表 9-6

序号	部 位	马钢 2500m^3 高炉
9	炉喉及炉头	采用 72 块长条形悬挂钢砖，钢砖之间间隙为 30mm，其内填充铁屑填料，钢砖内填充不定型耐火材料 CN-120，炉喉全高 2300mm，炉喉及炉头均喷涂不定型耐火材料 CN-120s，防止炉壳的龟裂变形，其内衬不砌砖
10	封罩	喷涂层锚固件采用龟甲板的形式，喷涂料采用抗折强度高、耐 CO 侵蚀性能优良的喷涂料

马钢 2500m^3 2 号高炉第二代炉役进行了升级改造：(1) 适当提高炭砖材质，炉底炉缸采用陶瓷杯+炭砖复合结构；(2) 铁口采用（进口）超微孔炭砖结构，铁口通道由整块（进口）超微孔炭砖钻孔形成；(3) 采用薄壁内衬，在下部全覆盖碳化硅结合氮化硅砖，上部冷镶磷酸盐浸渍黏土砖。

马钢 2500m^3 2 号高炉（二代）炉底炉缸结构和材料选用统计见表 9-7。

表 9-7 马钢 2500m^3 2 号高炉（二代）炉底炉缸结构和材料选用统计

序号	部 位		马钢 2500m^3 高炉（第二代炉役）
1	炉底炉缸结构形式		国产炭砖+进口炭砖+陶瓷杯复合结构
2	炉底结构	第 1 层	国产石墨炭砖，300mm
		第 2 层	国产微孔炭砖，400mm
		第 3 层	国产微孔炭砖，400mm
		第 4 层	进口超微孔炭砖，400mm
		第 5 层	进口超微孔炭砖，400mm
		陶瓷杯	陶瓷杯，502mm
		炉底厚度	2402mm
3	炉缸结构	6～11 层	炉缸侧壁每层炭砖高度 600mm，进口超微孔炭砖
		12 层	炉缸侧壁炭砖高度 500mm，进口超微孔炭砖
		13～16 层	炉缸侧壁每层炭砖高度 400mm，国产微孔炭砖
4	铁口区域		铁口及铁口以下的炉缸“象脚”侵蚀区域采用进口超微孔大块炭砖；铁口以上至风口以下的炉缸区域采用国产微孔炭砖
5	风口区域		风口区采用塑性相结合刚玉质大块组合砖
6	炉腹、炉腰及炉身下部 6～10 段冷却壁		铜冷却壁，采用冷镶氮化硅结合碳化硅砖，内侧面喷涂厚度约 100mm
7	炉身中上部 11～17 段冷却壁		球墨铸铁冷却壁采用冷镶磷酸盐浸渍黏土砖，内侧面喷涂厚度约 100mm
8	炉喉		60 块钢砖，炉壳与钢砖之间隙采用自流浇注料充填
9	封罩		喷涂层锚固件采用龟甲板

d　1000m³ 高炉内衬

马钢 1000m³ 高炉第二代炉役进行了针对性炉型改造：（1）炉缸炉底采用先进长寿技术设计，提高炭砖材质，炉底炭砖从原 6 层改成 5 层，减薄侧壁炭砖，炉缸直径增加 200mm，炉缸增大增深；（2）炉腰到炉喉向内减小 100mm，优化炉型。

马钢 1000m³ 高炉（二代）炉底炉缸结构和材料选用统计见表 9-8。

表 9-8　马钢 1000m³ 高炉（二代）炉底炉缸结构和材料选用统计

序号	部　位		马钢 1000m³ 高炉（第二代炉役）
1	炉底炉缸结构形式		炭砖+高铝砖复合结构
2	炉底结构	第 1 层	石墨炭砖，400mm
		第 2 层	微孔炭砖，400mm
		第 3 层	微孔炭砖，400mm
		第 4 层	国产超微孔炭砖，400mm
		第 5 层	国产超微孔炭砖，400mm
		第 6 层	高铝砖，400mm
		炉底厚度	2400mm
3	炉缸结构	第 6~15 层	炉缸侧壁每层炭砖高度 400mm，内侧采用高铝砖
4	铁口区域		铁口及铁口以下的炉缸“象脚”侵蚀区域采用超微孔大块炭砖；铁口以上至风口以下的炉缸区域采用微孔大块炭砖
5	风口区域		风口区采用塑性相结合刚玉质大块组合砖
6	炉腹、炉腰及炉身下部		冷却壁采用冷镶氮化硅结合碳化硅砖
7	炉身中部		冷却壁采用冷镶氮化硅结合碳化硅砖
8	炉身上部		采用球墨铸铁倒扣冷却壁，背部浇注自流浇注料

9.1.2.4　高炉热风工艺系统

A　马钢高炉热风系统概述

马钢 500m³ 高炉采用 3~4 座内燃式热风炉。2500m³ 高炉和 4000m³ 高炉采用 4 座新日铁外燃式热风炉，风温能力 1200~1250℃。1000m³ 高炉和 3200m³ 高炉采用 3 座卡鲁金顶燃式热风炉，风温能力 1250℃。热风炉采用高炉煤气（4000m³ 高炉有转炉煤气）为燃料，助燃空气采取集中供风方式。主要设备包括热风炉、燃烧器、预热器、各类管道及阀门等。

热风经由热风支管、热风总管、围管进入高炉。马钢热风炉混风工艺基本采用冷风从一道冷风混风管道经过混风阀进入热风总管进行混风，而 3200m³ 高炉顶燃式热风炉混风在每座热风炉都设有单独的混风管和混风阀。

内燃式和外燃式热风炉布置在两侧，工艺流程见图 9-7，而卡鲁金顶燃式热风炉系统的所有管道布置于热风炉一侧，其工艺流程见图 9-8。

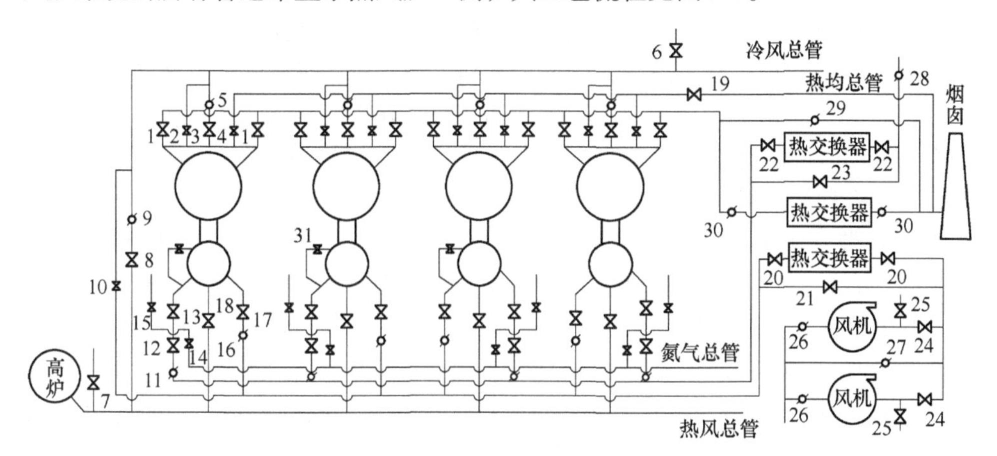

图 9-7 马钢 2500m³ 高炉外燃式热风炉系统工艺布置示意图

1—烟道阀；2—均压阀；3—冷风阀；4—排压阀；5—冷风调节阀；6—冷风放风阀；7—倒流休风阀；8—混风切断阀；9—混风调节阀；10—逆送风阀；11—高炉煤气调节阀；12—高炉煤气切断阀；13—高炉煤气燃烧阀；14—高炉煤气 N_2 吹扫阀；15—高炉煤气阀间放散阀；16—助燃空气调节阀；17—助燃空气切断阀；18—热风阀；19—排压总阀；20—ϕ1600 预热空气切断阀；21—预热空气旁通阀；22—预热高炉煤气切断阀；23—预热 BFG 旁通切断阀；24—风机 ϕ1800 切断阀；25—风机 Dg 放散阀；26—吸风挡板；27—ϕ500 空气压力调节器；28—ϕ1600BFG 压力调节阀；29—ϕ3200 烟气旁通阀；30—ϕ4850 烟气预热器蝶阀；31—ϕ500 手动蝶阀

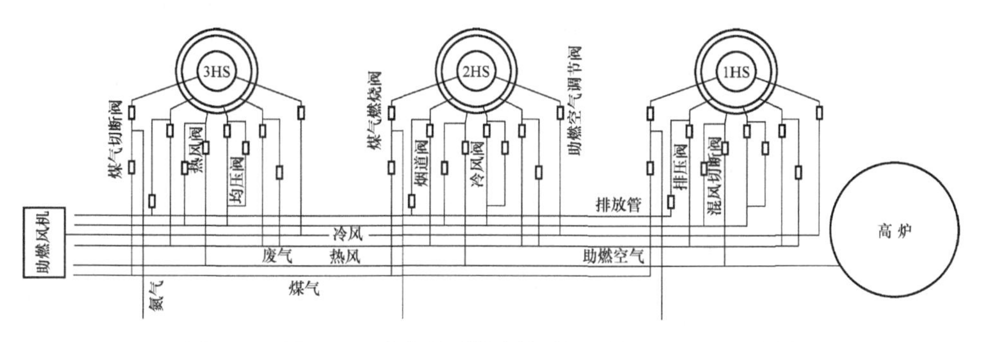

图 9-8 马钢 3200m³ 高炉顶燃式热风炉系统工艺布置示意图

新日铁外燃式热风炉的主要特点：

（1）燃烧室和蓄热室对称的拱顶结构布置，有利于烟气在蓄热室中均匀分布，从根本上解决了内燃式热风炉隔墙短路和煤气分布不匀限制大型化等致命的问题。

（2）蓄热室上部有一个锥体段，使蓄热室拱顶直径缩小至和燃烧室拱顶直径大小相同，拱顶直径减小使拱顶下部耐火砖所承受的荷重减小，从而可以减少由于高温蠕变引起的拱顶耐火砖的变形，提高结构的长期稳定性。拱顶柔性结构吸收了部分水平和垂直位移，提高了寿命。

（3）外燃式热风炉高温区使用高温性能好的硅砖并使用陶瓷燃烧器。

（4）热风炉炉壳转折点均采用曲面连接，较好解决了炉壳的薄弱环节。

（5）热风炉耐火砌体相邻的两块采用带有凹凸子母扣、能上下左右相互间咬合的异型砖，起到自锁互锁的作用，提高砌体的整体强度和稳固性。

卡鲁金顶燃式热风炉的主要特点：

（1）带有（煤气和空气）喷射涡流式供气系统的预燃室位于拱顶的上部，在炉壳中有独立支撑的内衬砌体；预燃室里的煤气和空气（喷射涡流式）在进入蓄热室之前已充分燃烧，燃烧产物沿着格子砖分布更加均匀；烟气中 CO 含量仅 0.0016%（$20mg/m^3$）。

（2）硅砖拱顶结构稳定、可长期运行。预燃室与拱顶砌体、拱顶砌体与大墙采用完全脱开的迷宫式连接，各段砌体可以自由伸缩。拱顶采用收缩式锥形结构，预燃室拱顶为半球形结构。

（3）煤气和空气喷射涡流式混合系统可使煤气充分燃烧、热风炉阻抗小、不会发生脉动燃烧。喷射涡流式燃烧器使煤气和空气从不同角度呈旋转涡流状态高速喷射入炉内，在格子砖上部拱顶空间内充分混匀完全燃烧，气流喷射不会直接喷至格子砖面。燃烧产物沿拱顶、格子砖内分布均匀，减少了温差应力。

（4）卡鲁金热风炉采用刚性炉底板结构，这种带辐射梁的炉底，结构简单、刚性足、自稳定性好。卡鲁金热风炉炉底采用整体式钢梁放射铺设结构，热风炉炉底结构由上顶板、下底板以及炉底梁组成，炉底梁呈辐射形圆周均布，共 12 根，梁两端分别与炉壳和中间圆筒焊接，炉底梁在靠近炉壳处以次梁做加强，将废气和炉柱子产生的热应力均匀地从中心释放到四周，使整体炉底与炉壳结合稳定可靠，其膨胀应力远低于炉壳塑性变形界限。施工结束后在上顶板、下底板间再浇注耐热度不大于 500℃的耐热混凝土，夯实中间空隙。

（5）使用了加热面积高达 $48.0m^2/m^3$ 的 30mm 孔径 19 孔格子砖。因为加热面积大，热传导率高，并且没有燃烧室，所以格子砖蓄热室的整体高度明显降低。在保持热功率条件下，与一般的热风炉相比，此热风炉尺寸更小，能够明显节省耐火材料。

（6）无托梁独立支撑炉箅子系统。与外燃式热风炉不同的是，卡鲁金顶燃式热风炉采用无托梁独立支撑炉箅子系统，其支撑结构由炉箅子、支柱、分流板构成。这种炉箅子结构更加稳定可靠，允许废气最高温度为 500℃。提高热风炉废烟气温度指标，有利于降低热风炉高度，进而降低热风炉工程投资。这种独立支撑无托梁式炉箅子，可以消除箅子之间的应力，空心的炉柱子散热能力良好。独特设计的分流板结构，最重要的作用是保护格子砖不受炉箅子之间剪切应力的影响，以及平衡炉箅子和格子砖材料不同的热膨胀影响，因此，这种设计延长了炉箅子和格子砖寿命。

B 热风炉主要设计参数和技术指标

马钢热风炉的主要设计参数及主要技术指标见表9-9和表9-10。

表9-9 马钢高炉主要热风炉设计参数

炉别	$500m^3$ 高炉	$1000m^3$ 高炉	$2500m^3$ 高炉	$3200m^3$ 高炉	$4000m^3$ A 高炉	$4000m^3$ B 高炉
热风炉形式	内燃式	顶燃式	外燃式	顶燃式	外燃式	外燃式
座数	3	3	4	3	4	4
鼓风流量 $/m^3 \cdot min^{-1}$	1800	2500	5500	6580	7100	7100
鼓风压力/kPa	230	430		480	正常450,最大500	正常450,最大500
设计风温/℃	1150~1160	1200	1200	1250	1200~1250	1200~1250
拱顶温度/℃	1350	1350	1350	1350	1420	1420
烟道温度/℃	≤50	300~400	≤400	300~400	平均350,最大450	平均350,最大450
冷风温度/℃	160	180	200	180	180	180
煤气预热后温度/℃	200~250	180	≥160	≥180	180~200	180~200
助燃空气预热后温度/℃	200~250	180	≥180	≥180	180~200	180~200
燃料组成	100%BFG	100%BFG	100%BFG	87.5%BFG + 12.5% LDG(或COG)	87.5%BFG + 12.5% LDG(或COG)	87.5%BFG + 12.5% LDG(或COG)

表9-10 马钢高炉主要热风炉技术指标

参数名称	$500m^3$ 高炉	$1000m^3$ 高炉	$2500m^3$ 高炉	$3200m^3$ 高炉	$4000m^3$ A 高炉	$4000m^3$ B 高炉
热风炉座数/座	3	3	4	3	4	4
热风炉直径/mm	8030/6840/6700	9130/7100/7608	8900/5478	10710/11090/12170	10100/6200	10100/6200
热风炉全高/mm	35000	31990	53030	50540	52500	52500
蓄热室有效断面积$/m^2$	14.5	37.33	44.18	73.89	59.45	59.45
格子砖孔径/mm	七孔ϕ43	37孔ϕ20	七孔ϕ43	19孔ϕ30	六角七孔21.5(孔边长)	六角七孔21.5(孔边长)
单位格子砖加热面积 $/m^2 \cdot m^{-3}$	38.06	44.16	38.06	44.16	41.38	41.38

续表 9-10

参数名称	500m³高炉	1000m³高炉	2500m³高炉	3200m³高炉	4000m³ A高炉	4000m³ B高炉
蓄热室格子砖高度/m	28	15	18.5	27.6	33.5	33.5
一座热风炉总蓄热面积/m^2	15452	25855	58000	97888	82293	82293
单位炉容格砖加热面积/$m^2 \cdot m^{-3}$	110	93.8	91	93.8	82.3	82.3
单一热风炉煤气耗量/万 $Nm^3 \cdot h^{-1}$	2.0~2.4	5.5~6.0	8.0~9.0	13.0~13.3	~13.5	~13.5
单一热风炉空气耗量/万 $Nm^3 \cdot h^{-1}$	1.5~1.7	3.5~4.0	4.8~5.4	8.3~8.6	10.5	10.5
烟囱高/m		70	80	80	80	80

C　热风炉耐火材料选择及砌体结构

外燃式热风炉耐火材料选择如下：

（1）热风炉的高温部位，包括拱顶、燃烧室上部、蓄热室上部格砖及炉墙，以拱顶温度为依据，耐火材料的耐火度及蠕变性均应高于拱顶温度。因此，在这些部位选用了高温蠕变率小、体积稳定的硅砖。

（2）蓄热室中、上部，选用了体积稳定、蠕变小的优质高铝砖 HRL-65a 和 HRL-55。蓄热室下部，由于温度较低，采用了价格便宜、抗压强度较好的黏土砖。

（3）燃烧室下部温度波动相当大，选用体积稳定性好、热膨胀小的高铝硅砖 HRL-75。

卡鲁金顶燃式热风炉的耐火材料选择如下：

（1）陶瓷燃烧器部位由于在燃烧期和送风期有一定的温度波动，设计选用高抗热振性的耐火砖（HRK），这种高抗热振耐火砖（HRK）可以满足“加热1100℃、水中急冷试验的次数不低于100次”的标准，可以确保具有热风炉长寿命优势。

（2）热风炉拱顶及预燃室炉壳内壁喷涂不定型耐火隔热材料，拱顶由里向外依次砌以硅砖、轻质硅砖、轻质黏土砖和硅酸铝纤维毡。预燃室环腔、烧嘴、球顶均采用高抗热振耐火砖（HRK）。

（3）蓄热室上部大墙由硅砖、轻质硅砖、轻质黏土砖、耐火纤维板组成。蓄热室下部大墙由黏土砖、轻质黏土砖、耐火纤维板组成。蓄热室全部使用19孔（30mm 孔径）格子砖，蓄热室的上部格子砖材质为硅砖，蓄热室的下部格子砖材质为黏土砖。

（4）热风管道、倒流休风管砌以低蠕变高铝砖、保温砖、硅酸铝耐火纤维毡。热风管道三岔口处采用组合砖。

热风炉砌体的结构特点有以下几个方面：

（1）相互独立的砌体结构。拱顶、锥体部、大墙砖、连接管道、格子砖砌体等均为相互独立的砌体。这样就可以避免由于工作温度不同引起砌体不均匀膨胀所造成的砌体破坏，为了防止独立砌体间窜风，该部位采用迷宫式结构，详见图 9-9 和图 9-10。

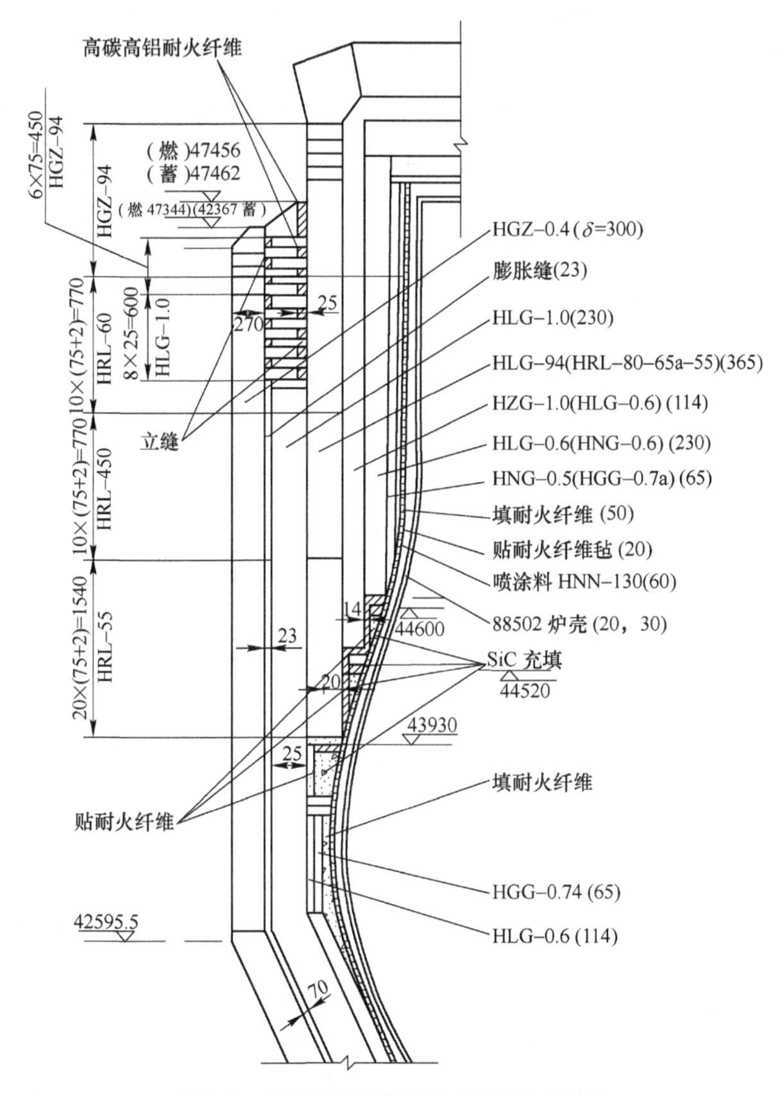

图 9-9 外燃式热风炉蓄热室拱顶迷宫结构

（2）采用炉壳喷涂技术。热风炉炉壳和热风管道内壁喷涂一层不定型耐火隔热材料。

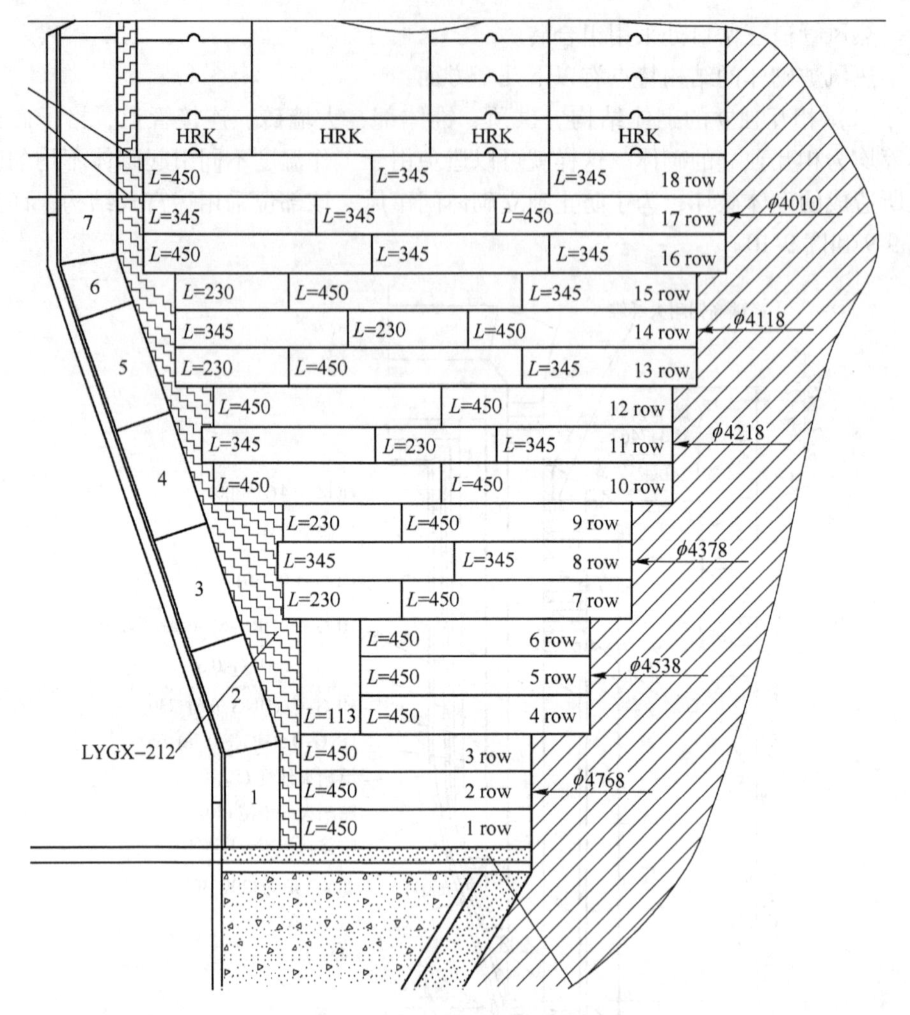

图 9-10　顶燃式热风炉球顶迷宫结构

（3）采用异形砖和组合砖。为了提高内衬砌体的结构稳定性，在高温区分别采用了大块砖、带凹凸形砖和阶梯状砖等，在开口部位则用各种型号的异形砖组合砌筑（组合砖）。组合砖和标准砖连接处配置花瓣状异形砖，以加强结构稳定性，对提高热风炉使用寿命有着重要的作用，详见图 9-11 和图 9-12。

（4）采用高效格子砖。马钢外燃式热风炉采用七孔（直径 43mm）蜂窝砖，3200m^3 高炉卡鲁金顶燃式热风炉采用十九孔（直径 30mm）格子砖。

（5）外燃式热风炉采用三孔式陶瓷燃烧器，这种燃烧器下部有三个环形流路，中央部分是焦炉煤气通道，外侧是高炉煤气通道，中间是助燃空气室。煤气和助燃空气分别单独进入燃烧器，不在炉外预混合。燃烧器上部设有分布板，三种气体被切割成较小的流股，从喷口中喷出而混合燃烧。

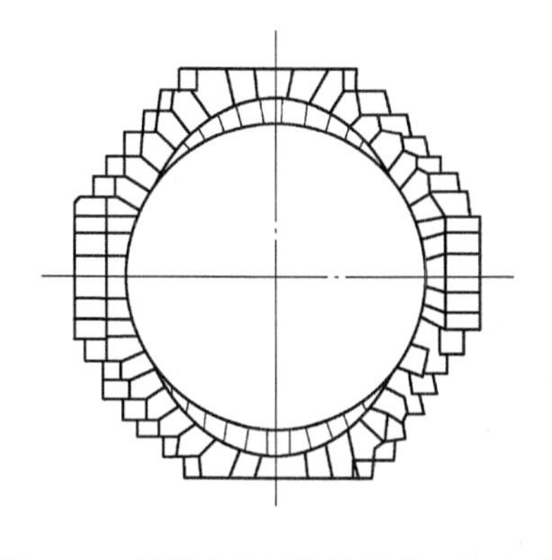

图 9-11　外燃式热风炉热风出口组合砖

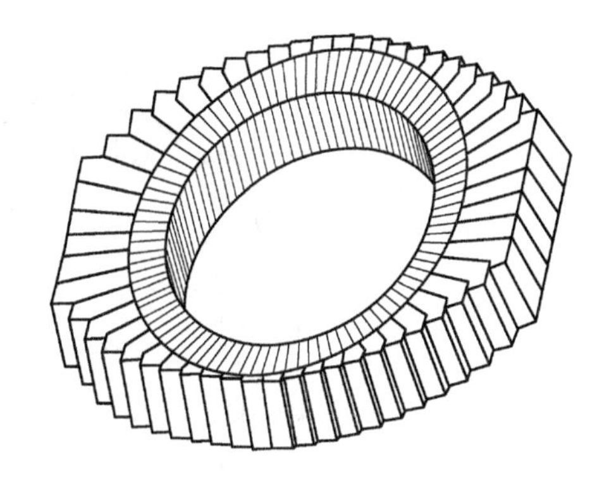

图 9-12　卡鲁金顶燃式热风炉热风出口组合砖

$3200m^3$ 高炉的卡鲁金顶燃式热风炉采用喷射涡流式燃烧器，燃烧器的钢制外壳顶部为半球形。燃烧器整体（包括环形收集器、烧嘴、球顶）由高抗热振耐火砖（HRK）组成，并使用莫来石硅酸纤维板作为隔热层，炉壳内有耐酸保温涂层。燃烧器上有环形的煤气和空气收集器，煤气和空气通过喷嘴由收集器进入预燃室混合，并在预燃室预热。煤气和空气从不同角度高速喷射涡流喷入炉内，使煤气和助燃空气充分混合，燃烧稳定，不会出现脉动燃烧；呈旋转状态的煤气和助燃空气充分混匀后在格子砖上部拱顶空间内完全燃烧。卡鲁金顶燃式热风炉的预燃室与内燃式、外燃式热风炉相比，热风炉的燃烧产物沿着格子砖分布均匀（达到 95% 以上）；烟气中 CO 含量低于 $100mg/m^3$，NO_x 含量低于 $150mg/m^3$，详见图 9-13 和图 9-14。

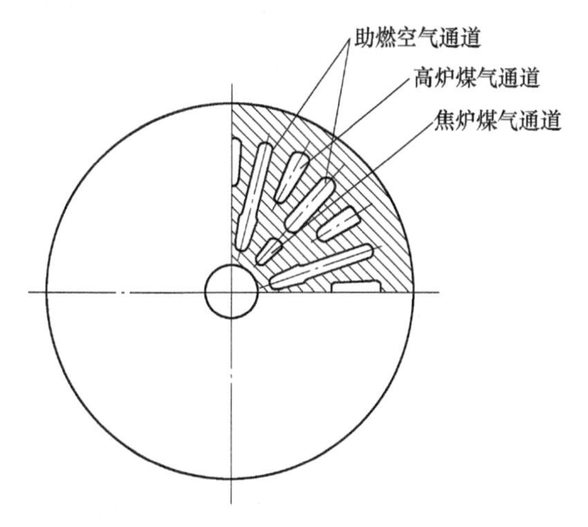

图 9-13　外燃式热风炉的三孔式陶瓷燃烧器结构

（6）热风管道砌体结构。沿着热风管道长度方向分段设置膨胀缝，其间隔为 2~4m。膨胀缝的大小可根据耐火砖的线膨胀系数确定，热风炉热风管道中的耐火砌体膨胀缝大小不等，一般在 10~20mm 左右。

热风支管上装有热风阀，为了方便热风阀更换，在管道上（热风阀与燃烧室之间）装有波纹补偿器及液压千斤顶座。

热风支管与热风炉的连接部分，及其与热风总管的连接部分容易掉砖，烧红

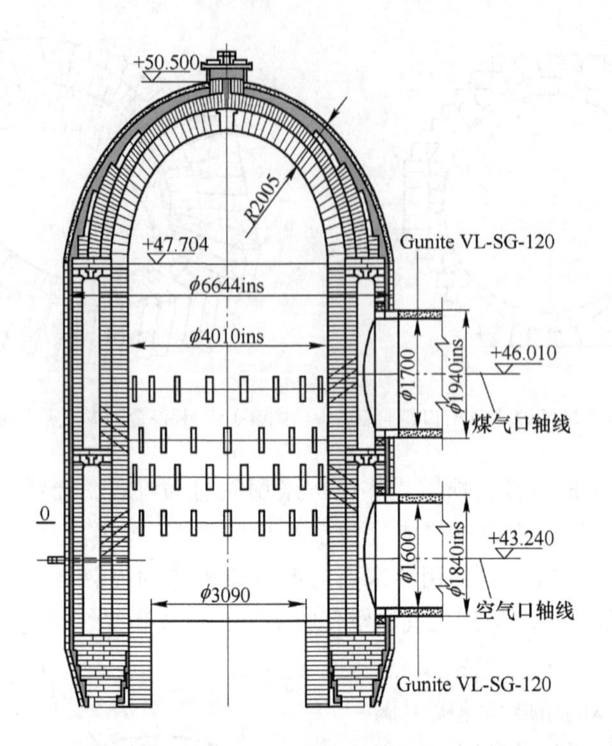

图 9-14　卡鲁金顶燃式热风炉的喷射涡流式燃烧器

管壳，除了加厚喷涂层和隔热砖外，还采用了组合砖砌筑。在其他的三岔口处也同样采用了组合砖砌筑。

在各热风支管上设置了吸收管壳膨胀的膨胀器，外侧设置支柱和张力拉杆，防止位移。

D　热风炉主要装备

热风炉燃烧系统的阀门有：空气燃烧阀、高炉煤气燃烧阀、高炉煤气切断阀、高炉煤气放散阀、焦炉（或转炉）煤气燃烧阀、焦炉（或转炉）煤气切断阀、焦炉（或转炉）煤气放散阀、N_2 气吹扫阀、空气调节阀、高炉煤气调节阀、焦炉（或转炉）煤气调节阀以及烟道阀等。

热风炉送风系统的阀门有：热风阀、冷风阀、混风阀、混风调节阀、均压阀、排压阀及冷风流量调节阀等。此外，还有倒流休风阀以及空气、煤气预热系统的切断阀和旁通阀，热均总管排压阀及逆送风阀等。

热风阀：热风阀设置在热风出口处，起到切断热风炉与高炉热风系统之间联系的作用，形式为切断型，又称闸阀。

目前热风阀均采用水冷闸板阀。阀箱、阀盖密封部位、阀板都有各自的水冷管路，而且为了隔热、耐温、防氧化，均涂注了高铝质不定型耐火材料。在阀盖与阀杆之间设有密封装置。

切断阀：热风炉阀门有很多是切断阀，用于切断煤气、助燃空气、冷风以及烟气等。3200m^3 高炉热风炉空气、煤气切断阀，燃烧阀及烟道阀，冷风阀使用的是三偏心密封蝶阀，其他高炉热风炉所用切断阀基本上都采用了闸板式切断阀。

余热回收装置：马钢热风炉余热回收装置采用分离式热管换热器，空煤气预热温度 160~180℃。

9.1.2.5　高炉煤气处理系统

A　高炉煤气处理系统概述

煤气净化系统分湿法和干法两种。湿法流程主要有三种：（1）重力除尘器+洗涤器+电除尘；（2）重力除尘器+文氏管+电除尘；（3）重力除尘器+一文+二文。干法流程主要有两种：（1）重力除尘器+布袋除尘；（2）重力除尘+旋风除尘+布袋除尘。

高炉煤气净化系统将煤气含尘量降低至 10mg/m^3 以下，一般高炉均由重力除尘器将荒煤气净化为浓度不大于 5g/m^3 左右的半净化煤气，之后由后续设施净化为净煤气。

马钢 2500m^3 高炉采用双文氏管系统湿法除尘，即重力除尘器+一文+二文的形式，工艺流程图见图 9-15；3200m^3 和 1000m^3 高炉采用干法除尘，即重力除尘+旋风除尘+布袋除尘的形式，工艺流程图见图 9-16；4000m^3 高炉采用湿法除尘，但采用的是环缝洗涤塔，即重力除尘器+环缝洗涤塔的形式，工艺流程图见图 9-17。

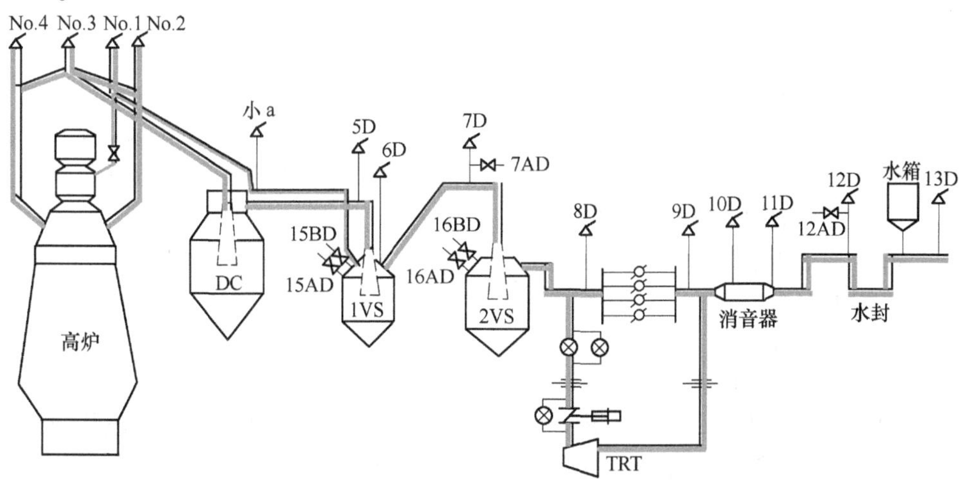

图 9-15　马钢 2500m^3 高炉双文氏湿法除尘工艺流程图

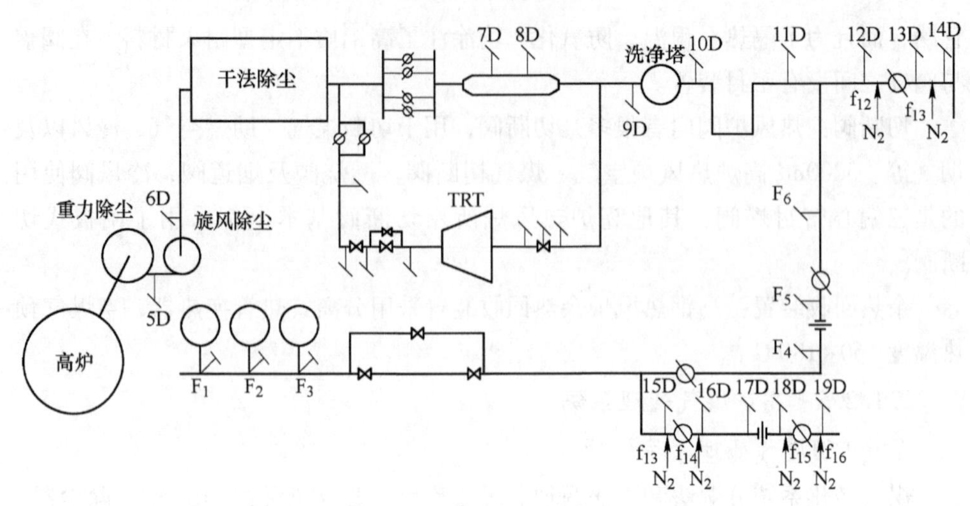

图 9-16　马钢 3200m³ 高炉干法除尘工艺流程图

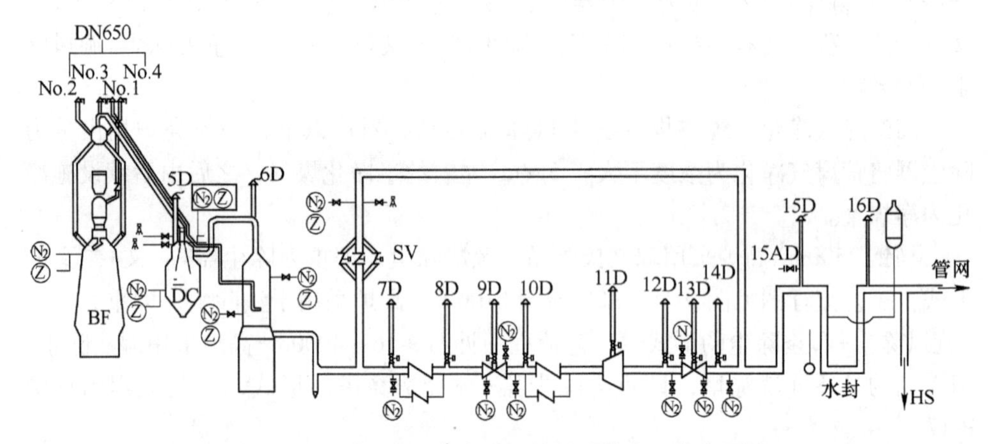

图 9-17　马钢 4000m³ 高炉环缝湿法除尘工艺流程图

与湿法除尘相比，高炉干法除尘系统具有如下一些优点：

（1）由于湿法除尘用水对煤气进行净化，大大降低了煤气的温度，而干法除尘经净化后温降较小，所以提高了煤气热能，结合高炉 TRT 设备运行，由于煤气的膨胀功增加，相对发电量可提高 20%～30%。

（2）由于干法除尘设备不需要供水系统和污泥处理设施，所以节约了投资并且节省了占地。

（3）净化效率高，干法除尘正常运行情况下，净煤气含尘量可降低至约 5mg/m³，提高煤气燃烧能力。

（4）运行成本低，无二次污染。干法除尘不需要水泵和大功率的电机供水，并且炉尘直接从储灰仓外运，不需要进行污泥处理。

但是，布袋干法除尘对炉顶温度要求高，布袋易坏、煤气含尘高，且煤气中

Cl 离子等对 TRT、热风炉等用户的设备寿命影响较大。

B 主要设备

高炉煤气处理系统包括高炉粗煤气系统、高炉净煤气系统及顶压控制系统。高炉粗煤气系统的主要设备有重力除尘器和旋风除尘器。马钢高炉净煤气除尘系统主要设备有文氏管、环缝洗涤塔、布袋除尘器、洗净塔。顶压控制系统的主要设备有调压阀组和余压发电 TRT。

a 马钢各高炉重力除尘器的设计条件及技术参数（见表 9-11）

表 9-11 马钢各高炉重力除尘器的设计条件及技术参数

炉容/m^3		1000	2500	3200	4000
煤气发生量/万 $m^3 \cdot h^{-1}$	最大值	20	40	58.5	70
	正常值	18	38.26	54.5	62.5
炉顶煤气压力/MPa	最大值	0.25	0.2428	0.28	0.282
炉顶煤气温度/℃	平均值	150	150	150	150
	计算值	200	200	200	200
煤气灰量/$kg \cdot t^{-1}$		12	12	12	
除尘器入口含尘量/$g \cdot m^{-3}$		~13	~13	~13	~13
除尘器出口含尘量/$g \cdot m^{-3}$		~5	~5	~5	~5
煤气入口最大压力/MPa		0.25	0.25	0.28	0.282
煤气出口压力/MPa		0.249	0.249	0.279	0.280
煤气温度/℃		150	150	150~250	150~250

b 旋风除尘器

马钢 $1000m^3$ 和 $3200m^3$ 高炉煤气处理系统采用干法除尘，其粗煤气处理系统在重力除尘器和布袋之间加旋风除尘器。旋风除尘器一般用于捕集 5~15μm 以上的颗粒，除尘效率可达 80%以上，但增加了阻力，降低了 TRT 发电量。

旋风除尘器的构造如图 9-18 所示。

旋风除尘器的技术参数见表 9-12。

表 9-12 马钢 $1000m^3$ 和 $3200m^3$ 高炉的旋风除尘器的技术参数

炉容/m^3		1000	3200
煤气发生量/万 $m^3 \cdot h^{-1}$	最大值	20	58.5
	正常值	18	约 54.5
炉顶煤气压力/MPa	最大值	0.25	0.28
工作煤气温度/℃	工作值	200	150
	设计值	250	250

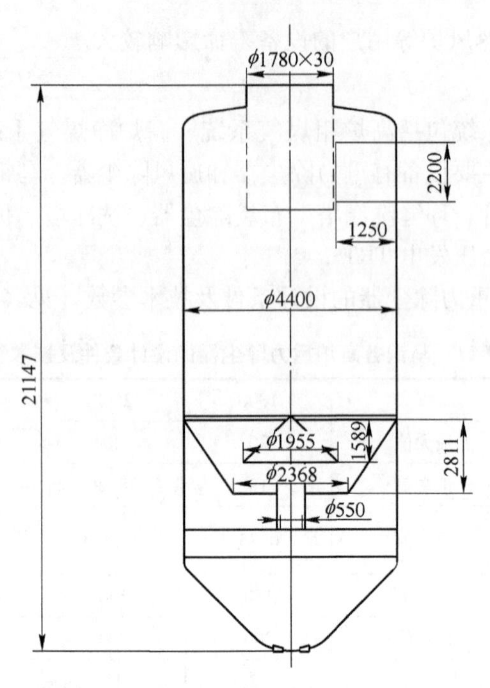

图 9-18　马钢 1000m³ 高炉旋风除尘器结构

c　双文氏煤气清洗系统

马钢 2500m³ 高炉的一级、二级文氏管的构造基本相同。由收缩段、喉口、扩张段三部分组成。

一文、二文的技术参数见表 9-13。

表 9-13　马钢 2500m³ 高炉一文、二文的技术参数

项　目	一文	二文			
煤气压力入口（表）/MPa	0.249	0.233	二文电动执行器	型号	MAM³93-T
煤气压力出口/MPa	0.233	0.205		输出力矩/N·m	20000
煤气入口温度/℃	150	61		功率/kW	3
煤气出口温度/℃	61	55	二文椭圆转子	长轴/mm	1120
煤气入口含尘量/mg·m⁻³	~5000	100		短轴/mm	560
煤气出口含尘量/mg·m⁻³	100	~10			
最大煤气处理量/m³·h⁻¹	400000	400000			
一文给水量/t·h⁻¹	~720	~720			
水压/MPa	0.6~1.0				
水温/℃	≤35				

一文喉口内设米粒形调节板，可通过改变喉口部断面来进行喉口压差调节，保证出口含尘量。但由于喉口转子及通道壁磨损较为严重，2007 年 2500m^3 1 号高炉利用高炉大修时一文采用固定喉口，2500m^3 2 号高炉也采用了固定喉口，取消了喉口调节板，喉口内部四侧衬板上镶嵌耐磨陶瓷砖。虽然一文采用固定喉口，有利于减少喉口侧壁的磨损，延长其检修周期，但同时也削弱了喉口压差调节手段及性能，对一文降温除尘功能带来一定影响。

d　环缝洗涤塔（戴维单锥系统）

串联双文氏净煤气除尘系统存在占地大、水耗高、喉口易磨损及寿命短等缺陷。马钢 4000m^3 高炉采用 DV 单锥环缝洗涤塔式净煤气除尘系统，将煤气净化、冷却及调节顶压等功能集于一体。环缝洗涤塔为自立式焊接结构，塔体分三段，上部为预清洗段，内设多层喷嘴，使煤气粗除尘及冷却；中部为环缝洗涤段，内设三个并联环缝洗涤元件，使煤气精除尘及进一步降温；下部为驱动环缝洗涤液的液压机构及执行机构。这种环缝结构使得流经环缝元件的气流、水流分布均匀，冲刷磨损小，不易积灰，操作维护简单，寿命长，环缝洗涤塔主要参数见表 9-14～表 9-16。

表 9-14　马钢 4000m^3 高炉单座环缝洗涤塔设计参数

序号	项　目	参　数	序号	项　目	参　数
1	炉顶煤气压力/MPa	0.28	8	出口煤气机械水量/$g\cdot m^{-3}$	5
2	煤气量/$m^3\cdot h^{-1}$	最大 7000000	9	水质	pH 值：7～8；悬浮物含量：100mg/L
3	入口煤气温度/℃	150～250			
4	入口煤气含尘量/$g\cdot m^{-3}$	5	10	供水压力（地面）/MPa	0.7845 以上
5	入口煤气含水量/$g\cdot m^{-3}$	最大 25	11	供水量/$t\cdot h^{-1}$	1225
6	出口净煤气含尘量/$mg\cdot m^{-3}$	5	12	供水温度/℃	≤35
7	出口煤气温度/℃	40～55			

表 9-15　马钢 4000m^3 高炉环缝洗涤塔主要结构参数

名称	项目	参数	名称	项目	参数
塔体尺寸	上塔直径/mm	5500	内置脱水器	高度/mm	1030
	下塔直径/mm	8500		填料	聚丙烯环，耐温 100℃
	上部煤气入口/mm	ϕ3000	固定钟	底部直径/mm	1860
	下部煤气入口/mm	ϕ2000		高度/mm	2000
	总高/m	34.230	移动钟	底部直径/mm	1800
	防腐涂层	2mm、耐温 150℃	厂家	奥钢联	

表 9-16 马钢 4000m³ 高炉单座环缝洗涤塔喷嘴设置

名称	方向	喷嘴数	单嘴喷水量	合计喷水量	水源
塔体入口喷嘴	圆周	5 个，DN80mm（环管 DN200mm）	$38m^3/h$	$190m^3/h$	洗涤泵房
塔体中心喷嘴	垂直	上 5 个，DN100mm（总管 DN400mm）	$152m^3/h$	$760m^3/h$	就地泵站
		下 4 个、DN80mm（总管 DN300mm）	$137.5m^3/h$	$550m^3/h$	就地泵站
戴维钟喷嘴	径向	8 个，ϕ65mm（环管 DN200mm）	$45m^3/h$	$360m^3/h$	洗涤泵房
	切向	8 个，ϕ80mm（环管 DN200mm）	$45.6m^3/h$	$364.8m^3/h$	洗涤泵房

e 布袋除尘系统

高炉煤气经过重力除尘器和旋风除尘器后，进入布袋除尘器，在导流和重力的作用下，颗粒较大的粉尘直接落入灰斗，颗粒较小的粉尘随气流均匀向上进入过滤区被吸附在滤袋的外表面上，得到净煤气。随着过滤工况的进行，滤袋上的粉尘越积越多，过滤阻力不断增大。当一箱体的过滤阻力达到限定阻力值时(5kPa)，控制系统按差压设定值或清灰时间设定值自动关闭该箱体出口电动蝶阀后，按设定程序开启电磁脉冲阀，进行离线脉冲喷吹清灰，利用氮气瞬间喷吹，使滤袋瞬间鼓起，产生振动，将滤袋上的粉尘清除下来，落入灰斗中当灰斗中的灰尘累积到一定量，由料位计检测后，控制系统启动卸灰和气力输灰系统，将灰尘从箱体中输送到灰仓内，再经加湿机加湿后由灰车定期运出厂区。

马钢 3200m³ 高炉布袋除尘系统的工艺参数见表 9-17。

表 9-17 马钢 3200m³ 高炉布袋除尘系统的工艺参数

项　目	技 术 参 数
设备名称	高炉煤气全干法布袋除尘器
处理煤气量	最大：$585000Nm^3/h$；平均：$545000Nm^3/h$；常压最大：$538000\ Nm^3/h$
炉顶煤气设计压力	正常：0.25MPa，最大：0.28MPa
炉顶煤气温度	正常：180~250℃
半净煤气含尘量	$10g/Nm^3$
净煤气含尘量	$\leqslant 5mg/Nm^3$
过滤风速	15 个箱体过滤时 0.22m/min；一室清灰、一室检修时（13 个箱体过滤）0.25m/min

续表 9-17

项　　目		技 术 参 数
除尘器箱体	箱体内径/数量	ϕ6000mm/15 个
	箱体高度（封头顶至锥体下法兰面）	25000mm
	排布方式	双排布置
	清灰方式	离线清灰
	输灰方式/输灰介质	气力输送/氮气
	单箱体滤袋数量/系统总数	408 条 / 6120 条
	单箱体/总过滤面积	1435m^2/21525m^2
	滤袋规格	ϕ160mm×7000mm
	滤袋材质	P84 复合滤料，800g/m^2，耐温<260℃
	脉冲阀规格	3in 全淹没式电磁脉冲阀
	脉冲喷吹形式	双向电磁脉冲喷吹
	脉冲阀数量	540（36×15）
灰仓	灰仓内径/数量	ϕ6000/1 个
	储灰量	≥150m^3
	清灰方式	在线清灰
	滤袋数量/总数	302 条
	滤袋规格	ϕ160mm×4000mm
	滤袋材质	耐高温覆膜滤料，800g/m^2，耐温，<220℃
	脉冲喷吹形式	单向电磁脉冲喷吹
	脉冲阀规格	3in 全淹没式电磁脉冲阀
	脉冲阀数量	18
其他	清灰氮气压力	0.35~0.4MPa
	氮气储气罐	10.0m^3×2
	清灰氮气耗量	8.0~12.0m^3/min
	蒸汽用量	4t/h

f　调压阀组和 TRT

马钢高炉顶压控制系统有调压阀组和 TRT 系统，正常情况下高炉顶压由 TRT 调节。

TRT 系统入口接自高炉净煤气系统后，出口接在调压阀组与消音器之间。马钢高炉 TRT 工艺流程基本相同，见图 9-19。当 TRT 出现故障需停机时，在快关快切阀的同时，计算机控制调压阀组阀门的开度，快速疏通煤气，从而保证高炉的正常安全生产。

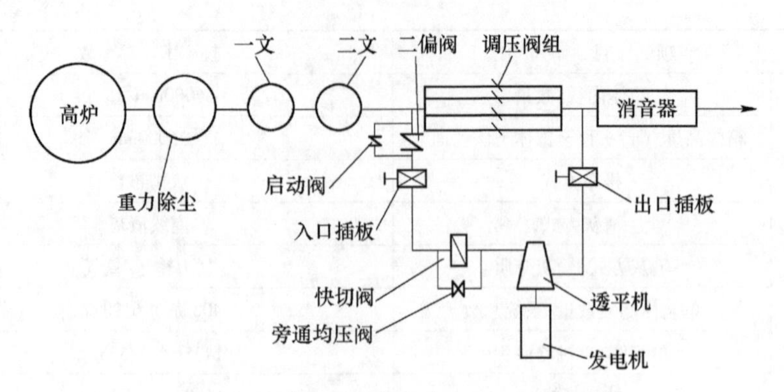

图 9-19 马钢 2500m³ 高炉 TRT 工艺流程图

马钢 500m³ 高炉的 TRT 系统是后期改造时增加的，两座高炉共有一套 TRT 系统，具有独有特点，其工艺流程图见图 9-20。

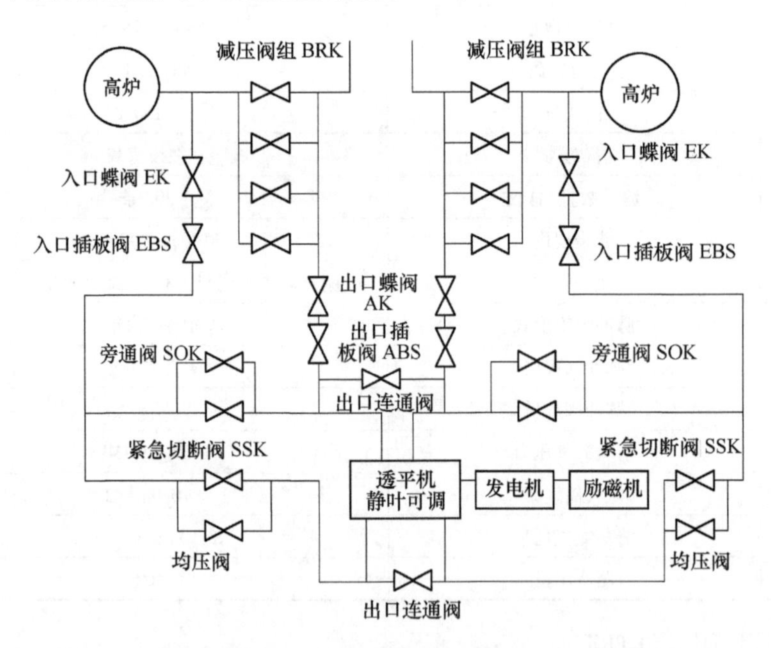

图 9-20 马钢 500m³ 高炉共用的 TRT 工艺流程图

TRT 装置由以下几个系统组成：透平主机系统，润滑油系统，液压伺服控制系统，氮气密封系统，给排水系统，高、低压阀配电系统，自控系统，配套阀门系统。马钢各高炉 TRT 透平主机参数见表 9-18。

高炉调压阀组一般由 4 个蝶阀构成，都具有自动、远程手动、现场手动功能，其中 3 个具有自动调节功能，1 个为快开阀，有电动和液压两种方式，结构

表 9-18 马钢各高炉 TRT 透平主机选型参数

炉容/m^3	500	1000		2500		3200		4000
参数项目		设计点	最大点	设计点	最大点	设计点	最大点	设计点
进透平煤气流量/万 $Nm^3 \cdot h^{-1}$	13	18	20	42	47	54.5	58.5	60
透平入口煤气压力/kPa	125	170	240	160	180	250	280	250
透平入口煤气温度/℃	200	200	260	45	55	215	240	50
透平出口煤气压力/kPa	10	11	11	11	11	~12±1	~12±1	10
透平煤气含尘量/$mg \cdot Nm^{-3}$	≤5	≤10	≤10	≤10	≤10	≤5	≤10	≤10
发电机额定电压/kV		10.5		6.3		10.5		

如图 9-21 所示。正常情况下，由 TRT 静叶调节顶压，若 TRT 静叶故障由高压阀组自动控制顶压。

高炉净化煤气在调压阀组前引出，进入 TRT 透平的煤气管道；经过入口电动蝶阀和启动阀，进口插板阀，紧急切断阀，可调静叶，进入透平膨胀做功，透平带动发电机发电，膨胀做功后的煤气经出口插板阀，再回到原煤气系统。在调压阀组设一快开阀（液压控制），在 TRT 紧急快切阀快速关闭的同时，迅速打开快开阀，使原流经透平的煤气由快开阀处流过，实现紧急切断情况下 TRT 炉顶压力调节系统间的平稳过渡。

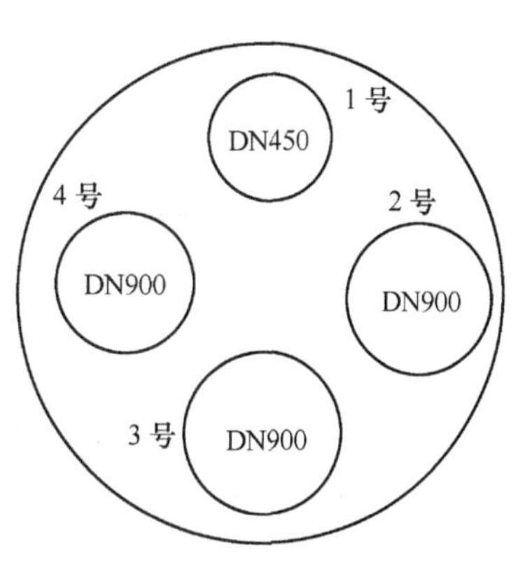

图 9-21 马钢 $3200m^3$ 高炉调压阀组结构示意图

g 煤气洗净塔

高炉煤气净化系统采用干法除尘，净煤气的温度较高，在 100~200℃，直接入煤气总管网是不安全的，必须进行降温，马钢 $3200m^3$ 高炉采用煤气洗净塔。

煤气洗净塔系统具有两个作用：一是降低煤气温度；二是能有效降低煤气的酸性和氯离子，避免采用干法布袋除尘而产生的腐蚀问题。经该系统处理后的氯离子质量分数多小于 100×10^{-6}，有效地达到了清除氯离子，并同时兼顾降温的效果。

煤气洗净塔为圆筒形结构，煤气流程为上进侧出，塔顶喉口处设有喷头，洗净塔底部为洗涤水，水面与渐扩管底部保持约 200mm 缝隙。原理是充分利用氯离子易溶于水中的性质，对高炉净煤气采用煤气洗净，利用对高炉煤气进行水喷雾洗涤，高效节能地去除高炉煤气中的氯离子。$3200m^3$ 高炉的煤气洗净塔构造及喷嘴结构如图 9-22 所示。

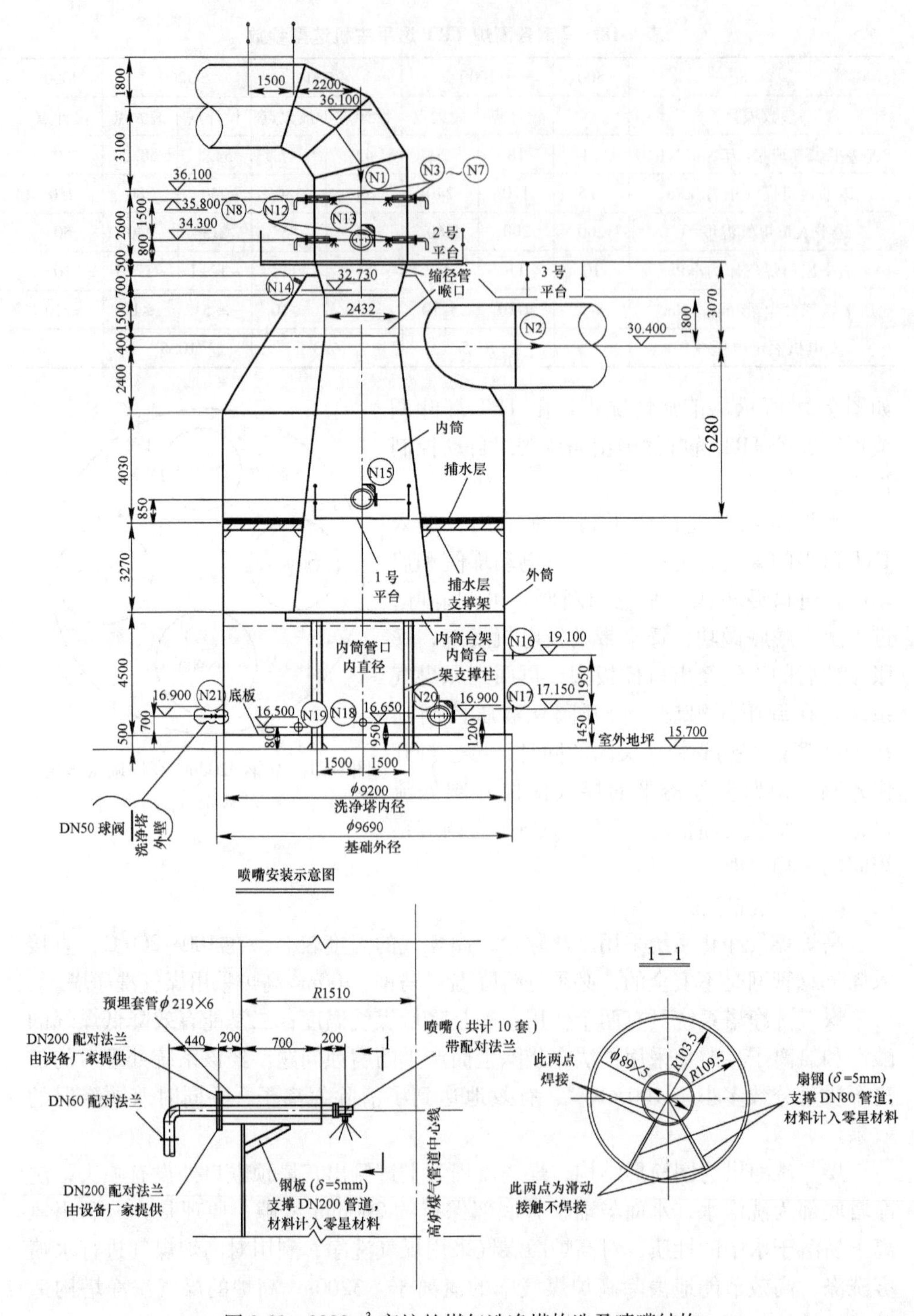

图 9-22 3200m³ 高炉的煤气洗净塔构造及喷嘴结构

洗净塔的主要技术参数见表9-19。

表9-19 马钢3200m³高炉煤气洗净塔的主要技术参数

煤气压力（表）/MPa	入口0.013；出口0.012
煤气入口温度/℃	60
煤气含尘量/mg · m^{-3}	≤5
最大煤气处理量/Nm^3 · h^{-1}	-585000
给水量/m^3 · h^{-1}	~220
水压/MPa	0.4~0.8
水温/℃	≤35

9.1.2.6 高炉渣处理工艺系统

马钢高炉的渣处理工艺有三种：500m³ 和 1000m³ 高炉为明特法，2500m³ 和 4000m³ 高炉为MG法，3200m³ 高炉为底滤法。

A 明特法渣处理工艺

明特法渣处理工艺主要由水渣冲制粒化系统、水渣转运系统、渣处理水系统、干渣系统等几部分组成。其工艺流程如图9-23所示。

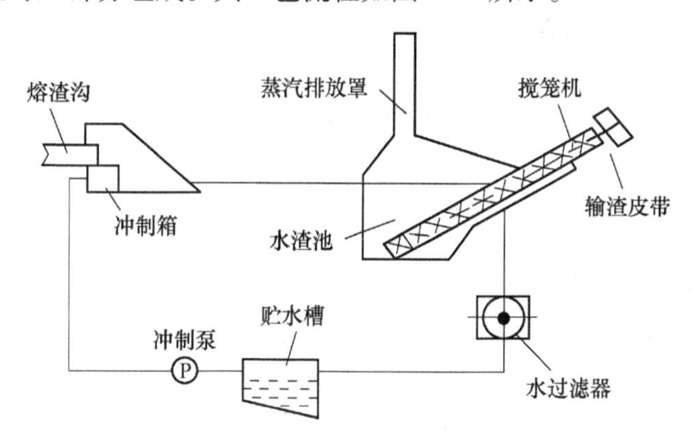

图9-23 高炉明特法渣处理工艺流程

搅笼机是明特法渣处理核心设备，作用是将水渣池内的渣水混合物在其旋转的作用下将水脱离，将渣旋转到皮带上，起着脱水输渣的功能。其笼尾伸在水渣混合池内，笼身横卧在笼槽内，笼头伸在输送皮带受料斗上部。搅笼机转速的快慢可通过变频器来控制电机的转速。渣流速度根据转速自动调节。

B MG法高炉渣处理工艺

马钢2500m³1号高炉前期采用的是INBA法渣处理系统，在多年生产实践中不断改进，设计了一种新型水渣冲制箱；简化工艺，取消冷却塔及附属设备；在转鼓过滤器下设置沉淀池、蓄水池；设置清渣机构优化水渣转鼓传动装置等，形成自有的冲渣系统，并命名为“MG 法高炉渣处理”。2002 年在 2500m³ 1 号高炉上改造成功，其后在 2500m³ 2 号高炉及 4000m³ 高炉上进行推广。与原系统相比，设备配置简化，更合理，投资减少；设备故障率减少，磨损少、寿命长；水渣冲制率从 76%提高到 98%；冲渣水闭路循环使用，污水“零”排放，节约了水资源，改善了环境等。MG 法高炉渣处理设备有水渣冲制设备、转鼓过滤设备、转运设备及给排水设备等四部分。其工艺流程图如图 9-24 所示。

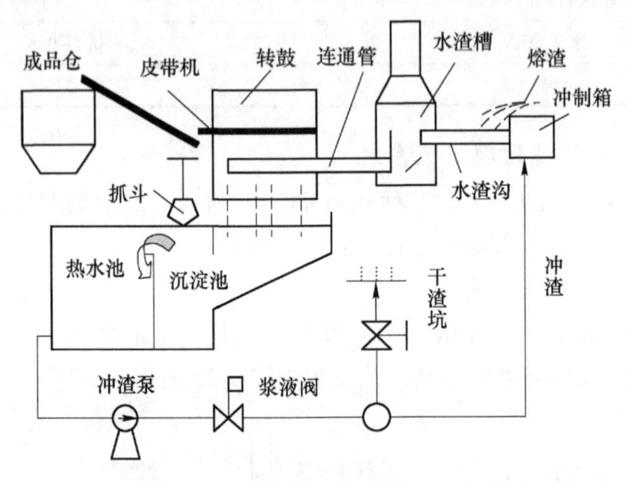

图 9-24　马钢高炉 MG 法渣处理工艺流程

转鼓过滤器是渣和水的分离设备，也是水渣系统中的核心设备。转鼓过滤器为圆形筒体框架结构，主要由转鼓本体滚圈、齿圈、片状滤网、渣斗架等组成。

熔渣被冲制箱喷嘴喷出的高流速水冲制（冲制压力≥0. 2MPa），进入水渣槽，经渣水斗底部格栅进入转鼓分配器、缓冲槽，落到转鼓滤网上，进行渣和水的分离。滤网滤出的渣在转鼓转动过程中落至筒内皮带机上运出，滤出的水由集水槽流入热水池，经热水池用泵直接送往粒化器（冲制箱）冲制水渣。

C　底滤法高炉渣处理工艺

马钢 3200m³ 高炉和 2500m³ 2 号高炉第二代炉役采用底滤法水冲渣系统。

底滤法水渣工艺由 4 部分组成：粒化塔、渣滤池、冲渣泵房、干渣坑。其主要设施包括：冲制箱、冲渣沟、排气装置、渣滤池、事故干渣坑、冲渣泵站、冷水池、冷却塔。熔渣在粒化塔内经熔渣沟下的粒化器用水冲制，渣水混合物在粒化塔内二次淬冷，经水渣沟流入过滤池，利用过滤池中的过滤层实现渣水分离。过滤后的水渣经抓斗至汽车外运，过滤后的冲渣水经过滤管由热水泵打到冷却塔、冷水池。抓渣后，用冲渣水对过滤池进行反冲洗，以保证过滤层的过滤能力，延长过滤层的使用寿命。工艺流程见图 9-25。

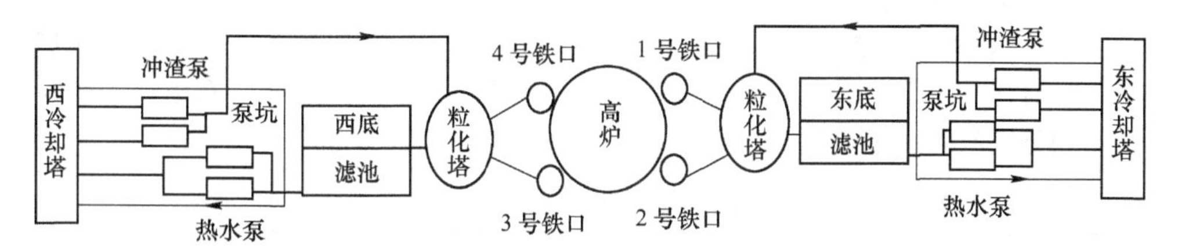

图 9-25　马钢 3200m³ 高炉底滤法水渣工艺流程

3200m³ 高炉底滤法渣处理系统主要工艺设计参数见表 9-20。

表 9-20　马钢 3200m³ 高炉底滤法渣处理系统主要工艺设计参数

序号	名　称	参数	序号	名　称	参数	备注
1	高炉容积/m³	3200	6	渣流速度/t · min⁻¹	4.5	最大 8，峰值 10（≤5min）
2	渣铁比/kg · t⁻¹	350	7	日产水渣量/t · d⁻¹	3300	按对铁口出铁制，含水 12%
3	冲渣水水温/℃	~50	8	冲渣水量/t · h⁻¹	2000	0.25MPa
4	冲渣水压力/MPa	≥0.2	9	系统日补水量/t · d⁻¹	2468.4	吨渣耗水量按 0.85t 计
5	工作过滤池面积/m²	300×2				

底滤法高炉渣处理主要设备有水渣粒化器、冲渣热水泵、冲渣供水泵、过滤池、桥式起重机等。

（1）水渣粒化器（冲制箱）是对熔渣进行淬粒化并输送水渣的关键设备。安装在固定熔渣沟的下部伸入粒化塔内，它是由箱体和喷嘴板组成，冲渣进水管通过法兰连接分两侧进入箱体，冲渣时可根据熔渣量的大小通过阀门控制送水量的大小保证淬粒效果。喷嘴板是靠螺栓固定在冲制箱体上，冲制水高速水流由此喷出对熔渣进行淬粒化（冲制压力>0.2MPa）。

（2）冲渣热水泵、冲渣供水泵，是高炉冲渣循环水系统的关键设备。渣处理热水泵主要作用将底滤池滤出的水通过管道输送到冷却塔冷却后流入冷水池作为冲渣水。渣处理冲渣泵主要作用将冷水池低于 45℃ 水通过管道输送至冲制箱对熔渣进行粒化，水泵相关参数见表 9-21。

表 9-21　马钢 3200m³ 高炉底滤法渣处理系统水泵技术参数

序号	项　目	冲渣热水泵	集水坑排水泵	干渣坑排水泵
1	类型	卧式中开离心泵	排污潜水泵	排污潜水泵
2	流量/m³ · h⁻¹	2100	37	37
3	扬程/m	H=39	H=14	H=14
4	转速/r · min⁻¹	≤1480	2900	2900
5	密封形式	机械密封		
6	必须汽蚀余量（NPSH）	≤7.7		

(3) 设两格底滤池，每格大小为 20m×7.5m，底滤池由过滤层、滤层保护架、过滤池毛细管、过滤池出水管等组成。过滤层用不同粒度鹅卵石组成，按粒度不同分层放置，过滤池及滤层参数详见表 9-22 和图 9-26。

表 9-22　马钢 3200m³ 高炉底滤法渣处理系统的滤料层及过滤池性能参数

滤料层				过滤池		
序号	滤层（自上而下）	粒径/mm	厚度/mm	过滤水量最大/$m^3 \cdot (h \cdot 格)^{-1}$		2000
1	一层	2~4	300	过滤速度/$t \cdot (m^2 \cdot h \cdot 格)^{-1}$		13.3
2	二层	4~8	200	出渣速度/$t \cdot min^{-1}$	平均	4.5
3	三层	8~16	200		最大	8~10
4	四层	16~25	800	渣水比		1 : 10

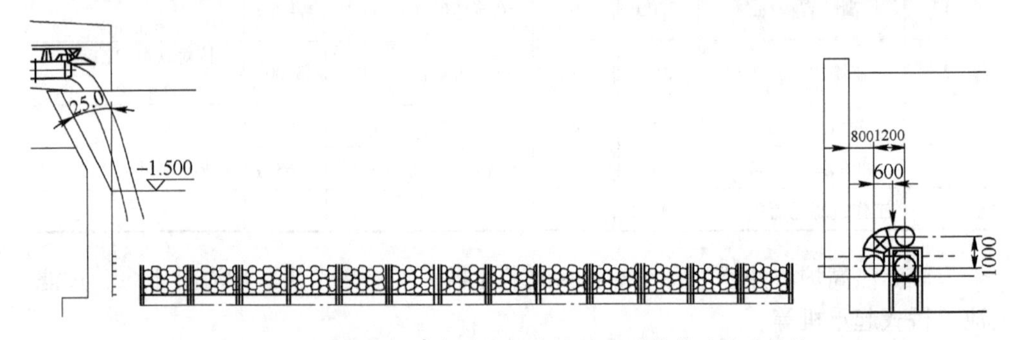

图 9-26　马钢 3200m³ 高炉底滤法渣处理系统的过滤池结构

(4) 桥式起重机是渣处理系统外运的主要设备，通过 5m³ 抓斗将过滤池滤水后的水渣抓至汽车外运。

底滤法渣处理工艺主要技术特点如下：1）占地面积小、设备少，系统一次性投资低；2）可靠性良好，作业率高；3）水渣质量好，水耗低；4）冷水冲渣，冲渣产生蒸汽少，环境得到极大改善；5）运行费用低。

9.1.2.7　高炉冷却系统设备

目前马钢 500m³、1000m³ 和 2500m³ 1 号高炉的冷却系统采用工业水开路冷却，2500m³ 2 号高炉、3200m³ 高炉和 4000m³ 高炉采用软水密闭循环系统冷却。

A　冷却系统工艺流程

工业水开路冷却系统一般由常压水和高压水系统构成，高压水供高炉风口小套、十字测温杆和炉顶齿轮箱，常压水供高炉本体、热风炉等。所有回水自流到热水池经泵组提升至大型冷却塔，冷却后自流至冷水井再由泵提升循环使用，工艺流程图见图 9-27。

联合软水密闭循环系统由主供水泵组将冷却后的软水送至冷却壁供水环管，一部分供冷却壁直冷管，另一部分水先经炉底水冷管后供冷却壁蛇形管，两部分回水回至冷却壁回水集管。回水中的一部分经高压增压泵组加压供风口小套冷

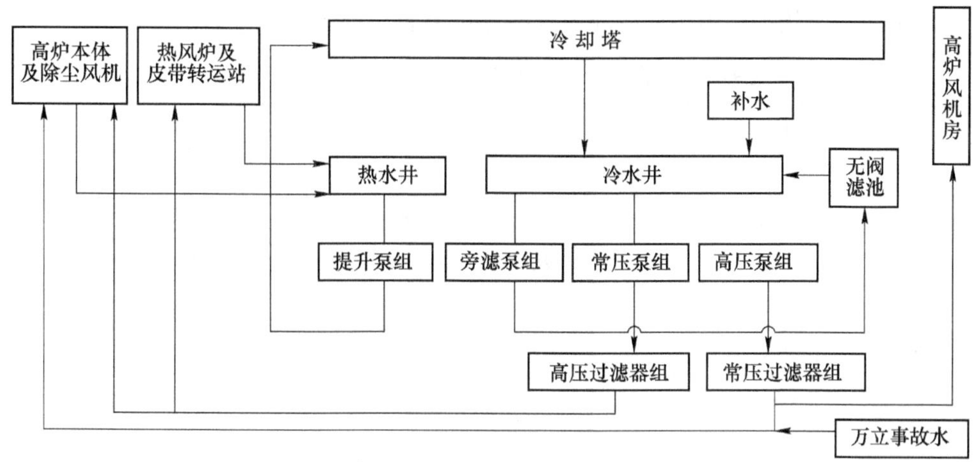

图 9-27 高炉工业水开路冷却系统的工艺流程

却；另一部分经中压增压泵组加压供风口中套、直吹管及热风阀冷却，其余回水采用旁通；第三部分回水均进入脱气罐脱气，再经回水总管进入蒸发冷却器，经冷却后循环使用。为保证水质，系统中设加药装置及排污等水质稳定措施。为稳定系统压力和控制系统补水及排出系统中产生的气泡，设有脱气罐和稳压罐。工艺流程见图 9-28。

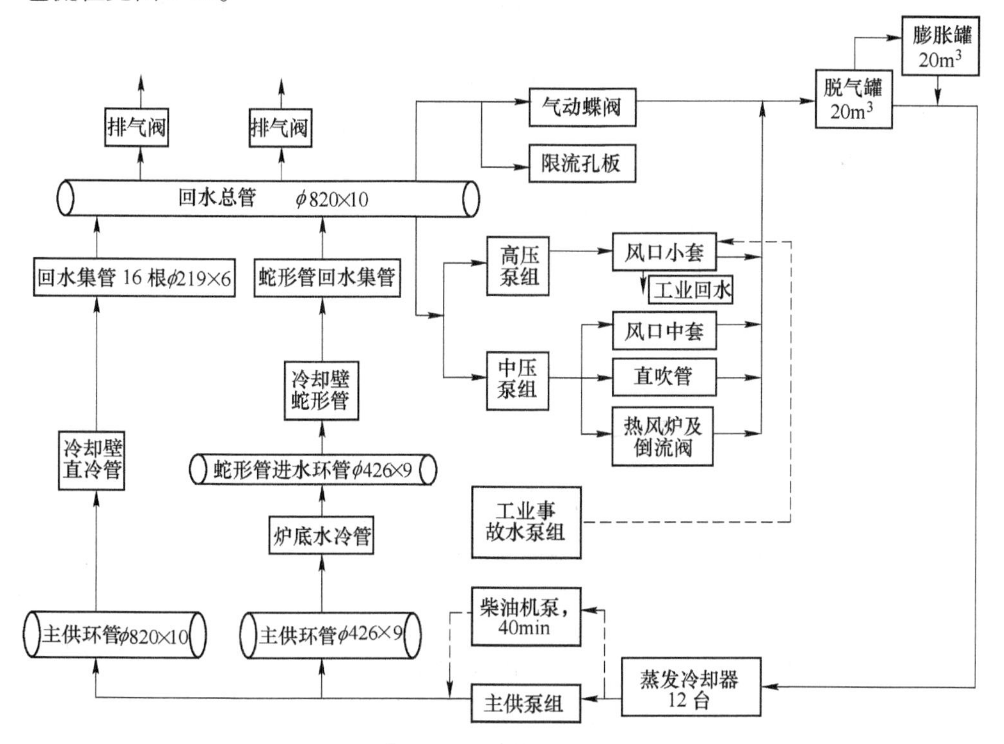

图 9-28 马钢 $3200m^3$ 高炉联合软水密闭循环冷却系统工艺流程

采用联合软水密闭循环冷却系统的优点见表 9-23。

表 9-23　联合软水密闭循环系统与其他冷却系统的比较

项　目	联合全软水冷却系统	其他冷却系统
冷却效果	最好	相对较差
总循环水量	节省 45%~50%	增加 45%~50%
投资	投资节省 18%~20%	投资增加 18%~20%
补充水量	最少	较大
运行费用	每年节省 30%~50%	每年增加 30%~50%
管系布置	简单	复杂
检修维护	方便	困难
检漏	方便	困难

各高炉冷却系统的主要技术参数见表 9-24。

表 9-24　马钢各高炉冷却系统的主要技术参数

炉　别	冷却形式	常压水系统			高压水系统		
		水量/$t \cdot h^{-1}$	水压/MPa	水温/℃	水量/$t \cdot h^{-1}$	水压/MPa	水温/℃
9 号高炉 500m^3	开路	3800	0.52	≤35	700	0.92	≤35
1 号高炉 2500m^3	开路	13250	0.70	≤35	1500	1.70	≤35
2 号高炉 2500m^3	软水	4800	0.70	44±0.5	1360	1.70	49
3 号高炉 1000m^3	开路	6400	0.65	≤35	650	1.30	≤35
4 号高炉 3200m^3	软水	5000	0.95	44±0.5	1300	1.65	49
4000m^3 高炉	软水	6000	1.0	44±0.5	1260	1.65	49

B　马钢高炉冷却系统结构及主要装备

高炉冷却系统的主要设备是冷却壁，马钢各高炉本体冷却结构情况见表 9-25~表 9-30。

表 9-25　马钢 500m^3 高炉炉体冷却结构简况

区域	层次	每层冷却壁数	材质	冷却形式	管径/mm	串联方式
炉缸	1~4 层	28	灰口铸铁	光面单层蛇形管	$\phi 60 \times 6$	每层左右两块冷板串联
风口带	5 层			光面单层蛇形管		单进单出

续表 9-25

区域	层次	每层冷却壁数	材质	冷却形式	管径/mm	串联方式
炉腹、炉腰及炉身下部	6~8层	28	铸钢镶砖	双层，热面4根直管，冷面蛇形管	热面 ϕ60×6；冷面 ϕ50×5	6层热面单进单出，7~8层热面串联，6~8层冷面串联
	9~11层		灰口铸铁	单层蛇形管	ϕ60×6	每层左右两块冷板串联
炉身上部	12~13层	24			ϕ60×6	
炉底水冷管		20根			ϕ76×10	单串，共20组

表 9-26　马钢 1000m³ 高炉炉体冷却结构简况

区域	层次	每层冷却壁数	材质	冷却形式	管径/mm	串联方式
炉缸	1~4层	36	光面灰口铸铁 HT200	双层蛇形管	ϕ50×5	1~4层冷面串联，1、2层热面串联，3、4层热面串联
风口带	5层	18	光面球墨铸铁 QT400-20A	单层蛇形管	ϕ60×6	单层单联
炉腹、炉腰	6~8层	36	镶砖球墨铸铁 QT400-20A	冷面蛇形管+热面4根竖管	ϕ50×5	6、7、8层冷、热面分别串联
炉身	9~12层	30				9、10层冷、热面分别串联；11、12层冷、热面分别串联
	13~16层	24	光面球墨铸铁	单层蛇形管	ϕ60×6	13~16层串联
炉底水冷管		32根			ϕ76×10	3根串联，最中间2根单串，共12组

表 9-27　马钢 2500m³ 1号高炉炉体冷却结构简况

区域	层次	每层冷却壁数	材质	冷却形式	管径/mm	串联方式
炉缸	1~4层	30（3层33）	光面灰口铸铁 HT200	双层蛇形管	ϕ50×5	1~4层冷、热面串联
风口带	5层	30	光面球墨铸铁	单层蛇形管	ϕ60×6	单层单联
炉腹	6~7层	48	铜冷却壁	单层4通道	ϕ50×5	6、7、8层冷、热面分别串联
炉腰	8层	40		单层5通道	ϕ50×5	

续表 9-27

区域	层次	每层冷却壁数	材质	冷却形式	管径/mm	串联方式
炉身	9~12 层	40	镶砖球墨铸铁	双层蛇形管	ϕ50×5	9、10 层冷、热面分别串联；11、12 层冷、热面分别串联
	13~17 层	30	镶砖球墨铸铁	单层蛇形管	ϕ60×6	13~15 层串联；16~18 层串联
	18 层	30	C 型光面灰口冷却壁		ϕ60×6	
炉底水冷管		63 根			ϕ76×10	2 根串联，最中间 1 根单串，共 32 组

表 9-28　马钢 2500m³ 2 号高炉（第二代）炉体冷却结构简况

区域	层次	每层冷却壁数	材质	冷却形式	管径/mm	串联方式
炉缸	1、4 层	48	光面灰口铸铁 HT200	单层 4 通道竖管	ϕ76×6	1~5 层串联
	2、3 层	44（3 层 42）				
风口带	5 层	30	光面球墨铸铁 QT400-20A		ϕ76×6	
炉腹	6、7 层	48	镶砖球墨铸铁 QT400-20A		ϕ64×6	6~10 层串联
炉腰、炉身	8~10 层	48			ϕ64×6	
	11~13 层	11 层 44 块（每上一层少 2 块）		双层 4 根直管	ϕ76×6	11~13 层串联+并联
	14~17 层	14 层 38 块（每上一层少 2 块）		单层 4 通道竖管	ϕ76×6	14~17 层串联
炉底水冷管		54 根			ϕ76×10	2 根串联，共 27 组

表 9-29　马钢 3200m³ 4 号高炉炉体冷却结构简况

区域	层次	每层冷却壁数	材质	冷却形式	管径/mm	串联方式
炉缸	1~3 层	44（1 层 48）	光面灰口铸铁 HT200	单层 4 通道直冷	ϕ80×6	1~15 层串联，全炉分 4 个扇形区域供水；10~11 层冷面蛇形管串联
风口带	4 层	32	光面球墨铸铁	单层 4 通道直冷	ϕ80×6	
炉腹、炉腰、炉身	5~9 层	48	铜冷却壁 TU2 轧制铜	单层 4 通道直冷	ϕ80×10	
	10、11 层	44	球墨铸铁 QT400-20	热面 4 通道直冷管、冷面蛇形管	ϕ80×6（直通）ϕ70×6（蛇形管）	
	12、13 层	40	球墨铸铁 QT400-20	单层 4 通道直冷	ϕ80×6	
	14、15 层	36	球墨铸铁 QT400-20	单层 4 通道直冷	ϕ80×6	
炉底水冷管		60 根			ϕ108×14	3 根串联，共 20 组

表 9-30　马钢 4000m³ 高炉炉体冷却结构简况

区域	层次	每层冷却壁数	材质	冷却形式	管径/mm	串联方式
炉缸	1、2 层	60	光面灰口铸铁 HT200	冷面蛇形管+热面 4 根竖管	蛇形管 $\phi45\times5$；直管 $\phi73\times6.5$	1～19 层直管串联，冷面蛇形管串联，全炉分 6 个扇形区域供水
	3～5 层	3、4 层 56；5 层 60				
风口带	6 层	36	球墨铸铁	双层直管	$\phi73\times6.5$	
炉腹、炉腰	7～12 层	60	铜冷却壁	单层 4 通道直冷	73×6.5	
炉身	13、14 层	13 层 56；14 层 54	球墨铸铁 QT400-20	冷面蛇形管+热面 4 根竖管	蛇形管 $\phi45\times5$；直管 $\phi73\times6.5$	
	15、16 层	15 层 52；16 层 48				
	17～19 层	17 层 46；18 层 44；19 层 38	C 型光面灰口冷却壁	单层 4 通道直冷	$\phi7.3\times6.5$	
炉底水冷管		64 根			$\phi76\times10$	2 根串联，共 32 组

9.1.2.8　喷煤系统工艺设备

A　喷煤工艺概述

马钢现有 4 套高炉喷煤系统，其中 3 套独立喷煤系统，即 500m³ 高炉、2500m³ 1 号高炉、4000m³ 高炉喷煤系统；1 套集中喷煤系统，即 2500m³ 2 号高炉、1000m³ 高炉、3200m³ 高炉集中喷煤系统。

4 套喷煤系统总的工艺流程相同，都是由原煤储运、干燥剂供应、制粉和喷吹四个系统构成，工艺流程见图 9-29。马钢各生产区域喷煤系统情况简介见表 9-31。

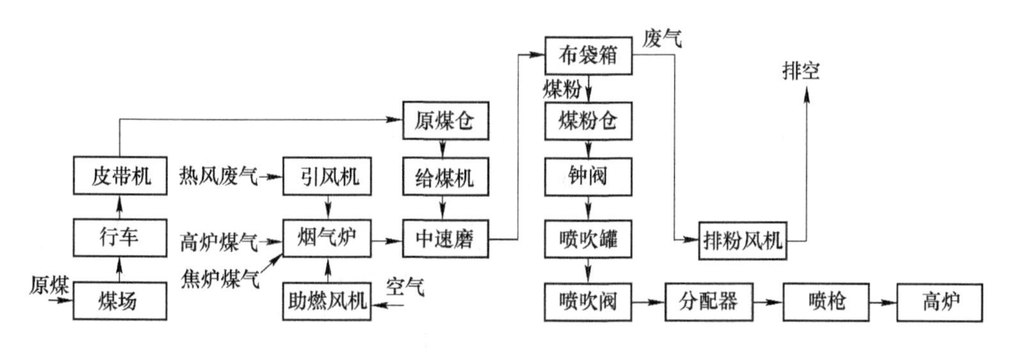

图 9-29　喷煤工艺流程

表 9-31　马钢各生产区域喷煤系统情况简介

<table>
<tr><td colspan="3" rowspan="2">设备情况</td><td colspan="8">生　产　区　域</td></tr>
<tr><td>$500m^3$
高炉</td><td colspan="2">$2500m^3$
1 号高炉</td><td colspan="3">新制粉中心
（含 $1000m^3$ 高炉、
$2500m^3$ 2 号高炉、
$3200m^3$ 高炉）</td><td colspan="2">$4000m^3$
高炉</td></tr>
<tr><td rowspan="11">原煤储运系统</td><td colspan="2">煤场储存量/万吨</td><td>0.7</td><td colspan="2">1.818</td><td colspan="3">4.3</td><td colspan="2">4.43</td></tr>
<tr><td rowspan="2">行车</td><td>数量/台</td><td>2</td><td>1</td><td>2</td><td colspan="3">5</td><td colspan="2">5</td></tr>
<tr><td>起重量/t</td><td>5</td><td>5</td><td>10</td><td colspan="3">10</td><td colspan="2">10</td></tr>
<tr><td rowspan="2">振动算板</td><td>数量</td><td>2</td><td colspan="2">20</td><td colspan="3">6</td><td colspan="2">6</td></tr>
<tr><td>算孔尺寸</td><td></td><td colspan="2">200×200</td><td colspan="3">150×150</td><td colspan="2">200×200</td></tr>
<tr><td rowspan="2">配煤仓</td><td>数量</td><td>2</td><td colspan="2">20</td><td colspan="3">6</td><td colspan="2">6</td></tr>
<tr><td>容积/m^2</td><td></td><td colspan="2">16</td><td colspan="3">23</td><td colspan="2">20</td></tr>
<tr><td rowspan="2">皮带运输机</td><td>数量</td><td>4</td><td colspan="2">4</td><td>3</td><td colspan="2">1</td><td>3</td><td>2</td></tr>
<tr><td>给料能力/$t \cdot h^{-1}$</td><td>≤200</td><td colspan="2">≤300</td><td>≤250</td><td colspan="2">≤500</td><td>≤250</td><td>≤500</td></tr>
<tr><td rowspan="2">原煤仓</td><td>数量</td><td>2</td><td colspan="2">2</td><td colspan="3">3</td><td colspan="2">3</td></tr>
<tr><td>容量</td><td>260t</td><td colspan="2">$230m^3$</td><td colspan="3">$680m^3$ 580t</td><td colspan="2">$680m^3$ 580t</td></tr>
<tr><td rowspan="7">干燥剂供应及制粉系统</td><td rowspan="2">烟气炉</td><td>数量</td><td>1</td><td colspan="2">1</td><td colspan="3">3</td><td colspan="2">3</td></tr>
<tr><td>干燥剂发生量/$Nm^3 \cdot h^{-1}$</td><td></td><td colspan="2">$1.1×10^4$</td><td colspan="3">$11.0×10^4$</td><td colspan="2">$11.0×10^4$</td></tr>
<tr><td rowspan="3">中速磨</td><td>数量</td><td>2</td><td colspan="2">2</td><td>1</td><td colspan="2">2</td><td colspan="2">3</td></tr>
<tr><td>型号</td><td>ZGM95</td><td colspan="2">ZGM95</td><td>ZGM123</td><td colspan="2">ZGM133</td><td colspan="2">ZGM133</td></tr>
<tr><td>出力/$t \cdot h^{-1}$</td><td>35</td><td colspan="2">35</td><td>60.12</td><td colspan="2">84.6</td><td colspan="2">84.6</td></tr>
<tr><td rowspan="2">布袋收尘器</td><td>数量</td><td>2</td><td colspan="2">2</td><td colspan="3">3</td><td colspan="2">3</td></tr>
<tr><td>过滤面积、处理风量</td><td></td><td colspan="2">过滤面积
$1945m^2$
处理风量
$9×10^4m^3/h$</td><td colspan="3">过滤面积
$4483m^2$
处理风量
$20×10^4m^3/h$</td><td colspan="2">过滤面积
$4213m^2$
处理风量
$20×10^4m^3/h$</td></tr>
<tr><td rowspan="5">喷吹系统</td><td rowspan="3">喷吹罐</td><td>数量</td><td>8</td><td colspan="2">2</td><td colspan="3">9</td><td colspan="2">6</td></tr>
<tr><td>布置形式</td><td>四罐并列</td><td colspan="2">两罐并列</td><td colspan="3">三罐并列</td><td colspan="2">三罐并列</td></tr>
<tr><td>单罐容积/m^3</td><td>29.5</td><td colspan="2">54.9</td><td colspan="3">80</td><td colspan="2">80</td></tr>
<tr><td rowspan="2">分配器</td><td>进/出口数</td><td>1/14</td><td colspan="2">1/30</td><td>1/30</td><td>1/18</td><td>1/32</td><td colspan="2">1/36</td></tr>
<tr><td>设置位置</td><td>高炉
风口
平台</td><td colspan="2"></td><td>2 号 $2500m^3$
56m
平台</td><td>$1000m^3$
19.8m
平台</td><td>$3200m^3$
26m
平台</td><td colspan="2">$4000m^3$
26m
平台</td></tr>
</table>

B 制粉系统

a 工艺流程及概述

制粉系统采用中速磨煤机加布袋收粉工艺，全系统负压运行。利用高温风机抽引高炉热风炉烟气，与烟气炉产生的高温烟气混合后作为干燥剂，并采用氮气作为惰性气体对系统进行安全保护。原煤从原煤仓经仓下密封定量带式给煤机进入中速磨，在磨煤机内干燥和磨细。制粉系统末端设置的排粉风机抽取干燥剂作为介质将磨细的煤粉经分离器分离，合格的煤粉沿管道进入袋式收粉器被收集。布袋收尘器选用气箱式脉冲袋式收尘器，将煤粉与废气分离。布袋收粉器排出的气体经过排粉风机后排入大气，煤粉通过煤粉筛筛分后经管道进入煤粉仓。煤粉仓的煤粉经上下钟阀进入喷吹罐。马钢高炉喷煤制粉系统工艺流程见图 9-30。

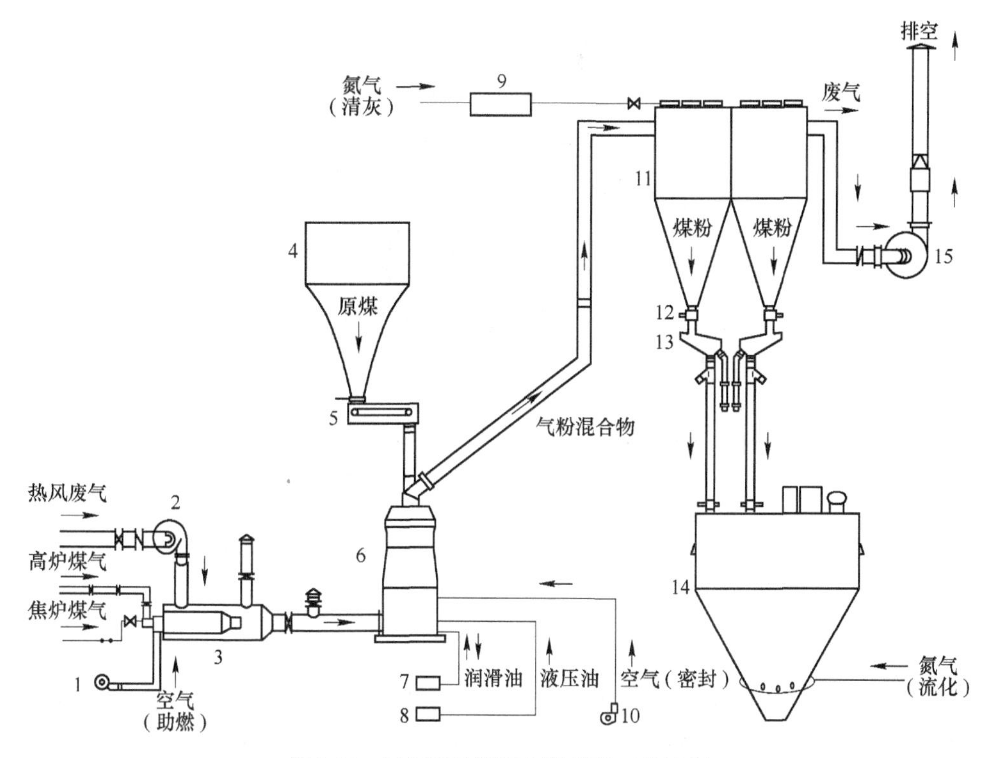

图 9-30 马钢高炉喷煤制粉系统工艺流程

1—助燃风机；2—引风机；3—烟气炉；4—原煤仓；5—给煤机；6—中速磨；7—润滑油站；8—液压站；9—氮气罐；10—密封风机；11—布袋箱；12—叶轮排粉机；13—振动筛；14—煤粉仓；15—排粉风机

b 制粉系统主要设备

制粉系统主要设备有：烟气炉、引风机、助燃风机、中速磨及其附属设备、排粉风机、布袋收粉器、螺旋输送机、叶轮排粉机、振动筛、仓顶除尘器、煤粉仓等。

马钢 500m^3、2500m^3 1 号高炉喷煤系统都是配置 2 台 ZGM95 型中速磨；新制粉中心配置了 2 台 ZGM133G-1 型中速磨煤机和 1 台 ZGM123G 型中速磨煤机；4000m^3 高炉喷煤系统配置了 3 台 ZGM133G 中速磨。中速磨结构见图 9-31。

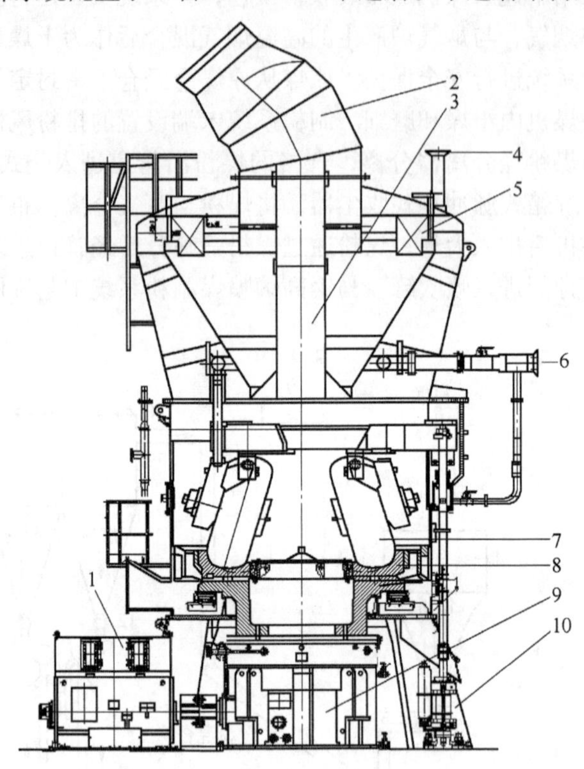

图 9-31　ZGM 型中速磨外形及结构

1—中速磨电机；2—煤粉出口管道；3—落煤管；4—灭火氮气入口；5—分离器折向门；6—密封气入口；7—磨辊；8—磨盘；9—中速磨减速机；10—加载油缸

C　喷吹系统

a　工艺流程及概述

喷吹系统都是采用高压并罐总管加炉前分配器方式，连续地向高炉喷吹煤粉。倒罐作业分自动控制和手动控制。在每个喷吹罐与煤粉仓之间设有两个气动偏置钟阀，两阀间设有软连接。喷吹罐上设有充压阀、补压阀和卸压阀。喷吹罐底部设有流化装置。喷吹罐的稳压通过其控制系统来完成。喷吹罐的电子秤称量装置可以准确、连续地测定罐内煤粉重量。喷吹罐煤粉也可以根据需要通过返粉管道返回到煤粉仓中。其工艺流程见图 9-32。

目前，马钢高炉喷吹系统主要有 CP、PW、V 型系统，其中 CP、PW 系统为国外进口技术，V 型系统为马钢自主设计的喷吹技术。三种常见喷吹系统的主要特点见表 9-32。

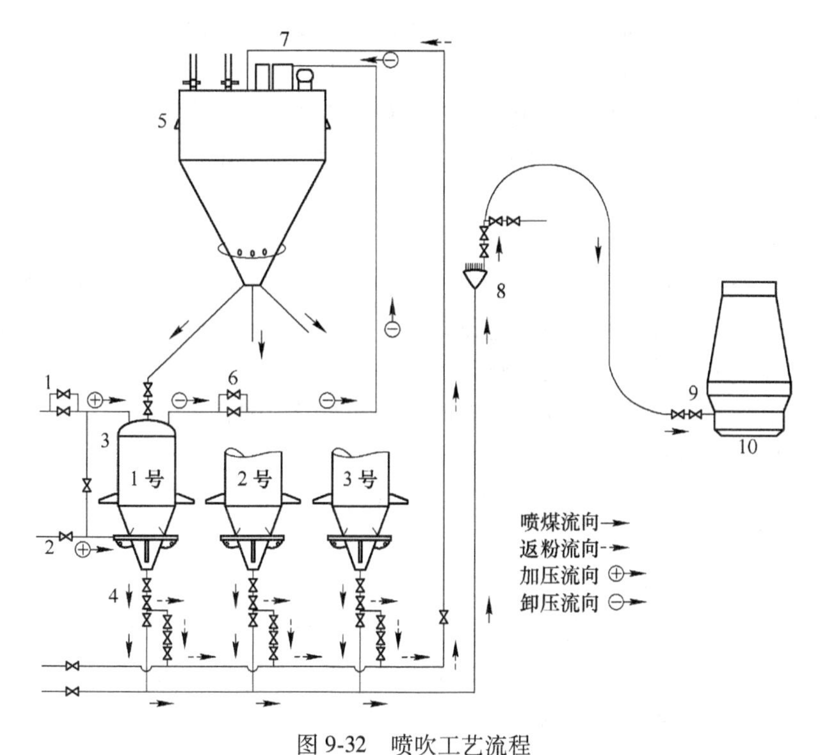

图 9-32 喷吹工艺流程

1—充压阀；2—流化阀；3—喷吹罐；4—计量调节阀；5—煤粉仓；6—卸压阀；7—卸压除尘器；8—分配器；9—喷枪；10—高炉

表 9-32 马钢高炉喷吹不同系统的比较

系统名称	CP 型	PW 型	V 型
应用高炉	2500m³ 1 号高炉 3200m³ 4 号高炉	4000m³ 高炉	2500m³ 2 号高炉 1000m³ 3 号高炉
出料方式	下出料	上出料	下出料
输送浓度	浓相	浓相	浓相
喷煤量调节方式	计量阀调节，调节性能好	煤粉流量计与煤粉调节阀，调节性能较好	“V” 型陶瓷气动调节阀，调节性能好
达到分配均匀形式	通过支管等当量长度达到支管等阻损	支管设置拉瓦尔管，增大支管阻损	通过支管等当量长度达到支管等阻损
投资造价	高	高	低

马钢 500m³ 高炉和 2500m³ 1 号高炉喷吹系统为 2 罐并列喷吹；新制粉中心和 4000m³ 高炉喷吹系统都是 3 罐并列喷吹。

4000m³ 高炉在每个喷煤支管上设有声速喷嘴。声速喷嘴是应用拉瓦尔管原理，要求缩孔最小断面处的实际速度达到声速，这时气流通过喷嘴形成超临界膨胀，当喷嘴前后端压力比达到一定值时，支管中通过的煤粉质量流量不变，从而喷煤量不变。它不受喷嘴下游阻力变化（例如支管长度不同，风口出口处炉内压力波动等引起的阻力变化等）的影响，从而达到均匀分配的目的，尤其适用于浓相输送。

b 喷吹系统主要设备

喷吹系统主要设备有：喷吹罐、钟阀、充压阀、卸压阀、计量调节阀、混合器、分配器、喷枪等。在现有工艺设备条件下，马钢使用计量调节阀增加了另外一种喷煤量的调节手段，即通过输送管道上的煤粉计量调节阀，来实现喷煤量的快速微调。计量阀安装于各喷吹罐的出料口处，采用配有液压执行器的滑板，控制喷吹罐输出的煤粉量，并兼具截止阀和调节阀的功能。

1000m^3 高炉、2500m^3 2 号高炉喷吹系统采用了国产的陶瓷气动调节阀，其功能与进口的计量调节阀相当。

9.1.2.9 环保系统

高炉在正常生产时，造成的环境污染主要是出铁现场产生的烟尘和槽下供料系统产生的扬尘，因此高炉通常设置了出铁场除尘和槽下除尘系统。

A 高炉出铁场除尘系统

为解决高炉出铁场在生产过程中，出铁口、主沟撇渣器、摆动流嘴、炉顶等处产生的大量烟尘，改善出铁场操作人员的工作条件，除工艺上设置盖、罩进行密闭外，并在以上各处分别设排烟除尘点，即出铁场除尘系统。该除尘系统主要包括：两台主风机、两台主电机、两台变频器、一台大型长袋低压脉冲布袋除尘器、输灰装置（四台水平埋刮板输送机、一台集中埋刮板机、吸引装置等）及现场各吸尘点、风管、阀门等。系统的自动控制主要用于除尘器的清灰、卸灰、输灰系统。现场各吸尘点气动阀门采用计算机控制和机旁手动控制，吸引压送装置采用现场手动操作，不纳入自动控制。

a 工艺流程

由各吸尘点吸入的含尘空气经过布袋除尘器过滤后通过除尘风机、消声器排入大气。当除尘器滤袋处理过一定量的含尘气体后，除尘器的阻力变大，这时候需要进行清灰操作。清灰采用定时、定压两种自动工作方式，并设定手动清灰方式。定时方式即在设定的时间进行清灰工作。定压方式为除尘器室内外压差达到设定值后进行清灰操作。该除尘器采用脉冲喷吹清灰方式，利用阀门的自动调节逐室进行压缩空气脉冲清灰。由于喷吹气流的作用，使布袋表面的粉尘脱落，落下的灰尘进入除尘室相应的集灰斗。通过卸灰阀将灰斗中的灰排出到输灰系统，由埋刮板输送机将除尘灰输送到灰仓，通过吸引装置将除尘灰吸到吸引压送罐车内运出。出铁场除尘工艺流程见图 9-33。

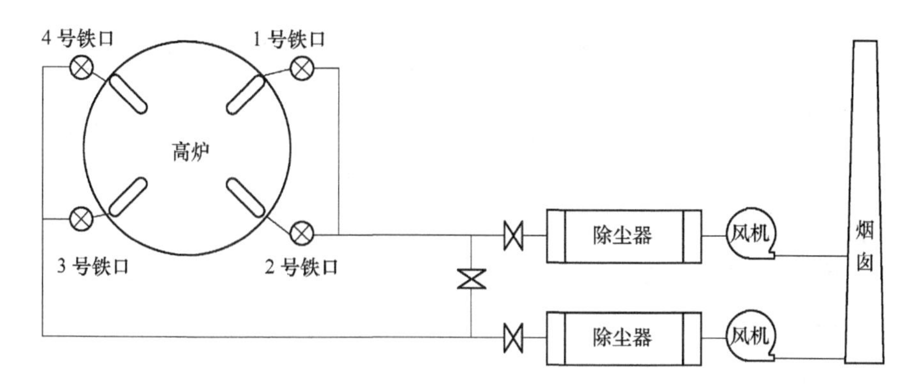

图 9-33 马钢 $3200m^3$ 高炉出铁场除尘系统工艺流程

b 主要设备

出铁场除尘系统的主要设备是风机和长袋低压脉冲布袋除尘器。

风机主要由叶轮、机壳、进气箱、主轴、轴承箱、联轴器、调节门及其连杆机构、风门电动执行器、电机（含底座）等组成。马钢 $4000m^3$ 高炉采用 Y4-2×60-14No31.5F 型风机，该风机性能参数见表 9-33。

表 9-33 马钢 $4000m^3$ 高炉炉前除尘风机的性能参数

项 目	数 据	项 目	数 据
介质温度/℃	70～110	进口角度	左 135°（右 135°）
进口流量/万 $m^3 \cdot h^{-1}$	100	出口角度	左 45°（右 45°）
风机全压升/kPa	5.5	转速/$r \cdot min^{-1}$	730
配用电机功率/kW	2240	叶片形式	后向板弧形
结构形式	离心式、双吸入、双支撑		

一座高炉吸尘点风量的确定一般按两个铁口同时出铁考虑。如马钢 $4000m^3$ 高炉共有两个出铁场、四个出铁口，一般情况采用对口出铁制，即同一个出铁场的两个出铁口不会同时出铁。但是两个出铁场之间会出现两个出铁口重叠出铁情况，同时出铁重叠时间约 30min。故除尘系统总风量按两个出铁场同时出铁设计（178 万 m^3/h）。

在各出铁口的排烟支管上设置气动阀门，还设有手动风量调节阀。在系统安装完毕调试时，测定各支管风量，根据风量调节阀门开度，直至所测风量达到设计要求，固定手动阀门开度，并作标记。气动阀门根据出铁情况进行切换。除尘管道上设有清灰口。

出铁场除尘系统长袋低压脉冲布袋除尘器性能参数见表 9-34。

表 9-34 马钢 4000m³ 高炉炉前除尘系统的除尘器性能参数

名　称	LCMD（XLDM）23200 长袋低压脉冲布袋除尘器		
设备形式	40 室四排布置、下进风、外滤式、离线清灰、离线检修		
滤袋材质	涤纶针刺毡聚四氟乙烯覆膜滤料		
处理烟气量/万 $m^3 \cdot h^{-1}$	178	过滤风速/$m \cdot min^{-1}$	约 1.28
过滤面积/m^2	23200	除尘效率/%	>99.9
除尘器阻力/Pa	≤1500		

B　高炉矿槽除尘系统

为解决高炉矿槽在生产过程中原燃料在槽上（下）给排料、筛分、称量、落料转运等过程中产生的扬尘问题，工艺设备在产生粉尘的各部位均设有密闭罩，并进行抽风除尘，即矿槽除尘系统。该除尘系统主要包括：由一台主风机、一台大型长袋低压脉冲布袋除尘器等组成的除尘装置；由两台水平埋刮板输送机、一台集中埋刮板机、一套吸引压送装置等组成的输灰装置及现场各吸尘点、风管、阀门等。系统的自动控制主要用于除尘器的清灰、卸灰、输灰系统。现场各吸尘点阀门采用手动方式进行现场操作，吸引压送装置采用现场手动操作。

矿槽除尘系统的工艺流程与铁口除尘系统相同。其主要设备的性能参数见表 9-35。

表 9-35 马钢 4000m³ 高炉矿槽除尘的风机和除尘器性能参数

项　目	数据	项　目	数据
介质温度/℃	常温	进口角度	右 135°（左 135°）
进口流量/万 $m^3 \cdot h^{-1}$	80	出口角度	右 45°（左 45°）
风机全压升/kPa	6.0	转速/$r \cdot min^{-1}$	730
配用电机功率/kW	2240	叶片形式	后弯型
结构形式	离心式、双吸入、双支撑		
名称	XLDM10500 长袋低压脉冲布袋除尘器		
设备形式	18 室下进风、外滤式、离线清灰、离线检修、二排布置		
滤袋材质	防水防油涤纶针刺毡		
处理烟气量/万 $m^3 \cdot h^{-1}$	7.8	过滤风速/$m \cdot min^{-1}$	约 1.25
过滤面积/m^2	10580	除尘效率/%	>99.9
进口含尘浓度/$g \cdot Nm^{-3}$	1~5	出口排放浓度/$mg \cdot Nm^{-3}$	≤30

C　炉顶单点除尘系统

为解决高炉炉顶上罐、皮带头轮等处的扬尘，高炉设置了炉顶单点除尘系统。系统包括一台主风机、一台小型低压脉冲布袋除尘器、卸灰装置等。设置

2个吸尘点，炉顶皮带头轮罩和上下罐间软连接，除尘灰直接卸入高炉上罐。风机过滤风量30000m³/h，过滤面积480m²。高炉炉顶单点除尘工艺流程见图9-34。

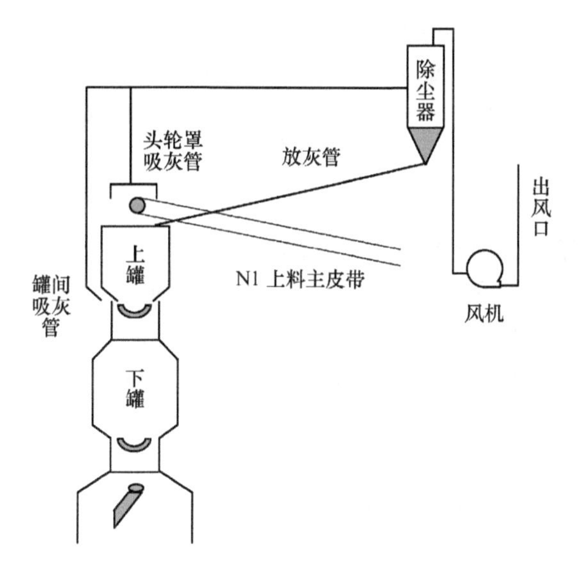

图9-34　马钢3200m³高炉炉顶单点除尘系统工艺流程

9.2　高炉原燃辅料质量要求

9.2.1　马钢入炉原燃料管理

以高炉为中心组织生产，稳定、优质的原燃料是高炉正常生产的关键。高炉原燃料管理的主要内容包括槽位管理、筛分管理和水分管理。

9.2.1.1　高炉槽位管理

高炉槽位表示原燃料储存量大小，正常的槽位是保证全风操作、稳定原燃料强度和粒度进而改善高炉透气性、确保高炉顺行的重要条件之一。

高炉低槽位的危害：（1）槽位过低会造成高炉休风；（2）槽位低使料仓壁附料塌下排出，使入炉粉末增加；（3）槽位低原燃料在补入时落差大，入槽的原燃料破碎增加，使原燃料粉末增多，强度降低；（4）低槽位时的原燃料入炉后会影响高炉的透气性，破坏高炉顺行。所以，加强对原燃料，特别是烧结矿、焦炭的槽位管理、监视特别重要。

高炉正常在库量要求所有槽均要保持在有效容积的70%以上，一般正常槽位按照7~10m控制。槽内料位低于规定最低料位（烧结矿、焦炭单仓槽位不低于5m），应暂停使用，并向管控中心汇报。当情况继续恶化时，可参照下述原则进行处理：单仓槽位，正常：7~10m；预警：低于7m；停用：低于5m；焦炭：3

个单仓槽位低于5m，通报管控中心并减风10%~20%；4个单仓槽位低于5m，通报管控中心并做好休风准备；烧结矿：3个低于5m，通报管控中心并减风5%~10%；4个单仓槽位低于5m，通报管控中心并减风10%~20%；5个单仓槽位低于5m，通报管控中心并做好休风准备。

马钢3200m^{3}高炉的矿槽与其他高炉有区别，矿槽高度较大，其正常槽位按照9~13m控制，预警槽位：低于9m，停用槽位：低于6m。多仓槽位低于6m应对原则同上。

9.2.1.2 筛分管理

在焦炭、烧结矿等物料筛分时，给料中小于筛孔尺寸的细粒级应该通过筛孔筛下排出，但由于一系列原因，只有一部分细粒级通过筛孔排出，另一部分夹杂于粗粒级中随筛上产品排出。筛上产品中夹杂的细粒越少，筛分效果越好，筛分效率越高。筛分管理核心就是采取措施提高焦炭、烧结矿等物料筛分效率，使高炉入炉料含粉率达标。

马钢高炉入炉原燃料含粉率的管理标准：烧结矿中-5mm<3%；焦炭中-25mm<2.5%；焦丁中-10mm<5%。

影响筛分效率的因素：

（1）原燃料的粒度组成。原燃料中颗粒的粒度与筛孔尺寸两者越接近，细粒级通过的概率也越低，筛分效率也越低。

（2）原燃料的水分含量。颗粒之间的表面水分对筛分效率影响很大，高炉炉料中在筛分块矿和湿焦时应特别注意，尤其是雨季。

（3）筛孔形状。筛孔形状对筛分效率有很大的影响，棒条筛和圆孔筛两者之间的筛分效率差别很大。

（4）筛面和振动筛的参数。筛面的长和宽对筛分效率影响很大。振动筛的倾斜角度要选择合适，倾角过大，物料沿筛面运动的速度过快，筛分效率下降；倾角过小，影响给料能力。

（5）振动筛的振动幅度。合适的振幅会提高筛分效率。

（6）振动筛的给料速度（t/h值）。在满足正常生产的条件下，给料速度越慢，筛分效率越高。

高炉筛分管理的具体措施：

（1）矿槽管理。为提高筛分效率，确保供料时间，烧结矿同时使用矿槽数目应不低于4个，焦炭同时使用焦仓数目应不低于4个，球团矿同时使用矿槽数目应不低于2个，块矿同时使用矿槽数目应不低于2个。

（2）t/h值管理。控制筛分速度，即t/h值，可提高筛分效率。应视原燃料品质及炉况需要，选择合适的t/h值。按表9-36规定执行，每班检查记录t/h值不少于3次。

表 9-36　马钢高炉槽下原燃料筛分速度管理标准　(t/h)

炉况	烧结矿	球团矿	落地烧结矿	自产干焦	自产湿焦	外购一级焦	外购二级焦
正常	100	90	90	70	70	65	60
透气性不良	90	最小	最小	50	50	50	50

（3）筛网管理：

1）每班定时观察筛上物和筛下物情况，及时清理筛网。

2）在粉块平衡及装入粉率管理目标值不能维持时，应更换筛网，烧结矿入炉粉末（-5mm）应小于3%，焦炭（-25mm）应小于2.5%，焦丁（-10mm）应小于5%。

3）更换筛网不能集中，要分散均匀更换，做好更换记录。

4）更换筛板规格型号由生产技术管理部门决定。

5）建立各筛的管理台账，掌握每个筛网的清理、磨损、更换及使用寿命等情况并报生产技术管理部门。

6）坚持筛网的空振制度，保证空振时间充足。

7）雨季或原燃料质量下降时应增加筛网检查清理频次。

8）若返粉量低于正常值20kg/t以上，要及时检查筛网情况，并相应增加清理频次。

9）建立三级筛网验收机制：出厂检查，入厂验收，使用验证。验收合格方可使用。验收标准：筛面平整；烧结矿及焦炭筛棒条间隔误差分别超过±0.3mm、±1mm总量控制在10%以内，否则视为不合格。

10）筛网使用期限应达到筛网规定的使用寿命。

（4）高炉槽下筛网情况见表9-37～表9-41。

表 9-37　500m³ 高炉筛网情况统计

<table>
<tr><th>使用单位</th><th>分级物料品名</th><th colspan="2">振动筛属性</th><th>9号炉</th><th colspan="2">10号炉</th><th>11号炉</th><th>13号炉</th><th>备注</th></tr>
<tr><td rowspan="5">炼铁分厂</td><td rowspan="2">焦炭</td><td colspan="2">结构形式</td><td>橡胶棒</td><td colspan="2">橡胶棒</td><td>橡胶棒</td><td>橡胶棒</td><td>陶瓷面橡胶棒</td></tr>
<tr><td colspan="2">间距、孔径/mm</td><td>18</td><td colspan="2">18</td><td>18</td><td>18</td><td></td></tr>
<tr><td rowspan="3">矿石</td><td colspan="2">结构形式</td><td>单层单面</td><td>双层单面（东）</td><td>单层单面（西）</td><td>双层单面</td><td>双层单面</td><td></td></tr>
<tr><td rowspan="2">间距、孔径/mm</td><td>上层</td><td>10</td><td></td><td>10</td><td>10</td><td></td><td></td></tr>
<tr><td>下层</td><td>5.0</td><td>4.5</td><td>4.5</td><td>4.5</td><td>4.5</td><td></td></tr>
</table>

表 9-38　1000m³ 高炉筛网情况统计

B 系列	品种	齿间距/mm	筛板类型	A 系列	品种	齿间距/mm	筛板类型
1B	焦炭	22	单层陶瓷棒条筛	1A	烧结矿	4. 2	单层棒条
2B	焦炭	22	单层陶瓷棒条筛	2A	烧结矿	4. 2	单层棒条
3B	焦炭	22	单层陶瓷棒条筛	3A	烧结矿	4. 2	单层棒条
4B	焦炭	22	单层陶瓷棒条筛	4A	烧结矿	4. 2	单层棒条
5B	球团矿	4. 2	单层棒条	5A	纽曼	4. 2	单层棒条
6B	球团矿	4. 2	单层棒条	6A	姑山	4. 2	单层棒条
S6-1	小粒烧	4. 2	单层棒条				
S6−2							
C6	焦丁	9	单层陶瓷棒条筛				

表 9-39　2500m³ 高炉筛网情况统计

B 系列	品种	齿间距/mm	筛板类型	A 系列	品种	齿间距/mm	筛板类型
1B	球团	4. 5	单层棒条	1A	块矿	4. 5	单层棒条
2B	球团	4. 5	单层棒条	2A	块矿	4. 5	单层棒条
3B	球团	4. 5	单层棒条	3A	块矿	4. 5	单层棒条
4B	球团	4. 5	单层棒条	4A	烧结矿	4. 2	单层棒条
5B	干熄焦炭	30	弹簧钢条	5A	烧结矿	4. 2	单层棒条
6B	干熄焦炭	22	弹簧钢条	6A	烧结矿	4. 2	单层棒条
7B	干熄焦炭	22	弹簧钢条	7A	烧结矿	4. 2	单层棒条
8B	湿焦	22	单层陶瓷棒条筛	8A	烧结矿	5. 1	单层棒条
S6-1	小粒烧	4. 5	单层棒条				
S6-2	小粒烧结矿	4. 2	单层棒条				
C6	小粒焦炭	11	弹簧棒条筛				

表 9-40　3200m³ 高炉筛网情况统计

B 系列	品种	齿间距/mm	筛板类型	A 系列	品种	齿间距/mm	筛板类型
1B	球团矿	4.5	单层棒条	1A	烧结矿	4.5	单层棒条
2B	球团矿	4.5	单层棒条	2A	烧结矿	4.5	单层棒条
3B	球团矿	4.5	单层棒条	3A	烧结矿	4.5	单层棒条
4B	球团矿	4.5	单层棒条	4A	烧结矿	4.5	单层棒条
5B	焦炭	25	单层棒条	5A	烧结矿	4.5	单层棒条
6B	焦炭	22	单层棒条	6A	烧结矿	4.5	单层棒条
7B	焦炭	22	单层棒条	7A	烧结矿	4.5	单层棒条
8B	焦炭	22	单层棒条	8A	烧结矿	4.5	单层棒条
9B	焦炭	22	单层棒条	9A	烧结矿	4.5	单层棒条
10B	焦炭	22	单层棒条	10A	烧结矿	4.5	单层棒条
C6	焦丁	10	单层棒条				

表 9-41　4000m³ 高炉筛网情况统计

B 系列	品种	齿间距/mm	筛板类型	A 系列	品种	齿间距/mm	筛板类型
1B	统焦	28	单层棒条	1A	姑山	4.2	单层棒条
2B	统焦	28	单层棒条	2A	澳矿	4.2	单层棒条
3B	统焦	25	单层棒条	3A	澳矿	4.2	单层棒条
4B	统焦	25	单层棒条	4A	直烧	4.3	单层棒条
5B	临涣焦	25	单层棒条	5A	直烧	4.3	单层棒条
6B	老干焦	25	单层棒条	6A	直烧	4.3	单层棒条
7B	老干焦	25	单层棒条	7A	直烧	4.3	单层棒条
8B	老干焦	25	单层棒条	8A	直烧	4.3	单层棒条
9B	大山	4.5	单层棒条	9A	直烧	4.3	单层棒条
10B	链球	4.5	单层棒条	10A	直烧	4.3	单层棒条
11B	链球	4.5	单层棒条	11A	直烧	4.3	单层棒条
12B	链球	4.5	单层棒条	12A	直烧	4.3	单层棒条
焦丁		17	单层棒条				单层棒条
矿丁一道筛		4.5	单层棒条	矿丁二道筛		4	单层棒条

高炉槽位管理和筛分管理是对原燃料粒度方面“净”的要求。“净”是要求炉料中粉料含量少，严格控制入炉原燃料的含粉率。降低入炉粉末量可以大大提高高炉透气性，提高冶炼强度，并且为高炉顺行、低耗和提高喷煤比提供良好的

条件。

9.2.1.3 水分管理

原燃料水分管理主要包括直送烧结矿、落地烧结矿、干焦、外购焦、湿焦、球团矿、块矿等的水分设定。在雨季或落地焦炭和落地烧结矿使用比例较高时，原燃料水分设定对燃料比影响较大，水分设定不准确会造成高炉向热或向凉，影响炉况稳定。因而，高炉日常管理中每个班都要检查确认原燃料水分设定值是否正确。各种入炉原燃料的水分设定值由总厂生产技术室根据实际水分值综合确定，每半年核准一次。

9.2.1.4 特殊气候下入炉原燃料管理

特殊气候下，如梅雨季节、雨雪天气、冬季等，高炉入炉原燃料管理按相应预警方案规定严格执行。

9.2.2 高炉入炉原料的质量要求

9.2.2.1 烧结矿（见表9-42～表9-44）

表9-42 500m³ 高炉用烧结矿控制标准

项目名称		化学成分（质量分数）/%							物理性能/%		冶金性能/%	
碱度	品级	TFe	$\frac{CaO}{SiO_2}$	MgO	FeO	S	Zn	K_2O+Na_2O	转鼓指数(+6.3mm)	筛分指数(-5.0mm)	RDI(+3.15mm)	RI
		允许波动范围				≤			≥	<	≥	≥
1.70～2.50	一级品	±0.5	±0.08	±0.3	±1.0	0.06	0.110	0.200	73.0	6.5	60	65
	二级品	±1.0	±0.12	±0.5	±1.5	0.08			71.0	8.5	58	62

注：1. TFe、CaO/SiO_2、FeO 基数由有关部门确定；2. 冶金性能指标应由质监部门定期取样送检；3. 按常规试样有害元素检验的取样检验频次，定期取烧结矿样送检。

表9-43 2500m³、3200m³ 高炉用烧结矿控制标准

项目名称		化学成分（质量分数）/%							物理性能/%		冶金性能/%	
碱度	品级	TFe	$\frac{CaO}{SiO_2}$	MgO	FeO	S	Zn	K_2O+Na_2O	转鼓指数(+6.3mm)	筛分指数(-5.0mm)	RDI(+3.15mm)	RI
		允许波动范围				≤			≥	<	≥	≥
1.70～2.50	一级品	±0.5	±0.08	±0.3	±1.0	0.06	0.030	0.150	80.0	6.5	65	68
	二级品	±1.0	±0.12	±0.5	±1.5	0.08			78.0	8.5	60	65

注：1. TFe、CaO/SiO_2、FeO 基数由有关部门确定；2. 冶金性能指标应由质监部门定期取样送检；3. 按常规试样有害元素检验的取样检验频次，定期取烧结矿样送检。

表 9-44 4000m³ 高炉用烧结矿控制标准

项目名称		化学成分（质量分数）/%							物理性能/%		冶金性能/%	
碱度	品级	TFe	CaO/SiO_2	MgO	FeO	S	Zn	K_2O+Na_2O	转鼓指数 (+6.3mm)	筛分指数 (−5.0mm)	RDI (+3.15mm)	RI
		允许波动范围				≤			≥	<	≥	≥
1.70~2.50	一级品	±0.5	±0.08	±0.3	±1.0	0.05	0.025	0.100	78.0	4.5	65	68
	二级品	±1.0	±0.12	±0.5	±1.5	0.06			77.5	5.0	60	65

注：1. TFe、CaO/SiO_2、FeO 基数由有关部门确定；2. 冶金性能指标应由质监部门定期取样送检；3. 按常规试样有害元素检验的取样检验频次，定期取烧结矿样送检。

9.2.2.2 球团矿（见表 9-45）

表 9-45 马钢球团矿控制标准

品种	化学成分							粒度	物理性能			冶金性能/%	
	TFe 范围 /%	*R* 范围	SiO_2 /%	FeO /%	S /%	Zn /%	K_2O+Na_2O /%	10~18mm /%	转鼓指数 (+6.3mm) /%	筛分指数 (−5.0mm) /%	抗压强度 /N·P^{-1}	膨胀率	还原度
竖炉球团矿	±1.00	±0.10	≤6.80	≤2.00	<0.05	≤0.030	≤0.700	≥85.0	≥90.00	≤3.00	≥2300	<15.0	≥65
链窑球团矿			≤6.50						≥91.00		≥2250		
备注	基准值按计划					非考核指标					<1000N/P 比例≤4.00%	不考核，抽检不少于1次/月	

9.2.2.3 块矿（见表 9-46、表 9-47）

表 9-46 马钢进口块矿技术条件

品种	TFe/%	SiO_2/%	Al_2O_3/%	S/%	P/%	H_2O/%	0~6.3mm /%	>6.3mm /%
进口块矿 1	≥61.00	≤4.00	≤2.00	≤0.060	≤0.090	≤4.00	≤13.0	≥87.0
进口块矿 2	≥63.20	≤3.45	≤1.35	≤0.020	≤0.078	≤4.20	≤5.0	≥95.0
进口块矿 3	≥63.50	≤6.50	≤1.50	≤0.050	≤0.080	≤3.00	≤7.0	≥93.0

注：除表中所列元素外，其他元素含量要求：Cu≤0.07%、As≤0.05%、Pb≤0.05%、Zn≤0.05%，K_2O≤0.30%，Na_2O≤0.20%。

表 9-47　马钢自产块矿技术条件

品种	化学成分/%					粒　度
	TFe	SiO_2	S	P	Al_2O_3	
姑块	≥48.00	≤21.50	≤0.100	≤0.700	≤3.00	7~50mm，其中+60mm 为 0；50~60mm≤8.0%；-7mm≤8.0%
	有害元素含量要求：Zn≤0.030%，K_2O+ Na_2O≤0.120%					
大山块矿	≥47.00	≤10.50	≤0.500	≤0.050	≤1.20	10~60mm，其中+60mm 为 0；-10mm≤8.0%
	有害元素含量要求：Zn≤0.010%，K_2O+ Na_2O≤0.080%					
张庄块矿	≥30.00	50.00±5.00	≤0.100	≤0.100	≤2.50	8~40mm，其中+40~-50mm≤8.0%；+50mm 为 0；-8mm≤8.0%
	有害元素含量要求：Cu≤0.08%、As≤0.05%、Pb≤0.10%、Zn≤0.07%、K_2O+ Na_2O ≤0.400%					

9.2.3　高炉入炉燃料的质量要求

9.2.3.1　焦炭（见表 9-48）

表 9-48　马钢焦炭技术要求（统焦）

指 标 名 称		一炼焦	二炼焦	三炼焦
灰分（A_d）/%		≤13.00	≤12.80	≤12.70
硫分（$S_{t,d}$）/%		≤0.82	≤0.80	≤0.78
挥发分（V_{daf}）/%		≤1.8	≤1.7	≤1.6
抗碎强度（M_{40}）/%		≥88（湿焦≥85）	≥88（湿焦≥86）	≥89（湿焦≥87）
抗磨强度（M_{10}）/%		≤6.0（湿焦≤6.5）	≤6.0（湿焦≤6.5）	≤5.9（湿焦≤6.2）
反应后强度（CSR）/%		≥68（湿焦≥67）	≥68（湿焦≥67）	≥69（湿焦≥68）
水分（M_t）/%	干熄焦	≤0.3		
	湿熄焦	≤8.0	≤7.5	≤8.0
平均粒度（统焦）/mm		≥45.9	≥45.2	≥45.9
焦末含量/%		≤13.9	≤14.5	≤13.5

注：4000m³ 高炉用二炼焦、三炼焦，3200m³、2500m³ 高炉用一炼焦、二炼焦，1000m³ 高炉用一炼焦。

9.2.3.2　焦丁与焦粉（见表 9-49）

表 9-49　马钢焦丁与焦粉技术要求

指 标 名 称	焦丁	焦粉
粒度/mm	10~25	<10
水分（M_t）/%	≤15.0	≤24.0

续表 9-49

指 标 名 称	焦丁	焦粉
灰分（A_d）/%	≤13.50	≤16.00
硫分（$S_{t,d}$）/%	≤0.85	≤1.00
挥发分（V_{daf}）/%	≤1.8	≤3.0
焦丁>25mm/%	≤25	—
焦丁<10mm/%	≤8.0	—
焦粉>10mm/%	—	≤8.0

9.2.3.3 外购焦炭（见表 9-50）

表 9-50 马钢高炉用外购焦炭技术要求

指 标 名 称	一类	二类
灰分（A_d）/%	≤12.50	≤13.00
硫分（$S_{t,d}$）/%	≤0.75	≤0.82
抗碎强度（M_{40}）/%	≥86	≥83
耐磨强度（M_{10}）/%	≤7.0	≤8.0
反应后强度（CSR）/%	≥67	≥59
挥发分（V_{daf}）/%	≤1.8	≤1.8
水分/%	≤7.0	≤7.0
粒度范围/mm	40~80	25~80
平均粒度/mm	47~59	46~58
焦末含量/%	≤8.0	≤8.0

9.2.3.4 高炉喷吹煤及烧结用煤（见表 9-51）

表 9-51 马钢高炉及烧结用煤技术条件

指 标 名 称	无烟精煤		贫瘦煤	喷吹用烟煤
	烧结用	喷吹用		
挥发分（V_{daf}）/%	≤10.00	≤13.00	13.00~18.00	20.00~39.00
灰分（A_d）/%	≤12.50	≤11.00	≤11.50	≤10.00
硫分（$S_{t,d}$）/%	≤0.70	≤0.70	≤0.70	≤0.70
哈氏可磨指数（HGI）	—	≥50（软煤） 40~50（硬煤）	≥70	≥50
粒度	>13mm 的比例≤10.0%		≤50mm	≤50mm
发热量（$Q_{net,d}$）/MJ · kg^{-1}	≥29.00		—	≥28.00
全水分（M_t）/%	≤10.0		≤10.0	≤16.0

9.2.4 高炉入炉辅料的质量要求（见表 9-52）

表 9-52 马钢炼铁用辅料（熔剂）技术条件

名称	技术条件			
萤石	CaF_2/%	SiO_2/%	S/%	P/%
	≥65.0	≤32.0	≤0.25	≤0.08
	粒度：10~60mm，其中+80mm 为 0；60~80mm≤5.0%；-10mm≤10.0%			
硅石	SiO_2/%	Fe_2O_3/%	Al_2O_3/%	CaO/%
	≥96.0	≤1.30	≤1.30	≤0.40
	粒度：10~50mm，+50mm 为 0；10~50mm≥90.0%			
锰矿	TMn/%	P/TMn	水分/%	—
	≥25.00	≤0.0100	≤6.00	—
	粒度：10~150mm，+200mm 为 0；150~200mm≤10.0%；-10mm≤6.0%			

9.3 高炉有害元素的监控和管理

9.3.1 碱金属在高炉内的危害

9.3.1.1 碱金属对焦炭强度的影响

碱金属是碳气化反应的催化剂。当焦炭中的碱金属增大时焦炭气化反应速度增加，而且对反应性越低的焦炭，碱金属对加速气化反应速度的影响越大。马钢研究表明，碱金属（K_2O）的含量增加 0.1%时，焦炭的反应性增加 2.4%，焦炭的反应性与碱金属含量之间呈正线性关系。当碱金属（K_2O）含量增加 0.1%时，焦炭的反应后强度降低 2.3%。

9.3.1.2 碱金属对铁矿石性能的影响

马钢研究表明，当烧结矿中碱金属含量小于 0.5%时，还原粉化指数 $RDI_{+6.3}$ 从 48.00%增至 62.35%，碱金属加速烧结矿的低温还原。当碱金属含量大于 0.5%时，还原粉化指数 $RDI_{+6.3}$ 逐渐减小，当碱金属含量过大时，会阻塞烧结矿的气孔，从而对烧结矿的低温还原粉化有抑制作用。在 500℃下，随着碱含量的增加，碱金属抑制矿石低温还原粉化，低温粉化率变化趋于减缓，而在 900℃下，碱含量越高，还原试验后的粉化越严重，说明当碱含量增加到一定值，在高炉内的中上部就会出现严重粉化。

9.3.2 锌在高炉内的危害

（1）锌在炉内的循环对热量产生了不利的转移，造成炉内热量从高温区转移到低温区，引起溶渣黏度升高，不利于顺行、不利于脱硫。

（2）炉衬砌缝和孔隙中的锌沉积、氧化和体积膨胀，使炉衬受到破坏甚至炉壳开裂，锌在炉内的循环富集使炉内炉料含锌高于入炉料多倍。导致料柱透气性变坏，炉况不顺和焦比升高。

9.3.3 高炉碱金属及锌的来源与平衡

9.3.3.1 高炉碱金属的来源与平衡

A 高炉原燃料与排出物中碱金属含量分析

以4000m^{3}高炉为例进行说明。图9-35为2017年3月原燃料碱金属分布，图9-36为2017年3月排出项碱金属分布。原燃料碱金属含量按高到低排序依次是球团矿、无烟煤、焦炭、烟煤、烧结矿、澳块和姑块。排出物碱金属含量按高到低排序依次是炉渣、炉前灰、重力灰、瓦斯泥和铁水。

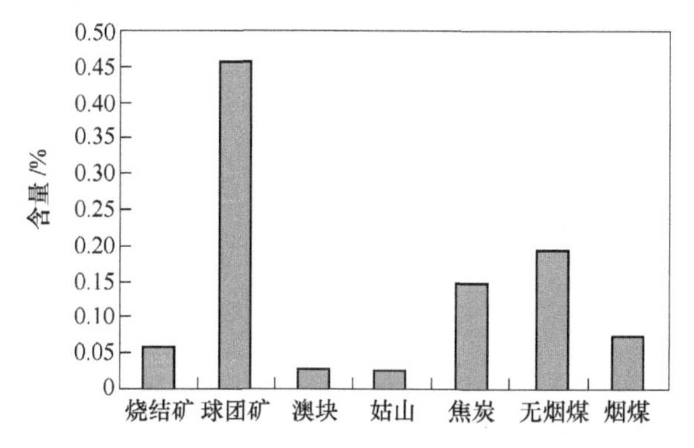

图9-35 2017年3月原燃料碱金属含量

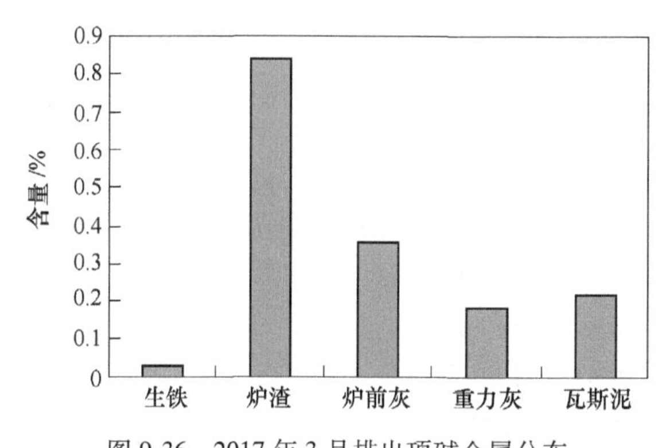

图9-36 2017年3月排出项碱金属分布

B 高炉碱金属入炉量与排出量

表9-53是2017年3月碱金属入炉量与排出量平衡表。从表9-53可以看

出：4000m³ 高炉碱金属入炉负荷为 2.922kg/t(Fe)，其中球团矿占 48.81%，烧结矿占 24.30%，焦炭占 18.19%，球团矿占比较高；碱金属排出量为 2.861kg/t(Fe)，其中炉渣占 89.12%，占比较高；碱金属带入量和排出量基本平衡。

表 9-53　2017 年 3 月碱金属入炉量与排出量

品名		吨铁量 /kg · t (Fe)$^{-1}$	碱金属（K_2O+Na_2O）		
			含量/%	绝对量/kg	相对量/%
入炉项	烧结矿	1145	0.062	0.710	24.30
	球团矿	310	0.46	1.426	48.81
	澳块	138	0.028	0.039	1.32
	姑山	14	0.023	0.003	0.11
	焦炭	352	0.151	0.532	18.19
	无烟煤	81	0.192	0.156	5.32
	烟煤	75	0.076	0.057	1.95
总计				2.922	100.00
排出项	生铁	1000	0.0271	0.271	9.47
	炉渣	300	0.85	2.550	89.12
	炉前灰	0.6	0.36	0.002	0.08
	重力灰	9	0.19	0.017	0.60
	瓦斯泥	9.5	0.222	0.021	0.74
	总计			2.861	100.00
误差（入排）				0.060	

9.3.3.2　马钢高炉锌的来源与平衡

A　高炉原燃料与排出物中锌含量分析

以 4000m³ 高炉为例进行说明。图 9-37 为 2017 年 3 月原燃料锌分布，图 9-38 为 2017 年 3 月排出项锌分布。原燃料锌含量按高到低排序依次是姑块、球团矿、烧结矿、澳块、焦炭、无烟煤和烟煤；排出物锌含量按高到低排序依次是瓦斯泥、重力灰、炉前灰、炉渣和铁水。

B　高炉锌入炉量与排出量

表 9-54 为 2017 年 3 月锌入炉量与排出量平衡表。从表 9-54 可以看出：4000m³ 高炉高炉锌入炉负荷为 0.212kg/t（Fe），其中烧结矿占 75.45%，球团矿占 17.51%，烧结矿占比较高；锌排出量为 0.245kg/t(Fe)，其中瓦斯泥占 84.36%，占比较高；锌排出量大于带入量。

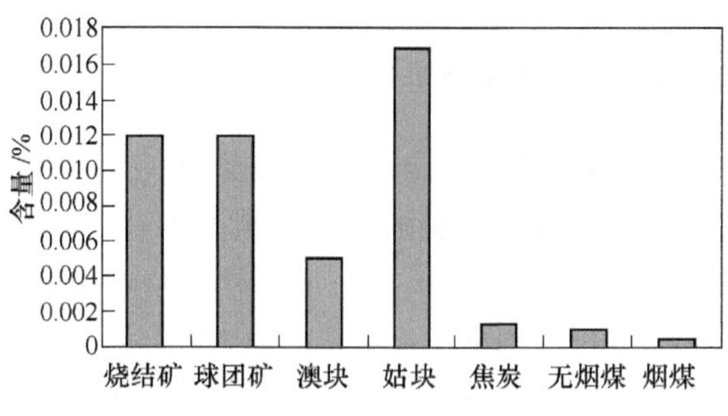

图 9-37 2017 年 3 月原燃料锌分布

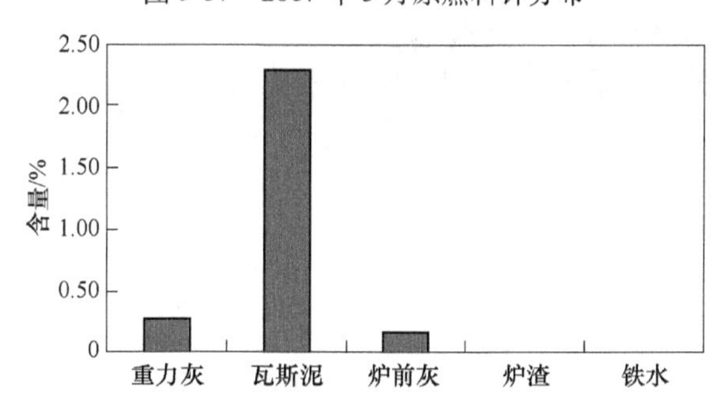

图 9-38 2017 年 3 月排出项碱金属分布

表 9-54 2017 年 3 月份锌入炉量与排出量

品名		吨铁量 /kg · t^{-1}	锌		
			含量/%	绝对量/kg	相对量/%
入炉项	烧结矿	1145	0.014	0.160	75.45
	球团矿	310	0.012	0.037	17.51
	澳块	138	0.005	0.007	3.25
	姑山	14	0.017	0.002	1.12
	焦炭	352	0.0013	0.005	2.15
	无烟煤	81	0.001	0.001	0.38
	烟煤	75	0.0004	0.000	0.14
	总计			0.212	100.00
排出项	生铁	1000	0.001	0.010	4.08
	炉渣	300	0.001	0.003	1.22
	炉前灰	0.6	0.18	0.001	0.44
	重力灰	9	0.27	0.024	9.90
	瓦斯泥	9	2.3	0.207	84.36
	总计			0.245	100.00
误差（入排）				-0.033	

9.3.4　马钢高炉碱金属及锌负荷趋势分析

9.3.4.1　马钢 4000m³ 高炉碱金属负荷趋势分析

图 9-39 为 A、B 高炉碱金属负荷趋势图。从图中可以看出，A、B 高炉碱金属 2016 年之后比之前出现明显下降，其主要原因是从 2016 年年初开始降低了凹精（碱金属含量较高）的使用比例。

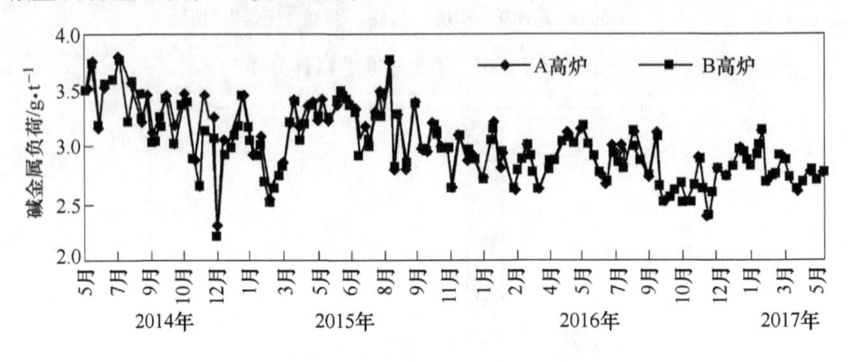

图 9-39　A、B 高炉碱金属负荷趋势

9.3.4.2　马钢高炉锌负荷趋势分析

图 9-40 是 A、B 高炉锌负荷趋势图。从图中可以看出，A、B 高炉锌负荷波动较大，其根本原因是转炉废钢中含有部分含锌废钢，且使用比例难以控制，造成烧结用炼钢污泥锌含量波动较大。

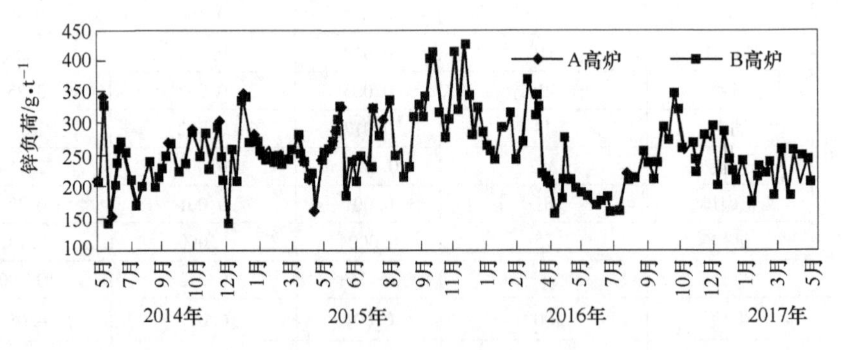

图 9-40　A、B 高炉锌负荷趋势

9.3.5　马钢高炉碱金属及锌的监控与管理

2014 年马钢修订发布了《铁前系统有害元素检验规定》《高炉锌、碱金属负荷控制标准》《马钢高炉有害元素预警机制》等文件。根据《铁前系统有害元素

检验规定》文件规定，中间产品（烧结矿、球团矿）每周检验 2 次，成分稳定的高炉、烧结、球团用单种矿检验频次为每月 1 次或每批 1 次，非常规样（炼钢污泥、高炉灰、烧结灰、球团灰、炉前灰）检验频次为每周 2 次；高炉碱金属、锌负荷及富集率每周测算 1 次。

《高炉锌、碱金属负荷控制标准》根据国内行业不同级别高炉锌、碱金属水平及马钢用料情况制订，具体标准见表 9-55。

表 9-55 马钢高炉锌和碱金属负荷控制要求

项 目	$500m^3$	$1000 \sim 3200m^3$	$4000m^3$
锌负荷/$g \cdot t(Fe)^{-1}$	<1400	<400	<300
碱金属负荷/$kg \cdot t(Fe)^{-1}$	<6.00	<4.00	<3.30

为加强管理，防范高炉碱金属及锌负荷连续超标，基于《铁前系统有害元素检验规定》和《高炉锌、碱金属负荷控制标准》，制订发布《马钢高炉有害元素预警机制》，该预警机制共设四级预警状态。

一级预警状态：当高炉有害元素月分析富集率连续 2 个月超标时，进入一级预警状态，高炉制订排锌排碱方案。

二级预警状态：当高炉入炉有害元素负荷周分析连续 2 周超标时，进入二级预警状态。

三级预警状态：当中间工序产品（烧结矿、球团矿）有害元素含量检测不符合时，进入三级预警状态。

四级预警状态：当铁前原燃料质量有害元素或烧结球团工序回收的马钢回收料有害元素含量检测不符合时，进入四级预警状态。

具体预警工作流程如图 9-41 所示。

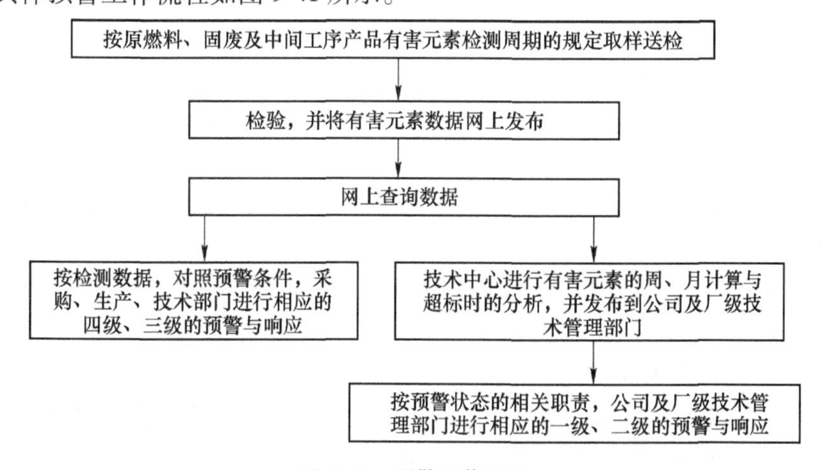

图 9-41 预警工作流程

9.4 操作技术与管理

9.4.1 高炉炉况顺行标准及控制

9.4.1.1 高炉炉况顺行的定义

高炉炉况顺行是指能维持煤气流分布的稳定，保持合适而充沛的炉缸温度，炉内气、固、液三态物质运动状态稳定。煤气流分布及炉缸温度的影响因素较多，例如送风制度、原燃料条件、造渣制度、装料制度等，这些因素的任何一个条件发生变化都会造成煤气流分布和炉缸温度的变化，最后造成炉况失常而影响指标。

高炉炉况顺行是冶炼生产稳定、高炉长寿的重要前提，也直接关系到高炉的高产增效。

9.4.1.2 高炉炉况顺行的表征

炉况顺行表征为煤气流分布合理稳定，炉缸状况活跃均匀、温度充沛稳定，炉料下降顺畅均匀，炉体各段的温度在合适范围之内。主要表现在下述几方面：

（1）高炉全风、全氧、全风温操作，风压、顶压和透气性指数平稳、合适、无锯齿状波动。

（2）煤气流分布良好。炉喉、十字测温各点温度曲线正常，规律性强，周向边缘四点温度差小，中心温度与边缘温度维持在各自的合理范围内，分配比例、同步同向性、稳定性及均匀性良好；炉顶上升管煤气温度在合适范围内，其曲线呈规则的波浪形，且四点温差小于50℃，炉喉钢砖周向各点温度接近，波幅小，稳定于正常合理范围。

（3）高炉本体各段温度、热流强度在正常范围；冷却水温差在规定范围内，尤其是炉身、炉腰、炉腹等部位各冷却壁进出水温差波动稳定且符合规定。

（4）炉喉煤气CO_2曲线呈对称的双峰型，混合煤气中CO_2/CO值稳定，煤气利用率稳定且在合理范围，H_2含量与煤比、湿度相符，炉顶煤气压力稳定且无突起的尖峰。

（5）炉料下降均匀、顺畅，没有停滞和崩落现象，探尺记录倾角比较固定，不偏料。

（6）风口明亮，圆周工作均匀，风口前焦炭活跃，无生降、无挂渣、无风口曲损、无连续烧坏风口现象。

（7）炉渣、铁水温度充沛，流动性良好，渣中不带铁，化学成分合适、稳定；同次铁前、末期铁水温度、成分变化不大；相邻两次铁的铁水温度、成分波动小；来渣时间间隔稳定，铁口无卡阻现象。

（8）炉体各段静压力无剧烈波动，高炉上下部压差相对稳定，且在正常的范围内。

9.4.1.3 高炉炉况顺行的基本条件

（1）炉缸工作均匀、活跃。炉缸是高炉冶炼顺行的基础，只有在炉缸工作良好的前提下才能确保冶炼过程的正常进行，渣、铁排放顺利，铁水质量优良：

1）风口回旋区大小适宜，理论燃烧温度保持在适宜的范围内。

2）炉缸热量充沛，物理热充足，铁水质量良好。

3）各铁口上下次铁的物理热和化学成分差别不大，同炉次铁的出铁前、后期也无明显的变化，流动性良好。

4）风压在出铁前后保持稳定，没有出铁前风压高、料慢，出铁后风压低、料快的现象。

5）各风口工作均匀活跃，无风口曲损、烧风口，无生降和挂渣现象。

（2）原燃料结构和质量能满足高炉冶炼的基本要求，特别是焦炭的强度与炉容相适应。理论研究表明炉内各温度区域对原燃料性能的基本要求应与图 9-42 相符。

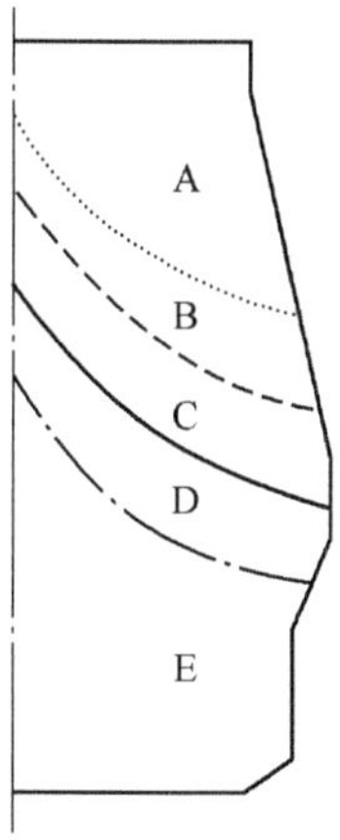

区名	主要功能	对原料的基本要求
A	200～400℃预热	合理的粒度组成，冷强度好，透气性好
B	400～700℃还原	耐磨性能好，低温还原粉化率低，透气性好
C	700～1100℃还原	部分还原后强度仍然较高，荷重软化温度高，透气性好
D	1100～1300℃还原	高温还原性能好；焦炭的反应后强度好，仍然保持一定的粒度，透气性好
E	>1300℃熔融渣、铁分离、渗碳	焦炭仍然保持一定的粒度，焦炭层和炉缸“死”料柱（焦炭）透气性、透液性好

图 9-42 高炉内各温度区域对原、燃料性能的要求

1）高炉供料、上料和布料系统运行正常，布料设备精度满足要求，并定期校验布料设备的精度。

2）渣、铁处理和运输能力可以满足高炉按时出净渣铁的需要。

3）冷却设备完好，有破损的冷却设备应及时处理修复，保证煤气含氢在合理控制范围。

4）保持合理稳定的操作炉型，是炉况稳定顺行的基础。操作炉型是高炉开炉后在逐渐强化冶炼的过程中形成的，即使设计尺寸、原燃料条件完全相同的高炉，由于开炉后炉况变化的不同和操作制度的差异，形成的操作炉型也不同。

5）基本操作制度与原燃料条件及炉型相适应。

6）高炉操作调剂及时、准确，三班操作保持连贯，树立全局观念，才能确保炉况的长期稳定和顺行。

9.4.1.4　炉况顺行的控制

A　炉况顺行的判别

炉况顺行的判别指标：一是稳定性；二是适应性。在一定冶炼条件下，高炉稳定性指高炉运行的波动幅度，表现为高炉当前“健康”状况和均值水平；高炉适应性指高炉在内外部条件发生较大变化时，高炉表现出来的能够自我调节的能力，体现高炉长期运行时的抗波动、抗干扰能力等。稳定性是适应性的基础与前提，适应性是稳定性的重要保障。保持一座高炉长周期稳定顺行，稳定性和适应性两者之间缺一不可。

马钢高炉结合自身特点及国内其他高炉操作经验，从高炉四大基本操作制度入手建立了高炉稳定性判别条款及标准，见表9-56。

表9-56　马钢高炉稳定性判别条款及标准

判别条款	判别标准	控制方法
送风制度	高炉是否处于全风、全氧、全风温作业	在合适的压差及透气性指数情况下，尽可能恢复高炉指定风量、氧量及风温，完成规定的冶炼强度
	透气性曲线微微波动，无锯齿状。 很稳定状态：全天风压波动<10kPa； 较稳定状态：全天风压波动10~20 kPa； 透气性指数正常范围： 1000m³ 高炉：16.7~18.8 2500m³ 高炉：24.5~29.0 3200m³ 高炉：35.8~41.0 4000m³ 高炉：36.0~42.0	操作上要维持与风量相适宜的料速，使压量关系宽松，风压和透气性指数等曲线平稳
	炉顶温度曲线呈规则性波动、互相交织，顶温水平不应超过250℃，各点温差不大于50℃	控制适当的料速。在顶温偏高时，可采取短时炉顶打水控制，保护炉顶设备不致烧坏
	炉顶压力曲线平稳，没有较大的上下尖峰	尽量提高炉顶压力操作。确保TRT和调压阀组调节灵敏，保持顶压稳定
	炉体静压力正常，无剧烈波动	保持煤气流分布合理，软熔带位置基本稳定
	高炉上下部压差相对稳定在正常的范围内	做好精料管理，减少焦粉入炉，及时跟踪矿石冶金性能的变化，出净渣铁等，维持料柱透气性稳定
装料制度	下料均匀、顺畅，无崩滑料，料面周向偏差小于0.5m	确定装料制度（炉料装入顺序、装入方法、旋转溜槽倾角、料线和批重等）与送风制度的合理匹配

续表 9-56

判别条款	判 别 标 准	控 制 方 法
造渣制度	炉渣物理热高且流动良好，渣碱度正常，渣沟不结厚壳，渣、铁分离良好	通过配料调整熔剂及其他附加物的量来调节炉渣的成分及碱度
炉缸热制度	炉温在规定的范围内波动，炼钢铁水物理热高，铁样析出石墨碳；铸造铁无大量大片石墨碳飞扬。实际［Si］在目标核料［Si］±0.1 波动	主要通过调节风量、风温、焦炭负荷、喷吹物及加湿鼓风来控制

B 实施高炉体检对炉况顺行控制

高炉的体检制度建立的基点来源于高炉，一是根据各高炉历年生产数据回归出相关性关系；二是对高炉过程控制参数、技术经济指标、原燃料条件进行实时分析，建立体检参数标准值以及参数运行状态趋势图。生产单元对高炉炉况进行 24 小时监控，每天对体检数据进行记录填报，建立当班工长“班体检”、炉长“日体检”、总厂和技术处周分析、公司月总结的高炉体检体系。高炉体检制度是利用在此基础上生成的“高炉顺行指数”，即根据实时运行参数指标与设置的参数指标进行相关性打分和逻辑对比，得出更为直观的高炉健康顺行指数，以数字作为诊断结果，为炉况研判顺行维护提供可靠的量化依据。根据顺行指数，将高炉炉况的运行状态分为稳定顺行、基本顺行、波动预警、炉况失常四个档次，可更为准确、直观地判断高炉顺行状态。

通过对高炉各项参数多次梳理，形成五类参数监控体系：煤气流监控、送风参数、炉体监控、指标检查、铁水炉渣。每一类参数生成各自对应的子项参数：

（1）煤气流监控包括：崩滑料、难行次数、管道、炉顶温度、煤气利用、炉喉钢砖温度、炉喉钢砖极差、十字测温边缘及中心温度、探尺差等；

（2）送风参数包括：风量使用、操作燃料比、全焦负荷等；

（3）炉体监控包括：炉身各段温度及各段温度的最低 4 点的温差情况；

（4）铁水炉渣包括：铁水理热、硅偏差、铁水含硅情况等。

通过对每日顺行指数的跟踪，找出每日偏离参数，对过程能力进行分析，并不间断跟踪，重点对偏离的参数进行原因和趋势的进一步分析跟踪，使得问题更有针对性，找出问题的根本所在，并加以处理，极大提高对炉况趋势的判断和及时的把控，同时通过专家团队对运用参数做进一步的指导和调整，更有效保证了炉况的顺行。表 9-57 为马钢顺行指数炉况分级表。

表 9-57　马钢顺行指数炉况分级

炉况分级			
稳定顺行	基本顺行	波动预警	失常
大于 90	90~75	75~65	小于 65

9.4.2　高炉合理煤气流的控制

9.4.2.1　煤气流形成过程、类型及影响因素

A　炉内煤气流分布的形成

高炉是一个典型的逆流反应器，煤气流的分布有三个阶段：(1) 初始分布。自风口向上和向中心扩散。第一阶段的煤气流分布与死料柱透气性和回旋区形状关系很大，其中焦炭性能与送风条件等起到了决定性作用。(2) 二次分布。在软熔带焦炭夹层中作横向运动并穿过滴落带。第二阶段的煤气流分布与软熔带的形状、位置、焦炭性能和焦层厚度，以及滴落带的阻力密切相关，此阶段装料模式和送风制度决定了二次分布。(3) 三次分布。煤气流向上曲折的通过块状带，此阶段装料制度及原燃料的物理性能、粒度、含粉决定了煤气流的分布。除此以外，炉体冷却设备的状况和是否漏水也都将影响煤气流的分布。

在影响初始、二次和三次煤气流分布的因素中，一种或几种因素发生变化的时候，都将引起高炉煤气流分布变化，会产生炉况波动，但是不能长期在异常炉况下进行冶炼生产。保持正常炉况的根本方法是加强原燃物料的准备，使其物理化学性能稳定，再辅以合理造渣、送风制度的调配和合适的上部制度配合，取得上稳下活的高炉操作效果，维护好冷却设备工作状态，三管齐下让炉况长期稳定顺行。

B　煤气流分布的重要意义

煤气流分布的合理与否，很大程度上“映射”出高炉的顺行情况，控制高炉煤气流合理分布极其重要，主要体现在以下几个方面：

(1) 是炉况稳定顺行的基础，决定炉缸工作和炉内“三传”的好坏，炉型的维护状况，强化冶炼能够达到的程度等。

(2) 是高炉节能降耗的基础。

(3) 是高炉稳定长寿的重要措施，气流分布不合理，会造成耐火材料冲刷加剧、冷却设备易破损、炉缸工况易变差。

C　典型煤气流分布类型及特点

高炉内的煤气流分布有四种基本类型，即边缘发展型、边缘和中心同时发展型（又称双峰型）、中心发展型和平坦型，见表 9-58。

表 9-58 高炉内的煤气流分布

煤气分布类型	装料制度	煤气曲线形状	煤气温度分布	软熔带形状	煤气阻力
Ⅰ	边缘发展型				最小
Ⅱ	双峰型				较小
Ⅲ	中心发展型				较大
Ⅳ	平坦型				最大

煤气分布类型	对炉墙侵蚀	炉顶温度	散热损失	煤气利用程度	对原燃料性能要求
Ⅰ	最大	最高	最大	最差	最低
Ⅱ	较大	较高	较大	较差	较低
Ⅲ	最小	较低	较小	较好	较高
Ⅳ	较小	最低	最小	最好	最高

从表 9-58 中可以看出，Ⅰ型软熔带边缘煤气流较发展，中心煤气相对抑制，致使中心打不开，炉缸不够活跃，且煤气利用程度差；Ⅳ型软熔带过于平坦，煤气流受到阻力大，中心和边缘两道气流都受到抑制，煤气分布混乱，即使原燃料条件非常优质，也很难保障高炉的稳定顺行，实际生产中，通常采用双峰型装料制度或中心发展型装料制度；Ⅱ型双峰型布料制度对原燃料性能要求较低，中心和边缘气流都适当发展，且形成 W 形软熔带，煤气阻力较小；Ⅲ型中心发展型布料制度适当抑制边缘打开中心，炉缸活跃，有利于炉况稳定。

具体描述和分析如下：

边缘发展型：煤气曲线呈馒头状，气流分布很不稳定，易形成边缘管道，破坏炉况稳定。边缘发展型的煤气分布，因边缘气流过于发展，炉墙受到长时间的煤气冲刷和热效应，易造成渣皮脱落和炉墙侵蚀。高炉边缘煤气流适当发展有助于边缘矿石平台的稳定，同时边缘气流的存在可预防和处理炉墙结厚的问题。

边缘气流过度发展的另一效果是中心气流受到抑制。高炉中心气流打不开，炉缸不活跃，中心通路阻塞，高炉中心部分炉料未能充分还原，进入炉缸后造成炉缸中心部分热负荷过重，导致炉缸中心堆积。炉缸堆积后，高炉不接受风量，渣铁熔分效果差，脱硫效果不好，获得的生铁质量不稳定。高炉风量低，造成炉缸内煤气量不足，热量不足，引起高炉炉况难行。因此高炉布料制度的确定时，通常不采用边缘发展型煤气分布。

双峰型：双峰型形成中心和边缘两股煤气流，在发展中心煤气流的同时边缘煤气流得到适当发展，煤气分布主要采用平台加漏斗的布料模式获得。中心煤气流的发展保障了炉缸良好的活跃程度，边缘煤气流的发展有利于提高煤气利用、减少炉墙结厚。双峰型煤气流分布，对原燃料条件要求不高，在原燃料质量稳定的条件下，炉况波动小，有助于高炉炉况的长期稳定顺行。近几年经过众多钢铁企业的实践探索，各高炉均陆续开发出适合自身条件的双峰型煤气分布，对高炉长期稳定顺行有重要意义，受到钢铁行业大型高炉生产的一致推广。

中心发展型：中心发展型煤气分布主要是采用平台加中心加焦的布料模式获得的。高炉中心布入的焦炭在原燃料质量有较大波动时，仍能够保持炉缸中心活跃，有利于减少风口破损、管道、悬料，避免高炉炉况的大幅波动。21 世纪初期我国高炉基本都采用平台加中心加焦的布料模式。但此种布料模式由于中心加焦的存在，容易造成中心煤气流过度发展、边缘煤气流较弱，煤气分布不均匀、利用程度偏低。近些年来我国大型高炉逐渐探索双峰型煤气分布。

平坦型：平坦型煤气流的软熔带过于平坦，高度小、焦窗面积小、煤气流通行阻力大，中心和边缘两道气流都受到抑制，煤气流分布相对紊乱，且对原燃料质量要求高。由于煤气流的紊乱分布，导致高炉炉缸不活跃、炉墙易结厚，高炉的稳定顺行很难保障。高炉布料制度一般不采用平坦型煤气分布。

马钢高炉操作尤其是大高炉操作大部分历史都是采用确保较强中心气流、维持合理边缘气流的操作模式，十字测温曲线见图 9-43。经过多年的实践操作探索和总结，马钢由发展中心的气流控制手段转变为稳定中心气流，适当发展边缘气流的控制手段，形成“平台+漏斗”的布料模式，并成功运用在 1000m^3 到 4000m^3 级高炉。

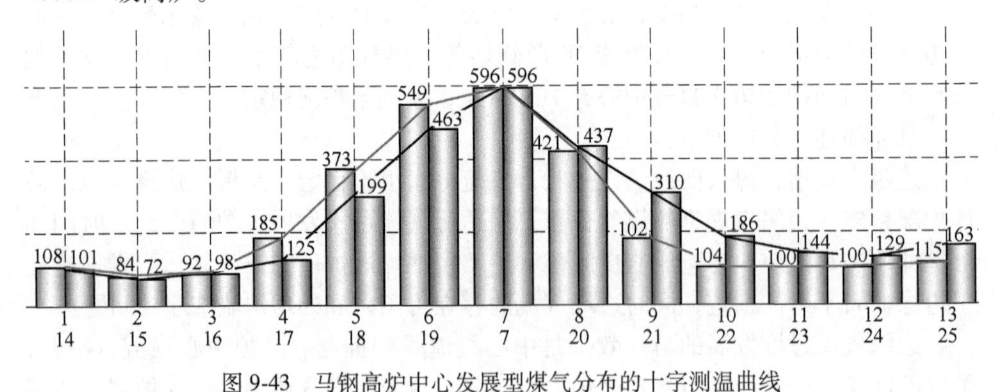

图 9-43　马钢高炉中心发展型煤气分布的十字测温曲线

D　影响气流分布的因素

a　入炉原燃料对气流的影响

（1）焦炭的影响：焦炭在高炉炼铁中是不可缺少的炉料，随着高炉大型化，高炉对焦炭质量提出了高要求，尤其对焦炭热性能有更高的要求。在高炉内部，自炉身中部开始，焦炭平均粒度变小、强度变差、气孔率增大，反应性、碱金属和灰分含量等增高，各种变化以靠近炉墙最剧烈。在块状带，随炉料中焦炭体积的减少，料柱透气性降低；在软熔带，焦炭强度能够保证的前提下，焦炭粒度适当增大可以提高焦炭夹层的透气性；在滴落带，渣铁熔化通过固体焦炭层，当焦炭粒度变小或不均匀时，焦炭的比表面积增大和孔隙度减少，增加了渣铁液体通过焦炭层的阻力和产生"液泛"现象的可能。因此，入炉焦炭一旦强度低下、粒度小且均匀性差，极易恶化料柱整体透气性，炉缸死焦堆肥大，进而导致炉缸堆积，炉缸不活。焦炭强度差对高炉冶炼的影响见表9-59。

表9-59　焦炭强度差对高炉冶炼的影响

部位	影响
块状带	焦粉增多，炉尘增多，气流阻力增加
软熔带	焦炭层内某些部位粉焦增多，煤气阻力明显增加，影响煤气的合理分布，易发生管道、崩料和悬料
滴落带	焦粉和软熔的矿石黏结在一起，滞留熔融物增多，使煤气阻力增大，通过的煤气减少，边缘气流增强
风口区	回旋区深度减少、高度增加：边缘气流增加，中心气流减弱；渗透性变坏，铁水和熔渣淤积在风口下方，易烧坏风口或休风时发生风口灌渣
炉缸	气流吹不透中心，炉缸温度降低，铁水和熔渣的流动性变差；炉缸工作不均，时间长将造成炉缸中心堆积
炉况	上部气流分布紊乱，下部风压升高，热交换和间接还原都变差，炉况应变能力和顺行都差，经济技术指标明显降低

（2）喷吹煤粉的影响：在一定冶炼条件下，随着喷煤量增多，炉腹煤气量相应增加（每喷吹100kg/t（煤粉），炉缸煤气体积增加4.6%），易发展边缘气流。不同煤种，挥发分不同，对炉腹煤气量造成不同影响。一般来说，烟煤比无烟煤挥发分高，烟煤比例增加，炉腹煤气量相应增加，对边缘气流影响较大。一旦混合煤比例发生变化，要考虑热量变化，还要关注气流变化并适时调整。同时随着喷煤量增多，由于焦炭负荷大幅度升高，料柱骨架显著减少，焦炭层厚度减薄，焦炭在炉内滞留时间延长，炉内压差升高，对焦炭的热强度要求更高。

（3）入炉矿石成分、质量变化的影响：矿石还原强度、软熔性和高温还原性等对高炉软熔带位置和形状有较大影响，原料低温还原粉化率高影响上部炉料透气性，软熔性影响软熔带位置和结构，高温还原性差影响煤气利用。矿石中有害元素增加，易造成冷却设备损坏、炉墙结瘤，影响煤气流的分布。高炉炼好铁就是炼好渣，加强入炉原料成分管理，适当减少有害元素入炉，对于控制炉渣碱度、杂质含量、黏度和流动性等参数至关重要。高炉内有害元素基本是由原料带入炉内，大高炉生产以控制炉料碱金属负荷不大于3.5kg/t，锌负荷不大于300g/t为宜。

（4）入炉原料粒度的影响：由于入炉原燃料中，含铁原料的透气性远远低于焦炭，因此含铁原料透气性是决定高炉料柱透气性的根本因素。加强含铁原料筛分管理，严格控制好t/h值，潮湿天气加强筛网清理，控制原料粉末入炉，保障高炉料柱的透气性。入炉原料的粒度偏析大、平均粒度过小，特别小于5mm的粒度一旦大于5%容易造成炉料透气性恶化，炉墙不稳，易脱落。筛网堵塞或清理不及时，大量粉矿进入高炉，将恶化料柱透气性，影响高炉稳定顺行。雨季炉料较湿，粉末大量附着在炉料上，不易筛分干净，尤其落地矿和块矿，大量粉末进入炉内后，恶化料柱透气性。近年来，在控制减少入炉原燃料对炉况的影响上，马钢根据自身特色，通过跟踪粉焦比（入炉焦炭筛分下的焦粉量加焦丁量与入炉总焦炭的重量比）、粉烧比（槽下返粉总量与矿石总量比）的数据变化进行预警管理，取得较好效果。马钢3200m^3 高炉2016年粉焦比及粉烧比变化趋势见图9-44。

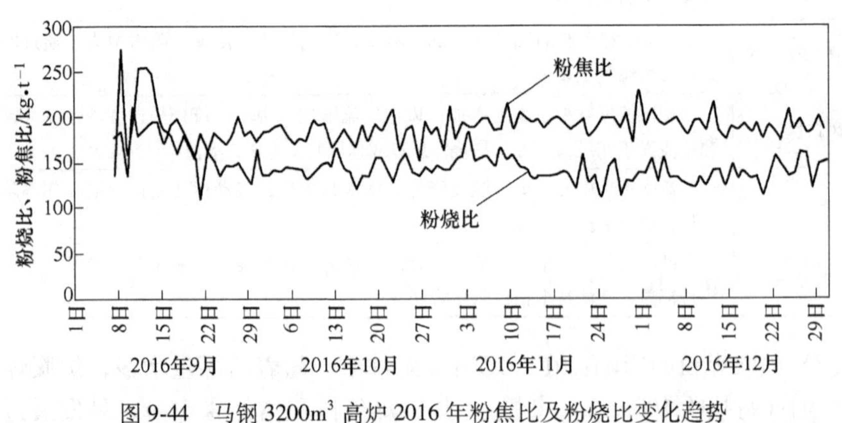

图9-44　马钢3200m^3 高炉2016年粉焦比及粉烧比变化趋势

b　操作制度的影响

高炉基本操作制度为送风制度、装料制度、热制度和造渣制度。随着高炉冶炼技术的进步和高炉长寿的需要，在操作管理上又增加了冷却制度、炉前作业制度。操作制度的合理与否将直接影响到高炉气流的分布。

装料制度：装料制度受冶炼影响的因素较多，调整装料制度首先要对影响因素的变化比较清楚，装料制度调整不及时、调整不到位、调剂方向错误，均会对煤气流分布产生不良影响。

送风制度：送风制度主要保持适宜的风速和鼓风动能及理论燃烧温度，促使炉缸工作均匀、活跃、稳定，热量充沛，回旋区形状合适。在一定冶炼条件下应尽快找到合适的送风制度并保持稳定。

炉热制度：高炉要维持稳定合适的热制度。炉温波动大、过高、过低、上下起伏，都易造成炉墙脱落，煤气流分布混乱，甚至出现崩滑料，容易破坏炉况顺行。

造渣制度：根据资源条件建立合理的造渣制度，长期渣系严重不合理，造成排渣铁困难，将导致下部气流发生变化。

冷却制度：要控制合适的冶炼强度并建立与之配合理稳定的冷却制度。冷却水的温度、流量波动改变冷却强度大小，造成实际操作炉型遭到一定程度的破坏，影响煤气流的分布。

炉前作业制度：炉前出渣铁作业不稳定，铁口维护差，造成铁口深浅不均，出铁时间长短不一或长时间未见渣、渣铁不净，高炉受憋，压差高，进而影响煤气流的分布。

保证煤气流的合理分布，必须正确选择好基本操作制度并正确运用调节手段，应把握以下几个环节：根据生产任务及风机能力确定冶炼强度；根据炉缸工作状态，确定送风制度和相应的装料制度；根据原燃料条件和冶炼生铁品种及质量要求，确定热制度和造渣制度；根据气温条件和喷吹量，确定送风制度的调整幅度；根据精料的水平和设备状况，确定各项操作制度的波动范围。确定各项操作制度时均应留有余地，使之处于灵敏可调的范围，避免处于极限操作状态。

高炉操作制度确定以后，高炉工长的任务就是在操作制度规定的范围内，根据外部条件波动对炉况影响的大小进行定性和定量的调节，以保持炉况的稳定顺行，保证煤气流的合理分布。

c　设备状态对气流的影响

高炉的设备繁多，设备故障率和设备控制精度制约高炉的稳定生产，影响煤气流的分布。供料系统、送风系统、喷吹制粉系统、炉前设备等故障能够造成高炉亏料或休、减风；冷却系统（包括风口小套、中套、冷却壁、冷却板、微型冷却器、十字测温等）漏水未及时发现，能够造成炉温及炉型的稳定，而且会影响煤气流分布；要重视炉顶布料控制设备零点漂移异常情况，以免造成布料异常。

d　炉型变化对气流的影响

高炉的实际操作炉型，是设计炉型经日渐侵蚀和渣皮不同黏结的不断转变而逐步形成的炉型，保证高炉在各个炉役时期相对稳定的炉型对煤气流的稳定意义重大。若上、中、下部调剂制度不能符合维持合适炉型的要求，一方面要寻找更优的调剂手段；另一方面要设法恢复原有炉型，确保煤气流分布稳定。日常操作炉型维护不当，如发生炉墙渣皮大面积脱落、炉墙结厚、结瘤等现象，会使煤气流发生变化，要及时调整适应。

9.4.2.2　观察和评判气流分布方法

A　直接观察法

通过看风口状态判断气流情况，主要判断炉缸初始气流分布情况，重点关注各风口工作是否均匀，焦炭燃烧是否活跃，有否生降和大块掉落。看风口的作用包括以下几方面：

（1）判断炉缸圆周工作情况。各风口亮度、焦炭运动活跃程度均匀，说明炉缸圆周温度均匀，鼓风量、鼓风动能一致。

（2）判断炉缸半径方向的工作状况。若观察到风口前焦炭跳动迟缓，有时有大块和生降出现，表明鼓风动能不足，焦炭在风口区虽然仍呈循环状态，但回旋区深度不够，说明炉缸中心活跃性不够。

（3）判断炉缸温度。风口耀眼夺目，焦炭循环区较浅，运动缓慢，高炉热行；风口明亮，无生降，不挂渣，炉缸热量充沛；风口亮度一般，不时在风口前能看到生料或黑块、挂渣皮，炉缸热量不足或下行；风口暗红，甚至肉眼可以观察，出现挂渣、涌渣甚至灌渣，炉缸向凉，要注意防范大凉、炉缸冻结的可能。风口判断炉温应注意排除炉渣碱度和风口漏水影响。

（4）判断顺行情况。高炉顺行时风口明亮但不耀眼，工作均匀且活跃，无生降、不挂渣，风口破损少，下料均匀、稳定。高炉难行时，风口前焦炭运动呆滞。高炉上部崩料时，风口反应不明显；下部崩料时，在崩料前风口表现非常活跃，而崩料后焦炭运动呆滞。高炉发生管道时，风口工作不均，正对管道方向，在形成期很活跃，循环区也很深，但风口不明亮，管道方位的风口有生降；在管道压制后焦炭运动呆滞，有生料在风口前堆积；炉凉期若发生管道则风口可能会灌渣。高炉偏料时，低料面一侧风口偏暗，时有生降和挂渣情况出现。

通过炉顶成像可直观判断气流情况，现代大型高炉基本装有炉顶摄像仪，通过温度感应成像，可以更直观地分析、判断气流分布情况。图 9-45 所示是四种常见气流分布现象。

利用高炉休风机会，通过看料面形状判断气流情况，观察料面的实际形状，包括边缘是否有焦炭、平台宽度、漏斗宽度和深度、各方向料面偏差情况、炉喉钢砖磨损情况（辅助参考落料点）料面堆尖位置；另外要看料面煤气火焰情况，包括中心、边缘煤气火焰面积大小、强度、分布位置及均匀性等。高炉料面的实际形状见图 9-46～图 9-48。

观察高炉实际料面的意义：

1）通过料面的状态更直观看出高炉气流分布的强弱及均匀性情况。气流分布较好时，边缘、中心均有煤气火焰，且中心气流较集中，边缘气流稍弱且均匀。如果料面形成完全大漏斗或者类似馒头料面表明高炉气流分布是不尽合理的，要尽量避免。

2）通过了解料面形状为日常上部调剂提供辅助参考及实践基础。依据边缘是否有焦炭、平台宽度、漏斗的宽度深度、各方向料面偏差情况、炉喉钢砖磨损情况（辅助参考落料点）、料面堆尖位置等综合判断当前的布料制度是否合适，为确定下一步调剂方向作参考。

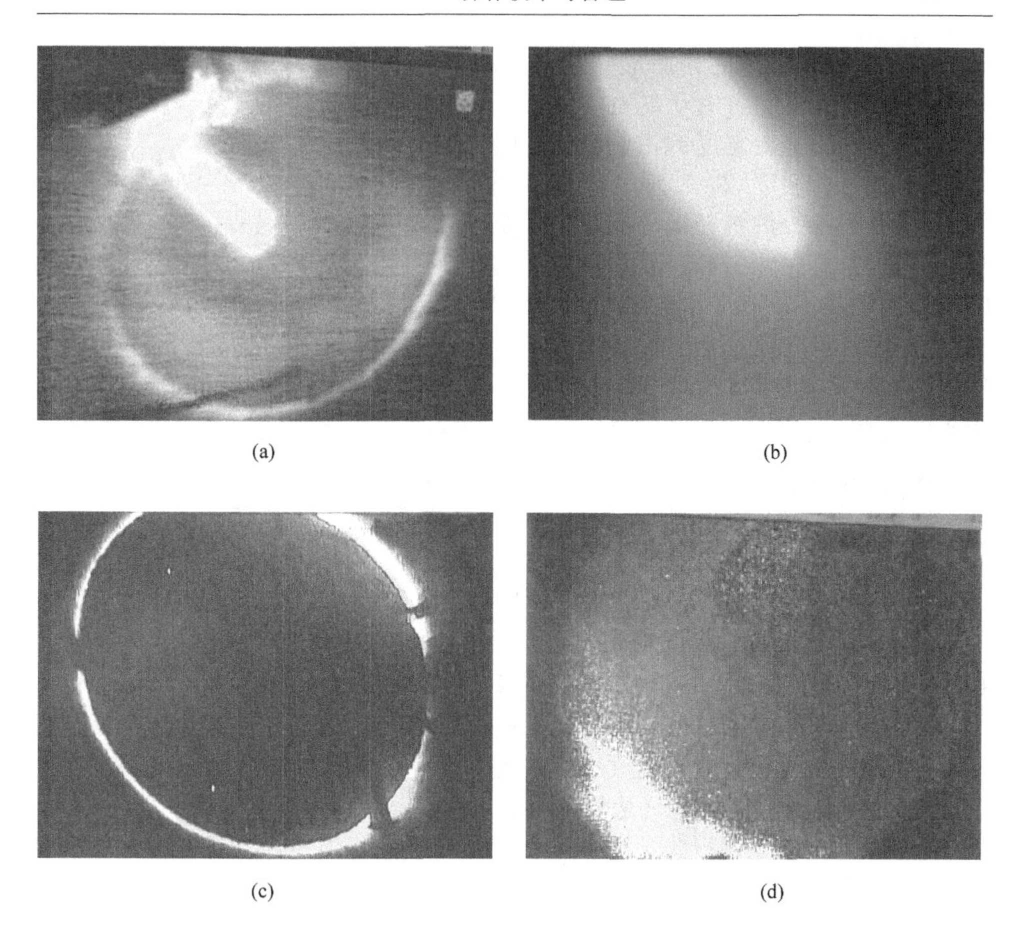

图 9-45 高炉炉顶摄像的四种常见气流分布现象图
（a）正常气流分布；（b）中心气流过盛；（c）边缘气流过剩；（d）边缘气流局部过盛

图 9-46 平台漏斗正常料面

图 9-47 大漏斗无平台料面

一般在休风后打开炉顶大检修门，用专门的料面检测仪观察、测量料面形

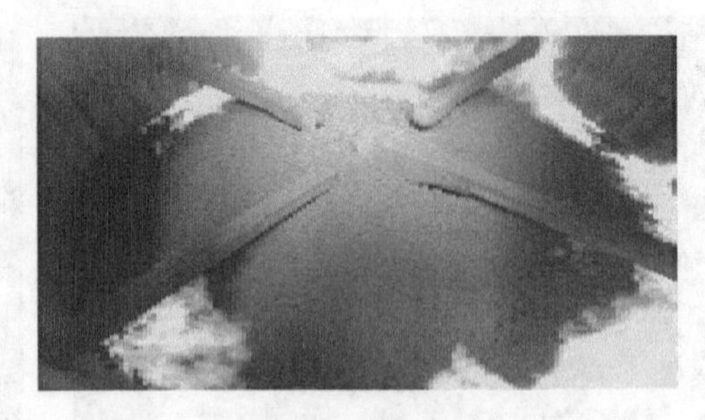
图 9-48　馒头形料面

状。一般认为较理想的料面形状是：边上有一定量焦炭，并有 0.2～0.3mm 左右“倒角”；平台宽度约占炉喉半径 1/3；漏斗深度约 2～2.5m，不是“锅底形”漏斗；炉料径向分布平滑过渡，炉料堆尖处不高于平台处 0.5m，且堆尖不靠近炉中心斜坡处，否则会增加（尤其矿石）向中心滑落的程度，造成中心混料层增加，造成中心气流的不稳定。

B　间接观察法

利用温度、热负荷、料线、压力等检测仪表进行观察、判断气流。

a　炉顶十字测温

炉顶十字测温是分析、判断气流分布的重要手段之一。日常重点要监视炉喉十字测温中心温度（包括正中心 CCT1、次中心 CCT2 均值及极差）、边缘温度（边缘 4 点均值及极差）、次边缘温度（稳定性及温度水平）。

为消除不同炉顶温度情况下对温度绝对值的影响，衡量中心和边缘气流的相对值，引入中心气流指数 Z 值（中心及次中心 5 点温度之和与炉顶 4 点温度均值之比）、边缘气流指数 W 值（边缘 4 点温度均值与炉顶 4 点温度均值之比），以及中心与边缘分布比例指数（Z/W），评价中心和边缘两道煤气流强度。马钢十字测温图电偶分布如图 9-49 所示。

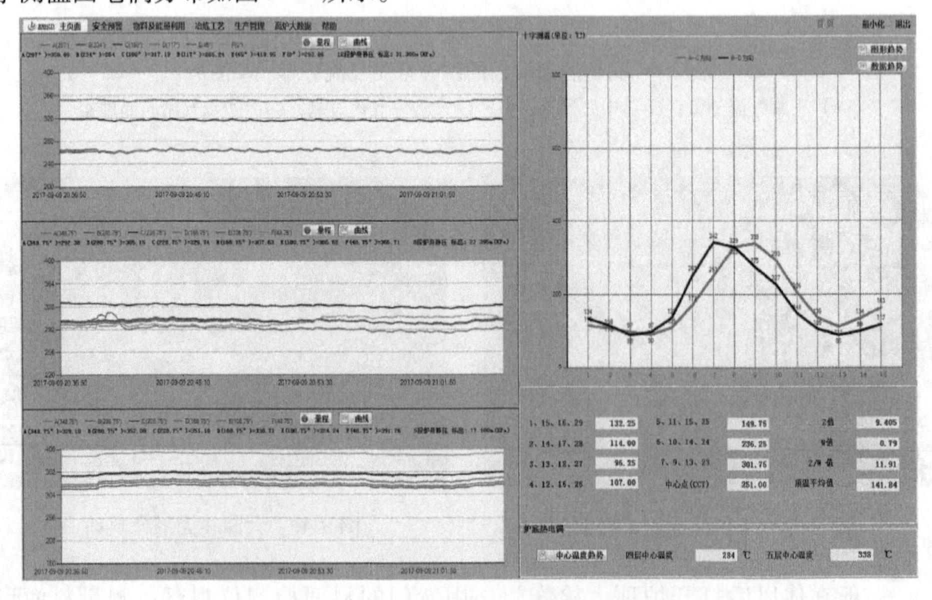

图 9-49　炉顶十字测温电偶分布示意图

b 炉体热负荷、温度、水温差检测

热负荷已成为现代高炉操作的一个重要管理参数，热负荷和水温差不仅是判断操作炉型的参考依据，也是辅助判断气流分布和调控气流的重要特征参数。热负荷过高，对炉体冷却壁寿命产生威胁；热负荷过低，边缘气流过重，炉况不稳定，炉墙渣皮易脱落，影响高炉顺行。重点关注总热负荷水平、稳定性情况，也要关注分区、分段热负荷、炉体温度和水温差的水平及趋势，并针对不同耐火材料、冷却系统相应建立各自的热负荷、炉体温度和水温差控制标准。一般炉腰中部以下区域热负荷频繁波动是边缘偏重，也可能是气流未能有效控制（跑料量或料层厚度不够）造成；若是炉身块状带（干区）热负荷频繁波动，则可能是边缘气流过盛或气流严重不均匀局部过盛造成。

c 机械探尺或雷达微波料面计

通过探尺下降情况和料速的情况，可以探知料面形状，判断下料顺畅程度，进而推断气流情况。若边缘气流不畅，会出现料速不均、各探尺深度及风压出现周期性波动；若中心气流过盛或中心漏斗过大，由于中心下料快，将会出现布料或下料过程中有炉料突然滑向中心（料线突降滑落等）、风压突升等现象。马钢大高炉通过激光料面检测仪比较直观地获得布料结果，指导布料，见图 9-50。

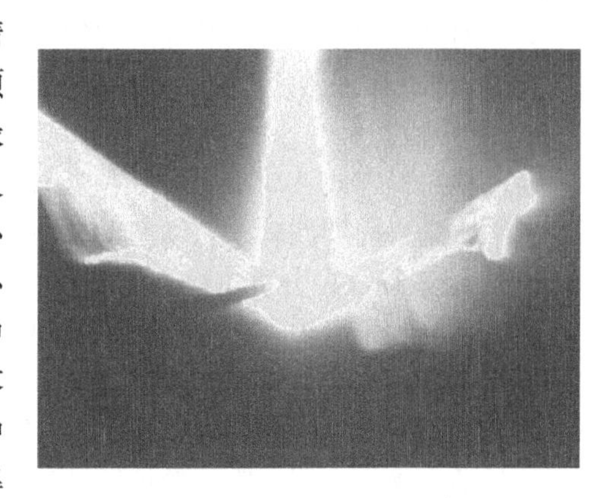

图 9-50 炉顶激光料面检测仪

d 炉喉钢砖温度

炉喉钢砖温度是反应边缘气流强弱和稳定性的重要参数，该处温度上升表示边缘气流发展，温度下降表示边缘气流抑制。日常应重点关注其均值、极差、稳定小时或班均偏差、均值持续走低或走高。

e 炉顶煤气成分检测仪

煤气成分检测仪反映炉内煤气利用状况，日常重点关注检测结果稳定，均值及变化趋势。煤气利用率过高，表明中心和边缘气流不畅，易造成压差高；煤气利用率过低，表明中心或边缘气流过强或局部存在炉料流态化。同时注意煤气中 H_2 等成分的变化，在原燃料、气候条件相对稳定的情况下，很大程度能反映出高炉冷却设备漏水情况，以利于及时发现处理，减少漏水对气流的影响。

f 炉身静压力检测计

炉身静压力检测计波动情况、压差分布情况反映炉内料柱阻损情况。一般炉腰中部以下区域静压力频繁波动，可能是边缘气流偏重或不均匀、局部炉墙渣皮频繁脱落造成；块状带区域静压力频繁波动，可能是边缘气流过强或因为边缘偏重、局部薄弱区域气流窜动所致。

压差分布，即上部、中部、下部压差反映不同部位气流状况。上部压差对应块状带区域，其高低反映块状带阻损大小，也可辅助判断炉内块状带料层厚度、软熔带位置高低和形状；中部压差对应软熔带区域，其高低反映软熔带区域阻损大小，辅助判断软熔带厚度、稳定性；下部压差对应滴落带以下区域，辅助判断炉温水平、出渣铁状况、风量与风口面积的匹配程度、炉缸工况，下部压差长期偏高，排除出渣铁、炉温影响，可能是炉缸工况不好、初始气流分布不易达到炉中心，边缘通道有限，下部煤气流受阻造成，也有可能是风量与风口面积不匹配，风量大而风口面积小导致进风受阻，下部压差高。

g　炉顶温度计

炉顶温度计用来辅助判断气流均匀性及下料顺畅程度。日常重点关注其稳定性、均值、极差及变化趋势，一般控制炉顶温度极差在50℃以内。

h　综合检测

通过顶压稳定或波动情况（如顶压冒尖）、风压稳定或波动特点与规律（如压差水平，是否周期波动、急剧波动）、透气性指数水平可以间接判断气流。

i　二级系统数据分析、模型推断

通过系统收集高炉各类检测数据并归类进行分析，建立数据分析模型，辅助工艺操作人员对高炉内部状况进行分析，帮助高炉操作人员“透过”高炉这样一个高温、高压、密闭的“黑匣子”，“看到”炉内的耐材侵蚀厚度、渣铁壳厚度、炉腰炉腹操作内型、冷却壁炉墙挂渣厚度、煤气流分布等运行情况，帮助判断、分析气流，加强调剂气流的精度和准确度。图9-51～图9-53所示为马钢高炉二级系统的部分工艺模块显示画面。

9.4.2.3　合理煤气流特征

所谓合理煤气流，就是能够保持炉况长期稳定、顺行，技术经济指标良好的气流分布状况。合理的煤气流是相对和动态的，在一定冶炼条件下，能够保持高炉稳定顺行，且具有一定抗波动能力的气流分布就是符合该冶炼条件的合理煤气流分布。因此，合理煤气流分布除了关键气流参数在合适范围外，更重要的是体现在炉况顺行上。高炉煤气流的分布状态可以从其热能和化学能的利用结果，即温度和还原度的分布得到反映，分布特征包括：

（1）风压、风量小幅波动，整体趋势平稳，无锯齿状，压差、K值在适宜范围内，风量与料速相适应。

（2）风口工作均匀活跃，鼓风动能、理论燃烧温度控制在适宜范围内。

（3）炉缸工作状态良好，炉温充沛，各铁口温度均衡，渣铁排放流速稳定，来渣时间合适。

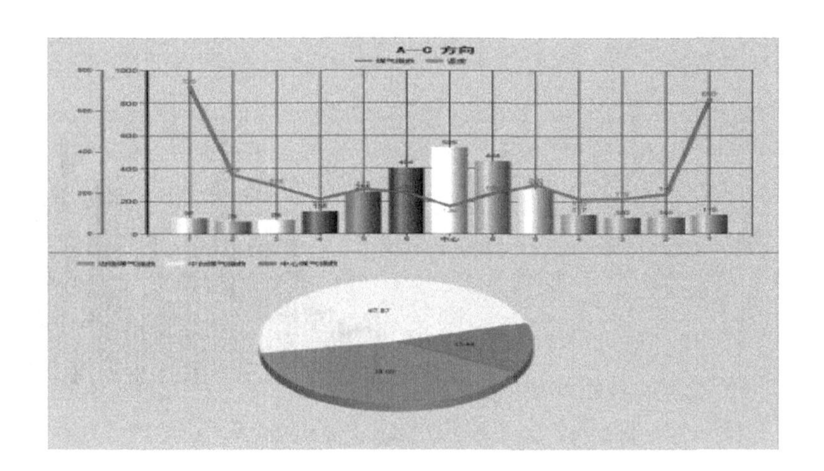

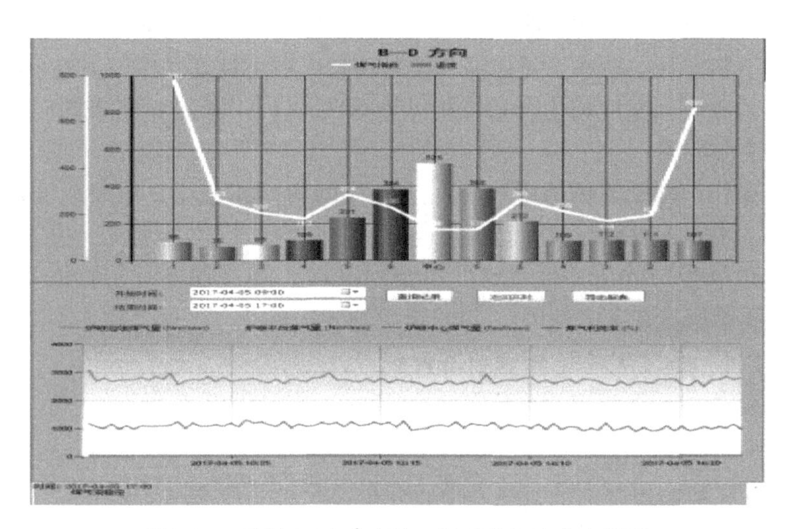

图 9-51 马钢 3200m³ 高炉二级系统气流分布情况

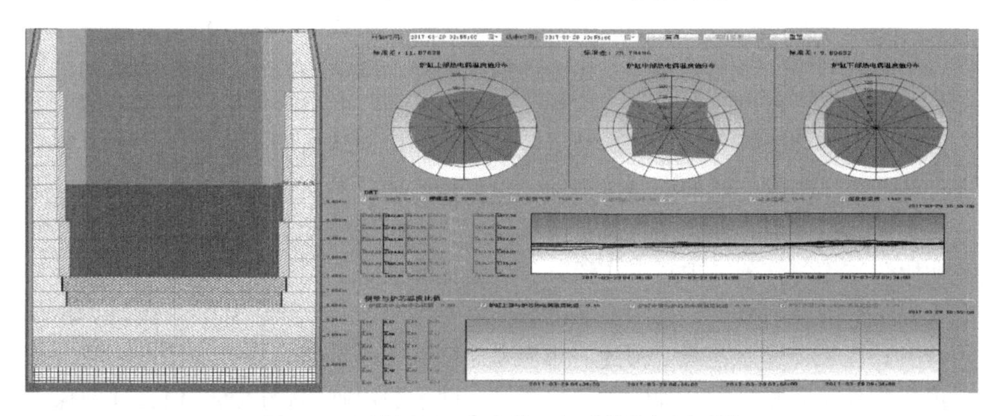

图 9-52 马钢 3200m³ 高炉二级系统炉缸活跃性

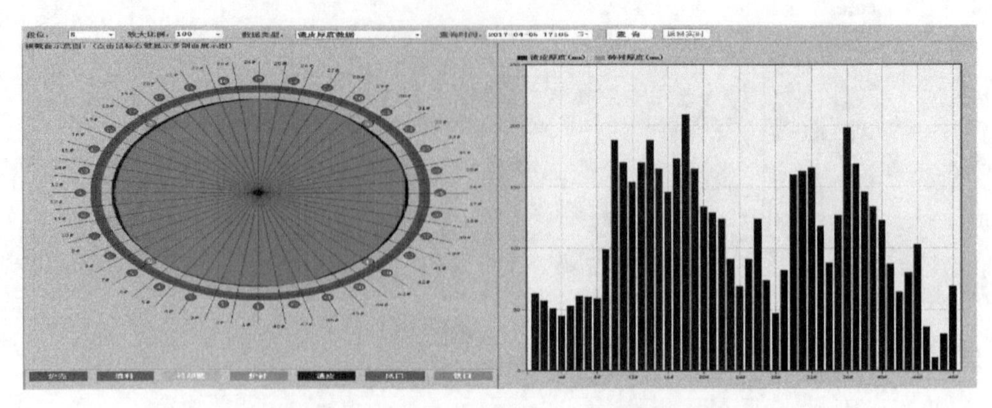

图 9-53 马钢 3200m³ 高炉二级系统操作炉型

（4）十字测温中心和边缘温度适宜而且稳定，呈规则波动。

（5）下料均匀、顺畅，无停滞、滑落现象，稳定性好，探尺偏差小。

（6）炉顶煤气温度均匀合适，极差在 50℃以内，随布料同步同向在一定范围内呈波浪形波动。

（7）操作炉型及热负荷平稳，在适宜范围内，波动小，炉墙温度稳定，无渣皮脱落，炉体各段冷却水温差正常合适。

（8）炉身各层静压力值正常，无剧烈波动，同层各方向显示值基本一致，上、下部压差稳定在正常范围。

9.4.2.4 合理煤气流的调剂与控制

A 煤气流调剂的基本原则

传统的炉况调剂的方法有两种：上部调剂和下部调剂。上部调剂，指通过改变装料制度来控制煤气流的边缘和中心分布状况的一种常用调剂手法。它是根据装料设备的特性和原料的物化性能，采取不同的装料方法（落点、批重、料流、料序、料线等），改变炉喉炉料的分布，达到合理控制煤气流分布，实现最大限度提高煤气利用率。上部调剂，也叫炉顶调剂，一般在调剂批次炉料抵达风口平面处才起效果，所以时间较长（大约一个冶炼周期），完全作用一般要经过三个冶炼周期。下部调剂，较上部调剂见效时间快，但调整后纠正难度大。它主要是通过调剂送风制度，比如调整风量、风口直径、风口数目、风口长度、风温、湿分、富氧、喷煤等，达到调整风口回旋区形状和燃烧温度为目的，从而使得煤气流初始分布均匀合理，炉缸工作活跃，热量充沛稳定。除了上下部调剂，近年又有人提出中部调剂概念，高炉中部调剂，主要是通过对高炉中部（炉腹、炉腰及炉身下）区域冷却水流量、流速、水温差、喷吹等手段进行调控，使该区域维持合理的热流强度并得到合理的操作炉型，有助于稳定软熔带根部，使合理的煤气流分布不遭到破坏，高炉冶炼长期稳定顺行。不管何种调剂手段，最终的目的就是通过干预让高炉处在稳定顺行的环境中运行。

B 调剂的基本思路和方法

（1）日常生产调整应该让高炉处在一个稳定的基础，日常的波动调整不应大幅脱离。特殊情况或未知因素引起的气流变化调整上也要先找基准位置。寻找基准应先根据实际生产状态确定基本送风制度参数范围，通过结合开炉布料试验及休风时料面观察、检测，找准布料平台基本位置，在此基础上进行优化调整，调整过程切忌频繁变动基本操作参数和平台位置，遵从气流分布先可控后细化，参数水平最终回归到正常状态。

（2）气流调剂前要对气流主次有个评价，保证主气流的通畅，辅气流服从主气流，稳定后再寻找两道气流的平衡，做到“松”、“紧”有度，引导有方，避免依赖一道气流长期操作。边缘气流过分收“紧”，容易导致炉墙渣皮不稳，脱落增加，进而破坏煤气流分布；而边缘如果过分“松”则会导致冷却设备烧损的增加；中心气流过强消耗上升，过弱容易引起炉缸不活，导致煤气流分布不合理。两者只有有机结合，“主”“辅”有别才能保证调剂过程避免出现大的波动。

（3）操作上要做到早调、少调：大高炉生产特点是冶炼周期长、惯性大、动作调剂见效慢，而生产运行的第一原则是稳定，因此，日常气流调剂动作必须趋势判断、看准之后采取小幅动作微调早调，若等到气流已经明显变化后采取过大、过快的调剂措施，气流分布难以在短期内适应和调整，势必造成炉况波动；另外，一旦确认调剂方向、动作量之后，必须要有一定的观察时间，若非炉况失常，切忌短期内多次调整、反复调整。

C 煤气流调整应考虑的因素

（1）基本送风制度。风量、氧量、富氧率、鼓风动能、T_f值、风口面积（含堵风口个数、方位、风口直径）、风口长度等。

（2）负荷及煤比水平。高炉负荷水平及煤比高低对风口回旋区、下部料层透气透液性、上部料层透气性、炉墙边缘气流强弱及热负荷等都有很大影响。

（3）操作炉型。不同炉型对气流调剂有不同要求，操作炉型的变化将引起煤气流分布的明显改变。要根据对操作炉型的掌握和偏离程度统筹调剂，把握好调剂的量，日常要着重维护好合适的炉型，寻找一个合理平衡点使得一定厚度的渣皮能够稳定附着在炉墙上。

（4）炉缸工况。炉缸的工作状况是气流调整的下部基础，直接影响一次气流初始分布，调整气流首先要确定炉缸的状态，炉缸工况不好的情况下，上部不宜简单地采取疏松边缘气流、抑制中心的调剂措施，先要从下部调剂着手，改善初始煤气流分布状态；如果炉缸工况良好，边缘气流偏重，中心气流有保障，可以从上部适当疏松边缘，也可对下部初始煤气流做适当调整。

（5）烧结矿质量。烧结粉烧比是反映烧结矿质量的重要指标，要作为日常炉况变化的重要信息，另外转鼓和热态性能必须要作为烧结矿质量的长期控制目标。

（6）焦炭质量。焦炭是高炉冶炼的基础，不管是强度、粒度、性能、成分的变化都会对高炉顺行产生较大影响。调剂气流要确认焦炭质量是否出现偏离。

（7）炉料结构。球团矿粒度均匀，易滚动，自然堆角小，软熔温度低而且软熔区间宽，生矿品种不同性能差异大，生矿比例还影响熟料率，对燃料比都有影响。

（8）炉温水平。炉温的波动对高炉气流的影响是相互的，首先要判断清楚炉温波动的起因，根据起因制定炉温控制对策；其次要把握不同冶炼强度下合适的炉温控制水平，炉温高低会影响软熔带位置，最终影响气流的控制。

D　气流调剂的手段

高炉气流调剂目标是确保气流分布合理，能保持炉况长周期稳定顺行。马钢高炉煤气流调剂手段有上部、中部、下部调剂。

a　下部调剂

意义和作用　高炉煤气流的初始分布，主要取决于风口燃烧带形状（风口回旋区形状），初始煤气流的分布决定了炉缸的工作状态，主导了高炉上部软熔带和块状带内的二次和三次气流分布；合理控制和调剂送风制度，是保证高炉稳定顺行的根本性措施之一。下部调剂的主要目的是通过下部送风制度参数的调整来调整高炉风口回旋区形状，进而调整炉缸煤气流的初始分布。

主要手段　与上部布料制度调整相比，下部送风制度调整效果更快，是调剂炉况的首选方式。下部送风制度的调整是控制风口燃烧带状况、回旋区大小和煤气流初始分布的重要途径。高炉进风面积与风口布局决定了风口回旋区的深度与体积的大小，即决定了煤气流的初始分布和中心死料柱状况，对高炉稳定顺行和一代寿命有着重要影响。

生产实践表明，不同的高炉炉缸内径、原燃料状况、上部布料制度应达到相应的鼓风动能。鼓风动能过小，炉缸不活跃，煤气流初始分布更多地偏向边缘；鼓风动能过大，易形成漩涡，造成风口下方堆积，且易烧坏风口下方。因此，高炉风口设计和送风制度的确定需要综合考虑高炉设计炉型、原燃料状况以及操作制度等。

炉役末期高炉大量冷却壁破损和炉缸侵蚀，高炉可以通过堵部分风口（10%以内），增大鼓风动能应对护炉保产的操作需要。

调剂目标　从马钢历年操作经验来看，下部调剂要根据操作条件及炉容确定合适的送风比和与之匹配的送风面积，达到一个合适的风速及鼓风动能，保持炉内煤气流速在合理范围，以维持长期稳定。

马钢大型高炉的操作在下部操作参数的调剂使用上经历了长期摸索过程。4000m^3 高炉投产以来大多数时间内采用较小进风面积，开炉时风口面积为 0.4307m^2，鼓风风量也仅为 6100m^3/min，标准风速为 250m/s，送风比为 1.53，全压差高达 195kPa 左右，压量关系比较紧张。此后于 2008 年进行风口扩容，调整为 0.4425m^2，风量也增加到 6350m^3/min，标准风速为 240m/s，送风比为 1.58，全压差有所下降。2014 年对风口再进行扩容，风口面积扩大到 0.4523m^2，风量也进一步上升到 6600m^3/min，标准风速为 245m/s，送风比为 1.65，全压差进一步下降，为 175kPa 左右，高炉压量关系得到有效缓解，高炉顺行稳定性趋于良好。

2500m^3 高炉与 4000m^3 高炉有相同之处，使用较小的送风面积和较高的鼓风速度，在开炉后多年生产实践中保持着高压差操作，全压差有时甚至超过 200kPa 以上维持，受全压差高的影响，高炉送风比也只能维持在 1.8 左右运行。2010 年后，通过逐步扩大风口面积，增加风量操作，炉内压差由 190kPa 左右逐步下降到 160kPa 左右，高炉进入长周期稳定顺行。马钢各高炉主要参数控制范围见表 9-60。

表 9-60 马钢各高炉主要参数控制范围

炉 别	炉身平均流速	炉腹煤气指数	标准风速 /m · s^{-1}	鼓风动能 /kJ · s^{-1}	理论燃烧温度 /℃
4000m^3 高炉	≤2.95	58~64	≥235	120~140	2200~2350
3200m^3 高炉	≤3	60~66	≥230	125~150	2200~2350
2500m^3 高炉	≤3	56~65	≥230	110~135	2150~2350
1000m^3 高炉	≤3	70~80	≥210	100-140	2150-2350

气流调剂的方法

（1）确定下部送风合适的参数。根据炉容设计能力及当期计划产能选取正常生产时的吨铁耗风量来测算需要的煤气量，计算出需要的风、氧范围，根据风、氧不同匹配方式，下部气流参数变化情况（结合风口面积变化），综合选取使用的风量及氧量。需要调整产量时，优先调整氧量，保证风速及炉腹煤气指数维持在正常水平，不要过低，当富氧量调整不了时再考虑风量，大幅减产或炉况处于波动时，力求送风制度稳定，可适当加风、减氧。特别要注意在接近定修周期末期时，由于风口小套熔损（磨损），实际风口面积比理论计算大，为维持实际鼓风动能不发生较大变化，有时也采取维持产量不变，适当加风、减氧操作。

（2）风口布置及面积的选取。风口布置力求大小匹配均匀，长短搭配合理。需要调整可在确定一定风量、氧量范围之后，利用定修或计划休风调整，使下部气流参数在合理范围。风口面积过小或过大，仍不能调整合理下部气流参数，在调整风口面积的同时，为保证初始气流均匀、吹入角度偏差小，可临时采取堵风口操作纠正气流，堵风口尽可能对称堵风口、不连续堵风口，不在同一方向长期堵；长期偏行的高炉或局部冷却设备受损短期得不到处理的高炉可以选择对应方向偏堵风口作业，但要一段时间内轮换堵。炉况状态长时间无法达到正常送风水平，可以通过堵风口改善下部气流分布。曲损风口中套、小套必须尽快更换，更换时要清理干净风口前端炉膛内黏结渣、铁，避免损伤风口设备。马钢高炉定修或休风时选取合理下部送风制度，对进风面积做严格的测算，在复风初期一般短时间考虑适当堵小部分风口，随着送风水平打开风口，风量达到目标全开风口，保证恢复进程可控。

（3）风温、湿度及喷煤调剂。风温应当尽量全送，正常情况不作为调剂手段；应根据冶炼强度及设备能力选取合适的湿分及喷煤，鼓风湿度一般结合大气湿度情况，针对夏季、冬季湿度变化大的区域，有条件高炉尽量采取恒湿鼓风，夏季脱湿，冬季加湿。

马钢下部调剂的综合评价 下部调剂是一座高炉维持长周期稳定的关键，是上部调剂的基础。下部参数调剂首先是要满足合适，其次才是寻优。所有高炉冶炼参数归结为合适的鼓风动能范围，超出这个范围，无论怎么调剂，炉况都不能持续保持稳定状态。鼓风动能是下部调剂效果的综合性反映参数，可以通过计算风口回旋区长度来获得，也可以通过测量风口区焦巢来获得，合适的风口区焦巢具备一定回旋区长度、可促进气流均匀分布和传质传热需要，能确保高炉炉况稳定顺行并取得良好技术经济指标。

国外比较成熟的控制风口回旋区大小经验：风口回旋区长度所覆盖的炉缸截面积占整个炉缸截面积之比约 50% 。

（1）风口回旋区长度计算方法（宝钢）：

$$D_R = 0.88 + 0.000092E_k - 0.00031\,PCI/N$$

式中 D_R——回旋区长度，m；

E_k——鼓风动能，kg · m/s；

PCI——喷煤量，t/h；

N——风口个数。

（2）风口区焦巢测量：风口循环区的大小受生产率、风速和焦炭质量等因素综合影响，焦炭质量好，有利于风口循环区向炉芯扩展。回旋区后面的蜂窝区域铁水与炉渣的流量最大，当产量稳定时，提高喷煤量容易导致死料柱周围液体流量的大幅度增加，形成宽的高流速区域，液体流量的增加与小于 3mm 粉末的积聚也将同时发生。马钢通过风口对焦炭取样的调查表明：小于 3mm 的粉末量沿炉缸半径方向急剧增高，而且当喷煤比在某一定的范围增加时，其开始急剧增高的位置向风口侧移动。由于停风后回旋区上方的焦炭落入炉缸，故沿风口径向风口焦炭样中粒度明显变小的地方即为风口回旋区的边缘。由于炉缸中渣铁存在滞留，而焦粉集中的地方渣铁滞留量亦较大，故从风口径向风口焦炭样中焦粉明显增多的地方（或渣铁滞留量较大的地方）亦为回旋区的边缘，可以根据风口回旋区的这个特性推断风口回旋区的长度。高炉停风后，拆除风口吹管、小套，利用专门风口焦炭取样设备通过风口径向插入到炉缸内部，获得径向焦炭分布，通过分析径向焦炭的粒度、渣铁滞留量等，获得炉缸焦炭性能数据。具体实施方法见图 9-54。马钢根据焦炭粒度分布拐点或渣铁容留量拐点，推算出高炉风口前沿焦炭高透气性区的长度（小于 3mm 的粉末量达到 30%的位置即风口前沿焦炭高透气性区的长度）。

图 9-54 马钢风口焦炭取样

马钢高炉利用不同风口径向取样，分析焦炭粒度和渣铁容留量来获取风口回旋区大小数据，并针对不同时期焦炭对应的风口回旋区形状来指导下部调剂方向，寻找下部参数最佳配置。图 9-55 为马钢 4000m^3 高炉某次炉缸焦炭<3mm 粒度在炉缸径向的比例，可以确定其风口回旋区长度在 2m 左右位置，根据经验，4000m^3 级高炉风口回旋区长度一般控制在（2.0±0.2）m，说明此次风口取样时，高炉风口回旋区处在合适范围。

b 上部调剂

目的与意义 上部气流调整主要用来满足日常生产状态各类因素导致气流的波动，无法维持的平衡，因此，始终要坚持下部调整是基础，上部调整只是为适应下部的需要。上部气流调整要遵从上稳下活的理念，减少调整的频次，控制调整的幅度，保持调整的平台，找准矛盾的主体。当气流的波动源头不是上部二、三次气流分布的主体时，应当重点解决一次气流的分布，上部调整只能作为辅助手段。

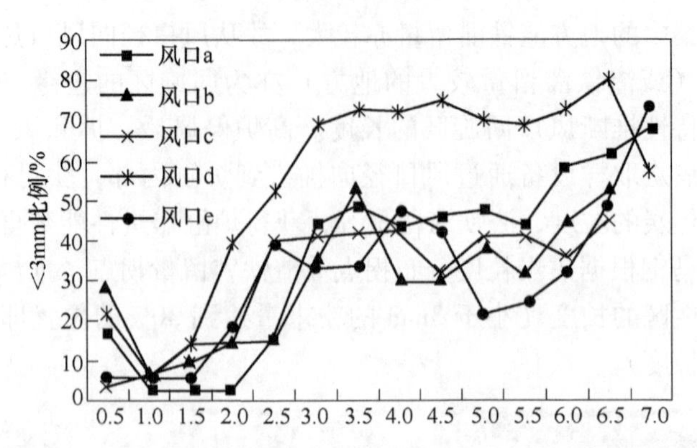

图 9-55　马钢 4000m^3 高炉炉缸焦炭<3mm 粒度在炉缸径向比例

主要手段　上部调整是指高炉炉顶装料制度与下部送风制度相配合，通过上下部协同，来获得合理、适宜的煤气流分布，实现高炉的优质稳定顺行。上部调整主要是指炉料装入炉内的方式，包括布料倾角、档位、料线（含不同料线水平的补偿角度）、布料圈数、批重、布料顺序、料流大小等。它决定着炉料在炉内分布的料面形状和矿焦层分布状况。由于焦炭与矿石透气性的差异，炉料在截面上的分布对高炉上部煤气流分布有重大影响，从而对炉料下降情况、软熔带形状和位置以及煤气利用率产生影响。

（1）通过开炉装料工业测算确定布料基本位置。高炉布料过程中，为得到炉料运动的料流轨迹，需要通过开炉布料测试获得。通常建立激光光学网格来测量料流实际轨迹，并采用激光扫描的方法测定高炉设计炉型和布料料面形状，确定炉料的运动轨迹与分布状况。高炉布料测试激光光学网格见图 9-56。

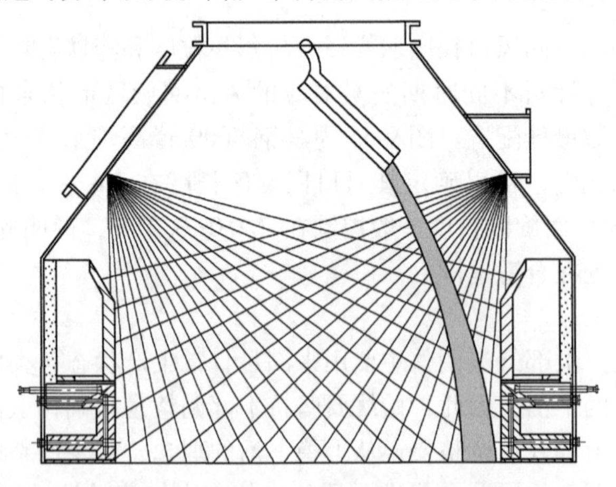

图 9-56　高炉布料测试激光光学网格

（2）开发炉料运动计算模型，计算理论落点位置。无料钟炉顶布料过程中，炉料料流经下料闸开度调节下料量后，经中心喉管落在旋转溜槽上，在旋转溜槽上受到合力作用做变加速滑落运动，并布入炉内，形成料面形状和矿焦层分布，整个料流的运动轨迹见图 9-57。

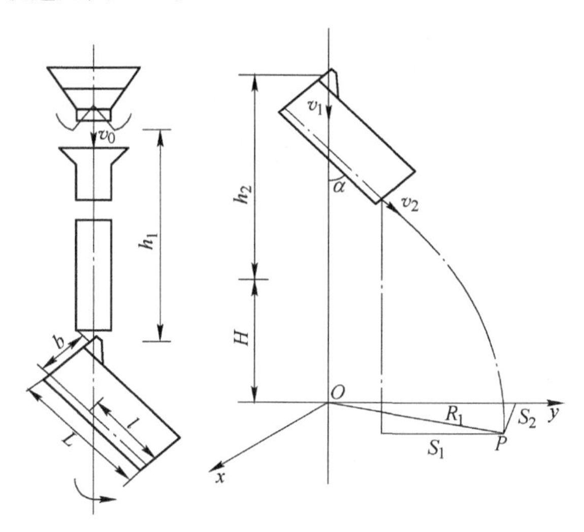

图 9-57 无料钟炉顶料流运动轨迹示意图

v_0—炉料经下料闸后排放初始速度，m/s；v_1—落入溜槽速度，m/s；v_2—从溜槽滑落速度，m/s；h_1—下料闸至溜槽悬挂点的距离，m；h_2—溜槽悬挂点至零料线的距离，m；H—零料线距离料面 P 点的垂直距离（即料线），m；l—溜槽有效长度，m；L—溜槽长度，m；S_1—出溜槽平向距离，m；S_2—出溜槽横向距离，m；b—倾动距离，m；α—溜槽倾角，(°)；R_1—落点与中心距离，m

炉料在溜槽上运动实际距离：

$$l = L - b/\tan\alpha \tag{9-1}$$

炉料落下溜槽的速度

$$v_1 = \cos\alpha\sqrt{v_0^2+2\,gl/\sin\alpha} \tag{9-2}$$

炉料从溜槽滑落的速度

$$v_2 = \left[v_1^2+2\,gl\ (\cos\alpha-\mu\sin\alpha)\ +\left(\frac{\pi}{4}l\right)^2\ (\sin\alpha+\mu\cos\alpha)\ \sin\alpha\right]^{1/2} \tag{9-3}$$

由于溜槽转速通常为 8r/min，此时惯性科氏力、因溜槽旋转而产生的炉料与溜槽侧向的摩擦力和溜槽侧向对炉料的作用力相对较小，且作用方向与界面垂直，因此以上计算忽略这些力。

日常生产条件下，煤气升力只相当于粒径 5mm 烧结矿质量的 0.93%，粒径 3mm 烧结矿质量的 2.35%；相当于直径 10mm 焦炭质量的 1%～2%，直径 5mm 焦炭质量的 5.09%。但对于粒径小于 3mm 的烧结矿及 5mm 以下的焦炭，煤气升力作用不可忽略不计。由于入炉原燃料中粒径小于 3mm 的烧结矿和 5mm 的焦炭量很少，故可忽略煤气升力对炉料运动轨迹的影响。忽略煤气升力作用，炉料从溜槽滑落后只受重力作用，发生斜下抛运动，最终落到P点位置。

炉料由高炉中心至落点P间距离（R_1）

$$h = h_2 + H - (b/\sin\alpha + l\cos\alpha) \tag{9-4}$$

$$S_1 = \frac{v_2 \sin\alpha}{g}\left[\sqrt{(v_2\cos\alpha)^2 + 2gh} - v_2\cos\alpha\right] \tag{9-5}$$

$$S_2 = 2\pi/4lS_1/v_2 \tag{9-6}$$

$$R_1 = \sqrt{(S_1 + l\sin\alpha)^2 + S_2^2} \tag{9-7}$$

$$R_2 = D - R_1 \tag{9-8}$$

式中 h——溜槽末端至料面高度，m；

D——炉喉半径，m；

g——重力加速度，m/s^2；

R_2——落点与边缘距离，m；

μ——炉料与溜槽耐磨衬板的摩擦系数。

（3）通过实测及理论计算比对，确定上部布料基本控制参数。马钢大型高炉采用串罐式无料钟炉顶布料设备，主要设备与计算参数：溜槽长度为4.5m；溜槽悬挂点到零料面的距离为6.1m；中心喉管直径为0.75m；下料闸开度设定为43.5°；炉料与溜槽衬板间的摩擦系数取0.5；矿石堆密度取1.8t/m^3、形状系数为0.9；焦炭堆密度0.53t/m^3；形状系数0.4。根据式(9-4)～式（9-8）采用VB语言进行编程计算，得到生产实践常用1.5m料线处矿石与焦炭的落点。马钢3200m^{3}高炉布料测试实际落点与计算的比较见表9-61。

表9-61 马钢3200m^{3}高炉布料测试实际落点与计算的比较

档位	角度/（°）	矿石落点与中心线距离/m			焦炭落点与中心线距离/m		
		计算	实测	计算-实测	计算	实测	计算-实测
11	43.6	5.09	4.93	0.15	5.06	4.93	0.121
10	42.1	4.84	4.69	0.15	4.81	4.69	0.121
9	40.6	4.34	4.24	0.11	4.57	4.44	0.134
8	38.5	4.26	4.17	0.09	4.24	4.17	0.070
7	36.4	3.93	3.88	0.05	3.91	3.88	0.028
6	34.2	3.59	3.57	0.02	3.57	3.57	0
5	31.7	2.92	3.03	-0.11	3.19	3.23	-0.04
4	28.9	2.44	2.85	-0.41	2.77	2.85	-0.08
3	25	2.22	—	—	2.21	—	—
2	21	1.65	—	—	1.65	—	—
1	15	0.84	—	-	0.87	1.08	-0.21

调剂目标 上部调剂最终目的是实现各气流参数控制在管控范围内。

十字测温温度：十字测温边缘温度保持适度活跃，呈规律性波动；中间环带温度稳定并且保持较低水平；中心环带温度不超过500℃，中心温度400~700℃。

冷却壁温度：炉体冷却壁温度管理基准见表9-62。

表9-62 马钢各高炉冷却壁管理温度基准

项 目	冷却壁/℃	
	铜冷却壁	铸铁冷却壁
注意温度	100	250
警告温度	120	350
危险温度	150	450

水温差、热负荷管理。高炉日常生产过程中要控制循环冷却水进水温度在一定范围以内，马钢对开路循环水进水温度要求在25~35℃，软水温度35~45℃；同时根据冷却设备结构和材质制定出合适的水温差管理界限，一般各段冷却设备热负荷的波动总量不宜超过5GJ/h。

机械探尺或雷达探尺：探尺之间极差不大于500mm，时间不能持续超过3h，焦炭和矿石布完料探尺刚放下时料线深度偏差不大于300mm。

炉喉钢砖温度：班均值差异不大于50℃，极差不大于100℃。

煤气利用率：班平均煤气利用率差异不大于1%。

炉顶温度：班平均值差异不大于30℃，4个点极差不大于50℃。

顶压：单次冒尖不大于10kPa，超过时减风控制，连续冒尖立即减风。

风压：缓步上升时，上限不大于正常值+3σ（σ值为正常班均风压波动标准方差）；风压急升或急降时，瞬时值较拐动前上升或下降不大于20kPa。

调剂方法 为形成适合炉况的煤气流分布，可选择和调整的布料参数主要包括料线深度、炉料批重和布料矩阵等参数。

料线的选择：生产过程中，料线是探尺提起、进行布料过程时的位置，是布料过程的时间指针，对炉料落点和分布产生重要影响。料线越深，炉料料流轨迹越长，形成的堆尖位置越靠近炉墙，炉料也更多地向边缘分布。日常生产中料线一般是相对稳定的，只有在炉况出现大幅波动或异常时，才大幅改变料线深度。为避免布料时炉料打到炉墙，造成布料混乱，料线一般选在炉料打到炉墙位置以上。料线也不宜选的太深，过深的料线使得炉喉容积得不到有效利用，且加大了矿焦界面效应，破坏了炉料层状结构和料柱透气性，不利于煤气的运动和炉况的稳定顺行。马钢2500m^{3}高炉料线设定在1.30~1.60m之间，4000m^{3}高炉的料线设定在1.30~1.50m之间。

矿石与焦炭批重：每一座高炉都应有个临界批重值，当批重过大时，矿石批重越大越加重中心。批重过大，炉料堆尖出现相互覆盖，边缘与中心均有所加重，炉料分布趋向均匀；当批重过小时，矿石主要在炉墙侧分布，随批重增加而加重边缘。且随着批重的增加，中心不断加重，矿焦层厚度也相应增加，但边缘料层厚度增速相对中心缓慢。高炉喷吹燃料后，负荷相应增加，批重需调整，此时应遵循保持焦炭批重不变，适当扩大矿石批重。这样可保持软熔带焦窗面积，保证足够的透气能力。若保持矿石批重不变，相应缩小焦炭批重，使得焦层厚度变薄，且由于界面效应的加重，焦窗面积大幅减小，透气性大大减弱，不利于煤气运动和炉况顺行。生产实践表明，大型高炉下部软熔带焦窗须保持一定的厚度才能保证煤气顺利通过软熔炉料区，焦窗过薄则会造成料柱压差大幅上升，炉况不稳。

实践数据表明，当每批焦炭下降至炉腰位置，其厚度达到 200~250mm 时，高炉能获得较良好的透气性，料层厚度过大或过小都不合适。

布料矩阵的确定：高炉布料矩阵是布料过程中旋转溜槽的布料倾角和布料圈数，决定了炉料运动的料流轨迹，与料线深度和炉料批重一同，决定了炉料在炉内的分布状况。为避免炉料分布过于靠近炉墙，造成布料效果差，在料线确定的条件下需确定布料的最大角度。布料最大角度的确定一般要求在 1.50m 料线时，溜槽倾角最大时能将炉料布到距离炉墙 300~600mm 处，让多环布料形成一定宽度平台，一般平台宽度约占炉喉半径的 1/3。

马钢大型高炉上的实践探索案例　马钢 4000m^3 高炉于 2007 年 5 月顺利开炉投产，开炉初期主要沿用马钢 2500m^3 高炉的布料模式，采用平台加漏斗式布料模式，以抑制边缘、开放中心为目的，高炉总体压差偏高，但炉况基本顺行。布料矩阵最大倾角设为 40.6°，倾角总角度差为 6.4°，布料矩阵为 C987654（222222）O9876（2332）。在风口未全开的条件下，此布料制度会造成中心气流过度发展、边缘气流不足。随后将布矿倾角适当减小，矿石布料角度区间调整为 40.6°~28.9°，角度差 11.7°，布料矩阵也改为 C9876543（2222222）O987654（233322）。调整布料制度后，可形成 1.39m 堆尖平台，料面平台达到 2.15m，中心气流得到良好控制，气流分布趋于合理，煤气利用程度也得到提高。至 2008 年中，布料矩阵由 C876543（222222）O876543（233322）整体向外推一档位进行布料，调整为 C987654（222222）O98765（23322），高炉顺行状况得到改善，煤气利用率一直稳定在 48%~49% 范围。2009 年，为进一步提高煤气利用程度，增大了边缘与中心的焦炭负荷。由于中心与边缘煤气流均受到抑制，致使高炉压差持续走高，全压差一度高达 193kPa 左右。

2010 年中到 2014 年初，调整布料模式，采用平台加中心加焦的布料模式，其中常用矩阵为 C987651（222225）O98765（12332）。生产实践表明采用中心加焦布料模式的高炉中心与边缘很难实现同时发展，如若边缘发展，中心气流则明显减弱，中心加焦效果不明显，故采用适当增加边缘布矿与减少中心加焦相结合的方式，中心与边缘气流均有所发展。2011 年为增强边缘气流，布料矩阵调整为 C987651（222224）O98765（13331），但实践效果不理想。2012 年又采用焦炭外环错档位布料的方式，以发展边缘气流，布料矩阵调为 C10987651（2222224）O98765（23332），随着布焦矩阵总环数的增加，实际布向中心的焦炭量占焦炭批重的百分比由最初中心加焦时的 23%降到 17%，到 2013 年进一步降至 5%~10%，典型的布料矩阵为 C10987651（2222222）O1098765（123332）。此时高炉实际布向中心焦炭量较少，同时布矿档位增加到 6 个，煤气利用率有所上升。布料采用平台加中心加焦模式阶段，高炉鼓风风量增加 100m^3/min，料柱压差下降 10kPa 左右，可至 183kPa，高炉顺行程度有所改善。

为了解决马钢 4000m^3 高炉炉况大幅波动的问题，提高炉况对生产条件的适应性与稳定性，通过对上部布料模式深入研究与探索，实现上部布料平台由中心加焦型逐步演变为“平台+漏斗”型，高炉稳定性明显改善，基本克服了“过冬难”的问题，实现了冬季高炉的稳定顺行与部分指标优化。

马钢大型高炉“平台+漏斗”布料模式的管理界限：

（1）炉料最外落点距离炉墙 100~600mm，料流质心落点离炉墙 600~1000mm，最外环布矿角度应该在 40°以内。

（2）炉喉部位焦层平均厚度不小于 500mm，炉腰部位焦层厚度不小于 200mm，焦炭批重应在 21.5t 左右。

（3）中心、边缘流较为稳定的管理界限分别为：Z：6~10；W：0.30~0.42；Z/W：20~25。

c 中部调剂

中部调剂主要的目的是维持高炉合理的操作炉型，调剂手段主要是通过对高炉中部（炉腹、炉腰及炉身下区域）冷却水流量、流速、水温差进行调控，使该区域维持合理的热流强度，有助于稳定软熔带根部，使合理的煤气流分布不遭到破坏，而且要想得到合理的操作炉型更分不开上下部调剂的一起作用。

d 上、中、下部调剂的结合与匹配

高炉煤气流的调整虽然有上、中、下之分，在日常生产实践中应该秉承总的原则：下部吹透中心，上部适当疏松边缘气流，中部保持合适冷却强度，维持合理操作炉型。下部制度是基础，上部调剂则发挥灵活有效的作用。调剂顺序是先进行下部参数的搭配，为上部制度的协调配合，中部制度的有效控制，“松”、“紧”有度，达到适宜为最佳，避免极限操作，任何时候要留有调剂的空间。高炉合理煤气流的操作与调整可以参考高炉煤气流控制逻辑关系图 9-58。

e 不同冶炼条件时的气流调剂与应对

冶炼强度变化可通过适当加大鼓风功能，将初始气流尽量引向中心，活跃风

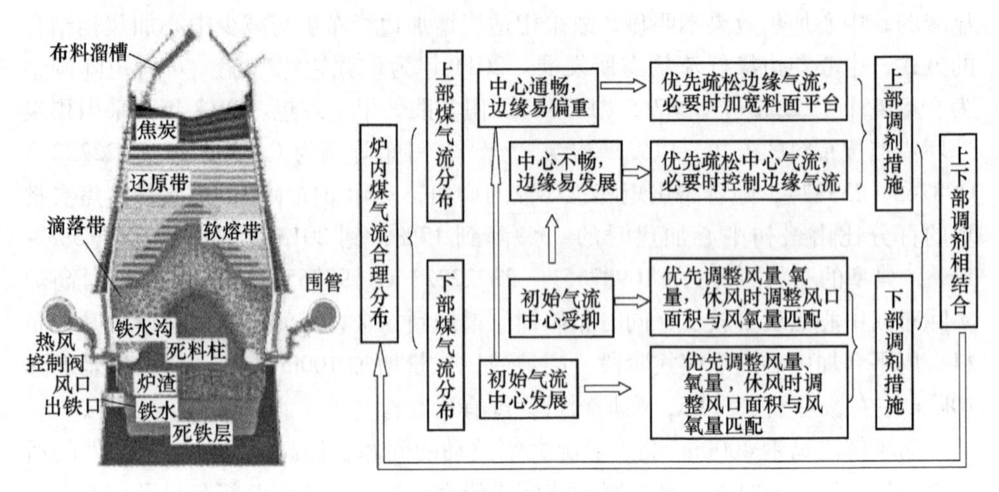

图 9-58　高炉煤气流控制逻辑关系

口回旋区，增加炉缸透气透液通道来强化冶炼；若是要降低冶炼强度时，优先减氧，尽量维持正常状态的煤气流指数，时间长要考虑堵部分风口或休风缩小进风面积。

上部调剂与下部调剂的疏导或控制关系：（1）由下部操作引起的中心气流发展要适当压制。（2）下部不活跃的边缘区炉料要适当疏松，以疏导边缘区的煤气流。（3）维持边缘区、中心区两股煤气流的同时，有条件疏松中间区炉料。（4）降低冶炼强度优先减氧，冶强降低较多时要适当收缩边缘气流。（5）上下部调剂过程要以中部炉型变化为参照，目标维持炉型的稳定。

原燃料变化：原燃料发生变化会影响到气流分布，比如粉末增多、品种变化、大量使用落地矿、雨季入炉粉末多时，容易导致炉墙不稳定，渣皮易脱落，要适当疏松边缘气流，保证一定边缘煤气流，使炉墙稳定，减少渣皮脱落。渣皮脱落多，说明边缘气流弱，或边缘气流局部不均匀，虽然热负荷高，也要适当疏松边缘气流，待边缘气流和炉墙稳定后，再适当调整。有可能的话，使粉末尽量布到平台中间位置，减少对边缘和中心气流影响。严重时若风压过高，边缘和中心气流都要适当疏松，甚至需要适当减风降压控制，保证气流通道相对稳定。疏松气流要疏导为主，在保证主气流的稳定下疏导另一道气流，不能以抑制一道气流来发展另一道气流。

喷煤比变化：随着煤比提高，炉腹煤气量增大，边缘气流增强，可以适当控制边缘气流或疏松中心气流；喷煤量大幅度减少时，炉腹煤气量剧减，边缘气流变弱，容易导致炉墙脱落，需要适当疏松边缘气流，保证煤气流合理分布。

喷吹无烟煤、烟煤比例变化：若烟煤比例增加，煤粉挥发分增加，煤粉易燃烧，炉腹煤气量增加，风口回旋区缩小，边缘气流会增强，中心煤气流会减弱，煤气利用率降低，应适当控制边缘气流，保证煤气流合理分布和提高煤气利用率。

风口面积变化：风口小套使用一定周期后可能会出现磨损，实际风口面积会发生变化，风口使用周期越长，或更换的周期延长会造成风口面积扩大，操作要根据气流的变化判断，及时适当调整布料制度和风、氧参数比例。一般风口面积的变化会造成边缘煤气流过强，热负荷升高，这时可以适当控制边缘气流或降低富氧、增加鼓风发展中心气流。

送风恢复：送风初期，由于煤气流分布不稳定，要根据高炉操作主气流的方向，通过布料档位调整，适当增强主通道气流的分布，控制相对偏低顶压，比正常低 10kPa 左右，保证优先引出主气流，待主气流稳定后，再逐步调整至正常煤气流分布。

9.4.2.5 日常气流变化时的应对

A 气流分布不合理

a 边缘煤气过分发展

征兆：初期风压下降并低于正常水平，透气性指数偏高，炉顶煤气温度高，炉喉、炉身温度普遍上升；十字测温边缘温度及边缘温度流指数升高，中心温度及中心温度流指数下降；顶压（T_P）不稳，时有冒尖现象；初期下料快，后期料速不匀，易发生崩滑料；炉喉、炉顶煤气温度升高，离散度增大，炉腹以上区域炉体温度及冷却壁水温差升高；风口工作不均匀，个别风口有生降，炉缸温度不足，渣铁温度偏低，生铁含硫升高，渣铁温度不均匀。

处理：调整装料制度，疏松中心，抑制边缘；加大矿石溜槽平均倾角，或加大矿焦角差；缩矿至正常矿批的 90%~95%；炉温不足，炉况尚顺，可适当提高风温和增加喷煤量；视炉况和炉温水平，适当减轻焦炭负荷，降低炉渣碱度；适当降低顶压，提高鼓风动能；有条件增加鼓风量或在产量不变条件下增加风量减少氧量（以风换氧）；上部调剂无效时，检查炉顶布料有无异常；长期边缘煤气发展，风口风速偏低时，应考虑适当缩小风口直径或堵风口。

b 中心气流过分发展

征兆：十字测温边缘温度及边缘温度流指数下降，炉喉、炉身温度普遍偏低，中心温度及中心温度流指数偏高，风压偏高，风压时有突升现象；炉喉温度下降，炉腹以上区域炉体温度下降，冷却壁水温差下降；料速不均匀，料尺有停滞、滑落现象，严重时崩料后就悬料，风压受出渣铁影响大；初期渣铁温度升高，但风口显凉，严重时风口工作不均匀，有生降。

处理：调整装料制度，疏松边缘，抑制中心；缩小矿石溜槽平均倾角，或缩小矿焦角差；停用小粒烧结矿；炉况不顺时，适当减风量，并减轻焦炭负荷，炉温充足时可适当降低风温或减少喷煤量；上部调剂均无效时，应检查布料溜槽有无异常；若炉墙黏结严重，则考虑洗炉；长期边缘煤气不足，风口风速偏高时，应考虑适当扩大风口直径。

B 炉温失控

a 炉温过低

炉冷初期征兆：风压、风量和透气性不相适应，风压偏低，透气性指数偏高，下料快且顺；炉顶和炉喉温度呈降低趋势；风口暗淡有生降；渣铁温度下降，生铁含硫升高，渣中 FeO 升高，渣样断口变黑色。

剧冷征兆：风压、透气性指数极不稳定，风压逐渐升高；炉顶煤气压力波动大，不断出现向上尖峰；炉顶煤气温度波动大；下料不匀，有难行、崩料和悬料现象；风口暗红，出现大量生降，个别风口挂渣、涌渣，严重时风口自动灌渣；渣铁温度急剧下降，流动性明显变差，渣色变黑，生铁含硫猛升；炉体各段温度普遍下降。

炉冷初期处理：向凉阶段，可提高风温，增加煤比，减氧、减风控制料速；酌情减轻焦炭负荷，必要时可适当加入净焦；边缘气流和中心气流兼顾，按透气性指数或压差操作，保持高炉顺行。

剧冷处理：停煤、停氧、停止加湿，将风量减到风口不灌渣的最低水平，迅速查明炉冷原因，对症下药，杜绝冷源；加足净焦，煤粉折成焦比后，将负荷再减轻 20%~25%或更多；做好出渣铁工作，尽量放出炉内冷渣铁，条件许可时，可 2 个铁口重叠出铁；炉冷且碱度高时，应降低炉渣碱度；风口前涌渣且悬料时，只有在出净渣铁并适当喷吹铁口后才能坐料。坐料时要打开风口窥孔镜，防止弯头灌渣；必要时风口外部打水，防止直吹管烧穿；炉冷时，只要风口未全部灌死，应尽可能避免休风，如不得已休风，在休风后应打开风口窥孔盖板，并开倒流阀，复风时应堵部分风口。

b 炉温过高

征兆：料速连续明显慢于正常料速，风压、风量和透气性不相适应，风压逐渐升高，透气性指数偏低，甚至出现呆滞难行现象；料速显著减慢，有时出现难行、崩料和悬料；下部压差显著上升，十字测温边缘、中心温度均上升，顶温持续高，甚至必须要炉顶洒水降温。炉顶煤气压力波动，有时出现向上尖峰；风口明亮，渣铁温度升高，生铁含硅升高。

处理：按炉热程度减少喷煤量，立即大幅减下部热量，优先风温、煤量，慎用湿分；若引起炉热的原因是长期性的，应增加焦炭负荷；视炉况和炉温水平，可酌情降低风温；因炉热出现难行，可临时减氧或停氧或减风，必要时可增加鼓风湿度；出现管道，立即减风 300~500m^3/min，消除管道，同时继续大幅减热；处理炉热时，应注意高炉的热惯性和改变喷吹量的热滞后性，防止炉温走向反面。

C 原燃料异常变化

原燃料异常变化包括炉料结构变化、成分变化、入炉粉末变化和强度变化等。

征兆：没有气流调剂的动作量，但压差、炉况顺行及气流分布发生变化。粉末入炉多则上部压差上升、中心气流受抑；炉料结构变化，则边缘、中心气流分配比例变化明显；使用相同原料的高炉表现出同样问题；现场检查实物质量下降。

处理：根据气流变化程度和方向决定是否要调剂气流；压差出现异常，及时减风并退负荷；立即分析查找具体原因，采取针对性措施及时消除不利因素。

D 渣铁不净

炉前出渣铁量与下料生成渣铁量出现偏差，不能及时出净渣铁，炉内出现憋压，风压出现波动，严重时导致悬料、管道等。

征兆：计算炉缸储铁储渣生成量，排出量小于生成量；风压逐步上升，波动增大，下部压差上升多，下料变慢，可能伴随炉温上升；下部热负荷或静压力容易波动；料速基本正常，但铁水温度高、硅高。

处理：根据存储渣铁量情况，有条件马上组织强化出铁（重叠出铁、缩短出铁间隔时间、选用大钻头等）；设备故障不能满足强化出铁需要，则视炉缸渣铁储量进行减氧、控风操作甚至休风；单边出铁连续一个冶炼周期以上，容易导致气流偏行，适当退负荷，防止炉况失常；连续料快造成出渣铁不好，强化出渣铁，必要时减氧控制料速，及时查找分析具体原因，消除对炉况影响。

E 布料溜槽底部磨穿的处理

征兆：十字测温温度异常，CCT 温度直线下降，煤气利用率、W 值大幅波动；气流紊乱，高炉透气性指数、高炉燃料比均上升；炉顶摄像头观察溜槽变短、有漏料或布料异常；溜槽旋转、倾动电流与正常比发生变化。

处理：停止上料，安排休风，更换溜槽；复风后要谨慎加风，风压高、K 值高减风控制，待料柱中心疏松后，气流稳定再加快加风速度；根据气流对热量的影响使用风温、湿度，保持充足热量；优先考虑加风，富氧靠后考虑；避免高压差悬料；顶压控制略低于正常风量时匹配值，以便中心气流引出。

9.4.2.6 炉况失常处理方法

A 炉况失常定义及原因

a 炉况失常的定义

高炉冶炼生产中，由于设备故障、原燃料条件的改变、各种操作条件的变动以及错误预判或操作等，都会造成炉况或大或小的波动。若没有较好地对炉况进行预判，加上调节不及时、不准确和不到位，造成高炉较长时间不能维持正常生产的状态，炉况就会出现异常，称为炉况失常。大高炉由于惯性大，炉况失常处理时间长，采用常规调节方法很难使炉况恢复，须采用一些特殊手段，才能逐渐恢复正常生产。因此，炉况失常，轻则造成铁水质量异常、产量指标损失；重则造成高炉长时间非正常状态生产，人力、物力投入量大，同时安全风险高，处理不当或考虑不周容易出现安全事故。在炉况已经失常的情况下，首先应当找出原因并迅速采取相应措施进行处理。

b 炉况失常的原因

(1) 基本操作制度不相适应。如长期气流分布不合理，造成高炉出现管道、连续崩滑料、炉墙结厚或渣皮频繁脱落等。

(2) 原燃料的物理化学性质发生大的波动。如入炉粉末急剧增多、成分剧烈变化、结构变化大，导致透气性、炉温急剧变化，操作上应对不当，造成炉况失常。

(3) 分析与判断的失误，导致调整方向的错误。炉温、气流的日常调剂上出现偏差及反向动作，加剧炉况波动造成炉况失常。

(4) 意外事故。意外事故包括设备事故及误操作等。如设备故障导致紧急状态下长时间非计划休风、长时间低料线、设备严重漏水、布料溜槽角度漂移或磨损等。

B 炉况失常处理方法

一般常见的异常炉况有：管道、偏料、低料线、悬料、崩料、炉缸堆积、冻结及炉缸大凉、炉墙结厚结瘤等。

a 管道行程

管道行程指高炉料柱在截面上某一区域的透气性特别强，使煤气流在该区域像在管道中那样异常发展，其位置在边缘或在中心。按部位可分为上部、下部、边缘、中心管道行程等，按形成原因可分为炉热、炉凉、炉墙黏结物脱落、入炉粉末多、布料不正确等引起的管道行程。

现象或征兆：

(1) 风压和透气性指数剧烈波动，管道形成时，风压和透气性指数上升很快，管道堵塞后风压明显升高，透气性指数明显降低。

(2) 炉顶煤气压力波动，有时出现向上尖峰，发生大管道时甚至冲开炉顶放散阀；初期出现预兆时有顶压超过日常设备调剂允许的波动 10kPa 以上，并出现大的尖峰。

(3) 炉顶煤气温度显著分散，管道方位煤气温度升高。

(4) 管道方向的炉身静压力以及冷却设备水温差会出现突然升高的现象。

(5) 炉顶红外摄像仪上可看到管道方位处有明显的炉料吹出现象。

(6) 风口工作不匀，管道方位的风口有生降，渣铁温度波动大。严重时风口涌渣，易烧坏风口。

（7）炉温下降，生铁含硫升高。

（8）崩滑料逐步增多，压力与顶温呈“剪刀差”，并出现崩滑料现象。

（9）瓦斯灰（炉尘）吹出量明显增加。

形成原因：

（1）冷却器漏水（炉顶煤气氢含量上升、铁口煤气火变大、风口变暗或有生降，高炉补水量发生变化等）。

（2）煤气流分布失常。

（3）长期的装料制度不合理（料线控制、批重大小、布料模式等不合理）。

（4）炉墙结厚或炉墙渣皮有大的脱落（炉墙温度、水温差出现较大波动）。

（5）炉热水平失控（炉温过高或过低）。

（6）渣铁处理不正常（见渣时间长、铁流过小等）。

（7）原燃料条件、质量发生较大变化（粉末多、强度差、高温性能下降、压差过高或过低，下料水平与风量不适应）。

（8）设备故障导致料线过低。

应对调剂措施：处理管道应以疏导为主，抑制为辅，尽快消除管道为原则。

（1）出现管道，应立即减风，所减风量应足以消除管道。一次性减风 500~1000m^3/min，直至消除管道行程；应酌情减氧或停氧，富氧率低于减风前水平，煤比控制不高于之前 10~15kg/t（Fe），炉温不足，可控制风量、氧量。

（2）调整装料制度：开放中心气流，强力控制边缘气流，料线降 0.2~0.3m；调整布料模式，可考虑短时间取消中心区矿档位，压缩矿平台，待风量回至一定水平，再逐步过渡恢复原料制，局部偏行造成管道可视情在管道方向采用小批量扇形布料；遇到顶温高，要采用打水控制的方法，尽量避免提前放料。

（3）视炉温水平、减风幅度和管道状况酌情减轻焦炭负荷或集中加空焦和轻料；风口涌渣、灌渣时，应集中加空焦，停止喷煤，煤粉折成焦比后，再将负荷减轻 15%~20%，并尽快出净渣铁。

（4）检查冷却设备、炉顶设备和煤气清洗设备有无异常。

（5）炉前渣铁：炉前强化渣铁处理，出净炉内渣铁。调整炉渣成分，炉渣碱度控制不大于 1.20，（Al_2O_3）含量控制在 16.0%以下，保证渣铁流动性。增加对风口观察的频次，密切关注炉温变化，可临时提高风温、降低湿度进行强制性补热，避免炉温急速下滑。

（6）如高炉经常发生管道性气流，应调整基本操作制度和检查原燃料质量情况。

（7）顽固性管道处理：遇见顽固性管道气流要先退到全焦负荷以下，可以视情加入一定数量的空焦来置换料柱和保障炉热，在保证热量状态下，通过减风和降料线至 5m 以下，重新装料破坏原料柱气流分布，以炉温为目标，控制好风量参数，待顽固性管道气流消除后逐步恢复风量。

b 悬料

悬料主要原因是炉料透气性与煤气流运动不相适应造成炉料下降停滞。炉料下降停滞持续时间达 20min 以上者，称为悬料；风量降到零或风压降到 30kPa，连续坐料二次仍未塌下的悬料，称为顽固悬料。它也可以按部位分为上部悬料、下部悬料；还可以按形成原因分为炉凉、炉热、原燃料粉末多、煤气流失常等引起的悬料。

征兆：

悬料初期风压缓慢上升，风量逐渐减少，探尺活动缓慢；发生悬料时炉料停滞不动；风压、风量和透气性明显不相适应，风压急剧升高，透气性指数急剧下降；顶压降低，炉顶温度上升且波动范围缩小甚至相重叠；上部悬料时上部压差过高，下部悬料时下部压差过高；风口前焦炭不活，甚至出现风口灌渣现象。

原因分析：

（1）高炉原燃料质量变化。入炉原燃料的粒度变小、粉末增多、强度变差、RDI 指数降低；焦炭或烧结的槽位过低，壁附料增加、强度降低。

（2）操作制度不合理。装料制度不合理，中心、边缘气流均受抑制，导致透气性差；气流分布不合理，中心或边缘过强、过重，导致操作炉型严重变化，压差升高，崩滑料后两道气流堵死。

（3）监控不到位或操作失误。风压急剧波动或持续上升过高，未及时处置；未按照压差制限操作，风压急剧上升时减风慢或未减风。

（4）高炉热制度变化过大。炉温急剧变化（急热急凉），煤气流分布短期内难以调整与适应，导致透气性急剧恶化。如空焦下达热量调整不及时，高炉向热而反向增热，长时间高硅高碱度等。

（5）渣铁未及时出净。短期内由于出铁不畅或由于设备故障，见渣晚，导致炉缸储铁渣量过多而引起透气性恶化。

处理：

一旦发现悬料现象必须立即处理。在处理悬料的过程中，应根据不同的情况采取不同的方法，若采用坐料方式处理悬料时必须在出铁后进行，防止风口灌渣，造成更大事故。

（1）出现悬料征兆时，应立即减风处理，如遇炉顶温度过高，炉顶通蒸汽的方式降温，严禁炉顶长期洒水。

（2）炉热有悬料征兆时，及时减风、减风温，控制风压，必要时可停氧、停煤；炉凉有悬料征兆时，应适当减风，采取加焦等措施补充热量。

（3）当连续悬料时，应缩小料批，适当发展边缘及中心气流，集中加净焦或减轻焦炭负荷。

（4）坐料后发生二次悬料，应赶料至正常料线后，进行第二次坐料。

（5）如发生顽固性悬料，坐料未果，可进行休风坐料。

（6）连续悬料后炉况难以恢复，应休风堵风口，或减小风口进风面积，用低压恢复。

（7）每次坐料后，应按指定热风压力进行操作，谨慎恢复风量，然后根据情况，恢复风温、喷煤及负荷。热悬料坐料后，先恢复风量，后恢复风温，但需注意调剂量和作用时间，防止炉凉；冷悬料坐料后，应采取低风压、小风量、高风温恢复，并适当加净焦，视炉热状况小幅恢复风量，防止炉温返热再次悬料。

预防：

（1）按照风压制限操作，避免压差过高而悬料。

（2）避免集中增热或炉温过高时反向操作，避免高硅、高碱度操作。

（3）及时出净渣铁，避免炉内存渣铁憋风，下部风压升高而悬料。

（4）杜绝过多粉末炉料入炉，做好筛网管理。

（5）持续透气性不良，不能及时查出原因时，及早退负荷。

（6）维护好操作炉型，杜绝炉墙结厚。

（7）避免高炉两道气流出现单边过分抑制现象。

c 炉凉

征兆：

（1）初期向凉征兆：煤气利用下降，风口向凉伴有生降，生铁含硅降低，含硫升高，铁水温度不足；炉渣中 FeO 含量升高，炉渣温度降低。风压连续降低，压差降低，下部静压力降低。在不增加风量的情况时，下料速度快且顺。顶温、炉喉温度降低。

（2）严重炉凉征兆：高炉风压、煤气利用率长时间持续大幅度下行。高炉顺行恶化，崩滑料不断，煤气利用率大幅度下降。高炉炉墙渣皮持续大面积脱落，风口发红，出现生料，有涌渣、挂渣现象。铁水温度、含硅大幅度下降，含硫上升。炉渣变黑，渣温急剧下降，流动性变差，渣铁沟易结死。

原因：

（1）炉料结构发生较大变化（如大量使用落地矿、落地焦）没有及时调整气流，导致气流失常。

（2）高炉料仓出现混料或错料未及时发现。

（3）原料称量或水分设定错误，没有及时发现和正确应对。

（4）喷煤设备故障，导致欠煤，后续没有及时补热。

（5）炉温大幅度波动或气流变化引起炉墙黏结物严重脱落，大量渣皮和生料进入炉缸。

（6）高炉发生连续崩滑料、管道或悬料，煤气利用率大幅度下降。

（7）高炉连续休风或长时间休风，热量大幅度亏欠。

（8）操作失误，长时间低炉温没有及时上调或炉温反向调剂。

（9）高炉冷却设备大量漏水，未及时处理。

（10）设备故障导致高炉亏料过深，没有采取补热等应对措施。

处理：

（1）有初期炉凉征兆时，最大限度提高风温、降低湿分，避免炉温急剧下滑。在保证 T_f 值不小于1950℃的情况下，可以通过增加喷煤量来提高燃料比，但要控制煤比不高于调整焦炭负荷前10～15kg/t（Fe），防止料速过慢、煤比过高，进一步恶化炉况。

（2）必要时减风、减氧或停氧操作，控制料速，改善顺行。优先减氧、停氧，出现管道、连续崩滑料、煤气利用率持续下降必须减风，以控制住崩滑料、管道或悬料为目标，在此基础上，尽可能维持1.0或以上送风比，让轻料尽快下达。炉温未回到最低限，原则上不能加风、加氧；加风与加氧时，优先考虑加风。

（3）在采取以上措施的同时，要及时分析炉凉的原因，如果造成炉凉因素是长期性的，如原燃料质量变化、热负荷持续高位波动、煤气利用率持续下降等情况，应立即采取加紧急空焦、减轻焦炭负荷措施，视高炉情况退焦炭负荷（O/C）10%～20%；如果出现连续崩滑料或管道行程，η_{CO} 下降2%以上，则先补紧急空焦，同时马上退焦炭负荷20%以上，并适当缩小矿批；若已经知道有冷却设备漏水，则最大限度控制漏水。

（4）严重炉凉且风口涌渣时，风量应减少到风口不灌渣的最低程度。如风量过小则停止喷煤，减轻焦炭负荷直至全焦冶炼。适当降低炉渣 R_2 和 Al_2O_3 以改善炉渣性能；炉前调整出渣铁安排，以对角出铁和增大钻杆直径为原则；根据渣铁分离状况，炉前改干渣，确保出渣铁安全。

d 炉缸冻结的征兆及处理

高炉大凉后，炉温下降到渣铁不能从铁口自动排出时，就是炉缸冻结。炉缸冻结是高炉生产中的严重事故，必须避免此事故发生。

征兆：

（1）大部分或全部风口灌渣，风量、风压极不对称，风压升高，风量减少，或已无法送风。

（2）铁水温度急剧下降，严重时渣铁无法从铁口排放，铁口有空喷现象。

（3）冷却设备大量漏水时，风口与中套、大套之间有水流出，铁口淌水。

处理：

（1）果断采取加净焦的措施，并大幅度减轻焦炭负荷，净焦数量和随后的轻料可参照新开炉的填充料来确定。炉子冻结严重时，集中加焦量应比新开炉多些，冻结轻时则少些。同时应停煤、停氧把风温用到炉况能接受的最高水平。

（2）如部分风口尚未灌渣，可暂维持送风并选择送风风口邻近的铁口出铁，尽量保持风口与铁口之间的通道畅通，排放冷渣冷铁，上部集中加空焦，出铁组织可参照长期休风后复风的炉前操作进行。

（3）避免风口灌渣及烧出情况发生，杜绝临时紧急休风，增加出铁次数，及时排净渣铁。

（4）加强冷却设备检查，杜绝向炉内漏水。

（5）风口已全部灌渣或铁口放不出渣铁，则休风。休风后，将所有灌渣风口处理干净（如时间过长，也可先处理铁口两侧部分风口）并堵严，同时根据确定的出铁口，选择其上方的1~2个风口，卸下风口小套、中套，并将铁口孔道烧大，用氧气从风口和铁口两个方向烧通彼此通道，铁口烧时可见铁口上方风口冒烟，然后装上风口送风，待风口工作及出铁情况好转后，逐渐增加出铁口两侧的送风风口数，争取尽早恢复正常送风及出铁。

（6）如铁口无渣铁流出，说明炉缸冻结相当严重，可转入风口出铁，即用铁口上方两个风口，一个送风、一个出铁，其余全部堵死。休风期间将两个风口间烧通，并将准备改作临时铁口的风口的小套和中套取出，内部用耐火砖砌筑，深度与风口的小套和中套平齐，大套表面也砌筑耐火砖，并用炮泥和沟泥捣固并烘干，外表面用钢板固结在大套上。出铁的风口与平台间安装临时出铁沟，并与渣沟相连，准备流铁。送风后风压不大于30kPa，处理铁口时尽量用钢钎打开，堵口时要低压至零或休风，尽量增加出铁次数，及时出净渣铁。

（7）采用风口出铁次数不能太多，防止烧损大套。风口出铁时要保持铁口烧氧强度，力争尽早实现风口与铁口贯通，一旦铁口能出铁，迅速转为铁口出铁。出铁正常后开风口速度与出铁能力相适应，防止风口灌渣。铁口出铁正常后再逐渐增开风口。

e　高炉结瘤及处理

高炉结瘤就是炉内熔融物质凝结在炉墙上，与炉墙耐火砖结成一体，在正常冶炼条件下不能自动消除，且越积越厚，最后严重影响炉料下降，甚至成为使高炉无法正常生产的障碍物。炉瘤按其化学成分可分碳质瘤、灰质瘤、碱金属瘤和铁质瘤；按其形状可分为环形瘤和局部瘤等；按其产生的部位可分为上部瘤和下部瘤等。

征兆：

（1）局部瘤在结瘤部位炉喉温度较其他方位低，炉顶温度极差较大（100~150℃），环形瘤炉喉温度各点相近，炉顶温度极差较小（30℃左右）。

（2）炉顶煤气压力曲线常出现向上的尖峰。

（3）高炉接受风量困难，风压较高且波动大，但减风后平稳；常有偏料、管道、崩料、悬料发生。

（4）炉缸工作不均，结瘤方向风口显凉且易涌渣。

（5）结瘤方向边缘煤气量少，改变装料制度无法改善气流分布。

（6）结瘤方向探尺下降慢，长期偏料。

（7）炉壳温度及冷却水温差在结瘤方向明显减小。

（8）炉尘吹出量大幅增加。

（9）风口、铁口流出碱金属液体，尤其是碱金属瘤这种现象更为明显。

处理：

（1）洗瘤。主要针对下部结瘤或结瘤初期。一般采用集中加净焦和强烈发展边缘气流的热洗方法，使炉瘤在高温和强气流作用下熔化和脱落。如果炉瘤较顽固则应加入洗炉剂（如萤石、均热炉渣），利用其良好的流动性洗刷炉墙。

（2）炸瘤。上部结瘤或上中部结成大面积炉瘤，洗炉方法无法解决时，则必须采用炸瘤的方法。炸瘤操作：首先判断准炉瘤位置及大小；降料线至炉瘤根部，休风前要进一步减负荷并加净焦，防止复风时炉凉；根据炉瘤位置、形状、大小，结合炉墙探测的结果，选定装入炸药的位置及用药量，自下而上分段炸瘤，先炸瘤根，依次上移；放炸药的位置离炉墙有一定间距（一般为100～200mm），以免炸坏炉墙；药量要根据炉瘤的大小而定，须将炉瘤炸净，防止再次结瘤。

f　铜冷却壁渣皮大面积脱落

现象或征兆：

高炉出现大面积渣皮脱落，一般冷却壁水温差出现较大幅度波动，炉身温度曲线出现异常波动，炉体静压力出现起伏，可通过出铁情况及风口观察进一步确认，以便及时处理。渣皮脱落会导致炉温变低，严重时影响渣铁流动性。从风口窥视孔观察，可看到大块异物在风口前缓慢移动，严重时将整个风口遮住。

原因分析：

（1）炉身下部和炉腰主要受热震作用，高温煤气冲刷，碱金属、锌和析碳作用，以及初渣的化学侵蚀；炉腹破损的原因主要是高温煤气的冲刷和渣铁的冲刷。

（2）高炉冷却壁破损较多，受侵蚀严重，热流强度大的部位，冷却强度不均，渣皮不稳定。

（3）炉温的波动和炉渣理化性能的变化。

（4）上下部调节不当，引起煤气流分布不合理，导致局部气流引发的炉况波动，诱发渣皮脱落。

（5）连续崩料及坐料。

（6）萤石加入的时机与计量不恰当。

应对措施：

（1）根据当时炉况判断炉温下滑幅度，必要时及时减风控制料速，减少渣铁熔化量，防止炉温过低。

（2）通过风口、炉身温度、出铁状况，判断出脱落幅度，情节严重时必须一次减风到位，直至风口无挂渣。

（3）减轻焦炭负荷，可视具体情况补加净焦过量调剂，避免炉况恶化。

（4）检查冷却壁、风口情况，判断脱落的原因。确认冷却设备的出水温度，对升温速度快的方向加大水量，并密切监视水温的变化。

（5）煤气流不合理引发的渣皮脱落，发现风口涌渣须休风堵风口，在休风前检查冷却壁漏水情况。

（6）在恢复过程中必须以炉温、风口状况、气流分布是否合理作为加风的依据。

9.4.3 高炉操作炉型的管理

高炉炉型包括设计炉型和操作炉型，高炉炉型对高炉生产的稳定顺行有着非常重要的影响。设计炉型是建造高炉时用耐火砖砌成设计的炉型。操作炉型是高炉生产一段时间以后，逐步形成相对稳定的炉型。

操作炉型不合理会影响高炉顺行，在设计炉型的基础上，结合相应的冷却制度来实现操作炉型的合理控制，是高炉生产操作中的一项重要任务。

9.4.3.1 合理操作炉型的表征参数

A 壁体温度

（1）冷却壁壁体温度下限比进水温度高 1～3℃。

（2）冷却壁壁体温度上限：铜冷却壁 150℃，铸铁冷却壁 200℃。

（3）冷却壁壁体温度正常趋势线应不呆滞，在较小的区间范围内波动，铜冷却壁不出现 150℃以上、铸铁冷却壁不出现 200℃以上的峰值。

B 水温差

对于冷却壁水温差因冷却水流量、内衬和冷却壁材质不同而有所不同，因此铜冷却壁和铸铁冷却壁应分段进行管理，控制水温差在合理范围内。高炉水温差管理标准见表 9-63～表 9-66。

表 9-63 马钢 1000m³ 高炉水温差管理标准

部　位	冷却形式	水温差/℃	进水温度/℃
6～8 段	镶砖铸铁冷却壁	≤4	25～32
9～10 段	镶砖铸铁冷却壁	≤5	
11～12 段	镶砖铸铁冷却壁	≤5	
13～16 段	镶砖铸铁冷却壁	≤10	

表 9-64　马钢 2500m³ 高炉壁体水温差控制范围

部　位	冷却形式	水温差/℃	进水温度/℃
炉腹至炉身下部（6~9 段）	铜冷却壁	2~3.5	30~35
炉身下部（10~12 段）	镶砖铸铁冷却壁	2~5	
炉身中部（13~15 段）	镶砖铸铁冷却壁	≤10	
炉身上部（16~18 段）	镶砖铸铁冷却壁 18 段光面冷却壁	≤10	

表 9-65　马钢 3200m³ 高炉壁体水温差控制范围

部　位	冷却形式	水温差/℃	进水温度/℃
炉腹至炉身下部（5~9 段）	铜冷却壁	2.50~4.50	35~45
炉身中上部（10~15 段）	镶砖冷却壁	1.50~2.50	

表 9-66　马钢 4000m³ 高炉壁体水温差控制范围

部　位	冷却形式	水温差/℃	进水温度/℃
炉腹至炉身下部（5~9 段）	铜冷却壁	2.80~3.80	38~48
炉身中上部（10~15 段）	镶砖冷却壁	1.80~2.50	

C　炉体热负荷

高炉生产过程中对全炉热负荷和局部区域热负荷进行监控管理，通过监控局部热负荷变化保证高炉工作安全。

9.4.3.2　正常生产时炉型的管理

高炉内部冷却器需要有一层渣皮保护层，渣皮厚度应适当且稳定，日常操作时，应从原燃料、上下部制度、冷却制度等方面综合管控。

A　调剂合理的煤气流分布

高炉合理煤气流分布是高炉操作的核心，是高炉炉型管理的关键。适度的边缘气流有利于炉墙渣皮、操作炉型的稳定。

下部调剂的目的是为了控制合适的循环区大小及合适的理论燃烧温度，以便实现合理的初始煤气流分布，从而为维护合理的操作炉型打下坚实的基础。风口回旋区的大小决定了中心气流和边缘气流的分布状况。风口回旋区长度增加，初始煤气流将趋向于中心且在径向上趋于均匀，炉缸状态趋向于活跃，软熔带顶部位置升高，炉腹、炉腰热负荷相对较低；风口回旋区长度缩短，边缘气流加强，炉缸环流增加，软熔带根部位置抬高，炉腹、炉腰热负荷相对较高。

初始煤气流在圆周方向上分布的均匀性将会严重影响高炉周向上的温度场分布，从而影响操作炉型的均匀性。理论燃烧温度的高低会影响高炉纵向上的温度场分布，影响高炉干区和湿区的分布比例，影响操作炉型的维护。

B 入炉原燃料的管控

高炉原燃料质量和合理炉料结构是高炉炉况稳定顺行的基础，同时也影响高炉炉型的维护。因此原燃料管理是高炉炉型管理的重要内容。

原燃料中的碱金属、Zn、Pb 等对高炉的炉衬起破坏作用，严重时会造成结厚、结瘤；烧结矿的低温还原粉化性能、球团矿的还原膨胀性能较差，块矿的热爆裂性能会使原料粒度在炉内中上部发生变化，从而引起操作炉型变化。

此外，入炉矿石的冶金性能，特别是软熔性能对高炉冶炼过程中软熔带的形成起到极为重要的作用，当矿石的软化温度低、软化到熔化的温度区间宽时，煤气通过软熔带的阻力损失加大，透气性变差，不利于煤气流的合理分配。焦炭高温冶金性能差导致炉内软熔带以下焦炭粒度过小，增加渣铁在焦炭中的滞留时间，煤气通道变窄，易导致下部煤气分布紊乱。煤气分布的紊乱必然影响炉内温度场的分布，影响高温煤气及渣铁对炉衬的冲刷，最终对高炉炉型产生影响，且焦炭高温冶金性能差更易导致炉缸工作不活跃，加剧渣铁对高炉铁口区域及炉缸、炉底区域的冲刷。

C 控制合理的冷却制度

合理的冷却制度是指炉体水流量、水温处于安全范围，最低水速不低于 1m/s，出水温度控制在合理范围内，在操作炉型有变化趋势、需要调整时有一定调剂余地。

冷却制度要与生产条件和气流分布相适应，冷却制度不合理（冷却强度过高或过低）对操作炉型会产生不利影响。冶炼强度大、产生的热量多，冷却强度要相应地加大；冶炼强度小、产生的热量少，冷却强度要相应地减小。边缘气流强、热流强度较大，冷却强度相应地要增强；边缘气流弱、热流强度较小，冷却强度相应地要减弱。

工业水开路循环冷却由于管道容易结垢，而且结垢也很可能不均匀，其冷却效果不如软水密闭循环冷却效果好。因此，工业水开路循环冷却情况下，设计炉型将会较快地转换成操作炉型，且其形成的操作炉型不如软水密闭循环冷却方式下形成的操作炉型均匀。

9.4.3.3 热负荷波动大处理方法

炉体热负荷的高低受炉体侵蚀程度、煤气流分布状况、高炉顺行情况、炉墙黏结物多少、冷却强度高低等多方面因素影响。正常情况下，炉体热负荷在一定范围内波动；异常情况下，炉体热负荷会较大幅度波动，轻则影响炉温和铁水质量，重则危及炉况稳定顺行，容易造成风口、冷却壁破损和炉壳发红开裂，处理不当甚至会导致炉况严重失常。

A　热负荷波动大原因

一般热负荷波动幅度15%以上，绝对值在10GJ/h以上，可以判定热负荷波动大。炉体热负荷波动大有多种原因，主要包括：

（1）原燃料质量劣化，如矿石入炉粉末多，冷态、热态强度指标大幅度下降；焦炭粒度下降，热态强度远低于管理目标等，引起透气性下降、煤气流分布变化，导致热负荷波动大。

（2）煤气流分布异常，如边缘气流较长时间过强，或局部发生管道，导致渣皮脱落、热负荷波动大。

（3）炉温波动过大，造成软熔带位置上下波动，渣皮由于热震脱落引起热负荷波动大，一般波动范围在炉腹、炉腰部位。

（4）炉墙黏结物大面积脱落，造成局部煤气流过强或炉墙热阻降低，致使热负荷波动大。

（5）风口有曲损、破损，风口或送风支管有异物堵塞，导致气流不均匀；冷却器破损，大量冷却水进入高炉，导致炉墙不稳。

（6）冷却水的水质、进水温度变化，进水量变化或其他仪表因素造成水温差、水量变化，会引起热负荷的波动。如：水与冷却板之间形成水垢或者有气膜，对传热的效果影响甚大。研究表明：当有1~5mm的水垢时，对于铸管冷却壁传热效果大约降低28%~68%，对于钻孔冷却壁传热效果大约降低90%~98%。对于铜冷却板也有相似的结论，所以水垢对其传热效果的影响很大，一旦不能有效传热，就不能形成稳定的渣皮。另外，在水速较高的情况下再提高水速，对提高冷却效果不明显，反而会增加水资源的消耗和冷却水阻力损失。

（7）高煤比生产时，炉腹煤气量相应地增加，会出现风压升高、风口回旋区缩小、边缘煤气流发展、热负荷波动大。

B　热负荷波动大处理

a　原燃料品质下降引起热负荷波动大处理

（1）根据热负荷波动幅度和煤气利用率变化情况，焦炭负荷降低2.5%~5.0%，以改善透气性和补充热损失；跟踪、确认原燃料状况，如灰分、水分、粒度、发热值、TFe、FeO、RDI、热爆裂指数等，发现异常情况及时调整。加强筛网检查、清堵工作和水分检测工作；加强t/h值管理和称量系统精准度管理。

（2）煤气流分布根据情况调整，原则上保证中心稳定充沛。

b　煤气流分布异常引起热负荷波动大处理

（1）根据热负荷波动对高炉冶炼影响程度，并结合炉况顺行、炉温、煤气利用率和热负荷变化情况，焦炭负荷降低2.5%~10.0%。

（2）判断煤气流分布异常的原因，调整装料制度，从源头上控制热负荷波动。边缘气流过强时，采取控制边缘气流的布料措施；若伴有顶压冒尖、煤气利用率大幅下降等管道迹象，按照管道处理的方法进行处置。边缘气流过弱时，在保证中心气流稳定的前提下，用焦炭、矿石疏松边缘气流，具体可结合实际使用档位调整。热负荷波动大引起连续崩滑料或顶压冒尖时，酌情减风 200~500m^3/min，并同步调整富氧量。当有滑料、崩料时，控制上料，放慢上料速度，再平稳地赶料线，防止煤气流进一步恶化带来更严重的后果。

c 炉墙黏结物大面积脱落引起热负荷大波动处理

（1）确定热负荷波动大对高炉冶炼的影响程度，并结合炉况顺行、炉温、煤气利用率和热负荷变化情况，焦炭负荷降低 2.5%~10.0%。

（2）脱落后煤气流若发生较大变化，如中心气流减弱，边缘气流增强，可适当调整装料制度，维持正常煤气流分布。

（3）炉墙黏结物大面积脱落引起炉温剧降或风口曲损，可酌情装入紧急空焦，并适当减风、减氧。

（4）如炉墙温度、热负荷上升多，有崩滑料出现，风压、*K* 值急剧下降或上下波动大，煤气利用率下降多，有顶压冒尖现象，则立即实施减氧、减风、加空焦、退负荷等动作，并要求炉前出净渣铁，避免高炉大凉。

d 炉温波动大引起热负荷波动大处理

（1）炉温低热负荷波动，可用足下部热量，减氧，同时退负荷 5%~10%。

（2）煤气利用率下降 2%以上，根据炉温基础，及时补充热量，根据崩料深度，适当补充空焦。

（3）如下部炉墙渣皮脱落，用足风温，停止加湿，适当补充煤量，提高燃料比水平。同时根据脱落程度、炉温基础加空焦。

e 其他注意事项

（1）强化炉前出渣铁工作，出净炉内渣铁，一方面要控制 30min 内见渣；另一方面出铁间隔时间控制要严格，若间隔超时，及时进行重叠出铁。

（2）及时调整炉渣成分，高炉炉渣碱度控制不大于 1.20，Al_2O_3 含量控制在 16.0%以下，以保证渣铁的流动性。

（3）增加风口观察的频度，检查是否有风口曲损。如果风口出现大曲损、跑风大，严格按照事故预案进行外部打水冷却控制。如果出现有红热焦炭等高温物料喷出，应紧急减风甚至休风。

（4）对冷却设备的出水温度进行确认，并密切监视水温的变化。若进出水温度、流量等仪表出现偏差，立即纠正调整。

9.4.4 高炉富氧喷煤操作技术

9.4.4.1 富氧喷煤操作的意义

高炉喷吹煤粉是炼铁系统结构优化的中心环节，提高煤比，以煤代焦，在以煤代焦方面马钢实现了从全无烟煤喷吹到混合煤喷吹。随着国内富氧大喷煤技术的发展，先进的高炉喷煤比可达200kg/t以上。提高喷煤比的意义：

（1）我国煤炭资源虽然丰富，但炼焦煤资源状况不乐观，炼焦煤仅占煤炭资源的27%左右，其中强结焦性好的焦煤占炼焦煤的19.61%，黏结性好的肥煤占13.05%，而目前采用散状煤装炉炼焦，焦煤加肥煤的配比要达到65%左右，这与资源状况不协调。

（2）我国煤的产量虽然较高，但洗煤能力缺口较大，炼焦煤大部分可选性差，造成了炼焦煤的质量难以保证，更加剧了优质炼焦煤的紧张局面。

（3）我国钢铁工业许多焦炉老化，以马钢为例，目前就存在焦炉老化和焦炭产能严重不足的困扰，焦炭产能存在缺口，每年外购焦炭在100万吨以上，提高喷煤来弥补焦炭缺口是一个最好的措施。

（4）大喷煤的目的在于降低成本和投资，提高劳动生产率，是炼铁系统工艺结构优化、能源结构变化的核心之一。焦化工序能耗在120kgce/t左右，喷煤的制粉和喷吹所需的能耗在20~35kgce/t，高炉每喷吹1t煤粉，就可以产生炼铁系统用能结构节约100kgce/t的效果。喷煤车间的单位投资是焦化厂建设单位投资的12%~16%，为冶金焦部分投资的15%~20%。

9.4.4.2 富氧喷煤对高炉冶炼过程的影响

富氧喷煤冶炼特征是富氧和喷煤冶炼特征的综合。马钢对富氧大喷煤技术进行了探索，取得过煤比超过180kg/t.fe的水平，但稳定性不足，需要进一步探索。高炉富氧和喷煤对冶炼过程的影响见表9-67。

表9-67 高炉富氧和喷煤对冶炼过程的影响

项　目	富氧鼓风	喷吹煤粉	富氧喷煤
碳素燃烧	加快	—	加快
理论燃烧温度	升高	降低	互补
燃烧1kgC的煤气量	减少	增加	互补
未燃煤粉	—	较多	减少
炉内高温区	下降	—	基本不变
炉顶温度	降低	升高	互补
间接还原	基本不变	发展	发展
焦比	基本不变	降低	降低
产量	增加	基本不变	增加

A 富氧喷吹对高炉冶炼的影响

a 富氧鼓风对煤粉燃烧的影响

富氧后鼓风中氧含量增加，会对煤粉燃烧产生影响，其中包括煤粉开始燃烧的着火温度、燃尽温度、燃烧速度和燃烧率等。

着火温度反映了煤样着火的难易程度，掌握着火温度对于煤的燃烧和稳定燃烧有重要的指导意义；燃尽温度是煤样基本燃尽时的温度，温度越低，表明燃尽时间越短，煤样越容易燃尽，残炭中的可燃剩余量就越少。试验研究表明：随着氧气浓度增加，煤粉燃烧的着火温度和燃尽温度均呈下降趋势，燃尽温度的下降幅度较着火温度更大，说明富氧可使煤粉的燃烧在较低的温度区域完成，对煤粉充分燃烧有较大影响。也就是说，随着氧浓度的增加，在较低温度下就能满足煤粉稳定燃烧的条件。

富氧后煤粉燃烧更充分，同样条件下会放出更多的热量以供高炉内还原铁矿石之用，但考虑到煤粉燃烧率与氧气浓度的关系，为了更有效利用资源，富氧率应缓慢增大以寻求合适点。

b 富氧条件下的焦炭变化

富氧条件下炉缸内温度会有所增加，因此有可能导致焦炭抗压强度随温度的升高严重下降；同时由于富氧鼓风，气相中的（$CO+CO_2$）比例提高，因此富氧后应考虑到炉缸内焦炭强度会有所下降，在风口区滞留时间变长，可能会影响到煤气的顺利上升从而影响到高炉顺行。由此点出发，考虑到焦炭强度变化，富氧率应控制在一定范围内。焦炭抗压强度在高炉内随温度的变化趋势见图 9-59。

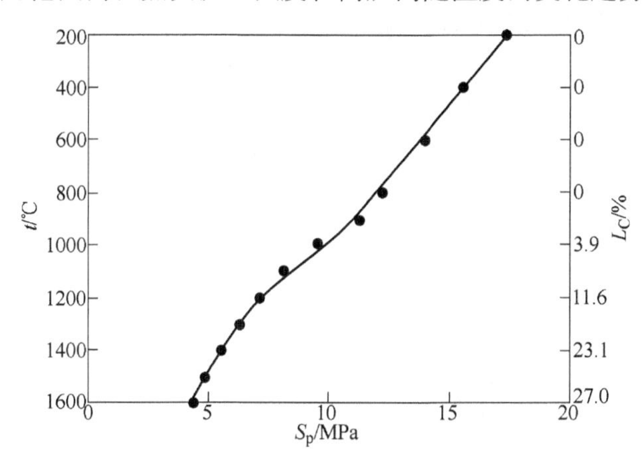

图 9-59 焦炭抗压强度在高炉内随温度的变化趋势

c 高富氧对燃烧带的影响

燃烧带对冶炼过程起着重要的作用。它是上升的高温煤气的发源地，又因焦炭气化后产生了空间，而为炉料的连续下降创造了先决条件。燃烧带的大小及其分布对煤气流沿炉的圆周及半径方向的分布及炉料的下降状况和其分布有极大的影响。

随着富氧率从 0%变化到 10%，鼓风动能的变化是相当大的，在实际中会导致燃烧带的急剧缩小，对高炉冶炼产生影响，需要引起足够的注意。在实际生产中，可以通过调节手段加以调节，如风口直径等。富氧率与鼓风动能关系见图9-60。

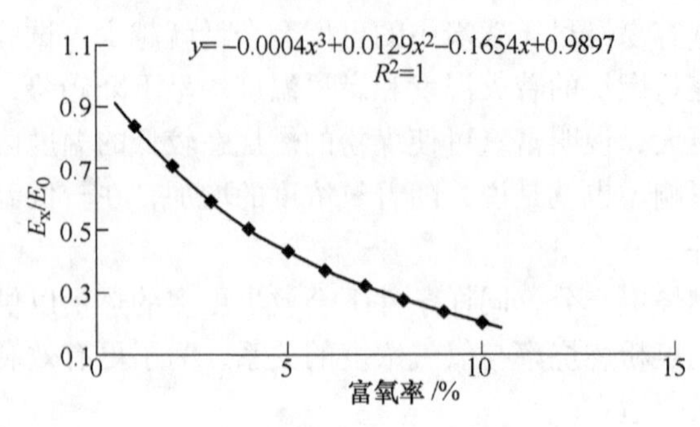

图9-60　富氧率与鼓风动能关系

d　高富氧对炉缸煤气的影响

随着鼓风中氧浓度增加，氮浓度降低，燃烧1kg碳所需风量减少，相应的风口前燃烧产生的煤气量也减少，而煤气中的CO含量增加，氮量减少，富氧率变大将引起煤气量减少，进而影响煤气流速。

e　高富氧对炉内压力降的影响

高炉内煤气压力场情况因炉料分布不均匀和软熔带的形状位置变化而复杂多变，而且压力场和温度场相互影响，相互制约，相互促进。马钢通过使用fluent模拟高炉内压力场，获得单一因素影响下的压力场变化关系，见图9-61～图9-69，给富氧大喷吹提供指导依据。

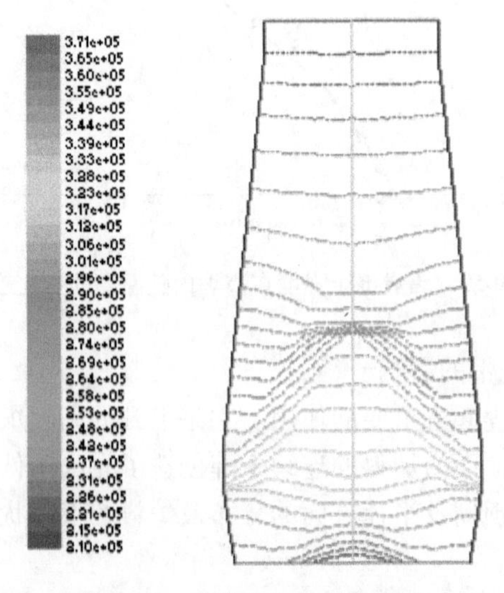

图9-61　高炉内压力场示意图

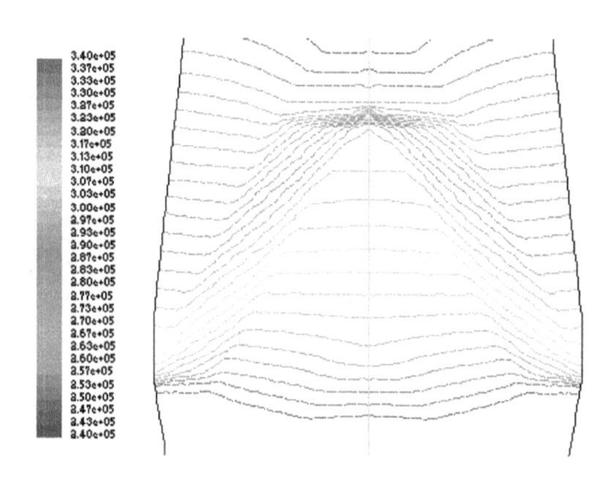

图 9-62 软熔带压力场示意图

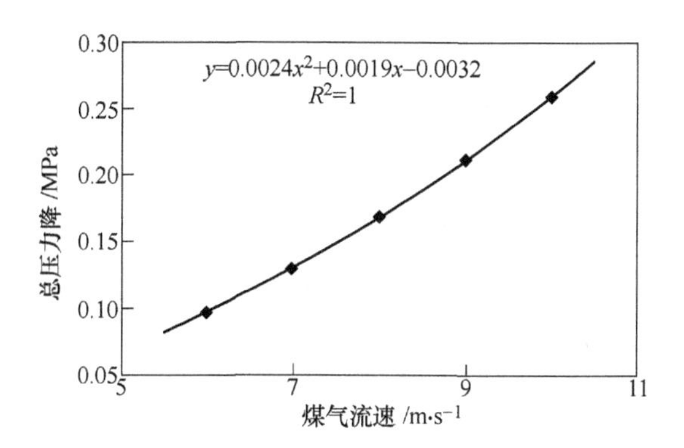

图 9-63 炉缸煤气流速与总压力降关系

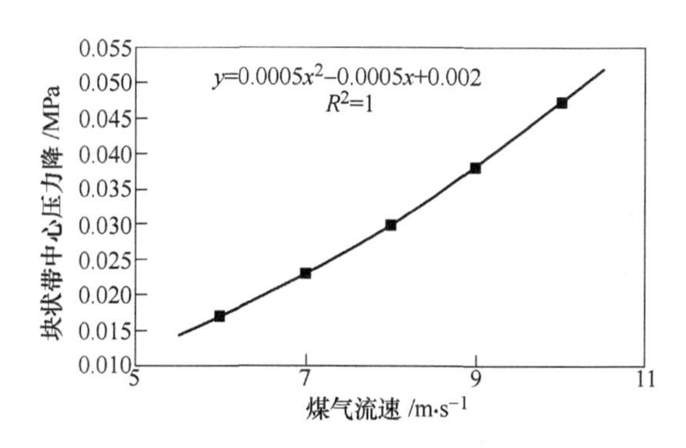

图 9-64 炉缸煤气流速与块状带中心压力关系

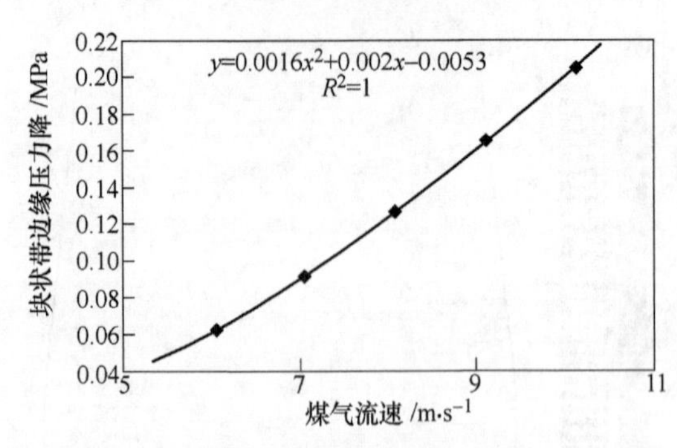

图 9-65 炉缸煤气流速与块状带边缘压力降关系

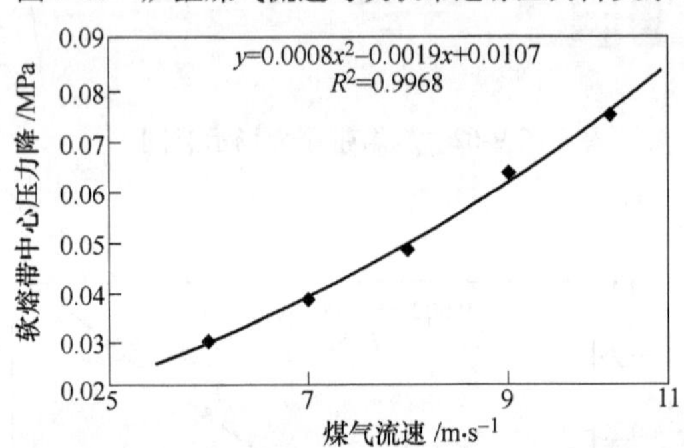

图 9-66 炉缸煤气流速与软熔带中心压力降关系

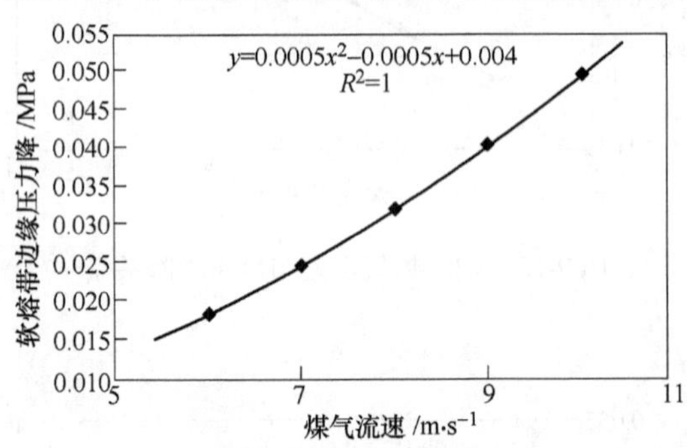

图 9-67 炉缸煤气流速与软熔带边缘压力降关系

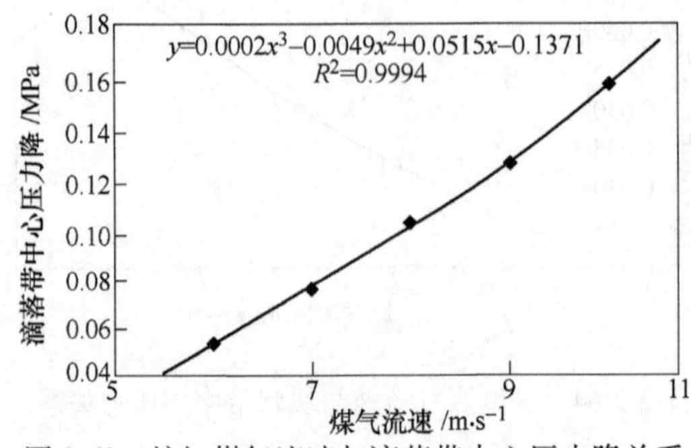

图 9-68 炉缸煤气流速与滴落带中心压力降关系

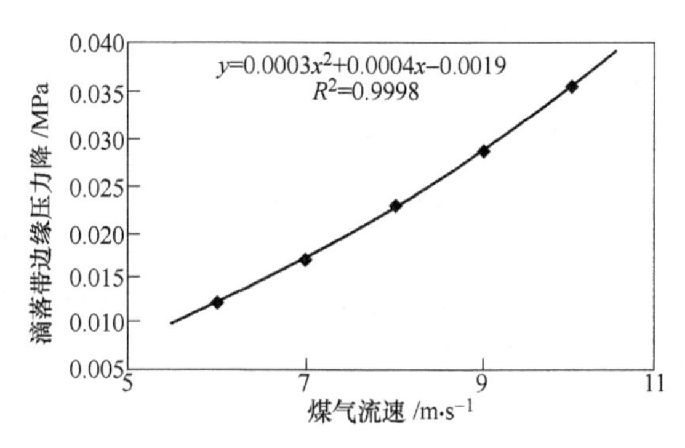

图 9-69 炉缸煤气流速与滴落带边缘压力关系

f 富氧对改善透气性的作用

富氧 1%可使吨铁的煤气量减少 4%。因此，当产量保持相对不变时，随富氧率的提高，炉腹煤气量减少，从而降低了压差，改善了透气性，有利于高炉接受高煤量。

有研究表明：随着喷煤量的增加，炉腹煤气量及焦炭负荷都有增加。二者的影响导致炉腹和炉身的压差增高，并且也改变了煤气流运动方式。大量实践表明：在喷煤量达到一定水平以后，边缘气流增加，炉墙热负荷提高。但是，采用富氧鼓风后，不仅有助于抵消炉腹煤气量增加的影响，也降低炉顶煤气温度；而且可以提高燃烧率和生产率。虽然富氧喷煤在某些情况下起到互补的作用，但是为达到良好的生产效果，高炉在实际操作时还需要摸索合适的富氧率与煤比水平的关系，进一步改善提升富氧喷煤的效率。

B 提高喷煤比对高炉冶炼过程的影响

（1）炉腹煤气量增加。煤粉中含碳氢化合物多（焦炭中挥发分含量一般小于 1.5%，无烟煤中为 5%～12%，烟煤中为 10%～35%），在风口前气化后产生的 H_2 越多，炉缸煤气量增加得越多。

（2）理论燃烧温度降低。燃烧产物增加，喷吹煤粉气化时分解吸热，使燃烧放出的热值降低；煤粉进入燃烧带时的温度远低于焦炭进入燃烧带时的温度，因此燃烧带入燃烧带的物理热减少。

（3）料柱阻损增加，透气性变差。喷吹煤粉后，煤粉代替焦炭，使料柱中焦炭负荷增加，焦炭数量减少，料柱的空隙度降低，煤气上升的阻力增加，压差上升，同时炉腹煤气量增加，煤气流速增加，压差也会升高，煤气中含 H_2 增加，由于其密度和黏度较小，有利于压差降低，但作用相对较小，整体压差会上升。

（4）间接还原发展，直接还原度降低。喷吹后煤气中还原性组分 $CO+H_2$ 的数量和浓度增加，加速了间接还原发展，焦炭熔损反应减小，矿石在炉内停留的时间增加等。

(5) 煤气流发生变化。从生产实践看，随着煤比的增加，边缘气流会增加，对应炉体热负荷会增加，同时高炉热流比会降低，随着煤粉的增加，煤粉的燃烧率会降低，未燃煤粉会增加，瓦斯量会上升。

9.4.4.3　富氧提升喷煤比操作的措施与对策

高炉喷煤技术是一项系统性工作，提升喷煤比操作重点围绕着煤气流调剂、炉温和渣系控制、原燃料管理、煤焦置换比关系、合适燃料比及各类影响喷煤因素的管控等方面工作的提升来实现。

A　煤气流调剂

要想获得理想的喷煤比首要的是炉况顺行，煤气流分布合理。合理的煤气流表现为透气性指数适宜、煤气利用率稳定且高、炉顶煤气温度平稳、燃料比合适、炉热充足、炉缸活跃性良好等方面。煤比提升，焦炭负荷提高，未燃煤粉增加，高炉上下部的煤气流分布会发生较大的变化，高炉操作者必须做好调剂，使上部气流与下部气流匹配，以改善料柱透气性，提升煤气利用效率。

马钢高炉通过下部控制适宜的风速和鼓风功能，保持一定的循环区长度，发展中心气流和使炉缸保持良好的工作状态；上部调剂确保边缘焦层有一定宽度（平台）和合适中心漏斗的深度以及合适的边缘焦炭负荷的布料制度。边缘、中心、中间带的气流比率相对稳定，焦炭在边缘形成一定宽度的平台，避免料面边缘产生混合层、软熔带根部位置过低，确保中心气流稳定，为煤比提升奠定基础。

a　控制合理的边缘、中心气流指数

上部调剂：高炉大喷煤以后，料柱中矿/焦比及煤气量明显增大，煤气流速加快，以及未燃煤粉在料柱中的沉积等都将引起料柱阻损增加、压降升高。因此采取必要的上部调剂改善料柱透气性、保持煤气流分布合理至关重要。各高炉结合自身冶炼条件，上部调剂以发展“中心气流为主、边缘气流为辅”的两道气流原则，在多环布料的基础上，采用大矿批及中心加焦技术。随着焦炭负荷的增加，通过扩大矿批保证了焦窗厚度，减少了混合料层的界面效应，削弱了大风量、高煤比操作带来的高压差效应。同时中心加焦的实施对改善料柱的透气性、透液性起到较好的效果，增强了高炉接受高煤气量的能力，并为扩大矿批、降低焦比、提高煤比提供了技术支撑。马钢某高炉随着焦炭负荷的加重，喷煤比的提高，维持焦批重不变，矿石批重由62t逐步增至78t，中心加焦量维持在30%左右，装料制度基本在$C_{122224}^{10988763}O_{4322}^{9876}$基础上微调（见图9-70），达到了中心气流充足稳定、边缘气流适宜可控的目标（见图9-71），炉顶温度控制在170～230℃，煤气利用率保持在49%左右，确保了高煤比操作下煤气流分布的合理。

下部调剂：结合自身原燃料条件，高炉应明确“打透中心、稳定边缘”的操作思想，通过扩大风口面积，使用“三高”操作，即高风量、高动能及高炉

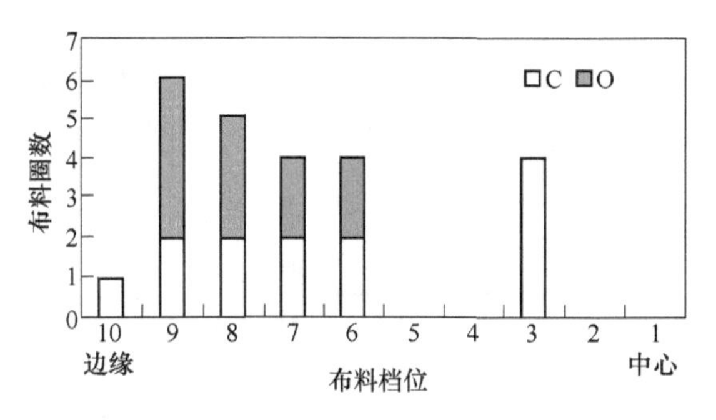

图 9-70 马钢某高炉炉顶布料图

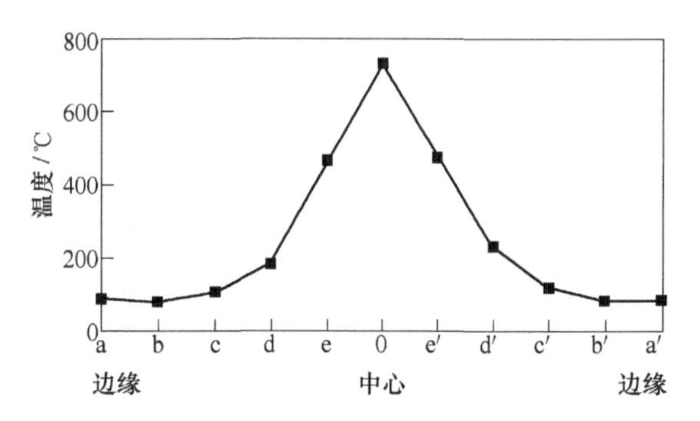

图 9-71 马钢某高炉炉喉十字测温曲线

腹煤气量指数对生产操作进行优化，使高炉抗外界干扰的能力增强，提高炉况的长期顺稳度。例如马钢某高炉在原燃料劣化期间，为提高煤比操作，风口面积由 0.3079m^3 扩大到 0.3418m^3，随着焦炭负荷的逐步加重、煤比的提高等强化手段的实施，为缓解炉料与煤气流相向运动的矛盾，控制炉腹煤气量指数在 60m/min 左右操作（见图 9-72）保持鼓风动能在 120kJ/s 以上，达到了煤气流分布“中心透、边缘稳定”，炉缸活跃度保持良好，提高了高煤比条件下炉况稳定运行的能力。

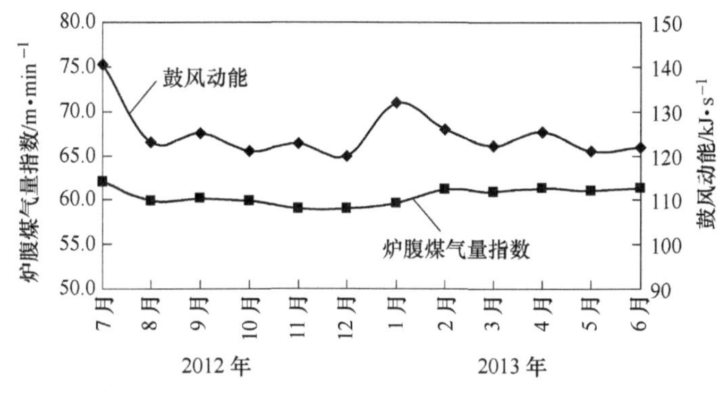

图 9-72 马钢某高炉炉腹煤气量指数及鼓风动能的变化

b 控制风口前理论燃烧温度在一定水平

马钢高炉 T_f 值随喷煤比增加呈下降趋势，在目前冶炼条件下具备在喷煤比160kg/t 左右水平时，T_f 值能维持在 2100℃以上，见图 9-73。

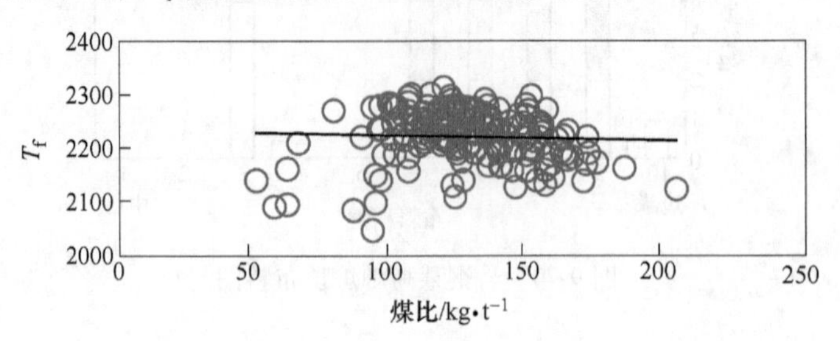

图 9-73 马钢 2500m³2 号高炉的 T_f 与煤比关系图

c 稳定煤气利用率水平

马钢高炉在大喷煤时仍保持了相对较高的煤气利用率，在煤比上升到一定水平后，煤气利用率有小幅下降，燃料比小幅上升，马钢 3200m³ 高炉煤比和煤气利用率及燃料比的关系见图 9-74 和图 9-75。在提升煤比过程中要寻求这几者之间的合适关系，力求保证较高的煤气利用效率下实现高煤比。

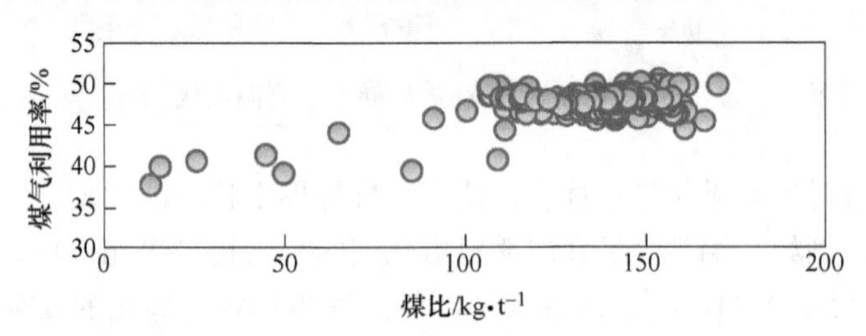

图 9-74 马钢 3200m³ 高炉煤气利用率与煤比关系

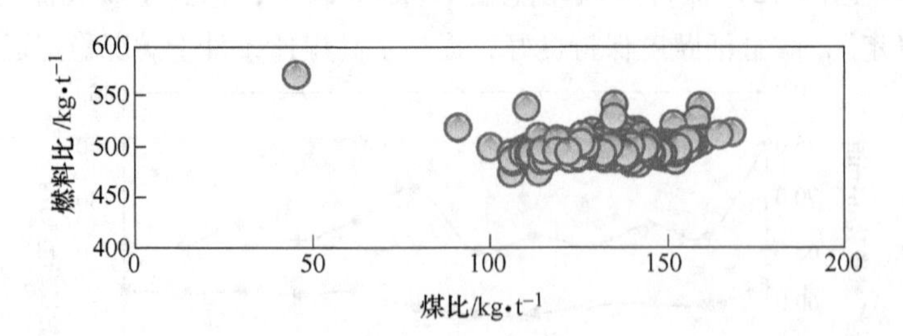

图 9-75 马钢 3200m³ 高炉燃料比与煤比关系

d 富氧大喷吹与鼓风中的富氧率

从气流均匀性和炉缸工况角度考虑，需要一定炉腹煤气量，因此，要在生产实际中找到合适的富氧率与煤比关系。图 9-76 通过回归马钢 2500m³ 高炉的富氧

率与煤比关系，分析出马钢原燃料冶炼条件下的煤比对富氧率要求。

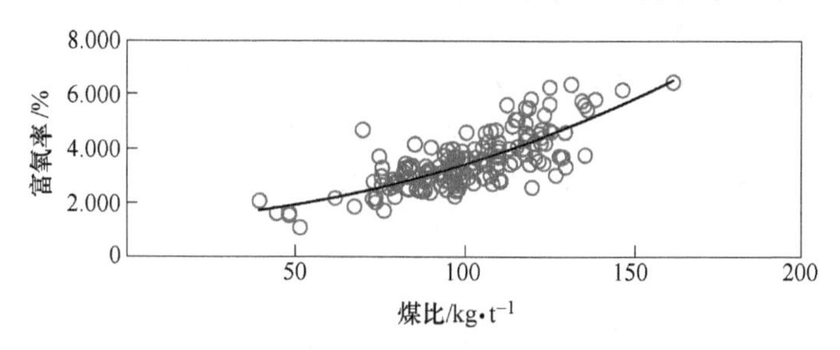

图 9-76 马钢 $2500m^3$ 2 号高炉的富氧率与煤比关系

e 控制合适高炉鼓风速度

随着煤比的提升，边缘气流会有一定发展，需要增加鼓风速度，维持炉缸煤气流初始分布状态。控制适当的鼓风速度，维持一定的风口回旋区长度，有利于促进煤粉燃烧和保持炉缸良好的工作状态。通过马钢 $2500m^3$ 高炉的标准风速与煤比关系图（见图 9-77），可以发现比较适合马钢 $2500m^3$ 高炉长期的操作风速应控制在 230~250m/s。马钢高炉炉型较多，可以参考炉役历史数据获得控制煤气流速的控制界限。

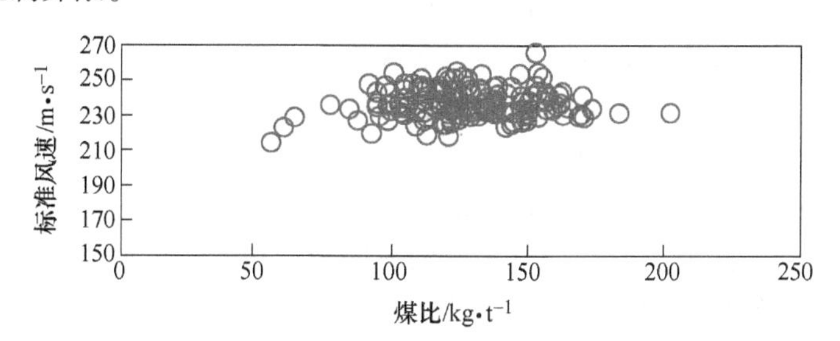

图 9-77 马钢 $2500m^3$ 高炉的标准风速与煤比关系

f 调整料面形状及径向焦炭负荷分布

随着喷煤比增加，煤气流分布表现出边缘气流发展、中心气流不足，炉墙热负荷增加，上部装料制度可以通过边缘焦层有一定宽度、一定深度的中心漏斗，保持矿石边缘的比重，达到边缘、中心、中间带的气流比率相对稳定。具体来说，保持合适的平台宽度：漏斗深度，维持稳定充沛的中心气流。

g 合理装入小块焦

马钢高炉采用在矿批中混加小块焦的方式，并且将小块焦均匀地布在矿料料条的前段，以改善料柱透气性。要求小块焦炭比例控制在 40kg/t（Fe）以内。

h 控制合理的料线和批重

喷煤比增加后，由于边缘气流发展，除了利用布料档位来控制煤气流分布外，还可利用料线和批重来调节炉顶布料，以获得最佳的煤气流分布。料线不宜选得太深，过深的料线会使得炉喉容积得不到有效利用，且加大矿焦界面效应，破坏炉料层状结构和料柱透气性，不利于煤气的运动和炉况的稳定顺行。在找到最佳落点位置后还要注重矿批的大小，在保证焦层厚度情况下实现径向的合理分布。马钢 1000m^3 高炉焦批要求≥7t/批，2500m^3 高炉焦批要求≥13t/批，3200m^3 高炉焦批要求≥18t/批，4000m^3 高炉焦批要求≥19t/批。

B　高炉热制度和造渣制度的控制

a　高炉热制度控制管理

充足稳定的炉温及良好的渣系是保证高炉稳定顺行的基本前提。高煤比、低焦比操作时应加强防凉意识并保持炉温的充足稳定，避免炉温大起大落引起气流波动而影响炉况顺行，特别在喷煤系统或其他设备出现紧急故障时，可避免炉凉等炉况失常事故的发生。

理论燃烧温度是反应炉缸热状态的一个重要指标。理论燃烧温度过低，会使煤粉燃烧率降低、炉料加热及还原不足而导致炉凉；理论燃烧温度过高，会引起高炉下部压降急剧增加，甚至产生崩、悬料气流，导致炉况不顺。因此在大喷煤、低焦比冶炼的高炉上保持适宜的理论燃烧温度尤为重要。理论燃烧温度的控制可通过富氧、风温、喷吹燃料及鼓风湿度来调节。例如在某高炉冶炼条件下，随着喷煤量的增加，通过富氧、提高风温以及采用脱、加湿技术控制入炉湿度，保持理论燃烧温度介于2200~2250℃，生铁［Si］含量能够稳定在0.4%~0.5%，铁水温度保持在1480~1510℃之间，炉缸热量充沛稳定。

b　高炉造渣制度控制管理

在渣系控制方面，考虑到高炉喷煤量增加后未燃煤会增多，未燃的煤粉以悬浮状态混在渣中使炉渣黏度增加以及原燃料质量劣化后渣量的大幅升高，均导致高炉滴落带以下死焦堆的透气性、透液性变差，严重时发生液泛现象，甚至炉缸工况失常。对此，高炉应通过合理配料及对含铁料成分的调整，严格控制渣系中 Al_2O_3：14%~16.0%、MgO：8.5%~10.0%、R_2：1.12~1.18，改善炉渣的流动性能，提高炉渣的稳定性，对活跃炉缸、稳定炉况起到较好效果。马钢高炉通过控制炉渣 $A1_2O_3$、MgO 的关系（见图 9-78），维持一定的炉渣碱度，获得了较为稳定的渣系支撑炉况顺行和煤比提升。

高炉渣量大炉缸死料柱焦层中炉渣的积聚量增大，从而会影响高炉下部的气流分布和风口气流向中心区的穿透能力，提升煤比过程要尽量降低渣比带来的影响。降低渣比采取的措施有：（1）降低喷吹煤及焦炭中的灰分；（2）低烧结矿 SiO_2 的含量，提高烧结矿品位；（3）降低 Al_2O_3的入炉负荷，减少高炉辅料的用量；（4）改善高炉用料结构，提升高品位矿使用比例。

9.4.5　脱湿鼓风

脱湿鼓风指预先将空气中的湿度降低到某一数值，之后再送往高炉。脱湿鼓

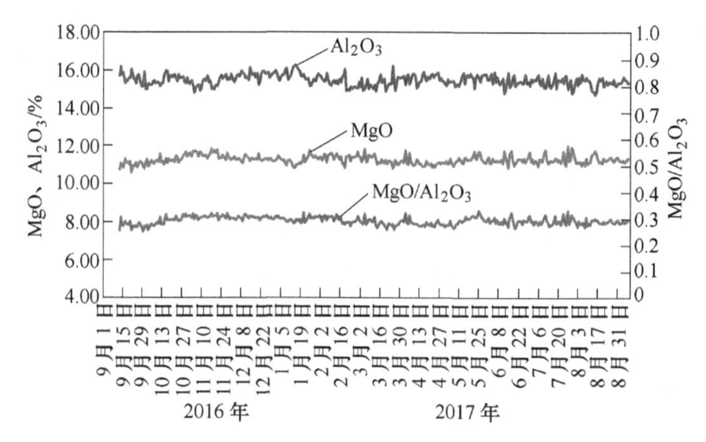

图 9-78 1000~3200m³ 高炉炉渣 MgO、Al_2O_3及 MgO/Al_2O_3比变化趋势

风可以起到稳湿、降湿的功效，多在气温较高、空气湿度较大的地区采用，随着炼铁技术的发展，以高风温、富氧、脱湿和大喷煤为代表的综合鼓风技术逐步成为引领炼铁技术发展的方向。

大气的绝对含湿量是随时变化的，而大气湿度的波动将会引起风口燃烧温度的波动，从而影响高炉炉况的稳定。为了稳定炉况、节省焦炭、提高产量、多喷煤粉，可以优先考虑脱湿鼓风。

（1）降低焦比。脱湿鼓风以后，由于节省了水蒸气分解消耗的热量，加之炉况的改善，焦比将会降低。炼铁高炉鼓风中，湿度每减少 1g/m³ 的水，可降低焦比 0.8~1.0kg/t。主要因为风口前燃烧带内，鼓风带入高炉内的湿分（水蒸气）与燃料中的 C 发生 $H_2O+C = CO+H_2$ 反应，生成还原性气体，同时 H_2O 的分解也吸收热量（13440kJ/kg 水），脱湿可以降低带入炉内的湿分。

（2）增加喷煤量。随着煤比的提高，炉缸热量下降，风口前燃烧温度降低，在富氧和风温水平一定的情况下，通过降低鼓风中湿度无疑是比较有效用来维持高炉冶炼所要求的理论燃烧温度。在炼铁高炉鼓风中，湿度每减少 1g/m³ 的水，可提高风口理论燃烧温度 5~6℃，从维持炉缸热状态角度来说，在其他冶炼条件不变的情况下提升煤比 1.5~2.0kg/t。

（3）增加风量。通过对脱湿高炉风机的测算，在大气通过脱湿机温度由29℃降到 8℃时，风机的质量流量平均增加 9%，而在炎热的夏季，增加的风量可达到 13.7%。

（4）稳定炉况。一天之中大气湿度的变化对短期炉况有直接的影响，而一年之中大气湿度的变化引起高炉操作指标的差异就更为明显。脱湿鼓风使进入高炉的湿度相对稳定，能有效地降低高炉风口前火焰温度的波动，稳定高炉炉况。以长江中下游地区 4~10 月期间日湿度变化均在 10g/m³ 以上，理论燃烧温度的变化为60~70℃，必然导致炉缸热状态产生波动，燃烧带大小发生变化，导致煤气初始分布不稳进而造成炉况不稳。采用脱湿或加湿鼓风后，可降低湿度波动的影响，从而使炉况变得稳定。

（5）增加产量。脱湿和加湿鼓风生产对产量都有所提高：一是两者都消除了湿分波动对炉况的不利影响，使炉况顺行；二是焦比降低，加湿鼓风产量的提高决定于能否用风温提高来补偿湿分分解消耗的热量，而脱湿鼓风提高产量是很明显的，尤其是风温的提高不用补偿水蒸气分解消耗的热量，降低焦比，提高产量。

9.4.6 高炉休、送风的操作与管理

9.4.6.1 休风管理

休风按紧急程度分为计划休风和紧急休风两种，按时间长短分为长期休风与短期休风。计划休风指需要高炉在预定时间段内休风，配合公司产线进行的有计划的休风或临时处理设备故障进行的预定休风。紧急休风指因高炉生产线或设备等出现重大故障，难以维持正常生产被迫进行的快速休风。

A 计划休风的准备工作

计划休风的准备工作主要包括休风项目确认、操作准备确认、部门间的联络汇报及人员安排、物资准备和休风条件确认。

B 休风料各段负荷计划的确定

休风料的确定包括休风前的风氧水平、炉况状态、负荷程度、各段的负荷调整及批数体积、总负荷调整及总批数体积和休风时间长短等。

C 休风料各段负荷调整的确定

高炉内部不同位置的负荷调整幅度是根据各段炉料下达到炉缸影响炉温的时间规律来选定的。一般炉腰、炉身下位置负荷调整幅度最大，负荷最低，炉腹次之，炉身中上部负荷调整幅度逐渐降低，最上部负荷则达到复风料负荷的程度。

炉身上部：该部位全部处于块状带，是加负荷的过渡阶段，基本达到或接近复风负荷，负荷调整程度较小，调整幅度可按5%左右调整。炉腹以下：休风前炉料下达到风口部位，考虑到复风初期燃料比低，炉温低，该段主要为休风前提炉温水平，负荷水平下调5%~10%。

炉身中部：该部位基本处于块状带，有煤气直接还原，燃料比要求相对低一点，负荷调整幅度15%~20%。

炉身下部：该部位处于软熔带、渣铁滴落区及块状带之间，该区域耗热量大，透气性要求高，因此负荷调整幅度大，按35%~45%（含空焦）水平考虑。

炉腰部位：该部位炉料处于软熔带及滴落带之间，该段料下达炉缸时虽已喷煤，但煤的热效应仍未起效且风温未能达到要求状态，炉缸蓄热已经消耗了大部

分，该区域耗热量大及透气性要求高，负荷调整幅度大，一般下调20%~30%（含空焦）。

D 炉渣成分计算

合理的炉渣成分（主要指渣中Al_2O_3、MgO含量及渣碱度）可以保证送风后，尤其是在铁水温度偏低、含硅量较高的状况下，炉渣良好的流动性可以保证出净渣铁、出好渣铁为快速复风创造条件。计算炉渣碱度、成分时要综合考虑各段的负荷，变料核料铁水含硅量、煤比及空焦数，一般控制实际渣碱度在1.10~1.15，Al_2O_3控制在16%以下，MgO含量大于7.5%，集中空焦部位可补充3~5t硅石或萤石调剂渣系。

9.4.6.2 休风操作注意事项

（1）在炉况不好又必须休风时，减风至常压后要减慢减压节奏，严密监视风口状况，防止风口灌渣。减风过程中如果发现风口有灌渣现象，应回风或维持一段当前风量，待风口内熔渣吹回后再慢慢减风减压至休风，休风后不要马上开倒流，打开风口插板阀，确认风口没有灌渣后再进行倒流。

（2）赶煤气时，炉顶用蒸汽，重力除尘和之后部分用氮气，除尘器不能用蒸汽赶煤气，防止蒸汽凝结成水造成煤气灰结块，日后排灰困难。

9.4.6.3 马钢3200m³高炉休复风操作

马钢3200m³高炉1.5h内全风操作，风氧量等参数恢复正常，实现定修后快速恢复目标。

A 休风料安排

（1）加焦量：根据休风时间长短适当补加焦炭，基本按每停风1h补加焦炭5.5t。

（2）加入方式：$H_1 \times n_1 + BC_1 + H_2 \times n_2 + BC_2 + H_3 \times n_3 + BC_3 + H_4 \times n_4 + H_5 \times n_5$。

（3）料段类型：H为正常负荷料；BC为附加焦；n为批数；不同料段负荷的矿批相同。

（4）成分变动：核料（Al_2O_3）≤16%。

（5）加入部位：休风时BC到达炉身指定位置。

（6）1.5休风前料制不做调整。

B 休风过程控制（图9-79）

（1）停风前1.5h左右重叠（具体根据两铁口出铁情况调整重叠时间），确保停风前1h两铁口来风大喷。重叠铁口使用大钻杆。

（2）铁口大喷开始减风、停煤、停氧、停止卸灰。减风配合减顶压，参考：$T_P = BV/20 \sim (50 \sim 60)\text{kPa}$。

（3）3000m³/min风量前减风幅度按每次800~1000m³/min减风，每次间隔

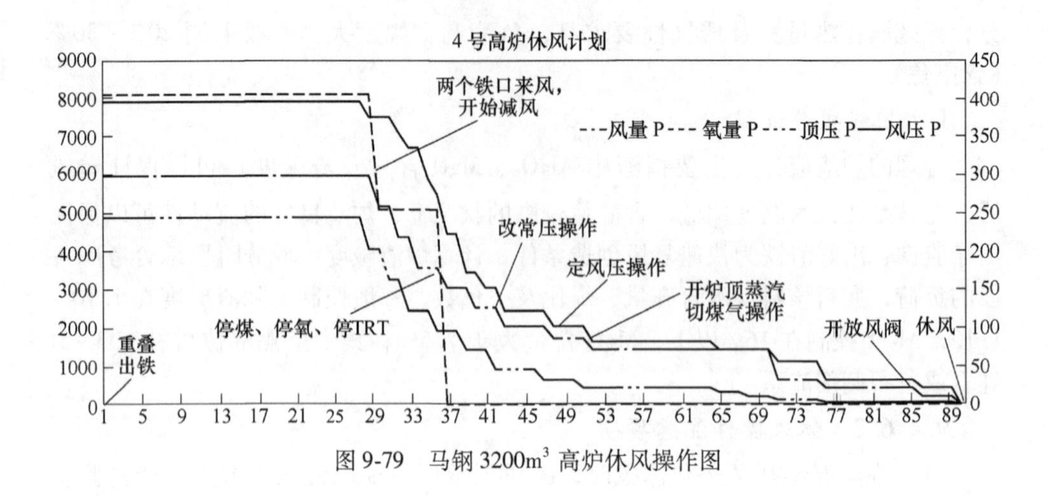

图 9-79　马钢 3200m³ 高炉休风操作图

1～3min。

（4）3000m³/min 风量以下减风幅度按每次 400～500m³/min，每次间隔 3～5min；2500～3000m³/min 风量时停 TRT，改常压操作。

（5）风压 100kPa 改定风压操作，减压按每次 20～40kPa，每次间隔 3～5min；风压 100kPa 时，炉顶通蒸汽或氮气，重力、旋风、干法等煤气系统通氮气或蒸汽。风压 100kPa 以后加强风口巡视，关注风口状态变化，炉内外加强联系。

（6）风压减至 80kPa，确认炉顶通蒸汽或氮气，重力、旋风、干法等煤气系统通氮气，确认混风阀关闭，确认完了，风压 80～60kPa，通知切煤气（切煤气过程禁止加减压、放料，切煤气注意顶压控制好 7～10kPa）。

（7）切煤气结束，减风至 40kPa（若风机减不下来，可利用放风阀操作，每次开度控制 5°～10°，缓慢降压避免断风），减风至 20kPa 等足 10～15min；观察风口状况。

（8）休风操作，确认风压 5kPa 以下，将休风时间通知厂调、喷煤、鼓风机房。

休风 5～10min 开倒流阀，并打开部分窥视孔。

C　复风操作控制（图 9-80）

（1）提前 30min 风送到放风阀并确认，确认炉顶通蒸汽或氮气。

（2）具备送风条件后通知风机房，关闭倒流，热风炉送风操作准备好，关闭放风阀送风，务必关严并现场确认，初始风压 40～60kPa。

（3）风口确认正常，定风量操作尽快将风量加至 2000m³/min（风压 110kPa 左右），准备引煤气，同时关闭炉顶蒸汽或氮气、煤气系统停蒸汽或氮气；引煤气条件：T_P 控制在 7～10kPa，煤气分析值 CO 到 18%（17.5%时水封开始放水）。

（4）引煤气完毕抓住机会尽快把风量加至 5000m³/min，力争从复风开始

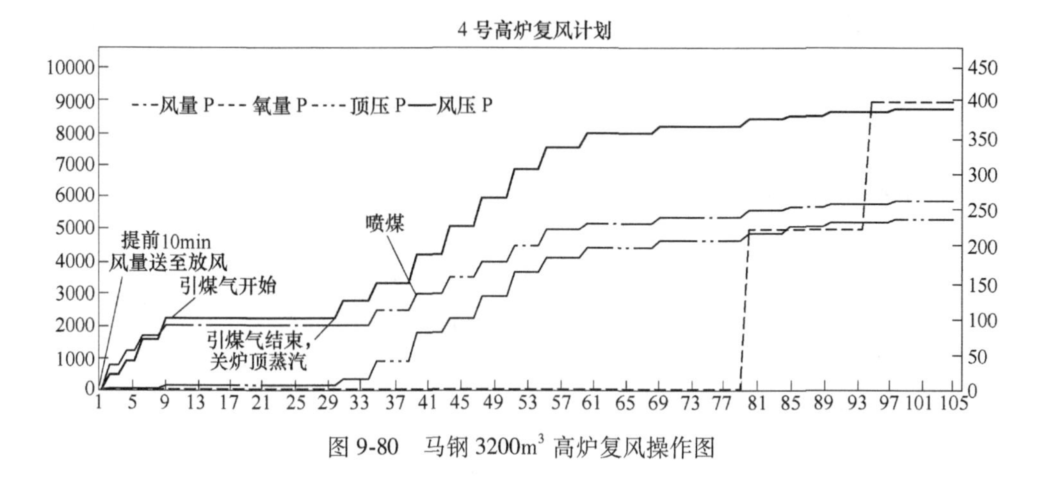

图 9-80 马钢 3200m³ 高炉复风操作图

1.5h 内全风操作，引煤气完毕加风同时风温稳定在比正常水平低 50℃左右，并开始喷煤；风量 2500m³/min 开始提顶压，参考：$T_P = BV/20 \sim (50 \sim 60)$ kPa，恢复时顶压靠下限用。

（5）加风节奏：具体进程结合炉况条件，主要参考压差水平，压差水平合适加风速度要快，压差高加风要慎重。风量 5000m³/min 以下每次 400～600m³/min，间隔时长 1～3min；风量 5000m³/min 以上，每次 100～300m³/min，间隔时长根据炉况及捅风口速度。

（6）4000m³/min 风量准备富氧，5000m³/min 风量确保能够及时把氧富上。

（7）引煤气完毕加风同时督促炉前做好出铁及捅风口准备工作，累计风量 18 万 m³ 确保铁口及时打开，钻杆使用大钻杆 62.5～65mm。

9.4.7 高炉冶炼常用计算公式

（1）高炉日常计算公式：

全压差：$\Delta P = BP - TP$；

透气指数：$K = \dfrac{BV}{\Delta P}$；

小时煤比：煤比＝煤量/计算铁量/下料批数×1000；

燃料比：燃料比＝煤比+焦比+焦丁比；

利用系数：利用系数＝合格产量/炉容；

焦炭冶强：焦炭冶强＝（干焦量+焦丁量）/炉容；

综合冶强：综合冶强＝（干焦量+焦丁量+实际煤粉喷入量×0.8）/炉容；

入炉焦比：入炉焦比＝大焦比+小焦比+焦丁比；

煤比：煤比＝实际煤粉喷入量/合格产量；

综合焦比：综合焦比=（干焦量+焦丁量+实际煤粉喷入量×0.8）/合格产量×1000；

一级品率：一级品率=（1－日 $S>0.030$ 罐数/日受铁罐数）×100%；

熟料率：熟料率=（1-生矿量/矿合计）×100%；

水渣率：水渣率=（1-放干渣炉次/总炉次）×100%；

矿耗：矿耗=矿合计/合格产量；

累计系数：累计系数=累计产量/有效炉容/天数；

累计矿耗：累计矿耗=累计矿量/累计产量；

矿合计：矿合计=矿批重×批数；

日直送烧：日直送烧=∑（变料用量×批数）；

日落地烧：日落地烧=∑（变料用量×批数）；

日球团矿：日球团矿=∑（变料用量×批数）；

日生矿：日生矿=∑（变料用量×批数）；

焦合计：焦合计=干焦量+水焦量；

干焦：干焦=∑各焦种干基；

水焦：水焦=∑各焦种理论值×（1+设定水分）×实际水分；

新区干焦：新区干焦=新区干焦理论值×（1+设定水分）×（1-实际水分）；

老区干焦：老区干焦=老区干焦理论值×（1+设定水分）×（1-实际水分）；

新区湿焦：新区湿焦=新区湿焦理论值×（1+设定水分）×（1-实际水分）；

外购焦：外购焦=外购焦理论值×（1+设定水分）×（1-实际水分）；

小焦：小焦=小焦理论值×（1+设定水分）×（1-实际水分）；

大焦丁：大焦丁=大焦丁理论值×（1+设定水分）×（1-实际水分）；

焦丁：焦丁=焦丁理论值×（1+设定水分）×（1-实际水分）；

出铁速度：出铁速度=合格产量÷出铁时间；

焦炭批重：$焦炭批重=\dfrac{入炉焦炭量}{装料批数}\quad (t)$；

渣铁比：渣铁比=出铁时间/出铁时间；

焦炭负荷：$矿焦比=\dfrac{入炉矿石量}{入炉焦炭量}\quad (t/t)$；

全焦负荷：$全焦负荷=\dfrac{矿合计}{干焦量+焦丁干基}\quad (t/t)$；

大焦负荷：$大焦负荷=\dfrac{矿合计}{干焦基}\quad (t/t)$；

综合品位：$综合品位=\dfrac{\sum(各矿种总重\times 各矿种\ T_{Fe})}{矿合计}$；

钛负荷：钛负荷 $=0.6\times10\times\frac{\text{矿石含钛}}{\text{理论铁量}}$；

硫负荷：硫负荷 $=\frac{\text{吨铁炉料带入 S 元素总和}}{\frac{\text{炉料带入 Fe 元素}}{\text{生铁中［Fe］百分比}}}\times100$ 或硫负荷 $=\frac{\sum S}{1-\text{挥发 S}}$；

吨铁炉尘灰粉量：吨铁炉尘灰量 $=\frac{\text{日炉尘灰量}}{\text{合格产量}}\times1000$；

吨铁返矿粉量：吨铁返矿粉量 $=\frac{\text{日返矿粉量}}{\text{合格产量}}\times1000$；

吨铁返焦粉量：吨铁返焦粉量 $=\frac{\text{日返焦粉量}}{\text{合格产量}}\times1000$；

累计一级品率：累计一级品率 $=\left(1-\frac{\sum \text{日 S>0.03 总罐数}}{\sum \text{日罐数}}\right)\times100\%$；

硅偏差：硅偏差 $=\sqrt{\frac{\sum x^2-\frac{(\sum x)^2}{n}}{n-1}}$；

η_{CO}：$\eta_{CO}=\frac{CO_2\%}{CO_2\%+CO\%}\times100\%$；

炉腹煤气量：炉腹煤气量 $=1.21\times\left(BV-\frac{O_2}{60}\right)+2\times\frac{O_2}{60}+44.8\times BH\times\frac{BV}{18000}+22.4\times$
$\mathrm{PCI}\times1000\times4\div100\div24\div120$；

实际炉腹煤气量：实际炉腹煤气量 $=\frac{\text{炉腹煤气量}\times1773}{273}\times\frac{101}{101+BP}$；

中心流指数 Z：中心流指数 $Z=\frac{\text{中心四点平均+中心次环温度和}}{\text{顶温}}$；

边缘流指数 W：边缘流指数 $W=\frac{\text{边缘四点温度平均}}{\text{顶温}}$；

每批料出铁量：每批料出铁量 $=\frac{\text{铁元素收得率}}{\text{生铁中［Fe］\%}}\times$何种炉料带入 Fe 元素量；

单炉理论铁量：单炉理论铁量=单炉时间内矿批数×计算铁量；

理论出铁量：理论出铁量 $=\text{矿石总量}\times\frac{\text{矿石 Fe\%}}{\text{生铁中 Fe\%}}$；

日生铁产量：日生铁产量 $=\frac{\text{日入炉矿量}\times\text{矿石品位}\times\text{铁元素收得率}}{\text{生铁中铁元素百分比}}$；

单炉理论干渣量：单炉理论干渣量 $=\frac{\text{单炉出铁量}\times\text{渣比}}{1000}$；

单炉理论水渣量：单炉理论水渣量=1.3×单炉理论干渣量；

矿（焦）平均粒度：

矿（焦）平均粒度=1.207×60×(矿粒度>60)%+0.5×(60+40)×(矿粒度60~40)%+(40+25)×(矿粒度40~25)%+(25+10)×(矿粒度25~10)%+(10+5)×(矿粒度10~5)%+5×(矿粒度<5)%。

式中　BV——高炉风量，m^3/min；

BP——高炉热风压力，kPa；

TP——高炉炉顶压力，kPa；

BH——高炉热风湿度，g/m^3。

（2）高炉煤气在炉内停留时间：

$$t = \frac{0.36V}{\dfrac{10.42Q}{86400}}\ (\mathrm{s})$$

式中　V——风口中心到规定料线之间的容积，m^3；

Q——一昼夜燃烧的焦炭量，kg；

0.36——空气压缩系数；

10.42——固定炭为88.5%的焦炭燃烧1千克生成煤气量，m^3；

86400——一昼夜的秒数。

（3）风速计算：

标准风速计算公式：$v = \dfrac{Q}{nf}$

实际风速计算公式：

$v_{实}$=Q/60/进风面积×[(273+BT)/273×101.325/(101.325+BP)]

式中　v——风速，m/s；

Q——鼓风量，m^3/s；

n——工作风口个数；

f——每个风口截面积，m^2；

BT——风温，℃；

BP——热风压力，kPa。

（4）鼓风动能计算公式：

$$E = \frac{1}{2}mv^2 = \frac{1}{2} \times Q \times v_{风实}^2 \times \frac{\gamma}{60 \times g \times n}$$

$$= \frac{1}{2} \times \frac{1.293}{9.8} \times \frac{Q_0}{n}\left(\frac{Q_0}{nA} \times \frac{273+t}{273} \times \frac{1}{P}\right)^2$$

式中　E——鼓风动能，kg·m/s；

m——鼓风质量，kg；

v——风速，m/s；

Q_0——风量，Nm^3/s；

t——鼓风温度,℃；

γ——鼓风比重 kg/m^3，取 $1.293kg/m^3$；$r=1.293-0.489/804\times\omega_{(湿度)}$；

n——工作风口数目，个；

A——每个风口截面积，m^2；

P——鼓风工作压力，MPa；

g——重力加速度，m/s^2或 N/kg。

（5）炉缸安全容铁量：

$$Q = 0.6\frac{\pi}{4}d^2h\gamma$$

式中 $Q_{安}$——安全容铁量，t；

d——炉缸直径，m；

h——渣口到铁口中心线高度，m，或风口中心线到铁口中心线高度减去 0.5m；

γ——铁水比重 $7.0t/m^3$。

（6）冶炼周期：

按时计算：

$$冶炼周期=\frac{规定料线到风口中心线水平容积（m^3）}{每小时装入高炉料的容积（m^3）\times（1-综合压缩率）} \quad （h）$$

按料计算：

$$冶炼周期=\frac{规定料线到风口中心线水平容积（m^3）}{每批装入高炉料的容积（m^3）\times（1-综合压缩率）} \quad （批）$$

（7）风口理论燃烧温度：

经验公式（澳大利亚 B. H. P）：

$$T_f = 1570 + 0.808T + \frac{72.83O_2}{BV} - 5.85BH - 43333\frac{PCI}{BV}$$

式中 O_2——富氧量，m^3/h；

BH——鼓风湿度，g/m^3；

PCI——喷煤量，t/h；

T——风温，℃；

BV——仪表显示风量（含氧），m^3/min。

（8）热流密度：

$$q = CQ\frac{\Delta t}{s}$$

式中　q——热流密度，$kJ/(m^2 \cdot h)$；

C——水的比热，取4.18kJ/(kg·℃)；

Q——冷却壁水流量，m^2/h；

Δt——水温差，℃；

s——该冷却壁面积，m^2。

（9）富氧率：

$$\eta_{O_2} = \frac{O_2}{BV} \times [O_y - (0.21 + 0.29f)]$$

式中　η_{O_2}——富氧率，%；

O_2——氧气用量，m^3/min；

BV——风量，m^3/min；

O_y——氧气纯度，一般取0.995；

f——鼓风湿分，%。

（10）边缘流指数 W、中心流指数 Z：

W=边缘四点温度平均/炉顶四点温度平均

Z=中心五点温度总和/炉顶四点温度平均

式中，边缘四点指的是边缘1A、2A、3A、4A四个点；炉顶四点指的是炉顶上升管A、B、C、D四个点；中心五点指的是中心1E、2E、3E、4E、OA五个点。

（11）氧过剩系数计算：

$$E_{XO} = \frac{BV \times \Phi_{(O_2)} \times 60/n_1}{Q_{coal} \times M/n_2}$$

式中　E_{XO}——氧过剩系数；

BV——风量，m^3/min；

$\Phi_{(O_2)}$——鼓风氧体积分数，%；

M——喷吹煤粉量，kg/h；

n_1——送风风口数；

n_2——喷吹煤粉的风口数；

Q_{coal}——煤粉完全燃烧时的理论耗氧量，m^3/kg。

其中 Q_{coal} 煤粉完全燃烧时的理论耗氧量计算公式如下：

$$Q_{coal} = 22.4\left[\frac{1}{12}w(C_{coal}) + \frac{1}{4}w(H_{coal}) - \frac{1}{32}w(O_{coal})\right]$$

式中　$w(C_{coal})$——煤粉中的碳质量分数，%；

$w(H_{coal})$——煤粉中的氢质量分数，%；

$w(O_{coal})$——煤粉中的氧质量分数，%。

（12）布料落点计算：

溜槽有效长度：

$$l = L - \frac{L_0}{\tan\alpha}$$

排料初始速度：

$$v_0 = \lambda \mathrm{sqrt}\frac{3.2gD}{2}$$

入溜槽速度：

$$v_1 = \mathrm{sqrt}\left(v_0^2 + 2g L_0 \frac{\cos\alpha}{\sin\alpha}\right)$$

出溜槽速度：

$$v_2 = \mathrm{sqrt}\left(v_1^2 + 2g \frac{l}{\cos\alpha - \mu\sin\alpha}\right) + \left(\frac{4l}{\pi}\right)^2 \sin^2\alpha + \mu\sin\alpha\cos\alpha$$

溜槽出口距料面高度：

$$L_1 = H_0 + H_1 - \frac{L_0}{\sin\alpha} - l\csc\alpha$$

出溜槽平向距离：

$$L_2 = \frac{v_2\sin\alpha}{g}[\mathrm{sqrt}(v_2{}^2 \cos^2\alpha + 2g L_1) - v_2\cos\alpha]$$

出溜槽横向距离：

$$L_3 = \frac{\pi}{2}\frac{L_2}{v}$$

落点（质心）与中心距离：

$$L_4 = \mathrm{sqrt}[(L_2 + l\sin\alpha)^2 + L_3^2]$$

落点与钢砖距离：

$$L_5 = 5.05 - L_4$$

注：根据首钢的一些数据及马钢高炉的溜槽参数。

式中 λ——形状系数（矿 0.9，焦 0.4）；

μ——摩擦系数，0.5；

D——中心喉管直径，0.75m；

ι——倾动距，1.1m；

H_0——悬挂点距零料线距离，6m；

H_1——料线。

9.5 高炉停开炉技术

9.5.1 新建或大修高炉开炉

开炉是高炉投产的开端，开炉的成功与否直接关系到投产后能否顺利达产。

开炉是一项复杂的系统工程，涉及到方方面面，因此，开炉前必须认真缜密地做好开炉方案的编制、设备调试、原燃料准备、人员培训等各项准备工作，方能确保开炉进程顺利，达到预期正常生产水平，实现成功开炉。

9.5.1.1　开炉前的准备

A　编制开炉方案

开炉方案主要包括：烘炉方案、开炉技术方案、组织体系安全方案、相关工种的作业方案等。其中核心是开炉技术方案，该方案主要包括以下几方面内容：

(1) 开炉料计算（含枕木量计算）；

(2) 装料（含枕木填充）；

(3) 布料参数测试方案；

(4) 点火作业及其后的参数调整；

(5) 引煤气及出渣、铁安排。

B　编制开炉网络

高炉建设进入后期，可以根据工程进度拟定一个开炉点火计划时间，再按此时间节点倒排并优化各个系统准备工作的顺序和进度，形成详细的开炉网络图，时间精确到小时，确保各项准备工作有序推进，以保证按计划时间点火开炉。

C　设备调试验收

高炉烘炉前要完成风机压力能力与喘振试验，完成冷风、热风管道耐压测漏试验。高炉烘炉结束前要完成槽下供料、炉顶上料、炉前、冲渣、煤气布袋除尘、TRT发电、渣铁输送等系统设备调试，确保设备联动试车合格，工作稳定，具备开炉条件。

D　开炉料的准备及理化成分检测

开炉料除了常规的烧结矿、块矿外，还要配入适量的锰矿、萤石、白云石等辅料以调剂炉渣成分，改善渣、铁流动性。为了确保开炉顺利，必须对所列开炉料进行必要的化学成分检验，以使开炉料计算准确。

装料前2天，按指定仓位，择优备足、备齐开炉所需全部原燃料。

各类炉料的总体质量要求是含粉低、粒度均匀、成分稳定，质量指标符合要求，尤其焦炭冷热态性能要满足要求。

E　炉前准备

备好开炉时所用工具、材料等用品。出铁沟、备用铁沟、撇渣器和下渣沟全部做好、烘干。干渣坑用干渣或黄沙垒好，做好围坝。准备好干木柴，以便点燃开炉时渣、铁口喷吹的煤气。进行炉前人员培训，熟练掌握炉前设备。

F　其他

做好物流平衡、铁罐配置、物料及渣、铁的运输调度方案等。

9.5.1.2　烘炉

烘炉包括热风炉烘炉和高炉烘炉。新建或大修高炉必须进行充分的烘炉，烘炉的目的是缓慢蒸发砖衬和砖缝中泥浆水分，增强砌体强度，避免因剧烈升温而使砖衬和砌体膨胀破损。高炉的烘炉重点是炉缸、炉底。

A 热风炉烘炉

对在线生产的钢铁企业来说，一般通过热风炉的燃烧系统燃烧煤气烘炉；对新建钢铁企业来说没有煤气，可以采用特制烘炉设备燃烧天然气或燃油进行烘炉。

a 热风炉烘炉曲线的制定

烘炉曲线的制定主要依据耐材和砌体的特性要求，高铝砖和黏土砖材质的一般烘 8~10 天；硅砖要求低温段升温缓慢，因此烘炉时间长达 30 天左右，另外，根据热风炉大修程度，局部整修的热风炉烘炉时间可以大大缩短。

图 9-81 是新建 3200m³ 高炉热风炉（硅砖蓄热室）的烘炉曲线：单座热风炉烘炉周期总计约 35 天。

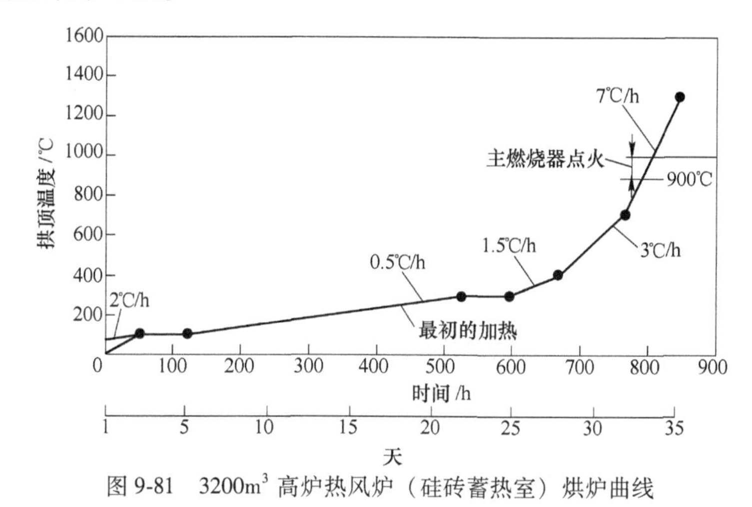

图 9-81 3200m³ 高炉热风炉（硅砖蓄热室）烘炉曲线

b 热风炉烘炉注意事项

（1）烘炉前必须松开热风炉底部的螺丝，以防膨胀。烘炉期间要经常检查各螺栓情况，发现炉皮上涨顶紧的要适当松开。

（2）严格按烘炉曲线控制温度，烘炉期间要经常巡查煤气压力和火焰情况，防止熄火。

（3）烘炉期间要定期取样分析废气成分和水分。

（4）拱顶温度烘到 850℃以上可以送风烘高炉，达到 1000℃以上时，可以送风点火开炉。

B 高炉烘炉

当今技术条件下，高炉本体烘炉都采用热风烘炉，即经热风炉加热的风从高炉风口吹入高炉，逐渐将砖衬和砖缝泥浆的水分蒸发成蒸汽，从炉顶排气孔以及炉底废气排出口排出。

a　制定烘炉方案

为保证烘炉效果，必须制定详细的烘炉方案，其核心是设定科学合理的烘炉曲线即升温曲线和风量曲线。设定主要依据耐材的特性要求和砌筑情况，并适当结合工期要求等。马钢 3200m³ 高炉烘炉曲线见图 9-82。

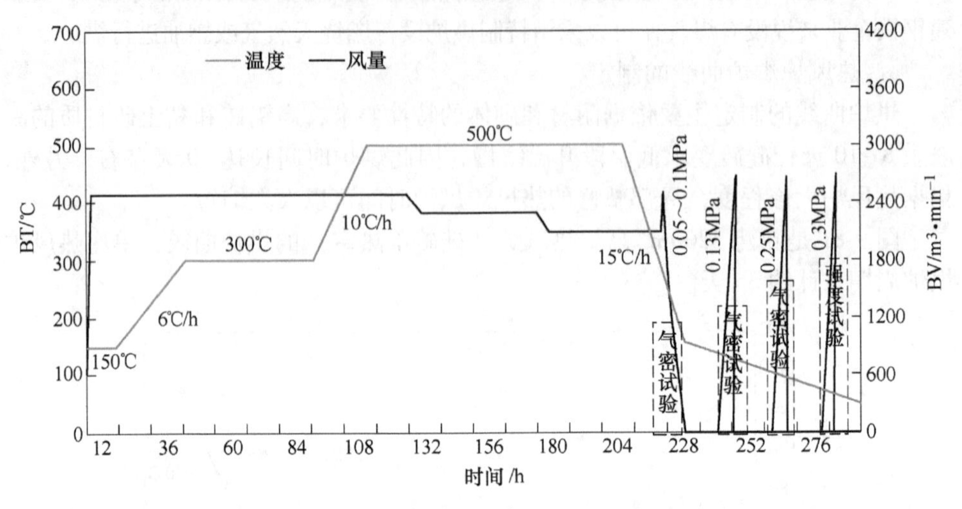

图 9-82　马钢 3200m³ 高炉烘炉曲线

b　制作并安装烘炉装置

根据制定的方案和图纸提前制作好相关烘炉装置组件，待具备安装条件时进入炉内安装。

煤气管　排煤气管分水平管、铁口排煤气管及上升斜管三部分。其中水平管为正六边形的内外双环盘管，环管间用无缝钢管连接，气体可以相通流动；铁口排煤气管分两段：炉内段采用长 4000mm、ϕ100mm×5mm 无缝钢管制作，安装时应与泥套面齐平或稍凸出 100mm 便于做泥套；上升斜管采用 ϕ159mm×6mm 无缝钢管制作，与铁口排煤气管异径连接。水平管及斜上升管表层焊接锚固件后用浇注料保护。排煤气导管制作见图 9-83。

烘炉导管

（1）烘炉导管制作见图 9-84。

（2）导管安装。按规定的风口位置安装水平段长度不同的烘炉导管。水平端插入风口内约 200～400mm，周边空隙用石棉绳堵死。各烘炉导管之间用拉筋点焊联成一体，务使稳固、送风后不移位、且其上可支撑封板。

所有在炉底表面落地的钢管类支架必须加钢板予以保护炉底表层。所有水平管（两个正六边形及六根水平连接管）下半圆钻 ϕ25mm 孔 4 排，孔间距 100mm。相邻两排孔按棋盘式排列。与铁口相联的两段上升斜管不钻孔。水平管无孔部位及上升管的四周均焊有锚固件，外部用喷涂料喷涂，锚固件间距

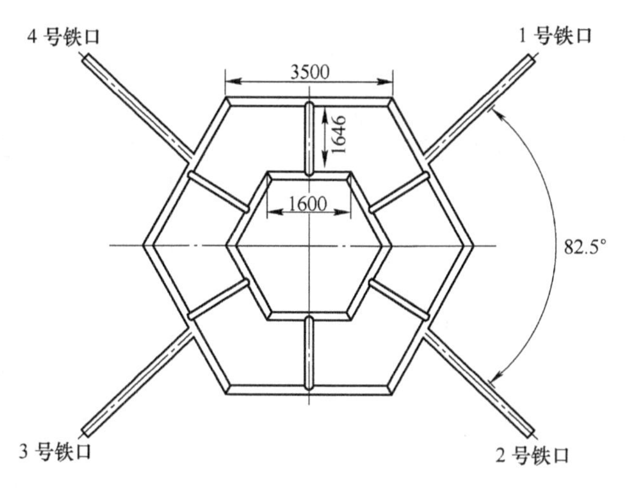

图 9-83 排煤气导管制作

200mm，相邻两行错开。

整个盘管用 14 号（h140）槽钢支起，制作成边长为 6.2m 正三角形框架，各节盘管制做（包括钻孔、锚固件焊接）在炉外完成，盘管接口的焊接及浇注料施工则在炉内进行。排煤气及烘炉导管位置见图 9-85。

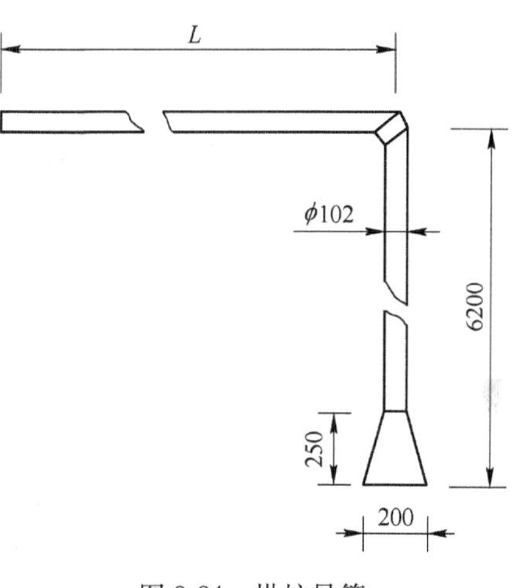

图 9-84 烘炉导管

铁口上方炉缸封板的制作与安装 封板为 ϕ11200mm 的圆盘，采用薄板制作，距炉墙有 600mm 的环隙。封板在炉外裁成条块，在炉内点焊连接，整个圆盘搭在烘炉导管上，可用点焊或螺栓、铁丝相应固定在烘炉导管或拉筋上。烘炉导管及封板在烘炉后均要拆除，并运至炉外。因此在连接、固定时要考虑到拆除方便。排煤气管、烘炉导管及封板位置，见图 9-86。

烘炉热电偶安装 马钢 3200m^3 高炉烘炉时设置 4 个热电偶。电偶型号：WRKK 双芯，测量范围 0~600℃；电偶长度：炉底中心电偶为 16.5m；风口上方电偶为 6m；风口前端热电偶为 6m。烘炉热电偶的固定：炉底中心电偶可与烘炉导管或封板简易固定，到炉底中心部位用重物压实；风口上方电偶可在风口封板上做简易三角拉杆固定；风口前端热电偶可通过相邻风口位置炉内烘炉导管之间拉铁丝简易固定。

膨胀测量装置安装 膨胀装置是为了测量在烘炉期间随着温度变化，炉体各

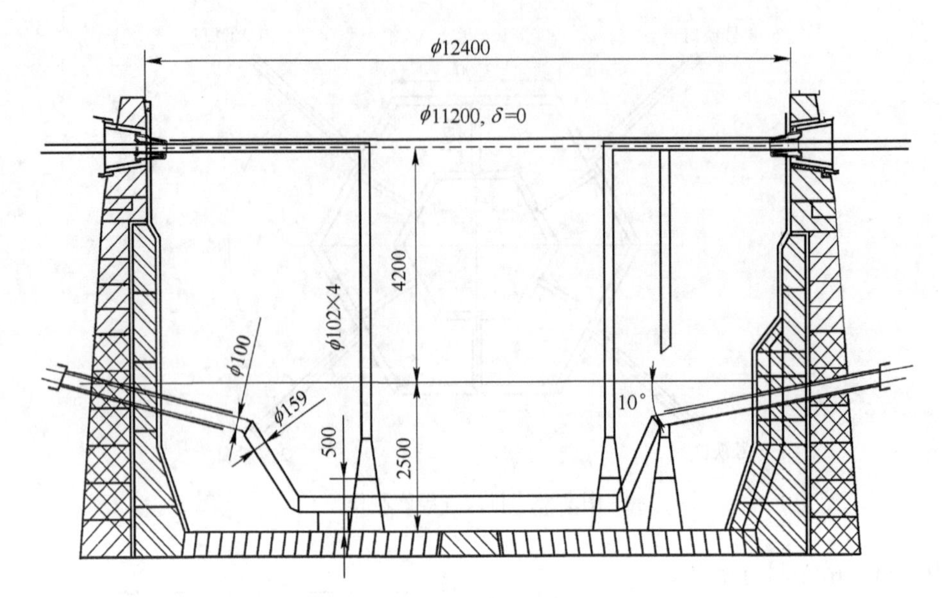

图 9-85　排煤气及烘炉导管位置

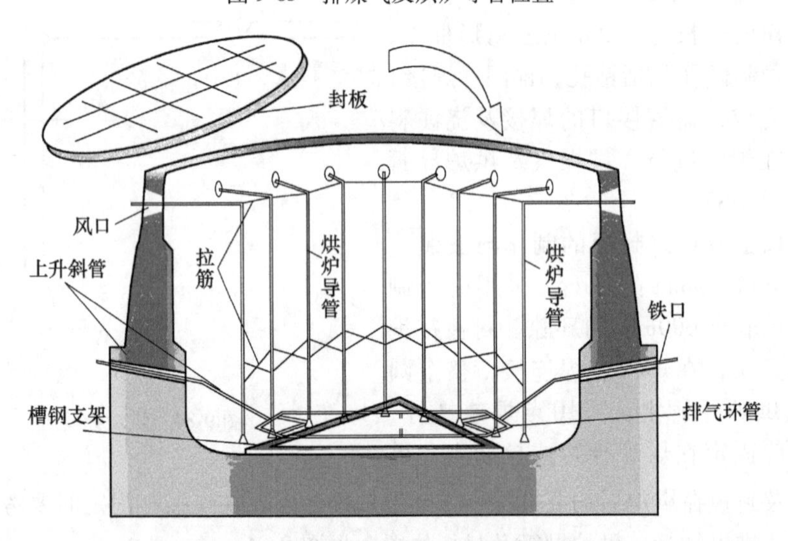

图 9-86　排煤气管、烘炉导管及封板位置

个部位位移量的变化。一般分三层进行设置，每层 4 个，按煤气上升方向设置。

烘炉必备条件再确认：烘炉前应对各设备、动力介质、仪表、通信等逐项进行条件再确认，必备条件具备后方可烘炉。

烘炉要严格执行烘炉曲线，控制好烘炉温度及风量。温度以热风温度为准。四个热电偶温度作为参考，不做调节依据。烘炉初始应先通过混风管送入冷风，优先调控好风量，然后根据烘炉曲线要求，适时掺入热风，并调控风温到符合要求水平。严格控制炉顶温度和气密箱温度。严禁炉顶温度超过350℃或气密箱温度超过70℃。再升温及高温区保温阶段操作以加风温为主、风量为辅的原则。实际保温温度根据炉顶温度上限并结合气密箱和下阀箱限定温度而定。顶压一般可控制在20~25kPa范围。

烘炉结束 烘炉结束的判定：一是废气湿度接近大气湿度，连续3个湿度差值小于1g/m^3（上升管取样），并维持两个班；二是各排气孔收干无水汽排出，并维持两个班。

凉炉 烘炉任务完成，当风温降至最低后，炉顶、风口前端、风口上方以及炉底电偶温度与风温接近时，应转入休风凉炉阶段，操作程序如下：按休风程序进行休风操作；卸下所有吹管，弯头处加盲板；确认炉顶放散阀全开；只有当炉内温度低于50℃时，炉凉阶段才能结束，才可转入下一步工作。

高炉烘炉时注意事项如下：

（1）铁口两侧排气孔和炉体所有灌浆孔在烘炉时都要打开以方便及时排出水汽，烘炉完再封堵。

（2）烘炉期间炉体冷却系统要减少水量，以提高烘炉效果。

（3）烘炉过程中，各膨胀部位拉杆处于松弛状态以防胀断，要设膨胀标志，检测烘炉过程中各部位的膨胀情况。

（4）炉顶放散阀设置好开关状态，轮流工作，定期进行倒换。

（5）烘炉期间除尘器和煤气系统内禁止有人工作。

9.5.1.3 开炉料计算

A 炉缸填充物种的选择

高炉开炉炉缸填充物的选择有填充枕木和填充焦炭两种方法。没有煤气持续供热风炉烧炉的新建高炉，因风温相对低必须采取填充枕木；在线生产企业风温有保证的情况，两种方法都可选择。目前国内选择填充枕木的多为大型高炉，选择填充焦炭的多为炉容相对小一些的高炉。马钢中小型高炉一直采用填充焦炭开炉，现在选择填充焦炭的开炉方法正在向大型高炉延伸和推广。

填充枕木的优点在于枕木着火点低，先于焦炭燃烧，充分加热进入炉缸的焦炭，进而加速了炉缸升温进程和前期炉缸的热量储备，有利于高温煤气、渣铁通过。炉缸中心枕木所堆砌的堆包有利于高炉中心气流通过，能够促进合理软熔带的形成。尤其是开炉初期枕木的烧损，腾出空间有利于料柱松动，改善透气性。风口部位枕木在装料过程中还起到保护风口的作用。

枕木填充分井字排列法及散装法，井字法作业复杂，工作量大，但填充率小，约35%~40%，使用枕木较多；散装法作业简单，工作量小，但填充率大，约50%~55%，目前多采用散装法。

B 炉内各段炉料安排的大致原则

a 炉缸填充枕木的高炉

(1) 死铁层和炉缸装枕木（枕木下方先装铺底焦）。
(2) 炉腹装净焦。
(3) 炉腰和炉身下部装空焦（净焦加熔剂）。
(4) 炉身中上部装空焦和正常料的组合料。
(5) 组合料上部至料线装轻负荷正常料。

b 炉缸填充焦炭的高炉

(1) 死铁层和炉缸装净焦。
(2) 炉腹及炉腰 2/3 装空焦。
(3) 炉腰上部 1/3 及炉身下部 2/3 装空焦和正常料的组合料。
(4) 组合料上部至料线装轻负荷正常料。

C 开炉料计算

在进行开炉料计算时，首先要选择与确定开炉料的基本参数。

开炉料结构见表 9-68。

表 9-68 马钢高炉开炉料结构

料 种	烧结矿/%	球团矿/%	块矿/%	总量/%
3200m^3 高炉	85	7	8	100
4000m^3 高炉	80	15	5	100

堆密度见表 9-69。

表 9-69 开炉料堆密度

品 种	焦炭	烧结	球团	块矿	萤石	锰矿	石灰石	白云石	硅石
堆密度/t·m^{-3}	0.53	1.8	2.1	1.9	1.7	1.8	1.5	1.5	1.5

元素回收率为 Fe 99.50%，Mn 60%。

渣、铁主要成分见表 9-70。

表 9-70 渣、铁主要成分

[Fe]/%	[Si]/%	[Mn]/%	R_2	(MgO)/%
92.00	4.0	0.8	1.00	7.50

炉料压缩率见表 9-71。

表 9-71 马钢 3200m^3 高炉开炉料各段压缩率

段数	12	11	10	9	8	7	6	5	4	3	1	平均
压缩率/%	5.0	6.0	7.0	8.0	9.0	10	11	12	13.5	15	15	13.8

注：小高炉空焦、净焦段压缩率取 14.0%，炉腰以上取 13.0%。

装料容积就是从死铁层到设定料线的实际炉内容积。

炉缸填充枕木量的计算：如果选择炉缸填充枕木的方法，要计算所需枕木量。枕木填充的空间是从覆盖炉缸内烘炉盘管的底焦上沿到风口下沿，以此推算枕木填充的总体积、各类型枕木的体积。以 2500m³ 高炉为例，以散装枕木和圆木进行填充（底焦高度 1.5m），填充效果见图 9-87。

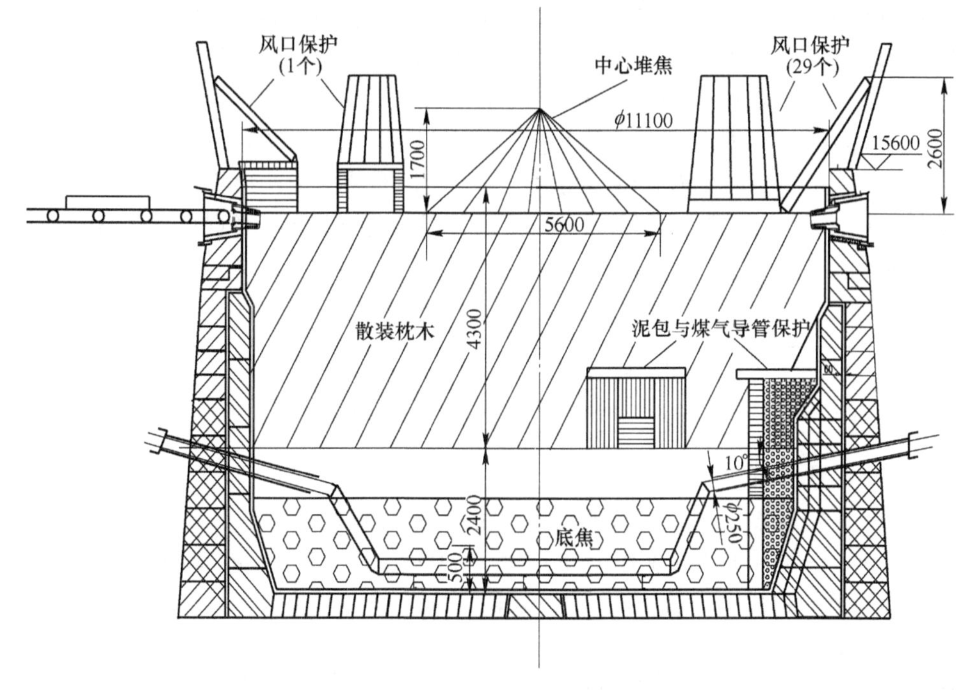

图 9-87 马钢 2500m³ 高炉开炉枕木填充示意图

散装枕木体积计算见表 9-72 和表 9-73。

表 9-72 各部位填充率及用木量计算

名 称	填充体积/m³	填充率/%	木材用量/m³
炉缸散装用木	428.08	50	214
风口保护用木	18.46	100	18.5
中心堆包用木	14.00	90	12.6
合计	460.54		245.1

表 9-73 填充用木材尺寸（m³）和数量

填充部位	枕木		圆木			总计
	3.3m	1.0m	3.0m	2.0m	1.5m	
炉缸散装用木		214				214
风口保护用木	18.5					18.5
中心堆包用木	3		4.6	3	2	12.6
合 计	21.5	214	4.6	3	2	245.1

铺底焦量的确定：铺底焦厚度应覆盖炉底铺设的环管，3200m^3 高炉填充高度为 1.5m，填充体积约 127m^3，按焦炭堆密度 0.53t/m^3 计算，铺底焦量为 70t。

开炉焦比与焦炭批重的确定：焦炭批重确定的依据是保持焦炭层厚在炉喉处为 0.5~0.6m，炉腰处为 0.2~0.3m。据此计算，3200m^3 高炉焦炭批重为 18t/批，其在炉喉处料层厚度为 0.530m，在炉腰处料层厚度为 0.224m。根据料段安排的大致原则，安排好各个料段的炉料即可最终得出开炉焦比，3200m^3 高炉开炉焦比为 3.5t/t，装入料平均 O/C：0.45±0.05。

装入品种和 O/C 相同的一组料称为一个料段。马钢 3200m^3 高炉开炉料分 12 段：第 1 段是铺底焦，第 2 段是枕木，第 3 段炉腹装净焦，第 4 段炉腰及炉身下部装空焦，第 5~11 段装组合料，第 12 段装轻负荷正常料。各段矿焦比分布情况见表 9-74。

表 9-74 各段矿焦比分布

段数	1	2	3	4	5	6	7	8	9	10	11	12
O/C	底焦	枕木	0	0	0.05	0.1	0.5	0.8	1.2	1.6	2.0	2.2

炉渣参数的设定：

（1）炉渣碱度。根据各段料矿焦比情况及高炉矿石软化、还原特点，进行分段控制。一般开炉渣碱度控制在 0.95~1.05 范围内。3200m^3 高炉设定全炉碱度 1.00。其中：12~11 段 1.05，10~8 段 1.00，7~4 段 0.95。

（2）Al_2O_3和 MgO。为保证开炉渣铁黏度和流动性，必须要严格控制好渣中 Al_2O_3，采用石灰石、硅石来稀释渣中 Al_2O_3 含量。除第 3 段净焦外，其他各段 Al_2O_3<15.0%。填充料渣中 MgO 按>7%控制。

（3）渣比。过高的渣比将对开炉透气性、稳步提升炉缸温度不利；过低渣比对物料配比、质量要求高，且不利炉渣成分控制，尤其是 Al_2O_3 含量的控制。因此要保证合适的渣比。马钢一般要求控制渣比在 1.0t/tFe 左右，3200m^3 高炉开炉渣比 0.99t/tFe。

D 开炉料的质量要求

为保证开炉顺利，对开炉料必须有合适的质量要求。填充时炉料在炉内落下距离长，易粉化，要求焦炭及烧结矿冷强度高。点火后原料在低温区滞留时间长，为防止还原粉化，要求烧结矿还原粉化指数（RDI）低；为使初期生成的软熔带稳定，要求大量使用高温性能好的烧结矿。为确保低温软熔物的流动性，要求焦炭粒度大。

9.5.1.4 装料及布料参数测试

A 全焦开炉装料

目前，采用炉缸填充焦炭全焦开炉的高炉，多采用带风装料。带风装料的好处在于有利于料柱疏松，同时可以适当加热炉料。带风装料的主要步骤如下：

（1）预先测定焦炭布料参数，测定完毕，堵好方案预定的风口，并关闭炉喉人孔等；矿石的布料参数参考往年的测试数据。

（2）开始送风。确认冷风阀、热风阀处于关闭状态；全开混风阀和混风蝶阀送冷风。

（3）风量、风温的调控。风量调至正常风量的50%，风温调至200℃左右，不大于250℃，即可进行装料。

（4）装料进入有矿石料时，逐步增加风量至正常风量的60%，风温逐步增加到300℃，不大于350℃。

B　填充枕木的装料

采用炉缸填充枕木开炉的高炉不能采用带风装料，填充枕木开炉的装料步骤如下。

a　制定装枕木作业网络图（图9-88）

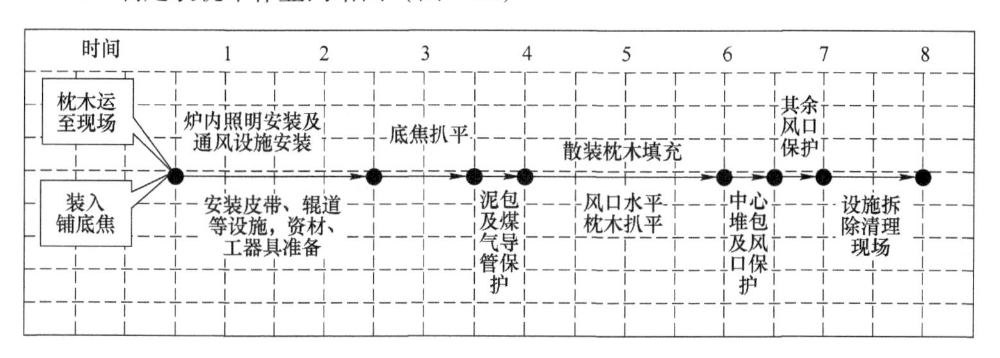

图9-88　填充作业网络图

b　制定装枕木的安全和消防措施

（1）所有送风支管安装盲板，倒流阀开；通风机和软管安装合格，使用正常。

（2）炉体部位氮气、蒸汽阀门全部关死，无泄漏。布料溜槽锁定，炉顶机械设备停止运转。

（3）炉顶放散阀全部打开，关闭人孔和检修门，需要打开的人孔要指定人员看护。

（4）料尺提至检修位置，并关上球阀。

（5）锁定布料溜槽。

（6）关上并锁定下料闸、下密封阀。

（7）落实防火措施，严禁烟火作业；炉内冷却应符合要求。

c　枕木填充前的准备工作

（1）枕木按计划运送至炉台。

（2）填充用风口的小套、中套已卸掉，梯子平台安装好，照明及通风等均正常。

（3）完成底焦装入。先将炉缸满铺垫皮，然后以适宜的旋转布料器角度将底焦布到炉缸中心，既要避免焦炭打到风口，又要使料面尽可能保持平坦，在确认安全前提下作业人员从风口进入炉内将焦炭扒平后，再退出炉外。

（4）炉内空气经测定满足 $CO \leqslant 30mg/m^3$，$O_2 \geqslant 20.6\%$；炉内环境温度<50℃，炉墙或炉底温度<70℃。

d　枕木填充步骤

（1）铁口泥包煤气管处的堆积保护。铁口泥包及暴露在外的排煤气导管，应用枕木将其完全保护，以免填充枕木时被砸坏，并用骑马钉固定。

（2）风口中心线以下散装枕木及中心堆包。确认作业人员已全部退出炉外，向炉内装入枕木，每次约装入 300～400 根。确认安全后，作业人员进入炉内，将枕木扒平用，骑马钉固定好，然后退出炉外。重复上述步骤，直至将枕木装填至风口中心线。在炉缸中心将枕木与圆木堆砌好并打入骑马钉固定。

（3）风口处的填充方式。风口处应采取保护性填充方式。

C　后续装料及布料参数测试

开炉料计算完毕，经对实际成分进行核算后，条件具备即可进行装料，炉料填充过程中要确保安全、顺利，避免环境污染。

在装料的同时还要进行一系列布料参数的测定，这是调控高炉后续运行的基础依据。测定的关键和核心是要取得布料基础数据，尤其是不同布料溜槽角度时，炉料与炉墙的第一碰撞点，同时关注料线 6m 以上时，不同布料档位的料面形状。因此，事先必须要制定细致的测定方案，方案应包括如下主要内容。

a　测定项目的内容清单（见表 9-75）

表 9-75　炉料填充料面测定项目及内容

序号	项　目	内　容
1	初始炉型扫描	精确扫描高炉初始炉型并同设计参数进行校核
2	料罐内型扫描	对料罐内型、最大装焦量、料罐内料面形状进行扫描和分析
3	溜槽扫描	溜槽内型、悬挂点高度扫描，重构溜槽内型，并校核溜槽倾角
4	料流 FCG 曲线测量	校核和确认不同炉料的 FCG 曲线，即炉料节流阀开度和料流量之间的关系曲线
5	测量料流轨迹	精确测量料流轨迹，对料流宽度进行测量和计算
6	料流极限角度的测定	测量不同料线炉料的极限角度
7	料面形状测定	高炉料面形状的 3D 精确扫描
8	装入高度测定	用探尺及扫描仪确定装入高度，确定料段位置

b　测定方法

（1）在实际布料过程中，布料时间可控的情况下，选取可靠记录的数据，对焦炭和矿石的料流量和节流阀开度之间的曲线进行优化调整。根据流过焦炭实际批重和布料时间的关系，推算出焦炭料流量与节流阀开度之间的关系曲线（即 FCG 曲线）。

（2）采用激光栅格、激光测位仪、3D 扫描成像三种测量手段，相互印证，进行布料测试，得到精准的布料测试数据。

（3）对测量结果进行整理、分析，得出料流调节阀开度与料流量的关系曲线，炉料在各个溜槽倾角时的布料轨迹，炉料装入高炉后的体积压缩系数。

图 9-89 和图 9-90 所示为马钢 3200m^3 高炉开炉料流调节阀与排料流量的关系曲线、焦炭和矿石料流轨迹。料流量与节流阀开度之间的关系曲线为：焦炭：Y=27.518E0.0755X，R_2 = 0.8939；矿石：Y = 102.19E0.0924X，R_2 = 0.97666。其中：Y 代表料流量，X 为节流阀开度。

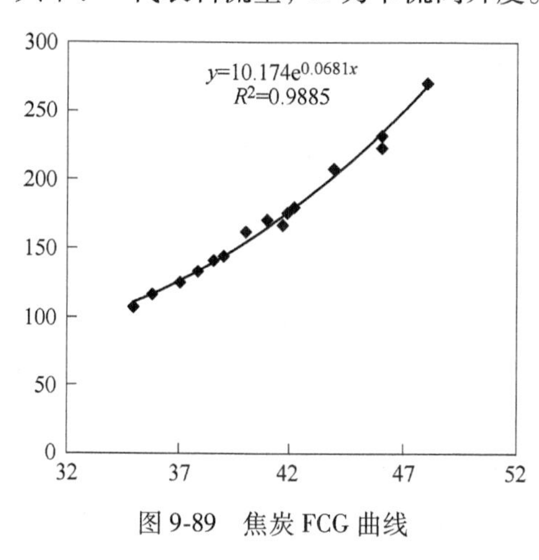

图 9-89　焦炭 FCG 曲线

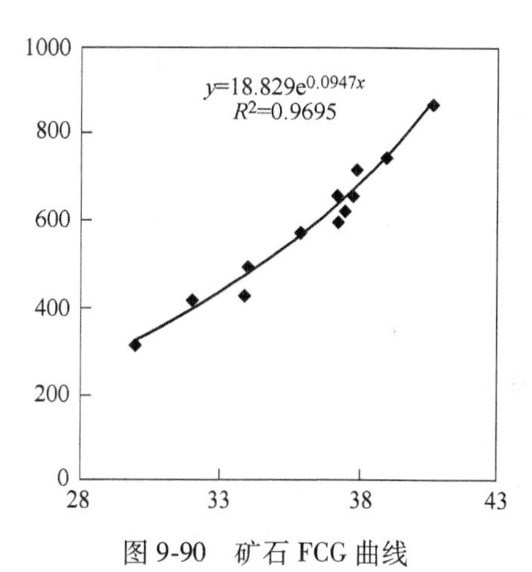

图 9-90　矿石 FCG 曲线

9.5.1.5　开炉操作

A　点火

高炉点火是将方案规定风温水平的合适风量通过风口送入炉内点燃炉内的枕木和焦炭的过程。点火开炉后要充分空吹铁口以便加热炉缸内的焦炭，储备足够的炉缸热量，以及适时稳定排空渣铁，进而实现炉况稳定顺行和快速达产的目标。

a　点火前的准备与条件再确认

（1）点火前条件再确认。对高炉本体、炉前、上料系统、热风、煤气、冷却、送风、动力等各系统再次确认，确认各设备处于正常的状态，各阀门处于正确的状态，高炉所有人孔处于关闭状态，设备运行符合规定标准等。

（2）点火前 2h 启动风机，并将冷风送至放风阀。

（3）风到放风阀后，检查确认风口，要求堵的风口必须堵严堵牢，确保不被吹开。

（4）送风前 1h 重力除尘器通氮气，炉顶及煤气净化系统通氮气、蒸汽。

b 点火主要参数确定

（1）点火时风口面积的确定依据：以马钢 $3200m^3$ 高炉为例，在送风比达到 1.2 时，确保标准风速在 180m/s 以上，实际风速 220~250m/s；开炉后全风口作业时，保证标准风速达到 240m/s。

（2）风量：点火时的送风比一般在 0.4~0.55 之间。

（3）风温：点火风温 750℃左右。

（4）湿度：点火湿度为自然湿度，以后视炉温及初次出铁状况再作调整，原则上湿度不超过 $35g/m^3$。

B 引煤气

点火开炉 1h 后，从炉顶上升管取样孔取煤气样，化验煤气成分，分析 H_2、O_2 的含量，0.5h 分析一次。

当煤气成分合格，$O_2 \leqslant 0.6\%$，且探尺走动，此时可按规程引煤气。一般在点火后 2~4h 具备引煤气条件。

C 点火 24h 内的参数调整

（1）加风速度视炉况实际进程而定。在炉内热量充分蓄积及矿石软熔之前，尽量把风量水平提升至一定水平。马钢大型高炉开炉送风初期加风进程适当加快，目标 3h 内送风比达到 1.0，8h 内送风比达到 1.2。送风 8h 后加风要谨慎，以保证下料顺畅为原则，正常每小时加风量约 100~200m^3/min；1 次铁出铁顺利后炉况顺行良好加风速度可适当加快。点火后 48h 风量调整计划可参见图 9-91。

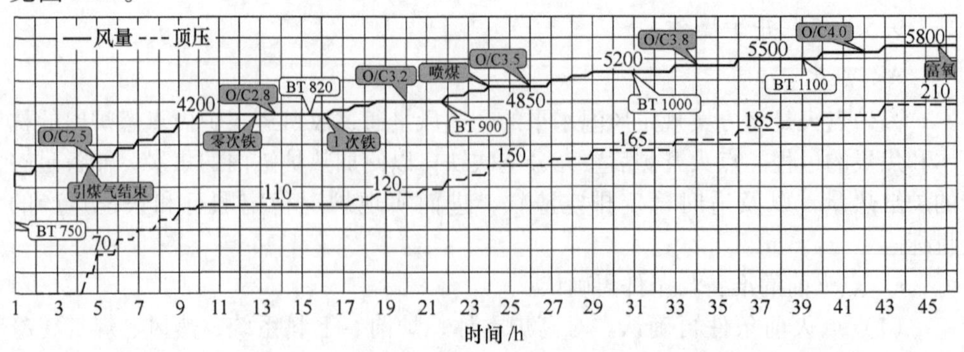

图 9-91 马钢 $3200m^3$ 高炉开炉风量、负荷推进计划

（2）顶压。风量达 2500~3000m^3/min 时，可考虑改高压操作。

（3）风温。在送风 10~11h 后，可考虑加风温，但在出铁前（约送风 15h），原则上风温不超过 850℃。

（4）湿度。原则上维持自然湿度，难行或因炉热而影响加风时，允许适当增湿，但最高不超过 35g/m^3。

（5）负荷。送风后如下料正常并已引煤气，在送风 5~6h 后可考虑第一次加负荷。第 1 次铁前可考虑加一次负荷，出铁正常后，可加快加负荷速度至负荷 3.2。

D 初次铁时间计算及安排

计算炉缸铁面到铁口中心线时能够存储的铁量、渣面到风口以下 0.5m 处时能够存储的渣量，再根据经验设定相关参数及边界条件和加风的节奏，反推出铁时间。点火后根据下料批数推算初期出铁时间最为准确、安全、可靠。

a 储渣铁界限计算点火后焦炭置换量的计算

$$C = C_1 + C_2$$

$$C_1 = \sum(BVT)/W, C_2 = CB(\sum T)/TB$$

式中 C_1——累积燃烧焦炭量，t；

BV——风量，m^3/min；

T——送风时间，min；

C_2——炉芯焦炭置换量，t；

W——燃烧 1 吨焦炭所需风量，m^3/t，一般取 2800m^3/t；

CB——炉芯焦炭总量，t；

TB——枕木燃烧完时间，h，根据经验取 12h。

炉芯焦炭总量 CB 计算：

炉芯焦高度 LC(m)： $LC = 6.935D\text{sqrt}\ [D_{pc}/(2L)]$

式中 D——炉缸直径，m；

D_{pc}——焦炭的当量直径，m，取 0.05m；

L——风口循环区长度，m，取 1.5m。

炉芯焦体积 V(m^3)： $V = V_1 - V_2 + V_3$

式中 V_1——风口中心线以下炉缸有效容积（扣除泥包及部分铁口组合砖体积）；

V_2——底焦所占体积；

V_3——风口中心线以上死焦堆（锥体）体积，则 $V_3 = 3.14LC\times(D-2L)/12$。

b 渣铁生成量的计算

根据焦炭置换量计算对应的焦炭、矿石、辅料生成的渣铁量，并将渣铁生成量计算结果制作成一张有渣铁数量和高度的对应表。铁口中心线以下至炉底炉缸有效容积（扣除泥包及部分铁口组合砖体积）

$$V = V_1 - V_2$$

式中　V_1——铁口中心线以下（包括死铁层）炉缸容积；

V_2——铁口中心线以下（包括死铁层）的泥包及部分铁口组合砖体积。

可储留铁水铁水量 = V×炉缸空隙度×铁水密度

式中，炉缸空隙度取 0.3，铁水密度取 6.8t/m^3。

c　初次出铁时间的确定

马钢大型高炉目前的做法是：当累计生成铁量达到铁口中心线时，先烧开铁口，排出炉内冷渣铁后堵上铁口，此后累计送风约 200000m^3（3200m^3 高炉）再正式出第一次铁。

马钢小高炉的做法是当计算出铁量约 10t 左右时，出第一炉铁，这样的优点在于炉缸热量充沛，渣铁流动性好，基本上第一炉铁水就成分合格，烧铁口的工作量也小。

E　后续操作

点火后如第一炉出铁正常，则后续操作的主要任务是在保证铁水温度充足（PT>1490℃）的条件下，通过协同调整负荷和风量，以按梯度降低生铁含硅，送风 48h 后目标［Si］1.0%～1.5%，3 天后争取降至 0.5%～0.7%。

（1）负荷。根据炉况和炉温水平加负荷，目标 36h 内加至喷煤负荷，力争 24h 内负荷 3.2，48h 内目标负荷 4.0。

（2）风量。标速接近 240m/s 时可以考虑开风口，并相应加风和加负荷，目标 48h 内风口全开，其风量可作为开炉初期阶段的基准风量。

（3）料制。随着加风、喷煤、富氧、开风口等进程加快，根据气流状况，对装料制度进行调整，最终合理的布料制度有待开炉后进一步摸索。

（4）喷煤。喷煤投入前必须要确认相关条件及状态，条件具备方可实施：首先，高炉顺行良好，风量达到全风 80%，同时炉前出渣铁正常；其次，负荷已达到 3.2 以上，风温大于 850℃，铁水温度已达到 1480℃以上。

（5）富氧。风量达到全风 80%以上，同时全焦负荷 4.0 左右料下达后，炉况允许开始富氧。

（6）其他操作参数根据每天高炉实际情况酌情调整。

9.5.1.6　开炉案例

A　案例一：马钢新建 3200m^3 高炉开炉

2016 年 9 月 6 日，马钢 3200m^3 高炉点火开炉，开炉第 10 天产量达到 7219t，整个开炉期间无安全事故、无设备事故、无失常炉况。

a　高炉开炉重点操作流程

高炉开炉重点操作流程见图 9-92。

b　烘炉

3200m^3 高炉的烘炉重要参数见表 9-76，烘炉曲线见图 9-93。

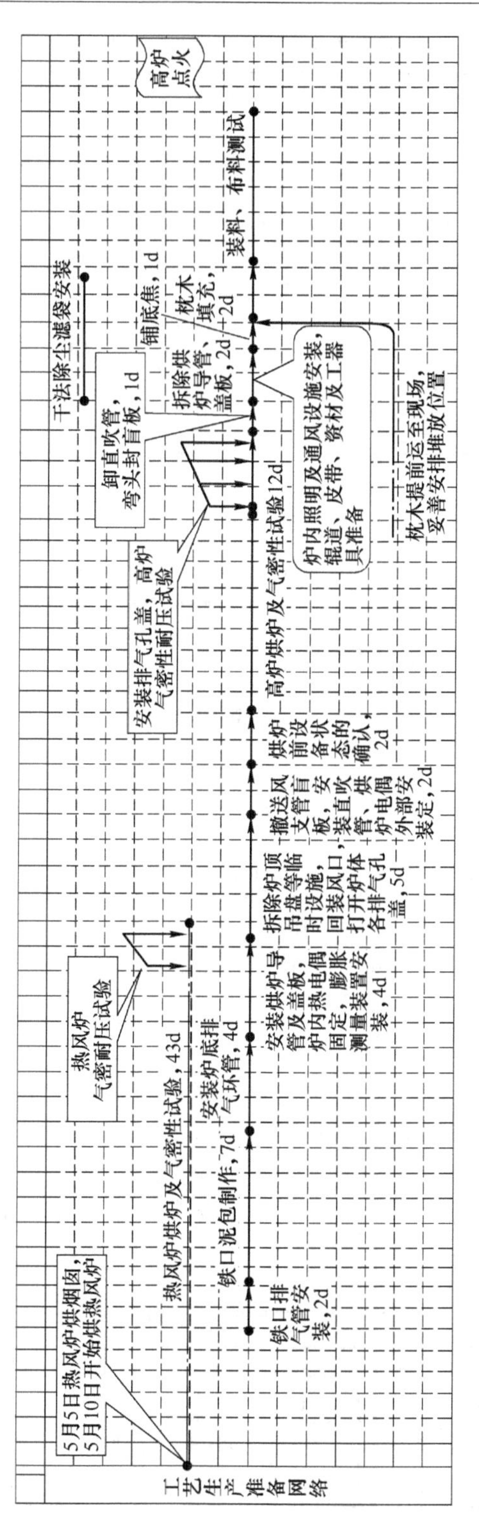

图 9-92　高炉开炉重点操作流程

表 9-76　3200m³ 高炉烘炉各项参数

序号	温度/℃	升温速度/℃ · h^{-1}	所需时间/h	累计时间/h	累计风量/m^3
1	150	保温	10	10	1665060
2	150~300	6	24	34	4582500
3	300	保温	48	82	9021840
4	300~500	10	20	102	4110120
5	500	保温	70	172	13868340
6	530	保温	48	220	9546000
7	530~150	15	24	244	4433160
烘炉 10 天合计风量					47227020

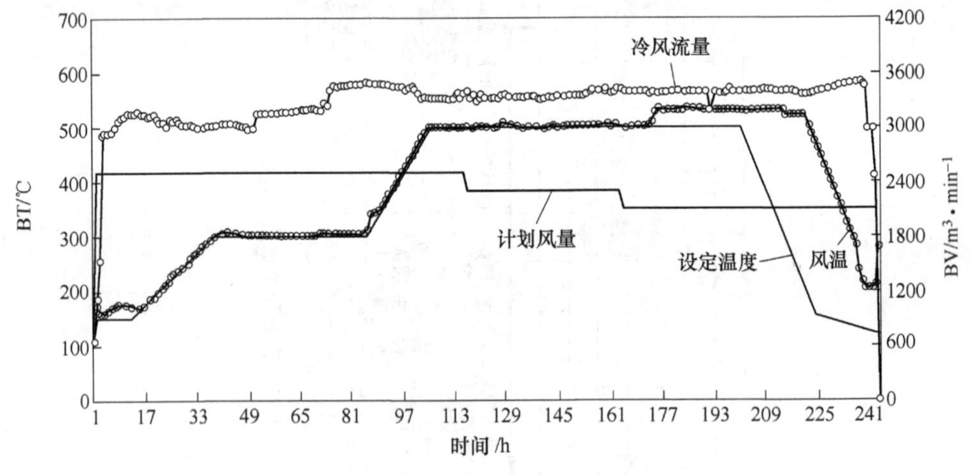

图 9-93　3200m³ 高炉烘炉曲线

c　高炉开炉进程主要参数节点

高炉 2016 年 9 月 6 日 15:58 点火送风，送风风口 26 个（堵 6 个），其中 4 个加装 ϕ70mm 泥套（3 号、15 号、19 号、31 号），送风面积为 0.3035m²，送风 3h40min 引煤气，22h 直接出 1 次铁，并直接冲水渣；25h 喷煤，开炉第 10 天产量达到 7219t，整个开炉期间无安全事故、无设备故障休风、无炉况波动，圆满完成了开炉任务（表 9-77）。

表 9-77　高炉开炉生产指标情况

日期	产量/t	利用系数/t · (m^3 · d)$^{-1}$	大焦负荷/t · t^{-1}	全焦负荷/t · t^{-1}	燃料比/kg · t^{-1}	风量/m^3 · min^{-1}	煤比/kg · t^{-1}	风温/℃	风压/kPa	顶压/kPa
9 月 7 日	1099	0.34	2.16	2.16	1884.4	3700	50	866	224	122
9 月 8 日	2202	0.69	2.44	2.44	668.6	3406	14	957	217	113

续表 9-77

日期	产量 /t	利用系数 /t·(m³·d)⁻¹	大焦负荷 /t·t⁻¹	全焦负荷 /t·t⁻¹	燃料比 /kg·t⁻¹	风量 /m³·min⁻¹	煤比 /kg·t⁻¹	风温 /℃	风压 /kPa	顶压 /kPa
9月9日	2971	0.93	2.99	2.87	636.5	4374	27	860	281	154
9月10日	3088	0.97	3.38	3.27	639.2	4316	108	1006	281	142
9月11日	3185	1.00	2.99	2.89	657.3	4400	85	1039	276	137
9月12日	3653	1.14	2.89	2.79	615.3	5029	17	909	309	159
9月13日	4748	1.48	3.22	3.10	569.3	5762	45	950	353	198
9月14日	5668	1.77	3.13	3.00	605.9	5975	65	651	362	214
9月15日	6605	2.06	4.14	3.83	517.7	6327	91	1031	378	226
9月16日	7219	2.26	4.50	4.10	498.8	6435	100	1063	388	228

B 案例二：马钢 500m³ 高炉全焦开炉

2013 年 12 月 25 日 3:55 时 10 号高炉休风停炉，扒炉至炉底第二层炭砖并找平，后用高铝砖砌筑恢复炉型，炉衬砌砖至炉腰与炉身交界处，炉身部位未进行喷涂。2014 年 1 月 23 日 17:06 点火开炉。

a 开炉装料

按炉身扩容 5%计算装料容积。空焦和净焦段压缩率按经验取 14.0%，炉腰以上炉料压缩率取 13.0%。设定铁、锰的元素回收率为 99.50%和 60%，获得的渣铁主要成分（%）见表 9-78 和表 9-79。

表 9-78 10 号炉（500m³）开炉计算基本参数 （%）

成分	[Fe]	[Si]	R_2	(Al_2O_3)	(MgO)
轻料段	92.00	2.5	1.05	16.5	10.00

表 9-79 10 号高炉（500m³）开炉原、燃料成分（%）及堆密度（t/m³）

名称	TFe	SiO_2	CaO	MgO	Al_2O_3	Mn	堆密度
烧结矿	56.02	5.70	10.83	2.79	2.03	0.12	1.90
姑块	53.28	19.12	1.35	0.33			2.10
锰矿	14.99	28.09	0.25		3.96	32.61	1.70
白云石		1.47	33.04	18.65			1.50
萤石	SiO_2=23%，CaO=75%						1.50
焦炭	1.00	6.00			4.00		0.55

成分	水分	灰分	挥发分	硫分	固定碳
焦炭工业分析	3.73	12.00	1.30	0.650	85.00

填充料段矿批 7000kg，焦批 3500kg，全炉焦比 2700kg/t，续料焦比 820kg/t。

备锰矿 80t，萤石 50t，云石 30t。开炉料成分与具体料段安排见表 9-80～表 9-82。

表 9-80　10 高炉（$500m^3$）填充料段安排

料段名称	符号	料段安排	料批组成/kg 焦炭	水焦	烧结	姑块	云石	锰矿	萤石
轻负荷料	H	14H	3500	320	5430	1570	240	170	80
组合料 2	Z2	4×(K+H)	3500	320	5430	1570	240 / 480	170	80
组合料 1	Z1	4×(2K+H)	3500	320	5430	1570	240 / 480	170	80
空焦	K	23K	3500	320			480		
净焦	J	17J	3500	320					
合计		74	259		119.5	34.5	22	3.7	1.8

表 9-81　10 号高炉（$500m^3$）填充料段组成

料段名称	符号	料段安排	总铁量/t	总渣量/t	压缩后体积/m^3	焦比/$kg \cdot t^{-1}$	负荷
轻负荷料	H	14H	59.64	26.61	131.48	821	2
组合料 2	Z2	4×(K+H)	17.19	10.1	62.3	1628	1
组合料 1	Z1	4×(2K+H)	17.34	12.6	87.04	2421	0.67
空焦	K	23K	0.871	14.35	142.27	92462	
净焦	J	17J	0.644	6.24	100.48	92462	
合计		74	95.69	69.91	523.5	2700	

表 9-82　10 号高炉（$500m^3$）开炉料校核结果

符号	校料结果 铁量	渣比	焦比	炉渣成分/% MgO	Al_2O_3	R_2	CaF_2	Mn	炉温校核	压缩后体积
H1	4.262	446	821	10.74	15.85	1.10	3.16	0.87	2.0	9.39
H	4.260	447	822	10.64	15.84	1.07	3.16	0.86	2.5	9.39
K	0.038	16482	92462	14.49	24.14	0.74				6.19
J	0.038	9701	92462	0.25	40.60	0				5.91

b　开炉进程

2014 年 1 月 19 日 10:58 高炉烘炉；23 日 9:36 带风装料，风量 $720m^3/min$，压力 85kPa；17:06 点火开炉，点火压力 35kPa，风量 $350m^3/min$。24 日 3:25 铁口来渣，7:10 出第一炉铁。7:30 引煤气，22:00 开始喷煤，25 日 6:30 富氧，11:10 全风口送风，17:00TRT 并网。上部装料模式逐步由 C30°8O27°8 向 C32°

330°327°3O29°527°3 过渡。用料逐步减少块矿，增加球团，提高熟料率，炉料结构 36h 达到 70%烧结率+27%球团+3%块矿的正常水平。

送风参数过渡：堵 3 号、5 号、7 号、10 号、12 号、14 号共 6 个风口，送风点火，送风风口数占比 57.14%。17:06 点火风量 350m^3/min，风压 35kPa。点火后风量恢复较快，7 小时加风至 520m^3/min，16h 后出首次铁，出铁后加风进程加快，17h 加风至 1030m^3/min，21h 加风至 1350m^3/min，27h 后风量加至 1470m^3/min×200kPa，此时风压已达正常参数的 83%。

热制度参数过渡：

负荷：点火后高炉下料正常，并开始增加风量，9h 加负荷 200kg 至 2.12，18h 加负荷 350kg 至 2.42，24h 加负荷至 2.92，27h 风压达到正常水平的 85%左右，加负荷至 3.13，为喷煤做准备。

风温：开炉后因炉况不适，风温一直维持在 700~750℃，随着风量的增加与负荷的逐步加重，20h 风温加至 920℃，24h 风温用至 1000℃以上，28h 风温逐步升至 1100℃并维持。

炉温：首次铁［Si］3.59%，［S］0.014%。此后随着重负荷料的下达，逐步向 1.0%~0.70%过渡。

喷煤：随着重负荷料的下达，为保证炉温的平稳过渡，迎 3.13 喷煤负荷，29h（24 日 22:00）开始喷煤，首喷 4.6t/h，煤比 80kg/t 左右。点火后第 3 日（25 日），喷煤达到正常水平，煤量 9t/t，煤比 149kg/t。

c 装料制度的过渡

模式：24 日改模式，焦炭由初始单环改为两环，即 $C_{8}^{30}O_{8}^{27}$——$C_{5\ \ 3}^{30\,27}O_{8}^{27}$，25 日改模式为 $C_{3\ \ 3\ \ 3}^{32\,30\,27}O_{5\ \ 3}^{29\,27}$，矿焦外移。26 日改模式为 $C_{2\ \ 4\ \ 3}^{31\,29\,27}O_{3\ \ 5}^{29\,27}$，此后基本维持该模式。

矿批：根据炉况进程与下料速度与顶温控制，逐步扩大，并向正常矿批过渡。24 日 12:30 至 8t/批，18:00 至 10t/批，25 日至 12.8t/批，达到正常矿批的 80%以上。

d 渣铁处理与冶强提升

出铁：点火后 10h20min（24 日 3:25）铁口见渣，随后 24 日 4:15 时、5:48 时、7:10 时多次打开铁口，排除少量渣铁，24 日 8:00 时引煤气后于 8:55 时出铁约 20t，距离点火 16h。根据炉温及渣铁量，19:30 时启用撇渣器，此后炉前出铁转入正常生产秩序。

风口过渡：根据加风进程逐步加开风口数量，以匹配风口面积与送风参数，稳定风速。24 日 10:00 捅开 14 号、12:08 捅开 3 号、17:20 捅开 12 号、20:45 捅开 5 号、25 日 5:00 捅开 7 号、9:00 时捅开 10 号，40 小时风口全开。

炉渣碱度：根据炉温与渣铁实际成分，逐步上调炉渣碱度，并向正常水平过渡。逐步停开炉用辅料，降低渣量，提高熟料率，料炉结构向正常过渡。

10 号高炉开炉主要参数（风量、风压、风温）实际趋势见图 9-94。

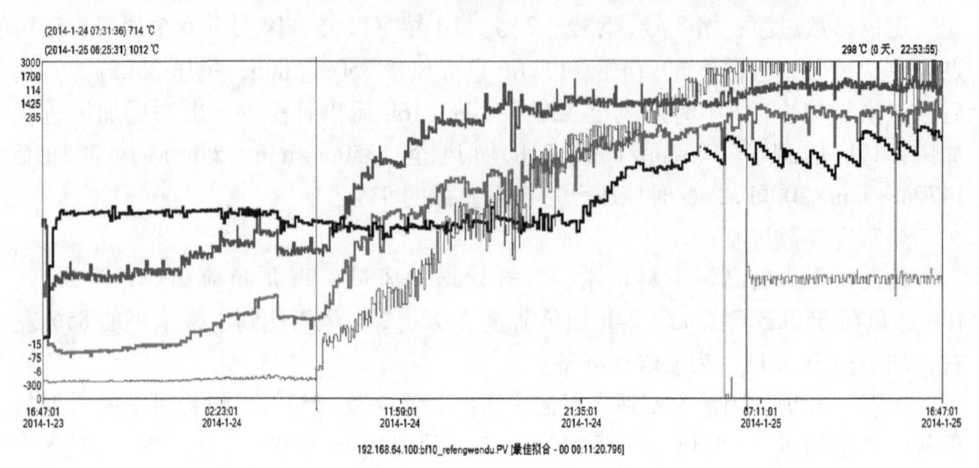

图 9-94　10 号高炉开炉主要参数（风量、风压、风温）实际趋势

10 号高炉开炉后负荷与产量过渡实绩见图 9-95 和图 9-96。

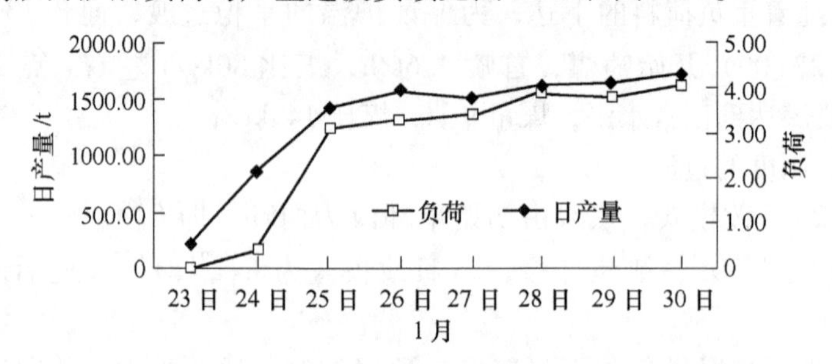

图 9-95　10 号高炉开炉后负荷与产量过渡实绩

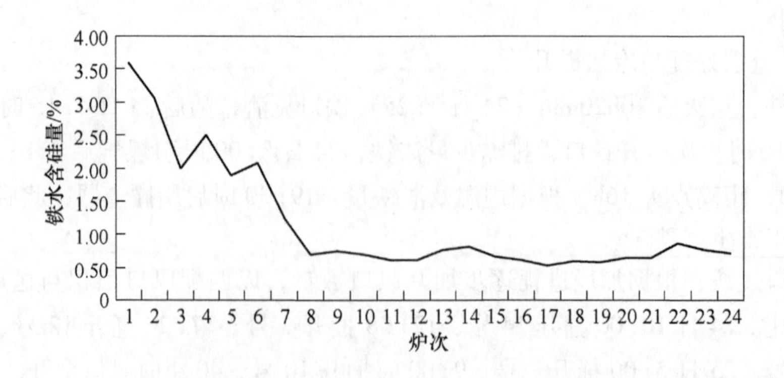

图 9-96　10 号炉开炉后铁水含硅过渡实绩

9.5.2 中修高炉开炉

高炉中修和大修的主要区别在于停炉时不放残铁，扒炉不彻底，炉底、炉缸砖衬基本上不更换。因此，开炉和新建或者大修高炉开炉有所区别。

9.5.2.1 开炉前的准备

开炉前的准备工作和大修高炉基本上类似。主要区别和关键点在于必须扒炉到位。

由于中修高炉不放残铁，所以炉缸中下部残存的渣铁比较难扒，为了开炉的方便和顺利要求炉缸的残存渣铁必须扒出来，也就是说铁口下沿以上的渣铁必须扒出来。实在难扒的至少靠近开炉出铁口的约 1/2 区域必须扒到铁口下沿以下，对面的也要尽量扒到接近铁口平面。

9.5.2.2 烘炉

高炉烘炉可以缩短时间。高炉烘炉的重点是炉底、炉缸。由于中修高炉炉底砖衬没有更换，因此，烘炉时根据炉缸的中修程度结合炉墙砖衬及喷涂情况考虑烘炉时间，一般不超过 3 天，烘炉装置可以适当简化。

9.5.2.3 开炉料计算、装料及布料参数测试

开炉料的计算和大修高炉类似，区别在于铁口以下存在冷渣铁。因此，炉缸的填充空间变小，同时由于炉缸内不少冷渣铁的存在，全炉焦比应该比大修高炉适当高一些。

装料容积扣除死铁层容积即可，其他装料及布料参数测试和大修高炉相同。

9.5.2.4 开炉操作

鉴于中修高炉不彻底扒炉的特点，其开炉和大修高炉有较大区别。主要的有以下几个方面：

（1）由于炉缸内存有冷态渣铁，一般点火开风口数量和位置多选择出铁口两侧的风口，开风口总数一般以 1/3～1/2 为宜。扒炉比较彻底的，开风口数可以适当多些，其他风口必须堵牢、堵严，不能被吹开。马钢 2500m^3 高炉 2013 年中修开炉时，选择出铁口两侧共计开 4 个风口。

（2）点火前应在铁口埋氧枪，这对提高铁口区域炉缸温度有好处，有利于减轻炉前出第一炉铁的工作量。扒炉比较彻底的高炉也可以不埋氧枪开炉，但应充分空吹铁口，以加热铁口区域，增加该区域热储备。马钢小高炉在 2009 年开炉中视扒炉彻底程度，有埋氧枪的也有不埋的，开炉都比较顺利。

（3）风量的使用由于所开风口数少，相比大修高炉要小。加风时根据炉缸热量和风口数确定。

（4）后续捅风口必须等炉缸温度满足条件，渣铁流动性好才考虑捅风口，而且依次挨着捅开，原则上不跳隔去捅。

（5）负荷的加重相比大修高炉也要缓慢一些，加负荷的依据是炉缸温度充沛，风口数和风量达到适宜的水平。

（6）首次出铁要适当提前，尽早排空炉缸冷态渣铁，减少其对炉缸热量的吸收。

9.5.2.5　中修高炉开炉案例：1号高炉2500m³开炉实例

2500m³ 1号高炉2015年5月19日停炉，炉缸扒到铁口下沿。此次开炉采用全熟料低渣比少辅料的开炉理念，于6月22日上午10:07分送风开炉。由于进行了充分的准备，开炉生产做到了“安全、快速、顺行”，送风48h后进入全风状态。

A　开炉准备

a　风口配置情况

1号高炉共计30个风口，本次开炉堵14个风口（4~12号，23~27号），开16个风口。采取集中分片堵风口，保证铁口两侧风口开，便于优先活跃铁口区域。

b　装料情况

采用高球比低渣量开炉料，整个装料采用四段装料法：硬杂木、净焦、空焦及组合料。采用硬杂木充填炉缸，硬杂木装至风口，以能从风口看到为止。净焦添加至炉腰中部。空焦添加至距离炉腰上沿2.5m处。焦比650kg/t。辅料由石灰石、萤石组成；空焦以上至1.5m料线处，采用组合料，顺序为5H+5K→5H+4K→5H+3K→5H+3K（H为开炉负荷料，K为净焦）。炉料结构41%烧结矿+59%球团矿，渣比250kg/t，全炉焦比2.95t/tHM，$(Al_2O_3)>20\%$。具体装料表见表9-83。

表9-83　2500m³高炉开炉实际装料

批数	焦批/t	矿批/t	辅料/t	全O/C	焦比/kg·t⁻¹	每段体积/m³	累计体积/m³	料制
27	16			0		643.9	643.9	C_{10}^{1}
25	16		2.4	0		625.9	1269.8	C_{10}^{1}
5	16	36.8	1.2	2.3	664	199.9	1469.7	$C_{442}^{543}\ O_{33}^{54}$
7	16			0		166.9	1636.6	C_{442}^{543}
5	16	36.8	1.2	2.3	664	199.9	1836.5	$C_{442}^{654}\ O_{33}^{65}$
4	16			0		95.4	1931.9	C_{442}^{654}
5	16	36.8	1.2	2.3	664	199.9	2131.8	$C_{442}^{765}\ O_{33}^{76}$
3	16			0		71.5	2203.3	C_{442}^{876}
5	16	36.8	1.2	2.3	664	199.9	2403.2	$C_{442}^{876}\ O_{33}^{87}$
1	16			0		23.8	2427	C_{442}^{876}

B 开炉进程

6月22日10:07送风开炉。初期风量使用1400m^3/min左右，引煤气提顶压控制风速后逐步小幅加风，在确认铁口出渣铁正常前风量控制在2000m^3/min以内。此阶段炉内压力平稳，料行基本顺畅。

22日小夜班末期打开3号铁口，视炉内风口、铁口已畅通，渣铁处理无问题后，开始陆续捅风口，待稳定后加风恢复，其间顶压保持较高水平，控制风速在240m/s以内操作。随各个铁口工作趋正常，渣铁处理转畅。继续注意掌握风口加风节奏，班加风量上限控制在800m^3/min以内，恢复炉况过程较顺畅。至24日10:00风量恢复至4000m^3/min，期间计捅开12个风口，尚余2个风口在堵，炉况恢复总体进程良好。

软熔带形成以后，煤气利用率迅速改善，开炉24h后，基本稳定在42.5%~45%之间，保持了较好的热利用。23日9:20布料矩阵增加一个档位，改料制为C87653322O876333，料线1.5m。14:45加风量至3200m^3/min，顶压加至146kPa。15:05喷煤8t/批，改料制为C87652332O876333。24日7:05调料制为C87654222222O876333，基本过渡至正常生产的料制，见表9-84。开炉参数变化见图9-97和图9-98。

表9-84 开炉后高炉装料制度的变更

日期	6.22	6.23	6.24	6.25
档位变更	$C_{3\ 3\ 2\ 2}^{42\ 39.5\ 37\ 34.5}$ $O_{3\ 3\ 3}^{42\ 39.5\ 37}$	$C_{2\ 3\ 3\ 2}^{42\ 39.5\ 37\ 34.5}$ $O_{3\ 3\ 3}^{42\ 39.5\ 37}$	$C_{2\ 2\ 2\ 2}^{42\ 39.5\ 37\ 34.5}$ $O_{3\ 3\ 3\ 2}^{42\ 39.5\ 37\ 34.5}$	$C_{2\ 2\ 2\ 2\ 2\ 2}^{42\ 39.5\ 37\ 34.5\ 31.5\ 22}$ $O_{3\ 3\ 2\ 2}^{42\ 39.5\ 37\ 34.5}$

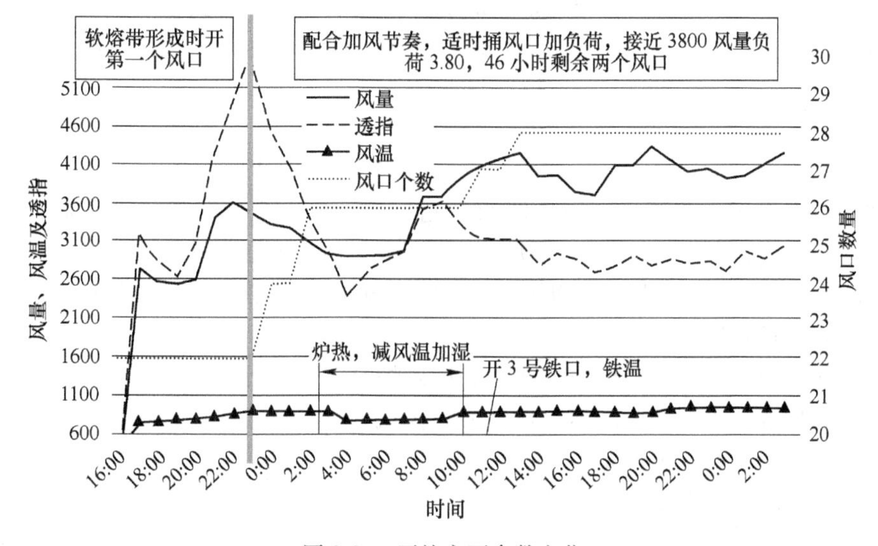

图9-97 开炉主要参数变化

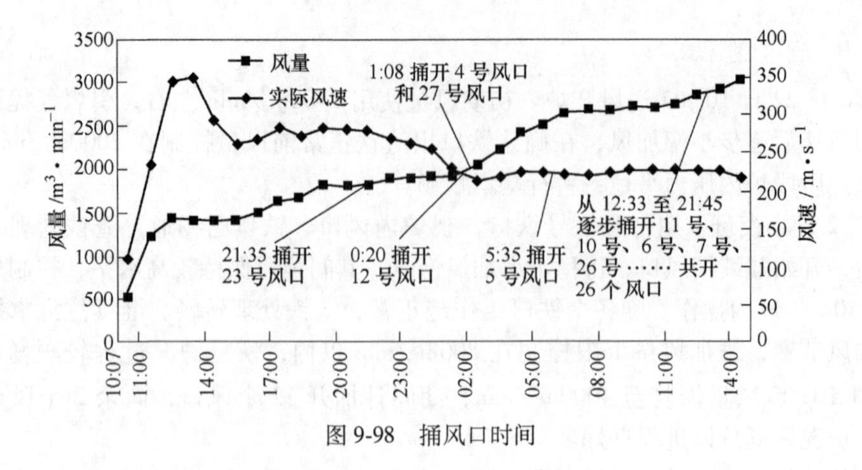

图 9-98　捅风口时间

C　指标

高炉开炉后主要指标见表 9-85。

表 9-85　高炉开炉后主要指标

日期	合格产量/t	全焦负荷/$t \cdot t^{-1}$	矿批/t	风量/$m^3 \cdot min^{-1}$
6. 22	0	0. 73		
6. 23	603	3. 45	46. 4	2874
6. 24	4252	4. 00	52. 2	4023
6. 25	5473	4. 35	59. 6	4322
6. 26	5812	4. 44	62. 8	4333

此次开炉全炉焦比 2. 9t/t，且保证了炉缸热量的充沛，实现了 48h 快速达产的目标，说明 3 个铁口全布氧枪、高球比低渣量开炉方法是完全可行的。

9. 5. 3　停炉技术

高炉停炉分中修停炉和大修停炉。中修停炉往往是炉缸、炉底状况良好，而其他部位（炉腹、炉腰等）损坏严重，则停炉中修，中修时炉缸、炉底砖衬不需要彻底更换，所以不放炉缸残铁。大修停炉主要是炉缸、炉底侵蚀严重，继续生产将有烧穿炉缸的危险，必须停炉大修，大修时需要更换炉缸、炉底砖衬，因此必须放净炉缸残铁。

当前停炉方法主要采取空料线法，即停炉降料面过程中不装料，从炉顶喷水以控制炉顶温度，当料面降至风口平面时休风。

9. 5. 3. 1　停炉前的准备

A　制定停炉方案

为确保安全、顺利停炉，必须提前制定好详细的停炉方案。方案主要内容包括建立停炉指挥体系、降料面和放残铁等技术操作方案以及安全措施方案等。

B 停炉前的其他准备和要求

a 炉内操作上的配合和准备

（1）降料线前力求炉况稳定，全风操作，可适当疏松边缘。如长时间堵风口操作，应提前半个月调整，以利于炉内圆周工作均匀，避免出现死区和炉墙黏结。

（2）停炉前一周保证炉温充沛（［Si］0.4%~0.6%，PT=1490℃以上），渣铁流动性好。

（3）炉前3天可酌情加洗炉料进行洗炉，以求停炉后炉墙干净。

（4）预休风前两个班逐渐将负荷退至全焦冶炼，全焦负荷作用时停止喷煤并停氧。预算好煤粉用量，争取做到停止喷吹时喷吹系统各煤粉罐全部喷空。

b 设备方面的准备

（1）停炉前一个月内借休风机会适时对炉皮开裂处进行焊补并加固。

（2）提前制作好出残铁平台及残铁沟。

（3）提前检查确认炉顶打水装置、炉顶煤气取样管、煤气分析仪及各蒸汽管正常。

（4）提前准备降料面用的打水装置，并进行试喷。

（5）降料线前对炉顶温度、打水专用流量计、探尺等相关仪表进行检查、确认。

（6）检查确认炉顶齿轮箱、下阀箱冷却系统运转正常。

（7）提前一天对炉身、炉腰及炉腹部位冷却器进行全面查漏，发现漏水及时处理，杜绝休风后冷却器向炉内漏水，此项工作一直进行到降料面开始。

（8）检查确认炉顶蒸气压力、氮气压力、高压水压力处于正常水平，环水、清水保持正常。

c 空仓安排

安排好料仓的空仓清料工作，力争停止加料预休风时，上料系统各罐及皮带不压料，所有料仓空仓。

d 炉前的准备与配合

（1）停炉前一天联系好堵铁口及风口用的有水炮泥并运至炉台。

（2）停炉前两侧出铁场要具备出铁条件，并备好工具、资材。

e 其他

（1）高炉中控室负责联系休风前除尘器清灰事宜。

（2）提前联系安排好热风炉煤气总管、焦炉煤气总管、TRT进口煤气管道等管道的堵盲板准备工作。

C 加停炉料

（1）加净焦若干。净焦数量的把握原则是：料面到炉腰部位仍能维持焦层厚度不低于2.0m，净焦前还应在全焦负荷的基础上加轻料约15批，校料时应考虑轻料和停煤的影响。

（2）预休风时间确定后，据此推算加停炉料时间。

D　停炉前预休风

a　预休风

（1）当停炉料加完，出尽渣铁后，料线降至约4m时，即可进行预休风。

（2）预休风前1炉铁必须保证出完、出好，适当喷吹铁口。

（3）休风按长期休风程序执行，炉顶点火。

b　预休风期间的主要工作

（1）拆除十字测温杆，安装停炉打水枪，安装后，适量通水，避免打水管被烧坏，检查管道畅通。

（2）接通炉顶煤气取样管。

（3）富氧房富氧总管插盲板。

（4）更换漏水风口。

（5）进一步焊补、加固炉皮。

（6）校准探尺的检修位，调试好探尺。

（7）关死所有漏水冷却壁进水，其进水阀门插盲板，确保不向炉内漏水，出水管塞木塞。

（8）检查确认炉顶原有洒水枪、炉顶蒸气、氮气正常。

（9）检查确认齿轮箱水冷、氮气正常。

（10）检查确认炉顶上密、上料闸、下密、下料闸关闭，溜槽处于检修位，探尺处于待机位，一均、二均关闭，排压阀开，齿轮箱停电。

（11）做好放残铁准备工作。

（12）全开风口进入降料线操作。

9.5.3.2　降料面

降料面是高炉停炉过程中最为关键的操作，其操作重点是合理使用风量、风温、打水量，维持炉顶温度和煤气成分在要求的范围内，确保降料面过程的安全顺利，将料面降至预定目标。

打水量和顶温的协同调控对确保降料面过程的安全至关重要，因此空料线打水操作必须统一指挥，有专人负责，禁止多头指挥。

A　风量使用

原则上执行方案规定的风量范围，一般的原则是：

（1）初期。在空料线初期适当使用较大风量，但应以顺行为重，以免风量过大导致出现气流偏行、管道等进程，影响顶温控制和空料线进程。

（2）料线到炉身下部时。此位置是成渣带区域，料线过此区域后顶温及煤

气成分 H_2 上升变化较快，风量控制要果断，满足气流稳定、顶温水平、煤气成分控制要求。

(3) 当料线降到一定水平，风压明显下降时，要注意适时控制风量，防止料层厚度薄而风量过大吹出管道。

(4) 如遇到气流不稳定、顶温难以控制，风量的使用以顺行和顶温受控为原则，不强求与方案一致。

(5) 如空料线过程中出现风压剧烈波动、顶压大幅冒尖的爆震、管道难行崩料等异常现象，必须及时控制风量至合适水平，确保空料线进程安全。

B 炉顶打水量的调控

原则上以控制顶温处于方案要求的范围为准。空料线期间炉顶温度规定的范围一般是 300~450℃。

(1) 空料线开始逐步加大打水量控制顶温在要求水平，打水量保持圆周方向相对均匀，防止出现圆周方向偏差过大现象。

(2) 空料线过程中要协调好风量、水量与料线之间的对应关系。在顶温受控且相对稳定的情况下，顶温应控制在范围的上限。但同时要保证齿轮箱温度不大于 50℃，煤气总管入口温度不大于 80℃。

(3) 维持炉顶温度四点的均匀稳定，如出现四个顶温严重不均匀，应通过调整圆周方向的打水枪水量进行调控。

C 风温使用

一般风温范围 800~1000℃。原则上初期风温靠上限，后面随着料面的下降，风量逐渐减少风温也要相应逐步降低直至 800℃。

D 煤气主要成分 H_2 和 O_2 的控制和变化规律

降料面开始后，每半小时取煤气样化验一次，分析 N_2、H_2、CO、CO_2 及 O_2 含量，并将成分连成曲线进行分析。

(1) 降料面煤气回收时，煤气成分应符合：$H_2 \leqslant 10\%$，$O_2 \leqslant 1\%$。

(2) 判断实际降料面位置可参考空料线过程中煤气成分的变化：

1) 当 H_2 上升接近 CO_2 值时，预示料面进入炉身下部；

2) 当 $H_2 > CO_2$ 时，预示料面进入炉腰；

3) CO_2 回升，预示料面进入炉腹；

4) N_2 开始上升，预示料面进入风口区。

(3) 空料线过程中炉顶蒸气、氮气全开，空料线中后期要利用风量、打水量的合理控制匹配来降低煤气中的含 H_2 量。

(4) 炉顶煤气成分异常时的应对：当炉顶煤气成分与参考成分差别较大时，要对比分析手动和自动取样结果。如分析结果没有问题，则可能是炉况出现管道行程，要适当控制风量消除管道；如煤气中 H_2 成分异常升高，可能是打水量过大，水在料面产生还原反应，要检查顶温是否过低，必要时进行减风减水操作以保安全。

E　切煤气操作

当料面降至炉腰以后，即可考虑切煤气，炉况及各参数相对稳定应尽可能晚切煤气。一旦出现下列情况之一时，必须果断打开炉顶放散阀，按规程切煤气。

（1）控风仍不能稳定炉况。

（2）有较大爆震。

（3）炉顶压力低于40kPa。

（4）煤气中 H_2 大于10%或 O_2 大于1%时。

F　休风

切煤气后维持低风量操作，料线到达指定位置，即按规程进行休风操作，至此空料线工作结束。

G　降料面期间异常情况的应急处理

（1）炉皮开裂：

1）炉皮开裂处轻微漏煤气，采取外部喷淋管打水冷却，并加强点检跟踪；

2）炉皮开裂处漏煤气较大，应立即减风减压控制事态恶化，必要时紧急休风。

（2）风口破损：

1）如果漏水不大则通过减小水量维持，必要时采取外部打水措施，同时加强对漏水风口状态的监控。

2）如果漏水很大难以控水维持，则必须休风更换风口。

（3）冷却壁破损，立即关进出水支阀，闭死漏水冷却壁，必要时加炉皮外部打水。

（4）炉顶不能打水，必须立即减风，将炉顶蒸汽和氮气开到最大值控制顶温，同时立即处理。如短时间不能恢复打水，顶温控制不住，则应立即休风处理。

（5）炉顶放散阀着火，立即减风同时适当加大打水量灭火；如上述措施无效则通过开关炉顶放散阀处理；如果还没有效果，应果断休风以保安全。

（6）探尺故障，如部分探尺故障，则适当减少可工作探尺的探测频次；如所有探尺均不能探测时，可以根据煤气成分中CO、CO_2 的变化及风口的情况来确定料线位置和休风时机。

9.5.3.3　放残铁

高炉停炉大修时必须出残铁。残铁口选择的原则是既要尽量出净残铁，又要保证出残铁工作安全便利。残铁口方位的选择，原则上选炉缸水温差和炉底温度较高的方向，同时考虑出残铁时铁罐配备便利。一般设一个残铁口。

A 残铁口位置的确定

通过计算并参考往年同类型高炉的经验，结合铁水罐高度及现场勘察综合确定。

a 炉底剩余厚度计算公式

$$X = k \times d \times \lg t_0 / t$$

式中 X——炉底剩余厚度，m；

d——炉缸直径，m；

t_0——炉底侵蚀面上铁水温度，℃；

t——炉底中心温度，℃；

k——温度系数。当 $t<1000$℃，$k=0.0022t+0.2$；当 $t=1000\sim1100$℃，$k=2.5\sim4.0$。

b 炉底侵蚀厚度估算公式（马钢小高炉经验公式）

$$Q = 500 + S \times N$$

式中 Q——炉底侵蚀厚度，mm；

N——实际炉役年限，a；

S——侵蚀系数 45~55mm/a；[Ti] 0.1%~0.15%环境下的经验数。

B 残铁量估算及残铁罐配备

（1）根据测算残铁口的位置，估算残铁量：

$$T = (\pi/4) \times D^2 \times (H + x) \times K \times \gamma$$

式中 T——残铁量；

K——炉缸有效容积系数 0.45~0.60；停炉休风状态下取下限；

D——炉缸直径，m；

H——死铁层高度，m；

x——平均侵蚀深度，m；

γ——铁水密度取 7.0t/m^3。

（2）受残铁口到铁水线铁轨高度的限制，马钢目前采用高度 3.6m 的 80t 敞口铁水罐。按罐容 60t 计算，配备足量的敞口铁水罐。

C 放残铁准备工作

（1）残铁口位置确定。综合考虑炉底侵蚀程度和铁水罐高度等因素，根据图纸确定残铁口位置，确定后进行标记。

（2）提前完成残铁平台及上下扶梯、安全护栏的制作。

（3）提前完成残铁沟外框的制作、架设、残铁沟主沟的耐火砖砌筑和烘干，残铁沟 2~3 段之间以螺栓连接，残铁平台内为主沟，外侧靠铁水罐为沟嘴，残铁沟坡度为 6°~10°。

（4）提前准备好足量的放残铁用高度 3.6m 的 80t 敞口铁水罐。相邻铁水罐口用连接板过渡铁水，连接板内用耐火材料制作，打成田字格，保持干燥。

（5）提前排干高炉残铁口区域炉缸下面和铁道附近的积水，其上方的喷水不能提前关死的要设法引开。同时需要制作临时事故残铁坑。残铁坑周边用 8mm 厚、1500mm 高钢板焊接，外壁用槽钢做龙骨，内壁砌一层耐火砖，残铁坑下铺两层耐火砖，并垫上黄沙。

（6）提前完成放残铁区域黄沙、石子的铺设，引开积水；将压缩空气、氧气、焦炉煤气引至残铁平台。

（7）放残铁当天，安装好现场照明。

D　放残铁操作程序

（1）放残铁小组负责放残铁过程的现场指挥、协调等具体工作，安排好数据记录及信息传递。

（2）降料面过程切煤气后，割开残铁口位置炉皮约 1000mm×600mm，完成残铁主沟与炉皮的对接，完成沟嘴耐火砖的砌筑及整个残铁沟内免烘烤料捣打和黄沙铺设工作。如割开炉皮后，煤气外逸严重，则前述工作应该等到高炉休风后再实施。

（3）高炉降料线休风后，完成残铁主沟和沟嘴的连接，脱开残铁口部位冷却壁进出口水管，用压缩空气吹尽冷却壁内残水，然后清除冷却壁与炉皮间填料，露出冷却壁。

（4）兑好残铁罐后，使用镁碳棒或吹氧管在残铁口位置的冷却壁上烧割开直径约 400mm、深度约 400mm 的孔道。

（5）制作残铁口泥套，炉皮与残铁沟连接处必须用捣料捣实烘干，防止渗漏。

（6）完成残铁口泥套制作并烘干残铁沟后，即可开残铁口。先用残铁开口机钻，钻不动时再用氧气管平烧，深度约 2.5m 后如不见残铁流出，应改向上方斜烧；如仍不见来铁，则适当提高残铁口位置后再烧。

（7）残铁烧来后，出残铁过程要做好如下工作：

1）专人现场协调专用机车的指挥，检查确认连接板和铁罐间的挂钩情况，严防脱落；

2）应有专人取样，并观察残铁罐罐位状况，铁罐装铁约 80%开始换罐，直至残铁放完，残铁口自动结死。

9.5.3.4　凉炉

凉炉是将休风后的热态高炉冷却到可以进行大修施工的作业过程，是高炉停炉的最后一步。凉炉过程中关键是控制打水节奏，确保煤气成分在安全范围。一般采用前期打水凉炉、后期闷水凉炉，通过残铁口、铁口排水的方式进行凉炉。

A 凉炉准备及条件确认

a 安全条件确认

确认符合下列安全要求后，方可进行后续作业：

(1) 炉顶和煤气系统是切断的。

(2) 炉顶放散阀和人孔是打开的。

(3) 炉体周边无动火操作、无闲人。

b 相关作业、设备准备及安装

(1) 要进行连接管封盲板作业。

(2) 放残铁作业结束后，用木塞堵严全部风口小套，大修凉炉应在炉腹下部位置捅开 3~4 个灌浆孔作为溢流孔。

(3) 凉炉排水有毒，必须到废水池进行处理后排放，禁止直排。

B 凉炉操作

中修高炉和大修高炉的凉炉操作有着重要的区别，中修高炉凉炉要防止打水太过，影响炉缸砖衬的使用寿命，绝对不可以闷水凉炉。控制好凉炉过程的适量打水非常重要，宁可打水不足也绝不可过量，打水不足的可以在扒炉过程再临时打水冷却，目的是保护炉缸砖衬的使用寿命。

大修高炉的凉炉，为了加快凉炉进程，可以采取闷水凉炉的方法，下面侧重介绍大修高炉凉炉步骤。

a 打水凉炉

确认具备打水条件后初始投入 1~2 根水枪，维持较小水量约 15min，逐次投入炉顶打水枪。风口四周均出现渗水时，炉顶打水量增加。

b 闷水凉炉

(1) 开始闷水凉炉初期，逐步、均匀加大水量。

(2) 水位控制。可控制在风口上方 4~6m，好处是储水量大、炉缸物料浸泡在水中、冷却强度高，同时水压高、排水快。

C 凉炉排水

a 打开铁口时机

当有水从风口与中套接触面渗出时，表明水位已到风口位置，此时考虑打开铁口排水。开铁口要注意安排好顺序，风口先见水位置的铁口先开。若出现红热渣铁，则马上用铁棒封堵。

b 排水过程中监控

排水过程中，跟踪铁口、残铁口排水状态。

c 加快凉炉措施

放残铁后用铁棒把残铁口堵上，防止红热渣铁流出，后期视残铁口渗水状况，打开残铁口排水，加快凉炉进度。另外可在整个风口平台圆周方向拆松一定数量的木塞与风口的接触面，使更多的热水从这些部位排出，加大凉炉力度。

d　凉炉结束标准

当铁口的排水温度降低到50℃以下，凉炉结束，可以排水，进行后期检修工作。

9.5.3.5　停炉案例：马钢1000m³大修停炉实例

马钢1000m³高炉2016年炉体冷却壁大面积破损，漏水严重，于2016年10月9日15:56到10日6:27历时12.5h打水空料线停炉，空料线停炉过程顺利。

A　停炉料构成

小休风前3天退负荷0.2，并配萤石，适度疏松边缘；小休风前1天加锰矿改善渣铁流动性，(CaF_2)3.5%、[Mn]0.9%，以达到改善炉缸工况和停炉后炉墙干净。装入降料线停炉料前一个周期退全焦负荷至2.80，停用焦丁。停炉料全焦负荷2.50，配萤石和锰矿，(CaF_2)3.5%、[Mn]0.9%、[Si]2.0%，盖面焦50t。

B　小休风期间工作

拆除十字测温杆安装临时打水枪；对炉顶喷水装置进行调试至正常；检查确认水量表、压力表、控制阀门正常。

C　降料面期间风量、风温等参数控制

停炉降料面过程实际参数变化情况见图9-99和图9-100。

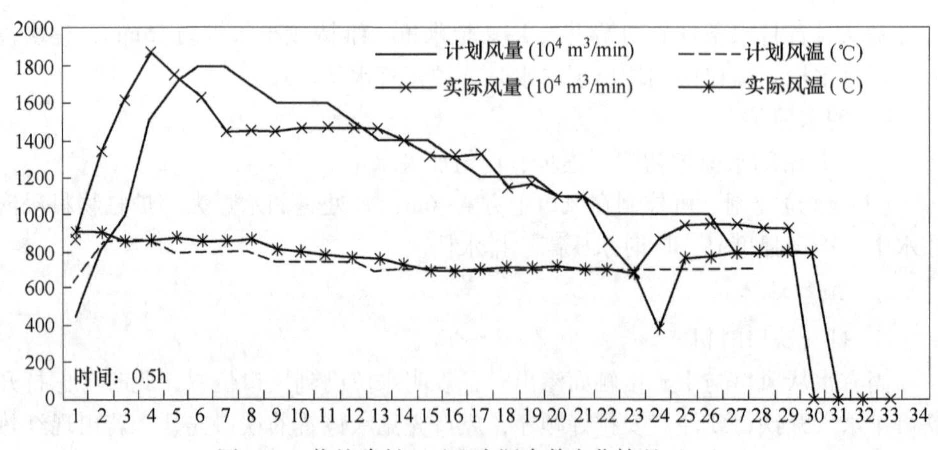

图9-99　停炉降料面过程实际参数变化情况（一）

D　渣铁处理

降料面期间出渣铁4次，头次铁1.5h出，约4.5h安排一次，7h安排一次，10h左右，料线超过16m安排最后一次。

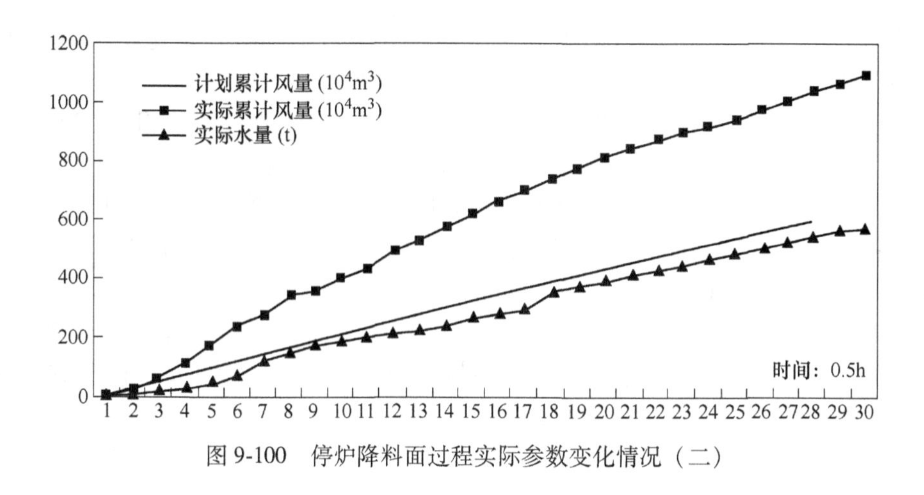

图 9-100　停炉降料面过程实际参数变化情况（二）

E　切煤气

料面降至 18.2m 切煤气。实绩见表 9-86（风口中心线深度 19.2m）。

表 9-86　1000m³ 3 号高炉切煤气实绩

项目	料线/m	用时/h	累计风量/万立方米	风量/$m^3 \cdot min^{-1}$	煤气中 H_2/%
2016 年	18.2	12	92.8	870	5.2

9.5.4　封炉及其开炉技术

封炉是长时间满炉料的休风，休风时间长到炉内渣、铁可能冷凝。休风期间，为防止空气进入炉内，炉体要采取严格的密封措施，故称为封炉。

封炉是有计划地停止高炉冶炼进程的工作，封炉操作的正确与否直接关系到后面能否顺利开炉恢复生产。因此，封炉是一项十分重要的高炉技术工作。

9.5.4.1　封炉操作

A　制定详细合理的封炉方案

封炉方案的一个重点是确定合适的封炉焦比，然后据此进行封炉料的计算和料段安排。确定封炉焦比应综合考虑如下几个因素：

（1）封炉时间的长短。随着封炉时间的延长，炉内热量耗散越多，炉内渣、铁冷凝程度越严重。因此封炉时间越长，总焦比越高。表 9-87 为 1000m³ 高炉经验参考值。

表 9-87　马钢 1000m³ 高炉封炉时间与封炉焦比的参考值

封炉时间/d	<10	10~30	30~100	>100
封炉焦比/$t \cdot t^{-1}$	0.8~1.2	1.2~1.7	1.7~2.5	2.5~3.5

（2）炉容大小。炉容小散热快，因此相同条件下要求的焦比就相对高些。一般 $1000m^3$ 高炉比 $1500m^3$ 以上的高炉要高约 10%。

（3）封炉料质量状况。若高炉使用还原性差、强度低、易粉化的原料和灰分高、强度差的焦炭，生矿比例较大等，封炉焦比应该选高些。

（4）炉体破损状况。冷却设备和炉壳破损严重的高炉，一般不可以长期封炉。特殊情况非封炉不可的，必须彻底查漏，并且关闭漏水冷却壁进水，焊补炉壳漏风点。为防不测，封炉焦比要高 5%～10%。

对于是否选择封炉要慎重。若确知封炉时间过长，原则上应选择停炉扒炉后开炉的方案。这样总体损失降低，同时还可以利用停炉期间安排高炉检修项目等。

B　封炉前的准备和要求

（1）封炉前应该尽量维持炉况顺行，避免产生崩料或挂料。

（2）准备好符合质量要求的封炉料，原燃料的质量要求和开炉相同。

（3）彻底对炉壳和冷却设备进行查漏，发现漏水的风口各套要在封炉前更换，漏水冷却壁要关闭其进水，发现开裂的炉壳要在封炉前安排焊补。

（4）要加强设备的点检和巡查，发现可能导致设备休风的设备隐患应及时处理。

（5）封炉前的出铁要求和停炉前类似，要求封炉前一个班全焦冶炼，铁水温度相对高些，适当提高铁口开口角度等。

C　封炉料的料段安排和计算

（1）封炉料的料段安排。本质上与开炉料相似，原则上带矿石的炉料要放到软熔带之上，即：

1）炉腹装净焦；

2）炉腰装空焦；

3）炉身中下部装空焦和正常料的组合料；

4）炉身上部装轻负荷正常料。

（2）封炉料的计算和开炉料计算相似。要适当配入锰矿等熔剂，炉渣碱度按 0.95～1.0 考虑，旨在改善渣、铁流动性。

D　封炉操作

（1）封炉料装入过程应强化炉况的把握和调控，适当控制冶炼强度，杜绝崩料和挂料。

（2）维持充足的炉温，控制［Si］0.6%～1.0%。

（3）加强设备的点检和巡查，避免发生导致休风或者大幅度减风的设备事故。

（4）当封炉料下达炉腹中下部，出最后一炉铁，铁口角度适当加大，出铁后适当空喷再堵。

（5）封炉休风：按长期休风程序执行。休风后应做好以下工作：

1）料面装约 500mm 水渣封盖，以防料面焦炭燃烧损失。

2）严格做好密封，做到不漏水不漏风。具体要做好以下几个细节：

①卸下直吹管，堵严各风口，外部砌砖并用灰浆封严。有渣口的也要封严。

②炉壳有裂缝的要焊补好。

③更换损坏的和炉内有联系的冷却和蒸汽系统的设施，不能更换的要闭死，保证不向炉内漏水、漏气。

3）封炉期间减少冷却水量。

4）封炉一天后，为减少抽力，应关闭一个炉顶放散阀，其下方的人孔维持常开。

E　封炉期间加强巡查密封情况

（1）炉顶封水渣后，火焰逐渐减小，三天后应基本熄灭。如果火焰仍比较旺，表明炉体密封不严，应进一步采取密封措施。

（2）封炉期间继续检查炉体各处有无漏水迹象及通水冷却器的出水情况，注意软水系统的补水情况，发现异常的应立即处理。

（3）巡查炉体各部位（重点是风口、铁口及渣口的密封情况）有无漏风，发现漏风及时封严。

9.5.4.2　封炉后的开炉

封炉时间越长开炉难度越大。由于炉内残余渣、铁冷凝，造成开炉比较困难，所以封炉后的开炉要设计好开炉方案，做好各项准备工作。

A　开炉前的准备

热风炉提前烧炉，确保开炉送风温度达 800℃以上，其他设备调试和检查确认同中修开炉类似。

B　开炉操作

a　确定合适位置和数量的送风风口

由于炉缸透液性比较差，应偏开风口，集中在铁口两侧，风口数量宜少不宜多，封炉时间越长开风口数越少，一般以 2~4 个为宜。

b　送风参数的选择

开炉初期风量使用要结合开的风口数和炉缸能够容纳冷渣、铁数量进行综合考虑，不宜盲目加风，除非铁口能够畅通排出渣、铁。初期炉缸缺少热量，因此应尽可能使用高风温。

c　渣铁口工作

（1）有渣口的高炉应该考虑取出渣口中小套改做临时铁口，当然开风口也依此有所调整。

(2) 没有渣口的高炉应在送风前烧开铁口见到红焦炭，埋入氧枪。送风时稍微提前开氧枪，以加热铁口区域的炉缸，方便出渣、铁。

d　异常情况的应对处理

(1) 如果铁口一直出不来铁，所开风口有烧坏漏水且漏水大的，应及时安排休风更换风口，同时考虑改换渣口或风口做临时出铁口。

(2) 堵塞的风口被吹开的，若不是紧挨所开风口的，要外部打水。在铁口畅通的情况下应尽快出铁后休风重堵；铁口不畅通时能烧通铁口最好，否则应尽快休风重堵。

(3) 风口漏水的，应适度减少进水，外部打水强制冷却，待出铁后休风更换。

e　铁口畅通后的炉况恢复

(1) 风量的恢复。确认铁口畅通后，应逐步加风到与所开风口数相匹配的风量水平，等捅开新风口后，观察出铁情况，如果渣、铁物理热充足，流动性好，再逐步加风到与风口对应的风量水平。

(2) 捅风口节奏的把握。风量加至风口对应的风量水平后，观察出铁情况，如果渣、铁物理热充足，流动性好，应紧挨所开风口依次增开新风口。前期由于炉缸热量充足区域小，捅风口节奏应逐个进行，后期随着炉缸热量充足区域扩大，可以一次开 2 个风口。总之，加风和捅风口前提是渣、铁物理热充足，流动性好，具备条件方可捅风口并相应加风，以此类推。

(3) 当风口数开到一半时，如果炉缸热量充足、渣铁流动好，应逐渐加负荷。

(4) 随着风量增加和炉温水平的降低，风温逐渐增加到正常水平。

9.6　高炉长寿技术与维护

高炉长寿是一项系统工程技术。高炉一代炉役寿命主要取决于炉缸寿命，高炉生产中只要炉缸无险情就可以继续生产，炉缸以上“干区”无论出现冷却壁烧坏或炉皮开裂等问题，都可以通过短期抢修来维持生产。炉缸出现问题则不行，一旦温度超限，采取措施不见效，就必须停炉大修，否则有烧穿的危险。近年来我国高炉炉缸寿命得到大幅度提高，出现一批 10～19 年的长寿高炉，都是以炉缸寿命作为评价标准。

世界最长寿：巴西图巴朗 1 号高炉 28.4 年（无中修，产铁 21272t/(m^3 · 代)）。

中国最长寿大高炉：宝钢 3 号高炉 19.0 年（产铁量 15700t/(m^3 · 代)）。

国外部分长寿高炉平均寿命 16.5 年（平均产铁量 11039t/(m^3 · 代)）。

国内部分长寿高炉平均寿命 13.93 年（平均产铁量 10957t/(m^3 · 代)）[1]。

在众多达不到设计寿命的高炉中，多数高炉事先发现了炭砖温度、水温差等异常现象，及时采取应急措施或提前大修，也有部分高炉因没有检测到前期征兆而酿成炉缸烧穿恶性事故的。发生炉缸烧穿的位置多在铁口区域。近年来发生烧穿的高炉 $1000m^3$以上较多，趋向大型化，少数小高炉开炉 1~4 个月就出现烧穿，而 $1000\sim2000m^3$高炉在开炉 2~4 年内烧穿较多，烧穿的高炉其冶炼强度明显偏高，开炉达产速度普遍过快，入炉有害元素超标的高炉烧穿几率更高。

合理地设计高炉内型，能够促进高炉生产稳定顺行，提高生产效率，降低能量消耗，改善生产指标，并有利于延长高炉寿命。科学合理的设计和优良的建造施工质量是实现高炉长寿的基础条件，生产实践中合理的高炉生产操作与日常维护对实现高炉长寿具有积极作用，同时也是弥补设计和建造不足而达到高炉长寿目标的关键。

合理解决高炉长寿与强化冶炼之间的矛盾是高炉炼铁工作者的重要课题。既不能为追求高产强化冶炼而不计代价牺牲高炉寿命，也不能为了追求高炉长寿刻意降低高炉生产效率。

马钢高炉在实现强化冶炼的同时，对高炉长寿也做了有益的探索，追求高效长寿，通过炉型设计及气流调剂，结合检修过程中的维修恢复冷却功能，实现了炉身中上部长寿；依靠强化冷却实现炉身炉腹炉腰长寿；依托有效冷却，适时护炉，实现炉缸长寿。在此基础上，逐渐形成了具有马钢特点的高炉生产操作与长寿维护系统工程技术。

9.6.1 高炉炉型

合理的高炉内型应与所使用的原燃料条件及冶炼铁种的特性相适应。不同高炉内型，在冶炼过程中呈现不同的特点，对高炉稳定顺行以及高炉长寿具有重要影响。高炉内型由炉缸（死铁层）、炉腹、炉腰、炉身、炉喉五部分组成，其内部几何形状构成高炉炉型。合理的炉型有利于高炉内的固体炉料、液态渣铁和煤气流相互运动过程的顺行，实现动量传输、质量传输、热量传输和物理化学反应的顺利进行，提高能量利用效率，同时减缓对高炉各部位的侵蚀，达到高炉高效、低耗、长寿的目标。

9.6.1.1 高炉内型对高炉冶炼过程的影响

（1）影响下降炉料与上升煤气的相向运动。合理的高炉内型，有利于炉料的顺利下降和煤气流的上升，具有合理的料柱压差和良好的透气性，有利于高炉稳定顺行。长寿是以高炉生产稳定顺行为基础，控制合理的操作炉型是实现高炉生产稳定顺行、达到长寿目标的关键所在。料柱压差升高、透气性变差，易引起悬料、崩料、炉墙结厚、管道、边缘气流过分发展等问题的发生，破坏高炉炉况顺行，进而影响炉缸工作，造成对整个高炉冶炼进程的严重影响。

（2）高炉设计内型是高炉操作炉型的基础。在高炉一代炉役中，高炉内型是逐渐变化的，径向尺寸随着内衬侵蚀的加大，炉缸、炉腹、炉腰乃至炉身下部直径变大，特别是采用厚壁的高炉，在砖衬侵蚀消失以后，炉腰直径约扩大800~1200mm，炉缸直径随着炉缸侧壁内衬的侵蚀也有明显扩大，由于炉缸内衬侵蚀情况不同，炉缸直径扩大的程度也不尽一致。炉腹至炉身下部区域内衬侵蚀、炉腰直径扩大、炉腹角和炉身角变小。采用炉喉钢砖，炉喉直径基本保持不变。在高度方向上，高炉有效高度并未发生变化。高炉内型的变化是由高炉冶炼进程和高炉内衬及冷却器的侵蚀破损引起的，反过来这种变化又对高炉冶炼进程产生影响。

（3）高炉炉缸是高炉冶炼进程的起始和终结。高炉产量和效率取决于炉缸风口回旋区的燃烧能力，在风口燃烧能力固定的条件下，则取决于高炉燃料比。高炉风口的燃烧能力取决于炉缸直径和炉缸截面积。炉缸直径越大，炉缸截面积越大，风口数量就越多，因此高炉燃烧能力就越大，这是高炉内型设计中以炉缸直径为基本参数的原因所在。高炉生产实践证实，保证炉缸风口回旋区的稳定工作是高炉生产稳定顺行的基础。

（4）高炉各部位内型参数之间关系的合理性对高炉冶炼的影响不容忽视。在设计中评价高炉内型合理与否，不仅要对比内型参数，还要注重各参数之间的关系。高炉高径比、有效容积与炉缸截面积比、炉缸容积与有效容积比、工作容积与有效容积比、炉腰截面积与炉缸截面积比、炉喉截面积与炉腰截面积比等参数对于评价高炉内型的合理性具有重要意义。

9.6.1.2　马钢高炉炉型演变

高炉炉型作为高炉冶炼过程的边界条件和初始条件，对高炉冶炼进程具有重要意义，控制合理的操作炉型是保证高炉稳定顺行的重要环节，更是实现高炉长寿的关键所在，减缓对高炉各部位的侵蚀，达到高炉高效、低耗、长寿的目标。

A　马钢高炉炉型演变

马钢高炉历史久远，1953年9月76m³ 2号小高炉点火投产后，高炉炉容不断扩大，马钢高炉渐进式发展起来。255m³ 到 300m³、400m³、500m³、1000m³、2500m³、3200m³、4000m³ 高炉相继投产。发展到现在有1座1000m³高炉、2座2500m³高炉、1座3200m³高炉和2座4000m³高炉。

B　高炉内型参数

高炉内型见图9-101。

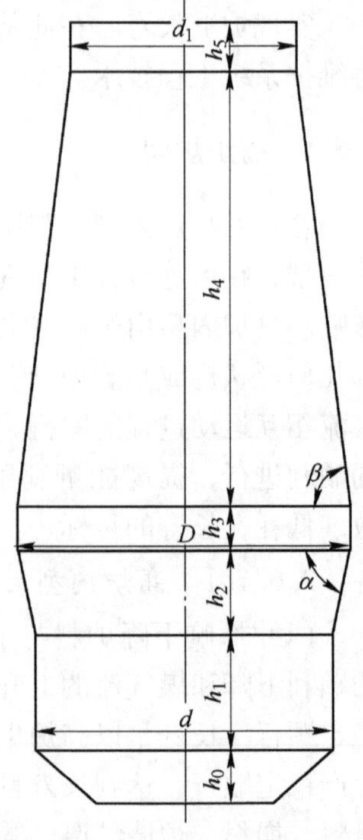

图9-101　高炉内型

$1000m^3$高炉炉型参数见表9-88。

表9-88 $1000m^3$高炉内型尺寸

有效容积 $/m^3$	炉缸直径 d/mm	炉腰直径 D/mm	炉喉直径 d_1/mm	炉缸高度 h_1/mm	炉腹高度 h_2/mm	炉腰高度 h_3/mm	炉身高度 h_4/mm
1000	7400	8940	5600	3300	3100	1600	12200
炉喉高度 h_5/mm	高径比 H_u/D	有效高度 H_u/mm	死铁层高度 h_0/mm	炉腹角 α/(°)	炉身角 β/(°)	风口数量	铁口数量
1800	2.46	22000	1600	76.05	82.21	18	2

$2500m^3$高炉炉型参数见表9-89。

表9-89 $2500m^3$高炉设计内型

序号	项 目	1号高炉2500（第一代炉役）	1号高炉2500（第二代炉役）	2号高炉2500（第一代炉役）	2号高炉2500（第二代炉役）
1	公称容积$/m^3$	2500	2500	2500	2500
2	炉缸直径 d/mm	11000	11100	11100	11300
3	炉腰直径 D/mm	12000	12000	12200	13000
4	炉喉直径 d_1/mm	8300	8300	8300	8300
5	炉缸高度 h_1/mm	4300	4300	4500	4500
6	炉腹高度 h_2/mm	3400	3400	3400	3400
7	炉腰高度 h_3/mm	1700	1700	1800	1800
8	炉身高度 h_4/mm	18000	18000	17700	17700
9	炉喉高度 h_5/mm	2000	2000	2000	2000
10	有效高度 H_u/mm	29400	29400	29400	29400
11	风口高度 h_f/mm	3800	3800	4000	4000
12	死铁层高度 h_0/mm	1600	2400	2300	2400
13	炉腹角 α/(°)（冷却壁热面）	82.4667	82.4614（81.5）	80.8120（75.6255）	75.9645（79.7347）
14	炉身角 β/(°)	84.1333	84.1327	83.7140	82.4380
15	铁口数量/个	3	3	3	3
16	风口数量/个	30	30	30	30
17	炉缸面积$/m^2$	95.0	96.8	96.8	100.3
18	高径比 H_u/D	2.45	2.45	2.41	2.26
19	炉腰与炉缸比 D/d	1.08	1.08	1.1	1.15
20	炉喉与炉腰比 d_1/D	0.692	0.692	0.680	0.638
21	有效容积/炉缸截面积（V_u/A）/%	26.31	26.31	26.82	27.88

3200m³高炉炉型参数见表 9-90。

表 9-90 3200m³高炉内型尺寸

有效容积 /m³	炉缸直径 d/mm	炉腰直径 D/mm	炉喉直径 d_1/mm	炉缸高度 h_1/mm	炉腹高度 h_2/mm	炉腰高度 h_3/mm	炉身高度 h_4/mm
3200	12400	13900	9000	5000	3500	2000	17900
炉喉高度 h_5/mm	高径比 H_u/D	有效高度 H_u/mm	死铁层高度 h_0/mm	炉腹角 α/(°)	炉身角 β/(°)	风口数量	铁口数量
2400	2.216	30800	2500	77.905	82.206	32	4

4000m³高炉炉型参数见表 9-91。

表 9-91 4000m³高炉内型尺寸

有效容积 /m³	炉缸直径 d/mm	炉腰直径 D/mm	炉喉直径 d_1/mm	炉缸高度 h_1/mm	炉腹高度 h_2/mm	炉腰高度 h_3/mm	炉身高度 h_4/mm
4000	13500	14660	10100	5100	3900	2200	18000
炉喉高度 h_5/mm	高径比 H_u/D	有效高度 H_u/mm	死铁层高度 h_0/mm	炉腹角 α/(°)	炉身角 β/(°)	风口数量	铁口数量
2000	2.128	31200	3100	78.377	82.077	36	4

9.6.1.3 马钢高炉炉型参数变化特点

A 高径比减小（矮胖型）

马钢第一座2500m³高炉 1 号高炉第一代炉役于 1994 年 4 月投产，高径比 2.45。2500m³ 2 号高炉投产于 2003 年 10 月，在 2 号高炉设计时，炉腰直径增加了 200mm，炉身高度减小了 300mm，使得炉身、炉腹角减小，高径比减小至 2.41。4 号 3200m³ 高炉的高径比缩小到 2.216；4000m³高炉高径比达到 2.13，炉型进一步向矮胖型发展。生产实践证明：矮胖型高炉与瘦长型高炉相比，同等原燃料条件下，在强化冶炼、改善高炉透气性、稳定顺行等方面有一定优势。

在高炉大型化的进程中，矮胖型呈现主流发展趋势，与高炉综合技术进步相辅相成，顺应了高炉强化冶炼的要求。随着精料水平不断改善，大型风机的使用，无钟炉顶的出现，为矮胖型高炉强化冶炼创造了有利条件。

高炉冶炼过程中，在煤气上升、炉料下降过程中，由于煤气与炉料水当量的较大差异，形成了上下部热交换的激烈区，而中部煤气与炉料温度接近而出现热交换缓慢的空区，如图 9-102 所示，因为有空区存在，为适当降低炉体高度，使炉型向矮胖型发展提供可能[2]。

高炉高径比缩小，对高炉煤气利用率影响不大。马钢 4 号高炉的高径比比马钢 2 号高炉第一代和 1 号高炉第二代都小，但煤气利用率反而更高，高炉容积增大后，高径比缩小，煤气利用率没有明显降低。马钢在新建高炉中，高径比逐步缩小，不仅改善了高炉透气性，为高炉顺行创造了条件；而且在强化冶炼过程中，有效降低了煤气流速，减缓了煤气对炉体冲刷侵蚀，有利于高炉长寿。

B 厚壁向薄壁转型（设计内型接近操作炉型）

随着高炉冷却技术、耐火材料技术的进步，高效冷却器和新型优质耐火材料的应用，高炉炉体依靠加厚炉衬维持长寿的传统观念被逐步摒弃。减薄炉体砖衬、构建高效冷却的薄壁高炉，已成为现代高炉炉体结构发展主流。

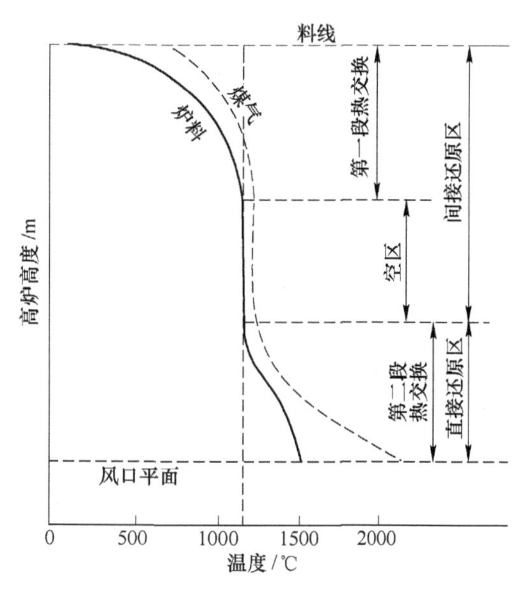

图 9-102 高炉冶炼过程中热交换过程

2014 年 4 号高炉（$3200m^3$）采用联合软水密闭循环系统结合铜冷却壁强化冷却的薄壁炉衬设计，2016 年 10 月 3 号高炉大修采用全铸铁冷却壁薄壁炉衬，马钢高炉已全部完成由厚壁炉衬向薄壁炉衬的转变。

厚壁向薄壁炉型转变，不仅仅是减少砖衬投资，而且对保持高炉长期稳定顺行和炉体长寿均有重要意义。厚壁高炉在随着炉衬侵蚀破坏的过程中，容易引起炉况的波动，造成指标下降。

马钢 3 号高炉也有类似情况，开炉初期炉况稳定顺行，经济技术指标好，但经过近一年的高效生产后炉况难以驾驭，炉况的稳定一直很难保持，这与炉内砌砖开始脱落造成炉型变化密不可分。在处理炉况过程中降料面检查，发现原有的砌砖在炉身中部以下基本消失，只留有冷却壁内镶砖，之后通过高炉操作制度和冷却壁维护技术改进，高炉技术指标虽然得以改善，但仍达不到过开炉初期的指标。2017 年 1 月大修通过炉型优化，开炉后很快实现了上一代炉役初期指标，再一次证明设计内型与操作炉型的重要性；同时也说明设计内型与操作炉型越接近越有利于快速形成合理的操作炉型，达到高炉长周期稳定顺行。

薄壁高炉炉型接近高炉操作炉型，可以避免厚壁高炉开炉初期炉型转换过程中对高炉顺行的影响，由于高炉毕竟是个黑箱，最佳操作时期的操作炉型无法直接测量，致使炼铁界对合理操作炉型的看法不一致，有的薄壁高炉生产后并没有达到预期的效果，加上对薄壁的绝对化，存在违反操作炉型形成规律的现象，因此出现了一些影响高炉寿命的问题。

C　炉缸容积扩大

炉缸是高炉最重要的部位，炉缸工作状况不仅决定高炉稳定顺行，而且决定高炉寿命。炉缸是液态渣铁生成和储存区，同时也是直接还原、渗碳、脱硫、硅氧化以及渣铁界面间耦合反应发生区。炉缸剧烈高温反应以及渣铁流动和排放对高炉炉缸内衬冲刷侵蚀破坏非常严重，往往一代高炉寿命起决定因素的就是高炉炉缸寿命。炉缸死料柱的大小及坐落炉底的位置高度极大影响到渣铁在炉缸的流动状态进而影响到炉缸的侵蚀，除了原燃料的质量外，炉缸设计死铁层厚度也是关键。

炉缸直径是高炉炉型设计中的关键参数，高炉内型的其他参数都直接或间接与炉缸直径相关联。在高炉炉缸保证一定冷却强度的前提下，炉缸内衬侵蚀主要是因为渣铁环流冲刷导致的，而炉缸渣铁环流冲刷剪切力与高炉炉缸的工况、透气透液性以及渣铁通量或流动速度密切相关。因此，增加炉缸直径以及增加炉缸容积，增大炉缸渣铁的存储空间，对炉缸长寿有利，同时设计中应考虑渣铁环流对高炉炉缸的影响，确定高炉炉缸直径既要考虑炉容的大小，又要兼顾高炉基本操作制度。大型高炉生产实践证明：风口回旋区的截面积占整个高炉炉缸截面积50%左右时，高炉透气性最佳，稳定顺行状况最优[3]。

马钢高炉随着扩容改造，炉缸直径增大，炉缸高度增加，炉缸容积相应增大，对改善高炉炉缸透气透液性有良好作用，为高炉稳定顺行创造了条件。

D　死铁层加深

马钢随着炉容扩大，死铁层呈加深的趋势，其目的就是为了适应炉缸直径扩大而减缓炉缸侧壁侵蚀。

9.6.1.4　炉型各部位的设计优化

A　高炉有效容积

高炉有效容积是高炉设计的核心参数，马钢综合考虑了原燃料条件、操作条件、工艺技术装备水平、钢铁厂的钢铁平衡、能量平衡等诸多方面的因素，马钢高炉有效容积利用系数设定为2.2~3.0t/(m^3·d)，年作业天数设定为360天，高炉作业率设定在98%以上，就是考虑到高炉功能检修和非计划休风。

B　有效高度

高炉有效高度是高炉内型的重要参数之一。有效高度是铁口中心线平面至零料线的垂直高度，高炉冶炼过程物理化学反应和冶金传输过程均在这个有限的高度内完成，高炉有效高度决定了高炉料柱高度和工作高度，因此对高炉冶炼进程影响重大。特别是煤气在料柱中的阻力损失、煤气化学能和热能的利用，都与有效高度密切相关。决定有效高度的另一个主要因素是高炉的原燃料条件，特别是焦炭的强度。马钢高炉逐步降低有效高度，炉型趋向矮胖化。

C 高径比

高径比是高炉有效高度与炉腰直径的比值，是高炉炉型重要参数，与高炉炉容密切相关。合理的高径比有利于高炉稳定顺行，有利于高炉强化冶炼，同时又与高炉料柱透气性以及煤气利用率直接相关。高径比缩小是高炉大型化的一个明显特征。马钢高炉的高径比由2.5逐步降低至2.1。

D 炉缸直径

确定合理的炉缸直径应考虑以下要素：

（1）遵循高炉冶炼规律，有利于炉缸风口回旋区在高炉周围方向和半径方向的均匀分布，为高炉顺行创造先决条件。

（2）炉缸直径应与合理的鼓风动能相适应。合理的鼓风动能，将使煤气在整个炉缸圆周断面的分布更加均匀合理，炉缸工作更加活跃。

（3）炉缸直径应与风口数量相匹配。炉缸直径扩大以后，风口数量增加，为改善炉缸工作状态创造了有利条件，但同时要关注风口数增加会降低动能。

（4）炉缸直径应与风机能力相匹配。炉缸直径必须与适宜的鼓风动能相适应，也就是与鼓风机的风量、压力等参数相适应。

（5）炉缸直径应与渣铁流动与排放特性相适应。

E 炉腰直径

炉腰是高炉径向尺寸最大的部位，软熔带处于此区域。炉腰在高炉中具有承上启下的作用，高炉内的“干区”和“湿区”就是由炉腰和炉身下部的软熔带区分。

F 炉腹角

高炉大型化，炉腹煤气量增加，需要更大的扩张减速空间，因此，炉腹角随炉容扩大，呈现减小趋势。而炉腹角过小，影响炉料下降，甚至引起悬料，不利于高炉顺行。通过适当提高炉腹高度，可以控制合理炉腹角。

G 炉身角

选择合理炉身角，对维护合理操作炉型和控制均匀稳定的边缘煤气流分布至关重要。边缘适宜煤气流控制原则就是使高炉内部温度场和外部强化冷却相对平衡，达到稳定炉墙热负荷，就可以减缓炉墙侵蚀，保持稳定的操作炉型。

9.6.2 高炉冷却配置

选择合适的冷却设备及合理的配置以保证各部位拥有合适的冷却强度，保持合理的高炉操作炉型，有利于高炉的强化冶炼和稳定顺行操作，同时可减缓侵蚀，延长高炉寿命。随着高炉冶炼强度的提高，炉衬的热负荷不断增加，各种因素对炉衬的破坏逐渐强烈，所以高炉的冷却问题越来越突出，明确高炉各部分的冷却目的，选用合理的冷却制度和设备，就会延长炉衬的寿命，充分发挥高炉的生产能力。

马钢高炉冷却配置也是结合冷却设备技术的进步，根据实践中出现的问题不断优化设计，提升冷却效果，最大限度依靠冷却延长高炉寿命。

9.6.2.1　冷却结构及装备

马钢高炉炉体冷却结构除1号高炉第一代炉役存在无冷区设计，其他高炉主要有冷却板、冷却壁及板壁结合形式。

A　1000m^{3}高炉冷却结构及设备

a　本体冷却设备

高炉共设置16层冷却壁，其中1~4层为单层水冷铸铁光面冷却壁，材质为HT200；5段风口段双层水冷光面铸铁冷却壁，材质为QT400-20A；6~9层为双层水冷铸钢镶砖冷却壁，材质为QT400-20A；10~12层为双层水冷铸铁镶砖冷却壁，材质为QT400-20A；13~15层为单层水冷铸铁半覆盖冷却壁，材质为QT400-20A；16层为单层水冷倒扣光面冷却壁，材质为QT400-20A。炉体及风口各套采用开炉工业净环水冷却系统。大修保留原炉壳及开孔不变，更换全部冷却壁及炉喉钢砖，各区域冷却设备主要特征见表9-92。

表9-92　1000m^{3}高炉炉体全冷却壁结构主要特征

序号	部位	冷却壁结构	水管形式	砖衬材质	砖衬厚度/mm	备注
1	1~4段	光面铸铁冷却壁 HT200	双层水冷，ϕ50mm×5mm	—	—	密封罩安装
2	5段	光面铸铁冷却壁 QT400-20A	单层水冷，ϕ60mm×6mm	—	—	波纹管安装
3	6~9	镶砖铸铁冷却壁 QT400-20A	双层水冷，ϕ50mm×5mm	Si_3N_4+SiC砖	150	波纹管安装
4	10~12	镶砖铸铁冷却壁 QT400-20A	双层水冷，ϕ50mm×5mm	Si_3N_4+SiC砖	150	波纹管安装
5	13~15	镶砖铸铁冷却壁 QT400-20A	单层水冷，ϕ60mm×6mm	Si_3N_4+SiC砖	150	密封罩安装
6	16	倒扣光面铸铁冷却壁 QT400-20A	单层水冷，ϕ50mm×5mm	冷面自流浇注料	—	密封罩安装
7	炉喉钢砖	无水冷条形钢砖 ZG270-500	无	冷面自流浇注料	—	—

炉底水冷管采用管径ϕ76mm×10mm冷拔无缝钢管，共32根，管间距250mm，平行排列布置在炉底封板之上。风口冷却设备采用单进单出风口小套，风口小套端头通道水速大于18m/s。炉喉钢砖内径由原ϕ5800mm改造为ϕ5600mm。形式为无水冷条形钢砖，材质为ZG270-500。

b 冷却水系统

$1000m^3$高炉采用工业水循环冷却。净环水泵房主要提供两种压力等级的合格工业净水，一种是1.2MPa高压水；另一种是0.5MPa的常压水，分别供给高炉冷却壁、热风炉、TRT、高炉鼓风机站、炉顶设备、中小套、炉前开口机、上料转运站、除尘风机等。各用户的回水自流到泵房热水池，经泵房热水泵组提升到冷却塔进行冷却，冷却后的水经过水质处理后，再由高压泵组和常压泵组送至高压和常压水用户，循环使用。其中系统净环水水量$5557m^3/h$，系统设计补水量$197m^3/h$，系统循环率96.57%。

高压水系统包括风口小套给水冷却、无料钟给水冷却、炉顶十字测温冷却、炉顶喷水给水、炉顶气密箱冷却、炉顶胶带机头部喷水、红外摄像仪冷却水、炉前开口机。供水由高炉循环水泵站内的多级泵组供给，回水自流至净环水系统热水池。

常压水系统包括炉底的给水冷却、各段冷却壁的给水冷却、热风炉、TRT、鼓风机站、上料转运站、除尘风机、炉役期备用水等。供水压力为0.50MPa。由高炉循环水泵站内的常压泵组供给，回水自流至净环水系统热水池。

高压水断水，确认泵房第三路备用电源重新启泵供水（可保高压100%水量）。常压水断水，泵房第三路备用电源重新启动一台泵供水（可保常压水60%水量）；全断电，$10000m^3$高位水池事故水，维持对冷却壁30min的供水，可进行各项应急操作（如休风、出铁）。

B $2500m^3$级高炉冷却系统结构及设备

a 本体冷却设备

$2500m^3$高炉炉体冷却壁结构主要特征，见表9-93。

表9-93 $2500m^3$高炉炉体冷却壁结构主要特征

序号	部位	冷却壁结构	水管形式	砖衬材质	砖衬厚度/mm	备注
1	0段		ϕ76mm×10mm 间距250mm2根串联			炉底水管
2	1~4段	光面灰铁冷却壁 HT200	单层水冷， ϕ76mm×6mm	—	—	炉底炉缸4块异型 冷却壁组成铁口
3	5段	球墨铸铁冷却壁 QT400-20A	单层水冷， ϕ76mm×6mm	—	—	风口带
4	6~10	椭圆孔铜质冷却壁 （四通道竖向水道）	水道当量直径 ϕ64mm	Si_3N_4+SiC砖	100	炉腹、炉腰和 炉身下部
5	11~13	镶砖铸铁冷却壁 QT400-20A	热面4进4出直管 ϕ76mm×6.0mm， 冷面单进单出蛇形管 ϕ45mm×5mm	Si_3N_4+SiC砖	100	炉身中部 壁体厚200mm， 燕尾槽 深度60mm

续表 9-93

序号	部位	冷却壁结构	水管形式	砖衬材质	砖衬厚度/mm	备注
6	14~18	镶砖铸铁冷却壁 QT400-20A	单层水冷，4 进 4 出直管 ϕ76mm×6mm	浸磷黏土	100	炉身上部壁体厚 160mm，燕尾槽深度 60mm
7	16	倒扣光面铸铁冷却壁 QT400-20A	单层水冷，ϕ50mm×5mm	冷面自流浇注料	—	密封罩安装
8	炉喉钢砖	无水冷条形钢砖 ZG270-500	无	冷面自流浇注料	—	—

b　冷却水系统

2500m³高炉两路供水，经循环泵房送至高炉。高炉冷却后的水排入循环泵房，经过冷却再送至高炉。高炉炉体冷却系统给水有两种：一种是压力为 P= 1.6MPa 的高压水系统，另一种是压力为 P=0.60MPa 的常压水系统。

高压水系统包括风口小套给水冷却、无料钟给水冷却、炉顶十字测温冷却、炉顶喷水给水、炉顶气密箱冷却、炉顶液压站用水、红外摄像仪冷却水。供水由高炉循环水泵站内的多级泵组供给，回水自流至净环水系统热水池。

常压水系统包括炉底的给水冷却、各段冷却壁的给水冷却、铜冷却壁的给水冷却、风口中套及直吹管的给水冷却、炉前用水、炉役期备用水。供水压力为 0.60MPa。由高炉循环水泵站内的泵组供给，回水自流至净环水系统热水池。

高压水断水，确认泵房第三路备用电源重新启泵供水（可保高压 100%水量）。常压水断水，10000m³高位水池事故水和泵房第三路备用电源重新启动一台泵供水（可保常压水 60%水量），维持对冷却壁 30min 的供水，可进行各项应急操作（如休风、出铁）。

C　3200m³高炉高炉冷却系统结构及设备

a　本体冷却设备

3200m³高炉炉体的冷却选择全冷却壁结构形式，采用最新的砖壁合一技术，高热负荷区域采用铜冷却壁，冷却壁不设凸台。炉底至炉喉共设置 15 段冷却壁，按照炉内纵向各区域不同的工作条件和热负荷的大小，采用不同结构形式和不同材质的冷却壁，各区域冷却设备及结构见表 9-94。

表 9-94　3200m³高炉炉体全冷却壁结构主要特征

序号	部位	冷却壁结构	水管形式	砖衬材质	砖衬厚度/mm	备　注
1	1~3 段	光面灰口铸铁冷却壁 HT200	单层水冷，ϕ80mm×6mm	—	—	炉底炉缸铁口区水管 7 进 7 出；铁口两侧水管 3 进 3 出；其余水管均为 4 进 4 出

续表 9-94

序号	部位	冷却壁结构	水管形式	砖衬材质	砖衬厚度/mm	备注
2	4段	光面球墨铸铁冷却壁	单层水冷，ϕ76mm×6mm	—	—	冷却水管6进6出
3	5~9	四通道铜冷却壁	水道当量直径ϕ64mm	Si_3N_4+SiC 砖	100	炉腹5段、炉腰6段及炉身7~9段
4	10~11	镶砖铸铁冷却壁QT400-20A	热面ϕ80mm×6mm，冷面ϕ70mm×6mm	Si_3N_4+SiC 砖	100	炉身下部
5	12~14	镶砖铸铁冷却壁QT400-20A	单层水冷，ϕ70mm×6mm	浸磷黏土砖	100	炉身中部
6	15	倒扣光面铸铁冷却壁 QT400-20A	单层水冷，ϕ70mm×6mm	自流浇注料	—	炉身上部
7	炉喉钢砖	无水冷条形钢砖ZG270-500	无	自流浇注料	—	—

b 冷却水系统

3200m^3高炉软水供水来自厂外软水站，经循环泵房送至高炉。高炉冷却后的水排入循环泵房，经过蒸发冷却器冷却，再送至高炉。高炉炉体冷却系统给水有三种：一种压力为P=1.5MPa 的高压水系统，一种压力P=1.2MPa 的中压水系统，还有一种压力P=0.90MPa 的低压水系统。

3200m^3高炉采用联合软水密闭循环冷却系统，即采用并联加串联的方法将原有3个独立的系统合成一个系统，充分发挥软水不结垢、可适当提高水温差的优点，从而达到节约投资、减少水量、节省能源的目的。冷却壁采用2根环管供水，其中1根环管供冷却壁直冷管，另1根环管供冷却壁蛇形管。冷却壁回水分成4个扇区，每个扇区布置5根回水集管，对应于每块冷却壁的4根直冷管和1根蛇形管。在每根回水集管至回水总管上设有调节阀和流量计，最后回水回到冷却壁回水总管。在冷却壁直冷管进出水联管上，设有检测元件，自动测量水温及水量，进行炉体热负荷计算，以便及时进行生产调节。在事故状态时，冷却壁可在短期内转为无压汽化冷却。在膨胀罐上，设有水位检测装置和充N_2稳压措施，实现系统自动稳压、自动排气、自动检漏和自动补水。冷却壁联管上安装直通阀。第5带以上每层冷却壁之间均设置有两通阀和检漏阀。采用联合软水密闭循环冷却系统的优点见表9-95。

表 9-95 联合软水密闭循环系统与其他冷却系统的比较

项目	联合全软水冷却系统	其他冷却系统
冷却效果	最好	相对较差
总循环水量	节省45%~50%	增加45%~50%
投资	投资节省18%~20%	投资增加18%~20%

续表 9-95

项目	联合全软水冷却系统	其他冷却系统
补充水量	最少	较大
运行费用	每年节省 30%~50%	每年增加 30%~50%
管系布置	简单	复杂
检修维护	方便	困难
检漏	方便	困难

c 软水密闭循环系统

(1) 一次冷却回路系统。从软水泵站出来的软水总量约 $5240m^3/h$，在炉体一分为二，其中冷却炉底水冷管 $728m^3/h$，冷却壁直冷管 $4512m^3/h$，经冷却炉底水冷管出来的软水与冷却壁冷面蛇形管串联，两者回水进入冷却壁回水环管，以上组成第一级冷却回路系统，称为一次回路系统。

(2) 二次冷却回路系统。从冷却壁回水环管出来的软水一分为三：一部分经高压增压泵增压，供风口小套使用；另一部分经中压增压泵增压，供风口中套、直吹管、热风阀及倒流阀使用；两者回水与多余部分一起回到总回水管，经过脱汽罐脱汽和膨胀罐稳压，最后回到软水泵房，经过二次冷却，再循环使用，以上两部分称为二次回路系统。

D $4000m^3$ 高炉冷却系统结构及设备

a 本体冷却设备

$4000m^3$ 高炉采用软水密闭循环冷却系统，炉底、炉缸和炉身上部为灰口铸铁（HT200）冷却壁，风口带和炉身中部为球墨铸铁（QT400）冷却壁，炉腹、炉腰和炉身下部为铜冷却壁。炉底采用水冷，水冷冷却强度大，能耗低。炉底水冷管总共 64 根，以高炉中心对称布置，各区域冷却设备及结构见表 9-96。

表 9-96 $4000m^3$ 高炉炉体全冷却壁结构主要特征

序号	部位	冷却壁结构	水管形式	砖衬材质	砖衬厚度/mm	备注
1	1~5 段	光面灰口铸铁冷却壁 HT200	热面 ϕ73mm×6mm，冷面 ϕ45mm×5mm	—	—	炉底炉缸
2	6 段	光面球墨铸铁冷却壁	热面 ϕ73mm×6mm，冷面 ϕ73mm×6mm	—	—	风口带
3	7~12	四通道铜冷却壁	水道当量直径 ϕ64mm	Si_3N_4+SiC 砖	80	炉腹 7~8 段、炉腰 9 段及炉身下部 10~12 段
4	13~16	镶砖铸铁冷却壁 QT400-20A	热面 ϕ73mm×6.5mm，冷面 ϕ45mm×5mm	Si_3N_4+SiC 砖	120	炉身中部
5	17~19	光面灰口铸铁冷却壁 HT200	单层水冷，ϕ73mm×6.5mm	浸磷黏土砖	100	炉身上部

b 冷却水系统

（1）一次冷却回路系统。冷却水经过泵站主循环泵升压后，经过 ϕ1030mm×15mm 供水主管输入高炉本体 ϕ1030mm×15mm 供水总环管，然后分成三路：第一路引至冷却壁直冷管；第二路引至炉底水冷管和炉身中部冷却壁蛇形管；第三路引至炉缸冷却壁蛇形管。冷却壁直冷管分成 6 个扇形区域供水，炉身中部和炉缸冷却壁蛇形管都分成 4 个扇形区域供水，以利于水量分配和检漏，冷却壁水管进水由低向高串联连接。冷却壁直冷管回水分别进入 6 个区域共 24 根 DN200 回水集管内，再到 ϕ1030mm×15mm 回水总环管；炉底冷却回水经回水主管进入炉身中部冷却壁蛇形管供水环管，由该供水环管引水至第 13 段冷却壁蛇形管入口供 13～16 段冷却壁蛇形管冷却用，冷却壁蛇形管回水分别进入 4 个区域共 4 根 DN200 回水集管内，汇合到 ϕ1030mm×15mm 总回水管；炉缸 5 段冷却壁蛇形管回水进入 4 个区域共 4 根 ϕ168mm×10mm 回水集管内，再汇合到 ϕ1030mm×15mm 总回水管，以上称为一次冷却回路系统。

（2）二次冷却回路系统。一次冷却回路 ϕ1030mm×15mm 总回水管回水经脱气后，一部分水经一条 ϕ920mm×15mm 水管引至第二路冷却回路系统的增压泵，多余的水则由一条 ϕ730mm×15mm 水管引至膨胀罐组脱气罐入口管。

第二次冷却回路冷却元件包括风口小套、中套、直吹管、十字测温和热风炉阀门。增压泵房内设增压泵两组，即中压泵组向风口中套、直吹管、十字测温和热风炉阀门供水；高压泵组向风口小套供水。第二次冷却回路各组冷却元件回水经各自的回水主管，进入二次冷却回路 DN900 回水总管，所有回水经该回水总管进入脱气罐入口管与前述多余的水汇合，经脱气罐、膨胀罐组后进入 ϕ1030mm×15mm 回水总管输入到主循环泵，以上两部分称为二次冷却回路。

（3）事故用水。为了保证密闭循环系统运行安全，软水循环水泵（一级循环泵组 5 台，三用两备；二级循环泵组 6 台，其中高压水泵 3 台，一用一备一检修，中压水泵 3 台，一用一备一检修。）分别接有三路不同电源，当某路电源失电，只能造成该电源下的泵失电，其他泵仍能工作，这时其他电源下的备用电动泵自动启动，保证供水流量和压力满足高炉冷却及系统水量平衡的需求；一旦一级循环备用电动泵出现不能快速切换时，将迅速启动二台备用柴油机泵中的一台或二台；若发生三路电源同时全部失电情况，将迅速启动二台备用柴油机泵维持系统正常运行水量、压力的 60%，同时应立即采取减风或休风等处理措施，极端情况下，全部电源失电且备用柴油机泵也未能及时启动，必须采取紧急休风且切换到汽化冷却方式的应急措施。

此外，风口小套和热风阀还设置有净循环水冷却方式，以便在冷却设备破损漏水或检修时备用切换。

9.6.2.2 炉底炉缸冷却结构

炉底炉缸是决定高炉一代炉役寿命的关键部位，延长炉底炉缸寿命不但要重视炭砖等耐火材料的质量、设计结构和砌筑质量等，还必须重点关注炉底炉缸的冷却系统设计和冷却器的配置，只有冷却系统和内衬体系协同匹配，两者之间相互作用、相互支撑，才能达到预期的效果。

冷却壁自身的换热能力是指管内水的冷却强度转换到冷却壁热面的冷却强度的能力，主要因素是比表面积、水管内径、水管间距、水管-冷却壁本体之间的接触及间隙热阻，次要因素是冷却壁本体材料的导热系数、冷却壁厚度。主要因素中的比表面积、水管内径、水管间距是设计方面的，小管径时比表面积越高，换热能力越好，同时还可以节省水量。不过在小管径、小间距、大比表面积的设计中要注意与水管间距有关的炉壳进出水管开孔及连接空间。马钢一般炉缸冷却壁水速为 2.0m/s、热面水管比表面积约为 1.0。

马钢历代高炉炉缸主要采取水冷结构。其主要采用两种冷却形式：一种是双层铸铁冷却壁结构与炉底水冷管封板外布置冷却结构；另一种是单层铸铁冷却壁结构与炉底水冷管封板内布置冷却结构。关于炉底冷却水管在封板上下的安装位置一直存在分歧，而马钢是极少两种结构都使用的。将炉底冷却水管设置在炉底封板之上、炉底碳质找平层之下，其主要目的是为了能够对炉底炭砖提供直接的冷却，减少更多的接触热阻；另外目前大型高炉一般在炉底满铺炭砖之下设置一层高导热的石墨砖，也是为了改善炉底的温度分布，使1150℃等温线尽量推向高炉内部。从传热学的角度分析，这种结构设计是合理的。将冷却水管设置在炉底钢板以下，其原因是炉底冷却水管在炉底满铺炭砖之下承受着很高的压应力，容易出现侵蚀或破损，而且在一代炉役期间基本无法进行更换，一旦出现泄漏等问题还会破坏炭砖，引起更严重的后果。因此，采用将炉底冷却水管安装在炉底钢板之下的方式。但这种结构也存在问题：一是设计结构复杂，施工过程要求安装精度高，高炉炉底直径越大，冷却水管的安装难度越大；二是不利于为炉底炭砖提供高效的冷却。以上两种炉底冷却方式的使用各有优劣，运用至今都没有出现问题，但应该注意的是认识其特性才能真正发挥各自优势。

9.6.3 冷却水系统

冷却水系统主要分为封闭式和敞开式两种，原理见图 9-103 和图 9-104。目前马钢高炉敞开式冷却系统冷却介质为工业水，冷却水用过后不是立即排放掉，而是循环再利用，水的再次冷却是通过冷却塔来进行的。高炉封闭式冷却系统冷却介质为软水，在此系统中，冷却水用过后也不是马上排放掉，而是循环再利用，在循环过程中，冷却水不暴露于空气中，所以损失很少，水中各种矿物质和离子含量一般不发生变化。

软水密闭循环冷却系统在克服了工业开路水冷却和汽化冷却技术缺陷的同时，继承两者的优势，改善了冷却水质，消除了冷却器结垢，在当前高炉炼铁设计中已逐步取代另外两种冷却成为主流设计。

9.6.3.1 水质管理

高炉冷却水质管理对高炉长寿极为重要，水质不达标，冷却器及管道内易结垢、腐蚀及产生粘泥，冷却器冷却效果会变差而导致冷却器破损。通过投加药剂以及水置换措施，保证各种冷却水质在控制标准范围内。

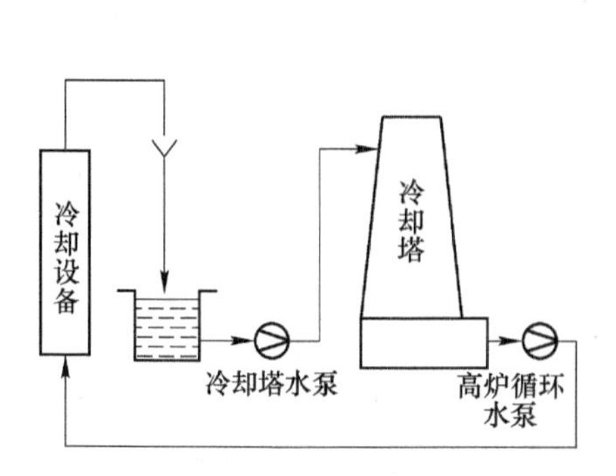

图 9-103 高炉工业水开路循环冷却系统原理

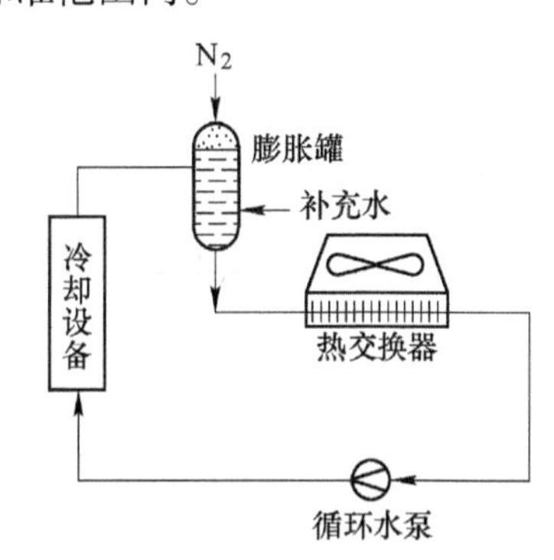

图 9-104 高炉软水密闭循环冷却系统原理

A 工业水

高炉采用工业水开路循环冷却时，由于水质稳定性差、碳酸盐沉积，在冷却器的冷却通道内壁很容易结垢，降低传热效率、恶化传热过程。实践证实，水垢的形成是造成冷却器过热直至损坏的重要原因，在冷却水硬度高、水质稳定性差、强化冶炼热负荷较高的高炉上尤为突出。软水是经过软化处理的水，有效控制水中钙、镁离子含量，同工业水相比软水中钙、镁离子大幅度降低，因而消除了冷却水管管壁上的结垢，极大地提高了冷却效果。实践表明，冷却水管内壁1mm 厚的水垢就可以造成 100~200℃的温差，使冷却器的冷却效率急剧降低，水垢是恶化冷却器传热效果的最重要的因素。因此，采用经过处理的软水或软水成为高炉冷却的主导技术。软水密闭循环冷却系统采用软化水或软水作为冷却介质，提高冷却水质量和冷却水的稳定性，消除冷却器内壁结垢，从根本上解决了由于水质不良造成的传热恶化的问题，使整个系统的可靠性比工业水冷却和汽化冷却具有显著地提高。表 9-97 为马钢高炉工业水管理标准。

表 9-97 马钢高炉工业水管理标准

项　目	单位	参考值	分析频率	
			供水	补水
浊度	NTU	≤15	1 次/天	1 次/天
氯离子	mg/L	≤300	1 次/周	1 次/周
电导率	μs/cm	≤3000	1 次/天	1 次/周
pH 值		7~9	1 次/天	1 次/周
总铁	mg/L	≤1.0	1 次/周	1 次/周
总硬度（以 $CaCO_3$计）	mg/L	≤500	1 次/周	1 次/周
总碱度（以 $CaCO_3$计）	mg/L	≤500	1 次/周	1 次/周
药剂浓度	mg/L	2~5	1 次/天	
碳钢挂片腐蚀率	mm/a	<0.075	1 次/月	

续表 9-97

项　目	单位	参考值	分析频率	
			供水	补水
铜挂片腐蚀率	mm/a	<0.005	1次/月	
不锈钢挂片腐蚀率	mm/a	<0.005	1次/月	
异氧菌	个/mL	$<5\times10^4$	1次/月	1次/月

B　软水

软水用于高炉密闭冷却系统，软水密闭冷却用在比较重要、热负荷较高不允许出现结垢的系统，如马钢A、B、2号、4号高炉的冷却系统、高炉的热风阀冷却系统等。软水冷却由于是密闭循环，蒸发损失极小，相较于敞开式的净循环冷却系统，可大幅节约用水。表9-98为马钢高炉软水管理标准。

表 9-98　马钢高炉软水管理标准

项　目	单位	参考值	分析频率	
			供水	补水
浊度	NTU	≤15	1次/天	1次/天
钼酸根含量	mg/L	≥30	1次/天	
总铁	mg/L	≤1.0	1次/天	1次/周
电导率	μs/cm	≤3000	1次/天	1次/周
pH值		9～11	1次/天	1次/周
总硬度（以 $CaCO_3$ 计）	mg/L	≤10	1次/周	1次/周
碳钢挂片腐蚀率	mm/a	<0.075	1次/月	
铜挂片腐蚀率	mm/a	<0.005	1次/月	
不锈钢挂片腐蚀率	mm/a	<0.005	1次/月	
异氧菌	个/mL	$<5\times10^4$	1次/月	

9.6.3.2　冷却水系统配置

高炉冷却水系统目前在马钢高炉上使用的主要为两种形式，即工业水系统和软水密闭循环系统。

马钢在冷却水系统方面主要优化改进：

（1）根据高炉热负荷分布和炉体冷却结构优化强度合理的冷却水量、水温差和水流速等工艺参数。

（2）根据高炉不同区域冷却器的工作特性，分系统强化冷却，根据炉役工作冷却需要单独设置冷却回路。

（3）根据高炉不同部位的热负荷状况，在高炉高度上进行分段冷却；将炉缸、风口区和炉腹、炉腰和炉身及炉身中上部分别设置一单独冷却水系统。

（4）改进冷却水系统流程，优化管路布置，遵循“步步高”原则，提高系统脱气排气功能。

（5）采用圆周分区冷却方式，将高炉圆周方向分四个冷却区域管理，便于操作监控以及操作维护管理。

（6）马钢软水密闭循环系统，炉底、炉体冷却壁采用软水冷却，风口中、小套、直吹管、热风阀采用冷却壁回水二次加压后冷却。

9.6.4 耐火材料

自1994年4月马钢2500m^3 1号高炉点火投产以来，已有2500m^{3}以上的高炉5座，均为特大型高炉。这5个高炉所用耐火材料都代表了当时国内外先进的耐火材料制造和使用水平。高炉耐火材料主要包括高炉炉体内衬耐火材料、出铁场耐火材料、维护性耐火材料等。高炉本体内衬耐火材料按高炉的部位分成炉底、炉缸、炉身等部位，各部位使用的耐火材料种类不同。

9.6.4.1 马钢不同炉容高炉耐材选择

A 1000m^{3}高炉

1000m^{3}高炉内衬采用砖壁结合薄内衬炉型，高炉炉底、炉缸采用国产优质超微孔、微孔及石墨炭砖结构。

a 炉底、炉缸区域

炉底、炉缸是高炉长寿的关键部位，特别是铁口及铁口以下的异常侵蚀区，越来越成为制约高炉长寿的最重要因素。因此选择合理的炉底、炉缸结构形式对整个高炉长寿具有非常重要的意义。在保证炭砖质量合格、耐材结构合理的前提下，在炉底炉缸采用国产大块炭砖结构，关键部位采用国产超微孔大块炭砖。

1000m^3 炉底炉缸具体砌筑方案为：炉底满铺炭砖，采用1层石墨大块炭砖+2层微孔大块炭砖+2层超微孔大块炭砖，再上砌1层高铝砖，炉底总厚度为2400mm。铁口及铁口以下的炉缸“象脚”侵蚀区域采用超微孔大块炭砖；铁口以上至风口以下的炉缸区域采用微孔大块炭砖；炉缸侧壁内侧第6~15层采用高铝砖；每层炭砖高度400mm。

风口区采用塑性相结合刚玉质组合砖，铁口框部位采用超低水泥浇注料浇注。为了提高风口砌体的稳定性和寿命，保护风口设备，风口区采用组合砖结构。

b 炉腹、炉腰及炉身下部区域

由于此区域热负荷大，机械冲刷、化学侵蚀及热震均存在极大的破坏作用，应选择具有高导热系数、高抗折强度、耐渣碱侵蚀的砖。本次设计炉腹、炉腰与炉身下部区域冷却壁采用冷镶氮化硅结合碳化硅砖。

c 炉身中上部砌筑

炉身中部球墨铸铁冷却壁采用冷镶氮化硅结合碳化硅砖。炉身上部采用球墨铸铁倒扣冷却壁，背部浇注自流浇注料。

B 2500m^{3}高炉

2500m^{3}高炉第二代炉役的炉底炉缸采用陶瓷杯+炭砖复合结构，相对于第一代炉役适当提高炭砖材质，具体结构尺寸和材料选择见表9-99。

表9-99 2500m^{3}高炉炉底炉缸结构和材料选用统计

序号	部位		马钢2号高炉 （第二代炉役）	马钢2号高炉 （第一代炉役）	马钢1号高炉 （第二代炉役）
1	炉底炉缸结构形式		炭砖+镶嵌陶瓷杯 复合结构	炭砖+镶嵌陶瓷杯 复合结构	炭砖+镶嵌陶瓷杯 复合结构
2	炉底炭砖 （材质/高度）	第一层	石墨/300	半石墨/400	石墨/400
		第二层	微孔/400	半石墨/400	半石墨/400
		第三层	微孔/400	半石墨/400	半石墨/400
		第四层	进口超微孔/400	半石墨/400	进口微孔 （7RD-N）/400
		第五层	进口超微孔/400	进口微孔 （BC-7SR）/400	—
	炉底炭砖总高度/mm		1900	2000	1600
3	侧壁炭砖底部宽度/mm		1070	923	1120
4	侧壁炭砖顶部宽度/mm		650	526	490
5	陶瓷垫 （材质/高度）	第一层	刚玉莫来石/500	进口刚玉莫来石/500	进口刚玉及莫来石/400
		第二层	—	—	进口刚玉及莫来石/400
	陶瓷垫总高度/mm		500	500	800
6	陶瓷杯壁宽度/mm		300	350	350
7	铁口区域材质		外：进口超微孔 内：国产刚玉	外：进口微孔 内：进口刚玉	外：进口微孔 内：进口刚玉
8	风口区域材质		灰刚玉	刚玉莫来石	国产刚玉

炭砖与冷却壁之间及炉底水冷管中心线至炉底炭砖底面填充炭质捣打料。

特殊部位针对性设计：

（1）铁口通道由于长年遭受巨大的渣铁侵蚀和冲刷，铁口区采用（进口）超微孔炭砖结构，铁口通道由整块（进口）超微孔炭砖钻孔形成。

（2）风口区域是一个承上启下的区域，此区域内衬结构和材质选择的合理与否，对高炉寿命有较大影响，本设计风口区采用大块组合砖结构，材质为灰刚玉砖，以提高风口砌体的稳定性和寿命，利于保护风口设备。

（3）炉腹至炉身采用薄壁内衬。在炉腹至炉身中下部全覆盖碳化硅结合氮化硅砖、在炉身上部冷却壁热面冷镶磷酸盐浸渍黏土砖；炉腹以上冷却壁镶砖内侧面喷涂厚度100mm。

（4）炉顶煤气封罩上的喷涂层，其锚固件采用龟甲板，以提高喷涂料与炉壳的黏结性。

（5）炉壳与冷却壁、钢砖间隙采用自流浇注料充填。

C 3200m^{3}高炉

根据高炉各部位不同的工作条件和侵蚀机理，有针对性地选用耐火材料，并在结构上加强耐火砖衬的稳定性。

a 炉底、炉缸耐材

3200m^{3}高炉采用国产小块陶瓷杯+水冷炭砖炉缸、炉底结构。炉底满铺第1层采用国产石墨砖，高度400mm；第2、3层采用国产微孔炭砖，每层高度400mm；第4、5层采用引进超微孔炭砖，总高度800mm；第6、7层立砌刚玉莫来石砖，总高度800mm；整个炉底砌体高度2800mm。炉缸侧壁外侧第6~15层采用引进超微孔炭砖，总高度4800mm；第16~18层采用国产微孔炭砖，总高度1400mm；炉缸侧壁内侧第8~14层采用国产小块刚玉莫来石砖陶瓷杯结构，在炉缸、炉底交接处采用加厚结构；炉缸侧壁内侧第15~18层采用高铝砖。

b 风口区域内衬

风口区域是一个承上启下的区域，此区域内衬结构和材质选择合理与否，对高炉寿命有相当大的影响，本设计在整个风口区全部采用大块组合砖砌筑，以加强结构的稳定性；同时采取措施，增加风口冷却壁与炉腹铜冷却壁交接处组合砖厚度。风口组合砖材质为刚玉莫来石，铁口框部位采用刚玉浇注料浇注。

c 炉腹及其以上区域内衬

炉腹及其以上的部位，该设计采用砖壁合一、薄壁内衬结构。第5~9段铜冷却壁和炉身中部第10、11段双层水冷铸铁冷却壁区域，冷却壁镶砖采用Si_3N_4-SiC砖。Si_3N_4-SiC砖具有很好的抗渣、抗碱侵蚀能力，同时也具有一定的抗冲刷能力和抗热震能力，而且其导热性能好，易结渣皮。在炉身上部第12~15段单层水冷铸铁冷却壁区域，内衬破损的原因主要是机械冲刷和碱金属侵蚀，黏土砖通过真空浸磷酸后，具有较强的抗碱金属侵蚀能力，同时抗冲刷能力也得到一定的提高，因此，此区域冷却壁镶砖采用浸磷酸黏土砖。现在冷却壁的制造质量有了大幅度提高，冷却系统也日益完善，在采用软水密闭循环冷却系统的条件下，冷却强度能够得到充分保证，这为炉体采用砖壁合一、薄壁内衬技术创造了条件。

d 炉喉

在炉喉部位安装了60块无水冷条形钢砖，钢砖采用吊挂式，沿纵向可自由滑动。钢砖与钢砖之间采用螺栓连接，其缝隙采用铁屑填料锈结，钢砖与炉壳间采用高强度黏土浇注料浇注。

D　4000m^{3}高炉

马钢4000m^{3}高炉，炉体砌砖使用5种不同的耐火材料，8种不定型耐火材料，及6种不同的浇注料及捣打料。

a　炉底、炉缸内衬

4000m^{3}高炉采用进口陶瓷杯技术。在保证高炉长寿的前提下，对炉体和炉缸的材质和砌体结构配置如下：炉底满铺，第1层采用国产高导热石墨炭砖，高度400mm；第2~4层采用国产大块半石墨炭砖，每层高400mm；第5层采用进口优质炭块BC-7S，高度600mm。第6、7层为陶瓷垫，采用进口MS4R，每层高度400mm。整个炉底砌筑高度为3000mm。炉缸侧壁外围采用进口微孔大块炭砖BC-7S，陶瓷杯壁采用进口大块MONOCORAL砖，陶瓷杯壁厚350mm。

铁口采用具有优良抗渣铁侵蚀能力、抗碱侵蚀能力、耐铁水渗透能力和高导热能力优质微孔大块炭砖BC-8SR，风口区域采用MONOCORAL砖或刚玉莫莱石砖。

为避免炉底热量传导至高炉基础而影响钢筋混凝土结构，同时尽可能将炉底热量传导至冷却介质，高炉炉底封板下32组共64根$\phi76\times10$mm的炉底水冷管。水冷管中心线以下至工字钢上表面间浇注YCN-120浇注料；水冷管中心线以上至封板以下10mm间捣大炭素耐火材料BFD-S10；封板与炭素捣打料之间的间隙进行压力灌浆，压入泥浆为TBR-2。

b　炉腹、炉腰和炉身下部内衬

炉腹、炉腰和炉身中下部温度较高，化学侵蚀严重，热应力破坏作用大，工作条件差，主要依靠挂渣操作。因此，炉腹、炉腰和炉身下部采用铜冷却壁（即第7~12段）和冷镶Si_3N_4-SiC砖，镶砖厚80mm，燕尾槽深40mm。

为保持高炉内炉型和高炉开炉初期保护冷却壁镶砖，再砌筑一层115mm的SAILON刚玉砖或碳化硅结合氮化硅砖。

c　炉身中上部

炉身中部（即第13~16段）的冷却设备选用双层水管球墨铸铁（QT400-20A）镶砖冷却壁，球墨铸铁冷却壁镶高耐磨性能的碳化硅结合氮化硅砖，镶砖厚120mm，燕尾槽深80mm。

炉身上部的温度较低，基本上没有熔渣生成，耐火砖损坏主要是炉料的磨损造成。炉身上部17、18、19段为“C”形光面灰口铸铁冷却壁。在冷却壁内冷镶180mm深的磷酸盐浸渍的致密黏土砖，内侧再喷涂约150mm厚的RL-80喷涂料，内侧不砌任何耐火材料。

d　铁口的砌体结构

铁口部分的耐火材料要通过铁水和炉渣，并且在开铁口和堵铁口时要承受开铁口机和泥炮的作用力，如果耐火砖松动、砖缝开裂，将造成煤气泄漏。因此铁口砌体的稳定性、密封性至关重要。

e 风口砌体结构

风口砌体是指包围在风口法兰、大套、中套、小套周围的耐火砖，从热风炉来的高温高压气体由此送入高炉，当此处砌体不稳定时将使风口设备变形和漏风。对变形的风口大套、中套、小套进行更换很困难，影响高炉操作。此外，在高炉操作时，风口部分耐火砖缝间有碱金属的侵入和析出，也会造成炉内侧耐火砖上翘使风口大套也随之上翘。

马钢 4000m^3高炉风口采用刚玉莫莱石组合砖，砌体砌筑采用 GN-85B 高铝质耐火泥浆；并在风口组合砖与黄刚玉质盖砖之间设一层进口膨胀垫，盖砖与陶瓷杯上沿再设一层进口膨胀垫，以吸收风口组合砖垂直方向上的膨胀量。

f 炉喉内衬

炉喉内衬的损坏主要是炉料的磨损、碰撞。马钢 4000m^3高炉炉喉内衬为一层炉喉钢砖，其作用是为了保护炉喉内型。炉喉钢砖共 72 块组成，有 4 种型号，总重 107.98t，材质 ZG35，每块保留型砂约 16.8t。炉喉炉壳喷涂一层不定型耐火材料 CN-120 钢砖上有 8 个热点偶测温，标高为 40595mm。

g 炉顶煤气封罩上的喷涂层

炉顶煤气封罩上的喷涂层，其锚固件采用龟甲板的形式。喷涂料采用抗折强度高、耐 CO 侵蚀性能优良的喷涂料。

9.6.4.2 炮泥

A 炮泥的要求

随着高炉大型化，高冶炼强度、高风压、大渣铁量的排出，对堵铁口的炮泥质量要求越来越高。总体讲，高炉不出铁渣熔液时，炮泥填充在铁口内，使铁口维持足够的深度；高炉出铁时，铁口内的炮泥中心被钻出孔道，铁渣熔液通过孔道排出炉外，这要求炮泥维持铁口孔径稳定，出铁均匀，最终出净炉内的铁渣熔液。因此要求炮泥应有如下性能：

（1）较高的耐火度，能承受高温铁渣熔液的作用。

（2）较强的抵抗铁渣熔液的冲刷能力。

（3）适度的可塑性，便于泥炮操作和形成铁口泥包。

（4）良好的体积稳定性，在高温下体积变化小，不会由于收缩渗漏铁水。

（5）能够迅速烧结并有烧结强度。

（6）开口性能良好，开口机钻头容易钻孔。

（7）堵口性能良好，泥炮能顺利地将炮泥打入铁口孔道内。

在炉缸内，质量稳定的炮泥会形成一个泥包，起到保护炉缸的作用。当炮泥质量不稳定或质量达不到要求时，泥包在较短的时间内会被熔融的渣铁侵蚀，铁口附近的炉缸侧壁炭砖就直接和铁渣接触，会发生不可逆的侵蚀，随着侵蚀程度的加剧，炉缸的长寿问题受到影响。因此，质量稳定的炮泥对炉缸的长寿起到了较大的促进作用。

B 炮泥常用的主要原料

炮泥常用原料有棕刚玉、碳化硅、氮化硅、高岭土、绢云母、焦粉等，一般用焦油或树脂作结合剂。

C 炮泥管理标准

马钢结合各高炉特点采用不同的炮泥，表 9-100 为马钢某高炉无水炮泥技术指标。

表 9-100 无水炮泥技术指标

项目名称		单位	保证值
化学成分	Al_2O_3	%	≥35
	$SiO_2+Si_3N_4$	%	≥18
	F. C	%	15~20
	SiO_2	%	20~30
体积密度	R. T	g/cm^3	≥2.02
抗折强度	1200℃×3h	MPa	≥4.0
耐压强度	1200℃×3h	MPa	≥19.0
线变化率	1200℃×3h	%	0~0.2
马夏值	50℃	MPa	>0.7
最高使用温度		℃	1600
保质期		月	9

D 炮泥使用管理标准

每批生产的炮泥，严格按技术规程的要求进行生产，同时，做好产品的使用跟踪工作。

（1）每只炮泥包装箱上需列明以下数据：袋号马夏值、使用高炉号、生产日期、使用期限。

（2）炮泥使用前困泥时间必须大于 24h。

（3）优先使用生产日期靠前的炮泥。

（4）超过使用期限的炮泥不得使用，作回收处理。

（5）做好每次使用的数据记录，包括袋号、使用日期、使用时间、铁口号等。

（6）对于使用异常信息进行追溯及复查。

9.6.5　高炉长寿维护

实现高炉长寿不仅取决于科学合理的设计和质量优良的施工建造，还要在高炉一代炉役的生产过程中进行有效的操作维护。科学合理的设计和优良的施工质量只是高炉长寿的基础条件，实现高炉长寿与操作维护具有直接的关系。高炉操作维护是一项长达10余年甚至20年以上的工作，高炉投产后的每一时刻都必须保持精细操作和维护。高炉能否长寿取决于许多因素，其中高炉内衬状况和冷却设备状况是两个非常重要的方面，尤其是在高炉炉役的中、后期，炉体内衬和冷却设备会出现不同程度的损坏，引起侧壁温度高、炉皮发红、炉皮开裂等问题。因此，炉体长寿维护技术是延长高炉寿命的一个重要措施。

国内外的高炉维修技术持续在发展，对高炉内衬维护的内容也不尽相同。一般来说，按维护的具体技术和内容，大致可以分为三类：

停炉大修：高炉停炉，放残铁（或不放残铁），待炉体内衬完全冷却后对内衬耐火材料及冷却设备更新，一般耗时在3个月以上。

短期中修：高炉停炉，不放残铁，待炉体内衬完全冷却后，保留部分内衬或冷却设备，对需要维修的部位进行人工修复（如单独处理炉缸，或者单独处理炉身部位等），修复方式包括整体浇筑、砌筑耐火砖或喷涂等，处理时间一般在1个月以内。

日常维修：利用日常定修的机会，在非停炉状态下，对其内衬或冷却设备进行局部的维修或更换，包括更换冷却板、更换冷却壁、安装微型冷却器、炉身喷涂、炉身硬质料压入、煤气封罩上升管下降管喷涂、炉缸灌浆、铁口修复等。

9.6.5.1　高炉内衬及冷却设备的诊断

高炉内衬及冷却设备的诊断技术，包括高炉内衬诊断和冷却设备的诊断两个方面。高炉内衬诊断，可以通过炉体的检测系统来实现，如安装炉体内衬热电偶、冷却壁壁体热电偶、水系统热电偶、炉皮贴片电偶等。冷却设备的诊断主要是通过对其水质、水量、水速等方面的异常变化来加以判断。

A　炉体检测系统

为使操作人员能及时了解高炉各部位的运行情况，在炉体系统中设置了大量的检测仪表。热电偶可以测量其对应位置的温度及变化情况。另外，还有一些专门的检测手段设置在炉体及水系统等部位。以马钢某高炉为例，检测仪表设置情况如下。

a　炉体检测仪表设置

炉顶温度监视：该高炉在炉顶封罩设置4根十字测温杆，测温点共25个，用来表示截面上的2个相互垂直的径向温度分布瞬时状态及趋势状态，从而判断炉内煤气分布情况。

炉顶煤气封罩温度监视：炉顶煤气封罩圆周设置 8 个测温点，8 个点均匀地分布在煤气封罩圆周上面。

炉喉钢砖温度监视：炉喉圆周设置 8 个测温点，用来表示炉喉边缘温度分布的瞬时状态及趋势状态 8 个点均匀地分布在炉喉圆周上面。

炉身上部铸铁冷却壁（10~15 段）：炉身上部铸铁冷却壁分 4 段标高，分别设置了 11、11、10 和 9 个测温点，共计 42 个热电偶。

炉体铜冷却壁（5~9 段）：炉体铜冷却壁分 5 段标高，各设置 12 个测温点，共计 60 个热电偶。

高炉炉底炉缸温度检测装置：高炉炉底炉缸在混凝土基础设置 1 层热电偶，炉底设置 5 层热电偶，炉缸部位设置 9 层热电偶（环炭），总数量 415 支，以上热电偶数据进入主控楼计算机，有画面显示，并作为炉底炉缸侵蚀模型的原始数据。炉底、炉缸热电偶布置见图 9-105。

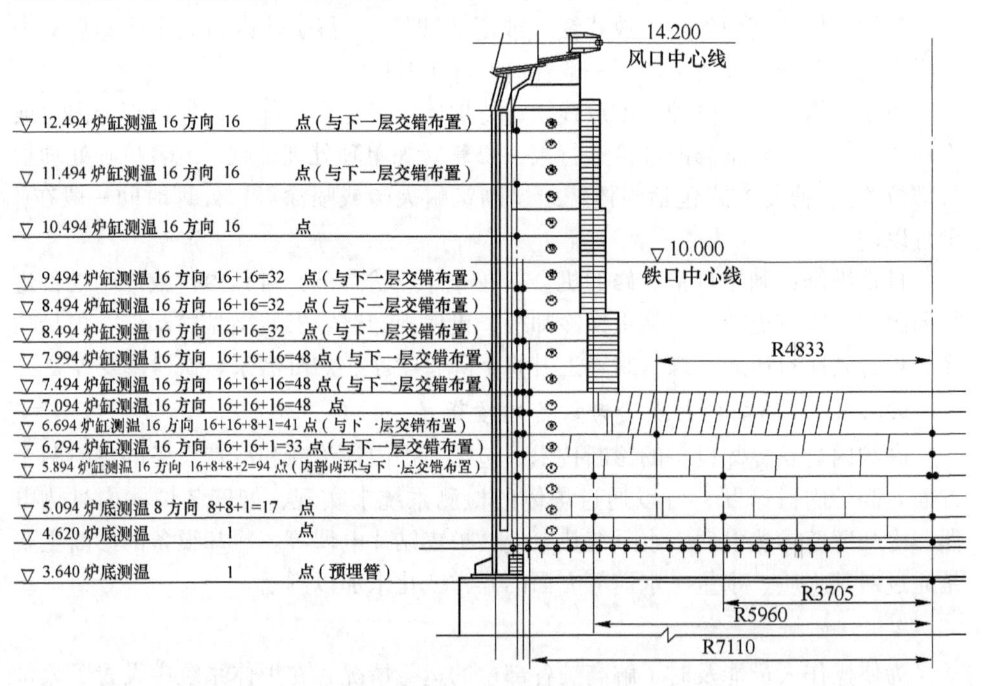

图 9-105　炉底、炉缸热电偶立面布置

b　水系统检测仪表设置

该高炉的炉体水系统中在软水、高压水、中压水供水总管上均设有热电偶、压力计、流量计，每层供水环管的支管上设有流量计，用于控制每层供水环管的水量分配。为实现炉体热负荷检测，将铜冷却壁和炉身上部铸铁冷却壁的排水支管分成 A、B、C、D 四个区，分别安装流量计和热电偶。此外在冷却壁联络管上

设 10 层共 260 支热电偶检测炉体各段热流强度。风口小套的供排水支管上设有检漏用流量计共 64 台。

c 炉皮监控与管理

高炉的炉皮在生产中起着承受负荷、强固炉体、密封炉墙等作用，其强度必定随着一代炉龄的延长而日趋劣化。特别是当炉壳内部耐火材料侵蚀剥离和脱落，冷却器破损后，很容易会出现炉皮温度升高和发红的现象，而且同一区域炉皮发红次数过多，就造成钢制炉壳的变形，甚至开裂，严重威胁高炉的长寿。

因此，需要加强对炉皮日常维护与监控。炉皮煤气泄漏对炉皮损害最大，对日常点检发现的泄漏点要及时补焊，消除煤气泄漏，可以有效控制炉皮温度升高和发红。

B 炉缸侵蚀模型

以马钢某高炉为例，炉缸侵蚀模型采用传热学“正问题”计算温度场和“反问题”推算侵蚀边界相结合的方法，根据高炉炉缸炉底的实际形状近似为圆柱形，考虑炉缸炉底在侵蚀变化时属于非稳态升温过程，且铁水在相变过程中要释放凝固潜热，创新性地建立了三维非稳态柱坐标包含凝固潜热的炉缸炉底温度场计算模型，建立合理的温度场计算模型，通过“正反问题”相结合的方法，建立基础数据与计算温度之差为最小的目标函数，构成求解侵蚀内型的优化模型。

具体步骤如下：

第一步：利用炉缸炉底传热学正问题，给定初始内边界。

第二步：利用已知的高炉设计资料及生产数据，结合“异常诊断”模块，对可能出现的异常情况进行判断和处理。

第三步：结合炉缸热流和热电偶测温数据，给出侵蚀内边界预测的目标函数及优化数学模型。

第四步：用梯度正规化方法求得正则解。

第五步：把待求内边界由所给取值范围变换到混沌变量的取值范围［0，1］。

第六步：进行混沌搜索若干步，若搜索不到比已得到的内边界更好的点，则计算结束；否则以所搜索到的更好点取代已求出的内边界，然后以此为迭代值，转第四步。

通过对该高炉侵蚀模型的建立，实现了以下功能：

（1）建立了三维非稳态柱坐标包含凝固潜热的炉缸炉底温度场计算模型。

（2）形成了针对马钢某高炉的侵蚀模型，该模型有以下特点：

1）采取时间序列的方法对实时读取的电偶温度数据进行自动滤波、修复和存储。

2）多线程技术实现后台温度场计算，不影响人机界面操作。

3）实时显示炉缸炉底温度云图，多温度等温线分布，炉缸炉底任一点的温度、材质和位置参数。

4）侵蚀计算数据、侵蚀内型和温度场分布的历史查询和变化曲线绘制。

5）自动统计和更新炉缸及炉底最薄残衬厚度和位置参数。

（3）实时有效指导炉缸维护。通过对炉缸炉底侵蚀机理进行知识处理，建立“异常诊断知识库”，自动判断高炉运行过程中气隙、环裂、耐材导热系数变化等异常；实时对侵蚀加剧原因进行自动判断和提示，指导炉缸采取有针对性的维护措施。

9.6.5.2 炉缸、铁口及风口区域的维护

现代高炉寿命主要取决于炉缸炉底内衬侵蚀破损的状况。随着现代高炉高效化生产、提高炉顶压力、富氧大喷煤等综合冶炼技术的采用，维护炉缸炉底的安全稳定对高炉长寿具有决定性的意义。高炉炉缸炉底的维护除了采用含铁物料护炉以外，还应该注重加强炉缸炉底冷却，控制炉缸炉底内衬温度、冷却壁水温差和热流强度在合理范围内。有效的冷却有助于Ti(C，N）在炉缸炉底内衬侵蚀破损严重区域的沉积和附着，从而形成保护性的沉积层以延长高炉寿命。除此之外，对于高炉炉役末期的炉缸炉底，还应该采取有效的长寿技术措施加强维护和修补，最大限度地保障炉缸炉底安全稳定工作。

从目前高炉炉缸侵蚀调查结果看，绝大多数高炉炉缸侵蚀最严重区域基本上集中在铁口下方1m左右区域，说明铁口状态与炉缸侵蚀有密切关联。

风口区域多采用组合砖结构，不定形耐火材料也使用较多，材料之间的界面很多，煤气很容易从组合砖与中套之间窜入，影响炉缸的传热，风口区域是窜气的源头，对风口区域的维护主要是进行封堵工作。

A 炉缸区域维护

a 炉缸维护的必要性

炉缸所用耐火材料为大块炭砖的高炉，在冷却壁与大块炭砖之间采用炭素捣打料填充。这种耐火材料的配置在使用一段时间以后，捣打料中的挥发分挥发，会形成许多缝隙，而气体的导热系数非常低，影响了大块炭砖向炉皮或冷却壁之间的传热。同时，由于冷却壁与炉壳之间一般采用压浆填充或浇注料，经过干燥和耐材内部挥发物析出，也可能造成炉壳与冷却壁之间形成缝隙，成为煤气通道影响炉缸。

当出现炉缸内衬与炉皮表面温度同步上升的情况，或冷却壁与炉皮之间由于材料收缩存在缝隙时，冷却壁与炉皮之间已经成为煤气通道，需要进行煤气通道封堵。

b 炉缸维护用材料

炉缸部位维护材料一般都是与炉缸内衬所用材料相似的炭质材料，常用的有

CC-3B 炭质灌浆料、重油、树脂结合炭质灌浆料等，几种材料均为非水性材料。

冷却壁与炉皮之间的灌浆料，可以使用 CC-3B 炭质灌浆料，也可使用硅溶胶结合灌浆料，或其他非水压炭质灌浆料。

B 铁口区域维护

a 铁口区域维护的必要性

铁口状态维护主要通过铁口煤气火以及水温差判断铁口区域是否存在气隙，进行有效维护，实现铁口有效传热，避免铁口区域侵蚀，保证铁口作业正常。在正常的生产过程中铁口区域经常会出现铁口煤气火过大的现象，这是由于铁口区域存在的气隙将炉内气体导出的结果。填补铁口区域的浅表面气隙，消除铁口煤气火过大的现象，消除炉缸部位钢壳与砌筑耐火材料之间的气隙，抑制铁口区域侧壁温度的上升，是铁口状态维护重要管理内容。

b 铁口维护方法

铁口维护一直是高炉操作的重要组成部分。铁口维护主要分两个方面：

定期维护：定期有计划地进行大套和中套灌浆，消除气隙，有效隔断向铁口区域窜气，并利用定修更换铁口保护砖和铁口压浆，消除铁口区域煤气泄漏，避免铁口区域气隙的扩大，提高炉缸的有效传热。

日常维护：跟踪炮泥质量，维护好铁口状况，保证打泥量，保证铁口深度，正常控制铁口深度 1000m^3高炉 2.3~2.8m，2500m^3高炉 2.8~3.2m，3200m^3高炉 3.2~3.7m，4000m^3高炉 3.6~4.0m，在确保出尽渣铁的同时，出铁时间控制在 2~2.5h，日均出铁次数控制在 8~12 次，减缓环流对炉缸炭砖冲刷侵蚀。

C 风口区域维护

a 风口区域维护的必要性

中套与风口组合砖之间填充的是不定形耐火材料。风口大套、中套与风口组合砖之间结构复杂，所用不定形耐火材料品种多，耐火材料之间的界面也多，材料之间的差异易导致气隙产生，因此定期维护风口区域是必要的。

b 风口区域维护的方法

风口区域维护主要包括对中套、大套的灌浆孔进行灌浆，以及对大套下的穿壁孔、不穿壁孔进行灌浆。

9.6.5.3 马钢高炉护炉技术及应用

A 控制高炉冶炼强度

（1）缩小进风面积，适当增加风口长度；（2）减轻焦炭负荷；（3）控制合适风氧参数。

B 提高冷却强度

（1）降低进水温度，改单连冷却；（2）改常压为高压；（3）炉缸冷却水管酸洗除垢；（4）炉缸窜气压浆封堵。

C 钒钛护炉

（1）使用钛球，增加铁水中钛含量；（2）提高铁水［Si］含量，降低［S］含量，铁水［Ti］含量大于0.12%；（3）堵口时在泥炮前端填装钛精质炮泥，直接压入铁口，保护铁口泥包并护炉；（4）风口定向喂钛精线护炉。

D 喷涂造衬

喷补施工技术主要应用于炉身上部、中部，造衬面积较大，可维持时间较长，一般可以达到8~12个月，寿命长的甚至可以达到2年左右，但是炉身喷涂需休风时间长，而且高炉需要降料线。硬质压入修补法主要用于高炉炉身中下部局部的内衬维护，利用常规定修的时间就可以完成，但是维持时间相对较短。

E 冷却壁穿管恢复

将漏水的冷却壁进出水管断开，并以管道和阀门连接其下层出水管和上层进水管，同时，选择外径尺寸和长度适宜的特制金属软管，将其穿入漏水管内，进出水管两端设有密封连接装置及阀门并与工业水管连接，图9-106为马钢某高炉冷却壁穿管示意图。

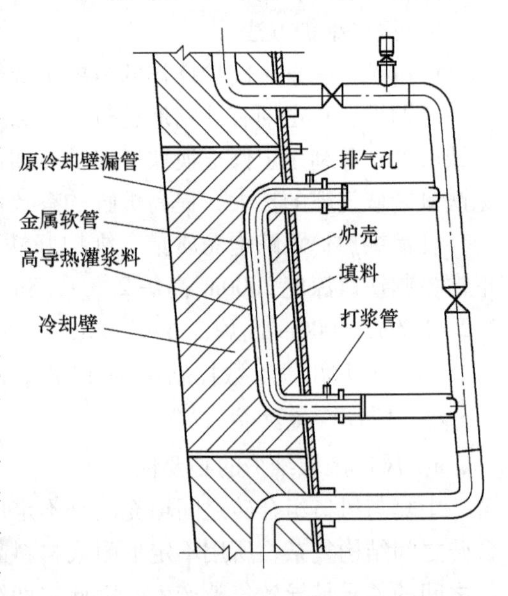

图9-106 马钢某高炉冷却壁穿管示意图

F 安装微型冷却器

由于高炉热负荷的增大，或是原有冷却设备发生破损导致冷却强度下降后，内衬耐火材料破损严重，甚至炉壳发红、开裂。对于这种情况，采用安装微型冷却器代替水冷箱、水冷壁等方式处理更方便有效。图9-107为马钢某高炉冷却壁微冷安装示意图。

G 长寿技术应用案例

马钢某高炉2003年10月13日建成投产，2015年4月开始炉缸2层水温差开始上升，采取改高压等提高冷却强度措施进行控制。2016年1月19日2号铁口附近2层、3层冷却壁水温差突破警戒线，改高压水后仍持续偏高，随后高炉进入护炉保产模式。主要采取的措施如下。

a 提高冷却强度

为了保持炉缸侧壁凝固层的稳定，炉缸2、3层冷却壁水温差超过1.5℃后及时改高压水（表9-101），增加其水的流量来增加冷却强度。2016年10月，1号铁口区域水温差上升超警戒线，增加一台高压水泵保证其冷却强度，其效果较为理想。

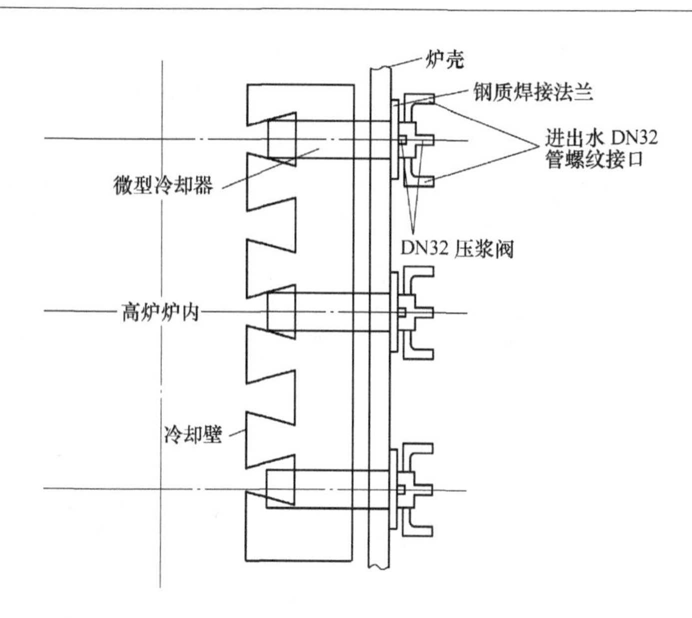

图 9-107　马钢某高炉冷却壁安装微型冷却器示意图

表 9-101　炉缸冷却壁改高压水情况

日　期	冷却壁号	日　期	冷却壁号
2015 年 4 月 23 日	2 层 14 号	2016 年 1 月 19 日	2 层 12 号
2015 年 5 月 19 日	2 层 13 号	2016 年 1 月 22 日	2 层 10、11 号
2015 年 6 月 29 日	2 层 30 号	2016 年 1 月 22 日	3 层 11、12、13 号

b　降低冶炼强度

2016 年 1 月 22 日高炉开始采取降冶强操作，长期保持堵 2~3 个风口，风量 4500~4600m^3/min，氧量 5000~7000m^3/h。为减小长期堵风口对炉况的影响，强化对操作炉型的管理，在堵风口数目相同的情况下，适当调堵风口。

c　进行钒钛护炉

1 号、2 号铁口堵口时，在泥炮头部加 20 块富钒钛矿炮泥，稳定铁口深度在 3300~3400mm，使铁口区域始终由泥包稳定保护，降低铁口区域渣铁环流，降低侵蚀速度，同时做好 2 号铁口投用和休止工作。

d　提高炉温操作

控制铁水物理热大于 1490℃，[Si]0.40%~0.60%，[S]<0.025%，炉渣二元碱度 1.15~1.20，渣中（Al_2O_3）<16.5%，这样既能保证渣铁流动性，又能保证铁水中 [Ti]0.08%~0.150%，促进炉缸保护层的形成。

e　增加炉缸区域监测

在炉缸增加热电偶，配合在线电偶温度和摄像监控手段，加强对炉缸变化趋势的管控。图 9-108 为马钢某高炉炉缸热电偶温度变化趋势。

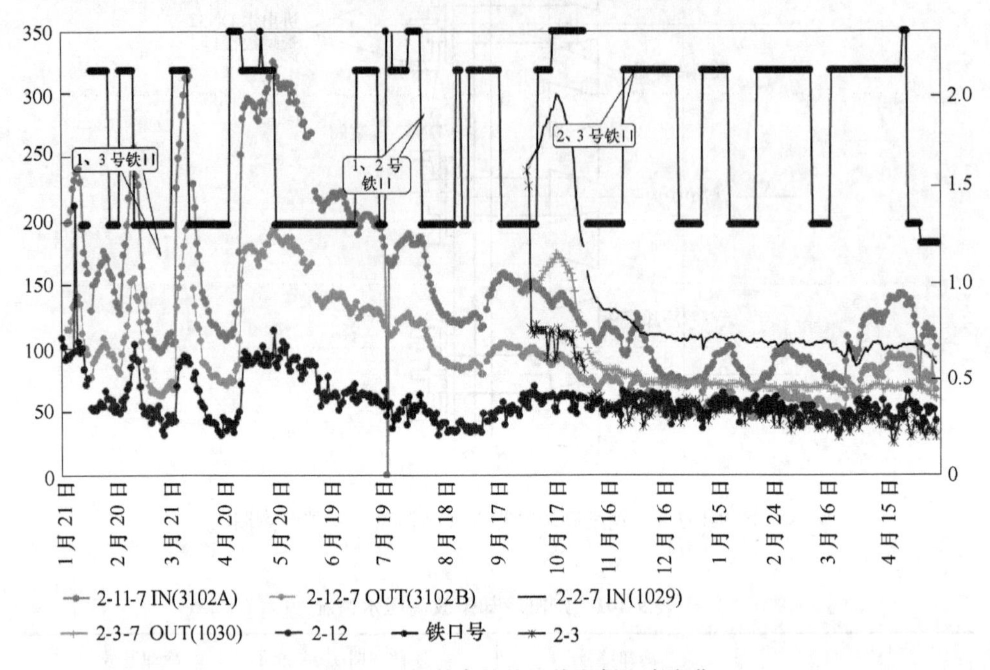

图 9-108　马钢某高炉炉缸热电偶温度变化

通过量化操作参数，规范标准化操作管理，建立各种检查制度，同时加强冷却壁和炉缸的维护，控制合理的热制度和造渣制度，实现了炉役末期的安全稳定顺行。

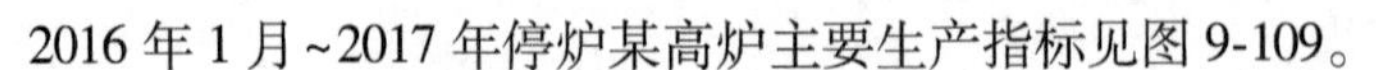

2016 年 1 月~2017 年停炉某高炉主要生产指标见图 9-109。

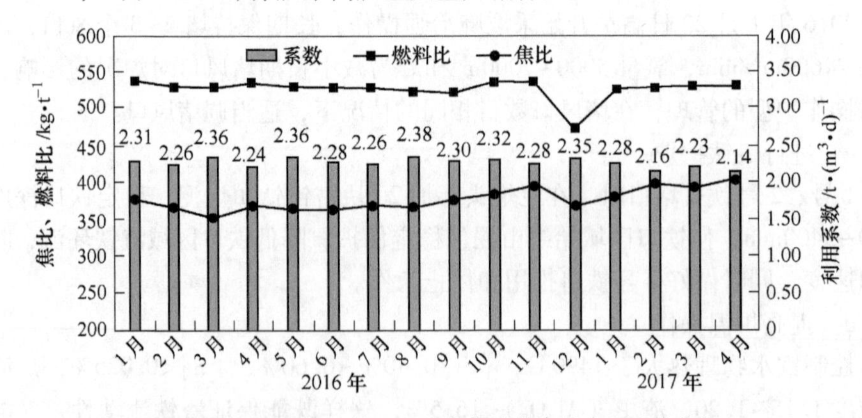

图 9-109　2016 年 1 月~2017 年停炉某高炉主要生产指标

H　马钢高炉近年一代炉龄和产量实绩（图 9-110）

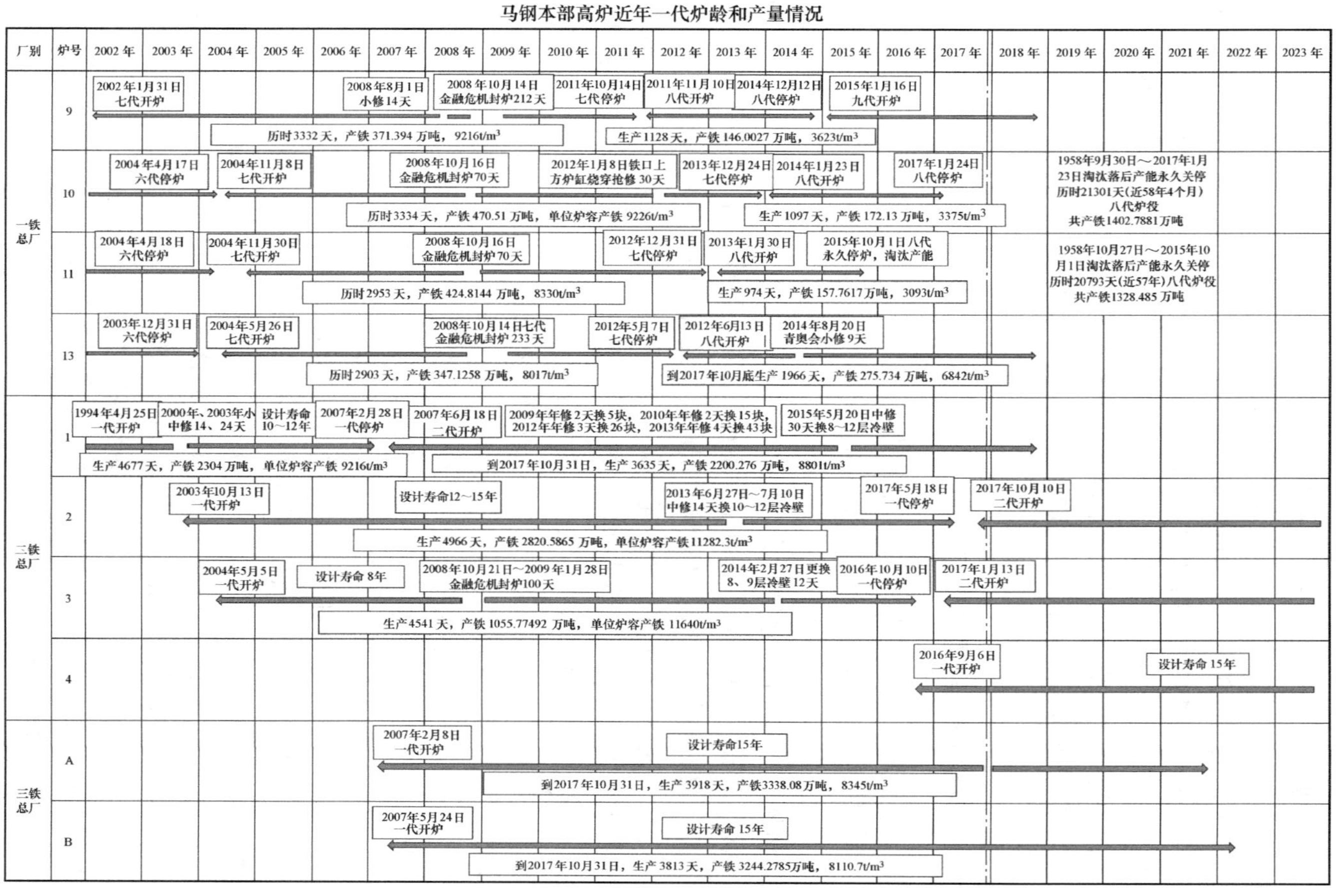
马钢本部高炉近年一代炉龄和产量情况
厂别
炉号
2002年
2003年
2004年
2005年
2006年
2007年
2008年
2009年
2010年
2011年
2012年
2013年
2014年
2015年
2016年
2017年
2018年
2019年
2020年
2021年
2022年
2023年
一铁总厂
9
2002年1月31日 七代开炉
2008年8月1日 小修14天
2008年10月14日 金融危机封炉212天
2011年10月14日 七代停炉
2011年11月10日 八代开炉
2014年12月12日 八代停炉
2015年1月16日 九代开炉
历时3332天，产铁371.394万吨，9216t/m³
生产1128天，产铁146.0027万吨，3623t/m³
10
2004年4月17日 六代停炉
2004年11月8日 七代开炉
2008年10月16日 金融危机封炉70天
2012年1月8日铁口上方炉缸烧穿抢修30天
2013年12月24日 七代停炉
2014年1月23日 八代开炉
2017年1月24日 八代停炉
历时3334天，产铁470.51万吨，单位炉容产铁9226t/m³
生产1097天，产铁172.13万吨，3375t/m³
1958年9月30日～2017年1月23日淘汰落后产能永久关停 历时21301天(近58年4个月) 八代炉役 共产铁1402.7881万吨
11
2004年4月18日 六代停炉
2004年11月30日 七代开炉
2008年10月16日 金融危机封炉70天
2012年12月31日 七代停炉
2013年1月30日 八代开炉
2015年10月1日八代 永久停炉，淘汰产能
历时2953天，产铁424.8144万吨，8330t/m³
生产974天，产铁157.7617万吨，3093t/m³
1958年10月27日～2015年10月1日淘汰落后产能永久关停 历时20793天(近57年)八代炉役 共产铁1328.485万吨
13
2003年12月31日 六代停炉
2004年5月26日 七代开炉
2008年10月14日七代 金融危机封炉233天
2012年5月7日 七代停炉
2012年6月13日 八代开炉
2014年8月20日 青奥会小修9天
历时2903天，产铁347.1258万吨，8017t/m³
到2017年10月底生产1966天，产铁275.734万吨，6842t/m³
二铁总厂
1
1994年4月25日 一代开炉
2000年、2003年小中修14、24天
设计寿命10～12年
2007年2月28日 一代停炉
2007年6月18日 二代开炉
2009年年修2天换5块，2010年年修2天换15块，2012年年修3天换26块，2013年年修4天换43块
2015年5月20日中修 30天换8～12层冷壁
生产4677天，产铁2304万吨，单位炉容产铁9216t/m³
到2017年10月31日，生产3635天，产铁2200.276万吨，8801t/m³
2
2003年10月13日 一代开炉
设计寿命12～15年
2013年6月27日～7月10日 中修14天换10～12层冷壁
2017年5月18日 一代停炉
2017年10月10日 二代开炉
生产4966天，产铁2820.5865万吨，单位炉容产铁11282.3t/m³
3
2004年5月5日 一代开炉
设计寿命8年
2008年10月21日～2009年1月28日 金融危机封炉100天
2014年2月27日更换 8、9层冷壁12天
2016年10月10日 一代停炉
2017年1月13日 二代开炉
生产4541天，产铁1055.77492万吨，单位炉容产铁11640t/m³
4
2016年9月6日 一代开炉
设计寿命15年
三铁总厂
A
2007年2月8日 一代开炉
设计寿命15年
到2017年10月31日，生产3918天，产铁3338.08万吨，8345t/m³
B
2007年5月24日 一代开炉
设计寿命15年
到2017年10月31日，生产3813天，产铁3244.2785万吨，8110.7t/m³

图 9-110 马钢本部高炉近年一代炉龄和产量情况

9.7　渣铁处理技术与管理

炉料由炉顶装入炉内，经过一系列的物理化学反应之后，生成液态渣铁积存在炉缸中。随着高炉大型化和强化冶炼技术的发展，现代大型高炉生产能力逐渐增大，目前的大型高炉日产铁水可达到万吨以上，此外还有四五千吨炉渣。如何将如此大量的生铁和炉渣及时从炉内排出、运输和处理，是稳定高炉操作、提高生产率的重要课题。炉内渣铁积存过多会导致炉缸空间减少，恶化炉内气流稳定，造成炉况失常。及时出尽渣铁有利于炉况顺行，反之会影响高炉安全生产，严重时可能导致事故。因此，炉前作业管理的首要任务是安全、及时地出尽渣铁。

9.7.1　炉前作业管理内容和方法

高炉生产是连续进行的。炉前是高炉生产的重要岗位，炉前出铁作业是高炉生产的重要一环。随着高炉冶炼的强化和高炉大型化，产量不断提高，炉缸直径在10m以上，甚至达到15m左右。炉缸铁水多，炉内铁水生成量大。如不能及时出尽渣铁，炉缸中液态渣铁面升高后必然会恶化炉缸料柱的透气性，造成风压升高、风量降低、下料转慢、炉缸工作不活跃，甚至造成崩料、悬料等异常炉况发生。这不仅影响高炉产量，不利于炉况顺行，还容易引发各种事故。当铁口状态维护不好，铁口工作失常，会出现断铁口、漏铁口、铁口难开、铁口打不进炮泥或者打泥压力低等情况，造成铁口逐渐变浅、出铁时间短、铁口孔道不规则、出铁跑大流、铁口斜喷、堵不上铁口、铁水自动流出，甚至导致炉缸冷却壁烧穿等重大恶性事故的发生。出不尽渣铁不仅破坏了炉前的正常作业、恶化炉况，还直接影响到高炉一代寿命。

大型高炉出铁往往采取两个或两个以上铁口周期性轮流出铁。铁口区受到高温、机械冲刷、化学侵蚀等一系列破坏作用，工作环境十分恶劣。在出铁过程中，高温渣铁侵蚀和冲刷铁口，其孔径不断增大，在炉内的高压作用下，大量处于运动状态的渣铁在铁口孔道前形成“涡流”，对铁口泥包形成剧烈冲刷。另外，铁口前的渣铁也会受到风口循环区的“搅动”最后把铁口孔道的里端冲刷成喇叭口状。随着出铁量和出铁时间不同，它们被侵蚀程度也不相同，为了满足高炉连续、均匀出渣铁需要，炉前作业应保证合适的铁口深度，合理的出铁时间，及时出尽渣铁，维护好铁口。同时，为了实现高炉高效、优质、低耗、安全和长寿的目的，炉前作业还要维护好炉前设备和渣铁沟系统。

炉前作业管理主要内容应包括铁口管理、出渣铁管理、设备管理等。

9.7.1.1　铁口管理

A　铁口结构

出铁口设在炉缸最下部的死铁层之上，主要由铁口框架、保护板、铁口框架内的耐火砖及用耐火泥制作的泥套组成。

B 良好的铁口状态

铁口工作环境恶劣，长期受高温渣铁侵蚀和冲刷。一般情况下，高炉投产后不久，铁口前端砖衬即被侵蚀，在整个炉役期间，铁口区域始终由泥包保护着。为了适应恶劣的工作条件，保证铁口安全生产，提高铁口砖衬材质是十分重要的。砌筑铁口砖衬的耐火材料需有优质的抗碱性、耐剥落性、抗氧化性、耐铁水溶解性、抗渣性和耐用性等，因此必须保持良好的铁口状态。良好铁口状态的标志包括：

(1) 铁口泥包、泥套稳固，不易断裂、破损。

(2) 铁口区域无大量煤气火冒出。

(3) 铁口深度在要求范围内。

(4) 开口容易，规定时间内能打开铁口，无断铁口、漏铁口。

(5) 铁口孔道密实、规则，不松散，开口后铁流稳定，出铁过程中孔道扩展稳定、均匀，铁口不喷溅、不卡焦。

(6) 铁口角度稳定，和泥炮角度基本一致，堵口打泥正常，打泥压力稳步提升，不出现打泥压力过高或过低现象。

9.7.1.2 铁口泥套管理

铁口泥套是指在出铁孔道与铁口框架的保护板内用耐火材料做成的与液压泥炮炮嘴完全吻合的结构。铁口泥套在生产中条件恶劣，它应具有良好的体积稳定性、抗氧化能力、抗渣铁侵蚀和冲刷能力。铁口泥套的状态完好是堵口正常的必要前提，泥套的使用寿命与泥套制作的耐火材料、泥套的制作方法等有关。

A 铁口泥套的作用

(1) 使铁口流出的渣铁不直接与铁口框架接触，保护铁口框架。

(2) 堵铁口时炮嘴不直接与铁口异型砖接触，保护铁口异型砖。

(3) 使炉缸内渣铁水顺利从铁口排出，确保堵口不冒泥，保持合适的铁口深度。

(4) 有利于铁口孔道炮泥密实及泥包的修复形成。

B 铁口泥套冒泥的原因

(1) 泥套黏接性差，强度不足。

(2) 堵口前泥套周围结渣铁未能清理干净，造成堵口冒泥。

(3) 开口时钻杆对位不正不在铁口孔道中心，开口过程中造成泥套局部破损或孔道偏移。

(4) 新泥套试压或初次堵口时压炮过猛，压崩泥套造成冒泥。

(5) 新泥套制作完后，烘烤时间不足，泥套强度不够，出铁过程中局部脱落或堵口时压崩泥套造成冒泥。

(6) 制作泥套未严格按标准操作（解体深度不够或浇注料搅拌不均匀、烘烤时间不规范）。

(7) 渣铁未出尽，铁流大，烧坏炮嘴或堵口时阻力大。

(8) 铁口区域冒煤气大，伤及铁口泥套。

(9) 铁口泥套渗水或向泥套面打水冷却，伤及泥套强度。

C 铁口泥套冒泥的预防

(1) 用优质的浇注料制作泥套，保证泥套强度及抗渣性。

(2) 加强铁口泥套前清理，每次出铁前必须将泥套周围渣铁清理干净，出铁过程中专人监视泥套工作情况，堵口前对泥套周围进行彻底吹扫。

(3) 泥套面保持平整完好无缺损，若泥套面凸出必须用泥套钻磨平，有缺损及时修补，严禁泥套带“问题”工作。

(4) 泥套在出铁过程中发生局部破损或脱落，及时用氧气尽量洗平泥套面，更换特殊保护套进行堵口，保证堵口成功，避免冒泥。

(5) 若一次铁口连续发生两次冒泥必须重新制作泥套，完毕后用泥炮进行试压泥套。

(6) 定期检查铁口孔道中心，保证中心不偏移。

(7) 正确操作开口设备，避免开口机长时间、无效果的打击而损坏泥套。

(8) 严格按照标准制作泥套。

(9) 新泥套投入使用，开口前要预钻500mm深度，出铁过程中严格监控铁口状况，避免铁口孔道扩大，堵口打泥时注意压力值变化，避免压力过高压坏泥套。

D 铁口泥套制作

随着高炉大型化发展，铁口泥套制作方法也随之改变，以前一般采用水质泥套泥或捣打料制作铁口泥套，强度低，堵口易冒泥，铁口深度变浅，渣铁出不尽，高炉憋风、减风，甚至拉风堵口，不能满足生产需要。随着泥套制作技术进步，目前一些大型高炉泥套制作大多采用浇注料制作铁口泥套。如马钢从1995年开始用 Al_2O_3-SiC-C 质浇注料制作铁口泥套，现已形成了完善的泥套浇注工艺及烘烤方法，100%浇注成功。浇注泥套每次用料0.5t，平均寿命8个月以上，甚至超过一年。浇注泥套使用后，每次堵口打泥密实，冒泥现象大大减少，铁口合格率达97%，大幅度降低了员工的劳动强度。

高炉铁口泥套制作方法如下：

(1) 将旧泥套内口残渣铁清理干净，深度大于200mm。

(2) 吹净泥套内杂物、灰尘，用大于泥套面的10mm钢板支模。

(3) 搅拌好的浇注料填充泥套内，并用振动棒振实即可。

(4) 1h成型后小火烘烤60min，出铁前用大火烘烤40min以上。

(5) 泥炮试压铁口泥套。

E 铁口泥套维护的注意事项

(1) 检查铁口周围是否有漏水现象，同时注意煤气浓度是否符合安全要求。

(2) 检查铁口框架、铁口保护板是否完好无损。

(3) 检查是否有漏煤气的缝隙，有时用碳素料封死。

(4) 检查铁口孔道和铁口中心线是否偏差，偏差超过 50mm，应查明原因，必要时重开铁口孔道，同时校正泥炮和开口机。

(5) 修补和制作泥套必须注意安全。

9.7.1.3 铁口深度管理

铁口深度是指从铁口保护板到红点（与液体渣铁接触的硬壳）间的长度。铁口深度反映了炉墙砌体被保护情况。它与正常打入铁口的泥量多少及高炉炉缸工作状态有关。根据铁口结构，正常铁口深度应大于等于铁口区（包括铁口保护板在内）整个炉墙的厚度。铁口深度控制，主要靠经验和改进炮泥质量，若泥包过长，表现为泥包与炉墙接触面积就越小，这样泥包就不稳固。正常生产中会出现铁口断、铁口漏现象；反之泥包过短，起不到保护铁口作用。马钢铁口泥包厚度约 0.5~0.8m 来选取和控制铁口深度，见表 9-102。

表 9-102 马钢高炉铁口基准深度 (mm)

500m^{3}高炉铁口深度	1000m^{3}高炉铁口深度	2500m^{3}高炉铁口深度	3200m^{3}高炉铁口深度	4000m^{3}高炉铁口深度
1800	2600	3200	3600	3800

A 影响铁口状态的因素

a 熔渣和铁水的冲刷

炉内周边产生的熔渣、铁水在出铁时集中流向铁口，使铁口周围的铁流和热负荷加大，铁口打开后，渣铁在炉内煤气压力和炉料有效质量本身压力的作用下，以很快的速度流经铁口孔道，冲刷铁口。环流或径向流的强度是侵蚀铁口的重要因素。

b 风口循环区域对铁口的磨损

渣铁在风口循环区域的作用下，呈现一种搅拌状态，风口直径越大、长度越短，循环区域靠近炉墙，风口前渣铁对铁口泥包的搅拌冲刷就越剧烈，对炉墙、泥包损害也越大。维持合适的铁口深度，可促进高炉中心渣铁流动，抑制炉渣对炉底周围的环流侵蚀，起到保护炉底的效果。

c 物理侵蚀

开口过程中长时间无效果的钻击、泥炮的撞击易震裂和破坏铁口耐材，使用氧气烧铁口易对炮泥中碳质材料产生氧化，降低铁口稳定性等。

d　炉内焦炭对铁口泥包的磨损

出铁过程中，随着炉缸渣铁积存减少，风口前的焦炭下沉，堵上铁口后，随着炉缸渣铁积存增多，渣铁夹杂着焦炭又逐渐上升，焦炭在下沉和上升过程中不规则运动对铁口泥包也有一定的磨损作用。

e　煤气流对铁口的冲刷

出铁末期堵口之前，从铁口喷出大量的高温煤气，有时夹杂着焦炭随煤气流一道喷出，剧烈磨损铁口孔道和铁口泥包。

f　炉渣对铁口的化学侵蚀

炮泥中的黏土成分为酸性氧化物，炉渣与堵泥发生作用生成低熔点物质，炉渣碱度越高，流动性越好，这种化学作用就越强，对泥包侵蚀、铁口孔道扩大就越快。

g　炮泥质量和打入铁口泥量的影响

炮泥质量下降导致铁口连续打泥困难，侵蚀的泥包得不到新泥补充，铁口深度下降；炮泥质量下降导致铁口孔道松散，孔道不规则，出铁时间短。休止的铁口由于长时间不出铁，泥包在炉内受到渣铁环流的侵蚀和冲刷会逐渐消失，铁口深度基本上只保留至炉墙砌砖的长度，所以铁口休止的时间不宜过长。

h　打泥压力的影响

堵口时，如果打泥压力过低，则打入铁口内的炮泥密实度不够，铁口孔道松散，新旧炮泥结合易产生缝隙，导致铁口渗铁。

i　炉体漏水的影响

炉体冷却系统漏水，大多流向铁口区域，这样不仅加快对铁口泥包、孔道的侵蚀，也会加速冷却体耐火材料的侵蚀，导致泥包脱落。

B　铁口角度

铁口角度是指出铁时铁口孔道中心线与水平线之间的夹角，目前大型高炉一代炉龄生产中，铁口角度中前期基本保持初始角度，后期随着炉底、炉缸砖衬的侵蚀适当增加铁口角度。铁口保持一定角度的意义在于：

（1）保持一定的死铁层厚度，有利于保护炉底和出尽渣铁。

（2）铁口角度固定后，铁口孔道的位置也随之固定，有利于保护铁口泥包的整体结构强度，有利于保持铁口的正常深度。

（3）堵口时铁口孔道内存留的渣铁可以全部流回炉缸，保持铁口清洁，便于开铁口操作。

C　铁口孔径

铁口孔径是指铁口里端内径的大小。该孔径相似于钻头的直径。不同容积的高炉或相同容积的高炉钻头直径的选择有所不同，原则上炉容越大高炉钻头直径也相应增大。马钢高炉钻头直径见表 9-103。

表 9-103 马钢高炉炉前开口机钻头直径 (mm)

500m³高炉钻头直径	1000m³高炉钻头直径	2500m³高炉钻头直径	3200m³高炉钻头直径	4000m³高炉钻头直径
40~45	45~50	55~60	60~65	57~60

9.7.1.4 铁口维护的主要措施

维护好铁口是确保按时出尽渣铁的基础，维护好铁口打泥量要适当，保证铁口深度合适，维护泥包完整性，提高铁口合格率；固定一定的铁口角度，有利于保持炉缸一定的死铁层厚度。

A 维护好泥包，保证铁口合格率

泥包是由不断打入铁口内的炮泥进行维护。当铁口打开出铁时，液态渣铁从铁口孔道流出，铁口孔道受液态高温渣铁的机械冲刷和化学侵蚀逐渐增大，当出铁结束堵口时，将炮泥打入修复铁口泥包和孔道。通过铁口孔道进入炉缸的炮泥遇到炉缸内高温焦炭后，迅速烧结形成硬壳，随着打泥量的增加，硬壳逐渐在炉缸内推进，进入的炮泥会迅速以铁口为中心沿炉墙向铁口中心四周扩散，形成新的泥包。所以铁口泥包的长度和状态决定了铁口的深度和状态。

在堵口过程中，打泥压力不是稳定不变的，而是在15~25MPa之间来回波动。打泥压力的大幅变化会对铁口孔道的填充密实度以及泥包的稳定产生不利影响。打泥压力的高低与炮泥的质量、炉况和铁口的工作状态密切相关。为了确保堵口安全，日常操作上往往使用最快的打泥速度，在打泥压力较低时，炮泥已经填充结束，这样填充的铁口孔道密实度不够，经烧结后自身强度不高，抗渣铁冲刷能力下降，容易出现漏、断铁口的现象。如果在一段时间内铁口的打泥压力过低，在不影响堵口安全的前提下可以将打泥速度调低，有利于提高堵口过程中的打泥压力，或者采用打泥过程中补压方式进行打泥，从而确保孔道和泥包填充的密实度。

铁口合格率是衡量铁口维护好坏的主要标志，是合格铁口深度的出铁次数占总出铁次数的百分数：

$$铁口合格率=\frac{合格铁口深度出铁次数}{总出铁次数}\times 100\%$$

铁口合格率是高炉正常生产的需要，铁口合格率一般应大于90%。这就要求出铁前加强对泥炮设备的点检和维护。在出铁过程中加强铁口泥套监视，铁口泥套是铁口的重要组成部分，泥套维护是铁口维护的重要一环，发现铁口泥套出现渣铁黏结物时应及时清理，以保证铁口堵口不冒泥。针对不同风量、压力、炉温及上次铁口深度确定打泥量。休止的铁口由于长时间不出铁，泥包在炉内受到渣铁环流的侵蚀和冲刷会逐渐消失，铁口深度基本上只保留至炉墙砌砖的长度。投入前需要打开铁口进行重堵铁口，打泥量按照最大打泥量的70%进行打泥，待铁口投入后逐渐增加打泥量，使铁口泥包逐渐增长，少量打入的炮泥由于受到了旧泥包的保护，在铁口内部能够得到很好的烧结，保证铁口正常深度。在正常生产中，当铁口深度过深时，需要逐步减少打泥量，不允许一次大幅减少打泥量，防止铁口出现断层和铁口难开情况发生。堵口发生冒泥，在退炮后需要重新修补铁口泥套，完成后打开铁口进行重新堵泥，以保证正常铁口深度。

B　及时出尽渣铁，全风堵口

为做到及时出尽渣铁，首先要求配罐及时，开口正点，同时点检维护好设备，避免设备故障影响出铁正点。

开口正点是指按规定的开口时间及时打开铁口。开口正点率是指正点出铁次数与总出铁次数之比：

$$\text{开口正点率}=\frac{\text{正点开口出铁次数}}{\text{实际总出铁开口次数}}\times 100\%$$

开口正点率一般要求大于 95%。目前马钢各高炉开口出铁间隔控制见表 9-104。

表 9-104　马钢各高炉开口间隔情况

$500m^3$高炉	$1000m^3$高炉	$2500m^3$高炉	$3200m^3$高炉	$4000m^3$高炉
40min	20min	5~10min	0~10min	+5~−5min

在开铁口时，需要根据上次铁口深度、炉温、压力变化及炉内积存量，正确选择钻头直径，以保证渣铁平稳顺利出尽。衡量铁水是否出尽可以用铁量差作为标志。铁量差是指按料批计算的理论出铁量与实际出铁量的差值。计算方法如下：

$$\text{铁量差}=nT_{Fe}-T_{实}$$

式中　n——两次铁间的下料批数；

$T_{实}$——实际的出铁量，t；

T_{Fe}——每批料的理论出铁量，t。

铁量差一般要求小于理论出铁量的 10%。

如果渣铁出不尽，在炉缸铁水积存量超过安全容铁量时则易发生烧坏风口等恶性事故。炉缸安全容铁量通常是指铁口中心线至风口中心线以下 500mm 炉缸容积所容的铁量，计算方法如下：

$$T_{安}=R_{容}\times R^2\times \pi\times h\times r_{铁}$$

式中　$T_{安}$——炉缸安全容铁量，t；

$R_{容}$——炉缸安全容铁系数，计算时取经验值，一般在 0.6~0.7 之间；

h——铁口中心线至风口中心线以下 500mm 的高度，m；

$r_{铁}$——铁水比重，一般取 7.0t/m^3；

R——炉缸半径，m。

只有在渣铁出尽后，铁口前端才有焦炭柱存在。具有一定可塑性的堵泥进入炽热的焦炭块空隙时会迅速固结，与焦炭块结成一个硬壳；焦炭柱阻止这个硬壳继续向前推进，这样在炉内压力的作用下，随后打进的堵泥被硬壳挡住向四周蔓延，能比较均匀地黏结在铁口周围炉墙上，形成坚固的泥包，保护炉墙和铁口正常深度。

如果渣铁没有出尽，铁口前存在液态渣铁，不易形成泥包，使铁口深度逐渐下降，铁口越来越浅。因此，出尽渣铁是维护好铁口的根本保证。

为保证及时出尽渣铁，确保高炉透气性良好，需要跟踪出铁流速，只有出铁流速大于炉内铁水生成流速，才能保证炉内渣铁及时出尽。根据高炉容积大小不同，出铁流速也不相同。

发生以下情况时，为了保证炉缸安全容铁量在正常范围内须进行重叠出铁：

（1）出铁速度低于生成速度；

（2）由于开口困难，造成开口间隔时间超过规定时间；

（3）渣铁未净；

（4）休风前；

（5）处理炉况需要；

（6）来渣时间超过规定时间。

重叠出铁的两个铁口，先堵口的铁口作为下次出铁铁口。如果在重叠出铁的同时，炉缸渣铁积存量继续呈上升趋势，则需要进行减风减氧，控制炉内渣铁生成量。

C　稳定打泥量

打泥量需要根据铁口深度的变化、炉温变化、钻头变化等来决定，在其他条件较稳定时，打泥量也应该是稳定的，不可随意加减泥量。马钢某高炉铁口深度与打泥量关系见表 9-105。

表 9-105　马钢某高炉铁口深度与打泥量关系

铁口深度/mm	>3300	2800~3300	<2800	铁口休止	连续出铁
打泥量/kg	320	280	200	全部打入	100

D　修补泥套

出铁时泥套直接受到铁水冲刷和炉渣侵蚀，开口、堵口时泥套受到开口机打击震动和泥炮的撞击。频繁的出铁操作很容易使泥套破损，当铁口泥套破损时必须及时修补。

马钢修补泥套方法：轻微泥套破损，用专用泥套切削钻头（图 9-111），切削磨平铁口，用泥炮试压后即可开口出铁。严重的泥套破损或冒煤气大的泥套修补，则要先磨平后，再采用直径 300mm 平保护套在其外边缘“点”焊铁皮，将其装在泥炮嘴上，在铁皮内填充搅拌均匀的浇注料或喷补料压制成型，用泥炮试压后即可开口出铁。

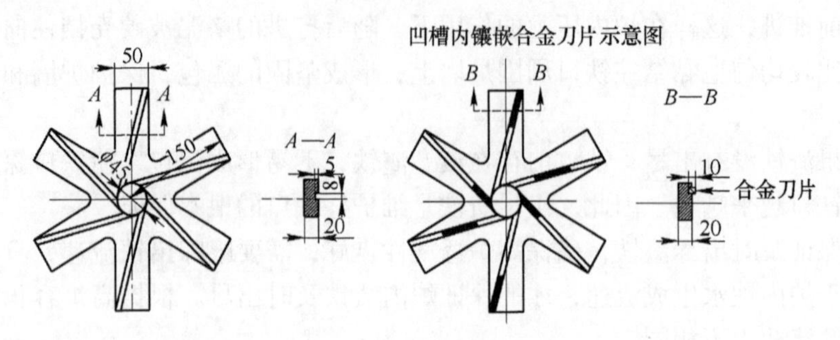

图 9-111 泥套切削钻示意图

E 提高炮泥质量

炮泥要求具有一定的可塑性，较高的耐火度，良好的抗渣、铁机械冲刷磨损和化学侵蚀性能，并具有快干性和干燥后具有足够的强度。

炮泥的性能直接影响铁口工作的好坏。使用强度高的炮泥出铁时，出铁过程中铁流变化小，出铁均匀且稳定，出铁的整个过程容易控制。但炮泥强度过高，开口困难或钻不开铁口，用氧气烧时会破坏铁口孔道，影响高炉稳定顺行。使用强度低的炮泥出铁时，铁口好开，铁口孔道侵蚀过快，会造成出铁前后期的渣铁流速变化过大，不能达到均匀稳定出铁的目的。塑性差的炮泥，打入铁口困难，易造成铁口深度的不稳定，影响出铁的稳定性。因此，提高炮泥质量，是维护好铁口的关键因素之一。

9.7.1.5 出渣铁管理

炉前出渣铁包括出铁前准备、开铁口前的确认、出铁过程监控、堵口作业等。

A 出铁前准备

（1）工器具检查。

（2）设备及状态检查。

（3）环保检查。

（4）沟检查。

（5）介质确认。

B 开铁口前的确认

（1）出铁准备就绪。

（2）渣处理准备就绪。

（3）铁水罐兑位准确，铁水罐本体不倾斜，罐口干净，撇渣器顺畅，表面未结壳，撇渣器沙坝已做好。

（4）确认炉前除尘各吸尘点已开始吸风。

C 出铁过程监控

（1）出铁过程中，各岗位监视不能中断，监视内容有：铁口状况、渣铁流速、过渣、过铁状况、沟材浮起、异常冒烟、铁口卡焦、铁口斜喷、混铁车内铁水量、主沟液面状况等。

（2）摆动流嘴监视：

1）当铁水液面距铁水罐沿300mm时为满罐。

2）拉重兑空后要及时看罐，表面结盖严重的铁水罐不得配置用于受铁，偏差较大（>200mm）可要求重对。

3）监视中出现问题视情况及时处理和汇报，情况紧急可直接堵口。

D 堵口作业

正常情况下，需要在渣铁出尽后堵口。判断渣铁是否出尽的根据是：按料批计算的理论铁量和实际出铁量基本相符，不应超过允许的铁量差。

（1）堵口准备。顶紧炮泥，清除铁口泥套周围渣铁，吹扫泥套。

（2）堵口操作。

（3）铁口泥套损坏或铁口出现异常情况，联系工长提前堵口，或在堵口前泥炮嘴更换特殊保护套，采取减风或拉风措施，防止堵不上铁口。

（4）堵口时，如有焦炭卡塞，需捅开来风后堵口。

（5）泥炮发生故障和事故时，需减风或休风进行人工堵口。

9.7.2 炉前渣铁异常情况的处理

9.7.2.1 铁口难开的原因及处理

A 铁口难开的原因

（1）炮泥强度高或炮泥管理欠缺，造成炮泥未打进或打进的炮泥量少，孔道内有渣铁。

（2）堵口冒泥，孔道松散，有熔渣铁。

（3）开口机故障，打击力不足、钻头质量差等。

（4）开口方式不规范造成铁口孔道断裂，漏铁。

B 处理方法

（1）避免冒泥，冒泥后必须要进行处理，修整好泥套，再进行打开铁口重堵作业。

（2）设备必须做到开口前、出铁中、出铁后的点检与维护，确保设备正常运行。

（3）控制好打泥量，稳定铁口深度，保证铁口孔道密实度。

（4）除拉罐兑罐外，开口资材准备到位，开口时间适当提前。

（5）按作业标准开口作业。

（6）改进炮泥质量。

9.7.2.2 铁口连续过浅的原因及处理

铁口深度过浅，尤其是铁口长期过浅，没有泥包保护炉墙，在渣铁的侵蚀冲刷下，炉墙会越来越薄，很容易造成铁水穿过残余的砖衬后烧坏冷却壁，发生铁口爆炸和炉缸烧穿等重大事故，不仅影响高炉生产，而且缩短了高炉的寿命。

A 主要原因

（1）铁口堵口连续冒泥或实际进入铁口孔道的泥量少，铁口越来越浅。

（2）炮泥或泥炮设备原因，导致铁口打不进泥，打泥波动大，造成浅铁口。

（3）渣铁未出净，炉缸内积存大量渣铁。

（4）长时间单边出铁，或铁口连出，打入铁口孔道的炮泥没有得到充分烧结，孔道内有潮泥，耐渣铁冲刷能力下降，造成铁口过浅。

（5）炮泥质量差，打入的炮泥耐渣铁冲刷能力下降。

（6）开口操作不当，出现断铁口、漏铁口和铁水孔道扩大等异常情况造成铁口深度下降。

（7）潮铁口出铁，炉内漏水，铁口喷溅。

B 处理方法

（1）杜绝铁口冒泥，增加打泥量，打泥时均衡保压。

（2）正确使用堵口设备，保证打入泥量。

（3）控制好两边铁口出铁时间的均衡，避免连出。炉内操作适当提高炉温，有利于涨铁口。

（4）改进炮泥质量，调整钻头尺寸选用小钻头开口。

（5）遇潮铁口时，尽快找出漏水点，烤干铁口区域再行出铁。

（6）根据铁口深度调整出铁次数，改变出铁模式，尽量出净渣铁后堵口，见风即堵。

（7）长期铁口浅，可提［Si］降［S］、适当降低风量、缩小或堵铁口上方风口。

9.7.2.3 铁口跑大流、跑焦炭的原因及处理

一般说来，铁水流速大于正常流速的1.5倍为跑大流。出铁时铁流因流速过大，撇渣器过铁能力不能满足，失去控制的渣铁可能会漫出主沟，烧毁炉前设备，甚至烧伤人；铁水冲毁沙坝，流入渣沟，易造成水渣放炮。

A 跑大流的原因

（1）开口操作不当，造成铁口孔径过大，泥包损坏。

（2）炮泥质量差，抗渣铁冲刷性能低，导致铁口迅速扩大。

（3）铁口浅，渣铁连续出不尽。

（4）潮铁口出铁。

B 跑大流的处理

打开铁口，发现铁口跑大流，应立即通知中控室减风，控制渣铁流速，迅速组织堵口，同时用黄沙加固加高主沟、排渣口沙坝。

C 跑大流预防

（1）炮泥质量稳定，保证泥包完好。

（2）保持足够的铁口深度。

（3）维护好铁口泥套，出铁前必须清理干净泥套下的残渣铁，杜绝铁口冒泥。

（4）铁口连续浅或连续冒泥，可改用小钻头，严禁漏铁，加固加高主沟两侧、排渣口沙坝，必要时要求工长做好减风准备，保证撇渣器通道畅通，满足正常过铁速度。

9.7.2.4 铁口断的原因及处理

A 铁口断的原因

（1）泥包侵蚀严重，得不到新泥补充，造成铁口孔道局部侵蚀。

（2）铁口过深，泥包前部突出，形成泥柱，泥柱局部侵蚀后，形成断裂。

（3）炮泥质量差，强度不够。

（4）堵口打不进泥或堵口打泥量升降幅度大。

（5）开口机长时间无效果打击或钻头钻进速度不稳定。

（6）烧氧气操作不当，铁口烧偏。

B 铁口断裂处理方法

（1）堵口退炮后约20min，炮泥未完全烧结时开口后重新打泥。

（2）适当增大钻头直径开口。

（3）堵口打泥至打泥压力到系统压力，使打进的炮泥顶掉断层前段的炮泥或充实断层裂缝，消除断层。

C 铁口断层预防

（1）改进炮泥质量。

（2）避免开口机长时间无效果的打击。

（3）出尽渣铁，打泥量稳定，炉缸工作状况不好时，适当减泥，防止铁口过深，升降缓慢。

（4）烧氧气沿铁口中心线顶进烧入。

（5）开口操作稳定，不能快慢不一或中途停止操作。

（6）控制好开口机通水水量，防止钻杆钻断或钻头耗尽。

9.7.2.5　撇渣器冻结的原因及处理

撇渣器由主铁沟、排渣口、沙坝、大闸、过眼、小井、排铁口、残铁眼组成。撇渣器操作的中心任务是确保渣铁分离，渣中不过铁，铁中不带渣，渣铁不外溢，确保正常安全生产。

A　撇渣器冻结主要原因

（1）炉凉，渣铁温度低，渣铁分离不良，流动性差。

（2）临时短期休风因故延长，事先撇渣器存铁未放。

（3）出铁时间间隔过长，撇渣器保温时间延长，铁水温度下降。

（4）撇渣器容积不够，铁水存量不足，温度下降快。

（5）撇渣器保温不好，或进水造成铁水温度下降。

（6）堵口后未及时关闭除尘，导致大量热量流失。

B　处理方法

（1）炉凉，渣铁温度低，每次铁后放净撇渣器内存铁。

（2）正点出铁，加强撇渣器保温。

（3）休风超过一定时间，要放撇渣器。

（4）在上凝下不凝时，降低撇渣器内铁水液面，凿开硬盖后出铁。

（5）杜绝撇渣器内进水，凝铁严重要用氧气前后烧通，处理完后出铁。

9.7.2.6　铁口喷溅的原因及处理

铁口喷溅是液态渣铁从铁口孔道中高速流出时混入其他气体，在流出铁口后体积发生急剧膨胀。气体来源主要有煤气、水蒸气和堵口炮泥产生的有机气体。

A　出铁喷溅的原因

（1）新建高炉因砖衬未充分干燥留有残存水分，或冷却设备破损漏水，潮湿炮泥等，水分遇到炉缸内液态渣铁后产生气化，产生的压力有部分进入铁口，造成出铁喷溅。

（2）铁口区域煤气泄漏。炉壳与冷却壁间的缝隙、砌体间间隙、冷却壁之间缝隙、捣打料捣打不实等，都会产生细微缝隙。高炉内部为高压操作，产生的高压煤气通过砖缝进入铁口通道，使铁水产生喷溅。

（3）炉体冷却系统漏水，打开铁口后，大量水汽流向铁口，造成铁口喷溅。

（4）炮泥质量差，强度低，开口后铁口孔道不规则，易产生裂缝，甚至出现铁口泥包断裂，最终出现煤气窜漏，造成铁口喷溅。

B　出铁喷溅大的处理

（1）新建高炉，要严把高炉砌筑关、耐材质量关，对砌筑作业过程进行严格管控，并严格烘炉操作。

（2）加强出铁管理。出铁时铁口喷溅大，首先要加强铁口的日常维护，避免堵口冒泥，规定好合理的打泥量，保持铁口正常深度，保证良好的铁口状态，出净渣铁。

（3）针对炮泥的性能区别，可对铁口采取预钻一定深度重堵铁口等措施。

（4）加强水系统的管控，严格控制漏水设备对出铁的影响。

（5）利用休风机会，对风口、铁口及炉缸区域开孔灌浆，对铁口孔道进行正面压浆，阻断、封堵煤气通道。

综上所述，出铁口喷溅最可能的原因是煤气窜入铁口孔道与渣铁混合而形成。预防措施首要是选材，保证施工质量。在生产过程中，铁口喷溅的主要治理是切断煤气通道。

9.7.3 特殊炉况下炉前渣铁处理

特殊炉况的炉前操作包括高炉大中修停炉、开炉、放残铁、长期休风封炉及复风和炉况失常处理等操作。在这些特殊情况下，对炉前操作的要求与正常操作大不一样，重点要及时排放渣铁。

9.7.3.1 开炉炉前作业

高炉开炉是一项系统工程，开炉时的渣铁处理好与坏是决定开炉是否顺利和高炉能否尽快达产的一个重要标志。开炉炉前操作的主要任务就是空喷好铁口；按时打开铁口，保证渣铁流顺畅，并在渣铁出完后安全封堵铁口，维护好铁口，以保证开炉生产连续进行；同时，还要维护好设备。随着开炉技术水平的不断提高，如何处理好渣铁，使高炉开炉快速达产、稳产，已经成为重要议题。

A 开炉作业准备

点火前的炉前作业准备是开炉工作必不可少的环节。主要分类如下。

a 铁口泥套、泥包制作及煤气导管安装

开炉前制作铁口泥包主要作用是保护铁口区域炭砖。主要分为两大部分：一是前期准备工作，它包含人员的安排、材料和工器具的准备、制作泥包前的确认，以及炉外、炉内平台、溜槽的搭设和铁口煤气导管的安装；二是铁口的制作和泥包捣打的方法。

煤气导管固定示意图见图 9-112。

开炉泥套制作：在铁口上预放一块同尺寸钢板，煤气导管穿过钢板的位置割开同样大小的圆孔，然后安装铁口钢板，并固定在铁口框上，煤气导管缝隙处用石棉封死。钢板内侧涂上废机油，安装钢板前将铁口泥套内杂物、灰尘吹扫干净，进行浇筑，浇筑过程中注意采用振动棒振实，振动时间以浇注料表面返浆为宜，振动过程中需防止振动棒打坏铁口炭砖。

泥套浇注要连续进行，每次搅拌好的浇注料应在 30min 内浇注完毕，泥套养护成型时间为 36h，成型后小火烘烤 120min，中火烘烤 120min，然后大火烘烤

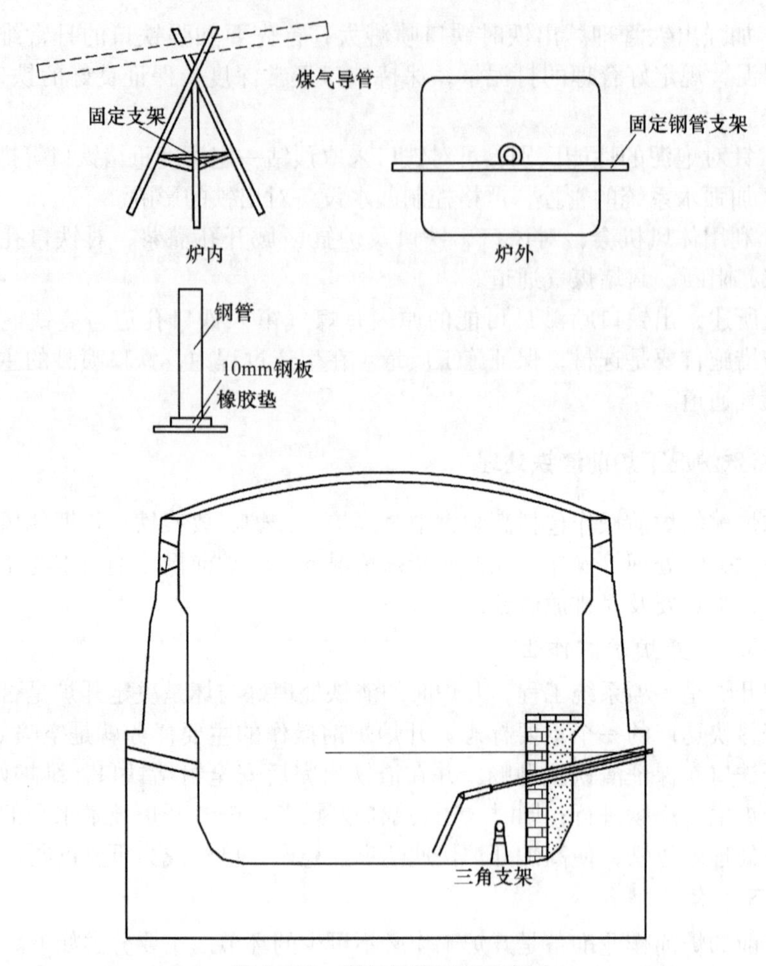

图 9-112　煤气导管固定示意图

120min（其中前 30min 用铁板隔开，其余时间割除钢板烘烤）。烘烤完毕后，用泥炮试压泥套强度。

泥包制作：搭进人、进料脚手架，搭脚手架应遵循先炉外后炉内、先下后上的程序，安装炉内照明灯。泥包制作需分段制作，泥包保护墙采用 G-2、G-4 耐火砖按比例搭配砌筑。每层投入捣打料的厚度不超过 150mm，用铁锹铺平，用小风锤捣打，捣打方法为一锤压半锤连续均匀逐层捣实。铁口泥包制作完毕后，应把炉内施工工具、剩余材料运出炉外，并把炉内清扫干净。

铁口孔道制作：铁口孔道制作，一般有两种方式，一是采用浇注料浇注，浇注料浇注应考虑所用浇注料的性能；二是捣打料捣打，便于开炉尽快置换成炮泥孔道。捣打料制作铁口孔道，因施工或强度问题，开炉时，易出现跑大流情况。

某高炉泥包制作图见图 9-113～图 9-115。

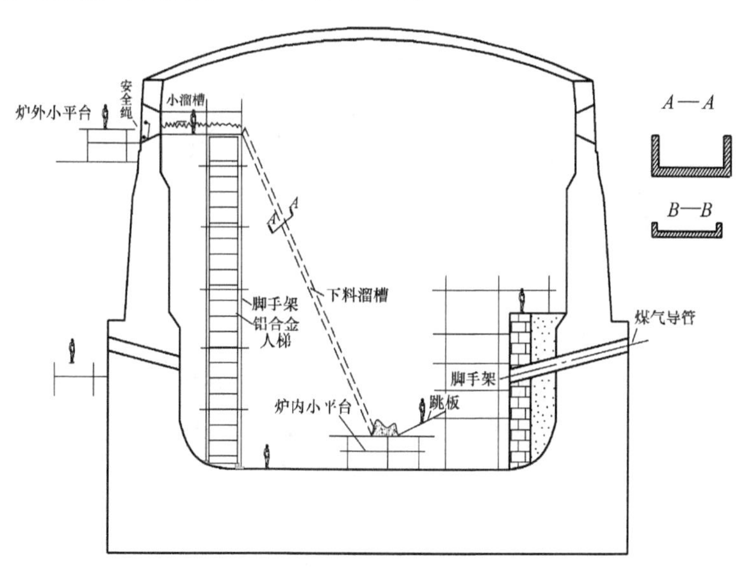

图 9-113　某高炉泥包制作图（一）

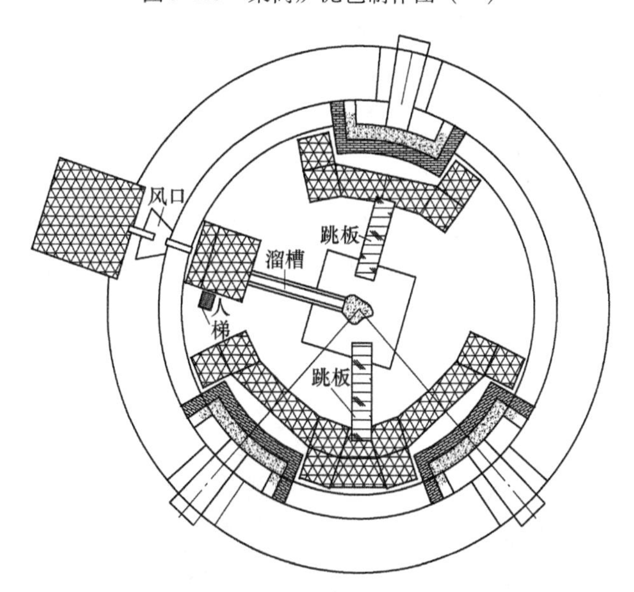

图 9-114　某高炉泥包制作图（二）

b　点火前的炉前设备试运转

确认开口机、泥炮、摆动流嘴、除尘等符合设计要求试运转正常。

c　点火前的炉前铁沟及摆动流嘴的通水试验

以水为模拟介质，测定铁水流在摆动流嘴内及由摆动流嘴流入铁水罐时的落

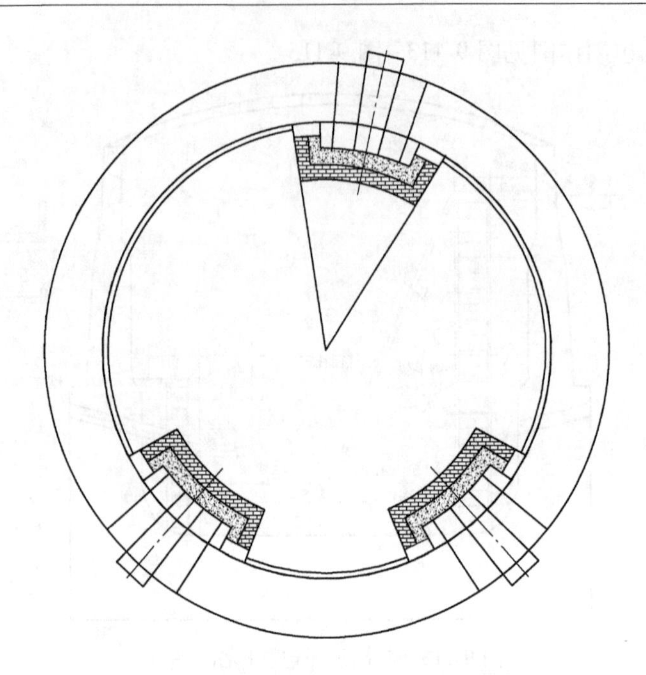

图 9-115　某高炉泥包制作图（三）

点，检验各支铁沟头及摆动流嘴的尺寸及相对位置是否合适。测定出摆动流嘴在工作角度范围内摆动时铁水流的变化，为正常生产提供试验数据。

雨布罩在铁沟、摆动流嘴、罐口上，在铁沟 1/2 处，用油桶盛水往沟里倒，摆动流嘴作不同角度倾翻，观察水落在罐口位置（角度变化后落点变化）并做好记录，完后把雨布、油桶移至到残铁沟上再做落水试验并做好记录，见图 9-116 和图 9-117。

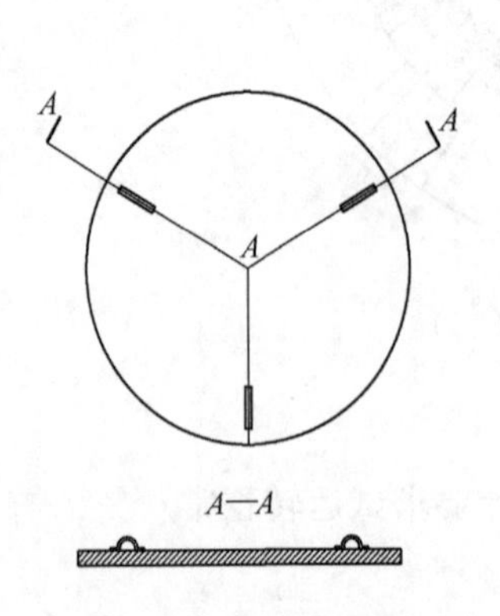

图 9-116　铁水罐通水试验盖板

图 9-117　某高炉现场铁水罐通水试验

d 沟的特殊处理

（1）主沟浇注时预留放残铁小眼。

（2）主沟底用黄沙垫铺，黄沙厚 300~450mm，并把主沟挡渣板装上，筑好沙坝。

（3）渣铁沟用黄沙垫铺，要求尽量浅一点，可盖沟盖。

（4）混铁车道轨中间及两侧铺黄沙，做成中间高、两侧低，以利漫铁时铁水流出。

e 摆动流嘴的处理

（1）摆动流嘴的沟边上铺上黄沙、焦粉。

（2）铁沟沟嘴前端焊上 100~150mm 铁板，使其延长流嘴，铁板上铺垫耐铁水冲刷的耐材（初出铁时，铁水黏，铁流小，铁水落点近）（注：可根据通水实验结果）。

f 准备好炉前用工器具和生产资材

工器具准备：大锤、锹、钢钎、铁钩（自备）等各种器具完好适应；吹扫管、氧气软管及煤气软管无破损、漏气，氧气夹具完好。

资材准备：选择合适的钻杆、铁棒；氧气管、引流棒、黄沙、保温料就位，数量充足；炉台照明要良好，炉前工作场地要整洁，平台四周栏杆要完整、牢固。炉台上的各种物品、备件，要按规定摆放，保持各安全通道畅通。

B 铁口空喷作业

开炉时的渣铁处理好与坏决定着高炉能否顺利开炉和尽快达产。开炉炉前操作的主要任务就是空喷好铁口，同时利用开口机、泥炮等专用设备和各种工具按时打开铁口，保证渣铁流顺畅，并在渣铁出完后安全封堵铁口，维护好铁口，以保证开炉生产连续进行。

（1）点火前接好炉外煤气导管并上好管帽。

（2）全部风口着火以后打开管帽，并用 COG 及木柴点火。

（3）炉前设备再次运转确认。

（4）空喷期间各岗位加强监视，空喷期间如火焰过大，必须关闭除尘设备。尤其铁口区域，防止铁口煤气熄灭；若铁口有焦炭卡住，要及时捅开、防止熔渣过早堵塞铁口造成泥炮难以堵口。

（5）空喷堵口条件及操作：

1）铁口喷出熔渣并流入主沟 2000mm。

2）铁口前堆积熔化物，经消除后无效，并有可能妨碍堵口时。

3）渣流突然增大时。

4）堵口打泥量：80~100kg（能封住铁口即可）。

5）堵口后沟清理。堵口后主沟要求在 1h 内清理完毕，尽快具备出零次铁的条件。

C　零次铁的炉前操作

零次铁铁口安排顺序：

(1) 点火数小时后，首开预设铁口，用开口机尽量把铁口钻开，如铁口钻不开则用氧气烧，烧氧气时角度和铁口角度保持一致。如首开预设铁口开口困难(30min未打开)，即开预备铁口。开口选用大钻头，后续视情调整钻头直径。因开炉时炉缸中热量不足，渣铁分离不好、流动性差，所以，零次铁根据情况可不经过撇渣器，直接进干渣池。

(2) 主沟及渣沟应作好沙坝，防止渣入"小井"及水渣沟。

(3) 见铁或铁口来风时堵口。

(4) 堵口泥量：按铁口深度要求控制。

(5) 清理好残渣。

D　一次铁的炉前操作

(1) 零次铁堵口后数小时出一次铁。

(2) 选用预设铁口进行一次铁出铁。

(3) 开口钻头选用大钻头。开口间隔时间按炉况及渣铁存储量定，提前进行开口作业。

(4) 铁口开始喷溅时堵口，堵口后及时清理残渣铁。

(5) 堵口泥量：按铁口深度要求控制。

E　后续出铁的炉前操作

(1) 每次出铁间隔时间。按炉况及渣铁存储量定。出铁前数分钟进行开口作业。

(2) 根据渣铁流动性确定铁口深度。

(3) 铁水罐（混铁车）配备。根据铁水流动性确定使用铁水罐（混铁车）时间（抽主沟闸板）。

(4) 出铁时间不满50min，应考虑改变钻头和铁棒直径或调整炮泥强度。

(5) 在主沟储铁前原则上采用单铁口作业。

(6) 出铁过程中铁口发生异常情况时的处理方法：

1) 预备沟要及时早做好准备，炉前设备保证正常运转。

2) 发生事故的铁口要尽早处理完毕。

(7) 开炉初期出铁，各工种要坚守岗位，及时处理各岗位发生的问题。

出铁时的铁口监视：铁口泥套面、铁口孔径变化、铁流大小、铁口卡焦、喷溅情况、铁口渣铁黏结情况等。

F　主沟储铁条件

(1) 当铁水温度上升到1450℃、出铁量大于100t/次、流动性良好，可开始主沟储铁。

（2）储铁的主沟要做好保温工作，可采用连出的方法来防止冻死。

（3）主沟储铁成功后可考虑双铁口作业。

（4）主沟安全储铁标准：

1）新沟第一次通铁量不足400t时必须连出一次。

2）新沟第一次通铁量超过400t时，可以不连出但间断时间不能超过3h。

3）为保证安全，主沟出铁间断超过8h（新沟5h），应放主沟残铁。

4）炉况不好，[Si] 高 [S] 低，渣铁流动性差，堵口后视情况及时放主沟残铁。

9.7.3.2 停炉炉前作业

放残铁是高炉大修的重要环节。高炉大修需更换炉缸冷却壁及砖衬，为便于大修，停炉时要放出铁口中心线以下留存于炉底被侵蚀部位的残铁。要确保安全、顺利、尽可能将残铁放净，为扒炉创造条件。因此，在停炉大修前要提前做好各种方案，方案包括放残铁方案、放残铁铁路运输方案、扒炉方案及安全方案等。关键是要选择合适的残铁口位置。

A 估算炉底侵蚀深度

炉底侵蚀深度的确定是放残铁工作的关键。炉底侵蚀深度的估算方法有三种：

（1）根据炉缸冷却壁水温差确定。根据冷却壁水温差上限报警，可推知侵蚀最严重的地方。

（2）根据经验法。以马钢某高炉为例，一代炉役的侵蚀深度一般为1.4~1.8m，即残铁口位置（相对于铁口中心线，死铁层厚为1.6m）等于3.0~3.4m。新经验法的残铁口位置（相对于铁口中心线）等于经验常数+高炉炉役变量+日常铁口深度变量+炉况变量。

（3）温度拐点法。在周向选择4个方向风口，并分别在该方位的炉底炭砖高度区间的炉皮表面垂直间隔100mm选择25个测点，定期测温并记录，整理绘制测温曲线，测量时应有煤气安全措施。重点选择在休风状态和不休风状态，以及冷却壁不停水和短暂停水几种状态条件，找到温度拐点，确定残铁口位置。

结合高炉炉底结构及炉缸水温差上限报警的现状，炉皮温度场变化，炉役时间和冶炼强度，参考炉缸侵蚀模型，并结合大高炉放残铁的经验，确定炉底侵蚀深度。

B 残铁口位置选择

残铁口的位置应该是炉缸底部侵蚀最薄的部位。残铁口位置选择应考虑开残铁口容易并尽可能出尽残铁；要离铁道线近，有利于铁水输送；立体空间障碍物少，有利于架设安装残铁沟槽和搭建操作平台；空气流通性好，有利于出残铁操作以及尽可能避开地面排水沟槽，铁水流经区域干燥无易燃易爆物品等。

C 残铁量计算

根据测算残铁口的位置，计算残铁量：

$$T_{铁} = K\left(\frac{\pi}{4}D^2 h + V_{死铁层}\right)\gamma_{铁}$$

式中 $T_{铁}$——铁残铁量；

K——根据侵蚀严重情况选取的系数（0.45~0.55）；

D——炉缸直径；

h——平均侵蚀深度；

$\gamma_{铁}$——铁水密度取 7.0t/m³。

炉底、炉缸侵蚀示意图见图 9-118。

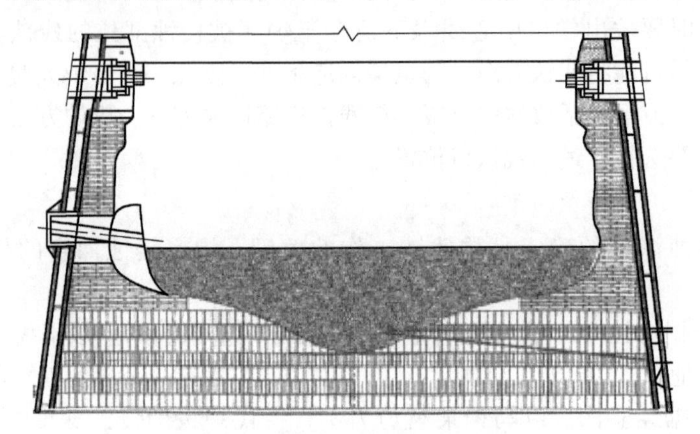

图 9-118 炉底、炉缸侵蚀示意图

D 放残铁作业

a 残铁沟的准备

残铁沟的长度等于残铁口处炉壳到残铁罐内侧轨道的距离，残铁沟尺寸、坡度，根据每座高炉实际情况而定，一般用 8mm 的钢板焊接制成，上宽下窄，沟末端 1.0m 处的坡度降低或为水平。残铁沟内底部平砌 2 层耐火砖，侧面砌 1 层耐火砖；上铺一定厚度的有水炮泥，再垫一定量的铁沟捣料，然后用煤气火烤干。残铁沟用槽钢做平台支架，两侧架设工作平台和走梯。

残铁沟示意图见图 9-119。

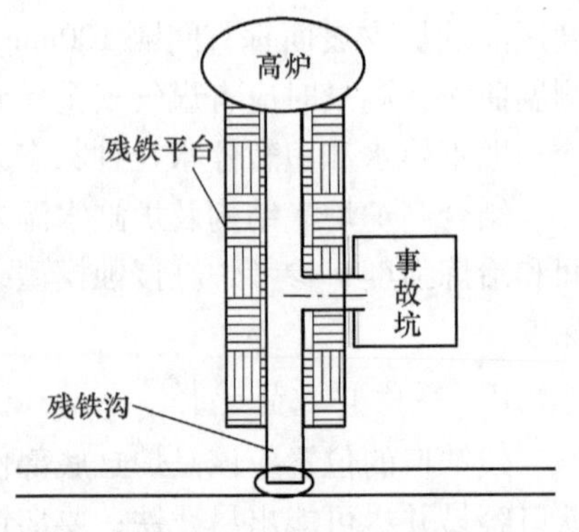

图 9-119 残铁沟示意图

b 残铁罐及连接板的准备

根据残铁量，确定所需铁水罐种类、数量。相邻铁水罐口用连接板过渡铁水，连接板内用耐火材料制作。同时需要制作临时事故残铁坑。残铁坑周边用8mm厚、1500mm高钢板焊接，外壁用槽钢做龙骨，内壁砌一层耐火砖，残铁坑下铺两层耐火砖，并垫上黄沙，打成田字格，保持干燥。

c 工具及动力管线的准备

残铁沟两侧增设煤气管道，氧气管路及压气管路，需有照明。准备工具：手提式钻口机一台，氧气带，长短钢钎、大锤、锹等若干。

d 开残铁口作业

当降料面到风压 *BP* 为 50～70kPa 时，开始割炉皮，尺寸 900mm×1000mm，同时关闭该块冷却壁的冷却水，为安全起见，确认相邻冷却壁水温差变化，确认无问题后进行后续工作。割开炉皮后，如煤气外逸严重，则只有等到高炉休风后再干。如一切正常，当风压 *BP* 为 40～50kPa 时，可开始用氧气烧割炉皮开口部位的冷却壁。烧完残铁口处的冷却壁后，吹净冷却壁内积水，抠掉冷却壁与炭砖之间的捣料露出炭砖，标注好残铁口中心位置后，开始用捣打料做泥套，完成后烘干，具备出铁条件，以上工作两残铁口同时准备。

当最后一炉铁出完（降料面出铁应尽量增大铁口角度，力求出净），降料面工作完毕，高炉休风，开始钻残铁口，尽量钻深些，然后用氧气平烧，直至烧来。然后根据出铁量多少及铁流大小，决定备用残铁口何时烧。如果平烧至确定深度仍不来铁，则向上斜烧；如仍烧不来，则考虑重新调整残铁口位置。

E 出残铁过程

（1）配有准备好的专用机车，并配有专职调度人员指挥。

（2）检查好连接板和铁罐间挂钩情况，严防脱钩。

（3）炉前要有专人看罐，残铁罐装残铁 80%左右开始拉罐。

（4）出残铁时间及整个过程主要取决于烧残铁口眼的质量。

F 出残铁安全规定及原则

（1）高炉放残铁环境条件恶劣，有一定危险性；所以准备工作应及早着手，计划周全；操作时应统一指挥，避免多头指挥。出残铁作业必须成立领导小组，确定安全第一责任人，负责作业过程的监督管理。

（2）残铁罐、炉基和铁道要保持干燥，禁止有杂物和积水；出残铁平台放置必要工具外，不许有其他杂物，应保证作业通道安全畅通。

（3）残铁罐残铁沟流嘴，铁沟、泥套和连接板必须用煤气火烘干。

（4）残铁口附近要安装好工作平台栏杆和走梯，并应确保良好的通风和照明设施。

（5）残铁罐挂钩牢固严防脱钩，上部用泥球保护好，罐间连接板要摆正，两端搭接要稳定；残铁罐挂沟作业前必须进行二次确认。

（6）放残铁前，铁运部门应做预演，标好货位标，确保拉兑罐准确及时。

（7）放残铁过程应体现安全、顺利、放尽的指导原则。参加放残铁人员必须要认真学习相关规程。作业时必须穿戴好劳动保护用品，否则禁止上岗。无关人员禁止进入现场。

（8）出残铁的理想结果是，残铁出口位置准确，烧开残铁口时机恰当，残铁安全顺利出尽，如此将给大修施工创造有利条件。

9.7.3.3 长期休风封炉及复风的炉前作业

长期休风后积存在炉缸内的渣铁，炉内热损失大，炉内渣铁随温度下降而逐渐凝结，使铁口至风口之间的冷渣铁和焦炭结为一体，对复风后风口熔化物的渗透造成困难。因此，提高铁口区域的加热速度，加强炉前操作，尽快从铁口排出冷渣铁，是复风开炉顺利进行的关键。由于高炉长期休风，复风后，炉缸工作不活跃，透气性差，下料不均匀，并且有崩料现象，从而导致加风速度慢，[Si]偏高，渣铁流动性差，炉缸渣铁难以排尽，风温上不去，炉况恢复进程缓慢。休风前的充分准备是确保高炉休风后炉况恢复的前提和基础。

A 长期休风炉前应注意的问题

长期休风炉前应注意以下问题：

（1）高炉长期休风时，炉前必须确保渣铁出尽，确保高炉不慢风操作。如果渣铁不尽，休风后凉渣铁在炉缸结壳黏结，致使透液性变差，不利于复风恢复炉况。

（2）封炉或长期休风操作必须确保人身、设备安全，严防煤气爆炸和煤气中毒事故。

（3）长期休风（封炉），休风前最后三次铁需应逐渐增加铁口角度，以减少炉缸内积存的渣铁，可适当空喷铁口后休风。

（4）封炉休风前后一次铁的出铁时间必须严格控制，以确保装入的休风料到达风口的时间正好是出完铁休风的时间。

B 休风后炉前作业

（1）放主沟残铁。

（2）休风后，风口用有水炮泥堵严，并抹黄油。

（3）风口破损漏水或怀疑可能漏水的风口，休风后应尽快更换并堵泥。

（4）主沟、撇渣器、支铁沟、渣沟、摆动流嘴等清理、制作、修补、烘烤好。

（5）减小开口机角度。

C 送风炉前作业管理

长期休风封炉后，开炉送风时，炉前操作的关键是：送风一定时间后能够及时打开铁口（或临时出铁口）出铁。

（1）长期休风送风前将铁口钻开，并从铁口及铁口上风口相互烧通至风口可见冒烟，埋设氧枪，深度以炉墙厚度而定，用耐火材料制品将铁口封严，分别用金属软管将氧气、压气、流量装置与氧枪连接好。

（2）送风后开启铁口氧枪。先开氧气阀门调节到一定压力，然后开压气阀门调节到一定压力，通过氧气、压气的压力、流量，确定吹氧率。氧枪开启初期，氧气压力、流量应大于压气。其目的是连续向炉内提供大量氧气，使炉内焦炭迅速地燃烧产生大量的热量来提高炉温，提高铁口前端的热量。后续根据压力表变化情况或观察孔观察情况，逐步提高压气压力和流量。

（3）各岗位严密监视，根据送风风量的多少和下料情况，确定第一次来铁时间，严密监视氧枪情况。

（4）根据铁口工作情况、炉温高低以及风量恢复情况，逐步捅开风口，开风口速度与炉况接受能力匹配，渣铁排出量与送风风量匹配，实际出渣铁量在允许偏差范围内。

（5）当高炉铁水满足主沟储铁条件时可进行主沟储铁作业。复风后按对角铁口投入出铁，待投入铁口应随时具备出铁条件。主沟具备储铁条件后，则投入一个铁口，原则上出铁口见空喷堵口。主沟的储铁时间及铁口的切换时间可根据开炉后的铁水温度高低、渣铁流动性、炉况灵活调整。开口晚点、出铁时间超过3h等应重叠出铁，用大钻杆开口时，出铁时间不足2h应调整钻杆孔径，为防止开口困难应事先提前开口。

（6）加强主沟的保温，主沟储铁时间超过5h该铁口不能出铁时应放掉主沟残铁。

9.7.3.4 炉缸冻结炉前操作

由于炉温大幅度下降导致渣铁不能从铁口自动流出时，就表明炉缸已处于冻结状态。

A 炉缸冻结的炉前处理

（1）堵死其他方位风口，仅用铁口上方少数风口送风，炉前用氧气或氧枪加热铁口，尽力争取从铁口排出渣铁。铁口角度要尽量减小，烧氧气时角度也应尽量减小。

（2）如铁口不能出铁说明冻结比较严重，应及早休风准备用渣口出铁（如果有渣口），保持渣口上方2个风口送风，其余全部堵死。送风前渣口小套、三套取下，并将渣口与风口间用氧气烧通，见到红焦炭。烧通后将用炭砖加工成外形和渣口三套一样、内径和渣口小套内径相当的砖套装于渣口三套位置，外面用钢板固结在大套上。送风后风压不大于0.03MPa，堵铁口时休风。

（3）如渣口也出不来铁，说明炉缸冻结相当严重，可转入风口出铁，即用渣口上方两个风口，一个送风，一个出铁，其余全部堵死。休风期间将两个风口间烧通，并将备用出铁的风口和二套取出，内部用耐火砖砌筑，深度与二套齐，大套表面也砌筑耐火砖，并用炮泥和沟料捣固并烘干，外表面用钢板固结在大套上。出铁的风口与平台间安装临时出铁沟，并与渣沟相连，准备流铁。送风后风压不大于0.03MPa，处理铁口时尽量用钢钎打开，堵口时要低压至零或休风，尽量增加出铁次数，及时出净渣铁。

(4) 采用风口出铁次数不能太多，防止烧损大套。风口出铁顺利以后，迅速转为备用渣口出铁，渣口出铁次数也不能太多，砖套烧损应及时更换，防止烧坏渣口二套和大套。渣口出铁正常后，逐渐向铁口方向开风口，开风口速度与出铁能力相适应，不能操之过急，造成风口灌渣。开风口过程要进行烧铁口，铁口出铁后问题得到基本解决，之后再逐渐开风口直至正常。

B　炉缸冻结处理注意事项

(1) 采用渣口或风口出铁时，开口时应尽量用钢钎子打开，防止跑大流。堵口时应放风到零或休风，防止烧伤。

(2) 采用渣口或风口出铁，出铁的渣口或风口必须用耐火砖砌筑严密；加固结实，防止烧损风口大套和渣口二套。

(3) 采用风口或渣口出铁，禁止冲水渣。

(4) 处理大凉或炉缸冻结，首先要集中加足够的焦炭，然后再适当减轻焦炭负荷，保持炉缸温度充足，生铁含硅量控制在0.8%~1.0%左右。

(5) 控制开风口速度与出铁能力互相适应，不能操之过急，造成风口灌渣。

(6) 采用渣口出铁时，开风口须依次向距铁口最近方向转移。铁口能出铁后，开风口顺序要依次向渣口方向转移。开风口要相应加风，控制压差稍低于正常水平。

9.8　高炉体检技术

高炉炼铁是一个复杂多变的物理化学过程，不同高炉、高炉的不同时期，其冶炼特点各不相同，现有的技术还没有完全吃透高炉炉况的衍变机理，科学、准确及客观的研判炉况的方法是炼铁工作者迫切要解决的课题。近年来，马钢高炉在这方面进行了有益的尝试，效果斐然。通过医学体检能够科学、客观地判断人体的健康状态，提前发现人体的疾病，并指导采取预防及应对措施，防患于未然。以此类之，高炉体检也能对炉况的研判实现以数据化代替经验化的转变。2014年5月马钢高炉首次提出高炉体检理念。同年8月，高炉体检制度初具雏形，经过深入研究建立了体检参数体系，《高炉监控与诊断管理办法》发布实施。2015年1月，创造性提出“高炉顺行指数”概念，科学的量化高炉炉况顺行状态，对应高炉稳定顺行、基本顺行、波动预警、炉况失常等状态。2016年7

月，高炉体检制度进入良性的 PDCA 循环，针对体检发现的问题，以单点课形式在铁前系统讲解，形成案例，不断完善评价标准，高炉体检结果与实际情况逐步吻合。高炉体检制度为高炉提供“专家+保姆”式服务，支撑高炉长周期稳定顺行。

9.8.1 高炉体检的意义

高炉是一个“黑匣子”，现有的技术仍然没有完全吃透，操作者只能通过监控和分析各项参数的变化对高炉的生产过程进行认识和把握，技术水平、经验、主观认识等会导致对高炉炉况的认知出现偏差，因此，科学、客观、量化地把握和认识高炉炉况的变化是我们面临的课题。施行高炉体检，精心选择体检参数，建立高炉体检体系，严格体检日常运行管理，长期跟踪，进行横向和纵向对比，高炉体检能够及时有效地对炉况进行预警，并指导调整方向。高炉体检是加强高炉有效监控，提高高炉炉况分析和把握能力，准确判断高炉顺行状态，促进高炉长周期稳定顺行的有效手段。

9.8.2 高炉体检参数的设定

高炉生产过程包括众多的子工序，如配料、上料、布料、鼓风、富氧、喷吹及渣铁处理等，产生大量的生产参数，如指标参数、操作参数和状态参数等，构成一个非稳态、紧耦合、多时变的复杂系统。分析这些参数的变化，有利于对高炉炉况的研判。高炉体检参数就是各高炉根据实际选取的一些重要参数，通常分为指标参数、煤气流参数、送风参数、炉体温度参数、铁水炉渣参数、原燃料质量参数及其他体检参数等。

9.8.2.1 指标参数

参数就是一些重要的高炉炼铁经济技术指标。高炉体检选取的指标参数一般是 3~4 个，这些参数包括日产量（单位为 t/d）、燃料比（单位为 kg/t）、煤比（单位为 kg/t）和全焦负荷（单位为 t/t）等。

9.8.2.2 煤气流参数

煤气流参数是一些重要的、高炉监控和分析煤气流分布状况的参数。高炉体检选取的煤气流参数包括：炉顶温度（单位为℃），顶温极差（单位为℃），炉喉钢砖温度（单位为℃），炉喉钢砖温度极差（单位为℃），封罩温度（单位为℃），十字测温中心温度（单位为℃），十字测温边缘温度（单位为℃），中心流指数 Z 值，边缘流指数 W 值，Z/W，煤气利用率（单位为%），探尺差（单位为 m），崩料、滑料及管道次数，瓦斯灰比（单位为 kg/t）等。

9.8.2.3 送风参数

选取的送风参数包括：日减风次数，实际炉腹煤气量（单位为 m^3/min），压差（单位为 kPa），透气性指数（风量/压差，单位为 $m^3/(min \cdot kPa)$），实际风速（单位为 m/s），鼓风动能（单位为 kJ/s）及理论燃烧温度 T_f（单位为℃）等。

9.8.2.4　炉体温度参数

选取各段炉体冷却壁温度以及冷却制度相关参数，包括：炉身温度（单位为℃）、炉腰温度（单位为℃）、炉腹温度（单位为℃）、炉缸侧壁温度（单位为℃）、炉芯温度（单位为℃）、炉体热负荷（单位为 kJ/h）、全炉水温差（单位为℃）及炉缸水温差（单位为℃）等。

9.8.2.5　铁水炉渣参数

选取的铁水炉渣参数包括：硅偏差（单位为%）、日均铁水温度（单位为℃）、渣中 Al_2O_3（单位为%）、镁铝比、日出铁次数、铁水流速（单位为 t/s）及来渣时间（单位为 min）等。

9.8.2.6　原燃料质量参数

高炉体检选取的原燃料质量参数包括：焦炭 M_{40}（单位为%）、焦炭 M_{10}（单位为%）、焦炭反应性 CRI（单位为%）、焦炭反应后强度 CSR（单位为%）、焦炭灰分（单位为%）、入炉粒度（单位为 mm）、焦粉比例（定义高炉日焦粉量之和与日使用焦炭总量的比值，反应焦炭现场实物质量，单位为%）、矿粉比例（定义高炉日返粉量与日使用矿石总量的比值，主要反应烧结矿现场实物质量，单位为%）、焦丁率（高炉日焦丁量/日焦炭，单位为%）、球团抗压强度（单位为 N/个）、球团 FeO>1.0%批数（单位为次/日）、槽位管理（单位为次/日）、有害元素等。

9.8.2.7　其他体检参数

高炉体检还要考虑一些其他体检参数，常见的有高炉日补水量（单位为 t/d）、煤气 H_2 含量（单位为%）。

9.8.2.8　高炉体检表的组成

马钢每座高炉依据自身特点，在以上各类体检参数中选取与之相应的体检参数，对高炉运行情况进行跟踪。各参数的上下限由理论计算、历史数据回归等方式确定，体检表以月为单位，对每日的体检参数进行持续跟踪统计，并统计记录每周、每月的平均数据以及偏离次数。马钢某高炉日体检表见 9-106。

表 9-106　马钢某高炉日体检表

项目	序号	指标名称	单位	下限值	上限值	1	…	31	偏离频次
指标检查	1	产量	t	8150	9300				
	2	负荷	t/t	4.3	—				
	3	操作燃料比	kg/t	490	510				

续表 9-106

项目	序号	指标名称	单位	下限值	上限值	1	…	31	偏离频次
煤气流检查	4	煤气利用率	%	46.5	51				
	5	顶温	℃	150	240				
	6	风罩温度	℃	200	260				
	7	探尺差	mm	—	500				
	8	Z 值		6.06	8.8				
	9	W 值		0.25	0.36				
	10	Z/W		21.98	31.33				
	11	瓦斯灰比	kg/t	—	9				
炉体温度检查	12	钢砖温度	℃	90	150				
	13	炉身温度	℃	90	140				
	14	炉腰温度	℃	50	60				
	15	炉腹温度	℃	47	52				
	16	炉体热负荷	kJ/h	160000	218000				
铁水炉渣检查	17	$\delta_{[Si]}$	%	—	0.15				
	18	[S]	%	0.02	0.04				
	19	日均铁水温度	℃	1495	1530				
	20	渣中 Al_2O_3	%	—	15.8				
	21	日均镁铝比		0.49	0.6				
送风系统检查	22	风量	m^3/min	6300	—				
	23	实际炉腹煤气量	m^3/min	10000	11500				
	24	鼓风动能	kJ	130	155				
	25	透指		37	42				
	26	压差	kPa	155	175				
	27	减风次数	次	—	2				
其他检查	28	槽位管理	次	—	1				
	29	崩料	次	—	1				
	30	补水量	t	—	4				
	31	煤气 H_2 含量	%	2	4				

续表 9-106

项目		序号	指标名称	单位	下限值	上限值	1	…	31	偏离频次
原燃料质量检查	焦炭	32	焦炭 M40	%	89	—				
		33	焦炭 M10	%	—	5.8				
		34	焦炭 CRI	%	21	24				
		35	焦炭 CSR	%	69	—				
		36	焦炭灰分	%	—	12.8				
		37	入炉粒度	mm	48	53				
		38	焦丁率	%	10.40	12.28				
		39	返焦粉率	%	—	14.52				
	烧结矿	40	烧结返粉率	%	—	12.1				
	球团矿	41	球团 FeO >1.0%批数	批数	—	1				
		42	Zn 负荷	g/t	—	300				
		43	(K_2O+ Na_2O)负荷	kg/t	—	3.3				

9.8.3　高炉顺行状况量化评判

高炉炉况顺行，是指高炉内气、固、液三态物质运动状态不发生任何形式的异常，冶炼进程能够按照基本物理、化学原理顺利进行，并保持在某一水平进行稳定生产的状态。反之，炉况不顺就是不能达到或不能完全达到前面所述情况的状态，其形式多种多样，通常指炉墙结厚或结瘤、悬料、崩料、管道和炉缸堆积等。对高炉炉况的顺行状态的评价基本是通过经验或认识进行定义，科学、客观及量化评价及分析顺行状态的细微变化，缺乏科学的手段。近年来，马钢对高炉进行了有益的研究，创造性地提出了高炉炉况顺行指数的概念，使量化评价炉况顺行状态及分析其变化成为现实。

9.8.3.1　炉况顺行指数的制定

高炉炉况顺行指数是数据化、科学化评价高炉炉况顺行状态及分析其变化的一种参数，采用百分制。一般而言，高炉系统是由一些互相联系、互相影响的子系统构成的有机结合体，那么，炉况顺行指数也是由一些互相联系、互相影响的参数构成的有机结合体，不同的高炉，或高炉在不同的时期，各参数对高炉顺行状态的影响是不同的，是变化的。因此，不同高炉的炉况顺行指数选取的参数及单参数的顺行分值是因炉而异，因时而异，是在实践中不断调整优化的。

9.8.3.2 顺行指数的评分规则

高炉的炉况顺行指数一般根据高炉的实际选取20~25个体检参数，按其对高炉顺行状态的影响程度分为一级参数、二级参数及三级参数，并设置其顺行分值，满分为100分。高炉制定好各参数在不同的数据范围内对应的顺行分值的计算规则，每个参数制定出最佳最合理的波动范围，实际中参数处在该范围则顺行分值为满分；若不处在该范围，则按规则进行顺行分值计算，最终加和计算出高炉炉况顺行指数。

根据高炉炉况顺行指数将炉况顺行状态分成4个等级：稳定顺行、基本顺行、波动预警及炉况失常。其规定见表9-107所示。

表9-107 高炉炉况顺行状态分类标准表

顺行指数满分值	炉况顺行指数（满分：100）	炉况界定
稳定顺行分值	>90	高炉风量、风压、透气性、渣铁温度、炉顶温度、产量、燃耗指标均在规定范围内
基本顺行分值	90~75	高炉风量、风压、透气性、燃耗指标、渣铁温度、炉顶温度、产量基本在规定范围内
波动预警分值	75~65	高炉风量、风压、透气性、渣铁温度、炉顶温度、产量、燃耗指标连续超出规定范围，坐、崩料增多
炉况失常分值	<65	高炉连续超过7天产量低于计划产量的80%

9.8.4 高炉体检制度的应用

9.8.4.1 高炉体检制度运行的主要内容

高炉体检制度的运行模式包括班体检、日体检、周分析、月评价。班体检由工长负责，日体检由炉长负责，周分析由总厂层面进行，月评价在总厂、公司层面进行。

（1）高炉体检参数波动的分析。体检参数连续3天单方向波动必须进行分析，查找原因，采取应对措施；连续5天单方向波动必须在体检操作会上进行预警，并采取应对措施。

（2）高炉体检参数的超限预警。体检参数超出合理波动范围在日常体检中进行超限原因分析，连续3次超限或单月超过7次超限必须在体检操作会上进行预警，查找原因，并采取应对措施。

（3）每天对各个参数对顺行指数的失分情况进行统计，失分较多说明该参数对炉况顺行状态影响大。每周对影响炉况顺行状况的最大的5~6个参数进行重点分析，查找原因，采取应对措施，且明确下一周重点关注的运行参数。

（4）炉况顺行指数的变化对应着炉况顺行状态的波动。体检中必须对连续3

天顺行指数下滑、单天指数大幅下降或顺行指数低于75分及时组织分析。其工作流程见图9-120。

高炉炉况波动时体检工作流程见图9-120。

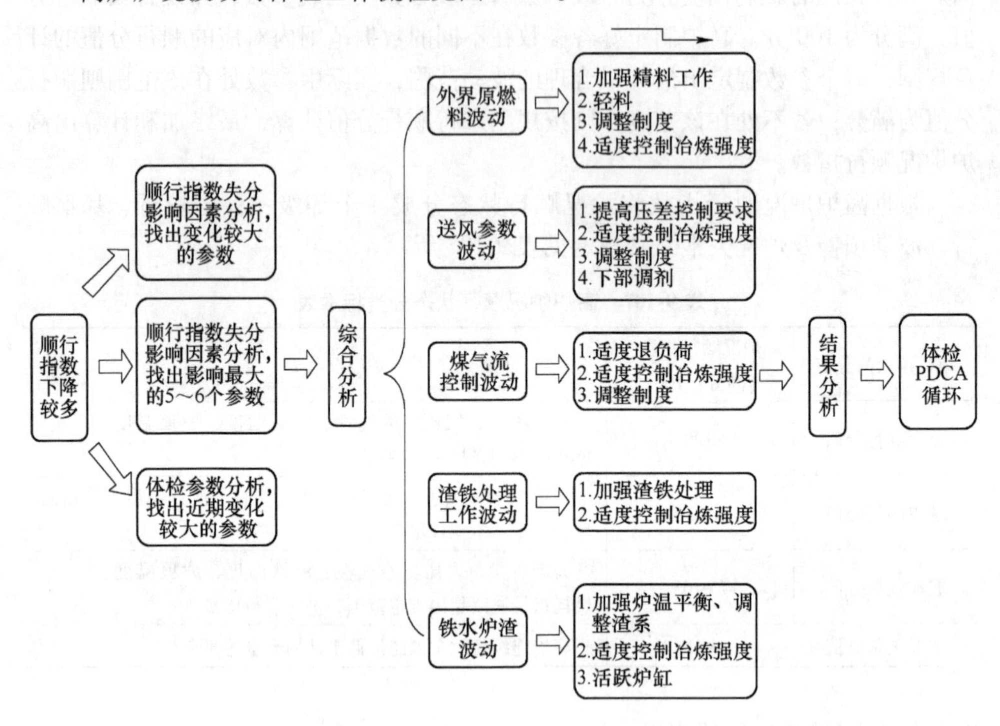

图9-120　高炉炉况波动时体检工作流程

9.8.4.2　高炉体检的日常运行制度

高炉体检的日常工作包括三个方面：正常炉况的体检与分析管理、炉况波动预警的分析管理及炉况失常的控制管理。

A　正常炉况的体检与分析管理

体检项目包括指标、煤气流、炉体温度、送风参数、造渣制度、原燃料质量等方面的检查。

(1) 完善高炉日数据管理，建立日、周、月数据分析制。高炉顺行日体检由高炉炉长负责组织实施，体检项目出现异常数据必须记录在案，并进行原因分析，提出处理办法。

(2) 高炉炉长负责每天进行炉况体检及分析，针对出现的问题提出具体解决措施，并对前期措施进行效果检查，分析结果上报总厂。

(3) 高炉炉长负责每周对体检数据进行分析，并将分析结果上报总厂。每月20日前总厂向公司技术部门提交半月“高炉体检表”诊断分析报告。每月10

日前总厂向公司技术部门提交上月“高炉体检表”诊断分析报告。

（4）每月公司技术部门组织召开高炉体检及炉况分析会，并检查督促各铁厂炉况体检及分析情况。

（5）建立完善高炉工艺纪律执行的检查评价制度。高炉炉长每日检查高炉工长工艺纪律执行情况，总厂技术部门每周进行一次工艺纪律检查，总厂高级技术主管每半月组织工艺纪律检查，总厂技术厂长督促工艺纪律检查工作。公司技术部门每月对各铁厂体检表落实情况、工艺纪律执行情况进行检查评价。

B 炉况波动预警的分析管理

（1）高炉体检表主要参数连续3天偏离范围，炉长应组织分析原因并提出调整方案。

（2）高炉连续3天以上出现产量、消耗指标或主要操作参数脱离正常水平，炼铁分厂厂长应组织分析原因并提出调整方案。

（3）高炉炉况波动预警期间，总厂技术部门及炼铁分厂每日早晚组织高炉炉况分析各一次，对上班炉况进行分析，并制定下班操作方针。

（4）遇紧急或突发性事件，公司或总厂应组织召开技术分析会进行分析诊断，提出指导性意见。

C 炉况失常的控制管理

（1）高炉连续7天以上出现产量或消耗指标或主要操作参数脱离正常水平，属于炉况失常。技术厂长或厂长应组织分析原因并提出调整方案，同时安排总厂技术专家跟班指导操作。

（2）高炉连续失常10天未出现明显好转，公司技术部门应组织公司技术专家参加炉况分析会，讨论制定高炉操作方针。

（3）高炉连续失常15天未出现明显好转，公司应组织专家团队（包括公司外专家）参与高炉炉况失常处理。

9.8.4.3 高炉体检参数的修订制度

高炉体检制度应该遵循PDCA循环原则，在实践中不断调整优化，一炉一策，时变策变，使体检结论与高炉实践相符。高炉体检制度的修订规定如下：

（1）调整高炉体检参数合理波动范围。体检参数的上下限要及时调整，使参数超限预警符合炉况的变化，符合冶炼条件的变化需要。

（2）调整高炉体检参数项目。如出现某个参数与炉况的变化联系更紧密，可以将该参数纳入体检，某个参数在生产中数据损坏，可以暂时剔除。

（3）调整计算炉况顺行指数的参数的顺行分值及不同变化范围内的顺行分值。

（4）调整计算炉况顺行指数的参数的项目。

（5）认真分析体检运行的情况，出现不符合炉况实际的情况后，在每周的体检工作会议上进行汇报，并提出修订意见。每3个月将修订前和修订后的结果进行认真分析比较，提出正式修订意见，提请总厂技术部门批准。每半年总厂将体检修订情况报公司公司技术部门批准。

9.9　高炉预警预案管理

9.9.1　原燃料预警管理

原燃料质量是炼铁生产的基础，焦炭质量和烧结矿的强度对大型高炉尤其重要，要提高和保持高的生产水平，必须从原燃料管理着手，做好精料管理，制定预案，常抓不懈。

精料是大型高炉稳定、顺行、高产、优质、低耗、长寿的前提条件，是炼铁原燃料管理的宗旨。马钢原燃料管理主要是炼铁原料和燃料的管理。马钢目前已实行从计划入手，对矿石系统和煤焦系统进行一贯管理，在每个管理环节上都制定了一系列的管理标准。使原燃料管理趋向标准化，其目的是为了最大限度地满足大型高炉精料的要求。

9.9.1.1　原燃料质量管理

炼铁原燃料质量管理是以高炉对原燃料的要求为目标，以采购原燃料（矿石、煤、辅料）条件为基础，为达到高炉生产所要求的目标值进行的工作。

A　原燃料取样管理

马钢炼铁原燃料标准严格执行公司炼铁用原燃辅料技术条件，按标准对高炉用各类原燃料进行取样分析。具体见表9-108。

表9-108　高炉用各类原燃料的取样与分析项目

序号	物料名称	取样地点	取样量/kg	检验测定项目
1	铁水	炉前		成分（Si、S、C、Mn、P、V、Ti）
2	炉渣	炉前		成分（SiO_2、CaO、Al_2O_3、MgO、MnO、TiO_2、S、FeO）
3	新区干焦、湿焦	煤焦化	>125	水分、工业分析、M40、M10
				CSR、CRI
		2号胶带机	>125	入炉粒级（+60、60~40、40~25、25~10、10~5、-5）
4	老区焦	煤焦化	>125	水分、工业分析、M40、M10
				CSR、CRI
		2号胶带机		入炉粒级（+60、60~40、40~25、25~10、10~5、-5）

续表 9-108

序号	物料名称	取样地点	取样量/kg	检验测定项目
5	外购焦	2 号胶带机/小料场	>125	水分、工业分析
				M40、M10
				CSR、CRI
				入炉粒级（+60、60~40、40~25、25~10、10~5、-5）
6	小块焦	小块焦仓	>20	入炉粒级（+60、60~40、40~25、25~10、10~5、-5）
7	喷吹煤粉	煤粉筛	>5	水分、工业分析
				粒级（>180、180~200、200~220、<220）
8	烧结矿	CP-1A、1B 皮带	>60	成分（TFe、SiO_2、CaO、Al_2O_3，MgO、TiO_2、MnO、V_2O_5、P、S、FeO）
		2 号胶带机	220±30	入炉粒级（+60、60~40、40~25、25~10、10~5、-5）
9	球团矿自产	16-1 胶带机	>20	水分、成分（TFe，FeO，SiO_2，CaO，Al_2O_3，S）、粒级（+18、18~10、10~6.3、-6.3）、抗压、转鼓、筛分、<1000N/批
10	球团矿进口	9~12B 仓嘴	>20	水分、成分（TFe、FeO、SiO_2、CaO、Al_2O_3、S）、粒级（+18、18~10、10~6.3、-6.3）
11	块矿自产/进口	1~2A 仓嘴	>20	水分、成分（TFe、SiO_2、CaO、Al_2O_3、MgO、TiO_2、MnO、V_2O_5、P、S、FeO）、粒级（+50、50~40、40~10、-10）
12	萤石、锰矿、熔剂等	料场/矿槽	>20	水分、成分、粒级
13	瓦斯灰	重力除尘器	>5	成分（定期：TFe、SiO_2、CaO、Al_2O_3、MgO、C、Zn，不定期：MnO、S、P、TiO_2、V_2O_5、K_2O、Na_2O）
14	瓦斯泥	沉淀池	>5	成分（定期：TFe、SiO_2、CaO、Al_2O_3、MgO、C、Zn，不定期：MnO、S、P、TiO_2、V_2O_5、K_2O、Na_2O）
15	除尘灰炉前、槽下、炉顶	除尘器	>5	成分（定期：TFe、SiO_2、CaO、Al_2O_3、MgO、C、Zn，不定期：MnO、S、P、TiO_2、V_2O_5、K_2O、Na_2O）
16	高炉煤气	水封前		H_2、O_2、N_2、CO、CO_2、C_nH_m、CH_4、热值、含尘、含水
17	焦丁	焦丁仓	>125	水分，粒级（+40、40~25、25~10、-10）
18	焦粉仓焦粉	FJ 胶带机	>10	水分，粒级（+40、40~25、25~10、-10）
19	高炉返粉	FK 胶带机	>10	成分（同烧结矿），粒级（+5、5~3、-3）

B　原燃料目标值管理

炼铁以高炉为中心组织生产，在原燃料管理系统中，以高炉目标值为主要管理目标，为保证完成高炉目标值，对各前道工序产品，如烧结矿、焦炭等都制订出相应的控制目标值，见表 9-109。

表 9-109　原燃料管理目标值

炼铁			烧结			焦炭		
项目	单位	目标值	项目	单位	目标值	项目	单位	目标值
[Si]	%	0.3~0.45	TFe	%	58.0	A	%	≤13.0
[P]	%	≤0.160	SiO_2	%	32.8	S	%	≤0.82
[S]	%	≤0.045	Al_2O_3	%	15.3	M40	%	≥88.0
(Al_2O_3)	%	<16.5	CaO/SiO_2		1.19	M10	%	≤6.0
(MgO)	%	8~10	MgO	%	8.2	CSR	%	≥68
CaO/SiO_2	%	1.15~1.25						
渣比	kg/t	<330						

C　焦炭水分值管理

干、湿直送焦、落焦、焦丁的水分一般采用人工设定。

D　原燃料质量控制管理流程

（1）公司组织各有关单位开配矿、配煤会议确定具体配矿、配煤方案。

（2）公司技术部门下达原燃辅料采购、使用计划。

（3）采购部门根据原燃料计划进行采购、检验，进行不合格品处置。

（4）采购的各单种原燃料进行配矿、配煤，采购的成品原燃辅料经检验后入库或进行直供。

（5）公司对采购的原燃辅料进行取样、制样、检验后进行信息传递，结果上网。

（6）自产焦经配煤炼焦后，焦炭的取样、制样、检验目前由煤焦化负责，检验结果上网。

（7）对使用时发现的异常原燃辅料由使用单位报告总厂，厂技术部门及时联系公司职能部门组织联合取样送检。

（8）不合格原燃辅料由公司按有关不合格品控制管理程序处置。

（9）使用单位、厂技术部门每日跟踪原燃辅料进厂及检验信息并建立台账。

（10）厂技术部门检验作业区按厂内检验项目附表进行取样、制样、检验。

（11）需检测中心检验项目由厂技术部门检验作业区按厂内检验项目附表进行取样、送检，检验结果上网或通报。

原燃料质量控制管理流程见图 9-121。

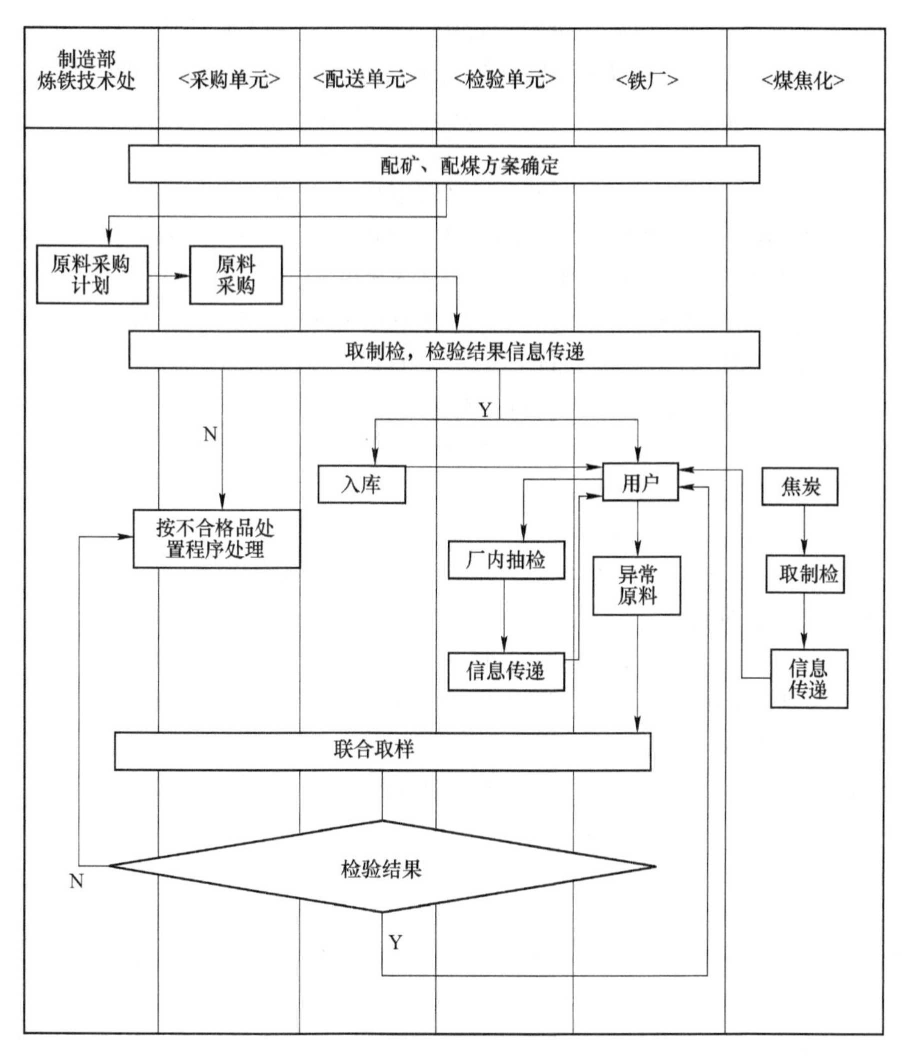

图 9-121 原燃料质量控制管理流程

E 原燃料质量评价及预警

原燃料质量是高炉长周期稳定顺行的基础。高炉原燃料主要为烧结矿、球团、块矿和焦炭，经过不断的分析研究、总结，最终形成了马钢高炉原燃料质量评价方法。实践证明该方法对高炉稳定生产确实起到了重要作用，为高炉生产提供了第一手原燃料信息资料，一旦原燃料质量发生大的波动，能够及时地向高炉发出预警，指导高炉进行必要的调节，制定稳定高炉生产的措施。

（1）通过对烧结矿出厂含粉（<10mm 比例）、烧结矿转鼓、高炉槽下烧结矿取样粒度、高炉槽下烧结返粉比例等数据的连续跟踪分析，并根据它们之间的相关性，考虑到烧结矿出厂含粉的滞后性和高炉槽下烧结矿取样粒度的偶然性，

将粉烧比作为日常对烧结矿质量的最直接判定依据。由于它的连续性、实时性、准确性和稳定性，使其对烧结矿质量的监控更加有效，一旦异常立即预警。

$$粉烧比=\frac{日返粉量+日小粒烧用量}{日返粉量+日小粒烧用量+日烧结矿用量}$$

（2）通过对焦炭的化学成分，高炉槽下取样粒度，焦炭的冷态性能 M_{40}、M_{10}，焦炭的热态性能 CRI、CSR，高炉槽下焦粉量、高炉焦丁使用量，以及吨铁焦粉、吨焦焦粉等数据的连续跟踪分析，并根据它们之间的相关性，将粉焦比作为日常对焦炭质量的最直接判定依据。由于它的连续性、实时性、准确性和稳定性，使其对焦炭质量的监控更加有效，一旦异常立即预警。

$$粉焦比=\frac{日焦粉量+日焦丁用量}{日焦粉量+日焦丁用量+日焦炭用量}$$

9.9.1.2　进料管理预警

（1）进料作业基准如下：

1）各槽应遵循一槽一品种的原则，不得混料。如有混料，立即停止使用，报管控中心研究处理。

2）矿槽改换品种，应在清仓后进行。

3）炉料入矿槽之前，应进行规定的检查分析。只有分析结果完备，且符合质量要求，才准入仓。

4）各矿槽的使用及使用方案变更，应在不违反其使用性能的原则下，由铁厂和港务原料总厂管理人员提出，经双方协商一致，再报双方主管部门核准后实行。

（2）高炉核心作业长应了解当班烧结配比，炼焦配煤比和喷吹煤种混合比。烧结、喷煤、炼焦部门在实际配比发生变动时应及时公布，并通报铁厂管控中心，由管控中心转达至高炉核心作业长。

（3）采用新品种原料或原燃料成分、配比发生重大变化时，应先进行冶金性能试验。

9.9.1.3　原燃料使用基准管理

（1）原料的合理使用比例见表 9-110。

表 9-110　原料使用比例表　（%）

烧结矿	球团矿	块矿
≥65	≤25	≤15

熟料率不低于 85%，改变用料配比由总厂决定。临时变动用料配比应征得管控中心同意。

（2）主要原燃料（焦炭、烧结矿）不能保证正常供应，总在库量低于管理标准时，应迅速判明情况，主动与有关部门联系、汇报，同时高炉做好应变准备。正常在库量应保持在每个槽有效容积的70%以上。槽内料位低于规定最低料位时应暂停使用，并向管控中心汇报。当情况继续恶化时，按照高炉槽位管理预案进行处理。

（3）落地烧结矿使用如下：

1）当烧结矿产量能满足高炉用量时，为保证落地烧结矿的堆存期不超过2个月，可在一段时间内配用5%~10%落地烧结矿。

2）当炉机匹配困难时，可使用部分落地烧结矿，但配用比例小于20%。

3）直烧供料严重不足时，落地烧结矿比例不受限制，但应采取如降低冶强、退负荷及控制t/h值等措施，保证炉况顺行。

4）落地烧结矿的配用及用量由总厂视具体情况作出相应决定，管控中心通知高炉执行。

5）落地烧结矿的使用比例视落地时间的长短以及质量的好坏适量使用。

（4）干熄焦、湿熄焦、落地焦的使用如下：

1）落地焦用量不大于10%。

2）干、湿焦转换时原则上应不得混仓。

（5）焦炭、烧结矿、球团、块矿仓使用数目的确定为缩短供料时间，提高筛分效率，各矿种尽量多矿仓使用。

（6）称量斗排料方式如下：

1）采用远槽先开、单槽顺次开的排料方式。

2）熔剂应加在矿料料条的尾部，锰矿及其他洗炉料应加在矿料料条的头部。

3）焦丁（C15）（15~25mm）应均匀铺在矿料料条中前部。

（7）称量方法：批量小于1000kg的料种，可采用隔批加的方法。最多可隔5批加一次。

9.9.1.4 原燃料筛分称量管理

筛分质量是关系炉况稳定顺行的重要指标。

（1）焦炭、烧结矿筛分速度管理。控制筛分速度，即t/h值，可提高筛分效率。应视原料品质及炉况需要，选择合适的t/h值。马钢高炉原燃料t/h值管理基准见表9-111。

表9-111 马钢高炉原燃料t/h管理基准

炉况	焦炭	烧结矿	球团矿	落地烧结矿
正常	≤70	≤100	≤130	≤90
透气性不良	≤50	≤90	≤100	≤90

（2）每班检查t/h值不少于3次。

（3）筛网管理：

1）每班观察筛上物和筛下物情况，及时清理筛网。

2）在粉块平衡及装入粉率管理目标值不能维持时，应更换筛网，烧结矿入炉粉末（小于5mm）应小于3%。

3）更换筛网不能集中，要分散均匀更换，做好更换详细记录并汇总。

4）筛网过料量和筛分效率跟踪统计。

9.9.2　槽位管理预案

保证原燃料的槽位是提高入炉原燃料的物理强度、粒度及降低入炉粉末量的重要手段。低槽位打料由于高度的落差造成原燃料摔打破碎，对入炉原燃料质量会产生很大影响。

为了满足各铁厂高炉生产所需的烧结矿、焦炭数量和质量的工艺要求，降低烧结矿、焦炭在运输流程中的摔碎率，防止炉料偏析、含粉高对高炉炉况造成影响，保持高炉在正常槽位条件下的生产，特制定槽位预警方案。

9.9.2.1　高炉低槽位管理应对标准

马钢高炉原燃料槽位低于管理值时，参照表9-112和表9-113进行操作。

表9-112　马钢高炉焦炭低槽位控制

低槽位仓数/个		2	3	4
采取措施	控氧/$m^3 \cdot h^{-1}$	1000~5000	停氧	停氧
	减风/$m^3 \cdot min^{-1}$	0~800	800~1500	准备休风

表9-113　马钢高炉烧结矿低槽位控制

低槽位仓数/个		2	3	4
采取措施	控氧/$m^3 \cdot h^{-1}$	2000~10000	停氧	停氧
	减风/$m^3 \cdot min^{-1}$	0~500	500~1500	准备休风

9.9.2.2　工作程序

（1）各铁厂根据公司计划，制定合理的炉料结构，及时发出加槽需求，实时跟踪槽位信息，保证高炉槽位处于正常水平。当高炉槽位低于正常槽位时，启动预警机制，向公司管理部门汇报并通知相关单位。

（2）公司管理部门全面掌握铁前系统的资源状况，了解低槽位原因及处理的进展情况，进行公司范围内的资源调配。

（3）焦化厂根据铁厂需求，及时输出焦炭保供高炉生产，必要时根据技术部门要求临时降低焦化大焦仓槽位。

（4）料厂负责制定加槽计划，并根据计划进行正常加槽作业，特殊情况下，按照工序服从的原则，根据铁厂需求安排流程加槽保供。

9.9.2.3 烧结矿及焦炭的正常槽位规定

烧结矿或焦炭总槽位在满槽位的70%以上，为正常槽位。

9.9.2.4 烧结矿及焦炭的预警槽位规定

（1）总槽位处于满槽位30%~70%之间即为预警槽位。

（2）槽位预警分为一级、二级、三级，分别用红色、橙色、黄色代表等级，红色为最高等级。

黄色预警（三级）：总槽位处于满槽位60%~70%之间，启动黄色预警。

橙色预警（二级）：总槽位处于满槽位50%~60%之间，启动橙色预警。

红色预警（一级）：总槽位处于满槽位30%~50%之间，启动红色预警。

9.9.2.5 槽位预警的应对措施

A 黄色预警槽位应对措施

铁厂测算原燃料供需是否平衡，判断后续资源情况，立即检查槽下原燃料振动筛工作状况，发现筛条断及时处理，确认料厂供料流程、烧结机及焦炉（干熄炉）实际生产水平，确定各流程的保供能力及恢复高炉槽位的预期时间。故障消除后，尽快提升槽位至总槽位的70%以上，解除黄色预警。

公司部门获知预警信息后，现场了解检修或故障抢修进度，统一调度指挥，进行公司内部的资源调配，加大保供力度。

B 橙色预警槽位应对措施

铁厂可采取0~10%减风、50%减氧控制冶炼强度，公司部门协调产线检修，缩短故障抢修时间，尽快提升烧结矿或焦炭总槽位至满槽位60%以上，解除橙色预警。

C 红色预警槽位应对措施

烧结矿或焦炭总槽位下降至满槽位50%以下，铁厂加大控制冶炼强度的力度，高炉减风10%~30%、停氧，做好休风准备。烧结矿或焦炭总槽位下降至满槽位30%以下时，高炉立即休风。

9.9.2.6 相关记录

预警槽位发生后，铁厂、料厂、焦化厂应做好相关记录。

9.9.2.7 信息通报

各铁厂每周向料厂通报各类含铁原料配用比例以及焦炭使用品种及比例，每周一确认一次，当高炉槽位处于预警槽位或发现槽位计不准确时，及时通报并立即采取措施。

9.9.3 高炉雨季生产预案

进入雨季，连续阴雨对原燃料的水分、筛分、热制度影响甚大，如处理不当会导致高炉透气性恶化，煤气流分布紊乱，高炉失常。另外，雨季也是各类事故高发期，雨季对高炉的各种设备、人员安全均会造成十分不利的影响。

9.9.3.1　**生产组织原则**

（1）各铁厂管控中心负责启动雨季生产预案组织协调工作。

（2）雨季期间尽量稳定高炉配矿和配焦结构。

（3）合理安排检修，以下雨期间高炉不用落地物料为原则。

9.9.3.2　**生产操作管理**

（1）稳定热制度，高炉炉温应保持中上限水平，强化体检预警管理，减少炉温波动。

（2）加强原燃料筛网跟踪管理，确保筛网不堵塞，并对原燃料的水分进行检查、测定，确保水分补正的合理性。

（3）及时调整炉渣碱度，确保炉渣流动性。

（4）注意顶温、十字测温、钢砖温度及炉体温度变化趋势，确保煤气流分布合理，针对大高炉，应保证中心气流稳定充足，使压量关系匹配。

（5）关注炉缸状况，保持炉缸工况活跃。

（6）加强炉前作业管理，保证铁口维护，杜绝铁口跑泥。

（7）做好雨季紧急事故的生产预案，如断风的处理、大面积跳电的处理等，各高炉务必快速有序地应对突发事故，并防止二次事故的发生。

9.9.3.3　**雨季对设备的管理**

雨季连续阴雨易引起高炉系统电气设备接地、跳电，机械设备锈蚀、松动，皮带跑偏、打滑等。

（1）加强设备点检工作，及时发现设备隐患，及早处理，确保设备稳定运行。

（2）点检人员对所辖区域内的各种电气设备、开关箱、电器柜、电缆线等进行仔细检查，做好防雨、排涝工作，避免电气设备接地、跳闸等故障发生。

（3）加强皮带监护管理，确保皮带正常运转。

9.9.3.4　**预案管理流程**

马钢某高炉雨季预案管理流程见图9-122。

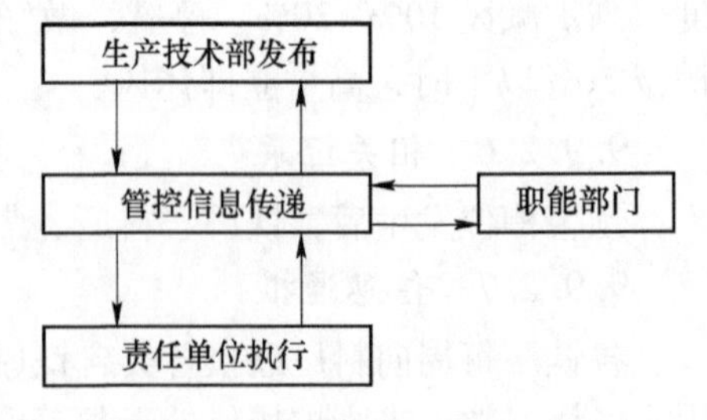

图 9-122　马钢某高炉雨季预案管理流程

9.9.4　高炉冬季生产预案

冬季是高炉生产的瓶颈期，为保证高炉冬季生产稳定顺行，总结历年来高炉冬季易波动失常的教训，并结合近年以来有效扭转高炉被动局面的经验，针对冬季气候特点和内外部情况变化，制定高炉过冬方案。

9.9.4.1 高炉操作原则

针对冬季原燃料条件变化时，高炉积极应对，操作以稳为主，依据一炉一策的操作方针，坚持高炉炉况稳定顺行第一的中心思想，在顺行和指标、成本发生矛盾时，必须优先考虑高炉顺行需要。

（1）要实时跟踪判断炉缸工况，确定高炉基本操作参数，制定高炉操作方针，根据炉体冷却强度的变化，调整布料制度，保证适当的边缘气流。高炉核心作业长，工作重点就是组织好炉前及时出尽渣铁，实际出铁量与理论出铁量差超过管理标准要及时重叠出铁，杜绝炉内憋渣铁影响高炉稳定顺行。

（2）控制适宜的理论燃烧温度。根据冬季气候干燥的特点，在风温正常（尽量保持全送）的前提下通过调整鼓风湿度、喷煤量、富氧量，维持合理的理论燃烧温度，可通过鼓风加湿调节。

（3）针对冬季高炉原燃料质量变化，高炉维持适当的两道煤气流，保持中心气流稳定，适当疏松边缘气流。

（4）冬季炉温控制要格外精心，保证充沛炉缸温度。高炉炉温按规程的上限控制，杜绝低炉温。确保高炉炉缸物理热充足，防止温度下降引发炉况大幅度波动，特别是雨雪极端天气，操作燃料比要有意识提前预判，并控制合适的炉渣碱度，保证渣铁流动性。

（5）加强冬季高炉冷却制度管理，控制好冷却强度，维护好操作炉型，强化高炉漏水冷却壁控制力度，维护好操作炉型。

（6）加强高炉出铁管理，保证高炉铁口工作正常，保持高炉区域铁道及沿线畅通，及时清理。根据天气情况随时启动总厂有关雨雪冰冻天气的应急预案。

9.9.4.2 高炉保供管理

（1）加强冬季高炉槽下筛分管理，高炉工长每班必须到槽下检查筛网不少于1次，焦炭筛 t/h 值以不影响上料为原则，尽可能按下限控，确保筛分效果，适当减少生矿比例，提高熟料率，原则上冬季生产熟料率不小于90%，极端恶劣天气考虑采取全熟料生产。块矿烘干系统保持正常使用，加强筛板清理工作。

（2）非特殊原因避免在冬季12~2月安排高炉计划检修，加强高炉重点设备的管理，杜绝因设备原因导致的高炉慢风、非计划休风。

（3）烧结矿碱度的调整一次不宜大于0.05，间隔时间不宜少于24h。高炉炉料结构保持稳定，单品种矿的调整幅度不宜大于2%，否则高炉应适度降低冶强进行过渡。

（4）加强关注外购焦库存、成分、冷热强度、反应性能和水分，做好防雨措施，稳定外购焦水分。异常情况及时预警，做好炉况退守工作，确保高炉稳定顺行。

（5）控制有害元素入炉。严格控制原料的带入量，高炉可以调整炉料结构进行应对，控制锌负荷、碱负荷在标准之内。

9.10　高炉物料平衡和热平衡计算

物料平衡是建立在质量守恒定律的基础上，即进入高炉物料的质量总和应等于高炉排出物料的质量总和。物料平衡计算可以验证配料计算是否准确无误，也是热平衡计算的基础。物料平衡计算结果的相对误差不应大于0.3%。计算是以配料为基础编制的，计算内容包括风量、煤气量、并列出收支平衡表。物料平衡有助于检验设计的合理性，了解冶炼过程的物理化学反应，检查配料计算的正确性，校核高炉冷风流量，核定煤气成分和煤气数量，并能检查现场炉料称量的准确性。

热平衡计算的基础是能量守恒定律，即供应高炉的热量应等于各项热量的消耗。计算依据是配料计算和物料平衡计算所得的有关数据。热量采用差值平衡法，即热量损失是以总的热量收入减去各项热量消耗而得到的，即把热量损失作为平衡项，所以热平衡表观上没有误差，计算误差都集中掩盖在热损失之中。热平衡计算方法有两种：第一种是根据热化学的盖斯定律，即按进炉物料的初态和出炉物料的终态计算，而不考虑炉内实际反应过程，此法又称总热平衡法，又称为热工法热平衡。它的不足是没有反映出高炉冶炼过程中放热反应和吸热反应所发生的空间位置，这种方法比较简便，计算结果可以判断高炉冶炼热工效果，检查配料计算各工艺技术参数选取是否合理，它也是经常采用的一种计算方法。第二种是区域热平衡法，这种方法以高炉局部区域为研究对象，常对高炉下部直接还原区域进行热平衡计算，计算其中热量的产生和消耗项目，可比较准确地反应高炉下部实际情况，可判断炉内下部热量利用情况，以便采取相应的技术措施。该计算比较复杂，要从冶炼现场测取大量工艺数据方可进行。

在计算物料平衡和热平衡之前，首先必须确定主要工艺技术参数，计算用基本工艺技术参数的确定，一般情况下都是结合地区条件、地区高炉冶炼情况予以分析确定。例如冶炼强度、焦比、有效容积利用系数等。计算用的各种原料、燃料以及辅助材料等必须做工业全分析，而且将各种成分之总和换算成100%，元素含量和化合物含量要相吻合。配料计算是高炉操作的重要依据，也是检查能量利用状况的计算基础。配料计算的目的，在于根据已知的原料条件和冶炼要求来决定矿石和熔剂的用量，以配置合适的炉渣成分和获得合格的生铁。通常以1t生铁的原料用量为基础进行计算。本例以马钢4号高炉（$3200m^3$）的原燃料条件基础，采用第一种热平衡法，对高炉物料平衡和热平衡的计算过程进行描述。

9.10.1 配料计算

9.10.1.1 原始条件

A 设定原料条件

矿石成分见表 9-114。

表 9-114 原料成分 (%)

原料	Fe	Mn	P	S	FeO	Fe_2O_3	MnO	P_2O_5	FeS
烧结矿	56.28	0.18	0.068	0.025	8.15	71.34	0.23	0.16	0.07
球团矿	62.83	0.12	0.039	0.010	0.50	89.20	0.15	0.09	0.03
澳块	63.09	0.16	0.093	0.020	0.39	89.70	0.21	0.21	0.06
姑块	51.05	0.01	0.525	0.035	2.23	70.45	0.01	1.20	0.10
炉料①	58.21	0.16	0.066	0.021	5.85	76.65	0.21	0.15	0.06
石灰石	1.03	0.05	0.001	0.025	0.83	0.55	0.07	0.00	0.07
炉尘	36.39	0.12	0.025	0.085	15.5	34.76	0.15	0.06	0.23

原料	SiO_2	CaO	Al_2O_3	MgO	烧损		合计
					CO_2/C	H_2O	
烧结矿	5.06	11.13	1.90	1.96			100.00
球团矿	6.75	0.70	1.78	0.85			100.00
澳块	3.78	0.05	1.55	0.15		3.91	100.00
姑块	18.15	1.39	2.55	0.16		3.76	100.00
炉料①	5.37	7.95	1.85	1.56		0.35	100.00
石灰石	1.03	53.48	0.09	0.93	42.02(CO_2)	0.93	100.00
炉尘	9.75	7.32	1.55	1.68	27.5(C)	1.50	100.00

① 炉料结构为烧结矿 70%，球团矿 21%，澳矿 8.5%，姑块 0.5%。

焦炭成分见表 9-115。

表 9-115 焦炭成分 (%)

$C_{固}$	灰分（12.82）					挥发分（0.59）					有机物（1.41）			合计	游离水
	SiO_2	CaO	Al_2O_3	MgO	FeO	CO	CO_2	CH_4	H_2	N_2	H_2	N_2	S		
85.18	6.25	0.50	4.40	0.62	1.05	0.21	0.20	0.025	0.037	0.118	0.36	0.27	0.78	100.00	3.01

喷吹燃料成分见表 9-116。

表 9-116 煤粉成分 (%)

燃料	C	H	N	S	O	H_2O	灰分（11.40）					合计
							SiO_2	CaO	Al_2O_3	MgO	FeO	
煤粉	78.05	3.97	0.50	0.50	3.13	2.30	5.62	0.45	3.98	0.50	0.97	100.00

预定生铁成分见表 9-117。

表 9-117 预定生铁成分 (%)

Fe	Si	Mn	P	S	C
95.116	0.40	0.15	0.108	0.025	4.201

其中 Si、S 由生铁质量要求定，Mn、P 由原料条件定，C 参照下式确定，其余为 Fe。

$$C=4.3-0.27Si-0.329P-0.032S+0.3Mn$$

元素在生铁、炉渣、炉气中的分配率见表 9-118。

表 9-118 元素分配率 (%)

项目	Fe	Mn	S	P
生铁	99.7	50	—	100
炉渣	0.3	50	—	0
炉气			5	0

B 相关冶炼参数设定

焦比 370（干）kg/t（铁），381.48（湿）kg/t（铁）

煤比 135kg/t（铁）

鼓风湿度 $12.8g/m^3$

相对湿度 $\varphi=12.8/100\times22.4/18\times100\%=1.593\%$

风温 1202℃

富氧率 2.30%

炉尘量 20kg/t（铁）

入炉熟料温度 80℃

炉顶煤气温度 230℃

炉渣碱度 $R_2=1.21$

9.10.1.2 计算矿石需要量 $G_{矿}$

（1）燃料带入的铁量 $G_{Fe燃}$：

首先计算 20kg 炉尘中的焦粉量

$$G_{焦粉}=G_{尘}\ C\%_{尘}/C\%_{焦}=20\times27.5\%/85.18\%=6.46\ (kg)$$

高炉内参加反应的焦炭量为：

$$G_{焦}=370-G_{焦粉}=370-6.46=363.54\ (kg)$$

故

$$\begin{aligned}G_{Fe燃}&=G_{焦}\ FeO\%_{焦}\times56/72+G_{煤}\ FeO\%_{煤}\times56/72\\&=363.54\times1.05\%\times56/72+135\times0.97\%\times56/72\\&=3.99\ (kg)\end{aligned}$$

（2）进入炉渣中的铁量：

$$G_{Fe渣}=1000\times Fe\%_{生铁}\times 0.3\%/99.7\%$$
$$=1000\times 95.116\%\times 0.3\%/99.7\%=2.86\ (kg)$$

式中 0.3%、99.7%——分别为铁在炉渣和生铁中的分配比。

（3）需要由铁矿石带入的铁量：

$$G_{Fe矿}=1000\times Fe\%_{生铁}+G_{Fe渣}-G_{Fe燃}$$
$$=1000\times 95.116\%+2.86-3.99$$
$$=950.07\ (kg)$$

（4）冶炼1t生铁的铁矿石需要量：

$$G_{矿}=G_{Fe矿}/Fe\%_{矿}=950.07/58.21\%=1632.14\ (kg)$$

考虑到炉尘吹出量，入炉铁矿石量为：

$$G'_{矿}=G_{矿}+G_{尘}-G_{焦粉}=1632.14+20-6.46=1645.68\ (kg)$$

9.10.1.3 计算熔剂需要量 $G_{熔}$

（1）设定炉渣碱度

$$R_2=CaO/SiO_2=1.21$$

（2）石灰石的有效熔剂性：

$$CaO_{有效}=CaO\%_{熔剂}-R_2\times SiO_2\%_{熔剂}$$
$$=(53.48-1.21\times 1.03)\%$$
$$=52.23\%$$

（3）原料、燃料带有的 CaO 量 G_{CaO}：

铁矿石带入的 CaO 量为：

$$G_{CaO矿}=G_{矿}\times CaO\%_{矿}=1632.14\times 7.95\%=129.76\ (kg)$$

焦炭带入的 CaO 量为：

$$G_{CaO焦}=G_{焦}\times CaO\%_{焦}=363.54\times 0.50\%=1.82\ (kg)$$

煤粉带入的 CaO 量为：

$$G_{CaO煤}=G_{煤}\times CaO\%_{煤}=135\times 0.45\%=0.61\ (kg)$$

故

$$G_{CaO}=G_{CaO矿}+G_{CaO焦}+G_{CaO煤}$$
$$=129.76+1.82+0.61=132.19\ (kg)$$

（4）原料、燃料带入的 SiO_2 量 G_{SiO_2}

铁矿石带入的 SiO_2 量为：

$$G_{SiO_2矿}=G_{矿}\times SiO_2\%_{矿}=1632.14\times 5.37\%=87.50\ (kg)$$

焦炭带入的 SiO_2 量为：

$$G_{SiO_2焦}=G_{焦}\times SiO_2\%_{焦}=363.54\times 6.25\%=22.72\ (kg)$$

煤粉带入的 SiO_2 量为：

$$G_{SiO_2煤}=G_{煤}\times SiO_2\%_{煤}=135\times 5.62\%=7.59\ (kg)$$

硅素还原消耗的 SiO_2 量为：

$$G_{SiO_2还}=1000\times Si\%_{生铁}\times 60/28=1000\times 0.40\%\times 60/28=8.57\ (kg)$$

故
$$G_{SiO_2}=G_{SiO_2矿}+G_{SiO_2焦}+G_{SiO_2煤}-G_{SiO_2还}$$
$$=87.50+22.72+7.59-8.57=109.24\ (kg)$$

熔剂（石灰石）需要量为：

$$G_{熔}=(R_2\times G_{SiO_2}-G_{CaO})/CaO_{有效}$$
$$=(1.21\times 109.24-132.19)/52.23\%$$
$$=0.0\ (kg)$$

由于现代高炉冶炼均采用熔剂性炉料，一般不需要从高炉加入石灰石。

9.10.1.4　炉渣成分的计算

原料、燃料带入的成分见表 9-119。

表 9-119　每吨生铁带入的有关物质的量

原燃料	数量/kg	SiO_2		CaO		Al_2O_3		MgO		MnO		S	
		%	kg	%	kg	%	kg	%	kg	%	kg	%	kg
混合矿	1632.1	5.36	87.50	7.95	129.76	1.85	30.17	1.56	25.53	0.21	3.43	0.021	0.35
焦炭	363.5	6.25	22.72	0.50	1.82	4.4	16.00	0.62	2.25			0.78	2.84
煤粉	135.0	5.62	7.59	0.45	0.61	3.98	5.37	0.50	0.68			0.50	0.68
合计			117.81		132.19		51.54		28.46		3.43		3.86

由表 9-119 计算各组元的量如下：

（1）炉渣中 CaO 的量 $G_{CaO渣}$：

$$G_{CaO渣}=132.19\ (kg)$$

（2）炉渣中 SiO_2 的量 $G_{SiO_2渣}$：

$$G_{SiO_2渣}=117.81-G_{SiO_2还}=117.81-8.57=109.24\ (kg)$$

（3）炉渣中 Al_2O_3 的量 $G_{Al_2O_3渣}$：

$$G_{Al_2O_3渣}=51.54\ (kg)$$

（4）炉渣中 MgO 的量 $G_{MgO渣}$：

$$G_{MgO渣}=28.46\ (kg)$$

（5）炉渣中 MnO 的量 $G_{MnO渣}$：

$$G_{MnO渣}=3.43\times 50\%=1.715\ (kg)$$

式中　50%——锰元素在炉渣中的分配率。

（6）炉渣中 FeO 的量 $G_{FeO渣}$：

进入渣中的铁量为：$Fe_{渣}=2.862$kg，并以 FeO 形式存在。

故
$$G_{FeO渣}=2.862\times 72/56=3.68\ (kg)$$

（7）炉渣中 S 的量 $G_{S渣}$：

原燃料带入的总 S 量为：　$G_S=3.86$kg

进入生铁的 S 量为： $G_{S生铁} = 1000 \times S\%_{生铁} = 1000 \times 0.025\% = 0.25$（kg）

进入煤气中的 S 量为： $G_{S煤气} = G_S \times 5\% = 3.86 \times 0.05 = 0.193$（kg）

故

$$G_{S渣} = G_S - G_{S生铁} - G_{S煤气} = 3.86 - 0.25 - 0.193 = 3.42\ (kg)$$

炉渣成分见表 9-120。

表 9-120 炉渣组元量与比例

项目	SiO_2	CaO	Al_2O_3	MgO	MnO	FeO	S	合计	CaO/SiO_2
组元量/kg	109.24	132.19	51.54	28.46	1.72	3.68	3.42	330.68	1.21
比例/%	33.08	40.03	15.61	8.62	0.52	1.11	1.04	100.00	

9.10.1.5 校核生铁成分

（1）生铁含［P］按原料带入的磷全部进入生铁计算铁矿石带入的 P 量为：

$$G_{P矿} = G_{矿} \times P\%_{矿} = 1632.14 \times 0.066\% = 1.08\ (kg)$$

故 $[P] = 1.08/1000 = 0.108\%$

（2）生铁含［Mn］按原料带入的锰有 50%进入生铁计算：

$$[Mn] = 3.43 \times 50\% \times 55/71/1000 = 0.133\%$$

（3）生铁含［C］量：

$$[C] = [100 - (95.116 + 0.40 + 0.108 + 0.133 + 0.025)]\% = 4.217\%$$

校核后的生铁成分（%）见表 9-121。

表 9-121 校核后的生铁成分 （%）

[Fe]	[Si]	[Mn]	[P]	[S]	[C]
95.116	0.40	0.133	0.108	0.025	4.217

9.10.2 物料平衡计算

9.10.2.1 风量的计算

（1）风口前燃烧的碳量 $G_{C燃}$：

1）入炉的碳量为：

$$G_{C总} = G_{焦}\ C\%_{焦} + G_{煤}\ C\%_{煤} = 363.54 \times 85.18\% + 135 \times 78.05\% = 415.03\ (kg)$$

2）溶入生铁中的碳量为：

$$G_{C生铁} = 1000 \times [C]\% = 1000 \times 4.217\% = 42.17\ (kg)$$

3）生成甲烷的碳量为：

燃料带入的总碳量有1%~1.5%与氢化合生成甲烷，本例取1%。

$$G_{C甲烷}=1\%\times G_{C总}=0.01\times 415.03=4.15\ (kg)$$

4）直接还原消耗的碳量 $G_{C直}$。

锰还原消耗的碳量：$G_{C锰}=1000\times[Mn]\%\times 12/55=1000\times 0.133\%\times 12/55=0.29\ (kg)$

硅还原消耗的碳量：$G_{C硅}=1000\times[Si]\%\times 24/28=1000\times 0.40\%\times 24/28=3.43\ (kg)$

磷还原消耗的碳量：$G_{C磷}=1000\times[P]\%\times 60/62=1000\times 0.108\%\times 60/62=1.05\ (kg)$

铁直接还原消耗的碳量：

$$G_{C铁直}=1000\times[Fe]\%\times 12/56\times r_d'$$

$$r_d'=r_d-r_{H_2}$$

r_d一般为0.4~0.5，本计算取0.45。

$$\begin{aligned}r_{H_2}&=56/2\times[G_{焦}\times(H_2\%_{焦挥发}+H_2\%_{焦有机})+G_{煤}\times H_2\%_{煤}+2/18\times\\&\quad(V'_{风}\times\varphi\times 18/22.4+G_{煤}\times H_2O\%_{煤})]\times\eta_{H_2}\times\alpha/(1000\times[Fe]\%)\\&=56/2\times[363.54\times(0.037\%+0.36\%)+135\times 3.97\%+2/18\times(1200\times\\&\quad 1.593\%\times 18/22.4+135\times 2.30\%)]\times 0.35\times 0.9/(1000\times 95.116\%)\\&=0.081\end{aligned}$$

式中　η_{H_2}——氢在高炉内的利用率，一般为0.3~0.5，本计算取0.35；

α——被利用氢气量中参加还原FeO的百分量，一般为0.85~1.0，取0.9；

$V'_{风}$——设定的每吨生铁耗风量，本计算取1200m³。

$$G_{C铁直}=1000\times 95.116\%\times 12/56\times(0.45-0.081)=74.19kg$$

故

$$\begin{aligned}G_{C直}&=G_{C锰}+G_{C硅}+G_{C磷}+G_{C铁直}\\&=0.29+3.43+1.05+74.19\\&=78.96\ (kg)\end{aligned}$$

风口前燃烧的碳量为：

$$\begin{aligned}G_{C燃}&=G_{C总}-G_{C生铁}-G_{C甲烷}-G_{C直}\\&=415.03-42.17-4.15-78.96\\&=289.75\ (kg)\end{aligned}$$

（2）计算鼓风量 $V_{风}$：

1）鼓风中氧的浓度：

$$\begin{aligned}B_{O_2}&=21\%\times(1-\varphi)+0.5\times\varphi+2.31\%\\&=21\%\times(1-1.593\%)+0.5\times 1.593\%+2.31\%\\&=23.76\%\end{aligned}$$

2）$G_{C燃}$燃烧需要氧的体积为：

$$V_{O_2}=G_{C燃}\times22.4/2/12$$
$$=289.75\times22.4/2/12$$
$$=270.44\ (m^3)$$

3）煤粉带入氧的体积为：

$$V_{O_2煤}=G_{煤}\times(O\%_{煤}+H_2O\%_{煤}\times16/18)\times22.4/32$$
$$=135\times(3.13\%+2.30\%\times16/18)\times22.4/32$$
$$=4.92\ (m^3)$$

4）需鼓风供给氧的体积为：

$$V_{O_2风}=V_{O_2}-V_{O_2煤}$$
$$=270.44-4.92$$
$$=265.52\ (m^3)$$

故 $V_{风}=V_{O_2风}/B_{O_2}=265.52/23.76\%=1131.22\ (m^3)$

9.10.2.2 炉顶煤气成分及数量的计算

（1）甲烷的体积 V_{CH_4}：

1）由燃料碳素生成的甲烷量为：

$$V_{CH_4碳}=G_{C甲烷}\times22.4/12=4.15\times22.4/12=7.75\ (m^3)$$

2）焦炭挥发分中的甲烷量为：

$$V_{CH_4焦}=G_{焦}\times CH_4\%_{焦}\times22.4/16$$
$$=363.54\times0.025\%\times22.4/16$$
$$=0.127\ (m^3)$$

故 $V_{CH_4}=V_{CH_4碳}+V_{CH_4焦}$

$$=7.75+0.127=7.875\ (m^3)$$

（2）氢气的体积 V_{H_2}：

1）由鼓风中水分分解产生的氢量为：

$$V_{H_2分}=V_{风}\times\varphi=1131.22\times1.593\%=18.02\ (m^3)$$

2）焦炭挥发分及有机物中的氢量为：

$$V_{H_2焦}=G_{焦}\times(H_2\%_{焦挥发}+H_2\%_{焦有机})\times22.4/2$$
$$=363.54\times(0.037\%+0.36\%)\times22.4/2$$
$$=16.16\ (m^3)$$

3）煤粉分解产生的氢量为：

$$V_{H_2煤}=G_{煤}\times(H_2\%_{煤}+H_2O\%_{煤}\times2/18)\times22.4/2$$
$$=135\times(3.97\%+2.30\%\times2/18)\times22.4/2$$
$$=63.94\ (m^3)$$

4）炉缸煤气中氢的总产量为：

$$V_{H_2总}=V_{H_2分}+V_{H_2焦}+V_{H_2煤}$$
$$=18.02+16.16+63.94$$
$$=98.12\ (m^3)$$

5）生成甲烷消耗的氢量为：

$$V_{H_2烷}=2\times V_{CH_4}=2\times 7.875=15.75\ (m^3)$$

6）参加间接反应消耗的氢量为：

$$V_{H_2间}=V_{H_2总}\times\eta_{H_2}$$
$$=98.12\times 0.35=34.34\ (m^3)$$

故

$$V_{H_2}=V_{H_2总}-V_{H_2烷}-V_{H_2间}$$
$$=98.12-15.75-34.34$$
$$=48.03\ (m^3)$$

（3）二氧化碳的体积 V_{CO_2}：

1）由 CO 还原 Fe_2O_3 为 FeO 生成的 CO_2 $V'_{CO_2还}$：

$$G_{Fe_2O_3}=G_{矿}\times Fe_2O_3\%_{矿}$$
$$=1632.14\times 76.65\%$$
$$=1251.03\ (kg)$$

参加还原 Fe_2O_3 为 FeO 的氢气量为：

$$G_{H_2还}=V_{H_2总}\times\eta_{H_2}(1-\alpha)\times 2/22.4$$
$$=98.12\times 0.35\times(1-0.9)\times 2/22.4$$
$$=0.341\ (kg)$$

由氢气还原 Fe_2O_3 的质量为：

$$G'_{Fe_2O_3}=G_{H_2还}\times 160/2$$
$$=0.341\times 160/2=27.31\ (kg)$$

由 CO 还原 Fe_2O_3 的质量为：

$$G''_{Fe_2O_3}=G_{Fe_2O_3}-G'_{Fe_2O_3}$$
$$=1251.03-27.31$$
$$=1223.72\ (kg)$$

故

$$V'_{CO_2还}=G''_{Fe_2O_3}\times 22.4/160$$
$$=1223.72\times 22.4/160$$
$$=171.32\ (m^3)$$

2）由 CO 还原 FeO 为 Fe 生成的 CO_2 量为：

$$V''_{CO_2还}=1000\times[Fe]\%\times[1-r'_d-r_{H_2}]\times 22.4/56$$
$$=1000\times 95.115\%(1-0.369-0.081)\times 22.4/56$$
$$=209.26\ (m^3)$$

3）焦炭挥发分中的 CO_2 量为：

$$V_{CO_2挥} = G_{焦} \times CO_2\%_{焦} \times 22.4/44$$
$$= 363.54 \times 0.20\% \times 22.4/44$$
$$= 0.370\ (m^3)$$

故
$$V_{CO_2} = V'_{CO_2还} + V''_{CO_2还} + V_{CO_2挥}$$
$$= 171.32 + 209.26 + 0.370$$
$$= 380.95\ (m^3)$$

（4）一氧化碳的体积 V_{CO}：

1）风口前碳素燃烧生成的 CO 量为：

$$V_{CO燃} = G_{C燃} \times 22.4/12 = 289.75 \times 22.4/12 = 540.87\ (m^3)$$

2）直接还原生成的 CO 量为：

$$V_{CO直} = G_{C直} \times 22.4/12 = 78.96 \times 22.4/12 = 147.39\ (m^3)$$

3）焦炭挥发分中的 CO 量为：

$$V_{CO挥} = G_{焦} \times CO\%_{焦} \times 22.4/28 = 363.54 \times 0.21\% \times 22.4/28 = 0.611\ (m^3)$$

4）间接还原消耗的 CO 量为：

$$V_{CO间} = V'_{CO_2还} + V''_{CO_2还} = 171.32 + 209.26 = 380.58\ (m^3)$$

故
$$V_{CO} = V_{CO燃} + V_{CO直} + V_{CO挥} - V_{CO间}$$
$$= 540.87 + 147.39 + 0.611 - 380.58 = 308.29\ (m^3)$$

（5）氮气的体积 V_{N_2}：

1）鼓风带入的氮气量为：

$$V_{N_2风} = V_{风} \times (1-\varphi) \times N_2\%_{风}$$
$$= 1131.22 \times (1-1.593\%) \times (79\% - 2.30\%)$$
$$= 853.83\ (m^3)$$

2）焦炭带入的氮气量为：

$$V_{N_2焦} = G_{焦} \times (N_2\%_{焦挥发} + N_2\%_{焦有机}) \times 22.4/28$$
$$= 363.54 \times (0.118\% + 0.27\%) \times 22.4/28$$
$$= 1.13\ (m^3)$$

3）煤粉带入的氮气量为：

$$V_{N_2煤} = G_{煤} \times N_2\%_{煤} \times 22.4/28$$
$$= 135 \times 0.50\% \times 22.4/28$$
$$= 0.54\ (m^3)$$

故
$$V_{N_2} = V_{N_2风} + V_{N_2焦} + V_{N_2煤}$$
$$= 853.83 + 1.13 + 0.54$$
$$= 855.50\ (m^3)$$

煤气成分见表 9-122。

表 9-122　煤气量及成分

成分	CO_2	CO	N_2	H_2	CH_4	合计
体积/m^3	380.95	308.29	853.83	48.03	7.87	1598.97
比例/%	23.82	19.28	53.40	3.00	0.49	100.00

9.10.2.3　编制物料平衡表

(1) 鼓风质量的计算：

1m^3鼓风的质量为：

$$r_{风}=[(0.21+2.30\%)\times(1-\varphi)\times32+(0.79-2.30\%)\times(1-\varphi)\times28+18\times\varphi]/22.4$$
$$=[(0.21+0.023)\times(1-0.01593)\times32+(0.79-0.023)\times(1-0.01593)\times28+18\times0.01593]/22.4$$
$$=1.284\ (kg/m^3)$$

鼓风的质量为：

$$G_{风}=V_{风}\times r_{风}=1131.22\times1.284=1452.30\ (kg)$$

(2) 煤气质量的计算：

1m^3煤气的质量为：

$$r_{气}=(44CO_2\%+28CO\%+28N_2\%+2H_2\%+16CH_4\%)/22.4$$
$$=(44\times0.2382+28\times0.1928+28\times0.5340+2\times0.03+16\times0.0049)/22.4$$
$$=1.383\ (kg/m^3)$$

煤气的质量为：

$$G_{气}=V_{气}\times r_{气}=1598.97\times1.383=2210.85\ (kg)$$

(3) 煤气中的水分计算：

1) 炉料带入的水分：

$$G_{H_2O矿}=G'_{矿}\times H_2O\%矿=1645.68\times0.35\%=5.78\ (kg)$$

2) 焦炭带入的水分：

$$G_{H_2O焦}=G_{焦(湿量)}\times H_2O\%_{焦}=381.48\times3.01\%=11.48\ (kg)$$

3) 氢气参加还原生成的水分：

$$G_{H_2O还}=V_{H_2间}\times2/22.4\times18/2$$
$$=34.34\times2/22.4\times18/2$$
$$=27.60\ (kg)$$

故

$$G_{H_2O}=G_{H_2O矿}+G_{H_2O焦}+G_{H_2O还}$$
$$=5.78+11.48+27.60$$
$$=44.86\ (kg)$$

物料平衡表见表 9-123。

表 9-123 物料平衡

收入项	kg	%	支出项	kg	%
混合矿	1645.68	45.53	生铁	1000	27.73
焦炭（湿）	381.48	10.55	炉渣	330.23	9.16
石灰石	0	0.00	煤气（干）	2210.85	61.31
鼓风（湿）	1452.30	40.18	煤气中含水	44.86	1.24
煤粉	135	3.73	炉尘	20	0.55
总计	3614.46	100.00	总计	3605.94	100.00

相对误差 = (3614.46−3605.94)/3614.46 = 0.236% <0.3%，计算结果符合要求。

9.10.3 热平衡计算

计算所需的有关参数，如物料入炉温度，热风温度，输送煤粉的载气温度，炉顶温度，渣、铁液温度各种冷却水耗量及进出温度等，分别在相关计算公式中注明。

9.10.3.1 **热量收入 $Q_{入}$**

(1) 碳的氧化热 Q_1：

1) 碳素氧化为 CO_2 放出的热量 $Q_{1\text{-}1}$：

碳素氧化产生 CO_2 的体积 $V_{CO_2氧化}$：

$$\begin{aligned} V_{CO_2氧化} &= V_{CO_2煤气} - V_{CO_2挥} \\ &= 380.95 - 0.370 \\ &= 380.58\ (m^3) \end{aligned}$$

$$\begin{aligned} Q_{1\text{-}1} &= V_{CO_2氧化} \times 12/22.4 \times 33410.66 \\ &= 380.58 \times 12/22.4 \times 33410.66 \\ &= 6811780.88\ (kJ) \end{aligned}$$

式中 33410.66——C 氧化为 CO_2 放热，kJ/kg。

2) 碳素氧化为 CO 放出的热量 $Q_{1\text{-}2}$：

碳素氧化产生 CO 的体积 $V_{CO氧化}$：

$$\begin{aligned} V_{CO氧化} &= V_{CO煤气} - V_{CO挥} \\ &= 308.29 - 0.611 \\ &= 307.68\ (m^3) \end{aligned}$$

$$\begin{aligned} Q_{1\text{-}2} &= V_{CO氧化} \times 12/22.4 \times 9797.11 \\ &= 307.68 \times 12/22.4 \times 9797.11 \\ &= 1614843.25\ (kJ) \end{aligned}$$

式中 9797.11——C 氧化为 CO 放热，kJ/kg。

故：

$$Q_1 = Q_{1\text{-}1} + Q_{1\text{-}2}$$
$$= 6811780.88 + 1614843.25$$
$$= 8426624.13\ (\text{kJ})$$

（2）鼓风带入热 Q_2：

$$Q_2 = (V_{风} - V_{风} \times \varphi) \times Q_{空气} + V_{风} \times \varphi \times Q_{水汽}$$
$$= (1131.22 - 1131.22 \times 0.01593) \times 1688.40 + 1131.22 \times 0.01593 \times 2078.59$$
$$= 1916980.39\ (\text{kJ})$$

式中 $Q_{空气}$——1202℃空气热容量，1688.40kJ/kg，根据1250℃空气热容量1755.82kJ/kg测算；

$Q_{水汽}$——1202℃水汽热容量，2078.59kJ/kg，根据1250℃水汽热容量2161.6kJ/kg测算。

（3）H_2 氧化放热 Q_3：

$$Q_3 = G_{H_2O还} \times 13454.09 = 27.60 \times 13454.09 = 371299.35\ (\text{kJ})$$

式中 13454.09——H_2 氧化为 H_2O 放热，kJ/kg。

（4）CH_4生成热 Q_4：

$$Q_4 = V_{CH_4碳} \times 12/22.4 \times 4709.56 = 7.875 \times 12/22.4 \times 4709.56 = 19867.28\ (\text{kJ})$$

式中 4709.56——甲烷生成热，kJ/kg。

（5）炉料物理热 Q_5：

$$Q_5 = G_{矿} \times 1.0 \times 80 = 1632.14 \times 1.0 \times 80 = 130571.01\ (\text{kJ})$$

式中 1.0——80℃时混合矿的比热容，kJ/(kg·℃)。

（6）热量总收入 $Q_{入}$

$$Q_{入} = Q_1 + Q_2 + Q_3 + Q_4 + Q_5$$
$$= 8426624.13 + 1916980.39 + 371299.35 + 19867.28 + 130571.01$$
$$= 10865342.16\ (\text{kJ})$$

9.10.3.2 热量支出 $q_{支}$

（1）氧化物分解吸热 q_1：

1）铁氧化物分解吸热 $q_{1\text{-}1}$：

由于原料中含有熔剂型烧结矿，可以考虑其中有20%的FeO以硅酸盐形式存在，其余以 Fe_3O_4形式存在。因此：

$$G_{FeO硅} = G_{矿} \times 烧结矿比例\% \times FeO\%_{烧} \times 20\% = 1632.14 \times 0.70 \times 8.15\% \times 20\%$$
$$= 18.62\ (\text{kg})$$

$$G_{FeO磁} = G_{矿} \times FeO\%_{矿} - G_{FeO硅} = 1632.14 \times 5.85\% - 18.62 = 76.93\ (\text{kg})$$

$$G_{Fe_2O_3磁} = G_{FeO磁} \times 160/72 = 76.93 \times 160/72 = 170.95\ (\text{kg})$$

$$G_{Fe_2O_3游} = G_{矿} Fe_2O_3\%_{矿} - G_{Fe_2O_3磁} = 1632.14 \times 76.65\% - 170.95 = 1080.08\ (\text{kg})$$

$$G_{Fe_3O_4}=G_{FeO磁}+G_{Fe_2O_3磁}=76.93+170.95=247.88\ (kg)$$

故：

$$q_{FeO硅}=G_{FeO硅}\times4087.52=18.62\times4075.22=75891.56\ (kJ)$$

$$q_{Fe_2O_3游}=G_{Fe_2O_3游}\times5156.69=1080.08\times5156.69=5569638.04\ (kJ)$$

$$q_{Fe_3O_4}=G_{Fe_3O_4}\times4803.33=247.88\times4803.33=1190638.13\ (kJ)$$

式中　4087.52，4803.33，5156.69——分别为 $FeSiO_4$、Fe_3O_4、Fe_2O_3 分解热，kJ/kg。

故：

$$\begin{aligned}q_{1\text{-}1}&=q_{FeO硅}+q_{Fe_3O_4}+q_{Fe_2O_3游}\\&=75891.56+5569638.04+1190638.13\\&=6836167.73\ (kJ)\end{aligned}$$

2）锰氧化物分解吸热 $q_{1\text{-}2}$：

$$q_{1\text{-}2}=1000\times[Mn]\%\times7366.02=1000\times0.133\%\times7366.02=9797.38\ (kJ)$$

式中　7366.02——由 MnO 分解产生 1kgMn 吸收的热量，kJ。

3）硅氧化物分解吸热 $q_{1\text{-}3}$：

$$q_{1\text{-}3}=1000\times[Si]\%\times31102.37=1000\times0.40\%\times31102.37=124409.48\ (kJ)$$

式中　31102.37——由 SiO_2 分解产生 1kg 硅吸收的热量，kJ。

4）磷酸盐分解吸热 $q_{1\text{-}4}$：

$$q_{1\text{-}4}=1000\times[P]\%\times35782.6=1000\times0.108\%\times35782.6=38732.29\ (kJ)$$

式中　35782.6——由 $Ca_3(PO_4)_2$ 分解产生 1kg 磷吸收的热量，kJ。

故

$$\begin{aligned}q_1&=q_{1\text{-}1}+q_{1\text{-}2}+q_{1\text{-}3}+q_{1\text{-}4}\\&=6836167.73+9797.38+124409.48+38732.29\\&=7009106.88\ (kJ)\end{aligned}$$

（2）脱硫吸热 q_2：

$$q_2=G_{S渣}\times8359.05=3.42\times8359.05=28571.91\ (kJ)$$

式中　8359.05——假定烧结矿中硫以 FeS 形式存在，1kg 硫吸收的值，kJ。

（3）水分分解热 q_3：

$$\begin{aligned}q_3&=(V_{风}\times\varphi\times18/22.4+G_{煤}H_2O\%_{煤})\times13454.1\\&=(1131.22\times0.01593\times18/22.4+135\times2.30\%)\times13454.1\\&=237130.22\ (kJ)\end{aligned}$$

式中　13454.1——水分解吸热，kJ。

（4）游离水蒸发吸热 q_4：

$$\begin{aligned}q_4&=(G_{矿}\times H_2O\%_{矿}+G_{焦}\times H_2O\%_{焦})\times2682\\&=(1645.68\times0.35\%+363.54\times3.01\%)\times2682\\&=46295.17\ (kJ)\end{aligned}$$

式中　2682——1kg 水由 0℃变为 100℃水汽吸热，kJ。

（5）生铁带走热 q_5：

$$q_5=1000\times1173=1173000\ (kJ)$$

式中　1173——铁水热容量，kJ。

（6）喷吹物分解热 q_6：

$$q_6=G_{煤}\times1256.1=135\times1256.1=169573.50\ (kJ)$$

式中　1256.1——煤粉分解热，kJ。

（7）炉渣带走热 q_7：

$$q_7=G_{渣}\times1760=330.23\times1760=581211.31\ (kJ)$$

式中　1760——炉渣热容量，kJ。

（8）煤气带走热 q_8：

从常温到200℃之间，各种气体的平均比热容 c_p 见表 9-124。

表 9-124　气体的平均比热容 c_p　（kJ/（m³·℃））

成分	CO_2	CO	N_2	H_2	CH_4	H_2O
c_p	1.787	1.313	1.313	1.302	1.82	1.519

1）干煤气带走热量：

$$\begin{aligned}q_{8\text{-}1}&=G_{气}\times(1.278V_{H_2}+1.777V_{CO_2}+1.284V_{CO}+1.284V_{N_2}+1.610V_{CH_4})\times230\\&=1598.97\times(1.302\times0.03+1.787\times0.2382+1.313\times0.1928+1.313\times0.534+\\&\quad 1.82\times0.0049)\times230\\&=525200.47\ (kJ)\end{aligned}$$

2）煤气中水分带走热：

$$\begin{aligned}q_{8\text{-}2}&=1.519\times G_{H_2O}\times22.4/18\times(230-100)\\&=1.519\times44.86\times22.4/18\times(230-100)\\&=11023.66\ (kJ)\end{aligned}$$

故　$q_8=q_{8\text{-}1}+q_{8\text{-}2}=525200.47+11023.66=536224.13\ (kJ)$

故
$$\begin{aligned}q_{支}&=q_1+q_2+q_3+q_4+q_5+q_6+q_7+q_8\\&=7009106.88+28571.91+237130.22+46295.17+\\&\quad 1173000+169573.50+581211.31+536224.13\\&=9781113.12\ (kJ)\end{aligned}$$

（9）冷水带走及炉壳散发热损失为 $q_{损失}$：

$$q_{损失}=Q_{入}-q_{支}=10865342.16-9781113.12=1084229.04\ (kJ)$$

9.10.3.3　热平衡表与分析

热平衡见表 9-125。

表 9-125 热平衡

收入项	kJ	%	支出项	kJ	%
碳的氧化热	8426624.13	77.56	氧化物分解	7009106.88	64.51
鼓风带入热	1916980.39	17.64	脱硫	28571.91	0.26
H_2 氧化放热	371299.35	3.42	水分分解热	237130.22	2.18
CH_4生成热	19867.28	0.18	喷吹物分解热	169573.50	1.56
炉料物理热	130571.01	1.20	游离水蒸发热	46295.17	0.43
			生铁带走热	1173000.00	10.80
			炉渣带走热	581211.31	5.35
			煤气带走热	536224.13	4.94
			其他热损	1084229.05	9.98
合 计	10865342.16	100.00	合 计	10865342.16	100.00

热量有效利用系数 K_T：

$$K_T=\text{总热量收入}-(\text{煤气带走的热}+\text{其他热损})$$
$$=100\%-(4.94\%+9.98\%)$$
$$=85.09\%$$

高炉的 K_T值一般为 80%～85%，大型高炉原燃料条件较好的可达85%～90%。

碳的热能利用系数 K_C：

$$K_C=\frac{\text{碳的氧化热（包括燃烧成 CO 和 }CO_2\text{ 放出的热量）}}{\text{除进入生铁外的碳全部燃烧成 }CO_2\text{ 所放出的热量}}\times100\%$$
$$=8426624.13/[(415.03-42.17)\times33410.66]\times100\%$$
$$=67.64\%$$

高炉的 K_C 值一般为 50%～60%，大型高炉原燃料条件较好的可达 65%以上。

9.10.4 马钢高炉物料平衡和热平衡计算对比分析

按照上述的计算过程，对马钢两座不同容积高炉的物料平衡和热平衡计算结果进行对比，见表 9-126。

表 9-126 马钢两座高炉物料和热平衡计算结果对比

项 目		4 号高炉（$3200m^3$）	A 高炉（$4000m^3$）
主要冶炼参数	入炉料 TFe/%	58.21	58.96
	焦炭/$kg\cdot t^{-1}$	381.84（湿量） 370（干量）	360（全部干熄焦）
	煤粉/$kg\cdot t^{-1}$	135	145
	鼓风湿度/$g\cdot m^{-3}$	12.8	12.8

续表 9-126

项目		4 号高炉（3200m³）	A 高炉（4000m³）
主要冶炼参数	风温/℃	1202	1220
	富氧率/%	2.30	3.00
	炉尘量/kg · t^{-1}	20	15
	炉顶煤气温度/℃	230	220
	入炉熟料温度/℃	80	80
	炉渣碱度（R_2）	1.21	1.15
物料收入项	混合矿/kg（%）	1645.68（45.53）	1623.85（45.86）
	焦炭（湿）/kg（%）	381.48（10.55）	360.00（10.17）
	鼓风（湿）/kg（%）	1452.30（40.18）	1412.09（39.88）
	煤粉/kg（%）	135（3.73）	145（4.09）
	总计/kg（%）	3614.46（100.00）	3540.94（100.00）
物料支出项	生铁/kg（%）	1000（27.73）	1000（28.29）
	炉渣/kg（%）	330.23（9.16）	309.13（8.74）
	煤气（干）/kg（%）	2210.85（61.31）	2174.05（61.50）
	煤气中含水/kg（%）	44.86（1.24）	33.93（0.96）
	炉尘/kg（%）	20（0.55）	18（0.51）
	总计/kg（%）	3605.94（100.00）	3535.11（100.00）
热量收入项	碳的氧化热/kJ（%）	8426624.13（77.56）	8432753.19（77.66）
	鼓风带入热/kJ（%）	1916980.39（17.64）	1890009.69（17.41）
	H_2 氧化放热/kJ（%）	371299.35（3.42）	387400.90（3.57）
	CH_4生成热/kJ（%）	19867.28（0.18）	19934.43（0.18）
	炉料物理热/kJ（%）	130571.01（1.20）	128901.43（1.19）
	合计/kJ（%）	10865342.16（100.00）	10858999.64（100.00）
热量支出项	氧化物分解/kJ（%）	7009106.88（64.51）	6998823.94（64.45）
	脱硫/kJ（%）	28571.91（0.26）	27479.26（0.25）
	水分分解热/kJ（%）	237130.22（2.18）	239372.38（2.20）
	喷吹物分解热/kJ（%）	169573.50（1.56）	182134.50（1.68）
	游离水蒸发热/kJ（%）	46295.17（0.43）	13784.07（0.13）
	生铁带走热/kJ（%）	1173000.00（10.80）	1173000.00（10.80）
	炉渣带走热/kJ（%）	581211.31（5.35）	544068.25（5.01）
	煤气带走热/kJ（%）	536224.13（4.94）	502327.72（4.63）
	其他热损/kJ（%）	1084229.05（9.98）	1178009.51（10.85）
	合计/kJ（%）	10865342.16（100.00）	10858999.64（100.00）
热量有效利用系数 K_T		85.09	84.53
碳的热能利用系数 K_C		67.74	67.42

通过表 9-126 的物料平衡和热平衡计算结果对比可知，两座高炉的燃料比相同，A 高炉的入炉料 TFe 含量、鼓风的富氧率高于 4 号高炉，相应的物料收入项的混合矿和鼓风量小于 4 号高炉。从热平衡分析，两座高炉的热量总量基本持平（相差约 0.058%），A 高炉的热量有效利用系数 K_T和碳的热能利用系数 K_C都略低于 4 号高炉，因此，4 号高炉热能利用率好于 A 高炉。

10 固废综合利用技术

钢铁联合企业包括原料、焦化、烧结球团、高炉、转（电）炉、热轧、冷轧以及配套公辅系统等生产工序，物流流程长，生产工艺复杂，产生的固体废物种类多、数量大、性质各异，主要固体废物包括高炉水渣、转炉钢渣、含铁低锌尘泥、高锌尘泥、氧化铁皮等十几种。充分发挥铁前各工序对固体废物的消纳功能，实现固体废物减量化、无害化和资源化处理，加强固体废物的内部循环及综合利用，已经成为钢铁企业生产管理的重要目标。本章结合马钢生产实践，主要介绍马钢铁前综合利用固体废物利用情况。

10.1 马钢铁前使用的固废资源概况

一般钢铁企业每生产一吨钢约产生 600kg 左右的固体废物，其中，高炉渣产生比例约占钢产量的 30%~35%，钢渣产生比例约占钢产量的 10%~15%，尘泥产生比例约占钢产量的 5%~8%，其他固废产生比例约占钢产量的 1%~3%。目前，马钢本部年产铁约 1400 万吨、产钢约 1500 万吨，每年约产生钢渣170 万吨、高炉水渣 500 万吨、尘泥 80 万吨、粉煤灰 20 万吨、其他固废资源 18 万吨。

高炉水渣和粉煤灰主要用于水泥混凝土行业；钢渣经过加工处理后，渣钢返回转炉使用，尾渣部分返回烧结利用，剩余部分用于水泥、建材、道路及喷砂等行业。

含铁低锌尘泥大部分通过烧结配矿返回铁前使用，其中料场除尘灰、烧结除尘灰、高炉重力灰、槽下灰、炉前灰以及炼钢除尘灰均返回烧结使用，转炉 OG 泥通过管道输送返回烧结使用。

马钢新区高炉瓦斯泥采用转底炉处理，其他高锌尘泥采用回转窑脱锌工艺处理。

轧钢氧化铁皮部分用于粉末冶金，年产还原铁粉约 4 万吨，剩余部分全部返回烧结配矿使用。

水处理系统产生的含铬污泥、酸碱污泥，焦炉煤气净化产生的废脱硫剂，冷轧工序产生的废乳化液渣和酸洗滤饼等固废，均属于危险废物，须通过合理方式进行无害化处理。

马钢铁前使用的固废资源概况见图 10-1。

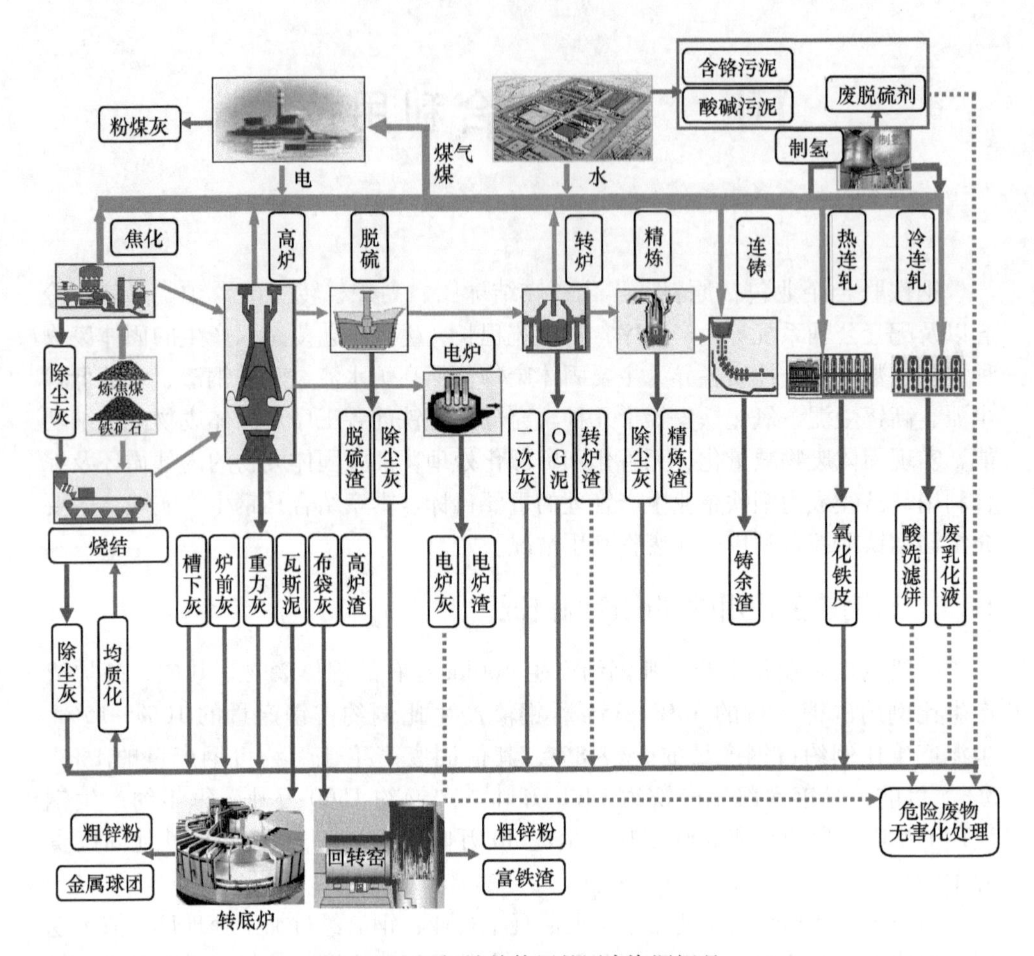

图 10-1　马钢铁前使用的固废资源概况

10.1.1　铁前系统产出的固废及基本特性

马钢铁前系统产生的固废主要有高炉重力灰、炉前灰、槽下灰、瓦斯泥、布袋灰（瓦斯灰）、球团灰、烧结机头灰等，其主要化学成分见表 10-1，年产生量及特性见表 10-2。

表 10-1　铁前系统固废主要化学成分　（%）

名称	TFe	C	CaO	MgO	SiO_2	Al_2O_3	P	S	K_2O	Na_2O	Zn
料场除尘灰	12.0~59.2	0.5~68.4	1.0~6.1	1.0	5.8	2.4	<0.1	<0.5	0.1	0.2	<0.1
烧结除尘灰	20.3~57.5	1.0~3.0	7.2~9.2	1.2~1.6	4.4~6.3	1.0~2.2	<0.1	0.5~4.2	0.2~22.0	<1.9	<0.1

续表 10-1

名称	TFe	C	CaO	MgO	SiO_2	Al_2O_3	P	S	K_2O	Na_2O	Zn
球团工艺灰	60.9~63.7	0.4	1.0	0.9	5.5	1.4	<0.1	0.5	<0.1	0.2~0.3	<0.1
高炉槽下灰	43.7~52.6	8.2~15.1	4.6	1.11	7.2	2.5	<0.1	0.5	<1.0	<1.0	<1.0
高炉炉前灰	33.11~63.9	2.2	0.5	0.1	2.9	0.5	0.1	0.5	<1.0	<1.0	<1.0
高炉重力灰	35.0~55.0	6.0~15.0	3.1	0.2~1.0	4.8	2.0	<0.1	0.1	0.5	0.4	<1.0
高炉布袋灰	18.8~36.3	15.0~24.7	1.8	1.6	9.4	2.2~7.2	0.1	0.9	0.2~5.2	0.4~4.4	2.5~10.7
高炉瓦斯泥	26.8~38.6	20.4~27.1	2.1	0.9	7.4	3.2	0.1	1.0	0.3	0.3	1.5~7.2

表 10-2 铁前系统固废产生量及基本特性

名 称	产生工序	年产生量/万吨	状态	基 本 特 性
料场除尘灰	原料	3.0	灰	收集点多，成分波动大，主要含铁（12.0%~59.2%），碳含量波动大（0.5%~68.4%）
烧结除尘灰	烧结	2.9	灰	主要含铁（20.3%~57.5%），钾含量较高（最高 22.0%），钾钠以氯化钾、氯化钠形式存在，粒径小，基本在 5~40μm
球团工艺灰	球团	3.2	灰	含铁品位高（约 60.9%~63.7%），锌含量低（约 0.1%），粒径基本小于 45μm
高炉槽下灰	炼铁	2.6	灰	主要含铁（43.7%~52.6%），碳含量较高（8.2%~15.1%），锌含量不高（小于 1.0%）
高炉炉前灰	炼铁	2.5	灰	主要含铁（33.1%~63.9%），锌含量不高（小于 1.0%）
高炉重力灰	炼铁	7.9	灰	主要含铁（35.0%~55.0%），锌含量不高（小于 1.0%），平均粒径 0.18mm
高炉布袋灰	炼铁	3.8	灰	主要含铁（18.7%~36.3%），碳（15.0%~24.7%），锌含量较高（最高 10.7%），粒度小，平均粒径约 0.16mm
高炉瓦斯泥	炼铁	10.3	泥	主要含铁（26.8%~38.6%），碳（20.4%~27.1%），锌含量较高（1.5%~7.2%），含水较高（约 30%），粒度小，平均粒径 20~25μm

10.1.2 铁前使用的钢后固废及基本特性

铁前使用的钢后系统产生的固废主要有石灰除尘灰、石灰筛下物、钢渣、炼钢二次灰、转炉 OG 泥、氧化铁皮，其主要化学成分见表 10-3，年产生量及特性见表 10-4。

表 10-3 铁前使用的钢后固废主要化学成分 (%)

名称	TFe	C	CaO	MgO	SiO_2	Al_2O_3	P	S	K_2O	Na_2O	Zn
石灰除尘灰	0.6	—	59.1	<1.0	2.9	0.9	<0.1	0.3	0.2	0.1	<0.1
石灰筛下物	0.4	—	69.7	<1.0	1.6	0.5	<0.1	0.1	0.2	<0.1	<0.1
风淬渣	23.8	—	44.3	4.2	11.4	1.5	0.8	<0.1	<0.1	<0.1	<0.1
钢渣尾渣	11.0~20.0	—	39.7	7.4	10.6	2.4	1.1	<0.1	<0.1	<0.1	<0.1
炼钢二次灰	20.0~46.6	0.6~17.5	8.8~41.6	6.1	3.5	1.3~10.1	<0.1	1.4	1.3	1.2	0.1~3.3
转炉 OG 泥	50.0~66.0	1.0~7.0	10.93	3.59	1.50	0.50	<0.1	<0.1	<0.1	0.25	0.1~2.5
氧化铁皮	66.0~72.2	<1.1	0.2~18.5	<2.7	1.1~18.0	<6.4	<0.1	<0.1	<0.2	<5.4	<0.1

表 10-4 铁前使用的钢后固废产生量及基本特性

名称	产生工序	年产生量/万吨	状态	基本特性
石灰除尘灰	炼钢	1.3	灰	氧化钙含量高（约 59.1%）
石灰筛下物	炼钢	4.8	灰	氧化钙含量高（约 69.7%）
风淬渣	炼钢	36.0	固	主要含氧化钙（约 44.3%），含铁较高（约 23.8%），颗粒呈圆球状，平均粒径 2mm，体积稳定性良好
钢渣尾渣	炼钢	120.0	固	主要含氧化钙（约 39.7%），磷含量偏高（约 1.1%）
炼钢二次灰	炼钢	6.5	灰	主要含铁（约 20.0%~46.6%），氧化钙含量较高（约 8.8%~41.6%），含碳（0.6%~17.5%），成分波动大，粒度小，70%以上小于 74μm
转炉 OG 泥	炼钢	19.0	泥	含铁品位较高（约 50.0%~66.0%），含较高的碳、钙、镁等有益元素，锌含量受转炉添加含锌废钢的影响波动较大（0.1%~2.5%），粒度小，70%以上小于 5um
氧化铁皮	轧钢	20.0	固	含铁品位高（约 66.0%~72.2%），杂质少

钢铁冶炼过程中产生的尘泥，一般均有一定的含铁量，部分碳含量也较高，返回烧结使用有利于降低炼铁成本；锌、碱金属含量偏高的尘泥不宜直接返回炼铁使用，需进行脱锌、脱钾钠处理后再利用；磷含量较高的钢渣类固废，烧结使用后会导致铁水磷含量上升造成后续炼钢脱磷成本提高，使用比例须控制在合理范围。氧化铁皮在烧结工序可直接大量配用，但对于含油较高的氧化铁皮，烧结应控制配加量。

10.1.3 马钢铁前使用的固废分类与处理

10.1.3.1 铁前使用的固废分类

目前马钢铁前使用的固废（不含铁前厂内自循环部分）主要分为三大种类：尘泥、氧化铁皮、钢渣。根据不同化学组成、锌碱含量、粒度等特性进行固废分类，详见表10-5。

表10-5 铁前使用的固废分类

固废种类	细分类别	标 准	来 源	去 向
尘泥	一类	Zn<1.0%	高炉槽下灰、炉前灰、重力灰、料场除尘灰	混匀配矿
	二类	1.0%≤Zn<2.5%	瓦斯泥（部分）、炼钢除尘灰、转炉OG泥	混匀配矿、转底炉
	三类	Zn≥2.5%	瓦斯泥、高炉布袋灰	转底炉、脱锌回转窑
	四类	危废	废乳化液渣、酸洗滤饼、废脱硫剂、含铬污泥、电炉除尘灰等	无害化处理
	五类	K_2O≥1.0%	烧结机头除尘灰	厂内自循环返回烧结使用（可考虑提钾后再返烧结使用）
氧化铁皮	氧化铁皮	TFe≥66.0%	连铸、加热炉及热轧产生的氧化铁皮	返烧结
钢渣	风淬渣	经风淬工艺处理的转炉渣	四钢轧风淬处理线	返烧结
	磁选尾渣	经破碎筛分至一定粒度的磁选尾渣	资源分公司回收一分厂	返烧结

10.1.3.2 铁前使用固废的处理

马钢铁前系统返烧结使用的固废（不含铁前自循环部分）主要通过生产线加工、收储堆场现场筛分、混匀等方式处理。

A 尘泥类物料处理方式及用量

马钢铁前、钢后产出的尘泥以锌含量为标准进行分流处置，锌含量小于2.5%的尘泥汽运至仓配公司新料场堆存，经充分混匀后铁运供500m³高炉配套的烧结机使用；锌含量不小于2.5%的尘泥主要采用转底炉及回转窑处理。2012~2016年马钢铁前系统消纳尘泥量见图10-2。

B 氧化铁皮类物料处理方式及用量

钢后产出的氧化铁皮，因产出点现场情况各异、作业环境限制等客观因素，部分入库氧化铁皮中含有杂质、油污等。仓配公司新料场对入库的氧化铁皮进行

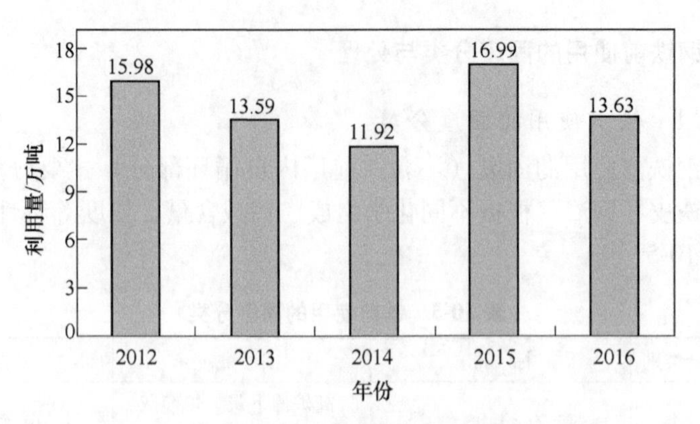

图 10-2　2012~2016 年马钢铁前系统消纳尘泥量

机械筛分加工处置，筛分后的合格料供 500m³ 高炉配套的烧结机使用。相对纯净的氧化铁皮主要供 4000m³ 高炉配套的 360m² 烧结机使用。2012~2016 年马钢铁前系统消纳氧化铁皮量见图 10-3。

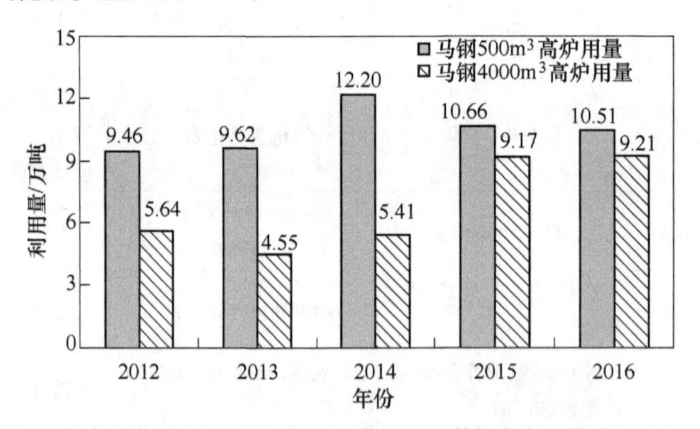

图 10-3　2012~2016 年马钢铁前系统消纳氧化铁皮量

C　钢渣类物料处理方式及用量

铁前使用的钢渣类物料主要包括加工钢渣及风淬渣两类。

加工钢渣是由资源分公司磁选生产线磁选后的尾渣经过破碎机破碎、滚筒筛筛分后产出的物料，供料至马钢 500m³ 高炉配套的烧结机配料使用。马钢钢渣加工流程见图 10-4，铁前系统使用的加工钢渣技术标准见表 10-6，2012~2016 年马钢铁前系统消纳加工钢渣量见图 10-5。

表 10-6　马钢铁前系统使用的加工钢渣技术标准　　　　(%)

CaO	MgO	TFe	SiO_2	S	P
44. 0±2. 00	8. 00±1. 00	≥15. 00	≤12. 00	≤0. 130	≤1. 00
粒度：0~5mm，其中+6mm 为 0；5~6≤10. 0%					

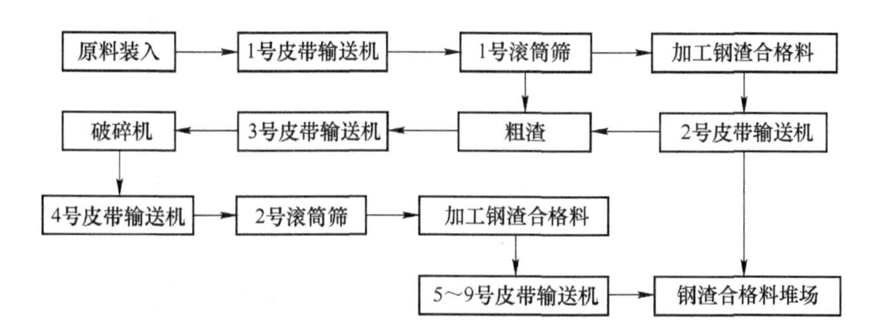

图 10-4 马钢加工钢渣生产流程图

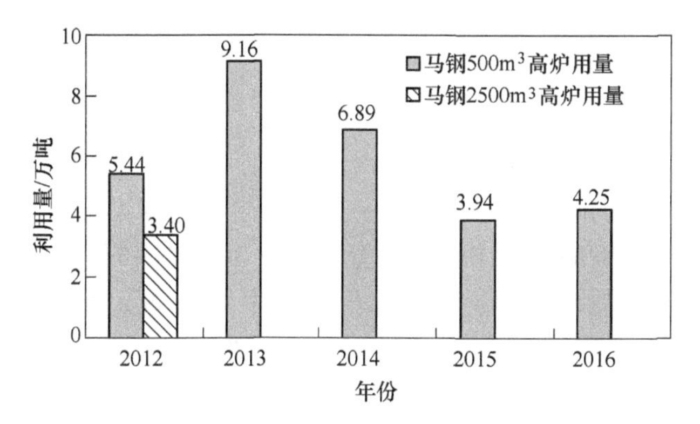

图 10-5 2012～2016 年马钢铁前系统消纳加工钢渣量

风淬渣是由四钢轧总厂渣处理 A 线将高温熔渣风淬后产生的钢渣，经汽运供料至马钢 2500m^3 高炉配套的 300m^2烧结机配料使用。马钢转炉渣风淬处理工艺流程见图 10-6，2012～2016 年马钢铁前系统消纳风淬渣量见图 10-7。

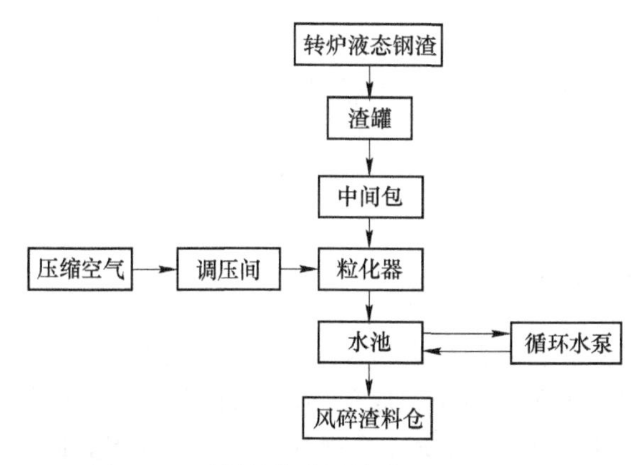

图 10-6 马钢转炉渣风淬处理工艺流程图

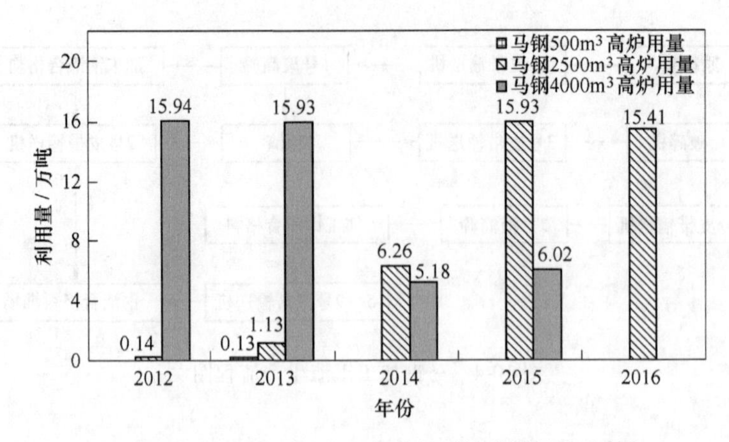

图 10-7　2012~2016 年马钢铁前系统消纳风淬渣量

10.2　转底炉工艺及设备概况

马钢转底炉（RHF 炉）是国内第一条含锌尘泥脱锌生产线，用于处理 2 座 4000m^3 高炉、2 台 360m^2烧结机及 1 条年产 225 万吨球团的链箅机—回转窑生产线所产生的含锌尘泥及除尘灰，设计处理量为 20 万吨/年。马钢转底炉鸟瞰图见图 10-8。

图 10-8　马钢转底炉鸟瞰图

10.2.1　转底炉工艺概况

转底炉工艺特点：将含铁粉尘与含锌高炉瓦斯泥经配料、混合、造球、干燥后，以薄料层的形态均匀地布于一底部转动的环形炉内，然后进行加热、还原。在此过程中，物料中的 Zn 等有害元素被气化脱除，并得到回收。马钢转底炉处理的高炉瓦斯泥及含铁粉尘化学成分见表 10-7。

表 10-7 马钢转底炉处理的高炉瓦斯泥及含铁粉尘化学成分

物料名称	物料成分/%										
	TFe	C	CaO	MgO	SiO_2	Al_2O_3	P	S	K_2O	Na_2O	Zn
高炉瓦斯泥	26.8~38.6	20.4~27.1	2.1	0.9	7.4	3.2	0.1	1.0	0.3	0.3	1.5~7.2
烧结除尘灰	20.3~57.5	1.0~3.0	7.2~9.2	1.2~1.6	4.4~6.3	1.0~2.2	<0.1	0.5~4.2	0.2~22.0	<1.9	<0.1
球团除尘灰	60.9~63.7	0.4	1.0	0.9	5.5	1.4	<0.1	0.5	<0.1	0.2~0.3	<0.1
高炉槽下灰	43.7~52.6	8.2~15.1	4.6	1.11	7.2	2.5	<0.1	0.5	<1.0	<1.0	<1.0
高炉炉前灰	33.11~63.9	2.2	0.5	0.1	2.9	0.5	0.1	0.5	<1.0	<1.0	<1.0

马钢转底炉工程于2009年6月建成投产，经过八年多生产实践，通过采取技术改造、优化工艺参数等措施，摸索出一套较为成熟的生产操作标准，转底炉各项经济技术指标均有显著提高，目前转底炉作业率达92%以上、脱锌率91%以上、球团金属化率达70%以上。工艺流程见图10-9。

马钢转底炉主要工艺设备设施包括：浓缩池、配料仓、圆盘造球机、生球干燥机、转底炉本体（有效面积240m^2、中径ϕ20.5m、炉内宽度4.9m、炉膛高度1.5m）、余热锅炉、空气换热器、工艺除尘及成品冷却等。

10.2.2 转底炉技术与管理

马钢转底炉工艺流程：将脱水的高炉污泥、除尘灰、粘结剂按要求配料，经润磨、造球、生球筛分、生球干燥，均匀布到转底炉环形台车上。转底炉焙烧以焦炉煤气为热源，经过预热段、还原一段、还原二段和还原三段四个阶段；在1200~1270℃燃烧温度下进行20min左右的还原焙烧，将干燥后生球还原为强度大于1000N/P的金属化球团，锌、铅等有害元素在还原剂C的作用下被还原出来进入高温烟气。金属化球团由螺旋排料装置排出，进入一次冷却机冷却，冷却的金属球团经筛分后供用户。高温烟气经锅炉产生过热蒸汽，过热蒸汽直接进入公司蒸汽管网；经换热器将助燃风预热到200℃以上。烟气中还原的锌、铅等有害元素通过布袋收集，获得锌粉。

10.2.3 转底炉产品介绍

转底炉主产品为金属化球团、锌粉和过热蒸汽。金属化球团含铁量大于65%，金属化率大于70%，抗压强度大于1000N/P；锌粉ZnO含量为40%~

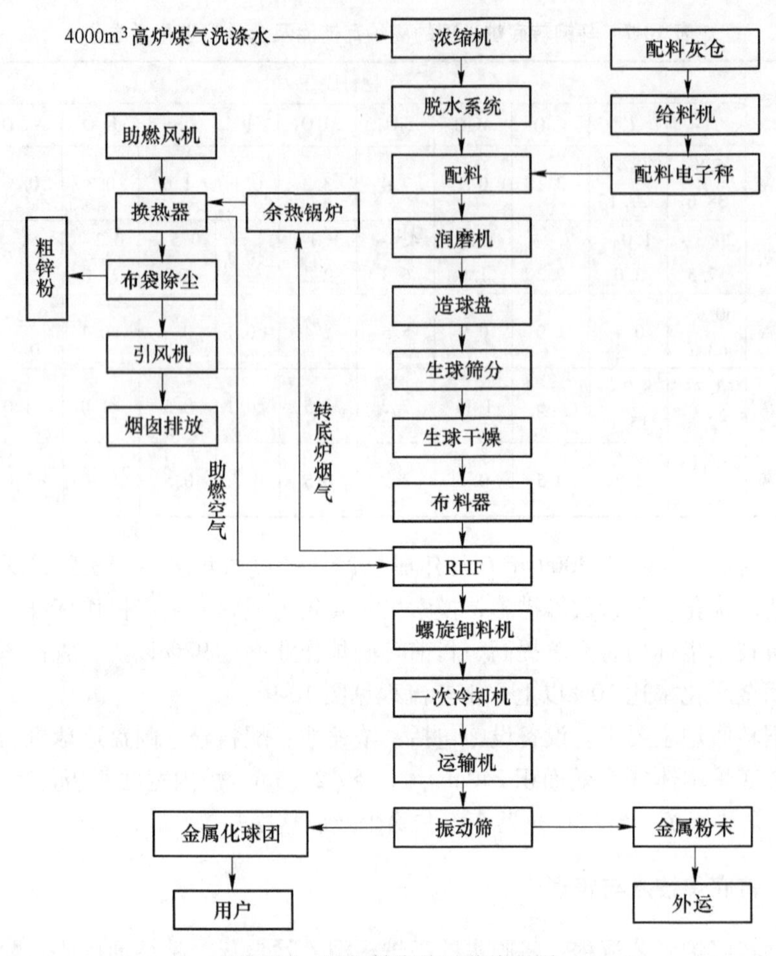

图 10-9 马钢转底炉工艺流程图

50%；过热蒸汽压力为 1.6MPa，温度为 260℃。

10.3 回转窑工艺及设备概况

为进一步提高含锌尘泥的处理能力，与转底炉系统形成互补，2016 年 9 月马钢新投产一条 ϕ3.5m×54m 回转窑脱锌生产线，设计处理能力 15～18 万吨/年。脱锌回转窑主要用来处理高含锌固体废物，如高炉布袋灰、电炉除尘灰及 Zn 含量大于 2.5%的瓦斯泥。

10.3.1 回转窑工艺概况

回转窑工艺跟转底炉工艺一样，均属于火法工艺，所不同的是转底炉工艺需要造块，回转窑工艺不需要造块，即直接将高含锌物料和含碳物料混合，送入回转窑焙烧。在高温还原条件下，物料中锌的氧化物被还原，并在高温条件下气化挥发变成金属蒸气（锌沸点908℃），锌蒸气在上升过程中，温度较高，由于回转窑窑尾有空气不断被鼓入其中，活性高的锌蒸气极易与空气中氧气发生反应，生成金属氧化物微粒，在窑尾的负压引风机作用下，进入除尘系统，从而使得锌与固相分离，窑渣经水淬冷却后，可以作为烧结料使用或者进一步加工成铁粉，选铁后的尾渣可返水泥厂配料使用。具体工艺流程见图10-10。

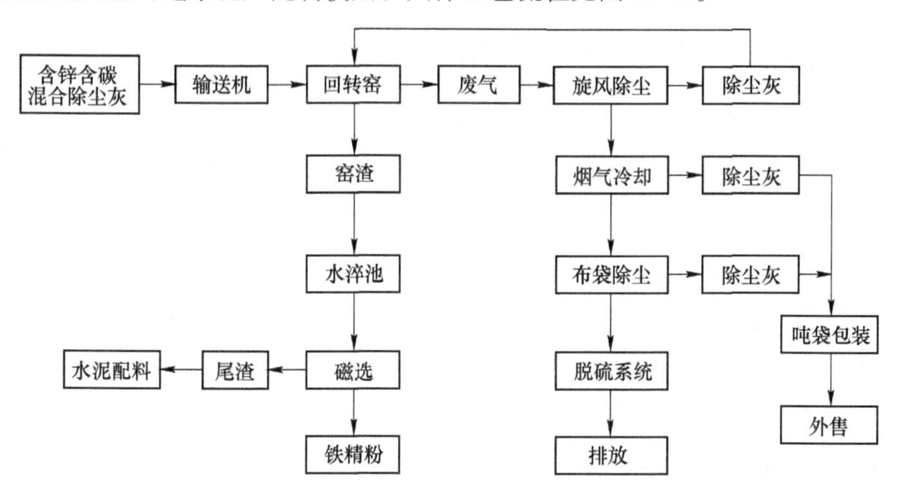

图10-10　马钢回转窑处理含锌尘泥工艺流程图

主要工艺设备设施包括：回转窑（ϕ3.5m×54m）、引风机、鼓风机、烟气冷却管、胶带输送系统、窑头中间仓、减速机、循环水泵、产品螺旋输送机、产品中间仓、窑头负压袋式除尘器、旋风除尘器、水淬水沉淀池、脱硫塔、净循环水池等。

10.3.2　回转窑操作技术与管理

物料经输送机从窑头进入回转窑内，窑尾由鼓风机不断鼓入空气，物料与气流逆流接触，物料中的部分碳燃烧作为热源，部分作为还原剂使用。窑头进入的物料在700~1200℃温度下，在还原剂C的作用下，锌的氧化物被还原成金属锌，并释放出CO和CO_2，同时由于锌的沸点低，金属锌从物料中挥发出来，在窑头烟气负压抽风机的抽风作用下，经窑头进入后部烟气负压处理系统。回转窑窑渣经窑尾进入窑渣冷却池，依靠窑渣重力，落入下部水淬池中。

除尘系统采用低压长袋脉冲除尘器，处理风量50000m^3/h，过滤面积2800m^2，入口含尘浓度小于10g/Nm^3，出口含尘浓度小于30mg/Nm^3，除尘效率达99.9%。除尘后的烟气采用碳酸钠进行洗涤后排放。

水淬后的回转窑渣，经颚式破碎机破碎至粒径250mm以下，经球磨机湿式球磨至粒径 60~80 目，再经过两级磁选即可得到副产品铁精粉。

10.3.3 回转窑产品介绍

回转窑产品包括粗锌粉和脱锌后富铁窑渣。粗锌粉中 ZnO 含量 42%~65%，主要用于加工成电解锌或氧化锌。富铁窑渣 ZnO 含量低于 1%，可以用作烧结原料，或者通过球磨磁选加工成铁精粉。

10.4 转炉 OG 泥管道输送返烧结循环利用系统

OG 泥是转炉炼钢生产过程中煤气湿法除尘的副产物，含有铁、钙、镁和碳等元素。转炉 OG 泥粒度极细，小于 5um 的占 70%以上，黏度很大，运输、处理利用困难极大。

为解决这一难题，马钢开展专题研究，2007 年成功开发出转炉 OG 泥管道全封闭输送喷淋利用技术，同年在马钢新区建成应用。解决了钢厂 OG 泥浓缩、脱水系统占地面积大、脱水成本高、循环利用难度高等一系列问题，节约了烧结用水；利用其中的铁、钙、镁等有益元素，提高烧结混合料的造粒效果，改善烧结料层透气性，并起到降低烧结固体燃耗的作用，降低了原料成本。

10.4.1 马钢烧结使用转炉 OG 泥概况

马钢年产生干基转炉 OG 泥总量约 19 万吨/年（不含粗颗粒转炉 OG 泥），化学成分见表 10-8。

表 10-8 马钢转炉 OG 泥化学成分分析表 (%)

TFe	FeO	SiO_2	CaO	Al_2O_3	MgO	TiO_2	MnO	P	S	K_2O	Na_2O	Zn	C	IL
61.55	73.87	1.86	9.40	<0.50	2.10	0.22	0.61	0.089	0.116	0.14	0.075	0.067	2.06	5.30

马钢转炉 OG 泥的利用从简单排放到精细利用，是一个不断进步和优化的过程，从时间上可分为四个阶段：第一阶段，按照工业固废，堆放式处理；第二阶段，2006 年 6 月，三钢转炉 OG 泥通过汽车运输，在二铁总厂烧结实现高浓度喷浆；2007 年三铁总厂建成处理第二、四钢轧转炉 OG 泥利用系统，实现了转炉 OG 泥长距离管道输送；第四阶段，2011 年 6 月二铁总厂转炉 OG 泥综合利用工程建成。马钢最终实现了转炉 OG 泥的全封闭利用和零排放，取得了显著的经济效益和社会效益。

10.4.2 马钢转炉 OG 泥全封闭管道输送综合利用系统

10.4.2.1 工艺流程

马钢二铁总厂转炉 OG 泥综合利用系统于 2011 年 6 月 30 日竣工，用于处理一钢、三钢总厂产生的转炉 OG 泥。输送泵将浓度为 8%~10%的泥浆通过管道长距离输送至二铁总厂烧结污泥处理站，污泥经浓缩池浓缩、进入搅拌站搅拌均匀，螺杆泵喷浆到烧结配混系统参与配料，设计喷浆浓度为 20%~30%。工艺流程见图 10-11。

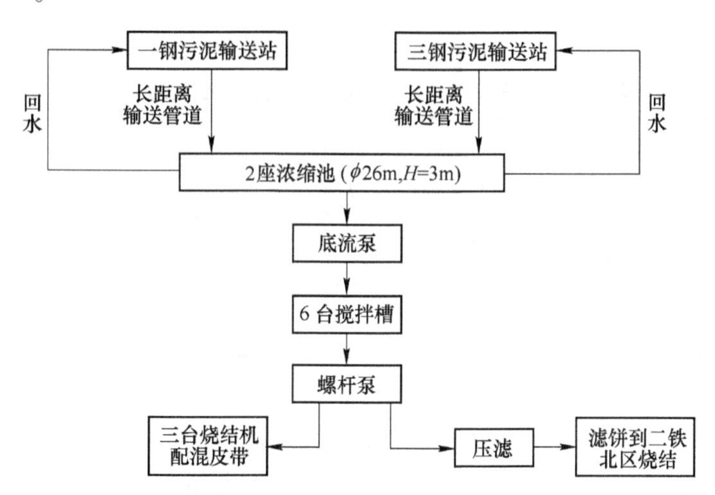

图 10-11 马钢二铁总厂转炉 OG 泥综合利用系统工艺流程图

10.4.2.2 主要工艺、设备参数

污泥标准：浓缩池浓缩后污泥含水率为 70%~80%；经过带式压滤机脱水后，污泥含水率为 32%。

浓缩池：ϕ26m，处理污水量不小于 100m^3/h；出水悬浮物不大于 80mg/L，pH=10~12。

浓缩机：周边传动型浓缩机，处理水量不小于 100m^3/h，处理能力（干泥量）5.0t/h，耙架每转时间为 15~25min。

高效矿浆搅拌槽：ϕ3500mm、H=3.0m。

螺杆泵（喷浆泵）：Q=50~80m^3/h、H=80m，转速不大于 180r/min，直接用于喷浆。

螺杆泵（进料泵）：Q=10~50m^3/h、H=80m，转速不大于 180r/min，输送污泥到带式压滤机。

带式压滤机：进料浓度为 15%~35%；排渣量（以含水 32%滤饼计）为 5~8m^3/(台·时)。

回水泵组：Q=80m^3/h、H=65m，送第一、三钢轧总厂转炉除尘水系统作为补水。

10.4.2.3 烧结应用转炉 OG 泥效果

将转炉 OG 泥喷点设置在烧结一混前的 1H-1 皮带后段上，喷洒出口适当收缩，基本覆盖 1H-1 皮带上的返矿料流。下部外套除尘布袋，距离皮带料面 50mm，防止污泥外溅导致皮带带料，明显增强了返矿颗粒的造球核心作用，改善了混合料造球性能，提高了混合料粒度。混合料不喷转炉 OG 泥及喷浆转炉 OG 泥（喷浆泵 30Hz）两种状态时，对混合料取样对比粒度组成检测结果见表 10-9。

表 10-9　转炉 OG 泥喷加前后烧结混合料粒度组成变化

项　目	混合料粒级组成/%①							-3mm 比例/%
	-0.5mm	0.5~1mm	1~2mm	2~3mm	3~5mm	5~8mm	+8mm	
未喷 OG 泥	0.23	1.45	18.50	13.22	36.23	24.89	5.48	33.40
喷 OG 泥	0.14	1.01	13.05	11.56	39.56	28.70	6.02	25.76
对比	-0.09	-0.44	-5.45	-1.66	3.33	3.81	0.54	-7.64

①混合料粒度采用现场液氮冷冻后筛分法。

由表 10-9 可看出：转炉 OG 泥的喷加能有效提高烧结混合料造球效果，-3mm 比例减少了 7.64 个百分点，原因是转炉 OG 泥本身黏性大，分散在混合料中起到了黏结剂的作用，较好地改善了烧结混合料的制粒特性。

10.5　低锌含铁尘泥综合利用系统

低锌含铁尘泥综合利用系统作为马钢新区的循环经济配套工程（见图 10-12），于 2007 年建成投用，主要用于处理含锌相对较低（Zn≤1%）的环境、工艺除尘灰（如料场除尘灰、高炉炉前灰、高炉槽下灰等）、转炉污泥等，设计处理能力 20 万吨/年（湿基）。

图 10-12　马钢低锌含铁尘泥综合利用系统

10.5.1 工艺概况

该工艺分为三部分：污水处理工艺、除尘灰处理工艺及污矿加工工艺，对应三大功能分别为：一是转炉污水浓缩、分离再利用功能；二是除尘灰与转炉污泥进行强力混合的加工功能；三是加工形成的污矿参与烧结混匀造堆再利用功能。马钢低锌含铁尘泥综合利用系统工艺流程见图 10-13。

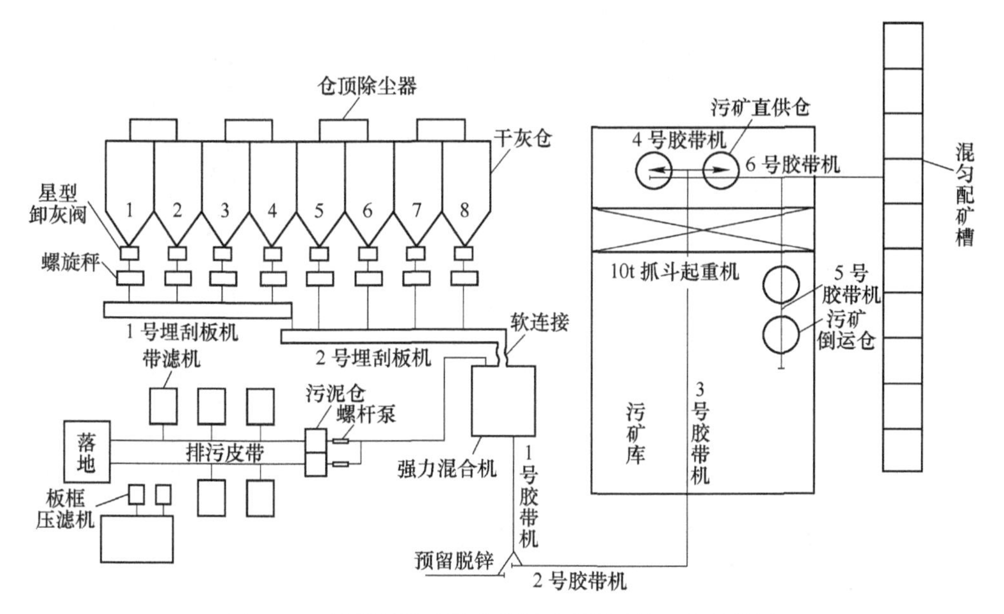

图 10-13 马钢低锌含铁尘泥综合利用系统工艺流程图

10.5.2 技术与管理

10.5.2.1 污水处理技术

转炉污水通过污水搅拌桶由渣浆泵打入浓缩池，进行自然沉降，由管路流入絮凝搅拌桶，加入一定配比浓度的聚丙烯酰胺药剂混合后进入带式压滤机压滤，形成的泥饼由胶带机输送至泥饼仓，经单螺杆泵输送至强力混合机。转炉污水加工流程见图 10-14。

10.5.2.2 除尘灰处理技术

各除尘灰按品种由吸压式罐车分别送入干灰仓，通过螺旋秤自动配料系统以每个干灰仓设定的流量配料，通过刮板机输送至强力混合机。除尘灰加工流程见图 10-15。

10.5.2.3 污矿加工技术

各除尘灰、泥饼通过一台容积为 6000 升的 D 型（卧式）强力混合机进行混

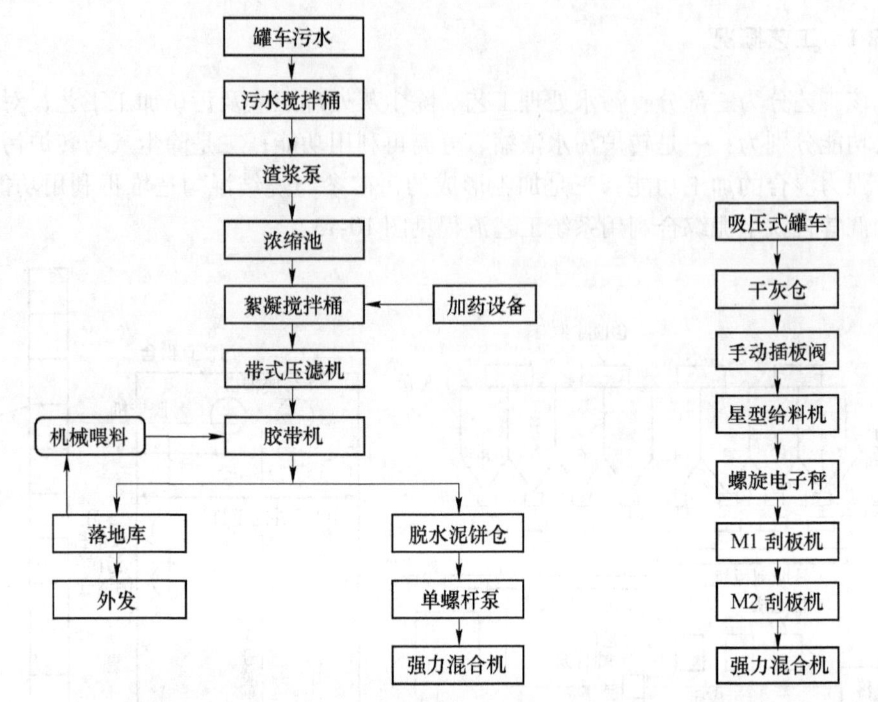

图 10-14　转炉污水加工流程图　　　　图 10-15　除尘灰加工流程图

合加工，生产出含水率 7%~11%的污矿参与烧结混匀造堆。

10.5.3　污矿产品介绍

该系统解决了各除尘灰来源杂、成分波动大的缺点，可以得到成分、水分相对均匀的污矿产品。根据原料的不同，污矿水分一般为 7%~11%，品位为 30%~40%、SiO_2 为 4%~5%、Al_2O_3 为 2%~2.5%、Zn 为 0.5%~1%。污矿按 1%左右比例配入烧结混匀造堆后，未对生产造成明显影响，同时有效降低了烧结配矿成本。

11 自产矿质量控制与管理

马钢矿山拥有百年的开采历史，其中桃冲-长龙山矿区最早于1911年发现并开采，姑山矿区、南山矿区于1912年陆续开采。1953年，马钢前身马鞍山铁厂建成后，为更好地开发矿区资源，马鞍山铁厂配合国家地质部门对上述三个矿区开展了矿产资源普查与勘探等工作。此后，三个矿区进入了有规划、有规模的开采时期。1975年，马钢成立矿山公司，对矿山进行了专业化管理。2011年，为适应市场变化，进一步加强矿山现代化建设，马钢成立了马钢集团矿业有限公司（简称马钢矿业公司），矿山开始快速发展。

11.1 自产矿山简介

马钢矿业公司是马钢集团公司全资子公司，是马钢股份公司球团矿的重要原料基地。马钢矿业公司下辖南山矿业公司、姑山矿业公司、桃冲矿业公司三个分公司和罗河矿业公司一个控股子公司、张庄矿业公司一个子公司，各分、子公司开采一个或多个矿山。马钢矿业公司主要铁成品矿有：凹山铁精矿、东山铁精矿、和尚桥铁精矿、姑山铁精矿、白象山铁精矿、和睦山铁精矿、姑山块矿、桃冲铁精矿、桃冲铁粉矿、桃冲大山块矿、罗河铁精矿、张庄铁精矿、张庄块矿等品种；工业辅料产品有：青阳白云石、老虎垅石灰石，另外还有罗河硫精矿及资源综合利用开发的建材石料等，除罗河铁精矿、罗河硫精矿、老虎垅石灰石三个品种外，其余所有品种均供给马钢股份公司。

马钢矿业公司现有铁矿资源储量约12亿吨（含探矿权资源储量）、石灰石矿资源储量0.38亿吨、白云石矿资源储量0.75亿吨。拥有凹山、东山、高村、和尚桥、姑山、和睦山、白象山、长龙山、罗河、张庄10个铁矿的采矿权；拥有和尚桥铁矿东矿段、丁山、钟九、和睦山、东山外围和深部5个铁矿的探矿权；拥有繁昌老虎垅石灰石矿、青阳白云石矿2个辅料的采矿权。东山铁矿于2012年结束开采，凹山铁矿于2017年结束开采。

根据地域分布和矿石赋存条件不同，马钢矿业公司各矿山开采各有特点。其中，南山矿是国内八大冶金露天矿山之一，是华东地区规模最大的冶金露天矿山，素有“马钢粮仓”美誉，矿山资源分布比较集中，矿体埋藏较浅，矿石品位较低；姑山矿是国家重点黑色金属矿山之一，矿区水文地质条件复杂，矿床涌水量大，矿体埋藏深浅不一，除姑山露天采场外，其他均为地下开采，矿石品位虽然较高，但嵌布粒度细，属难采难选矿石；桃冲-长龙山铁矿开采进入末期，目前矿山主要回采残存矿；罗河矿位于安徽省庐-枞矿区，属深井高硫矿山，矿体厚大，矿石性质变化大且有伴生资源，井下温度较高；张庄矿位于安徽省霍邱矿区，矿石资源主要特点是矿床储量大、矿体赋存稳定、质量较好，最大缺点是矿床上部覆盖有200m左右的第四系流砂层，矿床开拓必须采用特殊的掘井方法。各矿山资源禀赋情况见表11-1。

截至2016年底，马钢矿业公司年原矿设计处理能力2430万吨，主要产品设计生产能力：铁成品矿794万吨、石灰石200万吨、白云石100万吨、硫精矿30万吨。

11.2　自产矿加工工艺及设备概况

11.2.1　自产矿生产基本流程

马钢矿业公司既有露天矿山也有地下矿山，其中凹山铁矿、高村铁矿、和尚桥铁矿、姑山铁矿、老虎垅石灰石矿、青阳白云石矿为露天矿山。白象山铁矿、和睦山铁矿，桃冲-长龙山铁矿、罗河铁矿、张庄铁矿为地下矿山。自产矿生产基本流程见图11-1。

11.2.2　自产矿加工工艺及主要设备

11.2.2.1　凹山铁精矿加工工艺及主要设备

A　设计规模及工艺流程

设计原矿处理能力700万吨/年，选厂2010年以前主要加工凹山铁矿原矿，后期随着高村铁矿产量增加，凹山铁矿资源的减少，以加工高村铁矿原矿为主。工艺流程：三段一闭路-高压辊磨超细碎—湿式筛分—粗粒磁选—阶段磨选—细筛再磨再选。

B　工艺特点

针对入选品位低贫、难选表外磁铁矿石、近矿围岩与矿石呈渐变关系的矿物特征，采用高压辊磨超细碎，干式磁选与湿式粗粒磁选组合预选；主厂房三段磨矿高频细筛闭路磨矿，细筛筛下精选流程。

C　主要工艺设备

凹山铁精矿主要工艺设备见表11-2。

D　自动化程度

凹山选厂基本实现设备状态监视，系统集中启停及连锁控制、部分工艺参数检测等；实现对高压辊磨机给料的自动跟随控制、物料自动平衡控制、矿仓进行料位准确监控。

表 11-1 各矿山资源禀赋情况表

矿山	矿床类型	矿石主要成分	矿石储量	设计规模	开采条件
和尚桥铁矿	岩浆晚期—高温气液交代矿床	主要矿物为磁铁矿，次要为赤铁矿、假象赤铁矿、黄铁矿、穆磁铁矿、褐铁矿及少量钛铁矿等	7060 万吨	300 万吨/年	中等复杂类型
高村铁矿	气成—高温热液型贫磁铁矿床	主要矿物为磁铁矿，次要为少量穆磁铁矿、赤铁矿、镜铁矿、黄铁矿、以及微量钛铁矿、黄铜矿、方铅矿、闪锌矿、辉钼矿等	17624 万吨	500 万吨/年	中等类型
凹山铁矿	需选弱磁性铁矿床	主要矿物有磁铁矿，次要为赤铁矿、褐铁矿、黄铁矿等，局部有少量菱铁矿	1441 万吨	600 万吨/年	中等复杂类型
东山铁矿	岩浆期后高温热液铁矿床	主要矿物为磁铁矿、次之为赤铁矿、钛铁矿、黄铁矿、褐铁矿、菱铁矿、少量的黄铜矿及微量的蓝铜矿	1030 万吨	50 万吨/年	中等复杂类型
姑山铁矿	岩浆期后热液贯入式铁矿床	主要矿物为赤铁矿，少量假象赤铁矿、穆磁铁矿、镜铁矿、云母铁矿、褐铁矿、菱铁矿等	1670 万吨	120 万吨/年	复杂类型
和睦山铁矿	高温气液交代（层控）矿床	主要矿物有磁铁矿，次要为赤铁矿，少量金属硫化物、硅质矿物、硅酸盐矿物、碳酸盐矿物、磷酸盐矿物、硫酸盐矿物等三十余种。	2256 万吨	110 万吨/年	中等类型
白象山铁矿	高温汽液交代层控矿床（玢岩铁矿）	主要矿物为磁铁矿，其次是硫化物、硅质矿物、碳酸盐、硅酸盐，少量磷酸盐、硫酸盐和氟化物等四十余种	14565 万吨	200 万吨/年	复杂类型
长龙山铁矿	岩溶裂隙充水矿床	主要矿物为穆磁铁矿、镜铁矿；次为假象赤铁矿、磁铁矿；少量的菱铁矿、含铁白云石和褐铁矿	194 万吨	50 万吨/年	中等类型
罗河铁矿	大型高磷高硫含钒磁铁矿及大型硫铁矿（部分矿体伴生铜）、大型硬石膏矿组成的多矿种隐伏矿床	主要矿物为磁铁矿、假象赤铁矿、其次为黄铁矿，少量菱铁矿、钛铁矿和黄铜矿。脉石矿物主要为辉石、硬石膏及磷灰石，少量石榴石和榍石。碳酸盐矿物、绿泥石、长石等	33312 万吨	300 万吨/年	简单—中等复杂
张庄铁矿	矿床成因类型为沉积变质磁铁矿床，矿石工业类型属于需选贫磁铁矿石	主要矿物有磁铁矿及其次生氧化而成的假象赤铁矿和半假像赤铁矿，次要且含量很少的有磁赤铁矿、镜铁矿、赤铁矿、钛铁矿、褐铁矿和穆磁铁矿等	19900 万吨	500 万吨/年	中等类型
老虎垅石灰石矿	岩溶充水矿床	主要为方解石，少量白云石、黏土质矿物	3806 万吨	200 万吨/年	简单类型
青阳白云石矿	海相沉积白云岩矿床	主要为白云石，少量铁方解石和铁铝质，局部为粒状石英	7535 万吨	100 万吨/年	中等类型

注：矿石储量不含探矿权资源储量，储量数据为 2016 年底矿山保有资源量。

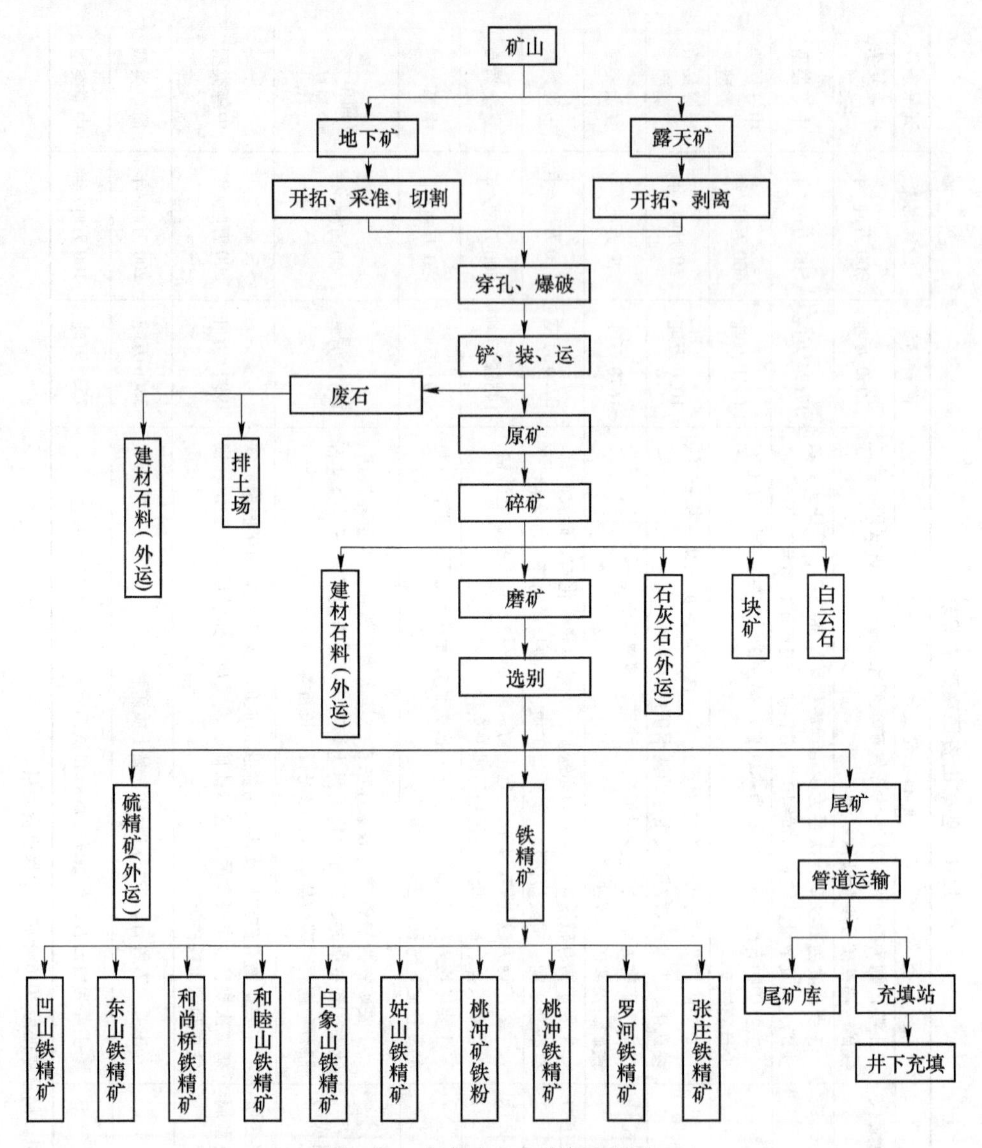

图 11-1　自产矿生产基本流程图

表 11-2　凹山铁精矿主要工艺设备

序号	设备/作业名称	设备规格型号	设备能力/$t \cdot h^{-1}$	装机功率/kW	台数	备　注
1	粗碎	C145	442	250	3	
2	中碎	CH880	884	600	2	
		H8800		600	2	
3	细碎	HP500	295	400	5	
4	超细碎	RP630/17-1400	900	1450	2	

续表 11-2

序号	设备/作业名称	设备规格型号	设备能力/t·h^{-1}	装机功率/kW	台数	备　注
5	一段磨矿	MQG2736	75~90	400	10	-0.075mm 占 45%
6	二段磨矿	MQY2736	30	400	10	-0.075mm 占 75%
7	三段磨矿	MQY3660	112	1250	2	-0.075mm 占 92%
8	粗粒磁选	CTQ1230	80~150	7.5	10	场强 300mT
9	一次磁选	T-GCT1030	80~150	7.5	10	场强 250mT
10	二次磁选	CTB1021	60~120	4	20	场强 180mT
11	三次磁选	CTB1021	60~120	4	9	场强 150mT
12	四次磁选	CTB1230	80~150	7.5	6	场强 150mT
13	精矿过滤	TT-80	45	49	10	

11.2.2.2　和尚桥铁精矿加工工艺及主要设备

A　设计规模及工艺流程

设计原矿处理能力 500 万吨/年。工艺流程：三段一闭路破碎筛分—高压辊磨闭路辊压—湿式抛尾—阶段磨选—高频细筛—磁选。

B　工艺特点

粗碎设置在采场，采、选半连续工艺；高压辊磨闭路系统在主厂房配置一体，-3mm 粗粒中场强磁选湿式预选，主厂房阶段磨选，二段磨矿高频细筛闭路，筛下磁选。

C　主要工艺设备

和尚桥铁精矿主要工艺设备见表 11-3。

表 11-3　和尚桥铁精矿主要工艺设备

序号	设备/作业名称	设备规格型号	设备能力/t·h^{-1}	装机功率/kW	台数	备　注
1	粗碎	CJ615	600~700	200	2	
2	中碎	CH870EC	1500	600	1	
3	细碎	CH870F	690	600	2	
4	超细碎	RP630/15-1500	1760	1600	1	电动机 2 台
5	一段磨矿	MQS40×60	360	1600	2	-0.075mm 占 50%
6	二段磨矿	MQY50×64	200~260	2600	2	-0.075mm 占 85%
7	粗粒磁选	LCTY1230	80~150	7.5	8	场强 300mT
8	一次磁选	LCTY-1240	140~190	7.5	4	场强 190mT
9	二次磁选	LCTJ-1230（S）	80~150	7.5	4	场强 170mT；电动机 2 台
10	三次磁选					
11	四次磁选	LCTJ-1230	80~150	7.5	6	场强 170mT
12	高频细筛	HGZS-55-1007Z	50	4.5	6	筛孔 0.074mm
13	精矿过滤	TT-80B4b	48	43	5	

D 自动化程度

选厂利用控制系统对流程中的料位、液位、皮带输送矿量、过程分级粒度、浓缩机底流浓度、水压、水量、主要设备的电流、油温、油压等进行检测，通过中央控制室实现生产全流程集中监控。

11.2.2.3 东山铁精矿加工工艺及主要设备

A 设计规模及工艺流程

设计原矿处理能力100万吨/年，东山铁矿2012年闭坑后，选厂主要加工来自和尚桥铁矿和高村铁矿的部分矿石。工艺流程：粗破碎—半自磨—一次磁选—球磨—二次磁选—立磨（与旋流器形成闭路）—三次磁选。

B 工艺特点

选厂采用半自磨机与自返式圆筒筛连体闭路磨矿工艺，控制自磨矿细度，有利于提高后续球磨机生产能力；三段磨矿系统采用立磨机—旋流器闭路磨矿分级。细磨深选工艺保证质量稳定。

C 主要工艺设备

东山铁精矿主要工艺设备见表11-4。

表11-4 东山铁精矿主要工艺设备

序号	设备/作业名称	设备规格型号	设备能力/t·h^{-1}	装机功率/kW	台数	备 注
1	粗碎	PEJ900×1200	150~200	110	1	
2	自磨	Φ5500×1800	68~72	900	2	0~2.5mm
3	球磨	MQY2700×3600	45~55	400	2	-0.075mm占65%
4	立式搅拌磨	JM-1800	20~40	250	2	-0.075mm占90%
5	一次磁选	CTB1230	80~150	7.5	3	场强250mT
6	二次磁选	CTB1230	80~150	7.5	2	场强140mT
7	三次磁选	CTB1230	80~150	7.5	1	场强140mT
8	精矿过滤	ZPG96	50~80	18.5	2	

D 自动化程度

选厂仅对三段磨选分级系统采用自动化控制，对立磨的运行状态进行检测，根据立磨的负荷大小，自动调节给矿量与磨矿浓度，稳定立磨指标。

11.2.2.4 姑山块矿加工工艺及主要设备

A 设计规模及工艺流程

富矿加工系统设计原矿处理能力50万吨/年，工艺流程：粗破碎—洗矿—闭路筛分中碎—干式强磁选，生产粒级为10~40mm成品矿。

贫矿加工系统工艺流程：粗碎—闭路中碎—洗矿—细碎—强磁磁选机分选出10~25mm和6~12mm两个粒级成品矿。

以上三个粒级成品矿统称姑山块矿。

B　工艺特点

利用姑山红矿在不同破碎阶段，铁矿石集合体与脉石集合体部分“解离”的矿石特性，生产块矿。干式强磁选控制铁品位，保证块矿质量。

C　主要工艺设备

姑山块矿生产系统分富矿加工系统和贫矿加工系统，主要工艺设备见表11-5。

表11-5　姑山块矿主要工艺设备

参　数	富矿粗碎	富矿细碎	贫矿细碎
设备型号	C80	HP100	HP300
允许最大给矿粒度/mm	510	100	100
设计流程量/t · h^{-1}	43.29	56.28	100
设计排矿口尺寸/mm	40	13	13
设备处理能力/t · h^{-1}	96	90	95.32
安装容量/kW	75	90	250×2
设备重量/t	7.52	5.4	15.4
台数	1	1	2

D　自动化程度

钓鱼山破碎系统和龙山选厂分别独立设置中央控制室，控制方式以集中控制为主，主要设备人工操作。

11.2.2.5　姑山铁精矿加工工艺及主要设备

A　设计规模及工艺流程

设计原矿处理能力100万吨/年。工艺流程：三段一闭路碎矿分段干式强磁预选，中矿主厂房阶段磨选一粗一精一扫SLON强磁选工艺。

B　工艺特点

姑山矿石为典型难磨难选高硅红矿，利用破碎-30mm后，部分铁矿石集合体与脉石集合体分离的特征，干式强磁提取块矿，并抛去部分块尾矿；中矿阶段磨选，单一SLON强磁选别。

C　主要工艺设备

姑山铁精矿主要工艺设备见表11-6。

表 11-6 姑山铁精矿主要工艺设备

序号	设备/作业名称	设备规格型号	设备能力/t·h^{-1}	装机功率/kW	台数	备 注
1	粗碎	PEJ1200×1500	300~350	155	1	
2	中碎	PYB2100	450~900	220	1	
3	细碎	PYD1750	55~76	155	3	
4	洗矿机	CC8400	80~100	15	2	
5	干式强磁机	PDMS600×1000	45~65	5.5	2	场强 800mT
6	干式强磁机	PDMS300×1000	20~30	3	4	场强 900mT
7	一段磨矿	MQG2736	27~32	400	3	
8	二段磨矿	MQG2721	18~25	280	3	
9	强磁粗选	SLON-1750	30~50	45	3	场强 800~1000mT
10	强磁精选	SLON-1750	30~50	45	3	场强 600~1000mT
11	强磁扫选	SLON-1500	15~30	34	4	场强 800~1000mT
12	精矿过滤	ZPG72	45~60	18.5	2	

D 自动化程度

钓鱼山破碎系统和龙山选厂破碎系统分别独立设置中央控制室，控制方式以集中控制为主，主要设备人工操作。磨矿系统设置单独中央控制室，对磨矿机组的给矿量、泵池液位、给水量等实施自动控制。

11.2.2.6 和睦山铁精矿加工工艺及主要设备

A 设计规模及工艺流程

设计原矿处理能力 110 万吨/年。工艺流程：三段一闭路破碎系统—干式弱磁、强磁组合预选—高压辊磨开路超细碎—阶段磨选—细筛—磁选柱。

B 工艺特点

和睦山选矿碎矿过程中采用弱磁、强磁组合预选，高压辊磨开路超细碎作业，细筛、磁选柱与三段磨矿闭路高效提质作业相结合，确保精矿质量。

C 主要工艺设备

和睦山铁精矿主要工艺设备见表 11-7。

表 11-7 和睦山铁精矿主要工艺设备

序号	设备/作业名称	设备规格型号	设备能力/t·h^{-1}	装机功率/kW	台数	备 注
1	粗碎	C100	180~270	110	1	
2	粗碎	C80	100~150	75	1	
3	中碎	GP100S	170~200	90	2	
4	细碎	CH440	200	160	1	
5	超细碎	GM1140	100~150	380	1	
6	一段磨矿	MQG3236	130~150	630	1	−0.075mm 占 55%

续表 11-7

序号	设备/作业名称	设备规格型号	设备能力/t · h^{-1}	装机功率/kW	台数	备 注
7	二段磨矿	MQY3236	80~100	630	1	-0.075mm 占 85%
8	三段磨矿	MQG2721	30~50	280	1	-0.075mm 占 90%
9	一次磁选	CTB-1224	80~110	7.5	2	场强 200mT
10	二次磁选	CTB-1224	80~110	7.5	2	场强 180mT
11	三次磁选	CTB-1224	80~110	7.5	2	场强 140mT
12	四次磁选	CTB-1230	80~150	7.5	1	场强 140mT
13	高频细筛	D5FG1021	35~40	3.72	2	筛孔 0.075mm
14	精矿过滤	ZPG72	40~65	13	2	

D 自动化程度

选厂自动化控制实现皮带机、破碎机、筛子等设备远程开、停机，能够远程对预选磁选机、破碎机等主要设备运行实时参数监控等功能。磨矿分级系统实现自动控制和部分设备运行监控等功能。

11.2.2.7 白象山铁精矿加工工艺及主要设备

A 设计规模及工艺流程

设计原矿处理能力 200 万吨/年。工艺流程：井下粗碎—预先筛分—中碎—检查筛分闭路破碎—预选—高压辊磨闭路超细碎—湿式预选—阶段磨选—细筛—淘洗机。

B 工艺特点

选厂中碎后高压辊磨闭路超细碎；分段干式、湿式预选；主厂房阶段磨选，细筛、淘洗机以确保精矿质量；淘洗机精矿（浓度为 60%）直接输送至陶瓷过滤机脱水。

C 主要工艺设备

白象山铁精矿主要工艺设备见表 11-8。

表 11-8 白象山铁精矿主要工艺设备

序号	设备/作业名称	设备规格型号	设备能力/t · h^{-1}	装机功率/kW	台数	备 注
1	粗破碎	CJ612	1000	160	1	
2	中破碎	HP500E	550~615	400	1	
3	超细碎	GM1511	450~650	800	2	
4	粗粒磁选	CTS-1540	115~220	18.5	2	场强 400mT
5	一段磨矿	MQY3660	200~220	1250	1	-0.075mm 60%~70%
6	一次磁选	CTB-1530	90~180	11	2	场强 200mT
7	二段磨矿	MQY4675	160~200	2500	1	-0.075mm 占 90%~95%

续表 11-8

序号	设备/作业名称	设备规格型号	设备能力/t·h^{-1}	装机功率/kW	台数	备 注
8	二次磁选	CTB-1230	80~150	11	3	场强 180mT
9	三次磁选	CTB-1230	80~150	11	3	场强 140mT
10	高频细筛	D5FG1021	35~40	3.72	4	筛孔 0.075mm
11	淘洗机	CH-CXJ26000	30~45	8	4	

D 自动化程度

选厂实现集中控制，控制室根据质量要求及实时生产状况，对工艺参数和工艺过程进行自动调节和控制，实现选厂的自动化。

11.2.2.8 桃冲铁精矿、铁粉矿、大山块矿加工工艺及主要设备

A 设计规模及工艺流程

设计原矿处理能力 50 万吨/年。工艺流程：粗碎—洗矿—中、细碎—预选—磨矿—磁选；大山块矿—两段闭路破碎，生产-8mm 铁粉矿。

B 工艺特点

选厂磁滑轮预选出大山块矿，减少细碎和磨矿负荷；应用直线振动筛洗矿，大山块矿超细碎生产铁粉矿；尾矿综合利用程度高，基本实现选厂无尾排放。

C 主要工艺设备

桃冲铁精矿、铁粉矿、大山块矿主要工艺设备见表 11-9。

表 11-9 桃冲铁精矿、铁粉矿、大山块矿主要工艺设备

序号	设备/作业名称	设备规格型号	设备能力/t·h^{-1}	电机功率/kW	台数	备 注
1	粗碎	C110	210~240	160	1	
2	中碎	PYB1650	100~241	155	1	
3	细碎	GP100MF	45~100	90	1	
4	粉碎Ⅰ	PYD1750	47~144	155	1	
5	粉碎Ⅱ	GP100EF	35~95	90	1	
6	洗矿机	ZKR1637	120~200	5.5	1	
7	预选	CTDG0808Y	180~246	11	1	场强 200mT
8	预选	CTDG0810N	100~150	11	1	场强 200mT
9	磨矿	MQG2130	25~30	210	3	-0.075mm 占 35%~45%
10	粗选	CTB1015	50~80	3	3	场强 180mT
11	扫选	CTN1015	50~80	4	2	场强 450mT

D 自动化程度

选厂皮带运输机实现自动化控制，各主要设备运转、工艺过程参数等数据送

集中控制室，根据质量要求及实时生产状况，对工艺参数和工艺过程进行自动调节和控制。

11.2.2.9 罗河铁精矿加工工艺及主要设备

A 设计规模及工艺流程

设计原矿处理能力 300 万吨/年。工艺流程：三段一闭路破碎筛分—阶段磨矿—先浮后磁—弱磁尾矿强磁选—螺旋溜槽扫选回收氧化铁矿，磁铁矿精矿与氧化铁精矿混合过滤。

B 工艺特点

选厂重磁浮联合选矿工艺，一段磨矿浮选回收硫矿物；弱磁选回收铁矿物矿进入二段磨矿，再磨再选得到最终铁精矿。硫精矿、铁精矿指标稳定可靠，综合利用水平较高。

C 主要工艺设备

罗河铁精矿主要工艺设备见表 11-10。

表 11-10 罗河铁精矿主要工艺设备

序号	设备/作业名称	设备规格型号	设备能力/$t \cdot h^{-1}$	装机功率/kW	台数	备 注
1	粗碎	CJ613	1500	200	1	
2	中碎	CH8700(EC)	1100	600	1	
3	细碎	CH8700(EF)	1050	600	1	
4	一段磨矿	MQY4060	160~175	1500	3	-0.075mm 占 55%
5	二段磨矿	MQY3245	70~90	630	2	-0.075mm 占 75%
6	浮硫粗选浮选机	CLF-30	60	55	14	$15m^3/min$
7	浮硫扫选浮选机	CLF-30	60	55	6	$15m^3/min$
8	浮硫精一选浮选机	CLF-16	30~50	30	4	$4m^3/min$
9	浮硫精二选浮选机	CLF-16	30~50	30	4	$4m^3/min$
10	一次磁选	CTB-1230	80~150	7.5	4	场强 200mT
11	二次磁选	CTB-1230	80~150	7.5	4	场强 170mT
12	强磁选机	SLon-2500	80~150	92	2	
13	重选	DL1500	8		24	
14	铁精矿过滤	TT-80B4b	48	43	5	

D 自动化程度

选厂由集中控制室对主井、综合井矿仓、破碎筛分、阶段磨矿、浮选等系统，实现工艺过程、参数自动调节和控制。

11.2.2.10 张庄铁精矿加工工艺及主要设备

A 设计规模及工艺流程

设计原矿处理能力 500 万吨/年，2016 年底正式投产。工艺流程：井下粗碎

—中、细碎—高压辊磨—多段分粒级预选—辊压产品打散—湿式预选—阶段磨选。

B 工艺特点

选厂平地建厂，中细碎、筛分、高压辊磨和球磨前均设置矿仓，有利于采、选系统生产平衡；破碎过程多段分粒级预选，抛出废石做建材；主厂房阶段磨选控制质量。

C 主要工艺设备

张庄铁精矿主要工艺设备见表11-11。

表11-11 张庄铁精矿主要工艺设备

序号	设备/作业名称	型 号	设备能力 /t·h^{-1}	装机功率 /kW	台数	备 注
1	粗碎	CJ613	700	200	2	
2	中碎	CH870EC	1100	600	1	
3	细碎	CH870EF	1050	600	2	
4	超细碎	RP750/1950-1500	1800	3200	1	
5	中、细碎产品分级香蕉筛	SLO2461D	800	22	4	筛孔 30mm
6	辊磨产品直线振动筛	SLG3061W	400	30	6	筛孔 3.15mm
7	粗精矿脱水直线筛	AHS1848D	120	22	6	筛孔 0.5mm
8	尾矿直线振动脱水筛	ZK1848AT	60	22	6	筛孔 0.5mm
9	干抛干式磁选机	CTDG1016N	350	22	6	场强 400mT
10	湿抛永磁筒式磁选机	ZCN-1245	140~240	18.5	6	场强 300mT
11	一次磁选	XCTB-1236	140~180	7.5	4	场强 200mT
12	二次磁选	CTB-1236	140~180	7.5	4	场强 110mT
13	三次磁选	CTB-1236	140~180	7.5	4	场强 110mT
14	浓缩磁选机	NS-ZCB1230	80~150	11	6	场强 400mT
15	一段磨矿	MQS4060	200~300	1500	2	-0.075mm 占 60%
16	二段磨矿	MQY4060	160~250	1500	2	-0.075mm 占 90%
17	一段分级水力旋流器组	FX660GT-P4	900	220	2	两组
18	二段分级水力旋流器组	FX500-GT6	700	220	3	两组
19	陶瓷过滤机	TT6C-96	70~90	39.5	6	
20	高效浓缩机	NZY50B	350	22.5	1	

D 自动化程度

选厂集中控制，全流程进行数据采集，实现工艺过程、参数自动调节和控制。

11.3　自产矿质量管理

11.3.1　自产矿质量控制组织机构

马钢矿业公司根据各产品的生产工艺水平和市场需求，确定产品的质量目标，进行目标分解，生产部门牵头落实，分步实施并持续改进，以实现顾客对产品的质量要求。各分、子公司按照马钢矿业公司确定的质量目标，制定相应计划和技术措施具体落实。自产矿质量控制组织机构见图11-2。

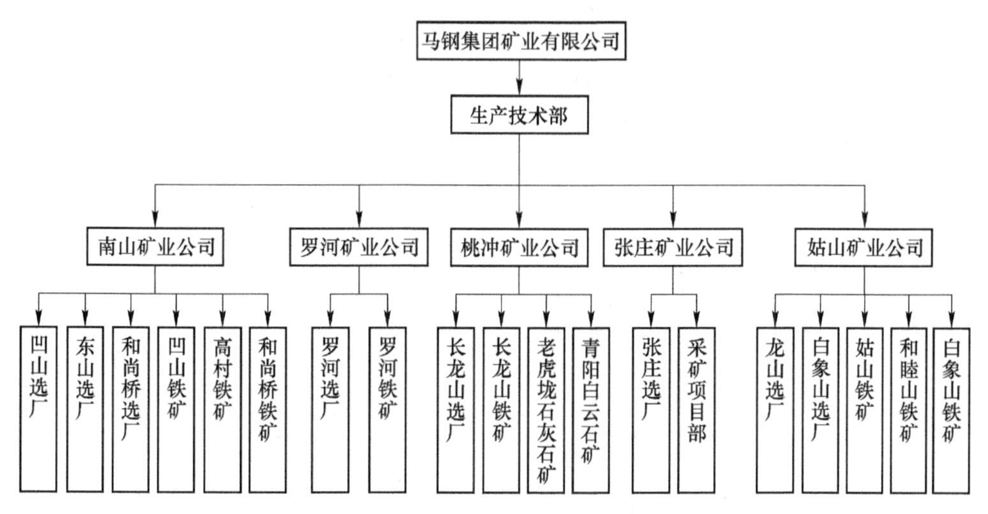

图11-2　自产矿质量控制组织机构

11.3.2　精矿质量内控要求

供给马钢股份公司的自产矿按照一定质量内控要求组织生产，具体要求见表11-12。

表11-12　自产矿质量内控要求

原料名称	控制等级	技术条件					
		化学成分/%					粒度
凹山精矿	指标	TFe	SiO_2	S	P	Al_2O_3	-0.075mm
	标准值	≥63.50	≤5.50	≤0.120	≤0.070	≤2.00	≥75.0%
东山精矿	指标	TFe	SiO_2	S	P	Al_2O_3	
	标准值	≥64.00	≤5.00	≤0.150	≤0.070	≤2.00	
和尚桥精矿	指标	TFe	SiO_2	S	P	Al_2O_3	-0.075mm
	标准值	≥64.50	≤4.50	≤0.120	≤0.070	≤2.00	≥75.0%
和睦山精矿	指标	TFe	SiO_2	S	P	Al_2O_3	-0.075mm
	标准值	≥64.00	≤4.50	≤0.200	≤0.100	≤1.00	≥75.0%

续表 11-12

原料名称	控制等级	技术条件					
		化学成分/%					粒度
白象山精矿	指标	TFe	SiO_2	S	P	Al_2O_3	-0.075mm
	标准值	≥64.00	≤4.50	≤0.200	≤0.100	≤1.00	≥75.0%
姑山精矿	指标	TFe	SiO_2	S	P	Al_2O_3	—
	标准值	≥56.00	11.00±2.00	≤0.050	≤0.300	≤1.80	—
桃冲精矿	指标	TFe	SiO_2	S	P	Al_2O_3	—
	标准值	≥54.00	≤8.00	≤0.150	≤0.020	≤0.50	—
桃冲粉矿	指标	TFe	SiO_2	S	P	Al_2O_3	0~8mm，其中+10mm为0；8~10mm≤8.0%
	标准值	≥48.00	≤10.50	≤0.500	≤0.050	≤1.00	
姑山块矿	指标	TFe	SiO_2	S	P	Al_2O_3	7~50mm，其中+60mm为0；50~60mm≤8.0%；-7mm≤8.0%
	标准值	≥48.00	≤21.50	≤0.100	≤0.700	≤3.00	
桃冲块矿	指标	TFe	SiO_2	S	P	Al_2O_3	10~60mm，其中+60mm为0；-10mm≤8.0%
	标准值	≥47.00	≤10.50	≤0.500	≤0.050	≤1.20	
罗河精矿	指标	TFe	SiO_2	S	P	Al_2O_3	-0.075mm
	标准值	≥66.00	≤3.00	≤0.400	≤0.070	≤1.20	≥70.0%
张庄精矿	指标	TFe	SiO_2	S	P	Al_2O_3	-0.075mm
	标准值	≥66.00	≤7.00	≤0.05	≤0.015	≤1.00	≥70.0%
张庄块矿	指标	TFe	SiO_2	S	P	Al_2O_3	8~40mm，其中+40~50mm≤8.0%；+50mm为0；-8mm≤8.0%
	标准值	≥30.00	50±5.00	≤0.100	≤0.100	≤2.50	

注：桃冲块矿即为大山块矿。

11.3.3　精矿成分

马钢矿山资源禀赋条件较差，矿石地质品位较低且成分复杂。各矿山精矿多元素分析见表 11-13。

表 11-13　各矿山精矿多元素分析表

品　种		多元素分析/%						
高村精矿	元素	TFe	S	SiO_2	Al_2O_3	CaO	MgO	MnO
	含量	64.10	0.006	6.32	2.30	0.51	0.69	0.07
	元素	P	TiO_2	K_2O	Na_2O	V_2O_5	CuO	ZnO
	含量	0.009	1.49	0.09	0.92	0.28	0.035	0.004
	元素	Cr_2O_3	烧损					
	含量	0.003	1.9					

续表 11-13

品种		多元素分析/%						
南山综合样精矿	元素	TFe	S	SiO_2	Al_2O_3	CaO	MgO	MnO
	含量	64. 50	0. 01	5. 15	1. 83	0. 62	0. 78	0. 06
	元素	P	TiO_2	K_2O	Na_2O	V_2O_5	CuO	ZnO
	含量	0. 01	1. 18	0. 06	0. 63	0. 25	0. 02	0. 003
	元素	Cr_2O_3	烧损					
	含量	0. 03	2. 01					
和睦山精矿	元素	TFe	SiO_2	Al_2O_3	S	P	K_2O	CuO
	含量	64. 99	3. 85	0. 75	0. 20	0. 083	0. 27	0. 004
	元素	Na_2O	CaO	MgO	TiO_2	ZnO	V_2O_5	NiO
	含量	0. 029	1. 30	1. 37	0. 22	0. 006	0. 45	0. 004
	元素	MnO	Cr_2O_3					
	含量	0. 073	0. 014					
姑山精矿	元素	TFe	SFe	FeO	SiO_2	Al_2O_3	CaO	MgO
	含量	59. 63	59. 48	1. 03	10. 10	0. 63	0. 45	0. 36
	元素	S	P	烧失				
	含量	0. 025	0. 232	2. 06				
姑山块矿	元素	TFe	SFe	FeO	SiO_2	Al_2O_3	CaO	MgO
	含量	54. 54	54. 41	1. 18	14. 7	2. 11	1. 21	0. 41
	元素	S	P	烧失				
	含量	0. 02	0. 517	2. 77				
白象山精矿	元素	TFe	TiO_2	MFe	S	P	SiO_2	Al_2O_3
	含量	64. 29	0. 16	57. 80	0. 26	0. 14	4. 63	0. 68
	元素	CaO	MgO	MnO	K_2O	Na_2O	Cr	V_2O_5
	含量	1. 23	1. 66	0. 07	0. 21	0. 032	0. 002	0. 42
	元素	Cu	Zn	烧损				
	含量	0. 005	0. 002	0. 99				
桃冲块矿	元素	TFe	SiO_2	Al_2O_3	P	S		
	含量	47. 00	10. 50	1. 00	0. 02	0. 40		
桃冲粉矿	元素	TFe	SiO_2	Al_2O_3	P	S		
	含量	48. 00	10. 00	1. 00	0. 02	0. 40		
桃冲精矿	元素	TFe	SiO_2	Al_2O_3	P	S		
	含量	54. 00	8. 00	0. 50	0. 02	0. 15		

续表 11-13

品种		多元素分析/%						
罗河精矿	元素	TFe	SiO_2	Al_2O_3	CaO	MgO	S	P
	含量	65.06	3.20	1.23	1.08	0.69	0.51	0.08
	元素	K_2O	Na_2O					
	含量	0.19	0.13					
罗河硫精矿	元素	TFe	SiO_2	Al_2O_3	CaO	MgO	SS	P
	含量	43.98	3.31	0.63	1.36	0.58	42.84	0.11
	元素	K_2O	Na_2O					
	含量	0.12	0.13					
张庄精矿	元素	TFe	TiO_2	CaO	MgO	SiO_2	Al_2O_3	S
	含量	65.52	0.068	0.156	0.41	6.90	0.471	0.26
	元素	P	MnO	K_2O	Na_2O	Zn	Cr_2O_3	Ni
	含量	0.025	0.052	0.011	0.002	—	—	0.011
	元素	V_2O_5	Cu	烧损				
	含量	0.006	—	2.83				

注：南山综合样精矿为凹山精矿与和尚桥精矿混合分析。

11.3.4 自产矿质量控制实绩

近年来，马钢矿业公司组织各分、子公司围绕产品质量控制，开展了一系列技术改造和攻关项目，产品产量和质量逐年提升，2016 年产量达到 751.76 万吨，综合平均铁品位达到 64.33%，球团精粉实现自给率达到 90%以上。2012~2016 年马钢矿业公司技术改造、技术攻关项目及生产指标分别见表 11-14 和表 11-15。

表 11-14 2012~2016 年技术改造、技术攻关项目汇总表

序号	项目名称	实施效果	完成时间	责任单位
1	和睦山氧化铁精矿降硫技术改造	改造后确保姑山精矿品位大于 56%，含硫合格率大于 95%，平均含硫量小于 0.18%	2012 年	姑山矿
2	完善凹选三段磨矿工艺，提高三段磨矿效果	精矿品位达到 63.5%以上	2013 年	南山矿
3	稳定东山选厂生产能力技术攻关	干选粗粒抛尾量占原矿量 5%以上，全年完成原矿处理量 110 万吨以上	2013 年	南山矿
4	利用预选工艺处理表外矿技术改造	完成 2014 年采矿量 450 万吨任务。较 2013 年底增加备采矿量 70 万吨	2014 年	南山矿
5	合理利用中矿，提高块矿产率技术攻关	块矿产率 6%以上；块矿和粉矿质量稳定，选矿总回收率不下降	2014 年	桃冲矿

续表 11-14

序号	项目名称	实施效果	完成时间	责任单位
6	和睦山选矿工艺参数优化技术攻关	一段球磨机处理量达 145t/h，年精矿产能达到 40 万吨以上，精矿品位 64%以上	2014 年	姑山矿
7	优化东山选厂立磨系统技术攻关	精矿品位 64.0%以上，尾矿磁性铁含量降至 2%以下	2015 年	南山矿
8	优化白象山磨选厂房淘洗机选别参数技术攻关	高频细筛筛分效率达到 65%以上；精矿品位达到 64%以上、精矿生产能力超过设计指标	2015 年	姑山矿
9	高村铁矿资源综合利用生产线稳质增产技术攻关	资源综合利用生产线全年产出干选矿 120 万吨以上；干选矿品位稳定在 19.5%以上	2016 年	南山矿
10	和尚桥采场提高入选矿石品位技术攻关	和尚桥铁矿入选矿石品位达到 20%以上	2016 年	南山矿
11	稳定白象山选厂精矿品位技术攻关	白象山精矿品位达到 64%以上	2016 年	姑山矿
12	和睦山选矿工艺提精降杂技术攻关	和睦山精矿品位达到 65%以上	2016 年	姑山矿

表 11-15　自产矿 2012~2016 年生产指标表

年份	2012		2013		2014		2015		2016	
名称	生产量/万吨	TFe/%	生产量/万吨	TFe/%	生产量/万吨	TFe/%	生产量/万吨	TFe/%	生产量/万吨	TFe/%
凹山铁精矿	167.61	63.59	176.43	63.34	163.77	63.92	162.01	63.51	154.51	63.47
和尚桥铁精矿			27.31	64.92	102.33	64.99	100.45	64.63	101.65	64.52
东山铁精矿	50.91	62.16	64.27	62.17	45.07	63.94	55.61	64.12	57.00	64.06
和睦山铁精矿	31.02	63.72	34.8	63.72	42.9	64.2	46.76	64.53	44.83	64.8
姑山铁精矿	30.15	57.24	34.1	56.74	28.49	56.62	22.22	57.23	15.04	57.18
姑山块矿	44.71	50.33	54.89	49.38	43.94	50.21	46.28	51.02	27.43	50.11
白象山铁精矿	1.17	63.67	15.65	65.15	48.7	64.14	85.92	63.99	98.42	64.13
桃冲铁精矿	9.23	54.83	9.36	54.81	9.34	54.6	9.24	54.86	6.76	54.92
桃冲铁粉矿	29.78	47.82	31	48.19	28.92	48.26	29.16	48.27	21.09	48.67
罗河铁精矿	34.95	64.4	55.4	65.79	67.9	65.76	75.84	65.79	98.41	65.74
罗河硫精矿	4.18		12.99	43.1	23.93	23.18	14.18	43.29	14.67	42.9
张庄铁精矿			5.1		13.9		34		111.95	65.61
青阳白云石	60.09		50.81		60.49		83.21		71.72	
老虎垅石灰石	45.85		72.97		106.37		84.39		134.6	
铁精矿合计	339.53	62.63	508.31	62.96	595.26	63.85	667.49	63.85	737.09	64.33

注：东山铁精矿中含深加工产量；桃冲铁粉矿中含大山块矿；罗河铁精矿含红精矿、块矿；张庄铁精矿含块矿。

12 自动控制与信息化技术

马钢公司1994年建成投产第一座2500m^3大高炉，标志着马钢开始步入了高炉大型化、自动化的时代。经过二十多年的发展，目前马钢共建成六座现代化大型高炉，具有规模大、效率高、成本低等诸多优势。随着现代化高炉对工艺操作精细化要求的不断提高，自动化和信息化新产品、新技术的应用也与时俱进，合理的检测设备、全集成的控制系统、先进的信息网络、完善的管控功能，已经成为高炉自动化发展的主流。

本章针对马钢炼铁系统，主要介绍高炉、料场、烧结、球团、炼焦等工艺区域自动化和信息化系统的配置结构和总体功能，展示了马钢技术人员在仪表检测、控制理论、工艺模型、计算机网络、信息化系统等技术和理论方面的实践成果，体现了平台多元化、系统集成化、功能结构化、过程标准化的最新发展趋势。

12.1 信息化系统

12.1.1 综述

马钢铁前信息化系统始于1992年2500m^3高炉、烧结、原料厂采用VAX机实现自动化控制和远程通讯。随后陆续开发了一些专用系统，如备品备件管理系统、炉料管理系统、材料管理系统、高炉变料计算、炉缸侵蚀系统等。2004年开始信息化体系建设，经历了从独立业务管理系统到集成信息管控平台的建设历程。

马钢铁前信息化系统涉及覆盖炼铁区域的生产业务管理系统、二级过程控制系统。生产业务管理系统包括物流支撑系统（LES）、检化验管理系统（QS）、计量系统、日成本管理系统、公司ERP系统、煤焦化综合数据处理系统和铁前大数据分析平台等；二级过程控制系统包括烧结、炼铁主要工序的二级系统、控制模型。

各系统之间的关系如图12-1所示。

物流支撑系统实现了原燃辅料采购业务全过程管控，集采购到货、计量、检验、入库、出库管理为一体，为ERP实现原燃辅料采购结算提供了数据支撑；对物料内部倒运、铁前生产投入产出、铁前副产品的回收和销售业务进行全面管理。

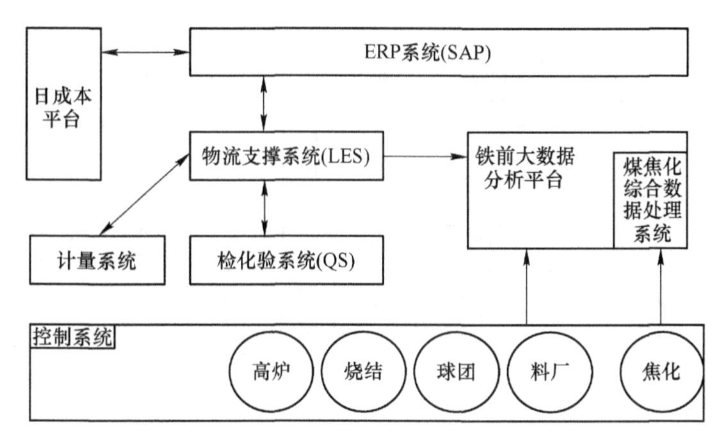

图 12-1　铁前信息化系统结构图

计量子系统为物流支撑系统提供了物资量的计量数据，包括水运、汽运、铁运、皮带运输等业务。实现了计量委托接收、计量过程管控、计量数据上报、异常处理等功能。

检化验系统为物流支撑系统提供了原燃辅料和铁前工序产品的检化验数据，实现了检验委托接收、检验过程管控、检验数据上传等功能。

日成本平台从 ERP 系统获取铁前各产线的投料和产出数据，包括能介消耗等，计算各产线每日工艺技术指标及制造成本，为公司及时发现生产运行问题、提高成本核算数据质量及运行过程控制提供监控手段。

铁前大数据分析平台在采集高炉、烧结、球团、焦化等控制系统实时工艺参数的同时，结合物流支撑系统提供的检验、计量数据，将铁前分散独立的数据集中展示分析，逐步形成铁前生产技术大数据。基于云平台建成了重要工艺参数历史数据库，实现了实时监控、预警、数据分析、报表生成、高炉体检技术模型等功能。

12.1.2　物流支撑系统

12.1.2.1　系统概述

物流支撑系统是马钢“十一五”信息化建设中的一个重要项目，通过构建物流支撑系统能够掌控马钢铁前生产中各个环节所涉及到的原燃辅料、中间品、产品的实时物流信息，实现物流和信息流的同步，为公司计划、采购、生产、销售、财务提供物流信息支撑。马钢 LES 系统功能图如图 12-2 所示。

12.1.2.2　功能介绍

A　采购业务管理

实现了原燃辅料的采购管理和全程物料跟踪。具体包括在途预报、物料调

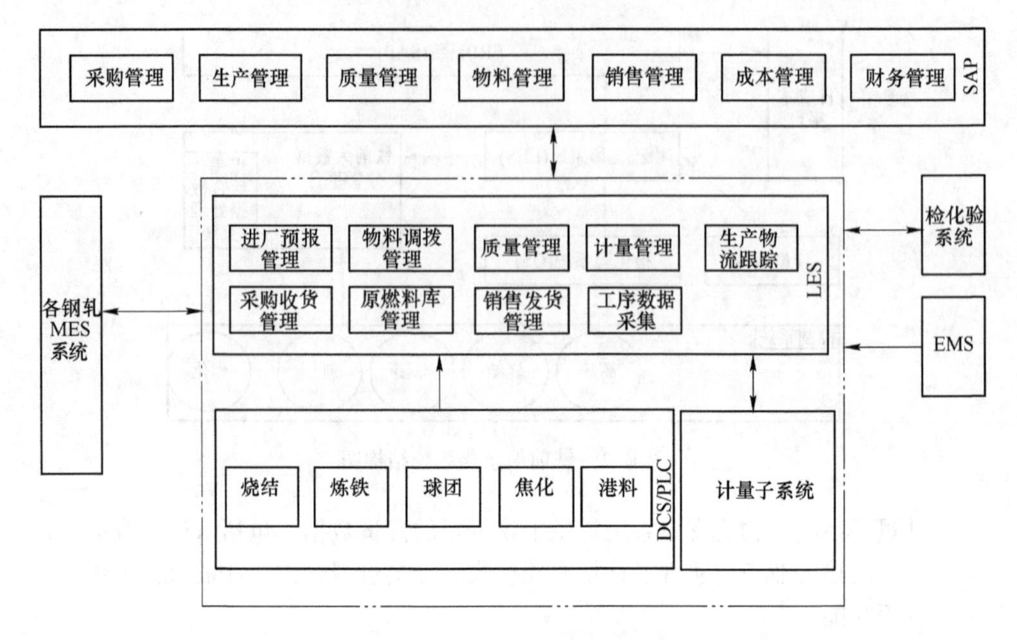

图 12-2　LES 系统功能结构图

拨、水运作业管理、计量、质检、验收、仓储入库、库存管理、物料需求、出库配送等。

B　内部调拨管理

原燃辅料的物流调度主要包括需求编制、供料计划、采购/调拨、收料。运输方式包括铁运、汽运、水运，供料方式包括采购入库、采购直供、内部调拨（库供）。在调拨过程中，可根据配置规则，自动完成物料转换、损耗折算等。

C　计量管理

建立了计量数据中心，依托计量数据中心实现了公司检斤计量数据和能源介质消耗数据的采集、实时处理、集中存储和统一发布，保证数据的实时性、准确性和一致性。

计量数据的上传采用了自动匹配的模式，并提供了异常情况下的处理手段。创新性的使用了汽运计量规则牌这一模式。

对港务料厂的皮带运输物流数据实现了自动采集，智能判断流程状态、去向，并自动匹配皮带秤计量数据，能自动处理断流、皮带不停换料等情况的数据采集。

D　副产品销售管理

副产品销售主要包括水渣、焦丁、钢渣、废钢等。销售采用的结算重量来源包括原始计量数据和人工计量数据，对含水物料的销售可以进行扣水处理。

E 铁前生产管理

铁前生产数据管理可以按订单收集铁前各工序（炼铁、烧结、球团、炼焦、配煤、混匀等）的投料和产出实绩，并上传ERP。投料数据采集模式包括自动采集、人工投料、以收代投、按 BOM 计划自动投料等；产出数据采集模式包括自动采集、人工录入、以发（调拨和销售）代产、按 BOM 计划自动产出等。

F 铁水调拨管理

铁水物流调度主要包括铁水装车、计量、铁水收货业务，涉及的主要操作都可以在图形化操作界面完成。

铁水物流调度系统的功能除了常规的装卸车、计量管理外，还包括铁水勾兑、一罐两卸、检修状态、静止时间过长报警、物流数据统计、鱼雷罐使用情况统计等功能。

G 检化验数据管理

提供外购物料的检验任务生成和下发功能，对于人工视检项目提供人工录入界面。接收检化验系统的外购检验数据并上传 ERP。同时接收工序产品的检验数据，提供多种查询条件的检验结果查询，所有查询结果均提供数据导出功能，方便用户再次分析使用。

对部分重点采购物料实现了质保书管理，可根据检验结果及时预警避免造成生产损失，并为结算提供扣罚数据。

12.1.3 检化验管理系统

12.1.3.1 系统概述

检化验管理系统（图 12-3）是为了满足马钢公司质量信息流与物流同步的业务需求而建立的信息化系统，它与 ERP 系统和物流支撑系统集成，实现了采购原燃辅料、半成品和产成品的检化验管理。

涉及的主要检验设备有火花发射光谱仪、ICP 等离子光谱仪、X 射线荧光光谱仪、红外碳硫分析仪等。

检验范围包括外购原燃辅料及混匀矿、球团矿、烧结矿、铁水等工序产品。

12.1.3.2 功能介绍

A 检验指令和试样管理

指令接收：检化验系统从各相关系统接收检化验指令，并以此制定检验计划、指导检化验操作。

试样登记：检化验中心根据各相关系统的检验指令对各分厂送来的样品进行核对，确认无误后，在检化验系统提供的画面上完成试样登记，为试样编制试样代码，根据检化验指令下达样品加工指令，同时将检化验指令下达到相关检验分

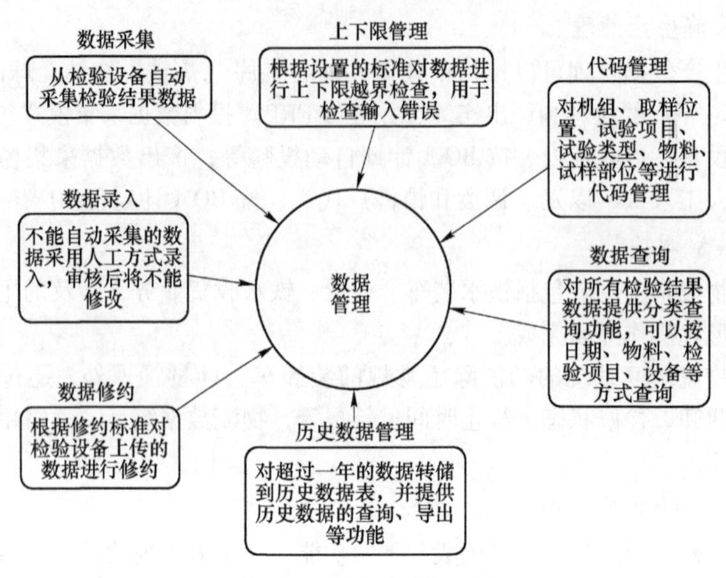

图 12-3　检化验系统框图

析设备。

B　检验数据收集及管理

数据收集：检化验系统通过网络接口从检化验分析设备收集检化验结果数据，在数据通讯中断情况下，系统提供相关数据输入功能。

数据异常提示：系统根据检化验标准对收集的检化验结果数据进行异常值判断处理，并为操作人员提供提示信息。

数据整理：根据检化验标准对收集的检化验结果数据进行合并、整理，合并整理后的数据经相关人员审核、确认后自动上传到各相关系统。

C　检验管理

检验进度管理：对所有产品试样的试验完成情况进行管理，用于显示试样完成情况。用户通过界面及时了解未完成试样和未完成的检验项目，用户可及时掌握试样检验进度，保证检验结果及时发送。

检验照片、图形管理：用于管理检验照片和图形。

检验标准和方法管理：用于管理各种试验标准和方法，用户可通过系统查询各种产品的检验标准和方法。

D　检验设备管理

精度管理：对检验设备按照 A、B、C 分类进行精度管理。

A 精度管理：在一天内不同班次，由不同的操作员使用同一设备对同一试样进行检验，存储结果并对结果进行相互比较，产生 A 精度管理报表。

B 精度管理：在一天内不同班次，由不同的操作员使用同一设备对同一标样进行检验，存储结果并将结果与标准值进行比较，计算标准差，产生B精度管理报表。

C精度管理：由操作员使用不同设备（不同方法）对同一试样进行某个参数的检验，存储结果并对结果进行相互比较，产生C精度管理报表。

标样管理：用于管理（建立、存储、维护、更新、删除、分类分级查寻）各种标样。

E 检验数据通讯

与具有通讯条件的检验设备通讯，自动接收检验数据；与检化验二级系统通讯，包括下达检验计划和接收检验结果；与各MES和物流支撑系统通讯，接收各外部系统的检验委托，并将检验结果数据及时返回。

12.1.4 日成本管理系统

12.1.4.1 系统概述

为提升公司现场标准化作业水平，通过加强各产线投入产出日清日结管理，保证现场作业实时、完整地反映每日工艺技术指标及制造成本，为公司及时发现现场运行问题、提高成本核算数据质量及运行过程控制提供监控手段，为辅助生产经营决策、建立BOM指标设计及优化长效机制提供有效的数据分析依据，建立了马钢日成本管理系统。

日成本管理系统主要利用ERP系统BOM指标及实际投入产出等数据，及时反映当月1日至当天前一日各制造单元产品制造成本构成情况，满足决策、管理、设计、操作各级人员日成本核算分析和数据质量监控等需要，通过每日成本的计划与实际对比跟踪分析，及时发现问题，及时纠正偏差，以达到事中成本控制和降本增效的目的。

该系统的上线，使得铁前大部分单元已经成功突破了“单纯数据差异分析”，逐步走向“从差异发现问题”，通过问题解决，促进现场管理水平的提升。

12.1.4.2 功能介绍

日成本管理系统的铁前数据采集依托于马钢ERP系统和物流支撑系统。其中各厂各产线实时生产数据包括产成品、中间品的产出，主原料、主要辅料的投料、主要副产品的回收。物流支撑系统负责归集当班的产出和原燃辅料投入并按生产订单上传ERP系统。

ERP系统按照生产订单收集相关的产成品的产量，原料、能介、燃动等消耗，并增加人工及费用等间接费用，将其通过作业预提方式进入生产订单，进行成本计算，形成日成本管理系统的数据源。

日成本管理系统主要包括：基于年度BOM的日成本核算监控分析、基于月度BOM的日成本核算监控分析、日成本图表分析等功能。日成本管理系统结构图如图12-4所示。

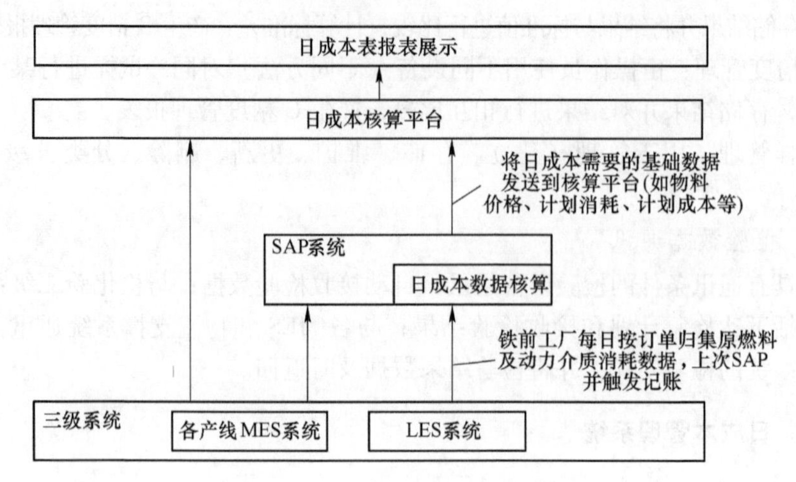

图 12-4　日成本管理系统结构图

对于实际成本和计划成本偏差率采用交通灯体系，以“红、黄、绿”三色表示成本的“异常”“关注”“正常”状态，红色表示偏差率超过警戒线，为异常状态；黄色表示偏差率大于设定值，但未超过警戒线，为关注状态；绿色表示偏差率小于设定值，为正常状态。每日进行通报，对于关注和异常状态，相关单位要分析原因、提交报告、制定改进措施，并在次日检查是否得到修正。真正实现了计划值管理的 PDCA 及时有效循环，数据准确率提高。

A　基于年度 BOM 的日成本核算监控分析

计划值按年度 BOM 指标，该指标作为生产主线厂成本考核的基准线，价格可选择指导价、标准价、实际价。

月度计划成本 = Σ年度 BOM 定额×价格+年度计划费用定额

月度实际成本 = Σ实际消耗指标×价格+年度计划费用定额

成本降低额 = 月度计划成本 − 月度实际成本

每日监控计划与实际成本差异，重点关注成本变动情况，可辅助各制造单元及时掌握本月降本任务的完成情况，及时发现问题及时改进实际消耗控制水平。

B　基于月度 BOM 的日成本核算监控分析

计划值取月度 BOM 指标，该指标是月度生产经营计划编制与效益评审的依据，为保障月度效益评审的准确性，该指标要求贴近实际制造水平。价格可选择指导价、标准价、实际价。

月度计划成本 = Σ月度 BOM 定额×价格+月度计划费用定额

月度实际成本 = Σ实际消耗指标×价格+月度计划费用定额

计划成本逼近率 = 计划成本/实际成本×100%

每日监控各制造单元计划与实际消耗指标变动情况，重点对计划与实际偏差较大的开展动态跟踪分析；通过推进现场标准化作业管理提高实际数据及时、准确性；通过对标挖潜，及时优化月度 BOM 设计，实现技术指标进步，为效益评审和降本增效提供有效决策数据。

C 指标分析

利用折线图实现燃料比、焦比、煤比的趋势分析，通过对这些指标的对比分析，使各项基础技术经济指标精细化和最优化。更重要的是，能准确预测实时生产成本，为企业生产经营决策提供最重要的依据。

D 明细数据分类统计分析

基于产线，将消耗数据按照原料及主要材料、原料回收、辅助材料、燃料及动力、人工及费用进行明细数据的分类统计分析。通过此种分析方式，有利于实现对成本形成过程的动态掌握，变事后分析为事中控制，通过全程介入、全面监控、及时管控、实时分析，提高管理的有效性、及时性。

12.1.5 铁前大数据分析平台

12.1.5.1 系统概述

铁前生产的稳定与否直接关系到公司能否顺利达产保持赢利，铁前的重要性不断提高，加快发展高炉生产水平及自动化技术日益重要，凭借人工经验的生产技术已不能适应现代化生产的需要，为此设计开发了铁前生产一体化管理平台，实现高炉、烧结等所有铁前产线生产信息的采集、处理、汇总、分析，有效地提高了高炉生产管理效率，对高炉的稳定运行提供必要的数据支撑（图 12-5）。

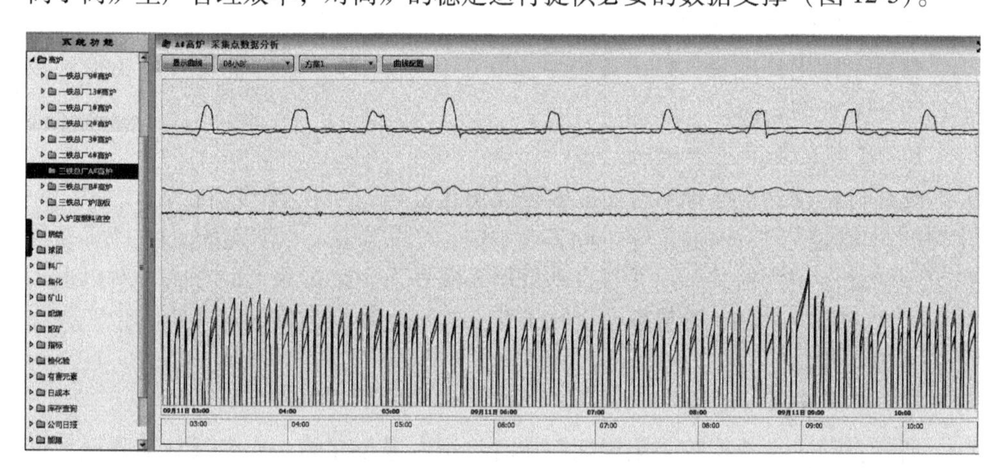

图 12-5 铁前大数据分析平台总览

该平台建设的目标是：加强铁前系统重点参数监控及信息传递，建立高炉、烧结、球团、焦炉运行参数监控及统一信息共享平台，建立铁前生产和技术大数据。实现关键运行参数实时自动预警，建立各类技术模型，以便铁前相关技术和管理人员快速获取相关信息及时应对生产过程中出现的问题，为高炉稳定顺行提供实时有效的数据支撑。同时，基于云平台建立铁前工序重点工艺参数的历史数据库，设计存储能力为一代炉龄，为后续的数据分析、运行情况诊断、模型建立提供支撑。深度挖掘大数据，利用信息化技术进行工艺流程管控。

该系统实现了煤焦化、烧结、高炉多个工序的主要工艺参数采集和历史数据存储，实现了高炉区域报表和高炉体检模型。

12.1.5.2　功能介绍

A　实时数据采集

建立实时数据库，完成工艺参数点数据采集，基于工艺参数点秒级数据存储的基础上，实现了实时数据监视和历史曲线分析。

B　数据展示

实现了按标签点实时显示数据的功能和实时曲线显示功能，同时可显示报警状态，数据显示实现了秒级刷新。历史曲线图可按不同登录用户定制维护 10 组曲线，并且可以自由配置各曲线的量程范围，满足不同工艺分析需求。

C　工艺报表

建立高炉小时、日、月等各类报表；建立高炉料制调整、有害元素等独立报表。

报表数据的数据来源有实时数据库、LES 系统、检化验系统、人工记录数据等。

D　铁前检化验查询

整合了检化验系统、LES 系统中 400 多种物料的工序检验及自委托检验数据，统一了查询界面。

E　煤焦化综合数据处理

煤焦化信息综合处理平台主要实现煤焦化公司老区和新区的配煤、炼焦、一次化产、焦油精制、苯加氢等生产工艺参数、产品质量、生产计划、生产实绩等信息综合处理和数据共享。通过自动数据采集和人工数据录入的方式，对以上工序的生产过程、库存、质量数据进行了统一管理，数据准确、及时，为生产提供了有力的支撑。

F　历史数据存储

所有自动采集数据按采集周期在实时数据库进行存储，人工及其他系统数据在关系数据库进行存储。存储周期最小为一代炉龄。

G　高炉体检及预警功能

建立公司高炉自动体检系统，改变当前的人工事后录入现状，在线对高炉运行状态进行自动体检，并实现信息共享。实现重点参数按照设置区间进行识别并自动报警，由静态预警转变为动态预警。并对高炉顺行指数进行自动评价。

H 技术模型

实现了料面跟踪、操作炉型、气流分布、鼓风动能、理燃温度、炉缸侵蚀、炉缸平衡、黏度预测、炉缸活跃性、工长曲线、在线布料、物料平衡、热平衡、优化配置、Rist 操作线、有害元素、冶炼成本、水温差等各类技术模型在线实时共享。

对自动采集的数据自动进行数据清洗，从而保证现场所取得数据准确、可靠。利用数据挖掘技术并结合生产工艺，采用多维分析（OLAP）算法，给生产技术人员提供技术支撑，对于异常数据，将给出预警提示。运用复杂分析（譬如回归分析法、频次分析模型等），对数据进行分类统计，并提供表格、趋势图、雷达图等统计报表，可按用户要求进行查询和数据导出功能。

12.1.6 高炉技术模型

高炉炼铁技术在过去几十年中得到长足的进步。随着高炉的容积不断扩大，炉内现象更趋复杂化。为更好地理解、控制和改进高炉炼铁过程，借助数学模型这一有用工具成为重要手段，通过研发人员的持续研究来提高数学模型的实用性和精确度。在特定条件下，可用平衡模型、模拟模型和反应动力学等几类模型详细分析炉内状态和精确预测高炉操作性能。

12.1.7 体检预警模型

高炉体检预警模块（图 12-6）是建立在采集大量现场设备参数和工艺操作参数的基础上，结合焦化综合数据处理系统、物流支撑系统、检化验系统等数据，根据各高炉历史数据总结出的计算模型，以百分制得分方式自动生成各高炉每日的炉况结果，直接反映高炉炉况的实际情况。

12.1.7.1 高炉体检模块

高炉体检模块的功能是建立所有高炉的体检综合评分平台，直观判断高炉炉况。

体检预警模块数据库：保存各高炉每日体检预警模块体检项目基础数据和体检预警模块体检项目得分数据，建立各高炉体检项目表、计算规则表、数据来源配置表。

高炉体检计算：依据前面建立的计算规则表实时计算当前各高炉的体检得分，改变当前的人工事后录入现状，在线对高炉运行状态进行自动体检，并实现信息共享。

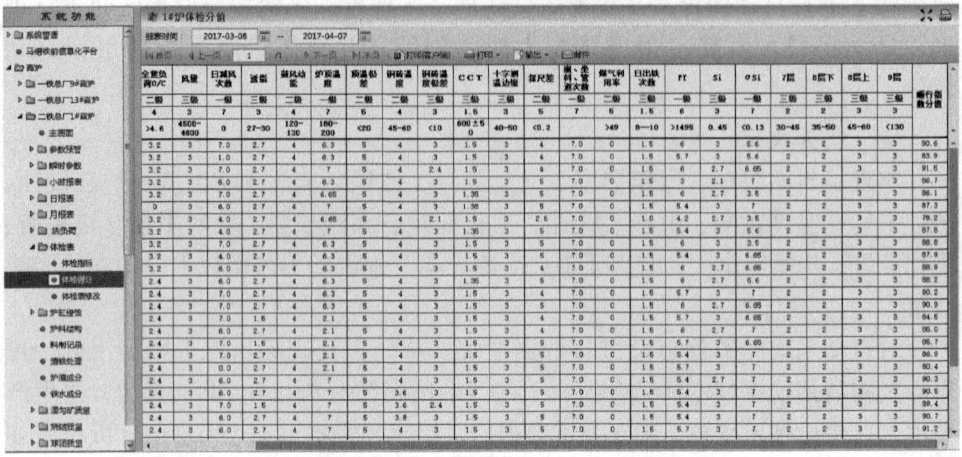

1#炉体检分值

报表时间：2017-03-08 -- 2017-04-07

全焦负荷O/C	风量	日减风次数	透指	鼓风动能	炉顶温度	顶温极差	铜砖温度	铜砖温度极差	CCT	十字测温边缘	探尺差	崩、坐料、管道次数	煤气利用率	日出铁次数	PT	Si	σSi	7层	8层下	8层上	9层	运行指数分值
二级	三级	一级	三级	二级	一级	二级	二级	三级	三级	三级	二级	一级	二级	三级	一级	三级	一级	三级	三级	三级	三级	
4	3	7	3	4	7	5	4	3	1.5	3	5	7	5	1.5	6	3	7	2	2	3	3	
>4.6	4500-4600	0	27-30	120-130	180-200	<20	45-60	<10	600±50	40-50	<0.2		>49	8—10	>1495	0.45	<0.13	30-45	35-50	45-60	<130	
3.2	3	7.0	2.7	4	6.3	5	4	3	1.5	3	4	7.0	0	1.5	6	3	5.6	2	2	3	3	90.6
3.2	3	1.0	2.7	4	6.3	5	4	3	1.5	3	4	7.0	0	1.5	5.7	3	5.6	2	2	3	3	83.9
3.2	3	7.0	2.7	4	7	5	4	2.4	1.5	3	4	7.0	0	1.5	6	2.7	6.65	2	2	3	3	91.5
3.2	3	6.0	2.7	4	6.3	5	4	3	1.5	3	5	7.0	0	1.5	3	2.1	7	2	2	3	3	86.7
3.2	3	7.0	2.7	4	6.65	5	4	3	1.35	3	5	7.0	0	1.5	6	2.7	3.5	2	2	3	3	86.1
0	3	6.0	2.7	4	7	5	4	3	1.35	3	5	7.0	0	1.5	5.4	3	7	2	2	3	3	87.3
3.2	3	4.0	2.7	4	6.65	5	4	2.1	1.5	3	2.5	7.0	0	1.0	4.2	2.7	3.5	2	2	3	3	78.2
3.2	3	4.0	2.7	4	7	5	4	3	1.35	3	5	7.0	0	1.5	5.4	3	5.6	2	2	3	3	87.8
3.2	3	7.0	2.7	4	6.3	5	4	3	1.5	3	5	7.0	0	1.5	6	3	3.5	2	2	3	3	88.6
3.2	3	4.0	2.7	4	6.3	5	4	3	1.5	3	5	7.0	0	1.5	5.4	3	6.65	2	2	3	3	87.9
3.2	3	6.0	2.7	4	6.3	5	4	3	1.5	3	4	7.0	0	1.5	6	2.7	6.65	2	2	3	3	88.9
2.4	3	6.0	2.7	4	6.3	5	4	3	1.35	3	5	7.0	0	1.5	6	2.7	5.6	2	2	3	3	88.2
2.4	3	7.0	2.7	4	6.3	5	4	3	1.5	3	4	7.0	0	1.5	5.7	3	7	2	2	3	3	90.2
2.4	3	7.0	2.7	4	6.3	5	4	3	1.5	3	5	7.0	0	1.5	6	2.7	6.65	2	2	3	3	90.9
2.4	3	7.0	1.5	4	2.1	5	4	3	1.5	3	4	7.0	0	1.5	5.7	3	6.65	2	2	3	3	84.5
2.4	3	6.0	2.7	4	2.1	5	4	3	1.5	3	4	7.0	0	1.5	6	2.7	7	2	2	3	3	86.0
2.4	3	7.0	1.5	4	2.1	5	4	3	1.5	3	5	7.0	0	1.5	5.7	3	6.65	2	2	3	3	85.7
2.4	3	7.0	2.7	4	2.1	5	4	3	1.5	3	5	7.0	0	1.5	5.4	3	7	2	2	3	3	86.9
2.4	3	0.0	2.7	4	2.1	5	4	3	1.5	3	5	7.0	0	1.5	5.7	3	7	2	2	3	3	80.4
2.4	3	6.0	2.7	4	7	5	4	3	1.5	3	5	7.0	0	1.5	5.4	2.7	7	2	2	3	3	90.3
2.4	3	6.0	2.7	4	7	5	3.6	3	1.5	3	5	7.0	0	1.5	5.4	3	7	2	2	3	3	90.5
2.4	3	7.0	1.5	4	7	5	3.6	2.4	1.5	3	5	7.0	0	1.5	5.4	3	7	2	2	3	3	89.4
2.4	3	6.0	2.7	4	7	5	3.6	3	1.5	3	5	7.0	0	1.5	5.4	3	7	2	2	3	3	90.7
2.4	3	6.0	2.7	4	7	5	4	3	1.5	3	5	7.0	0	1.5	5.7	3	7	2	2	3	3	91.2

图 12-6　高炉体检模型得分信息表

12.1.7.2　高炉预警模块

高炉预警模块是建立高炉关键参数预警的模块。

高炉预警配置数据库：配置并保存各炉参与实施预警重点生产工艺参数、配置并保存生产工艺参数预警极限值。

高炉预警：在系统后台实时从数据库抓取数据并与预警极限值比对，产生报警信息。

高炉预警展示：提供友好界面展示重点生产工艺实时值、极限值及预警信息。

12.1.8　高炉全炉物料平衡

物料平衡模型（图 12-7）通过计算入炉、出炉的所有物料，计算出、入物料的绝对误差及相对误差。入炉物料包括：矿石量、焦炭量、煤粉量、熔剂量、鼓风量，出炉物料包括生铁量、渣量、煤气量、煤气中水量、炉尘等。该模型分别以料批、天、月为单位三个频次进行计算。

12.1.9　高炉热平衡

热平衡模型（图 12-8）是指高温区域的热量收入与支出，收入与支出之差为热状态指数，热状态指数对炉温的判断起重要的作用。该模型计算周期为 15 分钟。

热量收入包括：鼓风带入的热量、C 燃烧产生的热量。

热量支出包括：鼓风中水分解耗热、铁及合金元素直接还原耗热、煤粉升温及分解耗热、水箱带走的热量以及热指数（为渣铁带走的过热）。

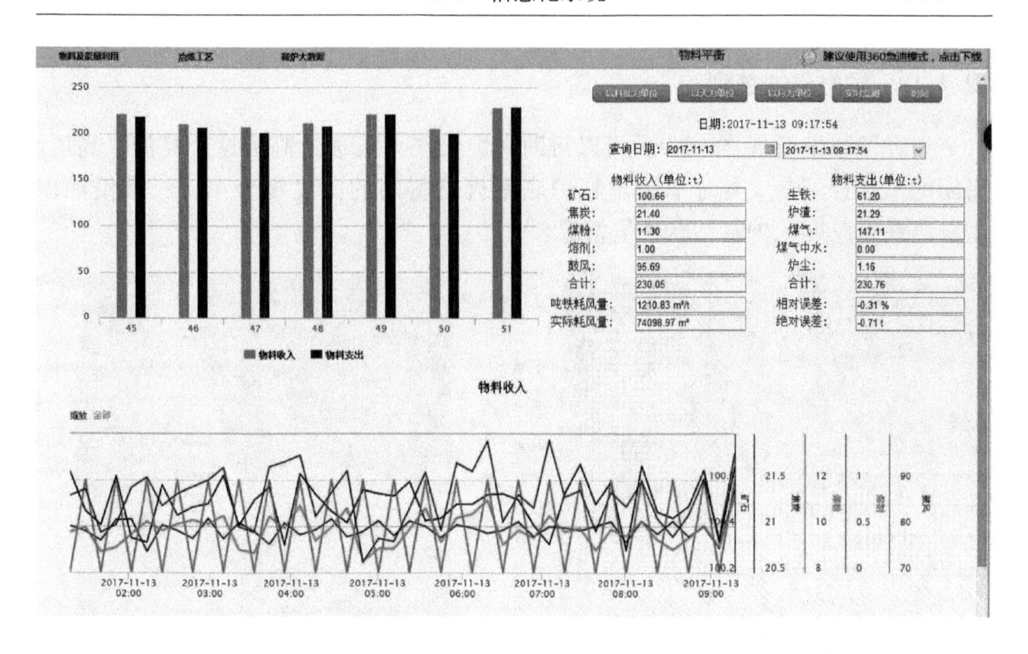

图 12-7　高炉物料平衡显示界面

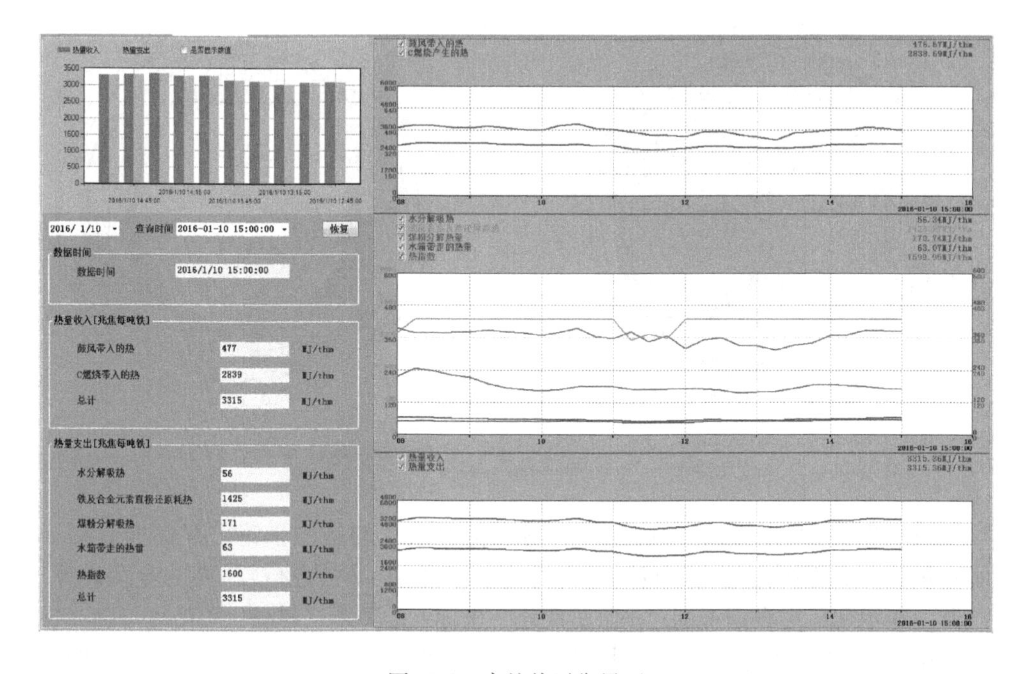

图 12-8　高炉热平衡界面

通过数据显示、曲线显示结合的方式，直观地显示用户选择日期的高炉热量收入与支出情况，并自动计算热指数，对炉温的判断具有指导意义。

12.1.10　炉缸侵蚀模型

炉缸侵蚀模型（图 12-9）可以帮助高炉操作人员透过高炉这个高温、高压、密闭的“黑匣子”，实时掌握炉缸炉底耐火材料内的温度场分布、三维侵蚀内型、渣铁壳厚度、炉缸活跃性等情况。

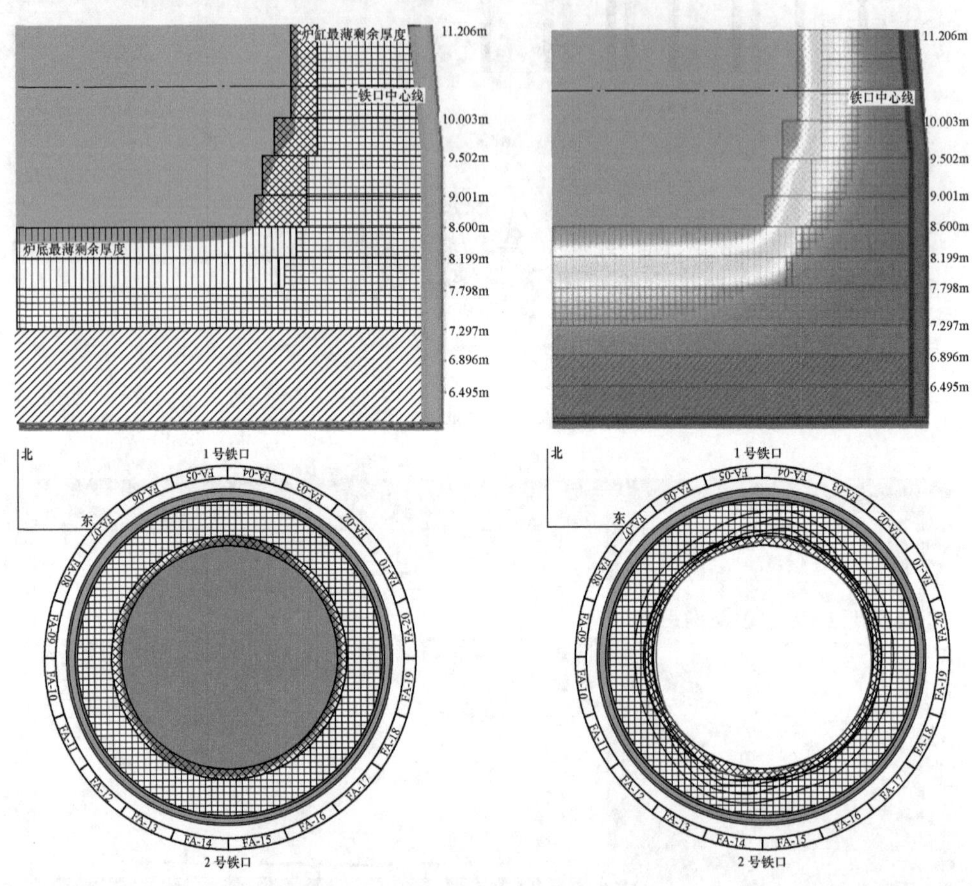

图 12-9　炉缸侵蚀模型横剖等温云图

模型主要有以下功能：炉缸炉底耐火材料温度的在线采集、存储和分层显示；炉缸炉底不同剖面温度场、等温线、侵蚀内型、耐火材料厚度的自动计算、绘制、显示和历史数据查询；炉缸炉底任一坐标点的温度、材质、厚度等可随光标实时显示；炉缸异常侵蚀、耐火材料厚度过薄、炉缸结厚等异常情况的自动诊断和预警；炉缸炉底网格的划分；预警查询、预警标准设定；异常诊断知识库的建立。

系统可提供炉缸炉底侵蚀图、热电偶数据、趋势曲线、历史数据查询、参数设置等功能。其中炉缸炉底侵蚀图包括纵剖与横剖图。

12.1.11　热负荷模型

高炉冷却壁热负荷的变化情况是高炉运行情况的晴雨表，尤其对于高炉后期的运行有重要的指导意义。热负荷检测系统（图 12-10）一般包含水温差、热负荷实时检测、多视角的纵剖和横剖图、报警、历史曲线、报表等功能。马钢目前多座高炉都装备有高炉热负荷系统。

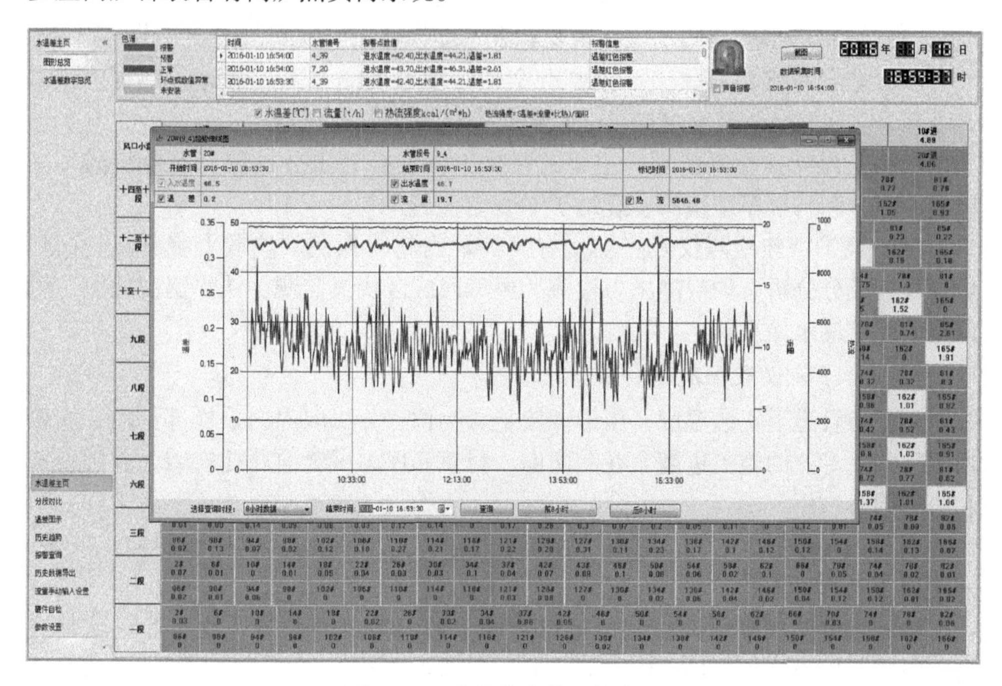

图 12-10　高炉热负荷监控模型

12.2　自动控制技术

12.2.1　检测与控制仪表

12.2.1.1　铁前各生产过程主要检测仪表

（1）原料场过程检测仪表。主要包括：料位计、电子皮带秤、定量给料装置、原料金属块探测装置以及温度、流量、压力等仪表。

（2）炼焦过程检测仪表。主要包括：各种料位计、定量给料装置、成型煤反压力装置、流量、压力、温度等仪表，以及废气残氧、焦炉地下室煤气泄漏检测等分析仪表。

（3）烧结过程检测仪表。主要包括：各种料位计、电子秤，以及流量、压力、温度等仪表。

（4）球团过程检测仪表。球团生产有竖炉、带式焙烧机、链箅机—回转窑三种工艺流程，其检测仪表与原料场系统基本相同，主要包括：料位计、定量给料装置、混合料水分测量，以及流量、压力、温度等仪表。

（5）高炉炼铁过程检测仪表。主要包括：重量、料位计、煤气成分分析、烟气残氧量、炉料高度、料面形状，以及流量、压力、温度、液位等仪表。

12.2.1.2　炼铁区各生产过程特殊检测仪表

（1）原料场特殊检测仪表。主要有电子皮带秤。

（2）焦化特殊检测仪表。主要有全炉平均温度测量、火落时间判定、焦饼温度测量、炭化室炉墙温度测量、焦炉移动机械位置检测等。

（3）烧结特殊检测仪表。主要有一次二次混合料水分检测、混合料透气率检测、料位和料层厚度检测、烧结矿 FeO 含量检测等。

（4）高炉特殊检测仪表。主要有高炉炉内料线检测、炉喉十字测温、高炉炉顶煤气成分分析、炉身静压力检测、风口回旋区状况监测、铁水温度检测、风口及冷却壁漏水检测等。

12.2.1.3　仪表一次部件安装

在设备管道上安装温度、压力、流量、物位、分析取源的采样部件时，要密切跟踪相关专业的施工进度，在其防腐、衬里和压力试验前开孔安装，并随设备和管道同时试压。

高炉煤气中粉尘、固体颗粒、沉淀物较多，压力取压开口应倾斜向上安装，避免堵塞测量管道。

检测温度的取源部件在管道拐弯处或呈倾斜角度安装时，注意迎着流体方向；温度、压力取源部件在同一管道时，取压点应设在温度检测上游侧；流量孔板、喷嘴、文丘里管、电磁流量计、涡街流量计、毕托巴流量计、V 形锥流量计等流量检测仪表的传感器安装方向应与流体方向一致。

安装物位取源部件（例如料位计、料位开关）要选择物位变化灵敏，且不易使检测元件受到物料冲击的地方；浮球式液位计的法兰连接管应保证浮球在全量程内自由活动；检测液位的双层平衡容器，安装前要检查内层管道的密封性，以免测量失准。

分析采样部件应选择压力稳定、反映成分变化灵敏、工艺上具有代表性的位置，避免层流、涡流、流体死角以及容易堵塞的地方。

12.2.1.4　仪表设备安装

A　就地仪表安装

安装应选择能灵敏反映工艺参数变化，便于观察、操作维护、检修方便的位置，避免振动、潮湿、易受机械损伤、强磁干扰、高温和有腐蚀性气体的位置。水银温度计、双金属温度计、压力式温度计、热电偶等接触式测温元件，安装在能准确反映被测对象温度的地方。压力式温度计的温包应全部浸入被测介质中，毛细管敷设要避开机械损伤、路径温度剧烈变化的地方，要有隔热措施。

B 流量仪表节流装置安装

安装前必须核实设计资料，实测加工尺寸，避免错装、混装。差压变送器和其他差压式仪表的正负压室与测量管道正负必须对应。隔离器、冷凝器、沉降器、气体收集器要根据测量介质的不同和仪表相对位置的不同，按设计要求安装。流量计安装时，前后直管段要符合设计规范和产品技术的要求。

C 称重仪表传感器安装

称重仪表传感器的安装在称重罐、台架、料斗、灰斗设备安装完成后进行。传感器底面保持水平，保证每个传感器均匀受力，称重设备与外部连接应为软连接，无机械应力作用，有冲击性负荷时要采取缓冲措施，限位器的安装要符合产品技术要求。

D 其他检测部件安装

物位（含液位）、位移、振动、速度、成分、温度、煤气报警、火焰探测器、辐射式仪表等均按设计和产品技术要求安装。

E 仪表管线路

压力、流量测量管路按最短路径敷设，以保证测量参数的准确。测量管路水平敷设有一定坡度要求，倾斜方向便于气体测量排除冷凝液，液体测量排除气体；现场不能满足要求时，管路最低处和最高处采取排液和排气措施。测量流量的正压管和负压管要并列敷设，保证环境温度一致。测量管道与高温设备、管道连接时要采取热膨胀补偿措施，安装敷设完成后要进行强度和密封性试验。

线管内部保证清洁、无毛刺、管口光滑无锐边，敷设前内外壁均应做防腐处理，现场弯制时按规范操作。保护管与检测元件和仪表之间应用软管连接卡紧，并采取防水密封措施。仪表信号线路、供电线路、安全连锁线路、补偿导线、本质安全型仪表线路应分别采用独立保护管。

仪表电缆的敷设要避免机械损伤、潮湿、腐蚀环境和强磁场，尽可能远离高温区，不可避免时要采取隔热措施。仪表电缆和电力电缆最好分开敷设，交叉时应成直角，共用桥架敷设时，仪表信号线路和交流电源线路可用金属隔板隔离，以避免强磁场和强静电场干扰。

12.2.1.5 高炉仪表工程质量控制点

在自动化仪表安装过程中，专业监理通过日常巡检、抽检和平行检验，按照“一般问题巡检纠正，重点部位跟踪旁站”的原则进行质量控制。

12.2.1.6 高炉仪表工程与相关专业的配合

A 管道专业

按设计和规范要求，保证检测仪表的直管段，保证流量检测仪表安装方向正确。电动或气动调节阀门与执行机构之间的相对位置既要准确无误，也要方便维护和检修。

B　砌炉和土建专业

砌炉施工过程中保证检测元件不被损坏。开槽的深度和宽度要保证电偶埋进炭砖，埋设后要用炭块或木楔夹紧。

C　机械专业

矿、焦槽料斗称传感器安装前，要检查台面称架水平度。仪表调节阀安装时，要注意执行机构和阀门相对位置，保证同步运动，避免死角。大型管道流量检测的V形锥流量计、弯管流量计、测量孔板、标准喷嘴、文丘里管在安装之前要清洗传感器内壁，以保证流量检测准确性。

D　电气专业

仪表盘柜尽可能与电气柜分开安装，以免强电对弱电信号干扰，仪表信号线要与电气动力线分开敷设。仪表、PLC 系统、DCS 系统接地要专用接地极，不要与电气强电共用接地极，以保证仪表检测控制信号稳定可靠。

12.2.2　料厂自动控制技术

12.2.2.1　自动化控制系统

马钢港务原料总厂向铁前的 6 座高炉、5 台烧结机提供合格原料，生产系统由水陆运进料、混匀加工、供料等系统组成，共有 900 多个生产流程。料场自动化控制系统的设计，以先进性与实用性相结合的原则，采用新技术，提高自动化系统的装备水平，增强自动化系统功能，扩充自动化系统的应用范围，实现降低运行和维护费用、优化生产组织、降低生产成本、保证产品质量和提高综合效益的目标。

A　料场控制系统的网络结构

控制系统由基础自动化控制级（L1）和生产管理级（L2）两级控制组成，L1 级和 L2 级通过工业以太网互联。L2 级现场实时数据由 L1 级 13 台控制级 PLC 提供，生产操作采用集中操作、统一监视方式。L1 基础控制级由 13 台主控 PLC（PAC1、PAC2、PAC4、PAC5、PAC6、PAC7、PAC8、PAC9 和 PAC10）及其 I/O 远程站组成，PLC 和 I/O 远程站之间采用 Profinet 通讯协议，通过工业光纤以太环网连接。L2 生产管理级由 3 台服务器和 9 台客户端（含一台工程师站）组成，以服务器-客户端（SERVER-VIEWER）的方式，通过工业以太网 100/1000Mbps 进行数据交换。配置见图 12-11。

B　控制系统的硬件组成

控制系统硬件配置采用 GE-PAC RX3i 可编程自动化控制器。PACSystems 控

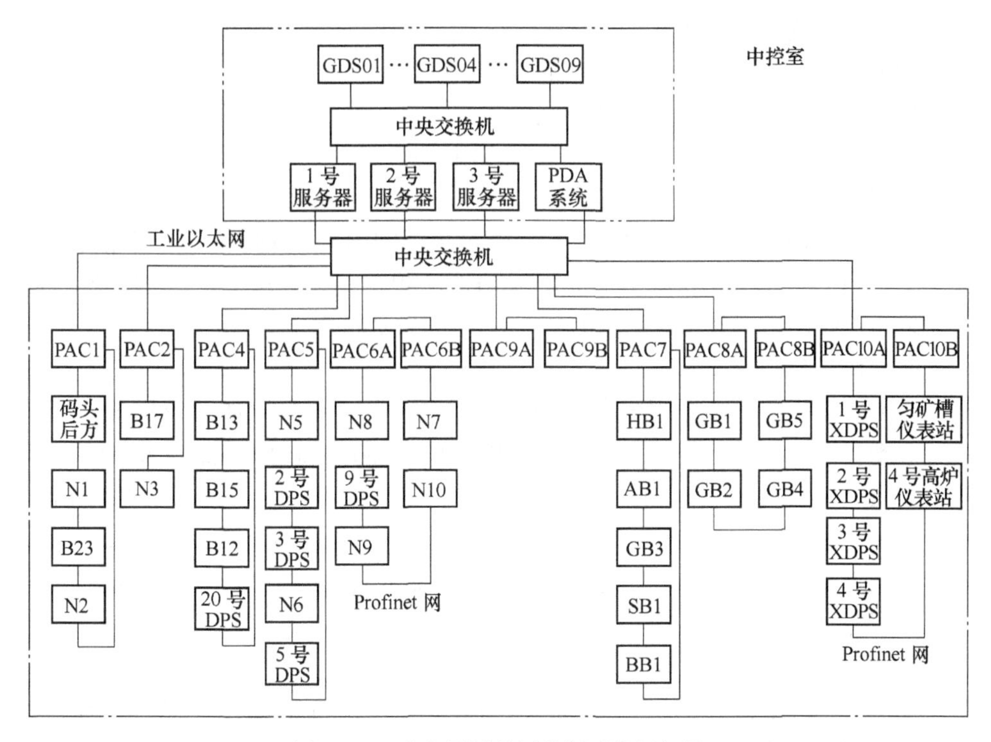

图 12-11 港务原料总厂控制系统框架图

制器是 GE 公司推出的更新换代产品，在整体性能上有显著提高，具有高可靠性、高灵活性和高性价比等特点，在软硬件方面与老一代 PLC 高度兼容，实现新老系统的无缝隙移植。使用的 PLC 中，PAC6、PAC8、PAC9、PAC10 为双机冗余热备系统，下挂远程站采用 Profinet 环网结构。

C 自动控制系统控制方式

物料输送系统由 400 多条胶带机及翻板、小车等设备组成，根据物料运输的起终点不同，形成了 900 多个流程。设置 30 个控制区，每个控制区都可实现流程间的起停切换。所有胶带流程的启停控制及连锁关系都由主控 PAC9 完成，在 PAC9 的寄存器内，按照设备的上下游关系，形成了一个 16 列×25 行的设备矩阵表，每个设备具有准备、选择、运行和故障四种状态。

a 流程选择

当 PAC9 接收到流程选择命令时，从 PAC9 流程表里选出相应流程，根据该流程对应的状态字对设备矩阵表里的设备进行检查，判断其是否有故障或被其他流程占用。如果是，则流程选择不成功，并把该信息返回给 HMI；如果选择成功，则向与流程有关的子 PAC 发出流程已选择命令，并将相关设备置于选择状态和设备占用状态。

流程选择成功条件如下：

（1）流程中的设备现场操作箱的选择开关处于自动位置；

（2）流程中的设备处于非故障状态；

（3）流程中的设备没有被其他流程占用。

b　流程取消

当流程已选择尚未启动时，中控操作员可以在 HMI 上向 PAC 发出流程的取消指令，当 PAC9 接收到该指令时，撤销该流程控制区，取消流程的已选择状态，取消设备的占用状态，向子 PAC 发送流程取消指令。

c　流程起动

当 HMI 下达流程起动指令时，该流程必须事先选择好，如果流程未选择就下达起动指令，则作为误操作处理。当 PAC9 接收到正确的流程起动指令时，向最下游的 PAC 发出流程起动指令，当最下游的 PAC 起动完其控制流程的设备时，向 PAC9 发出起动完成信息，PAC9 再次向下游 PAC 发送起动指令，以此类推，一直到最上游 PAC 发出起动完成信息后，将流程置为运行状态，返回。至此，整个流程起动完成。

流程设备的起动过程如下：

当 PAC 接收到 HMI 发出的起动命令后，该流程中的设备，按照自下游到上游的顺序来起动流程，它的过程是：

（1）将设备置于起动状态；

（2）在设备起动前，先声光报警 10~15s；

（3）发出起动指令，同时开始计时，当设备运转信号在预设时间内到达，置设备为运行状态，同时允许相邻上游设备起动；

（4）当预定时间到，但运转信号没有返回，则设备起动失败，HMI 上显示起动故障，为保护电机，5min 后才允许设备再次起动；

（5）双电机驱动的胶带机，采用分时起动方式，电动机起动时差是通过时间继电器设定（一般 3~5s），PAC 仅对该设备发出一次起动指令。

d　流程顺停

当 PAC9 接收到 HMI 发出的流程顺停指令后，起动顺停逻辑。顺序停止是从流程最上游设备到最下游设备顺序排料停机。每一台胶带机根据胶带长度和速度设定对应的排料时间，以便将胶带上的料排空。

e　故障停止

当 PAC 检测到正在运转中的设备发生故障时，首先向 PAC9 报告流程故障信息和设备故障信息，立即将其控制的故障上游设备停机，故障下游设备不停机；待故障消除后，操作员在 HMI 上发出故障起动指令后，流程再次起动。

f　紧急停止

紧急停止是指流程设备立即全部停止下来，其触发条件为 HMI 下达急停指令。流程急停后，设备流程为故障状态，经流程复位后，再行释放。

g 故障复位

故障复位是操作员从 HMI 上对流程或设备下达的故障复位（清除）指令。当 PAC9 接到该指令时，首先查找到要复位的流程或设备，并将流程从故障状态转到选择状态，使流程上的设备转到选择状态，清除设备故障状态。

h 流程切换

在外供作业流程中采用了流程切换的方法以缩短运输时间，分为“人”型切换和“Y”型切换。同一起点、不同终点的流程之间的切换为“人”型切换；不同起点、同一终点流程间的切换为“Y”型切换。

i 流程合流

当一个生产流程不能满足生产需求时，可以采用流程合流的方式来增加物料运载能力；当物料满足生产后，可以采用合流撤销的方式来解除流程合流。

j PAC 对故障的处理

胶带机的故障主要有跑偏、打滑、溜槽堵塞、电动机过负荷、事故开关信号等，PAC 对故障进行如下处理：

（1）跑偏：有两级保护，一级为跑偏报警，报警信号在 HMI 画面上闪烁；二级跑偏为重故障，PAC 检测到重跑偏时，先进行延时处理，以防止瞬间误动作，如延迟后，该信号没有消失，则进行故障停机处理。

（2）打滑：胶带机带速低于正常值 75%时，PAC 对该系统进行延时 3~5s 处理，超时执行故障停机。

（3）溜槽堵塞：堵塞开关动作时 PAC 对该信号进行延时 3~5s 处理，超时执行故障停机。

（4）事故开关：每条胶带机两侧每隔 30~100m 设置一个防水型事故开关，以便现场人员处理紧急状况。该开关动作后，本机及流程上游的所有设备立即停止。

（5）过负荷：即电动机过载，PAC 执行故障停机。

（6）电源故障：将现场电源信号接入 PAC，当电源接通信号丢失时，HMI 画面上提示电源故障。

（7）起动故障：流程起动指令下达时，设备先进行声光报警 15s，再给出设备运行信号，同时将设备运行的反馈信号传给 PAC；若 5s 内，PAC 未接收到运行反馈信号，则起动失败，PAC 终止设备运行信号，且 HMI 画面上提示起动故障。

（8）选择故障：当现场操作箱转换开关未置于自动位置时，HMI 画面上显示选择故障。

12.2.2.2　混匀控制系统

混匀系统分为1号混匀系统和2号混匀系统。每个混匀系统均由混匀加槽、配料、堆料、取料四部分组成。造堆作业时，操作人员根据"混匀矿堆积大致计划"将参与混匀的原料从一次料场取出送入混匀配矿槽。槽下定量圆盘给料装置按设定切出量将槽中原料定量给出。由槽下输送主皮带输送至混匀堆料机悬臂皮带，混匀堆料机沿料场长度方向往复走行，将料平铺堆入混匀料场。造堆作业结束后，由混匀取料机从料堆端部开始，沿料堆横断面进行连续往复截取供料。

混匀系统的核心是混匀配料系统。1号混匀系统配料部分由15台定量圆盘给料装置组成，2号混匀系统配料部分由10台定量圆盘给料装置组成。

定量圆盘给料装置控制系统是由称重控制仪表、变频器、现场执行设备（定量圆盘给料装置及配料皮带秤）、称重、测速传感器组成的闭环控制系统，见图12-12。

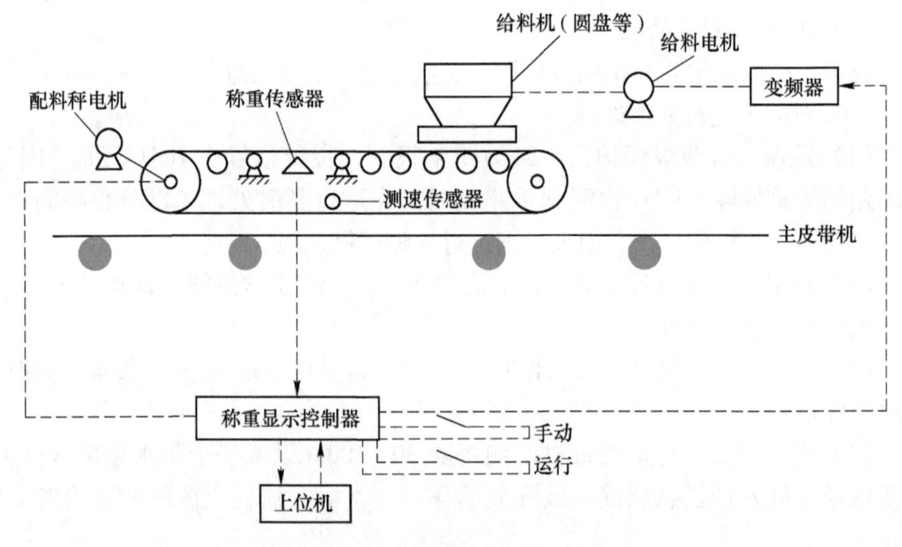

图12-12　圆盘定量给料装置控制图

当单台定量圆盘给料装置开始生产时，操作人员在称重控制仪表上设定切出量，称重控制仪表输出一个4~20mA电流信号控制变频器以对应频率驱动现场执行设备（定量圆盘给料装置）运行，切出物料落到配料皮带秤上。配料皮带秤上安装有称重传感器和测速传感器，称重传感器检测皮带上的物料重量并输出0~35mV电压信号，测速传感器检测皮带速度并输出脉冲信号。传感器信号同时送回称重控制仪表，称重控制仪表对信号进行处理，得到配料瞬时流量值，与设定值比较，得出PID控制值，再输出校正后的4~20mA电流信号，控制变频器改变现场圆盘给料装置运行速度，从而改变物料实际切出量，通过闭环控制实现按切出量设定值给料的目的。

混匀配料系统由一套计算机自动控制系统统一管理。该套控制系统由上位机HMI和PLC系统组成。系统实现了多台定量圆盘给料装置与地面皮带的连锁、多台定量圆盘给料装置顺序启停、瞬时及累计流量显示、切出量设定、定量圆盘给料装置状态显示、矿槽卸料小车位置显示、料仓料位显示等功能。

当使用该计算机控制系统配料作业时，操作人员需要将圆盘操作室控制台上的定量圆盘给料装置控制方式选择开关切换到自动控制方式。等待地面输送主皮带运转后，在上位机HMI画面上“切出设备选择”数据栏中，点击各个切出设备的选择按钮，选择/取消将要启动的设备。点击“顺序启动”按钮，系统将按设定顺序依次延时启动被选择的给料装置。在地面皮带处于运行状态的前提下，点击“顺序停止”按钮，系统将按设定顺序依次延时停止。

12.2.3　烧结自动化控制

马钢现有1台360m^2、2台300m^2、2台380m^{2}共5台大型烧结机，这5台大型烧结机均为带式冷却；另外还有1台90m^{2}烧结机，1台105m^{2}烧结机，其中90m^{2}和105m^{2}烧结机为环形冷却，它们将于2018年停产。在几十年的生产实践中，马钢根据自身的生产特点和自动化控制的需要，将烧结控制系统分为：原料准备及上料系统、配料混合系统、烧结系统、带冷机系统、成品筛分系统、返矿系统、水处理系统等。

12.2.3.1　烧结自动化控制系统的构成

A　二铁总厂烧结自动化系统

总厂共有5台烧结机。南区有3台烧结机，其中1号、2号为300m^{2}烧结机，3号为360m^{2}烧结机；北区有2台烧结机，分别为90m^{2}和105m^2，这2台烧结机将很快停产，在此不作叙述。南区的1号烧结机于1994投产运行，其基础自动化控制系统原为美国贝利公司IE一体化式Infi-90型DCS系统，后于2007年升级为美国Rockwell公司AB ContrLogix-5000系列PLC控制系统；2号烧结机于2003年投产，3号烧结机于2016年投产，其自动化控制系统均采用Rockwell公司AB ContrLogix-5000系列PLC。

总厂的3台烧结机控制系统基本相同，操作站与控制站间网络采用冗余TCP/IP工业以太网，网络介质为屏蔽双绞线或光纤。操作员站采用AB公司的RSView32软件作为开发和运行环境，实现整个烧结主工艺的监视、控制、操作及历史数据采集、数据管理、趋势记录、报警打印等。1号、2号烧结系统各配备了1台服务器、2台工程师站和4台操作员站；3号烧结系统配备了2台服务器、2台工程师站和6台操作员站。

B　三铁总厂烧结自动化系统

总厂共有两台烧结机，分为A、B烧结机，均是380m²烧结机，于2006年投产，其自动化控制系统采用Rockwell公司AB ContrLogix-5000系列PLC。

总厂的两台烧结机控制系统完全相同，均由五套ContrLogix-5000系列PLC分别控制不同的子系统，操作站与控制站间网络采用冗余TCP/IP工业以太网，网络介质为屏蔽双绞线或光纤。操作员站采用AB公司的RSView32软件作为开发和运行环境，实现整个烧结主工艺的监视、控制、操作及历史数据采集、数据管理、趋势记录、报警打印等。A、B烧结系统各配备了4台服务器、4台工程师站和12台操作员站，其中的2台服务器作为烧结模型机用。

12.2.3.2　烧结自动化控制系统的功能

因马钢的烧结生产工艺基本相同，其自动化控制系统也基本一致，现以三铁总厂380m² A烧结系统为例说明。三铁总厂A烧结系统的控制标准如表12-1所示。

表12-1　新区380m² A烧结系统控制标准表

自动化项目		执行情况
基础自动化	（1）生产过程必需的热工参数检测	√
	（2）生产技术管理必需的计量仪表及装置	√
	（3）各种矿槽料位测量	√
	（4）配料机自动定量给料	√
	（5）烧结混合料水分检测	√
	（6）烧结系统传动设备顺序控制	√
	（7）料层厚度检测及控制	√
	（8）热返矿量的计量及检测	√
	（9）台车速度的控制	√
过程自动化	（1）烧结混合配料过程自动控制	√
	（2）混合料一、二次给水控制	√
	（3）点火炉燃烧自动控制	√
	（4）热返矿量自动控制	√
	（5）混合料仓料位控制	√
	（6）烧结终点自动控制	√
	（7）数据采集整理、显示记录	√

12.2.3.3　烧结生产基础自动化及其网络结构

以马钢三铁总厂两台烧结机为例，其控制系统分为两级通讯网络，即上位机的局域网（LCN）和基础级的Control Net及Device Net网络。根据烧结工艺流程分为原料准备系统、配料混合系统、烧结系统、带冷筛分系统、成品储运系统、返矿系统及水处理系统。

控制系统主要对烧结生产各子系统的工艺设备进行连锁控制，对配料槽、返矿槽、混合料槽、铺底料槽及环冷机矿槽进行料位管理与控制，同时实现一、二次自动配料控制。

另外还有混合料自动加水控制、点火炉燃烧自动控制、料层厚度控制、烧结终点控制、烧结机和带冷机速度控制。料层厚度控制是根据沿台车横向设置的超声波料位测定的料位平均值，对料层厚度的横向和纵向进行自动控制。烧结终点控制按最后5个风箱废气温度来计算终点，调整台车速度使终点控制在倒数第二个风箱上。

图12-13为马钢新区380m^2 A烧结机控制系统网络结构图。

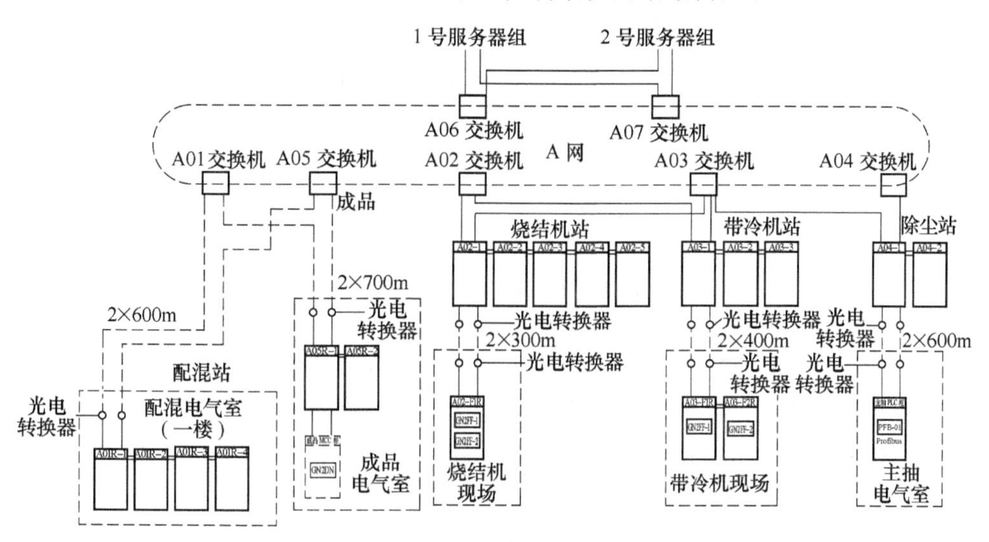

图12-13　A烧结机控制系统网络结构图

B烧结机控制系统网络结构图与A烧结机完全相同。

图12-14为马钢新区380m^2 A、B烧结机公共部分C网控制系统网络结构图。

12.2.3.4　烧结生产基础自动化的主要内容

烧结生产基础自动化主要包括检测仪表及自动控制、电气传动及其自动控制、人机对话界面。

A　检测仪表及自动控制

a　配料自动控制系统

烧结的配料控制以铁矿石为基数，其他物料与铁料成比例，是烧结自动控制系统中较复杂的系统。它不仅要求多个配料槽定量给料并保持各个料槽下料量按

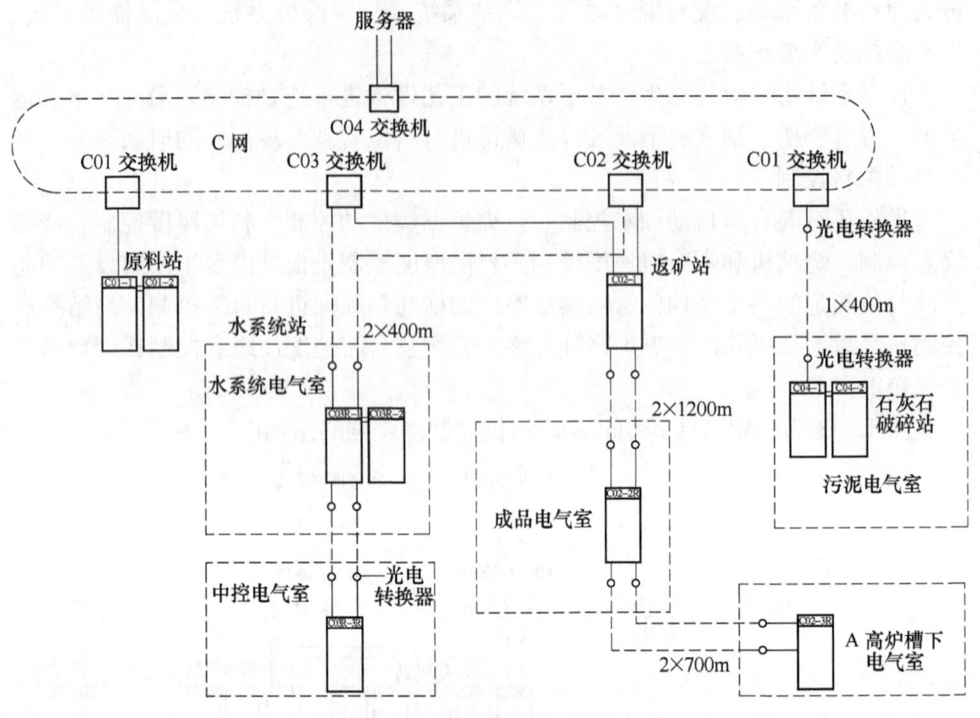

图 12-14 C 网控制系统网络结构图

预定的配比进行控制，而且需要随生产率变化，在配比不变情况下改变供料量。此外还需要按成品烧结矿质量要求及时改变配比。系统实现了各种原料的配比设定和总给料量的设定，可以根据各原料情况对烧结矿的要求灵活改变配比。系统控制也考虑了料槽检修停用、延迟时间补正和各料槽位置差异等因素。

烧结配料自动控制系统实现了以下控制：控制每个料槽的给料量并使各个料槽的给料量符合工艺要求所需的配比；按生产要求调整总给料量，但配比不变；按工艺要求调整各个料槽的给料量的配比。

b 返矿平衡自动控制系统

为了稳定烧结生产过程，保证烧结矿的产量以及减少粉焦的配比，降低烧结矿的成本，必须对返矿的加量进行控制。当返矿量增多时，烧结矿产量则减少，否则相反，因此要求生产的返矿量和回收的返矿量相等，即返矿平衡。目前实现返矿平衡是通过控制返矿料槽位变化在一定范围内来达到的。设有两个返矿料槽的返矿平衡控制系统见图 12-15。

配合比计算：当采用两个返矿槽时，首先根据两矿槽的料位测量值求得平均料位值，并将其与设定的平均料位进行比较得到合计的配合比，再按两槽的料位差算出分配比。

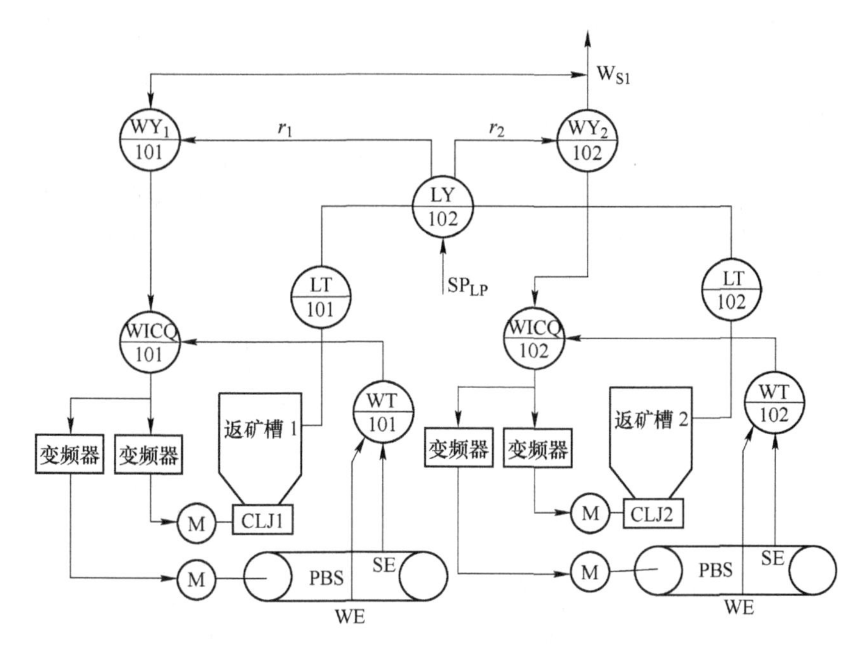

图 12-15 返矿平衡控制系统

LT—料位变送器；WT—料量变送器；WY_1，WY_2—设定值计算单元；

CLJ1，CLJ2—圆盘给料机；WICQ—控制器；M—电动机；WE—重量传感器；SE—速度传感器；

r_1，r_2—配合比；W_{S1}—综合输送量；SP_{LP}—平均料位设定值；PBS—配料电子皮带秤

（1）两个返矿槽都运行时：

$$L_{RHM} = (L_1 + L_2)/2 \tag{12-1}$$

式中 L_{RHM}——平均料位测量值；

L_1，L_2——1 号、2 号返矿槽料位测量值。

由测量得到的平均料位值与设定的平均料位值进行比较，经控制运算，得到合计配合比 r_{RHT}，由根据两槽的料位差值计算出分配比 DR，则：

$$r_1 = r_{RHT} \cdot DR \tag{12-2}$$

及

$$r_2 = r_{RHT} \cdot (1 - DR) \tag{12-3}$$

式中 r_1，r_2——返矿槽 1、返矿槽 2 的配合比。

（2）一个矿槽运行时：

$$r_1\ (或\ r_2)\ = 0$$

$$r_2\ (或\ r_1)\ = r_{RHT}$$

c 混合料添加水控制系统

配料后的原料，通常需要经过两次混合，且每次混合都要加一定的水。其中一次混合加水，使混合料的含水量达到一次混合加水设定的目标值，加水量与原料量和原料的原始含水量有关；二次混合加水，使混合料的含水量达到二次加水

设定的目标值，以利于混合料造球，保证烧结时的良好透气性，提高烧结矿的产量和质量。图 12-16 为一次、二次混合机添加水控制系统原理图。其中，一次加水按粗略的加水百分比进行定值控制，二次加水是按前馈-反馈复合控制的。计算机根据二次混合机的实际混合料输送量、含水量与目标含水量比较，算出加水量，作为二次加水流量设定值，这是前馈作用。然后用给料槽内的红外水分计测得的实际水分值，与给定值的偏差进行反馈校正。为了获得最佳透气率，还可依据透气率偏差值对混合料湿度进行串级控制。

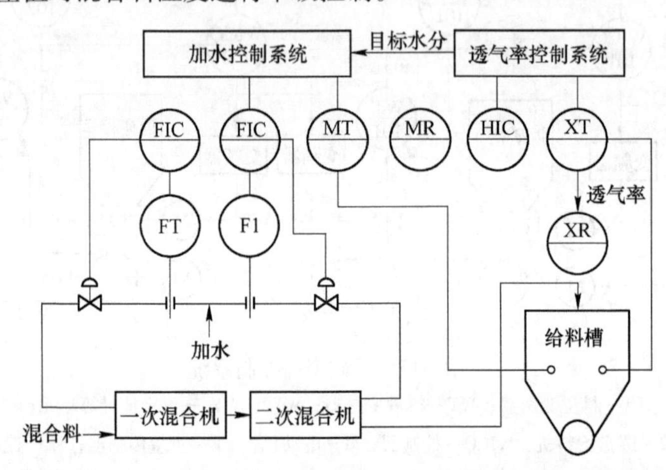

图 12-16　一次、二次混合添加水自动控制系统原理图

二次混合机添加水分处理，包括目标水分率设定（选择由计算机还是 OPS 人工设定）、控制周期、条件（测量水分的更新要与原料输送跟踪周期同步，在一次、二次混合机及其上游设备运行时才执行控制）以及连锁（一次、二次混合机添加水低压开关动作时和添加水量计算结果在水量调节阀目标水量的下限设定值以下时不能进行控制，并关闭添加水截止阀）。

一次混合机添加水量设定值 FM1S 按下式计算：

$$\mathrm{FM1S} = (\mathrm{MM2S} \times \mathrm{ZWK} - \mathrm{ZHK})(1 + \mathrm{KD2} \times \mathrm{PD2})/(1 - \mathrm{MM2S}) \quad (12\text{-}4)$$

式中　MM2S——目标水分率；

ZWK——第二集合点求得排料量；

ZHK——合计水分重量；

KD2——补偿因数（常数 0~1.0）；

PD2——修正因数（变量-1.0~1.0）。

修正因数计算的目的是提高添加水分的控制精度，它包括修正条件（满足表 12-2 时才自动修正）、修正系数计算（根据添加水量设定值为 SV 值，混合机出口水分测量值为 PV 值进行 PID 计算求得 PD1 和 PD2）和上下限幅处理（KD4>PD1>KD5 和 KD6>PD2>KD7）。

通过跟踪排料量进行水分修正，修正条件见表12-2。

表12-2 PD1、PD2修正条件

序 号	PD1修正条件	PD2修正条件
1	一次混合机截止阀关闭	二次混合机截止阀关闭
2	关联运输机在运转中	关联运输机在运转中
3	一次添加水压力低开关动作	二次添加水压力低开关动作
4	采用混合机出口水分方式	水分计正常
	采用装入槽水分方式	装入槽水分测量在禁止料位以上

一次混合机：

排料量　　$ZW+1=ZW+$ 添加水流量（m^3/h）

水分重量　　ZH+1=一次混合机出口水分计测量值 ×（ZW+1）

二次混合机：

排料量　　ZWK+1= ZWK + 添加水流量（m^3/h）

水分重量　　ZHK+1=二次混合机出口水分计测量值 ×（ZWK+1）

式中 ZW+1——下次第一集合点求得排料量；

ZH+1——下次合计水分重量（一次混合机）；

ZWK+1——下次第二集合点求得排料量；

ZHK+1——下次合计水分重量（二次混合机）。

d 混合料槽料位控制系统

混合料槽是混合原料进入烧结机台车前的一个缓冲料槽，容积较小，保持混合料槽一定的料位有利于稳定地向烧结机给料，同时还可以避免因料位过高造成小球破坏、料位过低造成停机待料。另外，在混合料槽中要保证测量精度，也必须使混合料槽有一个稳定的料位。因此，实现混合料槽料位自动控制是十分重要的。

混合料槽料位控制的基本思想是使进入混合料槽的入料量和向烧结机供料的排出量相等，从而维持料位平衡，包括：

（1）混合槽入槽量 W_{IN} 计算。

以TB1s时间（原料从储藏槽D02输送到混合槽所需的时间）为单位，进行混合槽原料重量计算。W_{IN} 是依据原料输送跟踪的移动输送量，将TB1s范围内所有运转设备（输送机、混合机）上的料量相加得出。

（2）混合槽出槽量 W_{OUT} 计算。

预想排料 W'_{OUT} 计算如下：

$$W'_{OUT}=(PHR-A)\times PW\times PS\times KB1\times TB1\times PB1/60000 \tag{12-5}$$

式中 W'_{OUT}——预想排料量，t；

PHR——台车平均层厚控制设定值，mm；

A ——铺底料层厚，mm；

PW——台车宽度，m；

PS——台车速度，m/min；

KB1——原料密度，t/m^3；

TB1——混合料输送时间，s；

PB1——修正系数。

为了防止以上计算出的 W'_{OUT} 可能发生突变，需要进行滤波处理：

$$W_{OUT} = (1 - KB2) \times W'_{OUT} + KB2 \times (W'_{OUT-1}) \tag{12-6}$$

式中　W'_{OUT-1}——前一次计算值；

KB2——滤波因素。

（3）混合槽收支偏差 WSHD 计算。

它以 TB4 为周期进行计算，当求得的 WSHD 超出一定范围（$|WSHD|>KB8$）时，综合输送量要更新计算，新计算的综合输送量作为综合输送量设定值来计算各储存矿槽的排料量，使用于混合槽料位平衡的 W_{IN} 值继续变化，见下式：

$$WSHD = (LSHS - LSHP + W_{OUT} - W_{IN}) \times TB4/TB1 \tag{12-7}$$

式中　LSHS——混合槽料位设定值，t；

LSHP——混合槽料位测量值，t。

（4）修正因数补偿计算。

W_{OUT} 计算结果主要受台车速度和平均层厚两者变化的影响，但按此计算的 W_{OUT} 与实际测量值的偏差较大时，要实施修正系数（PB1）的自动修正。修正公式如下：

$$PB1 = PB1_{n-1} + (LSHS - LSHP) \times KB5 \tag{12-8}$$

式中　PB1——W_{OUT} 修正系数（本次）；

$PB1_{n-1}$——W_{OUT} 修正系数（前次）；

KB5——系数（常数）。

（5）综合输送量设定值 WT 计算。

收支差大（$|WSHD|>KB8$）条件成立时，按下式计算综合输送量 WT：

$$WT = (KB9 \times WSHD + W_{OUT} \times TB4/TB1) \times 3600/TB4 \tag{12-9}$$

式中　KB9——偏差因数。

（6）综合输送量设定值处理。

由 OPS “综合输送量方式”的设定来决定综合输送量设定值 WT 是取上述计算值还是 OPS 设定的综合输送量 WTM，所采用的 WT 经变化限幅及上下限幅处理后，作为综合输送量 WT 输出参与配料控制。

e　铺底料槽料位控制系统

为使铺底料槽料位保持在一定范围内，由台车速度及铺底料槽料位测量值计算出铺底料供料胶带机的速度（SHCO）作为调速电机的设定值。本系统包括：

（1）铺底料槽料位控制计算。它将铺底料槽料位测量值（LHHP）与设定值（LHHS）的偏差 PV 先进行非线性处理，然后进行 PI 计算得出计算结果 PF1。

（2）铺底料供料胶带机速度计算。铺底料供料胶带机速度是台车速度的一次函数，函数斜率及截距由 PF1 决定。速度计算公式根据铺底料槽料位控制有或者无及补偿系数 KF7 的设定值而异：

1）KF2＝0 时：

当铺底料槽料位有控制时，铺底料槽供料胶带机速度设定值 SHCO 为：

$$SHCO = KF1 \times PS + KF4 \times (PF1 - KF5) \tag{12-10}$$

当铺底料槽料位无控制时：

$$SHCO = KF1 \times PS \tag{12-11}$$

式中 PS——台车速度；

KF1——补偿因数（斜率）；

KF4——补偿因数（截距与增益）；

KF5——补偿因数（截距）；

PF1——胶带机速度反馈补偿因数。

2）KF7＝1 时：

当铺底料槽料位有控制时：

$$SHCO = [KF1 + KF2 \times (PF1 - KF3)] \times PS + KF6 \tag{12-12}$$

当铺底料槽料位无控制时：

$$SHCO = KF1 \times PS + KF6 \tag{12-13}$$

式中 KF1——补偿因数（斜率的偏量）；

KF2——补偿因数（PF1 的增益）；

KF3——补偿因数（PF1 的偏量）；

KF6——补偿因数（截距）。

计算得出的 SHCO 还需进行上、下限幅，使其不超出正常设定范围。

f 烧结料层厚控制

烧结机台车上布料厚度与给料圆辊速度、给料闸门开度及烧结机台车速度有关。烧结机台车的速度是按烧结终点的位置确定的，是一个变化值，同时料层厚度还受其他因素的影响，因此，要调节给料圆辊的速度和下料闸门的开度以保证烧结机台车上料层厚度满足设定要求。

烧结层厚控制包括层厚纵向控制和横向控制。纵向控制是通过调节圆辊给料机的转速或主闸门开度来控制以满足层厚要求。横向控制是通过调节辅助闸门的开度控制横向下料量，以满足台车横向均匀布料的要求。控制系统构成见

图 12-17。

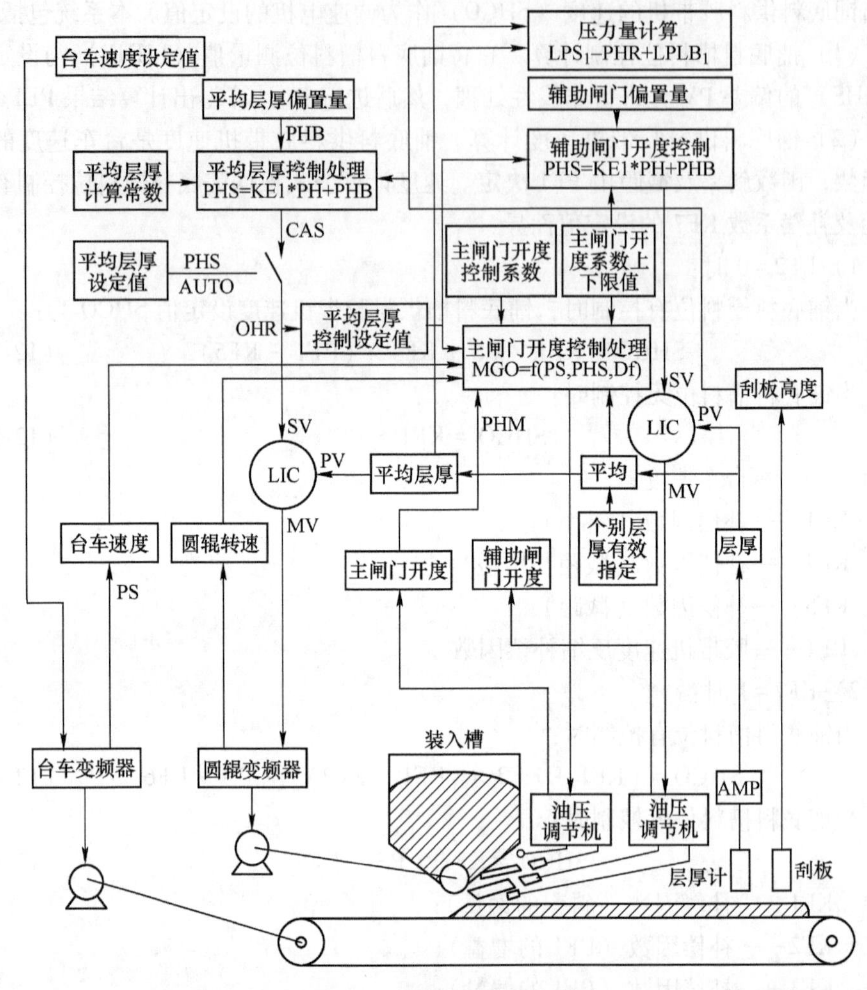

图 12-17 层厚控制系统构成图

（1）平均层厚控制处理。在台车宽度方向设有 6 台层厚仪，首先把 6 个测量值作平均处理作为控制反馈值：

$$PHM = \sum PHP_T \times KE3_t / \sum KE3_t \tag{12-14}$$

式中 PHM——平均层厚；

PHP_T——个别层厚；

$KE3_t$——个别层厚输入值有效指定（1=有效，0=无效）。

平均层厚控制设定值 PHS 计算可如下：

$$PHS = KE1 \times PH + PHB \tag{12-15}$$

式中 PH——刮板高度测量值；

PHB——平均层厚偏置量；

KE1——平均层厚计算常数。

（2）主闸门开度控制处理。主闸门开度控制设定值 MGO 可按下式进行计算：

$$MGO = KE2 \times PS \times PHS + PE1 \tag{12-16}$$

式中 PHS——平均层厚控制设定值；

PS——台车速度瞬时值；

KE2——主闸门开度控制因数；

PE1——主闸门开度控制补偿因数。

当圆辊排料机转速超越一定范围（转速过高或过低）时，单靠圆辊排料机已难控制层厚，必须改变主闸门开度控制系数（PE1）使主闸门开大或关小来调整层厚，其控制公式为：

$$PE1_n = PE1_{n-1} + f(Df) \tag{12-17}$$

式中 $PE1_n$——主闸门开度补偿系数（本次）；

$PE1_{n-1}$——主闸门开度补偿系数（前次）；

$f(Df)$——圆辊排料机转速补偿。

（3）辅助闸门控制处理。其设定值 $LPLS_i$ 可按下式计算（$i=1\sim6$）：

$$LPLS_i = PHR + LPLS_t \tag{12-18}$$

式中 PHR——平均层厚控制设定值；

$LPLS_t$——辅助闸门偏置量。

g 点火炉燃烧控制

混合料给到烧结机台车上后，首先通过点火炉将其点燃。根据操作经验，点火炉的温度一般在1250℃左右。温度过高，会使料层表面熔化，透气性变差；温度太低，料层表面点火不好，影响烧结矿的燃烧。故为了保证混合料很好烧结，要求料层有最佳的点火温度，同时为了使燃气充分地燃烧，还需要有合理的空燃比值。为此，实现点火炉燃烧控制是十分重要的。

点火炉的燃烧控制是通过调节点火炉的燃气供给量和空燃比来实现的，其控制系统见图 12-18。它是一个串级的自动控制系统，包括外环的温度控制回路和内环的空气/煤气流量比率控制系统，后者如图 12-19 所示常见的交叉限幅方式。温度控制有两种设定值可供选择，一种是根据点火炉炉内温度实现燃烧控制；另一种是根据点火强度实现燃烧控制，点火强度控制是根据烧结机台车上点燃单位面积混合料所需要的热量来确定燃气流量设定值。当选用点火炉温度控制时，由 OPS 设定值与点火炉温度（3 点）的平均温度或某一点的温度进行 PID 计算，将求得的煤气流量设定值作为煤气流量控制的设定值。当选用点火炉强度控制时，

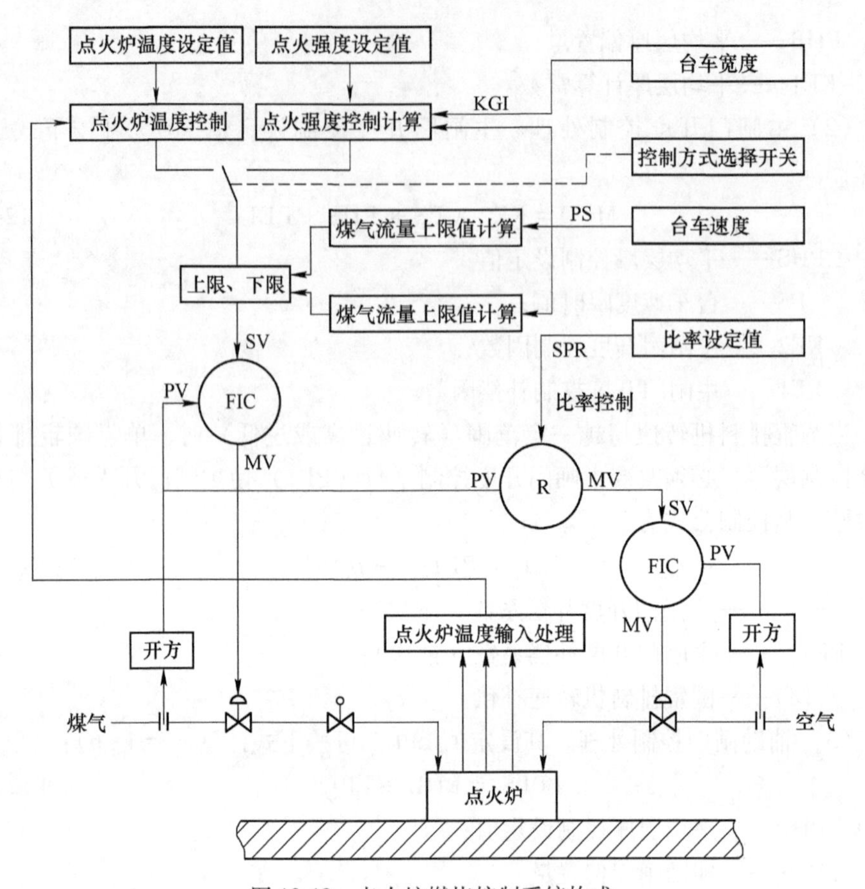

图 12-18　点火炉燃烧控制系统构成

其煤气流量设定值 FF_t1 可依下式进行计算：

$$FF_t1 = TK \times PS \times PW \tag{12-19}$$

式中　TK——点火炉强度设定；

PW——台车宽度；

PS——台车速度瞬时值。

将求得的设定值经上、下限幅及变化率限幅后，作为煤气流量控制用设定值，其计算见下式：

$$FF_t1_H = KG1 \times PS \times KG2 \tag{12-20}$$

$$FF_t1_L = KG3 \times PS \times KG4 \tag{12-21}$$

式中　FF_t1_H——煤气流量上限值，m^3/h；

FF_t1_L——煤气流量下限值，m^3/h；

KG1，KG2——煤气流量上限计算常数；

KG3，KG4——煤气流量下限计算常数。

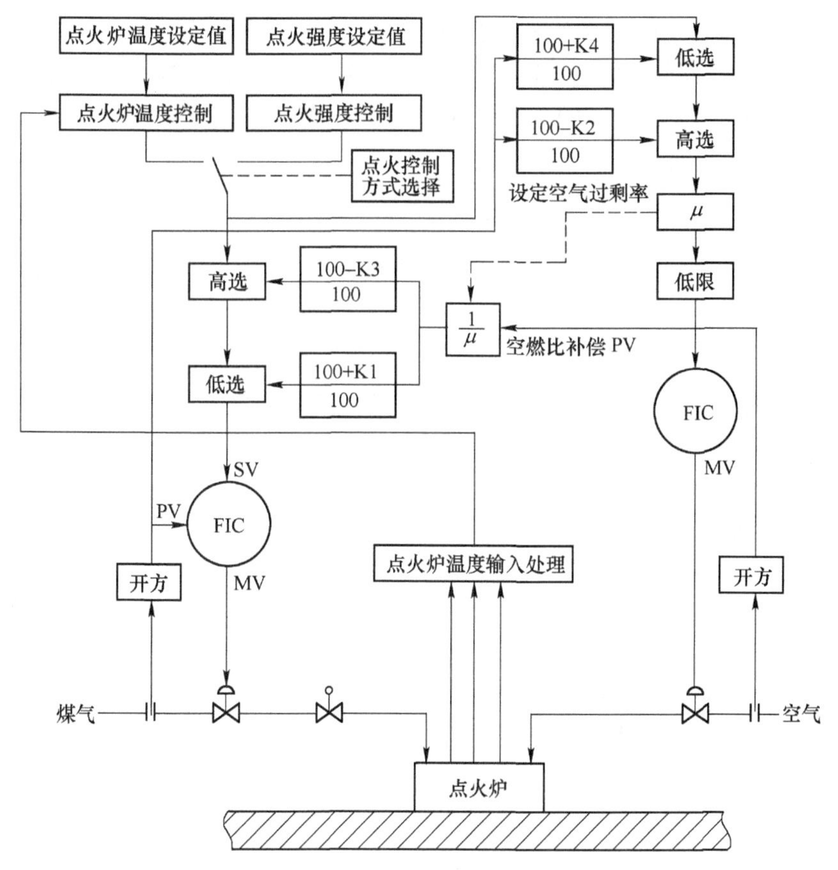

图 12-19 点火炉空气煤气交叉限幅控制系统

h 烧结终点（BTP）自动控制系统

烧结终点控制是为了自动控制烧透点的位置，以保证料层到机尾时燃烧正好到底。烧透点的位置是由烧结机尾风箱废气温度函数计算得出，系统根据烧透点的位置来调节烧结机台车速度，使烧透点尽量接近于机尾。这就保证了抽风面积充分利用，从而提高产量，避免料层烧不透或落到冷却机后仍在燃烧。

控制台车速度，使烧透点在废气温度典型曲线的规定最高点位置，有多种计算方法。常用的方法如图 12-20 所示，把废气温度的最高点附近看作是二次曲线，当 X_1、X_2、X_3位置的风箱温度分别为 T_1、T_2、T_3时，则二次曲线的顶点可按下式求得：

$$X_0 = (T_2 - T_1)/[(T_2 - T_1) + (T_2 - T_3)] - 0.5 \qquad (12\text{-}22)$$

式中，T_1、T_2、T_3可测出来，X_0也就可求得，理论上可以借此控制台车速度。由于单纯负反馈方法，时滞大而效果不佳，故引入第 6 个风箱温度变化率作为前馈。此外考虑原料变化、操作方式、烧结机漏风的影响，要引入更多的补偿。已知混合料透气率及料层厚度等变化会影响烧结终点，且当烧结终点发生改变时，上游风箱废气温度和流量会改变，故可利用这些量变化进行前馈控制。目前烧结机大都只进行终点位置计算并在 CRT 画面上显示，以供操作人员参考（图 12-20）。

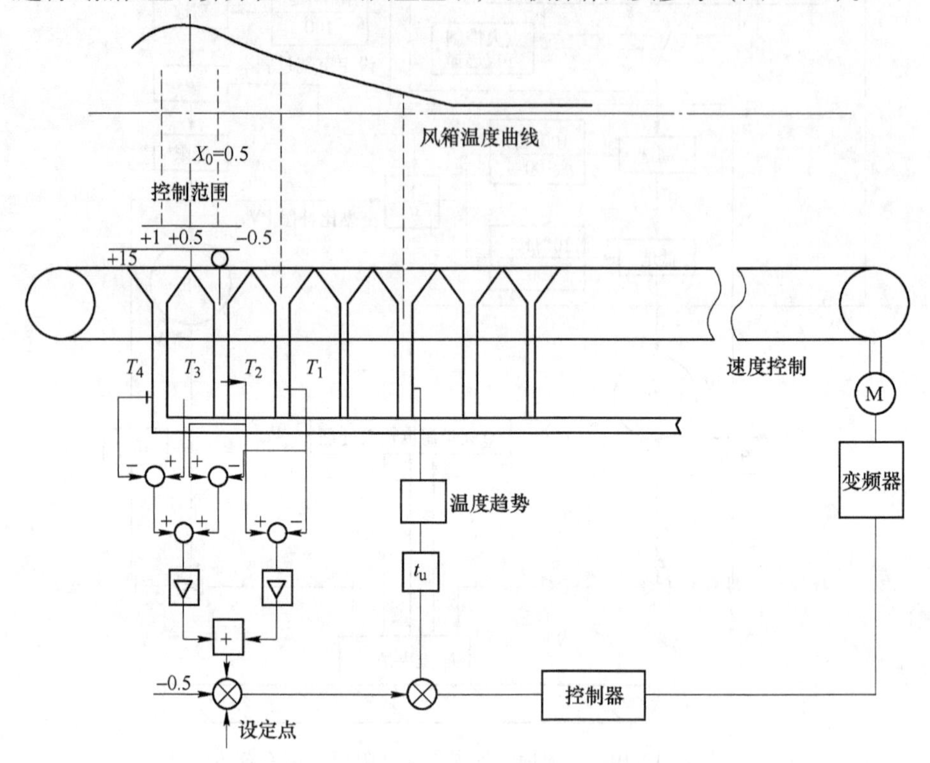

图 12-20　烧结终点自动控制系统

B　电气传动及其自动控制

电气传动系统是指各设备的起动、停止、顺序控制及连锁。一般分为多个系统运行，有配料、返矿、烧结冷却、筛分及除尘卸灰等多个子系统，可单个系统自动或多个系统联动。此外还有主轴风机、台车电动机、圆盘给料器等电机的变频调速及 PLC 控制。

C　人机对话界面

人机对话界面包括原燃料系统、配料混合系统、烧结烧冷系统、成品筛分系统的控制系统参数设置、操作方式选择、故障报警、生产工艺参数趋势、烧结机各风箱风门开度、湿度（趋势曲线及棒图），烧结实时趋势、配料实时趋势等。

12.2.3.5　烧结自动化控制系统

A　控制系统划分

烧结控制系统根据工艺特点不同将燃料破碎、配料混合、烧结冷却、成品和高炉返料区域的设备从电气上划分为8个子系统：燃料破碎系统（从燃料仓圆盘给料至燃料配料矿槽）、配料混合系统（从配料给料设备至混合料矿槽）、烧结冷却系统（从混合料矿槽至带冷出料矿槽）、烧结矿整粒系统（从1S-1、1S-2皮带，成品至CP-1皮带，返矿至Z4-1或Z5-1皮带）、铺底料系统（从2S-3出料漏斗至铺底料漏斗）、返矿系统（从FZ5-2A、FZ5-2B皮带至返矿配料槽）、高炉返料系统（从返焦、返粉槽至FZ5转运站的四通漏斗）和散料系统（从烧结、带冷卸灰阀至S-5皮带）。

B 专家系统

烧结专家系统（SPSS）涉及了烧结主工艺的仪表控制。其主要控制功能为6个一级模型和5个二级模型。

一级模型有配料总量模型（正常生产时根据混合料矿槽料位的变化，调整配料总量，平衡配混系统和烧冷系统的物流）、燃料模型（根据返矿的碳含量和混合料量变化调整燃料下料量）、加水模型（根据物料的原始水分，测定混合料水分对一混、二混加水进行前馈和反馈控制）、布料模型（根据布料的密实度调节布料状况）、返矿模型（根据返矿槽位的变化调节返矿下料量）、点火温度模型（根据点火的温度或点火强度调节点火的状况）。

二级模型有混匀矿模型（为料场含铁原料的混匀造堆提供信息）、配料模型（根据给定的原燃料数据、原料槽位约束、烧结矿目标值约束等计算配料比）、配料比调整模型（根据烧结矿检测成分、原料条件和配比等调整烧结矿配料比）、烧结上升点模型（在后面连续5个风箱的宽度方向分别设8个测温点，取同一宽度的5点温度，并以最小二乘法模拟一条二次曲线。根据二次曲线推断上升点位置，然后根据宽度方向上升点位置的不同推断宽度方向布料的密实度，从而为布料调整提供依据）和烧透点模型（根据模拟的二次曲线推算宽度方向的烧透点，再求平均值推算总的烧透点，并依此对烧结机速度进行调节）。

12.2.3.6 烧结生产的变频器控制系统

烧结厂的电动机主要有：大功率同步电动机，如主抽风机的同步电动机，功率达7600kW；380V三相低压交流电动机，如烧结机台车、圆盘给料器等设备的驱动电动机。

主抽风机同步电动机采用国产全数字变频器控制，每台变频器供一台同步电动机。烧结机各运料胶带走行电动机因移动频繁，采用变频器进行正、反转切换；烧结机台车、圆辊给料机、板式给料机等都采用变频器进行调速。电气传动控制除了起动控制以外，主要是系统运转与监视，其控制和安全连锁均由PLC来完成。

主抽风机是烧结生产线中的重要设备，风机运行的正常与否将直接影响烧结矿生产的产量和质量。原主抽风机4台同步机由西门子高压变频软起动方式起动

(2台变频器供4台同步电动机用)，同步机为无刷励磁控制。为保证烧结生产稳定和节能降耗，该系统于2016年初改造为同步电动机采用二拖二变频驱动、互为备用工频运行的动力系统。当任何一台变频器发生故障时，可以确保一台工频运行，另一台变频运行，并通过入口挡板的调节满足烧结机平稳生产。

烧结主抽风机同步电动机参数见表12-3和表12-4，主抽风机同步电动机控制系统结构如图12-21所示。

表12-3　主抽风机同步电动机参数表

名　称	数值	名　称	数值
电机功率/kW	7600	功率因数	0.95
额定电压/kV	10	极数	6
额定电流/A	485	连接方式	Y
频率/Hz	50	速度/r · min^{-1}	1000
绝缘等级	F		

表12-4　主抽风机同步电动机励磁机参数表

名　称	无　载		有　载	
	电机	励磁设备	电机	励磁设备
励磁电流/A	303.5		551.3	54.0
励磁电压/V	26.3		47.7	175
励磁频率/Hz				50

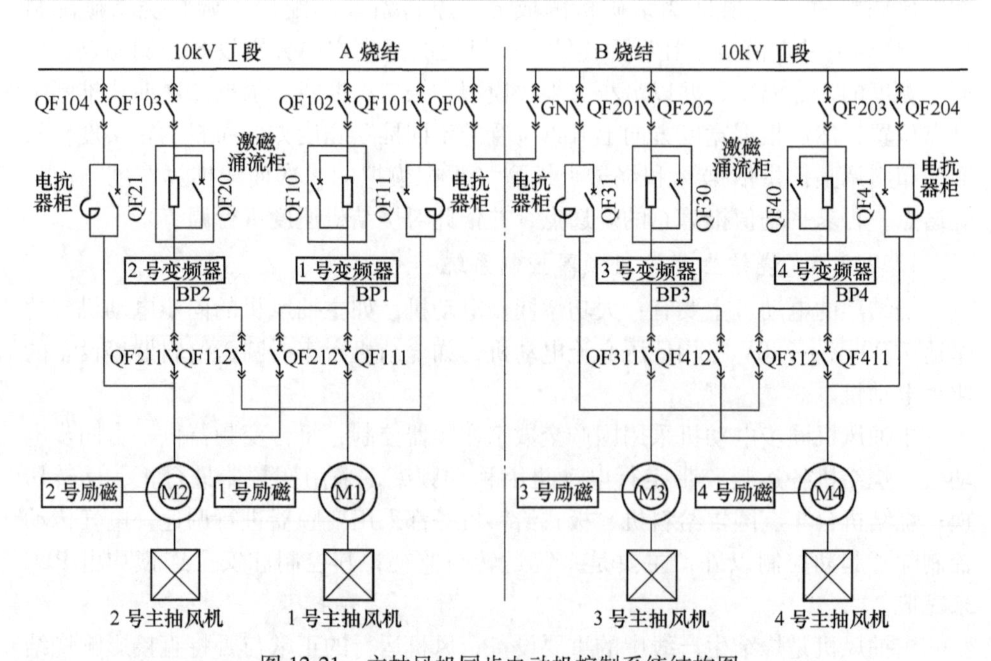

图12-21　主抽风机同步电动机控制系统结构图

图 12-21 中，QF 为高压开关，BP 为变频器，M 为电动机，QF1 为Ⅰ段母线的馈电进线开关，QF2 为Ⅱ段母线的馈电进线开关，QF0 为两端母线的联络开关，GN 为两端母线的联络隔离开关。

正常状态时，1 号变频器 BP1 通过 QF101 使用Ⅰ段电源，由 QF111 连接 1 号主排风机驱动运行；2 号变频器 BP2 通过 QF103 使用Ⅰ段电源，由 QF211 连接 2 号主排风机驱动运行；3 号变频器 BP3 通过 QF201 使用Ⅱ段电源，由 QF311 连接 3 号主排风机驱动运行；4 号变频器 BP4 通过 QF203 使用Ⅱ段电源，由 QF411 连接 4 号主排风机驱动运行。

单台故障时，为不影响正常生产，先将另一台正常运行的变频器由原先驱动的变频升频升压至与工频同步，由变频器进行变转工同步切换将电机投入工频电网运行，然后由正常变频系统以辅机模式进行驱动故障设备所在电机变频运行。切换过程中，系统自动检测调整变频器输出电源电压、频率、相位与网侧电压、频率、相位相一致，并计算合闸时机，操作峰值小于 1.0In。与此同时，系统自动调节主排风机入口挡板开度与变频转速之间的关系，保持主排风机在由变频切换至工频时风道风压、风量实现平稳切换，不影响烧结线的正常生产安全。

当故障变频器的故障排除后，能在尽量不影响正常生产的情况下，将工频运行的电动机恢复变频运行。更重要的是解决了其中一台变频器故障状态下，两台大容量电动机的启动问题。

12.2.3.7 烧结生产除尘系统

烧结的除尘系统包括原料、整粒的布袋除尘和机头、机尾的电除尘系统。电除尘控制分为高压整流控制和粉尘处理两大部分。

A 布袋除尘系统

布袋除尘器主要使用脉冲除尘器。在含尘气体通过布袋净化的过程中，随着时间的增加，积附在布袋上的粉尘越来越多，从而增加布袋阻力，致使处理风量逐渐减少。为正常工作，要控制阻力在一定范围内，必须对布袋进行清灰。清灰时由 PLC 按顺序发控制脉冲触发各控制阀，使布袋瞬间急剧膨胀，迫使积附在布袋表面的粉尘脱落，从而布袋得到再生。清下的粉尘落入灰斗，经排灰系统排出机体。

B 电除尘系统

电除尘器内部主要由阴极、阳极及振打系统组成。当电除尘器通电后，阴极、阳极间形成高压静电场，烟气粉尘进入除尘器后在高压静电场的作用下发生电离，电离后的粉尘逐渐靠向阴极和阳极，通过电极的振打，电极上的灰尘落入收集灰斗中，使通过除尘器的烟气达到净化的目的。

12.2.4 炼焦自动化控制

炼焦流程大体分为备煤/配煤、焦煤生产（干馏）、焦炭处理等工艺过程。

自动化控制系统的划分也是依据几大工艺过程划分，本节以7号、8号焦炉及配套干熄焦系统为主，介绍炼焦的自动化系统。

7号、8号焦炉于2007年1月、4月先后投产。为其配套的4号、5号干熄焦系统，于2007年6月试生产。2015年又建成6号干熄焦，与4号、5号干熄焦装置配合使用。

12.2.4.1　备煤的自动控制

新区焦化备煤区域主要担负着卸外来煤、煤的储存、向7号和8号焦炉供煤及向新区热电厂输送动力煤等生产任务，包括卸煤、储存混匀、配煤、粉碎混合、输送等环节，主要由翻车机、螺旋卸车机、受煤坑、储煤场、堆取料机、配合槽、定量给料装置、粉碎机、胶带输送机和煤塔布料装置组成。

A　煤场控制系统

马钢新区焦化煤场的PLC控制系统是由两套Schneider公司的Modicom Quantum系列CPU及I/O模块组成的双机热备集散型控制系统，包含一个主机站和四个远程站，如图12-22所示。每个远程站都是通过冗余远程通讯方式与CPU通讯，CPU通过冗余的以太网与上位服务器交换数据，并通过RIO工业总线独立完成对I/O设备及其所属远程系统的I/O设备的控制与监视任务。编程组态软件选用Unity Pro软件，系统按功能划分为进料子系统、直接拨料子系统和供料子系统。

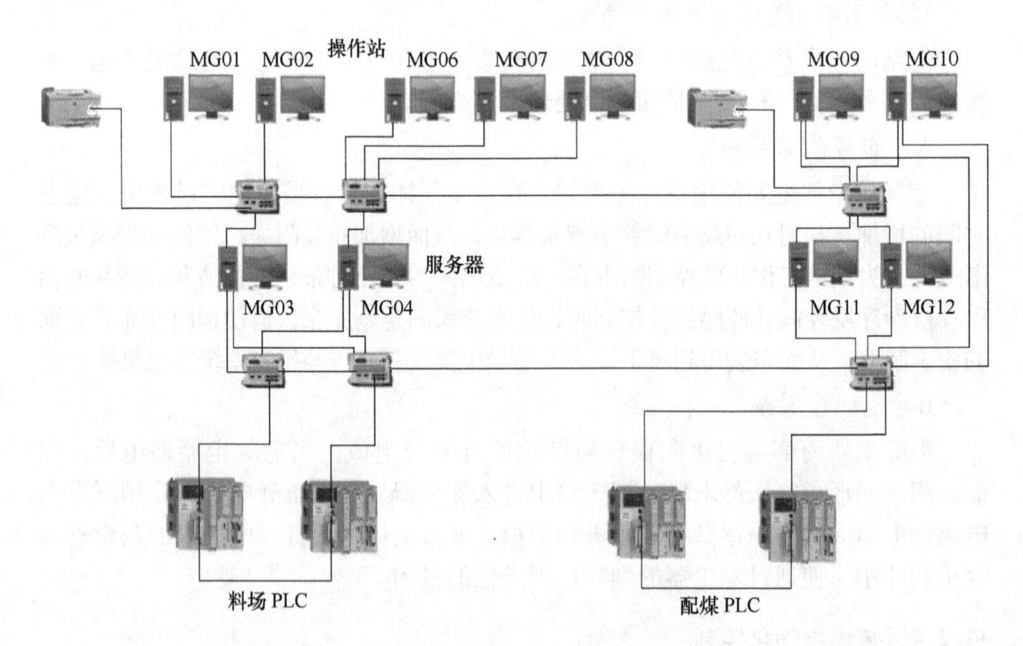

图12-22　煤场与配料DCS系统网络配置图

HMI 系统用 Wonderware 公司的 InTouch 软件编写，采用网络版结构，由两台冗余的服务器负责与各子系统主 PLC 的 CPU 进行通讯。

B 配煤控制系统

配煤集中控制 PLC 系统采用 Schneider 公司的 Modicom Quantum 系列，在配煤控制室内为配料系统设置一个远程 I/O 站，操作站设在集中控制室内。自动及手动模式下各种皮带顺序启停和连锁、给料机变频器的调节、报警等均由 PLC 进行控制。

电子秤的称重流量信号经过 Intecont Plus 现场仪表以 Profibus 总线的方式接入配料 PLC 系统。由 PLC 根据预置的系统总流量、配比、水分参数进行计算，并与给定流量比较，经变频器调整圆盘给料机给料速度，控制给料量。

操作员站用 InTouch 监控软件开发，实现配料数据的下发和上传，对配料的数据进行集中管理；显示整个配料工艺及流程画面、各设备瞬时运行情况、原料瞬时和累计消耗量。

C 其他系统

除上述煤场、配煤系统外还有若干独立设备的自动化控制系统，其主控制器与软件配置如下：卸车翻车机控制系统为 GE PLC，单 CPU，PLC 编程软件为 Proficy Machine Edition；煤场三台堆取料机控制系统采用的是 AB 公司 RSLogix5000 PLC，每台堆取料机配置单 CPU，HMI 画面使用 RSView32；煤塔布料机控制系统采用 Siemens S7-200 的 PLC，单 CPU 运行。

12.2.4.2 焦炉自动控制系统

7 号、8 号焦炉及干熄焦电气自动化控制系统由三层通讯网络构成，如图 12-23 所示。

第一层：自动炼焦系统服务器与 WINCC 服务器之间，协调 PLC（S7-414H 冗余）和 WINCC 服务器之间，以及协调 PLC 和各个子系统 PLC 之间连成以太网，实现彼此的信息交换，通过以太网把炼焦工艺参数设定值传送到各个子系统，各子系统完成相应的功能，同时把各子系统的状态和工艺、电气参数及报警故障等送到协调系统处理。

第二层：各个系统冗余 PLC 和 HMI 之间的数据通讯通过下一层以太网进行冗余通讯，保证系统在一台 PLC 或 HMI 故障时，仍然可以顺利工作。

第三层：PLC 与各自的远程 I/O 站之间以及 PLC 与各个传动装置之间采用 Profibus-DP 通讯网络。Siemens 协调 PLC 与干熄焦 AB 公司 PLC 之间利用 DP/PA LINK 下挂 MVI56-PDPS 作为 DP 从站，也通过 Profibus 网络交换数据。

焦炉生产自控系统由焦炉机车控制系统与焦炉本体控制系统构成，分述如下。

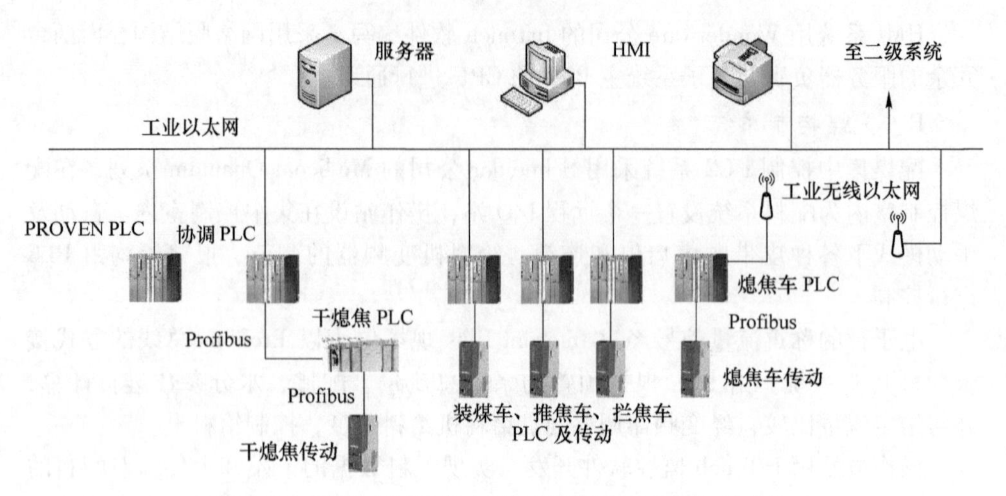

图 12-23　焦炉及干熄焦自动化控制系统三层网络示意图

A　焦炉机车系统

焦炉机车系统主要包括装煤车、推焦车、拦焦车、熄焦车，用于完成装炉、出炉操作。装炉是把煤从煤槽装在装煤车上，然后从炭化室顶部装料，煤经高温干馏变成焦炭，并产出荒煤气由管道输往回收车间；出炉是把干馏后的焦炭用推焦车通过拦焦车装在熄焦车上，进行湿式或干式熄焦。熄焦车的控制最为典型，体现出机车系统传动控制的特点，其控制对象载重量大，定位精度要求高。四大机车电机参数见表 12-5。

表 12-5　四大机车电机参数表

名　称	型　号	额定电压/V	电流/A	功率/kW
熄焦车走行电机	YTSP 250m-4	660	58	55
拦焦车走行电机	YTZ200L1-4 B3	380	53	30
推焦车走行电机	YTZ200L1-4 B3	380	53	30
装煤车走行电机	YTSZ160L-4 B3	660	17	15

a　熄焦车的组产模式

共配置 3 台熄焦车，正常为 2 台熄焦车同时在线，在三个干熄焦生产中共用。其中 1 号熄焦车用于 4 号、5 号干熄焦，2 号熄焦车仅用于 6 号干熄焦。当在线的任意一台车辆有故障时，利用牵车台把有故障的车辆导出，并把 3 号熄焦车导入恢复正常生产，并对故障车辆进行检修。

b　熄焦车控制系统

熄焦车应具备走行调速、定点接焦的基本功能，还需完成自动开启和关闭排焦门等辅助功能。熄焦车系统采用 Siemens 公司的 S7-400H 冗余 PLC 控制。

走行调速：传动系统为 Siemens 公司 Sinamics 系列交流调速装置 S120 变频器，整流部分为两台 BLM 并联运行，任意一台故障时，另一台仍可以保证车辆正常走行。

通过合理分配控制器使车辆走行控制易于实现，由一台 CU320 下挂 4 台传动装置，每台传动装置分别控制两台行走轮，选择其中一台传动装置作为主传动，设定为带速度编码器反馈的矢量控制模式，接收 PLC 的速度设定值。其他为从传动，在转矩矢量模式下工作，在同一个 CU320 中实现负荷平衡控制。通过速度和负荷平衡控制，使车辆运动稳定，各个传动装置以及各个电机工作在最佳状态，从而使车辆获得理想的运行、加速和制动力矩。

定点接焦：熄焦车采用标靶管理，定位计算首先用内部增量型码盘完成初位置计算，再辅以目标靶完成精确位置计算。在 HMI 上可以手动输入目标位置号或者在自动模式下通过协调 PLC 输入目标位置号。通过计算得到目标位置的内部位置号，并计算出距离目标位置的距离，生成走行运动曲线，最终显示在 HMI 上。在得到目标炉号后，计算得出运动曲线，运动控制软件即会完全按照生成的运动曲线对熄焦车走行进行加速、减速控制。

B 焦炉本体系统

两座 7.63m 焦炉及配套煤气净化装置的整体仪控采用 Honeywell 公司的全厂一体化过程解决方案即 TPS（Total Plant Solution）系统。

TPS 系统分为焦炉综合控制和煤气净化综合控制两个子系统，每个子系统拥有独立的冗余网络接口模件（NIM）和历史模件（HM）。焦炉综合控制系统配置了 5 套冗余过程控制器；煤气净化综合控制系统配置了 6 套冗余过程控制器。TPS 系统还配置了 2 台高级应用节点（APP），1 台用于工厂历史数据库（PHD），1 台用于优化控制软件开发。TPS 系统配置如图 12-24 所示。

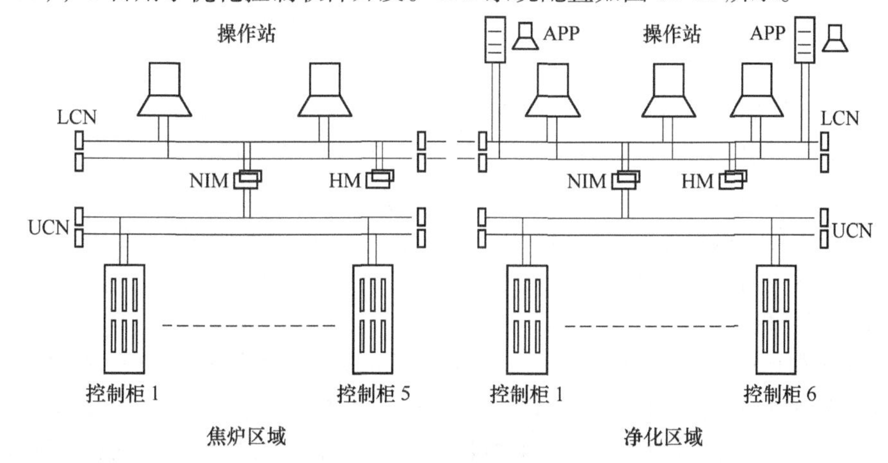

图 12-24 TPS 系统配置示意图

TPS系统由 PIN 网、LCN 网、UCN 网及挂在上面的模件组成，是一个多层通讯网络结构系统。控制层采用独立的 UCN 控制网络，在物理上与监控层隔开，冗余同轴电缆连接各个控制器和 NIM 网络接口设备。监控层采用 LCN 同轴电缆可以将多个 UCN 网络连接在一起，在 LCN 上挂接操作站、历史模件、高级应用节点等实现统一的中央监控、分区报警和操作管理。焦炉和净化区域的 2 条 LCN 通过光缆连接，实现了不同生产区域工艺参数的监控。TPS 系统采用高性能过程管理站（HPM）作为过程控制站，完成全部的监测、调节和顺序控制功能。

a　煤气压力控制

煤气系统设计采用三段式控制方式，即焦炉集气系统 PROven（Press Regulation Oven）控制、吸煤气管道压力控制、煤气鼓风机吸力控制。满足了焦炉组的不同炭化室在装煤、干馏、出焦不同生产阶段的控制需求。PROven 控制由 Siemens PLC 实现，TPS 控制每座焦炉 3 个吸煤气管路的吸力和煤气鼓风机的吸力。

PROven 炉内压力调节控制实现焦煤在炭化室内结焦过程中自动调节炉内压力，并且在推焦、装煤时对相应设备进行操作。焦炉有 70 个独立的炭化室，每一个都有相应的 PROven 调节。PROven 主控制器 CPU 采用 Siemens 冗余的 417-4HV 双 CPU，控制功能由 PCS7 软件进行顺序控制编程。PROven 检测控制设备有炉内压力检测变送器、快速氨水冲洗阀、上升管盖、杯阀等。

b　放散点火控制

为了保证焦炉的安全生产，防止生产过程中集气管内压力过高造成事故，采用了放散点火控制，就是在压力过高的情况下打开放散阀放出荒煤气并且点燃。焦炉的总集气管由东、中、西三段分集气管汇成，这三段分别汇集 1~23 号、24~47 号、48~70 号炭化室产生的荒煤气。每段分集气管上在平均长度位置上安装了三台压力检测变送器，两只放散烟囱。每个放散烟囱上有以下控制检测设备：蒸汽控制阀、放散阀、水封阀、点火器、温度检测电偶。

c　煤气短缺控制

为了保证焦炉加热时的安全，防止在煤气低压时发生事故，建立了煤气短缺控制。煤气短缺主要控制设备是煤气主管道上的煤气翻板调节阀、氮气管道上的两台氮气补充阀和一台氮气放散阀，以及废气烟道上的一台废气翻板调节阀。主要检测设备有：焦炉煤气主管道阀前、阀后各两台压力变送器，混合煤气主管道阀前、阀后各两台压力变送器，废气烟道两台压力变送器。

d　交换机控制

焦炉内上升气流的煤气和空气与下降气流的废气由交换机传动装置定时进行换向。交换机主要控制设备是 8 台液压油缸，通过控制这 8 台油缸的开启闭合，使与油缸相连的拉杆动作，带动相关设备动作，进行煤气加热时的红相、绿相之间的转换。

12.2.4.3　干熄焦自动控制系统

干熄焦（Coke Dry Quenching）控制系统采用AB公司的ControlLogix 1756-L73冗余PLC完成干熄焦工艺系统与热力系统的控制。干熄焦本体PLC网络如图12-25所示。

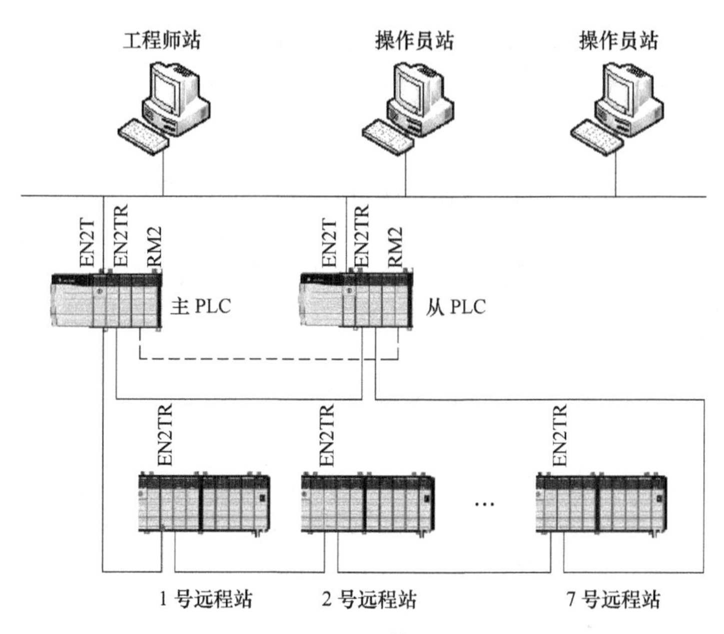

图12-25　干熄焦本体PLC网络图

A　工艺系统

a　红焦输送

红焦输送的主要设备包括带驱动/无驱动装置的运载车（即熄焦车）、圆形旋转焦罐、自动对位装置及提升机等。

自动对位装置（APS）：为确保焦罐车在干熄站的准确对位及操作安全，在干熄站熄焦车轨道外侧设置了一套液压强制驱动的自动对位装置。液压系统采用双泵双电机，由独立PLC控制。

提升机：提升机设有独立的PLC控制系统，采用S7-400H双机热备，并设有与干熄焦主控PLC接口，用于提升机在正常及事故状态下各种信息的传递。干熄焦提升和走行传动选用Siemens公司Sinamics系列交流装置，根据负载特性选用有源整流装置ALM，保证设备运行的可靠性（表12-6）。

b　装入装置

完成可移动装入料斗、料斗台车、布料器控制。装入装置中可移动的部分通过一台电动缸驱动，电动缸传动由SEW MDX61B变频器进行调速。

表 12-6　干熄焦工艺系统主要电机参数表

名　称	型　号	额定电压/V	电流/A	功率/kW
提升机提升电机	RH 400L8（3mot）	660	352	335
提升机走行电机	YZP280M-6 B3	660	81	75
装入电动缸电机	FA97B DRS160M4BE20HR/TH/AL/2W	380	22.5	11
循环风机高压电机	1LA4 504-4AN80-Z	10000	89	1300

c　干熄炉

干熄炉是焦炭与惰性循环气体直接进行热交换的场所，主要的控制功能有：干熄炉斜烟道吸入空气量调节，干熄炉预存室压力调节，干熄炉预存室料位上、下限报警、连锁，循环气体旁通流量调节，排焦温度上限报警、连锁，排出焦炭温度上限报警、连锁。

d　气体循环

气体循环的主要设备有一次除尘器、二次除尘器、循环风机及径向换热管式给水预热装置等。

循环风机的传动为 TMEIC Tmdrive-MVe2 高压变频器。风机前的循环气体管道上设有温度、压力、流量测量及补充氮气装置，风机后循环气体管道上也设有压力测量、补充氮气装置及循环气体自动分析仪。

e　排出装置

排出装置的主要设备有控制平板闸门、电磁振动给料器、旋转密封阀、排焦溜槽、D101 带式输送机等。

B　热力系统

a　汽水系统

汽水系统的主要设备有锅炉给水泵、锅炉给水电动阀、锅炉给水旁通阀、主蒸汽切断阀、主蒸汽切断旁通阀、主蒸汽放散阀、紧急放水阀、锅炉强制循环水泵等。主要实现的功能有：过热蒸汽温度调节；过热蒸汽压力调节、过热蒸汽压力放散调节；锅炉汽包液位三冲量调节；锅炉汽包压力上限报警；上上限连锁，停循环风机；锅炉汽包液位上、下限报警；下下限连锁，停循环风机。

b　除氧给水及加药

除氧给水及加药系统的主要设备有控制除氧器、除氧给水泵、锅炉给水泵、磷酸盐加药、除氧剂加药装置等。主要实现的功能有：除氧器蒸汽压力调节；除氧器液位调节；除氧器液位上、下限报警；下下限连锁，停锅炉给水泵。

12.2.5　高炉自动化控制

马钢现有大型高炉 6 座，其中 4000m³ 2 座，3200m³ 1 座，2500m³ 2 座，

1000m³ 1 座。马钢 6 座高炉的基本设计一致，也存在一些差异，其主要装置见表 12-7。

表 12-7 马钢 6 座高炉主要装置

高炉名称	容积/m³	炉顶系统	热风炉	煤气净化系统	TRT 装置
1 号	2500	串罐式无料钟炉顶	外燃式热风炉	双文氏管	湿式
2 号	2500	串罐式无料钟炉顶	外燃式热风炉	干法除尘器	干式
3 号	1000	串罐式无料钟炉顶	卡卢金顶燃式热风炉	干法除尘器	干式
4 号	3200	串罐式无料钟炉顶	卡卢金顶燃式热风炉	干法除尘器	干式
A	4000	串罐式无料钟炉顶	外燃式热风炉	环缝洗涤塔	湿式
B	4000	串罐式无料钟炉顶	外燃式热风炉	环缝洗涤塔	湿式

12.2.5.1 高炉控制系统概述

马钢 6 座高炉所使用的控制系统均为 Emerson 公司 Ovation 系统，其用户软件均为马钢自行设计、编程。下面以 1 号高炉为例，说明 Ovation 控制系统在马钢高炉上的典型应用。高炉 Ovation 系统网络结构如图 12-26 所示。

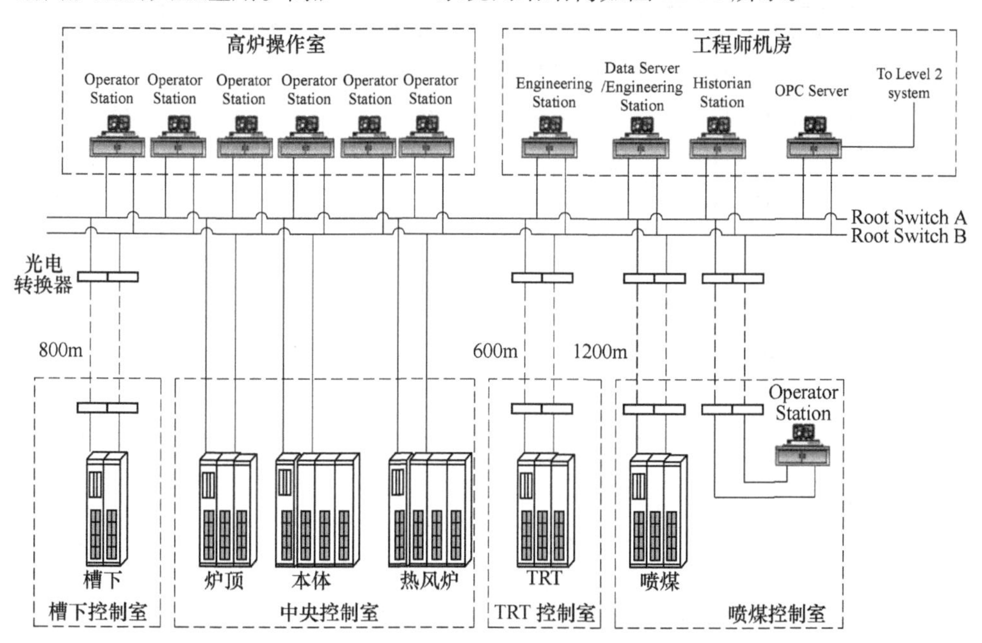

图 12-26 高炉 Ovation 系统网络图

操作系统采用 SUN 公司的 Solaris 系统，属于 Unix 平台，在病毒防护方面具有优势。网络为一对互为冗余的 24 端口核心交换机，数据服务器、工程师站、历史站、操作员站、控制站都通过核心交换机进行数据交换。

Ovation控制器提供最多5个具有不同回路执行时间的任务。其中两个执行时间固定，三个执行时间自定义。用户可以根据需要灵活配置，把任务分配到不同的任务区，自定义任务区回路执行时间，从10ms到30s，以10ms为增量。

Ovation控制器的冗余功能是自动容错控制，如果主控制器失败，后备控制器马上接管I/O总线的控制并开始执行过程控制的应用程序，并通过Ovation网络广播信息。

控制器通过各种类型的I/O模块从现场采集温度、压力、流量、转速、振动、阀门状态等信号，根据CPU运算控制执行机构动作及产生报警等。操作站提供生产过程中各个设备的状态显示、生产数据采集、故障信息报警及必要的操作控制等功能。

12.2.5.2　矿槽炉顶系统

A　主要电气设备

槽下振动筛分电机主要参数见表12-8。

表12-8　槽下振动筛分电机参数表

名　称	型　号	功率/kW	额定电流/A	电压/V
焦炭振动筛振动电机	YZO-63-6	2×4.5	11.5	380（50Hz）
焦炭振动筛给料电机	YZO-20-6	2×1.5	4.47	380（50Hz）
烧结矿振动筛振动电机	YZO-100-6	2×6.3	15.58	380（50Hz）
烧结矿振动筛给料电机	YZO-20-6	2×1.5	4.47	380（50Hz）
碎焦振动筛振动电机	YZO-63-6	2×4.5	11.5	380（50Hz）
碎矿振动筛振动电机	YZO-63-6	2×4.5	11.5	380（50Hz）

上料主胶带机电机主要参数见表12-9。

表12-9　上料主胶带机电机参数表

名　称	型　号	功率/kW	额定电流/A	电压/kV
1号上料主胶带机电机	YKK500-6	4×355	27.0	10（50Hz）
2号上料主胶带机电机	YKK500-6	2×400	30.25	10（50Hz）

上料溜槽旋转与倾动电机主要参数见表12-10。

表12-10　布料溜槽旋转与倾动电机参数表

型　号	功率/kW	电压/V	电流/A	功率因数	转速/r·min^{-1}
KDF180L-4 /TF/FU/BR/SD/ZW	12.5 /18.5	380（50Hz）	25 /42	0.87 /0.82	1450 /1370

B 主要设备控制方式

主要设备总系统控制方式选择采用全自动、罐自动、批自动、手动、紧急手动、机旁、停止七种。单个分系统的控制方式选择有自动、手动、机旁、停止，子系统控制权包含于总系统控制权之下。

全自动方式：系统正常时，根据设定的装料制度，自动完成所有工作方式下的设备操作、控制，无需人工干预。

罐/批自动方式：系统正常时，由于工艺要求，需要操作人员发出启动指令的自动工作方式。

手动方式：操作人员通过屏幕上的按钮，在保持所有连锁条件情况下，对一台或多台设备进行控制的工作方式。

紧急手动方式：仅保留必要的安全连锁，通过屏幕按钮完成设备的操作、控制。

机旁方式：系统将操作控制权交给现场，由操作人员在现场完成设备动作控制的工作方式，此种方式只适应于检修调试使用。

停止方式：封锁控制系统输出，将设备强制于锁定状态。

C 主要设备控制功能

主要设备控制包括胶带机子系统、矿石子系统、焦炭子系统、上罐受料系统、上料闸系统、下罐称重系统、均排压系统、下料闸系统、溜槽系统、探尺系统：

（1）胶带机子系统。将槽下料仓的原料输送到炉顶上料罐中。包括 N1 主胶带机、N2 主胶带机、N3 胶带机、中间称量斗、取样筛分、干油润滑站、除铁器系统。

（2）矿石子系统。将料仓中的矿石根据排料程序指令输送到胶带机主皮带上。包括 1A~3A 生矿系统、4A~12A 烧结矿系统、13A(9B)~16A(12B) 球团矿系统、S15 碎矿仓系统，每个小系统均包含一道或二道筛、给料机及称量斗。矿石子系统还包括 N6~N9 碎矿输送胶带机。

（3）焦炭子系统。将料仓中的焦炭根据排料程序指令输送到胶带机主皮带上。包括 1B~8B 焦炭子系列、N4 和 N5 碎焦输送胶带机、碎焦振动筛、碎焦给料机、碎焦称量斗。

（4）上罐受料系统。上罐受料系统用于从上料皮带接受原料。因为未设称重系统，其上罐空、满信号由槽下料头、料尾、上料闸开关位信号综合产生、消除，并接受槽下料种和重量数据。

（5）上料闸系统。上料闸系统用于将上罐的原料放到下罐，包括上料闸和上密封阀。阀门采用双控双位电磁阀控制，得电后开、关，失电后保位。开时动作顺序是先开上密封阀，再开上料闸；关时动作顺序是先关上料闸，再关上密封阀。

（6）下罐称重系统。当上密封阀放松到位，发锁存皮重信号，传下罐重量为空值；当上罐向下罐放料时间已到规定的最大卸料时间（10s），传下罐重量为炉顶称重值；在上罐向下罐放料期间，将槽下传给上罐称重值送至槽下传给下罐称重值；如选用布料重量法，则传炉顶称重值作为布料控制值；如选用布料时间法，则将槽下传给下罐称重值作为布料控制。

（7）均排压系统。均排压系统在开关上料闸系统和下料闸系统时，用于将倒罐过程中炉内的高压与上罐的常压的压差进行压力卸放和补偿调节，包括一次均压阀、二次均压阀、主排压阀、辅排压阀。一次均压阀采用半净化煤气，二次均压阀采用氮气。

（8）下料闸系统。下料闸系统包括下料闸、下密封阀，用于控制将下罐原料装入炉内。下密封阀采用双控双位电磁阀控制，得电后开、关，失电后保位，下料闸采用比例阀根据 DCS 输出电流大小控制开关速度，定位由编码器输入 DCS 闭环控制完成。

整个下料闸系统的动作顺序是开时先开下密封阀，再开下料闸；关时是先关下料闸，再关下密封阀。

（9）溜槽布料系统。溜槽布料采用螺旋、环型、扇型和定点方式，其中环型、定点方式用于手动控制。

在画面中设定好 A、B 矩阵表数据后，按 A、B 表选择按钮，选择要使用的表数据向程序中传送。当设定料线已到，探尺自动提升到待机位的同时，溜槽从上一罐布料的最后一个倾动角倾动到该罐料起始倾角位置，下密开启，料流调节阀按矩阵表中的指令开启到规定的位置，向高炉内布料。

（10）探尺系统。探尺系统用于检测炉内原料深度。探尺料线有多种方式：

1）可选择 1 号、2 号、3 号任一尺做主尺，当被选主尺数据大于设定料线时发料线到信号；

2）可选择 1 号、2 号、3 号三尺 OR 方式，三个尺中任一尺数据大于设定料线时发料线到信号；

3）可选择 1 号、2 号、3 号三尺 AND 方式，三个尺数据均大于设定料线时发料线到信号；

4）可选择 1 号、2 号、3 号三尺 AV 方式，三个尺平均数据大于设定料线时发料线到信号。

12.2.5.3　高炉本体系统

马钢高炉炉体通常采用砖壁合一、薄壁内衬结构，设置 16~36 个风口，2~4 个铁口，无渣口。高炉本体设置 5 层炉身平台、1 层炉顶主平台、1 层炉底平台。炉体冷却系统中冷却壁、风口小套、中套、直吹管、炉底均采用联合软水密闭循环冷却系统。

A　工艺系统

依据工艺结构及流程，高炉本体控制系统划分为高炉本体和水冷、软水控制子系统：

（1）高炉本体和水冷系统。高炉本体和水冷系统包括炉体冷却壁测温、炉缸温度；水冷公共部分、膨胀罐、净化水和工业水、炉身静压力检测、氧气调压站、煤气混合站、出铁场等。

（2）高炉本体软水控制系统。高炉本体软水控制系统包括软水补水系统（A系统）、软水密闭循环系统（B系统）、净循环水系统（C系统）、生产水循环系统（D系统）。

B 自动化系统画面组成

生产过程的操作和监视，主要由工艺总貌画面和各区监控画面组成。

C 系统操作方式

本体系统通常分为机旁操作、手动控制、自动控制三种控制方式。

机旁操作：通过现场选择开关选择“机旁”方式，指定本台设备或数台相关设备进行现场操作，该操作对设备进行完全解锁操作，即设备的动作无任何连锁关系存在，此操作只是为设备检修和调试时使用。

手动控制：通过现场选择开关选择“远程”方式，操作人员在操作员站的画面上选择“手动”方式，在此方式下，设备保留必需的安全连锁，操作是通过操作人员在操作员站的画面上进行，工艺过程的实现是通过人工干预完成的。

自动控制：通过现场选择开关选择“远程”方式，操作人员在操作员站的画面上选择“自动”方式，在此方式下，通过有限的简单操作，如“启动”、“停止”、控制参数的设定等，DCS系统根据操作者设定的控制参数实现自动控制，完成系统连续自动运行。

D 主要控制功能

（1）炉喉洒水及喷氮阀控制。炉顶煤气温度有4个测量点，自动控制时任何两个温度大于250℃报警，大于280℃开电动打水阀。反之，关电动打水阀。喷氮阀D阀处于集中状态时，根据A、B、C阀的状态自动打开或关闭。

（2）高炉软水密闭循环水系统控制 。它包括正常生产时的系统压力控制、液位控制和事故状态下的安全控制。软水系统压力控制的目的是让本体最上端冷却设备内的软水静压高于炉内压力，以防止炉内煤气进入软水管路系统而造成安全隐患。

（3）炉身静压控制。高炉本体设置有第5段、第8段及第12段共三套炉身静压装置，每套炉身静压装置设置一台电磁阀，用于控制对取压口的吹扫。正常使用时，电磁阀得电，持续吹扫氮气，以免取压管路堵塞。

（4）区域管网控制。用于调节高炉管网的高炉煤气及焦炉煤气的压力。

（5）氧气调压站控制。氧气调压站设有一台自力式压力调节阀、一台流量调节阀及一台快速切断阀，用于高炉富氧的控制。

E　系统监控画面

系统监控画面主要显示高炉各子系统关键参数、设备运行状态及各计算指标参数：

（1）主工艺画面。主工艺画面主要显示冷风流量、冷风压力、冷风温度、混合风量、热风压力、热风温度、顶压、全差压、上部差压、下部差压、透气性指数、顶温、富氧量、富氧率、加湿量、湿度、喷吹率、*Z* 值、*Z* 平均值、*W* 值、*W* 平均值、*Z/W* 值、炉腹煤气量、炉腹煤气量指数、标准风速、实际风速、鼓风动能、理论燃烧温度、氢含量、CO 含量、CO_2含量、煤气利用率。

（2）本体控制画面。本体控制画面主要完成对炉底、炉缸各层、冷却壁各层、十字测温等温度，水系统各主管流量、压力、温度值，膨胀罐系统及水站的状态监控。

（3）炉底、炉缸、冷却壁温度监视画面。该画面主要用于炉底、炉缸、冷却壁参数的监控。

（4）炉顶封板、炉喉钢砖温度画面。该画面主要用于封板、炉喉钢砖温度的监控。

（5）炉喉洒水监视画面和炉喉洒水画面。该画面显示 A、B、C 阀门及喷氮阀门状态，同时可对阀门进行操作。

（6）炉喉十字测温画面。该画面用于显示了炉喉十字测温各点的位置分布及测量值。

（7）蛇形管及水冷画面。该画面用于风口小套水冷监视画面，风口中套水冷监视画面。

（8）炉身静压力画面。高炉本体设置有第 5 段、第 8 段及第 12 段共三套炉身静压装置，该画面用于测量炉身静压力和推断软熔带位置。

12.2.5.4　余热发电及煤气系统

高炉生产产生的煤气经过煤气系统净化后送入炉顶煤气余压回收透平发电装置（简称 TRT），带动透平机做功发电，然后并入公司高炉煤气管网，供二次热能利用。

主要电气设备参数见表 12-11 和表 12-12。

表 12-11　发电机主要参数表

名　称	参　数	名　称	参　数
型式	无刷励磁、三相交流同步发电机	额定电流/A	1375
型号	QFR-20-2A-10.5	功率因数	0.8（滞后）
效率/%	≥97	频率/Hz	50
额定功率/kW	20000	相数	3
额定转速/r · min^{-1}	3000		

表 12-12 励磁机主要参数表

名 称	无刷励磁机	永磁机
额定功率/kW	105（直流输出）	2.85
额定电压/V	234	190
额定电流/A	449	15
功率因数	0.9（滞后）	0.9（滞后）
额定转数/r · min^{-1}	3000	3000
额定频率/Hz	150	400
相数	3	2
接线方式（电枢绕组）	三角形	三角形

A 煤气净化系统

马钢高炉煤气净化系统目前有双文氏管煤气清洗系统、干法除尘系统、环缝洗涤塔煤气净化系统。

a 文氏煤气清洗系统

马钢二铁总厂 1 号高炉采用的是湿式串联双文氏管系统，其主要由一级文氏管和二级文氏管组成。

一级文氏管水位和二级文氏管水位控制功能相同，主要控制功能为水位控制。设有两个排水管路，一个是水位调节阀控制，在正常情况下，为保证文氏洗涤煤气效果和安全，必须将文氏水位控制在一定范围内，在补充水不变的情况下，通过水位调节阀控制洗涤废水排出量来保持文氏水位；另一个是紧急排水管路，在水位调节阀失控情况下使用，不能精确控制水位，只能全开全关控制。

二级文氏管喉口差压调节：在二级文氏管的喉口处设有一喉口差压调节阀，可通过改变喉口部流通面积来调节炉顶压力和控制洗涤效果。在正常情况下，用于控制洗涤效果；在紧急情况下，用于控制炉顶压力。

b 干法除尘系统

马钢二铁总厂 2 号、3 号、4 号高炉采用的是干法除尘煤气净化系统，主要由 10 个以上除尘筒体组成。主要控制功能如下：

清灰控制：将吸附在布袋上的煤气灰尘清除，然后通过输灰系统收集、运走。控制方式有定时间自动清灰、定差压自动清灰和半自动清灰三种方式。定时间自动清灰，根据经验确定一个合理的时间周期，自动地按筒体顺序反吹清灰；定差压自动清灰，根据除尘器入口和出口差压判断除尘器是否需要清灰，当检测入口和出口的差压值到设定值时，开始自动反吹清灰；半自动清灰，由操作员在 HMI 画面上点击半自动清灰按钮，系统自动按照清灰程序按筒体顺序自动清灰。

输灰控制：将筒体反吹下来的除尘灰送入灰仓，控制方式有定时间自动卸灰控制和半自动卸灰控制两种方式。定时间自动卸灰控制，根据设定好的时间，程序自动地按筒体顺序卸灰，并将除尘灰通过刮板机送入灰仓；半自动卸灰控制，由操作员在 HMI 画面上点击半自动卸灰按钮，系统按照卸灰程序自动地按筒体顺序卸灰，并将除尘灰通过刮板机送入灰仓。

c　环缝洗涤塔

马钢三铁总厂 A、B 高炉煤气清洗采用 VAI 的单锥环缝洗涤工艺，环缝洗涤塔是一个单塔体，其组成自上而下包括上、中、下三段。上段有预洗段、预洗段水槽；中段有内置脱水器、单锥煤气导管、单锥（戴维钟）环缝精洗段、精洗段水槽；下段有液压驱动装置。主要控制功能如下：

（1）上塔水位：上塔水位检测选用了双法兰液位变送器，为保证安全，设有 A、B 两套互为冗余的水位检测装置。上塔排水设置了两套并联排水管路，每套排水管路都有一个气动切断阀和一个气动调节阀串联，通过气动调节阀控制上塔水位，紧急情况下可以通过关闭切断阀来切断排水管路。在水位检测上共设有水位高、水位正常、水位低、水位低低四点检测，在安全连锁上水位低低时两个气动阀将无条件地关闭，只有水位正常时才能解除封锁，方可动作。另外程序中还设有阀的开/关过程、开/关到位检测功能。

（2）下塔水位：和上塔水位控制相比，除位号不同外，下塔水位检测与控制功能同上塔水位控制相同。

（3）环缝锥体：单锥环缝控制有两种模式即“炉顶压力调节模式”和“定差压模式”，调节手段是通过液压驱动移动单锥，调整环缝的开度来实现。

B　TRT 装置

TRT 系统按工艺功能划分为七个子系统，即透平主机系统、润滑油系统、液压系统、给排水系统、氮气密封系统、煤气管道及大型阀门系统、发配电系统：

（1）透平主机系统，主要包括透平主机及其转速、振动、位移和温度检测单元。提供透平机状态监测、报警、连锁停机信号，调节炉顶压力。

（2）润滑油系统，主要包括一个主油泵、一个辅助油泵、加热器、油冷却器及润滑油温度、压力检测单元。给透平机轴承和发电机轴承提供润滑作用，控制辅助油泵的投入与退出、润滑油最远点压力监测、报警和连锁停机控制、控制润滑油油箱温度。

（3）液压系统，主要包括 2 台液压泵、循环泵、蓄能器、加热器、油冷却器及液压油压力、温度检测单元。提供液压油供油压力状态监测、报警和连锁停机控制、液压油供油油泵主用/备用控制。

（4）给排水系统，主要包括高压排水罐水位调节阀、喷雾水压力调节阀及水位、压力检测单元。给透平机静叶提供喷雾洗涤水，给润滑油站、液压油站、发电机提供冷却水。

（5）氮气密封系统，主要包括氮气压力调节阀及压力、流量检测单元。

（6）煤气管道及大型阀门系统，主要包括入口多偏阀、均压阀、入口插板阀、紧急切断阀、出口插板阀、调压阀组1~3号调节阀及煤气压力、温度检测单元。

（7）发配电系统，主要包括发电机、励磁机、微机准同期装置及发电机温度、电压、电流检测单元，以及差动保护、复压过流、定子接地、过电压、失磁、过频、低频、过载保护、转子接地等连锁停机控制。

12.2.5.5 热风炉系统

马钢现有的6座大型高炉配置了两种类型的热风炉，分别是外燃式热风炉和卡鲁金顶燃式热风炉。

热风炉系统按工艺功能划分为11个子系统：换热系统、助燃风机系统、混合煤气系统、混风系统、燃烧系统、送风系统、液压系统、富氧系统、加湿系统、冷却水系统、煤气管道及大型阀门系统。

A 主要电气设备

下面以三铁总厂高炉热风炉为例，表12-13列出了热风炉主要电气设备。

表12-13 助燃风机电机主要参数表

型　号	功率/kW	电压/kV	电流/A	功率因数	防护等级	转速/r · min^{-1}
YFKK560-4	1000	10（50Hz）	69.4	0.88	IP54	1489

B 送风工作制度

a 外燃式热风炉

热风炉操作的自动控制是实现热风炉高温、长寿、高效、低耗的重要条件之一，热风炉的自动控制主要是送风自动控制、换炉自动控制和燃烧自动控制。以二铁总厂1号高炉为例，将4座热风炉编号为1HS、2HS、3HS、4HS。

单炉送风：当高炉不需要高风温时或其中有一座热风炉检修时，采用单炉送风，其他热风炉燃烧的工作方式。

交错并联送风：四座热风炉运行，采用两座热风炉送风，两座热风炉燃烧的定风量并联和变风量并联工作。

定量并联送风：有两座热风炉处于送风状态，其他两座热风炉处于燃烧状态。正在送风的两座热风炉交错半个送风周期，即先行炉送风半个周期时间后，后行炉才开始送风，当后行炉送风半个周期时间后，先行炉退出转燃烧，第三座热风炉开始送风。

在单炉送风和定量并联送风状态下，所有冷风调节阀都处于全开位，热风温度由混风调节阀控制。调节对象是高炉围管前热风温度。

b 卡鲁金顶燃式热风炉

热风炉采用“二烧一送”工作制度，即 2 座热风炉燃烧，1 座热风炉送风。每座热风炉送风与燃烧交替进行。热风炉换炉基本工作程序为燃烧→隔断→送风和送风→隔断→燃烧两种基本程序工作，实现 1 号、2 号、3 号热风炉换炉自动化。

C　送风作业顺序

a　外燃式热风炉

单炉送风作业顺序如下：

1HS→ 2HS → 3HS → 4HS → 1HS → 2HS → 3HS → 4HS → …

交错并联送风顺序如下：

1HS→ 3HS → 2HS → 4HS → 1HS → 3HS → 2HS → 4HS → …

4 座热风炉状态变化见表 12-14。

表 12-14　交错并联送风顺序表

顺序	送风炉	燃烧炉	说　明
1	1HS；3HS	2HS；4HS	
2	2HS；3HS	1HS；4HS	1HS 转燃烧，2HS 转送风
3	2HS；4HS	1HS；3HS	3HS 转燃烧，4HS 转送风
4	1HS；4HS	2HS；3HS	2HS 转燃烧，1HS 转送风
5	1HS；3HS	2HS；4HS	4HS 转燃烧，3HS 转送风

b　卡鲁金顶燃式热风炉

1HS→ 2HS → 3HS → 1HS → 2HS → 3HS → …

D　运行方式

(1) 全自动换炉。全自动换炉工作，包括并联送风及单炉换炉指令由程序主定时器发出，换炉过程按设定的程序（交错并联送风顺序、单炉送风顺序、各炉阀门启闭程序）进行，当需要临时变更送风时间，可用辅助定时器发出换炉指令，但仅在本次送风时间内改变主定时器的送风时间设定值（时间定时器通过操作员站设定）。

主定时的时间选择范围为 0~210min，辅定时的时间选择范围为 0~210min。

(2) 半自动换炉。半自动换炉程序与全自动换炉程序一样，区别在于全自动换炉由定时器自动发出指令，半自动换炉是由操作人员通过操作站监控画面的软手操器发出换炉指令。

(3) 单炉自动换炉。在交叉并联送风及单炉送风自动工作程序中，解除单个热风炉组中的换炉程序，进行单炉自动换炉作业。由操作人员通过操作站监控画面对某一个热风炉的换炉操作发出换炉指令（送风、休止、燃烧），各阀门的动作按程序进行。

(4) 计算机控制手动换炉。当发生换炉超时的情况下，保持必要的连锁条件，操作人员通过监控画面手动开关相关阀门。

E 每座热风炉的基本工作程序

休止→燃烧→闷炉→送风→休止→燃烧→闷炉→送风→ …

F 连锁部分

无论是全自动、半自动、单独自动换炉程序均设有必要的连锁。必须将燃烧的热风炉转为送风后，方可将送风的热风炉转为燃烧，即必须保证至少有一座热风炉处于送风状态。如果发生选择不当，自动提示，要求干预。

在自动并联送风过程中，当换炉指令发出后，换炉过程中由于设备故障，使控制程序发出超时报警，自动要求将故障炉退出，请求人工干预，确认后自动转单炉自动工作状态，或使用计算机手动，完成换炉操作。

送风制度由单炉自动转并联自动工作时，应根据送风制度的对应关系，自动将其他三座炉中的一座退出，要求干预，确认后自动转入。

倒流休风操作：系统保证只有将处于送风状态的热风炉的混风切断阀及所有热风炉的热风阀、冷风阀均关闭后，方可打开倒流休风阀。只有倒流休风阀关闭后，方可打开热风炉的热风阀、冷风阀及混风切断阀。

助燃风机故障停机、高炉煤气压力降低时应自动将热风炉转为休止状态，并发出风机停机报警信号。

G 热风炉燃烧控制原理

燃烧调节需要的参数：助燃空气流量、混合煤气流量、拱顶温度、废气温度、助燃空气压力、混合煤气压力、空燃比、拱顶温度设定值、废气温度设定值、混合煤气流量设定值、助燃空气流量阀位设定值（手动）、高炉煤气流量阀位设定值（手动）。

控制方法有基本的定比值燃烧和快速燃烧控制，快速燃烧控制是在定比值燃烧基础上完成的一种智能优化控制：

（1）定比值燃烧控制。定比值燃烧控制就是在燃烧的过程中人工输入设定煤气量，经过程序处理后根据空燃比自动调节燃烧控制。这种调节方式是目前普遍应用的一种调节方式，但是容易过早进入保温阶段，能源浪费严重。

（2）快速燃烧控制。快速燃烧是一种优化的燃烧控制方法。目的是使热风炉快速地完成蓄热要求，以确保高炉的大风量、高风温要求。

12.2.5.6 制粉喷煤系统

制粉喷煤系统主要包括原煤输运系统、干燥剂系统、制粉系统和喷吹系统。

原煤输运系统主体设备主要有原煤皮带、除铁器、卸料器等，主要功能是配料和供煤。干燥剂系统主要包括烟气炉。制粉系统主要包括给煤机、磨煤机、布袋收尘器、主引风机等组成。喷吹系统主要由喷吹罐组、分配器等组成。

A　系统监控画面

生产过程操作和监视画面主要包括系统总体监视画面以及各相关区域监控画面。

B　系统操作方式

制粉系统所有设备的操作分为四种方式：机旁操作、计算机手动操作、计算机自动操作和中控操作台操作。

机旁操作：通过现场选择开关选择“机旁”方式，指定本台设备或数台相关设备进行现场操作。该操作对设备进行完全解锁操作，即设备的动作无任何连锁关系存在，此操作只是为设备检修和调试时使用。

计算机手动操作：通过现场选择开关选择“远程”方式，操作人员在操作员站的画面上选择“手动”方式。在此方式下，设备保留必需的安全连锁，操作人员在操作员站的画面上进行人工干预。

计算机自动操作：通过现场选择开关选择“远程”方式，操作人员在操作员站的画面上选择“自动”方式。在此方式下，通过有限的简单操作，如“启动”、“停止”、控制参数的设定等，DCS 系统根据操作者设定的控制参数实现自动控制，完成系统连续自动运行。

中控操作台操作：在控制室设置手动操作台，该操作台与 MCC 控制中心之间采用硬接线方式，当出现紧急事故时可以紧急停机。

C　主要控制功能

制粉喷煤系统由制粉系统和喷吹系统构成。制粉系统有烟气炉燃烧自动控制、烟气量自动控制、自动配煤控制、磨机入口负压自动调节、排风风机流量自动调节等；喷吹系统有喷吹罐自动均压、喷吹用气流量自动跟踪、自动倒罐、喷吹量自动控制、喷煤管道全自动控制等。

a　原煤储运系统

原煤储运系统的主体设备有 N1~N4 共四条皮带、1~4 号除铁器、1~3 号犁式卸料器、1~6 号振打算板电机。完成对原煤系统的自动化控制以及对供煤系统相关设备监视。

b　干燥剂系统

干燥剂系统为制粉系统提供干燥原煤和输送煤粉的干燥气。干燥气是热风炉废气与烟气炉烟气的混合气体，主要采用热风炉废气，不足热量由烟气炉烟气补充。为了保证磨煤系统所需的一定温度及流量的一次混合干燥气，必须实现干燥气流量和温度的动态调节，使出口温度处于规定值范围内，并通过磨煤机出口温度变化情况进一步控制和调节磨煤机入口的热风炉废气调节阀的开度。当高炉煤气压力高于高定值或低于低定值时，系统自动关闭高炉煤气切断阀。冷空气调节系统由操作人员根据中速磨所需热风温度的高低，通过计算机手动调节阀门开度来混兑冷空气。

控制功能完成对烟气炉的控制以及对干燥剂系统的相关参数监控。

c 制粉系统

制粉系统主要包括给煤机、磨煤机、稀油站、布袋收尘器、主引风机和螺旋输送机等。其中给煤机可以从上位机控制，也可由设备自带的PC机控制。

控制功能完成对磨煤机及相关设备的控制以及对制粉系统的相关参数监控。

d 喷吹系统

喷吹系统主要是向高炉输送煤粉，细煤粉利用自重由煤粉仓经装煤阀进入喷吹罐中，并用氮气充压后进行喷吹。马钢高炉设计有三个喷吹罐，当喷吹罐装满煤粉并充压到压力设定值后，开始喷煤，喷空后，按预先设定的顺序自动进行无缝倒罐喷吹，当倒罐完成后空罐开始卸压、装煤粉和再充压。

控制功能完成对高炉煤粉喷吹的控制以及相关参数的监控。

13 典型案例

13.1 烧结典型案例

13.1.1 烧结亚铁高废案例

13.1.1.1 案例描述

2016 年 8 月 17 日 21:00，360m² 烧结产线长时间停机检修后投料生产，在布料到机尾时烧结参数异常，具体为负压急剧升高，废气、终点温度低。22:00 负压为 -19.5kPa，废气温度仅 35℃，观察机尾断面有严重带大块现象，22:28~22:34 烧结机停机抽生料。起机后状况仍未改善，废气温度低，负压保持高位，最高达 -22.0kPa，此段过程持续至 18 日 1:40 左右，时间约 4h，烧结机出矿时散料系统有较多红矿，相应 18 日 2:00 亚铁 14.61%、4:00 亚铁 10.66%，为废品。

13.1.1.2 原因分析

8 月 18 日上午，通过各项数据排查，查询外返仓位趋势发现，外返矿仓在 8 月 9~15 日这段时间，料仓吨位上涨 216t，除了 32t 是有计划进料外，其余 184t 是由于物流系统 FL4 皮带的下料三通阀通洞漏料所致。184t 包含高炉返粉和高炉焦。通过焦丁和返矿上料时长和上料量结合料位趋势分析推算，大约混入焦丁 30~35t。使用中的返矿仓混有焦丁，使实际燃料配比量增大且多为大颗粒的焦丁是此次事故的直接起因。

此次事故造成三批亚铁高废，在烧结机小格上带下很多大块，劳动量增加，散料系统跑红矿，侥幸的是得益于环冷机良好的冷却效果，成品未跑红矿，事故未扩大化。总结此次事故，在多方面存在缺失：

（1）设备巡检缺失。趋势查询表明三通阀通洞已有较长时间，在正常生产时，由于混入燃料量较少，又被实时使用，未造成生产过程的异常，停机时积累增多，开机后混入的燃料较集中使用。未能查询到三通分料器通洞混料以及在使用过程中未对混料做出有效巡检，是事故发生的主要原因。

（2）仓位管理缺失。外返矿仓由物流作业区负责进料控制，3 号烧结作业区未建立料位台账，造成管理真空，对停机期间料位无计划上涨无监控。

（3）操作意识缺失。15 日烧结中控人员发现外返仓料位异常上涨 0.4t，通知巡检工检查后发现通洞，并联系做焊补处理，同时上报到作业区作业长。但未能意识到可能引起外返仓混燃料，未能通过查询料位趋势来掌握混料情况。而且生产信息未传递通报。另外在投料生产过程中，操作人员虽多方查找原因，但未意识到由于混料因素引起燃料配比量过大，未能作出规避风险的相应处置。

13.1.1.3 应对措施

A 案件处理过程中的应对

（1）投料 1h 后过程参数异常，将烧结机料层从 700mm 降至 650mm。

（2）22:28 至 22:34 停机抽生料强化过程。

（3）发现机尾带大块后，检查 12 号、13 号燃料粒度、水分。

（4）下调燃料配比 0.5%，停用了粒度较粗的 12 号煤粉圆盘。

（5）对散料皮带上的红矿做打水冷却。

B 案例处理的技术难点详述

（1）长时间停机外返仓位上涨趋势未及时发现，外返矿仓在 8 月 9~15 日这段时间，料仓吨位上涨 216t，除了 32t 是有计划进料外，其余 184t 是由于物流系统 FL4 皮带的下料三通阀通洞漏料所致。

（2）184t 所包含高炉返粉和高炉焦。通过焦丁和返矿上料时长和上料量结合料位趋势分析推算，大约混入焦丁 30~35t。使用中的返矿仓混有焦丁，使实际燃料配比量增大且多为大颗粒的焦丁是此次事故的直接起因。

13.1.1.4 效果与巩固

（1）加强对各混合料仓料位管理和监控。特别是停机较长时间的监控。作业区建立料位记录台账。

（2）烧结机长时间停机恢复生产机前对各料种进行二次确认制。

（3）对可能引起混料的返粉返焦线的三通分料设备及漏斗加强管理，及时排查。

（4）总结异常参数变化的针对性，并要操作人员加强学习，增强类似事故的反应和处理能力。

（5）和物流作业区加强联系，掌握物流系统流程和故障及检修事项，特别是可能引起混料工序点严密监控。

（6）建立各类生产信息台账及通报制度，加强生产信息的传递，特别是跨作业区的异常生产变化的信息通报。提高上道工序为下道工序服务意识。

13.1.2 配料生灰仓下料异常波动影响案例

13.1.2.1 案例描述

从 2017 年 3 月底，14 号生灰仓间歇性出现下料波动状况，每日波动次数 1~2 次，一般情况下停配再运转后能稳定较长时间，当时的原因指向为圣达公司的生灰粒度，岗位上也发现生灰粒度跑粗现象，为此在 4 月 4 日，将恒基厂家生灰切换到 14 号仓使用，但问题仍未解决。从 4 月 9 日起 14 号波动频次和幅度均大幅增加，已不能满足自动状况下 1.5%的下料量，于是改手动模式，0.5%~1.0%配用。11 日叶轮给料机打开检查，结果正常。11 日自控所及电器部门检查，变频器工作正常，仪表电器均正常。12 日上午，更换 14 号仓顶除尘布袋，排除了由于布袋堵塞造成仓内气压变化因素。12 日 14:00，发现 PID 调节参数中的 I 值设置异常于其他圆盘，当时 14 号的 I 值设定数值为 0.5，而其他圆盘数值设置为 0.01~0.02 之间，将 I 值参数重新设定后（0.02），14 号下料量稳定性大幅提高，恢复自动 1.5%运转，至此时 14 号生灰下料波动问题基本解决。13 日凌晨 14 号仓又出现波动，原因为料位过低（<15%）及叶轮上方黏料引起下料不畅，于是将振动器常开，用大锤敲击仓壁，至 14 日 15:00 14 号仓完全倒空。检查仓内情况正常，无异物无黏料。15 日 9:00 14 号仓重新进料后使用一切正常。

13.1.2.2 原因分析

生灰粒度水分波动造成黏料，引起下料不畅，PID 参数中 I 值设定错误，使叶轮机变频器工作紊乱，失去自调功能，各方在解决问题过程中未能及时发现是造成 14 号仓较长时间波动的原因。

14 号仓波动时间从 3 月 26 日开始到 4 月 15 日倒空后重新进料使用，时间跨度较长，从波动程度上可分为两个阶段，至 4 月 9 日，波动频率和幅度较小，对烧结矿质量影响不大，9 日后波动剧烈，几乎到不可控状态，烧结矿碱度一级品率下降近 10%，引起烧结过程波动。由于未及时找出要因，给进料组织造成不便，同时也浪费了检修力量。分析此次事件，在几个方面存在缺失和不足：

（1）解决问题能力不足。从 14 号仓波动伊始，分别从原料、设备、电器、计算机程序控制等方面查找原因，但未能及时发现要因。

（2）对工艺参数认识和了解欠缺。变频器 PID，P 为比例系数，I 为积分时间，超调后造成震荡、不稳定。由于之前未接触过，对参数的异常缺乏意识。

（3）把控生产能力不强。9 日起，14 号仓波动幅度增加后，烧结过程波动，碱度一级品率指标大幅下滑，废品 2 批，充分暴露操作人员面对较复杂生产局面时能力欠缺和缺乏质量风险意识。

13.1.2.3 应对措施

A 处理过程

（1）3 月 27 日~4 月 2 日联系厂家（圣达）跟踪生灰质量，加大化验频次。期间发现生灰粒度偶有跑粗。

（2）4 月 3~6 日更换厂家（迎春）生灰至 14 号仓使用，基本排除生灰质量因素。

（3）4 月 9 日起 14 号手动运转，配比量降至 0.5%~1.0%。

（4）4月10日叶轮给料机打开检查，正常，排除设备因素。

（5）4月12日更换14号仓除尘布袋，排除因布袋除尘堵塞导致仓内气压变化造成下料波动。更换完成后未解决问题。

（6）4月12日14:00左右，发现PID值中I值设定异常，从0.5调整至0.01后，下料正常。

（7）4月14日，继续倒空料仓备检查，料位低于5%时下料艰难，叶轮上方有壁附料，增加振动器使用频率和用大锤敲击。16:00倒空，检查，仓内无进料，无异物。

（8）4月15日8:30进料（迎春），9:15投入使用后正常。

B　案例处理的技术难点详述

本次原因查找和处理时间较长，其难度主要体现在：

（1）初始阶段的下料波动为间歇性，波动时间短，频次低，无特定规律。

（2）影响生灰下料波动因素较多，生灰质量、设备状况、变频器工作、仓内气压等，逐一排除，消耗大量人力、时间。

（3）系统各圆盘均使用了PID调节器，但由于以前对参数设置均隐藏在服务器中，其参数为程序工程师设计调整。烧结操作人员未曾接触，以致大家对此知识了解甚少，对异常参数缺乏关注。

13.1.2.4　效果与巩固

（1）14号仓处理后至今下料平稳，无异常波动。

（2）增加对新知识点（PID）的了解和学习，掌握基本理论知识，掌握调节技能。对配料系统各圆盘建立PID参数设置台账。

（3）作业区操作人员在此过程中暴露出应对较复杂局面能力不足，生灰波动往往造成烧结过程波动和质量下滑，调整技能欠缺，特别对新进人员的进行了业务培训。

（4）在此期间，烧结矿碱度稳定率下滑较多，作业区对质量风险的管控需进一步加强。

13.1.3　烧结机端体断裂故障处理案例

13.1.3.1　案例描述

380m^{2}产线两台烧结机于2006年10月建成投产（图13-1），为了进一步提高烧结产能，对两台烧结机相继进行了扩容改造，主要对台车栏板进行了加高和加宽。改造后烧结机料层从800mm增加至900mm，料层底面宽度由原来的4.5m加宽到4.9m，改造后产能提高了20%。但由于产能的增加以及终点温度上升，随着时间的推移，负载增大及长时间运行疲劳致使出现台车端体断裂事故。2014年7月开始共出现了四起台车端体断裂的故障，其中一次造成烧结机停产达18h，导致烧结矿低槽位严重危及了高炉的稳定顺行。

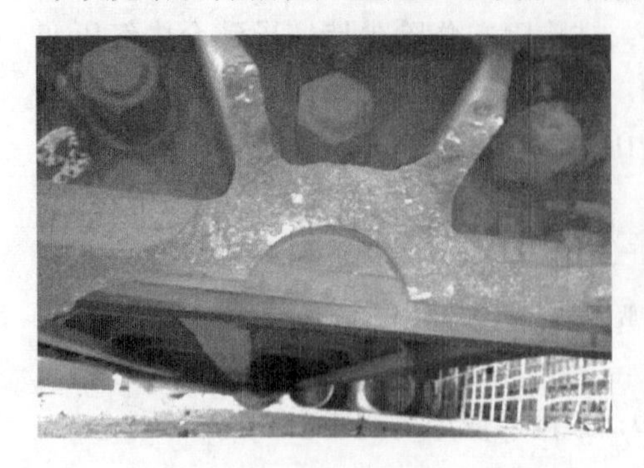

图 13-1　台车现场照片

13.1.3.2　原因分析

事后委托华阳公司对断裂及现有台车进行综合诊断，发现断裂口或多或少存在铸造缺陷，另外还发现 20 多辆在线台车有内部缺陷。

考虑到 8 年后才出现规模爆发状态，综合分析认为主要原因是：

(1) 端体铸造件内部有原始缺陷或微裂纹，随着长时间使用，缺陷扩展到强度临界状态后突然发生整体断裂。

(2) 扩容改造后台车负荷增大，而端体强度未做相应提高，台车状况进一步恶化。

13.1.3.3　应对措施

(1) 为了避免台车断裂造成长时间停机，使得事故扩大。制定应急抢修预案缩短事故时间。先将台车受损端体全部拆除，之后使用事先制作的分体式台车车轮进行安装，将故障台车运行至指定位置，进行台车整体吊装、更换。

(2) 台车体端部结构重新优化设计，提升结构强度 30%以上；端体与下栏板加宽加高，增加台车面积 9%；加大车轮轴承规格，提升台车的承载能力和运行可靠性。

台车改造内容如下（图 13-2 和图 13-3）：

(1) 端体与下栏板接触面向外加宽 200mm；

(2) 轮轴处的横向拉筋及斜拉筋随端体加宽而加宽、加厚；

(3) 端体与下栏板连接的法兰加厚；

(4) 端体与下栏板的连接螺栓加大到 M30；

(5) 端体上原起密封作用的迷宫槽取消；

(6) 取消现有的台车边部压条，改为隔热垫及箅条装配；

(7) 在新制的端体与台车中间体对应的位置上设置与中间体一样厚度的加强筋；

（8）下栏板由现在的反 L 形恢复到原来的正 L 形。

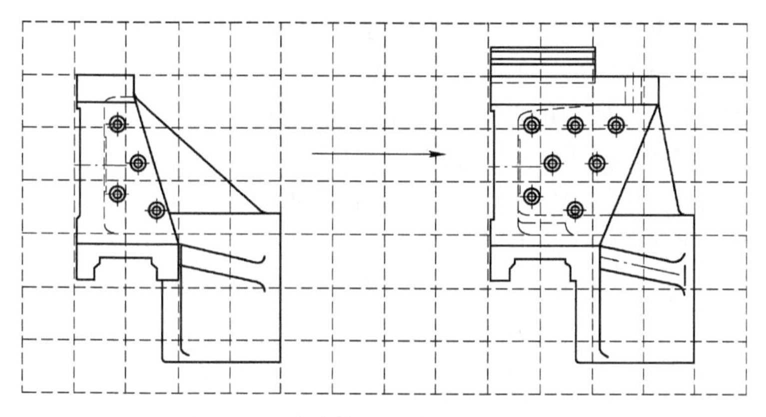

图 13-2 台车体（两端）的设计修改

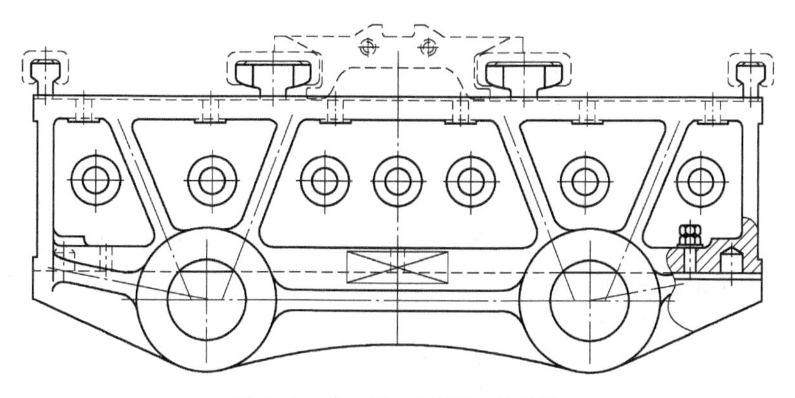

图 13-3 台车体（两端）的设计

13.1.3.4 效果与巩固

（1）建立台车的寿命周期管理；

（2）设备改造提前进行系统性验证。

13.1.4 烧结矿 MgO 质量波动案例

13.1.4.1 案例描述

2014 年 2 月 21 日 380m²A 烧结机原料配比为蛇纹石 0.45%、云粉 3.7%，配比验算烧结矿 MgO 为 2.08%符合考核值要求，烧结矿中 MgO 含量均在正常范围之内，22 日 1:00 A 机烧结矿 MgO 含量却异常冲高至 2.80%，作业区按照质量事故预案步骤，及时向高炉管控通报，并和检化验部门进行沟通，同时检查圆盘下料趋势和下料量显示正常，在所有检查情况正常的前提下 3:35 将云粉配比由 3.9%下调至 3.2%，并对影响烧结矿 MgO 最大的云粉圆盘进行实物标定，数据均在正常范围。

22 日 3:00 烧结矿中 MgO 含量仍高达 2.92%、之后 5:00 MgO 3.04%、7:00 MgO 2.93%、9:00 MgO 2.79%、11:00 MgO 2.85%均大幅偏高。针对 22~23 日烧结矿 MgO、*R* 趋势分析并结合各种熔剂成分的分析，初步判断应为石灰窑使用的灰片成分中 MgO 异常偏高，造成烧结使用灰石、生灰中 MgO 含量激增 CaO 含量降低，在两种因素的叠加影响下造成烧结矿 MgO 异常偏高。

23 日 11:00 在烧结配料圆盘取样灰石、生灰做出的 MgO 含量分别为 5.65%、18.68%；CaO 含量分别为 46.69%、70.80%。在做出判断后，23 日 11:00 将云粉配比由 2.7%直接降至 1.7%、16:00~16:49 将云粉停配，从对应的烧结矿 17:00、19:00 成分看 MgO 含量呈现出明显下降趋势分别为 2.39%、2.12%；17:36 又将云粉配比大幅下调至 1.1%，23 日 21:00~24 日烧结矿 MgO 趋于稳定。为避免石灰石成分以及生灰成分的波动，23 日 10:00 又逐步将石灰窑所使用的成分异常的华谊灰片改为东南、远大灰片。在经过上述调整之后自 24 日开始烧结矿中 MgO 含量趋于正常。

13.1.4.2 原因分析

(1) 对使用的原料成分进行排查，灰片和灰粉中 MgO 含量异常偏高，其含量均超出马钢灰片采购技术标准 6 倍之多，相对应的 CaO 异常偏低。经查是石灰窑所使用的华谊灰片中 MgO 含量异常偏高导致生灰和灰粉 MgO 含量偏高并叠加造成。抽检成分见表 13-1。

表 13-1 抽检成分 (%)

批次号	产品名称	SiO_2	CaO	MgO	S
S4021912	灰片	0.3	54.49	0.7	0.034
S4022023	灰片	1.38	47.09	6.55	0.032
S4022013	灰片	0.31	55.34	0.37	0.084
S4022023	灰片	0.1	53.81	1.9	0.02
S4022113	灰片	0.12	55.5	0.3	0.01
S4022123	灰片	0.35	54.81	0.37	0.093
S4022213	灰片	0.98	33.25	18.27	0.01
S4022223	灰片	1.25	40.67	12.15	0.01
S4022313	灰片	0.93	44.28	9.27	0.01
B132088B140218063	石灰石粉	1.34	52.82	1.12	0.079
B3D11402180048	石灰石粉	1.94	51.56	1.65	0.057
B132088B140219069	石灰石粉	0.91	42.57	10.75	0.01
B132088B140218063	石灰石粉	1.34	52.82	1.12	0.079
B3D11402180048	石灰石粉	1.94	51.56	1.65	0.057
B132088B140219069	石灰石粉	0.91	42.57	10.75	0.01
B3D11402190052	石灰石粉	0.69	48.37	6.1	0.012

（2）因熔剂成分检测结果滞后，同时生灰检验项目中缺失 MgO 成分检验，造成原因排查和调整措施不到位导致出现连续质量异常。

13.1.4.3 应对措施

（1）公司相关门部门增加灰片检测频次，采取措施责成灰片厂家保证灰片质量。

（2）增加生石灰 MgO 成分检验项目。

（3）对熔剂质量的跟踪延伸到采购和仓储。

13.1.4.4 防范及巩固措施

（1）烧结矿实际成分、各种原料成分是烧结矿调整的主要依据，每次配比调整前必须进行配比验算。

（2）生灰配比调整时间为 24h/次，每次不得超出 0.2%，以达到生灰、灰石平衡使用。

（3）加强对熔剂成分的跟踪。

（4）在做出各种配比调整是必须考虑到原料的生产组织平衡问题，如配比调整时影响到原料保供必须提前进行原料组织，确保各种原料组织有序。

（5）当出现烧结矿成分异常时必须严格按照《烧结矿质量异常应急程序》进行汇报处理。加强生产信息的传递，特别是跨区域的异常生产变化的信息通报。提高工序间的服务意识。

13.2 球团典型案例

13.2.1 环冷机球团矿板结事故

13.2.1.1 事故经过

2008 年 12 月 1 日 19:00 左右，中控发现环冷机跑少量红矿，将环冷机速由 0.3m/min 提至 1.0m/min，岗位工在环冷四段台车翻车处进行打水冷却。19:30 结块情况越来越严重，发现有整体板结现象，采取减生球量操作：20:00 生球量 138t/h、21:00 生球量 113t/h、22:00 生球量 78t/h、23:00 生球量 66t/h。同时增加环冷各段风门开度，降低环冷Ⅰ、Ⅱ、Ⅲ段烟罩温度。19:30~24:00 组织人工清理环冷台车结块（10 挂左右）。2 日 0:00 全线停产处理，继续组织人员清理大块，3:00 环冷台车不能翻车，挂葫芦强行翻车，0:00~8:00 清理台车 10 挂左右。8:30 将下部人孔割大，继续组织人员清理。13:45 组织机械进行清理，14:30 将下部人孔再割大，20:00 清理完毕，于 20:30 复风生产。事故处理时间共计 20h30min。

13.2.1.2 事故原因

（1）白班和小夜班在发现窑头粉末和碎球明显增加的情况下，没有及时采取紧急措施（减少来自竖炉的供球量或停止供球），也没有及时汇报，错失了最佳处理时间，是事故发生的主要原因；

（2）分厂及作业区对竖球向链球供球这一工艺变化，从思想上重视不够，对可能出现的后果预判不足；

（3）作业长对特殊情况处理的经验不足；

（4）作业区和分厂管理不到位，仅仅关注了三大机随着球量增加后的各项参数的调节上，而对过程状况掌握不够，对事态的发展没有及时调整和制止事态的发展，从而导致了严重后果；

（5）分厂对事故的处理上，组织不力且较为混乱，延长了处理时间。

13.2.1.3　**防范措施**

（1）取消竖炉生球进入链箅机-回转窑系统的生产方案；

（2）制订《大量粉末入窑应急预案》；

（3）定期对岗位员工进行培训。

13.2.2　链箅机耐火材料脱落事故

13.2.2.1　**事故经过**

2011年2月12日9:00左右，岗位工在窑头发现有大量耐火砖从窑内排出，立即汇报，判断为链箅机侧墙耐火砖脱落。对链箅机机头两侧检查，东侧正常，西侧钢板发红约8m^2，温度为718℃，打开机头观察门，发现西侧墙耐火砖大部分倒塌，约15m^2，汇报相关部门。23:45减料降温，并制定临时处理方案，连夜抢修。此次事故致停产54h。

13.2.2.2　**事故原因**

（1）该部位处在链箅机最高温段，原始设计链箅机机头东西侧墙为锚固砖加耐火材料整体浇筑，投产不久外部钢构受热变形，已经出现几次墙体耐火材料局部倒塌事故，2009年3月重新浇筑后崩裂小部分，未处理，一直维持到大修。大修时将链箅机机头东西侧墙改为底部加焊托板、上部砌耐火砖（没有锚固砖与钢构连接）结构，由于侧壁钢板氧化变薄，钢构受热变形，砖与钢板之间产生间隙，窜风、灰尘进入等导致墙体向内倾斜、倒塌。

（2）此处砌砖是第一次工艺改进，技术方案有一定的缺陷。

（3）链箅机—回转窑频繁的升、降温，加剧了砖墙体的不稳固性。

（4）日常点检、巡检内容和方式不够细致。

13.2.2.3　**防范措施**

（1）改进工艺，砌砖加400mm×400mm间距400mm长的锚固砖与钢板连接，起骨架作用，增强砖墙体的稳固性；

（2）外部钢构加焊筋板防变形；

（3）稳定生产，减少升降温频次；

（4）完善钢构和耐火材料日常点检、巡检内容。

13.2.3 环冷机受料库涨库事故

13.2.3.1 事故经过

2012 年 1 月 10 日 8:00 计划停机检修 12h，于 10:45 环冷机排空，11:00 交设备方检修，根据检修工艺方案：从保护耐火材料角度出发，回转窑不止火，400~450℃保温，窑头固定筛不铺钢板，回转窑按 0.3r/min 运转，上午回转窑有零星窑皮脱落进入环冷机受料库。至中午 12:00 窑皮逐渐在受料库堆起，中控将窑速降到 0.2r/min，减少窑皮掉入受料库，17:20 左右环冷机检修结束，此时受料库窑皮约 30t，因担心窑皮将受料库隔墙拉倒，组织人员清料，于 23:20 处理完毕，影响生产时间总计 3.33h。

13.2.3.2 事故原因

（1）检修工艺方案存在缺陷，未考虑到窑皮脱落的影响；

（2）发现窑皮脱落后，未采取窑头止火和固定筛上方铺钢板措施。

13.2.3.3 防范措施

（1）完善检修工艺方案；

（2）环冷检修停机超过 2h，回转窑应止火停窑，同时将窑头固定筛铺钢板。

13.2.4 回转窑红窑事故

13.2.4.1 事故经过

2011 年 3 月 20 日岗位人员测得回转窑下托轮内侧筒体温度高达 285℃，21 日达到 335℃，29 日达到 385℃，计划 4 月 1 日停产检修，并做好随时停机的生产应急预案。3 月 30 日 0:00 左右，发现下托圈前约 2m 处局部温度高达到 430℃，呈现暗红色，范围为 200mm×500mm，启动应急预案进行降温停窑。窑体冷却后，进窑内检查发现该处位于新旧耐火材料结合部，且有一道约 10mm×500mm 的缝隙，组织人员修复，31 日 17:00 结束，修复面积 1700mm×5000mm，共砌砖 38 块。本次事故共停机 70h。

13.2.4.2 事故原因

窑内新旧耐火材料由于膨胀系数不一样，结合部产生缝隙，高温热气流窜入筒体钢板，造成红窑。

13.2.4.3 防范措施

（1）大修时，回转窑窑体耐火材料必须整体更换；

（2）提高生球质量，减少粉末入窑；

（3）稳定热工制度。

13.2.5 主抽风机轴承座断裂事故

13.2.5.1 事故经过

2013 年 12 月 17 日 16:00，主抽风机报警，同时发出异常声音，立即停主抽风机。经检查，主抽风机非驱动端轴承座底座断裂，基础二次灌浆层裂开，驱动端轴承座底座两边各崩掉一小块。组织抢修，将叶轮拆下检查，非驱动端一边有一片叶轮的耐磨衬板脱落。18 日 0:00 启动主抽风机生产。本次事故共停机 8h。

13.2.5.2 事故原因

（1）非驱动端有一片叶轮的耐磨衬板脱落，使风机在瞬间突然严重失衡，导致事故的发生；

（2）叶轮制造缺陷，耐磨衬板焊接强度不够。

13.2.5.3 防范措施

（1）生产过程中，监控风机的震动、油温、水温、电流等参数；

（2）对叶片的耐磨板进行加焊，确保耐磨板与叶片之间有足够的强度；

（3）确定大型风机叶轮使用周期，5 年下线进行大修；

（4）采用频谱诊断技术对运行 3 年以上的大型风机进行早期故障趋势分析，掌握劣化趋势，进行适时检修。

13.2.6 竖炉结炉事故

13.2.6.1 事故经过

2009 年 11 月 24 日，1 号竖炉 13:25 左右烘干床东北方向塌料一次，烘干床上生球有黏料、滑料现象，岗位按一般波动对操作进行了调整，15:30 左右炉况继续恶化，采取降低入炉生球量措施，到 18:00 炉况仍未好转，生球进入炉后烘干床出现“蓝火”，且持续出现异常塌料现象，操作上再次采取放风停炉、上熟球调整炉况仍然未果，至 25 日 1:50 左右，上部料柱下行完全停滞，同时出现出现冷风倒灌，红球从电振器喷出现象，1:55 被迫停产。3 号、2 号竖炉分别于 24 日 13:50、16:30 开始也出现同样状况，并分别于 25 日 2:15、2:00 停产。处理过程中发现三座竖炉炉料自齿辊以上完全被烧结，本次事故导致 3 座竖炉各停产约 8 天。

13.2.6.2 事故原因

原料中混入高含碳物质，经检测含碳量达 13%，是此次竖炉结炉事故的主要原因。

13.2.6.3 防范措施

（1）增加球团用含铁原料中固定碳的检测；

（2）将此次事故形成案例。

13.3 煤焦化典型案例

13.3.1 配煤准确性偏差大处理案例

2017 年 5 月 12 日~6 月 6 日，焦化北区出现 8 次配合煤准确性不合格，月度配合煤准确性低至 78.37%，影响焦炭质量稳定。

13.3.1.1 基本情况

2017 年 4 月 21~25 日，配煤槽装煤量与圆盘配煤量偏差统计数据见表 13-2。

表 13-2 2017 年 4 月 21~25 日配煤槽装煤量与圆盘配煤量偏差 （%）

配煤槽编号	1	3	5	7	9	11	4	6	8	10	12
配量偏差	-0.72	-1.72	-0.27	-1.25	0.23	-0.19	-0.99	0.27	-0.48	0.21	1.04

13.3.1.2 过程分析

马钢焦化北区配煤电子皮带秤采用减差控制系统，系统误差较大，该配料系统满量程 550t/h，配量精度为±0.5%。多台秤的弹簧板变形，如 5 号、6 号、7 号、8 号、10 号、13 号、14 号、15 号、16 号，尤其是 5 号、6 号、10 号、13 号、16 号变形严重，部分秤体弹簧板扭曲、变形、腐蚀严重。

13.3.1.3 措施应对

（1）为确保小配比煤种的计量及控制精度，将现有的圆盘给料方式改为定量给料机系统直接拖料的方式，即取消现有的圆盘结构，增加电液平板闸门及定量给料机使系统均匀给料，有效地提高计量及控制精度。在目前减差法系统的基础上保留 14 套皮带秤设备，将机尾的两个配煤仓改为小流量储煤仓，并将对应的 BMP 电子皮带秤改为德国申克的定量给料机，其现场平面图如图 13-4 所示。

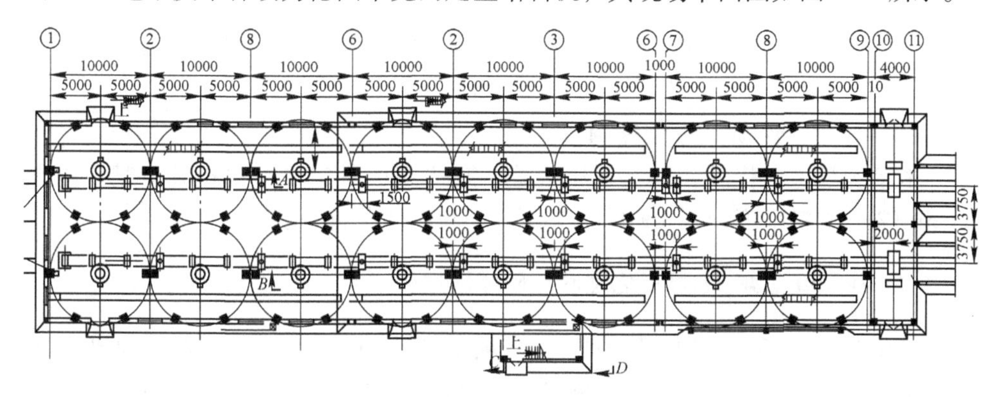

图 13-4 配煤槽现场布置图

（2）定量给料方式的改变。将现有的圆盘给料结构改造成一体拖式定量给料机方式；下料方式改为小皮带拖料方式。

（3）采用环型无接缝胶带。皮带多编制层，耐磨损，且挠度好，克服了“皮带效应”。针对该项目此次将皮带厚度由 8mm 增至 10mm，以延长皮带在拖拉过程中的使用寿命。皮带内置跑偏检测开关，自动监测皮带的跑偏及打滑，具有可靠的防皮带跑偏与皮带跑偏自动纠偏措施，具有有效的可自动调节的皮带内、外刮料装置。

（4）解决皮带秤“恒张力”的问题，一体拖量给料机技术针对不同的物料特性，例如煤粉、煤块等，可增加或减少配重，以保证皮带受到的张力稳定在一定范围内，即恒张力，从而保证计量精度。

（5）配料秤模块化的称重传感器及测速传感器密封设计，可以避免由于系统中的煤泥、灰尘及其他杂物堆积造成的计量偏差（见图 13-5（a）中密封于铁盒结构中的传感器组件）；直压全悬浮重量模块设计，保证 100%承载，无任何杠杆、铰刀、耳轴等传力机构，不受外力影响，保证测量精度（见图 13-5（b））。

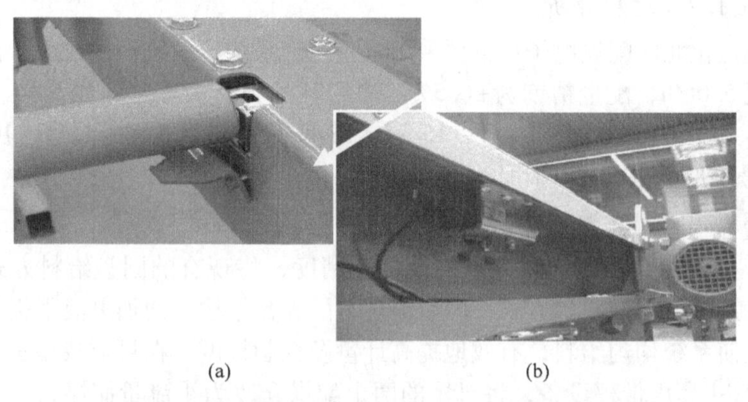

(a)　　(b)

图 13-5　密封于铁盒结构中的传感器组件（a）和进口模块（b）

（6）采用自主创新的实物跑盘与链码校对结合的方法，对仓下每台电子秤的称量系数（d02）校验达到比较准确的 0.90~1.05 之间。

13.3.1.4　性质及影响范围

本案例是工艺优化，解决系统缺陷。改造完成后定量给料机计量精度误差≤±0.3%，配料精度误差≤±0.5%，可以使焦炭质量进一步稳定。

13.3.2　7.63m 焦炉 71 号炭化室底部砖修理案例

焦化北区 7.63m 焦炉 8 号焦炉 71 号炭化室于 2012 年 11 月 21 日大夜班 7:30 左右推空后，出焦后用草包清扫两次，减少底部尾焦；燃烧室温度保持 900℃左右，燃烧室边火道温度不低于 350℃，22 日白班开始对 71 号炭化室底部砖进行修复砌筑。

13.3.2.1 基本情况

2012 年 3 月 16 日凌晨 3:00 发现 71 号炭化室推焦电流偏大、推焦时振动异常，3 月 18 日 7:30 分 71 号炭化室推空后开始自然降温（清扫），检查发现在靠近焦方约 7~8m 处底部砖损坏、有明显凹坑，当时采取控煤措施维持生产。上半年尝试采用陶瓷焊补在线处理，检查发现焊补处又出现明显凹坑，因此陶瓷焊补处理达不到理想效果。结合南区 6m 焦炉炭化室底部砖热修经验，为了彻底解决 71 号炭化室底部砖损坏的问题，从而消除因推焦电流大和推焦振动异常给设备造成的伤害，经新区分厂和有关部门研究讨论，决定对 71 号炭化室实施底部砖热修更换。

13.3.2.2 过程分析

2012 年 3 月 16 日凌晨 3:00 发现 71 号炭化室推焦电流偏大、推焦时振动异常，分厂组织检查 71 号推焦记录，发现前期三个月推焦电流持续偏大外无其他异常；检查推焦车的推焦杆及滑靴是否有刮擦炭化室底部现象，发现推焦时情况正常；后期分厂安排每推空炉作业长跟踪情况，夜班用铁锹试探确认炭化室底部砖破损，分厂安排推空清扫检查，发现炭化室靠近焦方 7~8m 处底部砖脱落，明显下凹。初步判断为砖拱起，因长时间未发现，底部砖不断松动所致。2012 年 5 月安排陶瓷焊补在线处理，分两次实施，当时焊补后表面平整，实际生产后，推焦振动仍然异常，检查发现焊补处又出现明显凹坑，分析是焊补材料喷补不均，强度不能满足要求，推焦时底部焦炭摩擦力大，使浇筑料很快松动渐渐脱落。

13.3.2.3 措施应对

7.63m 焦炉炭化室尺寸为：有效长度 18000mm、平均宽度 590mm、有效高度 7180mm、有效容积 76.25m^3、锥度 50mm，炭化室由机方到焦方逐渐变宽；原有底部砖尺寸为 270mm×135mm×135mm，材质为致密硅砖，砌筑方式是三块砖错开竖砌（见图 13-6），机焦方炉口部位使用硅线石砖砌筑，炭化室底部略高于炉门框下沿。

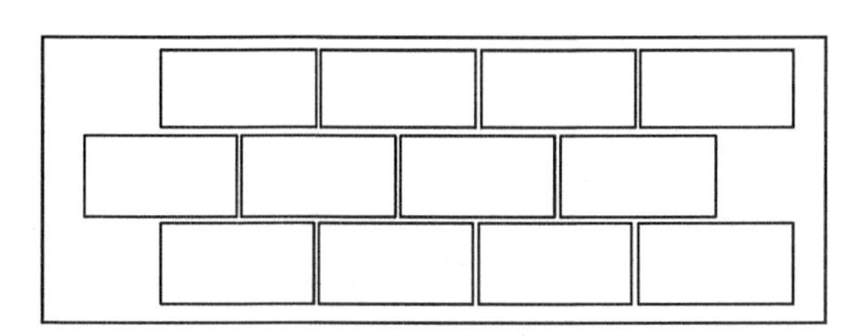

图 13-6 7.63m 焦炉炭化室底砖砌筑示意图

施工所需炭化室底部砖选择了新型的零膨胀砖（见图 13-7）。共订制了 12m 炭化室底部的用砖量、合计 90 块，每块砖的尺寸为 420mm×135mm×135mm，与原来筑炉时所用的致密硅砖的宽度和高度一致，长度加长，砌筑时正好可以并排横砌，其技术指标见表13-3；砌筑所用泥料（技术指标见表13-4），包括莫来石火泥和零膨胀硅质热补料，使用磷酸为泥料黏合剂，隔热保护板、支架及其他工具提前准备。

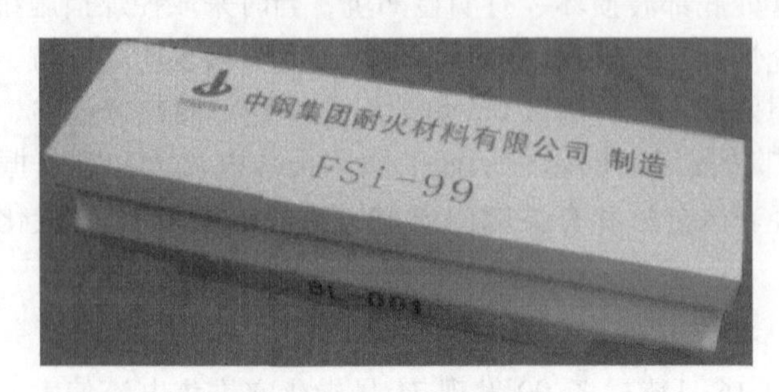

图13-7　零膨胀硅砖

表13-3　零膨胀硅砖技术指标

项目名称	技术指标
SiO_2/%	≥98.5
Al_2O_3/%	≤0.2
Fe_2O_3/%	≤0.3
体积密度/$g \cdot cm^{-3}$	≥1.85
显气孔率/%	≤18
常温耐压强度/MPa	≥35
0.2MPa荷重软化开始温度/℃	≤1650
热膨胀率/%	≥0.15
热震稳定性（1100℃水冷）/次	>30

表13-4　零膨胀硅砖火泥技术指标

项目名称		目标值
化学成分/%	SiO_2	≥96
	Al_2O_3	≤2
	Fe_2O_3	≤0.7
颗粒度/mm		0~0.5
抗折黏结强度/MPa	110℃×24h	≥1.0
	1100℃×3h	≥1.2
重烧线变化率/%		≤0.1
最高使用温度/℃		1550

焦方检修：按计划是对靠近焦方约7~8m位置的底部砖进行修理，11月21日7:30左右，71号炭化室推空后开始自然降温（清扫），22日2:00左右打开

上升管、装煤孔和炉门进行强制降温，8:00 降温结束，关闭机方炉门，并从 2 号装煤孔挂一条隔热帘进行局部隔热：8:00~18:00，作业位置保护隔热装置安装；18:00~21:00，炭化室底部砖拆除、清理、刷浆和吊线等；21:00~次日 4:00，炭化室底部砖砌筑；4:00~5:00，保护隔热装置拆除，完工。

机方检修：在检修焦方时，发现 71 号炭化室底部砖损坏面积大，损坏部位从焦方一直延伸到大约 2 道装煤孔对应的位置（从焦方起约 13~14m），考虑到 71 号炭化室底部砖整体磨损情况严重，决定剩余部位全部更换，从机方算起约有 9m。23 日做准备工作，24 日 8:00 开始施工，期间焦炉采取保温。主要施工：8:00~16:00，作业位置保护隔热装置安装；16:00~18:00，炭化室底部砖拆除、清理、刷浆和吊线等；18:00~次日 2:00，炭化室底部砖砌筑；2:00~3:30，保护隔热装置拆除，完工。

砌筑炉底砖要点：施工前预砌炉底砖；砖缝 3~5mm，施工时保证泥浆饱满、均匀，砖缝间无错台，横向标高小于 3mm；新旧砖接茬处，新砖标高低于旧砖 2mm 左右，炉内砌筑炉底砖，由里向外砌筑；砌最后一块炉底砖时，要保证炉底砖要高于炉门框磨板；用压缩空气对砌筑后的炉底砖进行清理，保证表面干净、无杂物；燃烧室立火道下部的底部砖，损坏比较严重，用捣打料处理；炉底砖的摆放改为横向摆放。

复产工艺调整：71 号炭化室底部处理结束后对好炉门自然升温 5h。均匀升温，开始阶段调火考虑对 71 号、72 号燃烧室采用送焦炉煤气的方法升温（提前做好准备）。升温幅度每班 40℃。升温至燃烧室温度 1150℃以上，开始装煤，控制装煤量在 50t 左右，结焦时间按照 36h，跟踪相关 S1 弹簧吨位的测调。

13.3.2.4 性质及影响范围

本案例属于自我创新，对以后大型焦炉炉体异常维护有借鉴作用。炭化室底部修复影响焦炉生产秩序和焦炭产量，对炉体有损伤。

13.3.3 焦炉炉墙通洞处理案例

2015 年 4 月 7 日 7:00 发现 5 号焦炉 13 号炭化室通洞，通过出焦空炉挖补处理，逐渐顺笺，期间影响焦炉出炉数。

13.3.3.1 基本情况

马钢原 5 号焦炉是 JN60-82 型 6m 焦炉，为双联火道、废气循环、焦炉煤气下喷、复热式大型焦炉，炭化室共 50 孔，1990 年 7 月 17 日投产，于 2015 年 10 月 12 日停炉进行原地大修，焦炉连续运行 25 年。长期以来，焦炉炉墙由于受到机械外力、高温物化作用等因素的影响，焦炉日益老化，炉墙损坏严重。

13.3.3.2 过程分析

5 号焦炉 13 号炭化室通洞是由多因素交织形成：生产过程中装煤、摘门、推焦等反复不断的操作，焦炉砌体各部位会逐渐发生变化，焦炉炉墙硅砖表面发生变质，剥蚀程度不断加深，导致炭化室砖墙严重损坏。随着炉龄的增长，结石墨严重，在人为铲除石墨过程中，不可避免地会对炉墙产生损伤，致使砖面粗糙、凹凸不平。扒焦和挖补炉墙时间长，裸露墙面温度下降幅度大，会引起硅砖内部晶相转化，使墙面裂纹加宽，加剧了火道和裸露炉墙的损坏。扒完焦以后，新砌补的硅砖又会因升温过快受热不均，体积急剧变化，引起该处硅砖碎裂。炭化室墙面喷浆时，由于浆液较稀且为常温，而刚推完焦，墙面温度较高，当浆液喷上后，墙面温度急剧下降，引起炉墙局部体积骤变，加剧了墙面的剥蚀现象。

13.3.3.3 措施应对

（1）挖补前准备：做好方案的起草与讨论，准备各种工具和需要的材料，做好施工过程中生产组织方案。

（2）降温阶段：相邻炭化室作为封炉号，延长废号结焦时间。关闭挖补炭化室加热的机焦侧高炉煤气考克阀，根据温度适当调整相邻炭化室高炉煤气考克阀开度，机焦侧温度逐渐下降至750℃左右。打开挖补炭化室机侧炉门进行自然降温处理，如果降温速度比较慢可以打开1道装煤口和挖补炭化室的燃烧室1~6火道看火孔。必要时打开上升管盖，进行降温、并用红外测温仪对温度进行跟踪，每半小时测定一次。

（3）挖补阶段：摘开挖补炭化室机侧炉门半小时后从1道装煤孔下拉双层石棉帘子。待挖补炭化室温度降到500℃左右，修炉人员穿好隔热服，在两边炉墙上贴好纤维板。隔热保护措施全部到位后，即可进入隔热保护装置内进行作业。将通洞部位的坏砖拆除，接头砖的拆除要做好茬口的保护，以利于新旧砖的接茬咬缝，注意保护好立茬。用预热过的硅砖和配制好的修补料进行砌筑。灰缝要求为4~6mm；墙面砖要横平竖直，灰浆饱满，及时勾缝，严禁出现反错台。

（4）升温装煤阶段：通洞修补完毕，将炭化室清理干净，对上炉门开始进入自然升温阶段，根据挖补的深度不同，适当安排4~8h焦炉自然升温。待自然升温到700~750℃范围内，打开机焦侧挖补炭化室高炉煤气考克阀1/2，然后再继续进行升温处理5~8h后，挖补炭化室机焦侧高炉煤气考克阀全开。三班煤气工每小时对挖补炭化室代表火道进行测温，直到机焦侧达到该炉型规定温度后，对挖补炭化室进行装煤。装煤前2h对挖补炭化室进行空压密封处理。待挖补炭化室装煤4h以后才能安排封炉号出焦。第一循环结焦时间按24~30h控制，然后逐步顺笺。待封炉号出焦结束以后把相邻炭化室高炉煤气考克阀全开。

13.3.3.4 性质及影响范围

本案例属于炉体维护特殊操作，对以后焦炉炉体异常维护有借鉴作用。通洞的炉墙容易形成窜漏，发现要及时处理，否则会影响焦炉炉体砌筑使用寿命和焦炉生产。

13.3.4 焦炉不工作火道处理案例

2013 年 6 月 23 日，因装煤误操作导致 2 号焦炉 65 排 5、6 火道被煤堵死，造成 65 号、64 号炭化室频繁出现 200A 推焦大电流，同时机侧焦炭偏生，出焦冒浓烟，严重影响焦炭质量及无烟炉工作开展。

13.3.4.1 基本情况

2013 年 6 月 23 日，因立火道内部落煤等意外情况造成火道斜道堵塞，煤、空气流通不畅。6 月 24 日采取各种措施清理立火道，效果不佳，6 月 28 日火道温度下降至 850℃以下，形成不工作火道，严重影响两侧炭化室正常出焦生产，造成出焦无组织放散严重及焦炭质量下降，并频繁出现大电流，进一步导致炉体恶化。2013 年 6 月 28 日~2015 年 9 月 15 日，通过插风管助燃和钢钎疏导，将立火道斜道上方煤清通，但斜道仍然堵塞。2015 年 9 月 20 日采用改进型清扫工具每周清扫三次，于 2016 年 6 月 10 日清通。

13.3.4.2 过程分析

2013 年 6 月 23 日上午 8:40，因立火道落入杂物，造成火道煤、空气流通不畅，火道温度下降而形成不工作火道，6 月 24 日出炉后先后使用加大高炉、焦炉煤气流量来加以改善；2015 年 9 月 1 日讨论扒除立火道对应蓄热室格子砖，对堵塞斜道进行清理疏通，该方法虽然见效快，但成本较高，且由于施工工艺调整过程中骤冷骤热对燃烧室耐火材料寿命造成极大损坏，带来新的隐患，最终未采用。2015 年 9 月 15 日将斜道上方煤清通后，常用清理工具很难再达到清理效果。分厂后用改进型清扫工具周期性清扫，经过 9 个月的坚持，实现了预期效果。

13.3.4.3 措施应对

针对焦炉不工作火道形成原因，制作清理工具，疏通不工作火道，使立火道温度逐步恢复至正常水平，降低焦炉出焦烟尘，稳定焦炭质量，从而彻底解决焦炉不工作火道问题。

一般立火道底部至炉顶高度约 8m，温度约 850℃，火道内异物清理困难。根据现场实际情况，尝试设计出适用于不工作火道清理工具（见图 13-8），逐步改善焦炉炉体状况，形成马钢不工作火道独创处理方法。

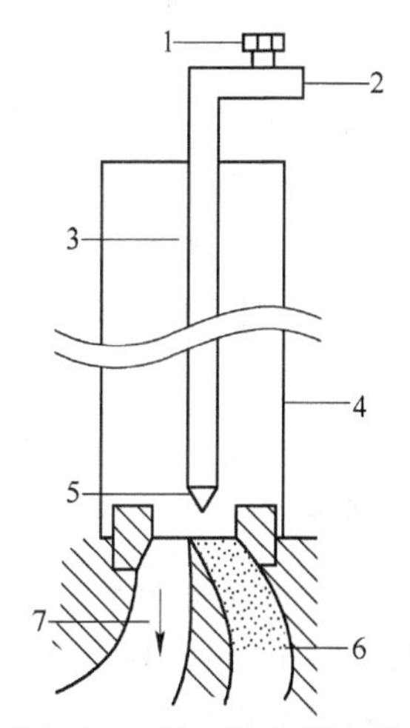

图 13-8 不工作火道清理装置工作示意图

1—控制阀；2—压缩空气接口；3—清理装置；4—立火道；5—压缩空气出口；6—斜道堵塞物；7—下降气流

该工具杆身材质为耐高温无缝不锈钢管，杆头为弹簧钢，从对应立火道上部放入，进入对应堵塞斜道，杆尾接入压缩空气，由杆头两侧缝隙喷出，与斜道内异物进行化学及物理反应，逐步进行清理疏通。

13.3.4.4 性质及影响范围

本案例2号炉65排5、6火道被煤堵死处理方法属于自我创新，对以后类似事故处理有借鉴作用。此故障处理运用火道清理装置极大程度上降低了清理期间对焦炉正常生产及炉体耐火材料寿命的影响，火道温度大幅提高（以图13-9为例），改善现场操作环境，提高焦炭质量。

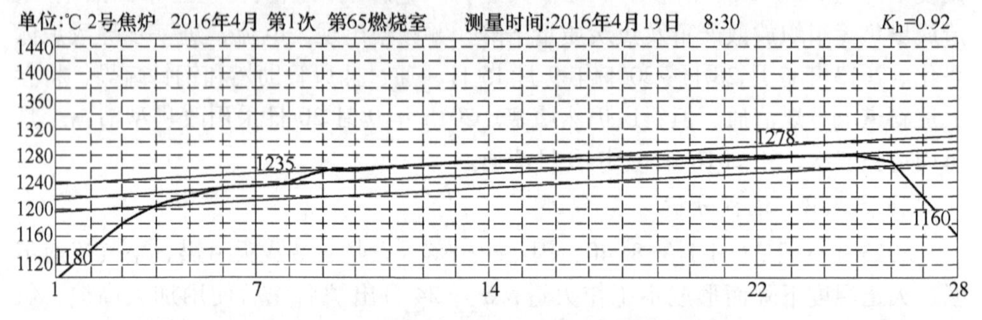

图13-9 2号焦炉65号燃烧室横排温度曲线

13.3.5 7.63m焦炉塌焦治理案例

马钢北区7.63m焦炉引自德国伍德公司超大型焦炉技术，2013年10月1日~2015年1月31日期间出现焦方严重塌焦现象，经统计焦炉塌焦炉数班均达到30.2炉（实际炉数平均为42炉），给现场生产的带来了极大的难度。

13.3.5.1 基本情况

2013年10月~2015年1月出现焦方严重塌焦现象，容易导致红焦烧坏护炉铁件等，缩短焦炉使用寿命，增加焦炉机车设备损耗；红焦焦粉容易漏至焦炉地下室区域，造成煤气安全隐患。倒塌下的红焦为水熄方式处理，减少干焦产量，影响焦炭质量。同时，生产现场环境恶劣，职工劳动强度较大。

13.3.5.2 过程分析

2013年10月~2014年12月分析：因炼焦煤资源挥发分和细度等客观原因，加之其炭化室高向加热调节困难、高向加热不均，容易导致上部焦炭过熟、下部焦炭不熟；2014年12月~2015年3月，焦炉单个炭化室压力控制PROven系统技术吸收不充分及后续管理缺陷等因素，使得结焦过程中炉头部位焦饼吸入空气燃烧，造成焦炭结构强度稳定性不足而坍塌。

13.3.5.3 措施应对

A 创新应用 7.63m 焦炉工艺参数精确调整制度

针对马钢北区 7.63m 焦炉季节温差变化、配合煤水分波动幅度大，为大型焦炉炉温精确调整、操作精细执行制定合理可行的炉温调控制度。例如，合理控制焦炉标准温度，在保证焦饼成熟的前提下，尽可能降低焦方焦饼上部过火的程度；结焦时间变化时匹配相应的标准温度，在此基础上，确定合适的高炉煤气压力、焦炉煤气掺烧比，保证焦饼中心温度控制合格。同时，研究季节变化温差较大及配合煤水分大幅变化时，焦炉标准温度和加热煤气压力等精确调节技术和方法；通过对风门开度、空气过剩系数 α 值、地下室入炉煤气压力、烟道吸力以及焦炉煤气掺混比等具体参数的精确控制，从而实现最佳的炉温运行状态（见表 13-5）。

表 13-5 焦炉热工优化参数组合表

环境温度 /℃	配合煤水分 /%	标准温度 /℃	煤气压力 /Pa	风门开度 /mm	烟道吸力 /Pa	α 值	焦气掺混比 /%
<0	<9.5	1283	960	240	485	1.25~1.30	7
<0	9.5~10.5	1285	960	240	485		7
<0	10.5~11.5	1287	990	240	485		7.5
<0	11.5~13.5	1290	990	240	485		7.5
0~10	<9.5	1282	940	240	480		7
0~10	9.5~10.5	1284	940	240	480		7
0~10	10.5~11.5	1285	990	240	480		7.5
0~10	11.5~13.5	1287	990	240	480		7.5
10~20	<9.5	1280	940	260	475		6
10~20	9.5~10.5	1282	940	260	475		6
10~20	10.5~11.5	1283	960	260	475		6.5
10~20	11.5~13.5	1285	990	260	475		6.5
20~35	<9.5	1275	940	280	470		5.5
20~35	9.5~10.5	1277	940	280	470		5.5
20~35	10.5~11.5	1279	940	280	470		6
20~35	11.5~13.5	1282	980	280	470		6

注：1. 环境温度：极寒天气（0℃以下）、寒冷冬天（0~10℃）、春夏或夏秋之交（10~20℃）、炎热夏天（20~35℃）；
2. 配合煤水分：干燥（<9.5%）、正常（9.5%~10.5%）、潮湿（10.5%~11.5%）和非常潮湿（11.5%~13.5%）。

B　开发应用 7.63m 焦炉红外自动测温系统

针对超大型 2-1 串序焦炉结焦过程中，火道温度因人工调节滞后性缺陷造成波动大的问题，该红外测温系统通过 XTIR-F915 红外光纤测温仪准确测量焦炉立火道的温度，并根据温度变化趋势，瞬时调节暂停加热时间，从而达到精确调节燃烧室温度。该项技术的应用使得标准温度控制在±3℃，与传统技术±7℃相比精确度提高一倍。该技术应用后高向加热得到有效改善，焦饼高向成熟严重不均匀问题得到缓解，大大提高了焦饼的稳定性，有利于减少塌焦。

C　创新实践大型焦炉炉体严密性修复技术

针对超大型焦炉炉体燃烧室炉墙剥蚀开缝泄漏、炭化室炉头损坏泄漏、蓄热室单墙煤气窜漏的难点问题，为确保焦炉热工的安全稳定，保证焦饼成熟，采用以下技术方法：

(1) 炉体粉末自蔓双向喷嘴喷补装置及使用技术开发与实践，有效密封高温燃烧室裂纹和缝隙，阻止炉墙窜漏，有效保持热工效率保证焦饼均匀成熟；

(2) 炭化室炉头高温陶瓷焊补技术国产化研究与实践，可以实现在窑炉不停产的高温状态下对窑炉进行维修，有效地恢复炉体功能，大大降低了企业生产成本；

(3) 采用“压力平衡法”消除蓄热室单墙窜漏，该技术通过采取多种调节手段重新调整煤气和空气在蓄热室内的压力分布状况，将煤气蓄热室和空气蓄热室在上升气流时的压力调至相等，以消除因单墙缝隙而引发的蓄热室窜漏。

D　优化改进 7.63m 焦炉炭化室压力控制系统（PROven）压力制度设定

研究出一种 7.63m 焦炉炭化室压力控制系统（PROven）十段压力精确调节制度设计（见表 13-6），实现 PROven 系统压力设定值与荒煤气发生量变化的精确匹配，实现结焦时间内全程炭化室压力保持正压，有效改善因炭化室内吸入空气造成的炉门炉体烧损，避免炉头焦饼结构强度降低而坍塌现象，从而实现焦炉荒煤气输出系统稳定控制、焦炉炉体安全高效、实现焦炉清洁生产，特别是炉头焦饼结构强度明显增强，为解决焦饼倒塌问题提供有力支撑。

表 13-6　PROven 系统十段压力设定优化

分段	压力设定/Pa	结焦时间/%
1	0	0~10
2	10	10~20
3	80	20~30
4	120	30~40
5	90	40~50

续表 13-6

分段	压力设定/Pa	结焦时间/%
6	140	50~60
7	150	60~70
8	150	70~80
9	160	80~90
10	170	90~100

E　应用超大型焦炉特异型组合炉门衬砖

针对高炭化室焦饼高向稳定性差的问题（图 13-10），研究设计出一种特异型组合炉门衬砖（图 13-11），解决高炭化室顶装焦炉焦饼倒塌问题。采用该种砖型组合能够有效提高成熟焦饼的高向稳定性，消除焦炉摘门生产操作的冲击能力，解决生产组织的重大难题。

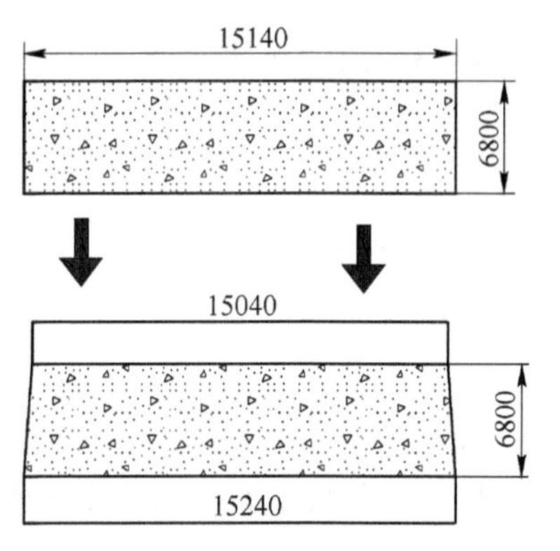

图 13-10　焦饼形状改变示意图

F　应用配合煤的挥发分、细度管控技术

开展小焦炉实验进行降低挥发分配煤技术研究。调整配煤比，使配合煤挥发分降低 2%。开展降低配合煤挥发分工业试验，焦饼稳定性有很大的提高，塌焦炉数进一步降低。

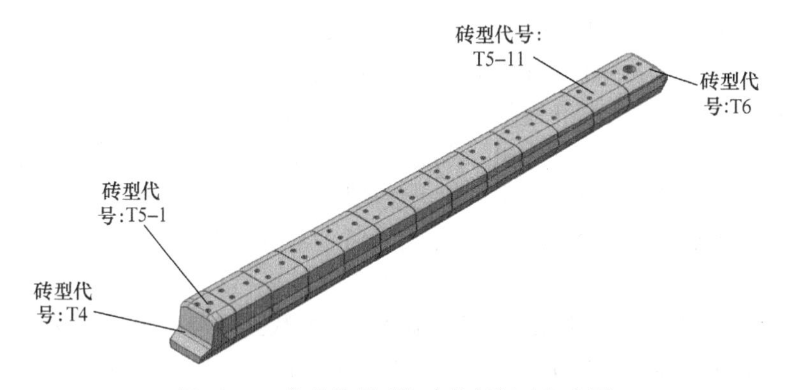

图 13-11　焦炉特异型组合炉门衬砖组合图

配煤粒度中小于 3mm 的比例显著降低，从 75.6%下降到 69.6%左右，有效改善了装炉煤堆积密度，提高孔焦量，进一步提高焦饼稳定性。

13.3.5.4　性质及影响范围

大型焦炉塌焦治理是焦化行业面临的难题，马钢经过近一年的攻关，北区7.63m焦炉塌焦炉数由班均30.2炉稳定控制在班均0.7炉，寻找出塌焦关键因子，彻底解决了塌焦难题，焦炉生产管理综合水平上新台阶。本案例属于自我创新，对以后大型焦炉塌焦治理有借鉴作用。

13.3.6　焦炉停电处理案例

2016年12月16日小夜班，焦化南区一、二净化系统跳电，1~6号焦炉全炉放散及高、低氨水停止补充，焦炉生产秩序混乱、部分设备烧损。

13.3.6.1　基本情况

此次事故是由于焦化南区76号所主变2号机故障，造成一、二净化跳电，1~6号焦炉于23:10~23:50时间段内全炉放散及高、低氨水停止补充，事故共造成3号、4号焦炉丢7炉，5号、6号焦炉丢6炉，4号焦炉13号炭化室处拦焦车摩电道烘烤变形，6号焦炉集气管原抱箍处焦油氨水泄漏，K_2系数不合格等影响，对生产造成了较大影响。

13.3.6.2　过程分析

因跳电故障，1~6号焦炉全炉放散，高低压氨水停供；及时启动应急操作，待各车处于安全状态后，停止一切生产，巡检上升管各处的温度，防止停电过程中产生次生事故。23:45恢复送电后，工况逐渐平稳。1:30 1~3号、5号、6号焦炉恢复生产，2:10 4号焦炉恢复正常生产。

13.3.6.3　措施应对

（1）及时汇报分厂中控及煤焦化公司调度，启动焦炉停电应急预案。

（2）焦炉作业长指挥停止生产，因南区焦炉无应急电源，组织人工手摇回抽推焦杆到位；装煤车停止装煤，利用蓄能器一键操作把套筒收回盖上炉盖，收回导杆、导套，装煤车松开抱闸，人工将煤车推离装煤炉号至炉间台；拦焦车及时退回导焦栅，松开抱闸，人工推离出焦炉号。

（3）上升管放散装置进行人工点火放散，部分熟炉号打开上升管放散（不点火）。

（4）交换机岗位密切关注集气管温度、压力数据，与作业长保持沟通。

（5）确定无氨水供应情况下，关闭氨水阀门，当集气管温度超过250℃时，缓慢打开集气管南北两侧补充清水阀门，对集气管进行降温，使用点温枪监控集气管温度。

（6）与净化单元加强沟通，告知补充清水后氨水事故池需加强储备应对能力。

（7）为避免因集气管氨水管道出现泄漏造成环保事故，提前将机侧水沟用泥料封堵。

(8) 净化系统恢复后，逐步关闭上升管，将点火放散装置关闭到位，确保焦炉吸压力正常。

(9) 关闭补充清水阀门，缓慢打开高、低压氨水主阀门。

(10) 待确认上升管压力、温度、仪表及净化系统正常后，更新焦炉操作计划表恢复生产。

(11) 由分厂中控汇报煤焦化公司调度焦炉受损失情况，并做好记录。

13.3.6.4 性质及影响范围

焦炉停电属于突发事故，影响范围广，处理难度大，处理不当将造成重大的安全环保事故。本案例处理方法具有借鉴作用。

13.3.7 干熄焦锅炉爆管处理案例

马钢目前配置 6 套干熄焦锅炉，其中 2~5 号干熄焦锅炉系统均出现爆管事故。

13.3.7.1 基本情况

2005 年 6 月、8 月 3 号干熄焦锅炉连续出现两次过热器爆管；2014 年 12 月 28 日 4 号干熄焦锅炉出现水冷壁前墙和侧墙连接部位炉管爆管；2015 年 4 月 5 号干熄焦锅炉出现水冷壁前墙和侧墙连接部位炉管爆管；2016 年 5 月 21 日 2 号干熄焦锅炉二次过热器第二十根管道发生通洞爆管。

13.3.7.2 过程分析

锅炉炉管发生破损的判断：循环气体中 H_2 含量突然急剧升高，靠正常的导入空气燃烧的方法难以控制循环气体中 H_2 的浓度；锅炉蒸汽发生量异常下降或锅炉给水流量急剧上升，给水流量明显大于蒸汽发生量；预存段压力调节放散管的出口有大量蒸汽放散；锅炉底部、循环风机底部有积水现象；二次除尘器格式排灰阀处有水迹或排出湿灰；气体循环系统内阻力明显变大，系统内各点压差发生显著变化，循环风量降低；严重时，炉膛内有明显的蒸汽啸叫声。

导致锅炉爆管的主要原因有：开、停炉操作程序不当，使炉管的加热或冷却不均匀；运行过程中，汽压、汽温超限，或热偏差过大，使受压元件和炉管蠕胀速度加快；负荷变动率过大，引起汽压突变，使水循环变慢、停滞，使炉管过热或出现交变应力而疲劳破坏，导致炉管爆管、炉管壁腐蚀或管内结垢；当给水含氧量较高，或水流速过低，常引起省煤器内壁点状腐蚀而爆管；锅水品质不合格、饱和蒸汽带水，造成过热器管内结垢，导致管壁过热而爆管；高温腐蚀引起过热器和水冷壁爆管；制造、安装、检修质量不良，如炉管材质不良、焊口质量不合格、弯头处壁厚减薄严重、管内有异物使通道面积减小或堵塞、检修时对已蠕胀超限的炉管漏检等；减温器磨损严重，喷水不均造成减温水量增加，使高温过热器局部管道内蒸汽流速降低，造成爆管。

13.3.7.3　措施应对

对锅炉进行紧急停炉；停止向干熄炉内装焦；锅炉入口正压较大，打开一次除尘器紧急放散阀；关闭主蒸汽遮断阀，对蒸汽进行放散；干熄炉内的焦炭继续排出，将干熄炉内的料位排到斜道口下1m，当排焦连锁起作用时，采用手动排焦；循环风机继续运行，循环风量的设定应与排焦量相匹配，向系统内充 N_2；密切监视循环气体的成分；当锅炉汽包压力降到1.0MPa时，缓慢开启汽包排空阀，一、二次过热器的排空阀，主蒸汽排空阀；当一次过热器的出口蒸汽温度低于350℃时，停止供应减温水；锅炉汽包降压速度1.0MPa/h，要确保锅炉汽包压力在3~4h内降到0，锅炉入口温度降温（60±10)℃/h，汽包温度降温（60±10)℃/h；当焦炭排到斜道口处，停止排焦，循环风机继续运行，根据T6的降温速度来调节循环风量，并对焦炭是否完全熄灭进行确认。焦炭熄灭后且锅炉入口温度达到240℃时停止循环风机的运行，继续向干熄炉内充 N_2；对一次除尘器三重水冷套管进行排灰操作，确认无红焦粉，打开一次除尘器的叉形溜槽的两个人孔门；将锅炉的各处人孔打开，并在可能发生爆管附近人孔门处安装轴流风扇；当主蒸汽温度在200±20℃时，关小除氧器的低压蒸汽直到全部关闭。开大紧急放水阀，增加给水量对锅炉进行套水操作；要密切监视T3~T4的温度变化，温度迅速升高，先向系统内充 N_2；锅炉系统温度降到50℃时，停止各水泵的运行，停加药泵；用轴流风机继续对锅炉内的气体进行置换，气体含量合格后，进入锅炉内部检查，查处故障点进行处理。

13.3.7.4　性质及影响范围

本案例属于干熄炉重点事故，干熄焦中控人员日常需关注相关参数的变化。当炉管破损后，漏出的水或汽随循环气体进入干熄炉，与红焦发生水煤气反应，造成循环气体中 H_2 和CO含量急剧上升。如果不立即采取相应的措施，会发生爆炸事故，损坏设备并危及人员的人身安全。

13.3.8　干熄焦斜道红焦上浮处理案例

2013年3月4日~7月15日，因4号干熄炉中修后出现斜道红焦上浮现象，干熄炉运行异常，期间影响干熄效率。

13.3.8.1　基本情况

2013年3月4日发现4号干熄焦工况异常，锅炉入口负压超过规定范围，循环风量无法正常提升（维持在13万~14万 m^3），打开斜道观察孔后，发现大量红焦异常漂浮，立即采取了暂停装焦、排低料位至斜道口上部，以低风量(10万 m^3 左右)维持，用长钎对堵在斜道口的焦炭进行通堵作业，将30个斜道口全部清空后，再装入焦炭盖住斜道口，并安排在排出对T3、T4的高温点对应侧进行调节棒的插入，边观察温度和负压变化情况边进行调整作业，经过一段时间的反复尝试及调整后，效果不明显。5 月 28 日对装入磨损的料钟进行了更换，经过调整后，7 月 15 日 4 号干熄焦循环风量逐步恢复至 16 万 m^3 以上，锅炉入口负压恢复正常，斜道口红焦漂浮问题得到解决。

13.3.8.2　过程分析

经过分析，干熄焦斜道红焦上浮的原因可能有：循环风量增幅过快过大、料位控制过低（接近斜道口）；干熄炉内落入铁器或异物堵塞，造成冷却室圆周方向排焦不均匀；冷却室深度磨损后形成排焦紊乱，圆周方向落焦速度慢，中心落焦快；干熄炉圆周方向的循环气体风量严重偏移；装入装置料钟布料功能存在问题，造成干熄炉内焦炭下降及颗粒分布情况发生较大变化。通过对以上原因逐一排除，确认本次斜道红焦漂浮的原因是装入料钟制造尺寸误差所致。

以上因素在冷却段阻力小的部位循环气体量会急剧增加，将焦炭吹进靠近该部位的斜道口，造成该斜道口焦炭堆积过高，出现浮起现象（见图 13-12）。

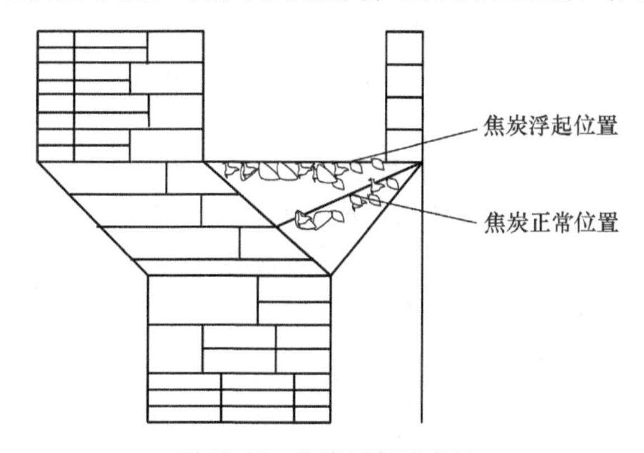

图 13-12　焦炭浮起示意图

13.3.8.3　措施应对

确认焦炭的漂浮状态：当程度较轻，发现较早时，可逐步减少循环风量降低排焦量，待锅炉入口负压正常后再缓慢地增加循环风量，恢复到正常的运行状态；焦炭漂浮现象严重，通过降低风量、排焦量和减退生产负荷无法消除时，必须进行异常工况处理：在保证排出焦炭温度在 205℃ 以下的情况下，逐步降低循环风量，并且使焦炭连续排出，解除低料位连锁，降低干熄炉料位直至解列机组。当料位排到露出斜道（可在观察孔查确认斜道内堆积的焦炭已完全下落）即停止排焦；斜道露出后锅炉入口负压会大幅下降，锅炉入口温度下降速度较快，应注意锅炉水位、压力及温度控制；再次装焦时将红焦一次性装入炉内直到斜道口完全盖住；开启排焦，排焦量不宜过大，以免下焦速度过快红焦进入排出装置；当料位升至斜道口上沿 2m 时，可根据锅炉入口温度缓慢增加焦炭排出量及循环风量，逐步恢复原来的运行状态。

13.3.8.4　**性质及影响范围**

本案例属于干熄焦易发事故。当干熄炉斜道口焦炭浮起时，循环气体的阻力变大，影响整个气体循环系统的压力和温度平衡，对干熄焦的生产运行效率造成严重影响；干熄炉出口至一次除尘器高温烟气通道有大量的焦炭和焦粉沉积，部分大块焦炭会进入一次除尘器排灰格式阀，造成堵塞不能正常排灰，大量焦粉进入锅炉冲刷炉管，降低锅炉的使用寿命；一次除尘器紧急放散阀吸力过大，导致大量水封水进入炉体。

13.3.9　干熄焦旋转密封阀卡阻处理案例

2015 年 5 月 25 日下午 17:10，马钢焦化南区 1 号干熄焦旋转密封阀卡阻，影响干熄焦生产 1h。

13.3.9.1　**基本情况**

此事故发生后，观察处理 20min 后不能判别原因，17:30 停循环风机，打开旋转密封阀排出装置，将卡阻衬板取出，后于 18:00 开循环风机恢复生产。

13.3.9.2　**过程分析**

干熄焦旋转密封阀卡阻原因有很多：大块焦炭或炉头焦产生瞬间卡阻；焦罐衬板等铁器异物卡阻；下料口异物造成焦炭拥堵；旋转密封阀衬板松脱造成卡阻；旋转密封阀轴承及密封圈损坏；旋转密封阀电机故障等。通过停循环风机检查分析，此次事故原因为焦罐衬板卡阻所致。

13.3.9.3　**措施应对**

（1）进入旋转密封阀内部作业时，应确保阀内气体成分合格，同时还应注意防止烫伤。踩踏旋转密封阀叶片时，应在旋转密封阀的外部进行固定，以防其随意转动。

（2）开机前先确认旋转密封阀手动盘车正常，不应频繁点动旋转密封阀，以免造成电机烧损。

（3）旋转密封阀故障报警时应按以下步骤进行处理：中央控制室内的故障报警复位，选择“现场”状态，排出溜槽切换至无焦皮带侧。现场对旋转密封阀进行正反转点动各 1 次，若仍不正常，通知中央进行系统降负荷作业，进行下一步检查判断。

（4）拉闸断电、挂警示牌，关闭检修闸板，停吹扫风机，全开振动给料器侧集尘手动阀，中央控制室关闭风机出口充氮阀。通过手动盘车和卡阻声音判断故障原因。

（5）需要进入旋转密封阀内部时，先打开其上部人孔。若除尘系统正常运转情况下，无法保证旋转密封阀内部负压时，逐步降低循环风量至负压。

（6）旋转密封阀人孔部位为负压后，对阀内进行通风冷却，在确保气体检测合格后，方可进入检修，或戴好空气呼吸器直接进入进行检修。

（7）故障排查结束后，封闭人孔，关闭集尘手动阀，试转正常后将排出下料溜槽切回运转皮带侧。开启检修闸门，切换至“中央”状态，进行系统恢复。

13.3.9.4　性质及影响范围

本案例属于外部异物进入旋转密封阀造成的卡阻故障，判断处理需时较长，造成干熄炉工况波动。

13.3.10　干熄焦停电处理案例

2013年4月23日8:21焦化北区高配高压1段跳电，4号、5号干熄焦被迫停产，故障排除到11:11处理好，影响干熄20炉，影响发电量10万千瓦时。

13.3.10.1　基本情况

事故发生后，4号循环风机及除尘风机，3号锅炉给水泵跳电停机，8:22电站2号机组解列。9:47启动除尘风机，9:50 5号锅炉主蒸汽疏水，过热器疏水打开。10:11高配高压1段再次跳电，11:05启动4号循环风机，11:10启动除尘风机，11:11开始干熄，14:50电站2号机开始暖管。

13.3.10.2　过程分析

8:21高配高压因接地造成1段跳电，后检查为干熄焦区域地下电缆破皮接地。干熄焦停电后，整个干熄焦生产停止。同时包括锅炉缺水、汽包超压、锅炉管道超温、气体成分超标、阀门、仪表被烧坏等风险。

13.3.10.3　措施应对

停电时处理方案：汇报情况。联系高压变电所操作人员到现场，尽快查明原因并送电，立即到现场检查停电设备并做好随时送电恢复准备。若停电时红焦在运输过程中，应迅速做好送电后立即将红焦手动装入干熄炉的准备，在20min内如果不能恢复送电，消防水龙头要准备到位，因判断2h内不能恢复生产，停干熄焦段摩电道电，并用水将红焦熄灭。检查各调节阀的开关状态，打开氮气导入阀通入N_2，同时打开紧急放散阀，防止可燃气体成分过高。检查确认现场设备的运行情况及各电动阀的开关状态，做好送电后的恢复准备。

送电后处理方案：

（1）对系统进行全面的检查，关闭主蒸汽切断阀，关闭循环风机入口挡板，现场进行系统的恢复。

（2）启动环境除尘风机，将红焦手动装入干熄炉内；检查旋转焦罐变形情况，确认无误后投入自动运行状态，监视操作画面的报警情况，确保正常。

（3）开启除盐水泵供水，开启除氧给水泵给除氧器供水，开锅炉给水泵向锅炉供水，开启加药泵。当汽包水位达到-100mm时，开启强制循环泵，设定循环流量360t/h，后根据工况调整。对锅炉系统关键部件进行安全确认，现场作业人员对其他现场设备进行全面检查。

(4) 开启吹扫N_2或压缩空气以及自动给脂，准备开启排出装置，待系统均正常后，开启循环风机。缓慢增加循环风量，根据系统温度情况开启排出装置，排焦量随循环风量的增加而缓慢增加。

(5) 随着系统运行负荷的提高，密切关注系统参数的变化及设备的运转状况。根据炉水水质投入连续排污。系统稳定后，锅炉系统投入自动运行。暖管后缓慢开启主蒸汽切断阀，恢复外供中压蒸汽。

13.3.10.4　性质及影响范围

本案例属于干熄焦突发性事故。当高配出现故障或者线路出现问题造成干熄焦断电的情况，所有高低压设备全部停止，如果不能及时有效的处理，不但对稳定生产产生影响，还存在巨大的安全风险。

13.3.11　统焦输送改造案例

为减少焦化北区出厂焦炭运输过程摔打，增加高炉可入炉焦炭量，对焦炭输送方式进行改造。

13.3.11.1　基本情况

2012年10月前焦化北区传统的筛运焦工艺：焦炭在转运、筛分、仓储过程中，因高度落差和振动造成焦炭摔损，简化和缩短焦炭物流流程是改造重点。考虑到焦炭生产以干熄焦为主，2012年11月决定对干统焦直供进行改造，湿统焦产量较少，仍通过原有焦仓进行储存和转运。

13.3.11.2　过程分析

北区两座7.63m焦炉生产的红焦经干熄炉冷却后，通过皮带送至炉前焦库缓存；再通过运焦皮带送至筛焦楼振动筛进行筛分，通过振动筛将焦炭筛分成大焦(>40mm)、小焦(25~40mm)、焦丁(15~25mm)、焦粉(<15mm)四个等级的产品缓存至筛焦楼的焦仓内；再通过运焦皮带将冶金焦(大焦和小焦)送至高炉焦炭库；最后将冶金焦再次筛分送至高炉炉内。焦炭经过两次筛分和数次入槽(或库)缓存的摔打及带式运输机运输过程中需要多次通过转运站中转，导致焦炭在运输至高炉过程中，部分冶金焦摔碎成焦丁、粉，据测算焦炭输送过程破损率约5%，资源严重浪费。

13.3.11.3　措施应对

以炉前料库为起点新建一条统焦运焦线，与料厂运焦线相连，焦炭经炉前料库直送三铁焦槽。生产组织上，统焦线主要连续输送干统焦，炉前料库保持高料位以减少焦炭摔打。原有焦炭筛分系统中振动筛改为过渡溜槽，统焦进入焦仓缓存，该线路作为统焦线的备用和缓冲，见图13-13。

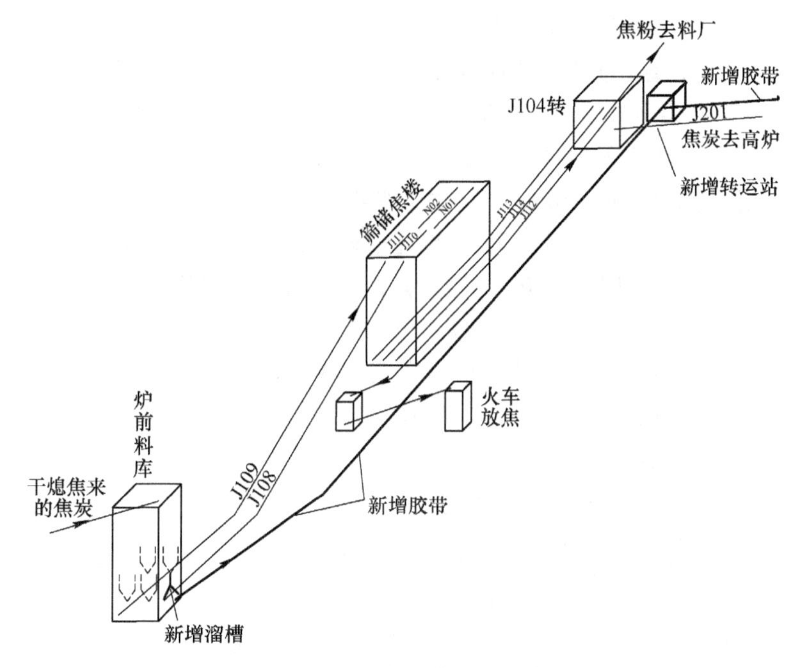

图 13-13 北区统焦线流程示意图

13.3.11.4 性质及影响范围

本案例属于创新技改项目，统焦输送方法有效提高了焦炭入炉率。统焦直供后，北区高炉自产焦基本实现平衡。

13.4 高炉典型案例

13.4.1 4号高炉（$300m^3$）炉缸烧穿及修复维护实例

13.4.1.1 炉缸烧穿过程简介

马钢原4号高炉（$300m^3$）第五代炉役于2000年8月4日19:55开炉，投产后迅速达产，炉况长期保持稳定顺行。高炉利用系数由大修前的2.23t/(d·m^3)逐步提高到3.2t/(d·m^3)以上。2003年11月5日17:30高炉配管工在测量水温差时，发现炉缸二层10号、11号冷却壁水温差升高至3.2℃，高炉中控作业长和配管工当即加强了对该处冷却壁的巡查，并相应提高冷却水压；经过两个多小时的观察和处理，虽然11号冷却壁水温差下降，但10号冷却壁水温差仍处偏高水平，20:50启用高压水泵对10号冷却壁进行强化冷却。同时，高炉风量减至550m^3/min，热风压力由150kPa降至105kPa。尽管采取了强制冷却与控制冶炼强度措施，但在20:53炉缸二层10号冷却壁突然无出水，随即炉缸被烧穿，铁水由烧穿处流出，遇水后引发数次爆炸起火，高炉中控作业长当即紧急休风。

13.4.1.2　炉缸烧穿后的调查

炉缸烧穿后，经调查确认约数吨铁水及几十吨炉料从烧穿处涌出，烧穿位置为炉缸二层 10-2 号和 11-1 号冷却壁之间，两块冷却壁均已烧坏；此外，相邻的炉缸一层 8-3 号和 9-1 号冷却壁进出水管被渣铁烧坏并灌死。炉缸烧穿部位因爆炸形成的孔洞约 750mm×550mm，孔洞下沿距铁口中心线约 500mm。11 月 9 日现场清理后，将炉缸二层 10 号和 11 号冷却壁取下，发现冷却壁除内侧大面积砖衬脱落外，与其相邻的两块冷却壁内侧同样存在砖衬脱落现象。

扒炉过程中从炉内观察发现，铁口上方炉缸整体状况尚好，铁口四周区域侵蚀严重，呈“象脚状”。在侵蚀严重的“象脚状”环带残存砖衬厚度只有 300mm 左右，烧穿部位侵蚀最为严重，残存的砖衬厚度仅 100mm 左右，炉底部位向下侵蚀最深处已达 1300mm 左右。

13.4.1.3　炉缸烧穿部位的修复

因烧穿部位砖衬破损严重，已无法从炉外进行修补造衬。根据高炉主体设备状况，结合实际侵蚀情况，经讨论制定如下恢复方案：

（1）6 日 24:00 前完成现场炉外物料及渣铁的清理工作并实施扒炉。炉内沿炉缸圆周方向扒出宽 1500mm 的边缘环带，并找到炉缸周边约 1000mm 宽的环形可砌筑的平面。为防止炉底砖发生大面积损坏，扒炉过程中禁止爆破。

（2）3 日内完成 6 块冷板的制作备用，冷板上留有灌浆孔和电偶安装孔。由于炉缸一层 8-3 号和 9-1 号冷却壁经过打压测试，壁体完好，恢复进出水管道，仅更换烧坏的两块炉缸冷板。

（3）由于炉腹冷板损坏 53.5%，炉腰冷板损坏 67.8%，抢修期间更换炉腹两带冷板，炉腰采用挂管处理。

由于残存渣铁太厚，兼顾工期要求，残铁层无法扒净，实际炉底砖扒至炉底上面第四层砖（炉底共七层砖），沿炉缸圆周方向扒出 950mm 宽的环带（见图 13-14）。

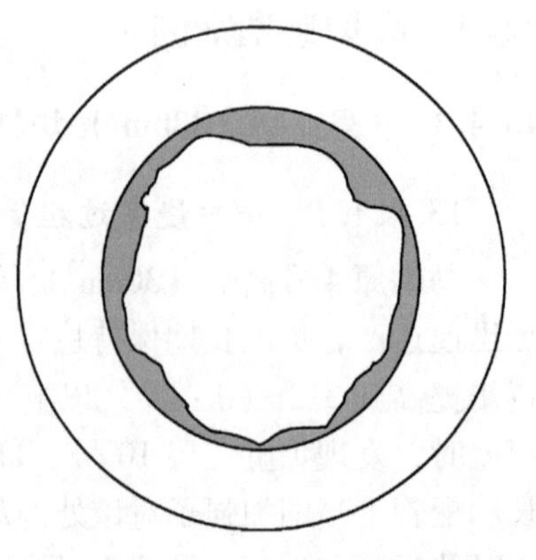

图 13-14　4 号高炉实际扒炉截面图

在扒出的环带面上采用高铝砖砌筑（2×345+230）mm，然后依次退至（345+230）mm 宽砌砖（见图 13-15）。新砌炉缸砖与死铁层之间的间隙（30～70mm）用捣打料填充。由于无法实现预定的砌筑方案，依然保留了炉底中心范围的侵蚀状态，与新建高炉相比，死铁层实际高度由 450mm 增加到 1490mm，炉底厚度由 2300mm 减薄为 1270mm（见图 13-16）。

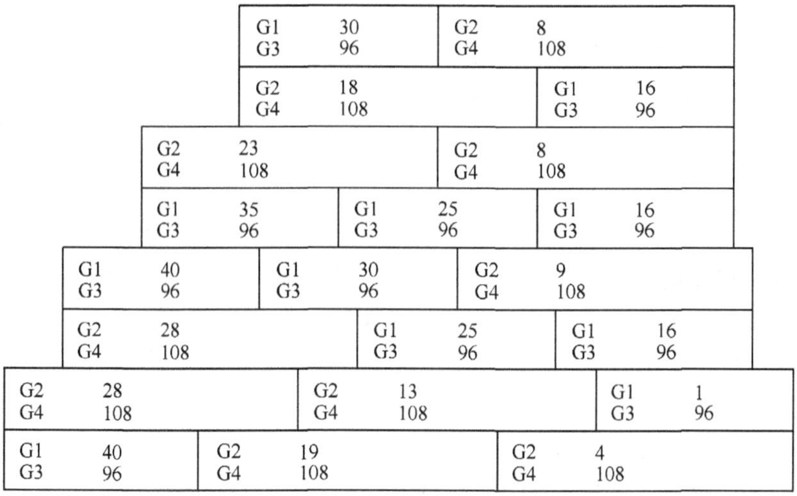

G1 30 G3 96 | G2 8 G4 108

G2 18 G4 108 | G1 16 G3 96

G2 23 G4 108 | G2 8 G4 108

G1 35 G3 96 | G1 25 G3 96 | G1 16 G3 96

G1 40 G3 96 | G1 30 G3 96 | G2 9 G4 108

G2 28 G4 108 | G1 25 G3 96 | G1 16 G3 96

G2 28 G4 108 | G2 13 G4 108 | G1 1 G3 96

G1 40 G3 96 | G2 19 G4 108 | G2 4 G4 108

图 13-15　4 号高炉炉底与炉缸砖衬修复砌筑图

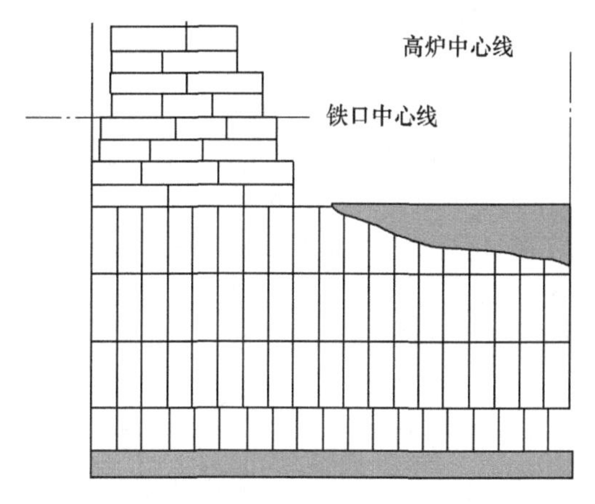

图 13-16　4 号高炉炉缸修复砌筑剖面图

13.4.1.4　生产恢复与炉缸维护

炉缸修复后高炉于 2003 年 11 月 28 日 23:45 点火开炉，12 月 3 日系数达 3.040t/(d · m³)，高炉快速达产，经济技术指标也逐步恢复至烧穿前水平（见表 13-7）。期间 2005 年 11 月 18~23 日休风 5 天半挖补炉皮，直至 2007 年 6 月 22 日 16:22 永久停炉。

表 13-7　4 号高炉炉缸修复开炉后高炉主要指标

日　期	系数/t · (d · m³)$^{-1}$	毛焦比/kg · t^{-1}	煤比/kg · t^{-1}
2003 年 1~11 月	3.206	399	160
2003 年 12 月	3.159	383	157

续表 13-7

日　期	系数/t·(d·m^3)$^{-1}$	毛焦比/kg·t^{-1}	煤比/kg·t^{-1}
2004 年 1~12 月	3.192	433	148
2005 年 1~12 月	2.944	429	152
2006 年 1~12 月	3.062	420	152
2007 年 1~6 月	3.219	406	156

为确保修复后的高炉安全生产，检修时对炉缸二层冷板水温差安装了计算机在线检测系统，该系统能够及时发现炉缸水温差的异常情况，一旦炉缸进出水温差大于 1.5℃，计算机即报警，中控作业长可根据炉缸水温差实际情况按制定的应急预案进行处理（表 13-8）。但由于炉缸修复并非完整，2005 年 2 月 26 日，炉缸二层 1 号、24 号冷板水温差升高，最高达到 1.88℃，开启高压泵（水压 500~700kPa）强化冷却；2005 年 5 月 20 日，炉缸一层 2 号、8 号水温差升高，最高达到 3.0℃；炉缸冷板冷面检测温度也由开炉时的 50℃上升到了 70℃，表明炉底、炉缸侵蚀严重。针对炉缸二层铁口两侧 1 号和 24 号冷板水温差偏高的现状，采取了以下维护措施：

（1）加强对炉缸水温差的监控管理，增加水温差测量频次。

（2）缩小铁口两侧 1 号和 12 号风口小套内径，由 ϕ110mm 改为 ϕ100mm；停止放渣，减少铁水环流对炉缸砖衬的侵蚀。

（3）加开高压泵，强化对铁口两侧冷板的冷却。

（4）2005 年 5 月 20 日炉缸一层冷板水温差升高后，利用休风机会将炉缸一层冷板由原来的三块串联拆为单联，提高冷却强度。

（5）增加炉料结构中自产球团比例，并适当提高铁水含[Si]水平，以增加铁水钛含量（表 13-9）；适当降低铁水含[S]水平，减缓铁水对炉缸的侵蚀。

（6）定期酸洗炉缸冷板。4 号高炉冷却采用非净化工业水开路循环，冷却水质较差容易结垢，结垢后导热性显著降低。2005 年 7 月 19 日，对炉缸与风口带冷板进行了酸洗，平均水流量增加 25%，最大流量增加 40%，炉缸冷板冷面温度平均下降 10℃。

（7）加强铁口维护，保证适宜的铁口深度。每炉铁口深度控制在 1300~1500mm，减少浅铁口次数；出铁时尽量减少冲击操作，确保泥套孔道不受损坏，并出净渣铁；使用钛精炮泥，增加还原钛在铁口区域的沉积，保护铁口区域砖衬，达到保护冷板的目的。

通过采取多项综合护炉措施，炉缸烧穿修复部位冷板水温差正常，并未出现异常升高现象。同时铁口两侧炉缸二层冷板水温差一度升高现象也得到控制，并逐步恢复正常水平，且比较稳定，直至 2007 年 6 月 22 日 16:22 永久停炉。在接近 4 年的生产期间，维持了炉缸安全和较好的经济技术指标，说明炉缸烧穿后的修复方法可行，只要采取适当有效的护炉措施，可以维持3~4年的炉缸安全生产。

表13-8　4号高炉2005年炉缸二层1号、2号、24号炉缸水温差统计

时间	2月	3月	4月	5月	6月	7月	8月	9月	10月
1号	1.33	1.42	1.73	1.58	1.33	1.22	1.12	1.02	0.98
2号	1.19	1.21	1.62	1.46	1.21	1.09	1.06	0.96	0.77
24号	1.35	1.33	1.79	1.55	1.35	1.20	1.14	1.01	0.95

表13-9　4号高炉渣、铁含钒钛量统计表　（%）

成　分	2003年1~10月	2004年	2005年	2006年	2007年
[V]	0.11	0.10	0.10	0.10	0.09
[Ti]	0.166	0.15	0.16	0.19	0.19
(TiO_2)	2.24	2.08	2.01	2.01	1.91

13.4.2　1号高炉（2500m³）炉缸冻结处理

13.4.2.1　事故简介

1号高炉2004年12月14日年修，降料面至风口实施喷涂造衬。由于降料面过程中，风量使用不当，打水量过大，造成炉墙黏结，炉缸热损严重。因未充分认识炉内状况对开炉的影响，开炉时送风参数选择不合理，导致炉缸冻结，被迫采用风口出铁。在后续恢复过程中，又对高炉进程把握不当，造成顽固性管道。整个恢复过程共耗时一个多月，损失巨大。

13.4.2.2　原因分析

（1）炉墙上黏结物过多。因从26号风口处放炮爆破未果，整个环形黏结物无法清除，人员未能进入炉内扒炉，导致炉缸冷渣铁没有扒掉，特别是三个铁口区域炉缸没扒到位，是炉缸冻结和恢复过程中气流失常的主要原因。

（2）反弹料未清理彻底。大量的反弹料落入炉内，只扒出风口前端一小部分反弹料，其余无法清出。

（3）停炉后因火焰大，凉炉过程中打水量大。

（4）未烘炉，导致渗入炉墙、黏结物和喷涂料的水分无法析出，致使开炉后中小套结合部大量渗水，热量损失大。

（5）开炉时开风口数偏多（8个）。

（6）开炉后17号小套及16号中套破损漏水，加剧了炉缸冻结。

13.4.2.3　炉缸冻结处理

基于炉内状况恶劣，开炉料在原方案的基础上做了调整：

（1）正常料负荷由2.6退至2.4，全炉焦比由3.0t/t增至3.59t/t。

（2）考虑到黏结物体积较大，实际装焦位置（净焦与空焦）比原先计划要高。

（3）增加了云石和萤石的用量：萤石由3.0%增至4.0%；空焦中云石量由1.89t/批增至3.97t/批。

（4）炉渣碱度进行了适度下调：空焦段碱度R_2由1.0降至0.8，正常料段碱度R_2由1.03降至1.00。

2004年12月18日12:20开始装料。开2号和3号铁口上方的8个风口，即14~21号风口，其他风口堵严。18:03送风，初期风压70~100kPa，风量约800m³/min，风温全送（700℃），21:50铁口埋氧枪。送风14h后，各风口前陆续有大块滑落，期间探尺呈台阶状下降。风量一度加至1000m³/min，风压150kPa，但随着风口下落物增加，风口逐渐变暗。19日14:30 17号小套漏水，15:07炉内塌料，部分风口灌渣；17:20 16号中套漏水，随后风口状况恶化，风量逐步萎缩，组织炉前烧铁口和爆破作业均未果。20日10:10风口全部灌死，风量为零。至此炉缸冻结形成，高炉被迫休风。

A　改风口为临时出铁口

休风后拆除18号风口中、小套，并砌砖作为临时铁口。18号风口下方做临时出铁沟至出铁场平台，将19号风口作为唯一送风风口，并与临时铁口烧至贯通，同时更换漏水的16号中套和17号小套，将其他风口小套内渣铁清理干净后全部堵严，休风作业655min。

复风前在2号、3号铁口用氧气向上斜5°烧进3.5m后重埋氧枪。

B　临时铁口出铁

12月22日20:42复风，复风初期定风压40kPa，风量50~80m³/min。炉内连续上空焦，炉外为尽快排放冷渣铁，初期铁次间隔20min，出铁时间20~40min，渣铁量约3~8t，流动性极差；送风20h以后，渣铁流动性明显好转，铁量增加；24h后，风量逐步自动增至100m³/min。24日5:25发现3号铁口化通自动来铁，出渣铁量约60t，同时风口出现明显好转，于是转3号铁口出铁。从送风到3号铁口自动来铁共32h43min，期间18号风口出铁共30炉，排放渣铁约145t。

C　后续恢复

转铁口出铁后，前期渣铁量较少，流动性较差，渣铁全部进入干渣坑。24日白班开17号、20号风口后，风量加至250m³/min；25日开始加入2.2~2.4的轻负荷料（含锰矿、萤石），渣铁流动性有所好转，出铁间隔时间延长至2h，风量至600m³/min，随后开风口速度加快，渣铁流动性明显改善。

27日8:47发现2号铁口化通来铁，将风量恢复至1500m³/min，负荷加至

2.6；28日小夜班风量增至2700m³/min，除2~10号、18号、26号其余风口全开，但1号铁口仍未来铁；29日1:40捅开2号风口，3:50捅开4号、5号风口，风量增至3500m³/min，7:33发现3号风口大、中套烧出，5层3号冷却壁烧损，高炉被迫紧急休风。

休风拆除3号风口小套，从大套下部烧损处向炉内填入浇注料0.5t，中套及大套内部填入有水炮泥，将大套法兰割除后用厚50mm钢板将炉皮封堵，钢板上装3个冷却器，送风装置盲死，同时将临时铁口恢复为正常风口（18号风口）。

13.4.2.4 后续炉况恢复过程

A 初期炉况恢复

12月30日，再次偏堵风口，开19~22号共4个风口，于10:11复风。上部装入2.6负荷料，31日6:40送风的风口数达19个，风量达2700m³/min。随着逐步开风口，渣铁流动性显著改善，生铁［Si］达2.70%。7:51出现管道气流，控风至1500m³/min。在恢复过程中，又分别在2600m³/min和2300m³/min风量水平出管道气流。随后将风量进一步控制到2100m³/min，20:35发现1号铁口氧枪自动来铁，到3日28个风口全开，风量恢复至3800m³/min。

B 顽固性管道的形成

当风量3800m³/min时，负荷分4次加至3.3，但炉内气流分布呈现恶化趋势：

（1）顶温高且极差大，T_{max}>350℃，靠打水上料，四个炉顶温度温差大于200℃，局部气流过盛且难行。

（2）炉温下降幅度过快，铁水物理热不足。3日20:00~4日12:00连续出废品，气流分布进一步恶化，高炉向凉。

随后采取集中加焦炭100t，退负荷至2.7，逐步减风等措施，但仍然无法有效控制炉顶温度，加之小套漏水影响较大，遂决定休风更换并堵风口恢复炉况。1月5日12:50休风更换漏水小套并堵风口11个，复风后风量恢复尚可，至6日7:14风量恢复至3400m³/min，但很快又出现气流偏行问题。炉内采取适当控风，扇行布料等措施，气流偏行问题也没有得到根本解决。8日连续出现塌料、难行及偏尺，甚至炉喉打水也无法控制顶温，至此炉内局部顽固性管道已经形成。

C 顽固性管道的处理过程

（1）在炉内局部已经形成顽固性管道后，决定采取偏堵风口方式处理。1月9日12:00休风集中堵9号、13~24号共14个风口（含封死的3号风口）。此次恢复，在风量2000m³/min的低水平上维持了相当长时间。上部加组合焦（280t）并大幅度疏松边缘（$C_{33}^{87}O_{33}^{87}$），一度取得较好的效果，但在进一步加风后，顶温高、极差大的问题再次出现，扇行布料、减风均无效果。

（2）决定再次休风重堵风口，进一步减少开风口数，并慎用风量。1月10日12:40休风堵5号、7号、9号、11~24号、26号、28号共20个风口。复风时10个风口送风，负荷2.2，料制O^8C^7，在风量1000m^3/min左右，单铁口作业维持了23h，期间又采取了下列措施：

1）降料线最深至6m，以此来破坏固有的管道气流，同时通过炉顶摄像仪对管道的位置进一步确认。

2）上部采取扇行、定点布料对管道气流进行压制。

前期顶温仍难以控制，采取炉顶通蒸汽及打水强制降温。19h后，开始从6m料线连续赶料，顶温极差逐步缩小。23h后开始加风并相应捅风口。27h后风量1900m^3/min，顶温极差降至100℃以内，之后恢复相当谨慎，至12日6:07风量3100m^3/min。1号、2号探尺极差相对稳定，考虑两探尺极差仍偏大，没有继续捅开风口。在探尺极差逐步缩小至300mm以内，决定进一步恢复风量，13日19:29风量至4000m^3/min，负荷至2.9。至此气流偏行及炉墙黏结问题基本解决。

D 炉缸进一步恢复过程

考虑到漏水小套的增加，后续重点转向改善炉缸状况及炉况的整体恢复上：

（1）炉缸处理的原则是，在维持较高风量的前提下，保持双铁口出铁，尽快全开风口。上部逐步向正常料制过渡以稳定气流，下部逐步提高风温和富氧以增加炉缸热量，提高铁水物理热，同时将［Si］降至0.3~0.4（PT>1480℃），配合锰矿洗炉增强铁水对炉缸的冲刷。

（2）20日19:10休风更换大量漏水小套和部分吹管。堵8个风口复风后风量恢复较为顺利，21日风口全开，并双铁口出铁，风量4300m^3/min，富氧10000m^3/h，风温1100℃，此后进程顺利。22日产量6000t，至此炉况完全恢复至年修前的正常水平。

13.4.3 10号高炉（500m^3）布料溜槽磨损对炉况的影响与处理

13.4.3.1 炉况简介

2016年8月下旬，马钢10号高炉（500m^3）受临时管控期间原料条件劣化影响，高炉逐步控制冶炼强度，产量下降。同时由于冷板漏水加剧，炉腹到炉身中下部冷却壁6层共计180块，漏水95块，占53%。炉况逐步滑坡，消耗升高。8月29日大夜班2:02、4:22崩料2800mm，压量关系不适应，透气性指数较正常值偏大，顺行状况进一步恶化。停氧、减风，负荷由3.75逐步退至3.58，炉温提高至0.70%~0.80%。30日8:50和10:45崩料2000mm，控风至1330m^3/min（风压200kPa）；31日8:56崩料2500mm，控风至1420m^3/min（风压200kPa）。9月1~7日崩料12次，6日10:57和12:32先后崩料至料线不明，退负荷至3.28，补40批空焦组合料，7~8日过渡空焦期间，又出现2次3000mm以上崩料，炉况调控艰难。主要指标与操作参数变化见表13-10和图13-17。

表13-10　10号高炉2016年8月至9月上旬主要参数与指标变化情况

时间段	平均日产量/t	煤比/kg·t⁻¹	焦炭负荷	入炉焦比/kg·t⁻¹	风量/m³·min⁻¹	压力/kPa
2016年8月1~20日	1556	137	3.96	409	1545	243
2016年8月下旬	1494	112	3.73	438	1519	237
2016年9月1~7日	1301	95	3.33	491	1443	219
2016年9月13~20日	1528	116	3.69	440	1548	238

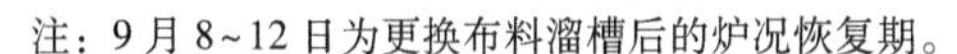

注：9月8~12日为更换布料溜槽后的炉况恢复期。

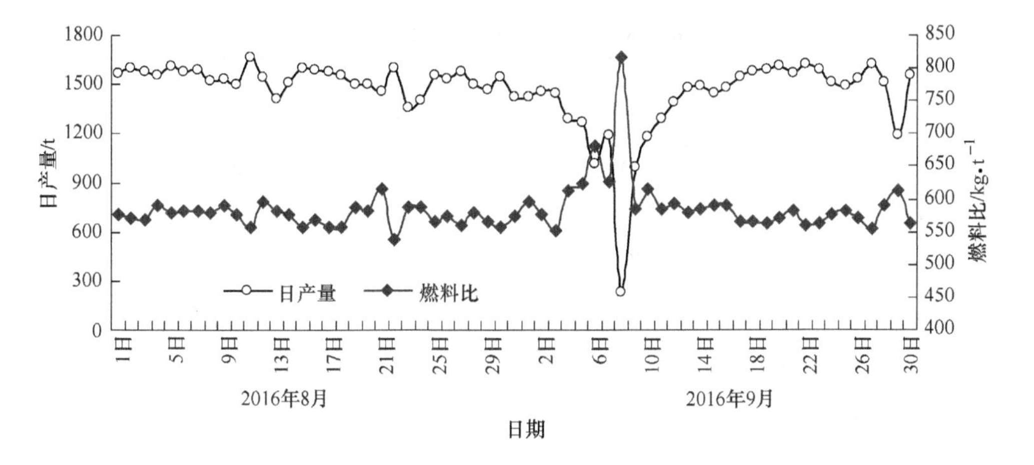

图13-17　10号高炉2016年8~9月日产量与燃料比变化趋势图

13.4.3.2　炉况调控措施

（1）由于炉况接受风量能力弱，根据冷板的漏水程度，逐步焖死了漏水严重的80块冷板，焖死率44%（见图13-18），并对剩下15块未焖死冷板进行了重点监控，其中12块进水接近全关，期望达到冷却强度与热负荷的基本平衡，为向合理的操作炉型过渡创造条件。

（2）将正常的风量、压力值下调90%~95%，并进行控制。焦炭负荷由4.0下调至3.45，喷煤比由140kg/t下调至85kg/t，并提高炉温平均水平。

（3）为改善顺行，8月下旬上部调剂采取矿石模式逐步内移，并改单环，增大矿焦负角差（见表13-11）。

尽管采取了多项调控措施，但从炉内料面成像观察，边缘仍存在较大带宽，中心呈较大面积亮斑，两道气流仍显不足，顺行程度无明显改善。

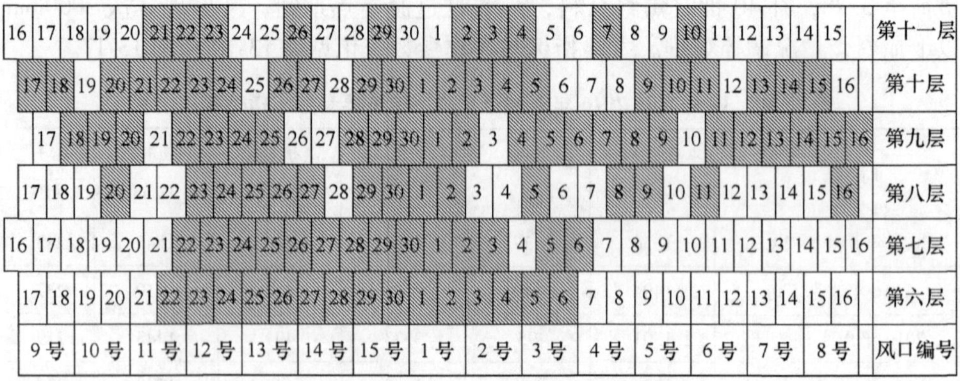

层	冷板编号
第十一层	16 17 18 19 20 21 22 23 24 25 26 27 28 29 30 1 2 3 4 5 6 7 8 9 10 11 12 13 14 15
第十层	17 18 19 20 21 22 23 24 25 26 27 28 29 30 1 2 3 4 5 6 7 8 9 10 11 12 13 14 15 16
第九层	17 18 19 20 21 22 23 24 25 26 27 28 29 30 1 2 3 4 5 6 7 8 9 10 11 12 13 14 15 16
第八层	17 18 19 20 21 22 23 24 25 26 27 28 29 30 1 2 3 4 5 6 7 8 9 10 11 12 13 14 15 16
第七层	16 17 18 19 20 21 22 23 24 25 26 27 28 29 30 1 2 3 4 5 6 7 8 9 10 11 12 13 14 15 16
第六层	17 18 19 20 21 22 23 24 25 26 27 28 29 30 1 2 3 4 5 6 7 8 9 10 11 12 13 14 15 16
风口编号	9号 10号 11号 12号 13号 14号 15号 1号 2号 3号 4号 5号 6号 7号 8号

图 13-18　10 号高炉 2015~2016 年冷板漏水状况分布图

表 13-11　10 号高炉 2016 年 8~9 月布料溜槽更换前后布料模式的调节与对应产量

日　期	布料模式	负角差	料线/mm	产量/t
8 月 12 日	$C_{5\ 3\ 2}^{32\ 30\ 28}O_{3\ 6}^{28\ 27}$	−3.24	1100	1549
8 月 22 日	$C_{5\ 3\ 2}^{32\ 30\ 28}O_{9}^{27}$	−3.64	1200	1603
8 月 27 日	$C_{5\ 3\ 2}^{32\ 30\ 28}O_{9}^{27}$	−3.64	1100	1582
8 月 29 日	$C_{5\ 3\ 2}^{32\ 30\ 28}O_{9}^{27}$	−3.64	1100	1465
8 月 31 日	$C_{5\ 3\ 2}^{33\ 31\ 29}O_{9}^{28}$	−3.16	1000	1427
9 月 2 日	$C_{9}^{33}O_{9}^{28}$	−4.8	1000	1457
9 月 6 日	$C_{6\ 4}^{32\ 30}O_{9}^{27.5}$	−4.1	1300	1020
9 月 7 日	$C_{5\ 3\ 2}^{32\ 30\ 28}O_{2\ 7}^{28\ 27}$	−3.45	1200	1197
9 月 9 日	$C_{5\ 3\ 2}^{32\ 30\ 29}O_{3\ 6}^{29\ 27}$	−3.07	1200	998
9 月 10 日	$C_{5\ 3\ 2}^{32\ 30\ 29}O_{4\ 5}^{29\ 27}$	−2.86	1200	1186
9 月 11 日	$C_{5\ 3\ 2}^{32\ 30\ 29}O_{2\ 7}^{29\ 27}$	−3.28	1100	1288
9 月 12 日	$C_{5\ 3\ 2}^{32\ 30\ 29}O_{3\ 7}^{29\ 27}$	−3.2	1100	1391
9 月 18 日	$C_{5\ 3\ 2}^{32\ 30\ 29}O_{4\ 6}^{29\ 27}$	−3	1100	1582
9 月 20 日	$C_{5\ 3\ 2}^{32\ 30\ 29}O_{4\ 6}^{29\ 27}$	−3	1100	1614

13.4.3.3　布料溜槽磨损及换新后的炉况恢复

鉴于上述炉况调整未能达到预期效果，且溜槽已使用 8 个月达到更换周期，遂决定休风更换溜槽，使上部布料调控回归正常水平。

8 日 10:00~18:00 休风更换布料溜槽。从更换下来的溜槽观察，溜槽底部衬板磨损严重，落料点处衬板已经磨通，最低点与溜槽前端衬板上沿平面相差 150mm（见图 13-19）。

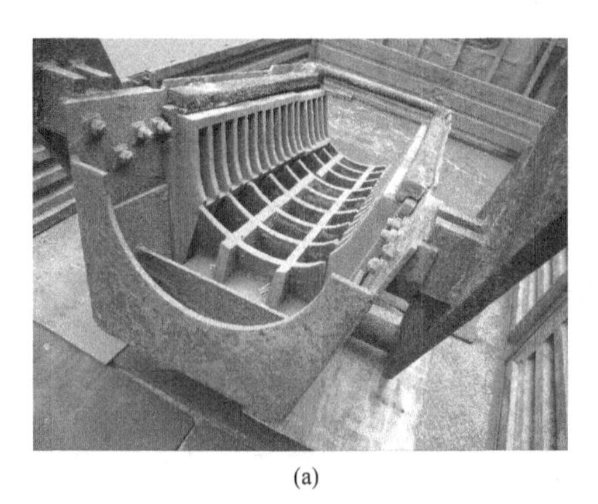
(a)

(b)

图 13-19　10 号高炉新旧布料溜槽对比
（a）更换后的新溜槽；（b）更换前的旧溜槽

鉴于休风前炉况基础薄弱，为利于炉况恢复，堵 4 号、7 号、9 号、11 号、12 号共 5 个风口复风。续加 27 批空焦组合料（(5K+5P)×2+(3K+5P)+(1K+5P)×9+(1K+10P)×5…），维持原有焦炭模式，矿石模式角度适度外移，缩小矿焦负角差（$C_{5\ 3\ 2}^{32\ 30\ 29}O_{3\ 7}^{29\ 27}$）。9 月 12 日后炉况逐步趋稳，并开始富氧 1500m³/h，负荷 3.62，煤比 100kg/t，产量回升，消耗下降，指标稳步恢复。至 13 日各项参数基本恢复正常，产量 1475t，达到正常值的 95.2%，13～20 日平均产量达到 1528t。具体指标见表 13-10、表 13-11 和图 13-17。炉况恢复参数趋势见图 13-20。

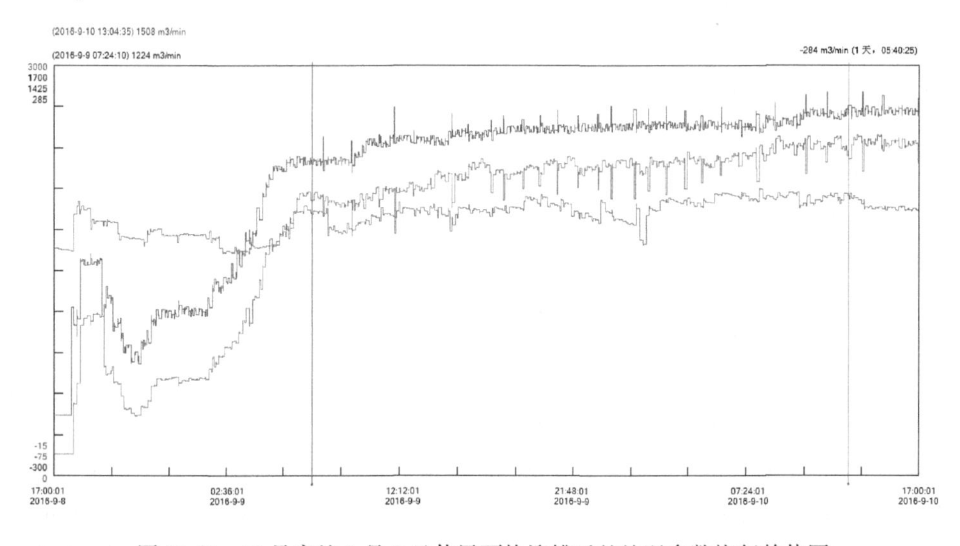

图 13-20　10 号高炉 9 月 8 日休风更换溜槽后的炉况参数恢复趋势图

13.4.3.4　经验教训

（1）布料溜槽是高炉关键工艺设备，应遵循定期更换的原则，期间逢休风机会，应检查料面形状和溜槽磨损情况，为炉况调节提供必要的基础参考数据，确保上部布料模式调节具有良好的针对性。

（2）马钢 500m^3高炉为摸索布料溜槽对上部布料的调节规律，对溜槽的内部衬板结构进行过四次改进。现有布料溜槽合理的矿焦角差为-2.0°±0.5°，炉况处理与调节时应围绕该基准值进行适度调整，溜槽使用前期，应使用下限负角差，晚期使用上限负角差。

（3）每次计划检修更换布料溜槽时，应对焦炭料流轨迹进行简单的测定，为后续炉况调节提供参考基准。定期对料流量进行测定，确定真实布料环数，使得设定的布料模式矩阵与实际布料逼近，矿焦角差真实反映炉况调节所需。

13.4.4　9 号高炉布料溜槽卡衬板导致的炉况失常与处理

9 号高炉 2015 年 7 月 1~21 日，平均日产 1412t，利用系数 3.363t/(d · m^3)，煤比 155kg/t，燃料比 550kg/t，炉况一直稳定顺行。22 日 14:55 发生管道崩料，调整布料模式，集中加空焦组合料处理，但炉况仍无法恢复正常。23 日发现布料溜槽卡衬板，及时休风处理，继续集中加空焦组合料过渡，待正常布料的炉料下达风口后，炉况很快恢复，26 日 9:00 炉况基本恢复至正常水平。此次炉况失常处理历时约 96h，多加焦炭约 710t，损失产量约 3000t。

13.4.4.1　失常经过

7 月 22 日 10:10 高炉调压阀组 A 阀（ϕ800mm）自动全开，炉顶压力从 90kPa 下降到 55kPa，高炉减风至 1250m^3/min（风压 170kPa）。待处理好后，10:50风量恢复至正常，12:10 炉况不适，有滑尺，减风至 1130m^3/min（风压 155kPa），并停氧，缩矿至 13.2t。14:45 崩料，料线 2500mm，控风至 1000m^3/min（风压 125kPa），加空焦 1 批，缩矿至 11t，待好转后逐步恢复风量为 1280m^3/min（风压 175kPa）维持（相关参数趋势见图 13-21）。

23 日 3:30 出现管道气流，崩料后料线 2800mm，慢风至 520m^3/min（风压 60kPa），加空焦 6 批，按停煤退负荷，缩矿至 7t，7:30 开始上组合料，但高炉下料仍然不顺，风量恢复困难。

11:05 休风堵 4 号、7 号、11 号、13 号四个风口恢复炉况（送风后不久 11 号风口吹开），高炉仍不能正常下料，风量恢复不上。因风量较小 300m^3/min，气流不稳，约 23:00 炉顶温度上升至 500℃时，观察炉内摄像，发现布料溜槽卡异物，随即决定休风处理。24 日 1:03 休风，打开人孔发现是一块 400mm×800mm 的弧形衬板卡在溜槽前部（见图 13-22），观察料面极不规则，休风期间去除钢板并增堵 9 号、11 号风口。

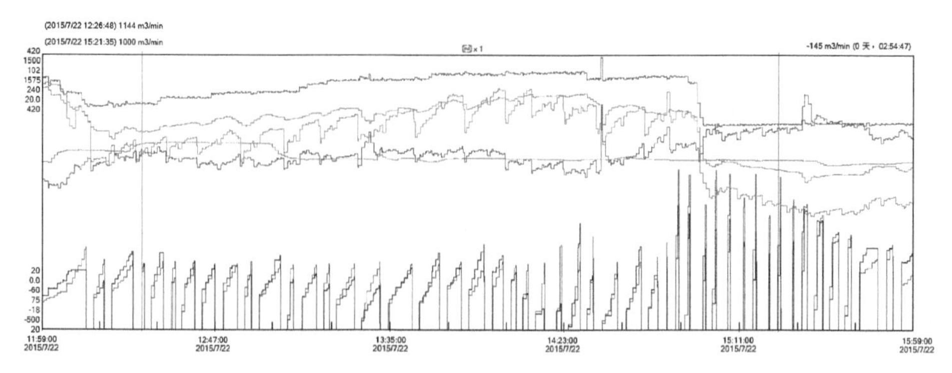

图 13-21 9 号高炉相关炉况参数趋势图

图 13-22 9 号高炉溜槽卡异物

复风后补 5 批空焦，风量 250m^3/min 维持，缩矿至 4t，继续上组合料恢复(20K+5P+4K+5P+(2K+5P)×2+(1K+5P)+(1K+10P)×2)。复风前期高炉下料仍有小滑尺，恢复进程艰难。直到 25 日 15：00，正常布料的炉料到达风口后，下料开始转顺，高炉后续恢复进程加快，26 日 9：30 高炉风口全开，风量恢复至 1350m^3/min（风压 180kPa），13：00 开始喷煤、15：20 富氧，至此炉况恢复至正常水平（相关参数趋势见图 13-23）。

13.4.4.2 原因分析

（1）造成此次炉况失常的根本原因是布料溜槽卡衬板。由于布料溜槽卡衬板后，布料达不到设定模式，导致煤气流分布紊乱，高炉操作调节达不到预期目标。

（2）通过分析认为该钢板为无料钟炉顶料罐内的耐磨衬板。料罐衬板脱落主要原因是长期装料过程中，粉末料不断进入罐体与衬板的间隙内，起到楔铁作用，逐步使衬板脱离罐体。

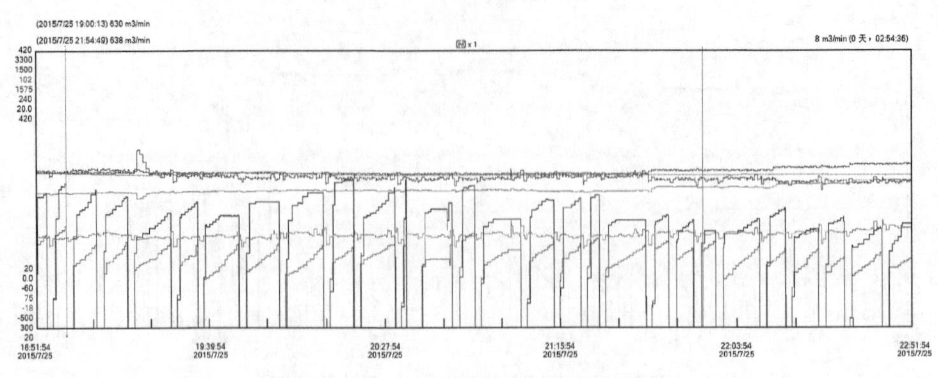

图 13-23 9 号炉相关炉况参数趋势图

13.4.4.3 经验教训

（1）日常操作中高炉中控室人员应当加强对炉顶成像的关注。对溜槽布料异常现象及早发现及时处理，避免对炉况产生严重影响。通过调取炉顶成像的历史记录，可以追溯到 22 日零时左右，溜槽已经有卡衬板迹象。

（2）当炉况突发失常恢复困难，在被迫休风堵风口时，应该考虑利用休风机会观察料面，检查布料溜槽，及时消除布料溜槽异常导致的炉况恢复困难因素。

（3）利用高炉定修机会，重点加强对隐蔽部位衬板安装可靠性检查，定期对易磨损部位衬板和螺栓进行紧固、更换，避免衬板异常脱落。

（4）加强对原燃料、料仓、炉顶设备及其衬板的检查，检查是否有异物，防止衬板或其他异物进入受料斗，导致布料紊乱。每次计划检修必须检查加固料罐衬板，料斗格栅板。

（5）对在线已安装不符合要求的衬板，检修时应拆除、清理重新安装，确认可靠。

13.4.5 10 号高炉（$500m^3$）管道气流与处理

2016 年 4 月 4 日 11:50，10 号高炉出现较大的管道气流，慢风到 $580m^3/min$ 加组合料恢复炉况，到 23:00 各参数恢复正常。

13.4.5.1 管道气流原因

A 边缘煤气流分布呈加重趋势

炉况体检发现炉顶温度整体处于下行趋势，平均温度由 1 日的 286℃下行到 3 日的 236℃（见图 13-24）。当时考虑连续下雨，可能与下雨有关，所以未做调整。

炉喉温度整体也处于下行趋势，尤其第二点温度下行较为明显，由 250℃下行到 125℃（见图 13-25），并长时间维持在较低水平。

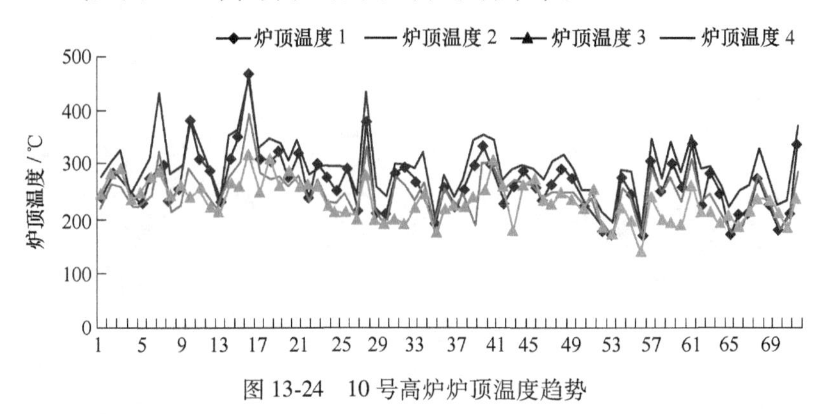

图 13-24 10 号高炉炉顶温度趋势

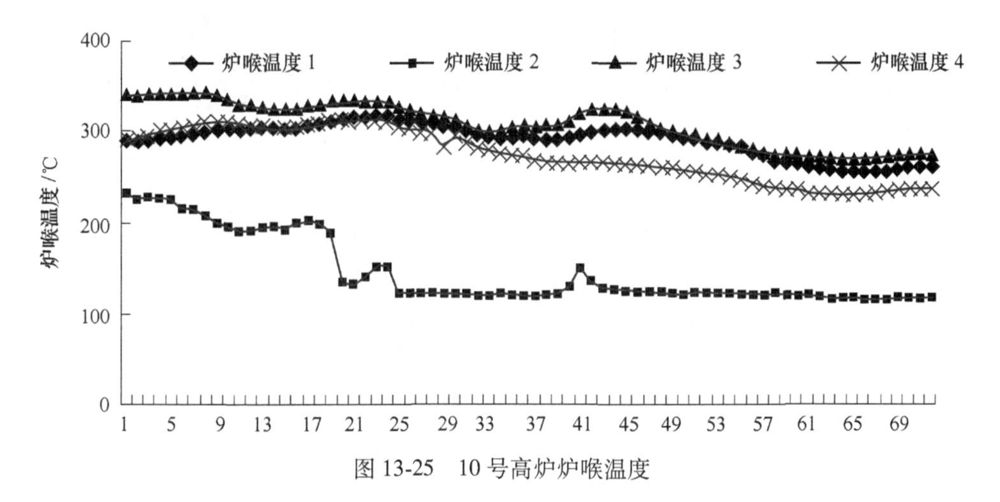

图 13-25 10 号高炉炉喉温度

B 炉墙渣皮脱落

本次管道较为严重，发生比较突然。事后调查发现 6 层 25 号冷却壁水温差 5:00 和 8:30 连续两次由 12℃突升到 25℃。分析认为水温差突然上升应该是渣皮脱落造成的（图 13-26）。

冷渣皮到炉缸后导致炉温急剧下行，铁水含［S］居高不下（见表 13-12）。渣皮脱落是导致本次管道发生的原因。

表 13-12 出管道前高炉成分变化 （%）

取样时间	［C］	［Si］	［S］
8:40	4.91	1.1	0.019
10:10	4.78	0.49	0.038
11:30	4.48	0.30	0.061

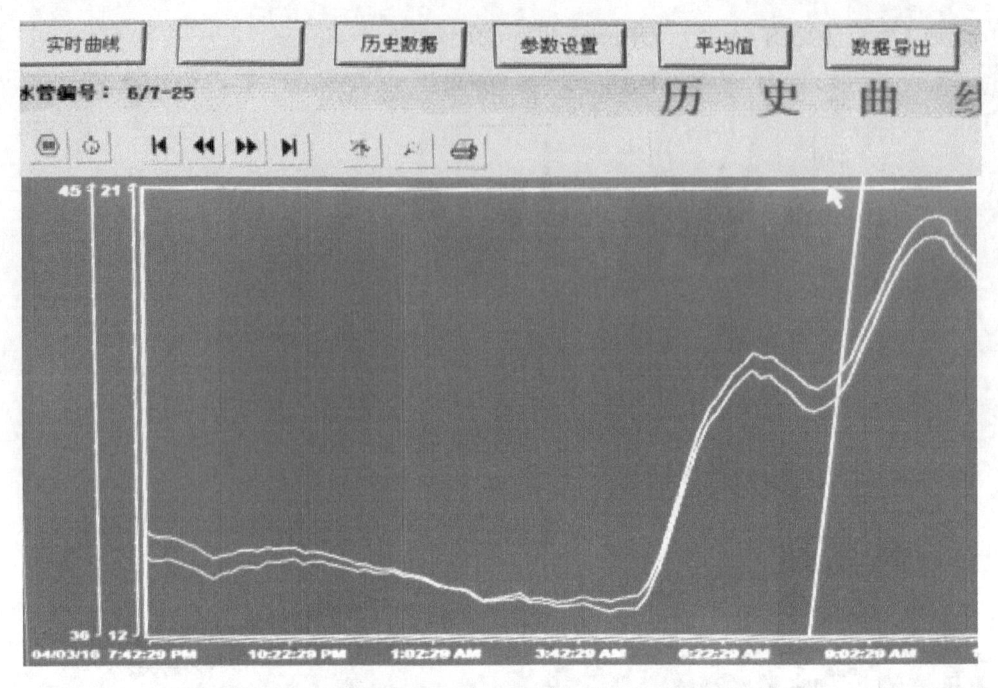

图 13-26　10 号高炉 6 层 25 号冷却壁水温差变化趋势

综上所述，本次管道气流的主要原因是：高炉边缘加重，加之漏水冷板控水，二者相结合引起渣皮脱落，气流发生较大变化，最终导致管道气流发生，炉况失常。

13.4.5.2　管道气流处理及恢复

（1）白班初期炉温下行，下料偏快，高炉减氧一段并适当减风控制。11:25 料慢，炉顶温度上行快，高炉再次减风。11:38 高炉崩料，料线 3000mm，炉顶温度快速上升管道气流出现（详见图 13-27）。

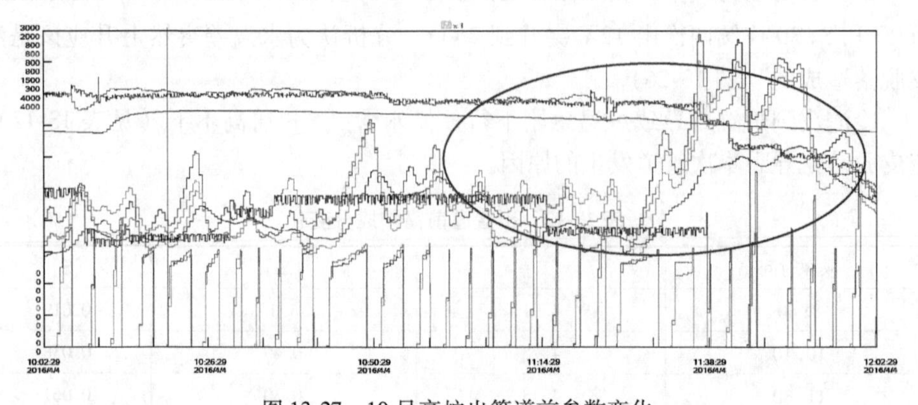

图 13-27　10 号高炉出管道前参数变化

（2）管道出现后，高炉减风减到175kPa，一边观察风口，一边将压力逐步再减到60kPa维持，同时关闭所有漏水冷却壁进水。减风过程中风口变化较大，11~14号四个风口小套水温差波动较大，几个风口阶段性、不同程度被炉渣糊死，后随着风口稳定逐步化开。此时大部分风口水温差低于3℃，部分糊死风口水温差小于1℃。

（3）加组合料过渡。减风后加组合料（(5K+3H)×1+(3K+5H)×2+(1K+5H)×3），共计空焦38.32t，同时按停煤退负荷到2.91，缩小矿批到6t，按正常料线上料。下料能够走出倾角，探尺未出现停滞和滑落现象，走料总体均匀，但风口仍呈半边凉、半边热状态，5~10号风口温度略高，其余风口温度较低。

（4）出铁按正常点次。虽然风压较低（55kPa），每次出铁只有3t左右且［S］居高不下，仍按正常点次出铁，旨在及时排放冷渣铁，促进组合料尽早进入炉缸，提高炉缸温度。

（5）小夜班19:00随着炉缸温度逐步好转，大部分小套水温差上升到5℃以上，渣温明显上升，流动性好转，开始逐步恢复参数。到23:00风量恢复到1430m^3/min，压力恢复到225kPa。到5日0:20铁水［S］下行到0.061%，炉温达到0.83%，炉况基本恢复至正常水平。具体参数见表13-13。

表13-13 高炉出管道后参数变化

日期	时间	风量/m^3·min^{-1}	热风压力/kPa	热风温度/℃	富氧量/m^3·h^{-1}	喷煤量/kg·h^{-1}	顶压/kPa
4日	11:00	1590	242	1114	2000	10310	120
	12:00	1140	166	1079	0	10640	80
	13:00	580	53	1050	0	0	14
	14:00	560	53	1090	0	0	14
	15:00	560	53	1070	0	0	15
	16:00	560	53	1065	0	0	14
	17:00	584	49	1095	0	0	14
	18:00	556	54	1061	0	0	15
	19:00	680	66	1070	0	0	14
	20:00	1040	115	1110	0	2000	25
	21:00	1200	145	1050	0	5030	33
	22:00	1410	195	1062	0	5000	73
	23:00	1450	227	1110	0	3000	118
5日	0:00	1450	236	1072	0	3010	118
	1:00	1490	241	1072	0	3000	114
	2:00	1560	246	1115	2000	6000	116

13.4.6　4000m³高炉布料模式大幅调整导致的低炉温案例

13.4.6.1　基本情况

高炉8月15日在风量6500m³/min、氧量15000m³/h、负荷4.42、炉温整体可控、炉况相对稳定的条件下，尝试料面平坦化布料矩阵调整。8月16日出现低炉温，经及时应对处理，逐步恢复正常。

2017年8月15日小夜班风量6550m³/min，氧量15000m³/h，跑矿量4862t，风温1225℃，燃料比501kg/t，平均［Si］为0.41%，物理热1504℃；16日大夜班风量、氧量和风温维持，跑矿量4751.5t，燃料比509kg/t，7:08因炉体温度波动大，煤气利用率偏低，减风至6450m³/min，平均［Si］降至0.31%，物理热1490℃；16日白班跑矿量4462.25t，燃料比530kg/t，风温1225℃，因炉温低12:41风量减至6350m³/min，氧量减至13000m³/h，平均［Si］进一步降至0.17%，物理热1441℃。

13.4.6.2　过程分析及应对措施

8月16日大夜班接班［Si］为0.32%，物理热1516℃，压差持续偏高、煤气利用率49%左右，煤量54t/h未调整；后炉体十三层（炉身下部）温度波动偏大，2:00前加煤至56t/h提热，煤气利用率持续下行，炉体温度波幅加大；5:00加煤至57t/h，［Si］为0.3%左右，物理热逐步下降到1475℃；7:00左右高炉风压突降，炉体十六层（炉身上部）温度逐渐波动，煤气利用率逐渐下降至偏低水平；7:08减风至6450m³/min；7:30左右炉体七层铜冷却壁D点温度波动至90℃，八层也有多点温度大幅波动，炉温急剧下行，加轻料0.5t×5批提炉缸热量，后炉体十三层、十六层温度持续大幅波动（见图13-28），导致铁水出现废品；10:00加煤至58t/h，11:15提碱度0.01至1.15，11:40加轻料0.5t/批，12:23出现单尺崩料（2.70m），铁水持续出废品，12:41减氧2000m³/h至13000m³/h，13:10加空焦一批，期间［Si］最低0.04%，物理热1423℃；小夜

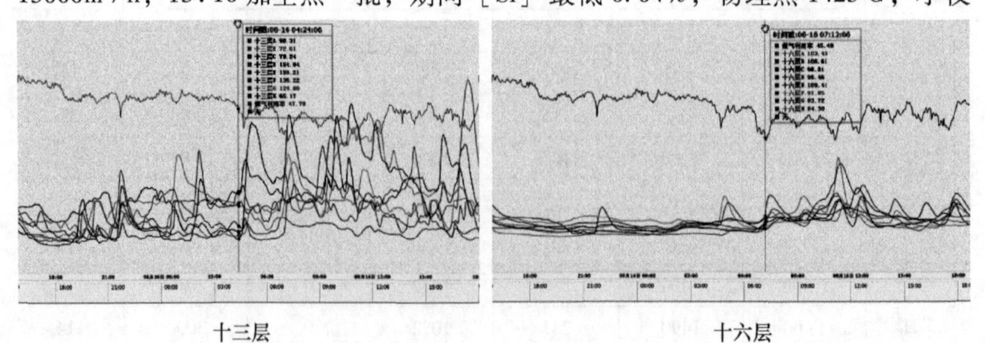

图13-28　炉体温度波动及煤气利用率趋势

班接班后炉温上行逐步回归正常水平，逐步去轻料，恢复风量、氧量。高炉操作参数调整见表 13-14。

表 13-14　高炉 16 日操作参数调整

时　间	调　整　量
1:00	喷煤加 2t/h 至 56t/h
4:00	喷煤加 1t/h 至 57t/h
7:08	减风 $100m^3/min$ 至 $6450m^3/min$
7:35~8:25	加轻料 0.5t/批（41~45 批）
9:00	喷煤加 1t/h 至 58t/h
11:15	提碱度 0.01 至 1.15
11:50	加轻料 0.5t/批
12:41	减风 $100m^3/min$ 至 $6350m^3/min$ 减氧 $2000m^3/h$ 至 $13000m^3/h$
13:15	加空焦一批（70 批）

13.4.6.3　经验总结

（1）对大幅调整布料矩阵引起的气流变化预估不足，致使布料矩阵调整过程中所采取的应对措施不充分。

（2）大幅调整布料矩阵引起的气流变化是剧烈的，钢砖温度从实施前的 105℃急剧下降至 70℃，封罩温度从 270℃升到 330℃，边缘气流抑制明显，墙体温度波动频繁且持续增大。

（3）出现炉温持续下行、煤气利用率波幅增大且整体水平下行、炉体各层温度波幅增大等情况时，应果断采取退负荷、控风控氧等提热措施，防止长时间低炉温。在炉温上行趋势未明确时，不应盲目做出提前减热动作，以免炉况出现反复。

13.4.7　$4000m^3$高炉风量大幅波动案例

13.4.7.1　基本情况

12 月 20 日 21:02，高炉风量突升，21:05 风量升至 $8325m^3/min$，风压突升至 463kPa，分别高出正常值的 28%和 19%。立即联系风机房改手动控制并检查有无异常，炉顶罐自动控制上料，并汇报管控。21:10 风量回到 $6506m^3/min$，风压回到 389kPa，恢复正常。

13.4.7.2　过程分析及应对措施

12 月 20 日 21:02，风量突升，如图 13-29 所示。立即联系风机房改手动控制并检查有无异常，尽快将风量控制下来，炉顶罐自动控制上料，并汇报管控。

期间中控作业中应密切关注风量等操作参数的变化，风量在未回落阶段，控制上料，若炉顶温度超过 350℃，应炉顶打水，保证顶温在合适范围内，防止损坏炉顶设备，造成二次事故。经排查，原因为风机房风机故障导致风量突升。

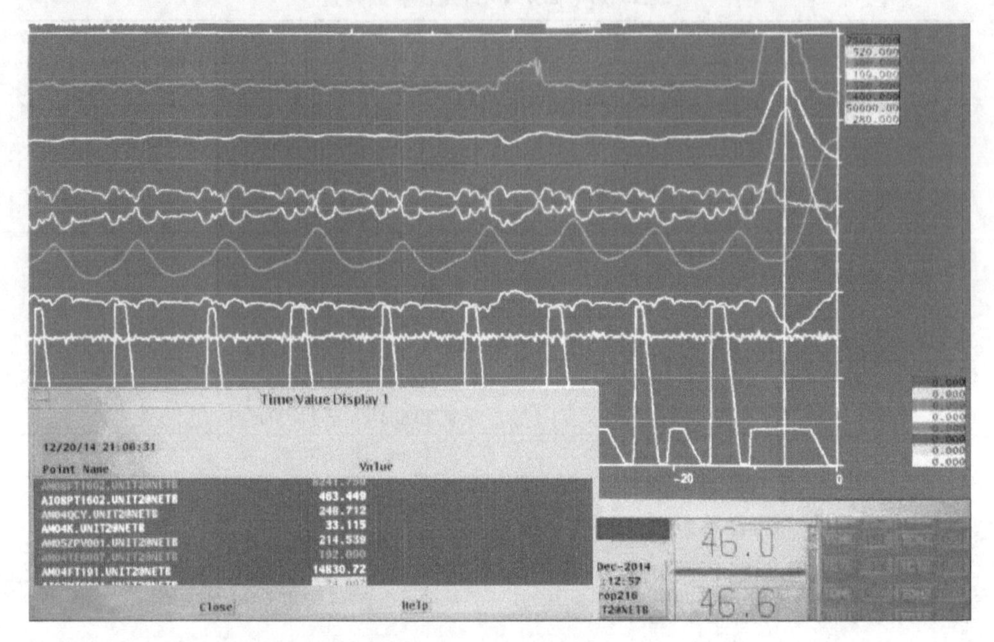

图 13-29　12 月 20 日 21:00 高炉参数实时趋势

13.4.7.3　**经验总结**

（1）风量突然发生增减 150m³/min 以上，应及时汇报并通知风机房，将该风机转为手动控制，立刻要求相关区域查找原因，并排查事故可能造成的安全隐患。

（2）操作上严格按照《4000m³高炉技术操作规程》执行。

（3）做好与各相关单位的协调联系，减少突发事故对高炉的影响。

13.4.7.4　**性质及影响范围**

本案例属于高炉突发事故。事故造成高炉参数调整，炉况出现短时间波动，影响到高炉安全生产及炉况稳定。

13.4.8　4000m³高炉亏料案例

9 月 16 日 19:18 高炉因槽下 2 号皮带 1 号电机故障，造成 67min 无法上料，亏料近 6m，倒用 2 号电机后恢复上料，高炉逐步恢复各项参数。

13.4.8.1　**基本情况**

9 月 16 日 19:18 槽下 2 号皮带 1 号电机液力耦合器防爆栓爆裂，2 号皮带无法运行，高炉无法上料导致亏料：1 号探尺 5.11m，2 号探尺 5.75m，3 号探尺 5.51m。19:42 高炉停氧，19:51 减风至 4000m^3/min，20:08 减风至 3000m^3/min。20:25 倒用 2 号电机，2 号皮带恢复运行，高炉恢复上料。恢复上料后连续加 2 批空焦，轻料 2t×16 批，后改为 1t/批续上。23:29 风量恢复至 6350m^3/min，23:52 富氧恢复至 14000m^3/h，负荷逐步恢复正常。

13.4.8.2 过程分析及应对措施

9 月 16 日 19:18 槽下 2 号皮带 1 号电机液力耦合器防爆栓爆裂，2 号皮带不能运行，高炉无法上料。中控作业长联系设备点检进行处理，并及时将情况汇报管控及值班人员。设备点检到现场后，预计处理时间超过 20min。19:42 高炉停氧，19:51 减风至 4000m^3/min，大幅减风前指令热风工关混风阀；指令副中控作业长及炉体工检查风口是否灌渣，并根据相应风量控水，保持合适的热流强度；指令炉前工做好打开另一个铁口的准备工作，做好休风准备，并根据风量料速减煤；顶温超过 350℃ 及时打水，控制好顶温，防止损坏炉顶设备。20:08 减风至 3000m^3/min，继续检查风口并控水。

20:25 倒用 2 号电机，2 号皮带恢复运行，高炉开始上料。此时料线已亏至 1 号探尺 5.11m、2 号探尺 5.75m、3 号探尺 5.51m。恢复上料后连续加 2 批空焦，轻料 2t×16 批，后改为 1t/批。20:42 风量恢复至 5500m^3/min，21:08 开始富氧 9000m^3/h，21:47 风量恢复至 6200m^3/min，22:16 富氧 12000m^3/h，23:29 风量恢复至 6350m^3/min，23:52 富氧 14000m^3/h，因恢复比较及时，矿批维持。大幅减风后跑料慢，考虑可能炉温高、碱度高，为利于出铁和后续风量的快速恢复，带酸料一段平衡炉渣碱度。

13.4.8.3 经验总结

（1）亏料时首先稳定炉况，并及时汇报并联系相关部门处理。

（2）操作上严格执行《4000m^3高炉技术操作规程》，减少亏料事故造成的损失。

（3）保证高炉生产及高炉作业人员的安全。

13.4.8.4 性质及影响范围

本案例属于高炉生产事故，造成高炉参数调整，跑矿量下降约 700t，全天产量下降约 400t。同时造成热量平衡困难，炉温波动大，渣碱度偏高。中控作业长采取相应措施，在事故消除后，及时恢复了炉况。

13.4.9 4000m^3高炉断风事故案例

2015 年 3 月 4 日高炉因风机房风机故障断风，自动拨风后风量 3300m^3/min，高炉操作及时采取了应对措施，在风机正常后，逐步恢复高炉各项参数。

13.4.9.1 基本情况

2015年3月4日2:20因风机故障，风量降至3300m³/min。高炉2:38停氧，4:10矿批由105t缩矿至80t，负荷由4.45退至4.0。3:20风机房3号风机投用，5:25富氧至8000m³/h，6:24富氧至13000m³/h，6:58风量恢复至6400m³/min；6:00扩矿至90t，7:10扩矿至101t，负荷加至4.3，15:00扩矿至103t，负荷加至4.4。

13.4.9.2 过程分析及应对措施

2015年3月4日2:20风机房2号风机故障，造成高炉断风，自动拨风后，风量降至3300m³/min。因风量突降，立即关混风阀，防止煤气倒灌到送风系统的冷风管道中。检查风口是否灌渣，并根据相应风量控水，保持合适的热流强度。同时做好打开另一个铁口的准备工作，防止全断风等情况，做好休风准备。2:38停氧，煤量减至35t/h，3:00~6:00停加湿。

3:20风机房投用3号风机，风量可以逐步恢复。4:00报表记录跑料2批，顶温290℃左右。4:10第19批由105t缩矿至80t，负荷由4.45退至4.0；3:35风量恢复至4500m³/min；3:42风量恢复至5000m³/min；3:50风量恢复至5600m³/min；4:00煤量38t/h；5:00煤量45t/h；5:25风量恢复至6200m³/min，并开始富氧8000m³/h；5:59富氧恢复至11000m³/h；风量和氧量逐步恢复，料速增快，顶温下降至186℃；6:00扩矿至90t；6:24富氧恢复至13000m³/h；6:58风量恢复至6400m³/min；7:10铁水［Si］至0.55%左右，物理热1510℃，扩矿至101t，负荷恢复至4.3；10:00迎负荷煤量48t/h；10:20风量恢复至6450m³/min；15:00扩矿至103t，负荷恢复至4.4；20:00煤量49t/h；21:50风量恢复至6550m³/min；22:30扩矿至104t，至此高炉各项参数基本恢复到断风前水平。

13.4.9.3 经验总结

（1）高炉断风后中控室进行及时汇报，并联系相关部门及时处理。

（2）严格执行《高炉断风事故处理预案》和《4000m³高炉技术操作规程》。操作上根据高炉当时的实际情况作出相应操作调整，及时恢复高炉炉况，减少断风事故造成的损失。

（3）保证高炉生产及高炉作业人员的安全。

13.4.9.4 性质及影响范围

本案例属于高炉生产事故，断风后拨风时间达60min，造成高炉参数调整，跑矿量下降，全天产量由8950t下降至8228t，产量下降8%，并造成热量平衡困难，炉温波动大，由于高炉采取了一系列相应措施，及时恢复了炉况。

参 考 文 献

［1］周传典．高炉炼铁生产技术手册［M］．北京：冶金工业出版社，2005.
［2］张寿荣．高炉高效冶炼技术［M］．北京：冶金工业出版社，2015.
［3］刘云彩．现代高炉操作［M］．北京：冶金工业出版社，2016.
［4］朱仁良，等．宝钢大型高炉操作与管理［M］．北京：冶金工业出版社，2015
［5］刘云彩．高炉布料规律（第4版）［M］．北京：冶金工业出版社，2012.
［6］张寿荣，于仲洁，等．高炉失常与事故处理［M］．北京：冶金工业出版社，2011.
［7］王筱留．钢铁冶金学（炼铁部分）（第3版）［M］．北京：冶金工业出版社，2013.
［8］沙永志，译．现代高炉炼铁（第3版）［M］．北京：冶金工业出版社，2016.
［9］项钟庸，王筱留．高炉设计——炼铁工艺设计理论与实践（第2版）［M］．北京：冶金工业出版社，2014.
［10］张福明，程树森．现代高炉长寿技术［M］．北京：冶金工业出版社，2012.
［11］姜涛．烧结球团生产技术手册［M］．北京：冶金工业出版社，2014.
［12］张一敏．球团矿生产知识问答［M］．北京：冶金工业出版社，2005.
［13］于振东．现代焦化生产技术手册［M］．北京：冶金工业出版社，2010.
［14］姚昭章．炼焦学［M］．北京：冶金工业出版社，2005.
［15］杨建华．焦炉工艺与设备［M］．北京：化学工业出版社，2006.
［16］杨建华，邱全山，等．焦炉管理与维修［M］．北京：化学工业出版社，2014.
［17］王海涛，王冠，张殿印．钢铁工业烟尘减排与回收利用技术指南［M］．北京：冶金工业出版社，2012.
［18］杨天钧，张建良，刘征建，等．“新常态”下高炉炼铁技术转型升级和创新之路［C］．中国金属学会．中国钢铁年会论文集．北京：冶金工业出版社，2015：1714~1731.
［19］苏世怀，等．冶金固体废弃物资源综合利用的技术开发研究［C］．中国金属学会．中国钢铁年会论文集．北京：冶金工业出版社，2005：769~772.
［20］刘国莉，唐立新，张明．钢铁原料库存问题研究［J］．东北大学学报（自然科学版），2007，28（2）：172~175.
［21］杨胜义，丁少江．提高MgO质酸性球团矿质量的途径［J］．安徽冶金，2003（1）：20~23.
［22］冯淑玲，龙吉宁．马钢球团技术发展［J］．安徽冶金科技职业学院学报，2004，14（1）：20~23.
［23］覃洁，阮积海．钢铁联合企业固体废物综合利用分析［J］．环境工程，2011，29（5）：109~112.
［24］程妍东，陶德，梁英，等．钢铁企业固体废弃物资源化利用浅析［J］．北方环境，2011，23（3）：71~73.
［25］张福利，彭翠，郭占成．烧结电除尘灰提取氯化钾实验研究［J］．环境工程，2009，27：337~340.
［26］唐卫军，等．转炉煤气干法除尘灰冷固结技术及应用［C］．中国环境科学学会．中国环境科学学会年会论文集．北京：中国环境科学出版社，2013：1196~1199.

[27] 苏允隆，金俊，刘自民．马钢转炉污泥循环利用方法的研究［J］．炼铁，2008（3）：58~60.
[28] 黄发元．马钢2500m³高炉炉缸冷却壁的更换［J］．炼铁，1999（1）：19~21.
[29] 李敏，周银．马钢4000m³B#高炉长周期稳定运行实践［J］．科技资讯，2010（15）：30.
[30] 范昌梅．马钢“十一五”新区总图设计探析［J］．工程与建设，2008（3）：332~334.
[31] 吴宏亮．马钢4000m³高炉长周期稳定顺行实践［J］．炼铁，2013（4）：27~30.
[32] 尤石，陈军．原燃料质量对2500m³高炉稳定顺行的影响［J］．安徽冶金，2011（4）：36~38.
[33] 惠志刚，丁晖．马钢新区4000m³高炉提高煤比实践［J］．炼铁，2009（4）：26~30.
[34] 曹海，王志堂，傅燕乐．马钢2号高炉低燃料比生产实践［J］．安徽冶金科技职业学院学报，2014（1）：4~7.
[35] 程旺生，赵军，马群．马钢1000m³高炉炉况失常处理实践［J］．安徽冶金，2015（4）：20~22.
[36] 程旺生，沈云浦．顺行指数在马钢高炉上的应用［J］．炼铁，2016（12）：11~14.
[37] 吴宏亮，凌明生．马钢4000m³高炉无料钟布料调整［J］．安徽工业大学学报，2015（4）：299~304.
[38] 丁晖，钱超，李如林．马钢4000m³高炉长期稳定顺行实践［J］．炼铁，2009（6）：1~5.
[39] 赵志宏，丁晖．马钢2500m³高炉炉前技术进步［J］．炼铁，2002（5）：37~38.
[40] 李冠军．炼焦配煤碱金属含量的研究［J］．燃料和化工，2016（2）：16~17.
[41] 李冠军，王思维．马钢全焦输送生产实践［J］．燃料和化工，2016（4）：12~13.
[42] 华静，凌晓霞，丁斌．浇铸成型柱状铁水样品中磷偏析的研究［J］．安徽冶金，2016（3）：4~6.
[43] 柳前，王东升．云粉粒度测定方法的改进［J］．安徽冶金，2013（1）：58~59.
[44] 聂长果，陈军，王志堂．马钢4号高炉主要工艺设计优化［J］．炼铁，2017（3）：15~18.
[45] 聂长果，丁晖．马钢2500m³高炉炉役后期护炉实践［J］．安徽冶金，2009（3）：47~50.
[46] 聂长果，惠志刚，王业英．马钢1# 2500m³高炉长周期稳定顺行操作实践［J］．金属世界，2010（3）：28~30.
[47] 聂长果，姚本洪．马钢2号高炉炉况处理实践［J］．安徽冶金，2011（2）：17~20.
[48] 聂长果，彭鹏，王志堂．马钢3号高炉炉况失常的处理［J］．炼铁，2015（5）：36~38.
[49] 马群，聂长果，陶玲．马钢2号高炉硅砖热风炉凉炉实践［J］．炼铁，2016（5）：35~38.